Fundamentos em Sinais e Sistemas

Fundamentos em Sinais e Sistemas

Michael J. Roberts
Professor do Departamento de Engenharia Elétrica e Computação
Universidade do Tennessee

Tradução
Carlos Henrique Nogueira de Resende Barbosa
Engenheiro Eletricista pela Universidade Federal de Minas Gerais
Mestre em Engenharia Elétrica pela Universidade Federal de Minas Gerais
Professor Assistente da Universidade Federal de Ouro Preto

Revisão Técnica
Antonio Pertence Jr.
Professor Assistente da Universidade FUMEC – MG
Professor Titular da FACSAB – MG
Pós-Graduado em Processamento de Sinais pela Ryerson University, Canadá

Bangcoc   Beijing   Bogotá   Caracas   Cidade do México
Cingapura   Londres   Madri   Milão   Montreal   Nova Delhi   Nova York
Santiago   São Paulo   Seul   Sydney   Taipé   Toronto

The McGraw-Hill Companies

Fundamentos em Sinais e Sistemas
ISBN: 978-85-7726-038-6

A reprodução total ou parcial deste volume por quaisquer formas ou meios, sem o consentimento escrito da editora, é ilegal e configura apropriação indevida dos direitos intelectuais e patrimoniais dos autores.

© 2009 de McGraw-Hill Interamericana do Brasil Ltda.
Todos os direitos reservados.
Av. Brigadeiro Faria Lima 201, 17º andar
São Paulo – SP – CEP 05426-100

© 2009 de McGraw-Hill Interamericana Editores, S. A. de C. V.
Todos os direitos reservados.
Prol. Paseo de la Reforma 1015 Torre A Piso 17, Col. Desarrollo Santa Fe,
Delegación Alvaro Obregón
México 01376, D. F., México

Tradução de *Fundamentals of Signals and Systems*
© 2008 de The McGraw-Hill Companies, Inc.
ISBN da obra original: 978-0-07-340454-7

Coordenadora Editorial: *Guacira Simonelli*
Editora de Desenvolvimento: *Gisélia Costa*
Supervisora de Pré-impressão: *Natália Toshiyuki*
Preparação de Texto: *Mônica de Aguiar*
Design de Capa: *Rokusek Design*
Diagramação: *Join Bureau*

Dados Internacionais de Catalogação na Publicação (CIP)
(Câmara Brasileira do Livro, SP, Brasil)

> Roberts, Michael J.
> Fundamentos em sinais e sistemas / Michael J. Roberts ; [tradução Antonio Pertence Júnior]. -- São Paulo : McGraw-Hill, 2009.
>
> Título original: Fundamentals of signals and systems.
> Bibliografia.
> ISBN 978-85-7726-038-6
>
> 1. Análise de sistemas – Compêndios 2. Processamento de sinais – Compêndios I. Título.
>
> 08-08079   CDD-621.3822

Índices para catálogo sistemático:
1. Controladores digitais de sinais : Tecnologia   621.3822
2. Processamento digital de sinal : Tecnologia   621.3822

A McGraw-Hill tem forte compromisso com a qualidade e procura manter laços estreitos com seus leitores. Nosso principal objetivo é oferecer obras de qualidade a preços justos e um dos caminhos para atingir essa meta é ouvir o que os leitores têm a dizer. Portanto, se você tem dúvidas, críticas ou sugestões entre em contato conosco — preferencialmente por correio eletrônico mh_brasil@mcgraw-hill.com — e nos ajude a aprimorar nosso trabalho. Em Portugal use o endereço servico_clientes@mcgraw-hill.com.
Teremos prazer em conversar com você.

Impreso en Colombia - Printed in Colombia
Impreso por Quebecor World Bogotá S.A.

SUMÁRIO

Prefácio, xi

Capítulo 1
Introdução, 1

1.1 Sinais e Sistemas Definidos, 1
1.2 Tipos de Sinais, 3
1.3 Sistemas, 8
Um Sistema Mecânico, 8
Um Sistema Hidráulico, 8
Um Sistema Discretizado no Tempo, 10
Sistemas Retroalimentados, 11
1.4 Um Exemplo de Sinal e Sistema Familiar, 12
1.5 Uso do MATLAB, 17

Capítulo 2
Descrição Matemática dos Sinais Contínuos no Tempo, 18

2.1 Introdução e Objetivos, 18
2.2 Funções e Notação Funcional, 19
2.3 Funções de Sinal, 19
Funções Contínuas no Tempo, 19
Exponenciais Complexas e Senóides, 20
Funções com Descontinuidades, 21
Funções de Singularidade e Funções Correlatas, 21
   A Função Degrau Unitário, 22
   A Função Sinal, 24
   A Função Rampa Unitária, 24
   O Impulso Unitário, 25
   O Impulso Periódico ou Trem de Impulsos, 29
   Uma Notação Combinada para Funções de Singularidade, 29
   A Função Pulso Retangular Unitário, 29
   A Função Pulso Triangular Unitário, 30
   A Função Sinc Unitária, 30
   A Função de Dirichlet, 31
   Arquivo .m do MATLAB para Algumas Funções de Singularidade e Funções Correlatas, 32
2.4 Funções e Combinações de Funções, 34
Notação Funcional – Convenções e Conversões, 34
Combinações de Funções, 35
2.5 Redimensionamento de Escala e Deslocamento, 36
Redimensionamento de Escala da Amplitude, 36
Deslocamento no Tempo, 37
   Redimensionamento de Escala do Tempo, 39
   Deslocamento e Redimensionamento de Escala Simultâneos, 43
2.6 Diferenciação e Integração, 46
2.7 Funções Pares e Ímpares, 48
Somas, Produtos, Diferenças e Quocientes, 50
2.8 Funções Periódicas, 52
2.9 Energia e Potência de Sinal, 54
2.10 Resumo dos Pontos Mais Importantes, 58
Exercícios, 59

Capítulo 3
Descrição Matemática dos Sinais Discretizados no Tempo, 77

3.1 Introdução e Objetivos, 77
3.2 Funções de Sinal, 78
Amostragem e Tempo Discreto, 78
Exponenciais e Senóides, 80
Funções de Singularidade, 84
   A Função Impulso Unitário ou Função Delta de Kronecker, 84
   A Função Seqüência Degrau Unitário, 85
   A Função Sinal, 85
   A Função Rampa Unitária, 86
   A Função Pulso Retangular, 86
   O Impulso Periódico ou Trem de Impulsos, 86
3.3 Redimensionamento de Escala e Deslocamento, 89
Redimensionamento de Escala da Amplitude, 89
Deslocamento no Tempo, 89
Redimensionamento de Escala do Tempo, 90
3.4 Diferenças Finitas e Acumulação, 94
3.5 Funções Pares e Ímpares, 97
Somas, Produtos, Diferenças e Quocientes, 98
Acumulação, 99
3.6 Funções Periódicas, 99
3.7 Energia e Potência de Sinal, 100
3.8 Resumo dos Pontos Mais Importantes, 103
Exercícios, 103

Capítulo 4
Propriedades dos Sistemas Contínuos no Tempo, 115

4.1 Introdução e Objetivos, 115
4.2 Diagramas de Blocos e Terminologia para Sistemas, 116
4.3 Modelagem de Sistemas, 119
4.4 Propriedades de Sistemas, 124
Um Exemplo Introdutório, 124
Homogeneidade, 127
Invariância no Tempo, 128
Aditividade, 128
Linearidade e Sobreposição, 129
Estabilidade, 133
Linearidade Incremental, 135
Causalidade, 136
Memória, 137
Não-linearidade Estática, 138
Inversibilidade, 140
4.5 Autofunções de Sistemas SLIT, 141
4.6 Resumo dos Pontos Mais Importantes, 143
Exercícios, 143

Capítulo 5
Propriedades dos Sistemas Discretizados no Tempo, 150

5.1 Introdução e Objetivos, 150
5.2 Diagramas de Blocos e Terminologia para Sistemas, 151
5.3 Modelagem de Sistemas, 151
5.4 Propriedades de Sistemas, 157
5.5 Autofunções de Sistemas SLIT, 159
5.6 Resumo dos Pontos Mais Importantes, 160
Exercícios, 160

Capítulo 6
Análise no Domínio do Tempo de Sistemas Contínuos no Tempo, 163

6.1 Introdução e Objetivos, 163
6.2 A Integral de Convolução, 163
Resposta ao Impulso, 164
Convolução, 167
Propriedades da Convolução, 172
Interconexões entre Sistemas, 179
Estabilidade e Resposta ao Impulso, 180
Respostas de Sistemas a Sinais Padronizados, 180
6.3 Representação de Equações Diferenciais por Diagramas de Blocos, 184
6.4 Resumo dos Pontos Mais Importantes, 189
Exercícios, 189

Capítulo 7
Análise no Domínio do Tempo de Sistemas Discretizados no Tempo, 198

7.1 Introdução e Objetivos, 198
7.2 A Soma de Convolução, 198
Resposta ao Impulso, 199
Convolução, 200
Propriedades da Convolução, 208
Convolução Numérica, 211
Interconexões entre Sistemas, 214
Estabilidade e Resposta ao Impulso, 214
Respostas de Sistemas a Sinais Padronizados, 215
7.3 Representação de Equações de Diferenças por Diagramas de Blocos, 220
7.4 Resumo dos Pontos Mais Importantes, 224
Exercícios, 224

Capítulo 8
Séries de Fourier Contínuas no Tempo, 231

8.1 Introdução e Objetivos, 231
8.2 Excitação Periódica e Resposta de Sistemas SLIT, 232
8.3 Conceitos Básicos e Desenvolvimento da Série de Fourier, 234
Linearidade e Excitação Exponencial Complexa, 234
Dedução da Série de Fourier, 240
Limitações na Representatividade de Funções em Séries de Fourier, 243
A Série de Fourier Trigonométrica, 244
Formas em Termos da Freqüência Cíclica e da Freqüência Angular, 244
Periodicidade em Representações por Séries de Fourier, 245
8.4 Cálculo da Série de Fourier, 246
Sinais Senoidais, 246
Sinais Não Senoidais, 250
A Série de Fourier para Sinais Periódicos sobre um Número Inteiro de Períodos Fundamentais, 252
Erro Quadrático Médio Mínimo das Somas Parciais para Séries de Fourier, 253
A Transformada de Fourier de Sinais Periódicos Pares e Ímpares, 254
8.5 Cálculo Numérico da Série de Fourier, 255
8.6 Convergência das Séries de Fourier, 259
Sinais Contínuos, 259
Sinais com Descontinuidades e o Fenômeno de Gibbs, 260
8.7 Propriedades das Séries de Fourier, 262

Linearidade, 263
Deslocamento no Tempo, 263
Deslocamento na Freqüência, 264
Inversão do Tempo, 265
Redimensionamento da Escala do Tempo, 265
Mudança de Período, 266
Diferenciação no Tempo, 267
Integração no Tempo, 268
Dualidade Multiplicação-Convolução, 270
Conjugação, 271
Teorema de Parseval, 272
Resumo das Propriedades das SFCT, 272

8.8 Uso de Tabelas e Propriedades, 274
8.9 Sinais Limitados em Banda, 276
8.10 Respostas de Sistemas SLIT a Excitações Periódicas, 276
8.11 Resumo dos Pontos Mais Importantes, 281
Exercícios, 281

Capítulo 9
Séries de Fourier Discretizadas no Tempo, 290

9.1 Introdução e Objetivos, 290
9.2 Excitação Periódica e Resposta de Sistemas SLIT, 290
9.3 Conceitos Básicos e Desenvolvimento da Série de Fourier, 292
Linearidade e Excitação Exponencial Complexa, 292
Dedução da Série de Fourier, 296
  A Série de Fourier Discretizada no Tempo Trigonométrica, 302
Representação de Funções Periódicas por Meio de SFDT, 305

9.4 Propriedades das Séries de Fourier, 311
Linearidade, Deslocamento no Tempo, Deslocamento na Freqüência, Conjugação e Inversão do Tempo, 312
Redimensionamento da Escala do Tempo, 315
Mudança de Período, 317
Dualidade Multiplicação-Convolução, 320
Primeira Diferença para Trás, 323
Acumulação, 323
Sinais Pares e Ímpares, 324
Teorema de Parseval, 324
Resumo das Propriedades das SFDT, 325

9.5 Convergência das Séries de Fourier, 326
9.6 Respostas de Sistemas SLIT a Excitações Periódicas, 328
9.7 Resumo dos Pontos Mais Importantes, 332
Exercícios, 332

Capítulo 10
A Transformada de Fourier Contínua no Tempo, 338

10.1 Introdução e Objetivos, 338
10.2 Excitação Aperiódica e Resposta de Sistemas SLIT, 338
10.3 Conceitos Básicos e Desenvolvimento da Transformada de Fourier, 339
A Transição da Série de Fourier para a Transformada de Fourier, 339
Definição da Transformada de Fourier, 342

10.4 Convergência e a Transformada de Fourier Generalizada, 347
10.5 Cálculo Numérico da Transformada de Fourier, 353
10.6 Propriedades da Transformada de Fourier Contínua no Tempo, 356
Linearidade, 356
Deslocamento no Tempo e Deslocamento na Freqüência, 356
Redimensionamento das Escalas do Tempo e da Freqüência, 358
Transformada de um Conjugado, 359
Dualidade Multiplicação-Convolução, 360
Diferenciação no Tempo, 364
Transformadas de Sinais Periódicos, 365
Teorema de Parseval, 365
Definição de Integral de um Impulso, 366
Dualidade, 366
Integral da Área Total Usando Transformadas de Fourier, 367
Integração no Tempo, 368
Resumo das Propriedades das TFCT, 369
Uso de Tabelas e Propriedades, 371

10.7 Resumo dos Pontos Mais Importantes, 373
Exercícios, 374

Capítulo 11
A Transformada de Fourier Discretizada no Tempo, 391

11.1 Introdução e Objetivos, 391
11.2 Conceitos Básicos e Desenvolvimento da Transformada de Fourier, 391
Demonstração Gráfica, 392
Dedução Analítica, 393
Definição da Transformada de Fourier, 394

11.3 Convergência da Transformada de Fourier, 395
11.4 Cálculo Numérico da Transformada de Fourier, 395
11.5 Propriedades da Transformada de Fourier, 396
Linearidade, 396

Deslocamento no Tempo e Deslocamento na Freqüência, 396
Redimensionamento das Escalas do Tempo e da Freqüência, 398
Transformada de um Conjugado, 399
Diferenças Finitas e Acumulação, 400
Inversão do Tempo, 401
Dualidade Multiplicação-Convolução, 401
Definição de Acumulação de uma Função Impulso Periódico, 404
Teorema de Parseval, 405
Resumo das Propriedades das Transformadas de Fourier Discretizadas no Tempo, 406

11.6 Relações entre os Métodos de Fourier, 408
TFCT e SFCT, 411
TFCT e TFDT, 416
TFDT e SFDT, 417
Exemplos de Comparação entre Métodos, 422

11.7 Resumo dos Pontos Mais Importantes, 425
Exercícios, 425

Capítulo 12
Análise de Sinais e Sistemas por Transformada de Fourier Contínua no Tempo, 432

12.1 Introdução e Objetivos, 432
12.2 Resposta em Freqüência, 433
12.3 Filtros Ideais, 439
Distorção, 439
Classificações de Filtros, 441
Respostas em Freqüência de Filtros Ideais, 441
Largura de Banda, 442
Respostas ao Impulso e Causalidade, 443
O Espectro de Potência, 445
Eliminação do Ruído, 446

12.4 Filtros Passivos Práticos, 446
O Filtro Passa-baixas RC, 446
O Filtro Passa-faixa RLC, 449
Exemplos de Filtros, 450

12.5 Gráfico Logarítmico da Magnitude da Resposta em Freqüência e Diagrama de Bode, 452
Diagramas Componentes, 457
Sistema de Pólo Real Único, 457
Sistema de Zero Real Único, 458
Integradores e Diferenciadores, 459
Ganho Independente da Freqüência, 459
Pares Complexos de Pólos e Zeros, 462

12.6 Filtros Ativos Práticos, 463
Amplificadores Operacionais, 464
Filtros, 464

12.7 Sistemas de Comunicação, 473
Modulação, 475
Modulação com Portadora Suprimida e Banda Lateral Dupla, 475
Modulação com Portadora Transmitida e Banda Lateral Dupla, 478
Modulação e Demodulação com Banda Lateral Única, 480
Modulação em Amplitude de Pulso, 482

12.8 Amostragem por Impulso, 483
12.9 Resumo dos Pontos Mais Importantes, 488
Exercícios, 488

Capítulo 13
Análise de Sinais e Sistemas por Transformada de Fourier Discretizada no Tempo, 511

13.1 Introdução e Objetivos, 511
13.2 Filtros Ideais, 511
Distorção, 512
Classificações de Filtros, 512
Respostas em Freqüência de Filtros Ideais, 513
Respostas ao Impulso e Causalidade, 513
Filtragem de Imagens, 515

13.3 Filtros Práticos, 518
13.4 Resumo dos Pontos Mais Importantes, 528
Exercícios, 528

Capítulo 14
Amostragem e a Transformada Discreta de Fourier, 534

14.1 Introdução e Objetivos, 534
14.2 Representação de Sinais Contínuos no Tempo por Amostras, 535
Conceitos Qualitativos, 535
O Teorema da Amostragem, 537
Aliasing, 539
Sinais Limitados no Tempo e Limitados em Banda, 541
Interpolação, 542
Amostrando uma Senóide, 545

14.3 Sinais Periódicos Limitados em Banda, 547
14.4 A Transformada Discreta de Fourier e sua Relação com Outros Métodos de Fourier, 550
Aproximação da TFCT por Meio da DFT, 555
Cálculo da SFCT com a DFT, 555
Cálculo da SFDT com a DFT, 555
Aproximação da TFDT com a DFT, 556
Aproximação da Convolução Contínua no Tempo com a DFT, 556

Aproximação da Convolução Discretizada no Tempo com a DFT, 556
Aproximação da Convolução Periódica Contínua no Tempo com a DFT, 556
Calculando a Convolução Periódica Discretizada no Tempo com a DFT, 556
Resumo do Processamento de Sinal Usando a DFT, 556

14.5 A Transformada Rápida de Fourier, 557
14.6 Resumo dos Pontos Mais Importantes, 559
Exercícios, 559

Capítulo 15
A Transformada de Laplace, 574

15.1 Introdução e Objetivos, 574
15.2 Desenvolvimento da Transformada de Laplace, 575
Dedução e Definição, 575
Região de Convergência, 578
A Transformada de Laplace Unilateral, 580
15.3 Propriedades da Transformada de Laplace, 585
Linearidade, 585
Deslocamento no Tempo, 585
Deslocamento na Freqüência Complexa, 585
Redimensionamento de Escala do Tempo, 586
Redimensionamento de Escala da Freqüência, 586
Derivada Primeira no Tempo, 587
Derivada Enésima no Tempo, 587
Diferenciação na Freqüência Complexa, 587
Dualidade Multiplicação-Convolução, 588
Integração, 588
Teorema do Valor Inicial, 589
Teorema do Valor Final, 589
Resumo das Propriedades da Transformada de Laplace Unilateral, 590
15.4 A Transformada de Laplace Inversa e o Uso da Expansão em Frações Parciais, 591
15.5 Equivalência entre Transformada de Laplace e Transformada de Fourier, 601
15.6 Solução de Equações Diferenciais com Condições Iniciais, 601
15.7 Funções de Transferência para Circuitos e Diagramas de Sistemas, 603
15.8 Estabilidade de Sistemas, 607
15.9 Conexões em Paralelo, em Cascata e por Retroalimentação, 610
15.10 Respostas de Sistemas a Sinais Padrão, 614
Resposta ao Degrau Unitário, 615
Resposta a uma Senóide Aplicada Durante um Tempo Finito, 618
15.11 Diagramas de Pólos e Zeros e Cálculo Gráfico da Resposta em Freqüência, 621

15.12 Realização Padrão de Sistemas, 629
15.13 Resumo dos Pontos Mais Importantes, 633
Exercícios, 633

Capítulo 16
A Transformada z, 658

16.1 Introdução e Objetivos, 658
16.2 Desenvolvimento da Transformada z, 658
Dedução e Definição, 659
Região de Convergência, 660
A Transformada z Unilateral, 662
16.3 Propriedades da Transformada z, 663
Linearidade, 663
Deslocamento no Tempo, 663
Mudança de Escala, 665
Teorema do Valor Inicial, 667
Diferenciação no Domínio z, 668
Convolução no Tempo Discreto, 668
Diferenças Finitas, 668
Acumulação, 668
Teorema do Valor Final, 669
Resumo das Propriedades da Transformada z, 669
16.4 A Transformada z Inversa, 670
16.5 Solução de Equações de Diferenças com Condições Iniciais, 674
16.6 As Relações entre a Transformada z, a Transformada de Fourier Discretizada no Tempo e a Transformada de Laplace, 676
16.7 Funções de Transferência, 678
16.8 Estabilidade de Sistemas, 680
16.9 Conexões em Paralelo, em Cascata e por Retroalimentação, 681
16.10 Respostas de Sistemas a Sinais Padrão, 682
Resposta à Seqüência Degrau Unitário, 682
Resposta a uma Senóide Aplicada Durante um Tempo Finito, 685
16.11 Diagramas de Pólos e Zeros e o Cálculo Gráfico da Resposta em Freqüência, 689
16.12 Simulação de Sistemas Contínuos no Tempo com Sistemas Discretizados no Tempo, 693
16.13 Sistemas de Dados Amostrados, 694
16.14 Realizações Padrão de Sistemas, 700
16.15 Resumo dos Pontos Mais Importantes, 703
Exercícios, 704

Apêndice A Relações Matemáticas Úteis, 718
B Pares das Séries de Fourier Contínuas no Tempo, 721

C Pares das Séries de Fourier Discretizadas no Tempo, 724
D Pares de Transformadas de Fourier Contínuas no Tempo, 727
E Pares de Transformadas de Fourier Discretizadas no Tempo, 734
F Pares de Transformadas de Laplace, 739
G Pares de Transformadas z, 741
H Equações e Fórmulas, 743

Bibliografia, 751

Índice Remissivo, 753

PREFÁCIO

É importante o autor ter uma visão clara daquilo que ele pretende alcançar com um livro-texto para se manter fiel ao propósito. Contudo, é importante também procurar, obter e levar em consideração os apontamentos feitos pelos professores que adotam o seu livro e pelos estudantes que o utilizam. Ao escrever este livro sobre sinais e sistemas para ser utilizado em dois semestres, recebi comentários, revisões e sugestões provenientes de diversas fontes sobre melhorias que poderiam ser feitas. Como conseqüência, incorporei muitas dessas idéias no presente livro. Os principais comentários e sugestões foram:

1. O livro era sem dúvida muito grande para ser adotado em um curso de único semestre e foi um desafio abordar todo o material contido na obra em apenas dois semestres quando se trata de um nível principiante.
2. Vários tópicos não eram realmente necessários em um curso de sinais e sistemas voltado para principiantes, pois tais assuntos são abordados em cursos posteriores.
3. Eram necessários mais exemplos, especialmente em alguns tópicos.
4. Mais demonstrações do emprego do MATLAB deveriam ser incluídos.
5. Deveria haver maior quantidade de conteúdo sobre modelagem matemática de sistemas utilizando equações diferenciais e equações de diferenças.
6. Os conceitos de freqüência complexa e funções de transferência, obtidos por meio das equações diferenciais e equações de diferenças ao se determinar a resposta de um sistema excitado por uma exponencial complexa, deveriam ser introduzidos antes.
7. Mais informações biográficas a respeito das pessoas que originalmente desenvolveram importantes teorias e métodos deveriam ser incluídas.
8. O uso da transformada rápida de Fourier deveria ser apresentado com maior antecipação e o algoritmo deveria ser explicado em maiores detalhes.
9. Os conceitos de matriz e vetores deveriam ser utilizados mais no desenvolvimento da série de Fourier discretizada no tempo.
10. Os capítulos e as seções deveriam ser mais modulares para permitir ao professor escolher e selecionar tópicos mais facilmente.
11. Melhorar e/ou otimizar o uso de notações e terminologias.
12. Conceitos no tempo contínuo deveriam ser apresentados antes de suas contrapartidas no tempo discreto.

Ao responder a esses comentários e sugestões, tomei as seguintes medidas neste livro apropriado para um ou dois semestres:

1. Os tópicos a seguir eram abordados em uma edição anterior e não são abordados nesta edição:

    Especificações de filtro e figuras de mérito
    Atraso de fase e de grupo
    Modulação por amplitude em quadratura
    Modulação discretizada no tempo
    Análise espectral
    Correlação, densidade de energia espectral e densidade espectral de potência
    Tópicos específicos sobre sistema de controle retroalimentado – lugar das raízes, margem de ganho e margem de fase, o critério de estabilidade de Routh-Hurwitz, redução de diagramas de blocos, o teste de estabilidade de Jury
    Métodos do espaço de estados
    A transformada de Laplace bilateral

A transformada z bilateral

Filtros de Butterworth

Métodos de projeto específicos para filtros digitais – invariante a impulso, invariante a degrau, diferenças finitas, transformada z equivalente, transformada z bilinear e projeto de filtros FIR.

Alguns revisores queriam conservar ou até mesmo ampliar alguns desses tópicos, mas a maioria acreditou não serem de fato necessários para um livro-texto voltado ao nível de iniciantes.

Infelizmente, é impossível satisfazer a todos os potenciais adotadores, mas chegamos perto.

2. Muitos exemplos foram adicionados aos tópicos mantidos e muitos deles incluem o MATLAB como ferramenta para busca da solução relativa a problemas e/ou exibição de resultados.
3. Novas seções foram acrescentadas com diversos exemplos sobre modelagem matemática para vários tipos de sistemas.
4. Um novo conteúdo foi incluído sobre resposta de sistemas SLIT a excitações exponenciais complexas, e com base neste material foram introduzidos os conceitos de função de transferência e resposta em freqüência.
5. Vários textos bibliográficos breves a respeito de Dirichlet, Cooley, Tukey, Nyquist, Shannon e Laplace foram acrescentados.
6. O uso da transformada discreta de Fourier é apresentado com maior antecedência. O conteúdo a respeito do algoritmo da transformada rápida de Fourier foi estendido e agora explica, com maiores detalhes, a estrutura do algoritmo. Mas esse assunto passa agora a ser um apêndice na Internet, visto que muitos revisores acharam que tal abordagem tornava o livro muito extenso e eles não teriam tempo suficiente para tratá-la.
7. O desenvolvimento da série de Fourier discretizada no tempo foi modificado para incluir mais usos dos métodos da matriz, do vetor e o princípio da ortogonalidade.
8. Ao longo do livro, um esforço foi feito para se modularizarem os tópicos de modo que facilitasse a extração feita pelos professores do conteúdo do livro relativo às necessidades específicas do curso ministrado.
9. A função "comb" utilizada no livro para dois semestres e definida como

$$\text{comb}(t) = \sum_{n=-\infty}^{\infty} \delta(t-n) \quad \text{e} \quad \text{comb}_{N_0}[n] = \sum_{m=-\infty}^{\infty} \delta[n - mN_0]$$

em que um único impulso é representado por $\delta(t)$ no tempo contínuo e por $\delta[n]$ no tempo discreto, foi substituída por uma função "impulso periódico". O impulso periódico é representado por $\delta_T(t)$ no tempo contínuo e por $\delta_N[n]$ no tempo discreto, onde T e N são seus respectivos períodos fundamentais. Elas são definidas por

$$\delta_T(t) = \sum_{n=-\infty}^{\infty} \delta(t - nT) \quad \text{e} \quad \delta_N[n] = \sum_{m=-\infty}^{\infty} \delta(n - mN)$$

A função comb contínua no tempo é matematicamente bem elegante, mas tenho comprovado, em minhas próprias aulas, que seu redimensionamento na escala do tempo e na intensidade do impulso simultâneos mediante a troca de variáveis $t \rightarrow at$ gera confusão entre os estudantes. A função impulso periódico é caracterizada por ter o espaçamento entre impulsos (o período fundamental) como um parâmetro subscrito em vez de ser determinada por redimensionamento na escala do tempo. Quando o período fundamental é modificado, as intensidades dos impulsos não mudam no mesmo instante de tempo em que mudam na função comb. Esse fato provoca uma separação efetiva entre o redimensionamento do tempo e o redimensionamento da intensidade do impulso no tempo contínuo e, com isso, reduz certas confusões entre os estudantes, os quais já são desafiados pelas abstrações de muitos outros conceitos como a convolução, a amostragem e as transformadas com integrais. Embora redimensionamentos do tempo e da intensidade do impulso não aconteçam simultaneamente na forma discretizada no tempo, também modifiquei a notação de modo que se tornasse análoga à nova função impulso periódico contínua no tempo.

10. A discussão sobre como e quando abordar tópicos no tempo contínuo e no tempo discreto provavelmente nunca chegará a um consenso final. Grande parte dos livros-textos atuais abordam tais tópicos de maneira praticamente paralela, em vez de realizar uma abordagem seqüencial, e a maioria de meus revisores prefere essa ordem. Porém, há uma minoria significativa de professores que opta por abordar todos os conceitos e métodos relativos ao tempo contínuo antes de iniciar o estudo no domínio do tempo discreto, e há algumas grades curriculares que não incluem o tempo discreto em seus cursos de sinais e sistemas. É impossível satisfazer completamente ambos os pontos de vista em um único livro e, portanto, realizei a abordagem dos tópicos paralelamente. Entretanto, modularizei as discussões de um modo que facilitará mais a separação dos tópicos do que no livro apropriado para dois semestres. Na maioria dos casos, trato dos tópicos relacionados ao tempo contínuo em um capítulo e dos tópicos relacionados ao tempo discreto no capítulo seguinte. Além disso, busquei deixar independentes os capítulos sobre tempo contínuo para que o professor possa cobrir apenas o domínio do tempo contínuo em um único semestre. Ademais, o consenso claro (mas não universal) entre os revisores era de que tópicos sobre tempo contínuo fossem sempre abordados antes dos conceitos correspondentes no domínio do tempo discreto. No livro para dois semestres, abordei a convolução discretizada no tempo antes da convolução contínua no tempo, por admitir ser mais fácil compreender a forma discretizada no tempo. Pessoalmente, ainda tenho uma ligeira preferência por aquela ordem, mas, em resposta às observações dos revisores, introduzi primeiro a convolução contínua no tempo neste livro para um semestre.

RESUMO DOS CAPÍTULOS

O Capítulo 1 é uma introdução aos conceitos gerais envolvidos na análise de sinais e sistemas sem qualquer rigor matemático. O objetivo é motivar o estudante pela demonstração da ubiqüidade dos sinais e sistemas em nossas vidas diárias e a importância de compreendê-los. Há diversos exemplos de sinais e sistemas contínuos e discretizados no tempo, alguns dos quais são analisados em maiores detalhes nos Capítulos 4 e 5.

O Capítulo 2 consiste em uma exploração dos métodos para descrição matemática de sinais contínuos no tempo de diversas naturezas. Revê funções conhecidas, como senóides contínuas no tempo e exponenciais, e então amplia a gama de funções descritoras de sinais para incluir as funções de singularidade contínuas no tempo (funções de chaveamento) e outras funções que estão relacionadas às primeiras por meio da convolução e/ou transformada de Fourier. Como na maioria dos livros-textos sobre sinais e sistemas, se não em todos, o degrau unitário, a função sinal, o impulso unitário, a rampa unitária e a função *sinc* unitária são definidos. Juntamente com essas funções, também são definidos um pulso retangular, um pulso triangular, um impulso periódico e uma função de Dirichlet. Acredito que tais funções sejam bastante convenientes e úteis por causa da notação compacta que elas proporcionam. A função impulso periódico, juntamente com a convolução, oferece um modo especialmente conciso de descrever matematicamente sinais periódicos arbitrários.

Após introduzir as novas funções de sinais contínuos no tempo, abordo os tipos comuns de alterações produzidas em sinais como o redimensionamento de escala da amplitude, o deslocamento no tempo, o redimensionamento de escala do tempo, a diferenciação e a integração. A partir daí, aplico tais modificações às funções dos sinais. Em seguida, apresento certas características dos sinais que os tornam invariantes a determinadas transformações, paridade (ser função par ou ímpar) e periodicidade, além de algumas das implicações destas características de sinal na análise de sinais. A última seção trata da energia e potência de sinal.

O Capítulo 3 aborda os sinais discretizados no tempo, seguindo um caminho análogo àquele realizado para sinais contínuos no tempo. Introduzo a senóide e a exponencial discretizadas no tempo e comento sobre os problemas de determinação do período de uma senóide discretizada no tempo. Essa é a primeira exposição aos estudantes de algumas das implicações relacionadas com a amostragem. Defino algumas funções de sinal discretizadas no tempo, análogas às funções de singularidade contínuas no tempo. Em seguida, exploro o redimensionamento de escala da amplitude, o deslocamento no tempo, o redimensionamento de escala do tempo, o conceito de diferenças e o conceito de acumulação para as funções de sinal discretizadas no tempo, destacando as implicações e problemas exclusivos que ocorrem, especialmente quando redimensionamos na escala do tempo as funções discretizadas no tempo. Logo depois, defino energia e potência de sinal para sinais discretizados no tempo.

O Capítulo 4 contém uma introdução à descrição matemática dos sistemas contínuos no tempo. Em primeiro lugar, há seções sobre modelagem matemática de vários sistemas (introduzidos pela primeira vez no Capítulo 1). Em seguida, abordei as formas mais comuns de classificação de sistemas com base nas propriedades de homogeneidade, aditividade, linearidade, invariância no tempo, causalidade, memória, não-linearidade estática e inversibilidade. Como exemplo, apresento diversos tipos de sistemas que possuem ou não tais propriedades, e mostro como provar as várias propriedades por meio da descrição matemática do sistema.

O Capítulo 5 é análogo ao Capítulo 4, exceto que se refere a sistemas discretizados no tempo.

O Capítulo 6 introduz a resposta ao impulso e a integral de convolução no domínio do tempo como componentes da análise sistemática da resposta de sistemas contínuos no tempo lineares e invariantes no tempo. Apresento as propriedades matemáticas da convolução e um método gráfico para a compreensão daquilo que a fórmula da integral de convolução indica. Também mostro como as propriedades da convolução podem ser utilizadas para combinar subsistemas conectados em cascata ou em paralelo em um único sistema e qual deve ser a resposta ao impulso do sistema total. O conceito de uma função de transferência é introduzido através da consideração da resposta de um sistema excitado por uma exponencial complexa e é posteriormente particularizada para a resposta em freqüência. A última seção trata da realização de sistemas em diagrama de blocos utilizando-se as equações de sistema.

O Capítulo 7 representa um paralelo do Capítulo 6, além de introduzir a resposta ao impulso e a soma de convolução discretizada no tempo como componentes na análise sistemática da resposta de sistemas discretizados no tempo lineares e invariantes no tempo. A função de transferência, a resposta em freqüência e a realização de sistema são igualmente introduzidos.

O Capítulo 8, a respeito de séries de Fourier contínuas no tempo, é o início da exposição do estudante aos métodos de transformada. Começo pela colocação do problema de análise de um sistema com uma excitação periódica arbitrária e mostro que a análise pode ser bastante confusa se feita através da convolução. Logo, introduzo o conceito que qualquer sinal de utilidade para a engenharia pode ser representado *durante um tempo finito* por uma combinação linear de senóides, reais ou complexas. A seguir, mostro que sinais periódicos podem ser representados *para todo o tempo* como uma combinação linear de senóides. Formalmente, deduzo a série de Fourier por meio do uso do conceito de ortogonalidade para mostrar onde a descrição de sinal como uma função do número harmônico discreto (a função harmônica) se origina. Cito as condições de Dirichlet para que os estudantes saibam que a série de Fourier se aplica a todos os sinais práticos, mas não a todos os sinais imagináveis.

Há uma seção principal em que o processo matemático de determinação da função harmônica é desenvolvido, com muitas demonstrações gráficas, partindo-se de uma única senóide e progredindo para múltiplas senóides e funções não senoidais. O último tópico dessa seção mostra o cálculo computacional numérico aproximado de uma função harmônica em série de Fourier por meio de amostras, usando a transformada discreta de Fourier (DFT). Introduzo a DFT como uma conseqüência natural de um método numérico de diferenças finitas para aproximação da função harmônica.

As próximas seções consistem na exploração das propriedades da série de Fourier. Procurei fazer a notação e as propriedades da série de Fourier tão similares e análogas quanto possível à transformada de Fourier, que aparecem posteriormente. A função harmônica compõe um "par de séries de Fourier" com a função do tempo. Como é convencional na grande parte dos livros sobre sinais e sistemas, utilizei uma notação para todos os métodos de transformada em que letras minúsculas são adotadas para quantidades no domínio do tempo e letras maiúsculas para suas transformadas (neste caso, suas funções harmônicas). Tal notação suporta o entendimento da interrelação existente entre os métodos de Fourier. Adotei uma abordagem "universal" para duas convenções notacionais diferentes que são comumente vistas em livros sobre sinais e sistemas, sistemas de controle, processamento digital de sinais, sistemas de comunicação e outras aplicações para os métodos de Fourier, tais como processamento de imagens e a óptica de Fourier: o uso tanto da freqüência cíclica f quanto da freqüência angular ω. Utilizo ambas as formas, e destaco que as duas são simplesmente relacionadas por meio de uma mudança de variável. Acredito que desse modo os estudantes ficam mais bem preparados para se depararem com ambas as formas existentes em outros livros que provavelmente usarão em suas carreiras universitárias e profissionais. Enfatizo também alguns aspectos da série de Fourier, especialmente em relação ao uso de diferentes tempos de representação, visto que esse aspecto consiste em uma idéia importante que aparecerá mais tarde no Capítulo 14 que trata da amostragem e da transformada discreta de Fourier (DFT). Recomendo aos estudantes utilizarem as tabelas e as propriedades para determinarem funções harmônicas, pois esta prática os prepara para um procedimento parecido realizado para a obtenção das transformadas de Fourier e, posteriormente, das transformadas de Laplace e transformadas z. Criei uma seção que trata da convergência da série de Fourier, demonstrando o fenômeno de Gibbs presente nas descontinuidades de uma função. A última seção aborda a análise de sistemas SLIT com excitação periódica usando as séries de Fourier.

O Capítulo 9 apresenta os mesmos conceitos básicos contidos no Capítulo 8, porém aplicados aos sinais discretizados no tempo. Destaco as diferenças importantes causadas pelas diferenças entre sinais contínuos no tempo e discretizados no tempo, especialmente o intervalo do somatório finito da série de Fourier discretizada no tempo em oposição ao intervalo do somatório infinito (geralmente) na série de Fourier contínua no tempo. A dedução da série de Fourier discretizada no tempo é feita usando os princípios de vetor e matriz juntamente com o princípio da ortogonalidade. Realço a importância do fato de que a série de Fourier discretizada no tempo relaciona um conjunto finito de valores com outro conjunto finito de valores, tornando-o apropriado para o cálculo numérico computacional direto que pode ser realizado usando-se a DFT. Além disso, mostro a grande similaridade entre a série de Fourier discretizada no tempo e a transformada discreta de Fourier (DFT). A última seção trata da análise de sistemas SLIT com excitação periódica usando as séries de Fourier discretizadas no tempo.

O Capítulo 10 estende os conceitos da série de Fourier a sinais contínuos no tempo aperiódicos e introduz a transformada de Fourier. Inicio pela consideração do problema de determinação da resposta de um sistema SLIT a uma excitação aperiódica e mostro como ela pode ser aproximada usando a análise por série de Fourier ainda que ela se aplique somente e exatamente às excitações periódicas. Introduzo o conceito da transformada de Fourier contínua no tempo pela inspeção do que acontece a uma série de Fourier à medida que o período do sinal tende ao infinito e, então, defino e deduzo a transformada de Fourier como uma generalização da série de Fourier. Seguindo esses passos, apresento todas as propriedades importantes associadas à transformada de Fourier. Também mostro como a DFT pode ser utilizada para aproximar a transformada de Fourier contínua no tempo de um sinal de energia.

O Capítulo 11 aborda a transformada de Fourier discretizada no tempo, introduzindo e deduzindo-a de um modo análogo ao que foi feito no Capítulo 10. A última e principal seção contém uma comparação entre os quatro métodos de Fourier. Essa seção é importante porque enfatiza novamente muitos dos conceitos sobre (1) tempo contínuo e tempo discreto e (2) amostragem no tempo e amostragem na freqüência (que será importante no Capítulo 14, o qual tratará da amostragem e da transformada discreta de Fourier). Enfatizo particularmente a dualidade entre a amostragem em um domínio e a repetição periódica no outro domínio e a "equivalência de informação" de um sinal amostrado e um sinal amostrado *por impulso*.

O Capítulo 12 é dedicado à aplicação dos métodos de Fourier a dois tipos de análise de sistemas contínuos no tempo para os quais se é particularmente bem adequado: filtros e sistemas de comunicação. Primeiramente, exploro o significado do termo "resposta em freqüência" por meio de um exemplo extenso sobre filtragem na faixa de áudio feita por um sistema de áudio para entretenimento doméstico. Defino o filtro ideal e volto ao conceito de causalidade para mostrar que o filtro ideal não pode ser implementado como um sistema físico. Esse é um exemplo de projeto no domínio da freqüência que não pode ser concretizado, mas pode ser aproximado, no domínio do tempo. Em seguida, discuto e analiso alguns filtros passivos e ativos práticos simples e demonstro que são sistemas causais. Diagramas de Bode são introduzidos como um método de análise rápida de sistemas cascateados. Logo depois, introduzo as formas mais simples de modulação e mostro como a análise por Fourier auxilia consideravelmente a compreendê-los. Após a introdução da modulação por amplitude de pulso amplio a idéia geral da amostragem por impulso e exponho ao estudante, pela primeira vez, o teorema da amostragem. A explanação é acompanhada de uma breve discussão sobre interpolação e amostragem por impulso de senóides com alguns exemplos ilustrativos. Essas idéias são exploradas em maiores detalhes no Capítulo 14. O conteúdo a respeito de amostragem por impulso foi colocado neste capítulo para ajudar aqueles professores que não pretendem abordar o Capítulo 14, seja por causa da falta de tempo, seja pelo fato de não tratarem de sinais e sistemas discretizados no tempo.

O Capítulo 13 aborda assuntos paralelamente ao conteúdo do Capítulo 12 a respeito de filtros discretizados no tempo ideais e práticos. Há material sobre projetos de filtros digitais simples e aproximações para filtros ideais usando conceitos de filtros para resposta ao impulso de duração finita.

O Capítulo 14 corresponde a uma completa exploração da correspondência entre um sinal contínuo no tempo e um sinal discretizado no tempo, criado por meio da amostragem do primeiro. A primeira seção começa pela questão sobre a quantidade de amostras que são suficientes para descrever um sinal contínuo no tempo. Em seguida, a questão é respondida pela dedução do teorema da amostragem usando a transformada de Fourier discretizada no tempo para descrever um sinal discretizado no tempo formado pela amostragem de um sinal contínuo no tempo. Então, faço uma revisão da amostragem *por impulso*, vista no Capítulo 12, para indicar a correspondência entre um sinal amostrado e um sinal amostrado por impulso. Então, discuto os métodos de interpolação, teóricos e práticos, as propriedades especiais de sinais periódicos limitados em banda e, finalmente, a transformada de Fourier discretizada no tempo em detalhes, relacionando-a com a série de Fourier discretizada no tempo. Elaboro um completo desenvolvimento da DFT começando pelo sinal contínuo no tempo e depois realizando a amostragem no tempo, janelamento e amostragem em freqüência do sinal para compor dois sinais, cada um completamente descrito por um conjunto finito de valores e exatamente relacionado pela DFT.

O Capítulo 15 introduz a transformada de Laplace e sua aplicação à análise de sinais e sistemas contínuos no tempo. Abordo a transformada de Laplace sob dois pontos de vista: como uma generalização da transformada de Fourier para uma classe mais ampla de sinais e como um resultado que naturalmente se segue originado da excitação de um sistema linear invariante no tempo por um sinal exponencial complexo. Começo pela definição da transformada de Laplace bilateral e pela discussão da significância da região de convergência. A seguir, defino a transformada de Laplace unilateral e uso-a até o final do capítulo. Exploro completamente o método de expansão em frações parciais para a obtenção de transformadas inversas e, logo depois, apresento exemplos de resolução de equações diferenciais com condições iniciais.

O restante do Capítulo 15 aborda várias aplicações da transformada de Laplace, incluindo a representação em diagramas de blocos de sistemas no domínio da freqüência complexa, estabilidade de sistemas, interconexões entre sistemas, conceitos fundamentais sobre sistemas retroalimentados, resposta de sistemas a sinais padrão, resposta em freqüência e realizações padronizadas.

O Capítulo 16 introduz a transformada z e sua aplicação à análise de sinais e sistemas. O desenvolvimento é feito em paralelo com o desenvolvimento da transformada de Laplace, excetuando-se que a primeira é aplicável a sinais e sistemas discretizados no tempo. Inicialmente, defino a transformada bilateral e discuto a região de convergência. Em seguida, defino a transformada unilateral. Apresento todas as propriedades relevantes e demonstro a transformada inversa usando a expansão em frações parciais e a solução de equações diferenciais com condições iniciais. Também mostro a relação entre a transformada de Laplace e a transformada z, idéia importante na aproximação de sistemas contínuos no tempo por sistemas discretizados no tempo.

O restante do Capítulo 16 lida com aplicações da transformada z. Os tópicos principais são: aproximação de sistemas contínuos no tempo por meio de sistemas discretizados no tempo, respostas a sinais padrão, resposta em freqüência, interconexões entre sistemas e realizações de sistemas padronizados.

Existem vários apêndices no livro impresso, começando por aquele que contém relações matemáticas úteis. Há tabelas que contêm os métodos de Fourier e tabelas referentes a pares de transformadas de Laplace e transformadas z.

Há também outros apêndices disponíveis na Internet no endereço eletrônico **www.mhhe.com/roberts** (em inglês), que tratam de uma variedade de tópicos relacionados. Os apêndices mais significativos são aqueles a respeito do MATLAB, das propriedades de convolução, das deduções de propriedades de Fourier, dos métodos de amostragem prática, do algoritmo FFT, das deduções para a transformada de Laplace e das propriedades da transformada z, dos números e variáveis complexos, das equações diferenciais e de diferenças e de vetores e matrizes. Esses últimos três tópicos são geralmente considerados pré-requisitos mínimos para um curso de sinais e sistemas. Os apêndices são escritos como capítulos de livros contendo exercícios ao final de cada um deles. Eles podem ser utilizados para propósitos de revisão se os estudantes de uma turma em particular acharem necessário.

CONTINUIDADE

O Capítulo 1 é uma introdução geral aos sinais e sistemas contínuos e discretizados no tempo. Começando pelo Capítulo 2 e se estendendo ao Capítulo 13, todos os capítulos pares tratam de sinais e sistemas contínuos no tempo e todos os capítulos ímpares abordam sinais e sistemas discretizados no tempo. O Capítulo 14 trata da amostragem e combina conceitos de tempo contínuo com tempo discreto. O Capítulo 15 aborda o tempo contínuo (a transformada de Laplace) e o Capítulo 16 trata do tempo discreto (a transformada z). Portanto, um professor que deseje abordar somente a análise de sinais e sistemas contínuos no tempo pode fazê-lo apenas pela seleção dos Capítulos 1, 2, 4, 6, 8, 10, 12 e 15 sem perda de continuidade. Um professor poderia até mesmo cobrir os capítulos sobre tempo contínuo e, em seguida, voltar terminando com a abordagem dos capítulos que tratam do tempo discreto, se for o caso.

REVISÕES E EDIÇÃO

Freqüentemente, digo aos meus estudantes que se eles realmente querem aprender a respeito de um assunto, devem lecionar um curso que trate deste assunto. A situação de se estar diante de um grupo de pessoas muito inteligentes apresentando um dado conteúdo exige disciplina rigorosa para se aprender o conteúdo. Depois de ter escrito este livro, posso corrigir tal afirmação ao dizer que se alguém deseja aprender um assunto *muito* bem, deveria aceitar escrever um livro-texto sobre o assunto em questão. O processo de revisão de um material equivale a ter uma disciplina semelhante, embora essa atividade não seja muito pública. A parte pública aparece depois da publicação. Este livro conta com uma boa quantidade de revisores, especialmente aqueles que realmente investiram seu tempo e realizaram críticas e sugestões de melhorias. Sou profundamente grato a eles.

Agradeço também aos vários estudantes que assistiram a minhas aulas ao longo dos anos. Acredito que nossa relação é mais simbiótica do que imaginam. Eles aprendem análise de sinais e sistemas comigo e eu aprendo como lecionar análise de sinais e sistemas com eles. Não consigo lembrar o número de vezes que fui presenteado com uma questão extremamente perceptiva feita por um aluno que revelava não apenas que os estudantes não estavam entendendo um conceito, mas que também eu não havia compreendido anteriormente o tópico tão bem quanto achava.

ESTILO DO TEXTO

Cada autor acredita que tenha encontrado uma forma melhor de expor um conteúdo de modo que os estudantes possam entender, e eu não sou exceção. Ensinei este conteúdo por muitos anos e, através da experiência construída pela aplicação de testes e acompanhamento das notas, busquei identificar o que estudantes geralmente entendem e o que eles não entendem. Dediquei incontáveis horas em meu escritório explicando a eles estes conceitos e, por meio dessa experiência, descobri o que era realmente necessário dizer. Em minha redação, tentei apenas dizer diretamente ao leitor usando um estilo próximo ao da conversação simples e direta, tentando evitar a formalidade desconcertante e, tanto quanto possível, antecipando conceitos errados costumeiros e revelando as falácias contidas neles. Métodos de transformadas não são idéias óbvias e, à primeira vista, estudantes podem facilmente ficar atolados em um pântano pertubador de abstrações e perder de vista o objetivo, que é analisar a resposta de um dado sistema aos sinais. Experimentei (assim como todo autor busca fazer) encontrar a combinação mágica de acessibilidade e rigor matemático, pois ambos são importantes. Penso que meu estilo de escrita seja claro e direto, mas você, leitor, será o juiz que dará o veredicto final sobre a veracidade do que acabei de afirmar.

EXERCÍCIOS

O livro contém quase 600 exercícios, muitos dos quais têm múltiplas partes. Cada capítulo tem um grupo de exercícios acompanhados de respostas e um segundo grupo de exercícios sem respostas. O primeiro grupo é visto, de uma certa forma, como um conjunto de exercícios para "aquecimento" e o segundo como um conjunto de exercícios mais desafiadores. Alguns deles requerem que os estudantes atentem aos detalhes de uma análise mais complexa e outros exigem que respondam questões de alto nível baseadas em um conhecimento mais amplo integrado e na intuição adquirida pela realização de análises detalhadas.

COMENTÁRIOS FINAIS

Agradeço toda e qualquer crítica, correção e sugestão. Todas as observações, incluindo aquelas com as quais não concordo e aquelas que outros discordem, terão um impacto construtivo na próxima edição, visto que apontam para um problema. Se alguma coisa não parece estar correta para você, provavelmente incomodará outras pessoas também, e é o meu papel como autor encontrar um jeito de resolver este problema. Sendo assim, encorajo-o a ser claro e direto em qualquer apontamento sobre aquilo que acredita que deva ser alterado e, portanto, não hesite em mencionar quaisquer erros que possa encontrar, dos mais triviais aos mais significativos.

Michael J. Roberts, Professor de

Engenharia Elétrica e da Computação

da Universidade do Tennessee, Knoxville

mjr@utk.edu

NOSSO COMPROMETIMENTO COM A EXATIDÃO

Você tem o direito de esperar um livro-texto exato, e a Engenharia da McGraw-Hill investe tempo e esforço consideráveis para assegurar que possamos lhe oferecer uma obra assim. Estão listadas a seguir as muitas etapas pelas quais passamos ao longo do nosso procedimento.

NOSSO PROCESSO DE VERIFICAÇÃO DA EXATIDÃO

Primeira Etapa

Passo 1: Numerosos **professores de engenharia de cursos superiores** revisam o manuscrito e relatam erros à equipe editorial. Os autores revisam suas observações e comentários e efetuam as correções necessárias nos manuscritos.

Segunda Etapa

Passo 2: Um **especialista da área** inspeciona cada exemplo, exercício e soluções no manuscrito final para verificar sua exatidão. Os autores revisam quaisquer correções resultantes e as incorporam ao manuscrito final e ao manual de soluções.

Passo 3: O manuscrito é encaminhado para um **editor de texto**, que revisa as páginas buscando fazer considerações gramaticais e estilísticas. Ao mesmo tempo, o especialista da área inicia uma segunda verificação cuidadosa. Todas as correções são enviadas simultaneamente aos **autores**, que revisam e integram à editoração e, em seguida, submetem as páginas do manuscrito à formatação.

Terceira Etapa

Passo 4: Os **autores** revisam suas provas de páginas com dois propósitos: (1) certificarem-se de que qualquer correção anterior tenha sido adequadamente realizada, e (2) procurar por quaisquer erros que possam ter passado despercebidos.

Passo 5: Um **leitor de prova** é escolhido para o projeto com a função de examinar as novas provas de páginas, realizar uma dupla checagem do trabalho dos autores, e acrescentar um novo olhar crítico ao livro. As revisões são incorporadas à nova remessa de páginas, as quais são submetidas a uma outra verificação pelos autores.

Quarta Etapa

Passo 6: A **equipe do autor** submete o manual de soluções ao **especialista da área**, que fica responsável por checar a coerência entre as páginas do texto e o manual de soluções como uma última revisão.

Passo 7: O **gerente de projeto**, a **equipe editorial** e a **equipe do autor** revisam as páginas para uma verificação final precisa.

O livro-texto em engenharia resultante é submetido aos vários níveis para certificação da qualidade e é verificado de modo que seja, tanto quanto possível, preciso e livre de erros. Nossos autores e o pessoal da publicação estão convictos de que, através desse processo, oferecemos livros-textos líderes no mercado em termos de correção e integridade técnica.

CAPÍTULO 1

Introdução

O engenheiro ideal é uma combinação... Ele não é um cientista, não é um matemático, não é um sociólogo e nem um escritor; mas ele pode utilizar o conhecimento e as técnicas de qualquer uma ou de todas essas áreas para resolver problemas de engenharia.

Nathan W. Dougherty, ex-decano de Engenharia da Universidade do Tennessee

1.1 SINAIS E SISTEMAS DEFINIDOS

Qualquer fenômeno físico variante no tempo que se aplica à transferência de informação é um **sinal**. Exemplos de sinais são a voz humana, a linguagem de sinais, o código Morse, semáforos de trânsito, tensão em cabos telefônicos, campos elétricos gerados por transmissores de rádio ou televisores e variações na intensidade de luz no interior de uma fibra óptica em uma rede de telefonia ou de computadores. **Ruído** é um sinal na medida em que é um fenômeno físico variante no tempo, mas normalmente não contém informação útil e é considerado indesejável.

Sinais são modificados por **sistemas**. Quando um ou mais **estímulos** ou sinais de **entrada** são aplicados a uma ou mais **entradas** do sistema, este produz uma ou mais **respostas** ou sinais de **saída** em suas **saídas**. A Figura 1.1 é um diagrama de sistema de única entrada e única saída.

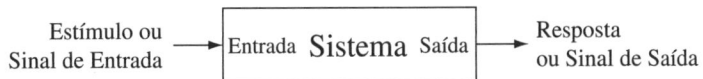

Figura 1.1
Diagrama de blocos de um sistema simples.

Em um sistema de comunicação, o transmissor gera um sinal e o receptor recupera-o. Um canal é o caminho que o sinal percorre desde o transmissor até o receptor e a presença de ruído é inevitável no transmissor, canal e receptor, muitas vezes em múltiplos pontos (Figura 1.2).

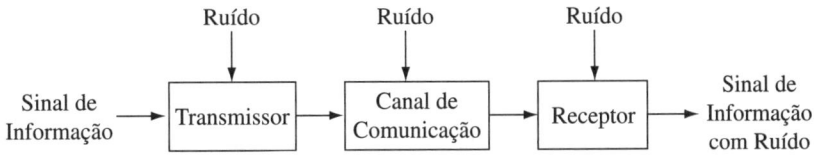

Figura 1.2
Um sistema de comunicação.

O transmissor, o canal de comunicação e o receptor são **componentes** ou **subsistemas** de todo o sistema. Instrumentos científicos são sistemas que medem um fenômeno físico (temperatura, pressão, velocidade etc.) e convertem-no em uma tensão ou corrente, ou seja, um sinal. Sistemas de controle de edifícios comerciais (Figura 1.3), sistemas de controle de processos em plantas[1] industriais (Figura 1.4), máquinas agrícolas modernas (Figura 1.5), aviônica encontrada em aeronaves, controle de ignição e bombeamento de combustível em automóveis etc., são todos sistemas que lidam ou manipulam sinais.

Figura 1.3
Edifícios de escritórios modernos.
© Vol. 43 PhotoDisc/Getty

Figura 1.4
Uma típica sala de controle de plantas industriais.
© Royalty-Free/Punchstock

---

1. N.T. O termo *plant* foi traduzido como planta com a acepção de instalação produtiva fabril, conforme versão 3.0 do *Dicionário Eletrônico Novo Aurélio Século XXI*.

Figura 1.5
Trator agrícola moderno com cabine hermética.
© Royalty-Free/Corbis

O termo "sistema" engloba até mesmo coisas como mercado de ações, governo, tempo, corpo humano etc. Todos respondem quando estimulados. Alguns sistemas são analisados em detalhes sem maiores dificuldades, alguns podem ser analisados de maneira aproximada, mas outros são tão complexos ou difíceis de mensurar que sabemos pouco ou quase nada sobre eles para poder compreendê-los.

1.2 TIPOS DE SINAIS

Existem várias classificações abrangentes de sinais: **contínuos no tempo, discretizados no tempo**, de **valor contínuo**, de **valor discreto**, **aleatório** e **não aleatório**. Um sinal contínuo no tempo é definido em cada instante de tempo para algum intervalo temporal. Outra designação comum associada ao sinal contínuo no tempo é o termo sinal **analógico** cuja variação com o tempo é **análoga** (proporcional) a algum fenômeno físico. Todos os sinais analógicos são sinais contínuos no tempo, mas nem todos os sinais contínuos no tempo são sinais analógicos (Figuras 1.6, 1.7 e 1.8).

A **amostragem** de um sinal consiste na obtenção de valores a partir de um sinal contínuo no tempo em instantes discretos no tempo. O conjunto de amostras é um exemplo de sinal discretizado no tempo. Um sinal discretizado no tempo pode também ser produzido por um sistema essencialmente de tempo discreto que produza valores de um sinal somente em certos instantes (Figuras 1.6 a 1.8). Nos Capítulos 12 e 14, investigaremos as condições em que um sinal discretizado no tempo, produzido por amostragem de um sinal contínuo no tempo, pode ser considerado uma representação adequada do sinal original.

Um sinal contínuo no tempo é aquele que pode ter qualquer valor em um contínuo de valores permitidos. O contínuo pode ser finito ou infinito. Em um contínuo, dois valores quaisquer podem estar arbitrariamente próximos um do outro. O conjunto dos números reais é um contínuo de extensão infinita. O conjunto dos números reais situados entre zero e um é um contínuo de extensão finita. Os dois exemplos anteriores são conjuntos compostos por uma quantidade infinita de membros (Figuras 1.6 a 1.8).

Um sinal de valores discretos pode ter apenas valores pertencentes a um conjunto discreto. Em um conjunto discreto de valores, a magnitude da diferença tomada entre dois valores é maior do que um dado número positivo. O conjunto dos números inteiros é um exemplo disso. Sinais discretos no tempo são comumente transmitidos como sinais **digitais**. O termo "sinal digital" refere-se à transmissão de uma seqüência de valores de um sinal discreto no tempo, representado por dígitos em alguma forma

Figura 1.6
Exemplos de sinal contínuo no tempo e sinal discretizado no tempo.

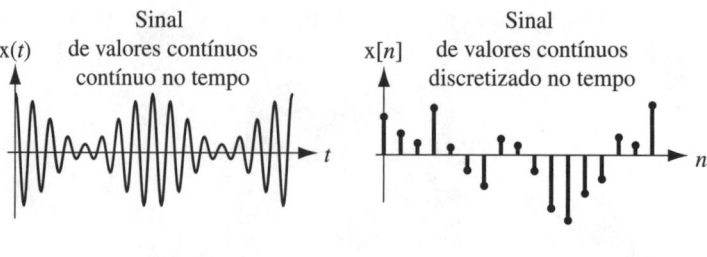

Figura 1.7
Exemplos de sinal contínuo no tempo e sinal digital.

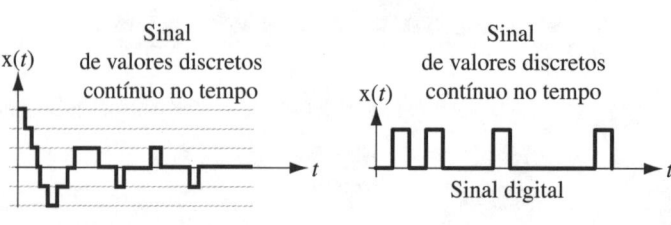

Figura 1.8
Exemplos de ruído e sinal digital ruidoso.

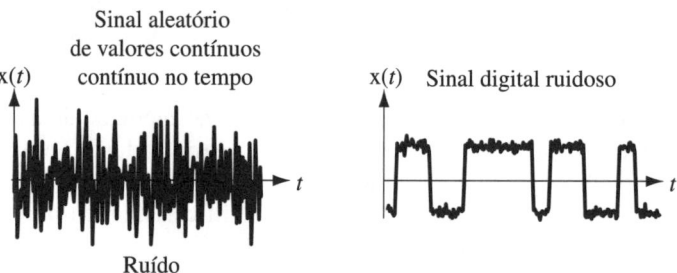

codificada (usualmente binária). O termo "digital" é também empregado, algumas vezes e de modo irrestrito, para se referir a um sinal de valores discretos que possa assumir apenas dois valores possíveis. Para tais tipos de sinais digitais, os dígitos são transmitidos por sinais contínuos no tempo. Neste caso, os termos contínuo no tempo e analógico não são sinônimos. Um sinal digital desse tipo é um sinal contínuo no tempo, mas não é um sinal analógico, porque sua variação de valores no tempo não é exatamente análoga ao fenômeno físico (Figuras 1.6 a 1.8).

Um sinal aleatório não pode ser estimado com exatidão e não pode ser descrito por uma função matemática. Um sinal **determinístico** é aquele que pode ser descrito matematicamente. Um nome comum para o sinal aleatório é ruído (Figuras 1.6 a 1.8).

Em processamentos de sinais ocorridos na prática, é muito comum realizar a aquisição de um sinal para processamento por meio de um computador que mostra, procede a **quantização** e **codificação** do referido sinal (Figura 1.9). O sinal original é contínuo no tempo com valores contínuos. A amostragem obtém seus valores em instantes discretos e tais valores compõem um sinal de valores contínuos discretizado no tempo. A quantização então aproxima cada amostra ao correspondê-la com o membro mais próximo pertencente a um conjunto finito de valores discretos, gerando, assim, um sinal de valores discretos discretizado no tempo. Cada valor do sinal membro do conjunto de valores discretos, em instantes discretos, é convertido em uma seqüência de pulsos retangulares, que o codifica em um número binário. Esse processo cria o sinal de valores discretos contínuo no tempo, usualmente denominado sinal digital. [As etapas ilustradas na Figura 1.9 são usualmente realizadas por um único dispositivo conhecido por conversor **analógico/digital** (conversor **A/D**[2])].

Uma aplicação comum para sinais digitais binários é o envio de mensagens de texto baseadas no código ASCII (American Standard Code for Information Interchange)

---

2. N.T. O termo ADC também pode ser empregado e deriva do inglês *Analog-to-Digital Converter*.

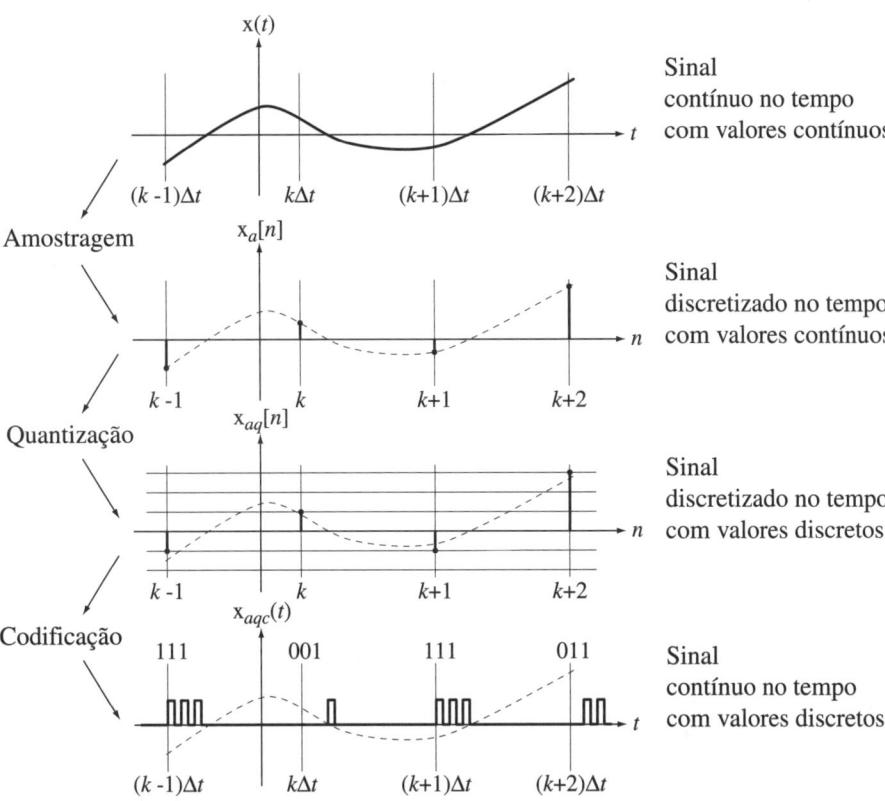

Figura 1.9
Amostragem, quantização e codificação de um sinal para ilustrar os vários tipos de sinais.

para representação dos caracteres. As letras do alfabeto, os dígitos 0-9, alguns caracteres de pontuação e diversos caracteres de controle não legíveis, perfazendo um total de 128, são codificados em uma seqüência de sete bits. Esses bits são enviados seqüencialmente, precedidos por um **bit de início**, e seguidos por um ou dois **bits de parada** para fins de sincronização. Tipicamente, em cabos de conexão direta entre equipamentos digitais, o bit 1 é representado pelo nível de tensão mais alto (entre 2V e 5V) e o bit 0 é representado pelo nível de tensão mais baixo (em torno de 0V). Em uma transmissão assíncrona que faz uso de 1 bit de início e 1 bit de parada, enviar a mensagem SIGNAL corresponderia à curva de tensão *versus* tempo ilustrada na Figura 1.10.

Sinais digitais são importantes na análise de sinais devido à ampla adoção de sistemas digitais. Sinais digitais apresentam melhor imunidade a ruídos do que sinais analógicos. Na comunicação por sinal binário, os bits ainda podem ser detectados claramente antes do ruído atingir grandes magnitudes, como ilustrado na Figura 1.11. A detecção dos valores dos bits em um fluxo é normalmente feita por meio da comparação entre o valor do sinal em um tempo de bit predeterminado e um valor limiar. Se ele está acima do limiar, é identificado como bit 1. Se o valor é inferior ao limiar, o bit é determinado como 0. Na Figura 1.11, as marcas 'x' indicam os valores do sinal correspondentes aos instantes de detecção. Quando essa técnica é empregada para o sinal

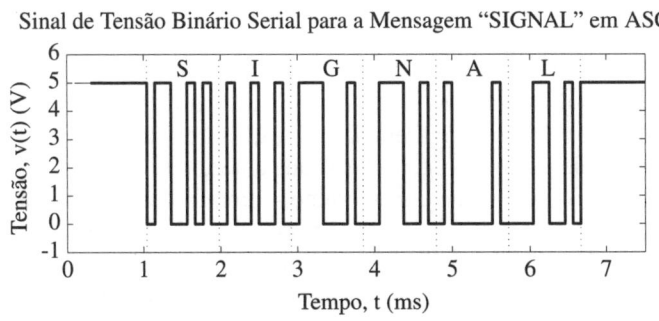

Figura 1.10
Sinal de tensão assíncrono e serial, codificado em padrão ASCII, para representar a palavra binária equivalente a SIGNAL.

Figura 1.11
Uso de filtro para diminuir a taxa de erro de bit em um sinal digital.

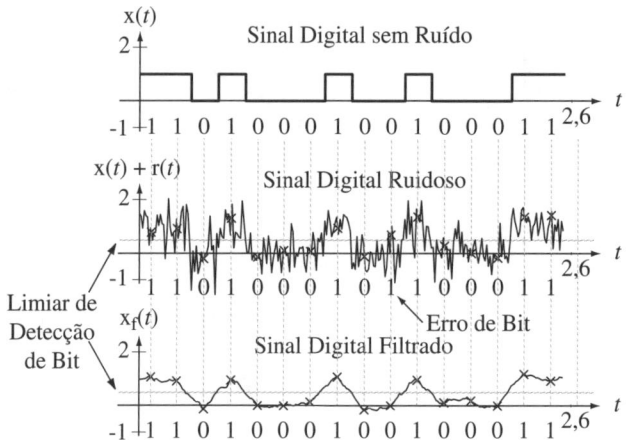

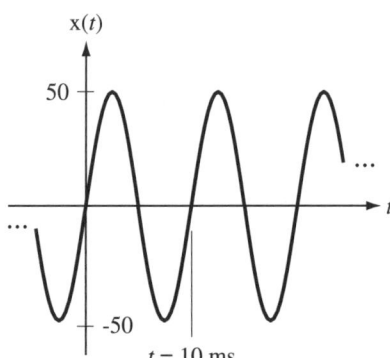

Figura 1.12
Um sinal contínuo no tempo descrito por uma função matemática.

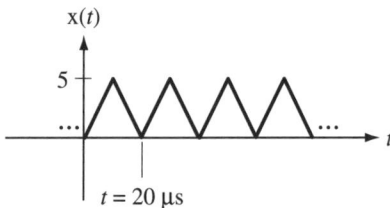

Figura 1.13
Um segundo sinal contínuo no tempo.

digital ruidoso, um dos bits é detectado incorretamente. Entretanto, quando o mesmo sinal é processado por um **filtro**, todos os bits são corretamente identificados. O sinal digital filtrado não se parece muito com o sinal digital sem ruído, mas os bits ainda podem ser detectados com uma baixíssima probabilidade de ocorrência de erro. Essa é a razão fundamental para se justificar a maior imunidade aos ruídos dos sinais digitais em relação aos sinais analógicos.

Consideraremos tanto os sinais contínuos quanto os sinais discretizados, mas ignoraremos (na maior parte das vezes) os efeitos da quantização do sinal e admitiremos que todos os sinais são de valores contínuos. Também, não levaremos em conta diretamente a análise de sinais aleatórios, embora estes sinais sejam usados algumas vezes em explicações demonstrativas.

O primeiro tipo que estudaremos será o sinal contínuo no tempo. Alguns sinais contínuos no tempo podem ser descritos por funções de tempo contínuas. Um sinal x(t) poderia ser descrito, por exemplo, pela função x(t) = 50 sen (200πt) de tempo contínuo t. Essa é uma descrição exata do sinal a cada instante de tempo. O sinal também pode ser descrito graficamente (Figura 1.12).

Muitos sinais contínuos no tempo não são tão fáceis de descrever matematicamente. Formas de onda como aquela da Figura 1.13 aparecem em diversos tipos de sistemas de comunicação e instrumentação. Com base na definição de algumas funções de sinais e de uma operação denominada **convolução**, a forma de onda ou sinal em questão é descrita, analisada e manipulada matematicamente de modo mais compacto. Sinais contínuos no tempo, que podem ser descritos por funções matemáticas, podem ser representados em outro **domínio** chamado **domínio da freqüência** através da **transformada de Fourier para tempo contínuo**. Embora seja provável que não esteja claro até o momento o que se entende por **transformada** no contexto em questão, a transformada de um sinal para o domínio da freqüência é uma importante ferramenta na análise de sinais. Ela torna mais clara a observação de certas características do sinal e mais fácil a sua manipulação do que no domínio do tempo. (No domínio da freqüência, o sinal é descrito em termos das freqüências que ele contém.) Sem a análise no domínio da freqüência, o projeto e a análise de muitos sistemas poderiam ser consideravelmente mais difíceis.

Sinais discretizados no tempo são definidos somente em pontos discretos no tempo. A Figura 1.14 ilustra alguns sinais discretizados no tempo.

Nos Capítulos 12 e 14, investigaremos a relação entre sinais contínuos no tempo e sinais obtidos por meio da amostragem dos sinais anteriores.

Até agora todos os sinais que consideramos foram descritos por funções dependentes do tempo. Existe uma classe importante de "sinais" que são funções do *espaço* em vez do tempo – imagens. Grande parte da teoria sobre sinais, a informação que eles portam e o modo como são processados pelos sistemas neste texto, será baseada nos

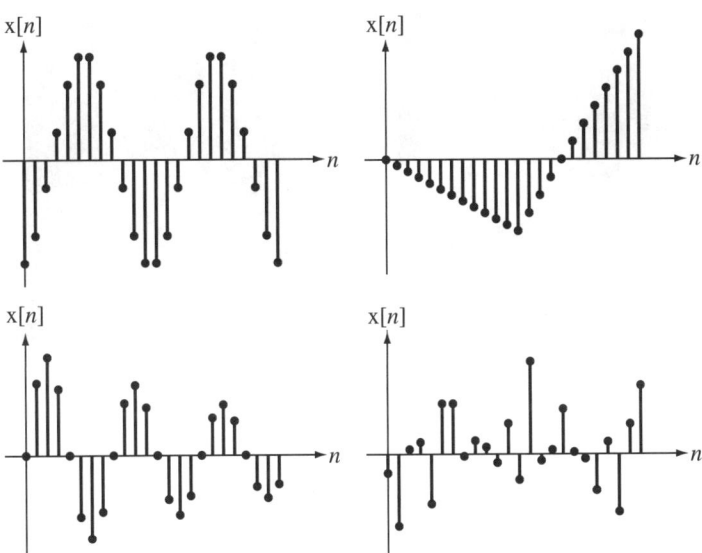

Figura 1.14
Alguns sinais discretizados no tempo.

sinais originados da variação de um fenômeno físico no tempo. Contudo, as teorias e os métodos até então desenvolvidos também são aplicáveis, com algumas pequenas modificações, ao processamento de imagens. Sinais temporais são descritos pela variação de um fenômeno físico em função de uma única variável independente – o tempo. Sinais espaciais, ou imagens, são descritos pela variação de um fenômeno físico em função de duas variáveis **espaciais**, ortogonais e independentes, convencionalmente referenciadas por x e y. O fenômeno físico é mais comumente a luz ou algum outro elemento que afete a sua transmissão ou reflexão, mas as técnicas de processamento de imagens são também aplicáveis a qualquer fenômeno que possa ser matematicamente descrito por uma função de duas variáveis independentes.

Historicamente, a aplicação prática das técnicas de processamento de imagens têm estado defasadas em relação à aplicação das técnicas de processamento de sinais. Isso ocorre porque a quantidade de processamento que deve ser realizada para se coletar informações contidas em imagens é tipicamente muito maior do que a quantidade exigida para se obter informação com base em um sinal temporal. Entretanto, agora o processamento de imagens está se tornando gradativamente viável como técnica usada em diversas situações. A maior parte do processamento de imagens é realizada por computadores. Algumas operações simples para o processamento de imagens podem ser feitas imediatamente por óptica, a velocidades muito altas (à velocidade da luz!). Todavia, o processamento de imagens por métodos ópticos diretos é muito limitado em relação à flexibilidade conseguida com o processamento digital de imagem feito por computadores.

A Figura 1.15 mostra duas imagens. À esquerda há uma imagem ainda não processada de uma bagagem de mão, obtida por raios X instalado em um ponto de checagem de um aeroporto. À direita encontra-se a mesma imagem, porém alterada pela aplicação de algumas operações de filtragem para revelar a presença de uma arma.

Este texto não pretende aprofundar-se em processamento de imagens, mas utilizará alguns exemplos relacionados para ilustrar conceitos em processamento de sinais.

A compreensão da maneira como os sinais portam informação e como sistemas processam sinais é fundamental em inúmeras áreas da engenharia. Técnicas para realizar a análise de sinais processados por sistemas são assunto deste texto. Este material pode ser considerado mais um texto de matemática aplicada do que algo que visa cobrir a construção de dispositivos úteis, mas entendê-lo é muito importante para o êxito na elaboração de projetos de tais dispositivos. O texto a seguir parte de definições e conceitos fundamentais para abordar uma vasta gama de técnicas de análise para sinais contínuos e discretizados no tempo em sistemas.

Figura 1.15
Um exemplo de processamento de imagem para revelar informação.
Imagem original de raios X e versão processada fornecida pelo IRIS (Imaging, Robotics and Intelligent Systems), Laboratório do Departamento de Engenharias Elétrica e da Computação da Universidade do Tennessee, Knoxville.

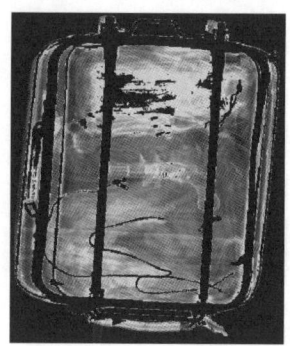

1.3 SISTEMAS

Existem muitos tipos diferentes de sinais e muitos tipos diferentes de sistemas. No texto a seguir são apresentados alguns exemplos de sistemas. A discussão está limitada aos aspectos qualitativos de sistemas com algumas exemplificações do comportamento dos sistemas sob determinadas condições. Esses sistemas serão abordados novamente nos Capítulos 4 e 5 onde serão discutidos mais detalhada e quantitativamente em relação à modelagem dos mesmos.

UM SISTEMA MECÂNICO

Um homem salta de uma ponte sobre um rio com uma longa corda elástica amarrada aos seus pés, ou seja, ele pratica *bungee jumping*. Será que irá se molhar? A resposta depende de diversos fatores:

(**1.**) a altura e o peso do homem;
(**2.**) a altura da ponte sobre a água; e
(**3.**) o comprimento e a elasticidade da corda.

Quando o homem salta da ponte, ele cai em queda livre até que a corda elástica seja totalmente estendida ao seu comprimento máximo. A partir daí, a dinâmica do sistema se altera, uma vez que existe agora uma outra força atuando no homem – a resistência da corda elástica contra a continuação do esticamento – e, portanto, ele não estará mais em queda livre. Podemos escrever e resolver a equação diferencial do movimento e determinar quão longe o homem irá antes da corda elástica puxá-lo de volta para cima. A equação diferencial de movimento é um **modelo matemático** desse sistema mecânico. Se o homem pesa 80 kg e mede 1,8 m, se a ponte está a 200 m acima do nível da água, se a corda elástica, de constante de mola igual a 11 N/m, tem um comprimento de 30 m (não esticada), a corda está totalmente estendida antes de $t = 2,47$ s e a equação de movimento, após a corda iniciar seu esticamento, pode ser definida como:

$$x(t) = -16,85\,\text{sen}(0,3708\,t) - 95,25\cos(0,3708\,t) + 101,3, \quad t > 2,47 \quad \textbf{(1.1)}$$

A Figura 1.16 mostra a posição do homem, ao longo do tempo, para os primeiros 15 segundos. Pelo gráfico, parece que o homem não se molhou por muito pouco.

UM SISTEMA HIDRÁULICO

Um sistema hidráulico também pode ser modelado por uma equação diferencial. Considere um tanque cilíndrico abastecido por um fluxo de entrada de água e com um orifício em seu fundo, através do qual flui água para fora dele (Figura 1.17).

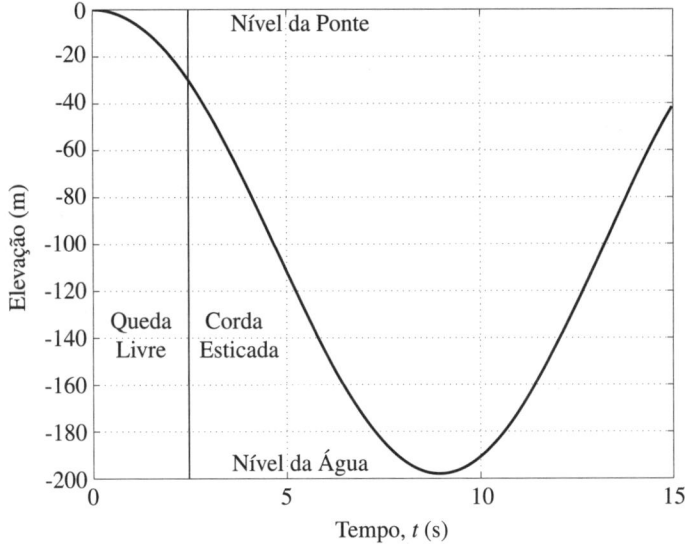

Figura 1.16
Posição vertical do homem ao longo do tempo (o nível da ponte é considerado zero).

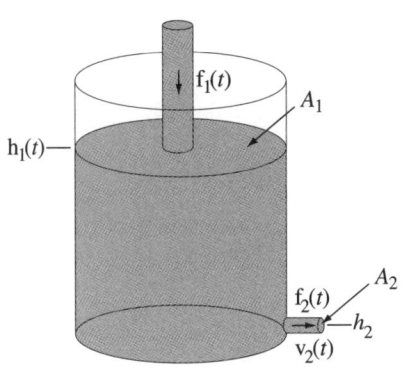

Figura 1.17
Tanque com orifício na parte inferior, sendo abastecido por meio de uma entrada superior.

O efluxo de água no orifício depende da altura da coluna de água no tanque. A variação dessa altura depende dos fluxos de entrada e saída da água. A taxa de variação do volume de água no tanque é calculada pela diferença entre os fluxos volumétricos entrante e sainte. O volume de água é a área da seção transversal do tanque vezes a altura da coluna de água. Todos esses fatores podem ser reunidos em uma equação diferencial que determina a altura da coluna de água $h_1(t)$.

$$A_1 \frac{d}{dt}(h_1(t)) + A_2 \sqrt{2g[h_1(t) - h_2]} = f_1(t) \tag{1.2}$$

O nível da água no tanque é traçado em função do tempo na Figura 1.18 para quatro fluxos entrantes diferentes, admitindo-se que o tanque esteja inicialmente vazio.

À medida que a água entra, o nível aumenta e isso provoca o aumento do fluxo de saída. O nível da água sobe até que o fluxo de saída se iguale ao fluxo de entrada e, a partir deste momento, o nível de água permanece constante. Observe que ao se dobrar

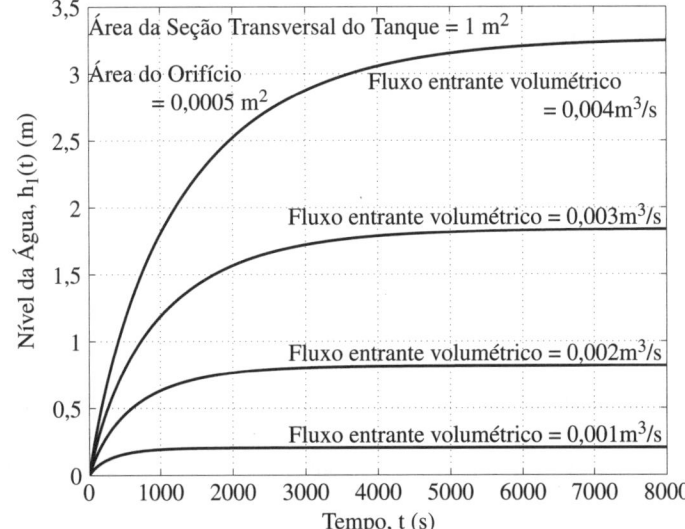

Figura 1.18
Nível da água ao longo do tempo para quatro fluxos entrantes diferentes, no tanque inicialmente vazio.

o fluxo entrante, o nível de água final é multiplicado por um fator quatro. O nível de água final é proporcional ao quadrado do fluxo entrante volumétrico. Essa relação resulta do fato de que a equação diferencial é não-linear.

UM SISTEMA DISCRETIZADO NO TEMPO

Sistemas discretizados no tempo podem ser projetados de várias formas. O exemplo prático mais comum de um sistema discretizado no tempo é o computador. Um computador é controlado por um sinal de relógio que determina a temporização de todas as suas operações. Muitas coisas acontecem em um computador em nível de circuito integrado entre um pulso de relógio e outro, mas o usuário do computador está apenas interessado naquilo que se processa durante os instantes de ocorrência dos pulsos de relógio. Do ponto de vista do usuário, o computador é um sistema discretizado no tempo.

Podemos simular a atividade de um sistema discretizado no tempo usando um programa de computador. Por exemplo,

```
yn = 1 ; yn1 = 0 ;
while 1,
   yn2 = yn1 ; yn1 = yn ; yn = 1.97*yn1 - yn2 ;
end
```

Esse programa de computador (escrito em linguagem do MATLAB) simula um sistema discretizado no tempo com um sinal de saída y, descrito pela equação diferencial

$$y[n] = 1{,}97 y[n-1] - y[n-2] \quad (1.3)$$

com as condições iniciais $y[0] = 1$ e $y[-1] = 0$. O valor de y a qualquer instante referenciado por n é obtido pela diferença entre o seu valor anterior, referenciado por $n-1$, multiplicado por 1,97, e o valor de y encontrado no instante $n-2$. O funcionamento desse sistema pode ser esquematizado como mostra a Figura 1.19.

Os dois quadrados contendo a letra D são atrasos unitários no tempo discreto e a seta próxima ao número 1,97 corresponde a um amplificador, que multiplica o seu sinal de entrada pelo fator 1,97 para produzir o sinal de saída equivalente. O círculo com um sinal de adição em seu interior é uma **junção somadora**. Ela adiciona os dois sinais de entrada (um deles é invertido primeiro) para produzir o seu sinal de saída. Os primeiros 50 valores do sinal produzido por este sistema são apresentados na Figura 1.20.

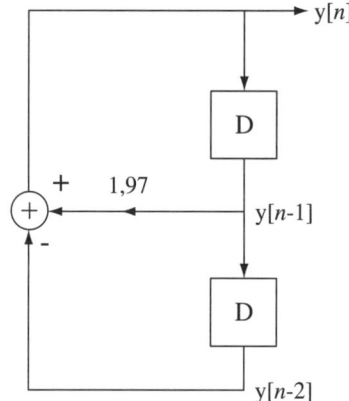

Figura 1.19
Um exemplo de sistema discretizado no tempo.

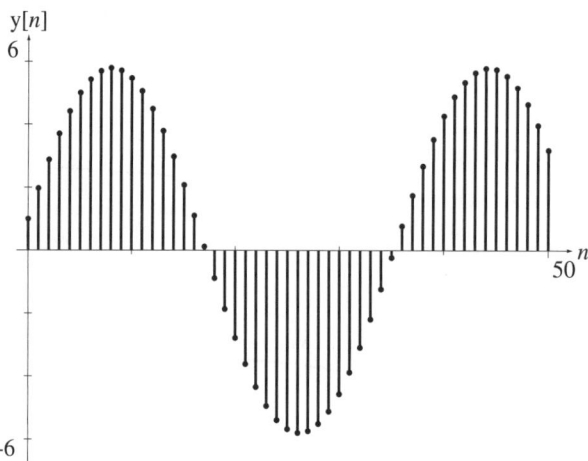

Figura 1.20
Sinal produzido pelo sistema discretizado no tempo da Figura 1.19.

O sistema da Figura 1.19 poderia ser construído em um hardware dedicado. Os atrasos de tempo discreto podem ser implementados por meio de registradores de deslocamento. A multiplicação por uma constante pode ser conseguida por meio de um amplificador ou por um hardware multiplicador digital. A soma dos sinais pode ser obtida com o uso de um amplificador operacional ou de um hardware somador digital.

SISTEMAS RETROALIMENTADOS

Outro aspecto importante sobre sistemas é o uso da **retroalimentação** para melhorar o desempenho de um sistema. Em um sistema retroalimentado, algum componente monitora sua resposta podendo modificar o sinal de entrada para o sistema com o intuito de melhorar a resposta. Um exemplo bastante familiar é o termostato em um domicílio para controlar quando o aparelho condicionador de ar deve ser ligado e desligado. O termostato possui um sensor de temperatura, e quando a temperatura em seu interior ultrapassa o nível ajustado pelo proprietário da casa, uma chave no termostato aciona o condicionador de ar. Quando a temperatura no interior do termostato fica um pouco abaixo do nível ajustado pelo proprietário da casa, a chave desliga o condicionador de ar. Parte do sistema (sensor de temperatura) está percebendo o elemento que deve ser controlado (temperatura do ar) e realimenta o sistema com um sinal para o dispositivo que efetivamente realiza o controle (aparelho condicionador de ar). Neste exemplo, o sinal da retroalimentação é simplesmente o ato de abertura ou fechamento de uma chave.

Retroalimentação é um conceito importante e muito útil, e sistemas retroalimentados estão em todo lugar. Considere, como exemplo, alguma coisa com a qual todos estamos acostumados, uma válvula de flutuação (bóia) em uma descarga sanitária comum. A válvula percebe o nível da água no reservatório e, quando o nível desejado é atingido, ela cessa o fluxo de água que o abastece. A bóia flutuante é o sensor, e a válvula com a qual a bóia está conectada é o mecanismo de retroalimentação que controla o nível da água.

Se todas as válvulas de água em todas as descargas sanitárias fossem exatamente idênticas, permanecessem inalteradas com o passar do tempo, se a pressão do fluxo proveniente do encanamento fosse conhecida e constante, e se a válvula fosse sempre utilizada estritamente no mesmo tipo de reservatório de água, seria possível substituí-la por um temporizador que cessaria o fluxo de água quando esta atingisse o nível desejado, já que o tempo necessário ao enchimento do reservatório seria exatamente o mesmo. Entretanto, válvulas se modificam com o tempo, a pressão da água varia e diferentes modelos de descargas têm reservatórios das mais variadas formas e tamanhos. Portanto, para funcionar adequadamente mediante condições variáveis, o sistema de enchimento do reservatório deve se adaptar percebendo o nível da água para promover o fechamento da válvula no momento certo em que a água atinja o nível desejado. A capacidade de adaptação às condições mutáveis é a grande vantagem de métodos de retroalimentação.

Existem inúmeros exemplos de uso da retroalimentação:

1. Colocar limonada em um copo envolve retroalimentação. A pessoa despeja o líquido observando constantemente o seu nível no copo e pára quando ele atinge o desejado.
2. Professores realizam testes como uma maneira de informarem seus estudantes a respeito dos índices de desempenho de cada um. Dessa forma, um estudante sabe quão bem ele está se saindo naquela disciplina para, então, realizar ajustes nos seus hábitos estudantis em busca da nota desejada. Os testes também são um mecanismo de retroalimentação para o professor que fica ciente da qualidade da aprendizagem de seus pupilos.
3. Dirigir um carro envolve retroalimentação. O motorista percebe a velocidade e a direção do automóvel, a proximidade com outros carros e as marcações da faixa na estrada, e constantemente efetua ações corretivas por meio do acelerador, dos freios e volante para manter uma velocidade e posição seguras.
4. Sem retroalimentação, o vôo em um caça invisível F-117 seria inviável devido à sua instabilidade aerodinâmica. Computadores em modo redundante medem a velocidade, altitude, balanço, oscilação e inclinação do avião e, constantemente, ajustam as superfícies de controle para manter o plano de vôo desejado (Figura 1.21).

Figura 1.21
O caça invisível F-117A Nighthawk.
© Vol. 87/Corbis

Retroalimentação é usada tanto em sistemas contínuos no tempo quanto em sistemas discretizados no tempo. O sistema na Figura 1.22 é um sistema discretizado no tempo retroalimentado. A resposta do sistema y[n] é "alimentada de volta" à junção somadora superior depois de ter sofrido dois atrasos e ter sido multiplicada por algumas constantes.

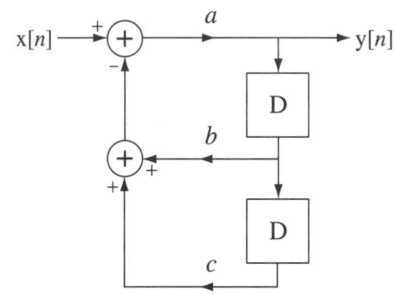

Figura 1.22
Um sistema discretizado no tempo retroalimentado.

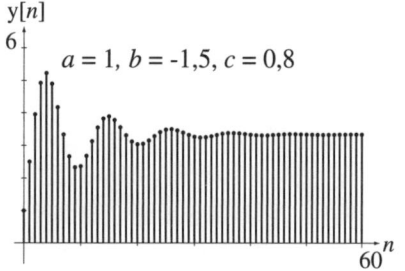

Figura 1.23
Resposta do sistema discretizado no tempo para $b = -1,5$ e $c = 0,8$.

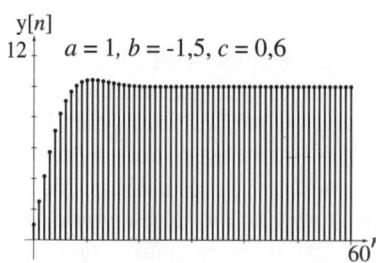

Figura 1.24
Resposta do sistema discretizado no tempo para $b = -1,5$ e $c = 0,6$.

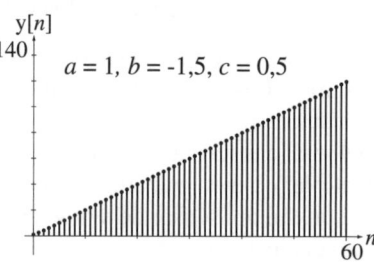

Figura 1.25
Resposta do sistema discretizado no tempo para $b = -1,5$ e $c = 0,5$.

Considere que este sistema encontra-se inicialmente em repouso, o que significa que todos os sinais no sistema são nulos antes da referência de tempo $n = 0$. Para demonstrar os efeitos da retroalimentação, admita que $b = -1,5$ e $c = 0,8$. Admita também que o sinal de entrada x[n] realiza uma transição de 0 para 1 no instante $n = 0$, permanecendo no valor 1 para todos os instantes de tempo daí em diante, ou seja, $n \geq 0$. Podemos ver a resposta y[n] na Figura 1.23. Agora, fazendo $c = 0,6$ e mantendo b com o mesmo valor, obtemos então uma resposta que está na Figura 1.24. Depois, c tem o seu valor alterado para 0,5 e b é mantido com o mesmo valor. Daí, obtemos a resposta que está na Figura 1.25. A resposta da Figura 1.25 cresce indefinidamente. Esse último sistema é instável porque um sinal de entrada limitado produz uma resposta ilimitada. Portanto, a retroalimentação pode tornar um sistema instável.

O sistema ilustrado na Figura 1.26 é um exemplo de sistema contínuo no tempo retroalimentado. Ele é descrito pela equação diferencial $y''(t) + ay(t) = x(t)$ e a solução homogênea pode ser escrita na forma:

$$y_h(t) = K_{h1} \operatorname{sen}\left(\sqrt{a}\, t\right) + K_{h2} \cos\left(\sqrt{a}\, t\right) \tag{1.4}$$

Se o estímulo x(t) é zero e o valor inicial y(t_0) é diferente de zero, ou a derivada inicial de y(t) é diferente de zero e o sistema consegue operar desse modo após $t = t_0$, y(t) oscilará senoidalmente de maneira indefinida. Este sistema é um oscilador com amplitude estável. Portanto, a retroalimentação pode fazer um sistema oscilar.

Figura 1.26
Sistema contínuo no tempo retroalimentado.

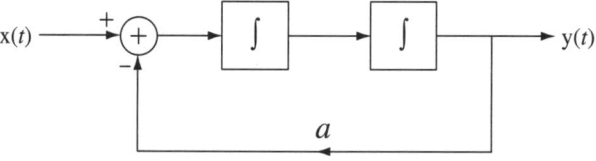

1.4 UM EXEMPLO DE SINAL E SISTEMA FAMILIAR

Como um exemplo de sinais e sistemas, vamos dar uma olhada em um sinal e sistema bastante conhecido por todos: o som e um sistema que produza e/ou mensure som. O som é o fenômeno percebido pelo ouvido e o ouvido humano é sensível às ondas de pressão acústica cuja freqüência situa-se tipicamente entre 15 Hz e 20 kHz, com alguma variação de sensibilidade nessa faixa. A seguir, estão alguns gráficos de variações da pressão do ar que produzem alguns sons comuns. Esses sons foram gravados por um sistema composto de um microfone, que converte variação da pressão do ar em um sinal de tensão contínuo no tempo; circuitaria eletrônica, responsável pelo proces-

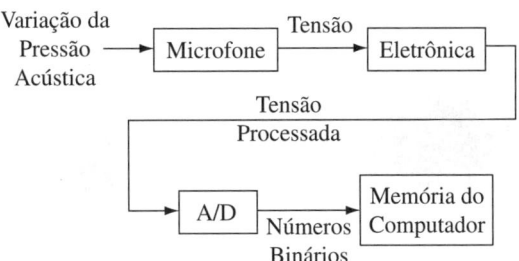

Figura 1.27
Um sistema de gravação de sons.

samento do sinal de tensão contínuo no tempo; e um conversor analógico/digital (conversor A/D), que transforma o sinal de tensão contínuo no tempo em um sinal digital na forma de uma seqüência de números binários que, por sua vez, são armazenados em uma memória de computador (Figura 1.27).

Considere a variação de pressão mostrada na Figura 1.28. Ela é o sinal de pressão contínuo no tempo que produz o som da palavra *signal* pronunciada por um adulto do sexo masculino (o autor).

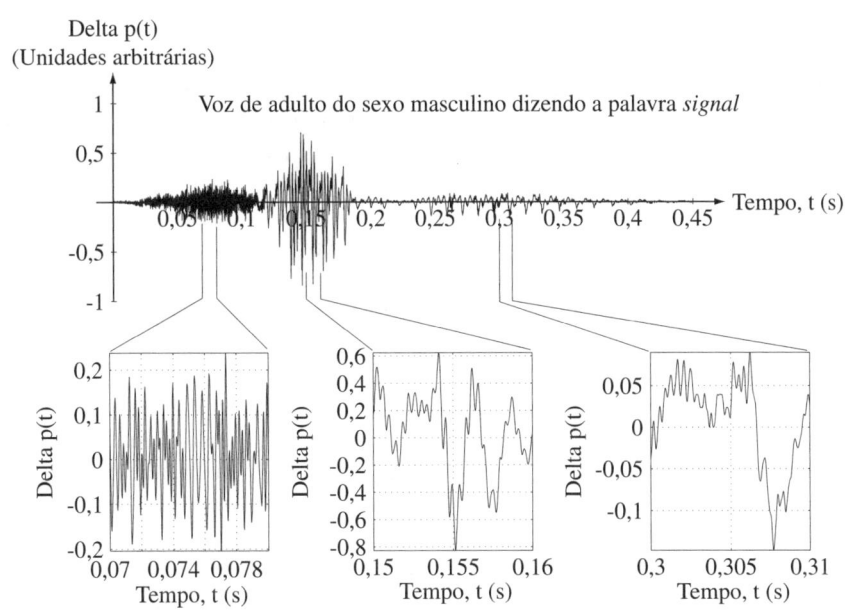

Figura 1.28
A palavra *signal* dita por uma voz de adulto do sexo masculino.

A análise de sons é um assunto bastante vasto por si próprio, mas algumas relações entre o gráfico de variação da pressão do ar e aquilo que o ser humano escuta como a palavra *signal* podem ser vistas no exame deste gráfico. Existem três "rajadas" identificáveis no sinal: a primeira se encontra entre 0 e aproximadamente 0,12 segundo, a segunda situa-se no intervalo aproximado entre 0,12 e 0,19 segundo e a terceira está compreendida entre 0,22 e 0,4 segundo. A rajada nº 1 é o 's' da palavra *signal*. A rajada nº 2 é o som do 'i'. A região localizada entre as rajadas nº 2 e nº 3 correspondem às duas consoantes 'gn' da palavra pronunciada. A rajada nº 3 é o som da letra 'a' terminado pela última consoante 'l'. Um 'l' não é uma parada tão abrupta quanto algumas outras consoantes, portanto o som tende a esmaecer em vez de cessar repentinamente. A variação da pressão do ar geralmente ocorre com mais rapidez para o 's' do que para o 'i' ou o 'a'. Em análise de sinais, diríamos que a primeira tem mais componentes de alta freqüência. Na explosão do som 's', a variação de pressão do ar parece quase aleatória. Já os sons do 'a' e do 'i' são diferentes na medida em que eles variam mais lentamente e são mais "regulares" ou "previsíveis" (embora não sejam *exatamente* estimáveis). O 'i' e o 'a' são formados pelas vibrações das cordas vocais e,

Figura 1.29
Três sons na palavra *signal* e suas densidades espectrais de potência associadas.

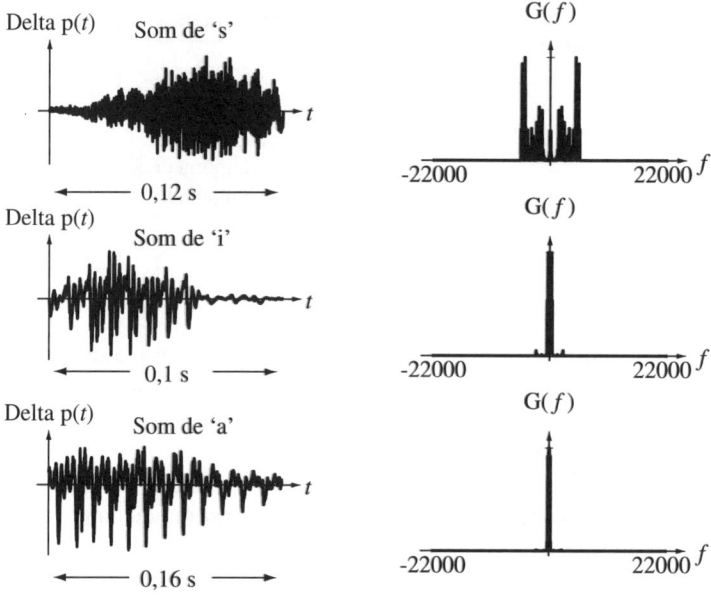

portanto, exibem um comportamento aproximadamente oscilatório. Tal fato pode ser justificado por se afirmar que 'i' e 'a' são **tonais** ou **vocalizadas** e o 's' não é. Tonal significa ter a qualidade básica de um **tom** único ou **compasso** ou **freqüência**. Essa descrição não é matematicamente precisa, mas é qualitativamente útil.

Uma outra forma de examinar sinais é no domínio da freqüência, já mencionado, pela análise das freqüências ou compassos que estão presentes no sinal. Uma maneira comum de demonstrar a variação da potência do sinal com a freqüência é o **espectro de potência**, que é um gráfico da potência do sinal *versus* a freqüência. A Figura 1.29 ilustra as três rajadas ('s', 'i' e 'a) provenientes da palavra *signal* e seus espectros de potência associados [funções $G(f)$].

Um espectro de potência é somente outra ferramenta matemática para fins de análise de um dado sinal. Ele não contém informação nova, mas, algumas vezes, pode revelar aspectos difíceis de serem visualizados por outro método. Neste caso, o espectro de freqüência do som 's' é distribuído amplamente na freqüência, enquanto os espectros de freqüência dos sons 'i' e 'a' concentram-se nas freqüências mais baixas. Existe mais potência nas freqüências mais altas para o caso do som 's' do que nos sons 'i' e 'a'. O 's' pronunciado tem uma delimitação clara, uma vez que o "sibilamento" induz ao aparecimento das altas freqüências, presentes no som em questão.

O sinal da Figura 1.28 contém **informação**. Pense no que ocorre durante uma conversação quando uma pessoa diz a palavra *signal* e outras escutam-na (Figura 1.30). O porta-voz pensa em primeiro lugar no conceito associado. Seu cérebro converte instantaneamente o conceito para a palavra *signal*. Então, o cérebro envia impulsos nervosos às suas cordas vocais e ao diafragma para criarem o movimento do ar, vibrações, movimento da língua e dos lábios necessários à reprodução dos sons que formam a palavra *signal*. Esses sons se propagam pelo ar que preenchem o espaço entre o porta-voz e o ouvinte. Os sons atingem os tímpanos do ouvinte e as vibrações ocasionadas são convertidas em impulsos nervosos, os quais são transformados, inicialmente, nos sons equivalentes, depois, na palavra, e então no conceito associado. A conversação é bem-sucedida graças a um sistema de considerável sofisticação.

Como o cérebro do ouvinte sabe que o padrão complicado da Figura 1.28 corresponde à palavra *signal*? O ouvinte não têm ciência dos detalhes que envolvem as variações de pressão do ar, apenas "escuta sons" que são o resultado da variação da pressão do ar. Os tímpanos e o cérebro convertem o complicado padrão de pressão do ar em algumas poucas propriedades simples. Essa conversão é semelhante ao que fazemos quando transformamos sinais para o domínio da freqüência. O processo de re-

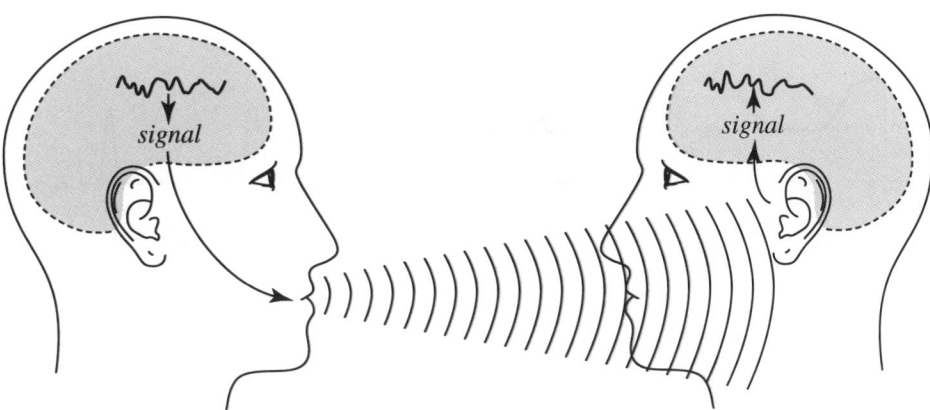

Figura 1.30
Comunicação entre duas pessoas que envolve sinais e processamento de sinais pelos sistemas.

conhecimento de um som por sua redução a um pequeno conjunto de propriedades reduz a quantidade de informação que o cérebro precisa processar. Processamento de sinais e sua análise, em um sentido técnico, desempenham o mesmo papel, mas de um modo mais preciso matematicamente.

Dois problemas muito comuns na análise de sinais e sistemas são o ruído e a **interferência**. O ruído é um sinal aleatório indesejável. A interferência é um sinal não aleatório igualmente indesejável. Ambos tendem a degenerar a informação contida no sinal. A Figura 1.31 mostra exemplos do sinal exibido na Figura 1.28, em que diferentes níveis de ruído são acrescentados. À medida que a intensidade do ruído aumenta, ocorre uma degradação gradual na inteligibilidade do sinal e a um certo nível de ruído o sinal torna-se ininteligível. Uma medida da qualidade do sinal recebido degenerado pelo ruído é a relação entre a potência do sinal e a potência do ruído, costumeiramente chamada de **relação sinal-ruído** e muitas vezes abreviada para SNR.[3] Em cada um dos exemplos da Figura 1.31, o SNR é especificado.

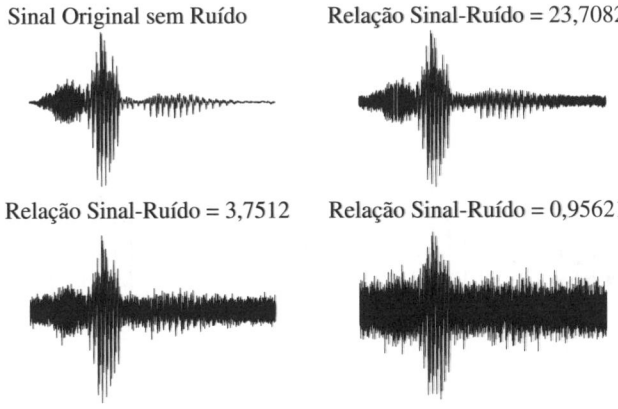

Figura 1.31
Som da palavra *signal* com diferentes níveis de ruídos adicionados.

Sons não são apenas sinais, naturalmente. Qualquer fenômeno físico que possa ser mensurado ou observado é um sinal. Além disso, embora a maioria dos sinais que iremos considerar no texto estarão em função do tempo, um sinal pode estar em função de qualquer outra variável independente, como freqüência, comprimento de onda, distância etc. As Figuras 1.32 e 1.33 ilustram alguns outros tipos de sinais.

---

3. N.T. O termo SNR provém do inglês e significa *signal-to-noise ratio*.

Figura 1.32
Exemplos de sinais que são funções de uma ou mais variáveis independentes contínuas.

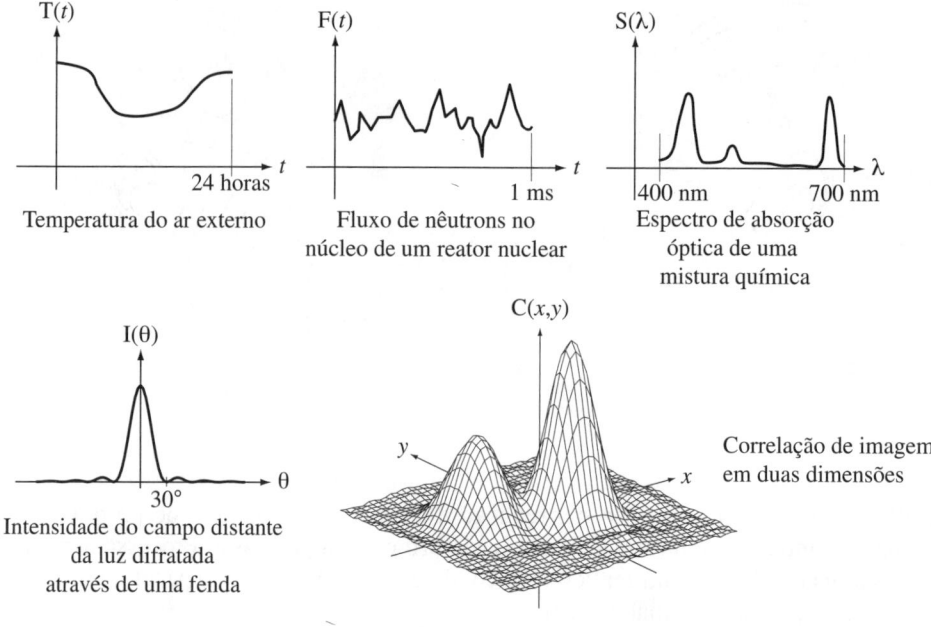

Assim como os sons não são os únicos tipos de sinais, a conversação entre duas pessoas não é o único tipo de sistema. Exemplos de outros sistemas podem ser dados:

- Uma suspensão automotiva sobre a qual a superfície de uma estrada age como sinal de entrada, excitando o automóvel, e a posição do chassi em relação à estrada atua como resposta;
- Uma cuba de misturas químicas cujos volumes das substâncias vertidas são os sinais de entrada e a mistura desses químicos representa o sinal de saída;
- Um sistema de controle ambiental de uma edificação cuja temperatura externa é o sinal de entrada e a temperatura em seu interior é a resposta;

Figura 1.33
Exemplos de sinais que são funções de variáveis independentes discretas.

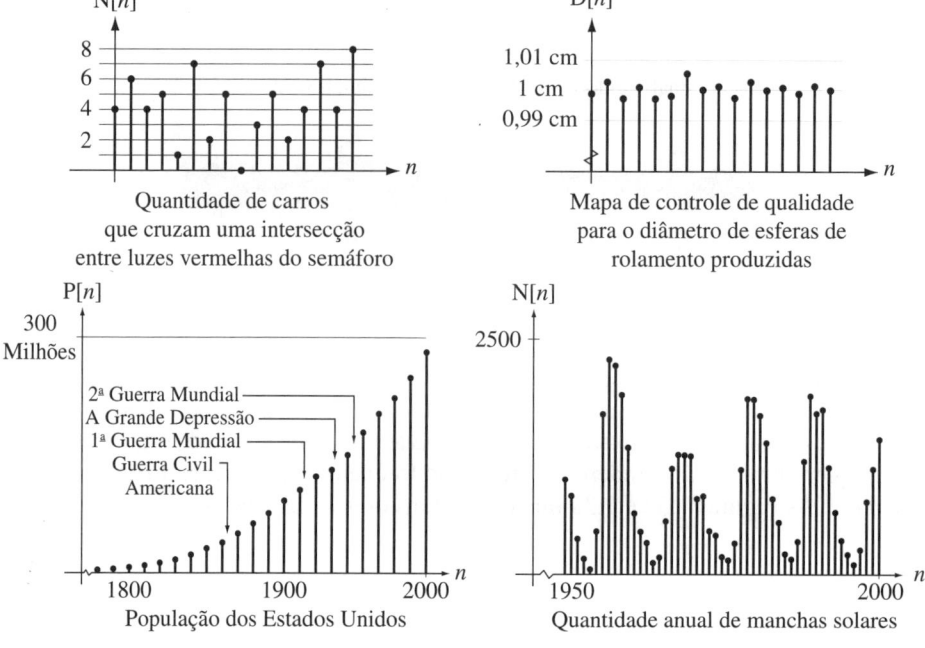

- Um sistema espectroscópico químico cuja luz branca excita o espécime e o espectro da luz transmitida é a resposta;
- Uma rede telefônica cujas vozes e dados são os sinais de entrada, e as reproduções dessas vozes e desses dados em um lugar distante são os sinais de saída;
- A atmosfera terrestre, que é estimulada pela energia vinda do Sol e cujas respostas são a temperatura dos oceanos, os ventos, as nuvens, a umidade etc. Em outras palavras, a resposta é o tempo;
- Um termo-acoplador excitado por um gradiente de temperatura em todo o seu comprimento cuja tensão disponível em um de seus terminais é a resposta;
- Um trompete excitado pela vibração dos lábios do instrumentista e pelo posicionamento dos pistões cuja resposta é um tom proveniente de sua campânula.

A lista é interminável. Qualquer entidade física pode ser vista como um sistema uma vez que possa ser estimulado por meio de energia física e produza uma resposta física.

1.5 USO DO MATLAB

Ao longo do texto, exemplos serão apresentados para mostrar como a análise de sinais e sistemas pode ser feita usando o MATLAB. MATLAB é um ferramenta matemática de alto nível de abstração disponível para vários tipos de sistemas operacionais e computadores. É muito útil na análise de sistemas e de processamento de sinais. Há uma introdução ao MATLAB disponível na Internet (Apêndice A), localizada no endereço **www.mhhe.com/roberts**.[4]

---

4. N.E. Site do autor com conteúdo em inglês e algumas seções com conteúdo pago.

2 CAPÍTULO

Descrição Matemática dos Sinais Contínuos no Tempo

A Engenharia não é meramente saber ou demonstrar conhecimento, como uma enciclopédia ambulante; a engenharia não é meramente análise; a engenharia não é meramente o domínio da capacidade de obter soluções elegantes para problemas de engenharia inexistentes; a engenharia é o praticar da arte de se adaptar de maneira organizada às mudanças tecnológicas... Engenheiros trabalham como intermediadores entre a ciência e a sociedade...

Reitor Gordon Brown, ex-decano de Engenharia do Instituto de Tecnologia de Massachusetts

2.1 INTRODUÇÃO E OBJETIVOS

Ao longo dos anos, a análise de sinais e sistemas tem investigado diversos sinais levando à classificação deles em dois grupos, de acordo com seus comportamentos similares. A Figura 2.1 apresenta alguns exemplos de sinais que poderiam existir em sistemas reais.

Na análise de sinais e sistemas, os sinais são descritos (o mais detalhadamente possível) por funções matemáticas. O sinal é o fenômeno físico propriamente dito que contém a informação, e a função é a descrição matemática desse sinal. Rigorosamente falando, os dois conceitos são distintos, porém a relação entre um sinal e sua função matemática, que o descreve, é tão estreita que os dois termos "sinal" e "função" são usados de maneira intercambiável em análise de sinais e sistemas.

Figura 2.1
Exemplos de sinais em sistemas reais.

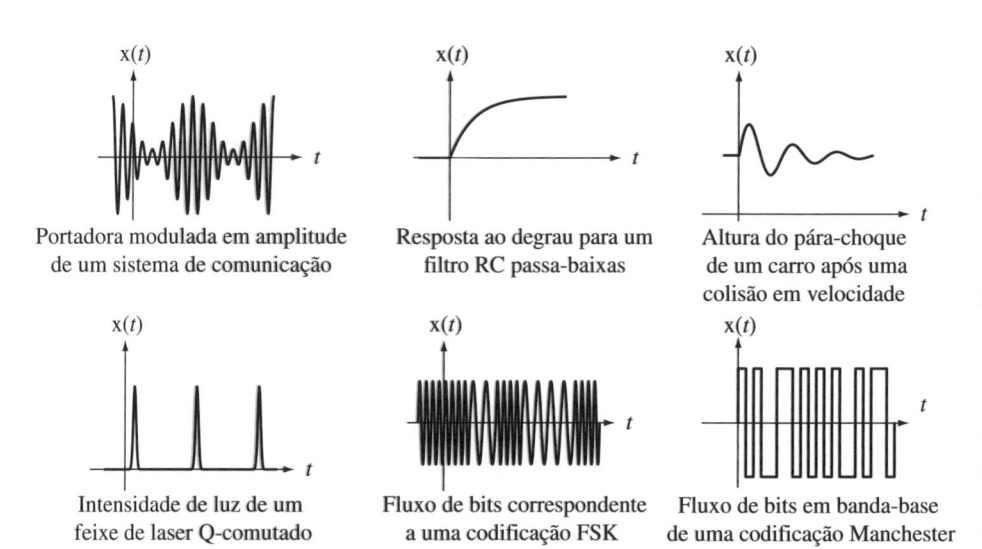

Portadora modulada em amplitude de um sistema de comunicação

Resposta ao degrau para um filtro RC passa-baixas

Altura do pára-choque de um carro após uma colisão em velocidade

Intensidade de luz de um feixe de laser Q-comutado

Fluxo de bits correspondente a uma codificação FSK

Fluxo de bits em banda-base de uma codificação Manchester

Algumas funções que descrevem sinais reais são bastante familiares, como as exponenciais e as senóides. O uso de funções já conhecidas é freqüente na análise de sinais e sistemas. Sendo assim, um conjunto de funções pode ser definido para descrever os efeitos das operações de chaveamento de sinais, as quais são comumente aplicáveis a sistemas. Demais funções surgem a partir do desenvolvimento de determinadas técnicas de análise de sistemas, a serem introduzidas nos capítulos posteriores do livro. Todas essas funções serão definidas aqui e utilizadas à medida que se mostrarem necessárias ao longo dos próximos capítulos. Tais funções devem ser cuidadosamente selecionadas para que estejam diretamente relacionadas umas às outras, e possam ser facilmente modificadas por um conjunto apropriado de operações de deslocamento e/ou redimensionamento de escala. Elas são funções prototipadas com definições simples, além de serem fáceis de lembrar. Os tipos de simetrias e padrões que aparecem com mais freqüência em sinais reais serão definidos, e serão exploradas as suas respectivas conseqüências para a análise de sinais.

Os objetivos deste capítulo podem ser resumidos em:

1. Definir funções matemáticas que possam ser utilizadas na descrição dos vários tipos de sinais;
2. Desenvolver métodos de deslocamento, de redimensionamento de escala e combinações desses procedimentos de modo que constituam uma maneira útil à representação dos sinais reais;
3. Reconhecer determinadas simetrias e padrões, usando-as na simplificação da análise de sinais e sistemas.

2.2 FUNÇÕES E NOTAÇÃO FUNCIONAL

Função é uma correspondência entre seu **argumento**, que se localiza em um **domínio**, e o **valor** retornado por essa função, que se encontra em um **intervalo**. Boa parte da experiência do leitor com funções deverá estar relacionada provavelmente com aquelas da forma $g(x)$, em que a variável independente x pode assumir qualquer valor real em um contínuo de números reais e o valor retornado g também pode estar associado a um contínuo de números reais. Porém, o domínio e/ou intervalo de uma função não precisa estar restrito ao contínuo dos números reais. Cada um em particular ou ambos podem ser números complexos, inteiros ou uma diversidade de outros tipos de valores permitidos.

Cinco tipos de funções devem ser tratados no presente texto:

1. Domínio – contínuo de números reais; Intervalo – contínuo de números reais;
2. Domínio – inteiros; Intervalo – contínuo de números reais;
3. Domínio – inteiros; Intervalo – contínuo de números complexos;
4. Domínio – contínuo de números reais; Intervalo – contínuo de números complexos;
5. Domínio – contínuo de números complexos; Intervalo – contínuo de números complexos.

Para as funções cujo domínio corresponda a um contínuo de números reais ou complexos, o argumento deverá estar entre parênteses (·). Para as funções cujo domínio é o dos números inteiros, o argumento deverá está contido em um par de colchetes [·]. Esses tipos de funções serão discutidas em maiores detalhes à medida que forem sendo apresentadas.

2.3 FUNÇÕES DE SINAL

FUNÇÕES CONTÍNUAS NO TEMPO

Caso a variável independente de uma função seja o tempo t e o domínio da função seja aquele que engloba todos os números reais, e se a função $g(t)$ possui um valor definido para cada valor de t, a função é denominada função **contínua no tempo**. A Figura 2.2 apresenta algumas funções contínuas no tempo.

Figura 2.2
Exemplos de funções contínuas no tempo.

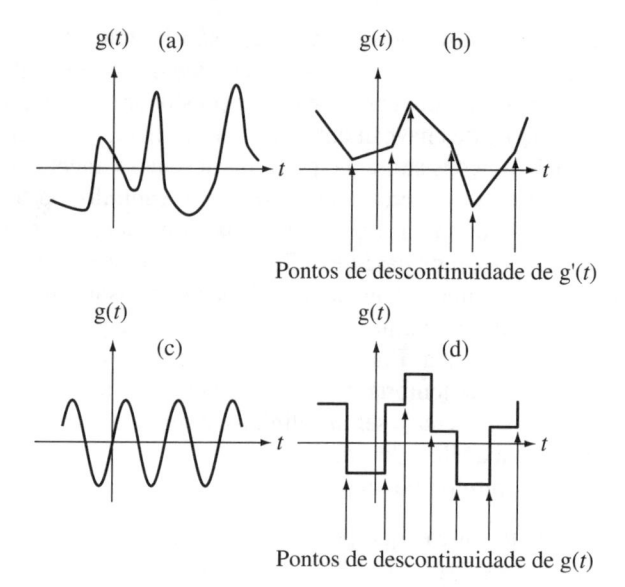

g(t) (a)

g(t) (b)

Pontos de descontinuidade de g'(t)

g(t) (c)

g(t) (d)

Pontos de descontinuidade de g(t)

A Figura 2.2(d) ilustra uma função descontínua. Em uma descontinuidade, o limite do valor da função, assim que nos aproximamos dessa descontinuidade por valores situados à esquerda, não equivale ao valor encontrado quando uma aproximação no tempo em direção ao mesmo ponto é feita por valores situados à direita desse referido ponto. Se o tempo $t = t_0$ representa um ponto de descontinuidade de uma função g(t), então

$$\lim_{\epsilon \to 0} g(t_0 + \epsilon) \neq \lim_{\epsilon \to 0} g(t_0 - \epsilon)$$

As quatro funções (a) – (d) são funções contínuas no tempo, uma vez que todos os seus valores são definidos em um contínuo de instantes de tempo t. Portanto, os termos "contínuo" e "contínuo no tempo" não significam a mesma coisa. Toda função contínua é uma função contínua no tempo, mas nem toda função contínua no tempo é uma função contínua.

EXPONENCIAIS COMPLEXAS E SENÓIDES

Funções senoidais e exponenciais são bastante familiares.

$$g(t) = A\cos(2\pi t / T_0 + \theta) = A\cos(2\pi f_0 t + \theta) = A\cos(\omega_0 t + \theta)$$

e

$$g(t) = Ae^{(\sigma_0 + j\omega_0)t} = Ae^{\sigma_0 t}[\cos(\omega_0 t) + j\,\text{sen}(\omega_0 t)]$$

A é a amplitude de uma senóide ou de uma exponencial complexa, T_0 é o período fundamental real da senóide, f_0 é a freqüência fundamental da senóide, ω_0 é a freqüência angular fundamental real da senóide, t é o tempo e σ_0 é a taxa de amortecimento real (Figura 2.3). Na Figura 2.3, as unidades indicam qual é o tipo de sinal físico que está sendo descrito. Freqüentemente na análise de sistemas, as unidades são omitidas com o propósito de simplificação na representação quando um único tipo de sinal está sendo monitorado ao longo de um sistema.

Na análise de sinais e sistemas, senóides são expressas de duas formas equivalentes: em função da freqüência f, $A\cos(2\pi f_0 t + \theta)$, ou em função da freqüência angular ω, $A\cos(\omega_0 t + \theta)$. Há vantagens e desvantagens em ambas as representações. As vantagens na forma de representação baseada em f são as seguintes:

1. O período fundamental T_0 e a freqüência fundamental f_0 são recíprocos imediatos um do outro.
2. Na análise de sistemas de comunicação, utiliza-se geralmente um analisador de espectro cuja escala de exibição é usualmente calibrada para Hz, não para radianos por segundo. Sendo assim, f é a variável de interesse observada.

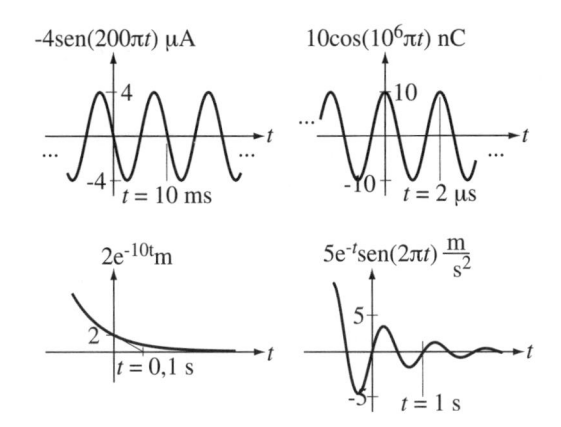

Figura 2.3
Exemplos de sinais descritos por funções senos, cossenos e exponenciais.

3. Posteriormente, no estudo das séries de Fourier e da transformada de Fourier, a definição da transformada de Fourier e de certas transformadas e relações de transformações se mostrarão mais simples na representação em f do que na representação em ω.

As vantagens da representação em ω podem ser enumeradas a seguir:

1. Freqüências de ressonância em sistemas reais, expressas diretamente em termos de parâmetros físicos, são mais facilmente representadas na forma em ω do que pela forma em f. No oscilador LC, a freqüência de ressonância relaciona-se com a indutância e a capacitância por meio da relação $\omega_0^2 = 1/LC = (2\pi f_0)^2$ e a freqüência de meia-potência ou de corte de um filtro RC passa-baixas está relacionada a R e a C por meio da relação $\omega_c = 1/RC = 2\pi f_c$.
2. O modo como a transformada de Laplace (Capítulo 15) é definida favorece a representação na forma em ω, por ser mais simples e direta.
3. No estudo das transformadas de Fourier, algumas transformadas serão mais simples com o uso da representação em ω.
4. O uso de ω, em algumas expressões, confere a elas representação com maior concisão. Por exemplo, $A\cos(\omega_0 t + \theta)$ é mais compacto do que $A\cos(2\pi f_0 t + \theta)$.

Senóides e exponenciais são funções importantes na análise de sinais e sistemas porque aparecem naturalmente nas soluções das equações diferenciais que descrevem a dinâmica do sistema. Como veremos adiante no estudo das séries de Fourier e da transformada de Fourier, ainda que os sinais não sejam senóides ou exponenciais, grande parte deles pode ser expressa como combinações lineares de senóides ou exponenciais.

FUNÇÕES COM DESCONTINUIDADES

Senos, cossenos e exponenciais são funções contínuas e diferenciáveis em cada instante de tempo. Porém, muitos outros tipos de sinais importantes que existem em sistemas práticos não são contínuos, tampouco diferenciáveis em algum ponto. Uma operação comum em sistemas é chavear um sinal, ativando-o ("ligando-o") e desativando-o ("desligando-o") durante certos intervalos de tempo. Alguns exemplos de sinais comutados entre os estados ligado e desligado são mostrados na Figura 2.4.

As descrições funcionais sobre os sinais da Figura 2.4 são completas e precisas, mas, de certo modo, inconvenientes. Esses sinais podem ser descritos matematicamente, de maneira mais adequada, por meio da multiplicação de uma função, contínua e diferenciável para todo instante de tempo, por uma outra função, que comuta de zero para um, ou vice-versa, a intervalos finitos de tempo.

FUNÇÕES DE SINGULARIDADE E FUNÇÕES CORRELATAS

Na análise de sinais e sistemas, **funções de singularidade** são relacionadas umas às outras por meio de integrais e derivadas, as quais podem ser utilizadas para descrever

Figura 2.4
Exemplos de sinais que são comutados no modo liga-desliga em instantes de tempo específicos.

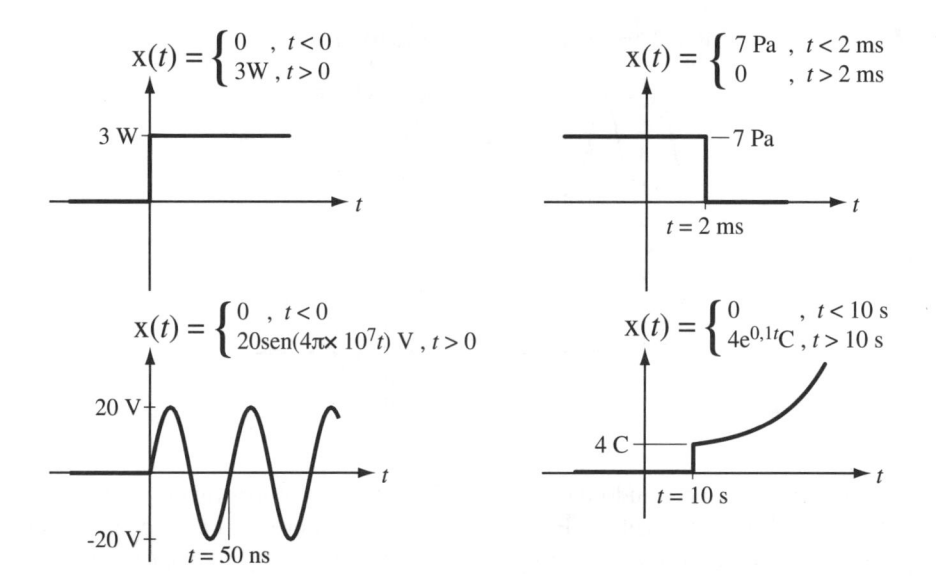

$$x(t) = \begin{cases} 0 & , t < 0 \\ 3W & , t > 0 \end{cases}$$

$$x(t) = \begin{cases} 7\,\text{Pa} & , t < 2\,\text{ms} \\ 0 & , t > 2\,\text{ms} \end{cases}$$

$$x(t) = \begin{cases} 0 & , t < 0 \\ 20\text{sen}(4\pi \times 10^7 t)\,\text{V} & , t > 0 \end{cases}$$

$$x(t) = \begin{cases} 0 & , t < 10\,\text{s} \\ 4e^{0,1t}\,\text{C} & , t > 10\,\text{s} \end{cases}$$

matematicamente sinais que possuam descontinuidades ou derivadas descontínuas. Tais funções, e funções intimamente relacionadas a elas por meio de operações comuns em sistemas, é o assunto da presente seção. Ao tratarmos de funções de singularidade, estenderemos, modificaremos e/ou generalizaremos alguns conceitos matemáticos e operações fundamentais que nos permitam analisar, de modo mais eficiente, sinais e sistemas reais. Estenderemos o conceito da derivada e também aprenderemos a usar uma importante entidade matemática, o impulso, que apesar de ter a aparência de uma função, não é uma no sentido pleno do significado.

A Função Degrau Unitário Antes de definir a função degrau unitário, admita a função

$$g(t) = \begin{cases} A & , t < t_0 \\ B & , t > t_0 \end{cases}, A \neq B$$

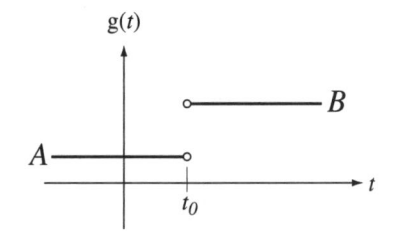

Figura 2.5
Uma função descontínua.

(Figura 2.5). Esta é uma função que tem um valor definido a cada instante de tempo, *exceto em* $t = t_0$. Podemos nos aproximar do instante $t = t_0$ por valores menores do que t_0, tanto quanto quisermos, e o valor da função encontrado será A até alcançarmos $t = t_0$. Podemos também nos aproximar de $t = t_0$ por valores maiores do que t_0 e o valor da função obtido será B até chegarmos em $t = t_0$. Entretanto, em $t = t_0$ o valor da função é indefinido. Poderíamos, naturalmente, atribuir a $g(t)$ um valor em $t = t_0$, mas isso não iria mudar o fato de que $g(t)$ é descontínua nesse ponto em questão.

Agora suponha que $g(t)$ seja redefinida como

$$g(t) = \begin{cases} A & , t < t_0 \\ (A+B)/2 & , t = t_0 \\ B & , t > t_0 \end{cases}, A \neq B$$

e defina outra função $h(t)$ como

$$h(t) = \begin{cases} A & , t \leq t_0 \\ B & , t > t_0 \end{cases}, A \neq B$$

É óbvio que $g(t)$ e $h(t)$ não são iguais uma vez que seus valores são diferentes em $t = t_0$. Contudo, as integrais definidas para essas duas funções, sobre qualquer intervalo, produzem o mesmo resultado; elas não são aproximadamente iguais, são exatamente iguais, $\int_\alpha^\beta g(t)\,dt = \int_\alpha^\beta h(t)\,dt$ para qualquer α e β, desde que $\alpha < t_0 < \beta$.

$$\int_\alpha^\beta g(t)\,dt = \int_\alpha^{t_0-\epsilon} g(t)\,dt + \int_{t_0-\epsilon}^{t_0+\epsilon} g(t)\,dt + \int_{t_0+\epsilon}^\beta g(t)\,dt$$

À medida que ε tende a zero, o resultado da integral $\int_{t_0-\epsilon}^{t_0+\epsilon} g(t)\,dt$ também se aproxima de zero já que o valor da função é finito e a área sob ela no intervalo $t_0 - \varepsilon < t_0 < t_0 + \varepsilon$ também tende a zero. De maneira similar, a integral $\int_{t_0-\epsilon}^{t_0+\epsilon} h(t)\,dt$ tende a zero, mesmo que os valores das funções g(t) e h(t) sejam diferentes em $t = t_0$. (A área sob um único ponto é nula, não importando o valor deste ponto, contanto que ele seja finito.) Uma implicação para o resultado obtido é a seguinte: se g(t) e h(t) descrevem sinais que excitam qualquer sistema físico real, as respostas do sistema correspondentes a esses sinais são exatamente as mesmas. Aliás, ao abordarmos as transformadas adiante, ficará claro que uma diferença finita entre dois sinais em um dado ponto (ou em qualquer número finito de pontos) não tem conseqüência prática alguma; as transformadas são iguais.

A discussão anterior referiu-se a duas funções específicas. Agora podemos generalizar esse resultado a ponto de dizer que duas funções quaisquer, que tenham valores finitos em todo lugar, e difiram em valor somente para um número finito de pontos, são equivalentes em relação aos seus respectivos efeitos provocados como sinais de entrada em qualquer sistema físico real. As respostas aos dois sinais de entrada em qualquer sistema físico real são idênticas.

Agora, vamos definir a função degrau unitário contínua no tempo como

$$\boxed{\mathrm{u}(t) = \begin{cases} 1 & , \ t > 0 \\ 1/2 & , \ t = 0 \\ 0 & , \ t < 0 \end{cases}} \qquad (2.1)$$

(Figura 2.6). O gráfico do lado esquerdo da Figura 2.6 foi elaborado de acordo com a definição matemática rigorosa. À direita, encontra-se o modo mais comum de esboçar a mesma função. O gráfico da direita é mais comum na prática da engenharia, devido ao fato de que nenhum fenômeno físico real consegue alterar-se por uma quantidade finita instantaneamente. Um gráfico traçado, ao longo do tempo, que retrata um sinal real qualquer e que se assemelha ao degrau unitário, se pareceria muito com o gráfico do lado direito da Figura 2.6. A referida função é denominada degrau unitário porque o valor da função equivalente à alteração na elevação (altura) do degrau corresponde à unidade no sistema de unidades adotado para descrever o sinal.

Alguns autores definem o degrau unitário como

$$\mathrm{u}(t) = \begin{cases} 1 & , \ t \geq 0 \\ 0 & , \ t < 0 \end{cases} \quad \text{ou} \quad \mathrm{u}(t) = \begin{cases} 1 & , \ t > 0 \\ 0 & , \ t < 0 \end{cases} \quad \text{ou} \quad \mathrm{u}(t) = \begin{cases} 1 & , \ t > 0 \\ 0 & , \ t \leq 0 \end{cases}$$

Os degraus unitários, descritos por essas definições, produzem o mesmo resultado em qualquer sistema físico real. Tais definições têm a vantagem de serem um pouco mais compactas do que a primeira definição apresentada. Entretanto, a definição utilizada neste texto é mais consistente com as séries de Fourier e com a teoria de transformadas de Fourier. Ademais, tal definição possui uma correspondência mais precisa com a função sinal, a próxima função a ser apresentada.

Figura 2.6
A função degrau unitário.

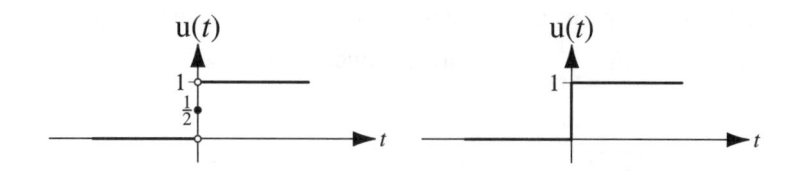

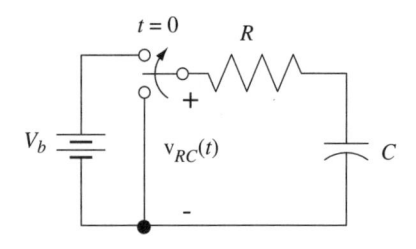

Figura 2.7
Circuito contendo uma chave cujo comportamento pode ser representado pelo degrau unitário.

O degrau unitário é utilizado na análise de sinais e sistemas porque ele consegue representar matematicamente uma ação comum adotada em sistemas físicos reais – o chaveamento rápido de um estado para outro. Por exemplo, no circuito da Figura 2.7, a chave muda de uma posição para a outra no instante de tempo $t = 0$.

A tensão aplicada à combinação RC pode ser descrita por $v_{RC}(t) = V_b u(t)$ e as respostas de tensão e corrente desse circuito podem ser representadas por meio da função exponencial e da função degrau unitário. A corrente que atravessa o resistor e o capacitor pode ser calculada pela expressão

$$i(t) = (V_b / R) e^{-t/RC} u(t)$$

e a tensão nos terminais do capacitor é dada por $v(t) = V_b(1 - e^{-t/RC}) u(t)$.

A Função Sinal A função sinal[1] (Figura 2.8) é bastante correlata à função degrau unitário. Para argumentos não nulos, o valor da função sinal tem uma magnitude unitária e um sinal igual ao sinal de seu argumento.

$$\text{sgn}(t) = \begin{cases} 1 & , \ t > 0 \\ 0 & , \ t = 0 \\ -1 & , \ t < 0 \end{cases} = 2u(t) - 1 \qquad (2.2)$$

A função sinal ($sgn(t)$) é intrínseca ao MATLAB (chama-se função *sign*) e sua definição é exatamente igual a apresentada aqui.

A Função Rampa Unitária Outro tipo de sinal que aparece em sistemas é aquele que se inicia em algum instante específico de tempo e varia linearmente a partir de então até o infinito. Ou varia linearmente até algum instante de tempo específico e cessa após este tempo. A Figura 2.9 ilustra alguns exemplos.

Figura 2.8
A função sinal – sgn(t).

Figura 2.9
Funções que variam linearmente antes ou após um certo instante de tempo t, ou são multiplicadas por funções que variam linearmente antes ou após certo instante de tempo t.

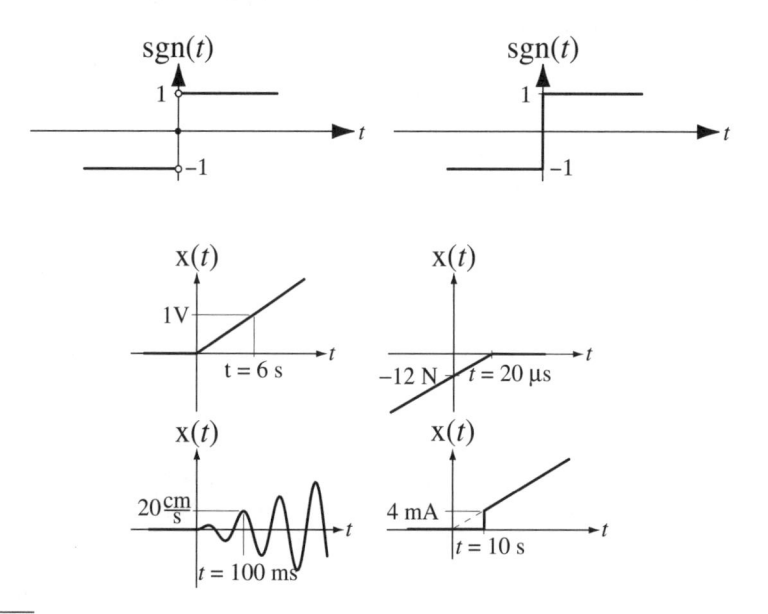

---

1. N.T. Outra designação para este tipo de função é o termo *signum*.

Sinais com as características anteriores podem ser descritos por meio de uma função **rampa**. A função rampa unitária (Figura 2.10) é a integral da função degrau unitário. É chamada função rampa unitária porque, para *t* positivo, a sua inclinação equivale à unidade em amplitude por unidade de tempo.

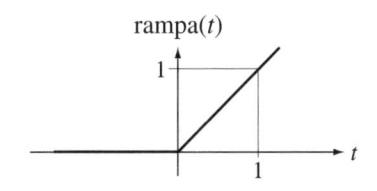

$$\text{rampa}(t) = \begin{cases} t & , \quad t > 0 \\ 0 & , \quad t \leq 0 \end{cases} = \int_{-\infty}^{t} u(\tau)d\tau = t\,u(t) \qquad (2.3)$$

Figura 2.10
A função rampa unitária.

A rampa é definida como $\text{rampa}(t) = \int_{-\infty}^{t} u(\tau)d\tau$. Nessa equação, o símbolo τ é usado para representar a variável independente da função degrau unitário que é também a variável de integração. Porém, *t* é usada como a variável independente da função rampa. Em outras palavras, a equação quer dizer que "para calcular o valor da função rampa em um valor arbitrário de *t* qualquer, é necessário iniciar o argumento τ da função degrau unitário, a partir do infinito negativo, e se deslocar em τ até $\tau = t$, acumulando a área sob a função degrau unitário para todos os instantes compreendidos nesse intervalo". A área total acumulada de $\tau = -\infty$ a $\tau = t$ corresponde ao valor de função da rampa de argumento *t* (Figura 2.11). Para valores de *t* menores do que zero, a área acumulada é nula. Para valores de *t* maiores do que zero, a área acumulada é igual a *t* porque equivale à área do retângulo de largura *t* e de altura unitária.

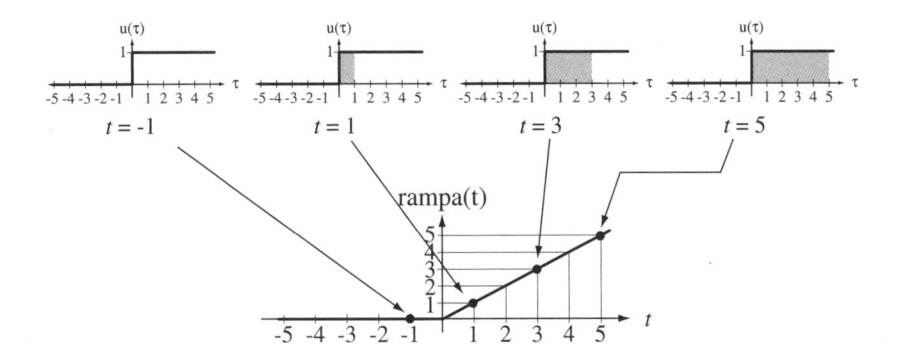

Figura 2.11
Demonstração da relação integral entre o degrau unitário e a rampa unitária.

Alguns autores preferem não atribuir um nome especial à função rampa e, em vez disso, utilizam a expressão t*u*(*t*). Como ambas as representações são igualmente válidas, o uso de uma delas está correto e simplesmente legítimo, tanto quanto o uso da outra. Qualquer um está livre para escolher a representação que mais se adapta às suas preferências pessoais.

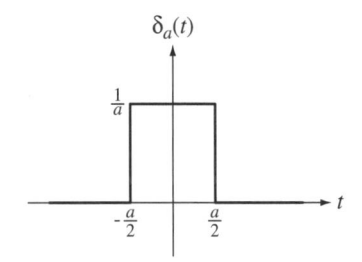

O Impulso Unitário Antes de definirmos o impulso unitário, devemos primeiro examinar uma idéia importante. Considere um pulso retangular de área unitária definido por

$$\delta_a(t) = \begin{cases} 1/a & , \quad |t| < a/2 \\ 0 & , \quad |t| > a/2 \end{cases}$$

Figura 2.12
Um pulso retangular de área unitária com largura *a*.

(Figura 2.12). Considere que essa função seja multiplicada por outra função *g*(*t*), finita e contínua em *t* = 0, e calcule a área *A* resultante do produto dessas duas funções por meio da integral $A = \int_{-\infty}^{\infty} \delta_a(t)g(t)dt$ (Figura 2.13). Usando a definição de $\delta_a(t)$, podemos reescrever a integral da seguinte forma

$$A = \frac{1}{a} \int_{-a/2}^{a/2} g(t)dt$$

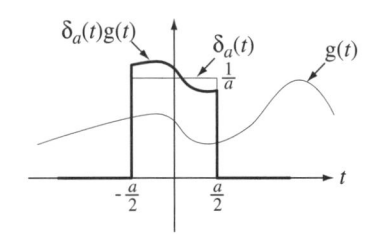

Figura 2.13
Produto entre um pulso retangular de área unitária centrado em *t* = 0 e uma função *g*(*t*), que é contínua e finita em *t* = 0.

Agora, tome o limite dessa integral à medida que *a* tende a zero. Os dois limites de integração aproximam de zero por ambos os lados (superior e inferior). À medida que *a* tende a zero, o valor de g(*t*) se aproxima do mesmo valor por ambos os limites, e para todo ponto situado entre esses mesmos limites, porque ela é contínua e finita em *t* = 0. Então o valor g(*t*) torna-se g(0), uma constante, e pode ser levada para fora do processo de integração. A partir daí,

$$\lim_{a\to 0} A = g(0) \lim_{a\to 0} \frac{1}{a} \int_{-a/2}^{a/2} dt = g(0) \lim_{a\to 0} \frac{1}{a}(a) = g(0)$$

Portanto, no limite em que *a* se aproxima de zero, a função $\delta_a(t)$ extrai o valor de qualquer função g(*t*), finita e contínua no instante *t* = 0, quando o produto entre $\delta_a(t)$ e g(*t*) é integrado entre dois limites quaisquer, o que inclui o instante *t* = 0.

Nesse momento, utilize uma definição diferente para a função $\delta_a(t)$ e veja o que acontece. Defina-a agora como

$$\delta_a(t) = \begin{cases} (1/a)(1-|t|/a) &, |t| < a \\ 0 &, |t| > a \end{cases}$$

(Figura 2.14). Se admitirmos o mesmo argumento como anteriormente, obtemos a área

$$A = \int_{-\infty}^{\infty} \delta_a(t)g(t)dt = \frac{1}{a}\int_{-a}^{a}\left(1-\frac{|t|}{a}\right)g(t)dt$$

Tomando o limite à medida que *a* aproxima-se de zero,

$$\lim_{a\to 0} A = \lim_{a\to 0} \frac{1}{a}\int_{-a}^{a}\left(1-\frac{|t|}{a}\right)g(t)dt = g(0)\lim_{a\to 0}\frac{2}{a}\int_{0}^{a}\left(1-\frac{t}{a}\right)dt$$

Integrando e tomando o limite, temos

$$\lim_{a\to 0} A = g(0)\lim_{a\to 0}\frac{2}{a}\left[t-\frac{t^2}{2a}\right]_{0}^{a} = g(0)\lim_{a\to 0}\frac{2}{a}\frac{a}{2} = g(0)$$

Esse é exatamente o mesmo resultado obtido com a definição anterior de $\delta_a(t)$. As duas definições diferentes de $\delta_a(t)$ têm exatamente o mesmo efeito no cálculo do limite quando *a* se aproxima de zero (mas não antes de *a* alcançar o zero). A questão importante aqui é que a forma da função não é importante para o cálculo do limite, e sim a *área* envolvida no processo de cálculo. Em cada caso, $\delta_a(t)$ é uma função de área unitária, independentemente do valor de *a*. (No limite em que *a* tende a zero, tais funções não possuem uma "forma" no seu sentido comum, uma vez que não há intervalo de tempo suficiente para que se desenvolva uma.) Existem diversas outras definições de $\delta_a(t)$ que poderiam ser utilizadas aqui, tendo-se exatamente o mesmo resultado no que se refere ao cálculo do limite.

O impulso unitário $\delta_a(t)$ agora pode ser definido implicitamente por meio da seguinte propriedade: a multiplicação de um impulso unitário por uma função qualquer g(*t*), finita e contínua em *t* = 0, e a integração desse produto tomada entre os limites que incluem *t* = 0, resulta em g(*0*)

$$g(0) = \int_{-\infty}^{\infty} \delta(t)g(t)dt \tag{2.4}$$

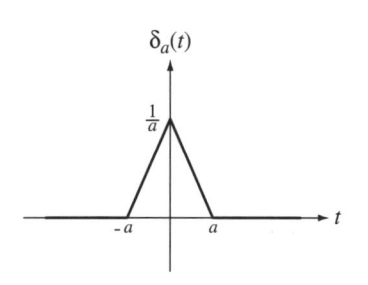

Figura 2.14
Um pulso triangular de área unitária com base de largura igual a *a*/2.

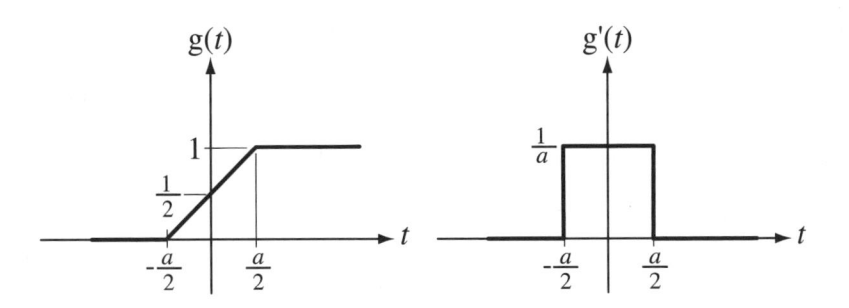

Figura 2.15
Funções com formas aproximadas ao degrau unitário e ao impulso unitário.

Em outras palavras,

$$\int_{-\infty}^{\infty} \delta(t)g(t)dt = \lim_{a \to 0} \int_{-\infty}^{\infty} \delta_a(t)g(t)dt \quad (2.5)$$

em que $\delta_a(t)$ é qualquer uma das várias funções que possua as características descritas anteriormente. A notação $\delta(t)$ é uma notação abreviada, conveniente para que não se tome constantemente um limite quando impulsos são utilizados.

Uma forma de introduzir o impulso unitário é defini-lo como a derivada da função degrau unitário. De maneira rigorosa, a derivada do degrau unitário u(t) não é definida em $t = 0$. Porém, considere uma função g(t) dependente do tempo e sua derivada temporal g'(t), mostradas na Figura 2.15. A derivada de g(t) existe para todo t exceto em $t = -a/2$ e em $t = +a/2$. No limite em que a tende a zero, a função g(t) aproxima-se da função degrau unitário. Nesse mesmo limite, a largura da função g'(t) tende a zero, enquanto sua área permanece a mesma, ou seja, unitária. Portanto, g'(t) é um pulso de curta duração cuja área é sempre unitária, o mesmo valor da definição inicial de $\delta_a(t)$ acima, contendo as mesmas implicações. O limite de g'(t), à medida que a tende a zero, é chamado de derivada generalizada de u(t). Portanto, o impulso unitário é a derivada generalizada do degrau unitário.

A derivada generalizada de qualquer função g(t) contendo uma descontinuidade no instante $t = t_0$ é dada por

$$\frac{d}{dt}(g(t)) = \frac{d}{dt}(g(t))_{t \neq t_0} + \lim_{\epsilon \to 0}[g(t+\epsilon) - g(t-\epsilon)]\delta(t-t_0), \; \epsilon > 0$$

Visto que o impulso unitário é a derivada generalizada do degrau unitário, o degrau unitário é a integral do impulso unitário

$$u(t) = \int_{-\infty}^{t} \delta(\tau)d\tau$$

Já que a derivada do degrau unitário u(t) é zero para todo instante, exceto em $t = 0$, o impulso unitário é zero para todo instante, excetuando-se o instante $t = 0$. Uma vez que o degrau unitário corresponde à integral do impulso unitário, uma integral definida do impulso integral, cujos limites de integração englobam $t = 0$, deve resultar em um valor igual a 1. Essas duas características são muitas vezes usadas para se definir o impulso unitário.

$$\delta(t) = 0 \;,\; t \neq 0 \;\; \text{e} \;\; \int_{t_1}^{t_2} \delta(t)dt = \begin{cases} 1 &,\; t_1 < 0 < t_2 \\ 0 &,\; \text{caso contrário} \end{cases} \quad (2.6)$$

A área sob um impulso é conhecida como sua **força** ou, algumas vezes, como seu **peso**. Um impulso com uma força equivalente a 1 é denominado impulso unitário.

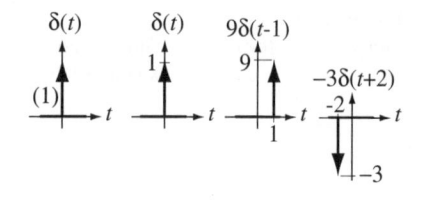

Figura 2.16
Representações gráficas para impulsos.

A definição exata e as características do impulso requerem um aprofundamento na teoria de função generalizada. Para os nossos propósitos, será suficiente considerar um impulso unitário simplesmente como um pulso de área unitária, cuja duração é tão pequena que, ao torná-la menor ainda, isso não provocaria modificações significativas em quaisquer sinais no sistema ao qual ele é aplicado.

O impulso não pode ser traçado em gráfico como outras funções porque seu valor é indefinido quando seu argumento é zero. A convenção usual para a representação do impulso em um gráfico é utilizar uma seta vertical. Algumas vezes, a força do impulso é escrita ao lado dele entre parênteses e, outras vezes, a altura da seta indica a sua força. Na Figura 2.16, há algumas formas de representação gráfica de impulsos.

Uma operação matemática bastante comum que ocorre em análise de sinais e sistemas é o produto entre um impulso e outra função, na forma $g(t) A\delta(t - t_0)$. Usando a mesma justificativa, dada anteriormente, na introdução ao impulso, admita que o impulso $A\delta(t - t_0)$ é o limite de um pulso com área A centrado no instante de tempo $t = t_0$, de largura a, quando a tende a zero (Figura 2.17). O produto é um pulso cuja altura no ponto intermediário central equivale a $Ag(t_0)/a$ e cuja largura é a. À medida que a tende a zero, o pulso torna-se um impulso e a força desse impulso é dada por $Ag(t_0)$. Portanto,

$$\boxed{g(t) A\delta(t - t_0) = g(t_0) A\delta(t - t_0)} \quad (2.7)$$

Essa igualdade é denominada, algumas vezes, propriedade de **equivalência** do impulso.

Figura 2.17
Produto entre uma função g(t) e uma função retangular que se torna um impulso à medida que sua largura tende a zero.

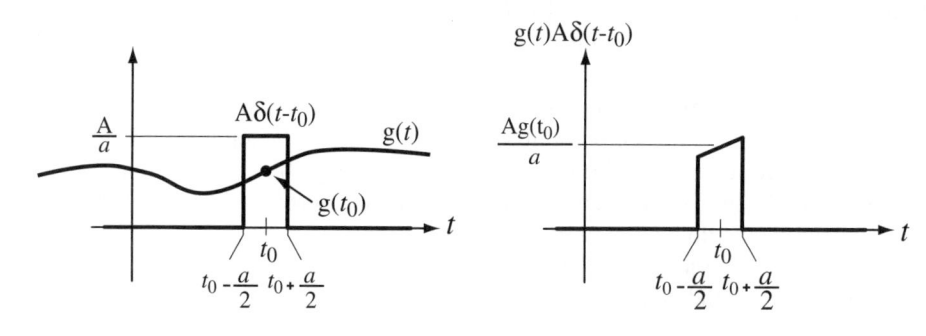

Outra propriedade importante do impulso unitário, que advém naturalmente da propriedade de equivalência, é a sua **propriedade de amostragem:**

$$\boxed{\int_{-\infty}^{\infty} g(t)\delta(t - t_0)dt = g(t_0)} \quad (2.8)$$

Ela é verificada ao se observar que, de acordo com a propriedade de equivalência, o produto $g(t)\delta(t - t_0)$ é igual a $g(t_0)\delta(t - t_0)$. Visto que t_0 é um valor particular de t, ele é uma constante como também é $g(t_0)$ e

$$\int_{-\infty}^{\infty} g(t)\delta(t - t_0)dt = g(t_0)\underbrace{\int_{-\infty}^{\infty} \delta(t - t_0)dt}_{=1} = g(t_0)$$

A Equação (2.8) é conhecida como propriedade de amostragem do impulso porque ela amostra o valor da função g(t) no instante de tempo $t = t_0$. (O nome antigo correlacionado é **propriedade extratora**. O impulso separa ou extrai o valor de g(t) no instante de tempo $t = t_0$.)

Uma outra propriedade importante do impulso é a sua **propriedade de escala** (Figura 2.18)

$$\boxed{\delta(a(t - t_0)) = \frac{1}{|a|}\delta(t - t_0)} \quad (2.9)$$

Figura 2.18
Exemplos do efeito da propriedade de escala em impulsos.

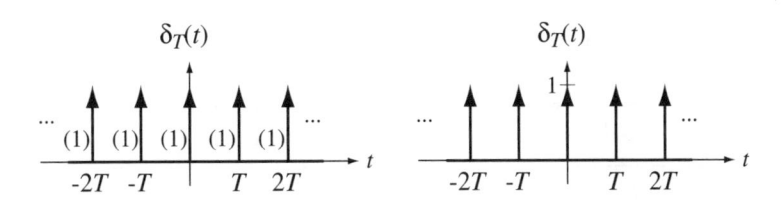

Figura 2.19
O impulso periódico.

A igualdade anterior pode ser provada pela mudança de variável na definição da integral e por uma consideração particular para valores positivos e negativos de *a* (veja o Exercício 31 ao final do capítulo).

O Impulso Periódico ou Trem de Impulsos Outra função generalizada muito útil é o impulso periódico ou trem de impulsos (Figura 2.19), isto é, uma seqüência infinita de impulsos unitários uniformemente espaçados.

$$\delta_T(t) = \sum_{n=-\infty}^{\infty} \delta(t - nT), \quad n \text{ é um inteiro} \qquad (2.10)$$

O impulso e o impulso periódico podem parecer bem abstratos e não realísticos. O impulso aparecerá mais à frente como o resultado de uma operação fundamental em análise de sistemas lineares, a integral de convolução. Embora, em termos práticos, um impulso real seja impossível de gerar, o impulso matemático é muito útil em análise de sinais e sistemas. O impulso periódico também é bastante útil em análise de sinais e sistemas. Ao usá-lo, juntamente com a operação de convolução, pode-se representar, matematicamente, com uma notação concisa, muitos tipos de sinais úteis que, do contrário, exigiriam uma forma de representação menos conveniente.

Alguns autores optam por não dar ao impulso periódico um novo nome de função e buscam sempre se referir a ele como um somatório de impulsos $\sum_{n=-\infty}^{\infty} \delta(t-nT)$. Tal notação é menos concisa do que $\delta_T(t)$, mas pode ser considerada mais fácil do que relembrar como usar o novo nome de função. Outros autores podem até utilizar nomes de função diferentes. Visto que ambos os modos são matematicamente corretos, qual deles utilizar é uma questão de estilo, e qualquer um está livre para escolher uma ou outra forma.

Uma Notação Combinada para Funções de Singularidade O degrau unitário, o impulso unitário e a rampa unitária são os membros mais importantes das funções de singularidade. Em certas literaturas que abordam sistemas, essas funções são referenciadas pela notação combinada $u_k(t)$, onde o valor de *k* determina a função. Por exemplo, $u_0(t) = \delta(t)$ e $u_{-1}(t) = u(t)$ e $u_{-2}(t) = \text{rampa}(t)$. Nesse tipo de notação, o subscrito indica o número de vezes que um impulso é diferenciado para se obter a função em questão e um subscrito negativo indica a realização de uma integração, em vez da diferenciação. A função **dupla**[2] **unitária** $u_1(t)$ é definida como a derivada generalizada do impulso unitário, a função **tupla**[3] **unitária** $u_2(t)$ é definida como a derivada generalizada da função dupla unitária e assim por diante. Embora as funções duplas e tuplas unitárias e as derivadas generalizadas de ordem superior sejam ainda menos práticas do que o impulso unitário, elas são muitas vezes úteis para a teoria de sinais e sistemas.

A Função Pulso Retangular Unitário Um tipo muito comum de sinal presente em sistemas é aquele em que um sinal x(t) é chaveado para o estado ativo durante certo intervalo de tempo e então chaveado para o estado inativo em momento posterior. É bastante conveniente definir outra função especialmente para descrever este tipo de

---

2. N.T. Tradução para o termo em inglês *doublet*.
3. N.T. Tradução para o termo em inglês *triplet*.

Figura 2.20
A função pulso retangular unitário.

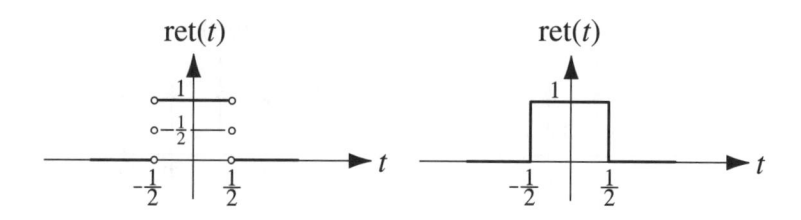

sinal. O uso dessa função reduz a notação ao descrevermos alguns sinais mais elaborados. A função pulso retangular unitário (Figura 2.20) é definida para atender a tal propósito. Ela é uma função pulso retangular unitário porque sua largura, altura e área equivalem à unidade.

$$\text{ret}(t) = \begin{cases} 1 & , \ |t| < 1/2 \\ 1/2 & , \ |t| = 1/2 \\ 0 & , \ |t| > 1/2 \end{cases} \tag{2.11}$$

A função pulso retangular unitário pode ser vista como uma função do tipo "portal". Quando a função pulso retangular unitário é multiplicada por outra função, o resultado é igual a zero fora do intervalo não-nulo da função pulso retangular unitário e é igual à outra função dentro desse mesmo intervalo (não-nulo) da função. Dessa forma, a função pulso retangular "abre uma passagem", permitindo à outra função atravessar, e então "fecha esta passagem" novamente. Em certas análises, a função pulso retangular é muito conveniente para se descrever a ativação e, depois, a desativação de um sinal. Em outras análises, pode ser mais adequado usar a diferença entre duas funções do tipo degrau unitário, que ocorrem em tempo distintos, dada por $u(t - t_0) - u(t - t_1)$, $t_0 < t_1$. (O efeito de deslocamento no tempo nessas funções do tipo degrau unitário por meio da subtração da variável independente t por uma constante será considerado em detalhes na Seção 2.5.)

A Função Pulso Triangular Unitário A função pulso triangular unitário é definida na Figura 2.21. No Capítulo 6, veremos que ela tem bastante afinidade com a função pulso retangular unitário por meio da operação de convolução, a ser introduzida naquele mesmo capítulo. Ela é chamada de pulso triangular unitário devido à sua altura e área serem ambas iguais a um (porém a largura de sua base não o é).

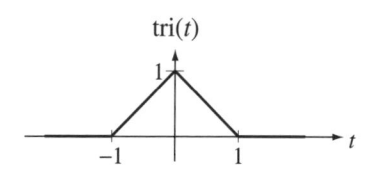

Figura 2.21
A função pulso triangular unitário.

$$\text{tri}(t) = \begin{cases} 1 - |t| & , \ |t| < 1 \\ 0 & , \ |t| \geq 1 \end{cases} \tag{2.12}$$

O pulso triangular pode alternativamente ser descrito pela combinação de funções rampas $\text{rampa}(t + 1) - 2\text{rampa}(t) + \text{rampa}(t - 1)$ ou $(t + 1)u(t + 1) - 2(t)u(t) + (t - 1)u(t - 1)$, se preferível.

A Função Sinc Unitária A função sinc unitária (Figura 2.22) é correlacionada também à função pulso retangular unitário. Ela é a transformada de Fourier da função pulso retangular unitário. A transformada de Fourier é introduzida no Capítulo 10. A função sinc unitária é chamada de função unitária, uma vez que sua altura e área são ambas iguais à unidade. (Posteriormente, veremos uma forma de calcular a área desta função.)

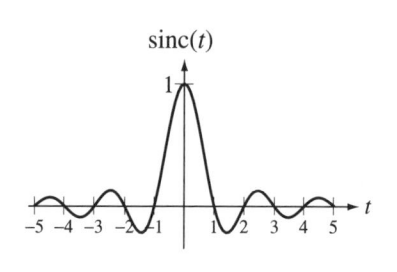

Figura 2.22
A função sinc unitária.

$$\text{sinc}(t) = \frac{\text{sen}(\pi t)}{\pi t} \tag{2.13}$$

> A definição da função sinc é, geralmente, mas não universalmente, aceita como
>
> $$\text{sinc}(t) = \frac{\text{sen}(\pi t)}{\pi t}$$
>
> Em alguns livros, a função sinc é definida como
>
> $$\text{sinc}(t) = \frac{\text{sen}(t)}{t}$$
>
> Em outros livros, esta segunda forma é denominada de função *Sa*
>
> $$\text{Sa}(t) = \frac{\text{sen}(t)}{t}$$
>
> O modo como a função sinc é definida não é realmente crítico. Contanto que uma definição seja aceita e a função sinc seja usada de modo consistente com as definições, a análise de sinais e sistemas pode ser feita obtendo-se resultados válidos.

Uma pergunta comum ao nos depararmos em primeira mão com a função sinc é: como determinar o valor de sinc(0)? Quando a variável independente t em sen $(\pi t)/\pi t$ é zero, tanto o numerador sen (πt) quanto o denominador πt são nulos, levando-nos a uma forma indeterminada. A solução para esse problema é utilizar a regra de L'Hôpital. Então

$$\lim_{t \to 0} \text{sinc}(t) = \lim_{t \to 0} \frac{\text{sen}(\pi t)}{\pi t} = \lim_{t \to 0} \frac{\pi \cos(\pi t)}{\pi} = 1$$

Assim, sinc(t) é contínua em $t = 0$ e sinc(0) = 1.

A Função de Dirichlet   Uma função que está associada à função sinc é a função de **Dirichlet** (Figura 2.23), definida como

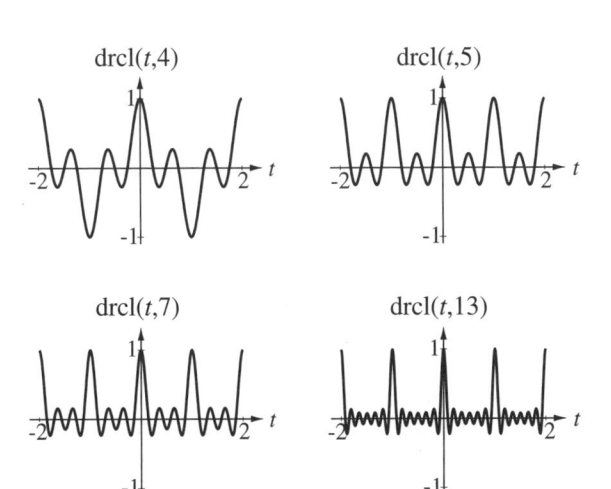

$$\boxed{\text{drcl}(t, N) = \frac{\text{sen}(\pi N t)}{N \text{sen}(\pi t)}} \qquad (2.14)$$

Figura 2.23
A função de Dirichlet para $N = 4, 5, 7$ e 13.

Para N ímpar, a similaridade com uma função sinc é óbvia; a função de Dirichlet equivale à soma infinita de funções sinc uniformemente espaçadas. O numerador sen($N\pi t$) é zero quando t assume qualquer múltiplo inteiro de $1/N$. Portanto, a função de Dirichlet é zero naqueles pontos, *a não ser que* o denominador seja também nulo. O denominador N sen(πt) é zero para todo valor inteiro de t. Sendo assim, devemos utilizar novamente a regra de L'Hôpital para, dessa vez, determinar a função de Dirichlet nos valores inteiros de t.

$$\lim_{t \to m} \mathrm{drcl}(t, N) = \lim_{t \to m} \frac{\mathrm{sen}(N\pi t)}{N \mathrm{sen}(\pi t)} = \lim_{t \to m} \frac{N\pi \cos(N\pi t)}{N\pi \cos(\pi t)} = \pm 1 \; , \; m \text{ é um inteiro} \quad (2.15)$$

Se N é par, os extremos da função de Dirichlet alternam entre +1 e –1. Se N é ímpar, os extremos são todos iguais a +1. Uma versão da função de Dirichlet está incluída no *toolbox* do MATLAB, aplicável ao estudo de sinais, e é referenciada pelo nome `diric`. Ela é definida como

$$\mathrm{diric}(x, N) = \frac{\mathrm{sen}(Nx/2)}{N \mathrm{sen}(x/2)} \quad (2.16)$$

Portanto

$$\mathrm{drcl}(t, N) = \mathrm{diric}(2\pi t, N) \quad (2.17)$$

A função de Dirichlet surge naturalmente na apresentação dos conteúdos dos Capítulos 9 e 11, que tratam das séries de Fourier discretizadas no tempo e da transformada de Fourier discretizada no tempo. Como foi mencionado para outras novas definições de funções, pode-se utilizar tanto drcl(t, N) quanto $\frac{\mathrm{sen}(\pi N t)}{N \mathrm{sen}(\pi t)}$ conforme a adequação necessária, uma vez que equivalem à mesma função.

Tabela 2.1 Resumo das funções de sinais contínuos no tempo.

Seno	sen($2\pi f_0 t$) ou sen($\omega_0 t$)
Cosseno	cos($2\pi f_0 t$) ou cos($\omega_0 t$)
Exponencial	e^{st}
Degrau unitário	u(t)
Sinal (*signum*)	sgn(t) = 2u(t) − 1
Rampa unitária	rampa(t) = tu(t)
Impulso unitário	$\delta(t)$
Impulso periódico	$\delta_T(t) = \sum_{n=-\infty}^{\infty} \delta(t - nT)$
Pulso retangular unitário	ret(t) = u(t + 1/2) − u(t − 1/2)
Pulso triangular unitário	tri(t) = rampa(t + 1) − 2 rampa(t) + rampa(t − 1)
Sinc unitária	$\mathrm{sinc}(t) = \frac{\mathrm{sen}(\pi t)}{\pi t}$
Dirichlet	$\mathrm{drcl}(t, N) = \frac{\mathrm{sen}(N\pi t)}{N \mathrm{sen}(\pi t)}$

Arquivo .m do MATLAB para Algumas Funções de Singularidade e Funções Correlatas Algumas das funções introduzidas neste capítulo existem implementadas como funções intrínsecas passíveis de serem invocadas em algumas linguagens de programação e ferramentas matemáticas. Por exemplo, no MATLAB a função sinal (sgn) recebe o nome de `sign` e tem exatamente a mesma definição. No MATLAB, a função sinc é definida exatamente como já foi visto.

Podemos criar as nossas próprias funções no MATLAB que, após definição, tornam-se funções que podemos invocar de maneira similar às funções *built-in* já existentes como `cos`, `sin`, `exp` e tantas outras. As funções do MATLAB são definidas por meio da criação de um arquivo do tipo m, cujo nome possui a extensão ".m". Por exemplo, poderíamos criar um arquivo que calcula o comprimento da hipotenusa de um triângulo retângulo, dados os comprimentos de seus catetos.

```
%   Função para calcular o comprimento da hipotenusa de um
%   triângulo retângulo, dados os comprimentos de seus catetos
%
%   a - O comprimento de um cateto
%   b - O comprimento do outro cateto
%   c - O comprimento da hipotenusa
%
function c = hyp(a,b)
    c = sqrt (a^2 + b^2) ;
```

As primeiras sete linhas são linhas de **comentários**, e não são executadas, porém servem para documentar como a função deve ser utilizada. A primeira linha executável deve iniciar-se com a palavra-chave function. O restante da primeira linha contém

$$\text{resultado} = \text{nome}(\text{arg1},\text{arg2},\ldots)$$

em que *resultado* é o nome da variável que armazena o valor de retorno da função, podendo ser um escalar, um vetor ou uma matriz (ou até mesmo um arranjo de células ou um arranjo de estruturas, que estão além do escopo deste texto); nome é o nome da função e *arg1,arg2,*... são os parâmetros ou *argumentos* passados para a função. Os argumentos também podem ser escalares, vetores ou matrizes (ou arranjos de células ou estruturas). O nome do arquivo contendo a definição da função deve ser *nome.m*.

Abaixo segue uma listagem de algumas funções do MATLAB para implementar as funções já discutidas.

```
%   A função degrau unitário é definida como 0 para valores
%   do argumento de entrada menores do que zero, 1/2 para
%   valores do argumento de entrada iguais a zero e 1 para
%   para valores do argumento de entrada maiores do que zero.
%   Aplica-se tanto aos vetores quanto aos escalares.
function y = u(t)
    zro = t == 0 ; pos = t > 0 ; y = zro/2 + pos ;

%   Função para calcular a função de rampa definida como 0 para
%   valores do argumento menores do que zero e valor do argumento
%   para argumentos maiores ou iguais a zero. Aplica-se tanto aos
%   vetores quanto aos escalares.
function y = rampa(t)
    y = t.*(t >= 0) ;

%   Função pulso retangular. Usa a definição da função pulso
%   retangular em termos da função degrau unitário. Aplica-se
%   tanto aos vetores quanto aos escalares.
function y = ret(t)
    y = u(t + 0,5) - u(t - 0,5) ;

%   Função para calcular a função pulso triangular. Usa a
%   definição da função pulso triangular em termos da função
%   rampa unitária. Aplica-se tanto aos vetores quanto aos
%   escalares.
function y = tri(t)
    y = rampa(t + 1) - 2*rampa(t) + rampa(t - 1) ;

%   Função para calcular a função sinc(t) definida como
```

```
%   sin(pi*t)/(pi*t). Aplica-se tanto aos vetores quanto aos
%   escalares. Esta função pode ser intrínseca em algumas versões
%   de MATLAB.

%   Função para calcular valores da função de Dirichlet.
%   Aplica-se tanto aos vetores quanto aos escalares.
%
%   x = sin(N*pi*t)/(N*sin(pi*t))
%

function x = drcl(t,N)
    x = diric(2*pi*t,N) ;

%   Função para implementar a função de Dirichlet sem utilizar a
%   função diric do MATLAB.
%   Aplica-se tanto aos vetores quanto aos escalares.
%
%   x = sin(N*pi*t)/(N*sin(pi*t))
%

function x = drcl(t,N),

    num = sin(N*pi*t) ; den = N*sin(pi*t) ;
    I = find(abs(den) < 100*eps) ;
    num(I) = cos(N*pi*t(I)) ; den = cos(pi*t(I)) ;
    x = num./den ;
```

Observe que nos arquivos de função .m anteriores não existe nem o impulso unitário, tampouco o impulso periódico. Eles não são funções no sentido comum do termo. O impulso é nulo para todos os pontos, *exceto* quando seu argumento é zero. Neste ponto em particular, seu valor não é definido. Portanto, não é possível para o MATLAB retornar um valor referente àquele ponto como seria feito para as funções ordinárias. Por meio de uma programação cuidadosa, é possível, em diversos casos, aproximar o efeito do impulso unitário ou do impulso periódico, porém ainda seria somente uma aproximação. Com um programa elaborado habilidosamente, junto com o entendimento teórico relacionado, é possível tornar esta aproximação boa o suficiente para aplicações em geral.

2.4 FUNÇÕES E COMBINAÇÕES DE FUNÇÕES

NOTAÇÃO FUNCIONAL – CONVENÇÕES E CONVERSÕES

A notação funcional padrão para funções contínuas no tempo é da forma g(t), em que g é o nome da função e tudo que está dentro dos parênteses (·) é denominado argumento da função. O argumento é uma expressão escrita em termos da **variável independente**. No caso de g(t), t é a variável independente e sua expressão é a expressão mais simples possível em termos de t, ou seja, o próprio t. Uma função na forma g(t) gera e devolve um valor de g para cada valor de t que ela admite. Por exemplo, na função g(t) = 2 + 4t^2, para qualquer valor particular de t existe um valor correspondente de g. Se t é 1, então g é 6. Isso pode ser indicado pela notação g(1) = 6.

O argumento da função não precisa ser apenas a variável independente. Por exemplo, se g(t) = 5e^{-2t}, o que é g(t + 3)? Simplesmente substituímos t por t + 3 em todos os lugares, em ambos os lados de g(t) = 5e^{-2t}, para obter g(t + 3) = 5$e^{-2(t+3)}$. *Observe atentamente que não obtivemos* 5e^{-2t+3}. A explicação é atribuída ao fato de que t foi multiplicado por menos dois no expoente de e, e então a expressão inteira t + 3 deve ser também multiplicada por menos dois no novo expoente de e. O que quer que tenha sido feito com t na função g(t), deve ser aplicado à expressão toda envolvendo t em qualquer outra função g (expressão envolvendo t). Se g(t) = 3 + t^2 − 2t^3, então g(2t) = 3 + (2t)^2 − 2(2t)^3 = 3 + 4t^2 − 16t^3 e g(1 − t) = 3 + (1 − t)^2 − 2(1 − t)^3 = 2 + 4t − 5t^2 + 2t^3.

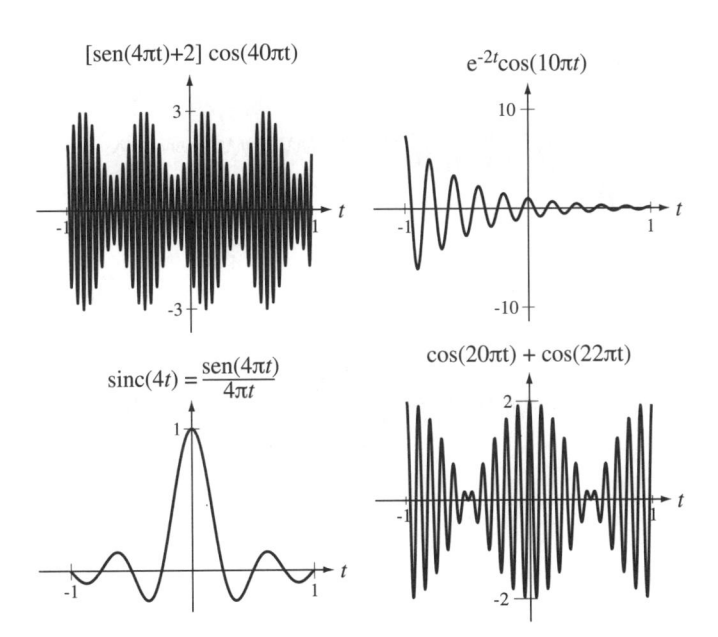

Figura 2.24
Exemplos de somas, produtos e quocientes de funções.

Se $g(t) = 10\cos(20\pi t)$, então $g(t/4) = 10\cos(20\pi t/4) = 10\cos(5\pi t)$ e $g(e^t) = 10\cos(20\pi e^t)$.
Se $g(t) = 5e^{-10t}$, então $g(2x) = 5e^{-20x}$ e $g(z-1) = 5e^{10}e^{-10z}$.

No MATLAB, quando uma função é chamada com a passagem de um argumento a ela, o MATLAB avalia o argumento e então determina o valor da função. Se o argumento é um vetor ou matriz, em vez de escalar, um valor é retornado para cada elemento do vetor ou matriz. Portanto, as funções do MATLAB fazem exatamente o que foi descrito aqui no que se refere a argumentos que estão em função da variável independente; elas aceitam números e retornam outros números.

COMBINAÇÕES DE FUNÇÕES

Em alguns casos, uma única função matemática pode descrever completamente um sinal como, por exemplo, uma senóide. Contudo, muitas vezes, uma função não é suficiente para se ter uma descrição precisa. Uma operação que possibilita a versatilidade na representação matemática de sinais arbitrários é a combinação entre duas ou mais funções. As combinações podem ser somas, diferenças, produtos e/ou quocientes de funções. A Figura 2.24 apresenta alguns exemplos de somas, produtos e quocientes de funções. (Não existe distinção aparente, visto que ela é bastante similar a uma soma.)

Exemplo 2.1

Traçando graficamente combinações de funções com o MATLAB

Usando o MATLAB, trace as combinações das funções,

$$x_1(t) = e^{-1}\text{sen}(20\pi t) + e^{-t/2}\text{sen}(19\pi t)$$

$$x_2(t) = \text{sinc}(t)\cos(20\pi t).$$

```
%   Programa para traçar algumas demonstrações de combinações
%   de funções contínuas no tempo
t = 0:1/120:6 ; % Vetor de 721 pontos de tempo para a traçagem de x1

%   Gera valores de x1 para a traçagem
x1 = exp(-t).*sin(20*pi*t) + exp(-t/2).*sin(19*pi*t) ;
```

Figura 2.25
Resultados gráficos do MATLAB.

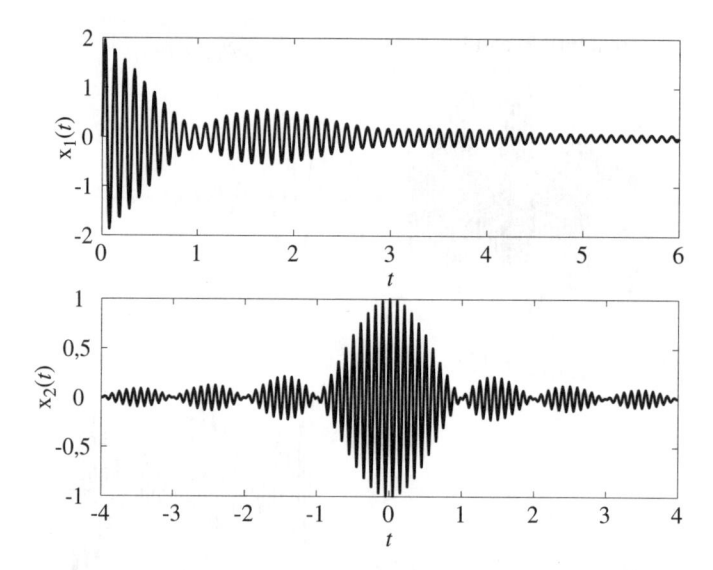

```
subplot(2,1,1) ;              % Plota na metade superior da janela da
                              % figura
p = plot(t,x1,'k') ;          % Exibe o gráfico
set(p,'LineWidth',2) ;        % Ajusta a espessura da linha para 2

xlabel('\itt') ;              % Rotula a abscissa
ylabel('x_1 ({\itt})') ;      % Rotula a ordenada
t = -4:1/60:4 ;               % Vetor de 481 pontos de tempo para traçar x1
                              % Gera valores de x2 para a traçagem
x2 = sinc(t).*cos(20*pi*t) ;
subplot(2,1,2) ;              % Plota na metade inferior da janela da
                              % figura
p = plot(t,x2,'k') ;          % Exibe o gráfico
set(p,'LineWidth',2) ;        % Ajusta a espessura da linha para 2
xlabel('\itt') ;              % Rotula a abscissa
ylabel('x_2 ({\itt})') ;      % Rotula a ordenada
```

Os gráficos resultantes são mostrados na Figura 2.25.

2.5 REDIMENSIONAMENTO DE ESCALA E DESLOCAMENTO

É fundamental em análise de sinais e sistemas ter a capacidade para descrever sinais tanto analítica como graficamente e ser capaz de conjugar os dois tipos diferentes de descrições um com o outro. Admita que g(t) seja definida pelo gráfico da Figura 2.26, com alguns valores selecionados na tabela à direita. Para completar a descrição da função, considere que g(t) = 0, |t| > 5.

REDIMENSIONAMENTO DE ESCALA DA AMPLITUDE

Considere o efeito de multiplicar a função por uma constante. Isso pode ser indicado pela notação g(t) → Ag(t). Para qualquer t arbitrário, multiplica-se o valor da função g(t) por A. Sendo assim, g(t) → Ag(t) multiplica g(t) por A, para todo valor de t. Este procedimento é denominado redimensionamento de **escala da amplitude**. A Figura 2.27 exibe dois exemplos de redimensionamento de escala da amplitude para a função g(t) definida na Figura 2.26.

Um fator de escala da amplitude negativo gira a função, onde o eixo t faz o papel de eixo de rotação para o movimento. Se o fator de escala corresponde a –1, como neste exemplo, rotacionar é a única ação. Se o fator de escala é algum outro fator A e A é negativo, o redimensionamento de escala da amplitude pode ser entendido como

Figura 2.26
Definição gráfica de uma função g(t).

t	g(t)
–5	0
–4	0
–3	0
–2	0
–1	0
0	1
1	2
2	3
3	4
4	5
5	0

2.5 Redimensionamento de Escala e Deslocamento 37

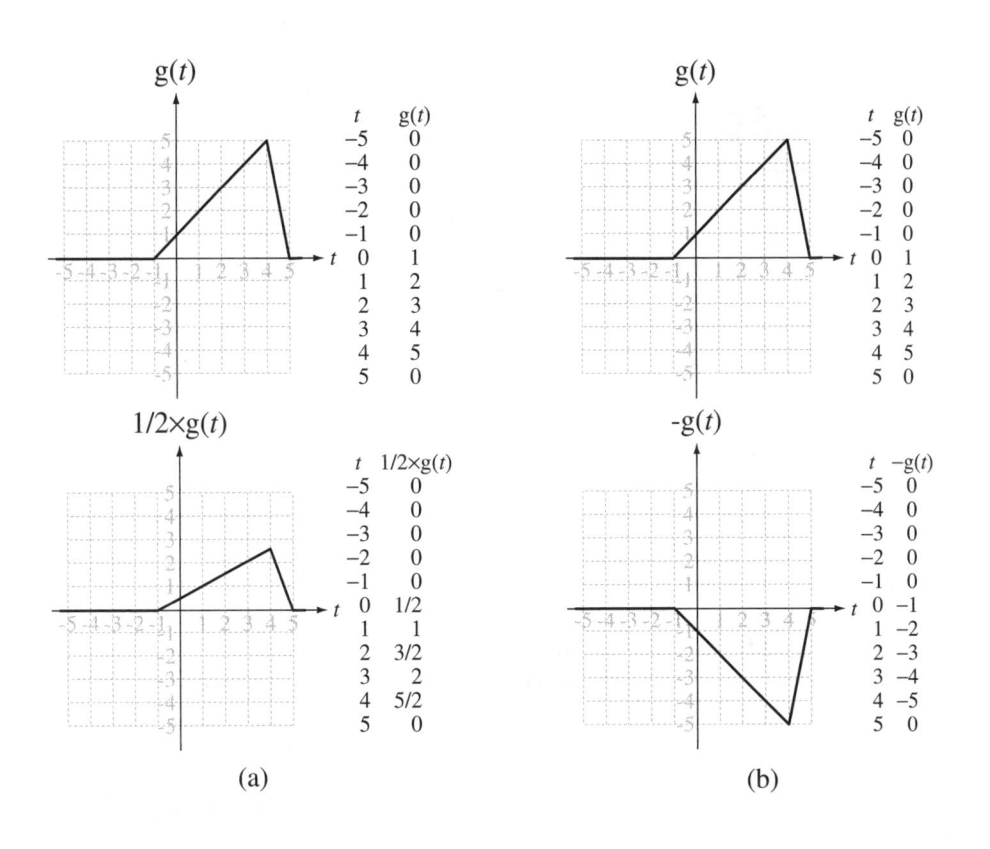

Figura 2.27
Dois exemplos de redimensionamento de escala da amplitude.

t	g(t)
−5	0
−4	0
−3	0
−2	0
−1	0
0	1
1	2
2	3
3	4
4	5
5	0

t	g(t)
−5	0
−4	0
−3	0
−2	0
−1	0
0	1
1	2
2	3
3	4
4	5
5	0

t	1/2×g(t)
−5	0
−4	0
−3	0
−2	0
−1	0
0	1/2
1	1
2	3/2
3	2
4	5/2
5	0

t	−g(t)
−5	0
−4	0
−3	0
−2	0
−1	0
0	−1
1	−2
2	−3
3	−4
4	−5
5	0

(a)   (b)

sendo composto por duas operações sucessivas $g(t) \to -g(t) \to |A|(-g(t))$, um giro seguido de um redimensionamento de escala da amplitude positivo. O redimensionamento de escala da amplitude afeta o valor da função (a varíavel **dependente** g). As duas seções seguintes introduzirão os efeitos de mudança do argumento da função (a variável **independente** t).

DESLOCAMENTO NO TEMPO

Se o gráfico da Figura 2.26 define $g(t)$, qual seria a aparência de $g(t-1)$? Podemos passar a compreender o efeito calculando e traçando graficamente o valor de $g(t-1)$

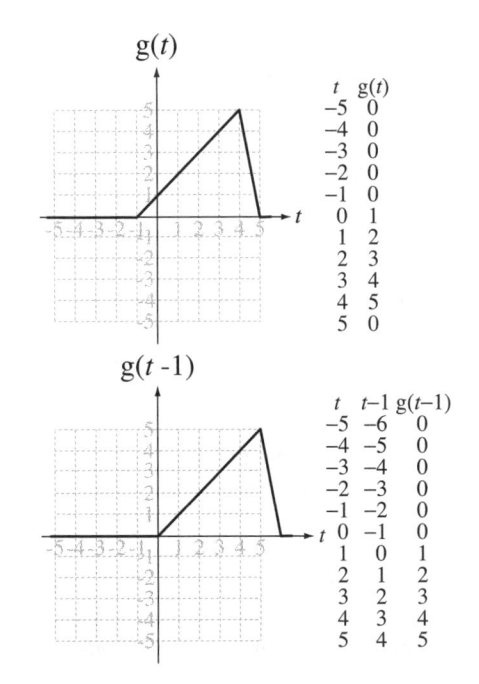

Figura 2.28
Gráfico de $g(t-1)$ em relação a $g(t)$, demonstrando o deslocamento no tempo.

t	g(t)
−5	0
−4	0
−3	0
−2	0
−1	0
0	1
1	2
2	3
3	4
4	5
5	0

t	t−1	g(t−1)
−5	−6	0
−4	−5	0
−3	−4	0
−2	−3	0
−1	−2	0
0	−1	0
1	0	1
2	1	2
3	2	3
4	3	4
5	4	5

Figura 2.29
Funções degrau redimensionadas em amplitude e deslocadas no tempo.

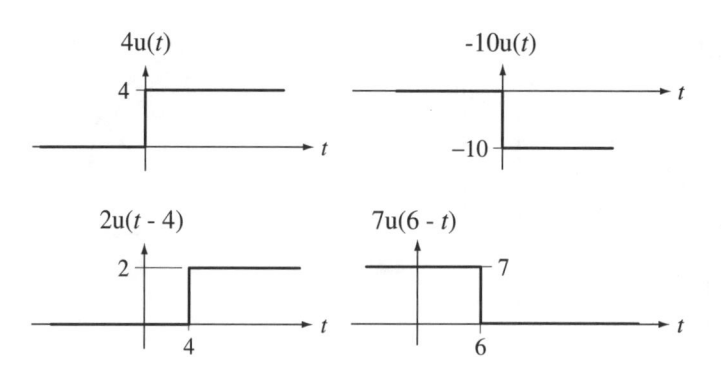

para múltiplos pontos como mostra a Figura 2.28. Deve estar claro, após examinar os gráficos e tabelas, que substituir t por $t - 1$ resulta na produção do efeito de deslocamento da função de uma unidade para a direita (Figura 2.28). A mudança $t \to t-1$ pode ser traduzida pela seguinte idéia: "para todo valor de t, identifique o instante de tempo imediatamente anterior, obtenha o valor de g neste instante e use-o como o valor para g$(t - 1)$ no instante de tempo t". Esse procedimento é conhecido por **deslocamento no tempo** ou **translação no tempo**.

Podemos resumir o deslocamento no tempo ao afirmarmos que a mudança da variável independente $t \to t-t_0$, em que t_0 é qualquer constante arbitrária, tem o efeito de um deslocamento de g(t) em t_0 unidades à direita. (Consistente com a interpretação aceita para números negativos. Se t_0 é negativo, o deslocamento é de $|t_0|$ unidades à esquerda.) A Figura 2.29 mostra funções degrau deslocadas no tempo e com escalas de amplitude alteradas.

A função pulso retangular pode ser definida como a diferença entre duas funções degrau unitário deslocadas no tempo para direções opostas ret$(t) = $ u$(t + 1/2) - u(t - 1/2)$ e a função pulso triangular pode ser definida como a soma de três funções rampa, duas delas são deslocadas no tempo e uma delas sofre a alteração de escala da amplitude

$$\text{tri}(t) = \text{rampa}(t + 1) - 2\,\text{rampa}(t) + \text{rampa}(t - 1).$$

O deslocamento no tempo é conseguido pela mudança da variável independente. Esse tipo de alteração pode ser feito para qualquer variável independente, não necessariamente o tempo. Nossos exemplos aqui utilizam a terminologia que envolve o tempo, porém a variável independente poderia ser uma dimensão espacial. Nesse caso, poderíamos denominá-la deslocamento no espaço. Mais tarde, nos capítulos sobre transformadas, abordaremos funções cuja variável independente é a freqüência, e este tipo de mudança será identificado por deslocamento na freqüência. O significado matemático é o mesmo, não importando o nome utilizado para descrever a variável independente.

A alteração da escala da amplitude e o deslocamento no tempo aparecem em vários sistemas físicos reais. Por exemplo, em uma conversação típica existe um atraso de propagação, ou seja, o tempo exigido para que uma onda sonora se propague a partir da boca de uma pessoa e viaje até o ouvido da outra pessoa. Se esta distância for 2 m e o som viajar aproximadamente a 330 metros por segundo, o atraso de propagação será de quase 6 ms, um atraso que não é perceptível. Todavia, considere um espectador que observa uma máquina bate-estaca em operação, a 100 m de distância, cravando uma enorme estaca. A primeira coisa que o espectador percebe é a imagem da máquina acertando a estaca. Existe um pequeno atraso devido à velocidade da luz que parte do bate-estaca e se encaminha ao olho do observador, mas este atraso é menor do que um microssegundo. O som da máquina acertando a estaca chega 0,3 segundo mais tarde, e representa um atraso perceptível. Esse é um exemplo de deslocamento no tempo e, neste caso, corresponde ao atraso. O som da máquina acertando a estaca também é muito mais alto próximo a ela do que a uma distância de 100 m, ou seja, um exemplo de alteração da escala da amplitude. Um outro exemplo familiar é o atraso percebido entre ver um relâmpago e escutar o som do trovão que ele provoca.

Figura 2.30
Satélite de comunicação em órbita.
© Vol. 4 PhotoDisc/Getty

Como um exemplo mais tecnológico, considere o sistema de comunicação por satélite (Figura 2.30). Uma estação terrestre envia um sinal eletromagnético de alta energia ao satélite. Quando o sinal alcança o satélite, o campo eletromagnético é bem mais fraco do que inicialmente, quando deixa a estação terrestre. O sinal também não chega instantaneamente devido ao atraso de propagação. Se o satélite é geoestacionário, ele está a aproximadamente 36.000 km acima da superfície da Terra. Então, se a estação terrestre estiver diretamente embaixo deste satélite, o atraso de propagação no enlace de subida será em torno de 120 ms. Para estações terrestres não localizadas exatamente sob o satélite, o atraso será um pouco maior. Se o sinal transmitido é $Ax(t)$, o sinal recebido é $Bx(t - t_p)$, onde B é tipicamente muito menor do que A e t_p equivale ao tempo de propagação. Nos enlaces de comunicação entre dois locais terrestres muito distantes um do outro, mais de um enlace de subida e descida podem ser necessários. Se a comunicação em questão é uma comunicação por voz entre o âncora de um telejornal em Nova Iorque e um repórter em Calcutá, o atraso total pode chegar facilmente a um segundo, um atraso perceptível que pode causar uma significante inconveniência na conversação. Imagine o problema de se comunicar com os primeiros astronautas a chegarem em Marte. O atraso mínimo somente de ida do sinal quando Terra e Marte encontram-se na maior proximidade possível entre eles é superior a quatro minutos!

Quando se trata de longo alcance e de comunicação recíproca, o atraso de tempo é um problema. Em outras situações, ele pode ser bastante útil, como no caso de radares e sonares. Nesses casos, o atraso de tempo percebido entre o instante em que um pulso é enviado e o instante em que o pulso refletido retorna corresponde à distância para o objeto a partir de onde houve a reflexão, por exemplo, um avião ou um submarino.

Redimensionamento de Escala do Tempo Considere a seguir a mudança de uma variável independente indicada por $t \to t/a$. Como exemplo, vamos calcular e plotar valores escolhidos de $g(t/2)$. Esse processo amplia a função $g(t)$ horizontalmente (em t) por um fator de escala a em $g(t/a)$ (Figura 2.31). Tal processo é denominado **redimensionamento de escala do tempo**. Considere em seguida a mudança $t \to -t/2$. Esta é idêntica ao último exemplo, com exceção do fator de escala, que é agora -2, em vez de 2 (Figura 2.32).

Nós podemos resumir o que foi visto até agora afirmando que o redimensionamento de escala do tempo $t \to t/a$ amplia a função horizontalmente por um fator $|a|$ e, se $a < 0$, a função é também **invertida no tempo**. Inversão no tempo significa rotacionar a curva em 180°, tendo o eixo g o papel de eixo de rotação para o movimento.

Figura 2.31
Gráfico de g(*t*/2) em relação a g(*t*), ilustrando o redimensionamento de escala do tempo.

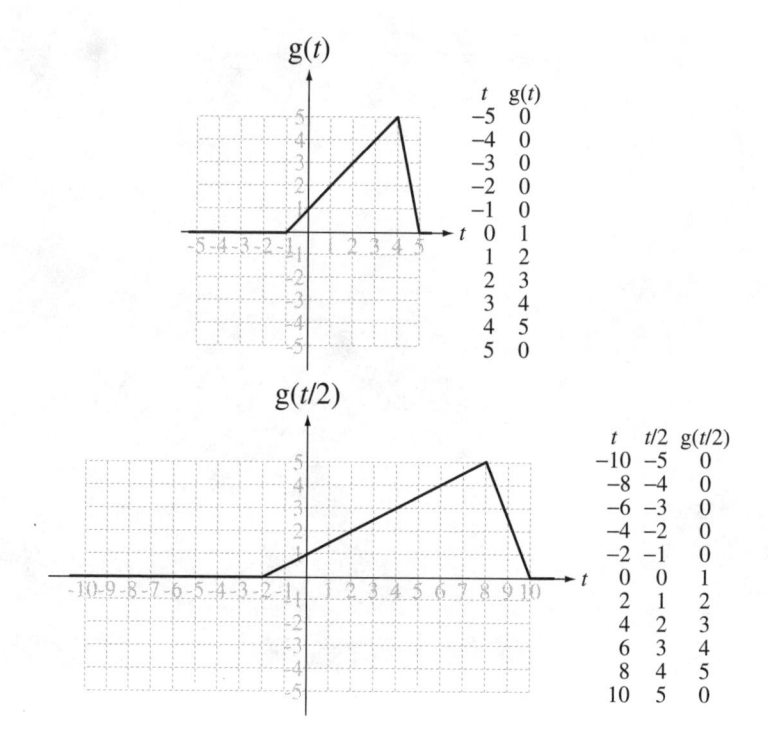

t	g(t)
−5	0
−4	0
−3	0
−2	0
−1	0
0	1
1	2
2	3
3	4
4	5
5	0

t	t/2	g(t/2)
−10	−5	0
−8	−4	0
−6	−3	0
−4	−2	0
−2	−1	0
0	0	1
2	1	2
4	2	3
6	3	4
8	4	5
10	5	0

O caso de um *a* negativo pode ser entendido como duas mudanças sucessivas, $t \rightarrow -t$ acompanhada por $t \rightarrow t/|a|$. O primeiro passo $t \rightarrow -t$ simplesmente inverte a função no tempo, sem alterações na sua escala horizontal. O segundo passo $t \rightarrow t/|a|$ então redimensiona a escala de tempo da função já invertida no tempo pelo fator de escala positivo $|a|$.

O redimensionamento de escala do tempo pode ser indicado também por $t \rightarrow bt$. Isso realmente não é uma novidade, porque é o mesmo que $t \rightarrow t/a$ com $b = 1/a$. Sendo assim, todas as regras para redimensionamento do tempo ainda se aplicam por meio da relação entre as duas constantes de escala *a* e *b*.

Podemos imaginar um experimento que demonstraria o fenômeno do redimensionamento de escala do tempo. Suponha que tenhamos uma gravação analógica em fita

Figura 2.32
Gráfico de g(−*t*/2) em relação a g(*t*), ilustrando o redimensionamento de escala do tempo por um fator de escala negativo.

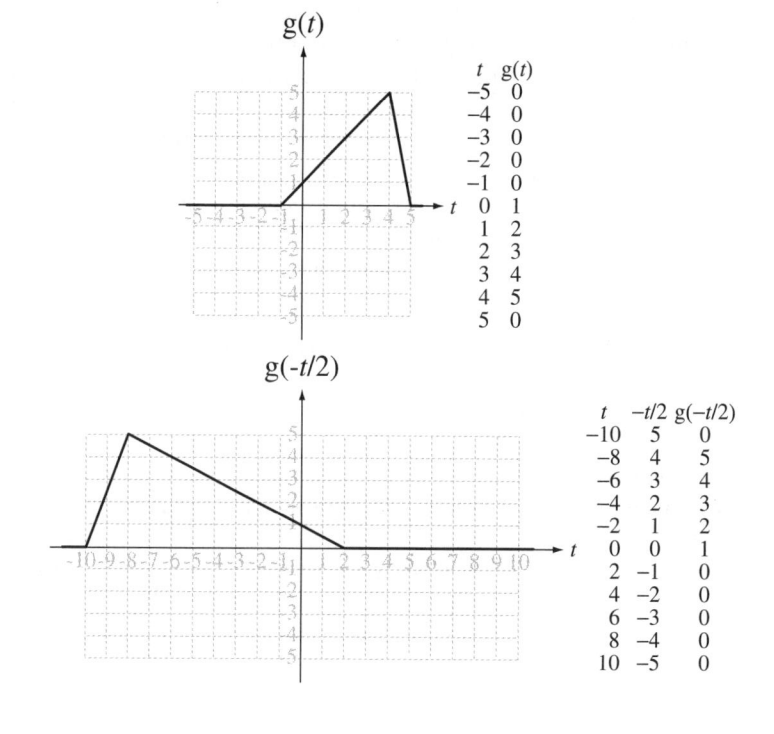

t	g(t)
−5	0
−4	0
−3	0
−2	0
−1	0
0	1
1	2
2	3
3	4
4	5
5	0

t	−t/2	g(−t/2)
−10	5	0
−8	4	5
−6	3	4
−4	2	3
−2	1	2
0	0	1
2	−1	0
4	−2	0
6	−3	0
8	−4	0
10	−5	0

de alguma música. Quando reproduzimos a fita da maneira usual, ouvimos a música como foi executada. Contudo, se aumentarmos a velocidade do movimento da tira magnética próxima à cabeça leitora, ouviremos uma versão acelerada da música. Todas as freqüências na gravação original estão agora mais altas e o tempo da execução está reduzido. Se diminuirmos a velocidade de reprodução da fita, um efeito contrário acontece. Se revertermos o sentido de movimento da tira magnética, ouvimos a música em tempo reverso, um som muito estranho. Se a voz humana é gravada em uma fita da maneira usual e então reproduzida em modo acelerado, ela é normalmente descrita como o sonido de um esquilo, em tons mais altos e muito rápido.

Uma experiência comum que demonstra o efeito do redimensionamento da escala de tempo é o efeito Doppler. Se ficarmos ao lado de uma estrada e um caminhão do corpo de bombeiros se aproximar enquanto toca a sua sirene, à medida que o caminhão passa por nós, tanto o volume quanto o tom emitidos pelo som da sirene nos parecerá mudar (Figura 2.33). O volume se altera devido à proximidade da sirene, ou melhor, quanto mais próxima de nós, mais alto a ouviremos. Entretanto, por que o tom se modifica? A sirene está fazendo exatamente a mesma coisa todo o tempo. Então não é o tom do som produzido que muda e sim o tom do som que chega aos nossos ouvidos. À medida que o caminhão se aproxima, cada compressão sucessiva do ar, causada pela sirene, acontece um pouco mais perto do que a última e, portanto, ela chega aos nossos ouvidos em um tempo menor do que a compressão anterior. Isso é que torna a freqüência da onda sonora, percebida pelos nossos ouvidos, cada vez mais alta do que aquela emitida pela sirene. À medida que o caminhão passa, um efeito contrário surge e o som da sirene que chega aos nossos ouvidos desloca-se para freqüências mais baixas. Enquanto estamos ouvindo uma mudança de tom, os bombeiros no caminhão escutam um tom constante emitido pela sirene.

Considere que o som percebido pelos bombeiros no caminhão seja descrito por $g(t)$. À medida que o caminhão se aproxima, o som que escutamos equivale a $A(t)g(at)$, em que $A(t)$ é uma função do tempo crescente que considera a alteração do volume e a é um número ligeiramente maior do que um. A alteração na amplitude em função do tempo é um processo conhecido por modulação de amplitude em sistemas de comunicação. Ela é um redimensionamento de escala da amplitude que muda com o tempo. Após o caminhão do corpo de bombeiros passar, o som que percebemos desloca-se para $B(t)g(bt)$, em que $B(t)$ é uma função do tempo decrescente e b é ligeiramente menor do que um (Figura 2.34). (Nessa ilustração, senóides são usadas para representar o som da sirene. Elas não são precisas, mas ainda servem para demonstrar os aspectos importantes envolvidos.)

Figura 2.33
Bombeiros em um caminhão do corpo de bombeiros.
© Vol. 94 Corbis

Figura 2.34
Ilustração do efeito Doppler.

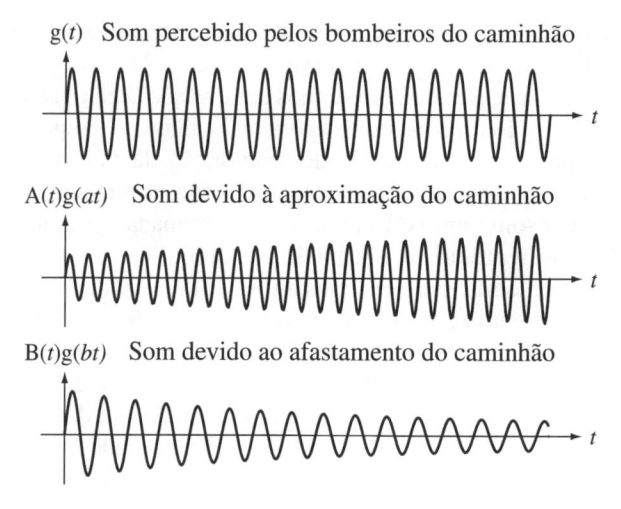

$g(t)$ Som percebido pelos bombeiros do caminhão

$A(t)g(at)$ Som devido à aproximação do caminhão

$B(t)g(bt)$ Som devido ao afastamento do caminhão

Um fenômeno similar ao anterior ocorre com as ondas de luz. O **deslocamento para o vermelho** dos espectros ópticos provenientes das estrelas mais distantes foi o primeiro indício de que o universo está se expandindo. Quando uma estrela está se afastando da terra, a luz que recebemos experimenta um deslocamento Doppler, que reduz a freqüência de todas as ondas de luz emitidas pela estrela.

Visto que a cor vermelha tem a menor freqüência detectável pelo olho humano, uma redução na freqüência é conhecida por deslocamento para o vermelho já que as características dos espectros visíveis parecem todos se deslocarem em direção ao vermelho, final do espectro. A luz proveniente de uma estrela possui diversas características variantes com a freqüência devido à composição da estrela e ao seu caminho percorrido da mesma até o observador. A quantidade de deslocamento pode ser determinada pela comparação dos padrões espectrais da luz vinda da estrela com os padrões espectrais conhecidos de vários elementos medidos na Terra em laboratórios.

Redimensionamento de escala do tempo é uma mudança da variável independente. Assim como foi válido para o deslocamento no tempo, esse tipo de mudança pode ser feito em qualquer variável independente, não necessariamente o tempo. Nos capítulos seguintes, realizaremos algumas alterações na escala de freqüência.

Figura 2.35
A nebulosa Lagoa.
© Vol. 34 PhotoDisc/Getty

2.5 Redimensionamento de Escala e Deslocamento

Deslocamento e Redimensionamento de Escala Simultâneos Todas as três alterações provocadas em funções – redimensionamento de escala da amplitude, redimensionamento de escala do tempo e deslocamento no tempo – podem ser aplicadas simultaneamente, por exemplo,

$$g(t) \rightarrow A\,g\!\left(\frac{t - t_0}{a}\right) \quad (2.18)$$

Para se entender o efeito geral, normalmente é melhor separar uma mudança múltipla como a da Equação (2.18) em mudanças sucessivas elementares

$$g(t) \xrightarrow{\text{redimensionamento de escala da amplitude, } A} A\,g(t) \xrightarrow{t \rightarrow t/a} A\,g(t/a) \xrightarrow{t \rightarrow t - t_0} A\,g\!\left(\frac{t - t_0}{a}\right) \quad (2.19)$$

Observe que aqui a ordem das mudanças é importante. Por exemplo, se trocarmos a ordem entre as operações de redimensionamento da escala do tempo e deslocamento no tempo na Equação (2.19), obtemos

$$g(t) \xrightarrow{\text{redimensionamento de escala da amplitude, } A} A\,g(t) \xrightarrow{t \rightarrow t - t_0} A\,g(t - t_0) \xrightarrow{t \rightarrow t/a} A\,g(t/a - t_0) \neq A\,g\!\left(\frac{t - t_0}{a}\right)$$

O resultado produzido por essa seqüência de mudanças é diferente do resultado anterior (a menos que $a = 1$ ou $t_0 = 0$). Para uma mudança múltipla diferente, uma seqüência diferente pode ser melhor, por exemplo, $Ag(bt - t_0)$. Neste caso, a seqüência de redimensionamento de escala da amplitude, deslocamento no tempo e, então, redimensionamento de escala do tempo é o caminho mais simples para um resultado correto.

$$g(t) \xrightarrow{\text{redimensionamento de escala da amplitude, } A} A\,g(t) \xrightarrow{t \rightarrow t - t_0} A\,g(t - t_0) \xrightarrow{t \rightarrow bt} A\,g(bt - t_0)$$

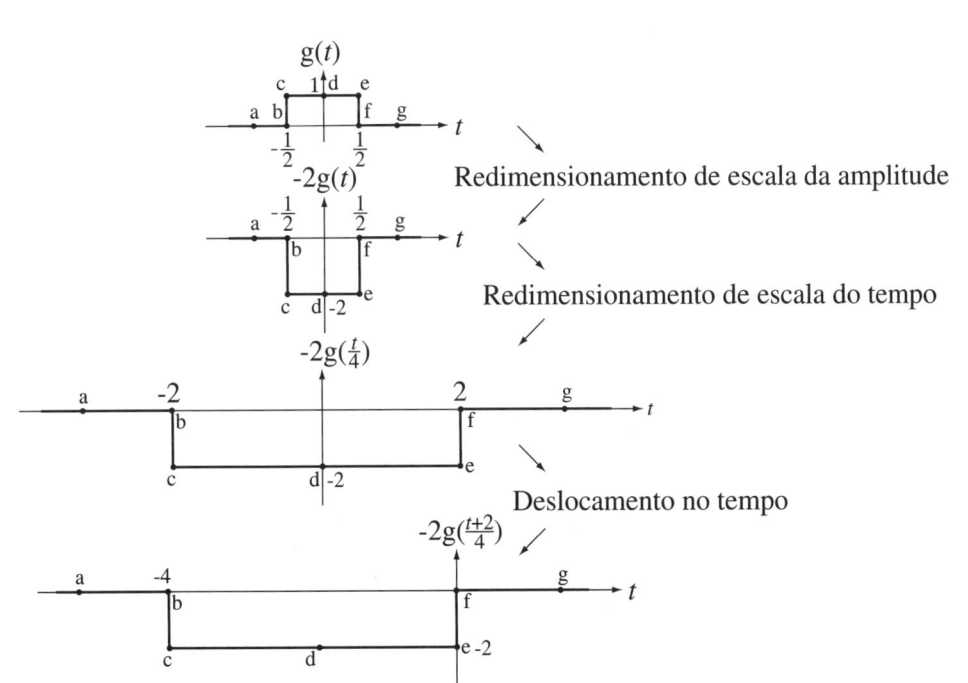

Figura 2.36
Uma seqüência de redimensionamento de escala da amplitude, redimensionamento da escala do tempo e deslocamento no tempo aplicada a uma função.

Figura 2.37
Uma seqüência de redimensionamento de escala da amplitude, deslocamento no tempo e redimensionamento de escala do tempo aplicada a uma função.

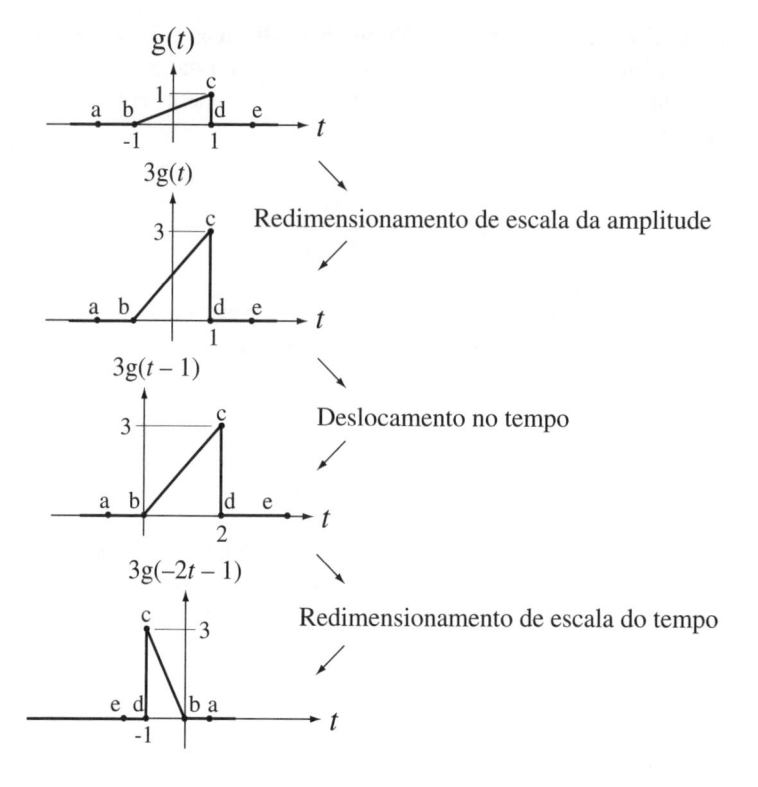

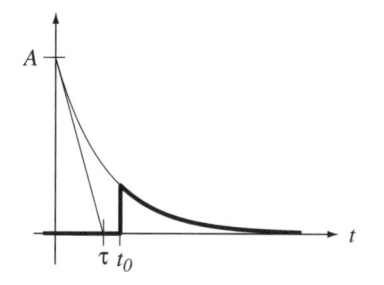

Figura 2.38
Uma exponencial em decaimento, "ativada" no instante de tempo $t = t_0$.

A Figura 2.36 e a Figura 2.37 ilustram graficamente algumas etapas para as duas funções. Nessas figuras, certos pontos são rotulados com letras, iniciando-se com a e procedendo-se em ordem alfabética. À medida que cada mudança funcional é realizada, pontos correspondentes recebem a mesma letra designadora.

As funções anteriormente apresentadas, juntamente com o deslocamento e redimensionamento de escala de função, permitem-nos descrever uma ampla variedade de sinais. Por exemplo, um sinal que tem a forma de uma exponencial em decaimento após um dado tempo $t = t_0$ e é nulo antes desse instante pode ser representado na forma matemática concisa $x(t) = Ae^{-t/\tau} u(t-t_0)$ (Figura 2.38). Um sinal que tem a forma de uma função seno negativa antes do tempo $t = 0$ e uma função seno positiva depois do tempo $t = 0$ pode ser representado por $x(t) = A \operatorname{sen}(2\pi f_0 t)\operatorname{sgn}(t)$ (Figura 2.39). Um sinal que equivale a uma rajada senoidal entre os instantes de tempo $t = 1$ e $t = 5$ e é nulo para qualquer outro instante pode ser representado por $x(t) = A\cos(2\pi f_0 t + \theta)\operatorname{ret}((t-3)/4)$ (Figura 2.40).

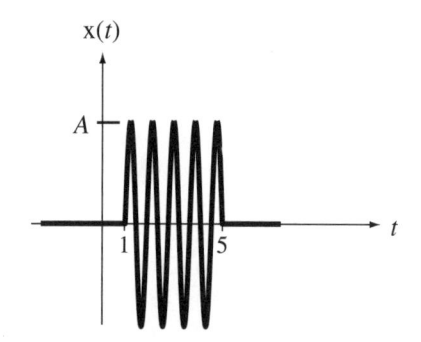

Figura 2.40
Uma "rajada" senoidal.

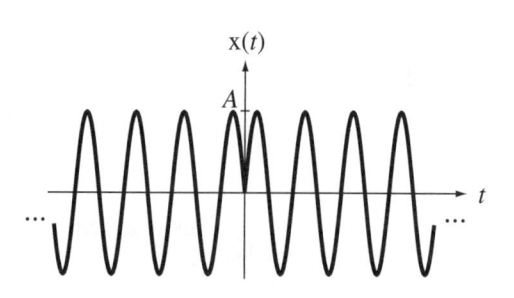

Figura 2.39
Produto entre um seno e uma função sinal (*signum*).

2.5 Redimensionamento de Escala e Deslocamento

EXEMPLO 2.2

Traçando graficamente o redimensionamento de escala e o deslocamento de funções com o MATLAB

Usando o MATLAB, elabore o gráfico da função definida por

$$g(t) = \begin{cases} 0 & , t < -2 \\ -4-2t & , -2 < t < 0 \\ -4-3t & , 0 < t < 4 \\ 16-2t & , 4 < t < 8 \\ 0 & , t > 8 \end{cases} \quad (2.20)$$

Então trace as funções $3g(t+1)$, $(1/2)g(3t)$, $-2g((t-1)/2)$.

■ Solução

Devemos, primeiro, escolher um intervalo de valores para t sobre o qual traçaremos a função e um espaçamento entre os pontos de t para produzir uma curva que aproxime, o máximo possível, da função real. Vamos escolher um intervalo $-5 < t < 20$ e um espaçamento entre pontos de 0,1. Também vamos utilizar um recurso de função do MATLAB que nos permite definir a função $g(t)$ por meio de um programa do MATLAB à parte, um arquivo m. A partir daí, poderemos simplesmente nos referir a ele ao traçarmos graficamente as funções transformadas, não sendo necessário reescrever a descrição da função toda vez que ela for mencionada. O arquivo g.m contém o seguinte código.

```
function y = g(t)

    % Calcula a variação funcional para cada intervalo de valores
    % de tempo, t
    y1 = -4-2*t ; y2 = -4 + 3*t ; y3 = 16 - 2*t ;
    % Une em um único vetor as variações funcionais diferentes em
    % seus respectivos intervalos de validade
    y = y1.*(-2<t & t<=0) + y2.*(0<t & t<=4) + y3.*(4<t & t<=8) ;
```

O programa do MATLAB contém o seguinte código:

```
%   Programa para traçar a função, g(t) = t^2 + 2*t - 1 e então
%   traçar 3*g(t+1), g(3*t)/2 e -2*g((t-1)/2).

tmin = -4 ; tmax = 20 ;   % Define o intervalo de tempo para o gráfico
dt = 0.1 ;                % Define o tempo entre pontos
t = tmin:dt:tmax ;        % Define o vetor de tempo para o gráfico
g0 = g(t) ;               % Calcula a "g(t)" original
g1 = 3*g(t+1) ;           % Calcula a primeira mudança
g2 = g(3*t)/2 ;           % Calcula a segunda mudança
g3 = -2*g((t-1)/2) ;      % Calcula a terceira mudança

%   Calcula os valores máximos e mínimos de g em todas as funções
%   redimensionadas em escala ou deslocadas e usa-os para redimensionar
%   em escala da mesma forma todos os gráficos

gmax = max([max(g0), max(g1), max(g2), max(g3)]) ;
gmin = min([min(g0), min(g1), min(g2), min(g3)]) ;

%   Traça todas as quatro funções em um argumento 2 por 2
%   Traça todas elas na mesma escala utilizando o comando axis
```

```
%   Desenha linhas de grade, usando o comando grid, para auxiliar a
%   leitura de valores

subplot(2,2,1) ; p = plot(t,g0,'k') ; set(p,'LineWidth',2) ;
xlabel('t') ; ylabel('g(t)') ; title('Função Original, g(t)') ;
axis([tmin,tmax,gmin,gmax]) ; grid ;
subplot(2,2,2) ; p = plot(t,g1,'k') ; set(p,'LineWidth',2) ;
xlabel('t') ; ylabel('3g(t+1)') ; title('Primeira Transformação') ;
axis([tmin,tmax,gmin,gmax]) ; grid ;
subplot(2,2,3) ; p = plot(t,g2,'k') ; set(p,'LineWidth',2) ;
xlabel('t') ; ylabel('g(3t)/2') ; title('Segunda Transformação') ;
axis([tmin,tmax,gmin,gmax]) ; grid ;
subplot(2,2,4) ; p = plot(t,g3,'k') ; set(p,'LineWidth',2) ;
xlabel('t') ; ylabel('-2g((t-1)/2)') ;
title('Terceira Transformação') ;
axis([tmin,tmax,gmin,gmax]) ; grid ;
```

Os resultados gráficos são exibidos na Figura 2.41.

Figura 2.41
Gráficos do MATLAB para as funções redimensionadas em escala e/ou deslocadas.

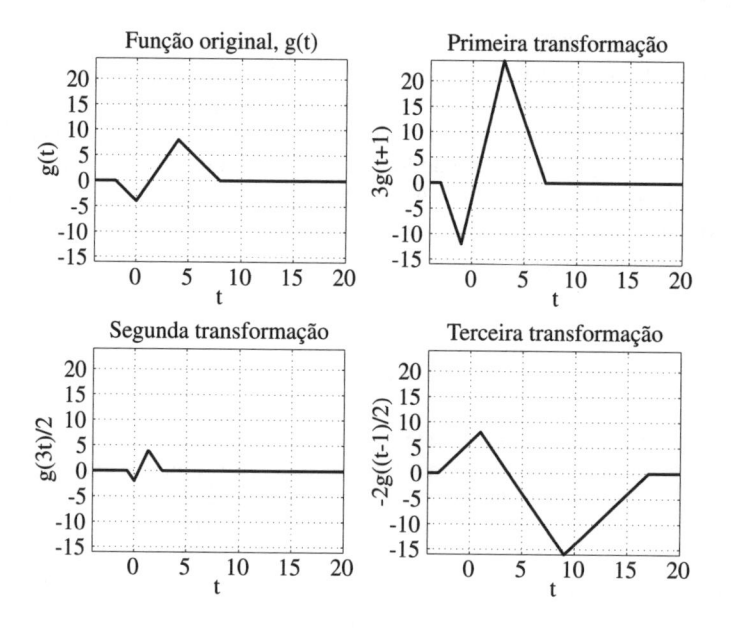

Na Figura 2.42 encontram-se mais exemplos de versões das funções recém-introduzidas, redimensionadas na escala da amplitude, deslocadas no tempo e redimensionadas na escala do tempo.

2.6 DIFERENCIAÇÃO E INTEGRAÇÃO

Integração e diferenciação são operações comuns no processamento de sinais em sistemas reais. A derivada de uma função, em qualquer instante de tempo t, equivale à sua inclinação *naquele* instante de tempo e a integral de uma função, em qualquer instante de tempo t, é a área acumulada sob a função *até* o referido instante. A Figura 2.43 apresenta algumas funções e suas derivadas. As intersecções com o valor zero em todas as derivadas foram indicadas por linhas verticais claras, que levam exatamente aos máximos e mínimos da função correspondente, pontos estes em que a inclinação da função é nula.

A integração é um pouco mais problemática do que a diferenciação. Dada uma função, sua derivada é determinável de modo não ambíguo (se ela existe). Entretanto, sua integral não é determinável de modo não ambíguo sem mais algumas informações. Isso está inerentemente incluído em um dos primeiros princípios aprendidos no cál-

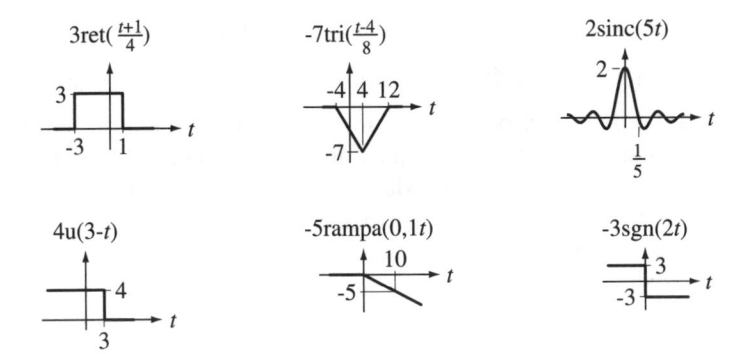

Figura 2.42
Mais exemplos de funções redimensionadas na escala da amplitude, deslocadas no tempo e redimensionadas na escala do tempo, introduzidas neste capítulo.

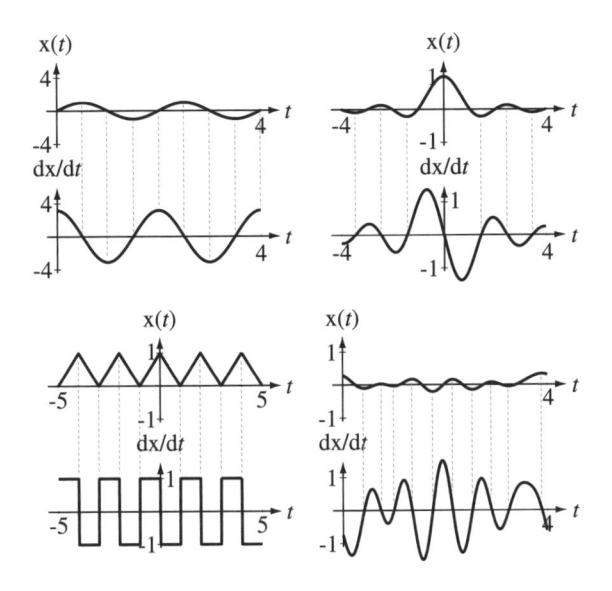

Figura 2.43
Algumas funções e suas respectivas derivadas.

culo de integrais. Se uma função g(x) possui uma derivada g'(x), então a função g(x) + K (K é uma constante) possui exatamente a mesma derivada g'(x), não importando o valor da constante K. Invertendo-se a lógica, uma vez que a integração é o oposto da diferenciação, o que poderíamos dizer a respeito da integral de g'(x)? Ela poderia ser g(x), mas poderia ser também g(x) + K, com K tendo qualquer valor arbitrário.

O termo "integral" possui significados um pouco diferentes para contextos distintos. Na maior parte das situações, integração e diferenciação são operações inversas. Uma **antiderivada** de uma função do tempo g(t) é qualquer função do tempo que, ao ser diferenciada em relação ao tempo, produz g(t). Uma antiderivada é representada por um símbolo de integral sem limites. Por exemplo,

$$\frac{\operatorname{sen}(2\pi t)}{2\pi} = \int \cos(2\pi t)\,dt$$

Em outras palavras, sen($2\pi t$)/2π é uma antiderivada de cos($2\pi t$). Uma **integral indefinida** é uma antiderivada acrescida de uma constante. Por exemplo, $h(t) = \int g(t)dt + C$. Ou seja, $h(t)$ é a integral indefinida de $g(t)$, em que C é uma constante de valor arbitrário. Uma **integral definida** é uma integral tomada entre dois limites. Por exemplo, $A = \int_\alpha^\beta g(t)\,dt$. Se α e β são constantes, então A é também uma constante, e representa a área sob g(*t*) entre α e β. Em análise de sinais e sistemas, uma forma particular da integral definida, $h(t) = \int_{-\infty}^{t} g(\tau)d\tau$, é freqüentemente utilizada. A variável de integração é τ, portanto, durante o processo de integração, o limite superior da integral *t* é tratado como constante. Porém, depois que a integração é concluída, o resultado depende de *t*, e assim *t* é a variável independente em h(*t*). Esse tipo de integral é algumas vezes chamada de **integral contínua** ou **integral cumulativa**. Geometricamente, ela corresponde à área acumulada sob a função para todos os instantes de tempo antes do tempo *t*, e isso depende do valor de *t*.

Muitas vezes, na prática, temos ciência de que uma função do tempo é nula antes de algum instante inicial $t = t_0$. Assim sendo, sabemos que $\int_{-\infty}^{t_0} g(t)dt$ é nula. Portanto, a integral da referida função, a partir de qualquer instante de tempo $t_1 < t_0$ até qualquer instante $t > t_0$, não é ambígua. Ela somente pode ser a área sob a função confinada entre os instantes de tempo $t = t_0$ e *t*

$$\int_{t_1}^{t} g(\tau)d\tau = \int_{t_1}^{t_0} g(\tau)d\tau + \int_{t_0}^{t} g(\tau)d\tau = \int_{t_0}^{t} g(\tau)d\tau$$

A Figura 2.44 ilustra algumas funções e suas respectivas integrais.

Figura 2.44
Algumas funções e suas respectivas integrais.

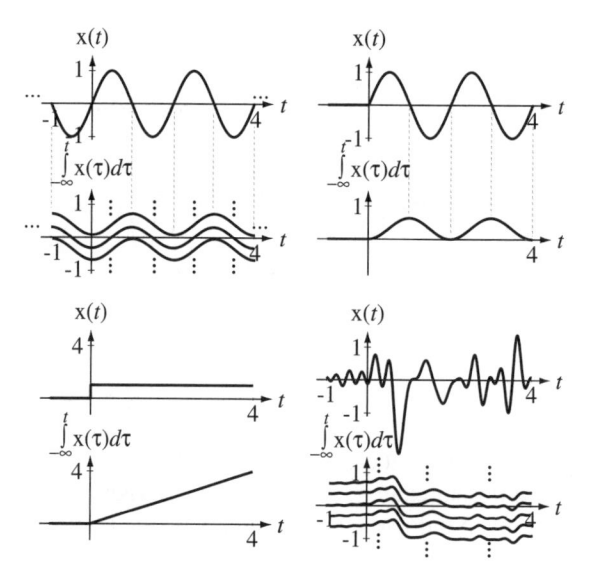

Na Figura 2.44, duas das funções são nulas antes do instante de tempo *t* = 0, e as integrais mostradas consideram um limite inferior para a integral menor do que zero, levando a um resultado único e não ambíguo. As outras duas ilustradas, com múltiplas integrais possíveis, diferem em relação às outras por uma constante apenas. Todas elas têm a mesma derivada e são candidatas igualmente válidas da integral na ausência de informação complementar.

2.7 FUNÇÕES PARES E ÍMPARES

Algumas funções possuem a propriedade relacionada ao fato de que, quando são submetidas a certos tipos de mudanças de variável independente ou dependente, não sofrem alterações de fato. Elas são ditas **invariantes** em relação à mudança. Uma função **par** de *t* é aquela invariante para um redimensionamento de escala do tempo t → −*t*, e uma função **ímpar** de *t* é aquela invariante para um redimensionamento de escala da amplitude e de tempo g(*t*) → −g(−*t*).

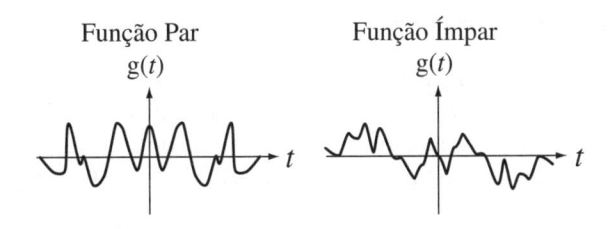

Figura 2.45
Exemplos de funções pares e ímpares.

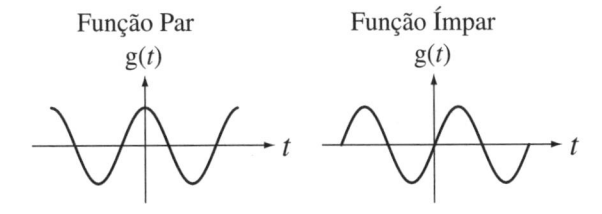

Figura 2.46
Duas funções muito comuns e úteis, uma par e outra ímpar.

> Uma função par $g(t)$ é aquela em que $g(t) = g(-t)$ e uma função ímpar é aquela em que $g(t) = -g(-t)$.

Uma maneira simples para a visualização de funções pares e ímpares é imaginar que o eixo da ordenada [o eixo $g(t)$] age como um espelho. Para as funções pares, a parte de $g(t)$ para $t > 0$ e a parte de $g(t)$ para $t < 0$ são imagens de espelho uma da outra. Para uma função ímpar, as mesmas duas partes da função são imagens de espelho *negativas* uma da outra. Nas Figuras 2.45 e 2.46, encontram-se alguns exemplos de funções pares e funções ímpares.

Algumas funções são pares, algumas são ímpares e outras não são nem pares nem ímpares. Porém, qualquer função $g(t)$ pode ser expressa como uma soma de seus componentes par e ímpar como $g(t) = g_p(t) + g_i(t)$. Em outras palavras, toda função é composta de uma parte par e de uma parte ímpar. As componentes par e ímpar de uma função $g(t)$ são

$$g_p(t) = \frac{g(t) + g(-t)}{2}, \quad g_i(t) = \frac{g(t) - g(-t)}{2} \tag{2.21}$$

Se a componente ímpar de uma função é zero, a função é par; e se a componente par de uma função é zero, a função é ímpar.

EXEMPLO 2.3

Componentes par e ímpar de uma função

Quais são as componentes par e ímpar de uma função, $g(t) = 4\cos(3\pi t)$?
Elas são

$$g_p(t) = \frac{g(t) + g(-t)}{2} = \frac{4\cos(3\pi t) + 4\cos(-3\pi t)}{2} = \frac{8\cos(3\pi t)}{2} = 4\cos(3\pi t)$$

$$g_i(t) = \frac{4\cos(3\pi t) - 4\cos(-3\pi t)}{2} = 0$$

porque o cosseno é uma função par.

SOMAS, PRODUTOS, DIFERENÇAS E QUOCIENTES

Considere duas funções $g_1(t)$ e $g_2(t)$. Então, $g_1(t) = g_1(-t)$ e $g_2(t) = g_2(-t)$. Agora faça $g(t) = g_1(t) + g_2(t)$. Então $g(-t) = g_1(-t) + g_2(-t)$ e, ao utilizarmos a paridade de $g_1(t)$ e $g_2(t)$, $g(-t) = g_1(t) + g_2(t) = g(t)$, provamos que a soma de duas funções pares também é par. Agora admita $g(t) = g_1(t)g_2(t)$. Então, $g(-t) = g_1(-t)g_2(-t) = g_1(t)g_2(t) = g(t)$, provando que o produto de duas funções pares é igualmente par. Agora assuma que $g_1(t)$ e $g_2(t)$ sejam ambas ímpares. Portanto, $g(-t) = g_1(-t) + g_2(-t) = -g_1(t) - g_2(t) = -g(t)$, provando que a soma de duas funções ímpares é ímpar. Finalmente, faça $g(-t) = -g_1(-t)g_2(-t) = [g_1(t)][-g_2(t)] = g_1(t)g_2(t) = g(t)$, o que demonstra que o *produto* de duas funções *ímpares é par*.

Por meio de argumentação similar, podemos mostrar que se duas funções são pares, a soma delas, a diferença, o produto e o quociente são igualmente pares. Se duas funções são ímpares, sua soma e diferença são ímpares, mas seu produto e quociente são pares. Se uma função é par e a outra é ímpar, seu produto e quociente são ímpares (Figura 2.47).

A funções pares e ímpares mais importantes para a análise de sinais e sistemas são os cossenos e os senos. Cossenos são pares e senos são ímpares. Nas Figuras 2.48 a 2.51, encontram-se alguns exemplos de produtos entre funções pares e ímpares.

Figura 2.47
Combinações entre funções par e ímpar.

Tipos de Função	Soma	Diferença	Produto	Quociente
Ambas pares	Par	Par	Par	Par
Ambas ímpares	Ímpar	Ímpar	Par	Par
Uma par, outra ímpar	Nenhum tipo	Nenhum tipo	Ímpar	Ímpar

Figura 2.48
Produto entre uma função par e uma função ímpar.

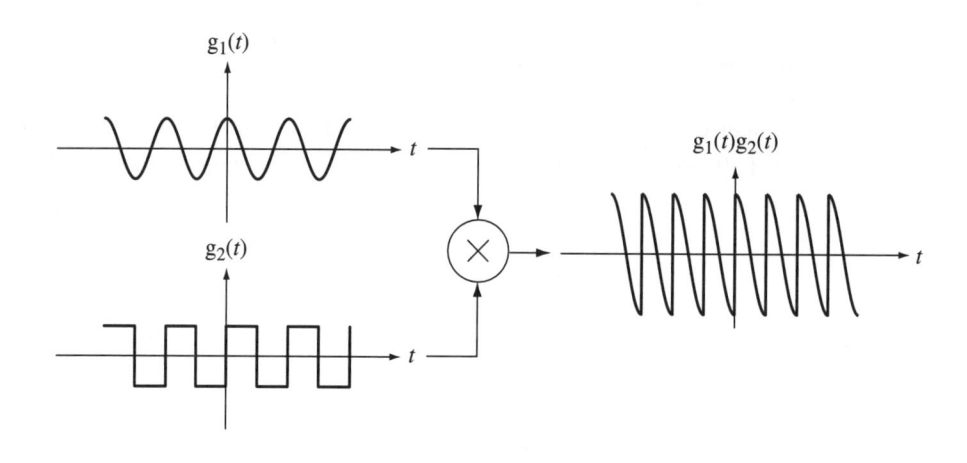

Figura 2.49
Produto entre uma função par e uma função ímpar.

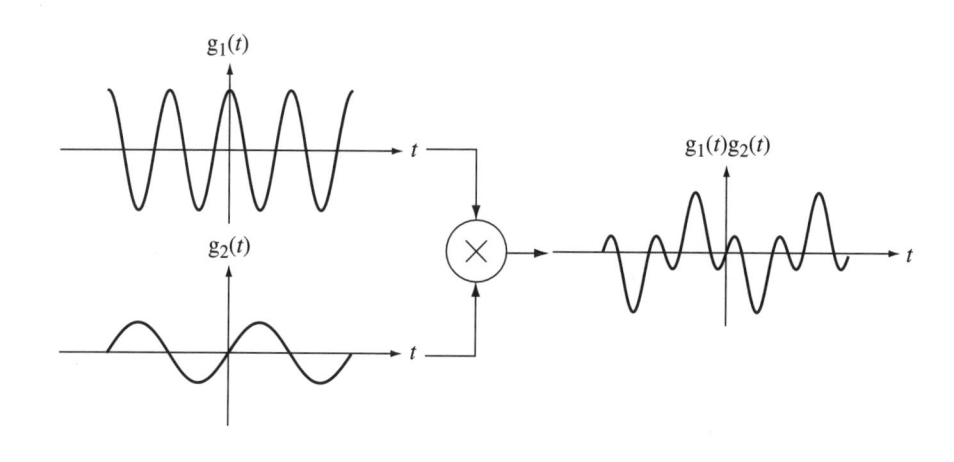

2.7 Funções Pares e Ímpares

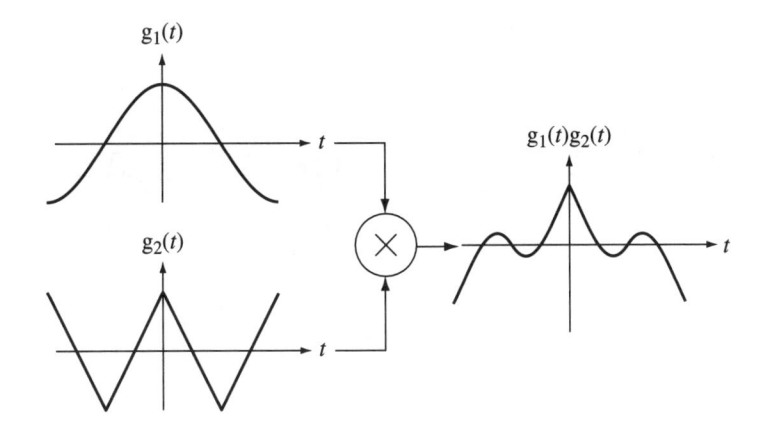

Figura 2.50
Produto entre duas funções pares.

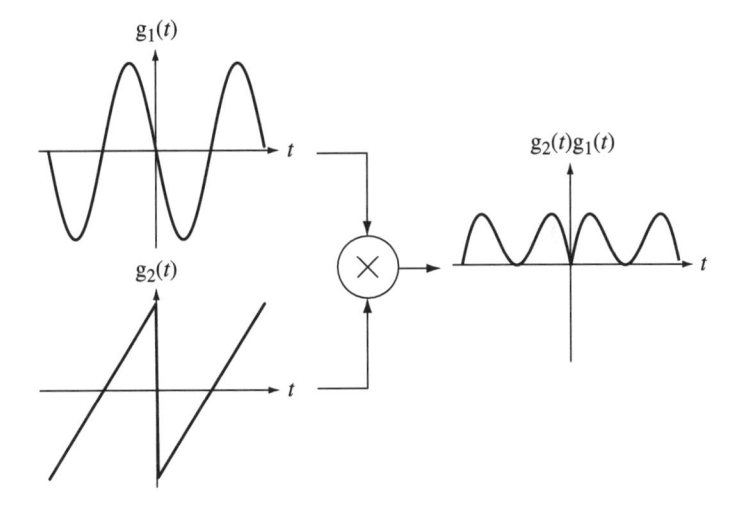

Figura 2.51
Produto entre duas função ímpares.

Assuma que g(t) seja uma função par. Então, g(t) = g($-t$). Usando a regra da cadeia para a diferenciação, a derivada de g(t) é g'(t) = $-$g'($-t$), isto é, uma função ímpar. Portanto, a derivada de qualquer função par é uma função ímpar. De maneira semelhante, a derivada de qualquer função ímpar é uma função par. Podemos aplicar o raciocínio inverso para afirmar que a integral de qualquer função par é uma função ímpar *mais uma constante de integração*, e a integral de qualquer função ímpar é uma função par mais a constante de integração (e, mesmo assim, ainda par porque uma constante é uma função par) (Figura 2.52).

As integrais definidas de funções pares e ímpares podem ser simplificadas em certos casos comuns. Se g(t) é uma função par e a é uma constante real,

$$\int_{-a}^{a} g(t)\,dt = \int_{-a}^{0} g(t)(dt) + \int_{0}^{a} g(t)\,dt = -\int_{0}^{-a} g(t)\,dt + \int_{0}^{a} g(t)\,dt$$

Tipos de Função	Derivada	Integral
Par	Ímpar	Ímpar + constante
Ímpar	Par	Par

Figura 2.52
Tipos de funções e de suas respectivas derivadas e integrais.

Figura 2.53
Integrais de (a) funções pares e (b) funções ímpares sobre limites simétricos.

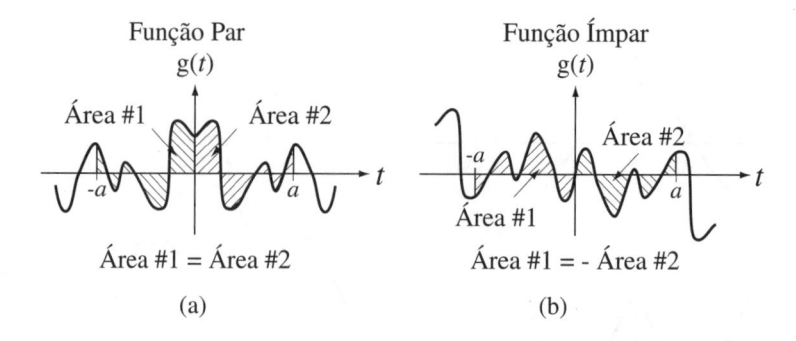

Efetuando a mudança de variável τ = –t, no primeiro termo da integral do lado direito da expressão, e então usando o fato de que g(τ) = g(–τ) para uma função par, é fácil demonstrar que

$$\int_{-a}^{a} g(t)\,dt = 2\int_{0}^{a} g(t)\,dt$$

o que deve ser geometricamente óbvio ao se examinar o gráfico da função [Figura 2.53(a)]. Por meio de argumentação semelhante, se g(t) é uma função ímpar, então $\int_{-a}^{a} g(t)\,dt = 0$, o que deve ser também geometricamente óbvio [Figura 2.53(b)].

2.8 FUNÇÕES PERIÓDICAS

Uma função periódica é aquela que vem repetindo um padrão exato para um tempo infinito e continuará este padrão exato de repetição ainda por um tempo infinito.

> Uma função periódica g(t) é aquela que g(t) = g(t + nT) para qualquer valor inteiro de n, onde T é um **período** da função.

Outra maneira para indicar que uma função de t é periódica é dizer que ela é invariante para o deslocamento no tempo t → t + nT. A função se repete a cada T segundos. Naturalmente, ele também se repete a cada 2T, 3T ou nT segundos (n é um inteiro). Portanto, 2T ou 3T ou nT são todos períodos da função. O intervalo *positivo mínimo* sobre o qual a função se repete é denominado período **fundamental** T_0. A **freqüência fundamental** f_0 de uma função periódica é o recíproco do período fundamental $f_0 = 1/T_0$. Essa é a freqüência *cíclica* fundamental, que é o número de ciclos (períodos) por segundo. A freqüência *angular* fundamental é $\omega_0 = 2\pi f_0 = 2\pi/T_0$, que é o número de radianos por segundo. Ambos os modos de expressar a freqüência são utilizados na análise de sinais e sistemas.

Alguns exemplos comuns de funções periódicas são as senóides reais ou complexas e suas combinações consistindo em senóides reais ou complexas. Veremos adiante que outros tipos de funções periódicas mais elaborados, com formas de repetição periodicamente distintas podem ser gerados e matematicamente descritos. Na Figura 2.54 estão alguns exemplos de funções periódicas. Uma função que não é periódica é dita **aperiódica**.

Em sistemas práticos, um sinal nunca é de fato periódico visto que, presumivelmente, ele não existiu, foi criado em algum intervalo finito de tempo no passado e cessará em um dado instante de tempo finito no futuro. Entretanto, na maioria dos casos, um sinal vem se repetindo por um período longo de tempo antes do instante no qual queremos efetuar a análise deste sinal e ele ainda se repetirá por um período longo de tempo após esse referido instante. Em casos como esse, a aproximação do sinal por uma função periódica introduz um erro insignificante. Exemplos de sinais que seriam

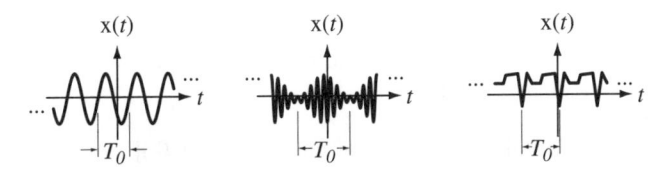

Figura 2.54
Exemplos de funções periódicas com período fundamental igual a T_0.

apropriadamente aproximados por funções periódicas são senóides retificadas por um conversor AC-DC[5], sinais para o sincronismo horizontal em uma televisão, a posição angular do eixo de um gerador em uma usina de força, o padrão de faiscamento das velas de um automóvel deslocando a uma velocidade constante, a vibração de um cristal de quartzo em um relógio de pulso, a posição angular de um pêndulo em um relógio antigo de parede, entre outros. Muitos fenômenos naturais são, para propósitos práticos em geral, periódicos; a maior parte das posições orbitais de planetas, satélites e cometas, as fases da lua, o campo elétrico irradiado por um átomo de césio em ressonância, o padrão de migração dos pássaros, a temporada de acasalamento do caribu são exemplos. Dessa forma, fenômenos periódicos representam um vasto grupo, tanto no mundo natural quanto no domínio dos sistemas artificiais.

Uma situação muito comum na análise de sinais e sistemas é ter um sinal que equivale à soma de dois sinais periódicos. Considere que $x_1(t)$ seja um sinal periódico de período fundamental T_{01} e que $x_2(t)$ seja um sinal periódico de período fundamental T_{02}. Faça $x(t) = x_1(t) + x_2(t)$. Para ser ou não periódica, a função $x(t)$ depende da relação entre os dois períodos T_{01} e T_{02}. Se um tempo T_0 pode ser calculado e este é um inteiro múltiplo de T_{01} e também um inteiro múltiplo de T_{02}, então T_0 é um período de ambos $x_1(t)$ e $x_2(t)$, e

$$x_1(t) = x_1(t + T_0) \quad \text{e} \quad x_2(t) = x_2(t + T_0) \tag{2.22}$$

Deslocando-se no tempo $x(t) = x_1(t) + x_2(t)$ com $t \to t + T_0$

$$x(t + T_0) = x_1(t + T_0) + x_2(t + T_0) \tag{2.23}$$

Então, combinando a Equação (2.23) com a Equação (2.22),

$$x(t + T_0) = x_1(t) + x_2(t) = x(t)$$

provando que $x(t)$ é periódica de período T_0. O menor valor positivo de T_0, que é um inteiro múltiplo de ambos T_{01} e T_{02}, é o período fundamental de $x(t)$. O valor mínimo de T_0, que é um inteiro múltiplo tanto de T_{01} quanto de T_{02}, é conhecido por **mínimo múltiplo comum (MMC)** de T_{01} e T_{02}. Se T_{01}/T_{02} é um número racional (uma razão de inteiros), o MMC é finito e $x(t)$ é periódica. Se T_{01}/T_{02} é um número irracional, $x(t)$ é aperiódica.

Algumas vezes, um método opcional para determinar o período da soma de duas funções periódicas é mais fácil do que calcular o MMC entre os dois períodos. Se o período fundamental da soma é o MMC dos dois períodos fundamentais das duas funções somadas, então a freqüência fundamental da soma é o **máximo divisor comum (MDC)** entre as duas freqüências fundamentais e é portanto o recíproco do MMC relativo aos dois períodos fundamentais.

EXEMPLO 2.4

Período fundamental de um sinal

Quais dentre as funções ou sinais seguintes são periódicos e, caso sejam, quais são seus respectivos períodos fundamentais?

(a) $g(t) = 7\text{sen}(400\pi t)$

---

5. N.T. O termo faz referência à conversão de um sinal em corrente alternada (AC – *alternating current*) para corrente contínua (DC – *direct current*).

▪ Solução

A função seno se repete quando seu argumento total é acrescido ou decrescido de qualquer múltiplo inteiro de 2π radianos. Portanto

$$\text{sen}(400\pi t \pm 2n\pi) = \text{sen}[400\pi(t \pm nT_0)]$$

Ajustando os argumentos para se igualarem,

$$400\pi t \pm 2n\pi = 400\pi(t \pm nT_0)$$

ou

$$\pm 2n\pi = \pm 400\pi nT_0$$

ou

$$T_0 = 1/200$$

Um maneira alternativa de determinar o período fundamental é perceber que $7\text{sen}(400\pi t)$ está na forma $A\text{sen}(2\pi f_0 t)$ ou $A\text{sen}(\omega_0 t)$, em que f_0 é a freqüência fundamental da senóide e ω_0 é a freqüência angular fundamental. Neste caso, $f_0 = 200$ e $\omega_0 = 400\pi$. Visto que o período é o recíproco da freqüência, deduz-se que $T_0 = 1/200$.

(b) $g(t) = 3 + t^2$

Esta função é um polinômio de segundo grau. À medida que seu argumento cresce ou diminui a partir de zero, o valor da função aumenta monotonicamente (sempre na mesma direção). Nenhuma função que cresce monotonicamente pode ser periódica, porque se uma quantidade fixa é acrescida ao argumento t, a função deve ser maior ou menor do que para o valor corrente de t. Esta função não é periódica.

(c) $g(t) = e^{-j60\pi t}$

Esta é uma senóide complexa. Isso pode ser facilmente visto representando-a como a soma de um cosseno e um seno, por meio da identidade de Euler

$$g(t) = \cos(60\pi t) - j\text{sen}(60\pi t)$$

Esta função $g(t)$ é uma combinação linear de dois sinais periódicos que possuem a mesma freqüência cíclica fundamental $60\pi/2\pi = 30$. Portanto, a freqüência fundamental de $g(t)$ é 30 Hz e o período fundamental é 1/30 s.

(d) $g(t) = 10\text{sen}(12\pi t) + 4\cos(18\pi t)$

Esta função é a soma de duas funções, que são ambas periódicas. O período fundamental da primeira é 1/6 segundo. O período fundamental da segunda é 1/9 segundo. O mínimo múltiplo comum é 1/3 segundo. (Confira o apêndice B, disponível no **www.mhhe.com/roberts** para verificar um método sistematizado de determinação de mínimos múltiplos comuns.) Existem dois períodos fundamentais da primeira função e 3 períodos fundamentais da segunda função no referido tempo. Portanto, o período fundamental da função resultante é 1/3 segundo (Figura 2.55). As duas freqüências fundamentais dos dois sinais somados são 6 Hz e 9 Hz. O MDC entre eles é 3 Hz, o que é recíproco de 1/3 do segundo, o MMC entre os dois períodos fundamentais.

(e) $g(t) = 10\text{sen}(12\pi t) + 4\cos(18t)$

Esta função é exatamente como a função (d), exceto pela ausência do π no segundo argumento. Os dois períodos fundamentais são agora 1/6 segundo e $\pi/9$ segundos. A razão entre os dois períodos fundamentais é $2\pi/3$ ou $3\pi/2$, que são irracionais. Portanto, $g(t)$ é aperiódica. Esta função, embora seja produzida a partir da soma de duas funções periódicas, não é ela própria periódica, uma vez que não se repete exatamente em um tempo finito.

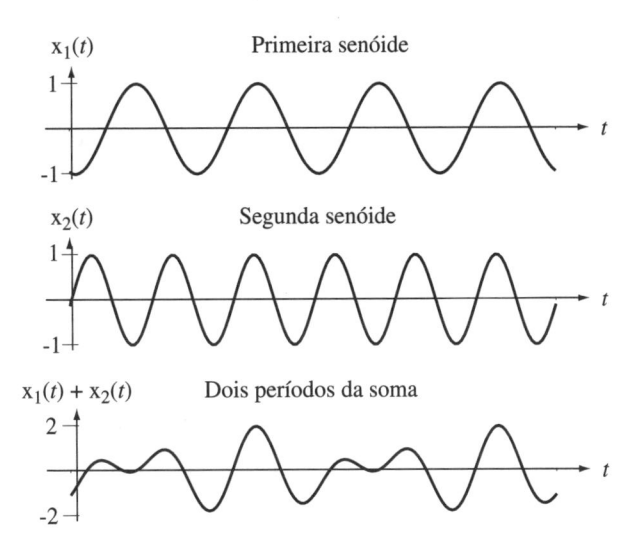

Figura 2.55
Sinais com freqüências de 6 Hz e 9 Hz e o sinal resultante da soma.

2.9 ENERGIA E POTÊNCIA DE SINAL

Toda a atividade física é mediada por uma transferência de energia. Nenhum sistema físico real pode responder a um estímulo a não ser que ele tenha energia. É importante, neste momento, estabelecer certa terminologia para descrever a energia e a potência dos sinais. No estudo sobre sinais em sistemas, os sinais são normalmente tratados como abstrações matemáticas. Muitas vezes, a significância física do sinal é ignorada ou irrelevante em favor da simplicidade da análise. Sinais típicos em sistemas elétricos seriam tensões ou correntes, mas poderiam ser carga ou campo elétrico ou alguma outra quantidade física. Em outros tipos de sistemas, um sinal poderia ser uma força, uma temperatura, uma concentração química, um fluxo de nêutrons e assim por diante. Devido aos diversos tipos de sinais físicos existentes, passíveis de serem operados por sistemas, o termo **energia de sinal** foi definido. Energia de sinal (para se contrapor à energia somente) de um sinal é definida como a área sob a magnitude do sinal ao quadrado. A energia de sinal de um sinal $x(t)$ é dada por

$$E_x = \int_{-\infty}^{\infty} |x(t)|^2 \, dt \qquad (2.24)$$

Portanto, as unidades da energia de sinal dependem das unidades do sinal. Se a unidade do sinal é o volt (V), a energia de sinal deste sinal é expressa em $V^2 \cdot s$. Energia de sinal é definida dessa forma para ser *proporcional* à energia física real presente em um sinal, mas que *não necessariamente seja igual* àquela energia física. Em relação ao sinal de tensão $v(t)$ presente nos terminais de um resistor R, a energia real entregue ao resistor pela tensão aplicada seria dada por

$$\text{Energia} = \int_{-\infty}^{\infty} \frac{|v(t)|^2}{R} \, dt = \frac{1}{R} \int_{-\infty}^{\infty} |v(t)|^2 \, dt = \frac{E_v}{R}$$

Pela definição, energia de sinal é proporcional à energia existente e à constante de proporcionalidade que, nesse caso, é R. Para tipos distintos de sinal, a constante de proporcionalidade será diferente. Em muitos tipos de análises de sistemas, o uso da energia de sinal é mais conveniente do que o uso da energia física real disponível.

EXEMPLO 2.5

Energia de sinal de um sinal

Determine a energia de sinal de $x(t) = 3\text{tri}(t/4)$.

■ Solução

Da definição

$$E_x = \int_{-\infty}^{\infty} |x(t)|^2 dt = \int_{-\infty}^{\infty} |3\,\mathrm{tri}(t/4)|^2 dt = 9 \int_{-\infty}^{\infty} \mathrm{tri}^2(t/4)\,dt$$

Usando a definição da função pulso triangular

$$\mathrm{tri}(t) = \begin{cases} 1-|t| &, |t| < 1 \\ 0 &, |t| \geq 1 \end{cases}$$

$\mathrm{tri}(t/4)$ é definida por

$$\mathrm{tri}\left(\frac{t}{4}\right) = \begin{cases} 1-|t/4| &, |t/4| < 1 \\ 0 &, |t/4| \geq 1 \end{cases} = \begin{cases} 1-|t/4| &, |t| < 4 \\ 0 &, |t| \geq 4 \end{cases}$$

e

$$E_x = 9 \int_{-4}^{4} (1-|t/4|)^2 dt$$

Como o integrando é uma função par, e para $t \geq 0$, $|t| = t$,

$$E_x = 18 \int_{0}^{4} (1-|t/4|)^2 dt = 18 \int_{0}^{4} (1-t/4)^2 dt = 18 \int_{0}^{4} \left(1 - \frac{t}{2} + \frac{t^2}{16}\right) dt$$

$$E_x = 18 \left[t - \frac{t^2}{4} + \frac{t^3}{48}\right]_{0}^{4} = 24$$

■

Para muitos sinais encontrados na análise de sinais e sistemas, a integral $E_x = \int_{-\infty}^{\infty} |x(t)|^2 dt$ não converge porque a energia de sinal é infinita. Isso ocorre, normalmente, devido ao sinal que não é limitado no tempo. (O termo "limitado no tempo" equivale a dizer que o sinal é não-nulo sobre apenas um tempo finito.) Um exemplo de sinal com energia infinita seria o sinal senoidal $x(t) = A\cos(2\pi f_0 t)$, $A \neq 0$. A energia de sinal é infinita porque, sobre um intervalo de tempo infinito, a área sob o quadrado deste sinal é infinita. Para sinais desse tipo, é geralmente mais conveniente lidar com a potência de sinal média do sinal, em vez da energia de sinal. A potência de sinal média de um sinal $x(t)$ é definida como

$$\boxed{P_x = \lim_{T \to \infty} \frac{1}{T} \int_{-T/2}^{T/2} |x(t)|^2 dt} \tag{2.25}$$

Nessa definição de potência de sinal média, a integral é a energia de sinal do sinal sobre um intervalo de tempo T, que então é dividida por T, produzindo a potência de sinal média sobre o tempo T. Assim, à medida que T tende ao infinito, essa potência de sinal média torna-se a potência de sinal média para todo o tempo.

Para sinais periódicos, a determinação da potência de sinal média pode ser mais simples. O valor médio de qualquer função periódica é a média sobre algum intervalo. Sendo assim, desde que o quadrado de uma função periódica seja também periódico, para sinais periódicos, tem-se

$$P_x = \frac{1}{T} \int_{t_0}^{t_0+T} |x(t)|^2 dt = \frac{1}{T} \int_T |x(t)|^2 dt$$

em que a notação $\int_T$ significa a mesma coisa que $\int_{t_0}^{t_0+T}$ para uma escolha arbitrária de t_0, onde T pode ser qualquer período de $|x(t)|^2$.

Exemplo 2.6

Potência de sinal de um sinal senoidal

Determine a potência de sinal de x(t) = $A\cos(2\pi f_0 t + \theta)$.

■ Solução

Da definição de potência de sinal para um sinal periódico,

$$P_x = \frac{1}{T}\int_T |A\cos(2\pi f_0 t + \theta)|^2 dt = \frac{A^2}{T_0}\int_{-T_0/2}^{T_0/2} \cos^2\left(\frac{2\pi}{T_0}t + \theta\right)dt$$

Usando a identidade trigonométrica

$$\cos(x)\cos(y) = \frac{1}{2}[\cos(x-y) + \cos(x+y)]$$

obtemos

$$P_x = \frac{A^2}{2T_0}\int_{-T_0/2}^{T_0/2}\left[1 + \cos\left(\frac{4\pi}{T_0}t + 2\theta\right)\right]dt = \frac{A^2}{2T_0}\int_{-T_0/2}^{T_0/2}dt + \underbrace{\frac{A^2}{2T_0}\int_{-T_0/2}^{T_0/2}\cos\left(\frac{4\pi}{T_0}t + 2\theta\right)dt}_{=0} = \frac{A^2}{2}$$

A segunda integral do lado direito vale zero, visto que ela é a integral de uma senóide ao longo exatamente de dois períodos fundamentais. Portanto, a potência de sinal é $P_x = A^2/2$. Note que esse resultado é independente da fase θ e da freqüência f_0. Ele depende apenas da amplitude A.

Sinais que têm energia de sinal finita são denominados **sinais de energia** e sinais que têm energia de sinal infinita, mas potência de sinal média finita, são denominados **sinais de potência**. Nenhum sinal físico real pode de fato ter energia em quantidade infinita ou potência média infinita, uma vez que não existe energia ou potência suficientemente disponíveis no universo. Porém, analisamos freqüentemente sinais que, de acordo com suas definições matemáticas estritas, têm energia infinita, como uma senóide, por exemplo. Quão relevante pode ser uma análise, se ela é feita em sinais que não podem existir fisicamente? Muito relevante! A razão para que senóides matemáticas tenham energia de sinal infinita é que elas sempre existiram e sempre existirão. Claro que sinais reais, usados por nós em sistemas e chamados de senóides, nunca possuirão a mesma qualidade. Todos eles devem iniciar-se em algum instante de tempo finito e, presumivelmente, todos deverão cessar em algum tempo finito posterior. Desse modo, são na verdade limitados no tempo e têm energia de sinal finita. Porém, em muitas análises de sistema, a investigação de um sistema é feita por meio da análise em estado estacionário, onde todos os sinais são tratados como se, no entanto, fossem periódicos. Portanto, a análise é ainda muito relevante e útil porque ela se constitui em uma boa representação da realidade e produz resultados úteis. Todos os sinais periódicos são sinais de potência (com exceção do sinal trivial x(t) = 0), visto que todos eles persistem por um tempo infinito.

Exemplo 2.7

Determinando a energia e a potência de sinal de sinais usando o MATLAB

Usando o MATLAB, calcule a energia ou potência de sinal dos sinais

(a) x(t) = tri(($t-3$)/10)
(b) Um sinal periódico de período fundamental igual a 10 descrito sobre um período por
   x(t) = $-3t$, $-5 < t < 5$

Finalmente, compare os resultados por meio de cálculo analítico.

■ Solução

```
%   Programa para calcular a energia ou potência de sinal de alguns
%   exemplos de sinais
%   (a)

dt = 0.1 ; t = -7:dt:13 ;   % Estabelece um vetor de instantes de tempo
                            % sobre o qual será computada a função.
                            % O intervalo de tempo é igual a 0,1.
x = tri((t-3)/10) ;         % Calcula os valores da função e
                            % de seus quadrados.
xsq = x.^2 ;

Ex = trapz(t,xsq) ;         % Usa a integração numérica com regra
                            % trapezoidal para determinar a área sob
                            % a função quadrada e mostra o
                            % resultado.
disp(['(a) Ex = ',num2str(Ex)]) ;
%   (b)
T0 = 10 ;                   % O período fundamental é 10.

dt = 0.1 ; t = -5:dt:5 ;    % Estabelece o vetor de tempos para o qual
                            % a função será calculada. O intervalo de
                            % de tempo é 0,1.
x = -3*t ; xsq = x.^2 ;     % Calcula os valores da função e
                            % de seus quadrados para um período
                            % fundamental.
Px = trapz(t,xsq)/T0 ;      % Usa a integração numérica com regra
                            % trapezoidal para determinar a área sob
                            % a função quadrada, divide pelo período
                            % e mostra o resultado.
disp(['(b) Px = ',num2str(Px)]) ;
```

A saída deste programa é

(a) Ex = 6.667
(b) Px = 75.015

Cálculos analíticos:

(a) $$E_x = \int_{-\infty}^{\infty} |x(t)|^2 dt = \int_{-\infty}^{\infty} \left|\text{tri}\left(\frac{t-3}{10}\right)\right|^2 dt = \int_{-\infty}^{\infty} \left|\text{tri}\left(\frac{\tau}{10}\right)\right|^2 d\tau = 2\int_{0}^{10}\left(1-\frac{\tau}{10}\right)^2 d\tau$$

$$E_x = 2\int_{0}^{10}\left(1 - \frac{\tau}{5} + \frac{\tau^2}{100}\right) d\tau = 2\left[\tau - \frac{\tau^2}{10} + \frac{\tau^3}{300}\right]_0^{10} = \frac{20}{3} \cong 6{,}667 \quad \text{Verifique.}$$

(b) $$P_x = \frac{1}{10}\int_{-5}^{5}(-3t)^2 dt = \frac{1}{5}\int_{0}^{5} 9t^2 dt = \frac{1}{5}(3t^3)_0^5 = \frac{375}{5} = 75 \quad \text{Verifique.}$$

2.10 RESUMO DOS PONTOS MAIS IMPORTANTES

1. O termo "contínuo" e o termo "contínuo no tempo" possuem significados diferentes.
2. Dois sinais, que diferem apenas por um número finito de pontos, têm exatamente o mesmo efeito sobre qualquer sistema físico real.

3. Um impulso contínuo no tempo, embora seja muito útil para a análise de sinais e sistemas, não é uma função no sentido estrito da definição.
4. Muitos sinais práticos podem ser descritos por meio de combinações de funções padrão deslocadas e/ou redimensionadas em escala, e a ordem em que o deslocamento e o redimensionamento em escala são feitos é significativa.
5. Energia de sinal não é, em geral, a mesma coisa que energia física real fornecida por um sinal.
6. Um sinal com energia de sinal finita é conhecido por sinal de energia e um sinal com energia de sinal infinita e potência de sinal média finita é denominado sinal de potência.

EXERCÍCIOS COM RESPOSTAS

Em cada exercício, as respostas estão listadas em ordem aleatória.

Funções

1. Se $g(t) = 7e^{-2t-3}$, escreva por extenso e simplifique:

    (a) $g(3)$

    (b) $g(2-t)$

    (c) $g((t/10) + 4)$

    (d) $g(jt)$

    (e) $\dfrac{g(jt) + g(-jt)}{2}$

    (f) $\dfrac{g((jt-3)/2) + g((-jt-3)/2)}{2}$

    Respostas:
    $7\cos(t)$; $7e^{-7+2t}$; $7e^{-j2t-3}$; $7e^{-(t/5)-11}$; $7e^{-3}\cos(2t)$; $7e^{-9}$

2. Se $g(x) = x^2 - 4x + 4$, escreva por extenso e simplifique:

    (a) $g(z)$

    (b) $g(u + v)$

    (c) $g(e^{jt})$

    (d) $g(g(t))$

    (e) $g(2)$

    Respostas:
    $(e^{jt}-2)^2$; z^2-4z+4; 0; $u^2+v^2+2uv-4u-4v+4$; $t^4-8t^3+20t^2-16t+4$

3. Qual deve ser o provável valor de g, após a execução de cada uma das instruções seguintes no MATLAB?

    ```
    t = 3 ; g = sin(t) ;
    x = 1:5 ; g = cos(pi*x) ;
    f = -1:0.5:1 ; w = 2*pi*f ; g = 1./(11j+w') ;
    ```

    Respostas:

    $$0{,}1411;\ [-1,1,-1,1,-1];\ \begin{bmatrix} 0{,}0247 + j0{,}155 \\ 0{,}0920 + j0{,}289 \\ 1 \\ 0{,}0920 - j0{,}289 \\ 0{,}0247 - j0{,}155 \end{bmatrix}$$

4. Sejam duas funções definidas por

$$x_1(t) = \begin{cases} 1 & , \ \text{sen}(20\pi t) \geq 0 \\ -1 & , \ \text{sen}(20\pi t) < 0 \end{cases} \quad \text{e} \quad x_2(t) = \begin{cases} t & , \ \text{sen}(2\pi t) \geq 0 \\ -t & , \ \text{sen}(2\pi t) < 0 \end{cases}$$

Trace o gráfico do produto dessas duas funções no tempo relativo ao intervalo, $-2 < t < 2$.

Resposta:

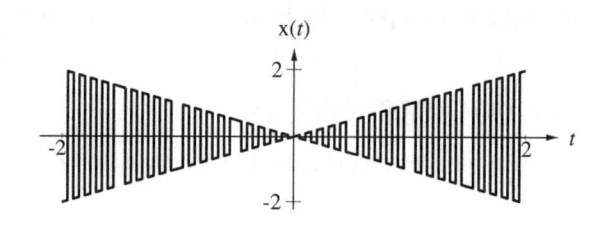

Redimensionamento de Escala e Deslocamento

5. Para cada função $g(t)$, trace $g(-t)$, $-g(t)$, $g(t-1)$, e $g(2t)$.

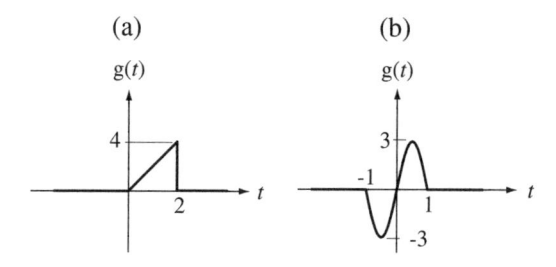

   (a)   (b)

   Respostas:

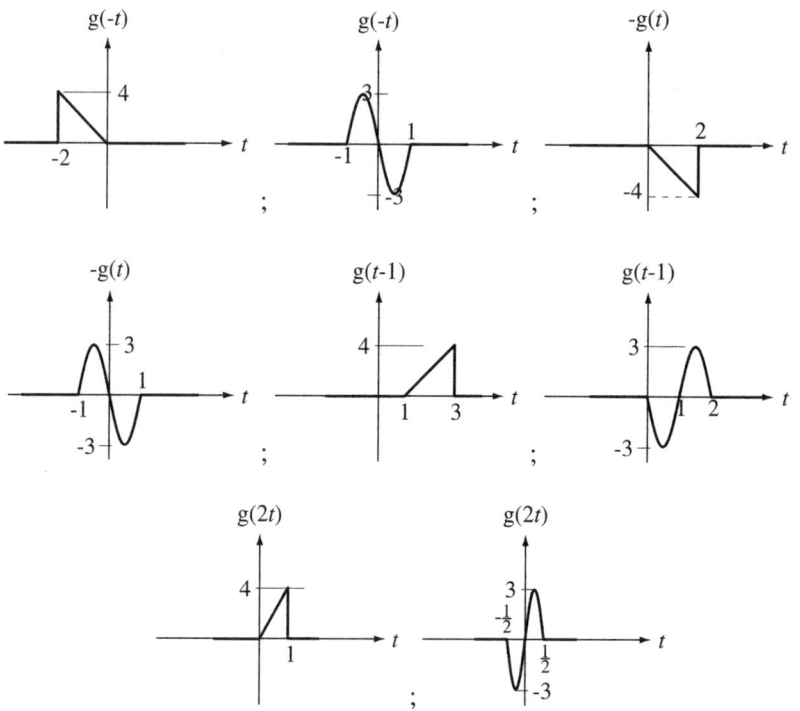

6. Determine os valores dos seguintes sinais, nos tempos indicados:

   (a) $x(t) = 4\text{tri}(t)$, $x(1/2)$
   (b) $x(t) = 2\text{ret}(t/4)$, $x(-1)$
   (c) $x(t) = 10\text{sinc}(t)$, $x(3/2)$

(d) $x(t) = 5\text{ret}(t/2)\text{sgn}(2t)$, $x(1)$
(e) $x(t) = 2\text{tri}(2(t-1)) + 6\text{ret}(t/4)$, $x(3/2)$
(f) $x(t) = 9\text{ret}(t/10)\text{sgn}(3(t-2))$, $x(1)$
(g) $x(t) = 10\text{sinc}((t+2)/4)$, $x(-6)$

Respostas: $-2,122$; 0; 2; $2,5$; -9; 2; 6

7. Para cada par de funções da Figura E.7, calcule os valores das constantes A, t_0 e a no deslocamento e/ou redimensionamento de escala para $g_2(t) = Ag_1((t-t_0)/w)$.

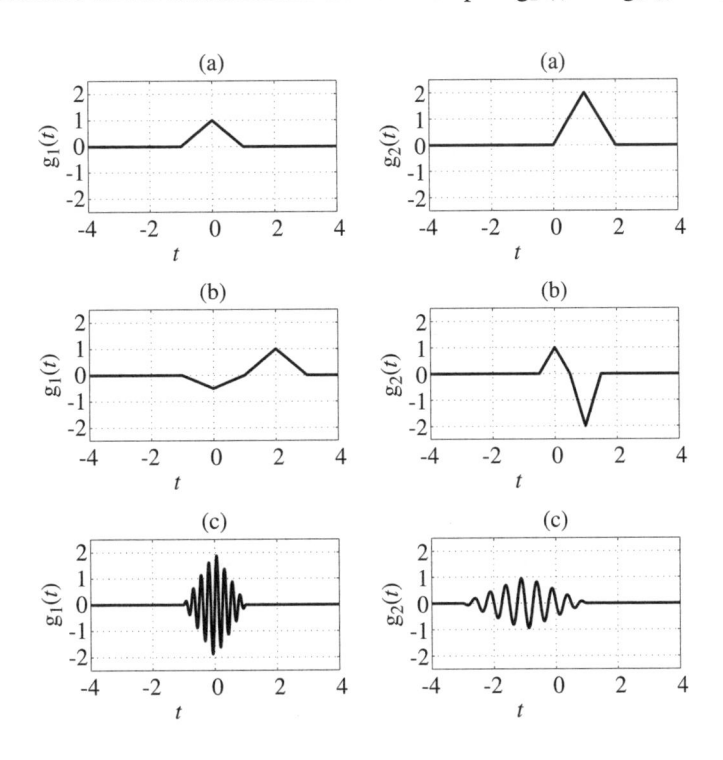

Figura E.7

Respostas: $A = 2, t_0 = 1, w = 1$; $A = -1/2, t_0 = -1, w = 2$; $A = -2, t_0 = 0, w = 1/2$

8. Para cada par de funções da Figura E.8, calcule os valores das constantes A, t_0 e a no deslocamento e/ou redimensionamento de escala funcional para $g_2(t) = Ag_1(w(t-t_0))$.

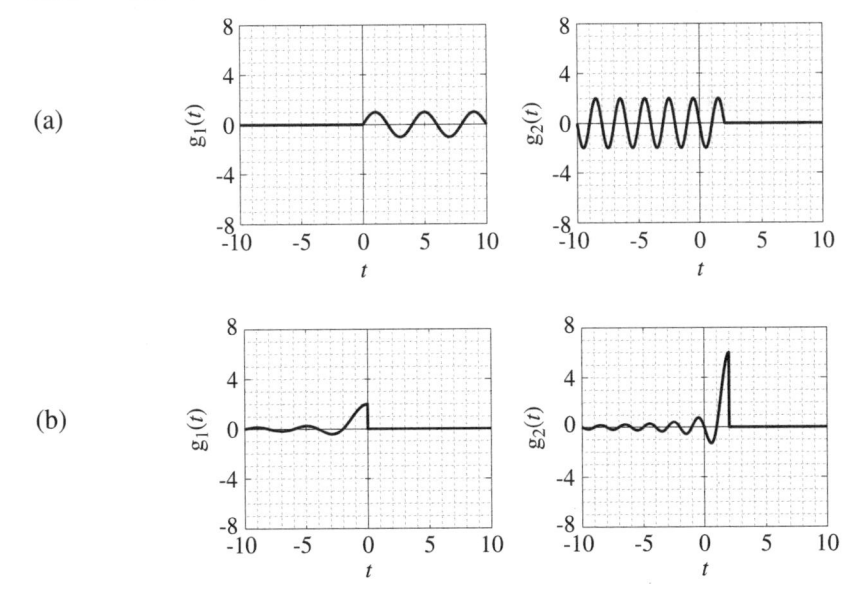

Figura E.8

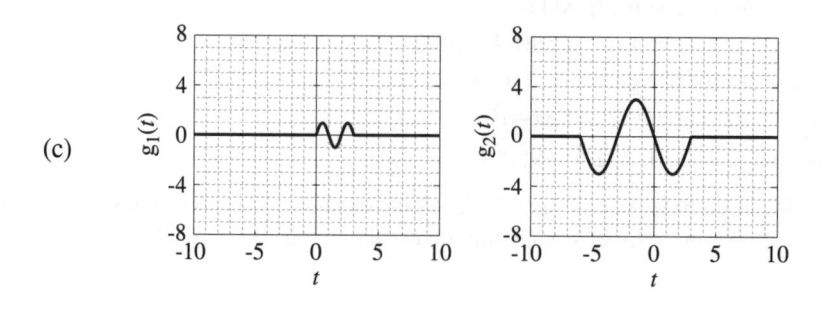

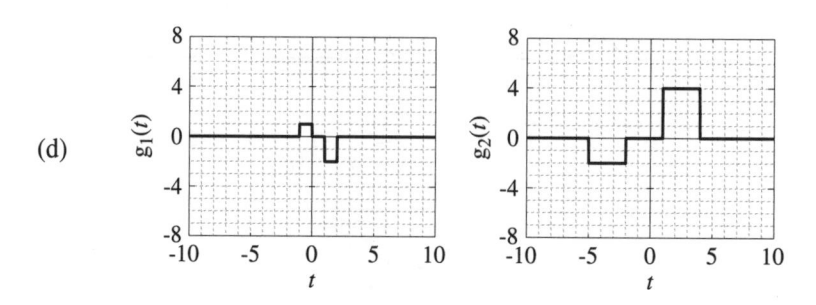

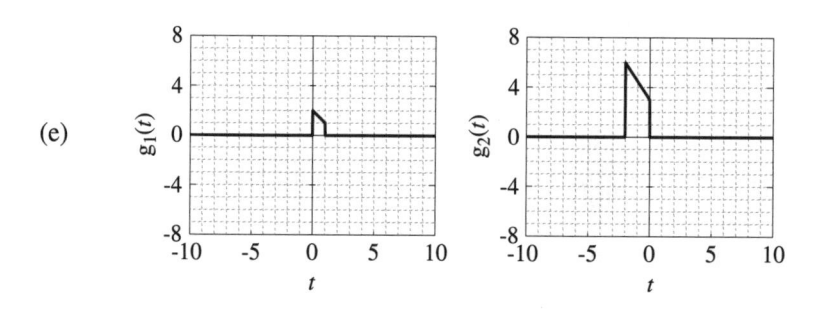

(c)

(d)

(e)

Respostas: $A = 3, t_0 = 2, w = 2, A = -3, t_0 = 6, w = 1/3, A = 3, t_0 = -2,$
$w = 1/2, A = -2, t_0 = -2, w = 1/3, A = 2, t_0 = 2, w = -2$

9. Na Figura E.9, foi traçado um gráfico da função $g_1(t)$, que é zero para todo instante de tempo fora do intervalo esboçado. Sejam mais outras funções definidas por

   $g_2(t) = 3g_1(2-t)$,

   $g_3(t) = -2g_1(t/4)$,

   $g_4(t) = g_1\left(\dfrac{t-3}{2}\right)$

   Determine esses valores.

   (a) $g_2(1)$
   (b) $g_3(-1)$
   (c) $[g_4(t)g_3(t)]_{t=2}$
   (d) $\displaystyle\int_{-3}^{1} g_4(t)\,dt$

Figura E.9

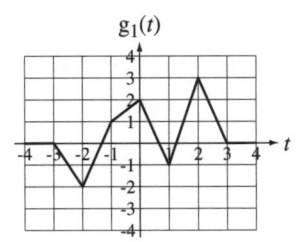

Respostas: −7/2, −3/2, −2, −3

10. Uma função G(f) é definida por

$$G(f) = e^{-j2\pi f} \text{ret}(f/2)$$

Trace o gráfico da magnitude e da fase de G(f − 10) + G(f + 10) entre os limites do intervalo −20 < f < 20.

Respostas:

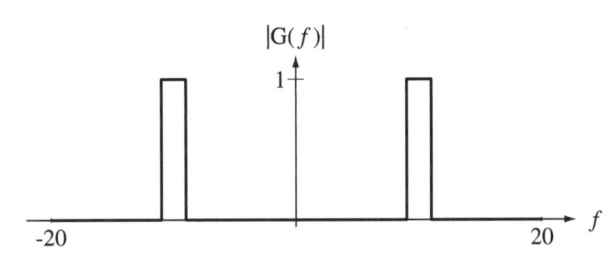

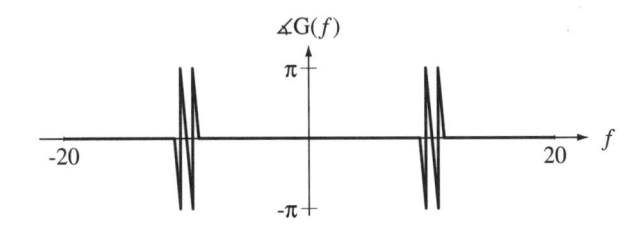

11. Escreva uma expressão que consista em um somatório de funções do tipo degrau unitário para representar um sinal composto de pulsos retangulares de 6 ms de largura e 3 de altura, e que aconteça a uma taxa uniforme de 100 pulsos por segundo com a fronteira posterior do primeiro pulso surgindo no instante de tempo $t = 0$.

Resposta: $$x(t) = 3 \sum_{n=0}^{\infty} [u(t - 0{,}01n) - u(t - 0{,}01n - 0{,}006)]$$

12. Escreva uma expressão que consista em um somatório de funções do tipo pulso triangular para representar uma onda triangular periódica cujo valor máximo seja 5 e cujo valor mínimo seja 2, com um período de 20 μs e um valor de 5 no instante de tempo $t = 0$.

Resposta:

$$x(t) = 3{,}5 + 1{,}5 \sum_{n=-\infty}^{\infty} \left[\text{tri}(2 \times 10^5 (t - 2 \times 10^{-5} n)) - \text{tri}(2 \times 10^5 (t - 10^{-5}(2n-1))) \right]$$

Derivadas e Integrais de Funções

13. Trace o gráfico correspondente às derivadas destas funções:

    (a) $x(t) = \text{sinc}(t)$ (b) $x(t) = (1 - e^{-t})u(t)$

    Respostas:

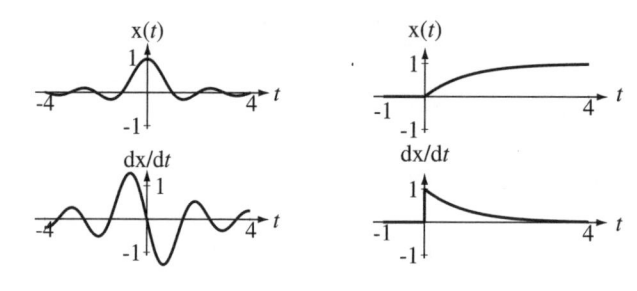

14. (a) Se $g(t) = \text{tri}(t/2)$, qual é o valor da primeira derivada de $g(t-1)$, $\dfrac{d}{dt}(g(t-1))$, em $t = 2$?

    (b) Se $g(t) = \text{sinc}(2(t+1))$, qual é o valor de $10g(t/10)$ em $t = 4$?

    Respostas: 0,668; −0.5

15. Determine o valor numérico de cada integral.

    (a) $\displaystyle\int_{-1}^{8} [\delta(t+3) - 2\delta(4t)]\,dt$ (b) $\displaystyle\int_{1/2}^{5/2} \delta_2(3t)\,dt$

    Respostas: −1/2; 1

16. Trace o gráfico da integral das funções mostradas na Figura E.16, desde o infinito negativo até o tempo t, as quais são nulas para todo tempo $t < 0$.

Figura E.16

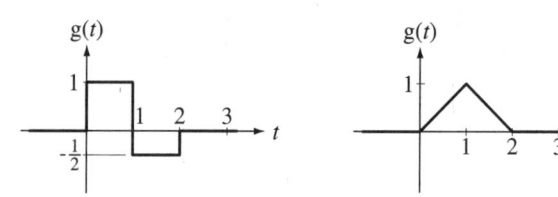

Respostas:

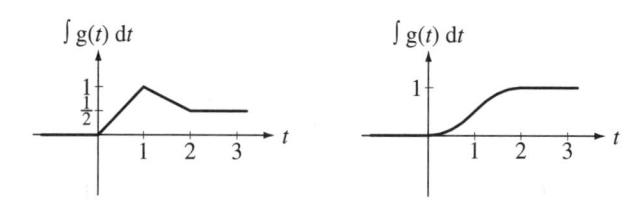

Funções Pares e Ímpares

17. Uma função par $g(t)$ é descrita entre os limites do intervalo de tempo $0 < t < 10$ por

$$g(t) = \begin{cases} 2t & ,\ 0 < t < 3 \\ 15 - 3t & ,\ 3 < t < 7 \\ -2 & ,\ 7 < t < 10 \end{cases}$$

(a) Qual é o valor de g(t) no instante de tempo $t = -5$?

(b) Qual é o valor da primeira derivada de g(t) no instante de tempo $t = -6$?

Respostas: 3; 0

18. Determine as componentes par e ímpar das seguintes funções.

    (a) $g(t) = 2t^2 - 3t + 6$
    (b) $g(t) = 20\cos(40\pi t - \pi/4)$
    (c) $g(t) = \dfrac{2t^2 - 3t + 6}{1+t}$
    (d) $g(t) = \text{sinc}(t)$
    (e) $g(t) = t(2 - t^2)(1 + 4t^2)$
    (f) $g(t) = t(2 - t)(1 + 4t)$

    Respostas: $t(2 - 4t^2)$, $(20/\sqrt{2})\cos(40\pi t)$, 0, $-t\dfrac{2t^2 + 9}{1 - t^2}$, $7t^2$, 0,

    $(20/\sqrt{2})\text{sen}(40\pi t)$, $2t^2 + 6$, $t(2 - t^2)(1 + 4t^2)$, $\dfrac{6 + 5t^2}{1 - t^2}$, $\text{sinc}(t)$, $-3t$

19. Trace as componentes par e ímpar das funções da Figura E.19.

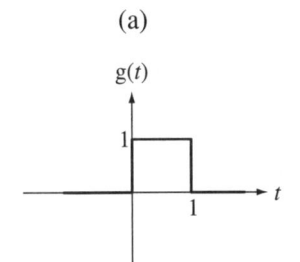

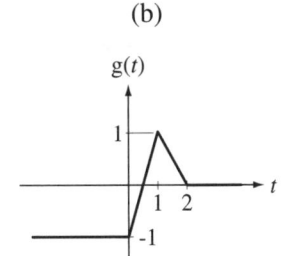

Figura E.19

Respostas:

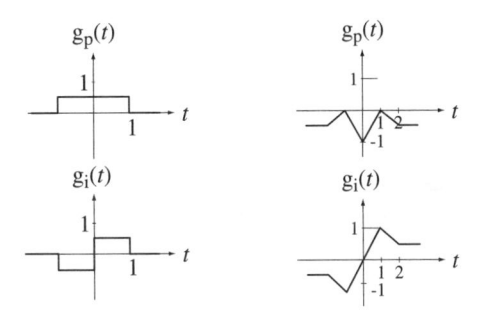

20. Trace os gráficos referentes ao produto ou quociente g(t) das funções na Figura E.20.

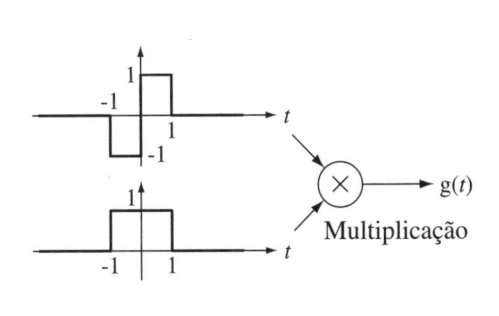

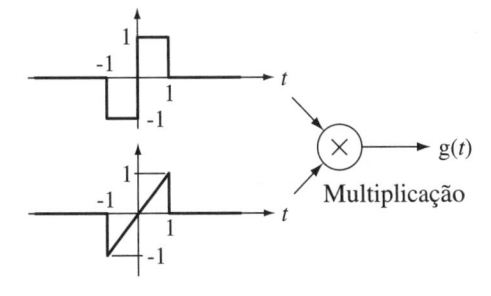

(a)   (b)

(continua)

Figura E.20

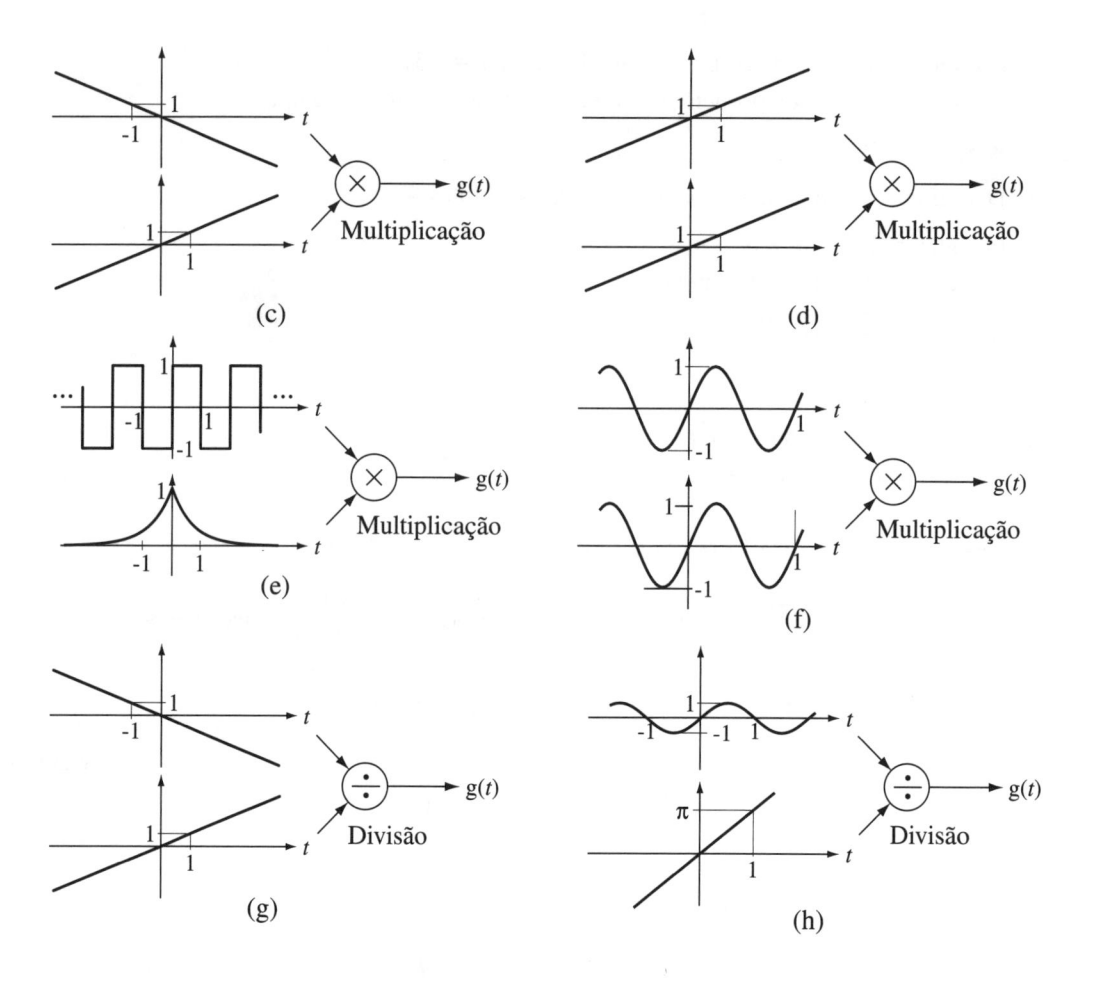

(c) Multiplicação → g(t)

(d) Multiplicação → g(t)

(e) Multiplicação → g(t)

(f) Multiplicação → g(t)

(g) Divisão → g(t)

(h) Divisão → g(t)

Respostas:

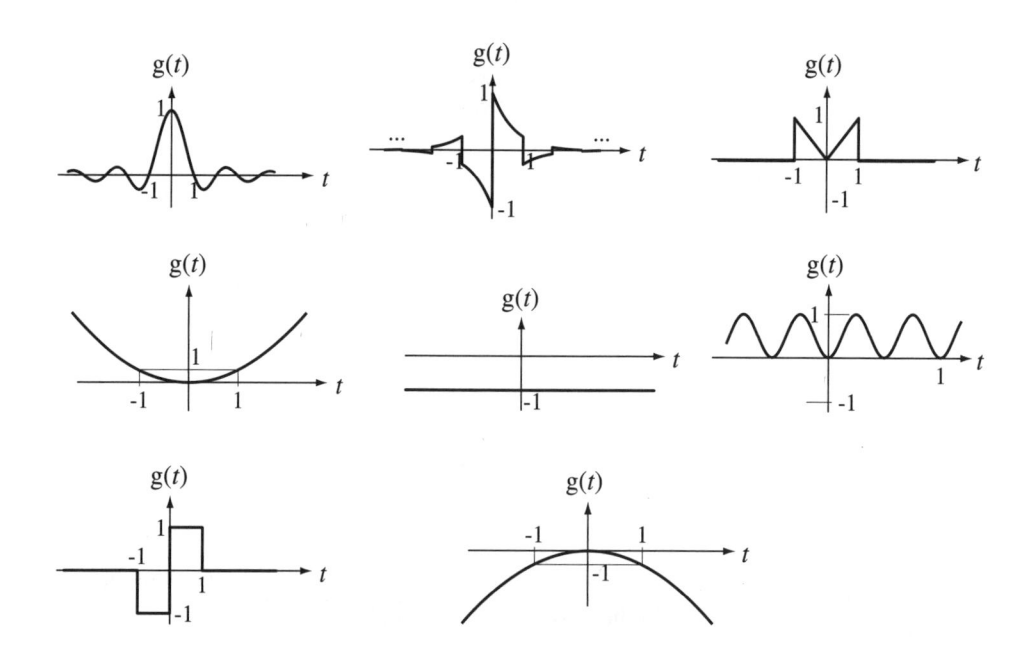

21. Utilize as propriedades da integral de funções pares e ímpares para determinar estas integrais da maneira mais rápida possível.

   (a) $\displaystyle\int_{-1}^{1} (2+t)\,dt$

   (b) $\displaystyle\int_{-1/20}^{1/20} [4\cos(10\pi t) + 8\,\text{sen}(5\pi t)]\,dt$

   (c) $\displaystyle\int_{-1/20}^{1/20} 4t\cos(10\pi t)\,dt$

   (d) $\displaystyle\int_{-1/10}^{1/10} t\,\text{sen}(10\pi t)\,dt$

   (e) $\displaystyle\int_{-1}^{1} e^{-|t|}\,dt$

   (f) $\displaystyle\int_{-1}^{1} t e^{-|t|}\,dt$

   Respostas: $0;\ \dfrac{8}{10\pi};\ \dfrac{1}{50\pi};\ 0;\ 1{,}264;\ 4$

Funções Periódicas

22. Calcule o período fundamental e a freqüência fundamental para cada uma dessas funções.

   (a) $g(t) = 10\cos(50\pi t)$
   (b) $g(t) = 10\cos(50\pi t + \pi/4)$
   (c) $g(t) = \cos(50\pi t) + \text{sen}(15\pi t)$
   (d) $g(t) = \cos(2\pi t) + \text{sen}(3\pi t) + \cos(5\pi t - 3\pi/4)$

   Respostas: 2 s; 1/25 s; 2,5 Hz; 1/25 s; 1/2 Hz; 0,4 s; 25 Hz; 25 Hz

23. Um período de uma função periódica x(t) de período T_0 é traçado graficamente na Figura E.23. Admitindo que x(t) tenha um período T_0, qual é o valor de x(t) no instante de tempo $t = 220$ ms?

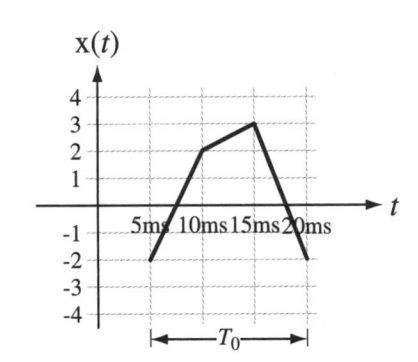

Figura E.23

Resposta: 2

Figura E.24

24. Na Figura E.24 calcule o período fundamental e a freqüência fundamental de g(t).

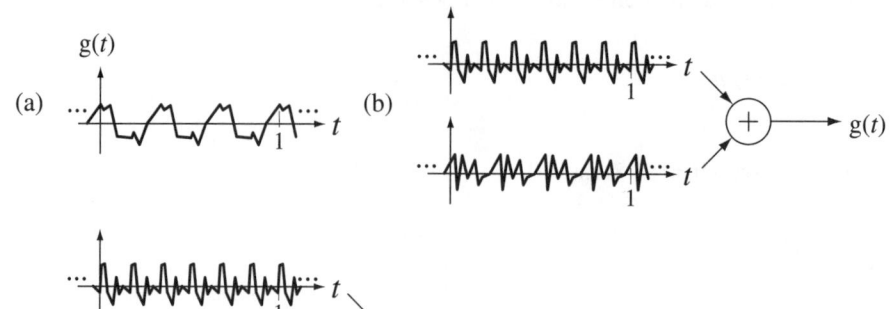

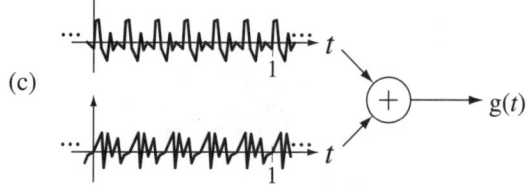

(a)
(b)
(c)

Respostas: 1 Hz, 2 Hz, 1/2 s, 1 s, 1/3 s, 3 Hz

Energia e Potência de Sinal

25. Calcule a energia de sinal dos seguintes sinais:

   (a) $x(t) = 2\text{ret}(t)$
   (b) $x(t) = A(u(t) - u(t - 10))$
   (c) $x(t) = u(t) - u(10 - t)$
   (d) $x(t) = \text{ret}(t)\cos(2\pi t)$
   (e) $x(t) = \text{ret}(t)\cos(4\pi t)$
   (f) $x(t) = \text{ret}(t)\text{sen}(2\pi t)$

   Respostas: 1/2; ∞; $10A^2$; 1/2; 4; 1/2

26. Um sinal é descrito por $x(t) = A\text{ret}(t) + B\text{ret}(t - 0,5)$. Qual é a sua energia de sinal?

   Respostas: $A^2 + B^2 + AB$

27. Determine a potência de sinal média do sinal periódico x(t) da Figura E.27.

Figura E.27

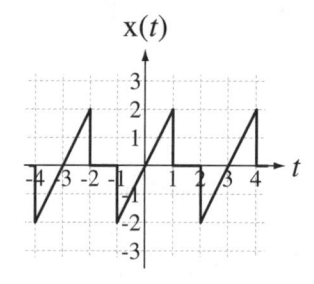

Respostas: 8/9

28. Calcule a potência de sinal média para estes sinais:

   (a) $x(t) = A$
   (b) $x(t) = u(t)$
   (c) $x(t) = A\cos(2\pi f_0 t + \theta)$

   Respostas: A^2; $A^2/2$; 1/2

EXERCÍCIOS SEM RESPOSTAS

Funções

29. Dadas as definições da função à esquerda, calcule os valores de função dados à direita.

    (a) $g(t) = 100\text{sen}(200\pi t + \pi/4)$ $g(0,001)$
    (b) $g(t) = 13 - 4t + 6t^2$ $g(2)$
    (c) $g(t) = -5e^{-2t} e^{-j2\pi t}$ $g(1/4)$

30. Seja a função impulso unitário contínua no tempo, representada pelo limite

    $$\delta(x) = \lim_{a \to 0}(1/a)\text{tri}(x/a), a > 0.$$

    A função $(1/a)\text{tri}(x/a)$ possui uma área unitária, não importando o valor de a.

    (a) Qual é a área da função $\delta(4x) = \lim_{a \to 0}(1/a)\text{tri}(4x/a)$?
    (b) Qual é a área da função $\delta(-6x) = \lim_{a \to 0}(1/a)\text{tri}(-6x/a)$?
    (c) Qual é a área da função $\delta(bx) = \lim_{a \to 0}(1/a)\text{tri}(bx/a)$ para b positivo e para b negativo?

31. Usando uma mudança de variável e a definição do impulso unitário, prove que:

    $$\delta(a(t - t_0)) = (1/|a|)\delta(t - t_0)$$

32. Usando os resultados do Exercício 31, mostre que:

    (a) $\delta_1(ax) = \dfrac{1}{|a|}\sum_{n=-\infty}^{\infty} \delta(x - n/a)$
    (b) O valor médio de $\delta_1(ax)$ é um, independentemente do valor de a.
    (c) Embora $\delta(at) = (1/|a|)\delta(t)$, $\delta_1(ax) \neq (1/|a|)\delta_1(x)$.

Redimensionamento de Escala e Deslocamento

33. Trace os gráficos para estas singularidades e funções correlatas:

    (a) $g(t) = 2u(4 - t)$
    (b) $g(t) = u(2t)$
    (c) $g(t) = 5\text{sgn}(t - 4)$
    (d) $g(t) = 1 + \text{sgn}(4 - t)$
    (e) $g(t) = 5\text{rampa}(t + 1)$
    (f) $g(t) = -3\text{rampa}(2t)$
    (g) $g(t) = 2\delta(t + 3)$
    (h) $g(t) = 6\delta(3t + 9)$
    (i) $g(t) = -4\delta(2(t - 1))$
    (j) $g(t) = 2\delta_1(t - 1/2)$
    (k) $g(t) = 8\delta_1(4t)$
    (l) $g(t) = -6\delta_2(t + 1)$
    (m) $g(t) = 2\text{ret}(t/3)$
    (n) $g(t) = 4\text{ret}((t + 1)/2)$
    (o) $g(t) = \text{tri}(4t)$
    (p) $g(t) = -6\text{tri}((t - 1)/2)$

(q) $g(t) = 5\text{sinc}(t/2)$
(r) $g(t) = -\text{sinc}(2(t+1))$
(s) $g(t) = -10\text{drcl}(t,4)$
(t) $g(t) = 5\text{drcl}(t/4,7)$
(u) $g(t) = -3\text{ret}(t-2)$
(v) $g(t) = 0,1\text{ret}((t-3)/4)$
(w) $g(t) = -4\text{tri}((3+t)/2)$
(x) $g(t) = 4\text{sinc}(5(t-3))$
(y) $g(t) = 4\text{sinc}(5t-3)$

34. Elabore os gráficos das funções seguintes:

(a) $g(t) = u(t) - u(t-1)$
(b) $g(t) = \text{ret}(t-1/2)$
(c) $g(t) = -4\text{rampa}(t)u(t-2)$
(d) $g(t) = \text{sgn}(t)\text{sen}(2\pi t)$
(e) $g(t) = 5e^{-t/4}u(t)$
(f) $g(t) = \text{ret}(t)\cos(2\pi t)$
(g) $g(t) = -6\text{ret}(t)\cos(3\pi t)$
(h) $g(t) = \text{ret}(t)\text{tri}(t)$
(i) $g(t) = \text{ret}(t)\text{tri}(t+1/2)$
(j) $g(t) = u(t+1/2)\text{rampa}(1/2-t)$
(k) $g(t) = \text{tri}^2(t)$
(l) $g(t) = \text{sinc}^2(t)$
(m) $g(t) = |\text{sinc}(t)|$
(n) $g(t) = \dfrac{d}{dt}(\text{tri}(t))$
(o) $g(t) = \text{ret}(t+1/2) - \text{ret}(t-1/2)$
(p) $g(t) = \left[\displaystyle\int_{-\infty}^{t} \delta(\tau+1) - 2\delta(\tau) + \delta(\tau-1)\right]d\tau$
(q) $g(t) = 3\text{tri}(2t/3) + 3\text{ret}(t/3)$
(r) $g(t) = 6\text{tri}(t/3)\text{ret}(t/3)$
(s) $g(t) = 4\text{sinc}(2t)\text{sgn}(-t)$
(t) $g(t) = 2\text{rampa}(t)\text{ret}((t-1)/2)$
(u) $g(t) = 4\text{tri}((t-2)/2)u(2-t)$
(v) $g(t) = 3\text{ret}(t/4) - 6\text{ret}(t/2)$
(w) $g(t) = 10\text{drcl}(t/4,5)\text{ret}(t/8)$

35. Trace os gráficos destas funções:

(a) $g(t) = 3\delta(3t) + 6\delta(4(t-2))$
(b) $g(t) = 2\delta_1(-t/5)$
(c) $g(t) = \delta_1(t)\text{ret}(t/11)$
(d) $g(t) = 5\text{sinc}(t/4)\delta_2(t)$
(e) $g(t) = \displaystyle\int_{-\infty}^{t} [\delta_2(\tau) - \delta_2(\tau-1)]d\tau$

36. Uma função $g(t)$ tem a seguinte descrição: Ela é nula para $t < -5$. Ela tem uma inclinação de -2 no intervalo de tempo $-5 < t < -2$. Ela tem a forma de uma onda senoidal de amplitude unitária e com uma freqüência de 1/4 Hz mais uma

constante, no intervalo de tempo $-2 < t < 2$. Para $t > 2$, ela decai exponencialmente em direção a zero, com uma constante de tempo de 2 segundos. Ela é contínua em todos os pontos.

(a) Desenvolva uma descrição matemática precisa desta função.
(b) Trace $g(t)$ para o intervalo $-10 < t < 10$
(c) Trace $g(2t)$ para o intervalo $-10 < t < 10$.
(d) Trace $2g(3 - t)$ para o intervalo $-10 < t < 10$.
(e) Trace $-2g((t + 1)/2)$ para o intervalo $-10 < t < 10$.

37. Usando o MATLAB, para cada função abaixo, trace os gráficos da função original e da função transformada.

(a) $g(t) = 10\cos(20\pi t)\text{tri}(t)$ $5g(2t)$ versus t

(b) $g(t) = \begin{cases} -2, t < -1 \\ 2t, -1 < t < 1 \\ 3 - t^2, 1 < t < 3 \\ -6, t > 3 \end{cases}$ $-3g(4 - t)$ versus t

(c) $g(t) = \text{Re}(e^{j\pi t} + e^{j1,1\pi t})$ $g(t/4)$ versus t

(d) $G(f) = \left|\dfrac{5}{f^2 - j2 + 3}\right|$ $|G(10(f - 10)) + G(10(f + 10))|$ versus f

38. A tensão ilustrada na Figura E.38 existe em um conversor analógico-digital. Escreva uma descrição matemática para esse sinal.

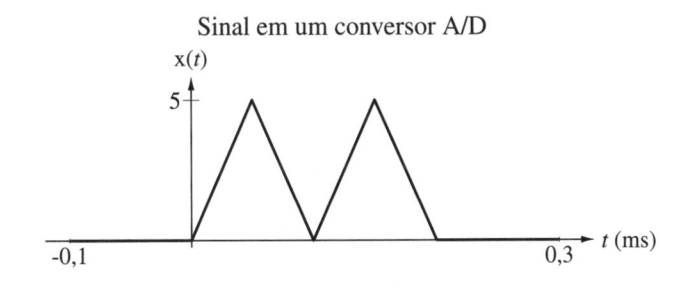

Figura E.38
Sinal existente em um conversor A/D.

39. Um sinal presente em um aparelho de televisão é ilustrado na Figura E.39. Escreva uma descrição matemática que o represente.

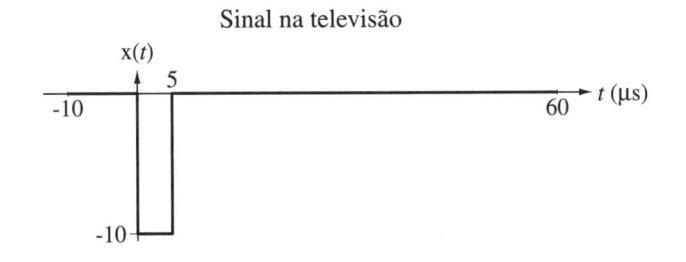

Figura E.39
Sinal existente em um aparelho de televisão.

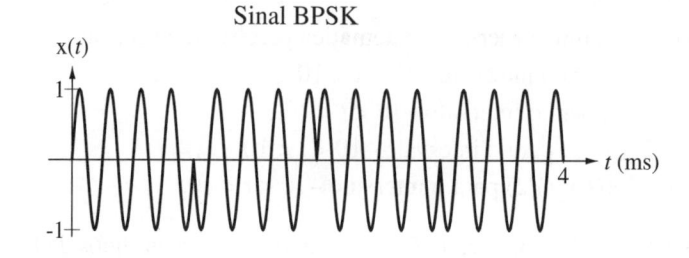

Figura E.40
Sinal modulado em BPSK.

40. O sinal ilustrado na Figura E.40 é parte de uma transmissão de dados binários modulados pela técnica BPSK[6]. Elabore uma descrição matemática dele.

Sinal BPSK

41. O sinal ilustrado na Figura E.41 corresponde à resposta de um filtro RC passa-baixas a uma alteração súbita em seu sinal de entrada. Escreva uma descrição matemática referente a ele.

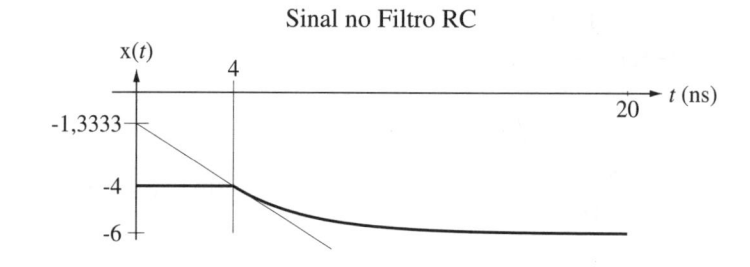

Figura E.41
Resposta transitória de um filtro RC.

Sinal no Filtro RC

42. Descreva o sinal na Figura E.42 de duas maneiras.

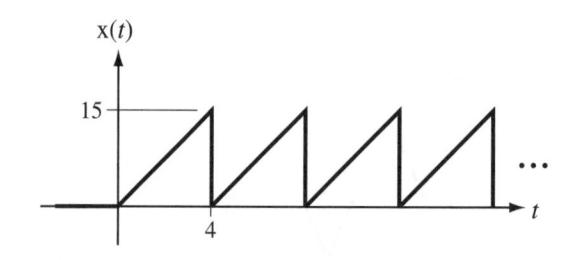

Figura E.42

(a) Como uma função rampa subtraída de um somatório de funções do tipo degrau.
(b) Como um somatório de produtos entre funções pulso triangular e funções pulso retangular.

43. Descreva matematicamente o sinal na Figura E.43.

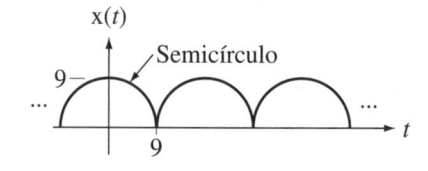

Figura E.43

44. Sejam dois sinais definidos por

$$x_1(t) = \begin{cases} 1, & \cos(2\pi t) \geq 1 \\ 0, & \cos(2\pi t) < 1 \end{cases} \quad \text{e} \quad x_2(t) = \text{sen}(2\pi t/10).$$

---

6. N.T. O acrônimo BPSK (Binary Phase Shift Keying) refere-se à modulação por deslocamento de fase binária.

Trace os gráficos dos produtos abaixo referentes ao intervalo de tempo $-5 < t < 5$.

(a) $x_1(2t)\,x_2(-t)$
(b) $x_1(t/5)\,x_2(20t)$
(c) $x_1(t/5)\,x_2(20(t+1))$
(d) $x_1((t-2)/5)\,x_2(20t)$

45. Dada a definição gráfica de uma função na Figura E.45, trace as versões deslocadas e/ou redimensionadas em escala como indicado.

(a)

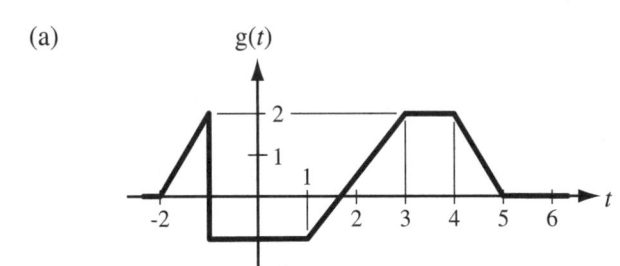

$t \to 2t$
$g(t) \to -3g(-t)$

$g(t) = 0$, $t < -2$ ou $t > 6$

(b)

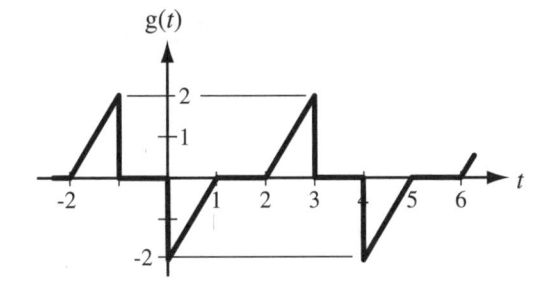

Figura E.45

$t \to t + 4$
$g(t) \to -2g((t-1)/2)$

$g(t)$ é periódica com período fundamental igual a 4:

46. Para cada par de funções traçadas na Figura E.46, determine o deslocamento e/ou redimensionamento de escala que foi feito e escreva uma expressão funcional correta para a função deslocada e/ou redimensionada em escala.

(a) **Figura E.46**

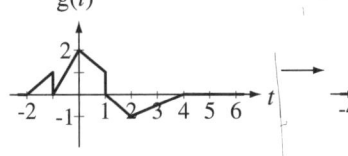

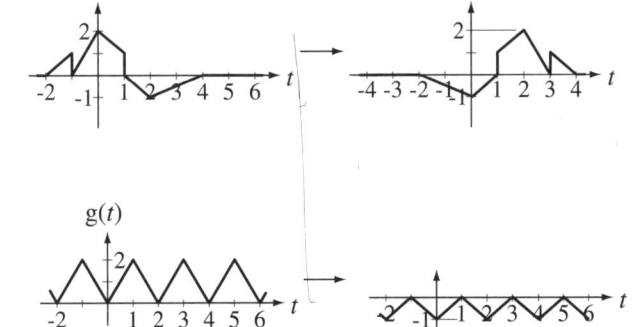

(b)

Em (b), admitindo que g(*t*) seja periódica de período fundamental 2, determine duas mudanças devido a deslocamento e/ou redimensionamento de escala diferentes que produzam o mesmo resultado.

47. Seja uma função definida por g(*t*) = *tri*(*t*). Abaixo estão quatro outras funções baseadas nesta função. Todas elas são nulas para valores negativos muito grandes de *t*.

    $g_1(t) = -5g((2 - t)/6)$
    $g_2(t) = 7g(3t) - 4g(t - 4)$
    $g_3(t) = g(t + 2) - 4g((t + 4)/3)$
    $g_4(t) = -5g(t)g(t - 1/2)$

    (a) Qual dessas funções é a primeira a se tornar não-nula (torna-se não nula no instante de tempo mais prematuro)?
    (b) Qual dessas funções é a última a retornar a zero e permanecer nula?
    (c) Qual dessas funções tem um valor máximo maior do que todos os outros valores máximos correspondentes a cada uma das demais funções?
    (d) Qual dessas funções tem um valor mínimo menor do que todos os outros valores mínimos correspondentes a cada uma das demais funções?

48. Cite uma função contínua no tempo *t* para a qual as duas mudanças sucessivas $t \to -t$ e $t \to t - 1$ mantenham a função inalterada.

49. Trace os gráficos da magnitude e da fase de cada função a seguir em relação à freqüência (*f*).

    (a) $G(f) = \text{sinc}(f)e^{-j\pi f/8}$

    (b) $G(f) = \dfrac{jf}{1 + jf/10}$

    (c) $G(f) = \left[\text{ret}\left(\dfrac{f - 1000}{100}\right) + \text{ret}\left(\dfrac{f + 1000}{100}\right) \right] e^{-j\pi f/500}$

    (d) $G(f) = \dfrac{1}{250 - f^2 + j3f}$

    (e) $G(f) = \dfrac{\delta_{0,01}(f)\text{sinc}(25f)e^{j\pi f/50}}{100}$

50. Trace, em relação à freqüência *f*, no intervalo $-4 < f < 4$, as magnitudes e as fases de:

    (a) $X(f) = \text{sinc}(f)$
    (b) $X(f) = 2\,\text{sinc}(f)e^{-j4\pi f}$
    (c) $X(f) = 5\,\text{ret}(2f)e^{+j2\pi f}$
    (d) $X(f) = 10\,\text{sinc}^2(f/4)$
    (e) $X(f) = j5\delta(f + 2) - j5\delta(f - 2)$
    (f) $X(f) = (1/2)\delta_{1/4}(f)e^{-j\pi f}$

Derivada Generalizada

51. Trace a derivada generalizada de $g(t) = 3\text{sen}(\pi t/2)\text{ret}(t)$.

Derivadas e Integrais de Funções

52. Qual é o valor numérico de cada uma das integrais seguintes?

    (a) $\displaystyle\int_{-\infty}^{\infty} \delta(t)\cos(48\pi t)\,dt$

(b) $\int_{-\infty}^{\infty} \delta(t-5)\cos(\pi t)\,dt$

(c) $\int_{0}^{20} \delta(t-8)\operatorname{tri}(t/32)\,dt$

(d) $\int_{0}^{20} \delta(t-8)\operatorname{ret}(t/16)\,dt$

(e) $\int_{-2}^{2} \delta(t-1,5)\operatorname{sinc}(t)\,dt$

(f) $\int_{-2}^{2} \delta(t-1,5)\operatorname{sinc}(4t)\,dt$

53. Qual é o valor numérico de cada uma das integrais seguintes?

(a) $\int_{-\infty}^{\infty} \delta_1(t)\cos(48\pi t)\,dt$

(b) $\int_{-\infty}^{\infty} \delta_1(t)\operatorname{sen}(2\pi t)\,dt$

(c) $4\int_{0}^{20} \delta_4(t-2)\operatorname{ret}(t)\,dt$

(d) $\int_{-2}^{2} \delta_1(t)\operatorname{sinc}(t)\,dt$

54. Faça os gráficos das derivadas destas funções:

(a) $g(t) = \operatorname{sen}(2\pi t)\operatorname{sgn}(t)$
(b) $g(t) = 2\operatorname{tri}(t/2) - 1$
(c) $g(t) = |\cos(2\pi t)|$

Funções Pares e Ímpares

55. Elabore os gráficos das componentes par e ímpar destes sinais:

(a) $x(t) = \operatorname{ret}(t-1)$
(b) $x(t) = \operatorname{tri}(t - 3/4) + \operatorname{tri}(t + 3/4)$
(c) $x(t) = 4\operatorname{sinc}((t-1)/2)$
(d) $x(t) = 2\operatorname{sen}(4\pi t - \pi/4)\operatorname{ret}(t)$

56. Determine as componentes par e ímpar de cada uma destas funções:

(a) $g(t) = 10\operatorname{sen}(20\pi t)$
(b) $g(t) = 20t^3$
(c) $g(t) = 8 + 7t^2$
(d) $g(t) = 1 + t$
(e) $g(t) = 6t$
(f) $g(t) = 4t\cos(10\pi t)$
(g) $g(t) = \cos(\pi t)/\pi t$
(h) $g(t) = 12 + \operatorname{sen}(4\pi t)/4\pi t$
(i) $g(t) = (8 + 7t)\cos(32\pi t)$
(j) $g(t) = (8 + 7t^2)\operatorname{sen}(32\pi t)$

57. Existe uma função que seja tanto par quanto ímpar simultaneamente? Discuta.

58. Determine e trace o gráfico das componentes par e ímpar da função x(t) na Figura E.58.

Figura E.58

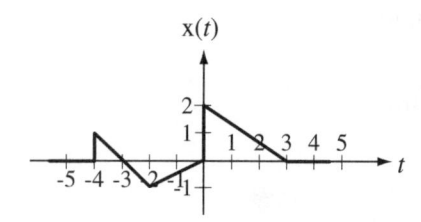

Funções Periódicas

59. Para cada um dos sinais seguintes, determine se ele é periódico e, em caso positivo, calcule o período fundamental.

    (a) $g(t) = 28\text{sen}(400\pi t)$
    (b) $g(t) = 14 + 40\cos(60\pi t)$
    (c) $g(t) = 5t - 2\cos(5000\pi t)$
    (d) $g(t) = 28\text{sen}(400\pi t) + 12\cos(500\pi t)$
    (e) $g(t) = 10\text{sen}(5t) - 4\cos(7t)$
    (f) $g(t) = 4\text{sen}(3t) + 3\text{sen}(\sqrt{3}t)$

Energia e Potência de Sinal

60. Calcule a energia de sinal de cada um destes sinais:

    (a) $x(t) = 2\text{ret}(-t)$
    (b) $x(t) = \text{ret}(8t)$
    (c) $x(t) = 3\text{ret}(t/4)$
    (d) $x(t) = \text{tri}(2t)$
    (e) $x(t) = 3\text{tri}(t/4)$
    (f) $x(t) = 2\text{sen}(200\pi t)$
    (g) $x(t) = \delta(t)$ (Dica: Primeiro determine a energia de sinal de um sinal que tende a um impulso em um dado limite, e então tome o limite.)
    (h) $x(t) = \dfrac{d}{dt}(\text{ret}(t))$
    (i) $x(t) = \displaystyle\int_{-\infty}^{t} \text{ret}(\lambda)d\lambda$
    (j) $x(t) = e^{(-1-j8\pi)t}u(t)$

61. Calcule a potência de sinal média para cada um destes sinais:

    (a) $x(t) = 2\text{sen}(200\pi t)$
    (b) $x(t) = \delta_1(t)$
    (c) $x(t) = e^{j100\pi t}$

62. Um sinal x é periódico de período fundamental $T_0 = 6$. Este sinal é descrito no intervalo de tempo $0 < t < 6$ por

    $$\text{ret}((t-2)/3) - 4\,\text{ret}((t-4)/2).$$

    Qual é a potência de sinal deste sinal?

CAPÍTULO 3

Descrição Matemática dos Sinais Discretizados no Tempo

*A Matemática, examinada minuciosamente, contempla não apenas verdades,
mas a beleza suprema – uma beleza fria e austera,
como aquela percebida em uma escultura.*

Bertrand Russel, filósofo, lógico e matemático

3.1 INTRODUÇÃO E OBJETIVOS

No século XX, o hardware da computação digital se desenvolveu do seu estágio embrionário até os dias atuais como um segmento indispensável e ubíquo da nossa sociedade e economia. O efeito da computação digital nos sinais e sistemas é igualmente amplo. As operações rotineiras e diárias que já foram realizadas no passado por sistemas contínuos no tempo estão sendo gradativamente substituídas por sistemas discretizados no tempo. Existem sistemas que têm natureza inerentemente discreta no tempo, mas a maioria das aplicações em processamento de sinais discretizados no tempo relaciona-se aos sinais criados por meio da amostragem de sinais contínuos no tempo. A Figura 3.1 apresenta alguns exemplos de sinais discretizados no tempo.

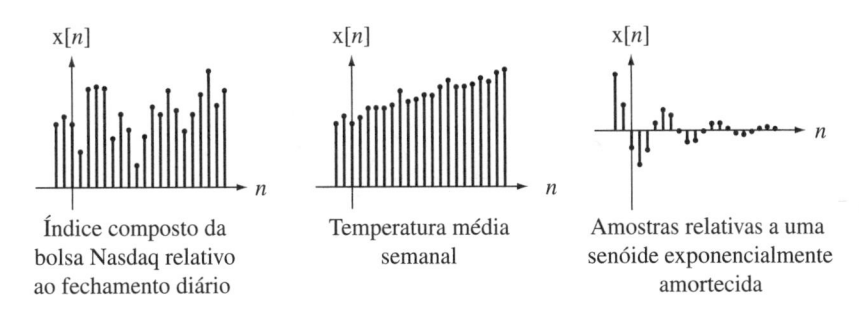

Figura 3.1
Exemplos de sinais discretizados no tempo.

Índice composto da bolsa Nasdaq relativo ao fechamento diário

Temperatura média semanal

Amostras relativas a uma senóide exponencialmente amortecida

Grande parte das funções e métodos desenvolvidos para caracterizar os sinais contínuos no tempo possui equivalentes muito similares adotados na descrição de sinais discretizados no tempo. Entretanto, várias operações aplicáveis aos sinais discretizados no tempo são fundamentalmente diferentes, provocando fenômenos que não acontecem na análise de sinais contínuos no tempo. A ocorrência de um número finito (contável) de valores nos sinais discretizados no tempo, à medida que um certo período de tempo transcorre, é o que os distingue fundamentalmente dos sinais contínuos no tempo. Por outro lado, o número de valores em um sinal contínuo, acompanhado no mesmo intervalo de tempo, é infinito (incontável).

Capítulo 3 Descrição Matemática dos Sinais Discretizados no Tempo

OBJETIVOS DO CAPÍTULO:

1. Definir certas funções matemáticas que podem ser utilizadas para descrever vários tipos de sinais discretizados no tempo.
2. Desenvolver métodos de deslocamento, redimensionamento de escala e combinações dessas transformações para formas alternativas úteis à representação dos sinais reais, além de avaliar os motivos pelos quais tais operações para tempo discretizado são diferentes das operações para tempo contínuo.
3. Identificar determinadas simetrias e padrões, utilizando-os para simplificar a análise de sinais discretizados no tempo.

3.2 FUNÇÕES DE SINAL

AMOSTRAGEM E TEMPO DISCRETO

Funções definidas somente em pontos discretos do tempo têm importância cada vez maior. As **funções discretizadas no tempo** descrevem sinais discretizados no tempo. Os sinais obtidos por amostragem de sinais contínuos são os exemplos mais comuns de sinais discretizados no tempo. Amostrar significa obter valores de um sinal em pontos discretos no tempo. Uma maneira de compreender a amostragem é por meio de um exemplo em que uma chave, utilizada como um amostrador ideal, opera sobre um sinal de tensão [Figura 3.2(a)].

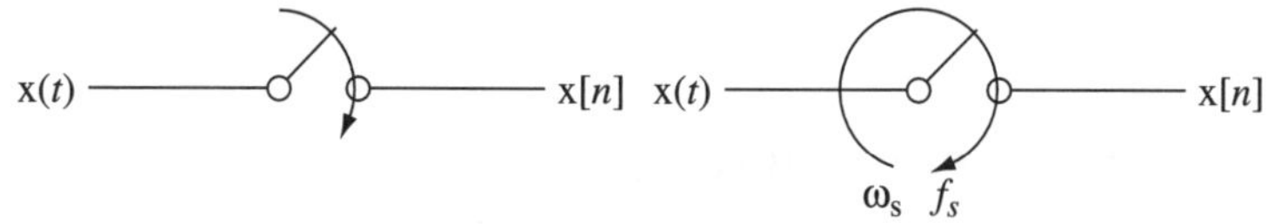

Figura 3.2
(a) Um amostrador ideal; (b) um amostrador ideal realizando uma amostragem uniforme.

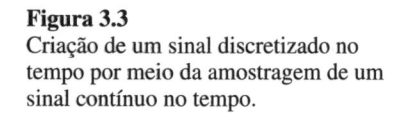

A chave estabelece o contato por um tempo infinitesimal em pontos discretos definidos no tempo. Somente os valores do sinal contínuo no tempo x(t), naqueles instantes discretos, é que são atribuídos ao sinal discretizado no tempo x[n]. Se existe um tempo fixo T_s entre as amostras consecutivas (uma situação bastante comum na prática), a amostragem é denominada **amostragem uniforme**, onde os instantes de amostragem são múltiplos inteiros do intervalo de amostragem T_s. A especificação do instante da amostra nT_s pode ser substituída simplesmente pela menção ao inteiro n, o qual já se refere à amostra em questão (Figura 3.3).

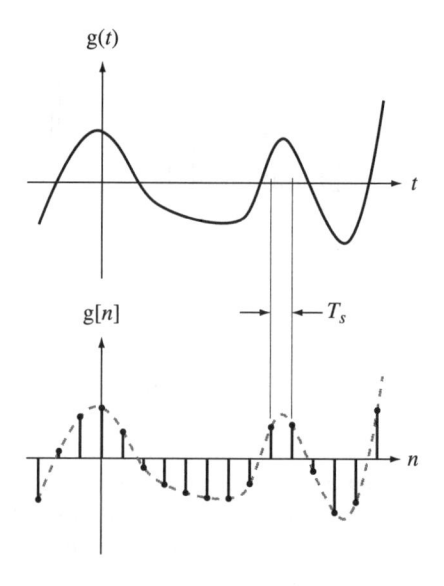

Figura 3.3
Criação de um sinal discretizado no tempo por meio da amostragem de um sinal contínuo no tempo.

O mecanismo de amostragem apresentado pode ser compreendido ao se imaginar que a chave simplesmente gira a uma velocidade cíclica constante de f_s ciclos por segundo, como visto na Figura 3.2(b). Portanto, o tempo entre amostras é dado pela relação $T_s = 1/f_s = 2\pi/\omega_s$. Usaremos agora uma notação simplificada, comumente aceita, para funções discretizadas no tempo g[n], geradas por amostragens, em que todo ponto de continuidade de g(t) tem o mesmo valor que $g(nT_s)$ e onde n pode assumir apenas valores inteiros. Os colchetes [·], que envolvem o argumento, indicam uma função discretizada no tempo, distinguindo-se dos parênteses (·) que indicam uma função contínua no tempo. A variável independente n é normalmente denominada tempo discreto, visto que ela faz referências aos pontos discretos no tempo, embora seja adimensional, isto é, sua unidade não é dada em segundos, como t e T_s. Já que funções discretizadas no tempo são definidas apenas para valores inteiros de n, conclui-se que valores de expressões como g[2,7] ou g[3/4] são simplesmente indefinidos.

Os valores de g(t), extraídos nos instantes de amostragem, equivalem a $g(nT_s)$. Essa formulação da relação entre uma função contínua no tempo e seus valores de amostra é efetiva, excetuando-se para o caso especial em que o tempo de amostragem nT_s coincide com uma descontinuidade de g(t). Para essa situação particular, adotaremos uma convenção em que, sobre uma descontinuidade, o valor da amostra será definido por $g[n] = \lim_{\epsilon \to 0} g(nT_s + \epsilon), \epsilon > 0$. Ou seja, sobre uma descontinuidade, o valor de amostra apropriado corresponde àquele obtido pelo limite em que t tende a nT_s *por valores à direita da descontinuidade*.

> Na engenharia prática, não há sinal que seja realmente descontínuo, embora possa apresentar alterações de valores por uma quantidade significativa em um curtíssimo intervalo de tempo. Além disso, amostras de um sinal nunca são de fato obtidas em um instante de tempo, mas tipicamente sobre um intervalo de tempo muito curto comparado ao tempo sobre o qual o sinal pode mudar significativamente. Portanto, a discussão a respeito de como atribuir um valor à amostra de um sinal descontínuo, amostrado exatamente no local de uma descontinuidade, é puramente teórica. Todavia, a teoria estrita, mesmo que ela não possa se ajustar exatamente à prática real, ainda assim é bastante valiosa como uma forma de desenvolver conceitos úteis e pode auxiliar na definição de objetivos a serem considerados na abordagem ao problema em questão ou na especificação de limitações no desempenho do sistema sob análise.

Funções inerentemente discretizadas no tempo são identificadas por meio da notação g[n], os colchetes indicam que a função possui um valor definido somente se n é um inteiro. Funções que são definidas para argumentos contínuos podem também receber instantes discretos como argumentos, por exemplo $\text{sen}(2\pi f_0 nT_s)$. Podemos criar uma função discretizada no tempo com base em uma função contínua no tempo por meio da amostragem, como por exemplo $g[n] = \text{sen}(2\pi f_0 nT_s)$. Sendo assim, embora a função seno seja definida para qualquer valor de argumento real, a função g[n] é definida apenas nos valores inteiros de n. Ou melhor, g[7,8] é indefinida, mesmo que $\text{sen}(2\pi f_0 (7,8)T_s)$ seja definida.

> Se definíssemos uma função $g(n) = \text{sen}(2\pi f_0 nT_s)$, os parênteses de g(n) informariam que qualquer valor real de n seria aceitável, inteiro ou não. Ainda que essa afirmação seja matematicamente correta, não seria conveniente para o presente texto, visto que estamos utilizando o símbolo t para tempo contínuo e o símbolo n para tempo discreto. Dessa forma, a notação g(n), apesar de matematicamente aceita, seria confusa.

Funções discretizadas no tempo nem sempre se originam das amostragem feitas em funções contínuas no tempo. Há sinais e sistemas que são essencialmente discretizados no tempo. Um exemplo clássico é o do sistema financeiro em que os juros incidentes sobre uma conta de poupança são creditados a instantes de tempo discretos (ao fim de cada dia, semana, mês ou ano). O montante da conta é mantido fixo durante o período compreendido entre pontos discretos no tempo, e somente se modifica nestes instantes discretos. Em todos os sistemas inerentemente discretizados no tempo, nada acontece *entre* pontos discretos no tempo. Eventos ocorrem apenas *nos* instantes discretos de tempo.

Na prática da engenharia, os exemplos mais importantes de sistemas discretizados no tempo estão relacionados ao uso de **máquinas de estados seqüenciais**, sendo um computador o mais comum entre eles. O funcionamento dos computadores se baseia no sinal de **relógio**, ou seja, em um oscilador de freqüência bem definida e fixa. O relógio gera seus pulsos a intervalos de tempo regulares e, ao final de cada ciclo de relógio, o computador executa uma instrução e muda de um estado lógico para o próximo. É claro que eventos físicos acontecem no intervalo entre os pulsos de relógio, no nível da microeletrônica integrada. Porém, tais aspectos são pertinentes apenas aos projetistas de circuitos integrados. Apenas os estados seqüenciais do computador é que são, na verdade, de interesse dos usuários do computador. Agora deve ficar óbvio a grande importância do computador como ferramenta na engenharia e nos negócios (e em tantas outras áreas). Portanto, entender como os sinais discretizados no tempo são processados por máquinas de estados seqüenciais é fundamental, especialmente para os engenheiros. A Figura 3.4 exibe algumas funções discretizadas no tempo que poderiam descrever sinais discretizados no tempo.

Figura 3.4
Exemplos de funções discretizadas no tempo.

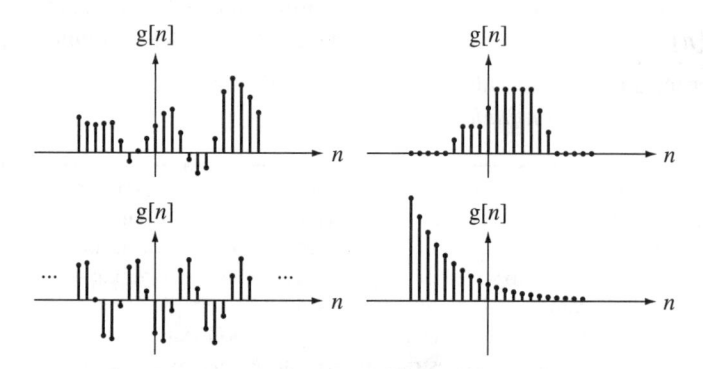

O tipo de gráfico utilizado na Figura 3.4 é conhecido como **gráfico de hastes**, em que pontos indicam os valores da função e as hastes sempre conectam tais pontos ao eixo dos tempos discretos n. É um método de apresentação gráfica de funções discretizadas no tempo amplamente utilizado. O MATLAB possui o comando `stem` que pode ser usado para gerar os gráficos de hastes.

Em análise de sinais e sistemas, os sinais que mais se destacam são aqueles relacionados aos fenômenos variantes no tempo, descritos de maneira direta por funções do tempo, contínuas ou discretas. Funções do tempo são apenas casos particulares de funções de variáveis independentes discretas ou contínuas e que podem representar outra grandeza além do tempo. Posteriormente, vamos utilizar transformadas de Fourier, Laplace ou transformada z para descrever sinais e, após tais transformações, a variável independente poderá deixar de ser o tempo. Por exemplo, estaremos lidando com funções de números harmônicos, ou seja, uma variável discreta independente, e com funções de freqüência, uma variável contínua independente. Todas as características matemáticas que se aplicam às funções de tempo contínuo ou discretizadas no tempo são igualmente aplicáveis às funções de outras variáveis independentes, contínuas ou discretas.

EXPONENCIAIS E SENÓIDES

Exponenciais e senóides são tão essenciais na análise de sinais e sistemas discretizados no tempo quanto na análise de sinais e sistemas contínuos no tempo. Exponenciais e senóides discretizadas no tempo podem ser definidas de um modo análogo às suas equivalentes contínuas no tempo

$$g[n] = Ae^{\beta n} \text{ ou } g[n] = Az^n$$

em que $z = e^{\beta}$, e

$$g[n] = A\cos(2\pi n / N_0 + \theta) \text{ ou } A\cos(2\pi F_0 n + \theta) \text{ ou } g[n] = A\cos(\Omega_0 n + \theta)$$

onde z e β são constantes complexas, A é uma constante real, θ é um deslocamento de fase real dado em radianos, N_0 é um número real e F_0 e Ω_0 são relacionados a N_0 por meio da relação $1/N_0 = F_0 = \Omega_0/2\pi$, em que n é o tempo discreto previamente definido.

Existem algumas diferenças essenciais entre senóides contínuas no tempo e senóides discretizadas no tempo. Uma dessas diferenças pode ser identificada ao criarmos uma senóide discretizada no tempo com base na amostragem de uma senóide contínua no tempo, e verificarmos que o período da senóide discretizada no tempo pode estar implícito, isto é, não aparente e, conseqüentemente, essa senóide discretizada no tempo *pode até nem ser periódica*. Admita que uma senóide discretizada no tempo $g[n] = A\cos(2\pi F_0 n + \theta)$ seja relacionada à senóide contínua no tempo $g(t) = A\cos(2\pi f_0 t + \theta)$ por meio da relação $g[n] = g(nT_s)$. Então deduz-se que $F_0 = f_0 T_s = f_0/f_s$, onde $f_s = 1/T_s$ é a taxa de amostragem. A exigência para que uma senóide discretizada no tempo seja periódica é que, para tempos discretos n e inteiros m, $2\pi F_0 n = 2\pi m$. Resolvendo para F_0, $F_0 = m/n$. Explicando melhor, F_0 deve ser um número racional (uma razão entre números inteiros). Visto que a amostragem impõe a relação $F_0 = f_0/f_s$, tal requisito acaba exigindo também que, para uma senóide discretizada no tempo ser periódica, a razão entre a freqüência fundamental da senóide contínua no tempo e a taxa de amostragem deve ser racional. A observação anterior se aplica a uma senóide discretizada no tempo, criada com base na amostragem de uma senóide contínua no tempo. Por exemplo, qual é o período fundamental da senóide

$$g[n] = 4\cos\left(\frac{72\pi n}{19}\right) = 4\cos\left(2\pi \underbrace{(36/19)}_{=F_0} n\right)?$$

O menor valor positivo de tempo discreto n que atende à relação $F_0 n = m$, sendo m um inteiro, é $n = 19$. Portanto, o período fundamental é 19. Se F_0 é um número racional, pode ser representado como uma razão de inteiros $F_0 = q/N_0$ e se a fração foi reduzida à sua forma mais simples pelo cancelamento de fatores comuns a q e N_0, então o período fundamental da senóide é N_0, e não $(1/F_0) = N_0/q$ *a não ser que* $q = 1$. Faça uma comparação entre o resultado obtido e o período fundamental da senóide contínua no tempo $g(t) = 4\cos(72\pi t/19)$ cujo período fundamental T_0 vale 19/36, e não 19. A Figura 3.5 apresenta algumas senóides discretizadas no tempo.

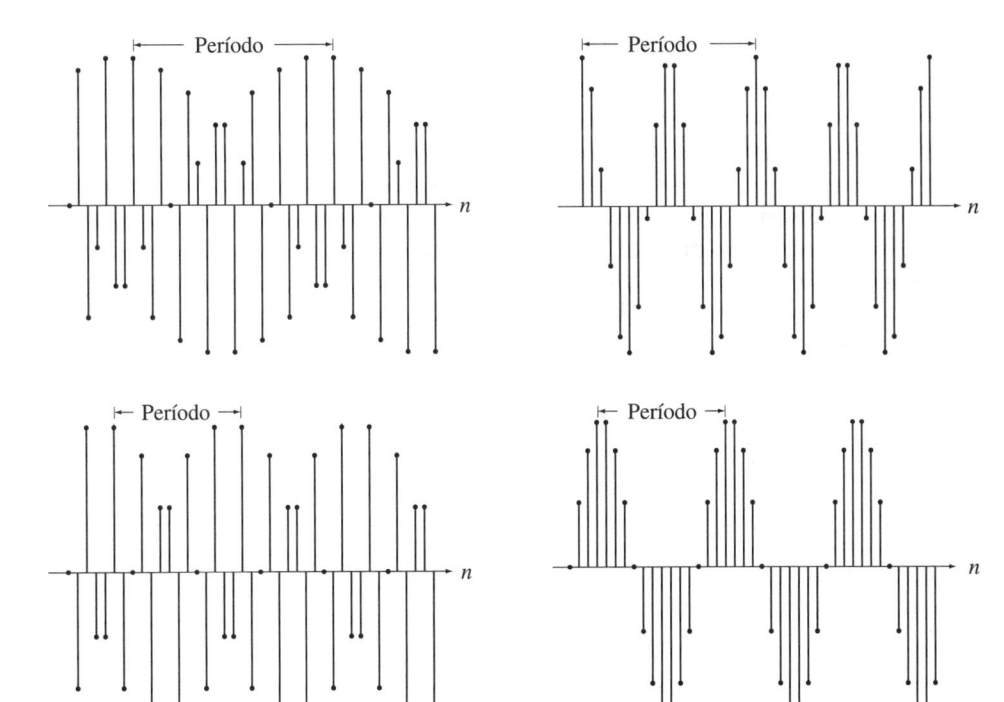

Figura 3.5
Quatro senóides discretizadas no tempo.

Quando F_0 não é o recíproco de um inteiro, uma senóide discretizada no tempo pode não ser imediatamente reconhecida como uma, por meio de seu gráfico traçado. É o caso das senóides traçadas no lado esquerdo da Figura 3.5. Na representação $g[n] = A\cos(2\pi qn/N_0 + \theta)$, se q é um inteiro diferente de zero e N_0 é um inteiro positivo, e fatores comuns a N_0 e q são eliminados, N_0 também é o período fundamental de $g[n]$.

Uma fonte de confusão para os estudantes que se deparam, pela primeira vez, com uma senóide discretizada no tempo na forma $A\cos(2\pi F_0 n)$ ou $A\cos(\Omega_0 n)$ provém da seguinte pergunta: "O que significam F_0 e Ω_0?". Nas senóides contínuas no tempo $A\cos(2\pi f_0 t)$ e $A\cos(\omega_0 t)$, f_0 é a freqüência cíclica dada em Hz ou ciclos/segundo e ω_0 é a freqüência angular dada em radianos/segundo. O argumento do cosseno deve ser adimensional e os produtos $2\pi f_0 t$ e $\omega_0 t$ o devem ser também, uma vez que o ciclo e o radiano são razões de comprimentos e o segundo em t e o (segundo)$^{-1}$ em f_0 ou ω_0 se cancelam. Da mesma forma, os argumentos $2\pi F_0 n$ e $\Omega_0 n$ devem ser também adimensionais. Lembre-se de que n não é dado em segundos. Mesmo que possamos chamá-lo de tempo discreto, ele é na verdade um índice temporal, não o tempo propriamente dito. Se pensarmos em n como um índice para as amostras, então, por exemplo, $n = 3$ indicará a terceira amostra tomada após o tempo discreto inicial $n = 0$. Portanto, podemos pensar em n como uma grandeza cuja unidade é dada em amostras. A partir daí, F_0 deve ter como unidade representativa ciclos/amostra para tornar $2\pi F_0 n$ adimensional, e Ω_0 deve ser dada em radianos/amostra para fazer $\Omega_0 n$ adimensional. Se amostramos uma senóide contínua no tempo $A\cos(2\pi f_0 t)$ de freqüência fundamental f_0 ciclos/segundo a uma taxa de f_s amostras/segundo, geramos a seguinte senóide discretizada no tempo:

$$A\cos(2\pi f_0 n T_s) = A\cos(2\pi n f_0 / f_s) = A\cos(2\pi F_0 n)$$

e, portanto, $F_0 = f_0/f_s$ mantendo a consistência das unidades.

$$F_0 \text{ em ciclos/amostra} = \frac{f_0 \text{ em ciclos/segundo}}{f_s \text{ em amostras/segundo}}$$

Desse modo, F_0 é uma freqüência cíclica normalizada em relação à taxa de amostragem. De maneira similar, $\Omega_0 = \omega_s/f_s$ é uma freqüência angular normalizada em radianos/amostra

$$\Omega_0 \text{ em radianos/amostra} = \frac{\omega_0 \text{ em radianos/segundo}}{f_s \text{ em amostras/segundo}}$$

Um outro aspecto relacionado às senóides discretizadas no tempo que será muito importante posteriormente ao se considerar o mecanismo da amostragem é que duas senóides discretizadas no tempo $g_1[n] = A\cos(2\pi F_1 n + \theta)$ e $g_2[n] = A\cos(2\pi F_2 n + \theta)$ podem ser idênticas, mesmo que F_1 e F_2 não sejam iguais. Por exemplo, as duas senóides $g_1[n] = \cos(2\pi n/5)$ e $g_2[n] = \cos(12\pi n/5)$ são descritas por expressões analíticas aparentemente distintas, mas quando traçamos seus respectivos gráficos em relação ao tempo discretizado n elas parecem idênticas (Figura 3.6).

As linhas pontilhadas na Figura 3.6 representam as funções contínuas no tempo $g_1(t) = \cos(2\pi t/5)$ e $g_2(t) = \cos(12\pi t/5)$, em que n e t inter-relacionam-se por $t = nT_s$. As funções contínuas no tempo são obviamente diferentes, porém as funções discretizadas no tempo não o são. A explicação para que as duas funções discretizadas no tempo sejam idênticas pode ser vista ao se reescrever $g_2[n]$ na forma

$$g_2[n] = \cos\left(\frac{2\pi}{5}n + \frac{10\pi}{5}n\right) = \cos\left(\frac{2\pi}{5}n + 2\pi n\right)$$

Então, utilizando o princípio de que a soma de qualquer múltiplo inteiro de 2π ao ângulo de uma senóide não altera o seu valor,

$$g_2[n] = \cos\left(\frac{2\pi}{5}n + 2\pi n\right) = \cos\left(\frac{2\pi}{5}n\right) = g_1[n]$$

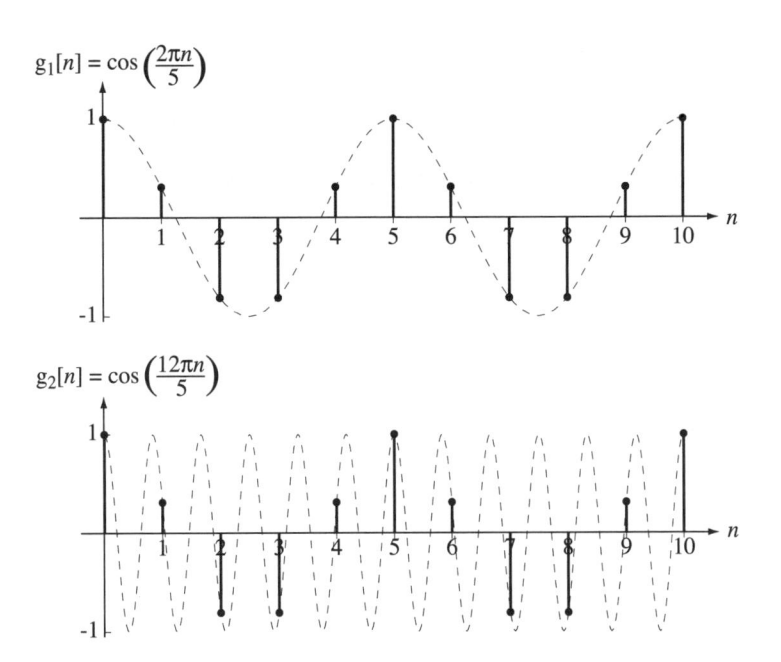

Figura 3.6
Dois cossenos com valores de F diferentes, mas com o mesmo comportamento funcional.

$g_1[n] = \cos\left(\frac{2\pi n}{5}\right)$

$g_2[n] = \cos\left(\frac{12\pi n}{5}\right)$

porque o tempo discreto n assume sempre valores inteiros. Visto que as duas freqüências cíclicas no domínio do tempo discretizado são $F_1 = 1/5$ e $F_2 = 6/5$, neste exemplo, isso deve significar que ambas são válidas como freqüências de uma senóide discretizada no tempo. Tal fato pode ser comprovado ao se perceber que a uma freqüência de 1/5 ciclos/amostra a alteração no ângulo por amostra é de $2\pi/5$ e a uma freqüência de 6/5 ciclos/amostra a alteração no ângulo por amostra é de $12\pi/5$ e, como foi visto acima, estes dois ângulos produzem exatamente os mesmos valores de argumentos de uma senóide. Portanto, na senóide discretizada no tempo da forma $\cos(2\pi F_0 n + \theta)$, se alterarmos F_0 com a soma de um inteiro qualquer, a senóide permanecerá inalterada. De maneira similar, em uma senóide discretizada no tempo da forma $\cos(\Omega_0 n + \theta)$, se mudarmos Ω_0 com a adição de um múltiplo inteiro qualquer de 2π, a senóide continuará inalterada. Pode-se imaginar um experimento em que geramos uma senóide $\text{sen}(2\pi F n)$ e consideremos que F seja uma variável. À medida que F se altera desde 0 até 1,75, a intervalos distanciados de 0,25, obteremos uma seqüência de senóides discretizadas no tempo (Figura 3.7).

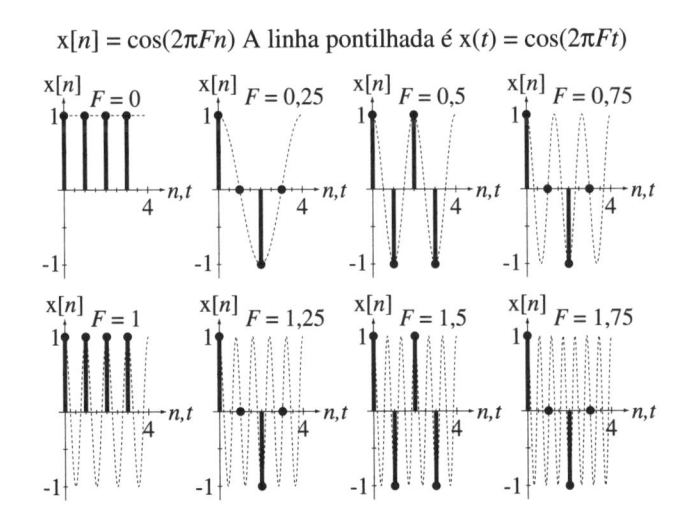

$x[n] = \cos(2\pi F n)$ A linha pontilhada é $x(t) = \cos(2\pi F t)$

Figura 3.7
Demonstração de que uma senóide discretizada no tempo com freqüência F se repete sempre que o valor de F se altera de uma unidade.

Observe que quaisquer duas senóides discretizadas no tempo, cuja diferença entre seus valores de F seja inteira, podem ser consideradas idênticas.

A maneira mais comum de representar uma exponencial discretizada no tempo é por meio da forma $g[n] = Az^n$. Embora não se assemelhe a uma exponencial contínua no tempo, que tem sua representação na forma $g(t) = Ae^{\beta t}$, ela ainda é uma exponencial porque g[n] = Az^n poderia ser escrita como g[n] = $Ae^{\beta n}$ em que $z = e^\beta$. A forma Az^n é um pouco mais simples e fácil de escrever do que $Ae^{\beta n}$ e, geralmente, é a forma preferida.

Exponenciais discretizadas no tempo podem ter uma variedade de comportamentos funcionais dependendo do valor de z em g[n] = Az^n. As Figuras 3.8 e 3.9 resumem vários casos para a forma funcional de uma exponencial, quando z possui diferentes valores.

Figura 3.8
Comportamento da função g[n] = Az^n para z's reais diferentes.

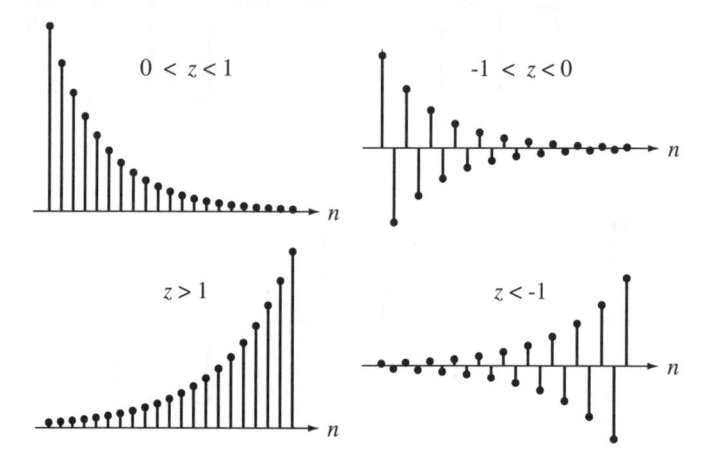

Figura 3.9
Comportamento da função g[n] = Az^n para z's complexos diferentes.

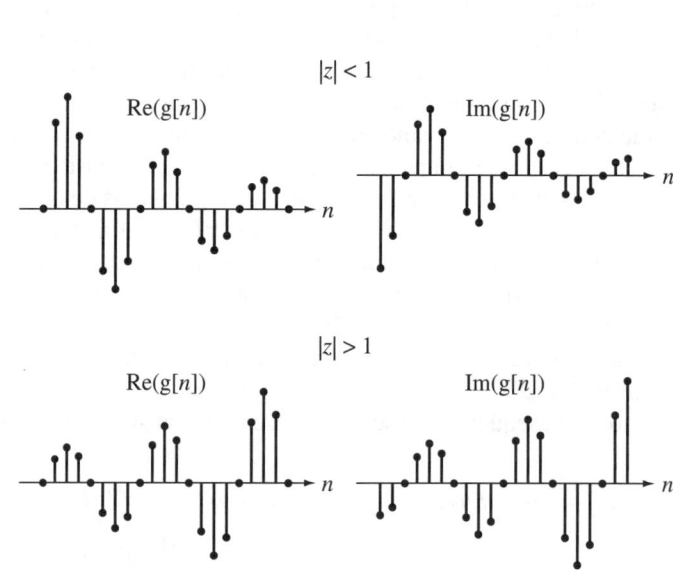

FUNÇÕES DE SINGULARIDADE

Existe um conjunto de funções discretizadas no tempo que são similares às funções de singularidade contínuas no tempo e possuem aplicações igualmente parecidas.

A Função Impulso Unitário ou Função Delta de Kronecker

O impulso unitário (Figura 3.10) é definido como

$$\delta[n] = \begin{cases} 1, & n = 0 \\ 0, & n \neq 0 \end{cases} \quad (3.1)$$

Figura 3.10
O impulso unitário.

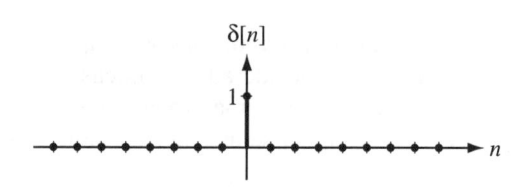

O impulso unitário discretizado no tempo não possui nenhuma das peculiaridades matemáticas associadas à função impulso unitário contínua no tempo. O impulso unitário discretizado no tempo não possui propriedade correspondente à propriedade de redimensionamento de escala aplicável a uma função impulso unitário contínua no tempo. Portanto, $\delta[n] = \delta[an]$ para qualquer valor de a diferente de zero, finito e inteiro. Porém, o impulso discretizado no tempo possui a propriedade de redimensionamento de escala. Ela é

$$\sum_{n=-\infty}^{\infty} A\delta[n - n_0]\mathrm{x}[n] = A\mathrm{x}[n_0] \quad (3.2)$$

Tal propriedade pode ser compreendida ao se perceber que, sendo o impulso diferente de zero somente quando seu argumento é nulo, o somatório para todo n equivale ao somatório de termos, os quais são todos zeros excetuando-se aquele em que $n = n_0$. Quando $n = n_0$, $\mathrm{x}[n] = \mathrm{x}[n_0]$ e o referido resultado é simplesmente multiplicado pelo fator de escala A. Um outro nome comum para essa função é **função delta de Kronecker**.

A Função Seqüência Degrau Unitário

A função discretizada no tempo que corresponde ao degrau unitário contínuo no tempo é a função **seqüência degrau unitário** (Figura 3.11).

$$u[n] = \begin{cases} 1, & n \geq 0 \\ 0, & n < 0 \end{cases} \quad (3.3)$$

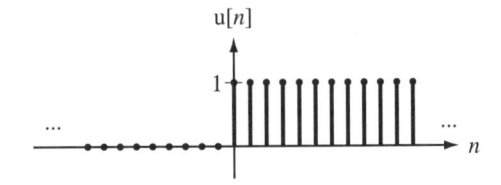

Figura 3.11
A função seqüência degrau unitário.

Para esta função, não existe impasse ou ambigüidade a respeito do seu valor no instante $n = 0$: ele é igual a um e todo autor concorda com tal fato. A seqüência unitária pode ser gerada por meio da amostragem da função degrau unitário, conforme descrito anteriormente, $u[n] = \lim_{\epsilon \to 0} u(t + nT_s + \epsilon), \epsilon > 0$. Na descontinuidade da função degrau contínua no tempo, o valor da amostra é igual a um e a função seqüência degrau unitário discretizada no tempo tem o valor $u[0] = 1$.

A Função Sinal

A função discretizada no tempo que corresponde à função sinal[1] contínua no tempo é definida na Figura 3.12.

$$\mathrm{sgn}[n] = \begin{cases} 1, & n > 0 \\ 0, & n = 0 \\ -1, & n < 0 \end{cases} \quad (3.4)$$

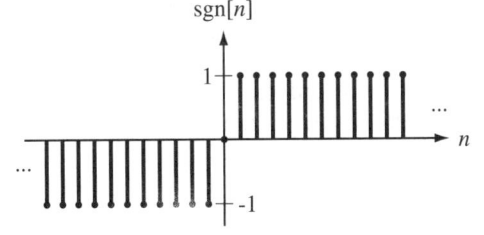

Figura 3.12
A função sinal – $sgn[\,]$.

---

1. N.T. Outra designação para este tipo de função é o termo *signum*. Daí vem a abreviatura adotada, *sgn*.

A Função Rampa Unitária

A função discretizada no tempo que corresponde à rampa unitária contínua no tempo é definida na Figura 3.13.

$$\text{rampa}[n] = \begin{cases} n, & n \geq 0 \\ 0, & n < 0 \end{cases} = n\,\text{u}[n] \quad (3.5)$$

Figura 3.13
A função rampa unitária.

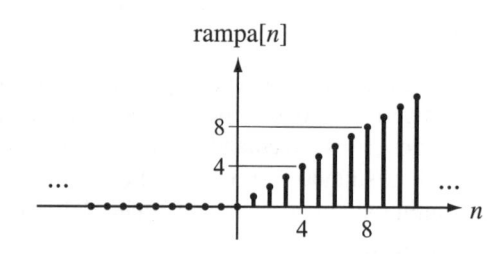

A Função Pulso Retangular

Uma função pulso retangular discretizada no tempo é descrita na Figura 3.14.

$$\text{ret}_{N_w}[n] = \begin{cases} 1, & |n| \leq N_w \\ 0, & |n| > N_w \end{cases} = \text{u}[n+N_w] - \text{u}[n-N_w-1],\ N_w \geq 0,\ N_w\ \text{é um inteiro} \quad (3.6)$$

Figura 3.14
A função pulso retangular.

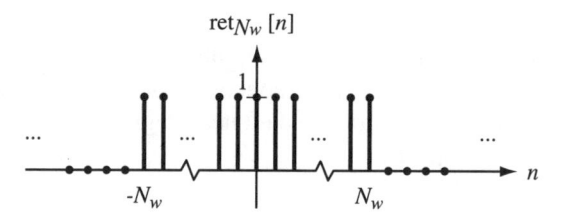

Devido à diferença em relação aos efeitos do redimensionamento de escala do tempo entre funções contínuas no tempo e funções discretizadas no tempo, torna-se mais conveniente definir uma função pulso retangular geral cuja largura seja caracterizada pelo parâmetro N_w, em vez da analogia direta com a função pulso retangular unitária contínua no tempo. A função pulso retangular discretizada no tempo não é tão útil quanto sua análoga contínua no tempo, principalmente porque o número de impulsos não-nulos é sempre ímpar, $2N_w+1$. Um pulso discretizado no tempo que seja composto de um número par de impulsos não-nulos pode ser descrito por uma função da forma $\text{u}[n-n_0] - \text{u}[n-n_1]$, onde $n_1 - n_0$ corresponde a um número par.

O Impulso Periódico ou Trem de Impulsos

O impulso periódico discretizado no tempo, também conhecido como trem de impulsos (Figura 3.15), é definido por

$$\delta_N[n] = \sum_{m=-\infty}^{\infty} \delta[n-mN] \quad (3.7)$$

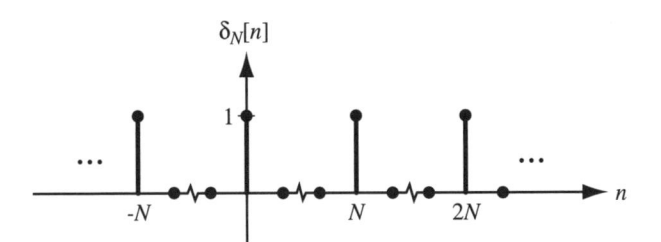

Figura 3.15
O impulso periódico.

Essas funções discretizadas no tempo podem ser implementadas no MATLAB pelos arquivos .m a seguir.

```
%   Função para gerar a função impulso discretizada no tempo
%   definida como um para argumentos de entrada inteiros
%   iguais a zero e zero, caso contrário. Retorna "NaN" para
%   argumentos que não são inteiros. Funciona bem tanto para
%   vetores quanto para escalares.
%
%   function y = impD(n)

function y = impD(n)

    y = double(n == 0);         % Impulso é um onde
                                % o argumento é zero e zero,
                                % caso contrário
    ss = find(round(n) ~= n);   % Calcula os valores não inteiros
                                % de "n"
    y(ss) = NaN ;               % Define as saídas correspondentes
                                % a "NaN"
```

```
%   Função seqüência degrau unitário definida como 0 para valores de
%   argumento de entrada inteiros menores do que zero, e 1 para
%   valores de argumento de entrada inteiros iguais ou maiores do
%   que zero. Retorna "NaN" para argumentos não inteiros.
%   Funciona bem tanto para vetores quanto para escalares.
%
%   function y = uD(n)

function y = uD(n)

    y = double(n >= 0);         % Define a saída como um para
                                % argumentos não negativos
    ss = find(round(n) ~= n);   % Calcula todos os "n's" não
                                % inteiros
    y(ss) = NaN ;               % Define todas as saídas
                                % correspondentes a "NaN"
```

```
%   Função rampa unitária discretizada no tempo, definida como 0
%   para os valores de argumento de entrada inteiros iguais ou
%   menores do que zero, e "n" para valores de argumento de
%   entrada inteiros maiores do que zero. Retorna "NaN" para
%   argumentos não inteiros. Funciona igualmente bem
```

```matlab
%   tanto para vetores quanto para escalares.
%
%   function y = rampaD(n)

function y = rampaD(n)

    pos = double(n > 0) ;           % Define a saída como "n" para
                                    % positivo
    y = n.*pos ;                    % "n"
    ss = find(round(n) ~= n) ;      % Calcula todos os "n's" não
                                    % inteiros
    y(ss) = NaN ;                   % Define todas as saídas
                                    % correspondentes a "NaN"

%   Função pulso retangular discretizada no tempo, definida como 1
%   para valores de argumento de entrada inteiros iguais ou
%   menores do que "W" em magnitude e zero para outros valores de
%   argumento inteiros. "W" deve ser inteiro. Retorna "NaN" para
%   valores de entrada não inteiros.
%
%   y = retD(W,n)

function y = retD(W,n)
    if W == round(W),
    y = double(abs(n)<=abs(W)) ; % Define a saída para um
                                    % se |n| <= |W| e
                                    % para zero, caso contrário
    ss = find(round(n) ~= n) ;      % Determina todos os "n's"
                                    % não inteiros
      y(ss) = NaN ;                 % Define todas as saídas
                                    % correspondentes
                                    % a "NaN"
    else
        disp('Em retD, o parâmetro de largura, W, não é um
        inteiro') ;
    end

%   Função impulso periódico discretizada no tempo, definida como 1
%   para valores de argumento de entrada inteiros iguais a
%   múltiplos inteiros de "N" e como 0, caso contrário. "N" deve
%   ser um inteiro. Retorna "NaN" para valores de entrada não
%   inteiros. Funciona igualmente bem para vetores e escalares.
%
%   function y = impND(N,n)

function y = impND(N,n)
    if N == round(N),
    y = double(n/N == round(n/N)) ;     % Define a saída
                                        % em um
                                        % para todos os n's
                                        % que são
                                        % múltiplos
                                        % inteiros
```

```
        ss = find(round(n) ~= n);      % de N e
                                       % zero,
                                       % caso contrário
                                       % Determina todos
                                       % os "n's"
                                       % não inteiros
        y(ss) = NaN ;                  % Define todas
                                       % as saídas
                                       % correspondentes
                                       % a "NaN"
else
        disp('Em impND, o parâmetro período, N, não é um inteiro') ;
end
```

É possível definir um seno, cosseno, exponencial, pulso triangular, sinc e uma função de Dirichlet discretizados no tempo, porém, normalmente, é mais conveniente utilizar versões amostradas das funções seno, cosseno, pulso triangular, sinc e Dirichlet contínuas no tempo. As funções de sinais discretizadas no tempo recém-introduzidas estão resumidas na Tabela 3.1, onde também são comparadas.

Tabela 3-1 Resumo das funções de sinal inerentemente discretizadas no tempo e funções de sinal discretizadas no tempo, criadas com base na amostragem de funções de sinal contínuas no tempo.

Seno	$\text{sen}(2\pi n/N_0)$	Amostrada no tempo contínuo
Cosseno	$\cos(2\pi n/N_0)$	Amostrada no tempo contínuo
Exponencial	z^n	Amostrada no tempo contínuo
Seqüência degrau unitário	$u[n]$	Intrinsecamente discretizada no tempo
Sinal (*signum*)	$\text{sgn}[n]$	Intrinsecamente discretizada no tempo
Rampa	$\text{rampa}[n]$	Intrinsecamente discretizada no tempo
Impulso	$\delta[n]$	Intrinsecamente discretizada no tempo
Impulso periódico	$\delta_N[n]$	Intrinsecamente discretizada no tempo
Retangular	$\text{ret}_{N_w}[n]$	Intrinsecamente discretizada no tempo
Pulso triangular	$\text{tri}(n)$	Amostrada no tempo contínuo
Sinc	$\text{sinc}(n)$	Amostrada no tempo contínuo
Dirichlet	$\text{drcl}(n, N)$	Amostrada no tempo contínuo

3.3 REDIMENSIONAMENTO DE ESCALA E DESLOCAMENTO

Os princípios gerais que determinam o redimensionamento de escala e o deslocamento em funções contínuas no tempo também se aplicam às funções discretizadas no tempo, mas com algumas distinções interessantes provocadas pelas diferenças fundamentais entre tempo contínuo e tempo discreto. Assim como uma função contínua no tempo, uma função discretizada no tempo admite um valor e retorna outro. O princípio geral em que a *expressão* em g[*expressão*] é tratada exatamente da mesma maneira que *n* é tratado na definição de g[*n*] ainda é válido.

REDIMENSIONAMENTO DE ESCALA DA AMPLITUDE

O redimensionamento de escala da amplitude para funções discretizadas no tempo é aplicável exatamente do mesmo modo ao adotado em funções contínuas no tempo.

DESLOCAMENTO NO TEMPO

Seja uma função g[*n*] definida no gráfico e tabela da Figura 3.16

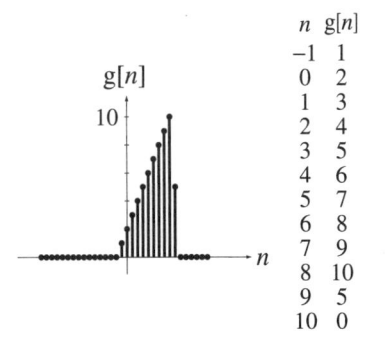

n	$g[n]$
−1	1
0	2
1	3
2	4
3	5
4	6
5	7
6	8
7	9
8	10
9	5
10	0

Figura 3.16
Definição gráfica de uma função g[*n*], g[*n*] = 0,|*n*| ≥ 15.

Figura 3.17
Gráfico de g[n+3] demonstrando o deslocamento no tempo.

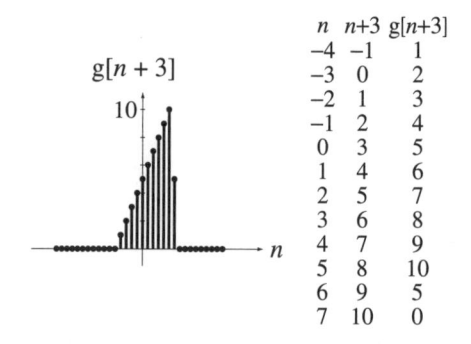

Agora seja $n \rightarrow n + 3$. O deslocamento no tempo é essencialmente o mesmo para funções discretizadas e contínuas no tempo, desde que esse deslocamento seja um valor inteiro, pois, do contrário, a função deslocada terá valores indefinidos (Figura 3.17).

n	$n+3$	$g[n+3]$
−4	−1	1
−3	0	2
−2	1	3
−1	2	4
0	3	5
1	4	6
2	5	7
3	6	8
4	7	9
5	8	10
6	9	5
7	10	0

REDIMENSIONAMENTO DE ESCALA DO TEMPO

O redimensionamento de escala da amplitude e o deslocamento no tempo para funções discretizadas e contínuas no tempo são muito similares. Tal afirmação não é totalmente verdadeira quando examinamos o redimensionamento de escala do tempo para funções discretizadas no tempo. Há dois casos que devem ser investigados, a compressão no tempo e a expansão no tempo. A compressão no tempo é obtida por meio de um redimensionamento da forma $n \rightarrow Kn$, em que $|K| > 1$ e K é inteiro. A compressão no tempo para funções discretizadas no tempo é similar à compressão no tempo em funções contínuas no tempo no que se refere ao efeito provocado, ou seja, a função parece transcorrer mais rapidamente ao longo do tempo. Porém, em relação às funções discretizadas no tempo, existe um outro efeito denominado **decimação**. Considere o redimensionamento de escala do tempo $n \rightarrow 2n$ apresentado na Figura 3.18.

Como parece ser óbvio na Figura 3.18, para cada inteiro n em g[2n], o valor do argumento funcional 2n deve ser um inteiro par. Portanto, para esse redimensionamento de escala por um fator igual a 2, os valores de índice inteiros e ímpares da g[n] inicial não são necessários para se determinar os valores para g[2n] em nenhum momento. A função foi decimada por um fator igual a 2, porque o gráfico de g[2n] utiliza somente valores intercalados da função definida g[n]. Para constantes de redimensionamento de escala maiores, o fator de decimação é naturalmente maior. A decimação não acontece no redimensionamento de escala para funções contínuas no tempo uma vez que, ao se utilizar um ajuste de escala $t \rightarrow Kt$, um contínuo de valores t são mapeados em um contínuo de valores Kt correspondentes sem exceção, ou seja, não há perda de valores. A diferença fundamental entre funções discretizadas no tempo e funções contínuas no tempo torna-se clara ao se observar que o domínio de uma função contínua no tempo é o de todos os números reais, um conjunto **incontável** de instantes de tempo, mas o domínio de funções discretizadas no tempo é o dos números inteiros, um conjunto **contável** de instantes de tempo discretos.

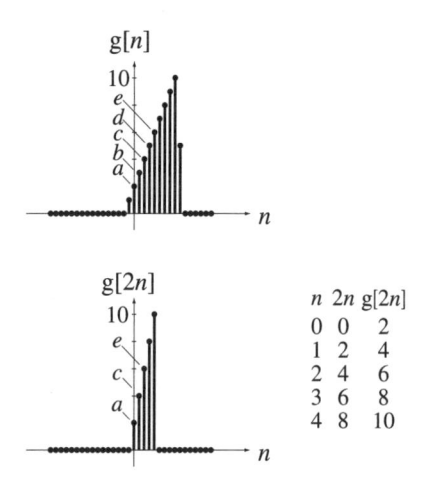

Figura 3.18
Compressão do tempo para uma função discretizada no tempo.

n	$2n$	$g[2n]$
0	0	2
1	2	4
2	4	6
3	6	8
4	8	10

O outro caso de redimensionamento de escala do tempo, a expansão do tempo, é ainda mais atípico. Se quisermos traçar um gráfico, por exemplo, g[n/2] para cada valor inteiro de n, devemos atribuir um valor a g[n/2] por meio do cálculo do valor correspondente na definição da função original. Porém, quando n é igual à unidade, n/2 vale meio e g[1/2] não é definida para esse instante. O valor da função redimensionada na escala do tempo g[n/K] é indefinido a não ser que n/K seja inteiro. Poderíamos simplesmente deixar tais valores indefinidos ou poderíamos **interpolar** tais valores utilizando os valores de g[n/K] correspondentes aos n's mais próximos, superior e inferior, para os quais n/K seja inteiro. (A interpolação é um processo computacional de determinação dos valores funcionais entre dois valores já conhecidos baseado em fórmula.) Visto que a interpolação implica a questão sobre qual fórmula de interpolação adotar, simplesmente deixaremos g[n/K] indefinido se n/K não for um valor inteiro.

Embora a expansão no tempo, como descrita anteriormente, pareça ser totalmente sem propósito, existe um tipo de expansão no tempo que é, na verdade, muitas vezes útil. Suponha que exista uma função original x[n] e, por meio dela, geramos uma nova função

$$y[n] = \begin{cases} x[n/K], & n/K \text{ é um inteiro} \\ 0, & \text{caso contrário} \end{cases}$$

como na Figura 3.19, em que $K = 2$.

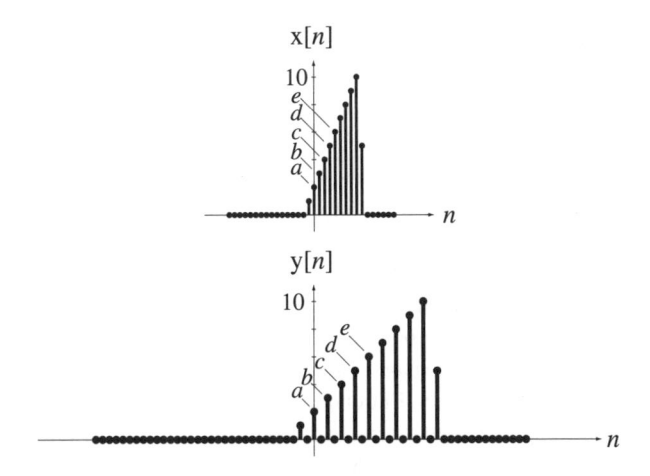

Figura 3.19
Formas possíveis para a expansão no tempo.

Esse é um tipo de expansão no tempo para o qual todos os valores da nova função estão definidos. Todos os valores de x que aparecem nos instantes discretos n aparecem também em y nos instantes discretos Kn. A substituição de todos os valores indefinidos presentes na expansão no tempo anterior por zeros corresponde ao que foi realmente feito. Se estivéssemos comprimindo y no tempo por um fator K, obteríamos todos os valores de x novamente em suas respectivas posições originais, e todos os valores que tivessem sido removidos pela decimação de y se tornariam zeros.

Ao se escrever arquivos .m do MATLAB para implementar uma função discretizada no tempo, uma constante predefinida NaN torna-se bastante proveitosa. O nome NaN é um acrônimo para *not a number* (**não é um número**) e, simplesmente, indica um valor indefinido. Por exemplo, podemos definir uma função polinomial poly contínua no tempo.

```
function    x = poly(t)
x = 3*t.^2 - t + 8 ;
```

(O MATLAB utiliza parênteses (·) exclusivamente para argumentos das funções, ainda que definamos a função como uma função de comportamento discretizado no tempo. Os colchetes [·] são utilizados para declarar vetores e matrizes. Portanto, até mesmo as funções discretizadas no tempo utilizam parênteses no MATLAB. A distinção da natureza da função é feita no corpo da função, que se encontra no arquivo .m, e não fica imediatamente clara quando a função é invocada a partir de um arquivo script.) Do modo como foi elaborada, a função do MATLAB calcula um valor numérico definido de x para todo t passado a ela. Agora podemos modificá-la para transformá-la em uma função discretizada no tempo.

```
function    x = polyD(n)
   x = 3*n.^2 - n + 8 ;
   nonInt = find(round(n) ~= n);  % Determina todos os "n's"
                                  % não inteiros
   x(nonInt) = NaN ;              % Ajusta os x's correspondentes
                                  % para "NaN"
```

Quando o comando stem é utilizado no MATLAB para traçar graficamente uma função discretizada no tempo com alguns valores indefinidos, os valores definidos são visíveis e os indefinidos são simplesmente omitidos, como esperado.

EXEMPLO 3.1

Traçando graficamente o deslocamento e o redimensionamento de escala para funções discretizadas no tempo

Utilizando o MATLAB, trace a função $g[n] = 10(0,8)^n \text{sen}(3\pi n/16)u[n]$. Depois, trace o gráfico das funções $g[2n]$ e $g[n/3]$.

■ Solução

Mediante alguns aspectos, as funções discretizadas no tempo são mais fáceis de serem codificadas em programas do MATLAB do que as funções contínuas no tempo, visto que o MATLAB é estruturado naturalmente para cálculos de valores funcionais associados a valores discretos de uma variável independente. Para as funções discretizadas no tempo, não é necessário preocupar-se com quão próximos os pontos relativos aos intervalos de tempo devem estar para se elaborar um gráfico que pareça o mais contínuo possível, visto que a função *não* é contínua. Uma boa maneira de traçar uma dada função e suas versões redimensionadas na escala do tempo é definir a função original como um arquivo .m. Entretanto, precisamos nos certificar de que a definição da função contém seu comportamento discretizado no tempo, isto é, para valores de instantes de tempo não inteiros, a função é indefinida. O MATLAB lida com resultados indefinidos por meio da atribuição de um valor especial a eles – o valor NaN. Um outro obstáculo para a programação se refere a forma de lidar com duas descrições funcionais diferentes para dois intervalos diferentes de valores de *n*. Podemos resolver essa questão tranqüilamente por meio de operadores lógicos e relacionais, como será demonstrado a seguir em g.m.

```
function y = g(n)

    ss = find(round(n) ~= n);      % Determina todos os "n's"
                                   % não inteiros
    n(ss) = NaN;                   % Define todos eles como "NaN"
    y = 10*(0,8).^ n.*sin(3*pi*n/16);  % Calcula a função
                                   % sem a especificação
                                   % de valor igual a zero
                                   % para instantes
                                   % de tempo negativos
    y = y.*uD(n) ;                 % Define a parcela negativa do
                                   % tempo da função como zero
```

Devemos decidir ainda sobre qual intervalo de instantes de tempo discretos o gráfico da função será traçado. Visto que a função é nula para tempos negativos, precisamos representar o intervalo de tempo com pelo menos uns poucos pontos para mostrar que ela subitamente modifica seu estado no instante de tempo igual a 0. Então, para instantes positivos, a função tem a forma de uma senóide amortecida exponencialmente. Portanto, se traçarmos algumas poucas constantes de tempo do decaimento exponencial, a função será praticamente nula após o período de tempo considerado. Sendo assim, a definição do intervalo de tempo deve ser algo próximo de $-5 < n < 16$ para se poder esboçar uma representação aceitável da função original. Porém, a função expandida no tempo $g[n/3]$ terá maior abragência no tempo discretizado e exigirá maior intervalo no tempo discretizado para que seu comportamento funcional possa ser visto. Dessa forma, objetivando a apreciação de todas as funções traçadas na mesma escala, para efeitos de comparação, iremos ajustar o intervalo de tempos discretos para $-5 < n < 48$.

O outro obstáculo para a programação se refere a como lidar com duas descrições funcionais diferentes para dois intervalos diferentes de valores de *n*. Podemos fazer isso com o auxílio dos operadores lógicos e relacionais.

```
%   Traçando uma função discretizada no tempo e aplicando
%   transformações de compressão e expansão
%   Calcula valores da função original e das suas versões
%   redimensionadas na escala do tempo nesta seção

n = -5:48 ;                             % Define os instantes de tempo
                                        % discretos para o cálculo da
                                        % função
g0 = g(n) ;                             % Calcula os valores
                                        % originais da função

g1 = g(2*n) ;                           % Calcula os valores
                                        % da função comprimida
g2 = g(n/3) ;                           % Calcula os valores
                                        % da função expandida

%   Exibe a função original e a função redimensionada na escala do
%   tempo nesta seção
%
%   Traça a função original
%

subplot(3,1,1) ;                        % Plota o primeiro dentre
                                        % três gráficos a serem
                                        % dispostos verticalmente
p = stem(n,g0,'k','filled') ;           % Traça a função original
                                        % como um "gráfico de hastes"
set(p,'LineWidth',2,'MarkerSize',4);    % Ajusta a espessura da linha
                                        % e o tamanho do ponto
ylabel('g[n]') ;                        % Rotula o eixo da
                                        % função original

%
%   Traça a função comprimida no tempo
%

subplot(3,1,2) ;                        % Plota o segundo dentre
                                        % três gráficos a serem
                                        % dispostos verticalmente
p = stem(n,g1,'k','filled') ;           % Traça a função comprimida no
                                        % tempo como um "gráfico de
                                        % hastes"
set(p,'LineWidth',2,'MarkerSize',4);    % Ajusta a espessura da linha
                                        % e o tamanho do ponto
ylabel('g[2n]') ;                       % Rotula o eixo da
                                        % função comprimida

%
%   Traça a função expandida no tempo
%
subplot(3,1,3) ;                        % Plota o terceiro dentre
                                        % três gráficos a serem
                                        % dispostos verticalmente
p = stem(n,g2,'k','filled') ;           % Traça a função dilatada no
                                        % tempo como um "gráfico de
                                        % hastes"
set(p,'LineWidth',2,'MarkerSize',4);    % Ajusta a espessura da linha
                                        % e o tamanho do ponto
ylabel('g[n/3]') ;                      % Rotula o eixo da
                                        % função expandida
xlabel('Tempo discreto, n') ;           % Rotula o eixo
                                        % dos tempos discretos
```

Figura 3.20
Gráficos de g[n] e as funções g[2n] e g[n/3], redimensionadas e deslocadas.

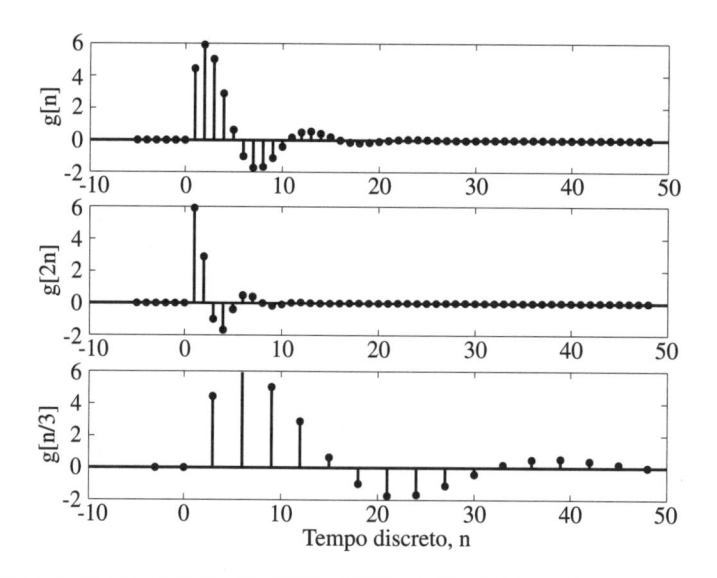

3.4 DIFERENÇAS FINITAS E ACUMULAÇÃO

Assim como a diferenciação e a integração são fundamentais para as funções contínuas no tempo, as operações análogas de diferença e acumulação são igualmente importantes para as funções discretizadas no tempo. A primeira derivada de uma função g(t) contínua no tempo é normalmente definida como

$$\frac{d}{dt}(g(t)) = \lim_{\Delta t \to 0} \frac{g(t+\Delta t) - g(t)}{\Delta t}$$

Porém, ela também pode ser definida como

$$\frac{d}{dt}(g(t)) = \lim_{\Delta t \to 0} \frac{g(t) - g(t-\Delta t)}{\Delta t}$$

ou

$$\frac{d}{dt}(g(t)) = \lim_{\Delta t \to 0} \frac{g(t+\Delta t) - g(t-\Delta t)}{2\Delta t}$$

No limite, todas essas definições mostradas acima produzem a mesma derivada (se ela existe). Mas se Δt permanece finito, essas mesmas expressões não são idênticas. A operação em um sinal discretizado no tempo que é análogo à derivada é a **diferença** finita. A primeira **diferença à frente** de uma função discretizada no tempo g[n] é dada por g[n + 1] − g[n]. (Veja o Apêndice Q no site do livro que se encontra no endereço **www.mhhe.com/roberts** para maiores detalhes sobre diferenças finitas e equações de diferenças.) A primeira **diferença para trás** de uma função discretizada no tempo é g[n] − g[n − 1], que corresponde à primeira diferença à frente de g[n − 1]. A Figura 3.21 apresenta algumas funções discretizadas no tempo e suas respectivas primeiras diferenças para trás e à frente.

Se você pensa em uma função discretizada no tempo como o resultado da amostragem de uma função contínua no tempo, você pode constatar que a operação de diferença produz um resultado que se assemelha bastante às amostras da derivada da função contínua no tempo em questão (considerando um dado fator de escala).

A operação equivalente à integração no domínio discreto é a acumulação (ou somatório). A acumulação de uma função g[n] é definida como $\sum_{m=-\infty}^{n} g[m]$. O mesmo problema relacionado à ambigüidade que acontece no processo de integração de uma função contínua no tempo também existe para o processo de acumulação de funções discretizadas no tempo. Ainda que a primeira diferença para trás ou para a frente de uma função seja única, a acumulação em uma função não o é. Várias funções podem ter a primeira diferença para a frente ou para trás exatamente iguais, mas, assim como ocorre na integração, essas funções, que têm um mesmo valor para a primeira diferença, podem se distingüir por uma constante adicionada. Seja h[n] = g[n] − g[n − 1], a primeira diferença para trás de g[n]. E então realize a acumulação de ambos os lados,

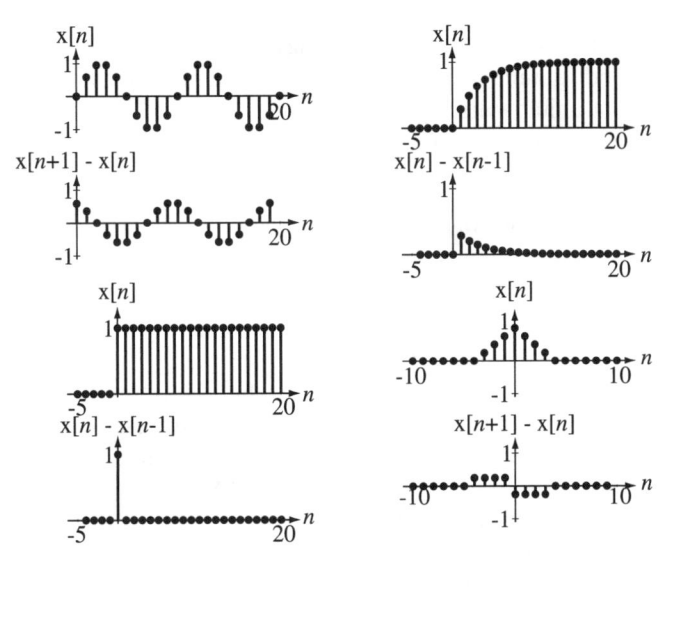

Figura 3.21
Algumas funções e suas respectivas diferenças para frente e para trás.

$$\sum_{m=-\infty}^{n} h[m] = \sum_{m=-\infty}^{n} (g[m] - g[m-1])$$

ou

$$\sum_{m=-\infty}^{n} h[m] = \cdots + (g[-1] - g[-2]) + (g[0] - g[-1]) + \cdots + (g[n] - g[n-1])$$

Reunindo os valores de g[n] que ocorrem nos mesmos instantes de tempo,

$$\sum_{m=-\infty}^{n} h[m] = \cdots + \underbrace{(g[-1] - g[-1])}_{=0} + \underbrace{(g[0] - g[0])}_{=0} + \cdots + \underbrace{(g[n-1] - g[n-1])}_{=0} + g[n]$$

e

$$\sum_{m=-\infty}^{n} h[m] = g[n]$$

comprovando que a acumulação e a primeira diferença para trás são operações inversas. A primeira diferença para trás da acumulação de qualquer função g[n] é g[n]. A Figura 3.22 ilustra duas funções h[n] e suas respectivas acumulações g[n].

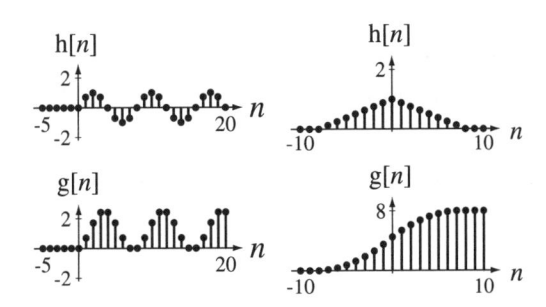

Figura 3.22
Duas funções h[n] e suas respectivas acumulações g[n].

Em cada um dos gráficos da Figura 3.22, a acumulação foi realizada com base na conjectura de que todos os valores da função h[n], anteriormente ao intervalo do tempo presente nesses gráficos, fossem iguais a zero.

De maneira análoga à relação integral-derivada existente entre o degrau unitário contínuo no tempo e o impulso unitário contínuo no tempo, a seqüência degrau unitário é a acumulação do impulso unitário $u[n] = \sum_{m=-\infty}^{n} \delta[m]$ e o impulso unitário corresponde à primeira diferença para trás da seqüência degrau unitário $\delta[n] = u[n] - u[n-1]$. Além disso, de modo similar à definição da integral da função rampa unitária contínua no tempo, a rampa unitária discretizada no tempo é definida como a acumulação de uma função seqüência degrau unitário *atrasada de uma unidade no tempo discreto*

$$\text{rampa}[n] = \sum_{m=-\infty}^{n} u[m-1] = \sum_{m=-\infty}^{n-1} u[m]$$

e a seqüência degrau unitário é a primeira diferença *à frente* da rampa unitária $u[n] = \text{rampa}[n+1] - \text{rampa}[n]$.

O MATLAB pode contabilizar diferenças relativas às funções discretizadas no tempo usando a função `diff`. A função `diff` admite um vetor como seu argumento e devolve um vetor de diferenças para trás cujo comprimento é uma unidade a menos do que o comprimento do vetor passado a ela. O MATLAB pode também calcular a acumulação de uma função utilizando a função `cumsum` (*cumulative summation*). A função `cumsum` aceita um vetor como seu argumento e retorna um vetor de igual comprimento, que é a acumulação dos elementos do vetor argumento.

```
»a = 1:10
a =
   1    2    3    4    5    6    7    8    9   10
»diff(a)
ans =
   1    1    1    1    1    1    1    1    1
»cumsum(a)
ans =
   1    3    6   10   15   21   28   36   45   55
»b = randn (1.5)
b =
   1.1909   1.1892  -0.0376   0.3273   0.1746
»diff(b)
ans =
  -0.0018  -1.2268   0.3649  -0.1527
»cumsum(b)
ans =
   1.1909   2.3801   2.3424   2.6697   2.8444
```

Está claro, com esses exemplos, que a função `cumsum` considera nulo o valor da acumulação antes do primeiro elemento do vetor.

Exemplo 3.2

Traçando graficamente a acumulação de uma função no MATLAB

Utilizando o MATLAB, determine a acumulação da função $x[n] = \cos(2\pi n/36)$ desde $n = 0$ até $n = 36$, admitindo que a referida acumulação antes do instante de tempo $n = 0$ é nula.

■ Solução

```
%   Programa para demonstrar a acumulação de uma função para um
%   intervalo de tempo finito usando a função cumsum.
n = 0:36 ; x = cos(2*pi*n/36) ;
p = stem(n,cumsum(x),'k','filled') ;
set(p,'LineWidth',2,'MarkerSize',4) ;
```

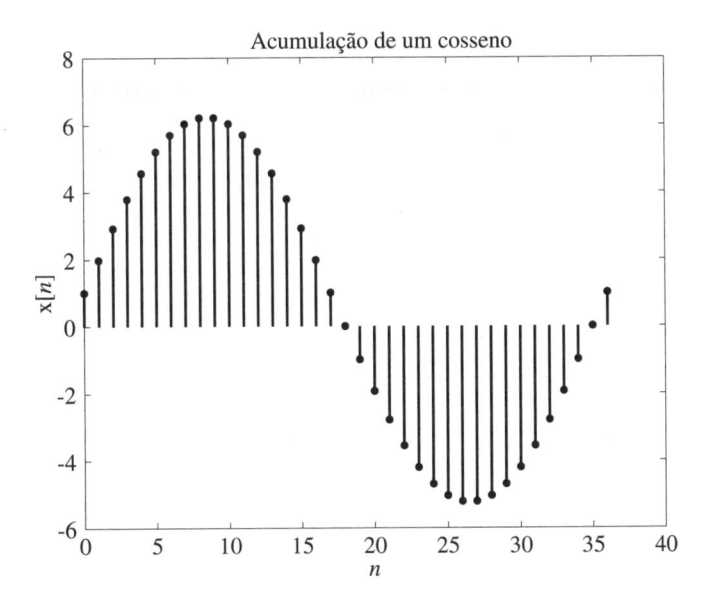

Figura 3.23
Acumulação de um cosseno.

Observe que a acumulação para a função cosseno mostrada se assemelha bastante (mas não de maneira exata) a uma função seno. Isso ocorre devido ao fato do processo de acumulação ser análogo ao processo de integração de funções contínuas no tempo e da integral de um cosseno ser igual ao seno.

3.5 FUNÇÕES PARES E ÍMPARES

Assim como funções contínuas no tempo, funções discretizadas no tempo podem ser classificadas com base nas propriedades de paridade. As relações de definição são completamente análogas àquelas adotadas para as funções contínuas no tempo. Se $g[n] = g[-n]$, então $g[n]$ é par, e se $g[n] = -g[-n]$, $g[n]$ é ímpar. A Figura 3.24 apresenta exemplos de funções par e ímpar.

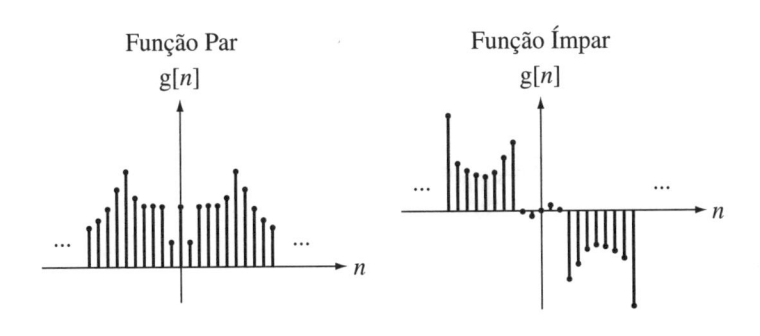

Figura 3.24
Exemplos de funções par e ímpar.

As componentes par e ímpar de uma função g[n] são determinadas exatamente da mesma maneira utilizada para as funções contínuas no tempo.

$$g_p[n] = \frac{g[n] + g[-n]}{2} \quad \text{e} \quad g_i[n] = \frac{g[n] - g[-n]}{2} \qquad (3.8)$$

Uma função par possui uma componente ímpar, que é nula, e uma função ímpar possui uma componente par nula.

EXEMPLO 3.3

Componentes par e ímpar de uma função

Quais são as componentes par e ímpar da função, $g[n] = \text{sen}(2\pi n/7)(1 + n^2)$?

■ **Solução**

$$g_p[n] = \frac{\text{sen}(2\pi n / 7)(1 + n^2) + \text{sen}(-2\pi n / 7)(1 + (-n)^2)}{2}$$

$$g_p[n] = \frac{\text{sen}(2\pi n / 7)(1 + n^2) - \text{sen}(2\pi n / 7)(1 + n^2)}{2} = 0$$

$$g_i[n] = \frac{\text{sen}(2\pi n / 7)(1 + n^2) - \text{sen}(-2\pi n / 7)(1 + (-n)^2)}{2} = \text{sen}\left(\frac{2\pi n}{7}\right)(1 + n^2)$$

A função g[n] é ímpar.

SOMAS, PRODUTOS, DIFERENÇAS E QUOCIENTES

Todas as propriedades de combinações de funções que se aplicam às funções contínuas no tempo são igualmente aplicáveis às funções discretizadas no tempo. Se duas funções são pares, a soma, a diferença, o produto e o quociente entre elas se mantêm par. Se duas funções são ímpares, a soma e a diferença entre elas resultam em função ímpar, porém o produto e o quociente entre essas mesmas duas funções geram uma função par. Se uma das funções é par e a outra ímpar, o produto e o quociente entre elas resultam em uma função ímpar.

Nas Figuras 3.25 a 3.27 encontram-se alguns exemplos de produtos entre funções pares e funções ímpares.

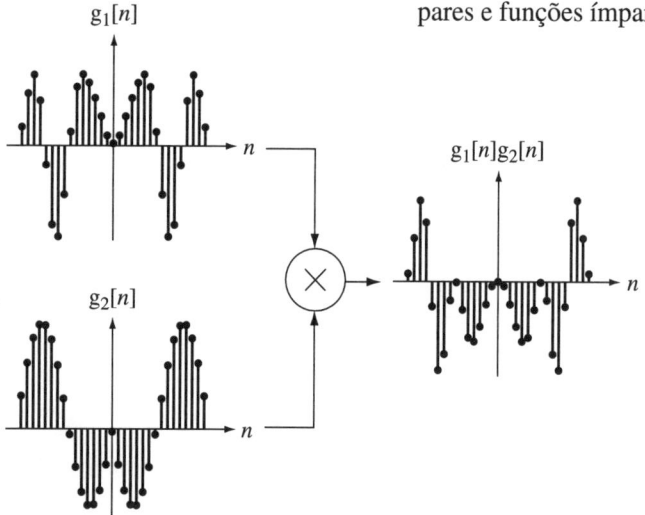

Figura 3.25
Produto entre duas funções pares.

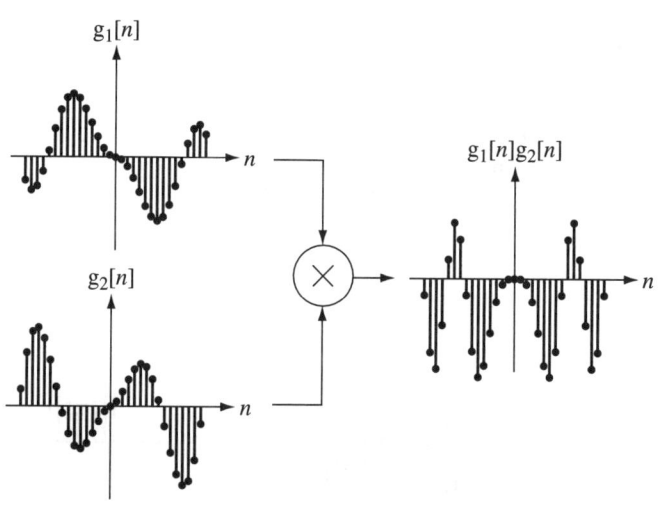

Figura 3.26
Produto entre duas funções ímpares.

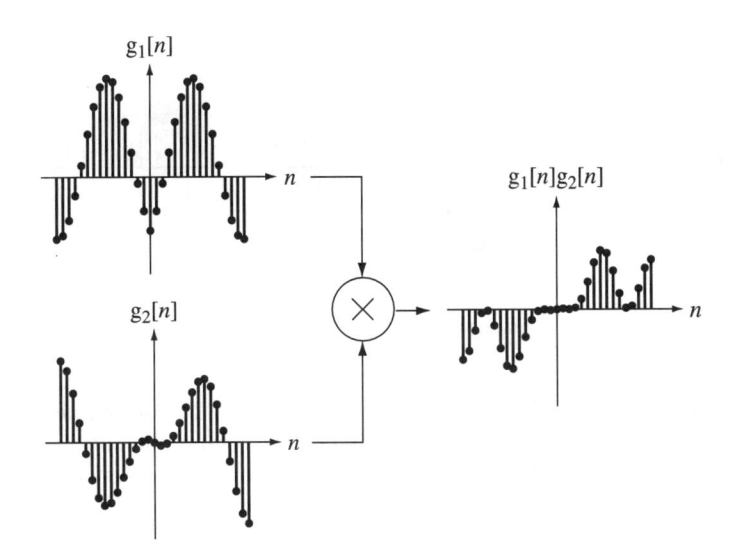

Figura 3.27
Produto entre uma função par e uma função ímpar.

ACUMULAÇÃO

A integral definida de funções contínuas no tempo, calculada sobre limites simétricos, é análoga à acumulação feita em funções discretizadas no tempo, tomada para limites simétricos. As propriedades verificadas para as integrais de funções contínuas no tempo são similares (mas não idênticas) às propriedades válidas para as acumulações de funções discretizadas no tempo. Se g[n] é uma função par e N é um inteiro positivo,

$$\sum_{n=-N}^{N} g[n] = g[0] + 2\sum_{n=1}^{N} g[n]$$

e, se g[n] é uma função ímpar,

$$\sum_{n=-N}^{N} g[n] = 0$$

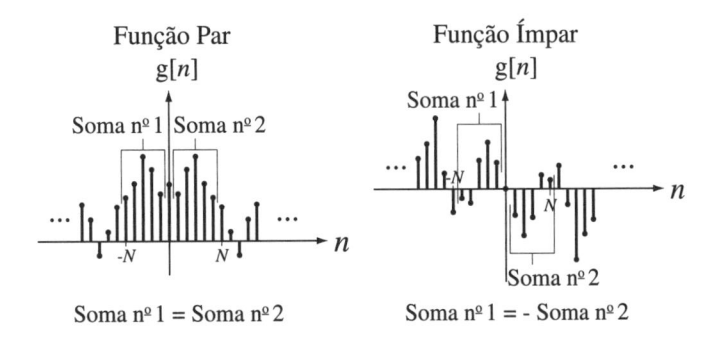

(Figura 3.28).

Figura 3.28
Acumulações de funções par e ímpar discretizadas no tempo.

3.6 FUNÇÕES PERIÓDICAS

Uma função periódica é invariante diante do deslocamento no tempo $n \rightarrow n + mN$, em que N é qualquer período da função, m é qualquer inteiro e N_0 é o período fundamental, o tempo discreto mínimo positivo durante o qual a função se repete. Na Figura 3.29, estão alguns exemplos de funções periódicas.

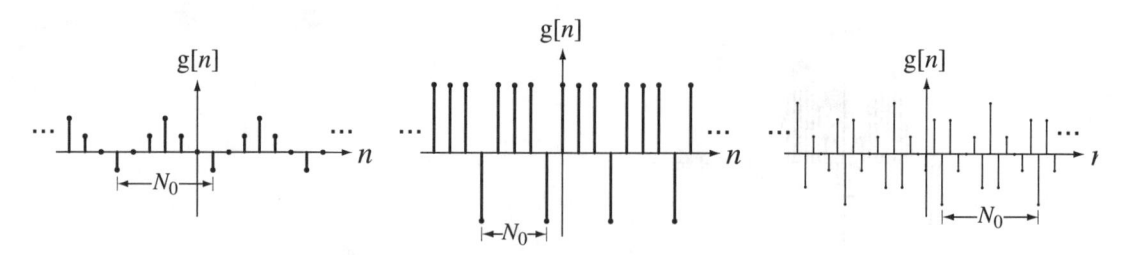

Figura 3.29
Exemplos de funções periódicas de período fundamental N_0.

A freqüência fundamental é $F_0 = 1/N_0$ em ciclos ou $\Omega_0 = 2\pi/N_0$ em radianos. Lembre-se de que as unidades da freqüência discretizada no tempo não são dadas em Hz ou radianos/segundo, porque a unidade de tempo discreto não é o segundo.

EXEMPLO 3.4

Período fundamental de uma função

Elabore o gráfico da função $g[n] = 2\cos(9\pi n/4) - 3\text{sen}(6\pi n/5)$ sobre o intervalo $-50 \leq n \leq 50$. Com base no gráfico determine o período fundamental.

■ Solução

Figura 3.30
A função, $g[n] = 2\cos(9\pi n/4) - 3\text{sen}(6\pi n/5)$.

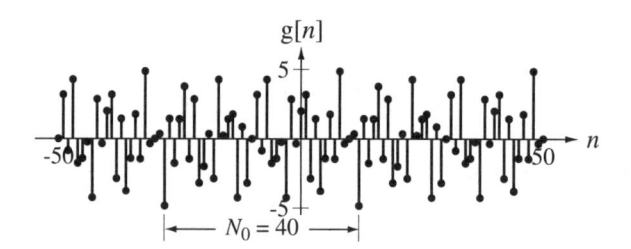

Como verificação da resposta determinada graficamente, a função também pode ser escrita na forma $g[n] = 2\cos(2\pi(9/8)n) - 3\text{sen}(2\pi(3/5)n)$. Os dois períodos fundamentais das duas senóides separadas são 8 e 5, e o MMC entre eles é igual a 40, que corresponde ao período fundamental de $g[n]$.

3.7 ENERGIA E POTÊNCIA DE SINAL

Energia de sinal é definida por

$$E_x = \sum_{n=-\infty}^{\infty} |x[n]|^2 \qquad (3.9)$$

e suas unidades são simplesmente o quadrado das unidades do sinal propriamente dito.

EXEMPLO 3.5

Energia de sinal de um sinal

Determine a energia de sinal de $x[n] = (1/2)^n u[n]$.

■ Solução

Da definição de energia de sinal,

$$E_x = \sum_{n=-\infty}^{\infty} |x[n]|^2 = \sum_{n=-\infty}^{\infty} \left|\left(\frac{1}{2}\right)^n u[n]\right|^2 = \sum_{n=0}^{\infty} \left|\left(\frac{1}{2}\right)^n\right|^2 = \sum_{n=0}^{\infty} \left(\frac{1}{2}\right)^{2n} = 1 + \frac{1}{2^2} + \frac{1}{2^4} + \cdots \quad (3.10)$$

Essa série infinita pode ser reescrita como

$$E_x = 1 + \frac{1}{4} + \frac{1}{4^2} +$$

Podemos utilizar a fórmula para o somatório de uma série geométrica infinita

$$\frac{1}{1-x} = 1 + x + x^2 + \cdots, |x| < 1$$

e obter

$$E_x = \frac{1}{1 - 1/4} = \frac{4}{3}$$

Para muitos sinais encontrados em análise de sinais e sistemas, o somatório

$$E_x = \sum_{n=-\infty}^{\infty} |x[n]|^2$$

não converge, visto que a energia de sinal é infinita e tal fato acontece normalmente, uma vez que o sinal não é limitado no tempo. A seqüência degrau unitário é um exemplo de sinal com energia infinita. Para sinais desse tipo, é comumente mais conveniente lidar com a potência de sinal média do sinal em vez da energia de sinal. A definição da potência de sinal média é dada por

$$\boxed{P_x = \lim_{N \to \infty} \frac{1}{2N} \sum_{n=-N}^{N-1} |x[n]|^2} \quad (3.11)$$

que é a potência do sinal média para todo o tempo.

Para sinais periódicos, o cálculo da potência de sinal média pode ser imediato. O valor médio de qualquer função periódica é a média obtida para qualquer período e

$$P_x = \frac{1}{N} \sum_{n=k}^{k+N-1} |x[n]|^2 = \frac{1}{N} \sum_{n=\langle N \rangle} |x[n]|^2 \text{, } k \text{ é qualquer inteiro} \quad (3.12)$$

onde a notação $\sum_{n=\langle N \rangle}$ significa o somatório sobre qualquer intervalo de comprimento N, em que N pode ser qualquer período de $|x[n]|^2$.

EXEMPLO 3.6

Determinando a energia e a potência de sinal de sinais utilizando o MATLAB

Usando o MATLAB, calcule a energia e a potência dos sinais,
(a) $x[n] = (0,9)^{|n|} \text{sen}(2\pi n/4)$ e (b) $x[n] = 4\delta_5[n] - 7\delta_7[n]$.

■ Solução

Então compare os resultados por meio de cálculos analíticos.

```
%    Programa para calcular a energia e a potência de sinal para alguns
%    exemplos de sinais
%    (a)
n = -100:100 ;                    % Cria um vetor de tempos
                                  % discretos no intervalo de
                                  % interesse para o cálculo
                                  % dos valores da função
```

```
%   Calcula o valor da função e o seu quadrado
x = (0.9).^abs(n).*sin(2*pi*n/4) ; xsq = x.^2 ;

Ex = sum(xsq) ;              % Usa a função sum do MATLAB para
                             % calcular a energia total e apresentar
                             % o resultado.

disp(['(a) Ex = ',num2str(Ex)]) ;
%   (b)

N0 = 35 ;                    % O período fundamental é 35
n = 0:N0 - 1 ;               % Cria o vetor de tempos discretos
                             % em um período no qual será calculado
                             % o valor da função

%   Calcula o valor da função e seu quadrado
x = 4*impND(5,n) - 7*impND(7,n) ; xsq = x.^2 ;
Px = sum(xsq)/N0 ;           % Usa a função sum do MATLAB para
                             % calcular a potência média e apresentar
                             % o resultado
disp(['(b) Px = ',num2str(Px)]) ;
```

A saída desse programa é

(a) Ex = 4.7107
(b) Px = 8.6

Cálculos analíticos:

(a)
$$E_x = \sum_{n=-\infty}^{\infty} |x[n]|^2 = \sum_{n=-\infty}^{\infty} |(0{,}9)^{|n|}\text{sen}(2\pi n/4)|^2$$

$$E_x = \sum_{n=0}^{\infty} |(0{,}9)^n \text{sen}(2\pi n/4)|^2 + \sum_{n=-\infty}^{0} |(0{,}9)^{-n}\text{sen}(2\pi n/4)|^2 - \underbrace{|x[0]|^2}_{=0}$$

$$E_x = \sum_{n=0}^{\infty} (0{,}9)^{2n}\text{sen}^2(2\pi n/4) + \sum_{n=-\infty}^{0} (0{,}9)^{-2n}\text{sen}^2(2\pi n/4)$$

$$E_x = \frac{1}{2}\sum_{n=0}^{\infty} (0{,}9)^{2n}(1-\cos(\pi n)) + \frac{1}{2}\sum_{n=-\infty}^{0} (0{,}9)^{-2n}(1-\cos(\pi n))$$

Utilizando a simetria par de uma função cosseno, e fazendo $n \rightarrow -n$ no segundo somatório,

$$E_x = \sum_{n=0}^{\infty} (0{,}9)^{2n}(1-\cos(\pi n))$$

$$E_x = \sum_{n=0}^{\infty} \left((0{,}9)^{2n} - (0{,}9)^{2n}\frac{e^{j\pi n} + e^{-j\pi n}}{2} \right)$$

$$= \sum_{n=0}^{\infty} (0{,}81)^n - \frac{1}{2}\left[\sum_{n=0}^{\infty} (0{,}81e^{j\pi})^n + \sum_{n=0}^{\infty} (0{,}81e^{-j\pi})^n \right]$$

Usando a fórmula para a soma de uma série geométrica,

$$\sum_{n=0}^{\infty} r^n = \frac{1}{1-r}, |r| < 1$$

$$E_x = \frac{1}{1-0{,}81} - \frac{1}{2}\left[\frac{1}{1-0{,}81e^{j\pi}} + \frac{1}{1-0{,}81e^{-j\pi}} \right]$$

$$E_x = \frac{1}{1-0{,}81} - \frac{1}{2}\left[\frac{1}{1+0{,}81} + \frac{1}{1+0{,}81} \right] = \frac{1}{1-0{,}81} - \frac{1}{1+0{,}81} = 4{,}7107 \quad \text{Verifique.}$$

(b) $P_x = \dfrac{1}{N_0}\displaystyle\sum_{n=\langle N_0\rangle}|x[n]|^2 = \dfrac{1}{N_0}\sum_{n=0}^{N_0-1}|x[n]|^2 = \dfrac{1}{35}\sum_{n=0}^{34}|4\delta_5[n]-7\delta_7[n]|^2$

Os impulsos dos dois impulsos periódicos somente coincidem em múltiplos inteiros de 35. Dessa forma, neste intervalo do somatório, eles coincidem apenas em $n = 0$. A força efetiva do impulso em $n = 0$ é, portanto, −3. Os demais impulsos ocorrem isolados e a soma dos quadrados é igual ao quadrado da soma. Sendo assim,

$$P_x = \dfrac{1}{35}\left(\underbrace{(-3)^2}_{n=0} + \underbrace{4^2}_{n=5} + \underbrace{(-7)^2}_{n=7} + \underbrace{4^2}_{n=10} + \underbrace{(-7)^2}_{n=14} + \underbrace{4^2}_{n=15} + \underbrace{4^2}_{n=20} + \underbrace{(-7)^2}_{n=21} + \underbrace{4^2}_{n=25} + \underbrace{(-7)^2}_{n=28} + \underbrace{4^2}_{n=30}\right)$$

$$P_x = \dfrac{9 + 6\times 4^2 + 4\times(-7)^2}{35} = \dfrac{9+96+196}{35} = 8{,}6 \qquad \text{Verifique.}$$

3.8 RESUMO DOS PONTOS MAIS IMPORTANTES

1. Um sinal discretizado no tempo pode ser criado por meio de um sinal contínuo no tempo com base em uma amostragem.
2. Uma função discretizada no tempo não está definida para valores de tempos discretos não inteiros.
3. Sinais discretizados no tempo gerados pela amostragem de sinais periódicos contínuos no tempo podem apresentar períodos distintos ou podem até ser aperiódicos.
4. Duas descrições analíticas de funções discretizadas no tempo aparentemente distintas podem, na verdade, ser idênticas.
5. Uma versão de uma função discretizada no tempo deslocada no tempo é definida apenas para deslocamentos inteiros do tempo discreto.
6. O redimensionamento de escala do tempo para uma função discretizada no tempo pode produzir decimação ou valores indefinidos, fenômenos esses que não ocorrem no redimensionamento de escala do tempo em funções contínuas no tempo.

EXERCÍCIOS COM RESPOSTAS

Em cada exercício, as respostas estão listadas em ordem aleatória.

Funções

1. Na Figura E.1, existe um circuito em que uma tensão $x(t) = A\,\text{sen}(2\pi f_0 t)$ é aplicada periodicamente aos terminais de um resistor por meio da conexão estabelecida por uma chave. A chave gira a uma freqüência f_s de 500 rpm. A chave é fechada no instante de tempo $t = 0$, e a cada vez que ela se fecha, permanece nesse estado por 10 ms.

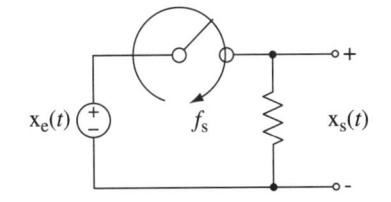

Figura E.1

(a) Se $A = 5$ e $f_0 = 1$, elabore o gráfico da tensão de saída $x_s(t)$ para $0 < t < 2$.
(b) Se $A = 5$ e $f_0 = 10$, elabore o gráfico da tensão de saída $x_s(t)$ para $0 < t < 1$.
(c) Esta é uma aproximação para um amostrador ideal. Se o processo de amostragem fosse ideal, quais sinais $x[n]$ seriam gerados em (a) e (b)? Construa os gráficos correspondentes em relação ao tempo discreto n.

Respostas:

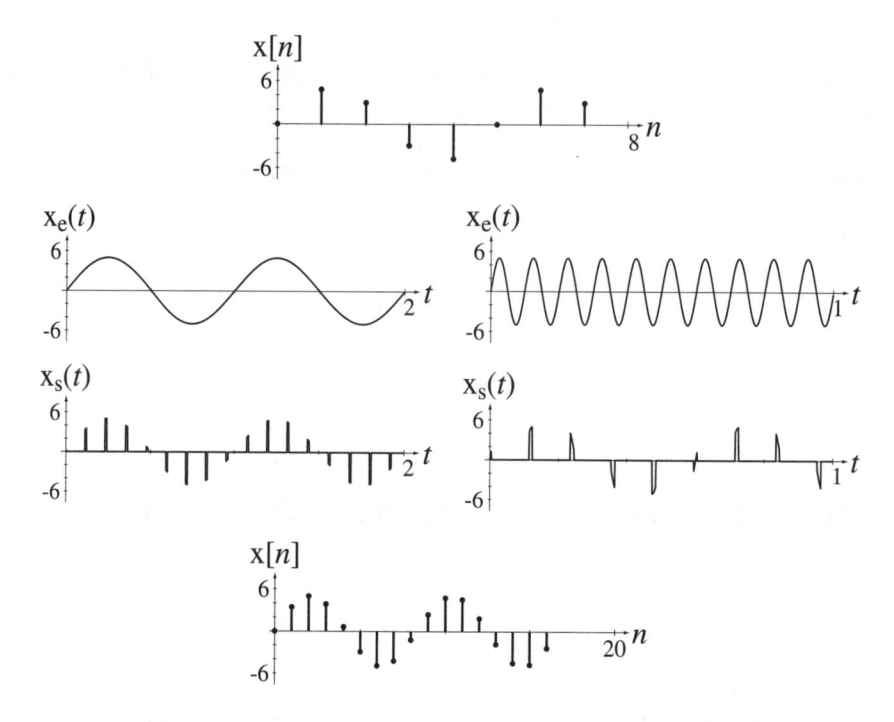

2. Faça os gráficos das funções:

   (a) $x[n] = 4\cos(2\pi n/12) - 3\text{sen}(2\pi(n-2)/8)$, $-24 \leq n < 24$
   (b) $x[n] = 3ne^{-|n/5|}$, $-20 \leq n < 20$
   (c) $x[n] = 21(n/2)^2 + 14n^3$, $-5 \leq n < 5$

   Respostas:

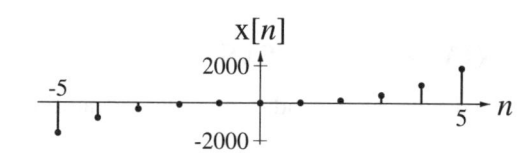

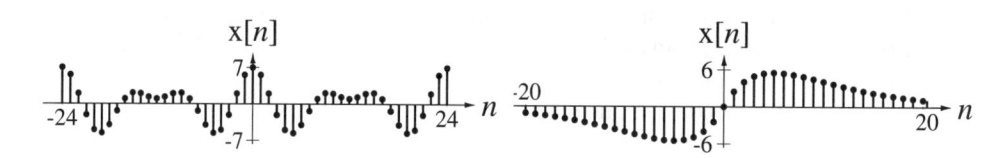

3. Seja $x_1[n] = 5\cos(2\pi n/8)$ e $x_2[n] = -8e^{-(n/6)^2}$. Elabore os gráficos referentes às seguintes combinações desses dois sinais sobre o intervalo $-20 \leq n < 20$. Se um sinal tem alguns valores definidos e outros indefinidos, omita os valores indefinidos.

   (a) $x[n] = x_1[n]x_2[n]$
   (b) $x[n] = 4x_1[n] + 2x_2[n]$
   (c) $x[n] = x_1[2n]x_2[3n]$
   (d) $x[n] = \dfrac{x_1[2n]}{x_2[-n]}$
   (e) $x[n] = 2x_1[n/2] + 4x_2[n/3]$

Respostas:

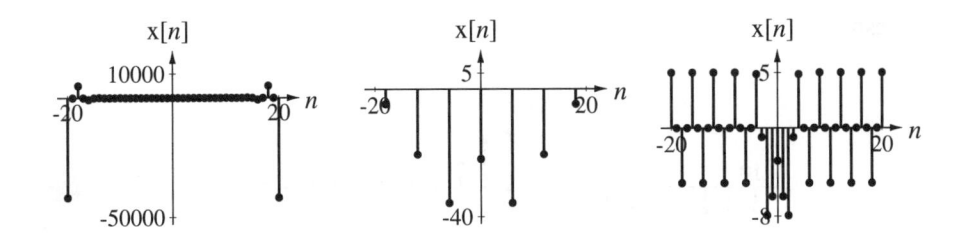

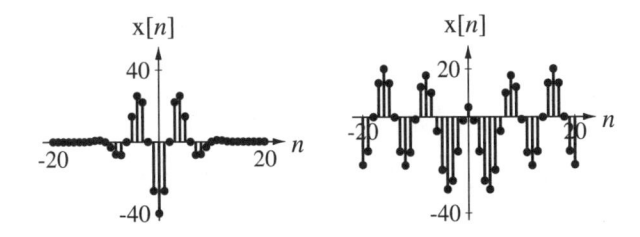

Redimensionamento de Escala e Deslocamento de Funções

4. Para cada par de funções na Figura E.4 determine os valores das constantes em $g_2[n] = Ag_1[(n - n_0)/a]$.

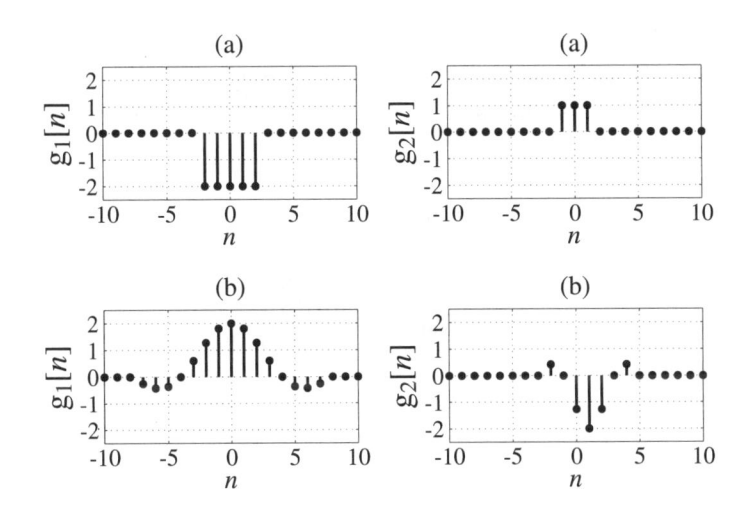

Figura E.4

Respostas: $A = -1/2, n_0 = 0, a = 1/2; A = -1, n_0 = 1, a = 1/2$

5. A função g[n] é definida como

$$g[n] = \begin{cases} -2 &, n < -4 \\ n &, -4 \leq n < 1 \\ 4/n &, 1 \leq n \end{cases}$$

Faça os gráficos para $g[-n]$, $g[2-n]$, $g[2n]$ e $g[n/2]$.

Respostas:

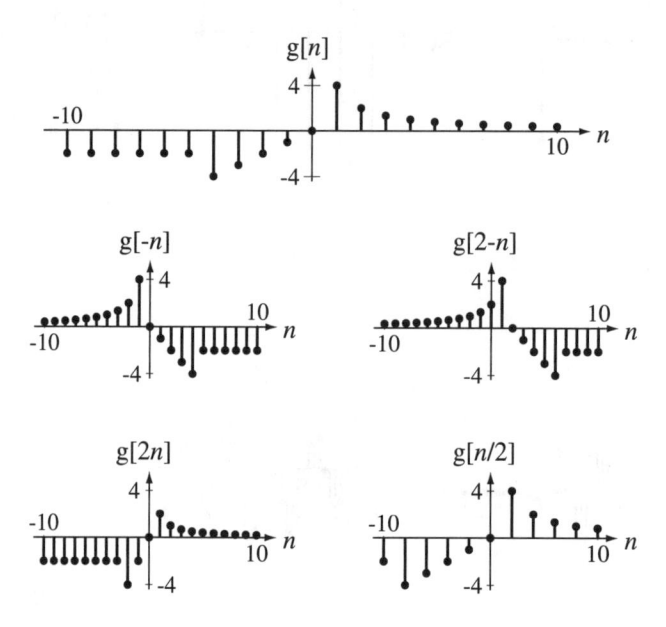

[g[n] graph]
[g[-n] graph] [g[2-n] graph]
[g[2n] graph] [g[n/2] graph]

Diferenças Finitas e Acumulação

6. Construa os gráficos relativos às diferenças para trás das funções mostradas na Figura E.6.

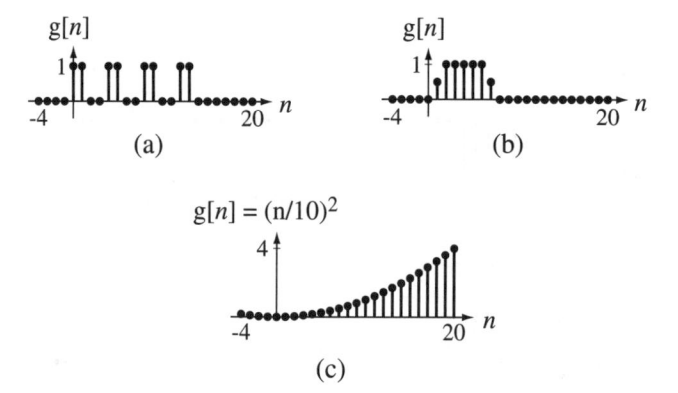

Figura E.6

(a) g[n]
(b) g[n]
(c) $g[n] = (n/10)^2$

Respostas:

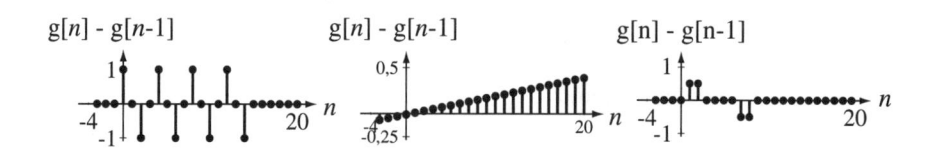

g[n] - g[n-1]   g[n] - g[n-1]   g[n] - g[n-1]

7. O sinal x[n] é definido na Figura E.7. Seja y[n] a primeira diferença para trás de x[n] e seja z[n] a acumulação de x[n]. (Admita que x[n] é nula para todo $n < 0$.)

   (a) Qual é o valor de y[4]?
   (b) Qual é o valor de z[6]?

Figura E.7

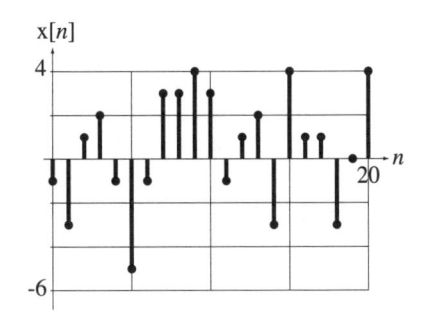

Respostas: −8; −3

8. Seja g[n] = u[n + 3] − u[n − 5].
   (a) Qual é o resultado da soma de todos os valores de g[n]?
   (b) Se h[n] = g[3n], qual será o resultado da soma de todos os valores de h[n]?
   Respostas: 8; 3

9. Trace os gráficos da acumulação g[n] de cada uma das funções h[n] seguintes, as quais são nulas para todos os instantes de tempo n < −16.
   (a) h[n] = δ[n]
   (b) h[n] = u[n]
   (c) h[n] = cos(2πn/16)u[n]
   (d) h[n] = cos(2πn/8)u[n]
   (e) h[n] = cos(2πn/16)u[n + 8]
   Respostas:

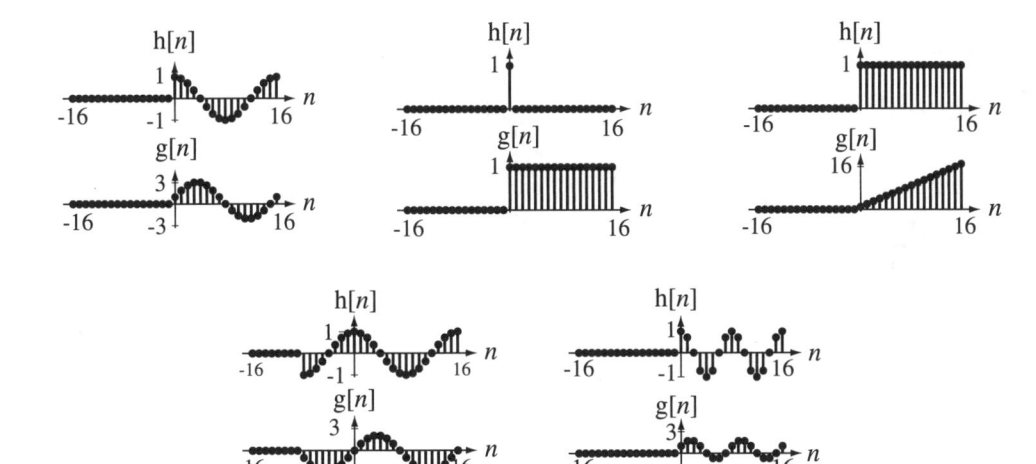

Funções Pares e Ímpares

10. Determine e trace graficamente as componentes pares e ímpares das seguintes funções:
    (a) g[n] = u[n] − u[n − 4]
    (b) g[n] = $e^{-n/4}$ u[n]
    (c) g[n] = cos(2πn/4)
    (d) g[n] = sen(2πn/4) u[n]

Respostas:

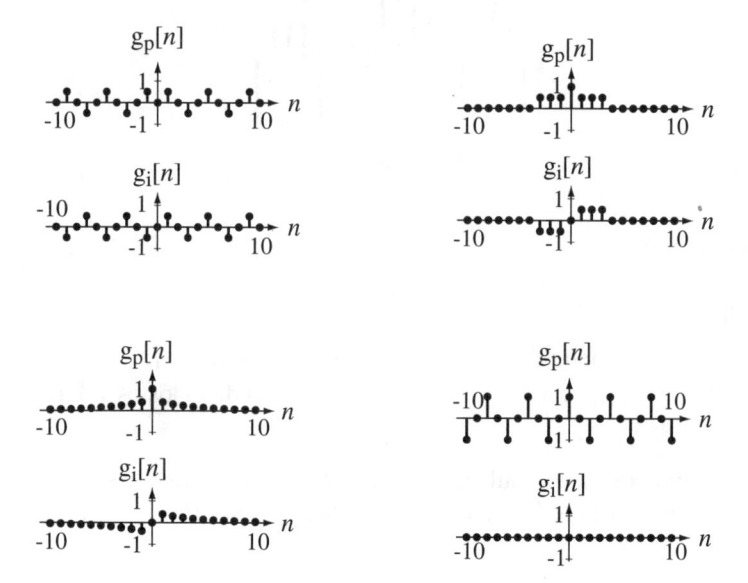

11. Construa os gráficos de g[n] para os sinais da Figura E.11.

Figura E.11

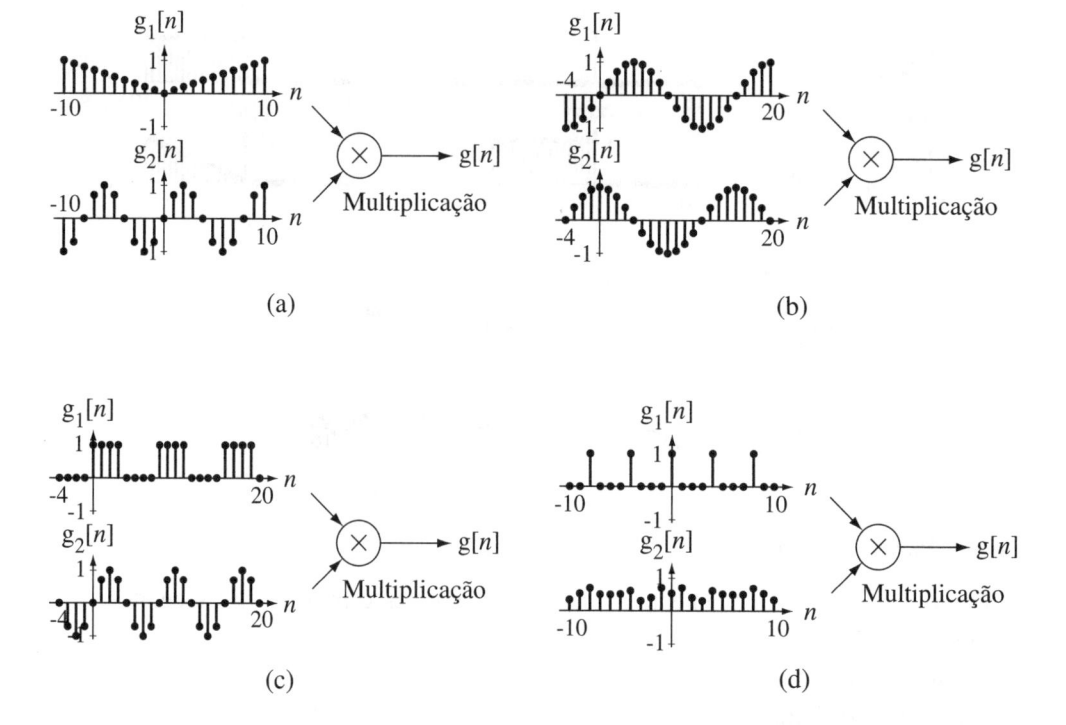

(a)

(b)

(c)

(d)

Respostas:

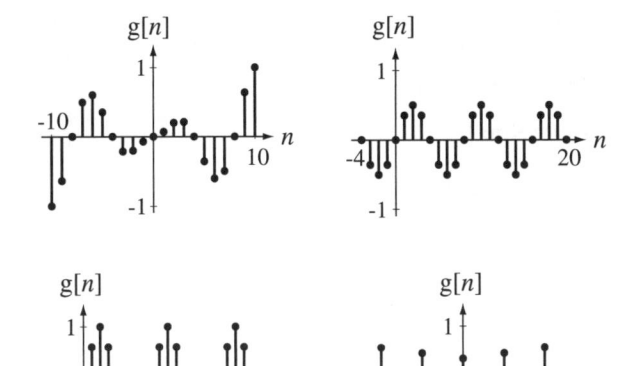

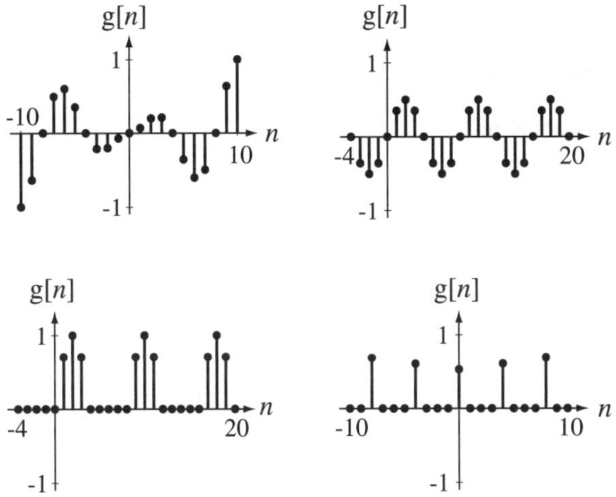

Funções Periódicas

12. Calcule o período e a freqüência fundamentais das seguintes funções:

    (a) $g[n] = \cos(2\pi n/10)$
    (b) $g[n] = \cos(\pi n/10)$
    (c) $g[n] = \cos(2\pi n/5) + \cos(2\pi n/7)$
    (d) $g[n] = e^{j2\pi n/20} + e^{-j2\pi n/20}$
    (e) $g[n] = e^{-j2\pi n/3} + e^{-j2\pi n/4}$

    Respostas: $N_0 = 10$, $F_0 = 1/10$, $N_0 = 35$, $F_0 = 1/35$, $N_0 = 20$, $F_0 = 1/20$, $N_0 = 12$, $F_0 = 1/12$, $N_0 = 20$, $F_0 = 1/20$

13. Faça os gráficos das seguintes funções e determine, por meio deles, o período fundamental de cada função (se ela for periódica):

    (a) $g[n] = 5\operatorname{sen}(2\pi n/4) + 8\cos(2\pi n/6)$
    (b) $g[n] = 5\operatorname{sen}(7\pi n/12) + 8\cos(14\pi n/8)$
    (c) $g[n] = \operatorname{Re}(e^{j\pi n} + e^{-j\pi n/3})$
    (d) $g[n] = \operatorname{Re}(e^{jn} + e^{-j\pi n/3})$

    Respostas:

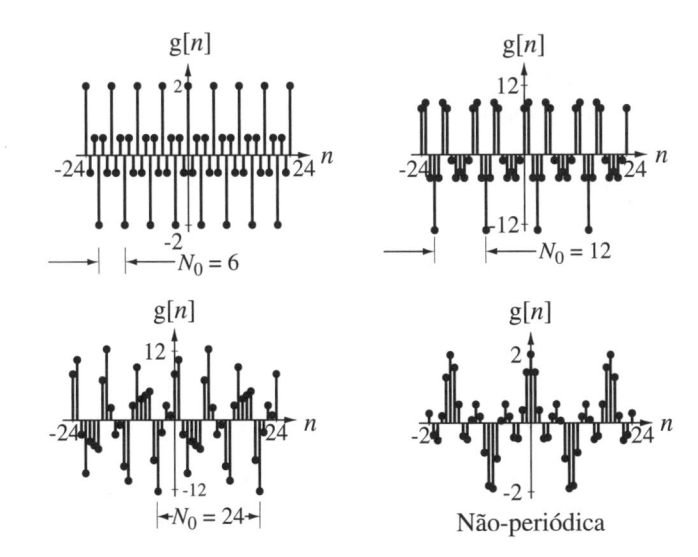

14. (a) Qual é o valor máximo, sobre todo o intervalo discreto, da função $g[n] = \text{tri}(n/2)\text{sen}(2\pi n/8)$?

    (b) Se $g[n] = 15\cos(-2\pi n/12)$ e $h[n] = 15\cos(2\pi Kn)$ quais são os dois menores valores positivos de K para os quais $g[n] = h[n]$ para todo n?

    Respostas: 0,3535; 1/12, 11/12

Energia e Potência de Sinal

15. Calcule a energia de sinal dos sinais relacionados abaixo:

    (a) $x[n] = A\,\text{ret}_{N_0}[n]$
    (b) $x[n] = A\delta[n]$
    (c) $x[n] = \delta_{N_0}[n]$
    (d) $x[n] = \text{rampa}[n]$
    (e) $x[n] = \text{rampa}[n] - 2\text{rampa}[n-4] + \text{rampa}[n-8]$

    Respostas: $\infty, 44, \infty, (2N_0 + 1)A^2, A^2$

16. Um sinal consiste na seqüência periódica alternada ... 4, −2, 4, −2, 4, −2, ... Qual é a potência de sinal média deste sinal?

    Resposta: 10

17. Um sinal $x[n]$ é periódico de período $N_0 = 6$. Alguns valores escolhidos de $x[n]$ foram $x[0] = 3, x[-1] = 1, x[-4] = -2, x[-8] = -2, x[3] = 5, x[7] = -1, x[10] = -2$ e $x[-3] = 5$. Qual é a potência de sinal média para o sinal em questão?

    Resposta: 7,333

18. Determine a potência de sinal dos seguintes sinais:

    (a) $x[n] = A$
    (b) $x[n] = u[n]$
    (c) $x[n] = A \displaystyle\sum_{m=-\infty}^{\infty} \text{ret}_2[n-8m]$
    (d) $x[n] = \delta_{N_0}[n]$
    (e) $x[n] = \text{rampa}[n]$

    Respostas: $\frac{1}{2}, \infty, \frac{5A^2}{8}, A^2, \frac{1}{N_0}$

EXERCÍCIOS SEM RESPOSTAS

Funções

19. Elabore os gráficos associados às funções exponenciais e trigonométricas a seguir:

    (a) $g[n] = -4\cos(2\pi n/10)$
    (b) $g[n] = -4\cos(2,2\pi n)$
    (c) $g[n] = -4\cos(1,8\pi n)$
    (d) $g[n] = 2\cos(2\pi n/6) - 3\text{sen}(2\pi n/6)$
    (e) $g[n] = (3/4)^n$
    (f) $g[n] = 2(0,9)^n \text{sen}(2\pi n/4)$

20. Dadas as definições das funções à esquerda, calcule os valores das funções, indicados à direita:

    (a) $g[n] = \dfrac{3n+6}{10} e^{-2n}$ \qquad $g[3]$

    (b) $g[n] = \text{Re}\left(\left(\dfrac{1+j}{\sqrt{2}}\right)^n\right)$ \qquad $g[5]$

    (c) $g[n] = (j2\pi n)^2 + j10\pi n - 4$ \qquad $g[4]$

Deslocamento e Redimensionamento de Escala de Funções

21. Faça os gráficos das funções de singularidade seguintes:
    (a) $g[n] = 2u[n + 2]$
    (b) $g[n] = u[5n]$
    (c) $g[n] = -2\text{rampa}[-n]$
    (d) $g[n] = 10\text{rampa}[n/2]$
    (e) $g[n] = 7\delta[n - 1]$
    (f) $g[n] = 7\delta[2(n - 1)]$
    (g) $g[n] = -4\delta[2n/3]$
    (h) $g[n] = -4\delta[2n/3 - 1]$
    (i) $g[n] = 8\delta_4[n]$
    (j) $g[n] = 8\delta_4[2n]$
    (k) $g[n] = \text{ret}_4[n]$
    (l) $g[n] = 2\text{ret}_5[n/3]$
    (m) $g[n] = \text{tri}(n/5)$
    (n) $g[n] = -\text{sinc}(n/4)$
    (o) $g[n] = \text{sinc}((n + 1)/4)$
    (p) $g[n] = \text{drcl}(n/10,9)$

22. Elabore os gráficos para as funções a seguir:
    (a) $g[n] = u[n] + u[-n]$
    (b) $g[n] = u[n] - u[-n]$
    (c) $g[n] = \cos(2\pi n/12)\delta_3[n]$
    (d) $g[n] = \cos(2\pi n/12)\delta_3[n/2]$
    (e) $g[n] = \cos\left(\dfrac{2\pi(n+1)}{12}\right)u[n+1] - \cos\left(\dfrac{2\pi n}{12}\right)u[n]$
    (f) $g[n] = \displaystyle\sum_{m=0}^{n} \cos\left(\dfrac{2\pi m}{12}\right)u[m]$
    (g) $g[n] = \displaystyle\sum_{m=0}^{n} (\delta_4[m] - \delta_4[m-2])$
    (h) $g[n] = \displaystyle\sum_{m=-\infty}^{n} (\delta_4[m] + \delta_3[m])\,\text{ret}_4[m]$
    (i) $g[n] = \delta_2[n+1] - \delta_2[n]$
    (j) $g[n] = \displaystyle\sum_{m=-\infty}^{n+1} \delta[m] - \sum_{m=-\infty}^{n} \delta[m]$

23. Trace os gráficos de magnitude e fase de cada uma das função em relação a k:
    (a) $G[k] = 20\text{sen}(2\pi k/8)e^{-j\pi k/4}$
    (b) $G[k] = 20\cos(2\pi k/8)\text{sinc}(k/40)$
    (c) $G[k] = (\delta[k+8] - 2\delta[k+4] + \delta[k] - 2\delta[k-4] + \delta[k-8])e^{j\pi k/8}$

24. Utilizando o MATLAB, faça o gráfico da função original e da função deslocada e/ou redimensionada em escala para cada uma que se segue:

    (a) $g[n] = \begin{cases} 5, & n \leq 0 \\ 5 - 3n, & 0 < n \leq 4 \\ -23 + n^2, & 4 < n \leq 8 \\ 41, & n > 8 \end{cases}$ $g[3n]$ versus n

(b) $g[n] = 10\cos(2\pi n/20)\cos(2\pi n/4)$ $4g[2(n+1)]$ versus n
(c) $g[n] = |8e^{j2\pi n/16} u[n]|$ $g[n/2]$ versus n

25. Dada a definição gráfica de uma função g[n] na Figura E.25, elabore o gráfico da função indicada h[n].

Figura E.25

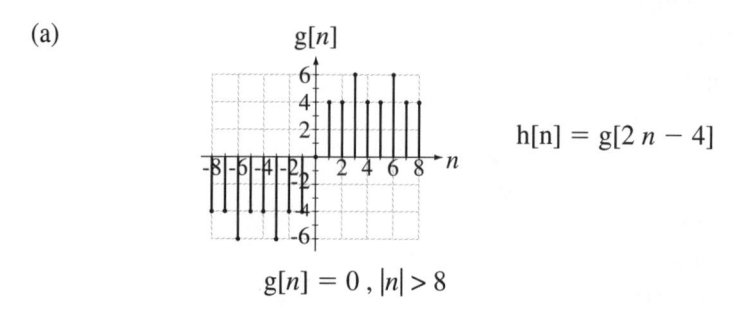

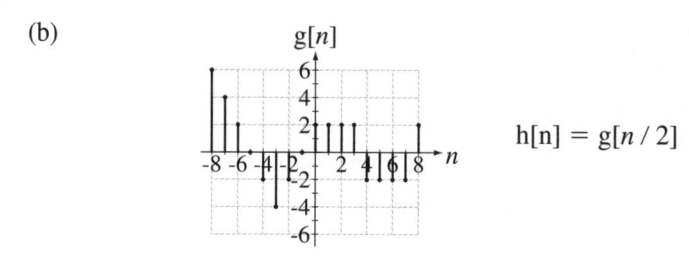

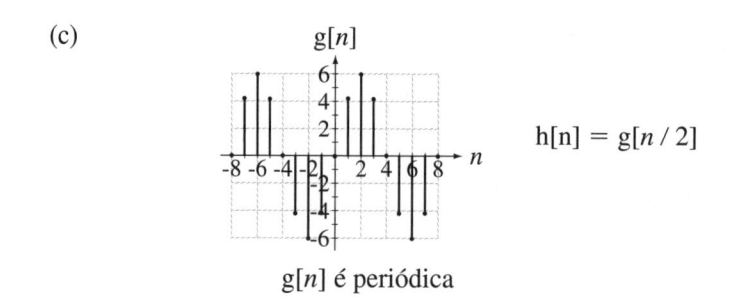

(a) $g[n] = 0, |n| > 8$ $h[n] = g[2n - 4]$

(b) $g[n] = 0, |n| > 8$ $h[n] = g[n/2]$

(c) $g[n]$ é periódica $h[n] = g[n/2]$

26. Construa os gráficos relativos às funções seguintes:
    (a) $g[n] = 5\delta[n-2] + 3\delta[n+1]$
    (b) $g[n] = 5\delta[2n] + 3\delta[4(n-2)]$
    (c) $g[n] = 5(u[n-1] - u[4-n])$
    (d) $g[n] = 8\text{ret}_4[n+1]$
    (e) $g[n] = 8\cos(2\pi n/7)$
    (f) $g[n] = -10e^{n/4} u[n]$
    (g) $g[n] = -10(1{,}284)^n u[n]$
    (h) $g[n] = |(j/4)^n u[n]|$
    (i) $g[n] = \text{rampa}[n+2] - 2\text{rampa}[n] + \text{rampa}[n-2]$
    (j) $g[n] = \text{ret}_2[n]\,\delta_2[n]$
    (k) $g[n] = \text{ret}_2[n]\,\delta_2[n+1]$
    (l) $g[n] = 3\text{sen}(2\pi n/3)\text{ret}_4[n]$
    (m) $g[n] = 5\cos(2\pi n/8)u[n/2]$

27. Faça o gráfico da magnitude e da fase, em função de k, para o intervalo $-10 < k < 10$, das funções abaixo:

   (a) $X[k] = \text{sinc}(k/2)$
   (b) $X[k] = \text{sinc}(k/2)e^{-j2\pi k/4}$
   (c) $X[k] = \text{ret}_3[k]e^{-j2\pi k/3}$
   (d) $X[k] = \dfrac{1}{1+jk/2}$
   (e) $X[k] = \dfrac{jk}{1+jk/2}$
   (f) $X[k] = \delta_2[k]e^{-j2\pi k/4}$

Diferenças Finitas e Acumulação

28. Faça o gráfico da acumulação para cada uma das funções seguintes:
   (a) $g[n] = \cos(2\pi n)u[n]$
   (b) $g[n] = \cos(4\pi n)u[n]$

29. Na equação: $\displaystyle\sum_{m=-\infty}^{n} u[m] = g[(n-n_0)/N_w]$

   (a) Identifique a função g.
   (b) Determine os valores de n_0 e N_w.

30. Qual é o valor numérico de cada uma das acumulações seguintes?

   (a) $\displaystyle\sum_{n=0}^{10} \text{rampa}[n]$
   (b) $\displaystyle\sum_{n=0}^{6} 1/2^n$
   (c) $\displaystyle\sum_{n=-\infty}^{\infty} u[n]/2^n$
   (d) $\displaystyle\sum_{n=-10}^{10} \delta_3[n]$
   (e) $\displaystyle\sum_{n=-10}^{10} \delta_3[2n]$
   (f) $\displaystyle\sum_{n=-\infty}^{\infty} \text{sinc}(n)$

Funções Pares e Ímpares

31. Determine e faça os gráficos de magnitude e fase referentes às componentes par e ímpar da função "discretizada em k" a seguir.

$$G[k] = \frac{10}{1-j4k}$$

32. Determine e trace os gráficos associados às componentes par e ímpar da função mostrada na Figura E.32.

Figura E.32

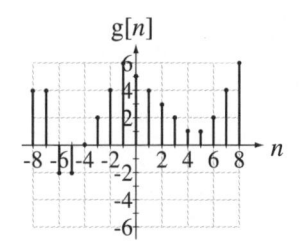

33. Faça os gráficos das componentes pares e ímpares destes sinais:
    (a) $x[n] = \text{ret}_5[n + 2]$
    (b) $x[n] = \delta_3[n - 1]$
    (c) $x[n] = 15\cos(2\pi n/9 + \pi/4)$
    (d) $x[n] = \text{sen}(2\pi n/4)\,\text{ret}_5[n - 1]$

Funções Periódicas

34. Utilizando o MATLAB, trace o gráfico de cada uma das funções abaixo. Se uma função for periódica, determine o período analiticamente e verifique o valor calculado no próprio gráfico.
    (a) $g[n] = \text{sen}(3\pi n/2)$
    (b) $g[n] = \text{sen}(2\pi n/3) + \cos(10\pi n/3)$
    (c) $g[n] = 5\cos(2\pi n/8) + 3\text{sen}(2\pi n/5)$
    (d) $g[n] = 10\cos(n/4)$
    (e) $g[n] = -3\cos(2\pi n/7)\text{sen}(2\pi n/6)$ (Uma identidade trigonométrica será muito útil aqui.)

Energia e Potência de Sinal

35. Calcule a energia de sinal para cada um dos sinais abaixo:
    (a) $x[n] = 5\text{ret}_4[n]$
    (b) $x[n] = 2\delta[n] + 5\delta[n - 3]$
    (c) $x[n] = u[n]/n$
    (d) $x[n] = (-1/3)^n\,u[n]$
    (e) $x[n] = \cos(\pi n/3)(u[n] - u[n - 6])$

36. Calcule a potência de sinal média para cada um dos sinais abaixo:
    (a) $x[n] = u[n]$
    (b) $x[n] = (-1)^n$
    (c) $x[n] = A\cos(2\pi F_0 n + \theta)$
    (d) $x[n] = \begin{cases} A, & n = \ldots,0,1,2,3,8,9,10,11,16,17,18,19,\ldots \\ 0, & n = \ldots,4,5,6,7,12,13,14,15,20,21,22,23,\ldots \end{cases}$
    (e) $x[n] = e^{-j\pi n/2}$

CAPÍTULO 4

Propriedades dos Sistemas Contínuos no Tempo

As leis da Matemática não são exatas quando se referem à realidade; e tão exatas quanto possam ser, elas não fazem referência à realidade.

Albert Einstein, físico agraciado com o Prêmio Nobel

4.1 INTRODUÇÃO E OBJETIVOS

As palavras "sinal" e "sistema" foram definidas de maneira muito abrangente no Capítulo 1. A análise de sistemas consiste em uma área específica de estudo que vem sendo desenvolvida essencialmente por engenheiros. Ao longo do curso de engenharia, engenheiros obtêm uma boa base em matemática (cálculo diferencial, variáveis complexas, vetores, equações diferenciais etc.) e em ciências (física, química, biologia etc.). Um engenheiro utiliza a teoria matemática e o ferramental desenvolvido pelos matemáticos, aplicando-os para gerar conhecimento a respeito do mundo físico real descoberto pelos cientistas, com o propósito de projetar sistemas que sejam úteis à sociedade. Porém, como discutido no Capítulo 1, a definição de um sistema é mais ampla. O termo sistema é tão abrangente que sua definição não é uma tarefa fácil de ser cumprida. Um sistema pode ser praticamente qualquer coisa.

Um modo de definir um sistema é afirmar que ele é tudo aquilo que desempenha uma função. Ou melhor, ele opera sobre algo e produz alguma outra coisa. Uma alternativa para se definir sistema é associá-lo com qualquer entidade que responda quando estimulada ou excitada. Um sistema pode ser, por exemplo, um sistema elétrico, um sistema mecânico, um sistema biológico, um sistema computacional, um sistema econômico ou um sistema político. Os sistemas projetados por engenheiros são sistemas artificiais. Sistemas que se desenvolveram organicamente durante o período de tempo correspondente à evolução e ao surgimento da civilização são sistemas naturais. Alguns podem ser analisados extensiva e minuciosamente por meio da matemática. Certos sistemas são tão intricados e complexos que a análise por meio da matemática torna-se extremamente difícil. Outros ainda não são perfeitamente compreendidos por causa da dificuldade em se efetuar medições de suas características. Embora a definição do termo "sistema" seja bastante ampla, na engenharia, o termo normalmente se refere aos sistemas artificiais, que são estimulados por sinais específicos e respondem com outros sinais.

Muitos sistemas foram desenvolvidos nos tempos antigos por pioneiros que projetavam e aperfeiçoavam seus sistemas com base em suas próprias experiências e observações, provavelmente com o auxílio apenas da matemática mais simples disponível.

Uma das distinções mais importantes entre engenheiros e práticos é a aplicação da matemática avançada, em especial o cálculo, para descrever e analisar sistemas.

OBJETIVOS DO CAPÍTULO:

1. Introduzir a nomenclatura que descreve as propriedades importantes dos sistemas.
2. Demonstrar a modelagem matemática de sistemas por meio de equações diferenciais.
3. Desenvolver técnicas de classificação de sistemas com base nas suas propriedades.

4.2 DIAGRAMAS DE BLOCOS E TERMINOLOGIA PARA SISTEMAS

Embora possam existir sistemas dos mais variados tipos, eles têm algumas características em comum. Um sistema manipula ou processa sinais presentes em uma ou mais **entradas** e gera sinais em uma ou mais **saídas**. Na análise de sistemas, a representação dos sistemas por meio de diagramas de blocos é bastante útil. Um sistema de única entrada e única saída seria representado como mostra a Figura 4.1.

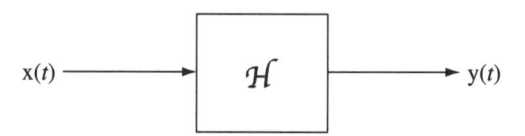

Figura 4.1
Um sistema de entrada única e saída única.

$x(t) \longrightarrow \boxed{\mathcal{H}} \longrightarrow y(t)$

Neste caso, o sinal presente na entrada $x(t)$ é modificado pelo operador $\mathcal{H}$, produzindo o sinal na saída $y(t)$. O operador $\mathcal{H}$ pode realizar praticamente qualquer operação básica imaginável. A terminologia normalmente adotada na análise de sistemas considera que se um sistema é **excitado** por sinais de entrada aplicados em uma ou mais entradas, **respostas** ou sinais de saída surgem em uma ou mais saídas desse sistema. Excitar um sistema equivale a fornecer-lhe uma certa quantidade de energia, o que provoca a sua resposta. Algumas vezes, a palavra **estimulação** é utilizada em lugar de excitação, especialmente para os sistemas biológicos.

> Neste texto, fazemos referência, de modo consistente, ao sinal existente em uma entrada como excitação ou sinal de entrada, e nos referimos ao sinal presente na saída como uma resposta ou sinal de saída. Outros autores costumam adotar o termo "entrada" de maneira indistinta, para se referirem tanto ao local físico onde a excitação é aplicada quanto ao sinal de excitação propriamente dito, assim como utilizam o termo "saída" para se referirem tanto à localização física onde a resposta aparece quanto a esta última propriamente dita. Embora se possa trazer algum grau de ambigüidade, normalmente o significado fica claro pelo contexto.

Um barco impulsionado por um motor e direcionado por leme seria um exemplo de sistema. O empuxo produzido pela hélice, a posição do leme e a correnteza do rio excitam o sistema, onde o direcionamento e a velocidade do barco equivalem às respostas (Figura 4.2). Note que a afirmação acima indica que o direcionamento e a velocidade do barco são ambas respostas. Ela não indica que o direcionamento e a velocidade são *as* respostas (o que implicaria a não-existência de outras). Na prática, todo sistema possui múltiplas respostas; algumas significantes e outras insignificantes. Com relação ao barco, o direcionamento dele e a sua velocidade são significantes, mas as vibrações em sua estrutura, os sons produzidos pelo choque da água contra as suas laterais, a esteira criada por ele, seu balanço e/ou sua inclinação, e uma miríade de outros fenômenos físicos não são provavelmente significantes (a não ser que sejam muito importantes) e poderiam ser ignorados em uma análise simplificada desse sistema.

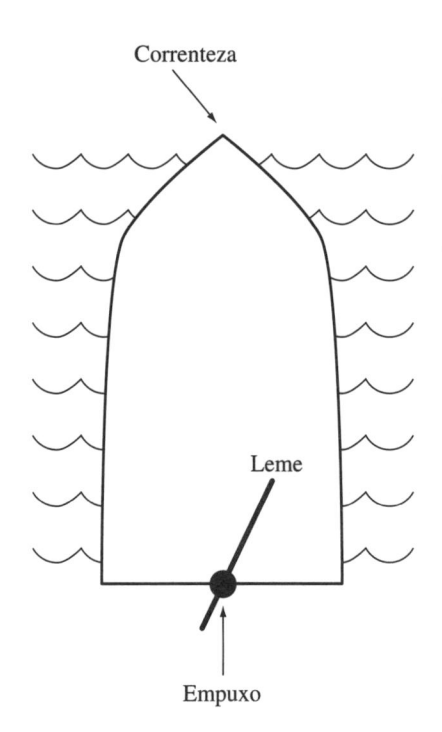

Uma suspensão automotiva é excitada pela superfície de uma estrada à medida que o carro se desloca sobre ela, e a posição relativa do chassi do automóvel em relação ao plano da estrada representa uma resposta significativa (Figura 4.3). Quando ajustamos um termostato em uma sala, esse ajuste e a temperatura da sala são sinais de entrada

Figura 4.2
Um diagrama simplificado de um barco.

para o sistema de aquecimento e resfriamento, e a resposta do sistema corresponde à entrada de ar quente ou frio que modifica a temperatura no interior da sala para um valor próximo ao ajustado no termostato.

Uma classe inteira de sistemas – os instrumentos de medição – são sistemas de entrada única e saída única. Eles são excitados pelo fenômeno físico que está sendo medido, e a resposta é a indicação do valor no instrumento para o fenômeno físico em questão. Um representante dessa classe é o anemômetro de conchas. O vento excita o anemômetro e a sua velocidade angular é a resposta significativa (Figura 4.4).

Algo que não é costumeiramente entendido como um sistema é a ponte de uma rodovia. Não é possível identificar um sinal de entrada certo ou óbvio que produza uma resposta desejada. A ponte ideal não produziria nenhuma resposta absolutamente quando excitada. Uma ponte é excitada pelo tráfego que flui sobre ela, pelo vento que sopra ao encontro de sua estrutura e pelas correntezas da água que se arrastam na sua parte inferior, mantendo forças que empurram a sua estrutura de suporte imóvel. Um exemplo dramático de que as pontes respondem às excitações foi o colapso da ponte suspensa Tacoma Narrows, localizada no Estado de Washington, EUA. Em um dia de ventos fortes, a ponte respondeu aos ventos com oscilações violentas e foi, por fim, rompida na realidade por causa das forças impostas sobre ela. Esse é um exemplo realmente dramático da importância de uma boa análise. As condições sob as quais a ponte responderia de forma violenta deveriam ter sido identificadas em projeto e na etapa de modelagem para indicar alterações necessárias no referido projeto da ponte, evitando, assim, o desastre.

Uma única célula biológica em uma planta ou animal é um sistema de complexidade impressionante, especialmente considerando seu tamanho. O corpo humano é um sistema composto por enorme número de células e é, portanto, um sistema quase inimaginável em termos de complexidade. Porém, ele pode ser modelado como um sistema muito mais simples, em alguns casos, para se investigar um efeito isolado. Em farmacocinética, o corpo humano é quase sempre modelado como um compartimento simples, um volume que contém certa quantidade de líquido. A administração de um medicamento equivale a uma excitação, e a concentração dessa droga no corpo equivale à resposta significativa. As taxas de infusão e eliminação da droga determinam a variação da concentração do medicamento no tempo.

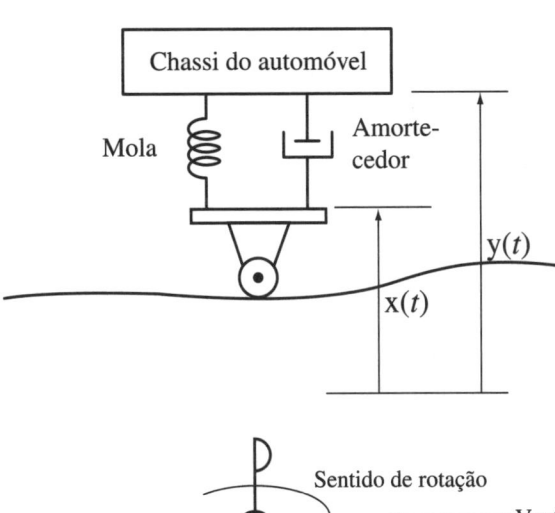

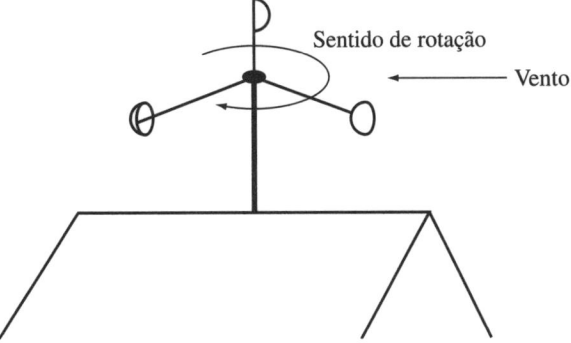

Figura 4.3
Um modelo simplificado para um sistema de suspensão automotiva.

Figura 4.4
O anemômetro de conchas.

Figura 4.5
Um sistema de duas entradas e duas saídas, composto por quatro componentes interconectados.

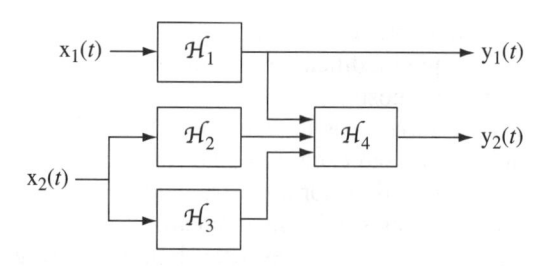

Um sistema é descrito e analisado, muitas vezes, como uma associação de **componentes**. Um componente é um sistema mais simples e menor, normalmente um que seja padronizado em certo sentido e cujas propriedades já sejam conhecidas. O que acaba de ser definido como um componente, em contraposição ao conceito de sistema, depende da situação. Para um projetista de circuitos, os componentes são resistores, capacitores, indutores, amplificadores operacionais etc.; sistemas são os amplificadores de potência, os conversores A/D, os moduladores, os filtros etc. Para um projetista de sistemas de comunicação, componentes seriam amplificadores, moduladores, filtros, antenas etc.; e sistemas seriam enlaces de microondas, troncos de fibra óptica, centrais telefônicas etc. Para um projetista de automóveis, os componentes seriam as rodas, o motor, os pára-choques, as laternas, os assentos etc.; o sistema é o automóvel propriamente dito. Em sistemas complexos de grande porte como linhas aéreas comerciais, redes de telefonia, petroleiros e usinas de energia elétrica, existem diversos níveis hierárquicos de componentes e sistemas.

Ao saber como descrever e caracterizar matematicamente todos os componentes em um sistema e como eles interagem uns com os outros, um engenheiro pode predizer, por meio da matemática, como o sistema operará, sem a necessidade de construí-lo e testá-lo efetivamente. Um sistema integrado por componentes é esquematizado na Figura 4.5.

Em diagramas de blocos, cada sinal de entrada pode ser direcionado para qualquer quantidade de blocos, e cada sinal de saída proveniente de um dado bloco pode ser direcionado a qualquer outro número de blocos. Esses sinais não sofrem alterações ao serem encaminhados aos blocos, independentemente da quantidade deles. Ou seja, não há o efeito de carregamento assim como existe para a análise de circuitos. Por analogia aos sistemas elétricos, poderia se pensar que todos os blocos têm uma impedância de entrada infinita e uma impedância de saída nula.

Ao se desenhar diagramas de blocos de sistemas, existem certos tipos de operações que são realizadas com tanta freqüência que elas possuem seus próprios símbolos gráficos associados para serem representadas nesses diagramas. Correspondem ao **amplificador**, à **junção somadora** e ao **integrador**.

O amplificador multiplica o seu sinal de entrada por uma constante (seu ganho) para produzir sua resposta. Símbolos diferentes para representar a amplificação são utilizados em diferentes aplicações de análise de sistemas e por diferentes autores. As formas mais comuns são mostradas na Figura 4.6. Devido à sua concisão, simplicidade e ao fato de que não é facilmente confundido com outros tipos de componentes presentes em diagramas de blocos de sistemas, utilizaremos o símbolo da Figura 4.6(c) para representar o amplificador neste texto.

Uma junção somadora admite múltiplos sinais de entrada e tem como resposta o resultado da soma desses sinais. Certos sinais podem ser invertidos antes de serem somados. Logo, esse componente também pode produzir a diferença entre dois sinais. Símbolos gráficos típicos usados na representação de junções somadoras são ilustrados na Figura 4.7. Utilizaremos o símbolo da Figura 4.7(c) para representar uma junção somadora, neste texto.

Figura 4.6
Três representações gráficas distintas para um amplificador em um diagrama de blocos de um sistema.

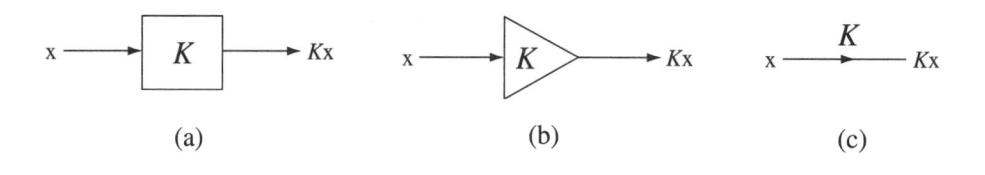

Figura 4.7
Três representações gráficas diferentes para uma junção somadora em um diagrama de blocos de um sistema.

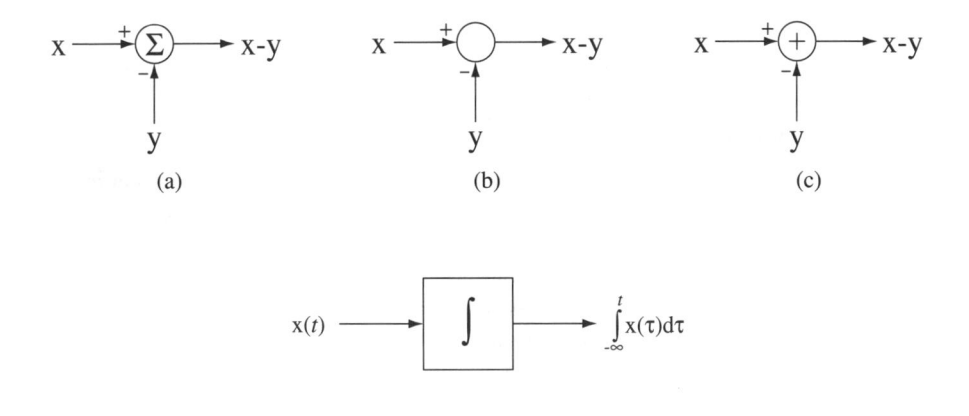

Figura 4.8
O símbolo gráfico (bloco) de um integrador.

Um integrador, quando excitado por qualquer sinal, responde com a integral desse sinal (Figura 4.8).

Existem também símbolos para outros tipos de componentes que realizam operações de processamento de sinal especiais. Cada área da engenharia possui seu próprio conjunto de símbolos relativos às operações mais importantes e que são comuns nas respectivas áreas. Por exemplo, um diagrama de um sistema hidráulico pode ter símbolos exclusivos para representar uma válvula, um duto, uma bomba, um injetor e assim por diante. Um sistema óptico pode adotar símbolos específicos para um feixe de laser, um divisor de feixes, um polarizador, uma lente, um espelho e assim por diante.

Diagramas de blocos auxiliam um projetista de sistema a compreender as interações entre os sinais e os componentes, antes mesmo do sistema ser de fato construído. O processo de descrição de um sistema e a sua análise sem a necessidade de construí-lo é conhecido por **modelagem**. Um engenheiro trabalha com um modelo de sistema. Esse modelo pode estar na forma de equações diferenciais, diagramas de blocos ou simulações em computador. Tal capacidade é especialmente importante no projeto de sistemas de grande porte e de alto custo como aeronaves comerciais, pontes suspensas, petroleiros, redes de comunicação etc. Portanto, o estudo de sistemas é o estudo de como os componentes interconectados atuam como um todo coordenado.

Em sinais e sistemas, há referências comuns a dois tipos gerais de sistemas, sistemas em malha aberta e sistemas em malha fechada. Um sistema em malha aberta é aquele que simplesmente responde de modo direto ao sinal de entrada. Um sistema em malha fechada é aquele que responde a um sinal de entrada, mas também percebe o sinal de saída ou algum outro sinal derivado do sinal de saída, e o adiciona ou subtrai do sinal de entrada, para melhor atender aos requisitos do sistema. Qualquer instrumento de medição é um sistema em malha aberta. A resposta indica apenas qual é a excitação sem produzir alterações nela. Uma pessoa que dirige um carro é um bom exemplo de sistema em malha fechada. O motorista indica sua pretensão de manter o carro se movendo em uma certa direção e a uma determinada velocidade ao pisar no acelerador ou frear e ao girar o volante. À medida que o carro se move pela estrada, o motorista percebe constantemente a sua velocidade e a posição relativa do carro em relação à estrada e aos demais veículos. Com base naquilo que o motorista percebe por meio do seus sentidos, ele modifica os sinais de entrada (volante, acelerador e/ou freios) para conservar o carro na direção desejada e mantê-lo a uma velocidade e posição seguras na estrada.

4.3 MODELAGEM DE SISTEMAS

Um dos mais importantes procedimentos na análise de sinais e sistemas é a modelagem de sistemas. Modelar significa descrever um sistema matemática, lógica ou graficamente. Um modelo adequado é aquele que contém todos os efeitos relevantes associados a um sistema sem torná-lo complicado demais a ponto de dificultar sua utilização. A seguir, encontram-se alguns exemplos da metodologia aplicada à modelagem de sistemas. Esses exemplos foram apresentados primeiro no Capítulo 1.

Exemplo 4.1

Modelagem de um sistema mecânico

Um homem, medindo 1,80 m de altura e pesando 80 kg, salta de uma ponte muito alta sobre um rio com uma corda elástica amarrada aos seus pés, ou seja, ele pratica *bungee jumping*. A ponte encontra-se a 200 m acima do nível da superfície da água do rio e a corda elástica não estirada têm um comprimento total igual a 30 m. A constante de mola da corda equivale a $K_s = 11$ N/m, ou seja, quando a corda é estendida, ela resiste a esse estiramento graças a uma força de 11 newtons por metro de estiramento. Elabore um modelo matemático da posição dinâmica do homem em função do tempo e trace o gráfico de sua posição para os primeiros 15 segundos.

■ Solução

Quando o homem salta da ponte, ele cai em queda livre até que a corda elástica seja estendida ao seu comprimento máximo correspondente ao estado de repouso. Esse momento ocorre quando os pés do homem estão a 30 m abaixo da ponte. A velocidade inicial dele e a posição são igualmente nulas (utilizando a ponte como o referencial de posição). Sua aceleração é de 9,8 m/s^2 até que ele atinja uma distância de 30 m abaixo da ponte. A posição do homem é dada pela integral da sua velocidade, assim como a sua velocidade é calculada pela integral da aceleração. Portanto, durante o intervalo de tempo inicial equivalente à queda livre, a velocidade do homem é de 9,8t m/s, em que t é o tempo dado em segundos e sua posição é obtida pela relação 4,9t^2 m em relação ao ponto referencial, isto é, à ponte. Determinando a solução para o instante de tempo em que a extensão da corda elástica alcança seu comprimento máximo sem sofrer o estiramento, obtemos 2,47 s. Nesse instante de tempo, a velocidade do homem é de 24,25 metros por segundo, em direção à água. A partir de agora, a análise muda porque a corda elástica passa a exercer força significativa, ou seja, passa a produzir efeito. Existem duas forças atuando sobre o homem:

1. A força de atração da gravidade mg atuando para baixo, em que m é a massa do homem e g é a aceleração, provocada pela gravidade da Terra, à qual todo corpo em queda livre está sujeito;
2. A força da corda elástica $K_s(\text{x}(t)-30)$, atuando para cima, em que x(t) equivale à posição vertical do homem abaixo da ponte e está em função do tempo.

Logo, utilizando o princípio de que a força é igual ao produto da massa pela aceleração, e o fato de a aceleração ser a derivada segunda da posição,

$$mg - K_s(\text{x}(t)-30) = m\text{x}''(t)$$

$$m\text{x}''(t) + K_s \text{x}(t) = mg + 30K_s$$

Essa é uma equação diferencial ordinária de segunda ordem, linear, não homogênea e de coeficientes constantes. Sua solução total é obtida pela soma entre a solução homogênea e a solução particular. A solução homogênea equivale à combinação linear de suas autofunções. As autofunções são as formas funcionais que satisfazem a *essa forma* de equação. Há uma única autofunção para cada autovalor. Os autovalores são os parâmetros nas autofunções, que as fazem atender à equação *particular em questão*. Os autovalores são as soluções da equação característica, que é dada por $m\lambda^2 + K_s = 0$. As soluções são $\lambda = \pm j\sqrt{K_s/m}$. (Veja o Apêndice Q no site deste livro, para maiores detalhes sobre soluções para equações diferenciais.) Se os autovalores são complexos, é um tanto quanto conveniente expressar a solução como uma combinação linear de senos e cossenos reais, em vez de utilizar duas exponenciais complexas. Então a solução homogênea pode ser representada na seguinte forma

$$\text{x}_h(t) = K_{h1}\,\text{sen}\left(\sqrt{K_s/m}\,t\right) + K_{h2}\cos\left(\sqrt{K_s/m}\,t\right)$$

A solução particular está estruturada como uma combinação linear da função de força e de todas as suas derivadas únicas. Nesse caso, a função de força é uma constante e todas as suas derivadas são nulas. Portanto, a solução particular é da forma $\text{x}_p(t) = K_p$, isto é, uma constante. Subs-

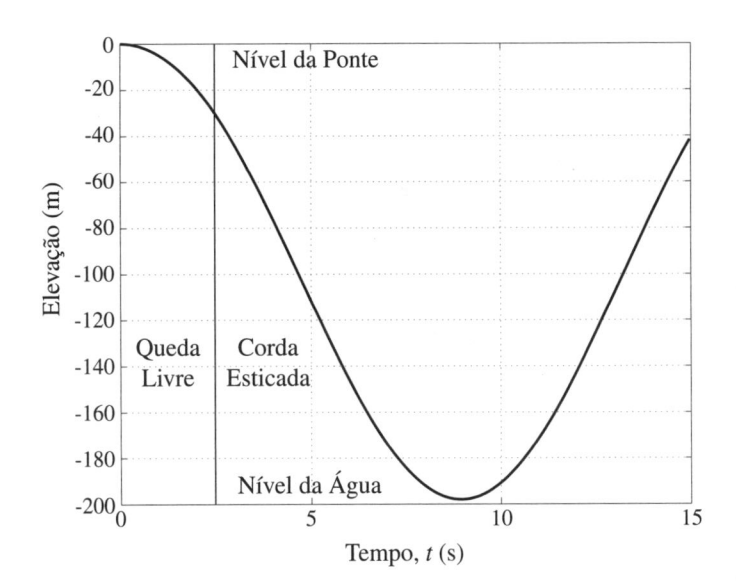

Figura 4.9
Posição vertical do homem ao longo do tempo (o nível da ponte é considerado zero).

tituindo na forma da solução particular e resolvendo a equação, encontra-se $x_p(t) = mg/K_s + 30$. A solução completa corresponde à soma das soluções homogênea e particular.

$$x(t) = x_h(t) + x_p(t) = K_{h1}\,\text{sen}\left(\sqrt{K_s/m}\,t\right) + K_{h2}\cos\left(\sqrt{K_s/m}\,t\right) + mg/K_s + 30.$$

As condições de contorno são $x(2,47) = 30$ e $x'(t)_{t=2,47} = 24,25$. Substituindo os parâmetros por valores numéricos, atendendo às condições de contorno e resolvendo a equação, obtemos

$$x(t) = -16,85\,\text{sen}(0,3708t) - 95,25\cos(0,3708t) + 101,3, \quad t > 2,47. \qquad (4.1)$$

A variação inicial da posição vertical do homem ao longo do tempo segue uma trajetória parabólica. E então, no instante $t = 2,47$ s, a solução passa a ser uma senóide escolhida de modo que torne as duas soluções e suas derivadas contínuas em $t = 2,47$ s, como mostra claramente o gráfico da Figura 4.9

∎

Muitos processos físicos foram ignorados no modelo matemático utilizado no Exemplo 4.1:

1. A resistência do ar;
2. A dissipação de energia na corda elástica;
3. As componentes horizontais da velocidade do homem;
4. O movimento rotacional do homem durante a queda;
5. A variação da aceleração devido à gravidade como uma função da posição;
6. A variação do nível da água do rio.

A desconsideração desses fatores mantém o modelo matematicamente mais simples do que seria, caso fossem considerados todos os fatores citados acima. A modelagem de sistemas sempre estabelece um compromisso entre a exatidão e a simplicidade do modelo.

Exemplo 4.2

Modelagem de um sistema mecânico-hidráulico

Um reservatório de água cilíndrico tem uma área de seção transversal A_1, seu nível de água é representado por $h_1(t)$ e este reservatório é abastecido por um fluxo volumétrico entrante de água $f_1(t)$. Ele ainda contém um orifício, situado a uma altura $h_2(t)$ cuja área da seção transversal efetiva é A_2, através do qual a água flui para fora do reservatório, representado pelo fluxo de saída volumétrico $f_2(t)$ (Figura 4.10). Defina uma equação diferencial que determine o nível da água em função do tempo e faça o gráfico do nível da água ao longo do tempo, admitindo o reservatório inicialmente vazio para diferentes valores de fluxo entrante.

Figura 4.10
Reservatório dotado de orifício na parte inferior, sendo preenchido através de uma entrada superior.

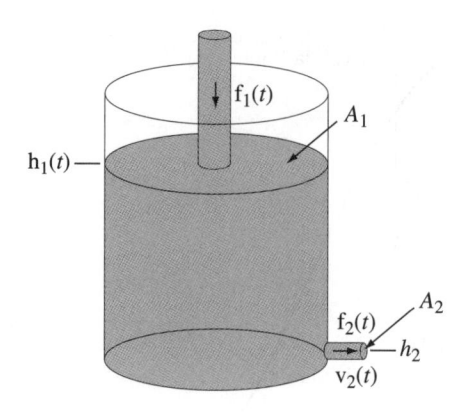

■ Solução

Mediante determinadas suposições simplificadoras, a velocidade da água ao fluir para fora do reservatório através do orifício é dada pela equação de Toricelli

$$v_2(t) = \sqrt{2g[h_1(t) - h_2]} \tag{4.2}$$

em que g é a aceleração devido à gravidade da Terra, cujo valor é de 9,8 m/s². Sabemos também que a taxa de alteração do volume de água $A_1 h_1(t)$ no reservatório é dada pela diferença entre a taxa de fluxo volumétrico entrante e a taxa de fluxo volumétrico sainte

$$\frac{d}{dt}(A_1 h_1(t)) = f_1(t) - f_2(t)$$

e a taxa de fluxo volumétrico sainte é dada pelo produto entre a área efetiva do orifício A_2 e a velocidade do fluxo de saída $f_2(t) = A_2 v_2(t)$. Combinando as equações anteriores, podemos obter uma equação diferencial para o nível da água

$$A_1 \frac{d}{dt}(h_1(t)) + A_2 \sqrt{2g[h_1(t) - h_2]} = f_1(t) \tag{4.3}$$

O gráfico da Figura 4.11 apresenta o nível de água no reservatório, ao longo do tempo, para quatro diferentes valores de fluxo volumétrico entrante, mediante a suposição de que o reservatório encontra-se inicialmente vazio. À medida que a água flui para dentro do reservatório, o nível de água aumenta, o que também provoca um aumento no fluxo sainte de água. O nível de água sobe até o momento em que o fluxo sainte se iguale ao fluxo entrante e, a partir daí, o nível de água mantém-se constante. Assim como foi explicitado no Capítulo 1, quando o fluxo entrante aumenta por um fator igual a dois, o nível de água final aumenta por um fator igual a quatro, e este resultado deve-se ao fato de que a Equação diferencial (4.3) é não-linear.

Figura 4.11
Nível da água, ao longo do tempo, para quatro fluxos volumétricos entrantes diferentes, em um reservatório inicialmente vazio.

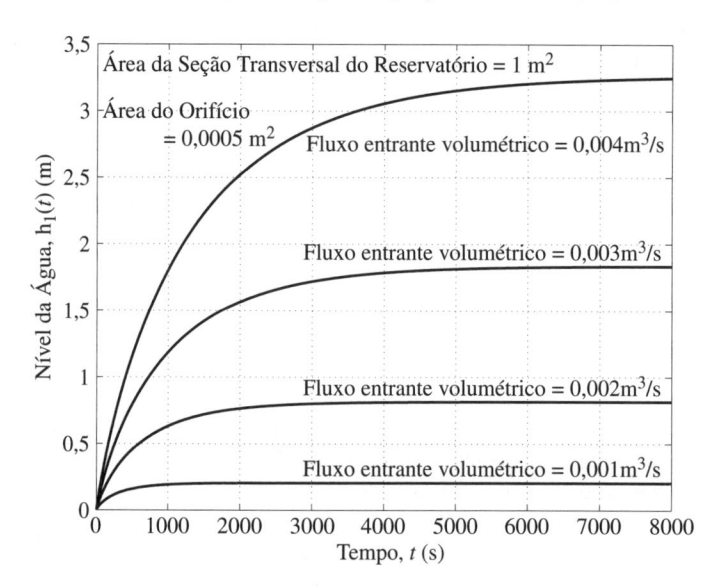

Exemplo 4.3

Modelagem de um sistema retroalimentado contínuo no tempo

Para o sistema ilustrado na Figura 4.12,

(a) Determine a resposta do sistema se x(t) = 0, se o valor inicial de y(t) é y(0) = 1, se a taxa inicial de alteração de y(t) é y'(t)$|_{t=0}$ = 0, a = 1, b = 0 e c = 4.

(b) Admita b = 5 e determine a resposta para as mesmas condições iniciais especificadas na letra (a).

(c) Suponha que o sistema se encontre inicialmente em repouso e, atribuindo ao sinal de entrada x(t) um degrau unitário, calcule a resposta para a = 1, c = 4 e b = –1, 1, 5.

■ Solução

(a) Com base no diagrama, podemos escrever diretamente a equação diferencial para este sistema ao perceber que o sinal de saída proveniente da junção somadora é y″(t) e que ele deve ser igual à soma dos sinais de entrada

$$y''(t) = x(t) - [by'(t) + cy(t)]$$

Neste caso, em que b = 0 e c = 4, a resposta é descrita pela equação diferencial y″(t) + 4y(t) = x(t). A autofunção é a exponencial complexa e^{st}, e os autovalores são as soluções da equação característica $s^2 + 4 = 0 \Rightarrow s_{1,2} = \pm j2$. A solução homogênea (o que corresponde também à solução completa neste caso) pode ser escrita na forma y(t) = $K_{h1}e^{j2t} + K_{h2}e^{-j2t}$. Visto que não há excitação para a situação em questão, esta também equivale à solução completa. Utilizando as condições iniciais, y(0) = $K_{h1} + K_{h2}$ = 1 e y'(t)$|_{t=0}$ = $j2K_{h1} - j2K_{h2}$ = 0 e então resolvendo a equação, determina-se $K_{h1} = K_{h2} = 0{,}5$. A solução completa é y(t) = $0{,}5(e^{j2t} + e^{-j2t}) = \cos(2t)$, $t \geq 0$. Portanto, com b = 0, na ausência de um sinal de entrada e com condições iniciais não-nulas, este sistema se comporta como um gerador de ondas senoidais.

(b) Agora, faça b = 5. A equação diferencial passa a ser y″(t) + 5y'(t) + 4y(t) = x(t), os autovalores são $s_{1,2} = -1, -4$ e a solução é da forma y(t) = $K_{h1}e^{-t} + K_{h2}e^{-4t}$. Atendemos às condições iniciais, y(0) = $K_{h1} + K_{h2}$ = 1 e y'(t)$|_{t=0}$ = $-K_{h1} - 4K_{h2}$ = 0. Resolvemos a equação considerando as constantes, $K_{h1} = 4/3$, $K_{h2} = -1/3$ e obtemos y(t) = $(4/3)e^{-t} - (1/3)e^{-4t}$, $t \geq 0$. Esta resposta tende a zero monotonicamente para instantes de tempo positivos $t > 0$.

(c) Neste caso, x(t) não é zero, e a solução completa da equação diferencial inclui a solução particular. Após o instante de tempo t = 0, o sinal de entrada é constante e, sendo assim, a solução particular também é constante com valor K_p. A equação diferencial é dada por y″(t) + by'(t) + 4y(t) = x(t). Resolvendo para K_p obtemos $K_p = 0{,}25$, e a solução completa é y(t) = $K_{h1}e^{s_1 t} + K_{h2}e^{s_2 t} + 0{,}25$, em que $s_{1,2} = \left(-b \pm \sqrt{b^2 - 16}\right)/2$.

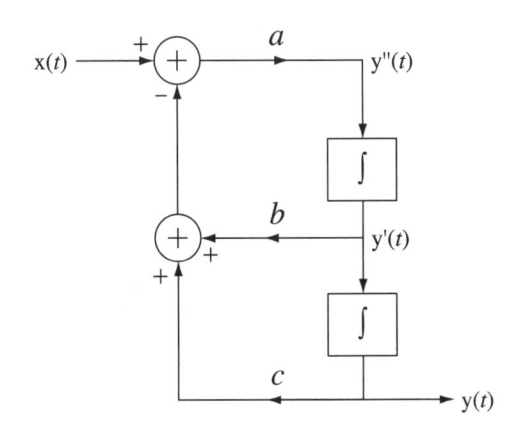

Figura 4.12
Sistema retroalimentado contínuo no tempo.

Figura 4.13
Respostas do sistema para $b = -1$, 1 e 5.

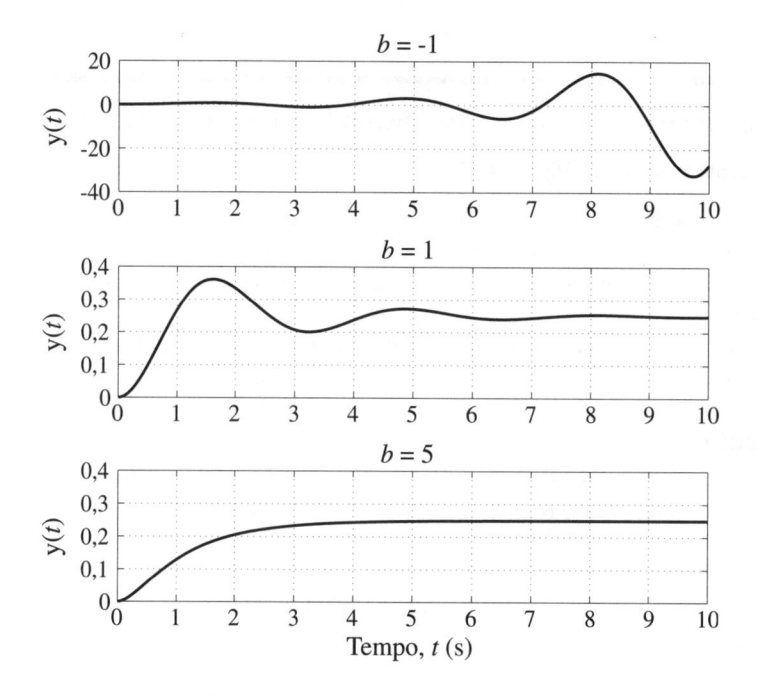

A resposta e sua derivada primeira são ambas iguais a zero no instante de tempo $t = 0$. Aplicando as condições iniciais e resolvendo para as duas constantes remanescentes,

b	s_1	s_2	K_{h1}	K_{h2}
-1	$0,5 + j1,9365$	$0,5 - j1,9365$	$-0,125 - j0,0323$	$-0,125 + j0,0323$
1	$-0,5 + j1,9365$	$-0,5 - j1,9365$	$-0,125 + j0,0323$	$-0,125 - j0,0323$
5	-4	-1	$0,0833$	$-0,3333$

e as soluções são iguais a

b	$y(t)$
-1	$0,25 - e^{0,5t}[0,25 \cos(1,9365t) - 0,0646 \operatorname{sen}(1,9365t)]$
1	$0,25 - e^{-0,5t}[0,25 \cos(1,9365t) + 0,0646 \operatorname{sen}(1,9365t)]$
5	$0,08333 e^{-4t} - 0,3333 e^{-t} + 0,25$

Essas soluções são traçadas graficamente na Figura 4.13.

Obviamente, quando $b = -1$, o sinal de saída cresce sem limites, e este sistema retroalimentado torna-se instável.

4.4 PROPRIEDADES DE SISTEMAS

UM EXEMPLO INTRODUTÓRIO

Para melhor compreensão de sistemas de grande porte genéricos, vamos iniciar com alguns exemplos de certos sistemas bem elementares que demonstrarão algumas propriedades importantes associadas a sistemas mais gerais. Os circuitos são familiares para os engenheiros eletricistas. Circuitos são sistemas elétricos. Um circuito muito comum é o circuito *RC* que atua como um filtro passa-baixas, que corresponde a um sistema de entrada única e saída única, ilustrado na Figura 4.14.

A tensão na entrada $v_{ent}(t)$ excita o sistema, e a tensão na saída $v_{saída}(t)$ é a resposta do sistema. O sinal de tensão da entrada é aplicado ao par de terminais da esquerda (que, às vezes, é denominado *porta*, em teoria de circuitos), e o sinal de tensão da saída

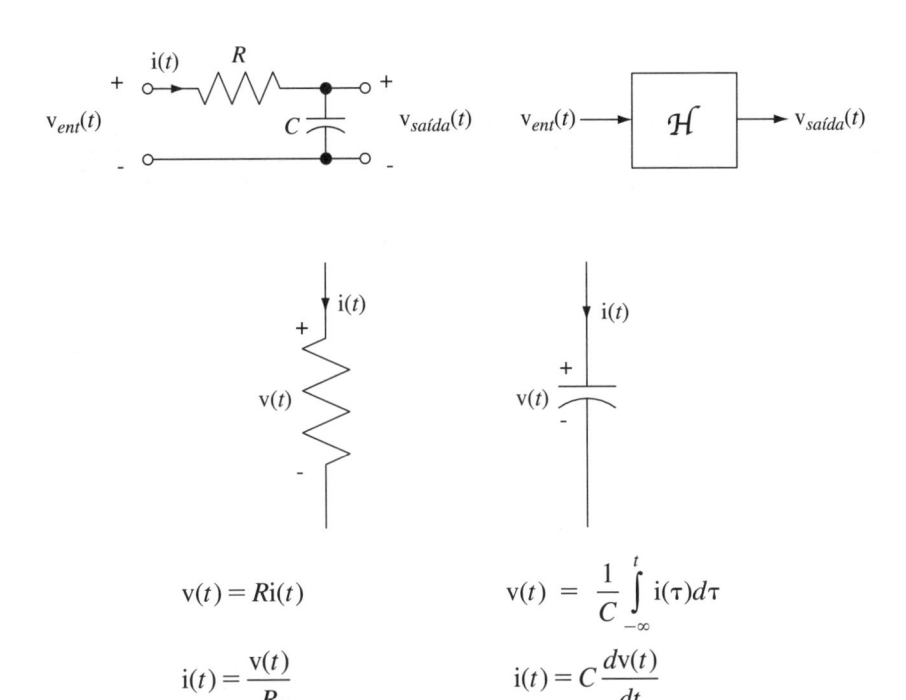

Figura 4.14
Um filtro passa-baixas RC, que é um sistema de única entrada e única saída.

Figura 4.15
Relações matemáticas entre corrente e tensão para um resistor e um capacitor.

$$v(t) = Ri(t) \qquad v(t) = \frac{1}{C}\int_{-\infty}^{t} i(\tau)d\tau$$

$$i(t) = \frac{v(t)}{R} \qquad i(t) = C\frac{dv(t)}{dt}$$

pode ser obtido no par de terminais à direita. Este sistema é composto por dois componentes familiares aos engenheiros eletricistas: um resistor e um capacitor. As relações matemáticas entre corrente e tensão para resistores e capacitores são bastante conhecidas e são apresentadas na Figura 4.15.

Utilizando a lei de Kirchhoff das tensões, podemos escrever a seguinte equação diferencial

$$RC\underbrace{v'_{saída}(t)}_{=i(t)} + v_{saída}(t) = v_{ent}(t). \qquad (4.4)$$

A solução para essa equação diferencial corresponde à soma das soluções homogênea e particular. (Veja o Apêndice Q no site deste livro que se encontra no endereço **www.mhhe.com/roberts** para maiores informações sobre soluções de equações diferenciais.) A solução homogênea $v_{saída,h}(t)$ é $v_{saída,h}(t) = K_h e^{-t/RC}$, em que K_h é uma constante, até agora, desconhecida. A solução particular depende da forma funcional de $v_{ent}(t)$. Admita que o sinal de tensão na entrada $v_{ent}(t)$ seja constante com amplitude igual a A volts. Então, já que o sinal de tensão na entrada permanece constante, a solução particular é $v_{saída,p}(t) = K_p$, que é também constante. Substituindo-a na equação diferencial e resolvendo, obtemos $K_p = A$ e a solução completa torna-se $v_{saída}(t) = v_{saída,h}(t) + v_{saída,p}(t) = K_h e^{-t/RC} + A$. A constante K_h pode ser determinada pelo conhecimento do valor da tensão na saída em um dado instante particular. Suponha que saibamos a tensão presente nos terminais do capacitor no instante de tempo $t = 0$, e ela é $v_{saída}(0)$. Desse modo,

$$v_{saída}(0) = K_h + A \Rightarrow K_h = v_{saída}(0) - A$$

e o sinal de tensão da saída pode ser escrito como

$$v_{saída}(t) = v_{saída}(0)e^{-t/RC} + A(1 - e^{-t/RC}) \qquad (4.5)$$

que encontra-se esboçado graficamente na Figura 4.6.

Essa solução é escrita e demonstrada admitindo-se que ela se aplica para todo instante de tempo t. Na prática, tal suposição é inadmissível, uma vez que se a solução fosse aplicável para todo o tempo, ela seria ilimitada à medida que o tempo tendesse ao infinito negativo e, como já sabemos, sinais ilimitados não ocorrem em sistemas físicos reais. É mais provável que, na prática, a tensão inicial do circuito fosse estabe-

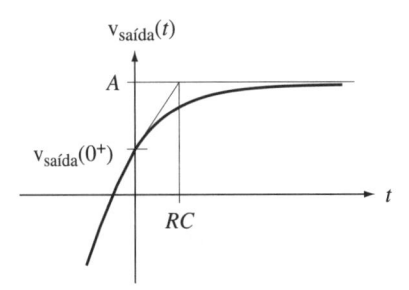

Figura 4.16
Resposta de um filtro passa-baixas RC a uma excitação constante.

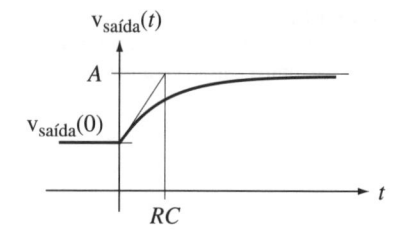

Figura 4.17
Resposta do circuito *RC* a uma tensão inicial e a uma excitação constante aplicada no instante de tempo $t = 0$.

lecida no capacitor por algum mecanismo e mantida assim até o instante de tempo $t = 0$. Então, no instante $t = 0$, a excitação de *A* volts é aplicada ao circuito e a análise do sistema é pertinente apenas aos eventos que ocorrem após o instante de tempo $t = 0$. Essa solução é, portanto, válida apenas para esse intervalo de tempo e está limitada ao mesmo intervalo em questão. Ou melhor, $v_{saída}(t) = v_{saída}(0)e^{-t/RC} + A(1 - e^{-t/RC})$, para $t \geq 0$ como mostra a Figura 4.17.

Existem quatro determinantes da resposta de tensão deste circuito para instantes $t \geq 0$: a resistência *R*, a capacitância *C*, a tensão inicial no capacitor $v_{saída}(0)$ e a tensão de entrada aplicada $v_{ent}(t)$. Os valores de resistência e de capacitância estabelecem as inter-relações entre as tensões e correntes no sistema. E assim eles, juntamente com o valor da tensão inicial no capacitor e o valor da tensão de entrada aplicada, determinam a tensão de resposta do sistema. Pela Equação (4.5), podemos ver que se uma tensão *A* aplicada é nula, a resposta equivale a

$$v_{saída}(t) = v_{saída}(0)\, e^{-t/RC} \, , \, t > 0 \qquad (4.6)$$

e se a tensão inicial no capacitor $v_{saída}(0)$ é nula, a resposta é dada por

$$v_{saída}(t) = A(1 - e^{-t/RC}) \, , \, t > 0 \qquad (4.7)$$

A resposta na Equação (4.6) é a **resposta com entrada nula** e a resposta na Equação (4.7) é a **resposta com condições iniciais nulas**. Para qualquer sistema, a resposta com entrada nula é a resposta do sistema quando nenhum sinal de entrada está presente no sistema, e a resposta com condições iniciais nulas é a resposta do sistema, quando este se encontra inicialmente em um estado caracterizado pelas condições iniciais nulas, para um dado sinal de entrada. O termo "condições iniciais nulas" equivale a dizer que não há energia armazenada no sistema. Quando se trata do filtro passa-baixas *RC*, as condições iniciais nulas são equivalentes à situação em que a tensão inicial no capacitor é igual a zero. Para esse sistema, a resposta total corresponde à soma das respostas com entrada nula e com condições iniciais nulas.

Se a excitação é definida em zero para todos os instantes de tempo negativos, então podemos representar o sinal de entrada como um degrau de tensão $v_{ent}(t) = Au(t)$. Se admitirmos que o circuito recebeu a excitação através de seus terminais de entrada, durante um período de tempo infinito (a partir de $t = -\infty$), a tensão inicial do capacitor no instante de tempo $t = 0$ deverá ser igual a zero [Figura 4.18(a)]. O sistema se encontrará inicialmente em seu estado para condições iniciais nulas e a resposta associada será a resposta com condições iniciais nulas. Algumas vezes, uma expressão adotada como, por exemplo, $v_{ent}(t) = Au(t)$, equivalente ao sinal de entrada, pretende representar uma situação ligeiramente diferente, que está ilustrada na Figura 4.18(b). Nesse caso, não estamos simplesmente aplicando uma tensão no sistema. Estamos modificando de fato o sistema ao fecharmos a chave de contato. Se a tensão inicial do capacitor é zero em ambos os circuitos da Figura 4.18, as respostas para o intervalo de tempo $t \geq 0$ serão idênticas.

É possível levar em consideração os efeitos relativos ao armazenamento inicial de energia em um sistema. Isso pode ser feito por meio da transferência de energia de sinal ao referido sistema, quando ele se encontrar em seu estado com condições iniciais nulas no instante de tempo $t = 0$, utilizando-se para isso uma segunda excitação do sistema, isto é, utilizando-se um impulso. Por exemplo, em um filtro passa-baixas *RC* poderíamos acrescentar uma tensão inicial ao capacitor por meio de um impulso de corrente proveniente de uma fonte de corrente disposta em paralelo com o capacitor (Figura 4.19).

Figura 4.18
Duas formas para se aplicar *A* volts à entrada de um filtro passa-baixas *RC* no instante de tempo $t = 0$.

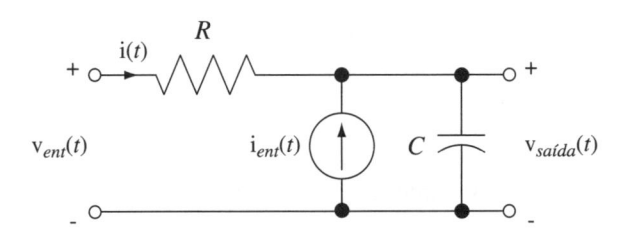

Figura 4.19
Filtro passa-baixas *RC* com um impulso de corrente para transferir carga ao capacitor e estabelecer a tensão inicial dele.

Quando o impulso de corrente acontece, toda a sua carga flui para o capacitor durante o período de tempo da aplicação deste impulso (o que equivale a um período de tempo nulo). Se a força do impulso é *Q*, então a modificação na tensão do capacitor devido às cargas transferidas a ele, provenientes do impulso de corrente, pode ser obtida pela equação

$$\Delta v_{saída} = \frac{1}{C}\int_{0^-}^{0^+} i_{ent}(t)dt = \frac{1}{C}\int_{0^-}^{0^+} Q\delta(t)dt = \frac{Q}{C}$$

Portanto, definir $Q = Cv_{saída}(0)$ estabelece a tensão inicial no capacitor como $v_{saída}(0)$. Então a análise do circuito prossegue mesmo embora tenhamos determinado a resposta com condições iniciais nulas de $v_{ent}(t)$ e $i_{ent}(t)$ em vez da resposta com condições iniciais nulas relativa a $v_{ent}(t)$ e da resposta com entrada nula para $v_{saída}(0)$. A resposta completa para instantes de tempo positivos ($t > 0$) é a mesma de uma ou outra maneira.

Na prática, grande parte dos sistemas contínuos no tempo podem ser modelados por equações diferenciais de um modo bastante similar ao utilizado anteriormente na modelagem do filtro passa-baixas *RC*. Tal afirmação pode ser considerada verdadeira para sistemas elétricos, mecânicos, químicos, ópticos e muitos outros tipos de sistemas. Sendo assim, o estudo de sinais e sistemas mostra-se importante para uma ampla gama de áreas.

HOMOGENEIDADE

Se dobrarmos o sinal de tensão da entrada do filtro passa-baixas *RC* para $v_{ent}(t) = 2Au(t)$ o fator 2*A* seria conservado e a resposta com condições iniciais nulas seria duplicada para $v_{saída}(t) = 2A(1 - e^{-t/RC})u(t)$. Da mesma maneira, se dobrarmos a tensão inicial no capacitor, a resposta com entrada nula também dobrará. Na verdade, se multiplicamos o sinal de tensão da entrada por qualquer constante, a resposta com condições iniciais nulas também será multiplicada pela mesma constante. A qualidade do referido sistema que torna tais afirmações verdadeiras é chamada de **homogeneidade**.

> Em um sistema **homogêneo**, a multiplicação do sinal de entrada por qualquer constante (inclusive constantes *complexas*) equivale a multiplicar a resposta com condições iniciais nulas pela mesma constante.

A Figura 4.20 demonstra, em termos de diagrama de blocos, o significado da homogeneidade.

A propriedade de homogeneidade pode ser indicada também pela notação concisa a seguir,

$$x(t) \xrightarrow{\mathcal{H}} y(t) \Rightarrow Kx(t) \xrightarrow{\mathcal{H}} Ky(t)$$

em que $x(t) \xrightarrow{\mathcal{H}} y(t)$ indica "o sinal de entrada x ao excitar o sistema $\mathcal{H}$ produz a resposta com condições iniciais nulas y" e *K* pode ser qualquer constante complexa.

Um sistema descrito pela relação $y(t) - 1 = x(t)$ pode ser um exemplo bastante simples de um sistema não homogêneo. Se x vale 1, y é igual a 2, e se x vale 2, y resulta em 3. O sinal de entrada foi multiplicado por dois, porém o sinal de saída não foi dobrado. O que torna esse sistema não homogêneo é a existência da constante –1 no lado

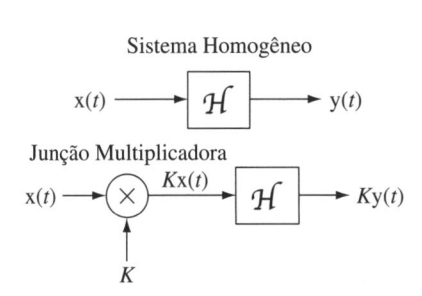

Figura 4.20
Diagrama de blocos para demonstrar o conceito de homogeneidade em um sistema que se encontra inicialmente em seu estado determinado por condições iniciais nulas (*K* é qualquer constante complexa).

Figura 4.21
Diagrama de blocos para demonstrar o conceito de invariabilidade no tempo em um sistema que se encontra inicialmente em seu estado determinado por condições iniciais nulas.

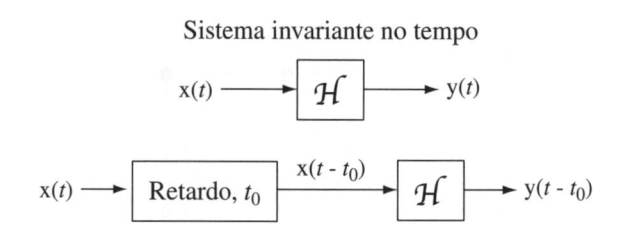

esquerdo da equação. O sistema em questão tem uma resposta com entrada nula diferente de zero. Observe que, se adicionarmos +1 a ambos os lados da equação e redefinirmos o sinal de entrada como $x_{novo}(t) = x(t) + 1$ em lugar de $x(t)$, teremos $x_{novo}(t)$ e dobrando $x_{novo}(t)$, dobraremos $y(t)$, e o sistema seria então homogêneo mediante esta nova definição do sinal de entrada.

INVARIÂNCIA NO TEMPO

Considere o sistema ilustrado na Figura 4.14, inicialmente em seu estado determinado pelas condições iniciais nulas, onde a excitação foi retardada por um certo intervalo de tempo t_0. Isto é, seja o sinal de entrada modificado segundo $x(t) = Au(t - t_0)$. O que aconteceria à resposta desse sistema? Desenvolvendo o processo de solução novamente, determinaríamos que a resposta com condições iniciais nulas é dada por $v_{saída}(t) = A(1 - e^{-(t-t_0)/RC})u(t - t_0)$, o que corresponde exatamente à resposta com condições iniciais nulas original, exceto pela substituição de t por $t - t_0$. Em outras palavras, $x_1(t) = Au(t)$ gerou $y_1(t)$, e $x_2(t) = Au(t - t_0)$ resultou $y_2(t) = y_1(t - t_0)$. O atraso da excitação provocou um retardo na resposta de mesma magnitude sem, entretanto, causar alterações na forma funcional da resposta. Essa qualidade é conhecida por **invariância no tempo**.

> Se um sistema encontra-se inicialmente em condições iniciais nulas, um sinal de entrada arbitrário $x(t)$ produz uma resposta $y(t)$ e um sinal de entrada $x(t - t_0)$ produz uma resposta $y(t - t_0)$ para um t_0 arbitrário qualquer, o sistema é classificado como **invariante no tempo**.

A Figura 4.21 demonstra o conceito de invariância no tempo.

Um termistor ao conduzir uma dada corrente pode ser considerado um exemplo simples de sistema que pode ser modelado como um sistema variante no tempo. O termistor é um dispositivo cuja resistência varia em função da sua temperatura. A resistência de um termistor diminui à medida que sua temperatura cresce. Admita que uma corrente, ao fluir através do termistor, seja definida como a excitação, e a tensão presente em seus terminais seja a resposta associada. Se o termistor localiza-se em um equipamento externo, a temperatura dele, e portanto sua resistência, se modificará à proporção que as condições climáticas se alterarem. Se uma corrente circula pelo termistor, há uma resposta em termos de tensão determinada pela lei de Ohm, que depende da temperatura do termistor. A mesma corrente aplicada em outro instante poderia provocar uma resposta com tensão distinta, uma vez que a temperatura do termistor provavelmente seria diferente.

ADITIVIDADE

Considere o sinal de tensão na entrada de um filtro passa-baixas RC dado pela soma de duas tensões $v_{ent}(t) = v_{ent1}(t) + v_{ent2}(t)$. Por um instante, atribua $v_{ent2}(t) = 0$ e admita que a resposta com condições iniciais nulas, em relação a $v_{ent1}(t)$ atuando isoladamente seja $v_{saída1}(t)$. A equação diferencial relativa à situação descrita é dada por

$$RC\ v'_{saída1}(t) + v_{saída1}(t) = v_{ent1}(t) \quad (4.8)$$

em que, visto que estamos determinando a resposta com condições iniciais nulas, logo $v_{saída1}(0) = 0$. A Equação (4.8) e a condição inicial $v_{saída1}(0) = 0$ determinam de modo inequívoco a solução $v_{saída1}(t)$. De maneira similar, se $v_{ent2}(t)$ atua isoladamente, a resposta com condições iniciais nulas obedece à seguinte relação

$$RC\, v'_{saída2}(t) + v_{saída2}(t) = v_{ent2}(t) \quad (4.9)$$

e $v_{saída2}(t)$ é similarmente determinada de modo inequívoco. Somando as Equações (4.8) e (4.9),

$$RC\,[v'_{saída1}(t) + v'_{saída2}(t)] + v_{saída1}(t) + v_{saída2}(t) = v_{ent1}(t) + v_{ent2}(t) \quad (4.10)$$

A soma $v_{ent1}(t) + v_{ent2}(t)$ ocupa o mesmo lugar na Equação (4.10), assim como $v_{ent1}(t)$ ocupa na Equação (4.8), e $v_{saída1}(t) + v_{saída2}(t)$ e $v'_{saída1}(t) + v'_{saída2}(t)$ ocupam as mesmas posições na Equação (4.10) como $v_{saída1}(t)$ e $v'_{saída1}(t)$ o fazem na Equação (4.8). Além disso, para a resposta com condições iniciais nulas, tem-se $v_{ent1}(0) + v_{ent2}(0) = 0$. Dessa maneira, se $v_{ent1}(t)$ produz $v_{saída1}(t)$ então $v_{ent1}(t) + v_{ent2}(t)$ deve produzir $v_{saída1}(t) + v_{saída2}(t)$ porque ambas as respostas são unicamente determinadas pela mesma equação diferencial e pelas mesmas condições iniciais. O referido resultado depende do fato de que a derivada de uma soma entre duas funções equivale à soma das derivadas correspondentes a essas mesmas funções. Se a excitação equivale à soma de duas excitações, a solução para essa equação diferencial (mas não necessariamente para outras equações diferenciais) é igual à soma das respostas àquelas excitações atuando isoladamente. Ou seja, se $v_{ent}(t) = v_{ent1}(t) + v_{ent2}(t)$, então $v_{saída}(t) = v_{saída1}(t) + v_{saída2}(t)$. Um sistema em que excitações combinadas produzem respostas combinadas é denominado **aditivo** (Figura 4.22).

> Se um sistema, quando excitado por uma entrada x_1 arbitrária, produz uma resposta com condições iniciais nulas y_1 e quando excitado por uma entrada x_2 produz uma resposta com condições iniciais nulas y_2 e $x_1 + x_2$ sempre resulta em uma resposta com condições iniciais nulas $y_1 + y_2$, este sistema é considerado aditivo.

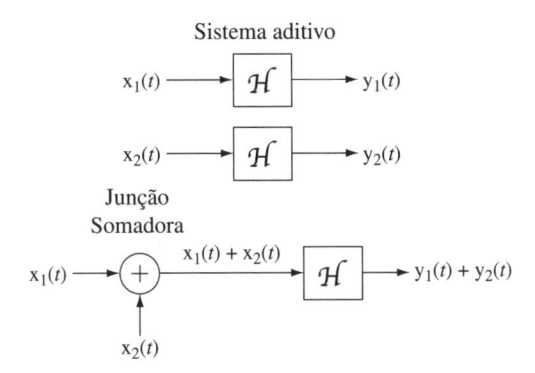

Figura 4.22
Diagrama de blocos para demonstrar o conceito de aditividade.

Um circuito simples contendo um diodo é considerado um exemplo bastante comum de sistema não-aditivo (Figura 4.23). Admita que o sinal de tensão da entrada V no circuito seja obtido pela conexão em série de duas fontes de tensão constantes V_1 e V_2, gerando em conjunto um sinal de tensão na entrada equivalente à soma dos dois sinais de tensão independentes. Admita que a resposta total seja a corrente I e considere que cada uma das respostas de corrente às fontes de tensão individuais, atuando separadamente em momentos distintos, sejam I_1 e I_2, respectivamente. Para tornar o resultado óbvio, admita $V_1 > 0$ e $V_2 = -V_1$. A resposta a V_1 atuando isoladamente é uma corrente positiva I_1. A resposta para V_2, também atuando sozinha, equivale a uma corrente negativa extremamente pequena (idealmente nula) I_2. A resposta I ao sinal de entrada combinado $V_1 + V_2$ é igual a zero, porém a soma das respostas individuais $I_1 + I_2$ é aproximadamente I_1, e não zero. Portanto, este não é um sistema aditivo.

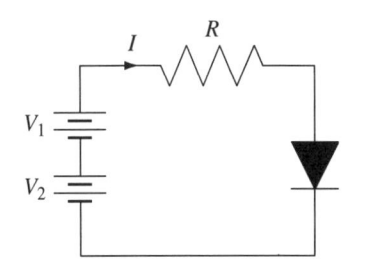

Figura 4.23
Um circuito de corrente contínua com diodo.

LINEARIDADE E SOBREPOSIÇÃO

Qualquer sistema que é tanto homogêneo como aditivo é denominado **linear**.

> Se um sistema linear, quando excitado por $x_1(t)$ produz uma resposta com condições iniciais nulas $y_1(t)$ e quando excitado por $x_2(t)$ produz uma resposta com condições inicias nulas $y_2(t)$, logo $x(t) = \alpha x_1(t) + \beta x_2(t)$ resultará em uma resposta com condições iniciais nulas $y(t) = \alpha y_1(t) + \beta y_2(t)$.

A propriedade de sistemas lineares, descrita anteriormente, é conhecida como *sobreposição*. O termo sobreposição provém do verbo sobrepor. A partícula "pôr" da palavra sobrepor significa colocar alguma coisa em uma certa posição e a partícula "sobre" significa "em cima de". Unidas, então, a palavra sobrepor quer dizer colocar algo sobre outra coisa. Isso é o que se faz quando somamos um sinal de entrada a outro e, em um sistema linear, a resposta total corresponde a uma das respostas "sobre" (adicionada) à outra.

O fato da sobreposição ser aplicável aos sistemas lineares pode parecer trivial e óbvio, porém tal aspecto tem grandes implicações na análise de sistemas. A observação recém-apresentada indica que a resposta com condições iniciais nulas para qualquer sinal de entrada arbitrário pode ser determinada pela decomposição do sinal de entrada em partes mais simples, que foram acrescidas ao sinal original, e pela determinação da resposta correspondente a cada componente simples. A partir daí, todas as respostas são combinadas para se determinar a resposta global equivalente ao sinal de entrada completo. A sobreposição também implica a possibilidade de podermos determinar a resposta com condições iniciais nulas e, através de um processo de cálculo independente, determinar a resposta com entrada nula para, então, adicioná-las a fim de chegarmos à resposta total. Esta é uma abordagem do tipo "dividir para conquistar" passível de ser aplicada na resolução de problemas que envolvam sistemas lineares, cuja importância não pode ser exagerada. Em vez de resolvermos um único problema extenso e difícil, podemos solucionar vários problemas menores e mais simples. E, ao termos resolvido um dos diversos problemas mais simples, os demais tornam-se, em geral, muito fáceis de resolver, uma vez que o processo de identificação da solução é bastante similar. A linearidade e a sobreposição são a base para um conjunto amplo e poderoso de técnicas utilizadas na análise de sistemas. A análise de sistemas não-lineares é mais complexa do que a análise de sistemas lineares, visto que a estratégia "dividir para conquistar" usualmente não funciona em sistemas não-lineares. Todo sistema linear pode ser analisado utilizando-se o mesmo conjunto básico de técnicas. Todo sistema não-linear tem associado a ele uma estratégia distinta para se efetuar a análise de sua dinâmica e, freqüentemente, a única maneira prática de analisar um sistema não-linear é por meio de métodos numéricos, em lugar dos métodos analíticos.

Sobreposição e linearidade também se aplicam a sistemas com múltiplas entradas e múltiplas saídas. Se um sistema linear possui duas entradas, aplicamos $x_1(t)$ à primeira entrada e $x_2(t)$ à segunda entrada e obtemos a resposta $y(t)$. Logo, obteríamos a mesma resposta $y(t)$ se tivéssemos realizado a soma entre a resposta correspondente ao primeiro sinal de entrada $y_1(t)$ atuando isoladamente e a resposta ao segundo sinal de entrada unicamente presente $y_2(t)$.

Até o momento, o tipo de sistema comumente tratado em projeto e análise de sistemas práticos é o sistema **linear invariante no tempo**. Se um sistema é tanto linear como invariante no tempo, ele é denominado sistema **SLIT**[1]. A análise de sistemas SLIT integra grande parte das referências existentes no material contido neste texto.

Uma implicação para a linearidade, que será importante posteriormente, pode ser provada neste momento. Seja um sistema SLIT, excitado pelo sinal $x_1(t)$ que produz

---

1. N.T. O acrônimo SLIT, adotado ao longo do texto, designa Sistema Linear Invariante no Tempo e é equivalente ao acrônimo em inglês amplamente usado *LTI* (*Linear, Time-Invariant*).

uma resposta com condições iniciais nulas $y_1(t)$. Além disso, admita que $x_2(t)$ produza uma resposta com condições iniciais nulas $y_2(t)$. Sendo assim, usar a linearidade, $\alpha x_1(t) + \beta x_2(t)$ produzirá a resposta com condições iniciais nulas $\alpha y_1(t) + \beta y_2(t)$. As constantes α e β podem assumir qualquer valor, incluindo-se os números complexos. Admita que $\alpha = 1$ e $\beta = j$. Então $x_1(t) + jx_2(t)$ produz a resposta $y_1(t) + jy_2(t)$. Já sabemos que $x_1(t)$ produz $y_1(t)$ e que $x_2(t)$ gera $y_2(t)$. Portanto, podemos agora estabelecer o princípio geral.

> Quando uma excitação complexa produz uma resposta em um sistema SLIT, a componente real desta excitação produz a componente real da resposta e a componente imaginária da excitação gera a componente imaginária da resposta.

O que foi exposto anteriormente equivale a dizer que em vez de aplicarmos uma excitação puramente real a um sistema para determinar sua resposta real equivalente, podemos aplicar uma excitação complexa cuja componente real seja a excitação física de fato, determinar a resposta complexa, e daí extrair a componente real como se fosse a resposta física verdadeira à excitação física real. Tal estratégia pode parecer um pouco confusa para se resolver problemas de sistemas, mas já que as autofunções dos sistemas reais são exponenciais complexas e graças à concisão desta notação resultante quando se aplica um sinal complexo em análise de sistemas, esse é, muitas vezes, um método mais eficiente para se adotar em análise do que a abordagem convencional direta. Essa idéia básica constitui-se em um dos princípios implícitos nos métodos de transformada e suas respectivas aplicações serão apresentadas nos Capítulos 8, 9, 10, 11, 15 e 16.

EXEMPLO 4.4

Resposta de um filtro passa-baixas *RC* a uma onda quadrada utilizando a propriedade da sobreposição

Utilize o princípio da sobreposição para calcular a resposta de um filtro passa-baixas *RC* a uma onda quadrada que se inicia no instante $t = 0$. Admita que a constante de tempo *RC* seja igual a 1 ms. Admita também que o período da onda quadrada seja igual a 2 ms e que sua amplitude seja de 1 V.
A onda quadrada em questão está ilustrada na Figura 4.24.

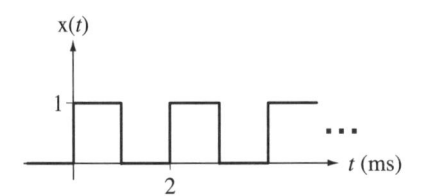

■ Solução
Não temos uma fórmula para determinar a resposta do filtro passa-baixas *RC* a uma onda quadrada, mas sabemos como ele responde a um degrau unitário. Uma onda quadrada pode ser representada por uma soma de vários degraus unitários, positivos e negativos, deslocados no tempo (Figura 4.25).

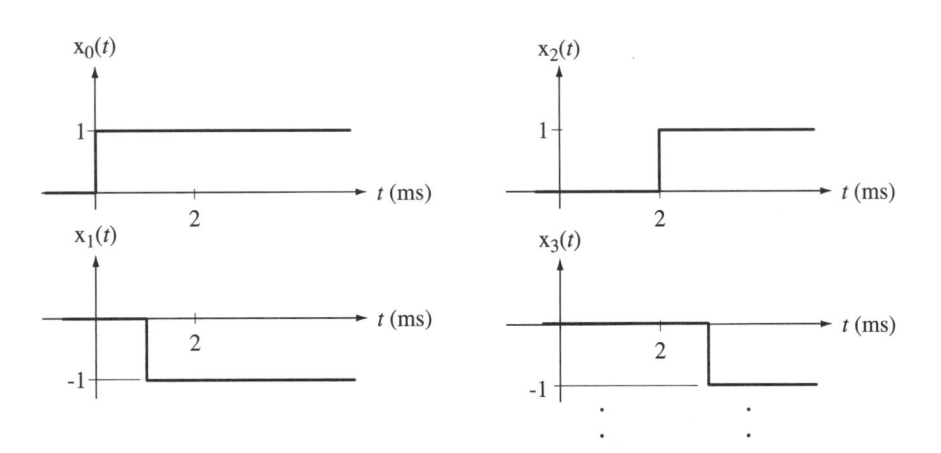

Figura 4.24
Onda quadrada que excita um filtro passa-baixas *RC*.

Figura 4.25
Degraus unitários que podem ser somados para constituírem a onda quadrada.

Figura 4.26
Resposta à onda quadrada.

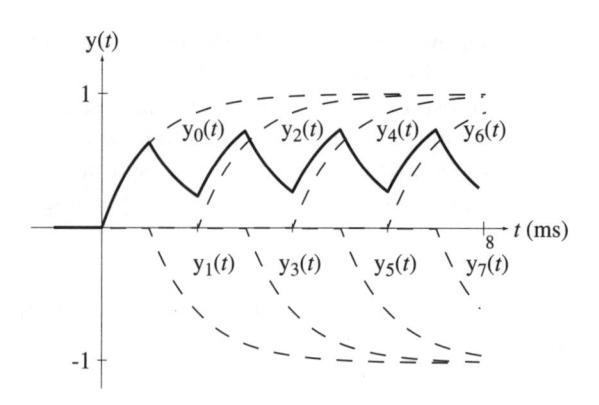

Sendo assim, x(t) pode ser representado analiticamente como

$$x(t) = x_0(t) + x_1(t) + x_2(t) + x_3(t) + \cdots$$

$$x(t) = u(t) - u(t - 0{,}001) + u(t - 0{,}002) - u(t - 0{,}003) + \cdots$$

O filtro passa-baixas *RC* é um sistema linear, invariante no tempo. Portanto, a resposta do filtro equivale à soma das respostas individuais para cada um dos degraus unitários. A resposta ao degrau unitário positivo não deslocado é $y_0(t) = (1 - e^{-1000t})u(t)$. Referindo-se à propriedade de invariância no tempo,

$$y_1(t) = -(1 - e^{-1000(t - 0{,}001)})u(t - 0{,}001)$$
$$y_2(t) = (1 - e^{-1000(t - 0{,}002)})u(t - 0{,}002)$$
$$y_3(t) = -(1 - e^{-1000(t - 0{,}003)})u(t - 0{,}003)$$

Então, utilizando-se a linearidade e a sobreposição,

$$y(t) = y_0(t) + y_1(t) + y_2(t) + y_3(t) + \cdots$$

$$y(t) = (1 - e^{-1000t})u(t) - (1 - e^{-1000(t - 0{,}001)})u(t - 0{,}001)$$
$$+ (1 - e^{-1000(t - 0{,}002)})u(t - 0{,}002) - (1 - e^{-1000(t - 0{,}003)})u(t - 0{,}003) \cdots$$

(Figura 4.26).

Sobreposição é a base de uma técnica poderosa usada para determinar a resposta de um sistema linear. As características relevantes das equações que descrevem sistemas lineares dizem respeito ao fato de que a variável dependente e suas integrais e derivadas aparecem apenas para a primeira potência. Para demonstrar tal regra, considere um sistema em que excitação e resposta são relacionadas por uma equação diferencial $ay''(t) + by^2(t) = x(t)$, onde x(t) é a excitação e y(t) é a resposta. Se x(t) fosse alterado para $x_{novo}(t) = x_1(t) + x_2(t)$, a equação diferencial passaria a ser $ay''_{novo}(t) + by^2_{novo}(t) = x_{novo}(t)$ As equações diferenciais para $x_1(t)$ e $x_2(t)$ consideradas separadamente seriam

$$ay''_1(t) + by^2_1(t) = x_1(t) \quad \text{e} \quad ay''_2(t) + by^2_2(t) = x_2(t)$$

A soma dessas duas equações resultam em

$$a[y''_1(t) + y''_2(t)] + b[y^2_1(t) + y^2_2(t)] = x_1(t) + x_2(t) = x_{novo}(t)$$

que é (em geral) diferente de

$$a[y_1(t) + y_2(t)]'' + b[y_1(t) + y_2(t)]^2 = x_1(t) + x_2(t) = x_{novo}(t)$$

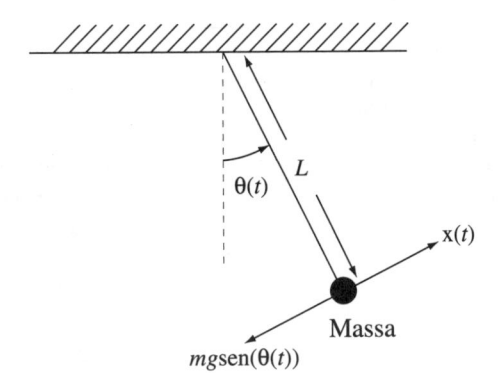

Figura 4.27
Um pêndulo.

A diferença é causada pelo termo em $y^2(t)$, que não é consistente com a equação diferencial descritora de um sistema linear. Portanto, nesse sistema, a sobreposição não se aplica.

Uma técnica bastante comum na análise de sinais e sistemas é utilizar os métodos de sistemas lineares para analisar sistemas não-lineares. Tal procedimento é conhecido por **linearização** do sistema. Naturalmente, a análise não é exata visto que o sistema não é de fato linear e o procedimento de linearização não o torna linear. Melhor dito, a linearização substitui as equações não-lineares exatas do sistema por equações lineares aproximadas. Muitos sistemas não-lineares podem ser analisados com êxito pelo emprego de métodos para sistemas lineares, se os sinais de entrada e saída foram suficientemente pequenos. Como exemplo, considere um pêndulo como aquele mostrado na Figura 4.27.

Considere que a massa seja suportada por uma haste rígida desprovida de massa com comprimento L. Se uma força $x(t)$ é aplicada à massa m, ela responde movendo-se. Em qualquer posição do seu movimento, o vetor contendo a soma das forças e agindo tangencialmente à direção do movimento da massa é igual ao produto dessa massa pela aceleração tomada na mesma direção. Isto é, $x(t) - mg\,\text{sen}(\theta(t)) = mL\theta''(t)$ ou

$$mL\theta''(t) + mg\,\text{sen}(\theta(t)) = x(t) \qquad (4.11)$$

em que m é a massa afixada na extremidade da haste do pêndulo, $x(t)$ é a força aplicada à massa tangencialmente à direção do movimento, L é o comprimento do pêndulo, g é a aceleração da gravidade e $\theta(t)$ corresponde à posição angular do pêndulo. Este sistema é excitado por $x(t)$ e responde com $\theta(t)$. A Equação (4.11) é não-linear. Porém, se $\theta(t)$ é suficientemente pequeno, $sen(\theta(t))$ pode ser aproximado por $\theta(t)$. Nessa aproximação, a equação é reescrita como

$$mL\theta''(t) + mg\theta(t) \cong x(t) \qquad (4.12)$$

e essa é uma equação linear. Portanto, para pequenas perturbações em torno da posição de equilíbrio, esse sistema pode ser analisado com êxito por meio da Equação (4.12).

ESTABILIDADE

No exemplo do filtro passa-baixas RC, o sinal de entrada – um degrau de tensão – era limitado. Se um sinal é considerado limitado, isso quer dizer que seu valor absoluto é menor do que um certo limite superior finito B para todo o tempo, isto é, $|x(t)| < B$, para todo t. A resposta do filtro passa-baixas RC ao sinal de entrada limitado é um sinal de saída limitado.

> Qualquer sistema, para o qual a resposta com condições iniciais nulas relativa a qualquer sinal de entrada arbitrário limitado é igualmente limitada, é denominado **sistema estável com entrada limitada e saída limitada (BIBO)**.

> A discussão sobre estabilidade de acordo com o critério BIBO[2] levanta uma questão interessante. Será que qualquer sistema real tido como instável de acordo com o critério BIBO é realmente instável? Visto que nenhum sistema real jamais produz uma resposta ilimitada, estritamente falando, todos os sistemas reais são estáveis. O sentido prático da instabilidade segundo o critério BIBO refere-se a um sistema descrito de modo aproximado por equações lineares que forneceria uma resposta ilimitada para uma excitação limitada *se ele permanecesse linear*. Qualquer sistema real torna-se não-linear quando sua resposta alcança um dado valor muito alto de magnitude e não pode ser capaz de produzir uma resposta verdadeiramente ilimitada. Sendo assim, uma arma nuclear é um sistema BIBO instável no sentido prático, porém é um sistema BIBO estável no sentido estrito do critério. A quantidade de energia liberada não é ilimitada, ainda que seja extremamente grande se comparada à maioria dos demais sistemas artificiais já criados pelo homem.

O tipo de sistema mais comum estudado em análise de sinais e sistemas é o sistema cuja relação entre a entrada e a saída é determinada por uma equação diferencial ordinária linear de coeficientes constantes. A autofunção para equações diferenciais desse tipo é a exponencial complexa. Portanto, a solução homogênea está na forma de uma combinação linear de exponenciais complexas.

> Uma combinação linear de valores, variáveis ou funções é simplesmente uma soma dos produtos dos valores, variáveis ou funções, além do conjunto de coeficientes constantes. Por exemplo, uma combinação linear de N exponenciais complexas seria $K_1 e^{s_1 t} + K_2 e^{s_2 t} + \cdots + K_N e^{s_N t}$, onde os Ks são constantes.

O comportamento de cada uma das exponenciais complexas é determinado pelos seus autovalores associados. A forma de cada exponencial complexa é $e^{st} = e^{\sigma t} e^{j\omega t}$, em que $s = \sigma + j\omega$ é o autovalor, σ é a sua parte real e ω corresponde à sua parte imaginária. A magnitude do fator $e^{j\omega t}$ é unitária para todo t. A magnitude do fator $e^{\sigma t}$ torna-se cada vez menor à medida que o tempo transcorre na direção positiva se σ é negativo, e torna-se cada vez maior se σ é positivo. Se σ for zero, o fator $e^{\sigma t}$ é simplesmente uma constante unitária. Obviamente, se a exponencial cresce à medida que o tempo passa, o sistema é instável porque um limite superior finito não pode ser estabelecido para a resposta. Se $\sigma = 0$, é possível definir um sinal de entrada limitado que faça o sinal de saída crescer sem limites. Um sinal de entrada que possui a mesma forma funcional da solução homogênea da equação diferencial (que é limitada se a parte real do autovalor é zero) produzirá uma resposta ilimitada (veja o Exemplo 4.5). Portanto, para um sistema contínuo no tempo, se a parte real de *qualquer* um dos autovalores é maior ou igual a zero (não negativo), o sistema é instável segundo o critério BIBO.

Exemplo 4.5

Determinando uma excitação limitada capaz de produzir uma resposta ilimitada

Considere um integrador para o qual $y(t) = \int_{-\infty}^{t} x(\tau) d\tau$. Determine os autovalores da solução desta equação e identifique uma excitação limitada que produzirá uma resposta ilimitada.

■ Solução

Pela aplicação da fórmula de Leibniz à derivada de uma integral do tipo em questão, podemos diferenciar ambos os lados e compor a equação diferencial $y'(t) = x(t)$. Essa é uma equação diferencial muito simples com autovalor único onde a solução homogênea é da forma $y(t) =$ uma

---

2. N.T. Do inglês, *Bounded-Input-Bounded-Output* é um termo atribuído ao critério de avaliação de estabilidade para um dado sistema, onde se considera a aplicação de um sinal de entrada limitado e avalia-se o sinal de saída quanto à sua limitação.

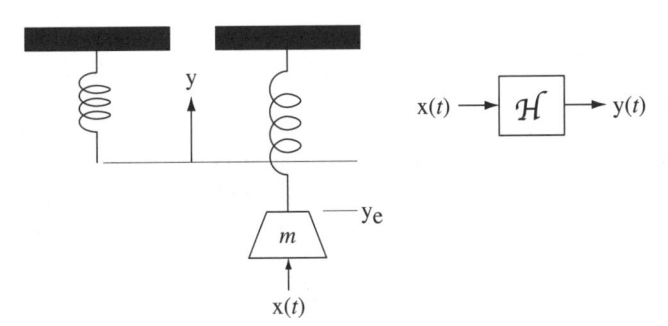

Figura 4.28
Um sistema mecânico: (a) uma mola em repouso, (b) uma mola suportando uma massa e (c) um diagrama de bloco para este sistema de entrada única e saída única.

constante, porque o autovalor é igual a zero. Portanto, esse sistema deveria ser instável de acordo com o critério BIBO. Uma excitação limitada, que possua a mesma forma funcional de uma solução homogênea, produz uma resposta ilimitada. Neste caso, x(t) = uma constante produz uma resposta ilimitada. Visto que a resposta corresponde à integral da excitação, deveria estar claro que, à medida que o tempo passa, a magnitude da resposta associada a uma excitação constante cresce linearmente sem um limite superior finito.

LINEARIDADE INCREMENTAL

Como exemplo de outro tipo de sistema, considere um sistema mecânico composto de uma mola linear que mantém uma massa suspensa (Figura 4.28), que está sendo submetida a uma força externa x(t) aplicada no instante $t = 0$.

Admita que a posição da extremidade da mola em repouso, mostrada na Figura 4.28(a), seja o referencial para posições verticais. Quando o sistema encontra-se em equilíbrio (antes da força externa atuar), a parte superior da massa m localiza-se na posição de equilíbrio y_e. Se a massa é submetida à força x(t), ela responderá com movimento. A equação desse movimento é dada por

$$m\, y''(t) + K_v\, y'(t) + K_s\, y(t) + mg = x(t) \quad (4.13)$$

em que K_s é a constante de mola, K_v é a constante de proporcionalidade que relaciona velocidade e força, e g é a constante gravitacional. A Equação (4.13) é uma equação de segunda ordem, uma vez que a derivada de maior ordem é uma derivada segunda. Mesmo que seja uma equação diferencial linear com coeficientes constantes, a Equação (4.13) não descreve um sistema SLIT porque a solução da Equação (4.13) para x(t) = 0 encontra-se na forma $y(t) = K_{h1}e^{s_1 t} + K_{h2}e^{s_2 t} - mg/K_s$. Para que o sistema seja homogêneo, a resposta $y(t)$ deve ser nula para x(t) = 0, mas ela não o é. Tal fato expõe uma pequena diferença inoportuna entre equações diferenciais lineares e equações que descrevem sistemas lineares.

É natural pensar que, ainda que o sistema não seja linear, ele possua muitas características semelhantes às dos sistemas lineares. De fato, é o que se denomina **incrementalmente linear**. Esse sistema pode ser modelado como um sistema SLIT com um sinal adicional $y_0(t)$, ou seja, a resposta para entrada nula, somada à sua resposta (Figura 4.29). Nesse caso, a resposta para entrada nula (assumindo que ele se encontra no estado determinado por condições iniciais nulas) é $y_0(t) = -mg/K_s$.

Na metade superior da Figura 4.29, o sistema como um todo é caracterizado pelo operador $\mathcal{H}$. Na metade inferior da mesma figura, o sistema é decomposto em duas partes, o sistema SLIT, caracterizado pelo operador $\mathcal{H}_{SLIT}$, e a adição da resposta com entrada nula $y_0(t)$. Ou seja, um sistema incrementalmente linear é aquele cuja resposta equivale à soma entre a resposta com entrada nula e a resposta de um sistema SLIT ao sinal de entrada. Se não fosse pelo acréscimo da resposta com entrada nula, o sistema seria SLIT. A designação incrementalmente linear vem do fato de que *alterações* no sinal de entrada provocam *alterações* proporcionais no sinal de saída associado. O incremento no sinal de saída é proporcional ao incremento no sinal de entrada. Agora, é importante fazer um comentário a respeito da terminologia. Todos os sistemas SLIT também são incrementalmente lineares, visto que alterações incrementais em seus si-

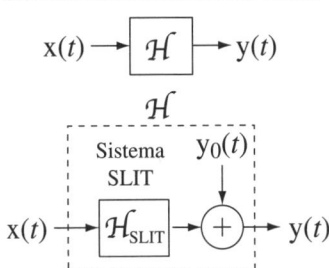

Figura 4.29
A relação entre o sistema incrementalmente linear e um sistema SLIT.

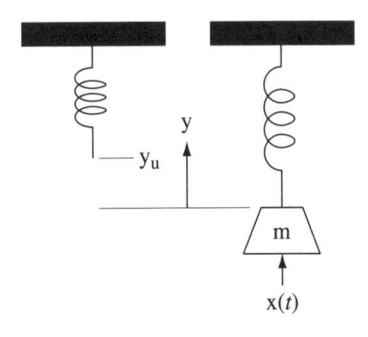

Figura 4.30
Sistema mecânico com novo referencial para posições verticais.

nais de entrada provocam alterações incrementais proporcionais em seus respectivos sinais de saída. Assim, sistemas SLIT compõem um subconjunto dos sistemas incrementalmente lineares.

Ao redefinirmos a excitação ou a resposta, podemos converter a descrição do sistema mecânico em uma descrição de um sistema SLIT. Se redefiníssemos a referência de zero da posição vertical para y_e, a posição de equilíbrio na parte superior da massa (Figura 4.30), a equação de movimento se tornaria $m[y(t) - y_u]'' + K_v y'(t) + K_s y(t) + mg = x(t)$, em que y_u corresponde à posição da extremidade da mola em repouso em relação à nova referência de posição. Agora, o valor de y, pouco antes do instante de tempo $t = 0$, é zero, e implica $K_s y_u - mg = 0$, e a equação de movimento passa a ser

$$m\,y''(t) + K_v y'(t) + K_s y(t) = x(t) \tag{4.14}$$

Essa descrição do sistema é linear porque a resposta com entrada nula é igual a zero. O sistema por si próprio não se modifica, porém a maneira pela qual o descrevemos possibilitou modificá-lo de uma descrição de sistema incrementalmente linear para uma descrição de sistema linear.

CAUSALIDADE

Na análise de sistemas que consideramos até o momento, observamos que cada sistema responde apenas durante ou após o instante em que foi excitado. Essa idéia deveria parecer óbvia e natural. Como um sistema poderia responder antes de ser excitado? Parece óbvio, porque vivemos em um mundo físico onde sistemas físicos reais sempre respondem durante ou após serem excitados. Porém, como descobriremos mais tarde (no Capítulo 12), ao considerarmos filtros ideais, certas abordagens para o projeto de sistemas podem conduzir a um sistema que responde previamente à excitação. Tal sistema, na verdade, não pode ser construído.

O fato de que um sistema real responda somente enquanto ou depois de ter sido excitado é um resultado da idéia de senso comum relacionada à "causa e efeito". Um efeito está associado a uma causa, e o efeito acontece durante ou posteriormente a aplicação da causa.

> Qualquer sistema para o qual a resposta com condições iniciais nulas ocorre somente durante ou após o instante em que ele recebeu a excitação é denominado sistema **causal**.

Todos os sistemas físicos são causais, porque eles são incapazes de perceber uma situação futura e de responder antecipadamente ao instante em que são de fato excitados.

Ainda que todos os sistemas físicos reais sejam causais no sentido estrito do termo, eles não conseguem responder antes de serem excitados, isto é, há sistemas reais para processamento de sinais que são, algumas vezes, descritos de forma superficial como não causais. Estes são os sistemas de processamento de dados nos quais os sinais são armazenados e então processados "*off-line*", em um momento posterior, para se gerar a resposta. Uma vez que o histórico completo dos sinais de entrada tenha sido gravado, a resposta, processada para um certo período de tempo designado relacionado ao fluxo de dados, pode ser obtida com base nos valores dos sinais de entrada já armazenados, os quais aconteceram em um intervalo de tempo posterior (Figura 4.31). Porém, visto que toda a operação de processamento dos dados acontece após o armazenamento dos sinais de entrada, este tipo de sistema ainda pode ser considerado causal no sentido estrito do termo.

O termo "causal" é também comumente (embora um tanto inapropriadamente) empregado para sinais. Um sinal causal é nulo antes do instante $t = 0$. O uso dessa terminologia para sinais advém do fato de que se um sinal de entrada, que é nulo antes de $t = 0$, é aplicado a um sistema causal, a resposta é também nula antes do instante $t = 0$. Por essa definição, a resposta seria um sinal causal já que corresponderia à resposta de um sistema causal para uma excitação causal. O termo **anticausal** é empregado algumas vezes para se referir aos sinais que são nulos *após* o instante de tempo $t = 0$.

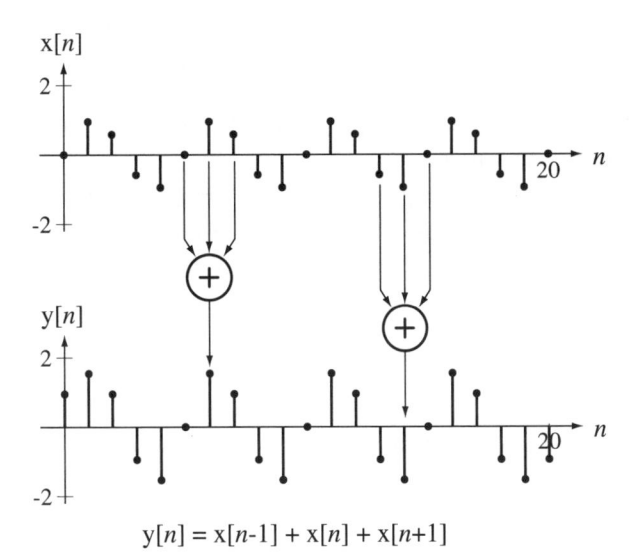

Figura 4.31
Um filtro não causal que calcula respostas com base em registros pré-gravados de excitações.

$$y[n] = x[n-1] + x[n] + x[n+1]$$

Em análise de sinais e sistemas, freqüentemente determinamos o que é usualmente referenciado como a **resposta forçada** de um sistema. Um caso bastante comum envolve sinais periódicos como sinais de entrada. Um sinal periódico não possui um instante de início identificável, visto que se um sinal $x(t)$ é periódico, isso quer dizer que $x(t) = x(t + nT)$, em que T corresponde ao período e n é qualquer inteiro. Não importa o quão distante olhamos na direção dos valores cada vez mais negativos de tempo, o sinal repete o seu padrão periodicamente. Alguém poderia afirmar que o instante de início do sinal no tempo encontra-se no infinito negativo. Então, a relação entre um sinal de entrada periódico e a resposta forçada de um sistema SLIT (que é igualmente periódica, de mesmo período) não pode ser utilizada para determinar se um sistema é ou não causal. Portanto, ao analisarmos a causalidade relativa a um sistema, o sistema deve ser excitado por um sinal de teste que tenha uma duração de tempo identificável antes de ter sido sempre nulo. Um sinal simples para ser usado nos testes de causalidade em sistemas SLIT é o impulso unitário $\delta(t)$. Ele é nulo previamente ao instante $t = 0$ e é nulo após o instante $t = 0$. Se a resposta com condições iniciais nulas do sistema a um impulso unitário, que ocorre no instante de tempo zero, não é nula anteriormente ao instante $t = 0$, o sistema é não causal. O Capítulo 6 apresenta métodos para determinar como sistemas SLIT respondem a impulsos.

MEMÓRIA

As respostas dos sistemas consideradas até o momento dependem tanto das excitações correntes quantos das anteriores. Em um filtro passa-baixas RC, a carga no capacitor é determinada pela corrente que fluiu por ele em algum período de tempo anterior. Através desse mecanismo, ele, de certo modo, é sensível a eventos ocorridos em seu passado. O comportamento dinâmico do sistema mecânico massa-mola, a qualquer tempo, depende da energia armazenada na mola, que é determinada pelo histórico das forças que atuaram sobre ela. A resposta corrente desses sistemas depende das suas excitações anteriores, e esta memória, juntamente com as excitações correntes, determinam suas respostas presentes.

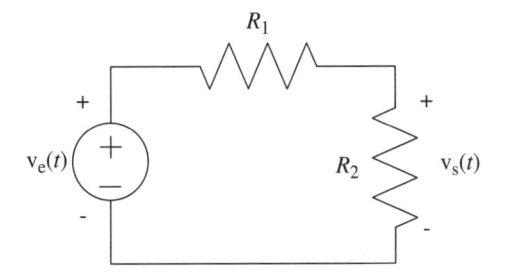

Figura 4.32
Um divisor de tensão resistivo.

> Se qualquer resposta com condições iniciais nulas de um sistema, para um instante de tempo arbitrário, depende de sua excitação ocorrida em qualquer outro instante de tempo, o sistema é dito ter **memória** e é denominado sistema **dinâmico**.

Existem sistemas para os quais o valor atual da resposta depende somente do valor presente da excitação. Um divisor de tensão resistivo é um bom exemplo (Figura 4.32).

$$v_s(t) = \frac{R_2}{R_1 + R_2} v_e(t)$$

> Se qualquer resposta com condições iniciais nulas de um sistema, para um instante de tempo arbitrário, depende apenas da excitação ocorrida no mesmo instante de tempo em questão, o sistema não possui memória e é considerado um sistema **estático**.

Os conceitos de causalidade e memória são relacionados. Todos os sistemas causais são estáticos. A verificação de um sistema para a propriedade de memória também pode ser feita com o mesmo tipo de sinal de teste utilizado para se avaliar a causalidade, ou seja, o impulso unitário. Se a resposta de um sistema SLIT ao impulso unitário $\delta(t)$ é diferente de zero para qualquer instante de tempo que não seja $t = 0$, o sistema possui memória.

NÃO-LINEARIDADE ESTÁTICA

Já vimos um exemplo de sistema não-linear: o sistema incrementalmente linear cuja resposta com entrada nula é diferente de zero. Ele é não-linear porque não é homogêneo. A não-linearidade não é uma conseqüência intrínseca da não-linearidade própria dos componentes mas, antes, um resultado do fato de que a resposta com entrada nula do sistema é diferente de zero.

Na prática, o significado mais comum para o termo "sistema não-linear" refere-se a um sistema em que, mesmo sendo a sua resposta com entrada nula igual a zero, o sinal de saída ainda é uma função não-linear do sinal de entrada. Este é freqüentemente o resultado de componentes no sistema que têm **não-linearidades estáticas**. Um sistema estaticamente não-linear não possui memória para uma relação entre entrada e saída que seja representada por uma função não-linear. Exemplos de componentes estaticamente não-lineares incluem diodos, transistores, multiplicadores etc. Esses componentes são não-lineares porque se o sinal de entrada é modificado por um certo fator, o sinal de saída pode se modificar por um fator distinto.

A diferença entre componentes lineares e não-lineares pode ser ilustrada traçando-se em um gráfico a relação entre os sinais de entrada e saída. Para um resistor linear, que corresponde a um sistema estático, a relação é determinada pela lei de Ohm,

$$v(t) = R\, i(t)$$

Um gráfico da tensão pela corrente é linear (Figura 4.33).

Figura 4.33
Relação entre a tensão e a corrente para um resistor.

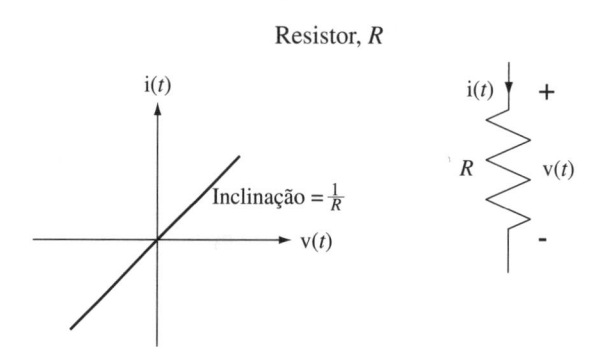

Figura 4.34
A relação entre a tensão e a corrente para um diodo a uma temperatura fixa.

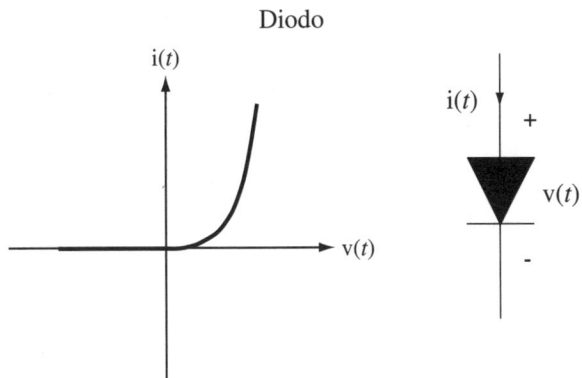

Figura 4.35
Um multiplicador analógico e um dobrador.

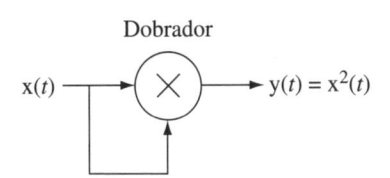

Um diodo é um bom exemplo de componente estaticamente não-linear. Sua relação entre tensão e corrente é dada por $i(t) = I_s(e^{qv(t)/kT} - 1)$, em que I_s é a corrente de saturação reversa, q equivale à carga de um elétron, k é a constante de Boltzmann e T corresponde à temperatura absoluta, como mostra a Figura 4.34.

Um outro exemplo de componente estaticamente não-linear é o multiplicador analógico usado como dobrador. Um multiplicador analógico possui duas entradas e uma saída. O sinal de saída é igual ao produto dos sinais aplicados às suas duas entradas. Ele não possui memória, ou é estático, visto que o sinal de saída corrente depende apenas dos sinais de entradas correntes e não de qualquer sinal de saída ou entrada anterior (Figura 4.35).

O sinal de saída y(t) é o resultado do produto entre os sinais de entrada $x_1(t)$ e $x_2(t)$. Se $x_1(t)$ e $x_2(t)$ são sinais idênticos a $x(t)$, então $y(t) = x^2(t)$. Essa é uma relação estaticamente não-linear, visto que se a excitação é multiplicada por algum fator A, a resposta é multiplicada pelo fator A^2 tornando o sistema não homogêneo.

O fenômeno da saturação em amplificadores operacionais reais (em contraposição ao ideal) é tido como um exemplo muito comum de não-linearidade estática. Um amplificador operacional tem duas entradas – a entrada inversora e a entrada não inversora – e uma saída. Quando os sinais de tensão são aplicados às entradas, o sinal de tensão na saída do amplificador operacional é um múltiplo fixo da diferença entre os dois sinais de tensão presentes nas entradas, *até um certo ponto*. Para sinais de pequena magnitude, a relação é $v_{saída}(t) = A[v_{ent+}(t) - v_{ent-}(t)]$. Entretanto, o sinal de tensão da saída está limitado pelas tensões das fontes de alimentação do amplificador e pode apenas se aproximar destes valores, não ultrapassá-los. Portanto, se a diferença entre os sinais de tensão das entradas for suficientemente grande, a ponto do sinal de tensão na saída, calculado por $v_{saída}(t) = A[v_{ent+}(t) - v_{ent-}(t)]$ deslocar-se para fora da faixa definida entre $-V_{fa}$ e $+V_{fa}$ (onde *fa* significa fonte de alimentação), o amplificador operacional irá saturar. O sinal de tensão da saída se deslocará para uma das extremidades da faixa de operação e permanecerá lá, não podendo ir além. Quando o amplificador operacional encontra-se saturado, a relação entre os sinais de entrada e saída torna-se estaticamente não-linear. Tal situação é ilustrada pela Figura 4.36.

Figura 4.36
A relação entre os sinais de entrada e saída para um amplificador operacional em saturação.

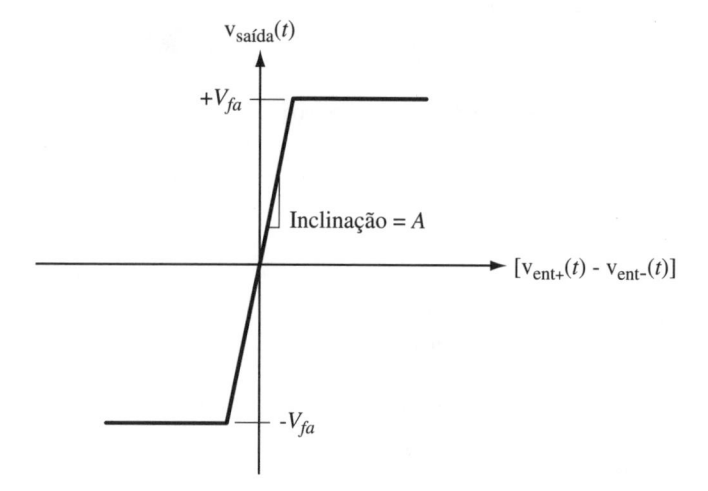

Mesmo que um sistema seja estaticamente não-linear, técnicas adotadas na análise de sistemas lineares ainda podem ser úteis no processo de análise dele. Veja no apêndice C que se encontra na Internet, mais especificamente no endereço **www.mhhe.com/roberts**, um exemplo de emprego dos métodos aplicáveis a sistemas lineares no desenvolvimento de uma análise aproximada para um sistema não-linear.

INVERSIBILIDADE

Na análise de sistemas, determinamos freqüentemente a resposta com condições iniciais nulas de um sistema para uma dada excitação. Porém, conseguimos, muitas vezes, determinar a excitação, dada a resposta com condições iniciais nulas, se o sistema é **inversível**.

> Um sistema é dito inversível se excitações singulares produzem respostas com condições iniciais nulas singulares.

Se excitações singulares produzem respostas com condições iniciais nulas singulares, logo é possível, a princípio, dada a resposta com condições iniciais nulas, associá-las à excitação que as produziu. Diversos sistemas práticos são inversíveis, pelo menos em princípio.

Uma outra maneira de descrever um sistema inversível é afirmar que se um sistema é inversível, logo deve existir um sistema inverso que, ao ser excitado pela resposta do primeiro sistema, responde com a excitação aplicada a esse último (Figura 4.37).

Um exemplo de sistema inversível é qualquer sistema descrito por uma equação diferencial linear invariante no tempo da forma

$$a_k y^{(k)}(t) + a_{k-1} y^{(k-1)}(t) + \cdots + a_1 y'(t) + a_0 y(t) = x(t)$$

Se a resposta y(t) é conhecida, igualmente portanto, são todas as suas derivadas, e a equação indica exatamente a maneira de calcular a excitação como uma combinação linear de y(t) e suas derivadas.

Figura 4.37
Um sistema seguido do sistema inverso correspondente.

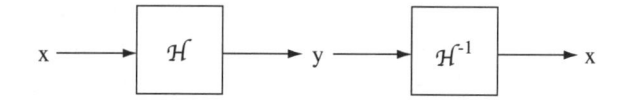

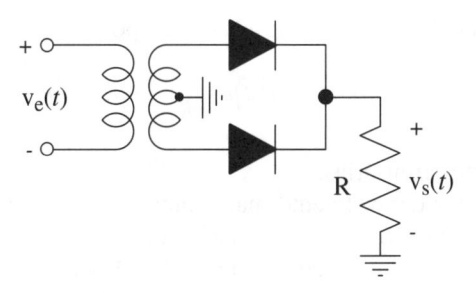

Figura 4.38
Um retificador de onda completa.

Um exemplo de sistema não inversível é o sistema estático cuja relação funcional entre entrada e saída é dada por

$$y(t) = \text{sen}(x(t)) \tag{4.15}$$

Para um dado valor qualquer do sinal de entrada x(t), é possível determinar o valor da resposta com condições iniciais nulas y(t). O conhecimento a respeito da excitação determina inequivocamente a resposta com condições iniciais nulas. Entretanto, se tentarmos determinar a excitação, dada a resposta, por meio do rearranjo da relação funcional da Equação (4.15) para x(t) = sen^{-1}(y(t)), encontraremos um problema. A inversa da função seno tem associado múltiplos valores. Portanto, o conhecimento da resposta com condições iniciais nulas não determina exclusivamente a excitação. Esse sistema viola o princípio da inversibilidade porque excitações diferentes podem produzir a mesma resposta com condições iniciais nulas. Por exemplo, se, em algum instante de tempo $t = t_0$, x(t_0) = $\pi/4$, então y(t_0) = $\sqrt{2}/2$. Porém se, no instante de tempo $t = t_0$, x(t_0) tivesse um valor diferente x(t_0) = $3\pi/4$, logo y(t_0) teria o mesmo valor $\sqrt{2}/2$. Sendo assim, ao examinarmos somente a resposta com condições iniciais nulas, não temos como saber qual valor de excitação a provocou.

Um outro exemplo de sistema não inversível é muito familiar aos projetistas de circuitos eletrônicos: o retificador de onda completa (Figura 4.38). Considere que o transformador seja ideal com razão do número de espiras 1:2, e que os diodos sejam ideais, ou seja, não há queda de tensão neles, quando estão polarizados diretamente, e não há corrente circulando por eles quando estão polarizados reversamente. Logo, o sinal de tensão na saída v$_s$(t) e o sinal de tensão na entrada v$_e$(t) estão relacionados por v$_s$(t)=|v$_e$(t)|. Suponha que em um dado instante de tempo específico, o sinal de tensão na saída seja igual a +1 V. O sinal de tensão da entrada no mesmo instante de tempo poderia ser igual a +1 V ou –1 V. Não há maneira de saber qual dessas duas possibilidades para o sinal de tensão da entrada é a excitação observando-se apenas o sinal de tensão da saída. Portanto, não poderíamos estar seguros quanto à reconstrução correta da excitação com base na resposta. A resposta com condições iniciais nulas é exclusivamente determinada pela excitação, mas a excitação não é determinada inequivocamente pela resposta com condições iniciais nulas. Sendo assim, o sistema em questão não é inversível.

4.5 AUTOFUNÇÕES DE SISTEMAS SLIT

Como exemplo de um sistema de segunda ordem, considere o circuito *RLC* mostrado na Figura 4.39, submetido a uma excitação de tensão em degrau de amplitude *A*.
A soma das tensões em torno das malhas fechadas resulta em

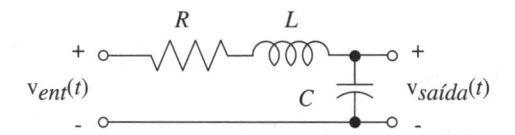

$$LC\text{v}''_{saída}(t) + RC\text{v}'_{saída}(t) + \text{v}_{saída}(t) = A\text{u}(t) \tag{4.16}$$

Figura 4.39
Um circuito RLC.

e a solução para o sinal de tensão da entrada é dada por

$$v_{saída}(t) = K_1 e^{\left(-R/2L + \sqrt{(R/2L)^2 - 1/LC}\right)t} + K_2 e^{\left(-R/2L - \sqrt{(R/2L)^2 - 1/LC}\right)t} + A$$

e K_1 e K_2 são constantes arbitrárias.

Essa solução é consideravelmente mais complicada do que a solução já obtida para o filtro passa-baixas *RC*. Agora, existem dois termos exponenciais e cada um deles possui um expoente muito mais complicado. Observe também que o expoente envolve uma raiz quadrada de uma quantidade que pode ser negativa. Portanto, o expoente pode se tornar complexo. Por essa razão, a autofunção e^{st} é denominada **exponencial complexa**. As soluções para equações diferenciais ordinárias lineares com coeficientes constantes são sempre combinações lineares de exponenciais complexas.

Exponenciais complexas são muito importantes na análise de sinais e sistemas e, por isso, serão um tema recorrente neste texto. No circuito *RLC*, se os expoentes são reais, a resposta é simplesmente igual à soma de duas exponenciais reais. O caso mais interessante, contudo, é aquele onde os expoentes são complexos. Os expoentes tornam-se complexos se

$$(R/2L)^2 - 1/LC < 0 \qquad (4.17)$$

Nesse caso, a solução pode ser escrita em termos de dois parâmetros conhecidos para sistemas de segunda ordem, a **freqüência angular natural** ω_n e o **fator de amortecimento** α como a seguir

$$v_{saída}(t) = K_1 e^{\left(-\alpha + \sqrt{\alpha^2 - \omega_n^2}\right)t} + K_2 e^{\left(-\alpha - \sqrt{\alpha^2 - \omega_n^2}\right)t} + A \qquad (4.18)$$

em que

$$\omega_n^2 = 1/LC \quad e \quad \alpha = R/2L$$

Existem outros dois parâmetros freqüentemente usados em sistemas de segunda ordem que estão relacionados com ω_n e α; a **freqüência angular crítica** ω_c e a **relação de amortecimento** ζ. Eles são definidos por $\zeta = \alpha/\omega_n$ e $\omega_c = \omega_n \sqrt{1 - \zeta^2}$, respectivamente. Logo, podemos reescrever a Equação (4.18) como

$$v_{saída}(t) = K_1 e^{\left(-\alpha + \omega_n \sqrt{\zeta^2 - 1}\right)t} + K_2 e^{\left(-\alpha - \omega_n \sqrt{\zeta^2 - 1}\right)t} + A$$

Quando a condição da Equação (4.17) é satisfeita, o sistema é dito subamortecido e a resposta pode ser escrita como

$$v_{saída}(t) = K_1 e^{(-\alpha + j\omega_c)t} + K_2 e^{(-\alpha - j\omega_c)t} + A.$$

Os expoentes são complexos conjugados um do outro. [Eles precisam ser para $v_{saída}(t)$ ser uma função com valor real.]

Admitindo que o circuito encontra-se inicialmente em seu estado determinado por condições iniciais nulas e adotando as condições iniciais, o sinal de tensão na saída é dado por

$$v_{saída}(t) = A \left[\frac{1}{2}\left(-1 + j\frac{\alpha}{\omega_c}\right) e^{(-\alpha + j\omega_c)t} + \frac{1}{2}\left(-1 - j\frac{\alpha}{\omega_c}\right) e^{(-\alpha - j\omega_c)t} + 1 \right]$$

Essa resposta parece ser complexa para um sistema real com excitação real. Porém, ainda que os coeficientes e os expoentes sejam complexos, a solução geral é real, visto que o sinal de tensão da saída pode ser reduzido à forma

$$v_{saída}(t) = A\{1 - e^{-\alpha t}[(\alpha/\omega_c)\text{sen}(\omega_c t) + \cos(\omega_c t)]\}$$

A solução em questão está na forma de uma senóide amortecida, ou seja, uma senóide multiplicada por uma exponencial em decaimento. A freqüência natural $f_n = \omega_n/2\pi$ corresponde à freqüência na qual a tensão de resposta oscila, caso o fator de amortecimento seja zero. A taxa de amortecimento da senóide é determinada pelo fator de amortecimento α. Qualquer sistema descrito por uma equação diferencial linear de segunda ordem poderia ser analisado por meio de um procedimento análogo.

Um caso especial relevante em análise de sistemas lineares corresponde a um sistema SLIT excitado por uma senóide complexa. Seja o sinal de tensão na entrada de um circuito RLC dado por $v_{ent}(t) = Ae^{j2\pi f_0 t}$. É importante perceber que $v_{ent}(t)$ é descrito de modo exato para todo o tempo. Ele não será uma senóide complexa somente a partir de agora, ele *sempre foi* uma senóide complexa. Desde que ele tenha se iniciado em um tempo infinito no passado, quaisquer transientes que tenham, por ventura, ocorrido, já se encontrarão extintos (se o sistema é estável, assim como esse circuito RLC o é). Desse modo, a única solução que permanece até o presente momento é a resposta forçada. A resposta forçada é a solução particular da equação diferencial descritiva. Já que todas as derivadas da senóide complexa são igualmente senóides complexas, a solução particular para $v_{ent}(t) = Ae^{j2\pi f_0 t}$ é simplesmente $v_{saída,p}(t) = Be^{j2\pi f_0 t}$, em que B ainda deve ser determinado. Portanto, se esse sistema SLIT é excitado por uma senóide complexa, a resposta é também uma senóide complexa, à mesma freqüência, porém com uma constante multiplicativa diferente (em geral). De modo geral, qualquer sistema SLIT excitado por uma exponencial complexa responde com outra exponencial complexa de mesma forma funcional, excetuando-se pela multiplicação de uma constante complexa.

A solução forçada pode ser calculada pelo método dos coeficientes indeterminados. Substituindo a forma da solução na equação diferencial (4.16)

$$(j2\pi f_0)^2 LCBe^{j2\pi f_0 t} + j2\pi f_0 RCBe^{j2\pi f_0 t} + Be^{j2\pi f_0 t} = Ae^{j2\pi f_0 t}$$

e determinando a solução,

$$B = \frac{A}{(j2\pi f_0)^2 LC + j2\pi f_0 RC + 1}$$

Utilizando o princípio da sobreposição para sistemas SLIT, se o sinal de entrada é uma função arbitrária que é uma combinação linear entre senóides complexas de diversas freqüências, então o sinal de saída é também uma combinação linear de senóides complexas naquelas mesmas freqüências. Essa idéia é a base para os métodos utilizados nas análises por séries de Fourier e transformada de Fourier, a serem introduzidos nos Capítulos 8, 9, 10 e 11, que representam sinais arbitrários como combinações lineares de senóides complexas.

4.6 RESUMO DOS PONTOS MAIS IMPORTANTES

1. Um sistema que é tanto homogêneo quanto aditivo é linear.
2. Um sistema que é tanto linear como invariante no tempo é denominado sistema SLIT.
3. A resposta completa de qualquer sistema SLIT equivale à soma de suas respostas com entrada nula e com condições iniciais nulas.
4. Freqüentemente, sistemas não-lineares podem ser analisados com as técnicas adotadas para sistemas lineares por meio de uma aproximação conhecida por linearização.
5. Um sistema é classificado como estável, segundo o critério BIBO, se sinais de entrada limitados arbitrários sempre produzem sinais de saída limitados.
6. Todos os sistemas físicos reais são causais, embora alguns possam ser conveniente e superficialmente descrito como não causais.

EXERCÍCIOS COM RESPOSTAS

Em cada exercício, as respostas estão listadas em ordem aleatória.

Modelagem de Sistemas

1. Em uma molécula química, os átomos estão mecanicamente acoplados por forças interatômicas de ligação. Uma molécula de sal consiste em um átomo de sódio ligado a um átomo de cloro. A massa atômica do sódio é 22,99, a massa atômica do cloro é 35,45 e uma unidade de masssa atômica equivale a $1,6604 \times 10^{-27}$kg. Elabore um modelo relativo à molécula como duas massas acopladas por uma mola cuja constante de mola seja igual a $K_s = 1,2 \times 10^{59}$N/m. Em um sistema desse tipo, os dois átomos podem acelerar um em relação ao outro, mas (na ausência de forças externas) o centro de massa do sistema não sofre acelerações. É conveniente associar o centro de massa à origem do sistema de coordenadas que descreve as posições dos átomos. Admita que o comprimento em repouso da mola seja l_0, assuma também que a posição do átomo de sódio seja igual a $y_s(t)$ e que a posição do átomo de cloro seja $y_c(t)$. Escreva duas equações diferenciais de movimento acopladas para este sistema mecânico, combine-as em uma única equação diferencial em termos do grau de estiramento da mola $y(t) = y_s(t) - y_c(t) - l_0$, e demonstre que a freqüência de ressonância é dada por $\sqrt{K_s \dfrac{m_s + m_c}{m_s m_c}}$, em que m_s é a massa do átomo de sódio e m_c é a massa do átomo de cloro. Determine a freqüência de ressonância para uma molécula de sal. (Esse modelo não é realístico, uma vez que as moléculas de sal raramente se formam isoladamente. O sal ocorre na forma de cristais e as outras moléculas presentes no cristal também exercem forças na molécula, tornando a análise realística muito mais complicada.)

   Resposta: A freqüência de ressonância é igual a 6×10^{14} Hz.

2. Escreva a equação diferencial para a tensão $v_C(t)$ do circuito da Figura E.2 para os instantes de tempo $t > 0$, e então determine uma expressão para a corrente $i(t)$ nos instantes $t > 0$.

Figura E.2

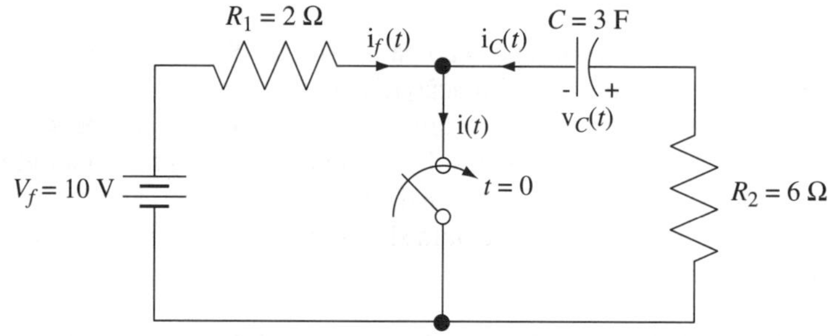

   Resposta: $i(t) = 5 + (5/3)e^{-t/18}$

3. O reservatório de água da Figura E.3 é preenchido por um fluxo entrante $x(t)$ e esvaziado devido a um fluxo sainte $y(t)$. O fluxo sainte é controlado por uma válvula que oferece uma resistência R ao fluxo de água que se dirige para fora do reservatório. A profundidade da água no reservatório é $d(t)$ e a área de superfície da água equivale a A, independentemente da profundidade (reservatório cilíndrico). O fluxo sainte está associado à profundidade da água (desde o topo) pela relação

$$y(t) = \frac{d(t)}{R}$$

O reservatório mede 1,5 m de altura e seu diâmetro é igual a 1m. A resistência da válvula é igual a 10 s/m².

(a) Escreva a equação diferencial que retrate a profundidade da água em termos das dimensões do reservatório e da resistência da válvula.
(b) Se o fluxo entrante é 0,05 m³/s, a qual profundidade de água as taxas do fluxo entrante e do fluxo sainte serão iguais, tornando a profundidade da água constante?
(c) Determine uma expressão para a profundidade de água ao longo do tempo, depois de 1 m³ ter sido transferido para dentro do reservatório vazio.
(d) Se o reservatório encontra-se inicialmente vazio no instante de tempo $t = 0$ e o fluxo entrante permanece constante em 0,2 m³/s após o instante $t = 0$, em que instante de tempo o reservatório começará a transbordar?

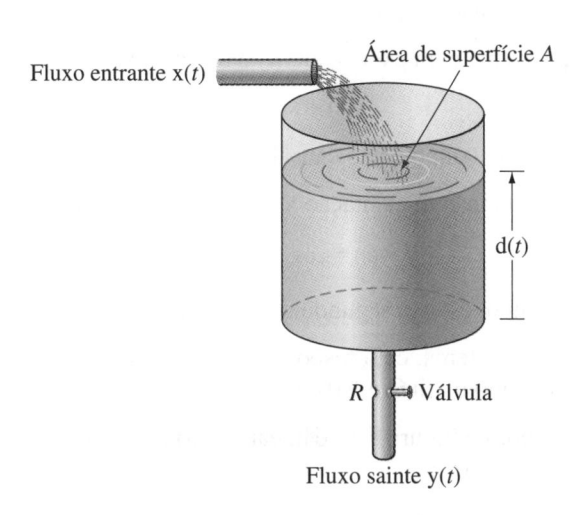

Figura E.3
Reservatório de água com fluxos entrante e sainte.

Respostas: $h(t) = 1{,}273 e^{-t/7{,}854} u(t)$; 10,886 s; 0,5 m

4. Como pôde ser depreendido do texto, um pêndulo simples é aproximadamente descrito nas situações para valores de ângulo pequenos θ pela equação diferencial

$$mL\theta''(t) + mg\theta(t) \cong x(t)$$

em que m corresponde à massa do pêndulo, L é o comprimento da haste rígida desprovida de massa que suporta o corpo e θ é o desvio angular do pêndulo em relação à posição vertical.
(a) Determine a forma geral da resposta desse sistema ao degrau unitário.
(b) Se a massa vale 2 kg e o comprimento da haste é de 0,5 m, em qual freqüência cíclica o pêndulo oscilará?

Respostas: 0,704 Hz; $h(t) = \dfrac{1}{m}\sqrt{1/gL}\,\text{sen}\left(\sqrt{g/L}\,t\right) u(t)$

5. Uma bola de alumínio é aquecida até a temperatura de 100° C. Então, ela é imersa em um fluxo de água corrente, que é mantido a uma temperatura constante de 10° C. Após 10 segundos, a temperatura da bola encontra-se em 60° C. (O alumínio é tão bom condutor de calor que sua temperatura é praticamente uniforme ao longo do seu volume durante o processo de resfriamento.) A taxa de resfriamento é proporcional à diferença de temperatura entre a bola e a água.
(a) Escreva uma equação diferencial para esse sistema em que a temperatura da água seja a excitação e a temperatura da bola seja a resposta.
(b) Calcule a constante de tempo do sistema.
(c) Determine a resposta do sistema ao impulso e, por meio dela, a resposta ao degrau.
(d) Se a mesma bola é resfriada até 0° C e é imersa em um fluxo de água corrente com temperatura igual a 80° C no instante de tempo $t = 0$, em qual instante de tempo a temperatura da bola atingirá 75 °C?

Respostas: 17 s; 47,153 s

Propriedades de Sistemas

6. Mostre que um sistema submetido a uma excitação x(t) que responde com y(t) descrita por

$$y(t) = u(x(t))$$

é não-linear, invariante no tempo, estável e não inversível.

7. Mostre que um sistema excitado por x(t) e que responde com y(t) descrita por

$$y(t) = x(t-5) - x(3-t)$$

é linear, não causal e não inversível.

8. Mostre que um sistema com excitação x(t) e resposta y(t) descrita por

$$y(t) = x(t/2)$$

é linear, invariante no tempo e não causal.

9. Mostre que um sistema com excitação x(t) e resposta y(t) descrita por

$$y(t) = \cos(2\pi t)x(t)$$

é invariante no tempo, estável segundo o critério BIBO, causal e não inversível.

10. Demonstre que um sistema, cuja resposta é a magnitude de sua excitação, é não-linear, estável segundo o critério BIBO, causal e não inversível.

11. Mostre que o sistema da Figura E.11 é linear, invariante no tempo, instável segundo o critério BIBO e dinâmico.

Figura E.11
Um sistema contínuo no tempo.

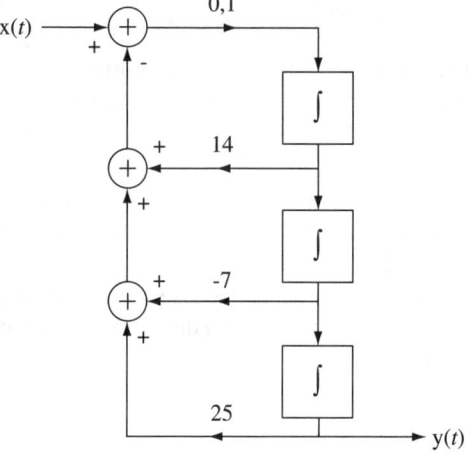

EXERCÍCIOS SEM RESPOSTAS

Modelagem de Sistemas

12. A suspensão de um carro pode ser modelada pelo sistema massa-mola-amortecedor, mostrado na Figura E.12. Admita que a massa m do carro seja de 1500 kg, que a constante de mola K_s seja igual a 75000 N/m e que o coeficiente de viscosidade K_d do amortecedor seja igual a 20000 N · s/m. Em um dado comprimento d_0 da mola, ela não está nem estendida nem comprimida e, dessa forma, não exerce força. Admita que esse comprimento seja de 0,6 m.

   (a) Qual é o valor da distância y(t) − x(t) quando o carro encontra-se em repouso?
   (b) Defina uma nova variável z(t) = y(t) − x(t) − constante de modo que, quando o sistema se encontrar em repouso, a igualdade z(t) = 0 é atendida. Escreva uma equação descritiva em z e x que caracterize um sistema SLIT. Então determine a resposta ao impulso.

(c) A situação em que o carro atinge um meio-fio pode ser modelada ao permitir que a altura da superfície da estrada varie descontinuamente de um valor igual à altura desse meio-fio h_c. Admita $h_c = 0,15$ m. Trace o gráfico de z(t) em relação ao tempo, após o carro chocar-se contra o meio-fio.

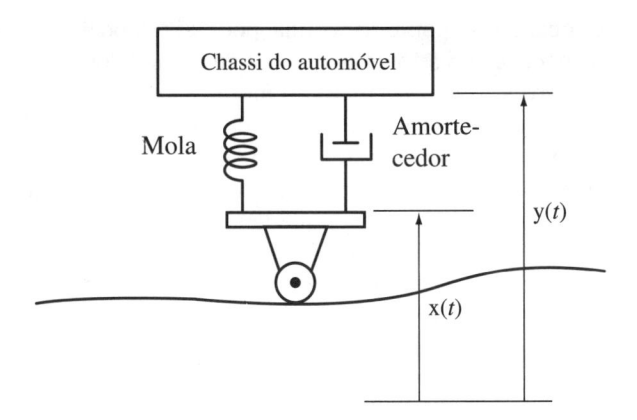

Figura E.12
Modelo de uma suspensão automotiva.

13. Farmacocinética é o estudo de como os medicamentos são absorvidos, disseminados, metabolizados e eliminados pelo corpo humano. Certos processos medicamentosos podem ser aproximadamente analisados por meio de um modelo do corpo do tipo "compartimento simples", em que V é o volume deste compartimento, $C(t)$ é a concentração do medicamento dentro do compartimento, k_e é uma taxa constante para a eliminação do medicamento do compartimento e k_0 equivale à taxa de infusão do medicamento direcionado ao compartimento.

   (a) Escreva a equação diferencial em que a taxa de infusão corresponde ao sinal de entrada e a concentração do medicamento corresponde ao sinal de saída.
   (b) Atribua os seguintes valores aos parâmetros $k_e = 0,4\,\text{hr}^{-1}$, $V = 20$ l e $k_0 = 200$ mg/hr (em que "l" é o símbolo para "litro"). Se a concentração inicial do medicamento é $C(0) = 10$ mg/l, trace o gráfico da concentração do medicamento em função do tempo (dado em horas) para as primeiras 10 horas de infusão. Determine a solução como a soma entre a resposta com entrada nula e a resposta com condições iniciais nulas.

14. Dois fluxos de líquido são vertidos para uma cuba de misturas químicas por um longo tempo: água pura a 0,2 metro cúbico por segundo e tinta azul concentrada a 0,1 metro cúbico por segundo. A cuba contém 10 metros cúbicos dessa mistura e a mistura está sendo retirada da cuba a uma taxa de 0,3 metro cúbico por segundo para manter o volume constante. Subitamente, a tinta azul é substituída por uma tinta vermelha fluindo à mesma taxa. Em que instante de tempo, após a troca, a mistura retirada da cuba conterá uma proporção de tinta vermelha para tinta azul igual a 99:1?

15. Em certos auditórios muito amplos podem ocorrer ecos evidentes ou reverberações. Ao mesmo tempo em que uma pequena reverberação é desejável, o seu excesso não é. Admita que a resposta proveniente de uma sala de auditório para um impulso acústico seja

$$h(t) = \sum_{n=0}^{\infty} e^{-n}\delta(t - n/5)$$

Pretendemos projetar um sistema de processamento de sinais que remova os efeitos da reverberação. Em capítulos posteriores que abordam a teoria sobre transformadas, teremos condições de mostrar que o sistema compensado, capaz de remover as reverberações, possui uma resposta ao impulso na forma,

$$h_c(t) = \sum_{n=0}^{\infty} g[n]\delta(t - n/5)$$

Determine a função g[n].

16. Um carro deslocando-se por uma colina pode ser modelado como mostra a Figura E.16. A excitação é a força f(t) para a qual um valor positivo representa a aceleração do carro à frente por meio do motor e um valor negativo representa a redução da velocidade do carro pela ação de frenagem. À medida que o carro se desloca, ele experimenta o arraste devido aos vários fenômenos de atrito que podem ser aproximadamente modelados por um coeficiente k_f que, multiplicado à velocidade do carro, produz a força que tende a reduzir a velocidade do carro, quando ele se move em qualquer direção. A massa do carro é m e a gravidade age sobre ele o tempo todo, tendendo a fazê-lo descer a colina na ausência de outras forças. Admita que a massa desse carro seja 1000 kg, o coeficiente de atrito k_f seja 5 N · s/m e que o ângulo θ seja π/12.

(a) Escreva uma equação diferencial para esse sistema em que a força f(t) corresponda à excitação e a posição do carro y(t) seja a resposta.
(b) Se a parte frontal do carro está inicialmente na posição y(0) = 0 com uma velocidade inicial $[y'(t)]_{t=0}$ = 10 m/s e não há força de aceleração ou frenagem atuando, trace o gráfico da velocidade do carro y'(t) para instantes de tempo positivos.
(c) Se uma força constante f(t) de 200 N é aplicada ao carro, qual é a velocidade terminal que ele pode alcançar?

Figura E.16
Um carro em um plano inclinado.

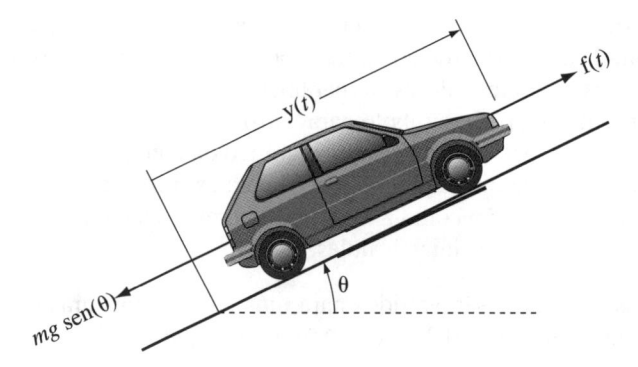

Propriedades de Sistemas

17. Um sistema é representado pelo diagrama de blocos da Figura E.17.

Figura E.17
Um sistema.

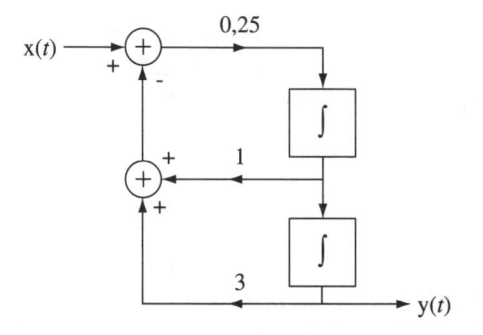

Classifique o sistema quanto à homogeneidade, aditividade, linearidade, invariância no tempo, estabilidade, causalidade, memória e inversibilidade.

18. O sinal de saída em um dado sistema corresponde ao cubo do sinal de entrada equivalente. Classifique o sistema quanto à linearidade, invariância no tempo, estabilidade, causalidade, memória e inversibilidade.

19. Um sistema é descrito pela equação diferencial $ty'(t) - 8y(t) = x(t)$. Classifique-o quanto à linearidade, invariância no tempo e estabilidade.

20. Um sistema é descrito pela equação $y(t) = \int_{-\infty}^{t/3} x(\lambda)d\lambda$. Classifique-o quanto à invariância no tempo, estabilidade e inversibilidade.

21. Um sistema é descrito pela equação $y(t) = \int_{-\infty}^{t+3} x(\lambda)d\lambda$. Classifique-o quanto à linearidade, causalidade e inversibilidade.

22. Mostre que o sistema descrito por $y(t) = \text{Re}(x(t))$ é aditivo, mas não homogêneo. (Lembre-se: se a excitação é multiplicada por qualquer constante *complexa* e o sistema é homogêneo, a resposta deve ser multiplicada por esta mesma constante.)

CAPÍTULO 5

Propriedades dos Sistemas Discretizados no Tempo

Uma tecnologia promissora pode ser desenvolvida se a realidade sobrepujar as relações públicas para que a Natureza não seja enganada.

Richard Feynman, físico agraciado com o Prêmio Nobel

5.1 INTRODUÇÃO E OBJETIVOS

O homem tem projetado e construído sistemas contínuos no tempo desde o início da civilização, embora o estudo formalizado que trata da análise e projeto de sistemas seja um desenvolvimento muito mais recente. A análise e o projeto de sistemas discretizados no tempo constitui uma área de estudo ainda mais nova. A análise de sinais e sistemas discretizados no tempo tem sido decididamente impulsionada pelo rápido desenvolvimento da eletrônica, dos circuitos integrados e do computador nos últimos cinqüenta anos ou mais. *Sistema digital* é um termo muito comum associado aos sistemas modernos discretizados no tempo. Sistemas digitais têm algumas vantagens importantes sobre sistemas analógicos (sistemas contínuos no tempo). Eles podem ser replicados com maior facilidade, são menos vulneráveis às condições ambientais, têm maior imunidade a ruídos e, em grande parte dos projetos atuais, eles são, em maior ou menor grau, programáveis. Um sistema programável permite que as suas funções sejam alteradas em software e não em hardware. Essa é uma grande vantagem visto que, falando de maneira geral, modificar o software consome menos tempo e é uma tarefa mais fácil do que efetuar alterações no hardware. Devido a essas vantagens e ao súbito aumento de capacidades, seguido pela concomitante redução de preço, sistemas digitais estão sendo integrados rapidamente a cada aspecto da vida moderna.

A maioria dos sistemas contínuos no tempo são modelados por equações diferenciais. Grande parte dos sistemas discretizados no tempo são modelados por equações de diferenças. A grande parte das propriedades dos sistemas contínuos no tempo parece ser quase exatamente igual à dos sistemas discretizados no tempo, porém existem algumas diferenças devido ao fato de que o tempo discretizado é inerentemente diferente do tempo contínuo.

OBJETIVOS DO CAPÍTULO:

1. Introduzir a nomenclatura que descreve as características importantes dos sistemas.
2. Demonstrar a modelagem matemática de sistemas por meio de equações de diferenças.
3. Desenvolver técnicas para a classificação de sistemas de acordo com suas propriedades.

5.2 DIAGRAMAS DE BLOCOS E TERMINOLOGIA PARA SISTEMAS

A maior parte das descrições e propriedades dos sistemas contínuos no tempo possui contrapartidas muito semelhantes nos sistemas discretizados no tempo. Sistemas discretizados no tempo são normalmente menos conhecidos, mas estão se tornando cada vez mais importantes em projetos da engenharia moderna. A maioria dos sistemas discretizados no tempo, projetados por engenheiros, utiliza componentes eletrônicos digitais em que o estado do sistema se modifica apenas a instantes discretos de tempo. Dentre esses sistemas, o mais comum e importante é o computador digital.

Assim como nos sistemas contínuos no tempo, ao se desenharem diagramas de blocos para representarem sistemas discretizados no tempo, existem certos tipos de operações que aparecem tão freqüentemente, que têm símbolos gráficos próprios para uso em tais diagramas. Os três componentes essenciais em um sistema discretizado no tempo são: o amplificador, a junção somadora e o **atraso**. Em sistemas discretizados no tempo, o amplificador e a junção somadora têm os mesmos propósitos identificados anteriormente, quando tratávamos de sistemas contínuos no tempo. Um atraso é excitado por um sinal discretizado no tempo e responde exatamente com o mesmo sinal a menos de um retardo igual a uma unidade de tempo na escala temporal discretizada (Figura 5.1). A Figura 5.1 exibe o símbolo gráfico mais comumente utilizado, porém algumas vezes a letra D (de *delay*) é substituída pela letra S (que indica a ocorrência de um deslocamento no tempo – *shift*).

$$x[n] \longrightarrow \boxed{D} \longrightarrow x[n-1]$$

Figura 5.1
O símbolo gráfico utilizado em um diagrama de blocos que corresponde a um atraso no tempo discretizado.

5.3 MODELAGEM DE SISTEMAS

A seguir estão alguns exemplos que ilustram a metodologia adotada na modelagem de sistemas discretizados no tempo. Dentre eles, três já foram apresentados no Capítulo 1.

Exemplo 5.1

Modelagem aproximada de um sistema contínuo no tempo por meio de um sistema discretizado no tempo equivalente

A modelagem aproximada de sistemas contínuos no tempo não-lineares é uma aplicação associada aos sistemas discretizados no tempo, a exemplo do sistema mecânico-hidráulico visto no Capítulo 4 (Figura 5.2). O fato de sua equação diferencial

$$A_1 \frac{d}{dt}(h_1(t)) + A_2 \sqrt{2g[h_1(t) - h_2]} = f_1(t)$$

(equação de Toricelli) ser não-linear faz dele um sistema mais difícil de resolver do que se ele fosse descrito por equações diferenciais lineares.

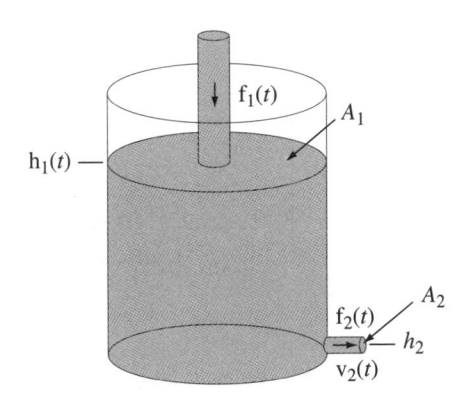

Figura 5.2
Reservatório de água dotado de orifício em sua parte inferior, sendo preenchido através de uma entrada superior.

■ Solução

Uma possibilidade para a resolução do problema em questão compreende o uso de um método numérico. Podemos aproximar a derivada por diferenças finitas

$$\frac{d}{dt}(h_1(t)) \cong \frac{h_1((n+1)T_s) - h_1(nT_s)}{T_s}$$

em que T_s equivale à duração de tempo finito entre valores de h_1 correspondentes a pontos uniformemente separados no tempo discretizado, e n referencia tais pontos. Logo, a equação de Toricelli pode ser aproximada nesses instantes de tempo por

$$A_1 \frac{h_1((n+1)T_s) - h_1(nT_s)}{T_s} + A_2\sqrt{2g[h_1(nT_s) - h_2]} \cong f_1(nT_s)$$

que pode ser rearranjada em

$$h_1((n+1)T_s) \cong \frac{1}{A_1}\left\{T_s f_1(nT_s) + A_1 h_1(nT_s) - A_2 T_s\sqrt{2g[h_1(nT_s) - h_2]}\right\} \qquad (5.1)$$

o que representa o valor de h_1 no instante discreto subseqüente, referenciado por $n + 1$, em termos dos valores de f_1 relativos ao instante de tempo corrente indexado por n e h_1, sendo este também relativo ao índice de tempo corrente. Poderíamos escrever a Equação (5.1) em uma notação simplificada para a escala temporal discretizada, como a seguir

$$h_1[n+1] \cong \frac{1}{A_1}\left\{T_s f_1[n] + A_1 h_1[n] - A_2 T_s\sqrt{2g(h_1[n] - h_2)}\right\}$$

ou

$$h_1[n] \cong \frac{1}{A_1}\left\{T_s f_1[n-1] + A_1 h_1[n-1] - A_2 T_s\sqrt{2g(h_1[n-1] - h_2)}\right\} \qquad (5.2)$$

Na Equação (5.2), ao conhecermos o valor de h_1 para qualquer índice de tempo, podemos (aproximadamente) calcular seu valor em qualquer outro instante de tempo indexado. A aproximação é melhorada ao se fazer T_s menor ainda. Tal procedimento constitui-se em um exemplo de solução de um problema no domínio do tempo contínuo por meio de métodos aplicáveis ao domínio do tempo discretizado. Por ser a Equação (5.2) uma equação de diferenças, ela estabelece um sistema discretizado no tempo (Figura 5.3).

Na Figura 5.4, encontram-se exemplos da solução numérica para a equação de Toricelli usando-se o sistema discretizado no tempo da Figura 5.3 e considerando-se três intervalos de amostragem diferentes: 100 s, 500 s e 1000 s. O resultado para $T_s = 100$ é bastante preciso. O resultado para $T_s = 500$ apresenta um comportamento geral correto e tende ao valor final esperado, porém atinge este valor prematuramente. Já o resultado para $T_s = 1000$ possui uma forma completamente errada, embora ela se aproxime do valor final correto. A escolha de um intervalo

Figura 5.3
Um sistema que possibilita uma solução numérica aproximada para a equação diferencial do fluxo de líquido.

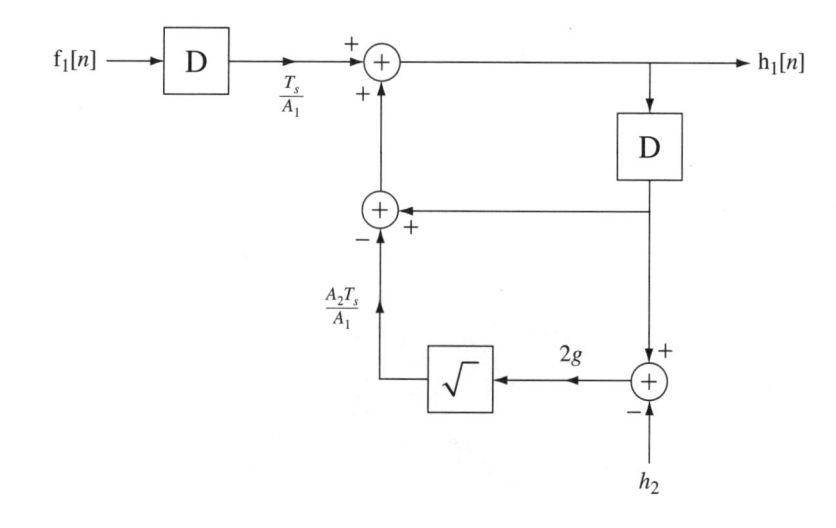

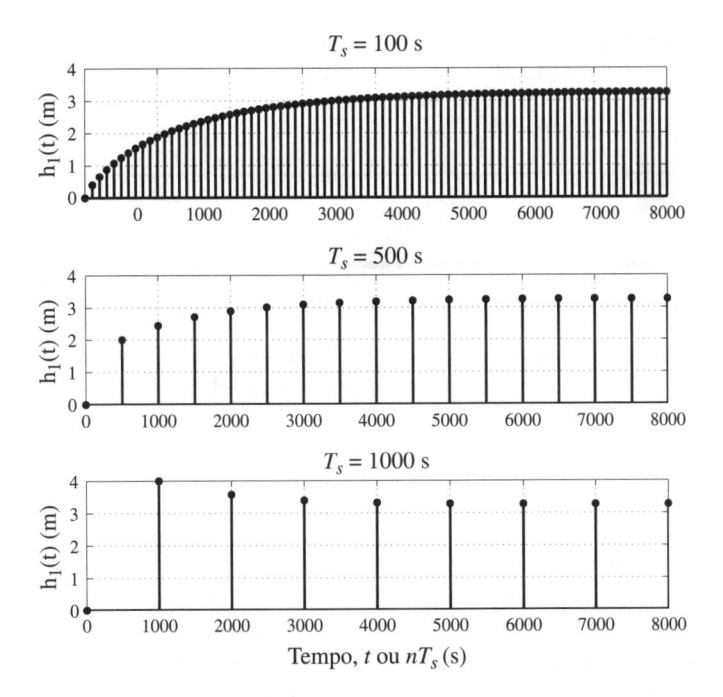

Figura 5.4
Solução numérica da equação de Toricelli referente ao sistema discretizado no tempo da Figura 5.3 para uma taxa de fluxo volumétrico entrante igual a 0,004 m³/s.

de amostragem que seja muito longo torna a solução imprecisa e, para alguns casos, pode provocar instabilidade em um algoritmo numérico.

Abaixo, segue-se o código do MATLAB que simula o sistema da Figura 5.3 utilizado para resolver a equação diferencial descritora do reservatório dotado de orifício.

```
g = 9.8 ;         % Aceleração devido à gravidade, m/s^2
A1 = 1 ;          % Área da superfície livre de água no tanque, m^2
A2 = 0.0005 ;     % Área efetiva do orifício, m^2
h1 = 0 ;          % Altura da superfície de água no tanque, m^2
h2 = 0 ;          % Altura do orifício, m^2
f1 = 0.004 ;      % Fluxo volumétrico entrante de água, m^3/s
Ts = [100,500,1000] ;  % Vetor contendo os incrementos de tempo, s
N = round(8000./Ts) ;  % Vetor contendo a quantidade de passos
                       % no tempo
for m = 1:length(Ts),  % Varre os incrementos de tempo
    h1 = 0 ;           % Inicializa h1 em zero
    h = h1 ;           % Primeira entrada do vetor altura da
                       % coluna de água
% Varre toda a quantidade de incrementos de tempo para o
% cálculo da altura da coluna de água utilizando um sistema
% discretizado no tempo como uma aproximação para o sistema
% contínuo no tempo

for n = 1:N(m),
% Calcula a próxima altura da superfície de água
    h1 = (Ts(m)*f1 + A1*h1 - A2*Ts(m)*sqrt(2*g*h1-h2))/A1 ;
    h = [h ; h1] ;  % Acrescenta ao vetor altura da coluna
                    % de água
end

% Traça o gráfico da altura da coluna de água em relação ao
% tempo e acrescenta anotações ao gráfico
subplot(length(Ts),1,m) ;
p = stem(Ts(m)*[0:N(m)]',h,'k','filled') ;
set(p,'LineWidth',2,'MarkerSize',4) ; grid on ;
if m == length(Ts),
    p = xlabel('Tempo, t ou {\itnT_s} (s)', ...
           'FontName','Times','FontSize',18) ;
end
```

```
p = ylabel('h_1(t)  (m)','FontName','Times','FontSize',18) ;
p = title(['{\itT_s} = ',num2str(Ts(m)), ...
           ' s'],'FontName','Times','FontSize',18) ;
end
```

EXEMPLO 5.2

Modelagem de um sistema retroalimentado sem excitação

Determine o sinal de saída gerado pelo sistema ilustrado na Figura 5.5 para instantes de tempo $n \geq 0$. Admita que as condições iniciais sejam y[0] = 1 e y[–1] = 0.

■ Solução

O sistema da Figura 5.5 é descrito pela seguinte equação de diferenças

$$y[n] = 1,97\, y[n-1] - y[n-2] \tag{5.3}$$

Essa equação, juntamente com as suas condições iniciais y[0] = 1 e y[−1] = 0, determina completamente a resposta y[n]. A resposta pode ser calculada efetuando-se a iteração da Equação (5.3), o que resultará em uma solução correta. Porém, tal solução estará na forma de uma seqüência infinita de valores da resposta. A resposta pode ser determinada em uma forma fechada pela solução da equação de diferenças (veja o Apêndice Q no site localizado no endereço **www.mhhe.com/roberts**). Visto que não há sinal de entrada para excitar o sistema, a equação é homogênea. A forma funcional da solução homogênea é a exponencial complexa Kz^n. Substituindo-a na equação de diferenças, obtemos $Kz^n = 1,97\, Kz^{n-1} - Kz^{n-2}$. Ao dividirmos toda a expressão por Kz^{n-2}, chegamos à equação característica, que resolvendo para z, obtemos

$$z = \frac{1,97 \pm \sqrt{1,97^2 - 4}}{2} = 0,985 \pm j0,1726 = e^{\pm j0,1734}$$

A existência de dois autovalores significa que a solução homogênea é da forma

$$y[n] = K_{h1}z_1^n + K_{h2}z_2^n \tag{5.4}$$

Temos as condições iniciais y[0] = 1 e y[−1] = 0. Sabemos, pela Equação (5.4), que y[0] = $K_{h1} + K_{h2}$ e y[−1] = $K_{h1}z_1^{-1} + K_{h2}z_2^{-1}$. Portanto,

$$\begin{bmatrix} 1 & 1 \\ e^{-j0,1734} & e^{+j0,1734} \end{bmatrix} \begin{bmatrix} K_{h1} \\ K_{h2} \end{bmatrix} = \begin{bmatrix} 1 \\ 0 \end{bmatrix}$$

Solucionando para as duas constantes, temos, $K_{h1} = 0,5 - j2,853$ e $K_{h2} = 0,5 + j2,853$. Logo, a solução completa é dada por

$$y[n] = (0,5 - j2,853)(0,985 + j0,1726)^n + (0,5 + j2,853)(0,985 - j0,1726)^n$$

Essa é a solução correta e completa, mas ela não se encontra em uma forma muito adequada. Podemos reescrevê-la para uma forma equivalente mais conveniente utilizando exponenciais complexas $y[n] = (0,5 - j2,853)e^{j0,1734n} + (0,5 + j2,853)e^{-j0,1734n}$
ou

$$y[n] = 0,5\underbrace{(e^{j0,1734n} + e^{-j0,1734n})}_{=2\cos(0,1734n)} - j2,853\underbrace{(e^{j0,1734n} - e^{-j0,1734n})}_{=j2\operatorname{sen}(0,1734n)}$$

ou

$$y[n] = \cos(0,1734n) + 5,706\operatorname{sen}(0,1734n) \tag{5.5}$$

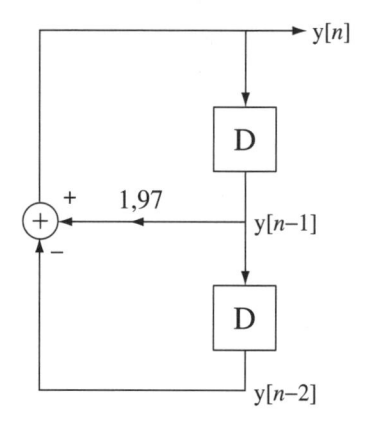

Figura 5.5
Um sistema discretizado no tempo.

(Poderíamos também obter essa solução ao admitir que ela fosse uma combinação linear entre seno e cosseno reais, assim como foi feito para o domínio do tempo contínuo em um exemplo do Capítulo 4.) Os primeiros 50 valores do sinal produzido por esse sistema são ilustrados na Figura 5.6.

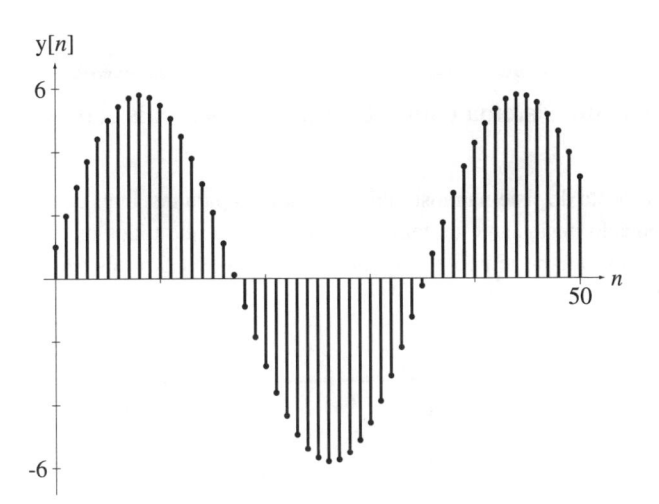

Figura 5.6
O sinal produzido pelo sistema discretizado no tempo da Figura 5.5.

O sistema da Figura 5.5 não é excitado. A resposta depende tão apenas do estado inicial do sistema. Portanto, a Figura 5.6 mostra a resposta com entrada nula.

EXEMPLO 5.3

Modelagem de um sistema retroalimentado com excitação

Determine a resposta do sistema mostrado pela Figura 5.7 se $a = 1$, $b = -1,5$, $x[n] = \delta[n]$ e o sistema encontra-se inicialmente em repouso.

■ Solução

A equação de diferenças para esse sistema é dada por

$$y[n] = a(x[n] - by[n-1]) = x[n] + 1,5\,y[n-1]$$

A solução para instantes de tempo $n \geq 0$ equivale à solução homogênea na forma $K_h z^n$. Substituindo e resolvendo para z, obtemos $z = 1,5$. Logo, $y[n] = K_h(1,5)^n$, $n \geq 0$. A constante pode ser calculada ao se conhecer o valor inicial da resposta que, pelo diagrama do sistema, deve ser igual a 1. Portanto,

$$y[0] = 1 = K_h(1,5)^0 \Rightarrow K_h = 1$$

e

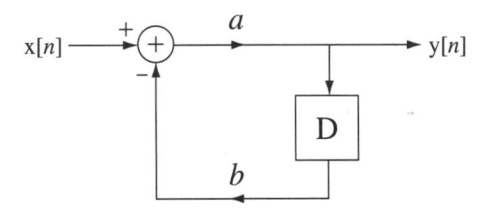

$$y[n] = (1,5)^n \quad, \quad n \geq 0$$

Figura 5.7
Um sistema discretizado no tempo retroalimentado simples com uma excitação diferente de zero.

Esta solução obviamente cresce sem limites e, por isso, o sistema é instável. Se tivéssemos escolhido b de maneira que sua magnitude fosse menor do que um, o sistema seria estável, uma vez que a solução é da forma $y[n] = b^n$, $n \geq 0$.

Exemplo 5.4

Modelagem de um sistema com retroalimentação mais elaborada e com excitação

Determine a resposta do sistema mostrado na Figura 5.8 para instantes de tempo $n \geq 0$ quando $x[n] = 1$ é aplicado no instante de tempo $n = 0$. Admita que todos os sinais no sistema são nulos antes do instante de tempo $n = 0$ para $a = 1$, $b = -1,5$ e três valores diferentes de c: 0,8 , 0,6 e 0,5.

Figura 5.8
Um sistema com uma retroalimentação mais elaborada.

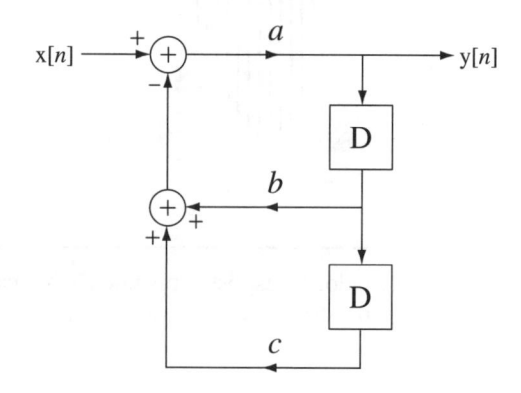

■ Solução

A equação de diferenças para esse sistema é igual a

$$y[n] = a(x[n] - by[n-1] - cy[n-2]) = x[n] + 1{,}5\, y[n-1] - cy[n-2] \quad (5.6)$$

A resposta corresponde à solução completa da equação de diferenças, dadas as condições iniciais. Podemos determinar a solução por iteração. Porém, geralmente, uma solução na forma fechada é preferível. Podemos determinar uma solução em forma fechada ao calcularmos a solução completa da equação de diferenças. A solução homogênea é dada por $y_h[n] = K_{h1} z_1^n + K_{h2} z_2^n$, em que $z_{1,2} = 0{,}75 \pm \sqrt{0{,}5625 - c}$. A solução particular está na forma de uma combinação linear entre o sinal de entrada e todas as suas diferenças únicas. O sinal de entrada é constante. Logo, todas as suas diferenças são iguais a zero. Portanto, a solução particular é simplesmente uma constante K_p. Substituindo-a na equação de diferenças, obtemos

$$K_p - 1{,}5 K_p + c K_p = 1 \Rightarrow K_p = \frac{1}{c - 0{,}5}$$

Utilizando a Equação (5.6), podemos determinar os dois valores iniciais de $y[n]$ necessários para resolver as duas constantes restantes, que são de valor desconhecido K_{h1} e K_{h2}. Esses valores são $y[0] = 1$ e $y[1] = 2{,}5$.

No Capítulo 1, três respostas foram apresentadas para $a = 1$, $b = -1{,}5$ e $c = 0{,}8$, 0,6 e 0,5. Aquelas respostas são reapresentadas agora na Figura 5.9

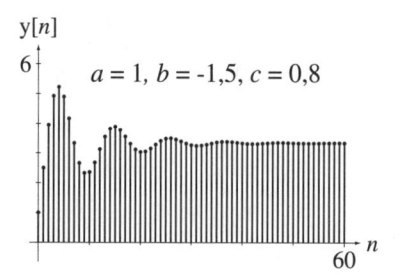

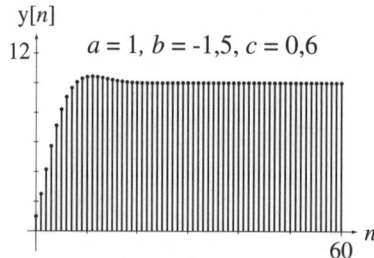

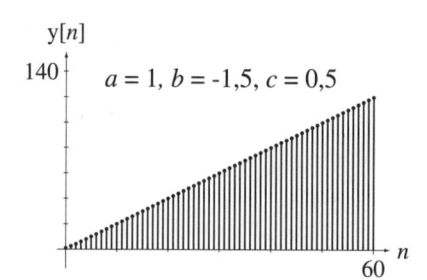

Figura 5.9
Respostas do sistema para três configurações distintas da retroalimentação.

Os resultados do Exemplo 5.4 demonstram a importância da retroalimentação na determinação da resposta de um sistema. Nos primeiros dois casos, o sinal de saída é limitado. Porém, no terceiro caso, o sinal de saída é ilimitado, ainda que o sinal de entrada seja limitado. Assim, como é para sistemas contínuos no tempo, toda vez que um sistema discretizado no tempo exibe uma resposta ilimitada referente a uma excitação limitada de qualquer tipo, ele é classificado como sistema instável de acordo com o critério BIBO. Então, a estabilidade de sistemas retroalimentados depende da natureza da retroalimentação.

No Exemplo 5.4, os sinais são todos nulos para instantes de tempo $n < 0$. Logo, antes do momento $n = 0$, todos os sinais são nulos. Esse é o estado do sistema determinado pelas condições iniciais nulas e a resposta é a resposta com condições iniciais nulas.

5.4 PROPRIEDADES DE SISTEMAS

As propriedades dos sistemas discretizados no tempo são praticamente idênticas, pelo menos conceitualmente, às propriedades dos sistemas contínuos no tempo. Nesta seção, exploramos exemplos que ilustram algumas das propriedades percebidas para os sistemas discretizados no tempo.

Considere o sistema da Figura 5.10. Os sinais de entrada e de saída relacionam-se por meio da equação $y[n] = x[n] + (4/5)y[n-1]$. A solução homogênea equivale a $y_h[n] = K_h(4/5)^n$. Seja $x[n]$ uma seqüência degrau unitário. Então, a solução particular é igual a $y_p[n] = 5$ e a solução total corresponde a $y[n] = K_h(4/5)^n + 5$. (Consulte o Apêndice Q em www.mhhe.com/roberts para obter maiores informações sobre os métodos para solução de equações de diferenças.) Se o sistema encontra-se em seu estado determinado pelas condições iniciais nulas, antes do instante de tempo $n = 0$, a solução completa é dada por (Figura 5.11)

$$y[n] = \begin{cases} 5 - 4(4/5)^n &, n \geq 0 \\ 0 &, n < 0 \end{cases}$$

ou

$$y[n] = [5 - 4(4/5)^n]u[n]$$

A semelhança entre a forma da resposta do filtro passa-baixas *RC* a uma excitação em degrau unitário e a envoltória da resposta desse sistema a uma função seqüência degrau unitário não é por acaso. Esse sistema constitui-se em um simples filtro passa-baixas digital (mais informações sobre filtros digitais podem ser encontradas nos Capítulos 13 e 16).

Se multiplicarmos a excitação desse sistema por qualquer constante, a resposta será igualmente multiplicada pela mesma constante e, por isso, o sistema é homogêneo. Se provocarmos um atraso na excitação do sistema por uma quantidade n_0, atrasaremos a resposta pela mesma quantidade de tempo. Portanto, ele é também invariante no tempo. Se adicionarmos dois sinais quaisquer para compor a excitação do sistema, a reposta equivalerá à soma das respostas correspondentes à aplicação isolada de cada um dos sinais em instantes diferentes. Dessa forma, ele é tido como um sistema SLIT discretizado no tempo. O sistema em questão também apresenta uma resposta limitada para qualquer excitação limitada. Por isso, ele ainda é estável.

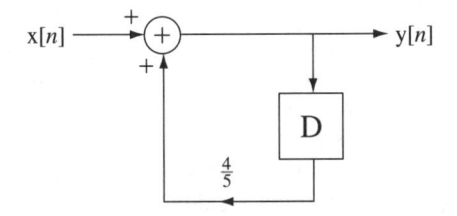

Figura 5.10
Um sistema.

Figura 5.11
Resposta do sistema a uma excitação do tipo seqüência degrau unitário com condições iniciais nulas.

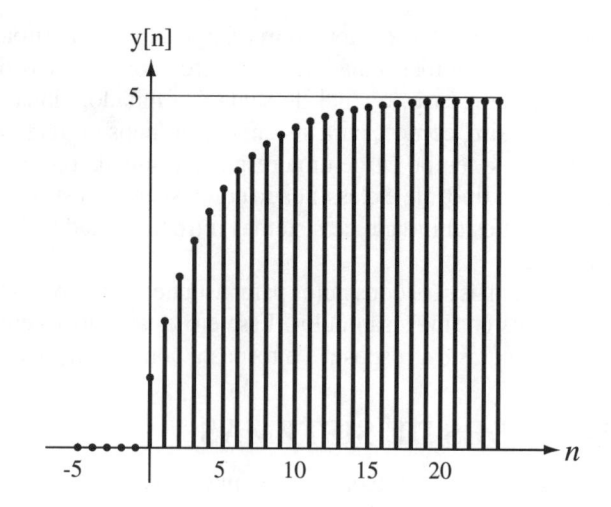

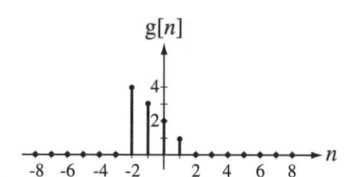

Figura 5.12
Um sinal de excitação.

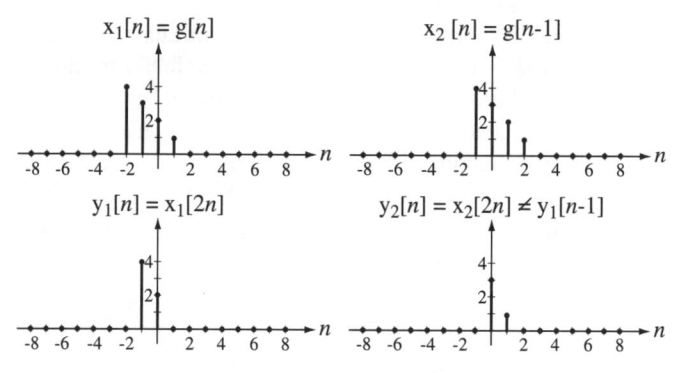

Figura 5.13
Respostas para duas excitações diferentes do sistema descrito por $y[n] = x[2n]$.

Um exemplo muito simples de sistema não invariante no tempo é aquele descrito por $y[n] = x[2n]$. Admita que $x_1[n] = g[n]$ e $x_2[n] = g[n-1]$, em que $g[n]$ é o sinal ilustrado na Figura 5.12. Assuma que a resposta para $x_1[n]$ seja $y_1[n]$ e a resposta para $x_2[n]$ seja $y_2[n]$. Esses sinais são apresentados na Figura 5.13.

Já que $x_2[n]$ é igual a $x_1[n]$ diferindo-se apenas pelo atraso de uma unidade de tempo discreto, para o sistema ser invariante no tempo, $y_2[n]$ deve ser igual a $y_1[n]$ a menos do atraso de uma unidade no tempo discreto, mas ele não é. Portanto, esse sistema é *variante* no tempo.

O sistema financeiro para atualização dos juros compostos é um bom exemplo de sistema que não é estável segundo o critério BIBO. Se um montante de dinheiro inicial P é depositado em um investimento de renda fixa a uma taxa de juros anual r composta anualmente, a quantia $A[n]$, que corresponde ao valor do investimento n anos à frente, será dada pela relação $A[n] = P(1 + r)^n$. A quantia $A[n]$ cresce sem limites à medida que o tempo discreto n transcorre. Isso indica que o nosso sistema bancário é instável? A quantia realmente cresce sem limites e, em um instante de tempo infinito, ela tenderia ao infinito. Mas como ninguém que se encontra vivo atualmente (ou em qualquer momento no futuro) viverá o bastante para ver isso acontecer, o fato de o sistema ser instável de acordo com a nossa definição não demanda grandes preocupações. Quando levamos em consideração também os efeitos das inevitáveis retiradas das contas pelos correntistas e da inflação monetária, concluímos que a instabilidade teórica não é significativa.

O tipo de sistema discretizado no tempo mais comum, estudado em sinais e sistemas, é aquele cuja relação entre entrada e saída é determinada por uma equação de diferença ordinária, linear e de coeficientes constantes. A autofunção é a exponencial complexa e a solução homogênea está na forma de uma combinação linear de exponenciais complexas. A forma de cada exponencial complexa é $z^n = |z|^n e^{j(\angle z)n}$, em que z é o autovalor. Se a magnitude de z é menor do que a unidade, a forma da solução z^n torna-se menor ainda em magnitude à medida que o tempo discreto transcorre; e se a magnitude de z é maior do que um, a solução torna-se cada vez maior em magnitude. Se a magnitude de z é exatamente igual a um, é possível determinar uma excitação limitada para a qual uma resposta ilimitada será produzida. Assim como é válido para sistemas contínuos no tempo, uma excitação que possui a mesma forma funcional da solução homogênea da equação diferencial produzirá uma resposta ilimitada. Portanto, para um sistema discretizado no tempo, se a magnitude de qualquer um dos autovalores é maior ou igual a um, o sistema é considerado instável de acordo com o critério BIBO.

EXEMPLO 5.5

Determinando uma excitação limitada que produza uma resposta ilimitada

Considere um acumulador para o qual $y[n] = \sum_{m=-\infty}^{n} x[m]$. Calcule os autovalores da solução desta equação e determine uma excitação limitada que irá produzir uma resposta ilimitada.

■ Solução

Podemos considerar a primeira diferença para trás em ambos os lados da equação de diferenças, produzindo $y[n] - y[n-1] = x[n]$. Essa é uma equação de diferenças bastante simples com único autovalor, e a solução homogênea é da forma $y[n] =$ uma constante já que o autovalor é unitário. Portanto, o sistema deve ser instável de acordo com o critério BIBO. A excitação limitada, que gera uma resposta ilimitada, possui a mesma forma funcional da solução homogênea. Nesse caso, $x[n] =$ uma constante gera uma resposta ilimitada. Visto que a resposta equivale à acumulação da excitação, deve estar claro que à medida que o tempo discreto transcorre, a magnitude da resposta a uma excitação constante cresce linearmente sem um limite superior finito.

■

Os conceitos de memória, causalidade, não-linearidade estática e inversibilidade para sistemas discretizados no tempo são exatamente os mesmos vistos no Capítulo 4 para sistemas contínuos no tempo. A Figura 5.14 apresenta um exemplo de sistema estático.

Uma porta lógica OU de duas entradas em um sistema lógico digital é um exemplo de sistema estaticamente não-linear. Suponha que os níveis lógicos sejam 0V para representar o zero lógico e 5V para representar o um lógico. Se aplicarmos 5V a uma das entradas e 0V a outra, a resposta correspondente será 5V. Se então aplicarmos 5V em ambas as entradas, simultaneamente, a resposta continuará sendo 5V. Se o sistema fosse linear, sua resposta seria igual a 10V quando aplicássemos 5V em cada uma de suas entradas, ao mesmo tempo. Esse é também um sistema não inversível. Se o sinal de saída encontra-se em 5V, não sabemos qual é a combinação exata dos sinais de entrada dentre as três possíveis combinações que levam a essa mesma resposta. Portanto, o conhecimento do sinal de saída não é suficiente para se determinar com certeza os sinais de entrada associados que a causaram.

5.5 AUTOFUNÇÕES DE SISTEMAS SLIT

Sistemas SLIT discretizados no tempo são normalmente representados por equações de diferenças lineares de coeficientes constantes. As autofunções de tais equações são funções da forma z em que z é uma constante complexa (veja o Apêndice Q na página do livro no endereço **www.mhhe.com/roberts**). Considere um sistema SLIT descrito pela equação de diferenças $2y[n] + 2y[n-1] + y[n-2] = x[n]$. Se z^n é uma autofunção, logo a solução deve estar na forma $y[n] = Az^n$, e a equação homogênea torna-se

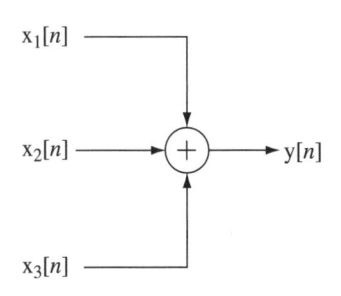

Figura 5.14
Um sistema estático.

$2Az^n + 2Az^{n-1} + Az^{n-2} = 0$. Podemos dividi-la por Az^{n-2} o que resulta em $2z^2 + 2z + 1 = 0$ e a solução passa a ser igual a $z = -(1/2) \pm (j/2)$. Esses valores de z são complexos e, por isso, a forma z^n é usualmente denominada exponencial complexa. A solução homogênea é portanto da forma

$$y_h[n] = A_1\left(\frac{-1+j}{2}\right)^n + A_2\left(\frac{-1-j}{2}\right)^n$$

A solução anterior se assemelha à resposta complexa para uma excitação real. Porém, ela pode ser escrita também como

$$y_h[n] = A_1\left(\frac{e^{j3\pi/4}}{2}\right)^n + A_2\left(\frac{e^{-j3\pi/4}}{2}\right)^n = 2^{-n}(A_1 e^{j3\pi n/4} + A_2 e^{-j3\pi n/4})$$

$$y_h[n] = 2^{-n}[B_1 \cos(3\pi n/4) + B_2 \operatorname{sen}(3\pi n/4)]$$

em que $B_1 = A_1 + A_2$ e $B_2 = A_1 - A_2$. Isso prova que a resposta também equivale a um valor real.

5.6 RESUMO DOS PONTOS MAIS IMPORTANTES

1. Sistemas discretizados no tempo são geralmente modelados por equações de diferenças.
2. Os métodos de solução para equações de diferenças são bastante similares aos métodos de solução para as equações diferenciais.
3. Uma utilidade comum às equações de diferenças é oferecer uma forma de aproximação para as equações diferenciais.
4. As propriedades dos sistemas discretizados no tempo são praticamente as mesmas identificadas para os sistemas contínuos no tempo.
5. Um sistema discretizado no tempo é estável se todos os seus autovalores são menores do que um em magnitude.

EXERCÍCIOS COM RESPOSTAS

Em cada exercício, as respostas estão listadas em ordem aleatória.

Modelagem de Sistemas

1. O método de Bernoulli pode ser utilizado para determinar numericamente a raiz dominante de uma equação polinomial (se ela existe). Ele é um exemplo de sistema discretizado no tempo. Se a equação está na forma $a_N q^N + a_{N-1} q^{N-1} + \cdots + a_1 q + a_0 = 0$, o método consiste em resolver a equação de diferenças

$$a_N q[n] + a_{N-1} q[n-1] + \cdots + a_1 q[n-N+1] + a_0 q[n-N] = 0$$

de valores iniciais $q[-1] = q[-2] = \cdots = q[-N+1] = 0$ e $q[0] = 1$. A raiz dominante é o limite aproximado por $q[n+1]/q[n]$. Desenhe um sistema discretizado no tempo para determinar a raiz dominante de uma equação polinomial de quarto grau. Determine a raiz dominante de $2q^4 + 3q^3 - 8q^2 + q - 3 = 0$.
Resposta: –2,964

Propriedades de Sistemas

2. Mostre que o sistema da Figura E.2 é não-linear, estável de acordo com o critério BIBO, estático e não inversível. (O sinal de saída de um multiplicador analógico é o resultado do produto entre os sinais aplicados às suas duas entradas.)

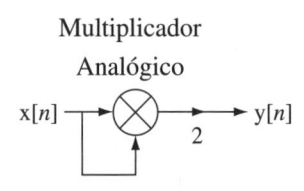

Figura E.2
Um sistema.

3. Demonstre que um sistema com excitação x[n] e resposta y[n] descrita por

$$y[n] = nx[n]$$

é linear, invariante no tempo e estático.

4. Demonstre que o sistema mostrado na Figura E.4 é linear, invariante no tempo, instável segundo o critério BIBO e dinâmico.

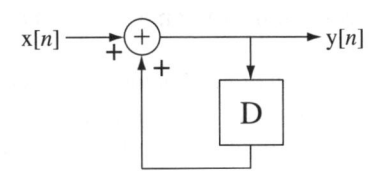

Figura E.4
Um sistema.

5. Mostre que um sistema com excitação x[n] e resposta y[n] descrita por

$$y[n] = \text{ret}(x[n])$$

é não-linear, invariante no tempo e não inversível.

6. Demonstre que o sistema da Figura E.6 é não-linear, invariante no tempo, estático e inversível.

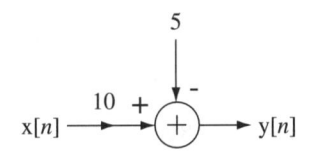

Figura E.6
Um sistema.

7. Mostre que o sistema da Figura E.7 é invariante no tempo, estável de acordo com o critério BIBO e causal.

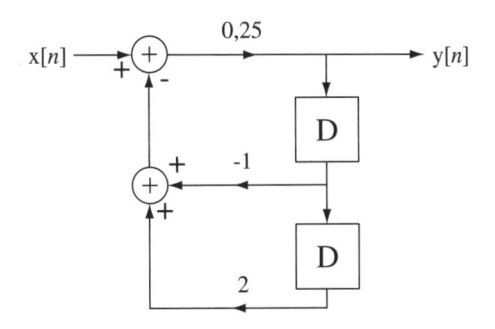

Figura E.7
Um sistema.

EXERCÍCIOS SEM RESPOSTAS

Modelagem de Sistemas

8. No começo do ano 2000, o país Libertônia tinha uma população p de 100 milhões de pessoas. A taxa de natalidade estava em 4% ao ano e a taxa de mortalidade anual era de 2%, composta diariamente. Ou seja, os nascimentos e mortes ocorriam todos os dias a uma fração uniforme da população atual, e no dia seguinte o número de nascidos e mortos se modificava visto que a população era alterada em relação ao dia anterior. Por exemplo, todos os dias o número de pessoas que morria era representado pela fração 0,02/365 da população total ao final do dia

anterior (despreze os efeitos causados por anos bissextos). Todo dia cerca de 275 imigrantes também chegavam à Libertônia.

(a) Defina uma equação de diferenças que retrate a população no início do enésimo dia, posteriormente a 1º de janeiro de 2000, com a taxa de imigração atuando como sinal de entrada do sistema.

(b) Ao determinar as respostas do sistema com entrada nula e com condições iniciais nulas, calcule a população de Libertônia no começo do ano 2050.

9. Na Figura E.9, encontra-se um programa do MATLAB capaz de simular um sistema.

(a) Sem executar o programa de fato, calcule o valor de x para n = 10 ao determinar uma forma fechada para a solução da equação de diferenças do sistema.

(b) Execute o programa e verifique a resposta obtida na letra (a).

Figura E.9

```
x = 1 ; y = 3 ; z = 0 ; n = 0 ;
while n <= 10,
    z = y ;
    y = x ;
    x = 2*n + 0.9*y - 0.6*z ;
    n = n + 1 ;
end
```

Propriedades de Sistemas

10. Um sistema é descrito por $y[n] = \sum_{m=-\infty}^{n+1} x[m]$. Classifique-o quanto à invariância no tempo, à estabilidade segundo o critério BIBO e à inversibilidade.

11. Um sistema é descrito por $ny[n] - 8y[n-1] = x[n]$. Classifique-o quanto à invariância no tempo, à estabilidade segundo o critério BIBO e à inversibilidade.

12. Um sistema é descrito por $y[n] = \sqrt{x[n]}$. Classifique-o quanto à linearidade, à estabilidade de acordo com o critério BIBO, memória e inversibilidade.

CAPÍTULO 6

Análise no Domínio do Tempo de Sistemas Contínuos no Tempo

Quando um cientista de prestígio e experiente afirma que algo é possível, ele está praticamente certo. Quando afirma que algo é impossível, ele está provavelmente equivocado.

Arthur C. Clarke, autor

Sempre ouça os especialistas. Eles lhe dirão o que não pode ser feito e o porquê... Então faça.

Robert Heinlein, autor

6.1 INTRODUÇÃO E OBJETIVOS

O propósito fundamental em projeto de sistemas consiste em fazê-los responder conforme as especificações previstas. Portanto, precisamos ser capazes de calcular a resposta de um sistema para qualquer sinal de entrada arbitrário. Como veremos ao longo deste texto, existem diversas maneiras de fazer isso. Já sabemos como encontrar a resposta de um dado sistema, descrito por uma equação diferencial, por meio da determinação da solução completa da equação acompanhada das condições de contorno estabelecidas. Neste capítulo, iremos desenvolver uma outra técnica conhecida por convolução. Mostraremos como utilizá-la para um sistema SLIT em que, se conhecermos sua resposta a um impulso unitário ocorrido no instante de tempo $t = 0$, essa resposta caracterizará completamente o sistema e permitirá que determinemos a resposta para qualquer outro sinal de entrada.

OBJETIVOS DO CAPÍTULO:

1. Desenvolver técnicas para se determinar a resposta de um sistema SLIT ao impulso unitário, ocorrido no instante de tempo $t = 0$.
2. Compreender e aplicar a convolução, que é uma técnica de determinação da resposta em sistemas SLIT contínuos no tempo a sinais de entrada arbitrários.

6.2 A INTEGRAL DE CONVOLUÇÃO

Vimos técnicas para se calcularem as soluções de equações diferenciais que descrevem sistemas. A solução completa corresponde à união entre a solução homogênea e a solução particular. A solução homogênea equivale à combinação linear de autofunções. Já a solução particular depende da forma da função de força. Embora tais métodos funcionem, há um modo mais sistemático de determinar como sistemas respondem aos sinais de entrada aplicados, e ele se apóia nas propriedades de sistema fundamentais. Ele é denominado **convolução**.

A técnica de convolução para determinar a resposta de um sistema SLIT contínuo no tempo é baseada em uma idéia simples. Se podemos encontrar alguma maneira de representar um sinal como uma combinação linear de funções elementares, podemos, utilizando os princípios da linearidade e da sobreposição, determinar a resposta para o sinal em questão como a soma das respostas às funções elementares correlacionadas. Se pudermos determinar a resposta de um sistema SLIT ao impulso unitário ocorrido no instante de tempo $t = 0$, e se pudermos representar o sinal de entrada como uma combinação linear de impulsos, conseguimos determinar a resposta para ele. Portanto, o uso da técnica de convolução parte da suposição de que a resposta ao impulso unitário, ocorrido em $t = 0$, já se encontra determinada, e chamaremos tal resposta h(t) de **resposta ao impulso**.

RESPOSTA AO IMPULSO

O primeiro requisito ao se utilizar a técnica de convolução para determinar a resposta de um sistema é conhecer a sua resposta ao impulso. Para determinarmos a resposta ao impulso de um sistema, aplicamos um impulso unitário $\delta(t)$ que deve ocorrer no instante de tempo $t = 0$. O impulso transfere energia de sinal ao sistema instantaneamente durante um período infinitesimal e então cessa. Depois da energia do impulso ter sido totalmente transferida ao sistema, este responde com um sinal característico ao seu comportamento dinâmico.

Poderíamos, pelo menos a princípio, determinar a resposta ao impulso experimentalmente ao aplicarmos um impulso à entrada do sistema. Porém, visto que um impulso real não pode ser de fato gerado, essa seria apenas uma aproximação. Além disso, na prática, uma aproximação para o impulso equivaleria a um pulso de valor de magnitude muito alta cuja duração deveria ser a menor possível. Em um sistema físico real, um pulso de grande magnitude poderia levar o sistema à região em que o modo de resposta não-linear é predominante, e a resposta ao impulso medida experimentalmente não seria precisa. Existem outras maneiras menos diretas, porém mais práticas, de determinação experimental da resposta ao impulso.

Se temos a descrição matemática de um sistema, podemos ser capazes de calcular a resposta ao impulso analiticamente. O exemplo a seguir ilustra alguns métodos para se determinar a resposta ao impulso de um sistema descrito por uma equação diferencial.

EXEMPLO 6.1

Resposta ao impulso do sistema de tempo contínuo 1

Determine a resposta ao impulso h(t) de um sistema contínuo no tempo caracterizado pela seguinte equação diferencial

$$y'(t) + ay(t) = x(t) \tag{6.1}$$

em que x(t) excita o sistema e y(t) é a resposta.

■ Solução

Podemos reescrever a Equação (6.1) para o caso especial de um impulso que excita o sistema como

$$h'(t) + ah(t) = \delta(t) \tag{6.2}$$

Método nº 1: Visto que a única excitação é o impulso unitário no instante de tempo $t = 0$ e o sistema é causal, sabemos que a resposta ao impulso antes do instante $t = 0$ é nula. Ou seja, h(t) = 0, $t < 0$. A solução homogênea para os instantes $t > 0$ é da forma Ke^{-at} e esta é a forma da resposta ao impulso para os instantes $t > 0$ porque, neste intervalo de tempo, o sistema não está sendo excitado de modo algum. Sabemos agora a forma da resposta ao impulso antes e depois do instante $t = 0$. Tudo que resta é determinar o que ocorre *no* instante de tempo $t = 0$. A Equação diferencial (6.1) deve satisfazer todos os instantes de tempo. Podemos descobrir o que acontece no instante de tempo $t = 0$ ao integrarmos ambos os lados da Equação (6.2), de $t = 0^-$ a $t = 0^+$, tempos infinitesimais logo antes e depois de zero.

$$\text{h}(0^+) - \underbrace{\text{h}(0^-)}_{=0} + a \int_{0^-}^{0^+} \text{h}(t)dt = \int_{0^-}^{0^+} \delta(t)dt = 1 \qquad (6.3)$$

A solução homogênea aplica-se a todos os instantes de tempo em que $t > 0$, porém exatamente no instante $t = 0$ devemos considerar também a solução particular, porque o impulso está excitando o sistema nesse instante. Lembre-se de que a regra geral para se compor a solução particular de uma equação diferencial equivale à combinação linear entre a função de força e todas as suas derivadas únicas. A função de força é um impulso, e um impulso possui infinitas derivadas únicas, funções duplas unitárias, tuplas unitárias, e assim por diante. E todas elas ocorrem exatamente no instante $t = 0$. Portanto, até podermos encontrar uma justificativa para explicar o porquê de um impulso e/ou todas as suas derivadas não poderem ser solução, devemos considerá-las também possibilidades. Se h(t) não tem um impulso ou singularidade de mais alta ordem no instante $t = 0$, então $\int_{0^-}^{0^+} \text{h}(t)dt = 0$. Essa afirmação é verdadeira porque a integral se refere a uma função de valores finitos [$Ke^{-at}\text{u}(t)$ neste exemplo] sobre um intervalo infinitesimal e a área sob a curva em um intervalo infinitesimal é igual a zero. Se h(t) possui um impulso ou uma singularidade de maior ordem no instante $t = 0$, então é possível que a integral seja diferente de zero.

Se h(t) tem um impulso ou uma singularidade de maior ordem no instante $t = 0$, então h$'(t)$, que aparece no lado esquerdo da Equação (6.2), deve conter uma função dupla unitária ou uma singularidade de mais alta ordem. Uma vez que não há função dupla unitária ou singularidade de ordem mais elevada no lado direito da Equação (6.2), a equação não pode ser satisfeita. Logo, neste exemplo, sabemos que não existe impulso ou singularidade de ordem mais elevada em h(t) no instante $t = 0$ e, portanto, $\int_{0^-}^{0^+} \text{h}(t)dt = 0$, a forma da resposta ao impulso é $Ke^{-at}\text{u}(t)$ e, pela Equação (6.3), $\text{h}(0^+) = Ke^{-a(0^+)} = K = 1$. Essa é a condição inicial necessária para se determinar uma forma numérica exata para a solução homogênea, que é aplicada após o instante $t = 0$. A solução completa é, portanto, $\text{h}(t) = e^{-at}\text{u}(t)$. Vamos verificar a solução obtida substituindo-a na equação diferencial.

$$\text{h}'(t) + a\text{h}(t) = e^{-at}\delta(t) - ae^{-at}\text{u}(t) + ae^{-at}\text{u}(t) = \delta(t)$$

ou

$$e^{-at}\delta(t) = e^{0}\delta(t) = \delta(t)$$

Explicando melhor, a função $\text{h}(t) = e^{-at}\text{u}(t)$ possui a propriedade na qual sua primeira derivada adicionada à constante a multiplicada por essa mesma função $\text{h}'(t) + a\text{h}(t)$ é nula antes do instante de tempo $t = 0$, é também nula após esse mesmo instante, e tem exatamente uma descontinuidade, no instante $t = 0$, de tamanho próprio para se equacionar $\text{h}'(t) + a\text{h}(t)$ a um impulso unitário nesse mesmo instante. Portanto, para qualquer instante t, a equação diferencial $\text{h}'(t) + a\text{h}(t) = \delta(t)$ é satisfeita por $\text{h}(t) = e^{-at}\text{u}(t)$ e ela deve ser a resposta ao impulso.

Método n$^\text{o}$ 2: Uma outra maneira de calcular a resposta ao impulso é adotar a abordagem onde se determina a resposta do sistema a um pulso retangular de largura w e altura $1/w$ que se inicia no instante $t = 0$ e, após a identificação da solução, fazer w tender a zero. À medida que w tende a zero, o pulso retangular aproxima-se de um impulso ocorrido no instante $t = 0$ e a resposta associada tende à resposta ao impulso.

Utilizando o princípio da linearidade, a resposta ao pulso equivale à soma das respostas ao degrau de altura $1/w$, ocorrido no instante de tempo $t = 0$, somada à resposta ao degrau de altura $-1/w$, ocorrido no instante $t = w$. A equação para $\text{x}(t) = \text{u}(t)$ é dada por

$$\text{h}'_{-1}(t) + a\text{h}_{-1}(t) = \text{u}(t) \qquad (6.4)$$

[A notação $\text{h}_{-1}(t)$ para a resposta ao degrau obedece à mesma lógica da notação coordenada para funções de singularidade. O subscrito informa a quantidade de diferenciações da resposta ao impulso. Neste caso, há -1 diferenciação ou uma integração em andamento a partir da resposta ao impulso até a resposta ao degrau unitário.] A resposta completa a um degrau unitário para instantes positivos $t > 0$ é igual a $\text{h}_{-1}(t) = Ke^{-at} + 1/a$. Se $\text{h}_{-1}(t)$ possui uma descontinuidade em $t = 0$, então $\text{h}'_{-1}(t)$ deve conter um impulso em $t = 0$. Portanto, visto que $\text{x}(t)$ é o degrau unitário que não contém um impulso, $\text{h}_{-1}(t)$ deve ser contínua em $t = 0$, pois, caso contrário, a

Equação (6.4) não poderia estar correta. Aliás, já que $h_{-1}(t)$ é nula para todos os instantes negativos de tempo e é contínua no instante $t = 0$, ela também deve ser nula em $t = 0^+$. Então,

$$h_{-1}(0^+) = 0 = Ke^0 + 1/a \Rightarrow K = -1/a$$

e $h_{-1}(t) = (1/a)(1 - e^{-at})$, $t > 0$. Combinando essa equação com o fato de que $h_{-1}(t) = 0$ para $t < 0$, obtemos a solução para todos os instantes de tempo

$$h_{-1}(t) = \frac{1 - e^{-at}}{a} u(t) \tag{6.5}$$

Utilizando a linearidade e a invariância no tempo, a resposta ao degrau unitário que ocorre em $t = w$ seria assim

$$h_{-1}(t - w) = \frac{1 - e^{-a(t-w)}}{a} u(t - w)$$

Portanto, a resposta ao pulso retangular, descrita acima, pode ser dada por

$$h_p(t) = \frac{(1 - e^{-at})u(t) - (1 - e^{-a(t-w)})u(t - w)}{aw}$$

Logo, fazendo w tender a zero,

$$h(t) = \lim_{w \to 0} h_p(t) = \lim_{w \to 0} \frac{(1 - e^{-at})u(t) - (1 - e^{-a(t-w)})u(t - w)}{aw}$$

Essa é uma forma indeterminada e, por isso, precisamos utilizar a regra de L'Hôpital para calcular o seu valor.

$$\lim_{w \to 0} h_p(t) = \lim_{w \to 0} \frac{\frac{d}{dw}((1 - e^{-at})u(t) - (1 - e^{-a(t-w)})u(t - w))}{\frac{d}{dw}(aw)}$$

$$\lim_{w \to 0} h_p(t) = \lim_{w \to 0} \frac{-\frac{d}{dw}((1 - e^{-a(t-w)})u(t - w))}{a}$$

$$\lim_{w \to 0} h_p(t) = -\lim_{w \to 0} \frac{(1 - e^{-a(t-w)})(-\delta(t - w)) - ae^{-a(t-w)}u(t - w)}{a}$$

$$\lim_{w \to 0} h_p(t) = -\frac{(1 - e^{-at})(-\delta(t)) - ae^{-at}u(t)}{a} = -\frac{-ae^{-at}u(t)}{a} = e^{-at}u(t)$$

Portanto, a resposta ao impulso é dada por $h(t) = e^{-at}u(t)$ como anteriormente. ∎

Os princípios do exemplo anterior podem ser generalizados para serem aplicados na determinação da resposta ao impulso de um sistema descrito por uma equação diferencial da forma

$$\begin{aligned} a_n y^{(n)}(t) + a_{n-1} y^{(n-1)}(t) + \cdots + a_1 y'(t) + a_0 y(t) \\ = b_m x^{(m)}(t) + b_{m-1} x^{(m-1)}(t) + \cdots + b_1 x'(t) + b_0 x(t) \end{aligned} \tag{6.6}$$

A resposta $h(t)$ a um impulso deve ter uma forma funcional de maneira que:

1. Quando ela é diferenciada diversas vezes, até a enésima derivada, todas essas derivadas devem possuir correspondência com uma derivada do impulso até a derivada de ordem m no instante de tempo $t = 0$.
2. A combinação linear de todas as derivadas de $h(t)$ devem, se somadas, igualar-se a zero para qualquer instante $t \neq 0$. O requisito nº 2 é atendido por uma solução da forma $y_h(t)u(t)$, em que $y_h(t)$ equivale à solução homogênea da Equação (6.6). Para se atender ao requisito nº 1, pode ser que seja necessário o acréscimo de outra função ou outras funções a $y_h(t)u(t)$.

Considere três casos:

Caso 1 $m < n$
Neste caso, as derivadas de $y_h(t)u(t)$ fornecem todas as funções de singularidade necessárias para se ter a correspondência com o impulso e suas derivadas do lado direito; e nenhum outro termo extra precisa ser adicionado.

Caso 2 $m = n$
Aqui precisamos somente adicionar um termo de impulso $K_\delta \delta(t)$ e resolver para K_δ pelo estabelecimento da correspondência entre os coeficientes dos impulsos em ambos os lados.

Caso 3 $m > n$
Neste caso, a enésima derivada da função que adicionamos à $y_h(t)u(t)$ deve ter um termo que corresponda à derivada de ordem m do impulso unitário. Portanto, a função que foi acrescida deve estar na forma $K_{m-n}u_{m-n}(t) + K_{m-n-1}u_{m-n-1}(t) + \cdots + K_0 \underbrace{u_0(t)}_{=\delta(t)}$

e K_δ será determinado pela correspondência entre os coeficientes associados a termos equivalentes em ambos os lados. Todas as demais derivadas do impulso serão levadas em conta por meio da diferenciação da solução $y_h(t)u(t)$ múltiplas vezes. (O Caso 1 é o mais comum na prática, e o Caso 3 é bastante raro na prática.)

EXEMPLO 6.2

Resposta ao impulso do sistema contínuo no tempo 2

Determine a resposta ao impulso de um sistema descrito por $y'(t) + ay(t) = x'(t)$.

■ Solução

A resposta ao impulso deve satisfazer a relação seguinte

$$h'(t) + ah(t) = \delta'(t) = u_1(t) \tag{6.7}$$

em que $u_1(t) = \dfrac{d}{dt}(\delta(t))$, a derivada de um impulso contínuo no tempo, como introduzido anteriormente no Capítulo 2. Neste caso, a derivada de maior ordem é a mesma tanto para a excitação quanto para a resposta, e a forma geral da resposta ao impulso deve ser $h(t) = Ke^{-at}u(t) + K_\delta \delta(t)$. Integrando a Equação (6.7) de $t = 0^-$ a $t = 0^+$ obtemos

$$\underbrace{h(0^+)}_{=K} - \underbrace{h(0^-)}_{=0} + a\underbrace{\int_{0^-}^{0^+} h(t)dt}_{=K_\delta} = \underbrace{\delta(0^+)}_{=0} - \underbrace{\delta(0^-)}_{=0}$$

ou $K + aK_\delta = 0$. Integrando a Equação (6.7) duas vezes desde $t = 0^-$ até $t = 0^+$, chegamos a

$$\underbrace{\int_{0^-}^{0^+} h(t)dt}_{=K_\delta} + a\underbrace{\int_{0^-}^{0^+} dt \int_{-\infty}^{t} h(\lambda)d\lambda}_{=0} = \underbrace{u(0^+)}_{=1} - \underbrace{u(0^-)}_{=0}$$

ou $K_\delta = 1 \Rightarrow K = -a$. Logo, a resposta ao impulso é dada por $h(t) = \delta(t) - ae^{-at}u(t)$. Verificando a solução, ao substituí-la na Equação (6.7),

$$u_1(t) - a\underbrace{e^{-at}\delta(t)}_{=e^0\delta(t)=\delta(t)} + a^2 e^{-at}u(t) + a[\delta(t) - ae^{-at}u(t)] = u_1(t)$$

ou $u_1(t) = u_1(t)$. Verifique.

CONVOLUÇÃO

Nesse momento, supondo que a resposta ao impulso de um sistema seja conhecida, podemos prosseguir com o desenvolvimento de um método para se determinar a resposta a um sinal de entrada geral utilizando a convolução. Admita que um sistema seja excitado por um sinal de entrada arbitrário $x(t)$, similar àquele ilustrado na Figura 6.1.

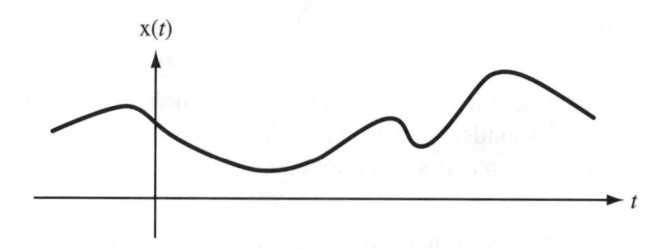

Figura 6.1
Um sinal arbitrário.

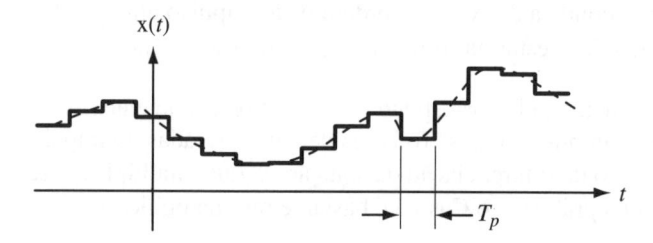

Figura 6.2
Aproximação de um sinal arbitrário por pulsos contíguos.

Como poderíamos determinar a resposta? Podemos calcular uma resposta aproximada por meio da aproximação desse sinal por uma seqüência de pulsos retangulares contíguos, todos com a mesma largura T_p (Figura 6.2).

Agora podemos (aproximadamente) calcular a resposta relativa ao sinal original como a soma das respostas a todos aqueles pulsos, atuando separadamente. Visto que todos os pulsos são retangulares de mesma largura, as únicas diferenças entre os pulsos estão no momento em que ocorrem e em quão intensos eles possam ser. Logo, as respostas ao pulso têm a mesma forma excetuando-se pelo atraso de certo valor, para levar em conta o instante de ocorrência, e pela multiplicação de uma constante de ponderação para levar em conta a intensidade do pulso. Podemos tornar a aproximação tão boa quanto necessário, bastando utilizar maior quantidade de pulsos com larguras menores. Em suma, o problema de determinar a resposta de um sistema SLIT para um sinal arbitrário torna-se um problema de soma de respostas com uma forma funcional conhecida, porém ponderada e atrasada apropriadamente.

Usando a função pulso retangular, a representação da aproximação para um sinal arbitrário pode ser escrita agora analiticamente. A altura de um pulso é o valor do sinal no instante de tempo em que o centro do pulso acontece. Por isso, a aproximação do sinal pode ser escrita como

$$x(t) \cong \cdots + x(-T_p)\,\text{ret}\left(\frac{t+T_p}{T_p}\right) + x(0)\,\text{ret}\left(\frac{t}{T_p}\right) + x(T_p)\,\text{ret}\left(\frac{t-T_p}{T_p}\right) + \cdots$$

ou

$$x(t) \cong \sum_{n=-\infty}^{\infty} x(nT_p)\,\text{ret}\left(\frac{t-nT_p}{T_p}\right) \qquad (6.8)$$

Admita que a resposta a um pulso único de largura T_p centrado no instante $t = 0$, com área unitária (um pulso de área unitária não deslocado), seja uma função $h_p(t)$ denominada resposta ao pulso unitário. A representação matemática do pulso unitário é $(1/T_p)\text{ret}(1/T_p)$. Os pulsos reais na Equação (6.8) têm a seguinte forma:

$$x(nT_p)\,\text{ret}\left(\frac{t-nT_p}{T_p}\right)$$

Portanto, a Equação (6.8) poderia ser reescrita em termos de pulsos unitários deslocados como a seguir

$$x(t) \cong \sum_{n=-\infty}^{\infty} T_p x(nT_p)\underbrace{\frac{1}{T_p}\text{ret}\left(\frac{t-nT_p}{T_p}\right)}_{\text{pulso unitário deslocado}}. \qquad (6.9)$$

Fazendo uso da linearidade e da invariância no tempo, a resposta para cada um desses pulsos reais deve ser a resposta ao pulso unitário h$_p$(t), redimensionada em escala de amplitude pelo fator T_px(nT_p) e deslocada no tempo a partir da origem da escala temporal por uma quantidade igual à do pulso. Então, a aproximação da resposta pode ser escrita como

$$y(t) \cong \sum_{n=-\infty}^{\infty} T_p x(nT_p) h_p(t - nT_p) \quad (6.10)$$

> Note que se a resposta ao pulso unitário é simplesmente tomada como a resposta quando um pulso unitário, com as mesmas unidades do sinal de entrada, excita o sistema, as unidades não ficam coerentes. Para torná-las coerentes, a resposta ao pulso unitário deve ser a resposta a um pulso, *dividida pela integral do pulso*. Esse procedimento força as unidades da resposta ao pulso unitário (e posteriormente a resposta ao impulso) a serem as unidades da resposta real a um pulso, divididas pelas unidades daquele pulso e pela unidade de tempo. Por exemplo, se um pulso de corrente é aplicado a um amplificador de transimpedância, a resposta é dada em termos da tensão. A unidade da resposta ao pulso unitário seria dada (no sistema internacional de unidades) então em V/(A·s).

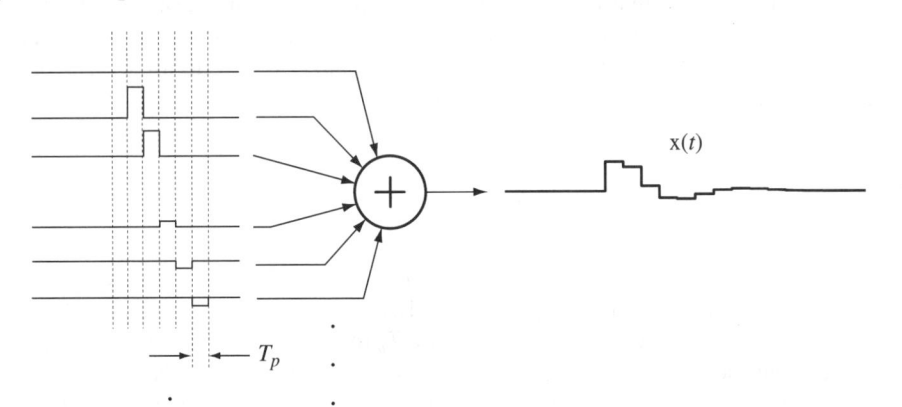

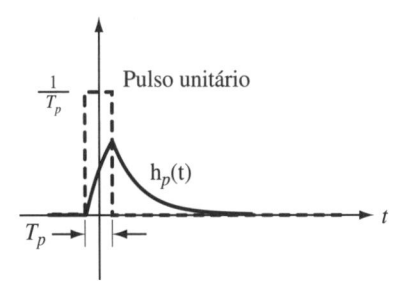

Figura 6.3
Resposta ao pulso unitário de um filtro passa-baixas *RC*.

Como demonstração, considere que a resposta ao pulso unitário seja aquela relativa ao filtro passa-baixas *RC* introduzido no Capítulo 4 (Figura 6.3),

$$h_p(t) = \left(\frac{1 - e^{-(t+T_p/2)/RC}}{T_p}\right) u\left(t + \frac{T_p}{2}\right) - \left(\frac{1 - e^{-(t+T_p/2)/RC}}{T_p}\right) u\left(t - \frac{T_p}{2}\right) \quad (6.11)$$

Seja o sinal de entrada x(t) uma forma de onda suave como aquela mostrada na Figura 6.4

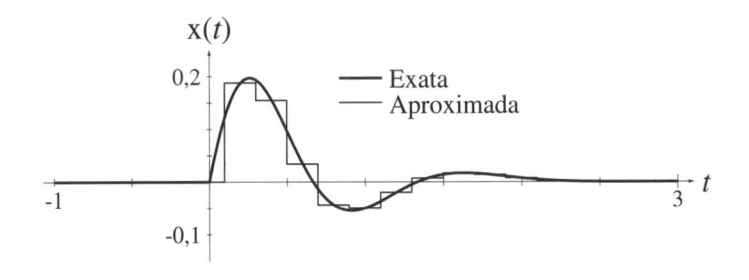

Figura 6.4
A função x(t) exata e aproximada.

que é aproximado por uma seqüência de pulsos como ilustrado. Na Figura 6.5, os pulsos são separados e então somados para compor a aproximação de x(t).

Uma vez que a soma dos pulsos separados é a aproximação de x(t), a resposta aproximada pode ser determinada pela aplicação da aproximação de x(t) ao sistema.

Figure 6.5
Aproximação de x(t) como uma soma de pulsos separados.

Figura 6.6
Aplicação da linearidade e da sobreposição para se determinar a resposta aproximada do sistema.

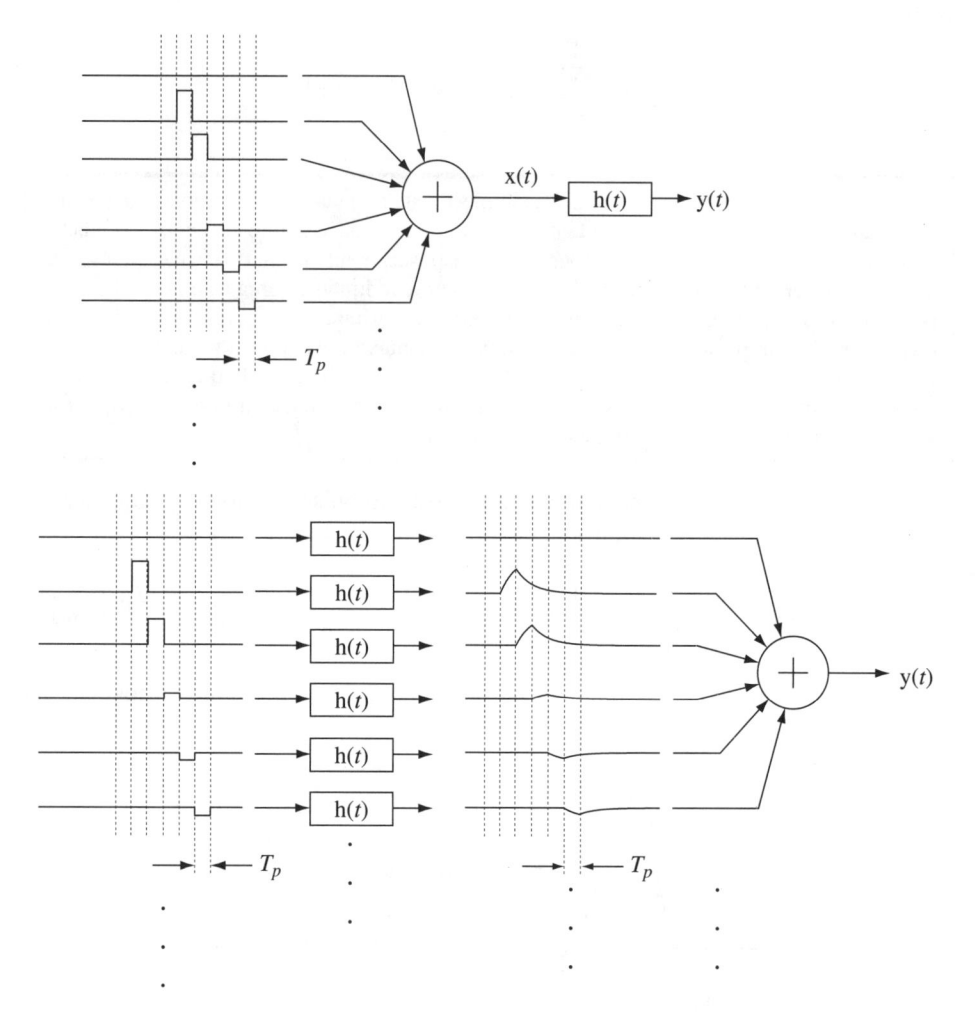

Porém, devido ao sistema ser SLIT, podemos utilizar o princípio da sobreposição como alternativa, e os pulsos podem ser aplicados, um a um, ao sistema, e daí as respostas correspondentes poderão ser igualmente somadas para compor a resposta aproximada do sistema (Figura 6.6).

Os sinais de entrada exato e aproximado, a resposta ao impulso unitário, a resposta ao pulso unitário e as respostas aproximada e exata do sistema estão na Figura 6.7, com base em um pulso cuja largura vale 0,2 segundo.

À medida que os pulsos ficam mais breves, a aproximação torna-se cada vez melhor (Figura 6.8). Com uma largura de pulso de 0,1, as respostas exata e aproximada são praticamente indistinguíveis uma da outra quando traçadas nesta mesma escala.

Relembrando o cálculo básico, sabemos que a integral real de uma variável real pode ser definida como o limite de um somatório

$$\int_a^b g(x)dx = \lim_{\Delta x \to 0} \sum_{n=a/\Delta x}^{b/\Delta x} g(n\Delta x)\Delta x \qquad (6.12)$$

Vamos aplicar a Equação (6.12) aos somatórios de pulsos e respostas relativas aos pulsos representados nas Equações (6.9) e (6.10) no limite em que a largura do pulso tende a zero. À medida que a largura do pulso T_p torna-se cada vez menor, as aproximações em relação à excitação e à resposta ficam cada vez melhores. No limite em que T_p tende a zero, o somatório torna-se uma integral e as aproximações passam a ser exatas. Nesse mesmo limite, o pulso unitário $(1/T_p)\text{ret}(1/T_p)$ tende a um impulso unitário. À proporção que T_p tende a zero, os pontos no tempo nT_p ficam cada vez mais

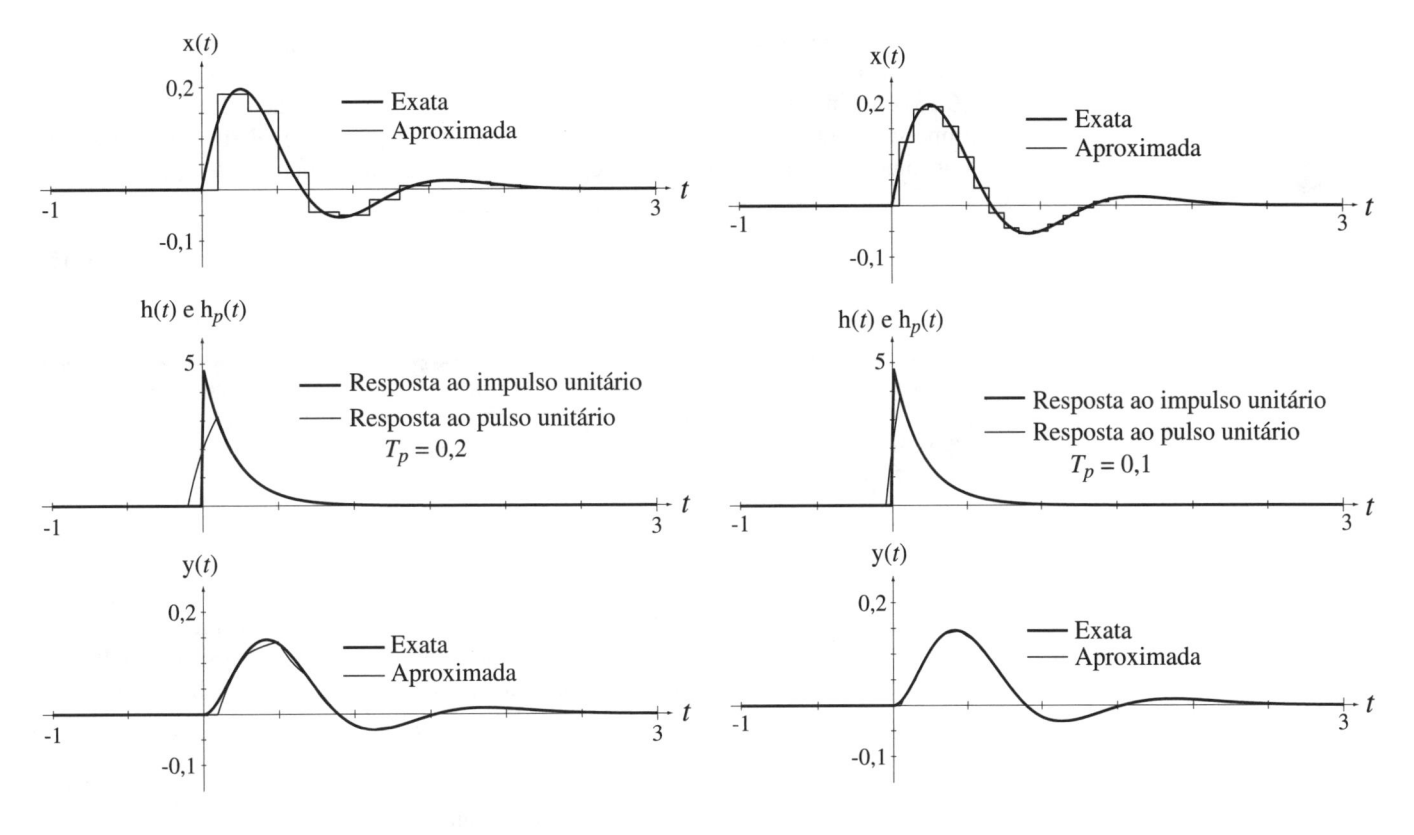

Figura 6.7
Excitação exata e aproximada, resposta ao impulso unitário, resposta ao pulso unitário e as respostas exata e aproximada do sistema com $T_p = 0{,}2$.

Figura 6.8
Excitação exata e aproximada, resposta ao impulso unitário, resposta ao pulso unitário e as respostas exata e aproximada do sistema com $T_p = 0{,}1$.

próximos uns dos outros. No limite, os deslocamentos nT_p no tempo discretizado combinam-se em um contínuo de deslocamentos no tempo. É conveniente (e convencional) denominar tais deslocamentos de novos deslocamentos τ no tempo contínuo. Alterando-se o nome da quantidade de deslocamento no tempo nT_p para τ, e tomando-se o limite à medida que T_p tende a zero, a largura do pulso T_p tende à diferença infinitesimal $d\tau$ e

$$x(t) = \sum_{n=-\infty}^{\infty} T_p\, x(nT_p)\frac{1}{T_p}\operatorname{ret}\!\left(\frac{t-nT_p}{T_p}\right)$$

e

$$y(t) = \sum_{n=-\infty}^{\infty} T_p\, x(nT_p)\, h(t - nT_p).$$

Portanto, no limite, esses somatórios tornam-se integrais das seguintes formas

$$\boxed{x(t) = \int_{-\infty}^{\infty} x(\tau)\delta(t-\tau)\,d\tau} \qquad (6.13)$$

e

$$\boxed{y(t) = \int_{-\infty}^{\infty} x(\tau)h(t-\tau)\,d\tau} \qquad (6.14)$$

em que a resposta ao pulso unitário h$_p$(t) tende à resposta ao impulso unitário h(t) (mais comumente denominada de resposta ao impulso) do sistema. A integral na Equação (6.13) é verificada facilmente por meio da aplicação da propriedade da amostragem do impulso. A integral na Equação (6.14) é conhecida por **integral de convolução**. A convolução entre duas funções é representada convencionalmente pelo operador *,

$$y(t) = x(t) * h(t) = \int_{-\infty}^{\infty} x(\tau) h(t - \tau) d\tau \qquad (6.15)$$

> Não confunda o operador de convolução *. com o símbolo que denota o conjugado de um número complexo ou função *. Por exemplo, x[n]*h[n] indica x[n] convolução com h[n], porém x[n]*h[n] corresponde ao produto do complexo conjugado entre x[n] e h[n]. Normalmente a diferença se torna clara com o contexto.

Uma outra maneira para se deduzir a integral de convolução seria pela Equação (6.13), que parte diretamente da propriedade da amostragem do impulso. O integrando da Equação (6.13) é um impulso que ocorre no instante $t = \tau$ de intensidade x(τ). Visto que, por definição, h(t) equivale à resposta ao impulso $\delta(t)$ e o sistema é homogêneo e invariante no tempo, a resposta para x(τ)$\delta(t - \tau)$ deve ser x(τ)h($t - \tau$). Logo, fazendo-se uso da aditividade, se $x(t) = \int_{-\infty}^{\infty} x(\tau)\delta(t-\tau)d\tau$, um somatório (integral) de valores de x, então $y(t) = \int_{-\infty}^{\infty} x(\tau) h(t-\tau) d\tau$, um somatório (integral) de valores de y que estão associados àqueles valores de x anteriores. Esta derivação é mais abstrata, sofisticada e mais breve do que a derivação anterior e envolve uma aplicação elegante das propriedades dos sistemas SLIT e da propriedade da amostragem do impulso.

A resposta ao impulso de um sistema SLIT é um indicador muito importante do modo como ele responde porque, uma vez que seja determinada, a resposta a qualquer sinal de entrada arbitrário pode ser determinada. O efeito da convolução pode ser demonstrado em um diagrama de blocos (Figura 6.9).

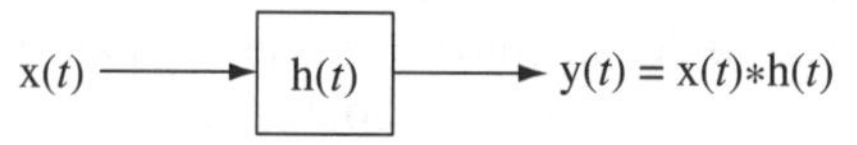

Figura 6.9
Demonstração da convolução por diagrama de blocos.

x(t) ⟶ [h(t)] ⟶ y(t) = x(t)*h(t)

PROPRIEDADES DA CONVOLUÇÃO

É importante neste momento apresentar um entendimento matemático da integral de convolução. A forma matemática geral da integral de convolução é dada a seguir

$$x(t) * h(t) = \int_{-\infty}^{\infty} x(\tau) h(t-\tau) d\tau \qquad (6.16)$$

Um exemplo gráfico dos passos envolvidos é bastante elucidativo para se compreender conceitualmente a convolução no tempo contínuo. Suponha que h(t) e x(t) sejam as funções da Figura 6.10. Esta resposta ao impulso h(t) não é típica para um sistema linear real, porém servirá para se demonstrar o processo da convolução. O integrando na primeira forma da integral de convolução é x(τ)h($t - \tau$). O que é h($t - \tau$)? Ela é uma função de duas variáveis t e τ. Visto que a variável de integração na integral de convolução é τ, devemos considerar h($t - \tau$) uma função de τ com o propósito de poder visualizar como lidar com a integral. Podemos começar traçando h(τ) e posteriormente h($-\tau$) em relação a τ (Figura 6.11).

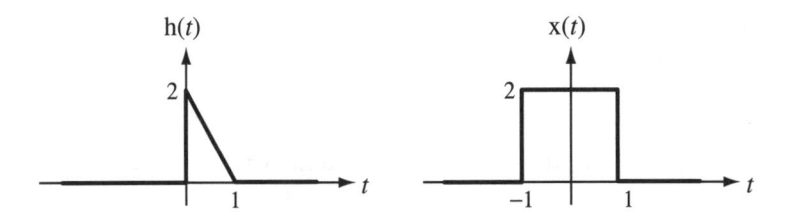

Figura 6.10
Duas funções às quais será aplicada a operação de convolução.

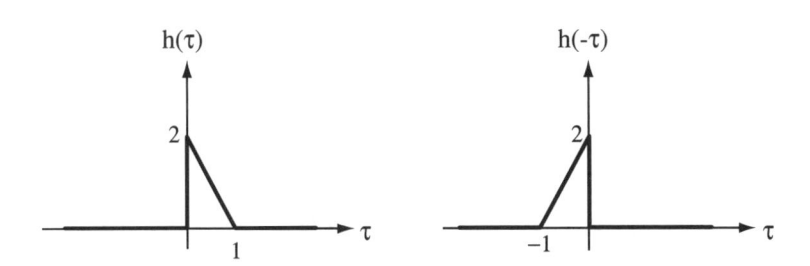

Figura 6.11
Funções h(τ) e h($-\tau$) traçadas em relação a τ.

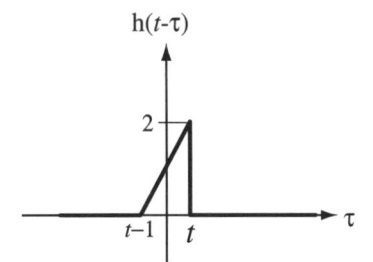

Figura 6.12
Função h($t - \tau$) traçada em relação a τ.

O acréscimo da variável t em h($t-\tau$) provoca um deslocamento da função de t unidades à direita (Figura 6.12). A transformação de h(τ) para h($t - \tau$) pode ser descrita por duas operações sucessivas de redimensionamento e deslocamento de escala, respectivamente

$$h(\tau) \xrightarrow{\tau \to -\tau} h(-\tau) \xrightarrow{\tau \to \tau - t} h(-(\tau - t)) = h(t - \tau)$$

Para verificar se a função ilustrada na Figura 6.12 é correta, se substituirmos t em lugar de τ em h($t - \tau$), temos h(0). Pela primeira definição da função h(t), vemos que aquele é o ponto de descontinuidade em que h(t) vai do valor 0 ao 1 (ou do valor 1 ao 0, dependendo do lado por meio do qual nos aproximamos). Esse é o mesmo ponto em h($t - \tau$). Faça o mesmo para $\tau = t - 1$ e veja se funciona.

Observar a integral e não compreender o que o processo de integração de $\tau = -\infty$ a $\tau = +\infty$ significa, gera uma confusão bastante comum. Uma vez que t não é a variável de integração, ela atua como uma constante durante o processo de integração. Porém, ela é a variável na função final obtida pela convolução!

Pense no processo como dois procedimentos gerais. Primeiro, escolha um valor para t, e integre para obter o resultado. Então, escolha outro valor para t e repita o processo. Cada integração produz um ponto na curva que descreve a função final. Em outras palavras, cada ponto na curva y(t) que corresponda a algum valor particular de t será determinado pelo cálculo da área total sob o produto x(τ)h($t - \tau$).

Agora visualize o produto x(τ)h($t - \tau$). O produto depende do valor de t. Para a maior parte dos valores de t, as porções não-nulas das duas funções não se sobrepõem e o produto é zero. (Tal comportamento não é típico de respostas a impulsos reais porque elas não são normalmente limitadas no tempo. Respostas a impulsos reais de sistemas estáveis normalmente se iniciam em um dado instante e tendem a zero à medida que t se aproxima do infinito.) Mas para alguns valores de tempo t, as porções não-nulas das funções se sobrepõem e existe uma área diferente de zero sob a curva do produto resultante. Para demonstrar esses dois casos, considere $t = 5$ e $t = 0$. Quando $t = 5$, as porções não-nulas de x(τ) e h($5 - \tau$) não se sobrepõem, e o produto é zero em todo lugar (Figura 6.13).

Figura 6.13
Resposta ao impulso, sinal de entrada e o produto entre eles quando $t = 5$.

Quando $t = 0$, as porções não-nulas de $x(\tau)$ e $h(5-\tau)$ se sobrepõem e o produto é diferente de zero em todo lugar (Figura 6.14).

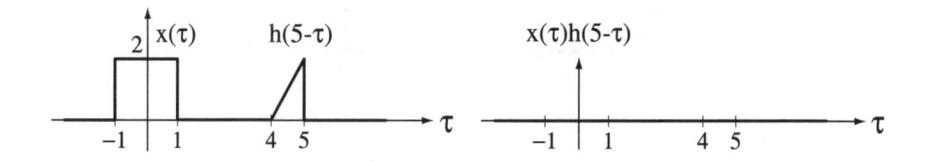

Figura 6.14
Resposta ao impulso, sinal de entrada e o produto entre eles quando $t = 0$.

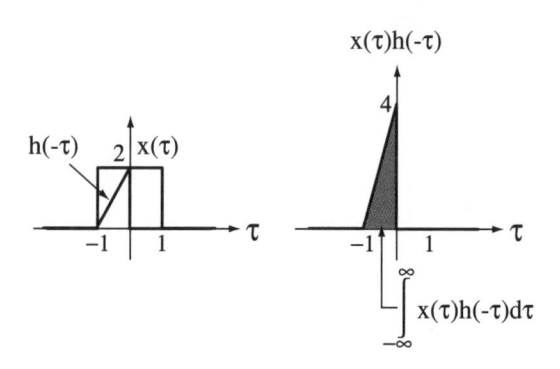

Para $-1 < t < 0$, a convolução entre as duas funções vale o dobro da área da função h (que corresponde a 1) menos a área de um triângulo de base $|t|$ e altura $4|t|$ (Figura 6.15).

Figura 6.15
O produto entre $h(t - \tau)$ e $x(\tau)$ para $-1 < t < 0$.

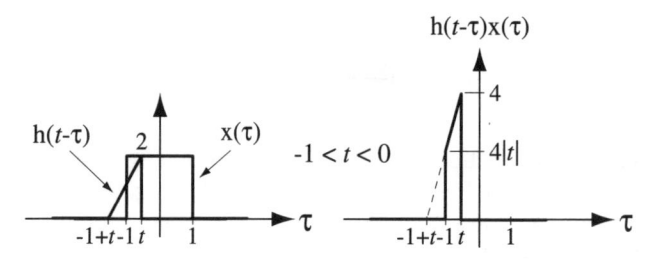

Portanto, o valor da função de convolução sobre o referido intervalo de t é dado por

$$y(t) = 2 - (1/2)(-t)(-4t) = 2(1-t^2), \quad -1 < t < 0$$

Para $0 < t < 1$, a convolução entre as duas funções equivale à constante 2. Para $1 < t < 2$, a convolução entre as duas funções corresponde à área de um triângulo cuja largura da base é igual a $(2 - t)$ e cuja altura vale $(8 - 4t)$ ou $y(t) = (1/2)(2 - t)(8 - 4t) = 2(2 - t)^2$. A função final $y(t)$ é ilustrada na Figura 6.16.

Como um exercício mais prático, vamos agora determinar a resposta ao degrau unitário relativa a um filtro passa-baixas RC utilizando a convolução. Já sabemos a resposta procurada devido à análise anterior de $v_{saída}(t) = (1 - e^{-t/RC})u(t)$. Primeiro, precisamos determinar a resposta ao impulso. A resposta ao pulso unitário foi fornecida em um exemplo apresentado na dedução da convolução,

$$h_p(t) = \left(\frac{1-e^{-(t+T_p/2)/RC}}{T_p}\right)u\left(t+\frac{T_p}{2}\right) - \left(\frac{1-e^{-(t+T_p/2)/RC}}{T_p}\right)u\left(t-\frac{T_p}{2}\right)$$

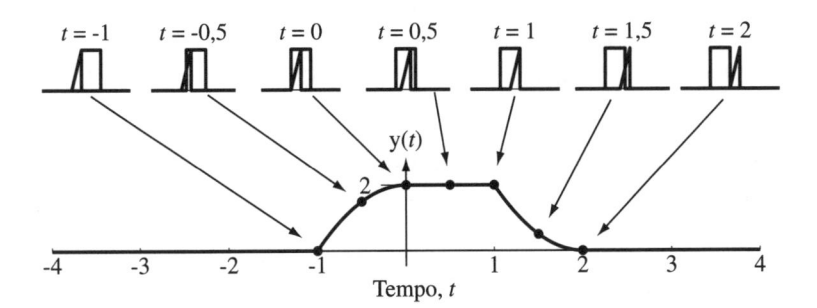

Figura 6.16
Convolução de x(t) com h(t).

A resposta ao impulso é o limite dessa função à medida que a largura do pulso T_p tende a zero. O limite é dado por

$$\mathrm{h}(t) = \frac{e^{-t/RC}}{RC} \mathrm{u}(t)$$

como ilustrado na Figura 6.17.

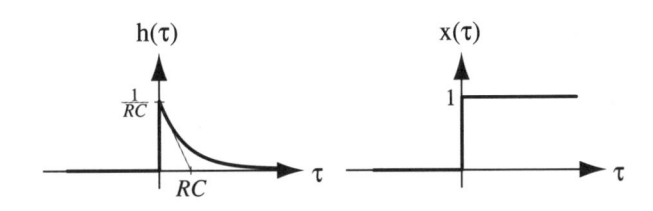

Figura 6.17
A resposta ao impulso e a excitação do filtro passa-baixas *RC*.

Logo, a resposta $v_{saída}(t)$ a um degrau unitário $v_{ent}(t)$ equivale a $v_{saída}(t) = v_{ent}(t)*h(t)$ ou

$$v_{saída}(t) = \int_{-\infty}^{\infty} v_{ent}(\tau) \mathrm{h}(t-\tau) d\tau = \int_{-\infty}^{\infty} \mathrm{u}(\tau) \frac{e^{(t-\tau)/RC}}{RC} \mathrm{u}(t-\tau) d\tau$$

Podemos simplificar imediatamente a integral ao percebermos que a primeira função degrau unitário u(τ) torna o integrando nulo para todo valor negativo de τ. Desse modo,

$$v_{saída}(t) = \int_{0}^{\infty} \frac{e^{-(t-\tau)/RC}}{RC} \mathrm{u}(t-\tau) d\tau$$

Agora devemos considerar o efeito da outra função degrau unitário u($t - \tau$). Visto que estamos integrando sobre um intervalo para τ de zero ao infinito, se *t* é negativo, para qualquer valor de τ neste intervalo, este degrau unitário possui valor nulo (Figura 6.18). Portanto, para *t* negativo, $v_{saída}(t) = 0$.

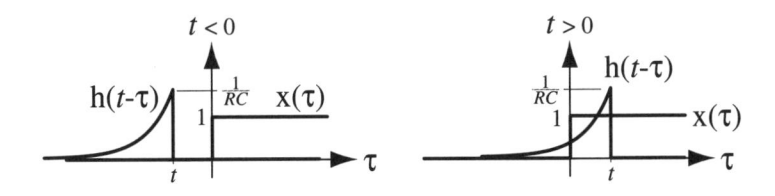

Figura 6.18
A relação entre as duas funções que compõem o produto no integrando da convolução para *t* negativo e *t* positivo.

Quando *t* for positivo, o degrau unitário u($t - \tau$) será igual a um para τ < *t* e zero para τ > *t*. Logo, para *t* positivo,

$$v_{saída}(t) = \int_0^t \frac{e^{-(t-\tau)/RC}}{RC} d\tau = [e^{-(t-\tau)/RC}]_0^t = 1 - e^{-t/RC}, t > 0$$

Combinando os resultados para os intervalos de t negativo e positivo, $v_{saída}(t) = (1 - e^{-t/RC})u(t)$.

As Figuras 6.19 e 6.20 ilustram mais dois exemplos de convolução. Em cada um dos casos, nas figuras do topo são apresentadas as duas funções, $x_1(t)$ e $x_2(t)$, a serem submetidas à convolução e a versão "rotacionada" da segunda função, $x_2(-\tau)$, que corresponde a $x_2(t - \tau)$ com $t = 0$, a versão rotacionada, mas ainda não deslocada. Na segunda fileira de figuras, encontram-se as duas funções da integral de convolução $x_1(\tau)$ e $x_2(t - \tau)$ traçadas em relação a τ para cinco opções de t, demonstrando o deslocamento da segunda função, $x_2(t - \tau)$, à medida que t é modificado. Já na terceira fileira, as Figuras 6.19 e 6.20 exibem o produto entre as duas funções $x_1(\tau) x_2(t - \tau)$ da integral de convolução naqueles mesmos instantes de tempo. E, finalmente na parte inferior dessas figuras, encontram-se os gráficos da convolução entre as duas funções originais, onde os pequenos pontos indicam valores da convolução para os cinco instantes de tempo t, que são equivalentes às áreas $\int_{-\infty}^{\infty} x_1(\tau) x_2(t-\tau) d\tau$ localizadas sob os produtos nos mesmos instantes.

Uma operação que freqüentemente está presente em análise de sinais e sistemas é a convolução de um sinal com um impulso

$$x(t) * A\delta(t - t_0) = \int_{-\infty}^{\infty} x(\tau) A\delta(t - \tau - t_0) d\tau$$

Podemos utilizar a propriedade da amostragem do impulso para quantificar a integral. A variável de integração é τ. O impulso ocorre em τ, onde $t - \tau - t_0 = 0$ ou $\tau = t - t_0$. Portanto, (Figura 6.21)

$$\boxed{x(t) * A\delta(t - t_0) = A x(t - t_0)} \quad (6.17)$$

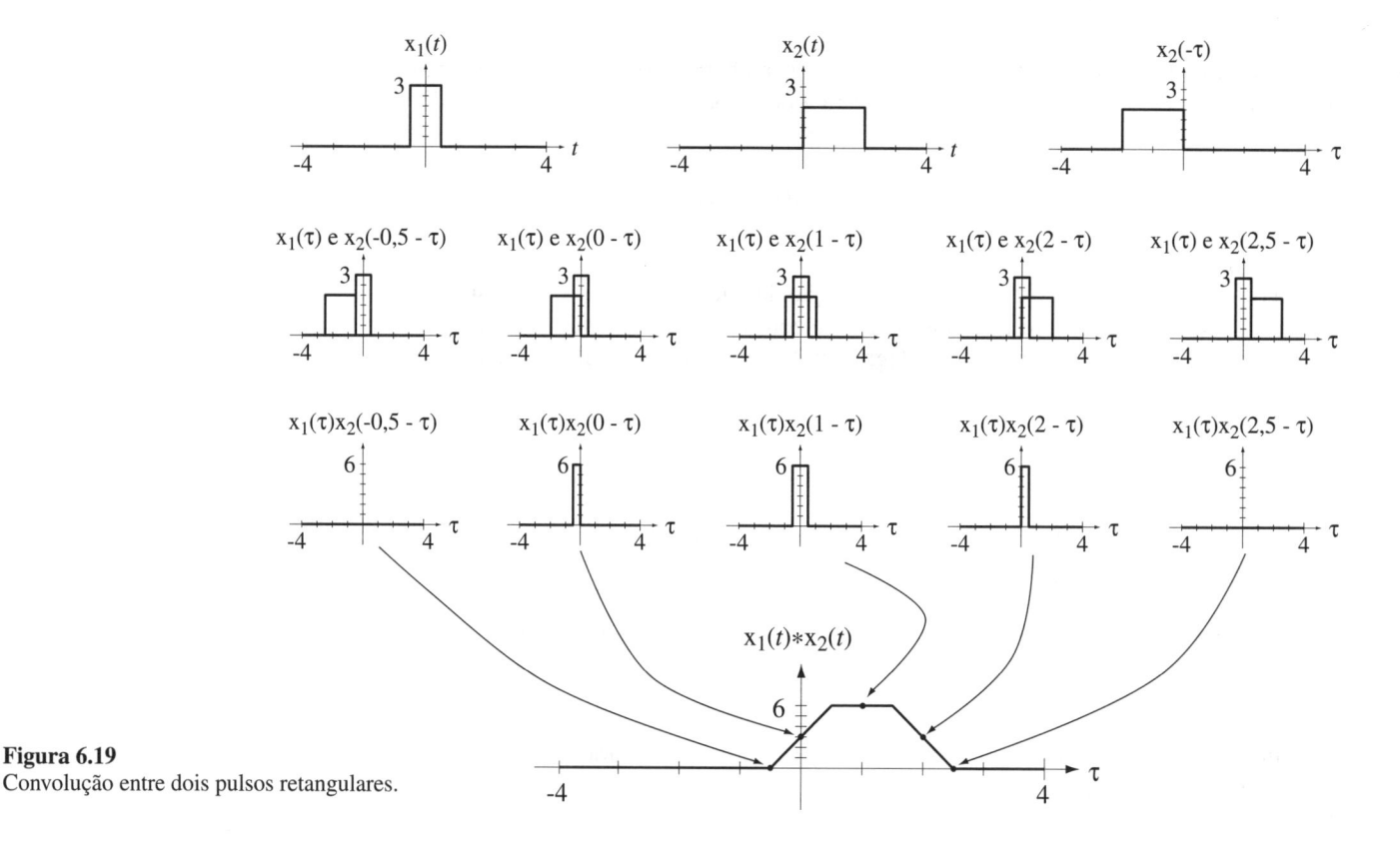

Figura 6.19
Convolução entre dois pulsos retangulares.

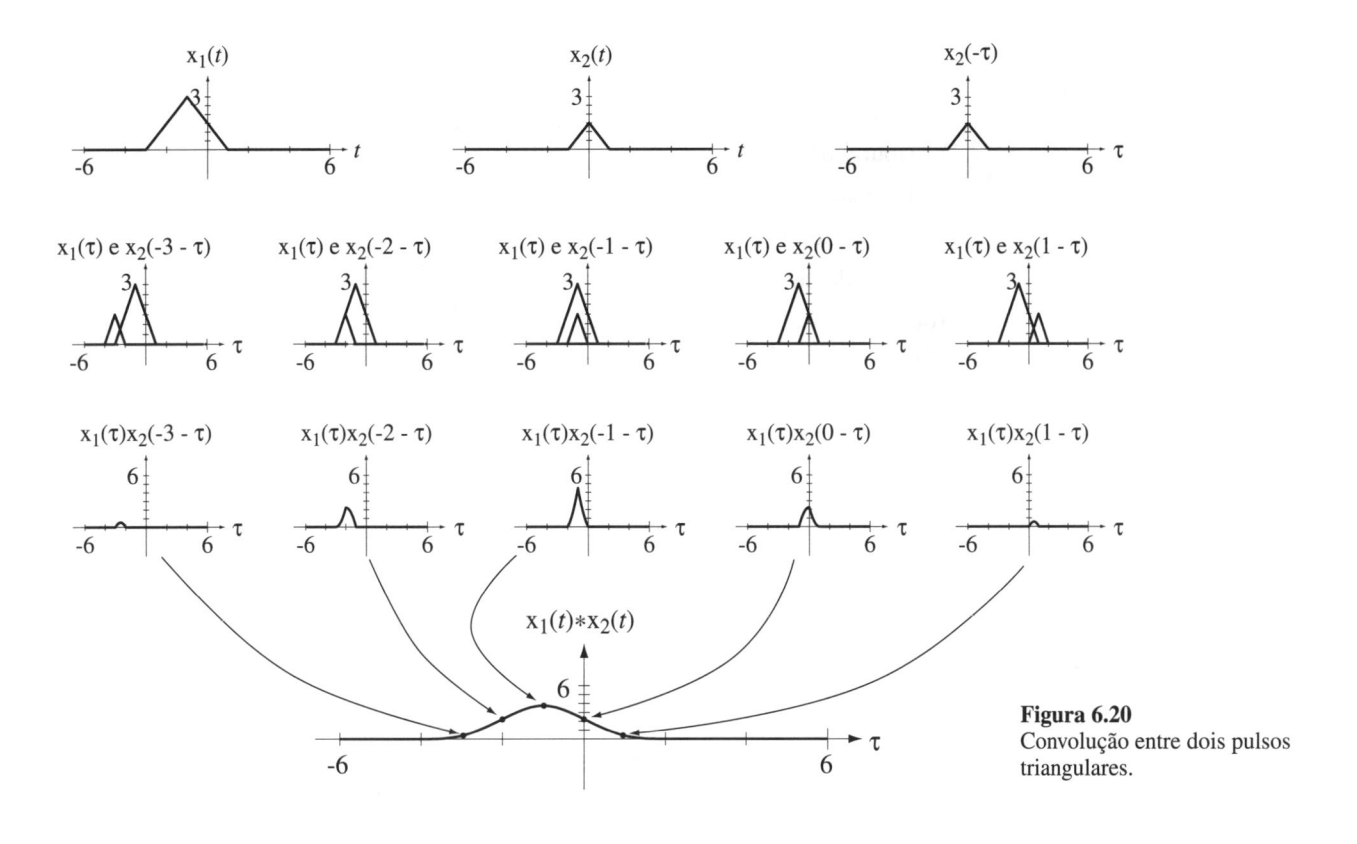

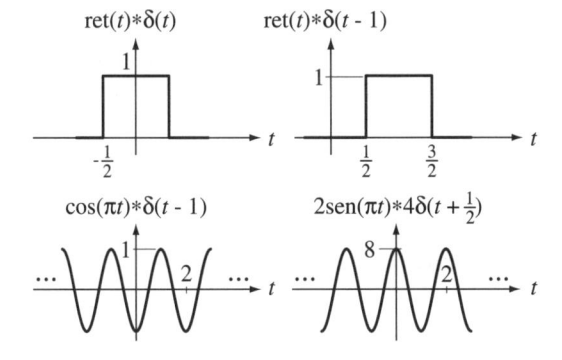

Figura 6.20 Convolução entre dois pulsos triangulares.

Figura 6.21 Exemplos de convoluções com impulsos.

Esse é um resultado muito importante e aparecerá diversas vezes nos exercícios e em capítulos posteriores. Se definimos uma função $g(t) = g_0(t) * \delta(t)$, então uma versão deslocada no tempo $g(t - t_0)$ pode ser representada em qualquer uma das duas formas alternativas

$$g(t - t_0) = g_0(t - t_0) * \delta(t) \quad \text{ou} \quad g(t - t_0) = g_0(t) * \delta(t - t_0)$$

porém não na forma $g_0(t - t_0) * \delta(t - t_0)$. Em lugar de $g(t - 2t_0) = g_0(t - t_0) * \delta(t - t_0)$. Essa propriedade é verdadeira não apenas quando se considera a convolução de impulsos, mas de qualquer outra função.

As propriedades de comutatividade, associatividade, distributividade, diferenciação, área e redimensionamento de escala da integral de convolução são demonstradas e provadas no Apêndice D, localizado no site do livro no endereço **www.mhhe.com/roberts** e estão resumidas aqui.

Comutatividade	$x(t) * y(t) = y(t) * x(t)$
Associatividade	$(x(t) * y(t)) * z(t) = x(t) * (y(t) * z(t))$
Distributividade	$(x(t) + y(t)) * z(t) = x(t) * z(t) + y(t) * z(t)$
Se $y(t) = x(t) * h(t)$, então	
Propriedade da Diferenciação	$y'(t) = x'(t) * h(t) = x(t) * h'(t)$
Propriedade da Área	Área de y = (Área de x) × (Área de h)
Propriedade do Redimensionamento de Escala	$y(at) = \|a\| x(at) * h(at)$

Admita que a convolução entre $x(t)$ e $h(t)$ seja $y(t) = \int_{-\infty}^{\infty} x(t-\tau) h(\tau) d\tau$. Considere que $x(t)$ seja limitado. Então podemos afirmar que $|x(t-\tau)| < B$, para todo τ em que B equivale a um limite superior finito na magnitude de x. A magnitude da integral de convolução é dada por

$$|y(t)| = \left| \int_{-\infty}^{\infty} x(t-\tau) h(\tau) d\tau \right|$$

Utilizando os princípios que garantem que a magnitude da integral de uma função seja menor do que ou igual à integral da magnitude da função

$$\left| \int_{\alpha}^{\beta} g(x) dx \right| \leq \int_{\alpha}^{\beta} |g(x)| dx$$

e a magnitude de um produto entre duas funções se iguala ao produto de suas respectivas magnitudes, $|g(x)h(x)| = |g(x)||h(x)|$, podemos concluir que

$$|y(t)| \leq \int_{-\infty}^{\infty} |x(t-\tau)||h(\tau)| d\tau$$

Visto que $x(t-\tau)$ é menor do que B em magnitude para qualquer τ

$$|y(t)| \leq \int_{-\infty}^{\infty} |x(t-\tau)||h(\tau)| d\tau < \int_{-\infty}^{\infty} B|h(\tau)| d\tau$$

ou

$$|y(t)| \leq B \int_{-\infty}^{\infty} |h(\tau)| d\tau \tag{6.18}$$

Portanto, a integral de convolução converge se $\int_{-\infty}^{\infty} |h(t)| dt$ é limitada, ou em outras palavras, se $h(t)$ é absolutamente integrável. Uma vez que a convolução é comutativa, podemos afirmar também que se $h(t)$ é limitada, a condição para a convergência exige que $x(t)$ seja absolutamente integrável. Logo, em geral,

> Para que uma integral de convolução convirja, os sinais submetidos à convolução devem ser ambos limitados e pelo menos um deles deve ser absolutamente integrável.

EXEMPLO 6.3

Uso das propriedades de convolução para simplificar a convolução

Determine o resultado da convolução y(t) = x(t) ∗ h(t) se x(t) e h(t) são dados respectivamente por x(t) = ret(t/2) e h(t) = ret(t − 2) (Figura 6.22).

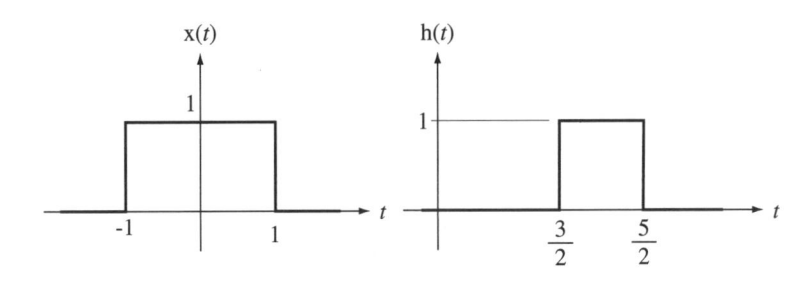

Figura 6.22
Duas funções às quais será aplicada a operação de convolução.

Essa convolução pode ser feita de maneira direta por meio da integral de convolução. Porém, podemos aproveitar a propriedade de diferenciação para padronizar o processo e evitar a integração explícita do todo.

$$y'(t) = x'(t) * h(t) \Rightarrow y''(t) = x'(t) * h'(t)$$

$$x'(t) = \delta(t+1) - \delta(t-1) \quad \text{e} \quad h'(t) = \delta(t-3/2) - \delta(t-5/2)$$

$$y''(t) = x'(t) * h'(t) = [\delta(t+1) - \delta(t-1)] * [\delta(t+1) - \delta(t-1)]$$

$$y''(t) = \delta(t-1/2) - \delta(t-3/2) - \delta(t-5/2) + \delta(t-7/2)$$

$$y'(t) = u(t-1/2) - u(t-3/2) - u(t-5/2) + u(t-7/2)$$

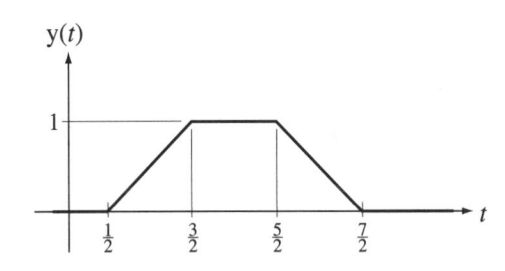

$$y(t) = \text{rampa}(t-1/2) - \text{rampa}(t-3/2) - \text{rampa}(t-5/2) + \text{rampa}(t-7/2)$$

(Figura 6.23).

Figura 6.23
Convolução entre duas funções.

Note que a soma das larguras dos dois retângulos é igual a três e a largura da base da convolução é igual a três também. Aliás, a diferença entre as larguras dos dois retângulos equivale à unidade, o que corresponde também à largura da região plana do topo da curva obtida pela convolução.

INTERCONEXÕES ENTRE SISTEMAS

Dois tipos de interconexão entre sistemas muito comuns são a associação em cascata e a associação em paralelo (Figura 6.24 e Figura 6.25). Utilizando a propriedade de associatividade da convolução, podemos mostrar que a associação em cascata entre dois sistemas pode ser considerada equivalente a um único sistema cuja resposta ao impulso corresponda à convolução entre as duas respostas ao impulso desses dois sistemas, consideradas separadamente. Utilizando a propriedade de distributividade da convolução, podemos mostrar que a associação em paralelo de dois sistemas pode ser comparada a um único sistema cuja resposta ao impulso equivale à soma das duas respostas ao impulso relativas aos dois sistemas em questão, tomadas separadamente.

Figura 6.24
Associação em cascata de dois sistemas.

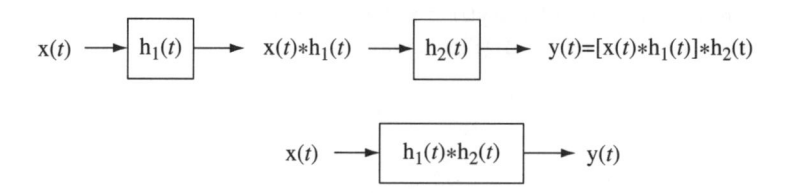

Figura 6.25
Associação em paralelo de dois sistemas.

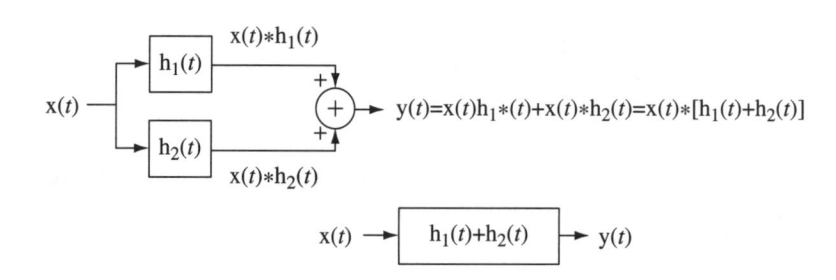

ESTABILIDADE E RESPOSTA AO IMPULSO

A estabilidade foi definida de maneira geral no Capítulo 4 quando afirmamos que um sistema estável apresenta um sinal de saída limitado em resposta a um sinal de entrada limitado. No momento, podemos definir um modo para verificarmos se um sistema é ou não estável por meio da análise da sua resposta ao impulso. Provamos anteriormente que a convolução entre dois sinais converge se ambos os sinais são limitados e pelo menos um deles é absolutamente integrável. A resposta $y(t)$ de um sistema para $x(t)$ é dada por $y(t) = x(t) * h(t)$. Logo, se $x(t)$ é limitado, podemos afirmar que $y(t)$ é limitada se $h(t)$ é absolutamente integrável. Ou seja, se $\int_{-\infty}^{\infty} |h(t)| \, dt$ é limitada.

> Um sistema é estável segundo o critério BIBOs e sua resposta ao impulso é absolutamente integrável.

RESPOSTAS DE SISTEMAS A SINAIS PADRONIZADOS

Em testes de sistemas reais, o sistema é normalmente avaliado pela adoção de certos sinais padrão que são simples de gerar e não conduzem o sistema ao comportamento não-linear. Dois dos sinais mais comuns desse tipo são o degrau unitário e a senóide. Determinaremos as respostas de sistemas ao degrau unitário e à exponencial complexa. Utilizando a resposta à exponencial complexa, podemos então determinar a resposta a uma senóide.

A resposta de um sistema SLIT ao degrau unitário é dada por

$$h_{-1}(t) = h(t) * u(t) = \int_{-\infty}^{\infty} h(\tau) u(t - \tau) d\tau = \int_{-\infty}^{t} h(\tau) d\tau \qquad (6.19)$$

o que prova que a resposta de um sistema SLIT excitado por um degrau unitário, em qualquer instante de tempo t, equivale à integral da resposta ao impulso. Portanto, podemos afirmar que assim como o degrau unitário é a integral do impulso, a *resposta* ao degrau unitário é a integral da *resposta* ao impulso unitário. De fato, essa relação não é válida apenas para excitação do tipo degrau e do tipo impulso, mas para qualquer excitação. Se qualquer excitação é substituída por sua integral, a resposta igualmente se modificará para a integral correspondente. Podemos também inverter essas relações e constatar que se a excitação é alterada para sua primeira derivada, a resposta também será alterada para sua primeira derivada, desde que a primeira derivada seja igual ao inverso da integração (Figura 6.26).

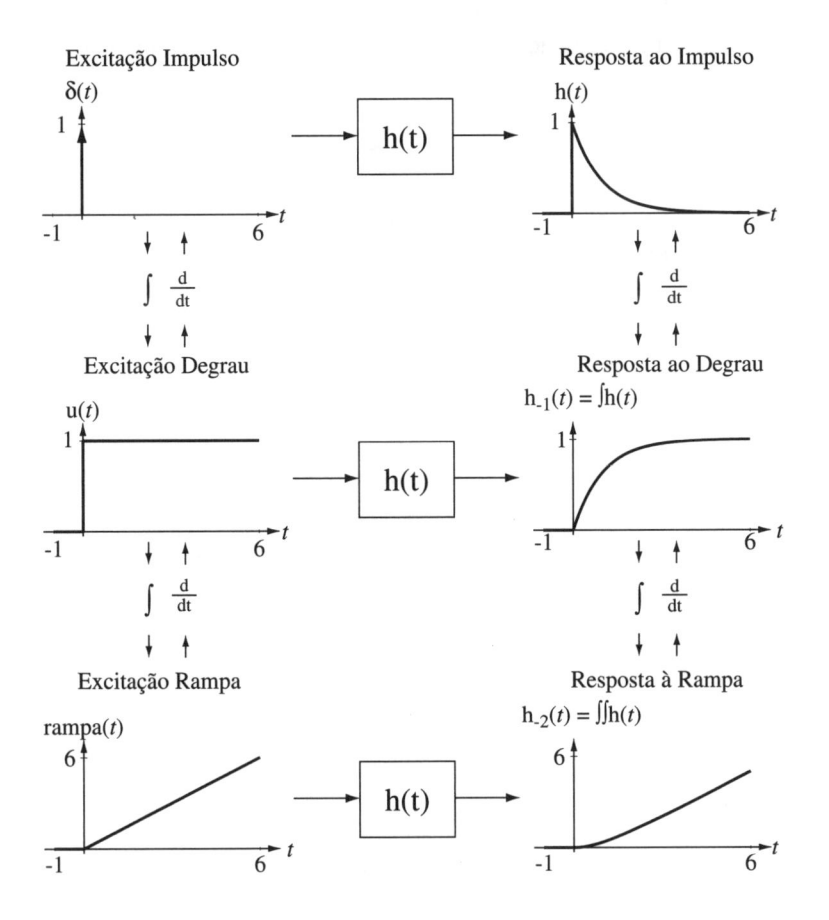

Figura 6.26
Relações entre integrais e derivadas de excitações e respostas para um sistema SLIT.

A resposta de um sistema para uma exponencial complexa e^{st}, em que s é qualquer constante complexa, e equivale a

$$y(t) = h(t) * e^{st} = \int_{-\infty}^{\infty} h(\tau) e^{s(t-\tau)} d\tau = e^{st} \underbrace{\int_{-\infty}^{\infty} h(\tau) e^{-st} d\tau}_{\text{é constante complexa}} \quad (6.20)$$

provando que a resposta de um sistema SLIT a uma exponencial complexa é também uma exponencial complexa com a mesma forma funcional a menos de uma constante complexa multiplicada, que depende da resposta ao impulso e da constante s. No Capítulo 15, a integral $\int_{-\infty}^{\infty} h(t) e^{-st} dt$ será denominada transformada de Laplace de $h(t)$. Esse resultado é a base para um método de análise de transformadas em sistemas SLIT.

Considere a forma geral de uma equação diferencial para um sistema contínuo no tempo

$$\sum_{k=0}^{N} a_k y^{(k)}(t) = \sum_{k=0}^{M} b_k x^{(k)}(t) \quad (6.21)$$

em que

1. Os a's e b's são constantes
2. $N \geq M$
3. $a_N \neq 0$

4. A notação $x^{(k)}(t)$ representa a k-ésima derivada de x(t) em relação ao tempo e, se k é negativo, ele indica uma integração em vez de uma derivação.

Se x(t) = Xe^{st}, y(t) tem a forma y(t) = Ye^{st}, em que X e Y são constantes complexas. Logo, na equação diferencial, as k-ésimas derivadas assumem as formas $x^{(k)}(t) = s^k X e^{st}$ e $y^{(k)}(t) = s^k Y e^{st}$. Então, a Equação (6.21) pode ser escrita da seguinte maneira

$$\sum_{k=0}^{N} a_k s^k Y e^{st} = \sum_{k=0}^{M} b_k s^k X e^{st}$$

Os termos Xe^{st} e Ye^{st} podem ser retirados do somatório e colocados em evidência, conduzindo à seguinte forma

$$Y e^{st} \sum_{k=0}^{N} a_k s^k = X e^{st} \sum_{k=0}^{M} b_k s^k \Rightarrow \frac{Y}{X} = \frac{\sum_{k=0}^{M} b_k s^k}{\sum_{k=0}^{N} a_k s^k}$$

A proporção Y/X corresponde a uma razão entre polinômios em s. Ela é denominada **função de transferência** e convencionalmente é representada pelo símbolo H.

$$\boxed{H(s) = \frac{\sum_{k=0}^{M} b_k s^k}{\sum_{k=0}^{N} a_k s^k} = \frac{b_M s^M + \ldots b_2 s^2 + b_1 s + b_0}{a_N s^N + \ldots + a_2 s^2 + a_1 s + a_0}} \qquad (6.22)$$

A função de transferência pode então ser escrita diretamente da equação diferencial e, se a equação diferencial descreve o sistema, assim o faz a função de transferência. Funções como a mostrada na Equação (6.22), na forma de uma razão de polinômios, são denominadas **funções racionais**.

Podemos particularizar o sinal de entrada exponencial complexo para uma senóide complexa, ao considerarmos $s = j\omega = j2\pi f$, com ω e f reais. O sinal de entrada é então igual a x(t) = $Xe^{j\omega t}$. O sinal de resposta é dado por y(t) = $Ye^{j\omega t}$ = $H(j\omega)Xe^{j\omega t}$. As variáveis X e Y obedecem às seguintes formas

$$X = |X|e^{j\sphericalangle X} = |X|[\cos(\sphericalangle X) + j\operatorname{sen}(\sphericalangle X)]$$

e

$$Y = |Y|e^{j\sphericalangle Y} = |Y|[\cos(\sphericalangle Y) + j\operatorname{sen}(\sphericalangle Y)]$$

H é da forma

$$H(j\omega) = |H(j\omega)|e^{j\sphericalangle H(j\omega)}$$

Portanto,

$$|Y|e^{j\sphericalangle Y} = |H(j\omega)|e^{j\sphericalangle H(j\omega)}|X|e^{j\sphericalangle X} = |H(j\omega)||X|e^{j(\sphericalangle H(j\omega)+\sphericalangle X)}$$

e

$$|Y| = |H(j\omega)||X| \quad \text{e} \quad \sphericalangle Y = \sphericalangle H(j\omega) + \sphericalangle X$$

A parte real de x(t) é igual a

$$\operatorname{Re}(x(t)) = \operatorname{Re}(|X|e^{j(\omega t + \sphericalangle X)}) = |X|\cos(\omega t + \sphericalangle X)$$

e a parte real de y(t) é descrita como

$$\operatorname{Re}(y(t)) = \operatorname{Re}(|X||H(j\omega)|e^{j(\omega t + \sphericalangle H(j\omega) + \sphericalangle X)}) = |X||H(j\omega)|\cos(\omega t + \sphericalangle H(j\omega) + \sphericalangle X)$$

Mostramos no Capítulo 4 que a parte real do sinal de entrada complexo produz a parte real do sinal de resposta. Portanto, um sinal de entrada senoidal real, a uma freqüência angular ω, produz uma resposta senoidal real também de mesma freqüência angular ω. A magnitude da resposta equivale a $|X||\mathrm{H}(j\omega)|$ e a fase da resposta é dada por $\measuredangle \mathrm{H}(j\omega) + \measuredangle X$. $\mathrm{H}(j\omega)$ é conhecido como a **resposta em freqüência** do sistema.

EXEMPLO 6.4

Resposta em freqüência de um sistema contínuo no tempo

Um sistema contínuo no tempo é descrito pela equação diferencial

$$y''(t) + 5y'(t) + 2y(t) = 3x''(t)$$

Determine e trace graficamente a magnitude e a fase da sua resposta em freqüência.

■ Solução

A equação diferencial está na forma geral

$$\sum_{k=0}^{N} a_k \, y^{(k)}(t) = \sum_{k=0}^{M} b_k \, x^{(k)}(t)$$

em que, nesse caso, $N = M = 2$, $a_2 = 1$, $a_1 = 5$, $a_0 = 2$, $b_2 = 3$, $b_1 = 0$ e $b_0 = 0$. A função de transferência é

$$\mathrm{H}(s) = \frac{\sum_{k=0}^{2} b_k s^k}{\sum_{k=0}^{2} a_k s^k} = \frac{b_2 s^2 + b_1 s + b_0}{a_2 s^2 + a_1 s + a_0} = \frac{3s^2}{s^2 + 5s + 2}$$

A resposta em freqüência é descrita por

$$\mathrm{H}(j\omega) = \frac{3(j\omega)^2}{(j\omega)^2 + j5\omega + 2}$$

(Figura 6.27).

Os gráficos (da Figura 6.27) foram gerados pelo seguinte código do MATLAB:

```
wmax = 20;   % Freqüência angular máxima para o gráfico de magnitude
dw = 0.1;    % Intervalo entre freqüências no gráfico
```

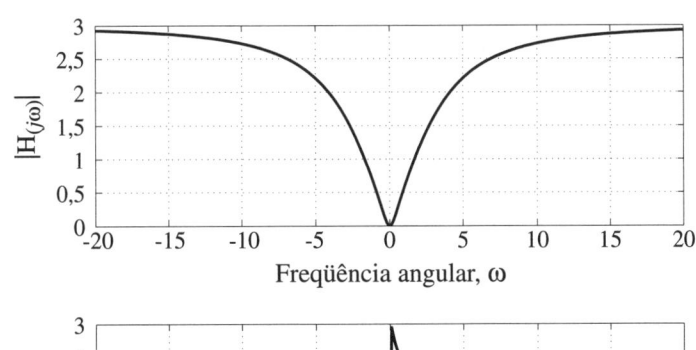

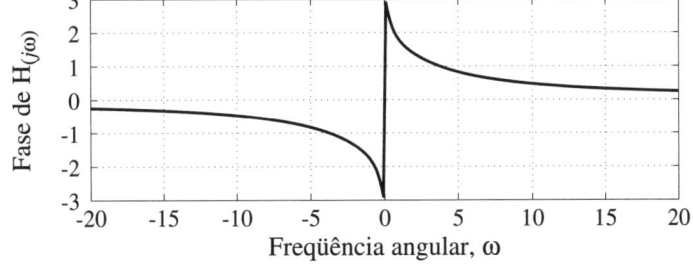

Figura 6.27
Magnitude e fase da resposta em freqüência.

```
w = [-wmax:dw:wmax]'; % Vetor de freqüências para o gráfico
% Calcula a resposta em freqüência
H = 3*(j*w).^2./((j*w).^2 + j*5*w + 2);
% Traça e rotula os eixos do gráfico da resposta em freqüência
subplot(2,1,1) ; p = plot(w,abs(H), 'k') ; set(p,'LineWidth',2) ;
grid on ;
xlabel('Freqüência angular, {\omega}','FontSize',18,'FontName','Times');
ylabel('|H({\itj}{\omega})|','FontSize',18,'FontName','Times') ;
subplot(2,1,2) ; p = plot(w,angle(H), 'k') ; set(p,'LineWidth',2) ;
grid on ;
xlabel('Freqüência angular, {\omega}','FontSize',18,'FontName','Times');
ylabel('Fase de H({\itj}{\omega})','FontSize',18,'FontName','Times');
```

O MATLAB ainda possui algumas funções bastante práticas voltadas à elaboração da análise da resposta em freqüência que podem ser encontradas no *toolbox* de controle. O comando

$$H = \text{freqs(num,den,w)} ;$$

admite os dois vetores num e den e interpreta-os como os coeficientes das potências em s do numerador e do denominador da função de transferência H(s), partindo-se da maior potência em direção ao termo de potência zero, sem desconsiderar nenhum termo intermediário. Ele retorna para H a resposta em freqüência complexa referente às freqüências angulares existentes no vetor w. Esse comando é demonstrado logo abaixo para um vetor composto de nove freqüências. Verifique se os resultados obtidos para a resposta em freqüência concordam com a Figura 6.27.

```
>> num = [3 0 0];den = [1 5 2];
>> w = [-20:5:20]'; H = freqs(num,den,w) ;
>> [w,abs(H),angle(H)]
ans =
       -20.0000    2.9242   -0.2462
       -15.0000    2.8690   -0.3244
       -10.0000    2.7268   -0.4718
        -5.0000    2.2078   -0.8270
              0         0         0
         5.0000    2.2078    0.8270
        10.0000    2.7268    0.4718
        15.0000    2.8690    0.3244
        20.0000    2.9242    0.2462
>>
```

6.3 REPRESENTAÇÃO DE EQUAÇÕES DIFERENCIAIS POR DIAGRAMAS DE BLOCOS

Equações diferenciais descrevem a dinâmica da grande maioria dos sistemas práticos contínuos no tempo. Um aspecto importante em análise de sinais e sistemas refere-se ao desenvolvimento de uma visão de como os sinais em um sistema se relacionam uns com os outros e de como a forma do sistema está associada à equação descritiva. Uma boa maneira de fazer isso é esquematizar um diagrama de blocos ou um diagrama de simulação do sistema pela equação. Esse tipo de diagrama de blocos é conhecido como a **representação** do sistema.

6.3 Representação de Equações Diferenciais por Diagramas de Blocos

Suponha que um sistema seja caracterizado pela equação diferencial $2y''(t) + 5y'(t) + 4y(t) = x(t)$. Ela pode ser reescrita como

$$y(t) = \frac{x(t)}{4} - \frac{5}{4} y'(t) - \frac{1}{2} y''(t) \qquad (6.23)$$

Um diagrama de blocos para o sistema está ilustrado na Figura 6.28.

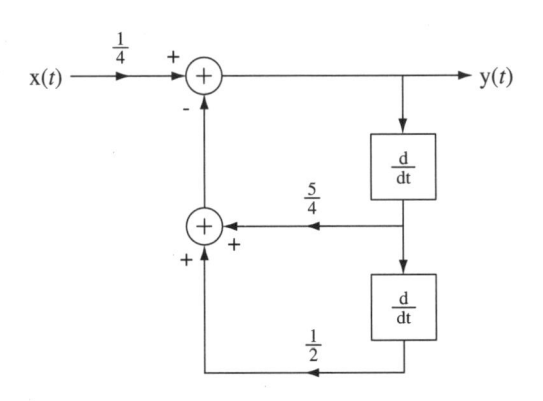

Figura 6.28
Representação de equações diferenciais por diagrama de blocos.

$$y(t) = \frac{x(t)}{4} - \frac{5}{4} y'(t) - \frac{1}{2} y''(t)$$

Embora o referido diagrama esteja correto, ele não é a maneira preferencial para se realizar simulações do sistema. Este diagrama utiliza dois diferenciadores e, como uma questão prática, diferenciadores são mais problemáticos em sistemas reais devido à acentuação dos ruídos de alta freqüência que tais blocos promovem. O integrador é normalmente um componente mais adequado para se utilizar em representações de sistemas práticos. Podemos compor o diagrama de blocos do sistema ao percebermos que se o sinal de saída de um integrador é $g(t)$, seu sinal de entrada deve ser $g'(t)$. Ao se rearranjar a Equação (6.23), temos

$$y''(t) = \frac{x(t)}{2} - 2y(t) - \frac{5}{2} y'(t) \qquad (6.24)$$

Nessa equação, temos $y(t)$, $y'(t)$ e $y''(t)$. Podemos iniciar a representação do diagrama de blocos com dois integradores (Figura 6.29) e identificar a resposta do último integrador como $y(t)$.

Então, pela Equação (6.24), vemos que para compor $y''(t)$ precisamos de $(1/2)x(t) - 2y(t) - (5/2)y'(t)$. Podemos compô-la como ilustrado na Figura 6.30. Visto que cada integral acumula a informação presente no comportamento passado do sinal que está sendo integrado, esse sistema possui memória.

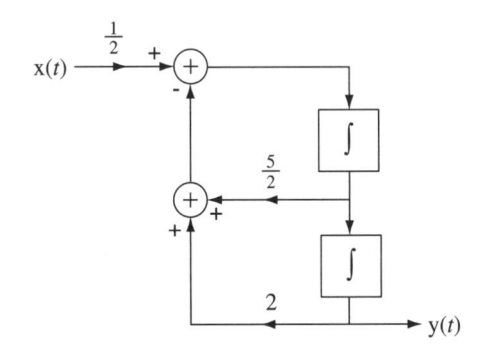

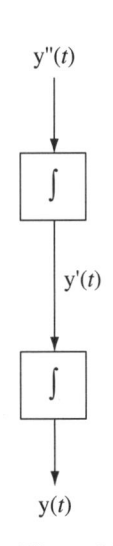

Figura 6.29
Um sistema e um sinal com suas duas derivadas primeiras.

Figura 6.30
Uma representação do sistema por diagrama de blocos.

Podemos estender a síntese de diagramas de blocos para o caso geral. Considere a forma geral da equação diferencial de enésima (*N*) ordem

$$\sum_{k=0}^{N} a_k y^{(k)}(t) = \sum_{k=0}^{M} b_k x^{(k)}(t) \quad (6.25)$$

Damos preferência ao uso de integradores em lugar dos diferenciadores em diagramas de blocos. Portanto, precisamos converter a Equação (6.25) em uma equação integral. Podemos fazê-lo por meio da integração de ambos os lados *N* vezes. Cada integração deve ser da forma $x^{(k-1)}(t) = \int_{-\infty}^{t} x^{(k)}(\tau) d\tau$. Então

$$\sum_{k=0}^{N} a_k y^{(k-N)}(t) = \sum_{k=0}^{N} b_k x^{(k-N)}(t) \quad (6.26)$$

(O limite superior do somatório no lado direito da equação anterior foi modificado para *N*. Se *M* < *N*, alguns dos *b*'s serão nulos, porém o somatório ainda permanecerá correto.) Ao permitirmos que todo o lado direito da Equação (6.26) seja designado por w(*t*), então teremos

$$\sum_{k=0}^{N} a_k y^{(k-N)}(t) = w(t)$$

O termo de ordem *N* no somatório é igual a $a_N y(t)$. Portanto,

$$y(t) = \frac{1}{a_N} \left[w(t) - \sum_{k=1}^{N-1} a_k y^{(k-N)}(t) \right]$$

Podemos sintetizar diretamente *y(t)* como mostra a Figura 6.31(b).

Agora precisamos sintetizar *w(t)*, o que pode ser feito utilizando-se $w(t) = \sum_{k=0}^{N} b_k x^{(k-N)}(t)$ [Figura 6.31 (a)].

Figura 6.31
Síntese de y(*t*) a partir de x(*t*) e as integrais de x e y.

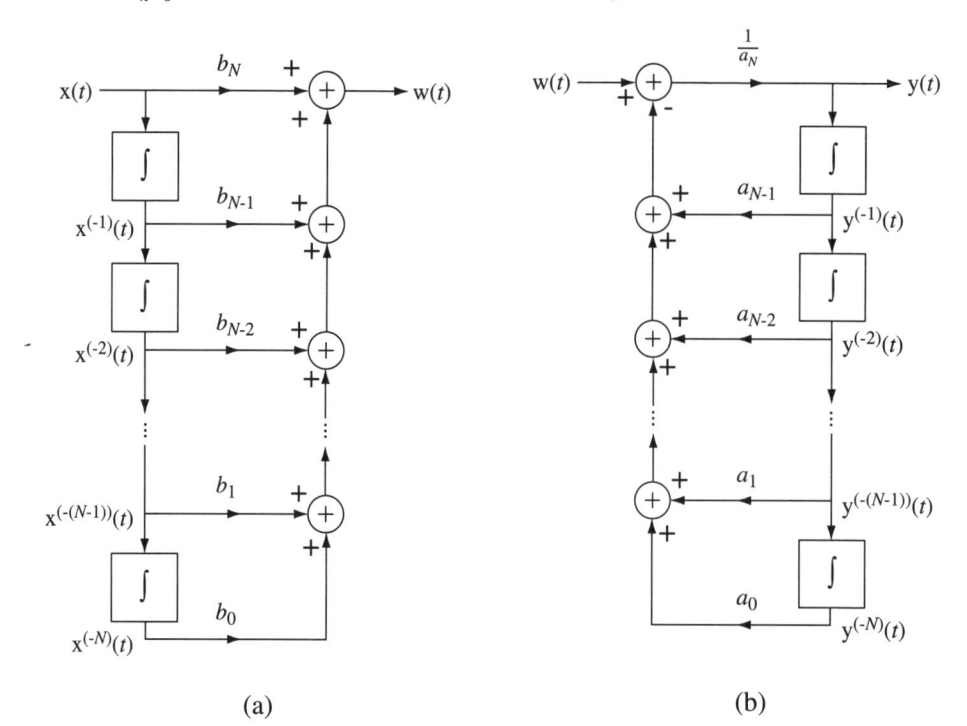

(a)

(b)

Os dois sistemas na Figura 6.31 são ambos sistemas SLIT. Quando associamos esses sistemas em cascata, obtemos o sistema total (Figura 6.32).

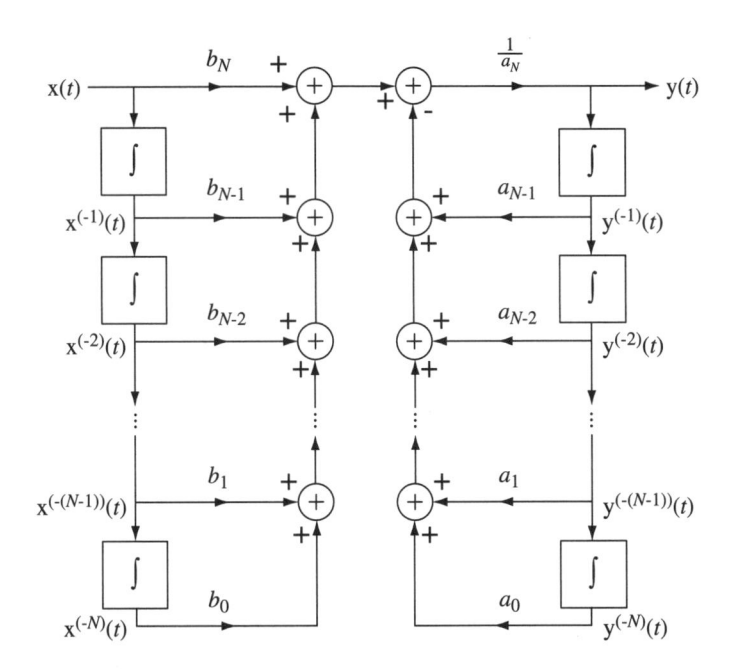

Figura 6.32
Representação contínua no tempo na Forma Direta I.

Já que ambos os subsistemas são sistemas SLIT, a ordem de uma associação em cascata não afeta a representação (Figura 6.33).

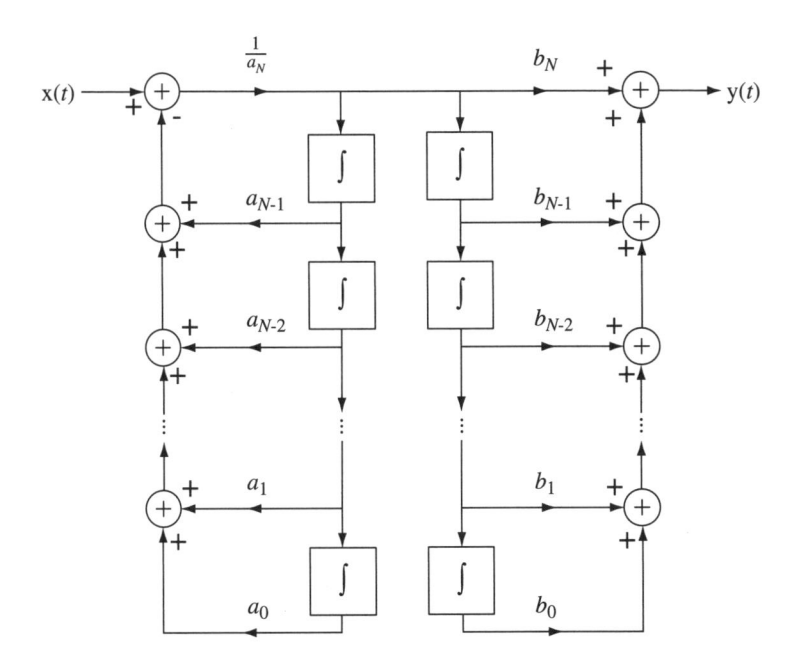

Figura 6.33
Representação preliminar contínua no tempo na Forma Direta II.

Visto que os dois subsistemas com integradores cascateados verticalmente estão operando sobre o mesmo sinal, a metade deles pode ser eliminada, produzindo a representação na Forma Direta II mais eficiente, conforme mostra a Figura 6.34.

Figura 6.34
Representação final na Forma Direta II.

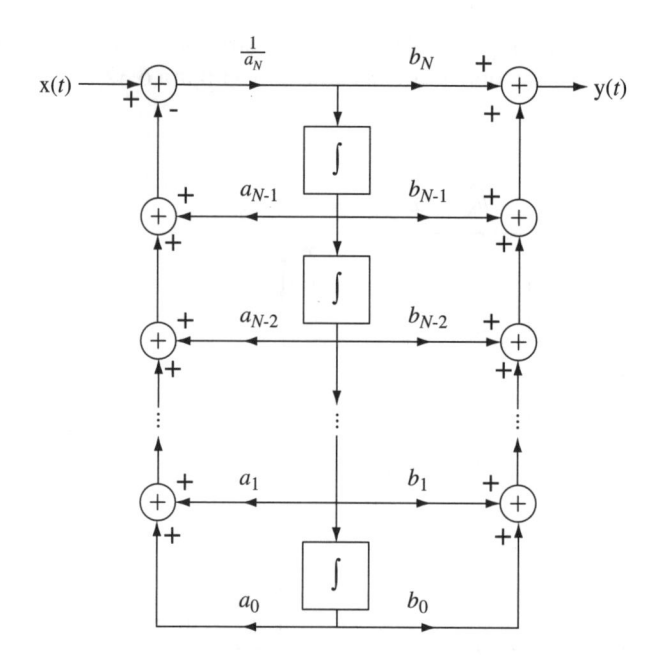

Na Forma Direta II, N integradores são requeridos e alguns dos coeficientes a e b podem ser iguais a zero (mas não a_N). A representação de um sistema em que o número de integradores usados é igual à ordem do sistema é chamada de representação canônica.

EXEMPLO 6.5

Representação de um sistema na Forma Direta II

Determine a representação na Forma Direta II de um sistema descrito pela equação diferencial

$$2\,y''(t) + 5\,y'(t) + 4\,y(t) = x(t)$$

■ Solução

A derivada de mais alta ordem de y é a derivada segunda e, portanto, $N = 2$. Os coeficientes na equação diferencial em sua forma padrão são

$$a_0 = 4, a_1 = 5, a_2 = 2, b_0 = 1, b_1 = 0, b_2 = 0$$

e a representação está ilustrada na Figura 6.35.

Figura 6.35
Representação na Forma Direta II.

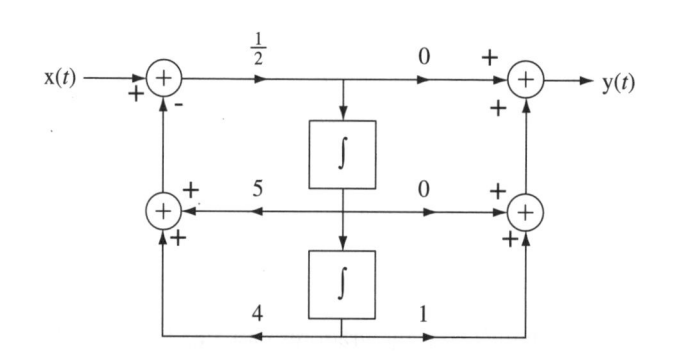

Se simplificarmos o diagrama pela remoção dos caminhos de ganho nulo, obtemos o diagrama simplificado mostrado pela Figura 6.36.

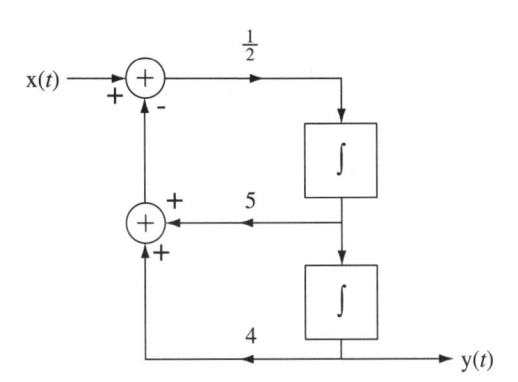

Figura 6.36
Representação simplificada na Forma Direta II.

Compare-o com o diagrama da Figura 6.30. Eles não são idênticos, porém, uma vez que representam o mesmo sistema, devem ser equivalentes. Ao escrevermos as equações diferenciais com base nos diagramas, obtemos

$$y''(t) = (1/2)[x(t) - 5\,y'(t) - 4\,y(t)]$$

da Figura 6.36 e

$$y''(t) = (1/2)x(t) - (5/2)y'(t) - 2\,y(t)$$

da Figura 6.30. Obviamente, elas representam a mesma equação, apenas em formas distintas.

6.4 RESUMO DOS PONTOS MAIS IMPORTANTES

1. Todo sistema SLIT é totalmente caracterizado pela sua resposta ao impulso.
2. A resposta de um sistema SLIT a um sinal de entrada arbitrário pode ser determinada por meio da convolução deste sinal de entrada com sua resposta ao impulso.
3. A resposta ao impulso de uma associação em cascata de sistemas SLIT equivale à convolução das respostas ao impulso individuais.
4. A resposta ao impulso de uma associação paralela de sistemas SLIT corresponde à soma das respostas ao impulso individuais.
5. Um sistema SLIT é considerado estável segundo o critério BIBO se sua resposta ao impulso é absolutamente integrável.
6. Sistemas SLIT podem ser representados por diagramas de blocos, e esse tipo de representação é útil tanto para a síntese de sistemas quanto para o entendimento do comportamento dinâmico deles.

EXERCÍCIOS COM RESPOSTAS

Em cada exercício, as respostas estão listadas em ordem aleatória.

Resposta do Sistema ao Impulso

1. Determine as respostas ao impulso para os sistemas descritos pelas seguintes equações:

   (a) $y'(t) + 5y(t) = x(t)$
   (b) $y''(t) + 6y'(t) + 4y(t) = x(t)$
   (c) $2y'(t) + 3y(t) = x'(t)$
   (d) $4y'(t) + 9y(t) = 2x(t) + x'(t)$

Respostas: h(t) = $-(1/16)e^{-9t/4}$ u(t) + $(1/4)\delta(t)$; e^{-5t}u(t); $-(3/4)e^{-3t/2}$ u(t) + $(1/2)\delta(t)$; $0{,}2237(e^{-0,76t}-e^{-5,23t})$u($t$)

Convolução

2. Se x(t) = 2tri($t/4$)*$\delta(t-2)$, determine os valores de:
   (a) x(1)
   (b) x(-1)

   Respostas: 3/2; 1/2

3. Se x(t) = -5 ret($t/2$)*($\delta(t+1) + \delta(t)$), determine os valores de:
   (a) x(1/2)
   (b) x($-1/2$)
   (c) x($-5/2$)

   Respostas: -10; 0; -5

4. Determine os valores das seguintes funções:
   (a) Se g(t) = 4sen($\pi t/8$)*$\delta(t-4)$, determine g(-1)
   (b) Se $g(t) = -5 \, \text{ret}\left(\dfrac{t+4}{2}\right) * \delta(3t)$, determine g(1)$-$g($-4$).

   Respostas: $-3{,}696$; 5/3

5. Elabore os gráficos de g(t).
   (a) g(t) = ret(t)*ret(t)
   (b) g(t) = ret(t)*ret($t/2$)
   (c) g(t) = ret($t-1$)*ret($t/2$)
   (d) g(t) = [ret($t-5$) + ret($t + 5$)]*[ret($t-4$) + ret($t + 4$)]

   Respostas:

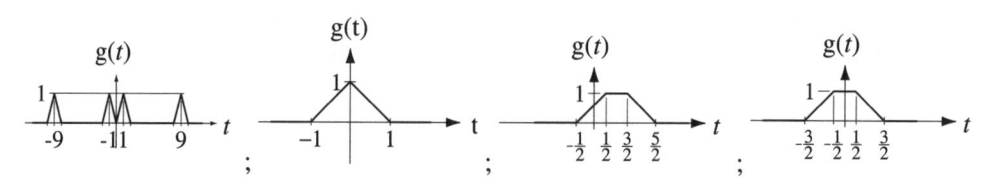

6. Faça os gráficos das funções dadas a seguir:
   (a) g(t) = ret($4t$)
   (b) g(t) = ret($4t$)*$4\delta(t)$
   (c) g(t) = ret($4t$)*$4\delta(t-2)$
   (d) g(t) = ret($4t$)*$4\delta(2t)$
   (e) g(t) = ret($4t$)*$\delta_1(t)$
   (f) g(t) = ret($4t$)*$\delta_1(t-1)$
   (g) g(t) = $(1/2)$ret($4t$)*$\delta_{1/2}(t)$
   (h) g(t) = $(1/2)$ret(t)*$\delta_{1/2}(t)$

   Respostas:

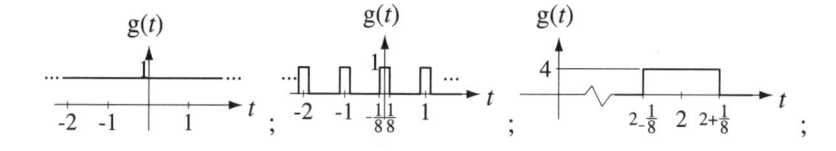

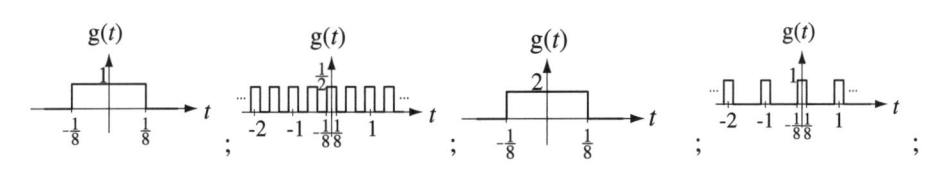

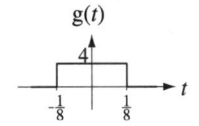

7. Faça os gráficos das seguintes funções:

    (a) $g(t) = \text{ret}(t/2) * [\delta(t+2) - \delta(t+1)]$
    (b) $g(t) = \text{ret}(t) * \text{tri}(t)$
    (c) $g(t) = e^{-t}u(t) * e^{-t}u(t)$
    (d) $g(t) = [\text{tri}(2(t+1/2)) - \text{tri}(2(t-1/2))] * \delta_2(t)$
    (e) $g(t) = [\text{tri}(2(t+1/2)) - \text{tri}(2(t-1/2))] * \delta_1(t)$

    Respostas:

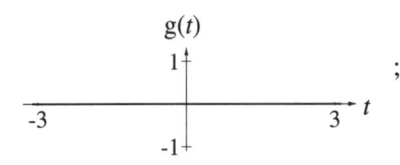

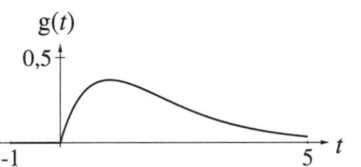

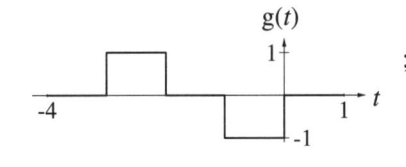

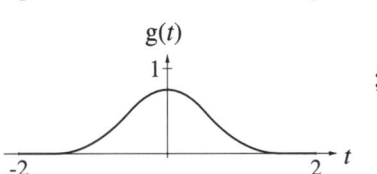

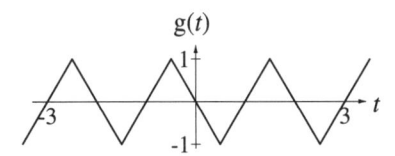

8. Um sistema apresenta uma resposta ao impulso $h(t) = 4e^{-4t}u(t)$. Determine e trace graficamente a resposta do sistema ao sinal $x(t) = \text{ret}(2(t-1/4))$.

    Resposta:

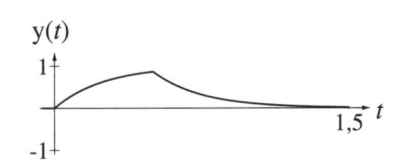

9. Modifique a resposta ao impulso do sistema do Exercício 8 para $h(t) = \delta(t) - 4e^{-4t}u(t)$ e determine e trace graficamente a resposta do sistema ao sinal $x(t) = \text{ret}(2(t-1/4))$.

    Resposta:

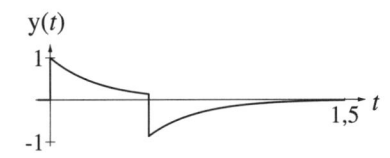

Figura E.10
Um circuito *RL*.

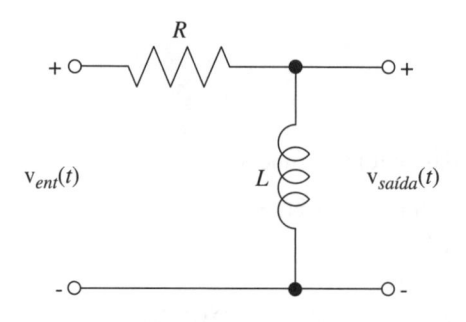

10. No circuito da Figura E.10 a tensão do sinal de entrada é $v_{ent}(t)$ e a tensão do sinal de saída é $v_{saída}(t)$.

    (a) Determine a resposta ao impulso em termos de *R* e *L*.

    (b) Se $R = 10\text{k}\Omega$ e $L = 100\mu\text{H}$, trace o gráfico da resposta ao degrau unitário.

    Respostas:

    $\delta(t) - (R/L)e^{-Rt/L}u(t)$;

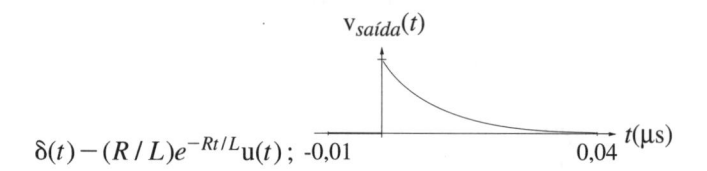

11. Dois sistemas possuem as respostas ao impulso $h_1(t) = u(t) - u(t-4)$ e $h_2(t) = \text{ret}((t-2)/4)$. Se esses dois sistemas são conectados em cascata, trace o gráfico da resposta y(t) do sistema integral para $x(t) = \delta(t)$.

    Respostas:

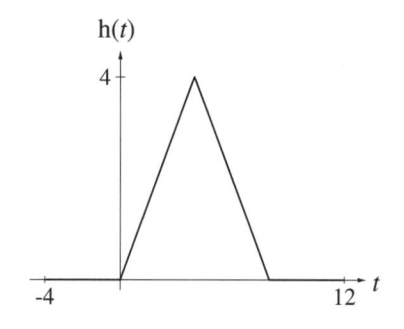

12. Trace os gráficos das respostas dos sistemas do Exercício 1 para uma entrada degrau unitário.

    Respostas:

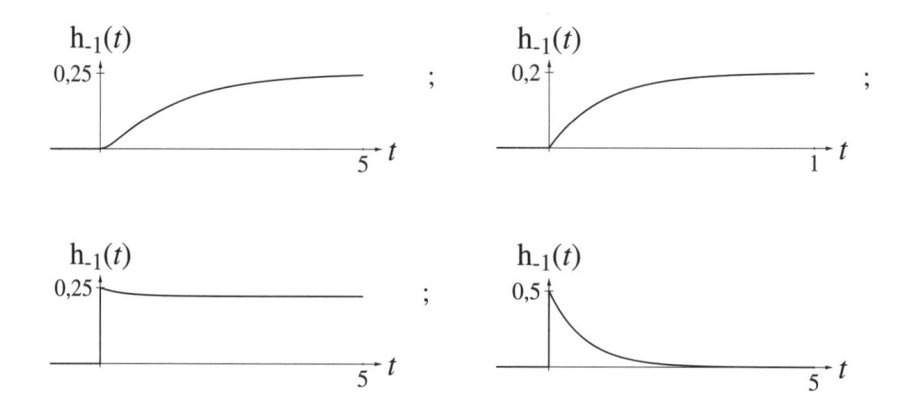

ESTABILIDADE DE SISTEMAS

13. Determine as respostas aos impulsos dos dois sistemas da Figura E.13. Os sistemas em questão são estáveis segundo o critério BIBO?

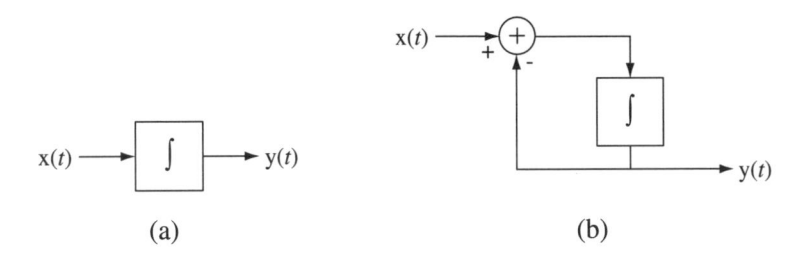

Figura E.13
Dois sistemas com um único integrador.

(a) (b)

Resposta: estável segundo o critério BIBO; instável segundo o critério BIBO.

14. Determine a resposta ao impulso para o sistema mostrado na Figura E.14. Este sistema é estável segundo o critério BIBO?

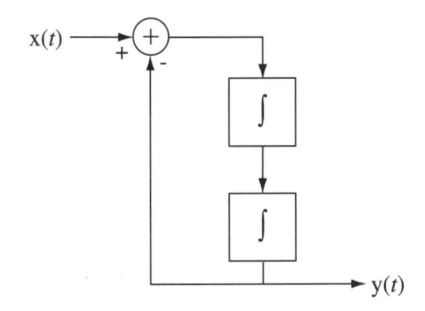

Figura E.14
Um sistema com duplo integrador.

Resposta: instável segundo o critério BIBO.

15. Determine a resposta ao impulso do sistema mostrado na Figura E.15 e avalie sua estabilidade segundo o critério BIBO.

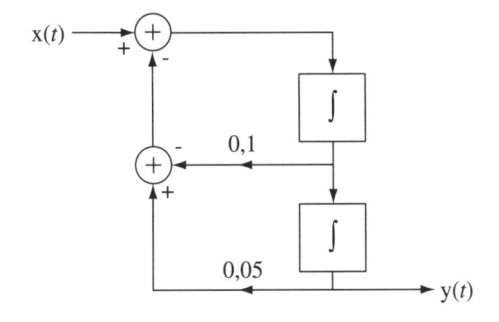

Figura E.15
Um sistema com dois integradores.

Resposta: $4{,}589e^{0{,}05t}\text{sen}(0{,}2179t)u(t)$; não é estável segundo o critério BIBO.

RESPOSTA EM FREQÜÊNCIA DE SISTEMAS

16. Trace os gráficos das amplitudes das respostas dos sistemas do Exercício 1 para $e^{j\omega t}$ como uma função da freqüência angular ω.

Respostas:

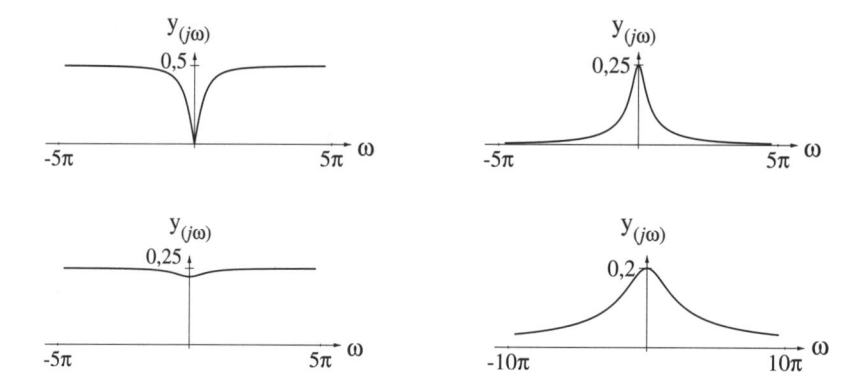

[Gráficos de $Y(j\omega)$ com picos em 0,5 (centrado em 0, com largura estreita em $\pm 5\pi$); 0,25 (pico estreito em 0); 0,25 (quase plano em $\pm 5\pi$); 0,2 (pico em 0, largura em $\pm 10\pi$).]

REPRESENTAÇÃO DE SISTEMAS

17. Elabore os diagramas de blocos na Forma Direta II para os sistemas descritos pelas equações a seguir. Utilize integradores, em lugar de diferenciadores, nos diagramas de blocos.

    (a) $2y''(t) + y'(t) + 6y(t) = x(t)$
    (b) $y''(t) - 5y(t) = x'(t) + 4x(t)$

    Respostas:

    [Diagramas de blocos da Forma Direta II com integradores, ganhos 1/2, 6 no primeiro; -5, 4 no segundo.]

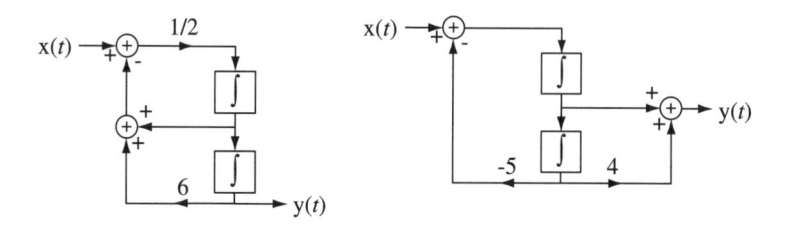

EXERCÍCIOS SEM RESPOSTAS

Resposta do Sistema ao Impulso

18. Determine as respostas ao impulso para os sistemas descritos pelas seguintes equações:

    (a) $4y''(t) = 2x(t) - x'(t)$
    (b) $y''(t) + 9y(t) = -6x'(t)$
    (c) $-y''(t) + 3y'(t) = 3x(t) + 5x''(t)$

19. Um pulso de tensão retangular, que se inicia no instante $t = 0$, tem uma duração de 2 s e tem uma altura de 0,5 V, excita um filtro passa-baixas RC, onde $R = 10k\Omega$ e $C = 100\ \mu F$.

    (a) Trace o gráfico da tensão presente nos terminais do capacitor em função do tempo.
    (b) Modifique a duração do pulso para 0,2 s e a altura do pulso para 5 V. Repita o que se pede em (a).
    (c) Modifique a duração do pulso para 2 ms e a altura do pulso para 500 V. Repita o que se pede em (a).
    (d) Modifique a duração do pulso para 0,2 μs e a altura do pulso para 500 kV. Repita o que se pede em (a).

    Com base nos resultados obtidos, o que você acha que aconteceria se fosse admitido um impulso unitário como tensão de entrada?

Convolução

20. Uma função contínua no tempo é não-nula sobre um intervalo quando seu argumento está compreendido entre 0 e 4. Essa função sofre uma convolução com uma outra função que é não-nula sobre outro intervalo em que seu argumento varia de −3 a −1. Qual é o intervalo não-nulo para a convolução entre essas duas funções?

21. Qual é a função que em uma operação de convolução com $-2\cos(t)$ produziria $6\text{sen}(t)$? (Existe mais de uma resposta correta.)

22. Trace os gráficos das seguintes funções:

    (a) $g(t) = 3\cos(10\pi t) * 4\delta(t + 1/10)$
    (b) $g(t) = \text{tri}(2t) * \delta_1(t)$
    (c) $g(t) = 2[\text{tri}(2t) - \text{ret}(t-1)] * \delta_2(t)$
    (d) $g(t) = 8[\text{tri}(t/4)\delta_1(t)] * \delta_8(t)$
    (e) $g(t) = \text{sinc}(4t) * \delta_2(t)$
    (f) $g(t) = e^{-2t}u(t) * [\delta_4(t) - \delta_4(t-2)]$
    (g) $g(t) = [\text{sinc}(t)\text{ret}(t/2)] * \delta_2(t)$
    (h) $g(t) = [\text{sinc}(2t) * \delta_2(t)]\text{ret}(t/4)$

23. Para cada gráfico da Figura E.23, selecione o sinal ou sinais correspondentes que pertencem ao grupo, $x_1(t)$ a $x_8(t)$.

    $x_1(t) = \delta_2(t) * \text{ret}(t/2)$, $x_2(t) = 4\delta_2(t) * \text{ret}(t/2)$, $x_3(t) = (1/4)\delta_{1/2}(t) * \text{ret}(t/2)$
    $x_4(t) = \delta_{1/2}(t) * \text{ret}(t/2)$, $x_5(t) = \delta_2(t) * \text{ret}(2t)$, $x_6(t) = 4\delta_2(t) * \text{ret}(2t)$
    $x_7(t) = (1/4)\delta_{1/2}(t) * \text{ret}(2t)$, $x_8(t) = \delta_{1/2}(t) * \text{ret}(2t)$,

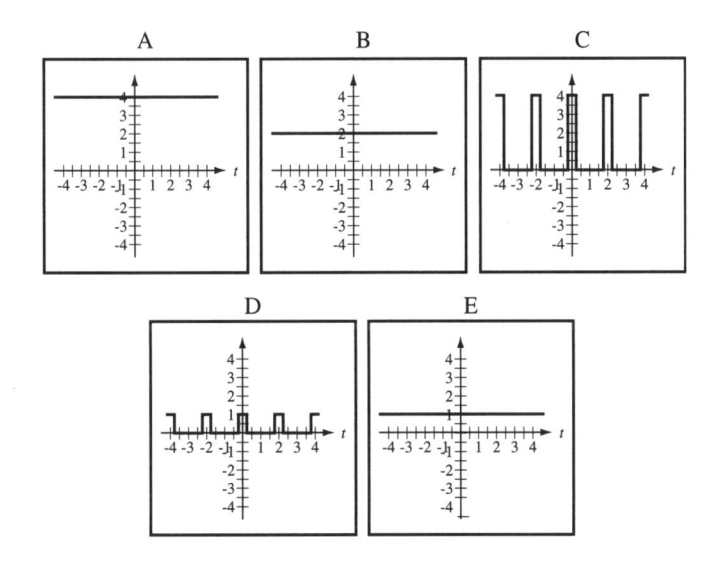

Figura E.23

24. Determine a potência de sinal dos sinais a seguir:

    (a) $x(t) = 4\text{ret}(t) * \delta_4(t)$
    (b) $x(t) = 4\text{tri}(t) * \delta_4(t)$

25. Mostre que a propriedade de área e a propriedade de redimensionamento de escala da integral de convolução estão em conformidade por meio do cálculo da área de $x(at) * h(at)$ e da comparação desta com a área de $x(t) * h(t)$.

26. A convolução de uma função g(t) com uma dupla unitária pode ser escrita como

$$g(t) * u_1(t) = \int_{-\infty}^{\infty} g(\tau) u_1(t - \tau) d\tau$$

Integre por partes para demonstrar que $g(t) * u_1(t) = g'(t)$.

Estabilidade de Sistemas

27. Escreva as equações diferenciais para os sistemas da Figura E.27. Determine as respectivas respostas ao impulso e determine se estes sistemas são ou não estáveis. Para cada um dos sistemas, $a = 0,5$ e $b = -0,1$. E então discuta o efeito da redefinição da resposta sobre a estabilidade do sistema.

Figura E.27

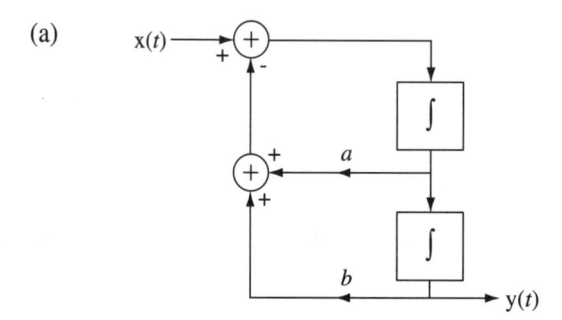

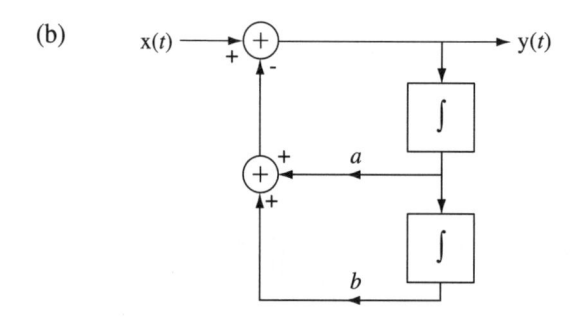

(a)

(b)

28. Determine a resposta ao impulso do sistema mostrado na Figura E.28 e avalie-o quanto à estabilidade segundo o critério BIBO.

Figura E.28
Um sistema com dois integradores.

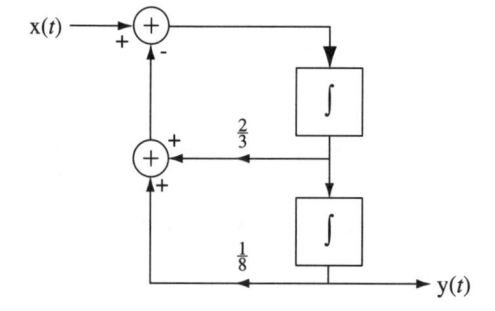

Resposta em Freqüência de Sistemas

29. Faça os gráficos de amplitude e fase para a resposta senoidal complexa do sistema descrito por $y'(t) + 2y(t) = e^{-j2\pi ft}$ em função da freqüência cíclica f.

30. Trace os gráficos de amplitude e fase da resposta em freqüência do sistema da Figura E.29 para o intervalo especificado por $-2 < \omega < 2$.

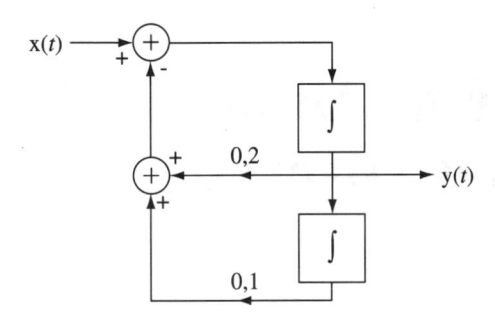

Figura E.29

31. Uma mola de constante de mola K_s igual a 50 N/m mantém uma massa m de 5 kg acima de um gatinho dorminhoco. O gatinho está respirando ritmicamente. Quando esse gatinho expira, o ar sopra diretamente sobre a parte inferior da massa. Aproximando a força aplicada à massa devido à respiração do gatinho por uma senóide, a qual freqüência o bichano deverá inspirar e expirar para causar um movimento de oscilação da mola para cima e para baixo em amplitude máxima?

Representação de Sistemas

32. Elabore os diagramas de blocos na Forma Direta II para os sistemas descritos pelas equações a seguir. Utilize integradores, em lugar de diferenciadores, nos diagramas de blocos.

(a) $y''(t) + 3y'(t) + 2y(t) = x(t)$

(b) $4y'(t) - 3y(t) = x''(t) + 2x'(t) - 5x(t)$

7 CAPÍTULO

Análise no Domínio do Tempo de Sistemas Discretizados no Tempo

Se você já cometeu erros, mesmo os mais graves, há sempre uma outra chance. O que chamamos de falha não é o ato errôneo em si, mas sim a sucumbência.

Mary Pickford, atriz

Enquanto uma pessoa hesita porque se sente inferior, a outra está se mantendo ocupada cometendo erros e tornando-se superior.

Henry C. Link, psicólogo e autor

7.1 INTRODUÇÃO E OBJETIVOS

A descrição e análise de sistemas discretizados no tempo é bastante similar à descrição e análise de sistemas contínuos no tempo. Este capítulo seguirá os mesmos tópicos vistos no Capítulo 6, exceto pelo fato de que serão abordados os sistemas discretizados no tempo. Onde a descrição e a análise forem essencialmente as mesmas, a explanação será breve. Um tempo maior será dedicado àqueles assuntos em que a descrição e a análise se mostram distintas, devido à diferença inerentemente existente entre tempo contínuo e tempo discreto.

OBJETIVOS DO CAPÍTULO:

1. Desenvolver técnicas para se determinar a resposta de um sistema SLIT discretizado no tempo ao impulso unitário, ocorrido no instante de tempo $t = 0$.
2. Desenvolver a convolução como uma técnica de determinação da resposta a excitações arbitrárias em sistemas discretizados no tempo.

7.2 A SOMA DE CONVOLUÇÃO

Assim como foi verdade para sistemas contínuos no tempo, existe um método de convolução para sistemas discretizados no tempo que funciona de maneira análoga. Ele é baseado no conhecimento prévio da resposta do sistema ao impulso, lidando com o sinal de entrada como se fosse uma combinação linear de impulsos e, então, somando-se as respostas individuais referentes a todos os impulsos.

Não importando quão complicado seja um sinal discretizado, ele é simplesmente uma seqüência de impulsos. Se pudermos determinar a resposta de um sistema SLIT a um impulso unitário ocorrido no instante discreto $n = 0$, conseguiremos determinar a resposta referente a qualquer outro sinal. Portanto, o uso da técnica de convolução parte da suposição de que a resposta ao impulso unitário, ocorrido no instante $n = 0$, já foi determinada e a chamaremos de resposta ao impulso h[n].

RESPOSTA AO IMPULSO

O primeiro requisito ao se utilizar a técnica de convolução para se determinar a resposta de um sistema é conhecer a sua resposta ao impulso. Para determinarmos a resposta ao impulso de um sistema, aplicamos um impulso unitário $\delta[n]$ que deve ocorrer no instante de tempo $n = 0$. Esta deve ser a única excitação do sistema. O impulso transfere sua energia de sinal ao sistema durante um período infinitesimal e então se esvai. Depois da energia do impulso ter sido totalmente transferida ao sistema, este responde com um sinal determinado pela sua natureza dinâmica.

No caso de sistemas contínuos no tempo, a aplicação real de um impulso para se determinar a resposta ao impulso de modo experimental é problemática por razões práticas. Porém, em se tratando dos sistemas discretizados no tempo, essa técnica é muito mais sensata porque o impulso discretizado no tempo é uma função verdadeiramente discretizada no tempo, além de ser simples, o que é desejável.

Se tivermos algum tipo de descrição matemática sobre o sistema, podemos ser capazes de determinar a resposta ao impulso analiticamente. Determinar a resposta ao impulso dos tipos mais comuns de sistemas SLIT discretizados no tempo é relativamente simples (pelo menos a princípio). Considere primeiro um sistema descrito por uma equação de diferenças na forma

$$a_n \, y[n] + a_{n-1} \, y[n-1] + \cdots + a_{n-N} \, y[n-N] = x[n] \quad (7.1)$$

Essa não é a representação mais geral de uma equação de diferenças que descreve um sistema SLIT discretizado no tempo, mas é um bom ponto de partida porque, com base na análise desse sistema, podemos expandi-la para se determinarem as respostas ao impulso de sistemas mais genéricos. O sistema em discussão é causal, do tipo SLIT e, para determinarmos a sua resposta ao impulso, fazemos $x[n]$ ser um impulso unitário no instante de tempo $n = 0$ e também ser a única excitação do sistema. Então podemos reescrever a Equação (7.1) para o caso especial como

$$a_n \, h[n] + a_{n-1} \, h[n-1] + \cdots + a_{n-N} \, h[n-N] = \delta[n]$$

O sistema não foi excitado por nenhum outro sinal antes do instante $n = 0$. A resposta $h[n]$ é zero para todos os instantes negativos $h[n] = 0$, $n < 0$, e o sistema encontra-se em seu estado com condições iniciais nulas previamente ao instante $n = 0$. Para todos os instantes após o definido por $n = 0$, $x[n]$ é também igual a zero. A solução da equação de diferenças, depois do instante $n = 0$, corresponde à solução homogênea, visto que $x[n]$ é zero depois do instante $n = 0$. Tudo de que precisamos para determinar a solução homogênea associada ao tempo após o instante $n = 0$ são as N condições iniciais que, ao serem utilizadas, permitirão calcular as N constantes arbitrárias presentes na solução homogênea. Precisamos de um certo número de condições iniciais igual à ordem da equação de diferenças. Sempre é possível determinar tais condições iniciais por meio da recursividade. Essa equação de diferenças sempre pode ser colocada em uma forma recursiva na qual a resposta atual equivale à combinação linear entre a excitação presente e as respostas anteriores

$$h[n] = \frac{\delta[n] - a_{n-1} \, h[n-1] - \cdots - a_{n-N} \, h[n-N]}{a_n}$$

Daí podemos calcular uma solução homogênea exata que é válida para todos os instantes de tempo $n \geq 0$. Esta solução, juntamente com o fato de que $h[n] = 0$, $n < 0$, compõem a solução completa – a resposta ao impulso. Em um sentido estrito real, a aplicação de um impulso a um sistema simplesmente estabelece certas condições iniciais e, após o fim dessa excitação, o sistema retorna ao repouso característico de seu estado de equilíbrio original (se o sistema for estável).

Agora considere um sistema mais genérico descrito por uma equação de diferenças da forma

$$a_n y[n] + a_{n-1} y[n-1] + \cdots + a_{n-N} y[n-N] = b_n x[n] + b_{n-1} x[n-1]$$
$$+ \cdots + b_{n-M} x[n-M]$$

Visto que o sistema é do tipo SLIT, podemos calcular a sua resposta ao impulso determinando as respostas ao impulso de sistemas descritos pelas equações de diferenças,

$$\begin{aligned}
a_n y[n] + a_{n-1} y[n-1] + \cdots + a_{n-N} y[n-N] &= b_n x[n] \\
a_n y[n] + a_{n-1} y[n-1] + \cdots + a_{n-N} y[n-N] &= b_{n-1} x[n-1] \\
a_n y[n] + a_{n-1} y[n-1] + \cdots + a_{n-N} y[n-N] &= \quad \vdots \\
a_n y[n] + a_{n-1} y[n-1] + \cdots + a_{n-N} y[n-N] &= b_{n-M} x[n-M]
\end{aligned} \quad (7.2)$$

e então somamos todas essas respostas ao impulso. Já que todas as equações são idênticas, excetuando-se pela intensidade e pelo instante de ocorrência do impulso, a resposta ao impulso total resultante é simplesmente igual à soma de um conjunto de respostas ao impulso para os sistemas da Equação (7.2), ponderadas e atrasadas apropriadamente. A resposta ao impulso do sistema genérico deve então atender à seguinte relação

$$h[n] = b_n h_1[n] + b_{n-1} h_1[n-1] + \cdots + b_{n-M} h_1[n-M]$$

em que $h_1[n]$ corresponde à resposta ao impulso calculada anteriormente.

EXEMPLO 7.1

Resposta ao impulso de um sistema

Determine a resposta ao impulso $h[n]$ do sistema descrito pela equação de diferenças

$$8 y[n] + 6 y[n-1] = x[n] \qquad (7.3)$$

■ Solução

Essa equação descreve um sistema causal e, portanto, $h[n] = 0$, $n < 0$. Podemos calcular a primeira resposta ao impulso unitário no instante de tempo $n = 0$ com a Equação (7.3)

n	$x[n]$	$h[n-1]$	$h[n]$
0	1	0	1/8

Para todos os instantes de tempo $n \geq 0$, a solução corresponde à solução homogênea na forma $K_h(-3/4)^n$. Portanto, $h[n] = K_h(-3/4)^n u[n]$. Levando em consideração as condições iniciais, $h[0] = 1/8 = K_h$. Logo, a resposta ao impulso do sistema é dada por $h[n] = (1/8)(-3/4)^n u[n]$.

CONVOLUÇÃO

Para demonstrar a soma de convolução, suponha que um sistema SLIT discretizado no tempo seja excitado por um sinal $x[n] = \delta[n] + \delta[n-1]$ e a resposta ao impulso associada seja $h[n] = (0{,}7788)^n u[n]$ (Figura 7.1).

A excitação para qualquer sistema discretizado no tempo é composta por uma seqüência de impulsos com diferentes intensidades que ocorrem em instantes de tempo distintos. Portanto, fazendo uso das propriedades de linearidade e da invariância no tempo, a resposta de um sistema SLIT será igual à soma de todas as respostas individuais relativas a cada um dos impulsos tomados separadamente. Visto que já conhecemos a resposta do sistema a um impulso unitário único, ocorrido no instante discreto $n = 0$, podemos calcular as respostas aos impulsos, tomados um a um, por meio de deslocamento e redimensionamento de escala aplicados apropriadamente à resposta ao impulso unitário.

No exemplo, o primeiro impulso não-nulo na excitação acontece no instante de tempo $n = 0$ e a sua intensidade é unitária. Portanto, o sistema responderá a essa excitação exatamente com a sua resposta ao impulso. O segundo impulso não-nulo ocorre no instante $n = 1$ e sua intensidade é também unitária. A resposta do sistema a esse impulso único equivale à resposta ao impulso atrasada de uma unidade na escala de tempo discretizada. Então, pelas propriedades de aditividade e invariância no tempo, válidas em sistemas SLIT, a resposta total do sistema para $x[n] = \delta[n] + \delta[n-1]$ resulta em

$$y[n] = (0{,}7788)^n \, u[n] + (0{,}7788)^{n-1} \, u[n-1]$$

(Figura 7.1).

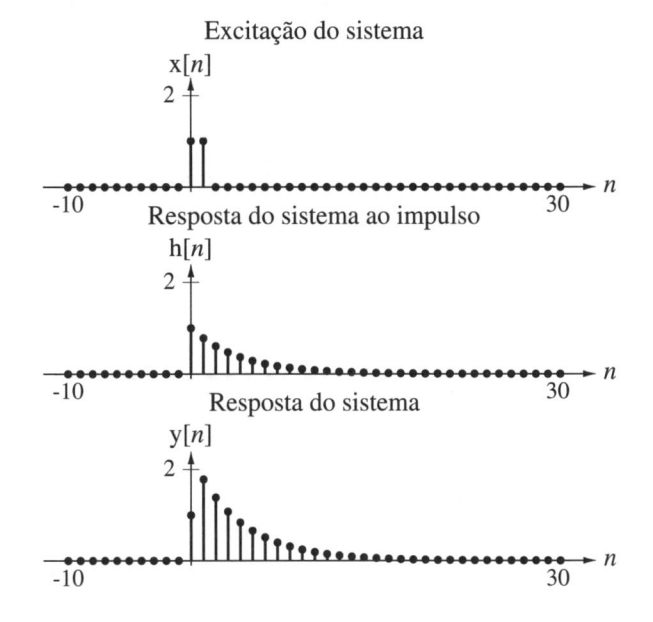

Figura 7.1
Excitação do sistema $x[n]$, resposta do sistema ao impulso $h[n]$ e resposta do sistema $y[n]$.

Suponha que a excitação seja agora modificada para $x[n] = 2\delta[n]$. Então, contanto que o sistema seja SLIT e a excitação seja um impulso de intensidade igual a dois, ocorrido no instante $n = 0$, pela propriedade de homogeneidade de sistemas SLIT, a resposta do sistema será igual ao dobro da resposta ao impulso ou $y[n] = 2(0{,}7788)^n u[n]$.

Agora faça a excitação ser igual àquela ilustrada na Figura 7.2 enquanto a resposta ao impulso permanece inalterada.

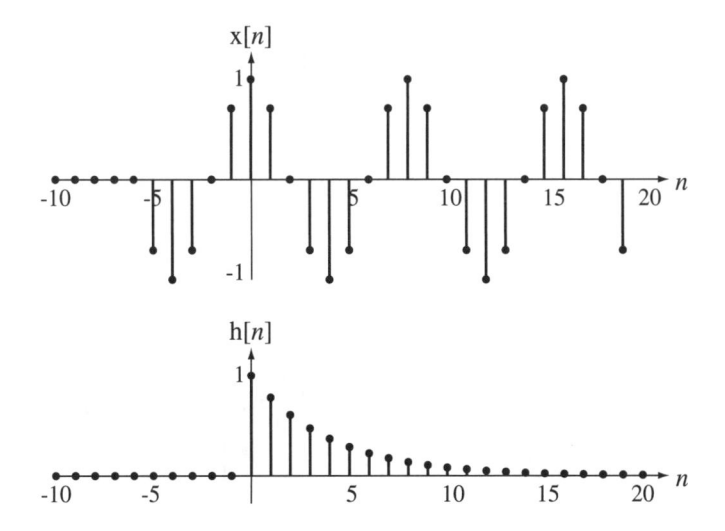

Figura 7.2
Uma senóide aplicada no instante $n = -5$ e a resposta do sistema ao impulso.

As respostas aos quatro primeiros impulsos não-nulos foram traçadas graficamente (Figura 7.3). Na Figura 7.4, encontram-se as próximas quatro respostas ao impulso.

Quando adicionamos as respostas relativas a todos os impulsos, obtemos a resposta completa do sistema correspondente à excitação total aplicada a ele (Figura 7.5).

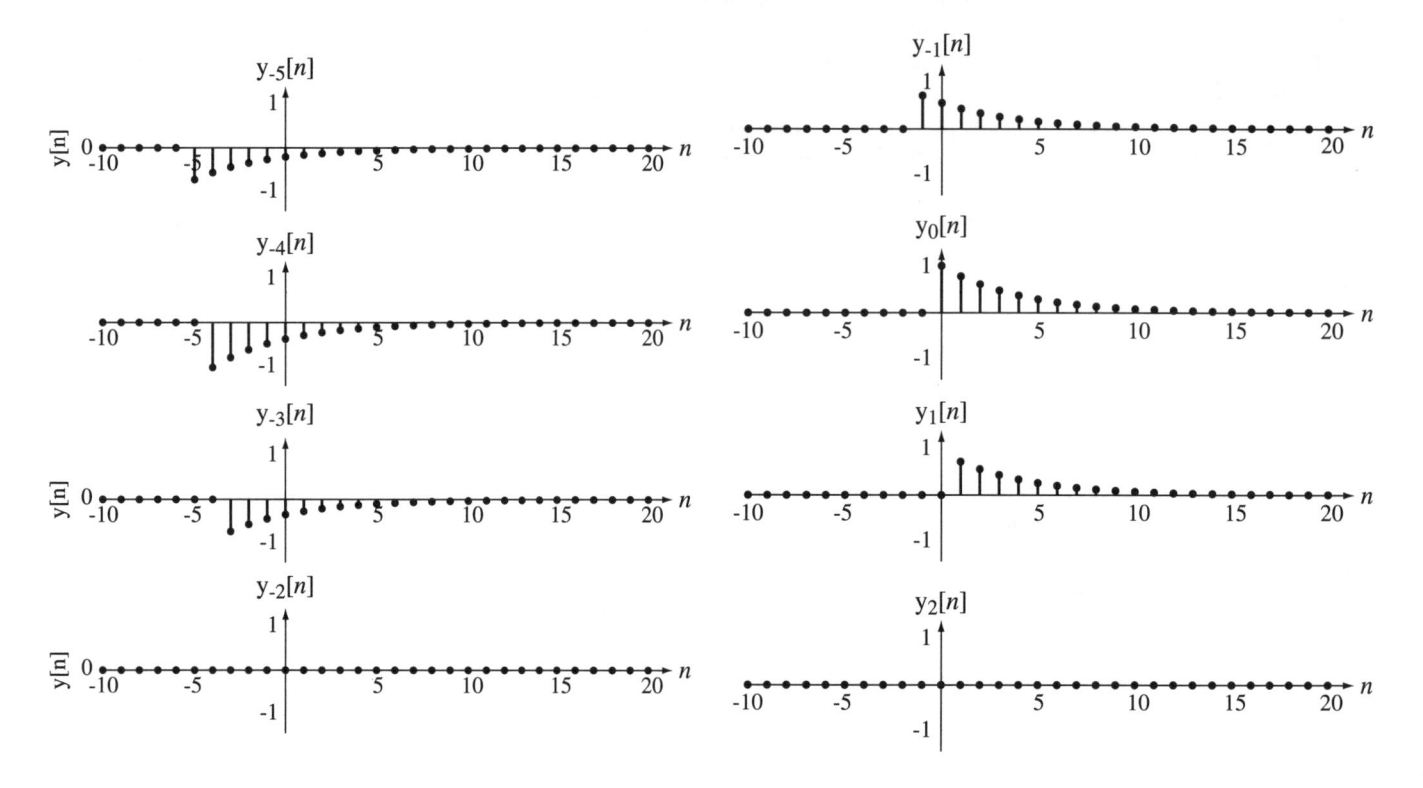

Figura 7.3
Respostas do sistema aos impulsos x[−5], x[−4], x[−3] e x[−2].

Figura 7.4
Respostas do sistema aos impulsos x[−1], x[0], x[1] e x[2].

Observe que há uma resposta transiente inicial. Porém, a resposta se acomoda e tende a uma senóide após umas poucas unidades no tempo discreto. A resposta forçada de qualquer sistema SLIT estável excitado por uma senóide corresponde a outra senóide de mesma freqüência, mas, geralmente, de amplitude e fase diferentes.

Acabamos de ver graficamente o que se sucede. Agora é hora de verificarmos analiticamente como todo o processo ocorre. A resposta total do sistema pode ser escrita da seguinte maneira

$$y[n] = \cdots + x[-1]h[n+1] + x[0]h[n] + x[1]h[n-1] + \cdots$$

ou

$$y[n] = \sum_{m=-\infty}^{\infty} x[m]h[n-m] \qquad (7.4)$$

Figura 7.5
A resposta completa do sistema.

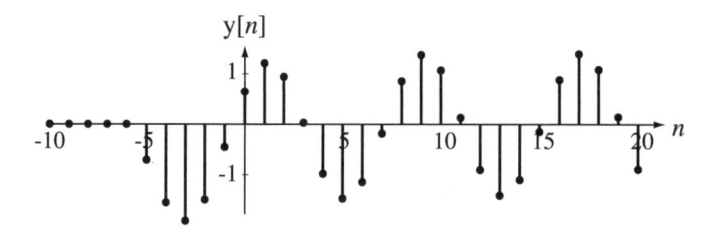

A Equação (7.4) resultante é conhecida por expressão da **soma de convolução** para a resposta do sistema. Em outras palavras, ela indica que o valor da resposta y em qualquer instante de tempo n pode ser calculado através da adição de todos os produtos da excitação x em instantes discretos m com a resposta ao impulso h nos instantes discretos $n-m$ para m variando do infinito negativo ao infinito positivo. Agora, com o propósito de se determinar uma resposta do sistema, precisamos conhecer somente a resposta ao impulso desse sistema e poderemos calcular sua resposta associada a qualquer excitação arbitrária. Uma outra maneira de explicar o que foi dito anteriormente é que, para um sistema SLIT, a resposta ao impulso do sistema equivale a uma descrição completa de como ele responde a qualquer sinal. Então podemos pensar primeiro em testar o sistema por meio da aplicação de um impulso a ele, armazenando a resposta associada. Uma vez que tenhamos esta resposta, podemos calcular a resposta para qualquer sinal. Essa é uma técnica muito poderosa. Em análise de sistemas, precisamos resolver a equação de diferenças para o sistema apenas uma vez quando o sinal de entrada não-nulo é o mais simples possível – um impulso unitário. E, então, para qualquer sinal em geral, podemos determinar a resposta por meio da convolução.

Compare a integral de convolução usada para sinais contínuos no tempo com a soma de convolução adotada para sinais discretizados no tempo,

$$y(t) = \int_{-\infty}^{\infty} x(\tau) h(t-\tau) d\tau \quad \text{e} \quad y[n] = \sum_{m=-\infty}^{\infty} x[m] h[n-m]$$

Em cada caso, um dos dois sinais é invertido no tempo, deslocado e então multiplicado pelo outro. Logo, para sinais contínuos no tempo, o produto é integrado para se calcular a área total sob o produto. Para sinais discretizados no tempo, o produto é somado para se calcular o valor total deste produto. Visto que a integral pode ser concebida como o limite de um somatório, a analogia entre os dois processos é completa.

Exemplo 7.2

Demonstração de que a convolução da resposta ao impulso com a excitação soluciona a equação de diferenças do sistema

Mostre que a soma de convolução da resposta ao impulso com a excitação produz uma resposta que resolve a equação de diferenças original para a equação do Exemplo 7.1 $8y[n] + 6y[n-1] = x[n]$, cuja resposta ao impulso foi determinada como $h[n] = (1/8)(-3/4)^n u[n]$.

■ **Solução**

Expressando a resposta como uma soma de convolução

$$y[n] = \sum_{m=-\infty}^{\infty} x[m] h[n-m] = \sum_{m=-\infty}^{\infty} x[m] \frac{1}{8}\left(-\frac{3}{4}\right)^{n-m} u[n-m]$$

Substituindo a resposta por uma equação de diferenças,

$$8 \sum_{m=-\infty}^{\infty} x[m] \frac{1}{8}\left(-\frac{3}{4}\right)^{n-m} u[n-m] + 6 \sum_{m=-\infty}^{\infty} x[m] \frac{1}{8}\left(-\frac{3}{4}\right)^{n-1-m} u[n-1-m] = x[n]$$

Combinando os somatórios,

$$\frac{1}{8}\left(-\frac{3}{4}\right)^n \sum_{m=-\infty}^{\infty} \left(-\frac{3}{4}\right)^{-m} \left(8 u[n-m] + 6(-3/4)^{-1} u[n-1-m]\right) x[m] = x[n]$$

Colocando em evidência e simplificando, identificamos a diferença para trás entre duas funções seqüência degrau unitário que produzem um impulso unitário,

$$\frac{1}{8}\left(-\frac{3}{4}\right)^n \sum_{m=-\infty}^{\infty} \left(-\frac{3}{4}\right)^{-m} 8\Bigg(\underbrace{u[n-m]-u[n-m-1]}_{\delta[n-m]}\Bigg) x[m] = x[n]$$

Então, fazendo uso da propriedade da amostragem do impulso unitário, os dois lados da equação são ambos iguais a x[n] e a equação de diferenças é satisfeita.

$$\left(-\frac{3}{4}\right)^n \sum_{m=-\infty}^{\infty} \left(-\frac{3}{4}\right)^{-m} \delta[n-m] x[m] = \left(-\frac{3}{4}\right)^n \left(-\frac{3}{4}\right)^{-n} x[n] = x[n]$$

Embora a operação de convolução seja completamente definida pela Equação (7.4), seria esclarecedor explorar certos conceitos gráficos que auxiliam de fato na realização da convolução. As duas funções multiplicadas e então somadas sobre o intervalo $-\infty < m < \infty$ são x[m] e h[n − m]. Para ilustrar a idéia da convolução gráfica, admita que as duas funções x[n] e h[n] sejam as funções singulares ilustradas pela Figura 7.6.

Figura 7.6
Duas funções.

Visto que o índice do somatório na Equação (7.4) é m, a função h[n − m] deve ser considerada uma função de m para o propósito de se realizar o somatório da Equação (7.4). A partir desse ponto de vista, podemos pensar que h[n − m] é criada por meio de duas transformações, $m \rightarrow -m$, que modifica h[m] para h[−m], e $m \rightarrow m - n$, que modifica h[−m] para h[−(m − n)] = h[n − m]. A primeira transformação $m \rightarrow -m$ cria a inversa discretizada no tempo de h[m] e a segunda transformação $m \rightarrow m - n$ desloca a função já invertida no tempo por n unidades para a direita (Figura 7.7).

Figura 7.7
h[−m] e h[n − m] em função de m.

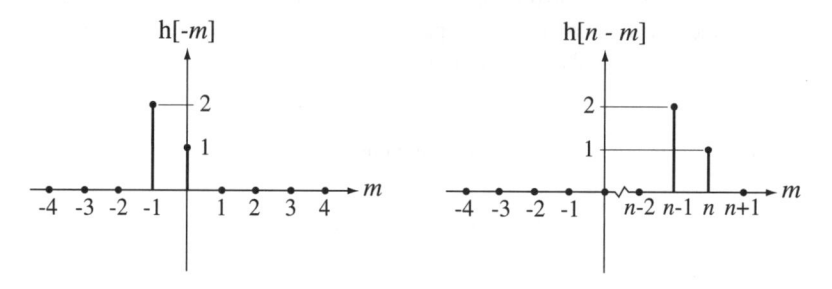

Agora, percebendo que o resultado da convolução é $y[n] = \sum_{m=-\infty}^{\infty} x[m]h[n-m]$, o processo de elaboração do gráfico do resultado da convolução y[n] *versus* n consiste na escolha de um dado valor de n e na realização da operação $\sum_{m=-\infty}^{\infty} x[m]h[n-m]$ para esse n, no registro em gráfico desse resultado numérico único para y[n] naquele mesmo instante n e na repetição de todo o processo para cada valor de n. Toda vez que um novo n é escolhido, a função h[n − m] desloca-se para uma nova posição. Já x[m] permanece exatamente onde está porque não há n em x[m] e o somatório $\sum_{m=-\infty}^{\infty} x[m]h[n-m]$ é simplesmente a soma dos produtos dos valores de x[m] e h[n−m] para aquela escolha de n. A Figura 7.8 apresenta uma demonstração desse processo. Para todos os valores de n não representados na Figura 7.8, y[n] = 0, daí podemos elaborar o gráfico de y[n] como ilustra a Figura 7.9.

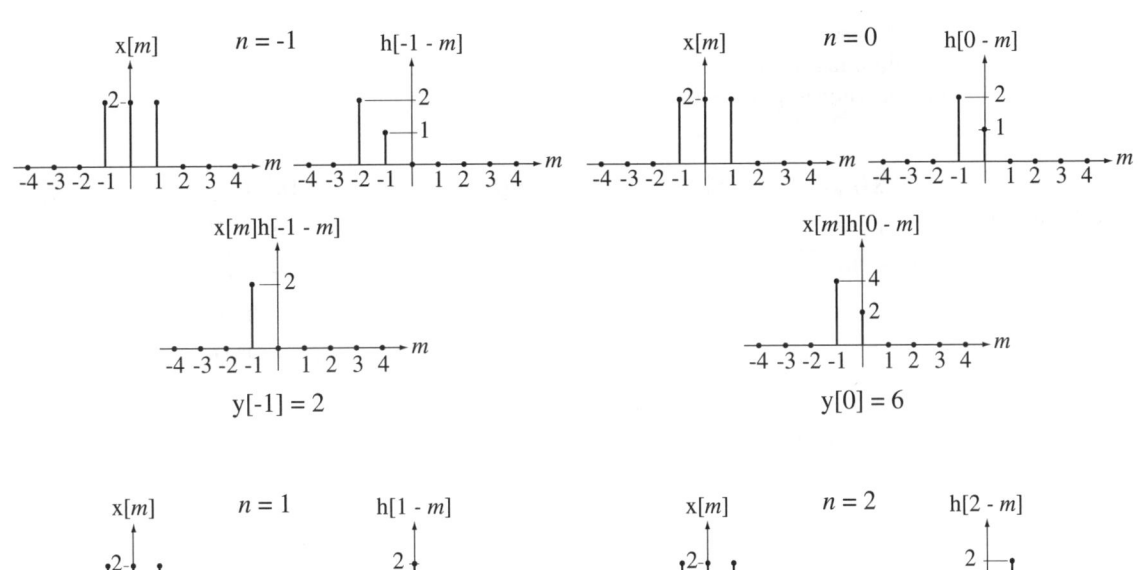

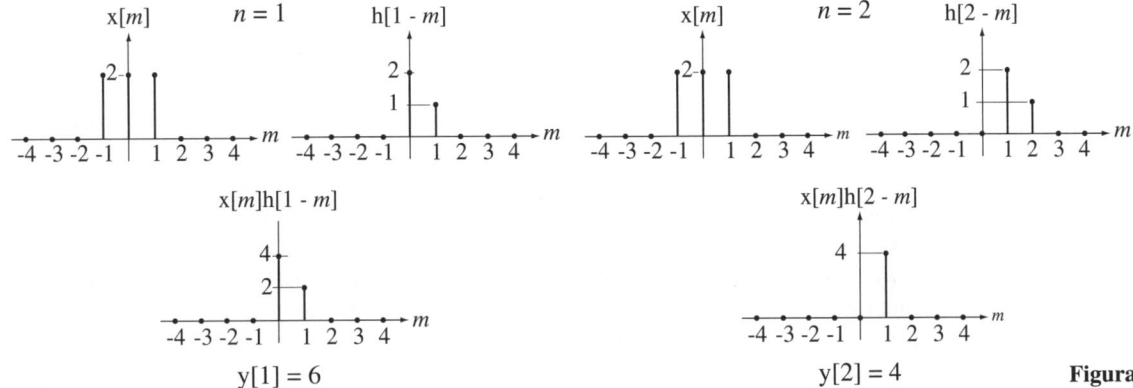

Figura 7.8
Resposta y[n] para $n = -1, 0, 1,$ e 2.

É muito comum na prática da engenharia a convolução entre dois sinais que são ambos nulos antes de certo intervalo finito de tempo. Seja x nulo antes do instante $n = n_x$ e seja h também nulo antes do instante $n = n_h$. A soma de convolução resulta em

$$x[n] * h[n] = \sum_{m=-\infty}^{\infty} x[m]h[n-m]$$

Visto que x é zero antes do instante $n = n_x$, todos os termos no somatório em que $m < n_x$ são nulos e, sendo assim,

$$x[n] * h[n] = \sum_{m=n_x}^{\infty} x[m]h[n-m]$$

Também, quando $n - m < n_h$, os termos de h tornam-se nulos, o que acaba definindo um limite superior para m de $n - n_h$ e então

$$x[n] * h[n] = \sum_{m=n_x}^{n-n_h} x[m]h[n-m]$$

Para estes n's, em que $n - n_h < n_x$, o limite inferior do somatório é maior do que o limite superior do somatório e o resultado da convolução é igual a zero. Portanto, seria mais completo e preciso afirmar que o resultado da convolução em questão é

$$x[n] * h[n] = \begin{cases} \sum_{m=n_x}^{n-n_h} x[m]h[n-m], & n - n_h \geq n_x \\ 0, & n - n_h < n_x \end{cases}$$

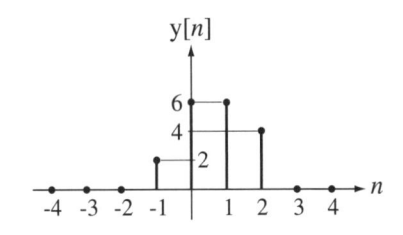

Figura 7.9
Gráfico de y[n].

Nesse caso, um outro método de realizar a soma de convolução pode ser conveniente em algumas situações. Podemos estabelecer uma matriz de números e calcular a soma de convolução por meio deles de um modo sistemático (Figura 7.10).

Figura 7.10
Método por matriz para cálculo de uma soma de convolução.

$$\begin{array}{ccccc}
x[n_x] & x[n_x+1] & x[n_x+2] & x[n_x+3] & \ldots \\
h[n_h] & h[n_h+1] & h[n_h+2] & h[n_h+3] & \ldots \\
\hline
x[n_x]h[n_h] & x[n_x+1]h[n_h] & x[n_x+2]h[n_h] & x[n_x+3]h[n_h] & \ldots \\
& x[n_x]h[n_h+1] & x[n_x+1]h[n_h+1] & x[n_x+2]h[n_h+1] & \ldots \\
& & x[n_x]h[n_h+2] & x[n_x+1]h[n_h+2] & \ldots \\
& & & \vdots & \vdots \\
\hline
y[n_x+n_h] & y[n_x+n_h+1] & y[n_x+n_h+2] & y[n_x+n_h+3] & \ldots
\end{array}$$

Admita que a primeira linha de números na matriz sejam os valores de x para índices crescentes a partir de n_x e considere que a segunda linha de números da matriz sejam os valores de h para índices crescentes a partir de n_h. Cada entrada na terceira linha corresponde ao produto do valor de x na referida coluna pelo valor de h situado na primeira coluna. Cada entrada da quarta linha é igual ao valor de x na coluna anterior multiplicado pelo valor de h na segunda coluna. Tal padrão é repetido para tantos valores da soma de convolução quantos necessários. O valor da soma de convolução em $n = n_x + n_h$ é a soma dos valores na primeira coluna a partir da terceira linha em diante (que é apenas um número na primeira coluna). O valor da soma de convolução em $n = n_x + n_h + 1$ corresponde à soma dos valores na segunda coluna a partir da terceira linha em diante. Todos os valores posteriores da convolução são calculados por uma extensão deste algoritmo.

EXEMPLO 7.3

Efetuando a convolução entre dois sinais por meio do método da matriz

Admita que x seja zero antes do instante de tempo $n = -2$. Admita que h seja zero antes do instante $n = 3$ e faça alguns dos primeiros valores não-nulos de x e h serem iguais a

$$\begin{array}{c|cccc}
n & -2 & -1 & 0 & 1 \\
x[n] & 4 & 1 & -3 & -1
\end{array} \quad e \quad \begin{array}{c|cccc}
n & 3 & 4 & 5 & 6 \\
h[n] & 1 & 6 & -2 & 3
\end{array}$$

Utilizando o método da matriz, determine os primeiros quatro valores não-nulos de $y[n] = x[n] * h[n]$.

■ Solução

A matriz é mostrada na Figura 7.11.

Figura 7.11
Matriz para os valores calculados de y desde $n = 1$ a $n = 4$.

$$\begin{array}{cccc}
4 & 1 & -3 & -1 \\
\underline{1} & \underline{6} & \underline{-2} & \underline{3} \\
4 & 1 & -3 & -1 \\
& 24 & 6 & -18 \\
& & -8 & -2 \\
& & & \underline{12} \\
\hline
4 & 25 & -5 & -9 \\
y[1] & y[2] & y[3] & y[4]
\end{array}$$

EXEMPLO 7.4

Resposta de um filtro com média móvel

Um filtro com média móvel tem uma resposta ao impulso da forma

$$h[n] = (u[n] - u[n-N])/N$$

Determine a resposta de um filtro com média móvel quando $N = 8$ para $x[n] = \cos(2\pi n/N_0)$ em que $N_0 = 4, 8, 12$ e 16.

■ Solução

Utilizando a convolução, a resposta é

$$y[n] = x[n] * h[n] = \cos(2\pi n/N_0) * (u[n] - u[n-8])/8$$

Por meio da definição da soma de convolução,

$$y[n] = \frac{1}{8} \sum_{m=-\infty}^{\infty} \cos(2\pi m/N_0)(u[n-m] - u[n-m-8])$$

O efeito das duas funções seqüência degrau unitário é limitar o intervalo do somatório.

$$y[n] = \frac{1}{8} \sum_{m=n-8}^{n-1} \cos(2\pi n/N_0) = \frac{1}{16} \sum_{m=n-8}^{n-1} (e^{j2\pi m/N_0} + e^{-j2\pi m/N_0})$$

Faça $q = m - n + 8$. Então

$$y[n] = \frac{1}{16} \sum_{q=0}^{7} (e^{j2\pi(q+n-8)/N_0} + e^{-j2\pi(q+n-8)/N_0})$$

$$y[n] = \frac{1}{16} \left(e^{j2\pi(n-8)/N_0} \sum_{q=0}^{7} e^{j2\pi q/N_0} + e^{-j2\pi(n-8)/N_0} \sum_{q=0}^{7} e^{-j2\pi q/N_0} \right)$$

Somando essas séries geométricas

$$y[n] = \frac{1}{16} \left(e^{j2\pi n/N_0} e^{-j16\pi/N_0} \frac{1-e^{j16\pi/N_0}}{1-e^{j2\pi/N_0}} + e^{-j2\pi n/N_0} e^{j16\pi/N_0} \frac{1-e^{-j16\pi/N_0}}{1-e^{-j2\pi/N_0}} \right)$$

Para $N_0 = 4$, $y[n] = 0$. Para $N_0 = 8$, $y[n] = 0$. Para $N_0 = 12$,

$$y[n] = \frac{1}{16} \left(e^{j\pi n/6} e^{-j4\pi/3} \frac{1-e^{j4\pi/3}}{1-e^{j\pi/6}} + e^{-j\pi n/6} e^{j4\pi/3} \frac{1-e^{-j4\pi/3}}{1-e^{-j\pi/6}} \right)$$

$$y[n] = \frac{2{,}366}{16} (e^{j\pi n/6}(-1-j) + e^{-j\pi n/6}(-1+j))$$

$$y[n] = -\frac{2{,}366}{16} [(e^{j\pi n/6} + e^{-j\pi n/6}) + (je^{j\pi n/6} - je^{-j\pi n/6})]$$

$$y[n] = 0{,}2958[\text{sen}(2\pi n/12) - \cos(2\pi n/12)]$$

Para $N_0 = 16$, $y[n] = -\dfrac{1}{16}\left(e^{j2\pi n/16}\dfrac{2}{1-e^{j\pi/8}} + e^{-j2\pi n/16}\dfrac{2}{1-e^{-j\pi/8}}\right)$

$$y[n] = -\dfrac{1}{16}(e^{j2\pi n/16}(1+j5{,}027) + e^{-j2\pi n/16}(1-j5{,}027))$$

$$y[n] = -\dfrac{1}{16}[(e^{j2\pi n/16} + e^{-j2\pi n/16}) + j5{,}027(e^{j2\pi n/16} - e^{-j2\pi n/16})]$$

$$y[n] = \dfrac{1}{8}[5{,}027\,\text{sen}(2\pi n/16) - \cos(2\pi n/16)]$$

Esses resultados estão coerentes porque se o tempo médio do filtro com média móvel é exatamente igual a um número inteiro de períodos da senóide, a resposta é nula, já que o valor médio de qualquer senóide sobre qualquer quantidade inteira de períodos é nulo. Caso contrário, a resposta é não-nula.

PROPRIEDADES DA CONVOLUÇÃO

A convolução no tempo discretizado, assim como no tempo contínuo, é vista como uma operação matemática e é indicada pelo operador $*$.

$$y[n] = x[n] * h[n] = \sum_{m=-\infty}^{\infty} x[m]h[n-m] \qquad (7.5)$$

Considere primeiro o caso especial $x[n] = \delta[n]$. Desde que a excitação seja agora o impulso unitário ocorrido no instante de tempo discreto $n = 0$, sabemos que a resposta deveria ser a resposta ao impulso. Utilizando a Equação (7.5) de definição da convolução, obtemos

$$y[n] = \delta[n] * h[n] = \sum_{m=-\infty}^{\infty} \delta[m]h[n-m] \qquad (7.6)$$

Observe o argumento do somatório (somando) $\delta[m]h[n-m]$ na Equação (7.6). Esse produto possui exatamente um valor não-nulo e ele ocorre quando $m = 0$, porque o impulso é não-nulo somente naquele valor de m. Durante o processo do somatório, todos os m's, excetuando-se $m = 0$, não contribuem em nada para o somatório. Portanto, podemos escrever a Equação de convolução (7.6) como

$$\delta[n] * h[n] = \underbrace{\delta[0]}_{=1}h[n-0] = h[n]$$

confirmando matematicamente que a resposta é na verdade a resposta ao impulso. Em um sentido matemático mais amplo, esse resultado indica que qualquer função em convolução com um impulso unitário não deslocado é inalterada, ou $g[n] * \delta[n] = g[n]$ para qualquer $g[n]$.

Se a excitação $x[n]$ de um sistema SLIT é multiplicada por uma constante A, a resposta é multiplicada pela mesma constante.

$$(A\,x[n]) * h[n] = \sum_{m=-\infty}^{\infty} A\,x[m]h[n-m] = A\sum_{m=-\infty}^{\infty} x[m]h[n-m] = A(x[n] * h[n])$$

Essa é apenas uma reafirmação do fato de que o sistema é SLIT e, portanto, homogêneo.

Se a excitação é deslocada no tempo por certa quantidade n_0, obtemos a resposta

$$x[n-n_0] * h[n] = \sum_{m=-\infty}^{\infty} x[m-n_0]h[n-m] \qquad (7.7)$$

Efetuando a mudança de variável $q = m-n_0$, podemos reescrever o somatório da Equação (7.7) como

$$\sum_{q=-\infty}^{\infty} x[q]h[n-q-n_0] = \sum_{q=-\infty}^{\infty} x[q]h[(n-n_0)-q]$$

Agora podemos ver que se $y[n]$ é dado por

$$y[n] = \sum_{m=-\infty}^{\infty} x[m]h[n-m] \qquad (7.8)$$

e substituirmos n por $n - n_0$ em todo os lugares em que n aparece, então chegamos ao resultado

$$y[n-n_0] = \sum_{m=-\infty}^{\infty} x[m]h[(n-n_0)-m]$$

que é idêntico à Equação (7.8) (exceto pelos símbolos m ou q usados para o índice do somatório, o que não altera o resultado do somatório). Portanto, podemos afirmar que

$$x[n-n_0] * h[n] = y[n-n_0]$$

o que equivale a dizer que ao deslocarmos a excitação no tempo por alguma quantidade n_0, deslocamos a resposta por essa mesma quantidade. As propriedades da linearidade e do deslocamento no tempo referentes à convolução com um impulso podem ser declaradas na forma concisa

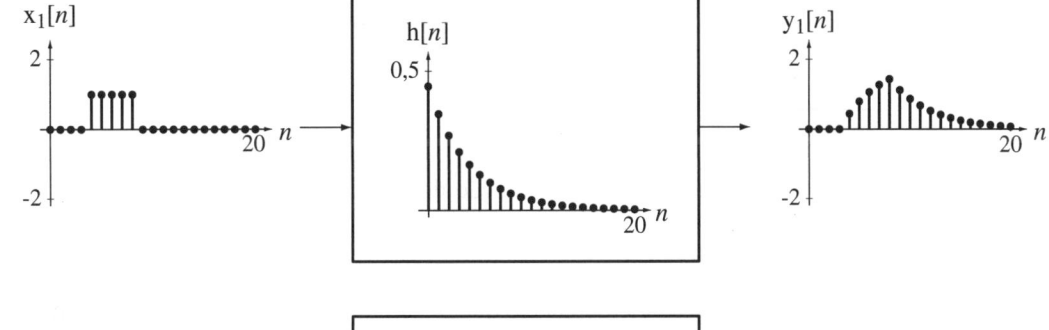

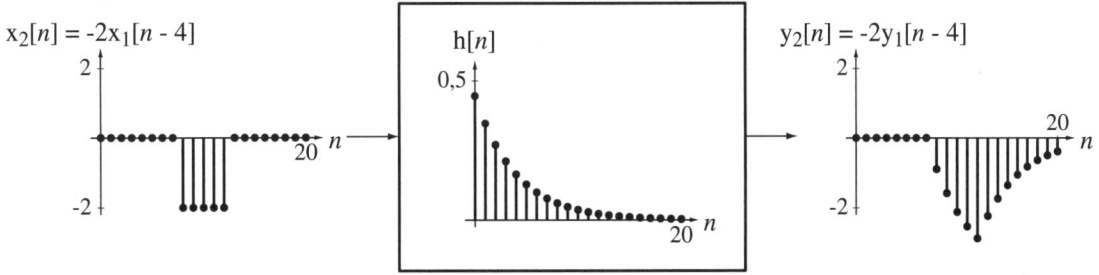

$$\boxed{x[n] * A\delta[n-n_0] = A\, x[n-n_0]} \qquad (7.9)$$

(Figura 7.12).

Figura 7.12 Propriedades de redimensionamento da escala e do deslocamento para a convolução.

Note que, se definimos uma função $g[n] = g_0[n] * \delta[n]$, sua versão deslocada no tempo $g[n-n_0]$ pode ser representada em qualquer uma das duas formas alternativas

$g[n-n_0] = g_0[n-n_0] * \delta[n]$ ou $g[n-n_0] = g_0[n] * \delta[n-n_0]$, mas não na forma $g_0[n-n_0] * \delta[n-n_0]$, o que resultaria em $g_0[n-n_0] * \delta[n-n_0] = g[n-2n_0]$. Essa propriedade se aplica não somente quando uma convolução é realizada com impulsos, mas com qualquer função. Fazendo uso da definição da convolução

$$y[n] = x[n] * h[n] = \sum_{m=-\infty}^{\infty} x[m]h[n-m] = \sum_{m=-\infty}^{\infty} x[n-m]h[m]$$

podemos chegar em

$$y[n-n_0] = \sum_{m=-\infty}^{\infty} x[m]h[n-n_0-m] = \sum_{m=-\infty}^{\infty} x[n-n_0-m]h[m]$$

ou

$$y[n-n_0] = x[n] * h[n-n_0] = x[n-n_0] * h[n] \qquad (7.10)$$

> Se uma função geral é a convolução entre duas funções componentes, então deslocar no tempo qualquer uma, mas não ambas, dentre essas mesmas duas funções componentes, provoca o deslocamento no tempo da função geral pela mesma quantidade.

As propriedades de comutatividade, associatividade, distributividade, diferença e soma referentes à soma de convolução são provadas no Apêndice D no site do livro, localizado no endereço **www.mhhe.com/roberts**, e estão resumidas a seguir.

Propriedade da Comutatividade	$x[n] * y[n] = y[n] * x[n]$
Propriedade da Associatividade	$(x[n] * y[n]) * z[n] = x[n] * (y[n] * z[n])$
Propriedade da Distributividade	$(x[n] + y[n]) * z[n] = x[n] * z[n] + y[n] * z[n]$
Se $y[n] = x[n] * h[n]$, então	
Propriedade da Diferença	$y[n] - y[n-1] = x[n] * (h[n] - h[n-1])$
Propriedade da Soma	Soma de y = (Soma de x) $\times$ (Soma de h)

Admita que a soma de convolução de $x[n]$ com $h[n]$ seja igual a $y[n] = \sum_{m=-\infty}^{\infty} x[n-m]h[m]$. Admita que $x[n]$ seja limitado. Logo, podemos afirmar que $|x[n-m]| < B$, para todo m em que B é um limite superior finito para a magnitude de x. A magnitude da convolução é dada por

$$|y[n]| = \left| \sum_{m=-\infty}^{\infty} x[n-m]h[m] \right|$$

Utilizando os princípios de que a magnitude de qualquer soma de termos é menor que ou igual à soma das magnitudes dos termos e de que a magnitude de um produto de duas funções equivale ao produto de suas magnitudes.

$$|y[n]| \leq \sum_{m=-\infty}^{\infty} |x[n-m]||h[m]|$$

Visto que x[m] é menor do que B em magnitude para qualquer m

$$|y[n]| \leq \sum_{m=-\infty}^{\infty} |x[n-m]||h[m]| < \sum_{m=-\infty}^{\infty} B|h[m]|$$

ou

$$|y[n]| < B \sum_{m=-\infty}^{\infty} |h[m]| \qquad (7.11)$$

Portanto, a soma de convolução converge se $\sum_{n=-\infty}^{\infty} |h[n]|$ é limitado, ou, em outras palavras, se h[n] é absolutamente somável. Já que a convolução é comutativa, podemos também afirmar que, se h[n] é limitado, a condição para a convergência é que x[n] seja absolutamente somável.

> Para uma soma de convolução convergir, ambos os sinais envolvidos na convolução devem ser limitados, e pelo menos um deles deve ser absolutamente somável.

CONVOLUÇÃO NUMÉRICA

O MATLAB possui um comando chamado `conv` que computa uma soma de convolução. A sintaxe desse comando é

$$y = \text{conv}(x, h)$$

em que x e h são vetores contendo os valores dos sinais discretizados no tempo e y é o vetor que contém os valores da convolução de x com h. É claro que o MATLAB não pode computar de fato uma soma infinita como indicado na Equação (7.5). Portanto, o MATLAB pode apenas efetuar a convolução entre sinais limitados no tempo, e os vetores x e h devem conter todos os valores não-nulos dos sinais que eles representam. (Eles podem também conter valores zeros adicionais se for necessário.) Se o instante de tempo para o primeiro elemento de x é n_{x0} e o instante para o primeiro elemento de h é n_{h0}, então o instante de tempo do primeiro elemento de y corresponde a $n_{x0} + n_{h0}$. Se o instante de tempo do último elemento em x é n_{x1} e o instante do último em h equivale a n_{h1}, logo o instante de tempo do último elemento em y é encontrado por $n_{x1} + n_{h1}$. O comprimento de x é $n_{x1} - n_{x0} + 1$ e o comprimento de h corresponde a $n_{h1} - n_{h0} + 1$. Portanto, a abrangência de y está compreendida pelo intervalo $n_{x0} + n_{h0} \leq n < n_{x1} + n_{h1}$ e seu comprimento é dado por

$$n_{x1} + n_{h1} - (n_{x0} + n_{h0}) + 1 = \underbrace{n_{x1} - n_{x0} + 1}_{\text{comprimento de x}} + \underbrace{n_{h1} - n_{h0} + 1}_{\text{comprimento de h}} - 1.$$

Logo, a diferença entre o comprimento de y e a soma dos comprimentos de x e h é de uma unidade.

EXEMPLO 7.5

Cálculo de uma soma de convolução usando o MATLAB

Seja x[n] = $\text{ret}_2[n-3]$ e h[n] = $\text{tri}((n-6)/4)$. Calcule a soma de convolução x[n] $*$ h[n] usando a função `conv` do MATLAB.

■ Solução

O sinal x[n] é limitado no tempo ao intervalo $1 \leq n \leq 5$ e h[n] é também limitado no tempo ao intervalo $3 \leq n \leq 9$. Portanto, qualquer vetor que descreva o sinal x[n] deve ter um comprimento de pelo menos cinco elementos e qualquer vetor que descreva h[n] deve ter um comprimento mínimo de sete elementos. Vamos adicionar alguns zeros extras, calcular a convolução, e traçar o gráfico dos dois sinais e suas convoluções utilizando o seguinte código do MATLAB.

Figura 7.13
Excitação, resposta ao impulso e resposta de um sistema, determinada por meio do comando `conv` disponível no MATLAB.

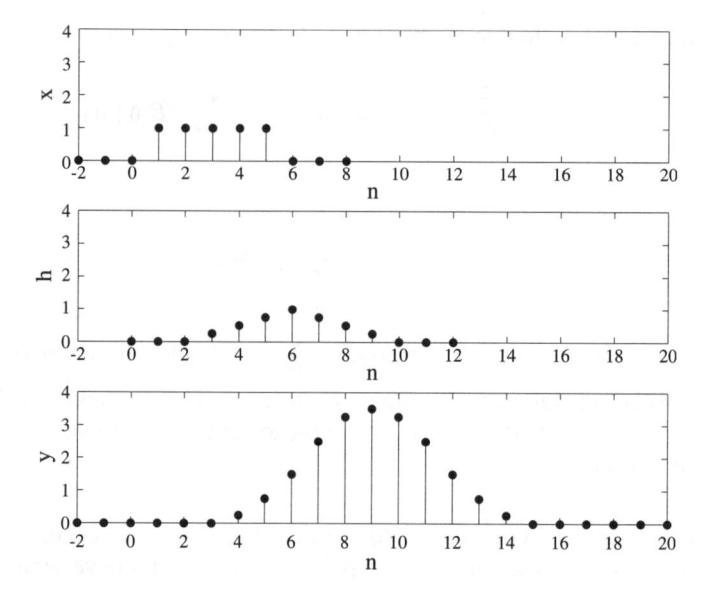

```
nx = -2:8 ; nh = 0:12 ;    % Define o vetor de tempo para x e h
x = retD(2,nx-3);          % Calcula os valores de x
h = tri((nh-6)/4);         % Calcula os valores de h
y = conv(x,h) ;            % Computa a convolução de x com h
%
%   Gera um vetor discretizado no tempo para y
%
ny = (nx(1) + nh(1)) + (0:(length(nx) + length(nh) - 2)) ;
%
%   Traça os resultados
%
subplot(3,1,1) ; stem(nx,x,'k','filled') ;
xlabel('n') ; ylabel('x') ; axis([-2,20,0,4]) ;
subplot(3,1,2) ; stem(nh,h,'k','filled') ;
xlabel('n') ; ylabel('h') ; axis([-2,20,0,4]) ;
subplot(3,1,3) ; stem(ny,y,'k','filled') ;
xlabel('n') ; ylabel('y') ; axis([-2,20,0,4]) ;
```

Neste momento, uma questão natural surge. Visto que não há função embutida no MATLAB para resolver uma integral de convolução, será que podemos utilizar a função `conv` para calcular uma integral de convolução? A resposta imediata é não. Porém, se pudermos aceitar uma aproximação razoável (e engenheiros normalmente fazem isso), a resposta final pode ser positiva, aproximadamente. Podemos partir da integral de convolução

$$y(t) = x(t) * h(t) = \int_{-\infty}^{\infty} x(\tau) h(t - \tau) d\tau$$

Aproximar tanto x(t) quanto h(t) como uma seqüência de pulsos retangulares de largura T_s:

$$x(t) \cong \sum_{n=-\infty}^{\infty} x(nT_s) \operatorname{ret}\left(\frac{t - nT_s - T_s/2}{T_s}\right) \quad \text{e} \quad h(t) \cong \sum_{n=-\infty}^{\infty} h(nT_s) \operatorname{ret}\left(\frac{t - nT_s - T_s/2}{T_s}\right)$$

Então, a integral pode ser aproximada em pontos discretos no tempo como

$$y(nT_s) \cong \sum_{m=-\infty}^{\infty} x(mT_s) h((n - m)T_s) T_s$$

A expressão anterior pode ser representada em termos de uma soma de convolução como

$$y(nT_s) \cong T_s \sum_{m=-\infty}^{\infty} x[m]h[n-m] = T_s\, x[n] * h[n] \qquad (7.12)$$

em que $x[n] = x(nT_s)$ e $h[n] = h(nT_s)$ e a integral de convolução pode ser aproximada por uma soma de convolução sob aqueles mesmos critérios adotados no uso da função `conv` para realizar as somas de convolução. Para que a integral de convolução convirja, tanto $x(t)$ quanto $h(t)$ (ou ambas) devem ser um sinal de energia. Esse método funciona melhor se ambos os sinais forem sinais de energia limitados no tempo. Seja $x(t)$ não-nulo apenas no intervalo de tempo $n_{x0}T_s \leq t < n_{x1}T_s$ e considere que $h(t)$ seja não-nulo somente no intervalo de tempo definido por $n_{h0}T_s \leq t < n_{h1}T_s$. Então $y(t)$ é não-nulo somente no intervalo delimitado por $(n_{x0}+n_{h0})T_s \leq n < (n_{x1}+n_{h1})T_s$ e os valores de $T_s x[n] * h[n]$ calculados através da função `conv` cobrem este intervalo. Para se obter um resultado aproximado da convolução razoavelmente bom, T_s deve ser escolhido de maneira que as funções $x(t)$ e $h(t)$ não se alterem demasiadamente durante este mesmo intervalo de tempo.

EXEMPLO 7.6

Traçando o gráfico da convolução entre dois sinais contínuos no tempo por meio da função `conv` do MATLAB

Trace o gráfico da convolução, $y(t) = \text{tri}(t) * \text{tri}(t)$.

■ Solução

Embora essa convolução possa ser feita analiticamente, o procedimento é bastante tedioso e, portanto, essa é uma boa candidata para uma convolução aproximada através de métodos numéricos, como a função `conv` no MATLAB. As inclinações dessas duas funções são ambas iguais a mais ou menos um. Para se realizar uma aproximação razoavelmente precisa, deve ser feita a escolha de um intervalo de tempo entre amostras igual a 0,01 segundo, o que significa que as funções alteram seus valores por não mais do que 1% entre quaisquer duas amostras adjacentes. Então, com a Equação (7.12)

$$y(0{,}01n) \cong 0{,}01 \sum_{m=-\infty}^{\infty} \text{tri}(0{,}01m)\text{tri}(0{,}01(n-m))$$

Os limites das partes não-nulas das funções são $-1 \leq t < 1$, que se traduzem em limites nos sinais discretizados no tempo correspondentes a $-100 \leq n < 100$. Um programa do MATLAB que consegue efetuar tal aproximação é apresentado a seguir.

```
%   Programa para realizar uma aproximação discretizada no tempo
%   para a convolução entre dois pulsos triangulares unitários
%   Cálculos da convolução
Ts = 0.01 ;                    % Intervalo de tempo entre amostras.
nx = [-100:99]' ; nh = nx ;    % Calcula os valores de x e y
x = tri(nx*Ts) ; h = tri(nh*Ts);   % Gera x e h.
ny = [nx(1)+nh(1):nx(end)+nh(end)]' ; % Vetor de tempos discretos
                                      % para y.
y = Ts*conv(x,h) ;    % Compõe y a partir da convolução entre x e h.

% Construção do gráfico e rotulação dos seus eixos

p = plot(ny*Ts,y,'k') ; set(p,'LineWidth',2) ; grid on ;
xlabel('Tempo {\itt} (s)','FontName','Times','FontSize',18) ;
ylabel('y({\itt})','FontName','Times','FontSize',18) ;
title('Convolução entre duas Funções Pulso Triangular Unitário
    não-deslocadas','FontName','Times','FontSize',18) ;
set(gca,'FontName','Times','FontSize',14) ;
```

O gráfico resultante é mostrado na Figura 7.14.

Figura 7.14
Aproximação de uma convolução contínua no tempo por métodos numéricos.

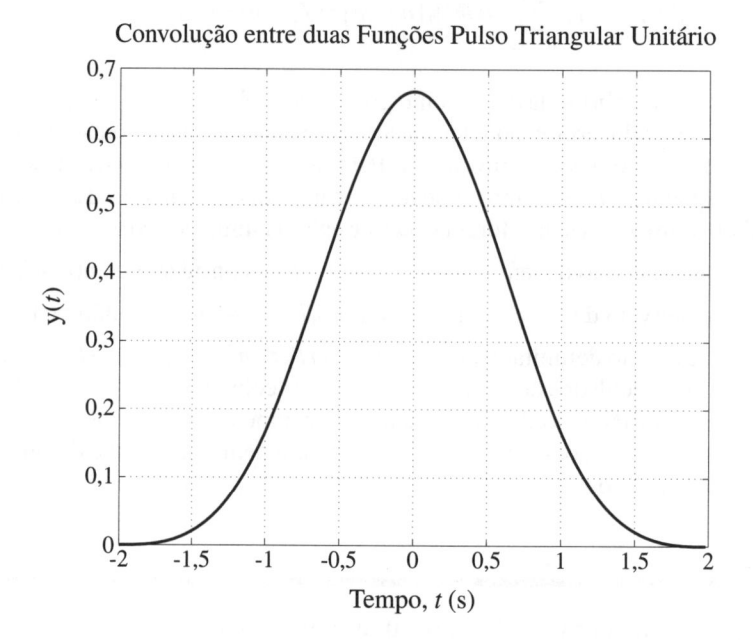

INTERCONEXÕES ENTRE SISTEMAS

Assim como foi válido para sistemas contínuos no tempo, os dois tipos de interconexão entre sistemas mais comuns são a associação em cascata e a associação paralela (Figura 7.15 e Figura 7.16), e as implicações provenientes da convolução são exatamente as mesmas.

Figura 7.15
Associação em cascata entre sistemas.

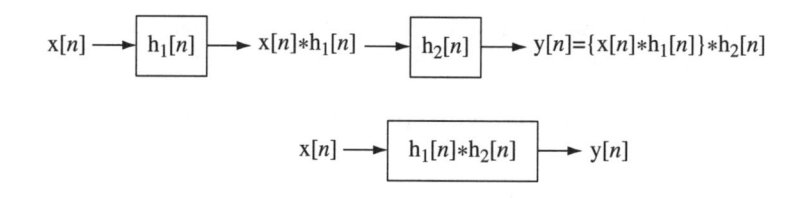

Figura 7.16
Associação paralela entre sistemas.

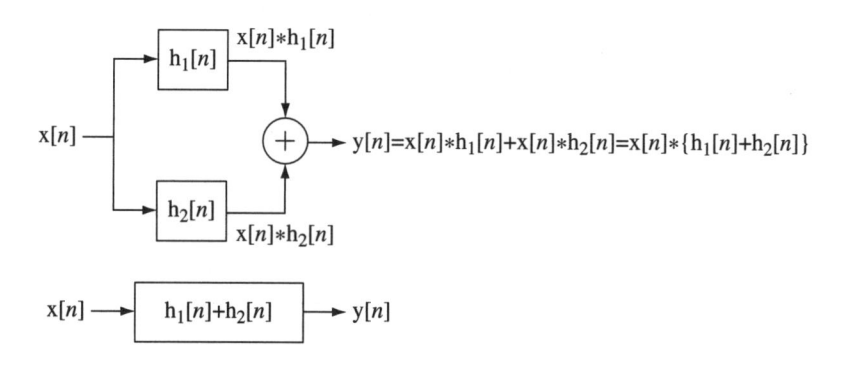

ESTABILIDADE E RESPOSTA AO IMPULSO

A estabilidade foi definida de maneira geral no Capítulo 5, ao afirmarmos que um sistema estável responde com um sinal de saída limitado quando excitado por um sinal de entrada limitado. Podemos encontrar agora uma forma de determinar se um sistema é estável ou não por meio da avaliação da sua resposta ao impulso. Provamos há pouco que a convolução entre dois sinais converge se ambos os sinais são limitados e se pelo menos um deles é absolutamente somável. A resposta y[n] de um sistema para x[n] corresponde a y[n] = x[n] ∗ h[n]. Logo, se x[n] é limitado, podemos afirmar que a função y[n] é limitada se h[n] é absolutamente somável (e portanto também limitada). Ou melhor, se $\sum_{n=-\infty}^{\infty} |h[n]|$ é limitado.

> Um sistema é estável segundo o critério BIBO se sua resposta ao impulso é absolutamente somável.

RESPOSTAS DE SISTEMAS A SINAIS PADRONIZADOS

Como preparação para os tópicos posteriores abordados neste livro, será útil investigar a forma das respostas de um sistema a certos sinais padrão: a seqüência degrau unitário, a exponencial complexa e a senóide real.

A resposta de qualquer sistema SLIT corresponde à convolução da excitação com a resposta ao impulso

$$y[n] = x[n] * h[n] = \sum_{m=-\infty}^{\infty} x[m]h[n-m]$$

Admita como excitação uma seqüência degrau unitário e admita que a resposta a uma seqüência degrau unitário seja designada por $h_{-1}[n]$. Então

$$h_{-1}[n] = u[n] * h[n] = \sum_{m=-\infty}^{\infty} u[m]h[n-m] \tag{7.13}$$

A seqüência degrau unitário é definida como a acumulação do impulso unitário

$$u[n] = \sum_{m=-\infty}^{n} \delta[m] \tag{7.14}$$

Combinando as Equações (7.13) e (7.14),

$$h_{-1}[n] = u[n] * h[n] = \sum_{m=-\infty}^{\infty} \sum_{q=-\infty}^{m} \delta[q]h[n-m] \tag{7.15}$$

O somando $\delta[q]h[n-m]$ na Equação (7.15) possui valor diferente de zero somente onde $q = 0$. O somatório interno em relação a q varia do infinito negativo a m, onde m corresponde ao índice usado pelo somatório externo. Portanto, para todos os valores de m menores do que zero, a resposta é zero e o somatório pode ser simplificado para

$$h_{-1}[n] = u[n] * h[n] = \sum_{m=0}^{\infty} h[n-m]$$

Agora, efetuando a mudança de variável $q = n - m$

$$h_{-1}[n] = \sum_{q=n}^{-\infty} h[q] = \sum_{q=-\infty}^{n} h[q]$$

Portanto, análogo ao caso contínuo no tempo em que a resposta ao degrau unitário foi igual à integral da resposta ao impulso unitário, a resposta em qualquer instante de tempo discreto n de um sistema SLIT discretizado no tempo, excitado por uma seqüência degrau unitário, corresponde à acumulação da resposta ao impulso. Desse modo, podemos afirmar que assim como a seqüência degrau unitário é a acumulação da resposta ao impulso, a *resposta* à seqüência degrau unitário é a acumulação da *resposta* ao impulso unitário. O subscrito em $h_{-1}[n]$ indica o número de diferenças. Nesse caso, existe -1 diferença ou uma acumulação em andamento da resposta ao impulso até a resposta à seqüência degrau unitário. Essa relação se mantém válida para qualquer excitação. Se qualquer excitação é substituída por sua acumulação, a resposta também será alterada para a acumulação associada a ela, e se a excitação é trocada por sua primeira diferença para trás, a resposta correspondente também será modificada para sua primeira diferença para trás.

EXEMPLO 7.7

Cálculo da resposta ao impulso de um sistema

Determine a resposta ao impulso do sistema mostrado na Figura 7.17.

Figura 7.17
Um sistema.

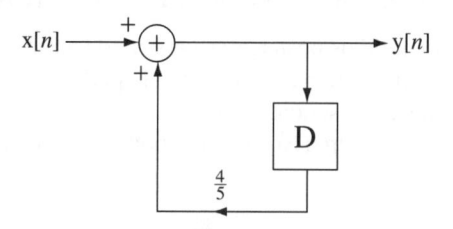

■ Solução

Poderíamos determinar a resposta ao impulso por meio dos métodos apresentados previamente. Porém, neste caso, visto que já determinamos sua resposta à seqüência degrau unitário $h_{-1}[n] = [5-4(4/5)^n]u[n]$ no Capítulo 5, podemos determinar a resposta ao impulso como a primeira diferença para trás da resposta seqüência degrau unitário $h[n] = h_{-1}[n] - h_{-1}[n-1]$. Combinando as equações,

$$h[n] = [5 - 4(4/5)^n]u[n] - [5 - 4(4/5)^{n-1}]u[n-1]$$

$$h[n] = 5\underbrace{(u[n] - u[n-1])}_{=\delta[n]} - 4(4/5)^{n-1}[(4/5)u[n] - u[n-1]]$$

$$h[n] = \underbrace{5\delta[n] - 4(4/5)^n \delta[n]}_{=\delta[n]} + (4/5)^n u[n-1]$$

$$h[n] = (4/5)^n u[n]$$

Essa resposta ao impulso pode também ser determinada pela recursividade $y[n] = x[n] + (4/5)y[n-1]$. A Tabela 7.1 compara os dois resultados.

Tabela 7.1 Resposta do sistema por recursividade e na forma fechada.

n	$\delta[n]$	$y[n] = \delta[n] + \dfrac{4}{5}y[n-1]$	$h[n] = \left(\dfrac{4}{5}\right)^n u[n]$
0	1	1	1
1	0	4/5	4/5
2	0	16/25	16/25
3	0	64/125	64/125
⋮	⋮	⋮	⋮

Agora que temos a resposta ao impulso, podemos determinar a resposta a qualquer sinal por meio da convolução. Admita que a excitação seja aquela ilustrada pela Figura 7.18. Tudo que resta é realizar a convolução. Podemos fazê-la utilizando o programa do MATLAB a seguir.

Figura 7.18
A excitação do sistema.

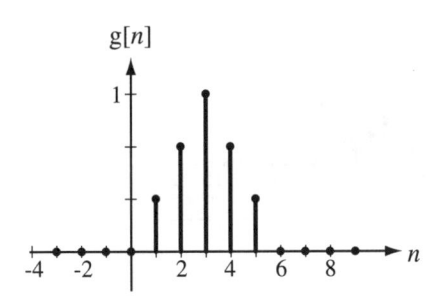

```
%   Programa para demonstrar a convolução discretizada no tempo.
nx = -5:15 ;            % Define um vetor de tempos discretos para a
                        excitação
x = tri((n-3)/3) ;      % Gera o vetor de excitação
nh = 0:20 ;             % Define um vetor de instantes discretos para
                        % a resposta ao impulso

%   Gera o vetor de resposta ao impulso
h = ((4/5).^nh).*uD(nh) ;

%   Calcula o início e o final dos instantes de tempo discretos para o
%   vetor de resposta do sistema por meio dos vetores de tempos
%    discretos referentes à excitação e à resposta ao impulso
nymin = nx(1) + nh(1) ; nymax = nx(length(nx)) + length(nh) ;
ny = nymin:nymax-1 ;
%   Gera o vetor de resposta do sistema pela convolução da
%    excitação com a resposta ao impulso
y = conv(x,h) ;

%   Traça o gráfico da excitação, da resposta ao impulso e da resposta
%    do sistema, todos na mesma escala temporal para fins de
%    comparação

%   Traça o gráfico da excitação
subplot(3,1,1) ; p = stem(nx,x,'k','filled') ;
set(p,'LineWidth',2,'MarkerSize',4) ;
axis([nymin,nymax,0,3]) ;
xlabel('n') ; ylabel('x[n]') ;

%   Traça o gráfico da resposta ao impulso
subplot(3,1,2) ; p = stem(nh,h,'k','filled') ;
set(p,'LineWidth',2,'MarkerSize',4) ;
axis([nymin,nymax,0,3]) ;
xlabel('n') ; ylabel('h[n]') ;

%   Traça o gráfico da resposta do sistema
subplot(3,1,3) ; p = stem(ny,y,'k','filled') ;
set(p,'LineWidth',2,'MarkerSize',4) ;
axis([nymin,nymax,0,3]) ;
xlabel('n') ; ylabel('y[n]') ;
```

Os três sinais, traçados graficamente pelo MATLAB, estão ilustrados na Figura 7.19.

Figura 7.19
Excitação, resposta ao impulso e resposta do sistema.

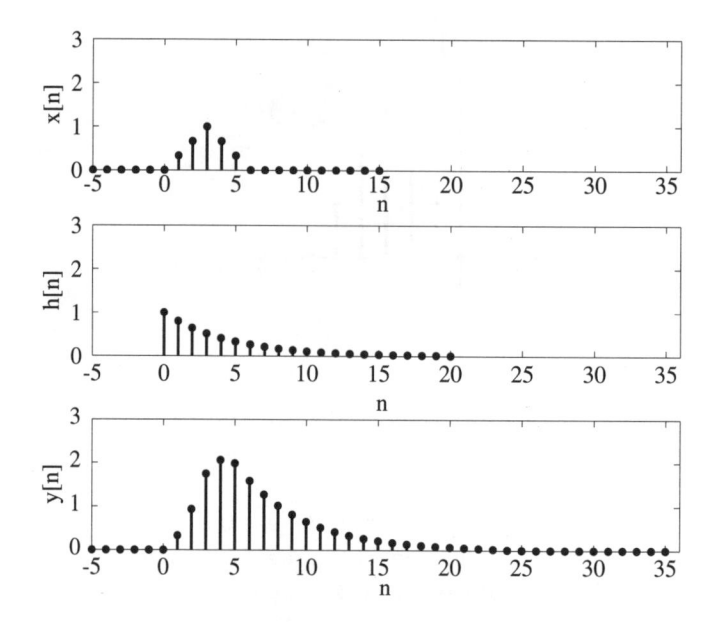

A exponencial complexa é o segundo sinal padrão de entrada mais importante. Ela é importante porque consistirá na base da transformada z a ser vista no Capítulo 16. Ela tem a forma $x[n] = Az^n$, em que z pode assumir qualquer constante complexa. A resposta do sistema pode ser escrita em qualquer uma das duas formas da convolução

$$y[n] = \sum_{m=-\infty}^{\infty} Az^m \, h[n-m] = \sum_{m=-\infty}^{\infty} Az^{n-m} \, h[m]$$

Rearranjando a segunda forma,

$$y[n] = Az^n \underbrace{\sum_{m=-\infty}^{\infty} h[m]z^{-m}}_{\text{constante complexa}}$$

Esse resultado mostra que a forma funcional da resposta é idêntica à forma funcional Az^n multiplicada por uma constante, que pode ser complexa. No Capítulo 16, o somatório $\sum_{-\infty}^{\infty} h[n]z^{-n}$ será denominado transformada z de $h[n]$ e consistirá em um dos métodos de transformada usados na análise de sistemas SLIT que, para esse caso, são os sistemas discretizados no tempo. Os métodos de transformada mais usuais serão apresentados e discutidos nos Capítulos 8, 9, 10, 11, 15 e 16.

Considere a forma geral de uma equação de diferenças para um sistema discretizado no tempo

$$\sum_{k=0}^{N} a_k \, y[n-k] = \sum_{k=0}^{M} b_k \, x[n-k] \qquad (7.16)$$

Se $x[n] = Xz^n$, $y[n]$ tem a forma $y[n] = Yz^n$, em que X e Y são constantes complexas. Logo, na equação de diferenças

$$x[n-k] = Xz^{n-k} = z^{-k}Xz^n \quad \text{e} \quad y[n-k] = z^{-k}Yz^n$$

Então a Equação (7.16) pode ser escrita na forma

$$\sum_{k=0}^{N} a_k z^{-k} Y z^n = \sum_{k=0}^{M} b_k z^{-k} X z^n$$

Os termos Xz^n e Yz^n podem ser colocados em evidência levando a

$$Yz^n \sum_{k=0}^{N} a_k z^{-k} = Xz^n \sum_{k=0}^{M} b_k z^{-k} \Rightarrow \frac{Y}{X} = \frac{\sum_{k=0}^{M} b_k z^{-k}}{\sum_{k=0}^{N} a_k z^{-k}}$$

A proporção Y/X é uma razão entre polinômios em z. Ela consiste em um resultado muito importante e é dado a ela o nome de função de transferência cujo símbolo é H(z). Ou seja,

$$H(z) = \frac{\sum_{k=0}^{M} b_k z^{-k}}{\sum_{k=0}^{N} a_k z^{-k}} = \frac{b_0 + b_1 z^{-1} + b_2 z^{-2} + \cdots + b_M z^{-M}}{a_0 + a_1 z^{-1} + a_2 z^{-2} + \cdots + a_N z^{-N}} \quad (7.17)$$

A função de transferência pode então ser escrita por meio da equação de diferenças, e se a equação de diferenças descreve o sistema, assim também o faz a função de transferência. Ao multiplicarmos tanto o numerador quanto o denominador da Equação (7.17) por z^N, podemos expressá-la em uma forma alternativa

$$H(z) = \frac{\sum_{k=0}^{M} b_k z^{-k}}{\sum_{k=0}^{N} a_k z^{-k}} = \frac{b_0 z^M + b_1 z^{M-1} + \cdots + b_{M-1} z + b_M}{a_0 z^N + a_1 z^{N-1} + \cdots + a_{N-1} z + a_N} \quad (7.18)$$

o que torna todas as potências em z não negativas. As duas formas são equivalentes, mas tanto uma como a outra podem ser mais convenientes em certas situações.

Podemos particularizar a exponencial complexa a uma senóide complexa ao fazermos $z = e^{j\Omega} = e^{j2\pi F}$, com Ω e F reais. Admita que x[n] = $Xe^{j\Omega n}$. A resposta é dada por y[n] = $Ye^{j\Omega n}$ = H($e^{j\Omega}$)$Xe^{j\Omega n}$. Visto que X e Y são (em geral) complexas, elas podem ser representadas pelas seguintes formas

$$X = |X|e^{j\angle X} = |X|\left[\cos(\angle X) + j\,\text{sen}(\angle X)\right]$$

e

$$Y = |Y|e^{j\angle Y} = |Y|\left[\cos(\angle Y) + j\,\text{sen}(\angle Y)\right]$$

H é também complexa da forma $H(e^{j\Omega}) = |H(e^{j\Omega})|e^{j\angle H(e^{j\Omega})}$. Portanto,

$$|Y|e^{j\angle Y} = |H(e^{j\Omega})|e^{j\angle H(e^{j\Omega})}|X|e^{j\angle X} = |H(e^{j\Omega})||X|e^{j\left(\angle H(e^{j\Omega}) + \angle X\right)}$$

e

$$|Y| = |H(e^{j\Omega})||X| \quad \text{e} \quad \angle Y = \angle H(e^{j\Omega}) + \angle X \quad (7.19)$$

A parte real de x[n] é igual a

$$\text{Re}(x[n]) = \text{Re}\left(|X|e^{j(\Omega n + \angle X)}\right) = |X|\cos(\Omega n + \angle X)$$

e a parte real de y[n] é dada por

$$\text{Re}(y[n]) = \text{Re}\left(|X||H(e^{j\Omega})|e^{j(\Omega n + \angle H(e^{j\Omega}) + \angle X)}\right)$$

$$= |X||H(e^{j\Omega})|\cos(\Omega n + \angle H(e^{j\Omega}) + \angle X)$$

Sabemos que a parte real de uma excitação complexa produz a parte real da resposta associada. Portanto, uma excitação senoidal real de freqüência angular Ω produz uma resposta senoidal real de mesma freqüência angular Ω. A magnitude da resposta equivale a $|X||\mathrm{H}(e^{j\Omega})|$ e a fase da resposta é dada por $\measuredangle \mathrm{H}(e^{j\Omega}) + \measuredangle X$.

EXEMPLO 7.8

Resposta de um sistema a uma senóide complexa em função da freqüência

Para um sistema descrito por $8\mathrm{y}[n] + 4\mathrm{y}[n-1] + \mathrm{y}[n-2] = \mathrm{x}[n]$, determine a resposta para uma senóide complexa de amplitude unitária de freqüência cíclica F. Então faça o gráfico da amplitude da resposta senoidal complexa forçada em função da freqüência cíclica F e em função da freqüência angular Ω.

■ Solução

A equação de diferenças descritiva do sistema excitado por uma senóide complexa de amplitude unitária de freqüência F é a seguinte

$$8\mathrm{y}[n] + 4\mathrm{y}[n-1] + \mathrm{y}[n-2] = e^{j2\pi F n}$$

A função de transferência associada é

$$\mathrm{H}(z) = \frac{1}{8 + 4z^{-1} + z^{-2}} \Rightarrow \mathrm{H}(e^{j2\pi F}) = \frac{1}{8 + 4e^{-j2\pi F} + e^{-j4\pi F}}$$

Pela Equação (7.19),

$$|Y| = |\mathrm{H}(e^{j\Omega})||X| \quad \mathrm{e} \quad \measuredangle Y = \measuredangle \mathrm{H}\left(e^{j\Omega}\right) + \measuredangle X$$

Visto que $|X| = 1$, $|Y| = |\mathrm{H}(e^{j\Omega})|$ e desde que $\measuredangle X = 0$, $\measuredangle Y = \measuredangle \mathrm{H}(e^{j\Omega})$. Portanto,

$$|Y| = \frac{1}{|8 + 4e^{-j2\pi F} + e^{-j4\pi F}|} = \frac{1}{|8 + 4e^{-j\Omega} + e^{-j2\Omega}|}$$

A Figura 7.20 contém um gráfico de $|Y|$ em função de F e Ω.

Figura 7.20
Amplitude da resposta à senóide complexa em função das freqüências cíclica e angular.

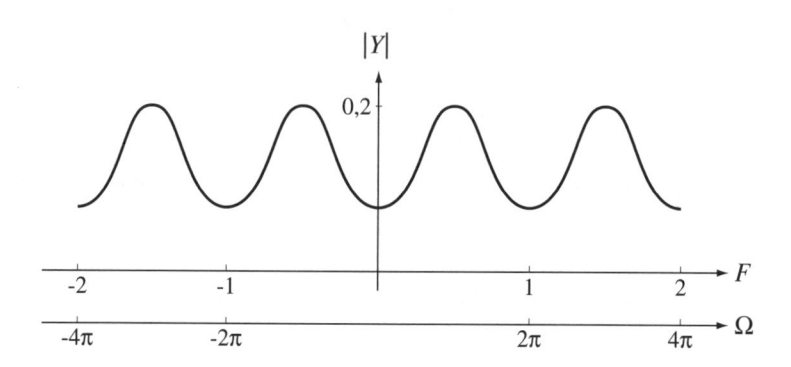

Veja que a resposta em freqüência é periódica. Isso será verdade para todos os sistemas discretizados no tempo porque, quando calculamos a resposta em freqüência, fazemos $z = e^{j\Omega}$ e, para Ω real, $e^{j\Omega}$ é uma função periódica de Ω com período igual a 2π.

7.3 REPRESENTAÇÃO DE EQUAÇÕES DE DIFERENÇAS POR DIAGRAMAS DE BLOCOS

Equações de diferenças descrevem a dinâmica da maioria dos sistemas práticos discretizados no tempo. Considere um sistema descrito pela equação $\mathrm{y}[n] + 3\mathrm{y}[n-1] -$

$2y[n-2] = x[n]$. Ela pode ser rearranjada na forma recursiva $y[n] = x[n]-3y[n-1] + 2y[n-2]$. Explicando melhor, essa equação indica que o valor atual da resposta y pode ser calculado pela adição do valor atual da excitação x com o valor de y anterior multiplicado por menos três e com o valor de y subseqüente a este último multiplicado por dois. Essa relação pode ser representada na forma de um diagrama de blocos como aquele ilustrado na Figura 7.21.

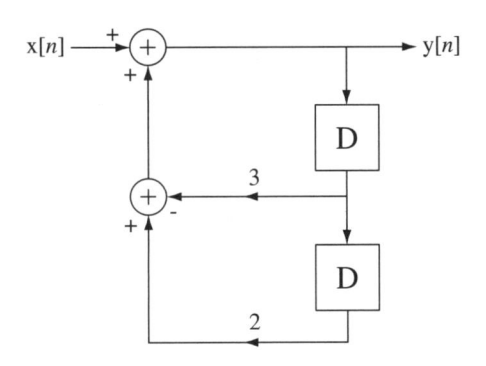

Figura 7.21
Representação em diagrama de blocos da relação recursiva $y[n] = x[n]-3y[n-1] + 2y[n-2]$.

Esse tipo de representação de um sistema auxilia no entendimento da dinâmica do sistema e pode também ser utilizado na construção de fato do sistema, ou em uma simulação dele, fazendo-se uso de blocos de atraso, amplificadores e junções somadoras. Note que, caso blocos de atraso estejam envolvidos, o sistema deve memorizar alguns valores passados dos sinais. Portanto, esse é um sistema com memória, um sistema dinâmico.

Podemos ainda generalizar o processo de elaboração de um diagrama de blocos que represente um sistema para o caso da forma geral da equação de diferenças em que o retardo máximo da resposta é N e o retardo máximo da excitação é M.

$$a_0\, y[n] + a_1\, y[n-1] + \ldots + a_N\, y[n-N] = b_0\, x[n] + b_1\, x[n-1] + \ldots + b_N\, x[n-M]$$

ou

$$\sum_{k=0}^{N} a_k\, y[n-k] = \sum_{k=0}^{M} b_k\, x[n-k] \qquad (7.20)$$

em que a's e b's são constantes, $a_0 \neq 0$ e $N \geq M$. Podemos também escrever a Equação (7.20) da seguinte forma

$$\sum_{k=0}^{N} a_k\, y[n-k] = \sum_{k=0}^{N} b_k\, x[n-k]$$

em que, se $M < N$, alguns dos b's valem zero. Considere que todo o lado direito da Equação (7.20) seja $w[n]$. Então

$$\sum_{k=0}^{N} a_k\, y[n-k] = w[n]$$

ou

$$y[n] = \frac{1}{a_0}\left(w[n] - \sum_{k=1}^{N} a_k\, y[n-k] \right)$$

Podemos sintetizar $y[n]$ diretamente de $w[n]$ como mostra a Figura 7.22(b).

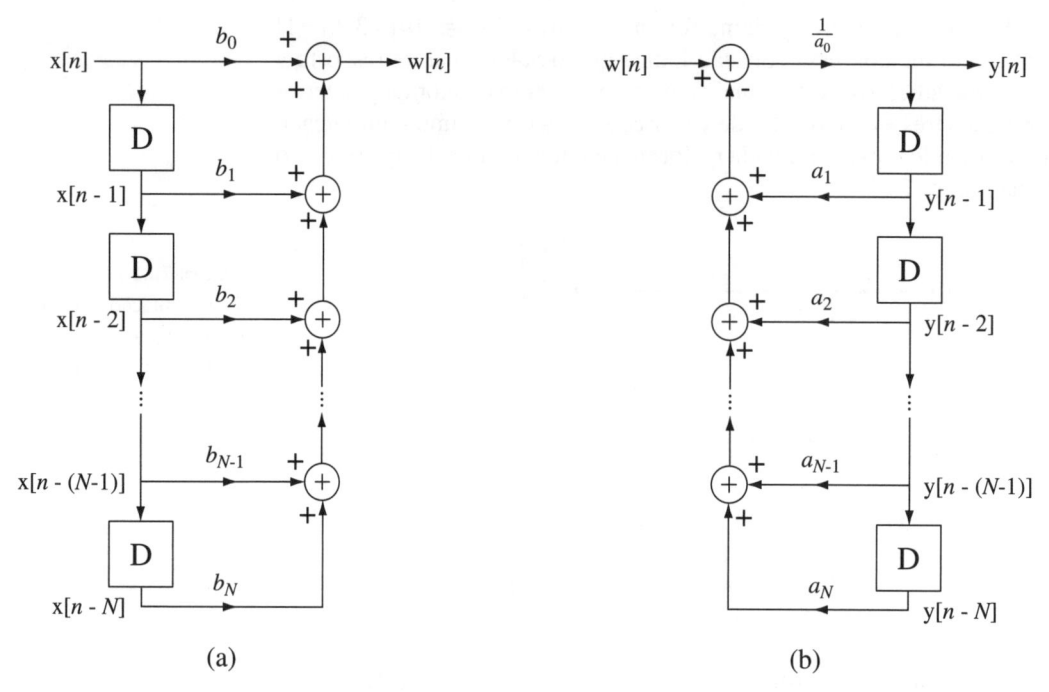

Figura 7.22
(a) Síntese de w[n] a partir de x[n] e valores anteriores de x; (b) Síntese de y[n] a partir de w[n] e valores anteriores de y.

Agora precisamos sintetizar [n], o qual podemos fazer utilizando a igualdade $w[n] = \sum_{k=0}^{N} b_k \, x[n-k]$ [Figura 7.22(a)].

Os dois sistemas da Figura 7.22 são ambos sistemas SLIT. Quando os conectamos em cascata, obtemos o sistema geral resultante mostrado na Figura 7.23.

Figura 7.23
Representação na Forma Direta I.

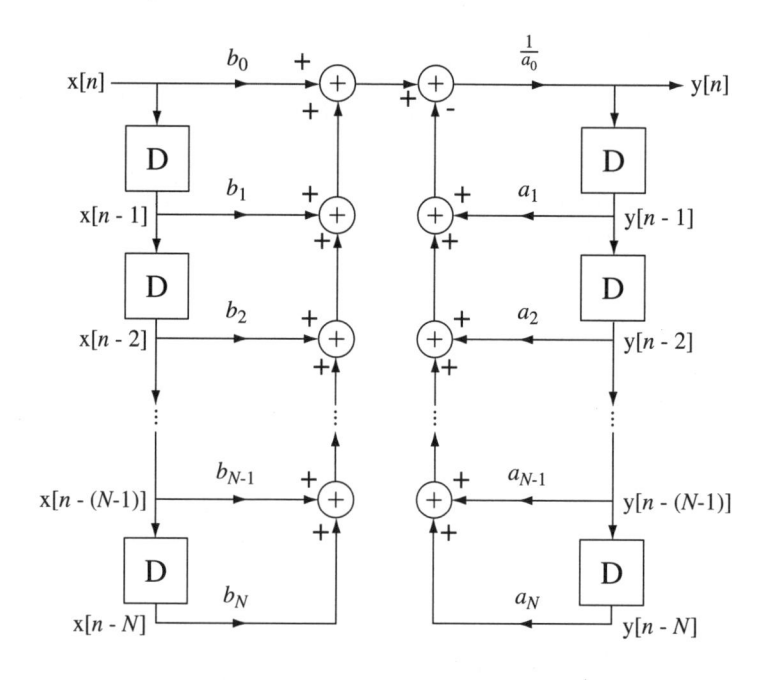

Assim como no caso contínuo no tempo, essa forma de representação é denominada Forma Direta I. Desde que sejam sistemas SLIT, a resposta ao impulso do sistema resultante de uma associação em cascata é determinada por meio da convolução das respostas individuais ao impulso. A operação de convolução é comutativa. Portanto, podemos inverter a ordem da associação em cascata sem provocar alterações na resposta total do sistema. Se considerarmos x[n] excitando o sistema da Figura 7.22(b) e admitirmos que a resposta daquele sistema excita o sistema da Figura 7.22(a), obtemos a mesma resposta total, ainda que alguns sinais internos sejam diferentes (Figura 7.24).

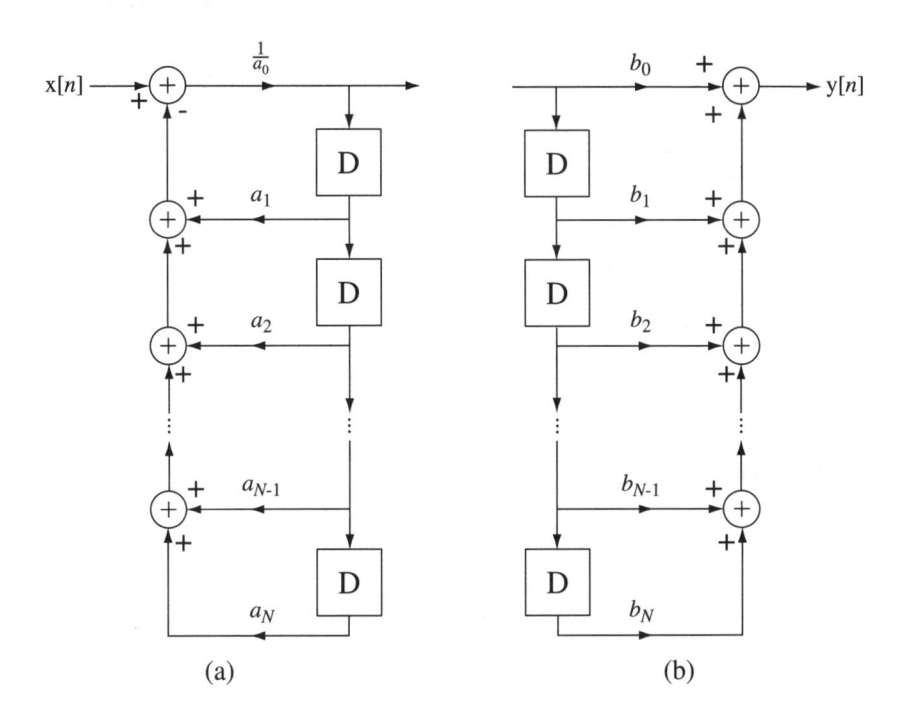

Figura 7.24
Dois sistemas associados em cascata para compor a representação na Forma Direta II.

Os blocos de atraso agora operam exatamente sobre o mesmo sinal em ambos os sistemas individuais. Isso quer dizer que podemos eliminar a metade deles e utilizar apenas N blocos de atraso em vez de $2N$ (Figura 7.25).

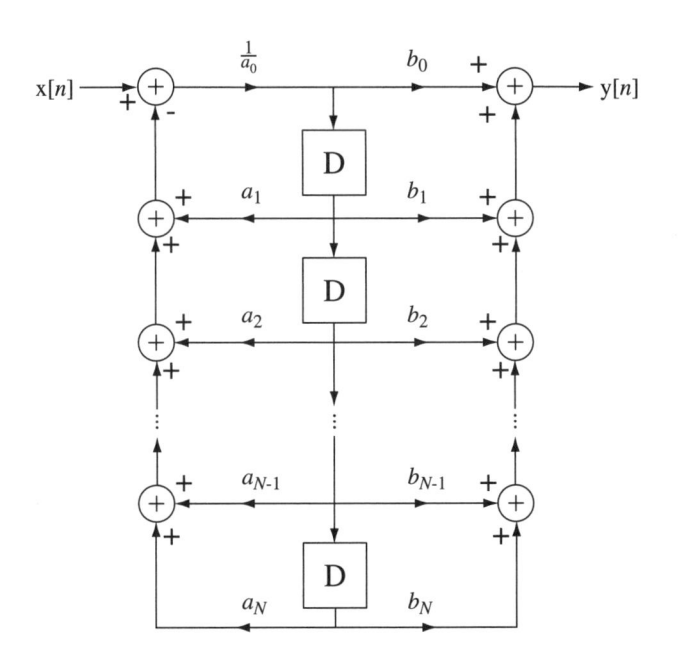

Figura 7.25
Representação na Forma Direta II.

Essa é uma vantagem do modo de representação denominado Forma Direta II. Uma representação do sistema em que o número de blocos de atraso usados é igual à ordem do sistema é chamada de representação canônica. Tanto em uma quanto em outra representação, alguns dos coeficientes a ou b podem ser nulos (mas não a_0).

7.4 RESUMO DOS PONTOS MAIS IMPORTANTES

1. Todo sistema SLIT é completamente caracterizado pela sua resposta ao impulso.
2. A resposta de um sistema SLIT a um sinal arbitrário pode ser calculada por meio da convolução deste sinal com a resposta do sistema ao impulso.
3. A resposta ao impulso de uma associação em cascata de sistemas SLIT corresponde à convolução das respostas ao impulso tomadas separadamente.
4. A resposta ao impulso de uma associação paralela de sistemas SLIT é igual à soma das respostas ao impulso individuais.
5. Um sistema SLIT é considerado estável de acordo com o critério BIBO se sua resposta ao impulso é absolutamente somável.
6. Sistemas SLIT podem ser representados por diagramas de blocos e esse tipo de representação é útil tanto para a síntese de sistemas quanto para a compreensão de seus comportamentos dinâmicos.

EXERCÍCIOS COM RESPOSTAS

Em cada exercício, as respostas estão listadas em ordem aleatória.

Resposta do Sistema ao Impulso

1. Determine as respostas ao impulso dos sistemas descritos pelas seguintes equações:

    (a) $y[n] = x[n] - x[n-1]$
    (b) $25y[n] + 6y[n-1] + y[n-2] = x[n]$
    (c) $4y[n] - 5y[n-1] + y[n-2] = x[n]$
    (d) $2y[n] + 6y[n-2] = x[n] - x[n-2]$

    Respostas: $[1/3 - (1/12)(1/4)^n]u[n]$; $\delta[n] - \delta[n-1]$;

    $(\sqrt{3}/2)\cos(\pi n/2)(u[n] + u[n-2])$; $h[n] = \cos(2{,}214n + 0{,}644)/[20(5)^n]$

Convolução

2. Calcule os valores numéricos destas equações:

    (a) Se $g[n] = 10\cos(2\pi n/12) * \delta[n+8]$, determine $g[4]$.
    (b) Se $g[n] = \text{ret}_2[2n] * (\delta[n-1] - 2\delta[n-2])$, determine $g[2]$.

    Respostas: -1; 10

3. Faça o gráfico relativo à convolução $y[n] = x[n] * h[n]$, em que $x[n] = u[n] - u[n-4]$ e $h[n] = \delta[n] - \delta[n-2]$.

    Resposta:

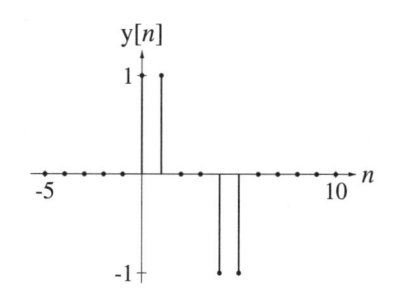

4. Elabore os gráficos de g[n]. Determine as soluções analíticas com a máxima extensão possível. Onde for possível, compare as soluções analíticas com os resultados obtidos pelo comando `conv` do MATLAB para realizar a convolução.

   (a) $g[n] = u[n] * u[n]$
   (b) $g[n] = u[n+2] * \text{ret}_3[n]$
   (c) $g[n] = \text{ret}_2[n] * \text{ret}_2[n]$
   (d) $g[n] = \text{ret}_2[n] * \text{ret}_4[n]$
   (e) $g[n] = 3\delta[n-4] * (3/4)^n u[n]$
   (f) $g[n] = 2\text{ret}_4[n] * (7/8)^n u[n]$
   (g) $g[n] = \text{ret}_3[n] * \delta_{14}[n]$

   Respostas:

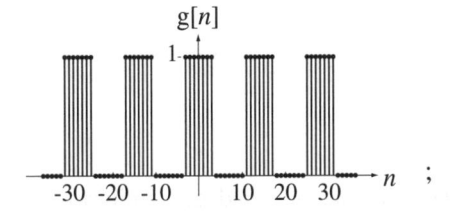

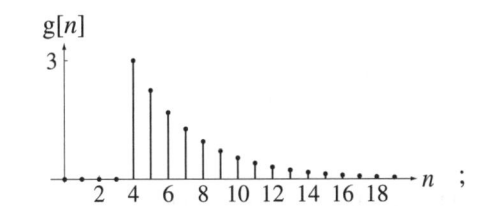

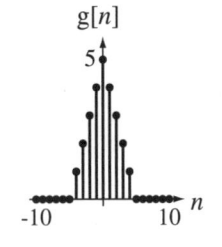

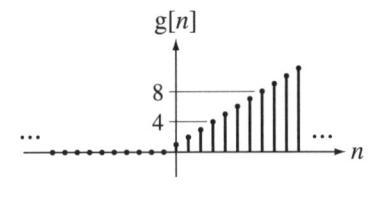

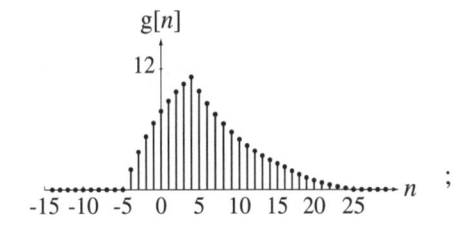

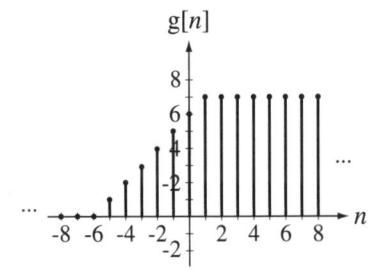

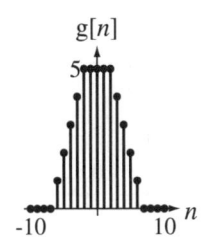

5. Dada a excitação $x[n] = \text{sen}(2\pi n/32)$ e a resposta ao impulso $h[n] = (0{,}95)^n u[n]$, determine uma expressão na forma fechada para a resposta do sistema y[n] e elabore seu gráfico correspondente y[n].

   Respostas:

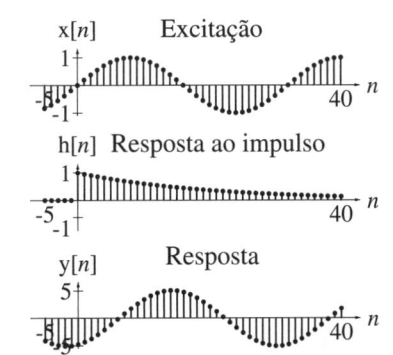

6. Dadas as excitações x[n] e as respostas ao impulso h[n], utilize o MATLAB para elaborar os gráficos das respostas do sistema y[n].

(a) $x[n] = u[n] - u[n-8]$, $h[n] = \text{sen}(2\pi n/8)(u[n] - u[n-8])$
(b) $x[n] = \text{sen}(2\pi n/8)(u[n] - u[n-8])$,
    $h[n] = -\text{sen}(2\pi n/8)(u[n] - u[n-8])$

Respostas:

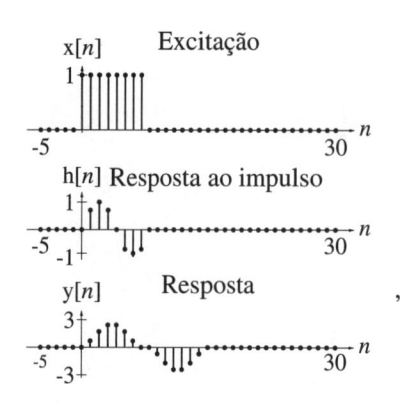

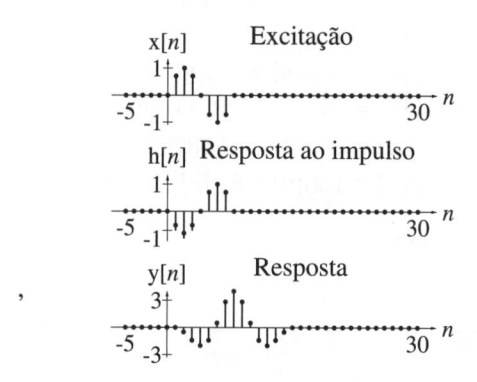

7. Determine e faça os gráficos relativos às respostas à seqüência degrau unitário dos sistemas contidos na Figura E.7.

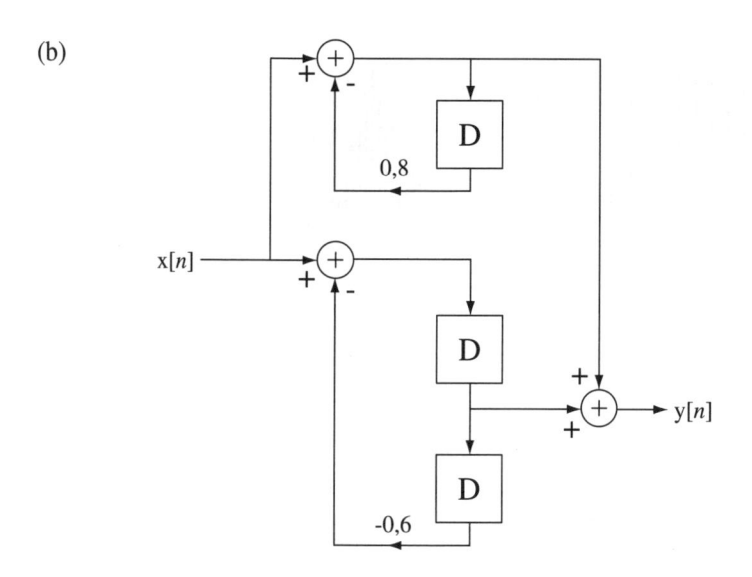

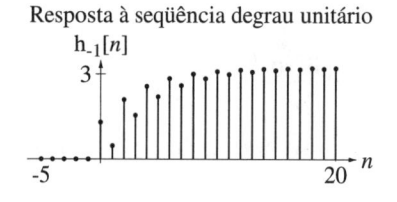

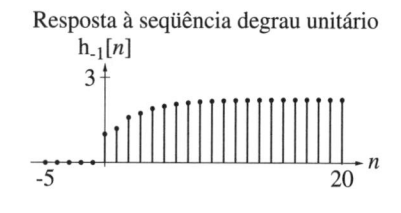

Figura E.7

(a)

(b)

Respostas:

Resposta à seqüência degrau unitário $h_{-1}[n]$

Resposta à seqüência degrau unitário $h_{-1}[n]$

Estabilidade de Sistemas

8. Quais dos sistemas mostrados na Figura E.8 são estáveis segundo o critério BIBO?

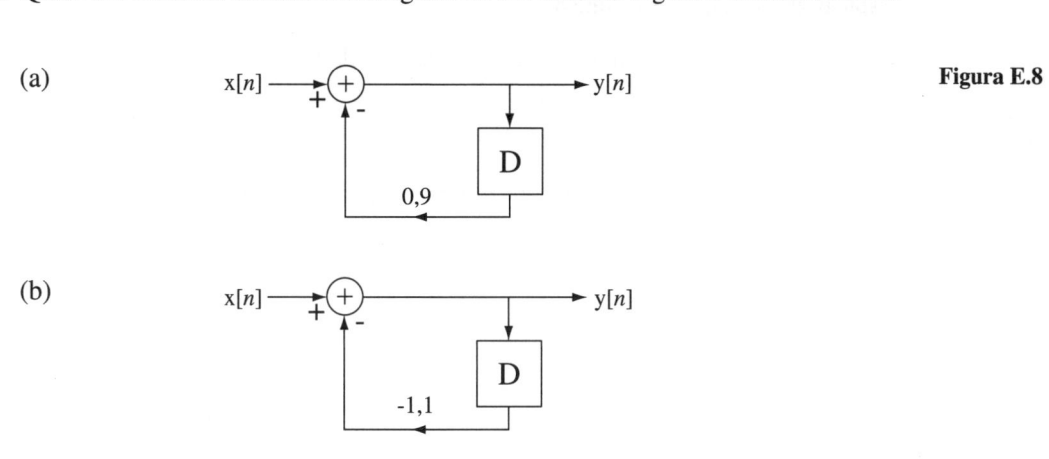

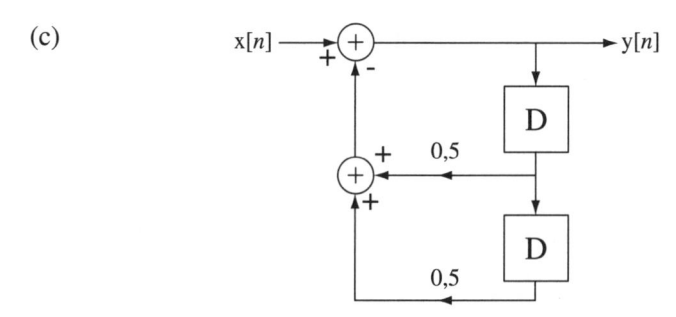

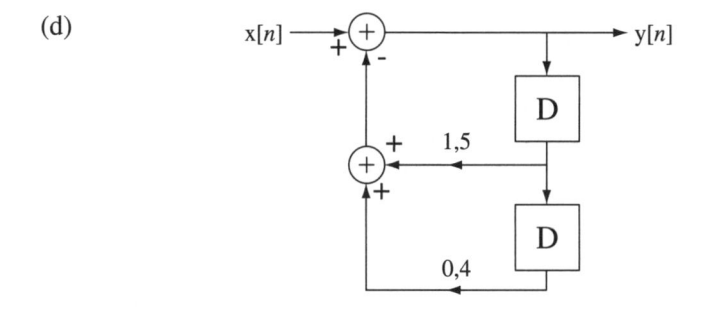

(a)

(b)

(c)

(d)

Figura E.8

Respostas: Dois estáveis e dois instáveis.

Representação de Sistemas

9. Esboce os diagramas de blocos na Forma Direta II para os sistemas descritos pelas seguintes equações:

(a) $2y[n] + 3y[n-1] - 5y[n-2] = x[n]$
(b) $11y[n] + 9y[n-1] = x[n-1] + 4x[n-2]$

Respostas:

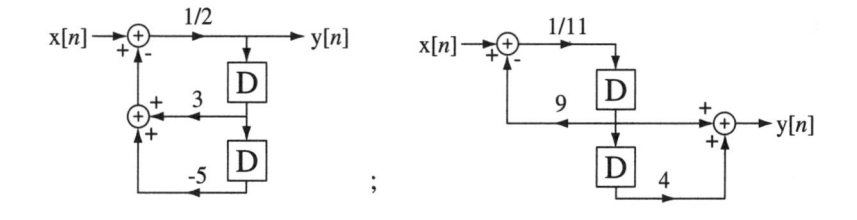

EXERCÍCIOS SEM RESPOSTAS

Resposta do Sistema ao Impulso

10. Calcule a resposta ao impulso h[n] do sistema da Figura E.10.

Figura E.10
Diagrama de blocos do sistema.

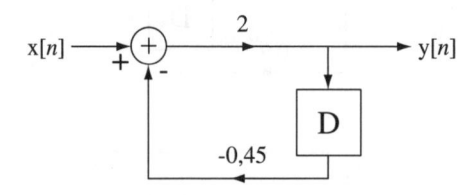

11. Calcule as respostas ao impulso dos sistemas descritos pelas seguintes equações:

    (a) $3y[n] + 4y[n-1] + y[n-2] = x[n] + x[n-1]$
    (b) $(5/2)y[n] + 6y[n-1] + 10y[n-2] = x[n]$

Convolução

12. Elabore o gráfico de g[n]. Utilize a função `conv` do MATLAB se for necessário.

    (a) $g[n] = \text{ret}_1[n] * \text{sen}(2\pi n/9)$
    (b) $g[n] = \text{ret}_2[n] * \text{sen}(2\pi n/9)$
    (c) $g[n] = \text{ret}_4[n] * \text{sen}(2\pi n/9)$
    (d) $g[n] = \text{ret}_3[n] * \text{ret}_3[n] * \delta_{14}[n]$
    (e) $g[n] = \text{ret}_3[n] * \text{ret}_3[n] * \delta_7[n]$
    (f) $g[n] = 2\cos(2\pi n/7) * (7/8)^n u[n]$

13. Dados os gráficos das funções 1 a 4, mostrados pela Figura E.13.1, encontre a correspondência entre cada expressão de convolução (a) até (j) e uma das funções (a) até (h), presentes na Figura E.13.2 (se a correspondência de fato existir).

Figura E.13.1

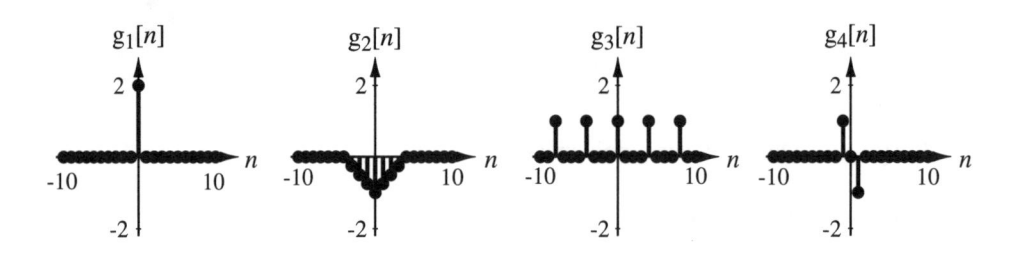

    (a) $g_1[n] * g_1[n]$
    (b) $g_2[n] * g_2[n]$
    (c) $g_3[n] * g_3[n]$
    (d) $g_4[n] * g_4[n]$
    (e) $g_1[n] * g_2[n]$
    (f) $g_1[n] * g_3[n]$
    (g) $g_1[n] * g_4[n]$
    (h) $g_2[n] * g_3[n]$
    (i) $g_2[n] * g_4[n]$
    (j) $g_3[n] * g_4[n]$

Figura E.13.2

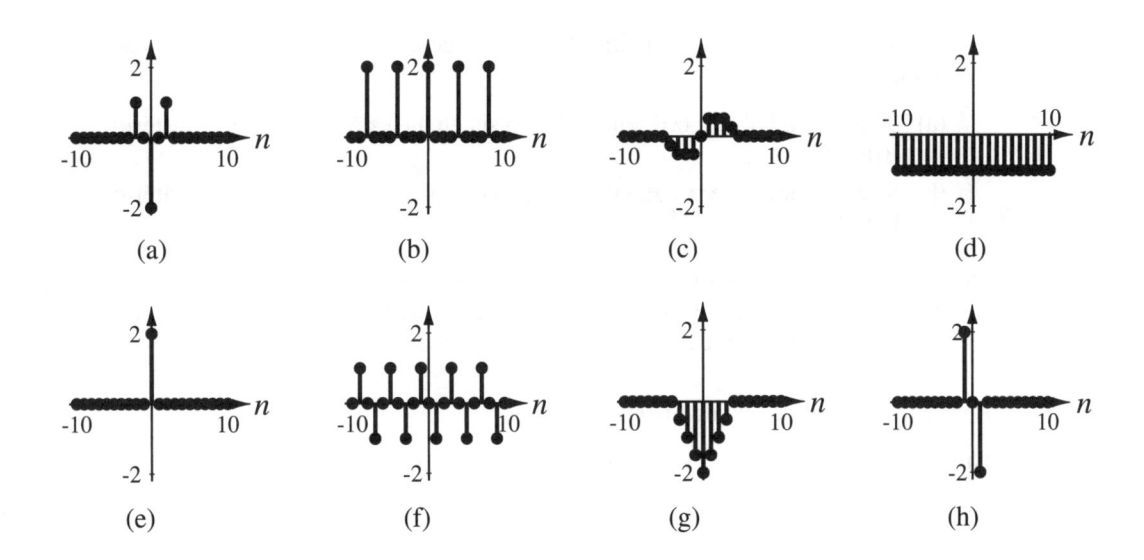

(a) (b) (c) (d)
(e) (f) (g) (h)

14. Determine as respostas ao impulso para os subsistemas da Figura E.14 e então realize a convolução entre elas para calcular a resposta ao impulso relativa à associação em cascata desses dois subsistemas. Você pode achar útil a seguinte fórmula para o somatório de uma série geométrica:

$$\sum_{k=0}^{N-1} \alpha^n = \begin{cases} N & , \quad \alpha = 1 \\ \dfrac{1-\alpha^N}{1-\alpha} & , \quad \alpha \neq 1 \end{cases}$$

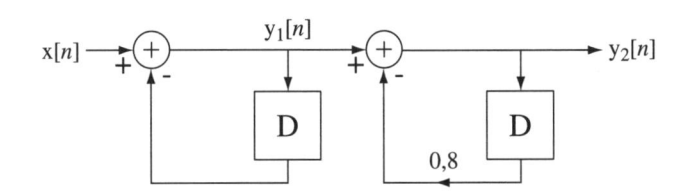

Figura E.14
Dois subsistemas associados em cascata.

15. Dadas as excitações x[n] e as respostas ao impulso h[n], determine as expressões em forma fechada correspondentes e trace os gráficos das respostas do sistema y[n].

   (a) $x[n] = u[n]$, $h[n] = n(7/8)^n u[n]$

   (Dica: Derive $\sum_{n=0}^{N-1} r^n = \begin{cases} \dfrac{1-r^N}{1-r} & , \quad r \neq 1 \\ N & , \quad r = 1 \end{cases}$ em relação a r.)

   (b) $x[n] = u[n]$, $h[n] = (4/7)\delta[n] - (-3/4)^n u[n]$

Estabilidade de Sistemas

16. Um sistema é excitado por uma função rampa unitária discretizada no tempo e a resposta associada é ilimitada. Com base apenas nesses fatos, é impossível determinar se o sistema é ou não estável de acordo com o critério BIBO. Por quê?

17. Um sistema é excitado por uma função seqüência degrau unitário e a resposta associada é $K(1-\alpha^n)$.

    (a) Se K é igual a -2 e α é igual a 1,1, o sistema é estável segundo o critério BIBO?

    (b) Se K é igual a 2 e α é igual a $-1,1$, o sistema é estável segundo o critério BIBO?

18. A resposta ao impulso de um sistema é nula para todos os instantes de tempo negativos e, para $n \geq 0$, ela corresponde à seqüência alternada 1, -1, 1, -1, 1, -1,..., que continua indefinidamente. O sistema em questão é estável?

Resposta em Freqüência de Sistemas

19. Faça os gráficos da magnitude e da fase referentes à resposta senoidal complexa do sistema descrito por $y[n] + (1/2)y[n-1] = e^{-j\Omega n}$ em função de Ω.

20. Para o sistema do Exercício 10, admita que $x[n]$ seja uma senóide complexa de amplitude unitária e freqüência cíclica F. Elabore o gráfico da amplitude da resposta senoidal complexa em função de F sobre o intervalo especificado por $-1 < F < 1$.

Representação de Sistemas

21. Elabore os diagramas de blocos na Forma Direta II relativos aos sistemas descritos pelas equações a seguir.

    (a) $6y[n] + 4y[n-1] - 2y[n-2] + y[n-3] = x[n]$
    (b) $3y[n] + 8y[n-2] = 7x[n] - 2x[n-2] + 5x[n-3]$

CAPÍTULO 8

Séries de Fourier Contínuas no Tempo

Para vivermos uma vida criativa, precisamos perder o medo de estarmos errados.

Joseph Chilton Pearce, especialista em Desenvolvimento da Criança e autor

8.1 INTRODUÇÃO E OBJETIVOS

No Capítulo 6, desenvolvemos uma técnica denominada convolução que foi utilizada para se determinar a resposta de um sistema SLIT quando excitado por um sinal de entrada arbitrário. A idéia básica da convolução consiste na separação ou decomposição de um sinal em uma soma de funções elementares. Logo, determinamos a resposta de um sistema para cada uma dessas funções elementares separadamente e, a partir daí, somamos as respostas obtidas para compor a resposta total. No caso da convolução, as funções elementares são impulsos e a convolução é um processo de combinação das respostas ao impulso, deslocadas e ponderadas para formar a resposta completa. Esse método funciona para sistemas SLIT graças às propriedades da linearidade e da invariância no tempo.

Neste capítulo, iremos decompor um sinal de modo diferente. Vamos expressá-lo como uma soma de senóides reais ou complexas, em vez de utilizarmos uma soma de impulsos. As senóides reais equivalem a combinações lineares e as senóides complexas, por sua vez, são casos especiais das autofunções de sistemas SLIT, isto é, das exponenciais complexas. As respostas de sistemas SLIT às senóides são igualmente senóides de mesma freqüência, mas, em geral, de amplitude e fase distintas. Expressar os sinais dessa maneira leva ao conceito do **domínio da freqüência**, em que sinais são vistos como funções da freqüência em lugar do tempo. Examinarmos os sinais por essa nova perspectiva nos conduz a um novo entendimento a respeito da natureza dos sistemas e, para certos tipos deles, simplifica enormemente seu projeto e análise.

Analisar sinais como combinações lineares de senóides não é tão estranho quanto possa parecer. O ouvido humano realiza algo bastante similar. Quando escutamos um som, qual é a real resposta do cérebro? Assim como foi apresentado no Capítulo 1, o ouvido percebe uma variação da pressão do ar no tempo. Essa variação pode ser um tom de freqüência única como o som produzido pelo assobio de uma pessoa. Quando ouvimos o tom apitado, não estamos cientes da (rápida) oscilação da pressão do ar no tempo. Antes de mais nada, estamos cientes de três características importantes do som: seu compasso, que é um sinônimo para freqüência, sua intensidade ou amplitude, e sua duração. O sistema ouvido-cérebro efetivamente parametriza o sinal com base em três parâmetros descritivos simples – tom, intensidade e duração – e não consegue acompanhar em detalhes as mudanças rápidas (e muito repetitivas) na pressão do ar. Ao fazer isso, o sistema ouvido-cérebro procura reduzir a quantidade de informação presente no sinal à sua essência. A análise matemática dos sinais como combinações lineares de senóides realiza algo parecido, porém de um modo matematicamente mais preciso.

OBJETIVOS DO CAPÍTULO:

1. Desenvolver métodos de representação para sinais como combinações lineares de senóides, reais ou complexas.
2. Explorar as propriedades gerais dessas formas de representação dos sinais.
3. Aplicar tais métodos na determinação das respostas de sistemas a sinais periódicos arbitrários.

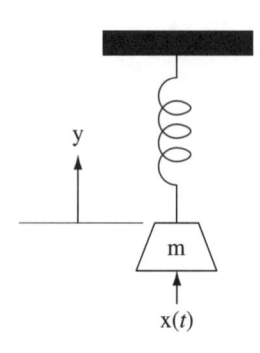

8.2 EXCITAÇÃO PERIÓDICA E RESPOSTA DE SISTEMAS SLIT

Suponha que tenhamos uma massa suspensa por uma mola com perdas (Figura 8.1). O fato da mola ter perdas quer dizer que o sistema é estável de acordo com o critério BIBO. Se dermos uma leve batida na parte inferior da massa com um martelo, ela se moverá. Essa ação é uma aproximação razoável para um impulso de força. Se a força é um impulso e a massa encontra-se inicialmente em repouso, o movimento da massa corresponde à sua resposta ao impulso (Figura 8.2).

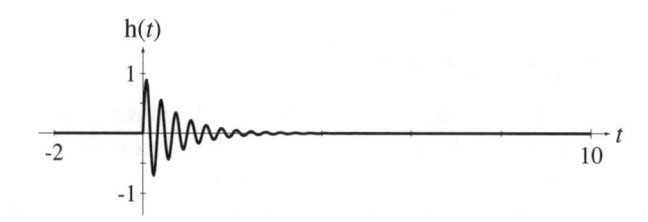

Figura 8.1
Massa suspensa por uma mola com perdas.

Figura 8.2
Resposta ao impulso do sistema mecânico.

Agora admita que em lugar de batermos levemente na massa com um martelo uma única vez, iremos repetidamente efetuar este movimento a intervalos regulares de tempo. Ou seja, vamos excitar a massa com uma seqüência de impulsos uniformemente espaçados com início no instante $t = 0$, e que se mantém indefinidamente. Logo, a resposta é igual à soma das respostas a todos estes impulsos. Se o tempo entre impulsos for suficientemente longo, a resposta ao impulso cai a quase zero antes da ocorrência do próximo impulso, e a resposta à seqüência de impulsos apenas se assemelha a uma repetição da resposta ao impulso anteriormente obtida (Figura 8.3).

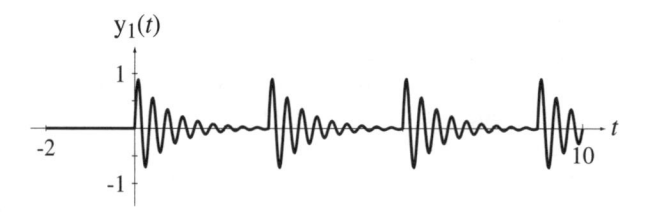

Figura 8.3
Resposta a uma seqüência de impulsos com um intervalo de tempo longo entre esses impulsos.

Porém, se o intervalo de tempo entre os impulsos é muito menor, as respostas ao impulsos irão se sobrepor significativamente e a resposta completa se parecerá muito pouco com as simples repetições da resposta ao impulso (Figura 8.4).

Agora, para tornar o problema ainda mais difícil, suponha que a seqüência de impulsos tenha se iniciado há bastante tempo, há tanto tempo que neste momento de interesse temos algo que parece ser uma resposta periódica. Como podemos determinar uma aproximação razoável para essa resposta sem termos que efetuar a soma de um número proibitivamente grande de respostas ao impulso (Figura 8.5)?

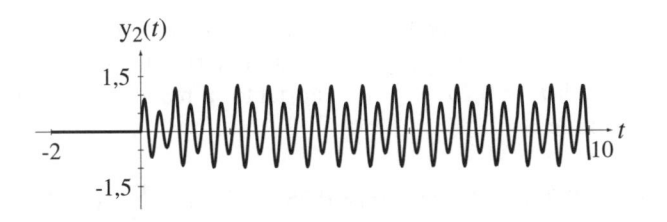

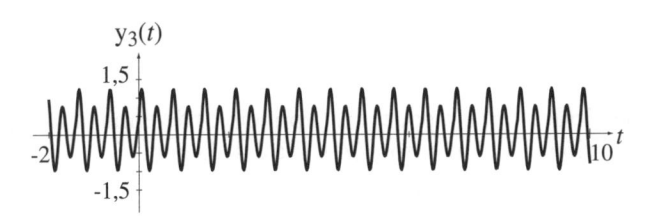

Figura 8.4
Resposta à seqüência de impulsos com um intervalo de tempo mais curto entre impulsos.

Figura 8.5
Resposta a uma seqüência periódica de impulsos que tem um período fundamental pequeno.

Essa é uma situação muito comum em análise de sinais e sistemas. Seja um sistema SLIT estável segundo o critério BIBO, excitado por um sinal da forma $x(t) = x_p(t)u(t)$, em que $x_p(t)$ corresponde a um sinal periódico. Obviamente, $x(t)$ não é periódico. Contudo, se estamos interessados na resposta em um instante de tempo afastado do instante $t = 0$, quando a resposta transitória do sistema já tenha efetivamente decaído a zero, pretendemos determinar a resposta forçada. Para instantes de tempo posteriores a $t = 0$, suficientemente afastados dele, esta resposta é a mesma obtida se a excitação fosse na verdade $x_p(t)$ em lugar de $x(t)$ (se o sistema é estável).

Admita um sinal

$$x(t) = \begin{cases} \delta_4(t), & t \geq 0 \\ 0, & t < 0 \end{cases}$$

um trem de impulsos igualmente espaçados, que se inicia no instante de tempo $t = 0$ e que excita um sistema dinâmico descrito por $y'(t) + 4y(t) = x(t)$. Determine a resposta $y(t)$ e compare-a com a resposta $y_p(t)$ relativa a $x_p(t) = \delta_4(t)$ (Figura 8.6).

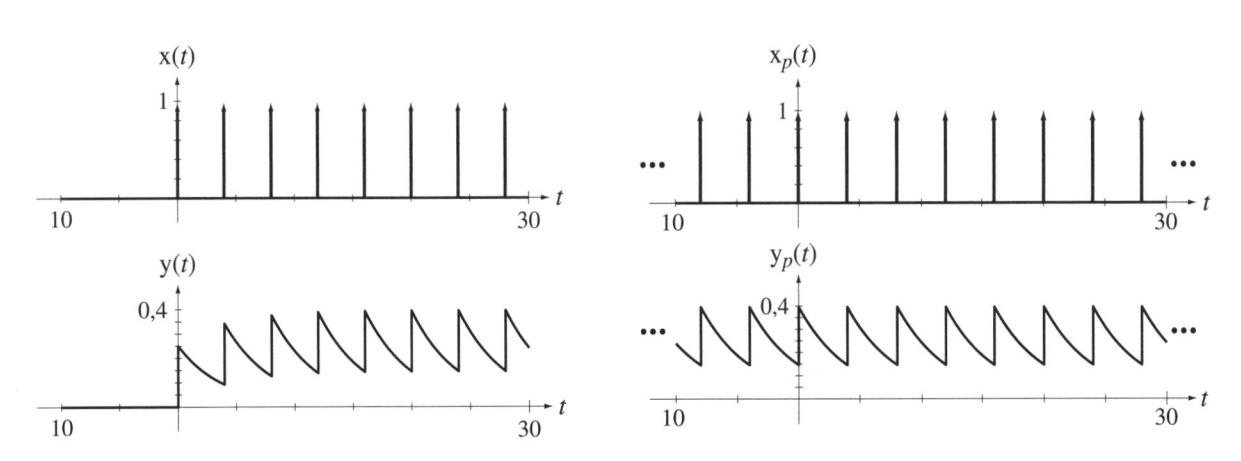

Figura 8.6
Excitações de seqüência de impulsos aperiódica, seqüência de impulsos periódica e as respectivas respostas do sistema.

Já dominamos uma técnica que poderíamos utilizar para determinar a resposta do sistema relativa a x(t) – a convolução. A resposta é y(t) = h(t) ∗ x(t). A resposta ao impulso é dada por h(t) = $0{,}25e^{-0.25t}$u(t). Portanto, a resposta ao trem de impulsos aperiódico é a seguinte

$$y(t) = 0{,}25 e^{-0{,}25t} u(t) * x(t) = 0{,}25 e^{-0{,}25t} u(t) * \sum_{n=0}^{\infty} \delta(t-4n)$$

$$y(t) = \sum_{n=0}^{\infty} 0{,}25 e^{-0{,}25(t-4n)} u(t-4n) \qquad (8.1)$$

Por meio de uma técnica similar, podemos (a princípio) determinar a resposta em relação à seqüência periódica de impulsos y$_p$(t). Ela é dada por

$$y_p(t) = \sum_{n=-\infty}^{\infty} 0{,}25 e^{-0{,}25(t-4n)} u(t-4n) \qquad (8.2)$$

É relativamente imediato determinar y(t) por meio da Equação (8.1). Um computador poderia ser programado para calcular uma solução referente a qualquer instante de tempo t. Mas determinar y$_p$(t) utilizando a Equação (8.2) é uma questão distinta. Para a excitação periódica, determinar a resposta a qualquer tempo finito requer que calculemos diversas somas de respostas para impulsos deslocados, porque o índice do somatório se inicia no infinito negativo. Visto que é impossível realizar tal somatório, como uma questão prática, o que faríamos de fato em um caso como esse seria iniciar os somatórios da Equação (8.2) a partir do índice n para posicionar o primeiro impulso pouco antes do início do intervalo de tempo no qual estamos realmente interessados. Se posicionarmos a seqüência de impulsos suficientemente distantes, antes do intervalo em questão, no momento em que os instantes de tempo de interesse ocorrerem, os efeitos transitórios já terão desaparecido e a solução será aproximadamente a mesma que a solução forçada.

Embora esse método de solução aproximada para a resposta forçada funcione, ele não é muito satisfatório, e seria muito interessante se existisse um modo direto de determinação da resposta forçada exata. Há um tipo de excitação periódica para a qual determinar a resposta forçada é uma tarefa fácil: uma senóide complexa $e^{j2\pi f_0 t}$. A resposta forçada é também uma senóide complexa de mesmo período fundamental $T_0 = 1/f_0$. Para este sistema, a resposta forçada relativa a $e^{j2\pi f_0 t}$ é dada por

$$\underbrace{\frac{1}{j2\pi f_0 + 4}}_{\text{constante complexa}} e^{j2\pi f_0 t}$$

Isso leva à idéia básica do presente capítulo. Se pudéssemos encontrar uma forma de representar qualquer sinal periódico arbitrário como uma combinação linear de senóides complexas, poderíamos nos aproveitar da linearidade e da invariância no tempo e assim determinar a resposta relativa a cada senóide complexa, uma de cada vez, para, finalmente, somar todas estas respostas. Na próxima seção, veremos como representar um sinal periódico arbitrário usando uma combinação linear de senóides complexas.

8.3 CONCEITOS BÁSICOS E DESENVOLVIMENTO DA SÉRIE DE FOURIER

LINEARIDADE E EXCITAÇÃO EXPONENCIAL COMPLEXA

Um resultado bastante importante, proveniente do Capítulo 6, indica que se um sistema SLIT é excitado por uma senóide complexa, a resposta é também uma senóide complexa, de mesma freqüência, mas geralmente com uma constante multiplicativa diferente. Tal fato acontece porque a exponencial complexa é a autofunção das equações diferenciais descritivas dos sistemas SLIT e uma senóide complexa é somente um caso especial de uma exponencial complexa.

Um outro resultado importante obtido no Capítulo 6 refere-se ao fato de que se um sistema SLIT é excitado por uma soma de sinais, a resposta completa corresponde à soma das respostas relativas a cada um desses sinais tomados separadamente. Se pudéssemos encontrar um modo de representar sinais arbitrários por combinações lineares de senóides complexas, poderíamos utilizar a superposição para determinar a resposta de qualquer sistema SLIT a qualquer sinal arbitrário simplesmente somando as respostas às senóides complexas, tomadas uma a uma (Figura 8.7).

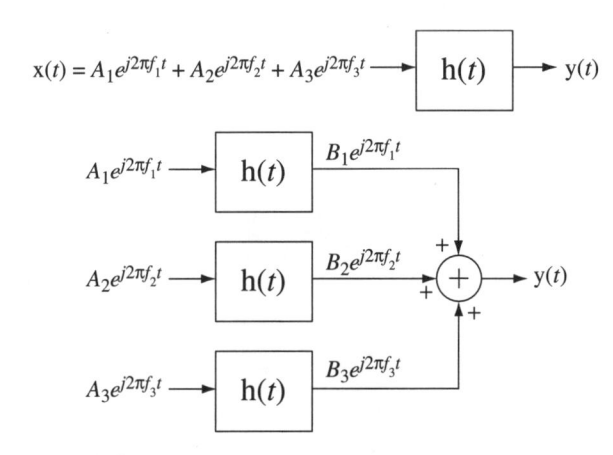

Figura 8.7
A equivalência da resposta de um sistema SLIT a um sinal e a soma de suas respostas às senóides complexas cuja soma equivale ao sinal original.

Pode parecer estranho representar uma função real como uma combinação linear de senóides complexas, porém já sabemos que cossenos e senos reais podem ser expressos como combinações lineares de senóides complexas por meio das seguintes identidades trigonométricas

$$\cos(x) = \frac{e^{jx} + e^{-jx}}{2} \quad \text{e} \quad \text{sen}(x) = \frac{e^{jx} - e^{-jx}}{j2}$$

(Figura 8.8).

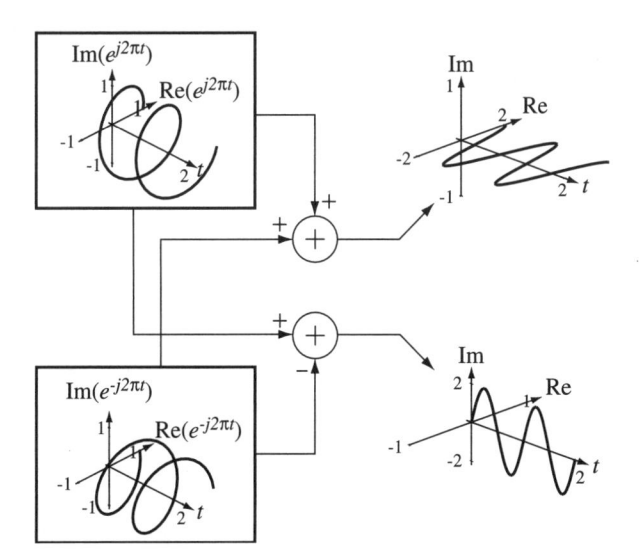

Figura 8.8
Adição e subtração entre $e^{j2\pi t}$ e $e^{-j2\pi t}$ para compor $2\cos(2\pi t)$ e $j2\text{sen}(2\pi t)$.

(Os gráficos da Figura 8.8 foram criados por meio da função `plot3` do MATLAB para a elaboração de gráficos que utilizam dados tridimensionais.) Veremos em breve que qualquer função periódica limitada, de utilidade para a engenharia, pode ser representada como uma combinação de senóides complexas por meio da **série de Fourier**, que é o assunto deste capítulo. (A frase "função de utilidade para a engenharia" significa uma função que descreve um sinal que pode de fato ocorrer em um sistema físico real. É possível imaginar sinais periódicos que não possam ser representados em termos de uma série de Fourier, mas tais funções não têm aplicabilidade conhecida na engenharia.) No Capítulo 10, estenderemos a série de Fourier para a **tranformada de Fourier** de modo que represente funções aperiódicas.

A representação de um sinal na forma de uma combinação linear de senóides complexas é chamada de série de Fourier em homenagem a Jean Baptiste Joseph Fourier, um matemático francês do final do século XVIII e início do século XIX. (O nome Fourier é comumente pronunciado *fór-riê* por causa da sua similaridade com a palavra inglesa *four*, porém a pronunciação francesa apropriada é *fur-riê*, em que *fur* rima com *tour*.)

Jean Baptiste Joseph Fourier, 21/3/1768 – 16/5/1830

Fourier viveu em uma época de grandes conturbações na França – a Revolução Francesa e o reinado de Napoleão Bonaparte. O matemático serviu como secretário da Academia de Ciências de Paris. Ao estudar a propagação do calor em sólidos, desenvolveu a série de Fourier e a integral de Fourier. Quando apresentou seu trabalho pela primeira vez aos grandes matemáticos franceses da sua época – Laplace, LaGrange e LaCroix –, todos ficaram intrigados, porém (especialmente LaGrange) achavam que tais teorias não continham o rigor matemático necessário. A publicação de seu artigo naquela época foi proibida. Alguns anos mais tarde, Dirichlet conferiu às teorias de Fourier uma fundamentação mais rígida, explicando exatamente quais funções poderiam e quais não poderiam ser representadas por uma série de Fourier. Então Fourier publicou suas teorias em um texto considerado atualmente um clássico: "Theorie analytique de la chaleur".

Considere um sinal original arbitrário x(t), que gostaríamos de representar como uma combinação linear de senóides sobre um intervalo finito de tempo a partir de um instante inicial t_0 até um instante final $t_0 + T_F$ (F de Fourier), como ilustrado em linhas pontilhadas na Figura 8.9.

Na Figura 8.9, o sinal é aproximado por uma constante 0,5 que corresponde ao valor médio do sinal. Uma constante é um caso especial para uma senóide, que neste caso é descrita como 0,5cos($2\pi f_0 t$) com $f_0 = 0$. Essa é a melhor aproximação possível de x(t) quando se utiliza apenas uma constante. "Melhor", neste caso, equivale a ter o menor erro médio quadrático entre x(t) e a aproximação. Naturalmente, uma constante, mesmo sendo a melhor, não consiste em uma aproximação muito boa para o sinal em questão. Podemos melhorar a aproximação por meio da adição à constante de uma senóide cuja freqüência fundamental $f_F = 1/T_F$ seja igual à freqüência fundamental de x(t) (Figura 8.10).

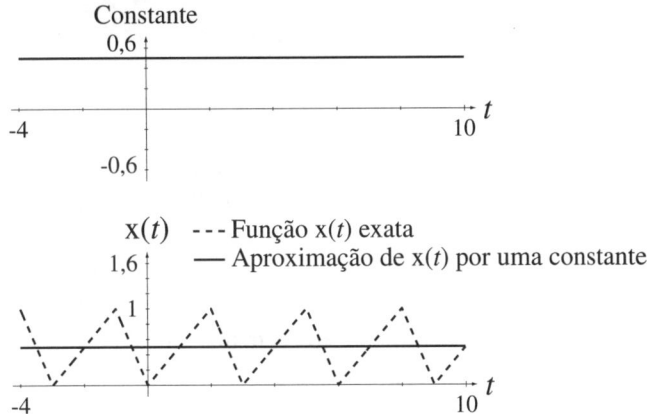

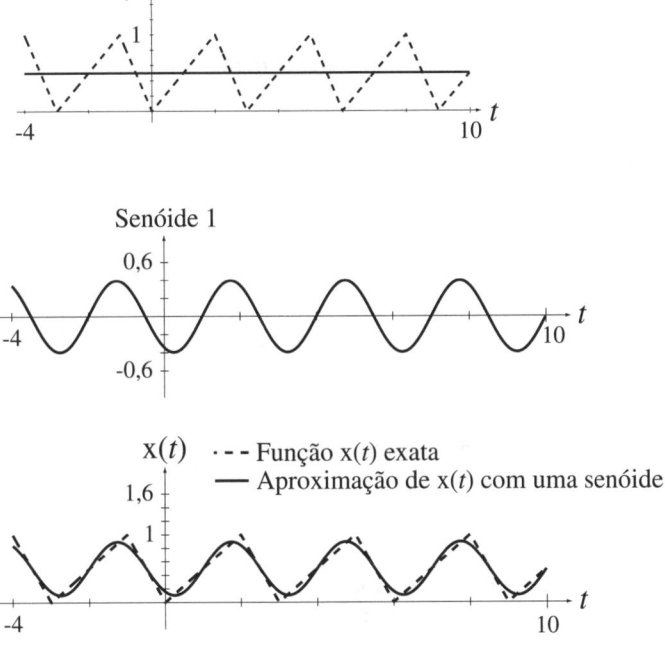

Figura 8.9
Sinal aproximado por uma constante.

Figura 8.10
Sinal aproximado por uma constante somada a uma única senóide.

Essa aproximação representa uma grande melhoria em relação à anterior e é a melhor aproximação que pode ser feita usando-se apenas uma constante e uma única senóide de mesma freqüência fundamental que x(t). Podemos melhorar ainda mais a aproximação pelo acréscimo de uma senóide com freqüência igual ao dobro da freqüência fundamental de x(t) (Figura 8.11).

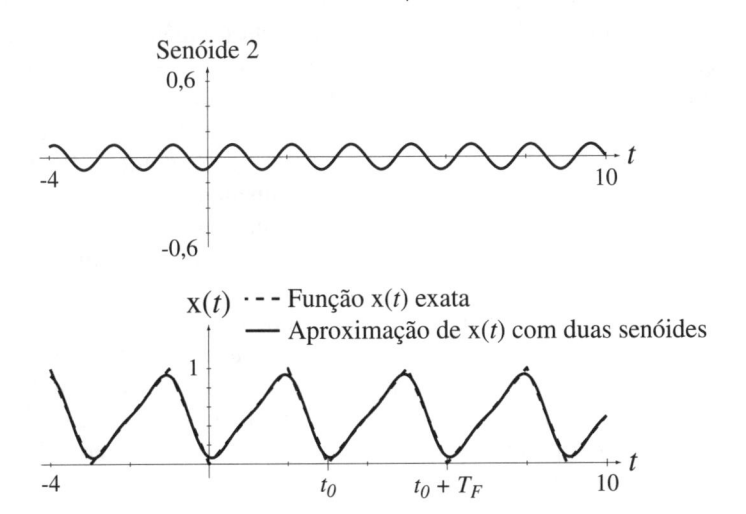

Figura 8.11
Sinal aproximado por uma constante somada a duas senóides.

Se continuarmos acrescentando apropriadamente senóides escolhidas cujas freqüências sejam múltiplos inteiros maiores do que a freqüência fundamental de x(t), podemos melhorar cada vez mais a aproximação e, no limite em que o número de senóides tenda ao infinito, a aproximação irá se tornar exata (Figuras 8.12 e 8.13).

Figura 8.12
Sinal aproximado por uma constante acrescida a três senóides.

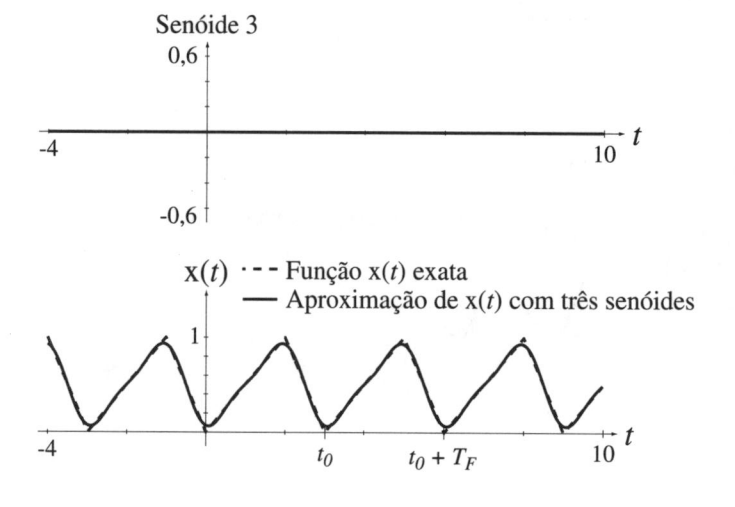

Figura 8.13
Sinal aproximado por uma constante adicionada a quatro senóides.

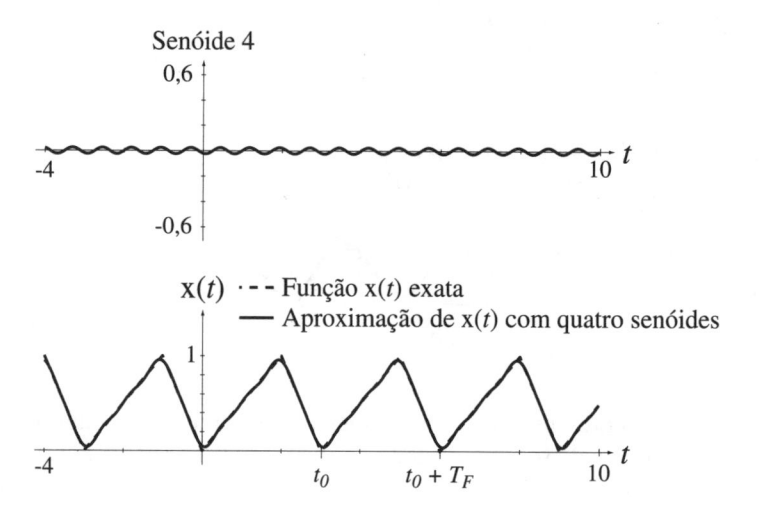

A senóide de freqüência igual a três vezes a freqüência fundamental de x(t) acrescida tem uma amplitude nula, indicando que uma senóide nesta freqüência não contribui para a aproximação. Após a adição da quarta senóide, a aproximação torna-se bem aceitável, sendo difícil distingui-la da função exata x(t) na Figura 8.13.

Neste exemplo, a representação se aproxima do sinal original no tempo de representação $t_0 \leq t < t_0 + T_F$, assim como em todos os demais lugares porque a freqüência fundamental da aproximação é igual à freqüência fundamental de x(t). A aplicação mais geral para a teoria de série de Fourier se aproxima de um sinal apenas no intervalo $t_0 \leq t < t_0 + T_F$ e não necessariamente fora dele. Porém, em análise de sinais e sistemas, a aproximação é quase sempre para um sinal periódico e o período fundamental da aproximação é quase sempre escolhido para ser também um período do sinal de maneira que a aproximação seja válida para todo o tempo, não somente no intervalo $t_0 \leq t < t_0 + T_F$. Neste exemplo, o sinal e a aproximação têm o mesmo período fundamental, mas geralmente o período fundamental da aproximação pode ser escolhido de modo que assuma qualquer período, fundamental ou não, do sinal e a aproximação ainda permanecerá válida em todo lugar.

Cada uma das senóides utilizadas nas aproximações do exemplo anterior é da forma $\cos(2\pi k f_F t + \theta)$ multiplicada por uma constante para ajustar a sua amplitude. Fazendo uso da identidade trigonométrica

$$\cos(a+b) = \cos(a)\cos(b) - \operatorname{sen}(a)\operatorname{sen}(b)$$

podemos reformular essa forma funcional para a seguinte

$$\cos(2\pi k f_F t + \theta) = \cos(\theta)\cos(2\pi k f_F t) - \operatorname{sen}(\theta)\operatorname{sen}(2\pi k f_F t)$$

Tal forma demonstra que cada cosseno de fase deslocada pode ser representado também como uma soma de um cosseno não deslocado e um seno não deslocado de mesma freqüência se as amplitudes são escolhidas corretamente. O somatório de todas aquelas senóides representadas como cossenos e senos é denominada de série de Fourier contínua no tempo (doravante referenciada como SFCT). Em uma SFCT, os senos e cossenos de maior freqüência possuem freqüências que são múltiplos inteiros da freqüência fundamental, e o múltiplo é chamado de **número harmônico** k. Então, por exemplo, a função $\cos(2\pi k f_F t)$ é o k-ésimo cosseno harmônico e sua freqüência é igual a $k f_F$. Se o sinal a ser representado é $x(t)$, então a amplitude do k-ésimo seno harmônico será designada por $X_s[k]$ e a amplitude do k-ésimo cosseno harmônico será designada por $X_c[k]$. Logo, $X_s[k]$ e $X_c[k]$ são funções de k e k somente assume valores inteiros. Aí está a razão pela qual o argumento encontra-se envolvido por colchetes. $X_s[k]$ e $X_c[k]$ são denominadas de **funções harmônicas** em seno e em cosseno de $x(t)$, respectivamente.

No exemplo anterior, uma constante adicionada aos senos e aos cossenos são usadas para representar a função original. Esta forma de SFCT é chamada de **trigonométrica**. Para os nossos propósitos, é importante, como um prelúdio ao que virá posteriormente, constatar a equivalência de outra (e mais importante) forma de SFCT utilizando senóides complexas. Como já indicado anteriormente, todo seno e cosseno pode ser substituído por uma combinação linear de senóides complexas das formas

$$\cos(2\pi k f_F t) = \frac{e^{j2\pi k f_F t} + e^{-j2\pi k f_F t}}{2} \quad \text{e} \quad \operatorname{sen}(2\pi k f_F t) = \frac{e^{j2\pi k f_F t} - e^{-j2\pi k f_F t}}{j2}$$

Portanto, para todo componente harmônico em seno ou cosseno da SFCT, há um par conjugado complexo de senóides complexas que pode substituí-lo. Se acrescentamos o seno e cosseno com amplitudes $X_s[k]$ e $X_c[k]$ em qualquer número harmônico k particular, obtemos

$$X_c[k]\cos(2\pi k f_F t) + X_s[k]\operatorname{sen}(2\pi k f_F t) = \begin{cases} X_c[k]\dfrac{e^{j2\pi k f_F t} + e^{-j2\pi k f_F t}}{2} \\ + X_s[k]\dfrac{e^{j2\pi k f_F t} - e^{-j2\pi k f_F t}}{j2} \end{cases}$$

Podemos combinar termos de senóides complexas no lado direito para formar

$$X_c[k]\cos(2\pi k f_F t) + X_s[k]\operatorname{sen}(2\pi k f_F t) = \frac{1}{2}\begin{cases} (X_c[k] - jX_s[k])e^{j2\pi k f_F t} \\ +(X_c[k] + jX_s[k])e^{-j2\pi k f_F t} \end{cases}$$

Agora, se definirmos

$$X[k] = \frac{X_c[k] - jX_s[k]}{2}, k > 0 \quad \text{e} \quad X[-k] = X^*[k]$$

podemos escrever

$$X_c[k]\cos(2\pi k f_F t) + X_s[k]\operatorname{sen}(2\pi k f_F t)$$
$$= X[k]e^{j2\pi k f_F t} + X[-k]e^{j2\pi(-k)f_F t}, k > 0$$

e temos as amplitudes X[k] das senóides complexas $e^{j2\pi k f_F t}$ não apenas nos múltiplos inteiros positivos da freqüência fundamental f_F, como também nos negativos, e a soma de todas estas senóides complexas é acrescida à função original da mesma forma que senos e cossenos foram.

Ainda temos o termo constante a considerar. Para incluirmos o termo constante na formulação geral das senóides complexas, podemos admitir que ela seja o harmônico de ordem zero ($k = 0$) da fundamental. Admitindo que k seja zero, a senóide complexa $e^{j2\pi k f_F t}$ é igual a 1 apenas, e se a multiplicarmos por um fator de ponderação X[0], apropriadamente escolhido, podemos concluir a representação por SFCT *complexa*. Ficará claro à frente, que a mesma fórmula geral para se determinar X[k] com qualquer k diferente de zero pode também ser usada, sem modificações, para se obter X[0]. E este X[0] é simplesmente o valor médio no tempo de representação $t_0 \leq t < t_0 + T_F$ da função a ser representada. X[k] é a **função harmônica complexa** de x(t). A SFCT complexa é mais eficiente do que a SFCT trigonométrica, uma vez que há somente uma função harmônica em lugar de duas e a função pode ser escrita mais concisamente.

DEDUÇÃO DA SÉRIE DE FOURIER

Admita, provisoriamente, que um sinal x(t) possa ser representado, sobre um tempo de representação $t_0 \leq t < t_0 + T_F$, como uma combinação linear de senóides complexas na forma

$$x(t) = \sum_{k=-\infty}^{\infty} X[k] e^{j2\pi k f_F t} \tag{8.3}$$

em que $f_F = 1/T_F$. Então x(t) = $x_F(t)$ no tempo de representação $t_0 \leq t < t_0 + T_F$. Adiante, veremos mediante quais condições esta seria uma boa suposição.

O problema para se determinar a representação SFCT torna-se uma questão de determinação da função harmônica adequada X[k] para tornar válida a igualdade x(t) = $x_F(t)$, em $t_0 \leq t < t_0 + T_F$. Se $x_F(t)$ é para ser a mesma que x(t) no tempo de representação $t_0 \leq t < t_0 + T_F$, então

$$x(t) = \sum_{k=-\infty}^{\infty} X[k] e^{j2\pi k f_F t}, \quad t_0 \leq t < t_0 + T_F \tag{8.4}$$

Na SFCT, a função harmônica representa as amplitudes das senóides complexas, que são mutuamente **ortogonais**. Ser ortogonal indica que o **produto interno** (ou produto escalar) entre duas funções é igual a zero, e o produto interno equivale à integral do produto de uma função pelo conjugado complexo da outra função sobre o tempo de representação de comprimento T_F

$$\underbrace{(x_1(t), x_2(t))}_{\text{produto interno}} = \int_{t_0}^{t_0+T_F} x_1(t) x_2^*(t) dt$$

Podemos demonstrar que o produto interno entre uma senóide complexa $e^{j2\pi k f_F t}$ e outra senóide complexa $e^{j2\pi q f_F t}$ sobre o tempo de representação $t_0 \leq t < t_0 + T_F$ é zero se k e q são inteiros e $k \neq q$. O produto interno é dado por

$$(e^{j2\pi k f_F t}, e^{j2\pi q f_F t}) = \int_{t_0}^{t_0+T_F} e^{j2\pi k f_F t} e^{-j2\pi q f_F t} dt = \int_{t_0}^{t_0+T_F} e^{j2\pi(k-q)f_F t} dt$$

ou, usando a identidade de Euler e $f_F = 1/T_F$

$$(e^{j2\pi k f_F t}, e^{j2\pi q f_F t}) = \int_{t_0}^{t_0+T_F} \left[\cos\left(2\pi \frac{k-q}{T_F}t\right) + j\operatorname{sen}\left(2\pi \frac{k-q}{T_F}t\right) \right] dt \qquad (8.5)$$

Visto que k e q são ambos inteiros, o cosseno e o seno nesta integral estão ambos sendo integrados sobre um número inteiro de períodos fundamentais (se $k \neq q$). A integral definida de qualquer senóide sobre qualquer período é zero (Figura 8.14).

Áreas positivas e negativas idênticas em cada caso

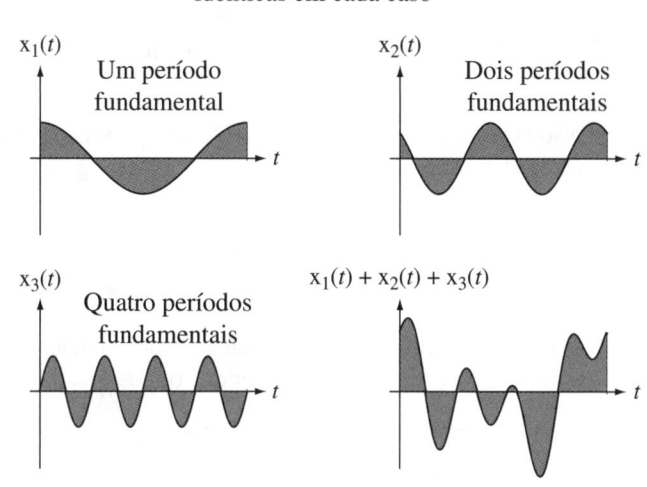

Figura 8.14
Ilustração gráfica mostrando que a integral de qualquer senóide (ou soma de senóides) sobre qualquer período é zero.

Se $k = q$, o integrando é $\cos(0) + \operatorname{sen}(0) = 1$ e o produto interno é igual a T_F. A não ser que $k = q$, a Equação (8.5) do produto interno é zero. Então, quaisquer duas senóides complexas com um número inteiro de períodos fundamentais no tempo de representação $t_0 \leq t < t_0 + T_F$ são ortogonais naquele intervalo de tempo, a menos que eles tenham o mesmo número de períodos fundamentais. Logo, podemos concluir que as funções da forma $e^{j2\pi k f_F t}$, $-\infty < k < \infty$ fazem parte de uma infinidade contável de funções, todas elas mutuamente ortogonais no intervalo $t_0 \leq t < t_0 + T_F$, em que t_0 é arbitrário e $T_F = 1/f_F$ corresponde ao período fundamental.

Podemos, nesse momento, tomar vantagem da ortogonalidade ao multiplicarmos ambos os lados da Equação (8.4) por $e^{-j2\pi q f_F t}$ (com q sendo um inteiro) para produzir

$$x(t)e^{-j2\pi q f_F t} = \sum_{k=-\infty}^{\infty} X[k]e^{j2\pi k f_F t}e^{-j2\pi q f_F t} = \sum_{k=-\infty}^{\infty} X[k]e^{j2\pi(k-q)f_F t}, \quad t_0 \leq t < t_0 + T_F$$

Se agora integrarmos ambos os lados sobre o tempo de representação $t_0 \leq t < t_0 + T_F$, obteremos

$$\int_{t_0}^{t_0+T_F} x(t)e^{-j2\pi q f_F t} dt = \int_{t_0}^{t_0+T_F} \left[\sum_{k=-\infty}^{\infty} X[k]e^{j2\pi(k-q)f_F t} \right] dt$$

Visto que k e q são variáveis independentes, a integral da soma no lado direito é equivalente a uma soma de integrais e a equação pode ser escrita como

$$\int_{t_0}^{t_0+T_F} x(t)e^{-j2\pi q f_F t} dt = \sum_{k=-\infty}^{\infty} X[k] \int_{t_0}^{t_0+T_F} e^{j2\pi(k-q)f_F t} dt$$

e, usando o fato de que a integral é zero a menos que $k = q$, o somatório

$$\sum_{k=-\infty}^{\infty} X[k] \int_{t_0}^{t_0+T_F} e^{j2\pi(k-q)f_F t} dt$$

reduz a $X[q]T_F$ e

$$\int_{t_0}^{t_0+T_F} x(t) e^{-j2\pi q f_F t} dt = X[q]T_F$$

Resolvendo para $X[q]$,

$$X[q] = \frac{1}{T_F} \int_{t_0}^{t_0+T_F} x(t) e^{-j2\pi q f_F t} dt = f_F \int_{t_0}^{t_0+T_F} x(t) e^{-j2\pi q f_F t} dt$$

Se essa é uma expressão correta para $X[q]$, então $X[k]$ na expressão original em série de Fourier, Equação (8.3), deve ser

$$X[k] = \frac{1}{T_F} \int_{t_0}^{t_0+T_F} x(t) e^{-j2\pi k f_F t} dt \qquad (8.6)$$

Por meio dessa dedução, concluímos que se a integral na Equação (8.6) converge, um sinal $x(t)$ pode ser expresso no tempo de representação $t_0 \le t < t_0 + T_F$ por

$$\boxed{x_F(t) = \sum_{k=-\infty}^{\infty} X[k] e^{j2\pi k f_F t}} \qquad (8.7)$$

em que

$$\boxed{X[k] = \frac{1}{T_F} \int_{t_0}^{t_0+T_F} x(t) e^{-j2\pi k f_F t} dt} \qquad (8.8)$$

Se a integral não converge, uma SFCT que represente exatamente o sinal não pode ser obtida.

A representação em SFCT de uma função

$$x_F(t) = \sum_{k=-\infty}^{\infty} X[k] e^{j2\pi k f_F t}$$

é escrita com k e f_F justapostos como kf_F para destacar o fato de que a freqüência de cada senóide complexa é k vezes a freqüência fundamental da representação em série de Fourier. Nas expressões em SFCT, os sinais são sempre representados por combinações lineares de senóides reais ou complexas na freqüência fundamental da representação em série de Fourier e seus harmônicos. (No estudo da transformada de Fourier a ser feito no Capítulo 10, a quantidade kf_F será generalizada para uma variável de freqüência contínua f.)

Se tivéssemos de traçar pontos de $x(t)$ e $\sum_{k=-\infty}^{\infty} X[k] e^{j2\pi k f_F t}$ em um gráfico no tempo de representação $t_0 \le t < t_0 + T_F$, as duas representações funcionais produziriam exatamente os mesmos valores em todos os pontos de continuidade de $x(t)$. Uma função e sua função harmônica em SFCT compõem um **par série de Fourier**

$$x(t) \xleftrightarrow{\mathcal{FS}} X[k]$$

em que a função à esquerda representa o sinal no domínio do tempo e a função à direita representa a transformação do sinal para um domínio dos "números harmônicos".

LIMITAÇÕES NA REPRESENTATIVIDADE DE FUNÇÕES EM SÉRIES DE FOURIER

Assim como indicado na seção anterior, se a integral de um sinal x(t) sobre o tempo de representação $t_0 \leq t < t_0 + T_F$ diverge, uma SFCT não pode ser obtida para o sinal em questão. Existem duas outras condições relativas à aplicabilidade da SFCT que, em conjunto com a condição de convergência da integral, são chamadas de condições de Dirichlet. As condições de Dirichlet resumem-se a:

1. O sinal deve ser absolutamente integrável sobre o tempo de representação $t_0 \leq t < t_0 + T_F$. Ou melhor $\int_{t_0}^{t_0+T_F} |x(t)| dt < B,$ em que B corresponde a um limite superior finito.

2. O sinal deve possuir um número finito de máximos e mínimos no intervalo de tempo delimitado por $t_0 \leq t < t_0 + T_F$.

3. O sinal deve ter um número finito de descontinuidades, todas de tamanho finito, no intervalo de tempo compreendido por $t_0 \leq t < t_0 + T_F$.

Existem sinais hipotéticos para os quais as condições de Dirichlet não são atendidas, mas eles não possuem aplicação conhecida na engenharia. A Figura 8.15 ilustra um sinal periódico limitado que não atende às condições de Dirichlet. O sinal é definido como periódico com período igual a um e, no intervalo de tempo $0 \leq t < 1$, o sinal é descrito por x(t) = sen(1/t).

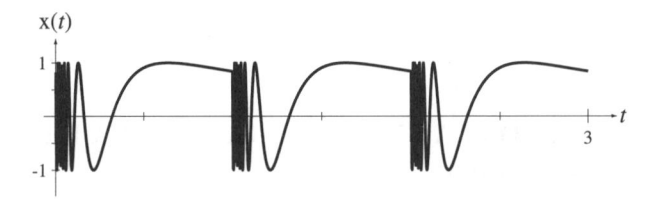

Figura 8.15
Um sinal que não atende às condições de Dirichlet.

Johann Peter Gustav Lejeune Dirichlet, 13/2/1805 – 5/5/1859

Dirichlet entrou para o Colégio dos Jesuítas em Colônia, onde recebeu ensinamentos de Georg Simon Ohm até os 16 anos. Ele freqüentou a universidade em Paris. Foi professor na Universidade de Berlim de 1828 a 1855. Casou-se com Rebecca Mendelssohn, irmã de Felix Mendelssohn, o compositor. Quando Carl Friedrich Gauss faleceu em 1855, Dirichlet foi indicado para ocupar a sua cadeira em Göttingen. Ao longo de sua vida, realizou publicações em diversas áreas da matemática, incluindo a teoria de potenciais e a teoria dos números algébricos. Seu trabalho na convergência de séries trigonométricas foi utilizado por Fourier. Foi dito por Riemann (um de seus alunos) ser ele o verdadeiro fundador da teoria sobre séries de Fourier.

A SÉRIE DE FOURIER TRIGONOMÉTRICA

É apresentado no Apêndice F no site deste livro, no endereço **www.mhhe.com/roberts**, que a forma trigonométrica da SFCT

$$x_F(t) = X_c[0] + \sum_{k=1}^{\infty} [X_c[k]\cos(2\pi k f_F t) + X_s[k]\operatorname{sen}(2\pi k f_F t)] \tag{8.9}$$

é relacionada à forma exponencial complexa por meio das associações a seguir

$$\left\{ \begin{array}{c} X_c[0] = X[0] \\ X_s[0] = 0 \\ X_c[k] = X[k] + X^*[k] \\ X_s[k] = j(X[k] - X^*[k]) \end{array} \right\}, k = 1, 2, 3, \ldots \tag{8.10}$$

e

$$\left\{ \begin{array}{c} X[0] = X_c[0] \\ X[k] = \dfrac{X_c[k] - jX_s[k]}{2} \\ X[-k] = X^*[k] = \dfrac{X_c[k] + jX_s[k]}{2} \end{array} \right\}, k = 1, 2, 3, \ldots \tag{8.11}$$

FORMAS EM TERMOS DA FREQÜÊNCIA CÍCLICA E DA FREQÜÊNCIA ANGULAR

A SFCT é muitas vezes expressa como uma função da freqüência angular ω em lugar da freqüência cíclica f. Visto que $\omega = 2\pi f$, as representações em SFCT de um sinal $x_F(t)$ em termos da freqüência angular seriam

$$x_F(t) = \sum_{k=-\infty}^{\infty} X[k] e^{jk\omega_F t}$$

ou

$$x_F(t) = X_c[0] + \sum_{k=1}^{\infty} [X_c[k]\cos(k\omega_F t) + X_s[k]\operatorname{sen}(k\omega_F t)]$$

em que

$$X_c[0] = \frac{1}{T_F} \int_{t_0}^{t_0 + T_F} x(t) dt$$

$$X_c[k] = \frac{2}{T_F} \int_{t_0}^{t_0 + T_F} x(t)\cos(k\omega_F t) dt, k = 1, 2, 3, \ldots$$

$$X_s[k] = \frac{2}{T_F} \int_{t_0}^{t_0 + T_F} x(t)\operatorname{sen}(k\omega_F t) dt, k = 1, 2, 3, \ldots$$

$$X[k] = \frac{1}{T_F} \int_{t_0}^{t_0 + T_F} x(t) e^{-jk\omega_F t} dt, k = 1, 2, 3, \ldots$$

e $\omega_F = 2\pi f_F = 2\pi/T_F$. Independentemente se a freqüência cíclica ou a angular é utilizada, a função harmônica é a mesma.

Em análise de sinais e sistemas, tanto a forma em termos da freqüência cíclica f quanto a forma em termos da freqüência angular ω da SFCT são utilizadas. Na análise de sistemas de comunicação, óptica de Fourier e processamento de imagem, a forma f é normalmente utilizada. Em análise de sistemas de controle, a forma ω é a normalmente adotada. Existem boas razões para ambas as escolhas, dependendo de como a SFCT é utilizada. À medida que formos progredindo com os métodos de transformada neste e nos capítulos posteriores, iremos utilizar qualquer uma das variáveis f ou ω, o que for mais conveniente e natural para uma dada aplicação particular, sempre tendo em mente que a conversão de uma forma para outra pode ser realizada por meio da relação $\omega = 2\pi f$.

PERIODICIDADE EM REPRESENTAÇÕES POR SÉRIES DE FOURIER

A representação $x_F(t)$ de uma função $x(t)$ como uma SFCT complexa é da forma

$$x_F(t) = \sum_{k=-\infty}^{\infty} X[k] e^{j2\pi k f_F t}$$

Se incrementarmos o tempo t por um múltiplo inteiro q do tempo de representação T_F, obtemos

$$x_F(t + qT_F) = \sum_{k=-\infty}^{\infty} X[k] e^{j2\pi k f_F (t+qT_F)} = \sum_{k=-\infty}^{\infty} X[k] e^{j2\pi k f_F t} e^{j2\pi k q f_F T_F}$$

Porém $f_F T_F = 1$ e, portanto,

$$x_F(t + qT_F) = \sum_{k=-\infty}^{\infty} X[k] e^{j2\pi k f_F t} \underbrace{e^{j2kq\pi}}_{=1} = \sum_{k=-\infty}^{\infty} X[k] e^{j2\pi k f_F t} = x_F(t)$$

provando que $x_F(t)$ é periódico com período igual a T_F. O tempo de representação $t_0 \leq t < t_0 + T_F$ da representação em SFCT de $x(t)$ equivale a um período de $x_F(t)$ e é igual a $x(t)$ em todos os pontos de continuidade neste intervalo de tempo.

As provas precedentes basearam-se na igualdade entre os dois sinais $x(t)$ e $x_F(t)$ ao longo do tempo de representação $t_0 \leq t < t_0 + T_F$ e na periodicidade de $x_F(t)$. Visto que $x_F(t)$ é periódico de período T_F segundos, se $x(t)$ é periódico com período T_0 e se T_F é um múltiplo inteiro de T_0, então $x(t)$ e $x_F(t)$ são iguais para todo o tempo nos pontos de continuidade de $x(t)$. Colocado de um modo matemático, se $x(t)$ é periódico com período T_0 e $T_F = mT_0$, sendo m um inteiro, então $x(t) = x_F(t)$, nos pontos de continuidade de $x(t)$ para todo t.

As demonstrações seguintes (Figuras 8.16 e 8.17) mostram como diversos tipos de sinais são representados por uma SFCT sobre um tempo finito. (As linhas pontilhadas são continuações periódicas da representação em SFCT.)

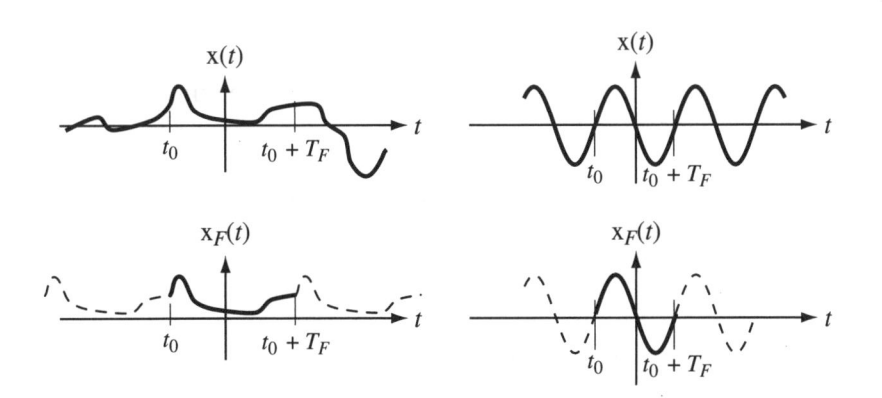

Figura 8.16
Sinais representados sobre um intervalo finito por uma SFCT.

Se o tempo de representação não é escolhido de maneira que seja um período do sinal, ou se o sinal não é periódico, então a representação tende ao sinal original naquele intervalo de tempo em questão, e não necessariamente em mais algum outro lugar. O uso da série de Fourier para este tipo de representação sobre um intervalo de tempo finito somente é raro em análise de sinais e sistemas.

Figura 8.17
Outros sinais representados sobre um intervalo finito por uma SFCT.

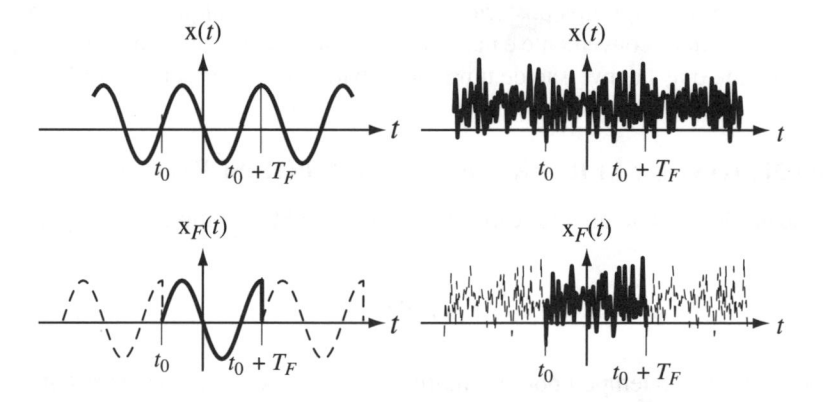

8.4 CÁLCULO DA SÉRIE DE FOURIER

SINAIS SENOIDAIS

Para começarmos a entender o processo de determinação da SFCT, iniciemos com um sinal como exemplo muito simples: um cosseno com uma amplitude igual a 2 e uma freqüência de 200 Hz, ou seja, $x(t) = 2\cos(400\pi t)$. Como uma questão prática, seria um desperdício de tempo passar pelas etapas de determinação de uma expressão em SFCT para este sinal, *uma vez que ele já se encontra na forma de uma SFCT trigonométrica consistindo em exatamente um cosseno e nenhum seno de amplitude diferente de zero*. Porém, é útil desenvolver um entendimento de como a SFCT é obtida e o que ela realmente informa a respeito de um sinal. Faremos uso da ortogonalidade entre as senóides complexas ou reais utilizadas na SFCT em qualquer intervalo de tempo de comprimento igual a $T_F = 1/f_F$.

$$(e^{j2\pi k f_F t}, e^{j2\pi q f_F t}) = \begin{cases} T_F, & k = q \\ 0, & k \neq q \end{cases}$$

$$(\cos(2\pi k f_F t), \cos(2\pi q f_F t)) = \begin{cases} T_F/2, & k = q \\ 0, & k \neq q \end{cases}$$

$$(\operatorname{sen}(2\pi k f_F t), \operatorname{sen}(2\pi q f_F t)) = \begin{cases} T_F/2, & k = q \\ 0, & k \neq q \end{cases}$$

$$(\cos(2\pi k f_F t), \operatorname{sen}(2\pi q f_F t)) = 0 \text{ (qualquer } k \text{ ou } q\text{)}$$

(k e q são inteiros em todas essas expressões.)

Iremos expressar o sinal $x(t) = 2\cos(400\pi t)$ como uma SFCT sobre um intervalo $0 \leq t < 5$ ms, um período fundamental ($T_F = T_0$). Para determinarmos a forma trigonométrica, calcularemos as integrais das formas

$$X_c[k] = \frac{2}{T_F} \int_{t_0}^{t_0 + T_F} x(t)\cos(2\pi k f_F t) dt$$

e

$$X_s[k] = \frac{2}{T_F} \int_{t_0}^{t_0 + T_F} x(t)\operatorname{sen}(2\pi k f_F t) dt$$

e para determinarmos a forma complexa, calculamos uma integral da forma

$$X[k] = \frac{1}{T_F} \int_{t_0}^{t_0+T_F} x(t) e^{-j2\pi k f_F t} dt$$

Essa última integral pode ser escrita como

$$X[k] = \underbrace{\frac{1}{T_F} \int_{t_0}^{t_0+T_F} x(t)\cos(2\pi k f_F t) dt}_{\frac{X_c[k]}{2}} - j \underbrace{\frac{1}{T_F} \int_{t_0}^{t_0+T_F} x(t)\operatorname{sen}(2\pi k f_F t) dt}_{\frac{X_s[k]}{2}}$$

novamente ilustrando a relação próxima existente entre as formas trigonométrica e complexa. As funções harmônicas trigonométricas são obtidas por meio do cálculo das integrais das funções reais. Por ser mais fácil ilustrarmos graficamente funções reais do que funções complexas, iremos determinar funções harmônicas trigonométricas e então as relacionaremos às funções harmônicas complexas correspondentes. Em primeiro lugar, vamos calcular $X_c[1]$ e $X_s[1]$ (Figura 8.18).

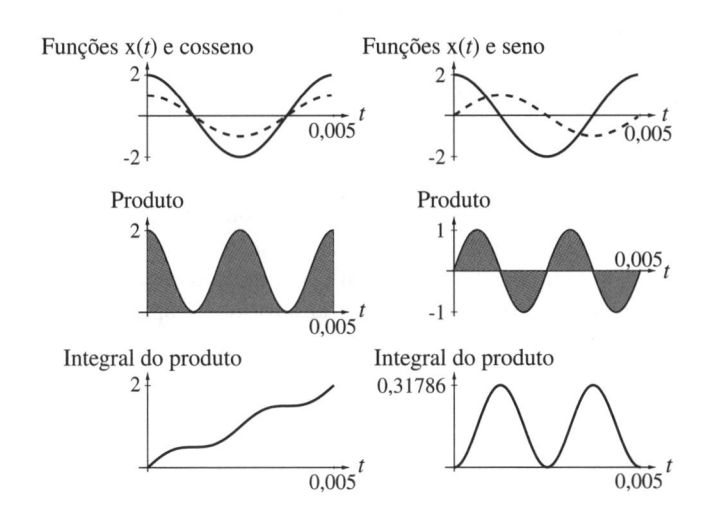

Figura 8.18
Cálculo da amplitude do primeiro harmônico. Ilustração gráfica das etapas envolvidas no cálculo de $X_c[1]$ e $X_s[1]$ para um cosseno.

Os dois gráficos do topo da Figura 8.18 mostram o sinal (curvas sólidas), o cosseno e o seno (curvas pontilhadas) os quais são multiplicados para comporem os integrandos nas fórmulas para $X_c[1]$ e $X_s[1]$

$$X_c[1] = \frac{2}{T_F} \int_{t_0}^{t_0+T_F} \underbrace{x(t)\cos(2\pi f_F t)}_{\uparrow} dt \quad \text{e} \quad X_s[1] = \frac{2}{T_F} \int_{t_0}^{t_0+T_F} \underbrace{x(t)\operatorname{sen}(2\pi f_F t)}_{\uparrow} dt$$

Os gráficos intermediários da Figura 8.18 mostram o produto entre o sinal e o seno e cosseno, respectivamente, com a área sob a curva sombreada para destacar o processo de integração para se obter a área sob o produto. Os gráficos inferiores da Figura 8.18 apresentam a área acumulada sob o produto à medida que a integração transcorre de t_0 até $t_0 + T_F$. Eles são gráficos relativos a

$$\frac{2}{T_F} \int_{t_0}^{t} x(\tau)\cos(2\pi f_F \tau) d\tau \quad \text{e} \quad \frac{2}{T_F} \int_{t_0}^{t} x(\tau)\operatorname{sen}(2\pi f_F \tau) d\tau$$

Nessas integrais, quando o limite superior t torna-se igual a $t_0 + T_F$, é porque alcançamos os valores de $X_c[1]$ e $X_s[1]$. A integral do cosseno chega a um valor final igual a 2, indicando que a amplitude da componente fundamental do cosseno na SFCT vale 2. Visto que o sinal corresponde a um cosseno de amplitude 2 à freqüência fundamental, tal resultado é obviamente correto. A integral do seno alcança um valor final igual a 0 ainda que o seno esteja também na freqüência fundamental. Esse resultado é igualmente correto, porque o sinal não possui componentes em seno de maneira nenhuma. Isso acontece pelo fato do cosseno e o seno serem ortogonais no intervalo de tempo $0 \leq t < 5$ ms.

Neste momento, vamos obter as amplitudes do seno e do cosseno referentes ao segundo harmônico utilizando a mesma técnica (Figura 8.19).

Figura 8.19
Cálculo da amplitude do segundo harmônico. Ilustração gráfica das etapas envolvidas no cálculo de $X_c[2]$ e $X_s[2]$ para um cosseno.

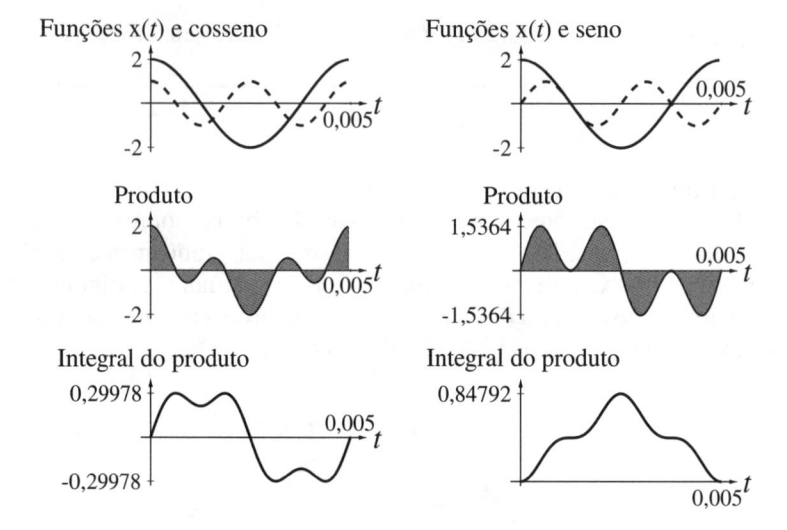

Agora ambas as amplitudes dos harmônicos são zero como deveriam ser, já que não há nem um cosseno ou seno do segundo harmônico presentes no sinal.

Analiticamente, podemos determinar a SFCT usando qualquer uma das duas formas, complexa ou trigonométrica. Vamos utilizar a forma complexa para calcular analiticamente a SFCT.

$$X[k] = \frac{1}{T_F} \int_{t_0}^{t_0+T_F} x(t) e^{-j2\pi k f_F t} dt = 200 \int_{0}^{1/200} 2\cos(400\pi t) e^{-j400k\pi t} dt \quad (8.12)$$

Fazendo uso de $\cos(x) = (1/2)(e^{jx} + e^{-jx})$ e integrando, chegaremos a

$$X[k] = \frac{j}{2\pi} \left[\frac{e^{-j2\pi(k-1)} - 1}{k-1} + \frac{e^{-j2\pi(k+1)} - 1}{k+1} \right]$$

A menos que $k = 1$ ou $k = -1$, essa expressão resulta em zero. Para $k = 1$, a expressão equivale (usando a regra de L'Hôpital) ao número real 1, e para $k = -1$ ela também resulta no número real 1. Com isso, podemos expressar a função harmônica em SFCT complexa como $X[k] = \delta[k-1] + \delta[k+1]$ em que

$$\delta[k] = \begin{cases} 1, & k = 0 \\ 0, & k \neq 0 \end{cases}$$

é a função delta de Kronecker. Para $k > 0$, as funções harmônicas trigonométricas correspondentes são dadas por

$$X_c[k] = X[k] + X^*[k] = 2\delta[k-1], \quad X_s[k] = j(X[k] - X^*[k]) = 0, \quad k > 0$$

indicando que existe um cosseno de amplitude 2 à freqüência fundamental ($k = 1$) e nenhuma outra componente harmônica. Se fôssemos determinar as amplitudes de outros harmônicos através das mesmas etapas gráficas como ilustrado anteriormente, determinaríamos que todos eles são iguais a zero, o que está de acordo com o resultado analítico.

Vamos agora determinar a SFCT para esse mesmo sinal sobre um intervalo de tempo diferente especificado por $0 < t < 10$ ms. Essa escolha de intervalo torna a freqüência fundamental de 200 Hz do sinal x(t) e a freqüência fundamental de 100 Hz da representação em SFCT do sinal $x_F(t)$ distintas. Primeiro, vamos calcular $X_c[1]$ e $X_s[1]$ (Figura 8.20).

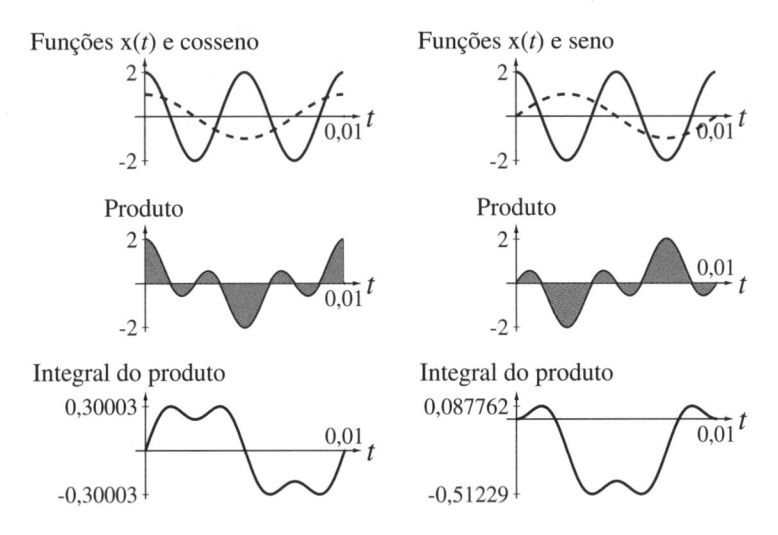

Figura 8.20
Cálculo da amplitude do primeiro harmônico. Ilustração gráfica das etapas envolvidas no cálculo de $X_c[1]$ e $X_s[1]$ para um cosseno à freqüência do segundo harmônico da freqüência fundamental da SFCT.

Nesse caso, ambas as integrais chegam a um valor final igual a 0, indicando que $X_c[1] = 0$ e $X_s[1] = 0$ (e, portanto, que $X[1] = X[-1] = 0$). Tal fato já deveria ser esperado, uma vez que $X_c[1]$ e $X_s[1]$ nos indica quanto de uma senóide à freqüência fundamental f_F está contida no sinal. Visto que o sinal consiste apenas em um cosseno à freqüência do segundo harmônico de f_F, que é f_0, o sinal não contém qualquer senóide na freqüência fundamental f_F.

Agora iremos repetir o processo para $X_c[2]$ e $X_s[2]$ (Figura 8.21).

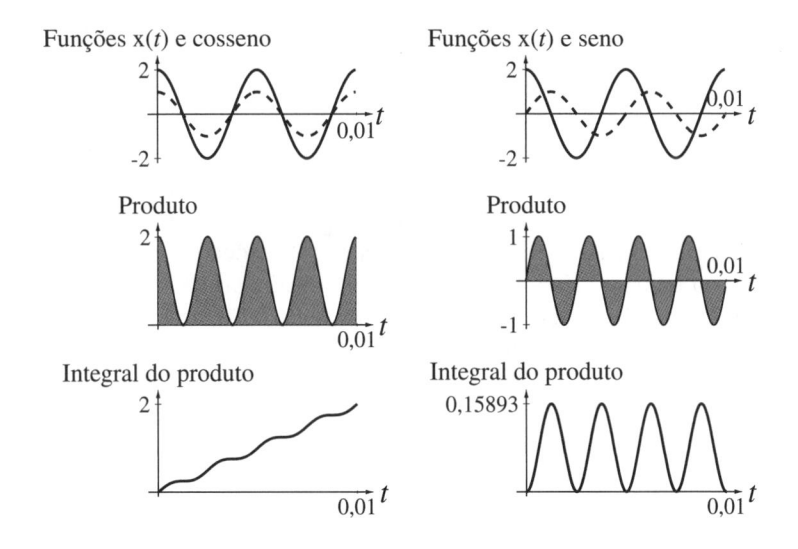

Figura 8.21
Cálculo da amplitude do segundo harmônico. Ilustração gráfica das etapas envolvidas no cálculo de $X_c[2]$ e $X_s[2]$ para um cosseno à freqüência do segundo harmônico da freqüência fundamental da SFCT.

Do ponto de vista gráfico, $X_c[2]$ é não-nulo porque o sinal e o cosseno do segundo harmônico têm a mesma freqüência, além de crescerem e decrescerem juntos. Visto que eles sempre possuem o mesmo sinal, quando o produto entre eles é calculado, esse produto nunca é negativo e a integral sempre acumula área positiva. $X_s[2]$ é nulo devido ao cosseno e seno serem ortogonais.

Analiticamente, determinando a SFCT complexa de $x(t) = 2\cos(400\pi t)$ com $T_F = 1/10$,

$$X[k] = \frac{j}{2\pi}\left[\frac{e^{-j2\pi(k-2)}-1}{k-2} + \frac{e^{-j2\pi(k+2)}-1}{k+2}\right]$$

A menos que $k = 2$ ou $k = -2$, essa expressão equivale a zero. Isso indica que a única componente harmônica presente é o cosseno do segundo harmônico da freqüência fundamental f_F da SFCT. Esse fato está de acordo com a análise gráfica.

Obtivemos duas funções harmônicas diferentes para o mesmo sinal. A função harmônica sozinha não basta para se caracterizar um sinal. Precisamos também conhecer o tempo de representação. Um sinal pode ter qualquer quantidade de funções harmônicas ao se escolher tempos de representação T_F distintos.

Para demonstrarmos outro aspecto, vamos adotar estes mesmos métodos de análise em um sinal ligeiramente mais complicado $x(t)$, que corresponde à soma de uma constante e duas senóides

$$x(t) = \frac{1}{2} - \frac{3}{4}\cos(20\pi t) + \frac{1}{2}\text{sen}(30\pi t)$$

no tempo de representação -100 ms $< t <$ 100 ms, o que equivale a um período fundamental deste sinal. Esse tempo de representação é igual a um período fundamental do sinal $x(t)$, mas ele equivale a dois períodos fundamentais de $(3/4)\cos(20\pi t)$ e a três períodos fundamentais de $(1/2)\text{sen}(30\pi t)$. Quando obtemos $X_c[1]$ e $X_s[1]$, eles são ambos iguais a zero porque todas as freqüências presentes em $x(t)$ (0, 10 Hz e 15 Hz) e a freqüência fundamental da SFCT (5 Hz) são diferentes tornando todas as funções em $x(t)$ ortogonais a um cosseno ou seno fundamentais. Quando obtemos $X_c[2]$ e $X_s[2]$, o segundo harmônico da SFCT (10 Hz) é o mesmo que uma das freqüências presentes em $x(t)$, mas diferente das outras duas (0 e 15 Hz). Logo, o cosseno do segundo harmônico é ortogonal às componentes 0 Hz e 15 Hz, mas não é ortogonal ao cosseno de 10 Hz em $x(t)$. Então $X_c[2]$ é $-3/4$ e $X_s[2]$ é 0 devido à ortogonalidade entre um seno e um cosseno de mesma freqüência. No terceiro harmônico, a freqüência é 15 Hz, que corresponde à mesma freqüência da função seno em $x(t)$, e $X_s[3]$ é $1/2$ enquanto $X_c[3]$ é zero.

Esse sinal é mais complicado do que aquele do exemplo anterior. Porém, o processo de determinação de cada componente senoidal no sinal pelo cálculo da área sob o produto durante um período fundamental ainda produz corretamente e de modo exato as amplitudes dos harmônicos. Não existe interferência proveniente das funções relativas às outras freqüências devido à ortogonalidade.

A ausência de interferência entre as componentes senoidais na série de Fourier leva a uma propriedade importante da SFCT. Quanto temos um sinal constituído por uma soma de sinais componentes, podemos obter a função harmônica de cada sinal componente separadamente e, a partir daí, somar as funções harmônicas para compor a função harmônica do sinal total. Ou seja, a função harmônica de uma soma de sinais equivale à soma das funções harmônicas dos sinais (Figura 8.22).

É importante destacar aqui que ao se determinarem as funções harmônicas dos sinais componentes, o mesmo tempo de representação T_F deve ser utilizado para todos eles. Do contrário, a relação entre o número harmônico e a freqüência senoidal será diferente para cada sinal componente e a soma das representações em SFCT agregará sinais a freqüências distintas para o mesmo número harmônico.

SINAIS NÃO SENOIDAIS

Para expandirmos nossos horizontes em direção a um problema mais prático e interessante, vamos obter a descrição em SFCT, usando um período fundamental como o tempo de representação, de um sinal periódico $x(t)$ que não seja inicialmente descrito em termos de senóides: uma onda quadrada com um ciclo de trabalho de 50%, de amplitude unitária e período fundamental $T_0 = 1$, descrita por $x(t) = \text{ret}(2t) * \delta_1(t)$ (Figuras 8.23 e 8.24).

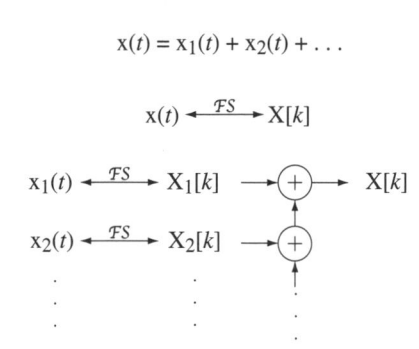

Figura 8.22
A função harmônica de uma soma corresponde à soma das funções harmônicas.

Podemos determinar X[k] analiticamente também.

$$X[k] = \frac{1}{T_F} \int_{t_0}^{t_0+T_F} x(t)e^{-j2\pi k f_F t} dt = \int_{-1/4}^{1/4} e^{-j2k\pi t} dt = 2\int_{0}^{1/4} \cos(2k\pi t) dt$$

ou

$$X[k] = 2\left[\frac{\operatorname{sen}(2k\pi t)}{2k\pi}\right]_0^{1/4} = \frac{1}{2}\frac{\operatorname{sen}(k\pi/2)}{k\pi/2} = \frac{1}{2}\operatorname{sinc}\left(\frac{k}{2}\right)$$

Segue-se que

$$X_c[0] = 1/2 \quad \text{e} \quad X_c[k] = \operatorname{sinc}(k/2) \ , \ X_s[k] = 0 \ , \ k > 0$$

Figura 8.23
Ilustração gráfica das etapas envolvidas no cálculo das amplitudes harmônicas trigonométricas referentes à freqüência fundamental e ao segundo harmônico para uma onda quadrada de freqüência de 1 Hz com um ciclo de trabalho de 50%.

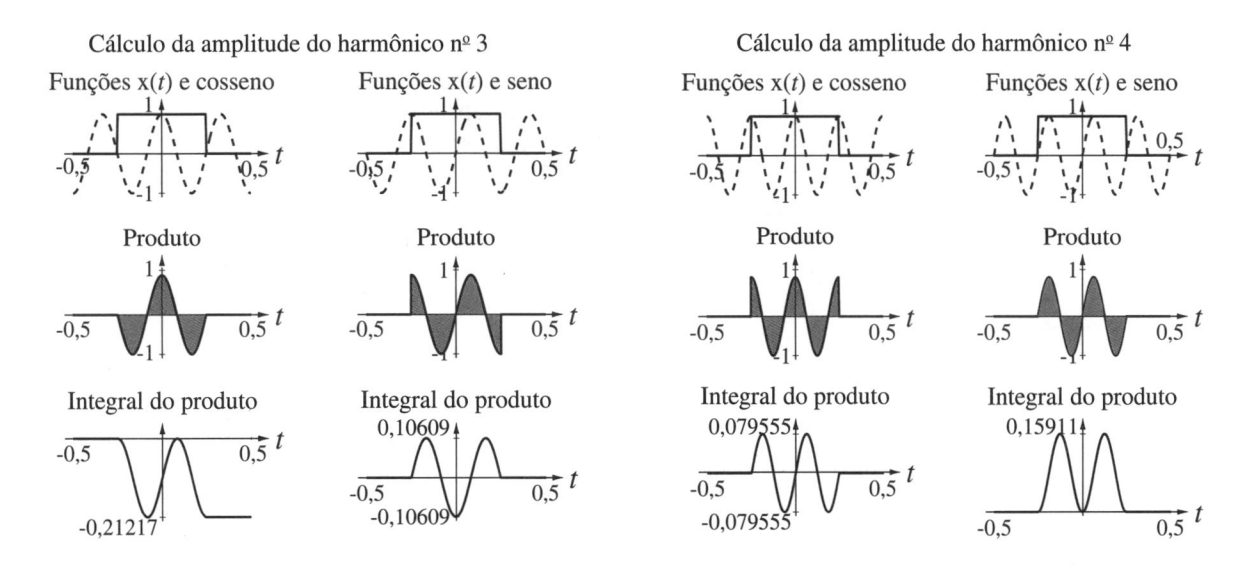

Figura 8.24
Ilustração gráfica das etapas envolvidas no cálculo das amplitudes harmônicas trigonométricas referentes ao terceiro harmônico e ao quarto harmônico para uma onda quadrada de freqüência de 1 Hz com um ciclo de trabalho de 50%.

Nesse caso, em contraste com os anteriores, temos infinitos valores não-nulos para a função harmônica da SFCT. Uma maneira muito útil de representar a função harmônica da SFCT é por meio de um gráfico que exibe sua magnitude e fase em função do número harmônico ou em função da freqüência (o que equivale ao número harmônico vezes a freqüência fundamental) (Figura 8.25).

Figura 8.25
Magnitude e fase da função harmônica da SFCT complexa para uma onda quadrada de amplitude unitária, com ciclo de trabalho de 50%, em função do número harmônico.

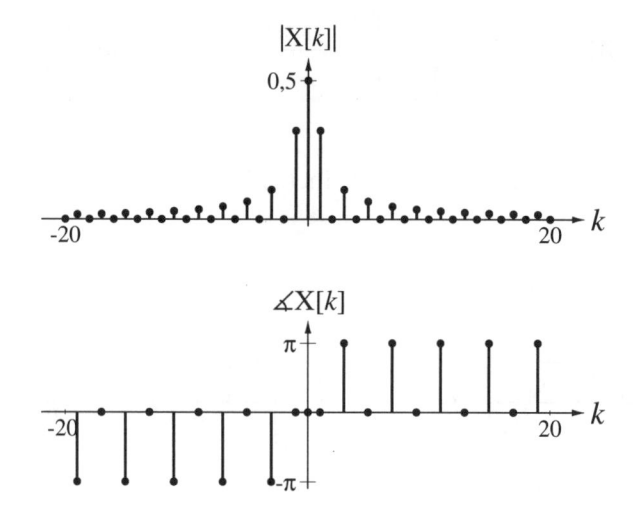

A SÉRIE DE FOURIER PARA SINAIS PERIÓDICOS SOBRE UM NÚMERO INTEIRO DE PERÍODOS FUNDAMENTAIS

Considere a representação em SFCT complexa de qualquer sinal periódico x(t) sobre exatamente um período fundamental T_0.

$$X[k] = \frac{1}{T_0} \int_{t_0}^{t_0+T_0} x(t) e^{-j2\pi k f_0 t} dt$$

$$= \frac{1}{T_0} \left[\int_{t_0}^{t_0+T_0} x(t) \cos(2\pi k f_0 t) dt - j \int_{t_0}^{t_0+T_0} x(t) \mathrm{sen}(2\pi k f_0 t) dt \right]$$

Visto que, por suposição, x(t) é periódico de período fundamental T_0 e, por definição, $e^{-j2\pi k f_0 t}$ é periódica com período fundamental T_0, todos os produtos x(t)$e^{-j2\pi k f_0 t}$ x(t)cos($2\pi k f_0 t$) e x(t)sen($2\pi k f_0 t$) se repetem exatamente no tempo T_0. Sendo esse o caso, o valor da integral torna-se independente da escolha do limite inferior t_0 porque ele sempre será igual à área sob um período do produto entre o sinal e a senóide (complexa ou real) (Figura 8.26).

Quando a SFCT é utilizada para representar um sinal sobre um período fundamental (e, por consequência, sobre todo o tempo), podemos simplificar a notação para

$$X[k] = \frac{1}{T_0} \int_{T_0} x(t) e^{-j2\pi k f_0 t} dt$$

em que $\int_{T_0} = \int_{t_0}^{t_0+T_0}$ para qualquer t_0 arbitrário significa uma integral sobre qualquer intervalo de tempo com comprimento igual a T_0. Resumindo, para o caso de representações por SFCT sobre um período fundamental $T_0 = 1/f_0$

$$x(t) = \sum_{k=-\infty}^{\infty} X[k] e^{j2\pi k f_0 t} \xleftrightarrow{\mathcal{F}S} X[k] = \frac{1}{T_0} \int_{T_0} x(t) e^{-j2\pi k f_0 t} dt \qquad (8.13)$$

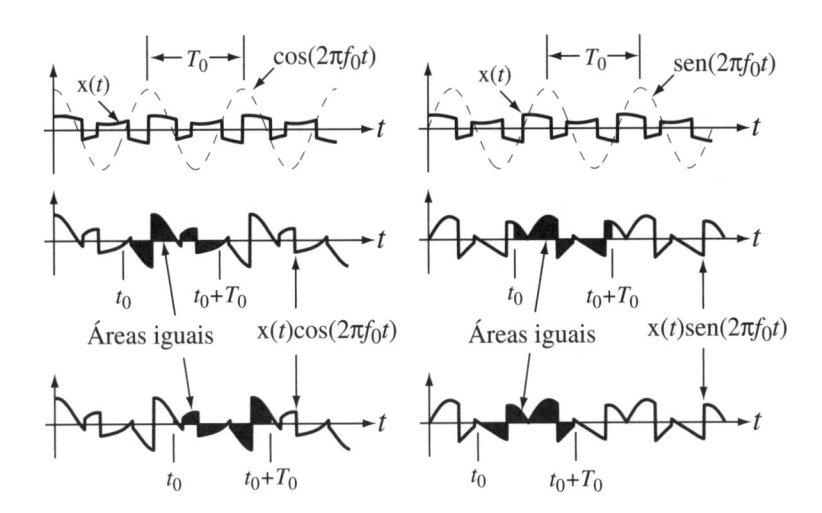

Figura 8.26
Demonstração gráfica para sinais periódicos exatamente descritos por uma SFCT, em que ela é independente do limite inferior t_0 na fórmula da integral para os coeficientes.

Todos esses argumentos se aplicam igualmente bem na determinação da SFCT sobre qualquer período, isto é, sobre qualquer múltiplo inteiro do período fundamental $T_F = mT_0$.

$$x(t) = \sum_{k=-\infty}^{\infty} X[k]e^{j2\pi k f_F t} \xleftrightarrow{\mathcal{FS}} X[k] = \frac{1}{T_F}\int_{T_F} x(t)e^{-j2\pi k f_F t}dt$$

em que $f_F = 1/T_F$.

ERRO QUADRÁTICO MÉDIO MÍNIMO DAS SOMAS PARCIAIS PARA SÉRIES DE FOURIER

A SFCT é um somatório infinito de senóides. Em geral, para uma igualdade exata entre um sinal arbitrário original e sua representação por SFCT, termos em quantidade infinita devem ser usados. (Existem sinais para os quais a igualdade é alcançada com um número finito de termos e eles são chamados de sinais **limitados em banda**.) Se uma aproximação por soma parcial

$$x_N(t) = \sum_{k=-N}^{N} X[k]e^{jk\omega_F t} \tag{8.14}$$

é feita para um sinal $x(t)$ usando-se apenas os N primeiros harmônicos da SFCT, a diferença entre $x_N(t)$ e $x(t)$ corresponde ao erro de aproximação $e_N(t) = x_N(t) - x(t)$. Sabemos que na Equação (8.14), quando N tende ao infinito, a igualdade é válida para cada ponto de continuidade de $x(t)$. Porém, quando N é finito, a função harmônica $X[k]$ para $-N \leq k \leq N$ produz a melhor aproximação possível para $x(t)$? Em outras palavras, poderíamos escolher uma função harmônica $X_N[k]$ diferente a qual, se utilizada no lugar de $X[k]$ na Equação (8.14), produziria uma melhor aproximação para $x(t)$?

A primeira tarefa para se responder às questões acima seria definir o que se entende por "melhor aproximação possível". É normalmente levado em consideração que a energia de sinal do erro $e_N(t)$ sobre um período T_F equivale a um mínimo. Vamos determinar a função harmônica $X_N[k]$, a qual minimiza a energia de sinal do erro.

$$e_N(t) = \underbrace{\sum_{k=-N}^{N} X_N[k]e^{jk\omega_F t}}_{x_S(t)} - \underbrace{\sum_{k=-\infty}^{\infty} X[k]e^{jk\omega_F t}}_{x(t)}$$

Seja

$$Y[k] = \begin{cases} X_N[k] - X[k], & |k| \le N \\ -X[k], & |k| > N \end{cases}$$

Então

$$e_N(t) = \sum_{k=-\infty}^{\infty} Y[k]e^{jk\omega_F t}$$

A energia de sinal do erro sobre um período corresponde a

$$E_e = \frac{1}{T_F}\int_{T_F} |e_N(t)|^2 dt = \frac{1}{T_F}\int_{T_F} \left| \sum_{k=-\infty}^{\infty} Y[k]e^{jk\omega_F t} \right|^2 dt$$

$$E_e = \frac{1}{T_F}\int_{T_F} \left(\sum_{k=-\infty}^{\infty} Y[k]e^{jk\omega_F t} \right)\left(\sum_{q=-\infty}^{\infty} Y^*[q]e^{-jq\omega_F t} \right) dt$$

$$E_e = \frac{1}{T_F}\int_{T_F} \left(\sum_{k=-\infty}^{\infty} Y[k]Y^*[k] + \sum_{k=-\infty}^{\infty}\sum_{\substack{q=-\infty \\ q \ne k}}^{\infty} Y[k]Y^*[q]e^{j(k-q)\omega_F t} \right) dt$$

A integral do duplo somatório é igual a zero para toda combinação de k e q para a qual $k \ne q$ porque a integral de $e^{j(k-q)\omega_F t}$ é zero. Portanto,

$$E_e = \frac{1}{T_F}\int_{T_F} \sum_{k=-\infty}^{\infty} Y[k]Y^*[k] dt = \frac{1}{T_F}\int_{T_F} \sum_{k=-\infty}^{\infty} |Y[k]|^2 dt$$

Substituindo a definição de $Y[k]$ obtemos

$$E_e = \frac{1}{T_F}\int_{T_F} \left(\sum_{k=-N}^{N} |X_N[k] - X[k]|^2 + \sum_{|k|>N} |-X[k]|^2 \right) dt$$

$$E_e = \sum_{k=-N}^{N} |X_N[k] - X[k]|^2 + \sum_{|k|>N} |X[k]|^2$$

Todas as quantidades sendo somadas são não-negativas e, visto que o segundo somatório é fixado, queremos que o primeiro somatório seja tão menor quanto possível. Ele é zero se $X_N[k] = X[k]$, provando que a função harmônica $X[k]$ fornece o menor erro quadrático médio possível em uma aproximação por soma parcial. A justificativa básica para que tal observação seja verdadeira se apóia no fato de que as funções primitivas (senóides complexas) são ortogonais.

A TRANSFORMADA DE FOURIER DE SINAIS PERIÓDICOS PARES E ÍMPARES

Considere o caso de representação de um sinal periódico por $x(t)$ de período fundamental T_0 para todo o tempo por uma SFCT complexa cujo período fundamental seja $T_F = mT_0$. A função harmônica em SFCT é

$$X[k] = \frac{1}{T_F}\int_{T_F} x(t)e^{-jk\omega_F t} dt$$

Para sinais periódicos, essa integral sobre um período é independente do ponto de partida. Portanto, podemos reescrever a integral como

$$X[k] = \frac{1}{T_F} \int_{-T_F/2}^{T_F/2} x(t)e^{-jk\omega_F t} dt = \frac{1}{T_F}\left[\int_{-T_F/2}^{T_F/2} \underbrace{\underbrace{x(t)}_{\text{par}}\underbrace{\cos(k\omega_F t)}_{\text{par}}}_{\text{par}} dt - j\int_{-T_F/2}^{T_F/2} \underbrace{x(t)}_{\text{par}}\underbrace{\text{sen}(k\omega_F t)}_{\text{ímpar}} dt\right]$$

Fazendo uso do fato de que uma função ímpar integrada sobre limites simétricos em torno do zero resulta nula, X[k] deve ser real e, já que

$$\begin{cases} X_c[0] = X[0] \\ X_c[k] = X[k] + X^*[k] \\ X_s[k] = j\left(X[k] - X^*[k]\right) \end{cases}, k = 1, 2, 3, \ldots$$

$X_s[k]$ deve ser igual a zero para todo k. Por meio de um argumento similar, para uma função periódica ímpar, X[k] deve ser imaginária e $X_c[k]$ deve ser zero para todo k (incluindo $k = 0$).

> Para x(t) par e de valores reais, X[k] é par com valores reais.
> Para x(t) ímpar e de valores reais, X[k] é ímpar e puramente imaginário.

8.5 CÁLCULO NUMÉRICO DA SÉRIE DE FOURIER

Vamos considerar o exemplo de um tipo diferente de sinal para o qual possamos querer determinar a SFCT (Figura 8.27).

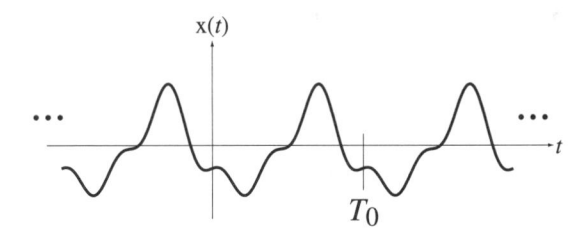

Figura 8.27
Um sinal periódico arbitrário.

Esse sinal apresenta certos problemas. Não é de todo óbvio saber como descrevê-lo de outra maneira que não seja a gráfica. Ele não é senoidal e não possui qualquer outra forma funcional matemática óbvia. Até o presente momento do nosso estudo sobre SFCT, com o propósito de determinarmos uma função harmônica da SFCT de um sinal, precisamos de uma descrição matemática dele. Mas, só porque não descrever um sinal matematicamente não quer dizer que ele não tenha uma descrição por SFCT. A grande parte dos sinais reais que querer analisar na prática não possui uma descrição matemática exata conhecida. Poderíamos, a princípio, obter a função harmônica graficamente. Porém, o método gráfico é bastante enfadonho. Há uma forma mais interessante. Se tivermos um conjunto de amostras do sinal obtido em um período, podemos estimar a função harmônica da SFCT numericamente. Quanto mais amostras tivermos, melhor será a estimativa (Figura 8.28).

A função harmônica é dada por

$$X[k] = \frac{1}{T_F}\int_{T_F} x(t)e^{-j2\pi k f_F t} dt$$

Figura 8.28
Amostragem do sinal periódico arbitrário para se estimar sua função harmônica em SFCT.

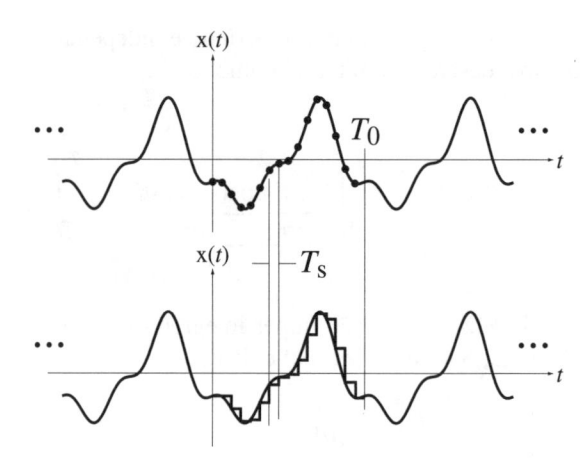

Visto que o ponto de partida da integral é arbitrário, por conveniência ajustamos para $t = 0$

$$X[k] = \frac{1}{T_F} \int_0^{T_F} x(t) e^{-j2\pi k f_F t} \, dt$$

Não conhecemos a função $x(t)$, mas se tivermos um conjunto de N_F amostras sobre um período iniciando-se em $t = 0$, o intervalo de tempo entre amostras é $T_s = T_F/N_F$, e podemos aproximar a integral pela soma de várias integrais, em que cada uma cubra um intervalo de tempo com comprimento T_s

$$X[k] \cong \frac{1}{T_F} \sum_{n=0}^{N_F-1} \left[\int_{nT_s}^{(n+1)T_s} x(nT_s) e^{-j2\pi k f_F nT_s} \, dt \right] \quad (8.15)$$

(Na Figura 8.28, as amostras se prolongam sobre um período fundamental, mas elas poderiam se prolongar sobre qualquer período e a análise ainda permaneceria correta.) Se as amostras encontram-se próximas umas das outras o suficiente, $x(t)$ não se altera muito entre as amostras consecutivas e a Equação da integral (8.15) torna-se uma boa aproximação. Os detalhes do processo de integração estão no Apêndice F no site deste livro, no endereço **www.mhhe.com/roberts**, onde se mostra que, para números harmônicos $|k| \ll N_F$, podemos aproximar a função harmônica por

$$X[k] \cong \frac{1}{N_F} \sum_{n=0}^{N_F-1} x(nT_s) e^{-j2\pi nk/N_F} \quad (8.16)$$

O somatório no lado direito da Equação (8.16)

$$\sum_{n=0}^{N_F-1} x(nT_s) e^{-j2\pi nk/N_F}$$

é uma operação muito importante em processamento de sinais denominada **transformada discreta de Fourier** (*DFT – discrete Fourier transform*). Logo, a Equação (8.16) pode ser escrita como

$$\boxed{X[k] \cong (1/N_F) \, \mathcal{DFT}(x(nT_s)) \, , \, |k| \ll N_F} \quad (8.17)$$

em que

$$\mathcal{DFT}(x(nT_s)) = \sum_{n=0}^{N_F-1} x(nT_s) e^{-j2\pi nk/N_F}$$

A DFT requer um conjunto de amostras que representem uma função periódica sobre um período e retorna outro conjunto de números que representam uma aproximação para a função harmônica da SFCT correspondente, multiplicada pelo número de amostras N_F. Ela é uma função embutida em linguagens de programação de alto nível atuais como aquela utilizada pelo MATLAB. No MATLAB, o nome da função é `fft`, equivalente ao acrônimo para **transformada rápida de Fourier**[1]. A transformada rápida de Fourier consiste em um algoritmo eficiente para se computar a DFT. (A DFT e a FFT serão abordadas em maiores detalhes no Capítulo 14.)

A sintaxe mais simples para o comando `fft` é a seguinte:

```
X = fft (x) ;
```

em que x corresponde a um vetor contendo N_F amostras de uma função indexada por n no intervalo $0 \leq n < N_F$ e X é um vetor com N_F valores retornados, indexados por k no intervalo $0 \leq k < N_F$.

A DFT

$$\sum_{n=0}^{N_F-1} x(nT_s)e^{-j2\pi nk/N_F}$$

é periódica em k com período N_F. Isso pode ser mostrado ao se determinar $X[k + N_F]$.

$$X[k+N_F] = \frac{1}{N_F}\sum_{n=0}^{N_F-1} x(nT_s)e^{-j2\pi n(k+N_F)/N_F} = \frac{\overbrace{e^{-j2\pi n}}^{=1}}{N_F}\sum_{n=0}^{N_F-1} x(nT_s)e^{-j2\pi nk/N_F} = X[k]$$

A Equação de aproximação (8.16) é válida para $|k| << N_F$. Isso inclui certos valores negativos de k. Contudo, a função `fft` retorna valores da DFT no intervalo $0 \leq k < N_F$. Os valores da DFT para k negativo são idênticos aos valores de k em um intervalo positivo, os quais estão separados por um período. Então, por exemplo, para determinar $X[-1]$, obtenha sua repetição periódica $X[N_F - 1]$, que está contida no intervalo $0 \leq k < N_F$.

Essa técnica numérica para se determinar a função harmônica da SFCT pode também ser útil nos casos em que a forma funcional de x(t) é conhecida, mas a integral

$$X[k] = \frac{1}{T_F}\int_{T_F} x(t)e^{-j2\pi kf_F t}dt$$

não pode ser realizada analiticamente.

EXEMPLO 8.1

Utilizando a DFT para aproximar a SFCT

Obtenha a função harmônica aproximada da SFCT relativa a um sinal periódico x(t) em que um período dele é descrito por

$$x(t) = \sqrt{1-t^2}, \quad -1 < t < 1$$

■ Solução

O período fundamental deste sinal é igual a 2. Então, podemos escolher qualquer inteiro múltiplo de 2 como o intervalo de tempo sobre o qual as amostras são obtidas (o tempo de representação T_F). Escolha 128 amostras sobre um período fundamental. O programa de MATLAB a seguir determina e elabora os gráficos da função harmônica da SFCT por meio da DFT.

```
% Programa para aproximar, usando a DFT, a SFCT relativa a um
% sinal periódico descrito sobre um período por
% x(t) = sqrt(1-t^2), -1 < t < 1.
NF = 128 ;           % Número de amostras.
T0 = 2 ;             % Período fundamental.
TF = T0 ;            % Tempo de representação.
```

---

[1] N.T.: FFT significa, em inglês, *fast Fourier transform*.

```
Ts = TF/NF ;            % Intervalo de tempo entre amostras consecutivas
fs = 1/Ts ;             % Taxa de amostragem
n = [0:NF-1]' ;         % Índice do tempo para a amostragem
t = n*Ts ;              % Instantes de amostragem
%   Calcula valores de x(t) nos instantes de amostragem
x = sqrt(1-t.^2).*ret(t/2) + ...
    sqrt(1-(t-2).^2).*ret((t-2)/2) + ...
    sqrt(1-(t-4).^2).*ret((t-4)/2) ;
X = fft(x)/NF ;         % DFT das amostras
k = [0:NF/2-1] ;        % Vetor dos números harmônicos
%
%   Traça os resultados
%
subplot(3,1,1) ;
p = plot(t,x,'k') ; set(p,'LineWidth',2) ; grid on ; axis('equal') ;
axis([0,4,0,1.5]) ;
xlabel('Tempo, t (s)') ; ylabel('x(t)') ;
subplot(3,1,2) ;
p = stem(k,abs(X(1:NF/2)),'k') ; set(p,'LineWidth',2,'MarkerSize',4) ;
grid on ;
xlabel('Número Harmônico, k') ; ylabel('|X[k]|') ;
subplot(3,1,3) ;
p = stem(k,angle(X(1:NF/2)),'k') ; set(p,'LineWidth',2,'MarkerSize',4) ;
grid on ;
xlabel('Número Harmônico, k') ; ylabel('Fase de X[k]') ;
```

A Figura 8.29 apresenta a saída gráfica do programa.

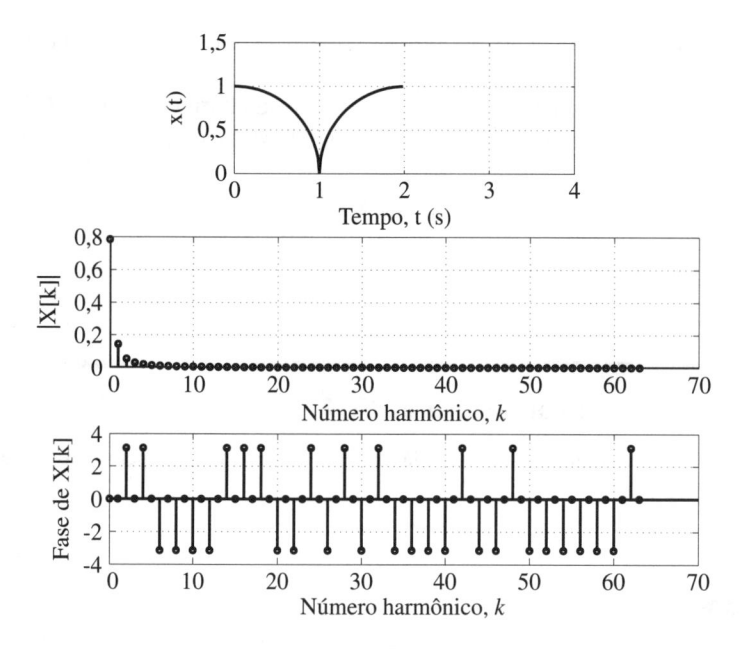

Figura 8.29
Funções x(t) e X[k].

Somente três valores distintos da fase ocorrem no gráfico de fase: 0, π e $-\pi$. As fases π e $-\pi$ são equivalentes, pois elas poderiam ter sidos traçadas como π ou $-\pi$. O MATLAB calculou a fase e, devido aos erros de arrendondamentos inerentes às computações, ele muitas vezes define um número muito próximo a π e outras vezes escolhe um número muito próximo a $-\pi$.

Os gráficos da magnitude e da fase de X[k] na Figura 8.29 são traçados somente para k no intervalo $0 \leq k < N_F/2$. Desde que $X[k] = X^*[-k]$, essa condição é suficiente para definir X[k] no intervalo $-N_F/2 \leq k < N_F/2$. É quase sempre desejável traçar o gráfico da função harmônica sobre o intervalo $-N_F/2 \leq k < N_F/2$. Isso pode ser feito com imparcialidade simplesmente percebendo que os valores retornados pela DFT são exatamente relativos a um período de uma função periódica. Sendo esse o caso, a segunda metade dos valores referentes ao intervalo $N_F/2 \leq k < N_F$ corresponde exatamente ao conjunto de números que pertencem ao intervalo $-N_F/2 \leq k < 0$.

Existe uma função `fftshift` no MATLAB que efetua a troca da segunda metade do conjunto de números com a primeira. Então, o conjunto completo de N_F números cobre o intervalo $-N_F/2 \leq k < N_F/2$ em lugar do intervalo $0 \leq k < N_F$.

Podemos modificar o programa do MATLAB para analisar o sinal sobre dois períodos fundamentais em vez de apenas um, realizando a seguinte alteração na linha

```
TF = T0 ;         % Tempo de representação
```

para

```
TF = 2*T0 ;       % Tempo de representação
```

Os resultados são apresentados na Figura 8.30.

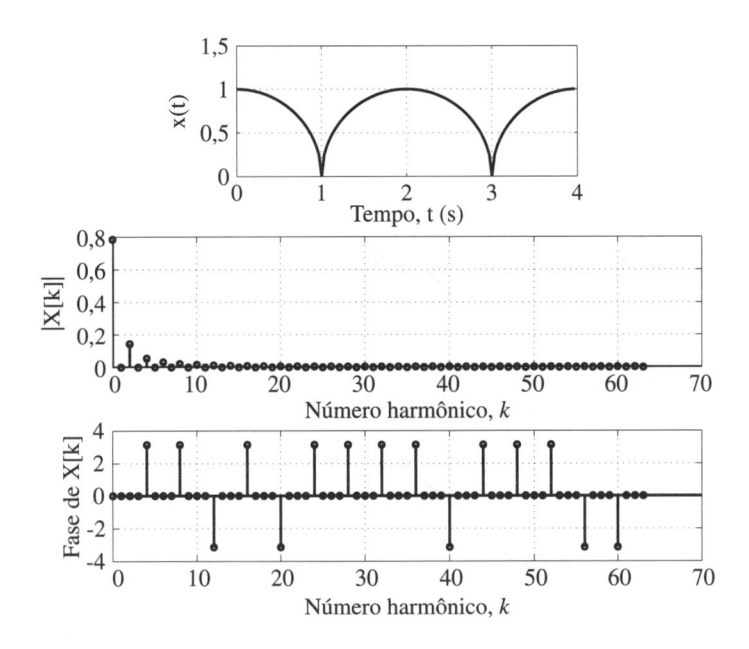

Figura 8.30
Funções x(t) e X[k] utilizando-se dois períodos fundamentais como o tempo de representação em vez de apenas um.

Note que agora a função harmônica da SFCT é zero para todos os valores ímpares de k. Tal fato ocorreu porque usamos dois períodos fundamentais de x(t) como tempo de representação T_F. A freqüência fundamental da representação por SFCT equivale à metade do valor da freqüência fundamental de x(t). A potência de sinal está na freqüência fundamental de x(t) e em seus harmônicos, que correspondem aos harmônicos pares dessa função harmônica da SFCT. Logo, somente os harmônicos pares são diferentes de zero. O k-ésimo harmônico da análise anterior que utiliza um período fundamental como tempo de representação é idêntico ao $(2k)$-ésimo harmônico nesta análise.

8.6 CONVERGÊNCIA DAS SÉRIES DE FOURIER

SINAIS CONTÍNUOS

Nesta seção, iremos examinar como o somatório da SFCT tende ao sinal, o qual ele representa à medida que o número de termos utilizados na soma se aproxima do infinito. Faremos isso por meio do exame da soma parcial seguinte

$$x_N(t) = \sum_{k=-N}^{N} X[k] e^{jk\omega_F t}$$

ou

$$x_N(t) = X_c[0] + \sum_{k=1}^{N} \left[X_c[k]\cos(k\omega_F t) + X_s[k]\text{sen}(k\omega_F t) \right]$$

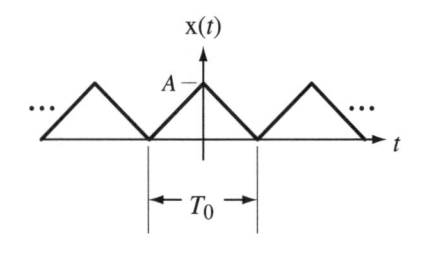

Figura 8.31
Um sinal contínuo a ser representado por uma SFCT.

Figura 8.32
Aproximações sucessivas para uma onda triangular cada vez mais próxima da solução exata.

para valores maiores sucessivos de N. Como um primeiro exemplo, considere a representação por SFCT do sinal contínuo periódico da Figura 8.31.

$$x(t) = A \operatorname{tri}(2t/T_0) * \delta_{T_0}(t)$$

Fazendo $T_F = T_0$, determinamos a função harmônica da SFCT complexa

$$X[k] = (A/2)\operatorname{sinc}^2(k/2)$$

e as aproximações para $x(t)$ com $N = 1, 3, 5$ e 59 estão ilustradas na Figura 8.32.

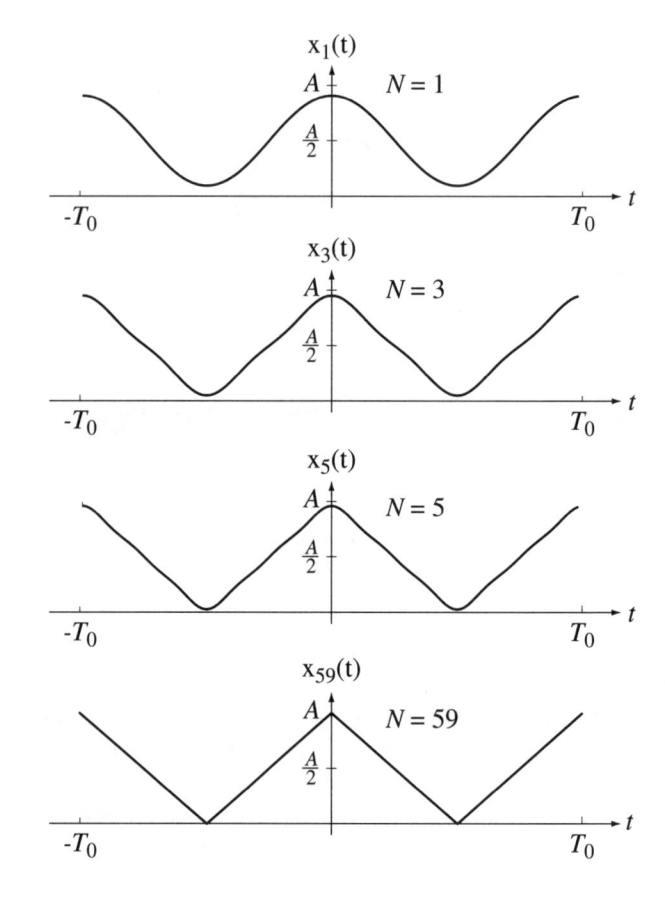

Em $N = 59$ (e provavelmente para valores menores de N), é impossível distingüir a representação da SFCT por soma parcial do sinal original apenas pela observação do gráfico na escala mostrada pela Figura 8.32.

SINAIS COM DESCONTINUIDADES E O FENÔMENO DE GIBBS

Agora considere um sinal periódico contendo descontinuidades

$$x(t) = A \operatorname{ret}\left(2\frac{t - T_0/4}{T_0}\right) * \delta_{T_0}(t)$$

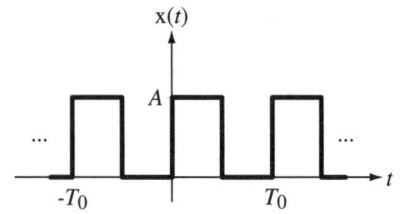

Figura 8.33
Um sinal descontínuo a ser representado por uma SFCT.

(Figura 8.33). Fazendo $T_F = T_0$, obtemos a função harmônica da SFCT complexa

$$X[k] = (A/2)\operatorname{sinc}(k/2)e^{-j\pi k/2} = (A/2)(-j)^k \operatorname{sinc}(k/2)$$

e as aproximações para $x(t)$ com $N = 1, 3, 5$ e 59 são apresentadas na Figura 8.34.

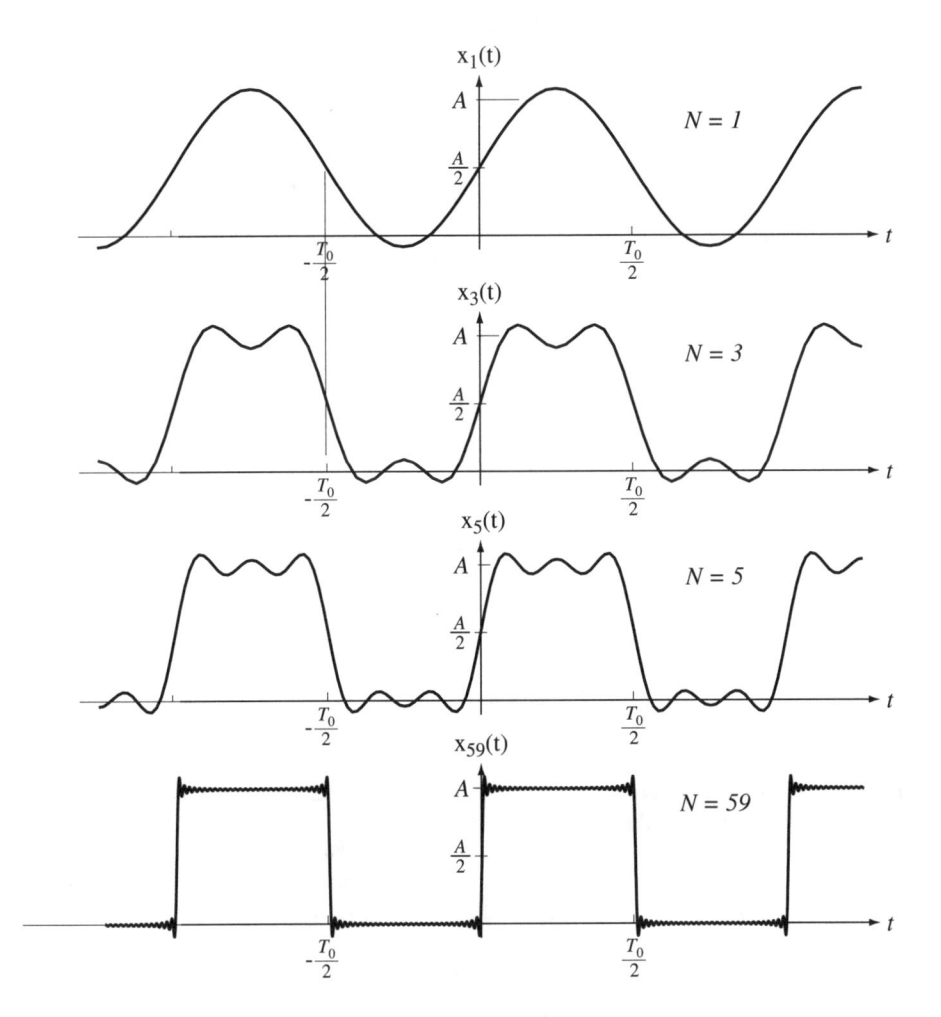

Figura 8.34
Aproximações sucessivas para uma onda quadrada cada vez mais próxima da solução exata.

Embora a dedução matemática indique que o sinal original e sua representação por SFCT sejam iguais em todo lugar, é natural pensar se isto é verdade após dar uma olhada na Figura 8.34. Há uma ultrapassagem e ondulações evidentes, próximas às descontinuidades, que não parecem diminuir à medida que N cresce. É de fato verdade que a ultrapassagem vertical máxima próxima a uma descontinuidade não reduza com N, mesmo que N tenda ao infinito. Essa ultrapassagem é conhecida como fenômeno de Gibbs em homenagem a Josiah Gibbs, quem primeiro a descreveu matematicamente. Porém, note que a ondulação também é cada vez mais confinada às proximidades da descontinuidade à medida que N cresce. No limite em que N tende ao infinito, a altura da ultrapassagem torna-se constante, mas sua largura tende a zero. O erro na aproximação por soma parcial corresponde à diferença entre ela e o sinal original. No limite em que N tende ao infinito, a potência de sinal do erro aproxima-se de zero, pois a diferença de largura nula em um dado ponto de descontinuidade não contém energia de sinal. Além disso, em qualquer valor particular de t (exceto aqueles que se encontram exatamente sobre uma descontinuidade), o valor da representação por SFCT se aproxima do valor referente ao sinal original à proporção que N tende ao infinito. Em uma descontinuidade, o valor funcional da representação por SFCT equivale sempre à média entre os dois limites da função original obtidos por meio da aproximação por valores maiores e por valores menores vizinhos à descontinuidade, para qualquer N. A Figura 8.35 apresenta uma visão ampliada da representação por SFCT sobre uma descontinuidade para três valores diferentes de N.

Visto que a energia de sinal da diferença entre os dois sinais é zero em qualquer intervalo finito de tempo, o efeito deles sobre qualquer sistema físico real é o mesmo, e eles podem ser considerados iguais sem se cometer erros.

Figura 8.35
Demonstração do fenômeno de Gibbs para valores de N crescentes.

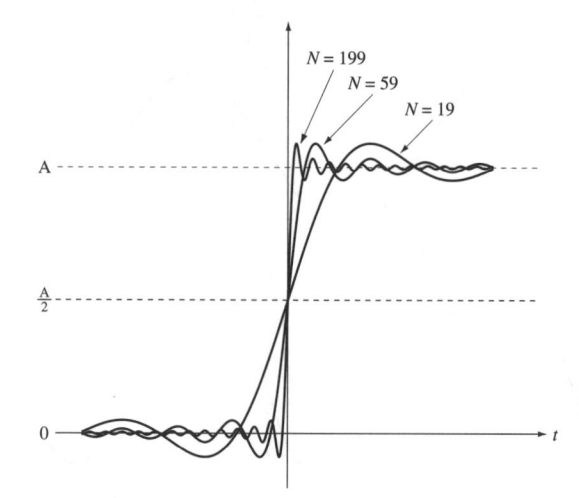

A SFCT determinada e traçada graficamente acima passa exatamente sobre o ponto intermediário de cada descontinuidade de x(t), independentemente da escolha do período fundamental. Se o período fundamental T_0 pode se aproximar do infinito, o sinal

$$x(t) = A \operatorname{ret}\left(2\frac{t - T_0/4}{T_0}\right) * \delta_{T_0}(t)$$

aproxima-se de um degrau unitário e a SFCT ainda passa apenas pelo ponto intermediário da descontinuidade da esquerda, aquela localizada em $t = 0$. Essa é uma das razões pelas quais o degrau unitário foi definido no Capítulo 2 com o valor em zero igual a meio (u(0) = 1/2). Definido dessa forma, o degrau unitário corresponde a uma simples transformação da função sinal (*signum*) em todos os pontos,

$$\operatorname{sgn}(t) = 2\operatorname{u}(t) - 1$$

No Capítulo 10, constataremos que há uma outra razão que justifique a conveniência de definir um degrau unitário dessa maneira.

8.7 PROPRIEDADES DAS SÉRIES DE FOURIER

Seja x(t) um sinal periódico de período fundamental T_{0x}, seja y(t) um sinal periódico de período fundamental T_{0y}. Podemos obter uma função harmônica da SFCT, válida para todo o tempo, para cada um desses dois sinais representados sobre qualquer período T_F, que seja um múltiplo inteiro do período fundamental (Figura 8.36).

A função harmônica da SFCT é determinada por meio da fórmula geral

$$X[k] = \frac{1}{T_F}\int_{T_F} x(t)e^{-j2\pi k f_F t}dt, \quad f_F = 1/T_F = \omega_F/2\pi$$

Por suposição, para x(t), $T_F = mT_{0x}$, $f_F = f_{0x}/m$, sendo m um inteiro,

$$X[k] = \frac{1}{T_F}\int_{T_F} x(t)e^{-j2\pi k f_F t}dt \quad \text{e} \quad x(t) = \sum_{k=-\infty}^{\infty} X[k]e^{j2\pi k f_F t}$$

De modo similar, para y(t), $T_F = qT_{0y}$, $f_F = f_{0y}/q$, sendo q um inteiro,

$$Y[k] = \frac{1}{T_F}\int_{T_F} y(t)e^{-j2\pi k f_F t}dt \quad \text{e} \quad y(t) = \sum_{k=-\infty}^{\infty} Y[k]e^{j2\pi k f_F t}$$

Então, utilizando os sinais em questão como exemplos, nas seções seguintes várias propriedades da SFCT dos sinais relacionados serão introduzidas. Os detalhes das

Figura 8.36
Sinais x e y, seus períodos fundamentais e um período comum, que corresponde a um inteiro múltiplo de ambos os períodos fundamentais.

deduções de tais propriedades são omitidos na presente seção, mas estão disponíveis no Apêndice F localizado no site do livro em **www.mhhe.com/roberts**.

LINEARIDADE

Seja $z(t) = \alpha x(t) + \beta y(t)$. Se $T_F = mT_{0x} = qT_{0y}$, onde m e q são inteiros, então a função harmônica da SFCT de $z(t)$ é $Z[k] = \alpha X[k] + \beta Y[k]$. Logo, a propriedade de linearidade é descrita como

$$\boxed{\begin{array}{c} T_F = mT_{0x} = qT_{0y} \\ \alpha x(t) + \beta y(t) \xleftrightarrow{\mathcal{F}S} \alpha X[k] + \beta Y[k] \end{array}} \quad (8.18)$$

Com base nessa propriedade, podemos afirmar que se pensamos sobre o processo de determinação da função harmônica da SFCT relativa a um sinal como um sistema excitado por $x(t)$ cuja resposta é $X[k]$, o sistema é considerado linear (Figura 8.37).

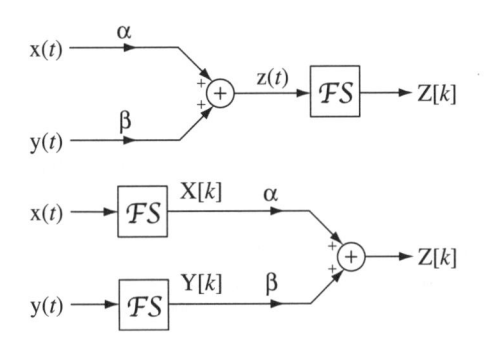

Figura 8.37
Diagrama de blocos demonstrando a propriedade de linearidade da SFCT.

DESLOCAMENTO NO TEMPO

Seja $z(t) = x(t - t_0)$ e seja $T_F = mT_{0x} = mT_{0z}$, em que m é um inteiro. Então $Z[k] = e^{-jk\omega_F t_0} X[k]$. Logo, a propriedade de deslocamento no tempo pode ser assim definida

$$\boxed{\begin{array}{c} T_F = mT_0 \\ x(t - t_0) \xleftrightarrow{\mathcal{F}S} e^{-j2\pi k f_F t_0} X[k] \\ x(t - t_0) \xleftrightarrow{\mathcal{F}S} e^{-jk\omega_F t_0} X[k] \end{array}} \quad (8.19)$$

A propriedade de deslocamento no tempo indica que o deslocamento de uma função no tempo corresponde à multiplicação da função harmônica da SFCT por uma função complexa do número harmônico k. Para demonstrar porque essa relação possui sentido físico, considere uma função do tempo bastante elementar $x(t) = \cos(2\pi t)$. Sua função harmônica em SFCT (adotando um período fundamental como o tempo de representação) é $X[k] = (1/2)(\delta[k+1] + \delta[k-1])$. Agora, vamos deslocar a função $x(t)$ por um retardo de tempo t_0 para compor uma nova função $z(t)$. A propriedade de deslocamento no tempo indica que a função harmônica da SFCT relativa a $z(t)$ deva ser

$$Z[k] = \frac{e^{-j2\pi k t_0}}{2}(\delta[k+1] + \delta[k-1]) = \frac{1}{2}\left(e^{+j2\pi t_0}\delta[k+1] + e^{-j2\pi t_0}\delta[k-1]\right)$$

O lado direito da igualdade anterior é obtido por meio da propriedade da função delta de Kronecker

$$g[k]\delta[k - k_0] = g[k_0]\delta[k - k_0]$$

Então

$$Z[k] = (1/2)\{[\cos(2\pi t_0) + j\,\text{sen}(2\pi t_0)]\delta[k+1] + [\cos(2\pi t_0) - j\,\text{sen}(2\pi t_0)]\delta[k-1]\}$$

Para verificarmos se a equação anterior faz sentido, primeiro vamos considerar $t_0 = 0$. Então,

$$z(t) = x(t) = \cos(2\pi t) \quad \text{e} \quad Z[k] = (1/2)(\delta[k+1] + \delta[k-1])$$

o que corresponde ao que deveria ser. Desse modo, façamos $t_0 = 1/4$.

$$z(t) = x(t - 1/4) = \cos(2\pi(t - 1/4))$$

e

$$Z[k] = (1/2)\left(e^{+j\pi/2}\delta[k+1] + e^{-j\pi/2}\delta[k-1]\right)$$

ou

$$Z[k] = (j/2)(\delta[k+1] - \delta[k-1])$$

Assim, a representação por SFCT do sinal deslocado no tempo seria dada por

$$z_F(t) = \sum_{k=-\infty}^{\infty} \frac{j}{2}(\delta[k+1] - \delta[k-1])e^{j2\pi kt} = (j/2)\left(e^{-j2\pi t} - e^{j2\pi t}\right)$$

ou $z_F(t) = \text{sen}(2\pi t)$. Esse resultado é correto porque um atraso de 1/4 de segundo em um cosseno de 1 Hz produz um seno de 1 Hz. Logo, a multiplicação da função harmônica da SFCT por uma constante complexa $e^{-j2\pi k f_F t_0}$ ajusta a fase de cada componente senoidal da representação por SFCT de modo que o atraso no tempo de cada uma delas seja exatamente t_0. Em harmônicos da fundamental de mais alta freqüência, o mesmo atraso de tempo corresponde a um deslocamento de fase maior. Um atraso no tempo de 1/4 do segundo é equivalente a um deslocamento na fase de $\pi/2$ radianos na freqüência fundamental de 1 Hz, porém ele é equivalente a um deslocamento na fase de π radianos na freqüência do segundo harmônico de 2 Hz e 2π radianos na freqüência de 4 Hz correspondente ao quarto harmônico e assim por diante. Esse comportamento descreve uma dependência linear entre o deslocamento de fase e o número harmônico, que é exatamente o que o fator $e^{-j2\pi k f_F t_0}$ provoca na função harmônica da SFCT.

DESLOCAMENTO NA FREQÜÊNCIA

Seja $z(t) = e^{j2\pi k_0 f_F t}x(t)$, com k_0 sendo um inteiro e $T_F = mT_{0x} = mT_{0z}$, em que m seja um inteiro. Então $Z[k] = X[k - k_0]$. Logo, a propriedade de deslocamento na freqüência é definida da seguinte forma

$$\boxed{\begin{array}{c} T_F = mT_0 \\ e^{j2\pi k_0 f_F t}x(t) \xleftrightarrow{\mathcal{F}S} X[k - k_0] \\ e^{jk_0\omega_F t}x(t) \xleftrightarrow{\mathcal{F}S} X[k - k_0] \end{array}}$$

(8.20)

(Esta propriedade é comumente chamada de propriedade de deslocamento na freqüência mesmo que ela devesse se chamar mais precisamente de propriedade de deslocamento no número harmônico, pois k é o número harmônico. Mas, visto que o produto entre o número harmônico e a freqüência fundamental resulta em freqüência, o nome ainda possui significado, além de ser mais fácil de dizer.) Observe a dualidade existente entre as propriedades de deslocamento no tempo e de deslocamento na freqüência. O deslocamento em um domínio corresponde a uma multiplicação por uma exponencial complexa no outro domínio.

Uma aplicação particularmente importante da propriedade de deslocamento na freqüência ocorre quando uma função harmônica da SFCT é deslocada tanto em direção às maiores freqüências quanto na direção das menores pela mesma quantidade e, depois, estas duas são somadas uma à outra. Seja $Z[k] = X[k - k_0] + X[k + k_0]$. Logo, fazendo uso das propriedades de linearidade e do deslocamento na freqüência,

$$z(t) = x(t)e^{j2\pi k_0 f_F t} + x(t)e^{-j2\pi k_0 f_F t} = 2x(t)\cos(2\pi k_0 f_F t)$$

Portanto, efetuando-se o deslocamento "para cima" ou "para baixo" no espectro de freqüências por quantidades idênticas é equivalente a se multiplicar por um seno no domínio do tempo cuja freqüência (número harmônico) seja correspondente a essa mesma quantidade. Essa operação é chamada modulação e é muito importante em sistemas de comunicação (Figura 8.38).

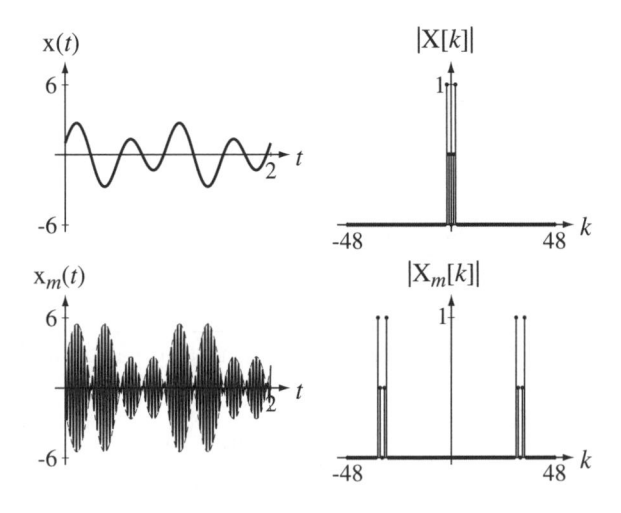

Figura 8.38
Um sinal periódico, o mesmo sinal multiplicado por um coseno de amplitude igual a 2 e de freqüência igual a 32 vezes a freqüência fundamental e as funções harmônicas da SFCT para ambos.

INVERSÃO DO TEMPO

Seja $z(t) = x(-t)$ e seja $T_F = mT_{0x} = mT_{0z}$, onde m corresponde a um inteiro. Logo, $Z[k] = X[-k]$. Então, a propriedade de inversão do tempo é definida como

$$\boxed{\begin{array}{c} T_F = mT_0 \\ x(-t) \xleftarrow{\mathcal{F}S} X[-k] \end{array}} \quad (8.21)$$

A inversão do tempo de uma função no tempo corresponde à inversão do número harmônico em sua função harmônica da SFCT associada.

REDIMENSIONAMENTO DA ESCALA DO TEMPO

Seja $z(t) = x(at)$, $a > 0$, e $T_F = mT_{0x}$, sendo m um inteiro (Figura 3.89). A primeira coisa que se deve perceber é que se $x(t)$ for periódico de período fundamental T_{0x} a função $z(t)$ é igualmente periódica de período fundamental $T_{0z} = T_{0x}/a$ e freqüência fundamental af_{0x}.

Caso 1. Função $z(t)$ representada por uma SFCT sobre um período de $z(t)$, T_F/a. A função harmônica da SFCT será $Z[k] = X[k]$. A função harmônica da SFCT descritiva de $z(t)$ sobre o período T_F/a é equivalente à função harmônica da SFCT que descreve $x(t)$ sobre o período T_F.

$$\boxed{\begin{array}{c} z(t) = x(at) \\ T_F = mT_{0x} \rightarrow T_F/a = mT_{0x}/a \\ Z[k] = X[k] \end{array}} \quad (8.22)$$

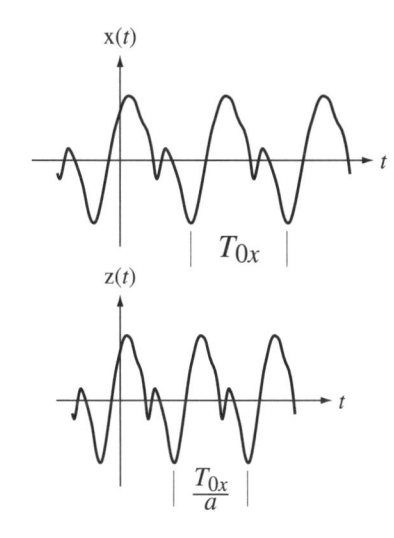

Figura 8.39
Um sinal $x(t)$ e sua versão $z(t)$ redimensionada na escala do tempo.

Ainda que as funções harmônicas em SFCT de x(t) e z(t) sejam as mesmas, as representações por SFCT propriamente ditas não o são porque os tempos de representação são distintos. As representações são

$$x(t) = \sum_{k=-\infty}^{\infty} X[k]e^{j2\pi k f_F t} \quad \text{e} \quad z(t) = x(at) = \sum_{k=-\infty}^{\infty} Z[k]e^{j2\pi k a f_F t}$$

Caso 2. Função z(t) representada por uma SFCT sobre um período de x(t), T_F

A função harmônica da SFCT será

$$Z[k] = \frac{1}{aT_F} \int_{at_0}^{at_0 + aT_F} x(\tau)e^{-j2\pi k f_F \tau/a} d\tau$$

Se a não é inteiro, a relação entre as duas funções harmônicas Z[k] e X[k] não pode ser mais simplificada.

Seja a um inteiro não-nulo. Então,

$$Z[k] = X[k/a], \quad k/a \text{ um inteiro}$$

e a propriedade de redimensionamento da escala de tempo para esse tipo de redimensionamento de escala do tempo é descrita a seguir

$$\boxed{\begin{array}{l} T_F = mT_{0x}, z(t) = x(at), a \text{ é um inteiro não-nulo} \\ Z[k] = \begin{cases} X[k/a], k/a \text{ é um inteiro} \\ 0, \text{ caso contrário} \end{cases} \end{array}} \quad (8.23)$$

Funções harmônicas típicas para $a = 2$ são mostradas na Figura 8.40.

Figura 8.40
Comparação entre |X[k]| e |Z[k]| para $a = 2$.

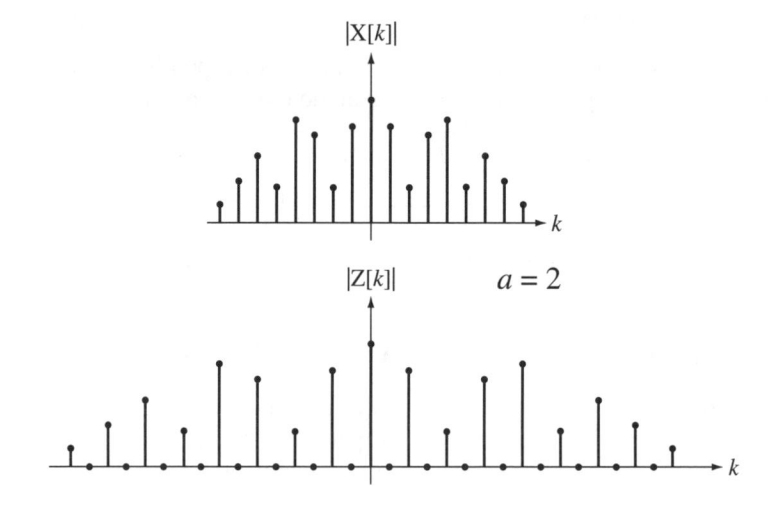

MUDANÇA DE PERÍODO

Se a função harmônica em SFCT de x(t) sobre qualquer período T_F é X[k], podemos determinar a função harmônica em SFCT $X_q[k]$ de x(t) sobre um intervalo qT_F, em que q é um inteiro positivo. O resultado é

$$\boxed{T_F \rightarrow qT_F \Rightarrow X[k] \rightarrow X_q[k] = \begin{cases} X[k/q], k/q \text{ um inteiro} \\ 0, \text{ caso contrário} \end{cases}} \quad (8.24)$$

EXEMPLO 8.2

A função harmônica da SFCT sobre o período fundamental e sobre três períodos fundamentais

Para um sinal $x(t) = (1/2)\text{ret}(t/2) * \delta_4(t)$, determine a função harmônica e a representação por SFCT sobre um período fundamental. Depois, obtenha a função harmônica e a representação por SFCT sobre três períodos fundamentais.

■ Solução

Na tabela de pares Fourier, que se encontra na página 273, achamos a função harmônica para uma onda retangular

$$(1/w)\,\text{ret}(t/w) * \delta_{T_0}(t) \xleftrightarrow{\mathcal{F}\mathcal{S}} (1/T_0)\text{sinc}(wk/T_0), \quad T_F = T_0$$

em que T_0 é o período fundamental de $x(t)$. Portanto, a função harmônica correspondente ao período fundamental é $X[k] = (1/4)\text{sinc}(k/2)$ e a representação por SFCT do sinal é

$$x(t) = \sum_{k=-\infty}^{\infty} X[k]e^{j2\pi k f_0 t} = (1/4)\sum_{k=-\infty}^{\infty} \text{sinc}(k/2)e^{j\pi kt/2}$$

Se agora determinarmos a função harmônica correspondente ao período $3T_0$ fazendo uso da propriedade de mudança de período, obtemos

$$X_3[k] = \begin{cases} (1/4)\text{sinc}(k/6), & k/3 \text{ é um inteiro} \\ 0, & \text{caso contrário} \end{cases}$$

Isso pode ser escrito mais concisamente como $X_3[k] = (1/4)\text{sinc}(k/6)\delta_3[k]$, em que $\delta_N[k] = \sum_{m=-\infty}^{\infty} \delta(k - mN)$ é uma extensão periódica da função delta de Kronecker, introduzida pela primeira vez no Capítulo 3. (Ela também apresenta a mesma forma funcional matemática que o impulso periódico discretizado no tempo.) A representação por SFCT é

$$x(t) = \sum_{k=-\infty}^{\infty} X_m[k]e^{j2\pi(k f_0/m)t} = (1/4)\sum_{k=-\infty}^{\infty} \text{sinc}(k/6)\delta_3[k]e^{j\pi kt/6}$$

Essas representações em SFCT são iguais porque na função exponencial complexa, para cada k no somatório $\sum_{k=-\infty}^{\infty}\text{sinc}(k/2)e^{j\pi kt/2}$ há uma função exponencial complexa correspondente a $3k$ em $\sum_{k=-\infty}^{\infty}\text{sinc}(k/6)\delta_3[k]e^{j\pi kt/6}$, que é exatamente a mesma função; e todos os valores intermediários de k em $\sum_{k=-\infty}^{\infty}\text{sinc}(k/6)\delta_3[k]e^{j\pi kt/6}$ não exercem efeito algum devido à função $\delta_3[k]$. Ou seja,

$$(1/4)\sum_{k=-\infty}^{\infty}\text{sinc}(k/2)e^{j\pi kt/2} = (1/4)\sum_{k=-\infty}^{\infty}\text{sinc}(k/6)\delta_3[k]e^{j\pi kt/6}$$

o que deve ser verdade se ambas as representações em SFCT estiverem corretas. ■

DIFERENCIAÇÃO NO TEMPO

Seja $z(t) = \dfrac{d}{dt}(x(t))$ e seja $T_F = mT_{0x} = mT_{0z}$, em que m é um inteiro. Então $Z[k] = jk\omega_F X[k]$. Portanto, a propriedade de diferenciação é

$$\boxed{\begin{array}{c} T_F = mT_0 \\ \dfrac{d}{dt}(x(t)) \xleftrightarrow{\mathcal{F}\mathcal{S}} j2\pi k f_F X[k], \quad \dfrac{d}{dt}(x(t)) \xleftrightarrow{\mathcal{F}\mathcal{S}} jk\omega_F X[k] \end{array}} \quad (8.25)$$

Diferenciação de uma função no tempo equivale à multiplicação de sua função harmônica em SFCT por um número imaginário, cujo valor seja uma função linear do número harmônico. Essa é uma característica bastante prática, pois ela converte diferenciação no domínio do tempo em uma multiplicação por um número complexo no domínio da freqüência (número harmônico). Tal característica nos métodos de transformada de Fourier e Laplace, a serem vistos nos capítulos posteriores, constitui uma justificativa para o fato de tais métodos serem tão poderosos na busca por soluções de sistemas descritos por equações diferenciais. Equações diferenciais são convertidas em equações algébricas pelo processo de transformação.

INTEGRAÇÃO NO TEMPO

Seja $z(t) = \int_{-\infty}^{t} x(\tau)\,d\tau$ e admita que $T_F = mT_{0x}$, em que m é um inteiro. Devemos considerar dois casos separadamente, $X[0] = 0$ e $X[0] \neq 0$. Se $X[0] \neq 0$, então, embora $x(t)$ seja periódico, $z(t)$ não o é, e não podemos representá-lo exatamente para todo o tempo com uma SFCT (Figura 8.41).

Figura 8.41
Efeito provocado por um valor médio diferente de zero na integral de uma função periódica.

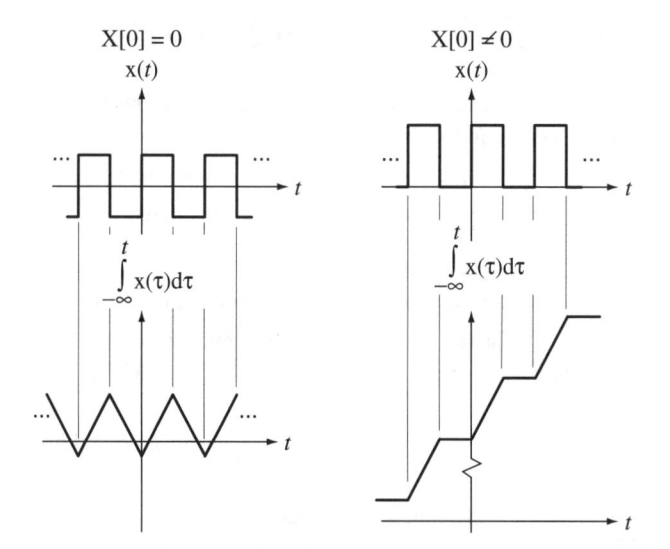

Se $X[0] = 0$, então $Z[k] = X[k]/jk\omega_F$, $k \neq 0$ e a propriedade de integração se resume a

$$T_F = mT_0$$
$$\int_{-\infty}^{t} x(\tau)\,d\tau \xleftrightarrow{\mathcal{FS}} \frac{X[k]}{j2\pi k f_F} \quad,\quad \int_{-\infty}^{t} x(\tau)\,d\tau \xleftrightarrow{\mathcal{FS}} \frac{X[k]}{jk\omega_F} \quad,\quad k \neq 0 \quad,\quad \text{se } X[0] = 0 \quad (8.26)$$

Note que o valor da função harmônica para $k = 0$ é indeterminado. Isso é uma conseqüência do fato de que ao integrarmos, não conhecemos a constante de integração a não ser que tenhamos outras informações para determiná-la. Contudo, o valor da função harmônica para todos os demais k's é determinado. Assim como a diferenciação corresponde à multiplicação por um número imaginário proporcional ao número harmônico, a integração (de uma função cujo valor médio é zero) corresponde à divisão por um número imaginário que é proporcional ao número harmônico.

EXEMPLO 8.3

Propriedade de integração da SFCT

Fazendo uso da propriedade de integração da SFCT, determine a função harmônica em SFCT de um sinal periódico descrito sobre um período fundamental por $x(t) = t^2 - 1/3$, $-1 \leq t < 1$.

■ Solução

O sinal em questão é contínuo com valor médio igual a zero. A primeira derivada do sinal $x'(t) = 2t$, $-1 \leq t < 1$, é periódica de mesmo período e é descontínua. A segunda derivada do sinal $x''(t) = -4\delta(t) + 2$, $-1 \leq t < 1$, contém um impulso periódico e uma constante. Logo, a segunda derivada pode ser escrita como $x''(t) = 2 - 4\delta_2(t)$ (Figura 8.42).

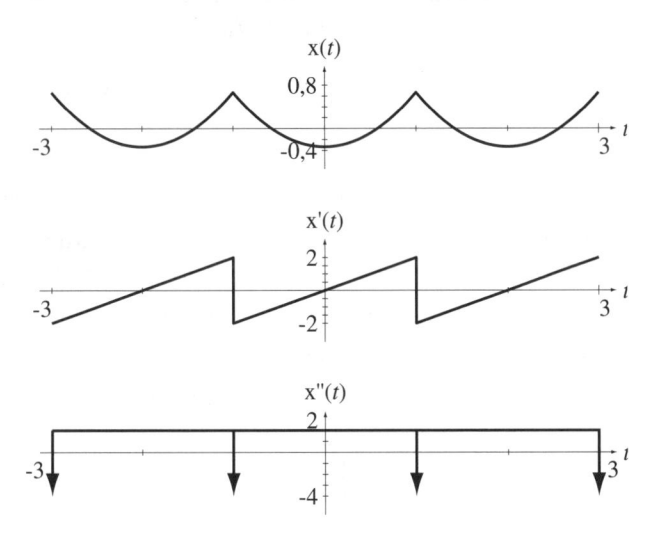

Figura 8.42
Função $x(t)$ e suas duas primeiras derivadas.

Usando o período fundamental como o tempo de representação e os pares SFCT $\delta_{T_0}(t) \xleftrightarrow{\mathcal{FS}} \delta[k]/T_0$ e $1 \xleftrightarrow{\mathcal{FS}} \delta[k]$, obtemos a função harmônica para a segunda derivada como

$$X_2[k] = 2\delta[k] - 2\delta_1[k] = 2(\delta[k] - \delta_1[k])$$

Então, fazendo uso da propriedade de integração (que se aplica porque o valor médio da segunda derivada é igual a zero), obtemos a função harmônica para a primeira derivada

$$X_1[k] = \frac{2(\delta[k] - \delta_1[k])}{j2\pi k(1/2)} = 2\frac{\delta[k] - \delta_1[k]}{j\pi k}, \quad k \neq 0$$

Aplicando a propriedade da integração novamente, obtemos a função harmônica do sinal original

$$X[k] = 2\frac{\delta[k] - \delta_1[k]}{j\pi k \times j\pi k} = 2\frac{\delta_1[k] - \delta[k]}{(\pi k)^2}, \quad k \neq 0$$

(Figura 8.43). Nesse caso, temos informação adicional sobre o valor médio de $x(t)$. Sabemos que ele é igual a zero. Portanto, também sabemos que $X[0] = 0$.

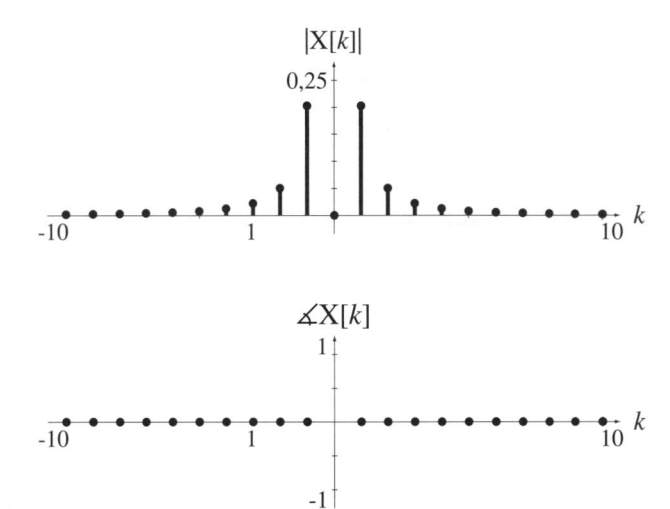

Figura 8.43
Magnitude e fase de $X[k]$.

DUALIDADE MULTIPLICAÇÃO-CONVOLUÇÃO

Seja $z(t) = x(t)y(t)$ e seja $T_F = mT_{0x} = qT_{0y}$, em que m e q são inteiros. Então $Z[k] = \sum_{q=-\infty}^{\infty} Y[q]X[k-q]$ e a propriedade da multiplicação é descrita como

$$\boxed{\begin{array}{c} T_F = mT_{0x} = qT_{0y} \\ x(t)y(t) \xleftrightarrow{\mathcal{F}\,S} \sum_{q=-\infty}^{\infty} Y[q]X[k-q] = X[k] * Y[k] \end{array}} \quad (8.27)$$

O resultado $\sum_{q=-\infty}^{\infty} Y[q]X[k-q]$ equivale à soma de convolução. Portanto, o produto entre sinais corresponde à soma de convolução de suas funções harmônicas da SFCT.

Agora seja $Z[k] = X[k]Y[k]$ e seja $T_F = mT_{0x} = qT_{0y}$, onde m e q são inteiros. Então $z(t) = f_F \int_{T_F} x(\tau)y(t-\tau)\,d\tau$. Essa integral se parece muito com a integral de convolução, exceto pelo fato de que ela cobre o intervalo $t_0 \leq \tau < t_0 + T_F$ em vez de $-\infty < \tau < \infty$. Esta operação integral é denominada **convolução periódica** e é indicada pela notação

$$x(t) \circledast y(t) = \int_{T_F} x(\tau)y(t-\tau)\,d\tau$$

Portanto,

$$z(t) = (1/T_F)x(t) \circledast y(t)$$

É mostrado também no Apêndice F no site do livro, localizado no endereço **www.mhhe.com/roberts** que

$$x(t) \circledast y(t) = \int_{-\infty}^{\infty} x_{ap}(\lambda)y(t-\lambda)\,d\lambda = x_{ap}(t) * y(t) \quad (8.28)$$

em que $x_{ap}(t)$ equivale a qualquer período único T_F de $x(t)$. Ou seja,

$$x_{ap}(t) = x(t)\,\mathrm{ret}\left((t-t_0)/T_F\right)$$

onde t_0 é arbitrário. Logo, a convolução periódica entre duas funções, $x(t)$ e $y(t)$, cada uma com período T_F pode ser expressa como uma convolução aperiódica de $y(t)$ com uma função $x_{ap}(t)$ que, quando periodicamente repetida com o mesmo período T_F, se iguala a $x(t)$. A convolução periódica entre duas funções periódicas corresponde ao produto entre as representações das funções harmônicas em SFCT delas e o período T_F, e a propriedade de convolução é definida como

$$\boxed{\begin{array}{c} T_F = mT_{0x} = qT_{0y} \\ x(t) \circledast y(t) \xleftrightarrow{\mathcal{F}\,S} T_F X[k]Y[k] \end{array}} \quad (8.29)$$

EXEMPLO 8.4

Função harmônica da SFCT relativa ao produto entre dois cossenos com períodos fundamentais diferentes

Determine a função harmônica da SFCT de $x(t) = 5\cos(10\pi t)\cos(10000\pi t)$ com $T_F = T_{0x}$.

■ **Solução**

Podemos usar

$$\cos(2\pi q f_0 t) = \cos(q\omega_0 t) \xleftrightarrow{\mathcal{F}\,S} (1/2)(\delta[k-mq] + \delta[k+mq]),\ T_F = mT_0$$

juntamente com a propriedade de multiplicação

$$x(t)y(t) \xleftrightarrow{\mathcal{F}S} \sum_{q=-\infty}^{\infty} Y[q]X[k-q] = X[q] * Y[q]$$

para determinar esta função harmônica da SFCT. A freqüência fundamental de $x(t)$ é $f_0 = 5$.

$$5\cos(10\pi t) \xleftrightarrow{\mathcal{F}S} (5/2)(\delta[k-1]+\delta[k+1]) \, , \, (q=1, m=1)$$

$$\cos(10000\pi t) \xleftrightarrow{\mathcal{F}S} (1/2)(\delta[k-1000]+\delta[k+1000]) \, , \, (q=1000, m=1)$$

Então, fazendo uso da propriedade da dualidade convolução-multiplicação,

$$5\cos(10\pi t)\cos(10000\pi t)$$
$$\xleftrightarrow{\mathcal{F}S} \frac{5}{4}(\delta[k-1000]+\delta[k+1000]) * (\delta[k-1]+\delta[k+1])$$

$$5\cos(10\pi t)\cos(10000\pi t) \xleftrightarrow{\mathcal{F}S} \frac{5}{4}\begin{pmatrix}\delta[k-999]+\delta[k-1001] \\ +\delta[k+999]+\delta[k+1001]\end{pmatrix}$$

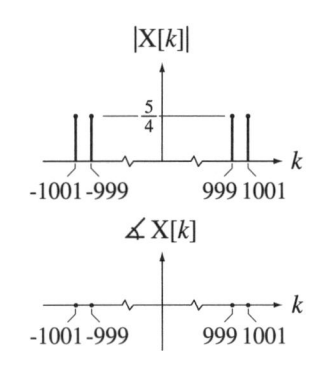

(Figura 8.44)

Figura 8.44
Função harmônica da SFCT relativa a $x(t) = 5\cos(10\pi t)\cos(10000\pi t)$, com $T_F = 1/5$.

CONJUGAÇÃO

Seja $z(t) = x^*(t)$ e seja $T_F = mT_{0x} = mT_{0z}$, em que m é um inteiro. Então $Z[k] = X^*[-k]$ e a propriedade da conjugação é definida assim

$$\boxed{\begin{array}{c} T_F = mT_0 \\ x^*(t) \xleftrightarrow{\mathcal{F}S} X^*[-k] \end{array}} \quad (8.30)$$

Uma conseqüência importante da propriedade de conjugação é que se $x(t)$ for uma função de valor real, $X[k]$ possui a propriedade de que sua magnitude é uma função par de k e sua fase pode ser sempre expressa como uma função ímpar de k. Tal característica pode ser comprovada pelo seguinte desenvolvimento.

Parta de um par $x(t) \xleftrightarrow{\mathcal{F}S} X[k]$. Se $x(t)$ é de valor real, então $x(t) = x^*(t)$. Com base na propriedade de conjugação, $x^*(t) \xleftrightarrow{\mathcal{F}S} X^*[-k]$. Portanto, $X[k] = X^*[-k]$. O quadrado da magnitude de $X[k]$ é dado por

$$|X[k]|^2 = X[k]X^*[k] = X[k]X[-k]$$

Se $|X[k]|^2 = X[k]X[-k]$ então $|X[-k]|^2 = X[-k]X[k] = |X[k]|^2$ e, se o quadrado da magnitude de $X[k]$ é par, também o é a magnitude de $X[k]$. A fase de $X[k]$ é

$$\angle X[k] = \text{tg}^{-1}\left(\frac{\text{Im}(X[k])}{\text{Re}(X[k])}\right)$$

e a fase de $X[-k]$ é

$$\angle X[-k] = \angle X^*[k] = \text{tg}^{-1}\left(\frac{-\text{Im}(X[k])}{\text{Re}(X[k])}\right) = -\text{tg}^{-1}\left(\frac{\text{Im}(X[k])}{\text{Re}(X[k])}\right) = -\angle X[k]$$

Aqui tivemos de assumir implicitamente que há uma resposta única para a função arco-tangente. Na verdade, a função arco-tangente possui valores múltiplos. Garante-se que a fase seja uma função ímpar se escolhemos o **valor principal** da função arco-tangente. O valor principal corresponde ao valor que se situa no intervalo

$-\pi \leq \angle X[k] < \pi$. Se não escolhemos o valor principal, a fase não é necessariamente uma função ímpar. Esse é o porquê do uso anterior da frase "pode ser expressa como uma função ímpar" em lugar de "é uma função ímpar".

A função `angle` no MATLAB determina a fase de um número, vetor ou matriz complexos. Este comando possui a seguinte sintaxe:

```
fase = angle(X) ;
```

em que X é qualquer número, vetor ou matriz complexos e `fase` é a fase correspondente. Esta função sempre retorna uma fase correta no intervalo $-\pi \leq$ `fase` $\leq \pi$.

TEOREMA DE PARSEVAL

A energia de sinal em qualquer período $T_F = mT_{0x}$, em que m é um inteiro, de qualquer sinal periódico x(t) é $E_{x,T_F} = T_F \sum_{k=-\infty}^{\infty} |X[k]|^2$. Portanto, para qualquer sinal periódico x(t)

$$\boxed{\begin{array}{c} T_F = mT_0 \\ \dfrac{1}{T_F} \int_{T_F} |x(t)|^2 \, dt = \sum_{k=-\infty}^{\infty} |X[k]|^2 \end{array}} \tag{8.31}$$

A quantidade no lado esquerdo da Equação (8.31) corresponde à potência de sinal média do sinal x(t) e, conseqüentemente, a quantidade no lado direito deve ser também. Portanto, a Equação (8.31) informa que a potência de sinal média de um sinal periódico equivale à soma das potências de sinal médias em suas respectivas componentes harmônicas.

EXEMPLO 8.5

Calculando a potência de sinal média por intermédio do teorema de Parseval

Determine a potência de sinal média de $x(t) = \text{sinc}(5t) * \delta_3(t)$.

■ Solução

A abordagem direta para se determinar a potência de sinal média em questão seria calcular a integral

$$P_x = (1/3) \int_3 [\text{sinc}(5t) * \delta_3(t)]^2 \, dt$$

Contudo, é muito mais fácil determinar a potência de sinal média utilizando o teorema de Parseval. Podemos obter a função harmônica de x(t) usando

$$(1/w)\text{sinc}(t/w) * \delta_{T_0}(t) \xleftrightarrow{\mathcal{F}S} (1/T_0) \text{ret}(wk/T_0), T_F = T_0$$

$$5\,\text{sinc}(5t) * \delta_3(t) \xleftrightarrow{\mathcal{F}S} (1/3) \text{ret}(k/15)$$

$$\text{sinc}(5t) * \delta_3(t) \xleftrightarrow{\mathcal{F}S} (1/15) \text{ret}(k/15)$$

A potência de sinal média é, usando a Equação (8.31) do teorema de Parseval,

$$P_x = \sum_{k=-\infty}^{\infty} |(1/15)\text{ret}(k/15)|^2 = \sum_{k=-7}^{7} (1/15)^2 = 1/15 \cong 0{,}0667.$$

RESUMO DAS PROPRIEDADES DAS SFCT

Em todas as propriedades admite-se que $T_F = mT_{0x} = qT_{0y}$, onde m e q são inteiros, a não ser que, do contrário, seja especificado

Linearidade $\quad \alpha x(t) + \beta y(t) \xleftrightarrow{\mathcal{FS}} \alpha X[k] + \beta Y[k]$

Deslocamento no tempo $\quad x(t-t_0) \xleftrightarrow{\mathcal{FS}} e^{-j2\pi k f_F t_0} X[k]$

$\quad x(t-t_0) \xleftrightarrow{\mathcal{FS}} e^{-jk\omega_F t_0} X[k]$

Deslocamento na freqüência $\quad e^{j2\pi k_0 f_F t} x(t) \xleftrightarrow{\mathcal{FS}} X[k-k_0]$

$\quad e^{jk_0 \omega_F t} x(t) \xleftrightarrow{\mathcal{FS}} X[k-k_0]$

Inversão no tempo $\quad x(-t) \xleftrightarrow{\mathcal{FS}} X[-k]$

Redimensionamento de escala do tempo $\quad z(t) = x(at),\ T_F = mT_{0x} \to T_F/a = mT_{0x}/a$

$\quad Z[k] = X[k]$

$$T_F = mT_{0x},\ z(t) = x(at),\ a \text{ é um inteiro não-nulo}$$

$$Z[k] = \begin{cases} X[k/a], & k/a \text{ é um inteiro} \\ 0, & \text{caso contrário} \end{cases}$$

Mudança de período $\quad T_F \to qT_F \Rightarrow X_q[k] = \begin{cases} X[k/q], & k/q \text{ um inteiro} \\ 0, & \text{caso contrário} \end{cases}$

Diferenciação no tempo $\quad \dfrac{d}{dt}(x(t)) \xleftrightarrow{\mathcal{FS}} j2\pi k f_F X[k]$

$\quad \dfrac{d}{dt}(x(t)) \xleftrightarrow{\mathcal{FS}} jk\omega_F X[k]$

Integração no tempo $\quad \displaystyle\int_{-\infty}^{t} x(\tau)d\tau \xleftrightarrow{\mathcal{FS}} \dfrac{X[k]}{j2\pi k f_F},\ \int_{-\infty}^{t} x(\tau)d\tau \xleftrightarrow{\mathcal{FS}} \dfrac{X[k]}{jk\omega_F}$

$$k \neq 0,\ \text{se}\ X[0] = 0$$

Tabela 8.1 Pares SFCT.

$$e^{j2\pi f_0 t} = e^{j\omega_0 t} \xleftrightarrow{\mathcal{FS}} \delta[k-m],\ T_F = mT_0$$

$$\cos(2\pi f_0 t) = \cos(\omega_0 t) \xleftrightarrow{\mathcal{FS}} \tfrac{1}{2}(\delta[k-m] + \delta[k+m]),\ T_F = mT_0$$

$$\operatorname{sen}(2\pi f_0 t) = \operatorname{sen}(\omega_0 t) \xleftrightarrow{\mathcal{FS}} \tfrac{j}{2}(\delta[k+m] - \delta[k-m]),\ T_F = mT_0$$

$$1 \xleftrightarrow{\mathcal{FS}} \delta[k],\ T_F \text{ é arbitrário}$$

$$\delta_{T_0}(t) \xleftrightarrow{\mathcal{FS}} f_0 \delta_m[k],\ T_F = mT_0$$

$$(1/w)\operatorname{ret}(t/w) * \delta_{T_0}(t) \xleftrightarrow{\mathcal{FS}} f_0\operatorname{sinc}(wkf_0),\ T_F = T_0$$

$$(1/w)\operatorname{tri}(t/w) * \delta_{T_0}(t) \xleftrightarrow{\mathcal{FS}} f_0\operatorname{sinc}^2(wkf_0),\ T_F = T_0$$

$$(1/w)\operatorname{sinc}(t/w) * \delta_{T_0}(t) \xleftrightarrow{\mathcal{FS}} f_0\operatorname{ret}(wkf_0),\ T_F = T_0$$

Nota: $T_0 = 1/f_0 = 2\pi/\omega_0$ e o tempo de representação é T_F; m e q são inteiros em todos os casos. Existem alguns pares SFCT ilustrados graficamente no Apêndice B.

Dualidade multiplicação-convolução

$$x(t)y(t) \xleftrightarrow{\mathcal{F}S} \sum_{q=-\infty}^{\infty} Y[q]X[k-q] = X[k] * Y[k]$$

$$x(t) \circledast y(t) \xleftrightarrow{\mathcal{F}S} T_F X[k]Y[k]$$

Conjugação
$$x^*(t) \xleftrightarrow{\mathcal{F}S} X^*[-k]$$

Teorema de Parseval
$$\frac{1}{T_F}\int_{T_F} |x(t)|^2 \, dt = \sum_{k=-\infty}^{\infty} |X[k]|^2$$

8.8 USO DE TABELAS E PROPRIEDADES

Com a adoção de uma tabela de pares SFCT pode-se, em diversos casos práticos, evitar o uso da definição de integral para se determinar uma função harmônica em SFCT.

EXEMPLO 8.6

Função harmônica em SFCT de um cosseno

Determine a função harmônica em SFCT de $x(t) = \cos(50\pi t - \pi/4)$ com $T_F = T_0$.

■ Solução

Na tabela de pares SFCT, verificamos

$$\cos(2\pi f_0 t) = \cos(\omega_0 t) \xleftrightarrow{\mathcal{F}S} (1/2)(\delta[k-m] + \delta[k+m]), \quad T_F = mT_0$$

Podemos utilizar este par juntamente com a propriedade de deslocamento no tempo $x(t-t_0) \xleftrightarrow{\mathcal{F}S} e^{-j2\pi k f_F t_0} X[k]$ para determinar esta função harmônica em SFCT. Primeiramente, reconheça que $x(t)$ pode ser escrito como $x(t) = \cos(50\pi(t - 1/200))$. Então, visto que $f_0 = 25$ (representando o sinal sobre um período fundamental)

$$\cos(50\pi t) \xleftrightarrow{\mathcal{F}S} (1/2)(\delta[k-1] + \delta[k+1])$$

Aplicando a propriedade de deslocamento no tempo,

$$\cos(50\pi(t - 1/200)) \xleftrightarrow{\mathcal{F}S} e^{-j\pi k/4}(1/2)(\delta[k-1] + \delta[k+1])$$

ou, fazendo uso da propriedade $g[k]\delta[k-k_0] = g[k_0]\delta[k-k_0]$,

$$\cos(50\pi(t - 1/200)) \xleftrightarrow{\mathcal{F}S} (1/2)\left(\delta[k-1]e^{-j\pi/4} + \delta[k+1]e^{+j\pi/4}\right)$$

ou

$$\cos(50\pi(t - 1/200)) \xleftrightarrow{\mathcal{F}S} \frac{1}{2\sqrt{2}}\{(1-j)\delta[k-1] + (1+j)\delta[k+1]\}$$

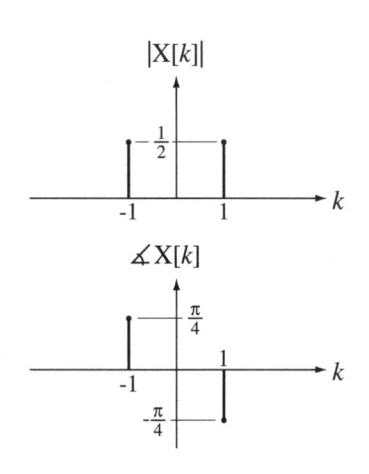

(Figura 8.45).

Figura 8.45
A SFCT de $x(t) = \cos(50\pi t - \pi/4)$.

EXEMPLO 8.7

Função harmônica em SFCT de uma onda retangular

Determine a função harmônica em SFCT de uma onda retangular par de amplitude pico a pico igual a 15, freqüência fundamental de 100 Hz, com ciclo de trabalho de 10% e um valor médio de zero com $T_F = T_0$.

■ Solução

Em primeiro lugar, precisamos descrever este sinal matematicamente. Ele pode ser descrito pela convolução de um pulso retangular com um impulso periódico subtraído de uma constante para tornar o valor médio igual a zero. O pulso retangular ajusta a largura de cada pulso e o impulso periódico ajusta o período fundamental. O período fundamental é de 10 ms, e ter um ciclo de trabalho de 10% significa que a largura do pulso equivale a 10% do período fundamental, ou seja, 1 ms. Visto que a função é par, o pulso retangular não é deslocado. Conseqüentemente, a descrição matemática é

$$x(t) = [15\,\text{ret}(1000t) * \delta_{0,01}(t)] - 1,5$$

Com base na tabela de pares SFCT, podemos utilizar

$$\text{ret}(t/w) * \delta_{T_0}(t) \xleftrightarrow{\mathcal{FS}} wf_0\,\text{sinc}(wf_0 k), \quad T_F = T_0$$

e

$$1 \xleftrightarrow{\mathcal{FS}} \delta[k]$$

$$\text{ret}(1000t) * \delta_{0,01}(t) \xleftrightarrow{\mathcal{FS}} 0,1\text{sinc}(0,1k)$$

$$15\text{ret}(1000t) * \delta_{0,01}(t) \xleftrightarrow{\mathcal{FS}} 1,5\text{sinc}(0,1k)$$

$$15\text{ret}(1000t) * \delta_{0,01}(t) - 1,5 \xleftrightarrow{\mathcal{FS}} 1,5\text{sinc}(0,1k) - 1,5\delta[k]$$

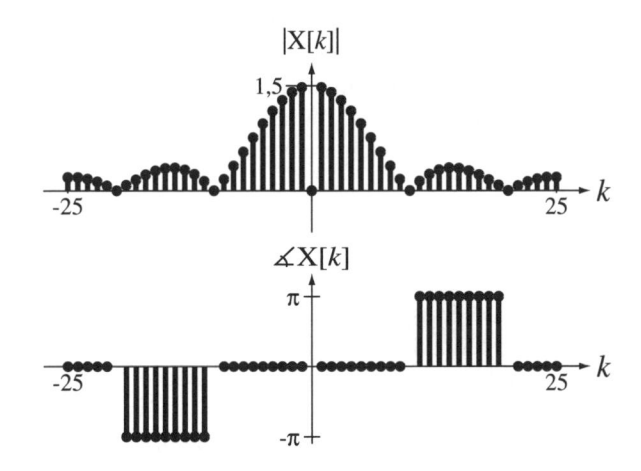

(Figura 8.46)

Figura 8.46
Função harmônica em SFCT de $x(t) = 15\text{ret}(1000t)*\delta_{0,01}(t) - 3/2$. (Note que o impulso em $k = 0$ possui intensidade nula porque o valor médio de $x(t)$ é zero.)

EXEMPLO 8.8

Determinação de uma função por meio de sua função harmônica em SFCT

Determine uma função cuja representação da função harmônica em SFCT seja $X[k] = 2\text{sinc}^2(k/5)$ considerando que a SFCT representa o sinal para todo o tempo e que $T_F = T_0$.

■ Solução

Examinando a Tabela 8.1, encontramos o par

$$(1/w)\text{tri}(t/w) * \delta_{T_0}(t) \xleftrightarrow{\mathcal{FS}} f_0\,\text{sinc}^2(wkf_0), \quad T_F = T_0$$

Existe um problema aqui. Podemos identificar o valor do produto wf_0 que resulta em 1/5, mas não conseguimos identificar os valores de w ou f_0 individualmente. Por isso f_0 ainda poderia ter qualquer valor arbitrário. Isso ilustra um aspecto importante da SFCT mencionado anteriormente. A função harmônica em SFCT é uma função do número harmônico k e este número é um múltiplo da freqüência fundamental. Logo, um conhecimento a respeito da freqüência fundamental é necessário para se expressar qualquer sinal por meio da representação em SFCT,

$$x(t) = \sum_{k=-\infty}^{\infty} X[k]e^{+j2\pi k f_F t} \tag{8.32}$$

Não podemos determinar uma representação exata para x(t) até que saibamos a freqüência fundamental. Por isso, em seguida vamos fazer a melhor coisa que é determinar uma representação em termos de f_0 ou T_0 sem saber quais são seus valores. Já que $wf_0 = 1/5$,

$$\text{tri}(5f_0 t) * \delta_{T_0}(t) \xleftrightarrow{\mathcal{F}S} (1/5)\text{sinc}^2(k/5) \ , \ T_F = T_0$$

ou

$$10\text{tri}(5f_0 t) * \delta_{T_0}(t) \xleftrightarrow{\mathcal{F}S} 2\text{sinc}^2(k/5) \ , \ T_F = T_0$$

8.9 SINAIS LIMITADOS EM BANDA

Em geral, infinitos termos são requeridos em uma representação por SFCT de um sinal para obtermos uma igualdade exata de acordo com

$$x(t) = \sum_{k=-\infty}^{\infty} X[k]e^{j2\pi k f_F t}$$

Porém, existem sinais para os quais um número finito de termos produz uma igualdade exata. Em tais sinais, para $k > k_{max}$, (k_{max} finito), X[k] é zero. Como mencionado anteriormente, esses sinais são ditos **limitados em banda**. O termo "limitado em banda" provém do conceito de uma "banda de freqüências" (significando uma faixa de freqüências) em um sinal. Se a banda de freqüências é limitada (finita), o sinal é limitado em banda. As características dos sinais limitados em banda serão importantes nos Capítulos 12 e 14 para o estudo da amostragem e da transformada discreta de Fourier.

8.10 RESPOSTAS DE SISTEMAS SLIT A EXCITAÇÕES PERIÓDICAS

A razão para se introduzir as séries de Fourier é que constituem uma ferramenta para análise da resposta de um sistema SLIT. Visto que sinais periódicos podem ser expressos exatamente para todo o tempo como uma série de Fourier, a análise usando as séries de Fourier serão limitadas às excitações periódicas. (Essa limitação será retirada no Capítulo 10, com a introdução da transformada de Fourier.) Vamos voltar ao filtro passa-baixas *RC* como um primeiro exemplo. Relembrando que a equação diferencial descritiva da relação entre o sinal de tensão da entrada $v_{ent}(t)$ e o sinal de tensão da saída $v_{saída}(t)$ é $RC v'_{saída}(t) + v_{saída}(t) = v_{ent}(t)$. Seja o sinal da tensão de entrada $v_{ent}(t)$ um sinal periódico expresso como uma SFCT complexa

$$v_{ent}(t) = \sum_{k=-\infty}^{\infty} V_{ent}[k]e^{j2\pi k f_0 t}$$

em que f_F é escolhida para ser igual a f_0, a freqüência fundamental do sinal. Visto que este é um sistema SLIT, a resposta pode ser obtida pela determinação da resposta para cada senóide complexa individualmente e então pela soma destas mesmas respostas. (Isso é verdade apenas se o sistema for estável, como é o sistema em questão. Se o sistema for instável, o sinal de saída pode ser ilimitado, mesmo que o sinal de entrada seja limitado.) A equação para a *k*-ésima senóide complexa do sinal de tensão da entrada é

$$RC v'_{saída,k}(t) + v_{saída,k}(t) = v_{ent,k}(t) = V_{ent}[k]e^{j2\pi k f_0 t} \tag{8.33}$$

O sinal de tensão da saída forçada será idêntico em forma ao sinal de tensão da entrada, com a mesma freqüência kf_0, porém com um valor da função harmônica diferente (em geral). Seja a forma da resposta para a k-ésima senóide complexa igual a $V_{saída,k}(t) = V_{saída}[k]e^{j2\pi k f_0 t}$.

Desse modo, a Equação (8.33) torna-se

$$j2k\pi f_0 RC\, V_{saída}[k]e^{j2\pi k f_0 t} + V_{saída}[k]e^{j2\pi k f_0 t} = V_{ent}[k]e^{j2\pi k f_0 t}$$

É importante, neste ponto, observar que ao considerarmos uma solução com essa forma, modificamos a maneira pela qual descrevemos os sinais de entrada e saída e, ao fazê-lo, transformamos a equação diferencial em uma equação algébrica. Solucionando a equação algébrica para $V_{saída}[k]$,

$$V_{saída}[k] = \frac{V_{ent}[k]}{j2\pi k f_0 RC + 1} \qquad (8.34)$$

Se compormos a razão entre as funções harmônicas associadas ao sinal de tensão da saída forçada e o sinal de tensão da entrada, obteremos

$$\frac{V_{saída}[k]}{V_{ent}[k]} = \frac{1}{j2\pi k f_0 RC + 1} = \frac{1}{jk\omega_0 RC + 1} \qquad (8.35)$$

No Capítulo 6, obtivemos a resposta em freqüência de um sistema por meio de sua função de transferência, que pode ser escrita diretamente pela equação diferencial. Se fizermos o mesmo para o sistema em discussão, obtemos

$$H(s) = \frac{1}{sRC + 1} \Rightarrow H(j\omega) = \frac{1}{j\omega RC + 1} \qquad (8.36)$$

Compare os dois resultados, Equações (8.35) e (8.36). A quantidade $k\omega_0$ corresponde a uma freqüência angular, um inteiro múltiplo da freqüência angular fundamental. Sendo assim, a Equação (8.35) é uma forma alternativa da resposta em freqüência expressa como uma função do número harmônico em vez de ser diretamente uma função da freqüência. Um gráfico dessa forma alternativa para se representar a resposta em freqüência mostra que o sistema age como um filtro passa-baixas porque a magnitude da resposta em freqüência é aproximadamente um nas baixas freqüências $k\omega_0$ e tende a zero para as altas freqüências (Figura 8.47).

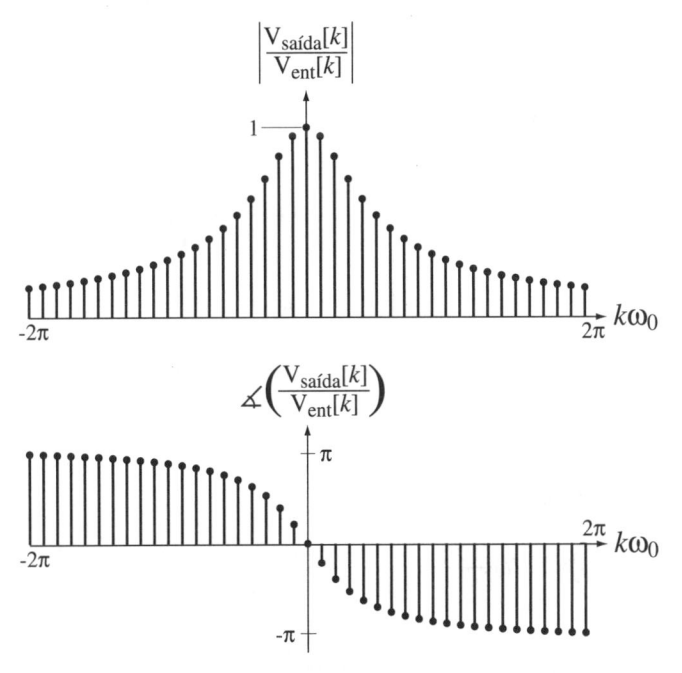

Figura 8.47
Magnitude e fase da razão $V_{saída}[k]/V_{ent}[k]$ em função da freqüência.

$R = 1\,\Omega$, $C = 1$ F, $f_0 = 0{,}05$ Hz

Usando a Equação (8.34), o sinal de tensão da saída forçada é

$$v_{saída}(t) = \sum_{k=-\infty}^{\infty} V_{saída}[k]e^{j2\pi kf_0 t} = \sum_{k=-\infty}^{\infty} \frac{V_{ent}[k]}{j2k\pi f_0 RC + 1} e^{j2\pi kf_0 t}$$

Logo, utilizando a SFCT para descrever o conteúdo espectral de um sinal periódico e utilizando a resposta em freqüência para descrever como o sistema responde a sinais em freqüências diferentes, podemos determinar a resposta do sistema.

Para sermos consistentes ao nome resposta em freqüência como foi aplicado à função $H(j\omega)$, podemos chamar a razão $Y[k]/X[k]$ de **resposta harmônica** e dar a ela o símbolo $H[k]$. Então $Y[k] = H[k]X[k]$, assim como $Y(s) = H(s)X(s)$ e $Y(j\omega) = H(j\omega)X(j\omega)$. $H[k]$ é uma função da variável discreta independente – o número harmônico k. $H(j\omega)$ é a função de uma variável contínua independente, ou seja, de $j\omega$. Logo $H[k]$ é, no sentido real, uma versão amostrada de $H(j\omega)$ em que a amostragem é realizada pela substituição de ω por $2\pi kf_0$. Em vez da amostragem no tempo, amostramos na freqüência, e cada freqüência amostrada é um múltiplo da freqüência fundamental f_0, sendo este múltiplo do número harmônico k. Então, na função amostrada, conservamos apenas o número harmônico k, que serve de índice da freqüência em lugar da freqüência propriamente dita kf_0. Portanto,

$$H[k] = H(j2\pi kf_0)$$

onde fica subentendido que o H em $H[k]$ e o H em $H(j\omega)$ são de fato funções matemáticas diferentes, e a diferença é indicada por $[\cdot]$ em $H[k]$ e por $(\cdot)$ em $H(j\omega)$.

EXEMPLO 8.9

Resposta de um sistema a uma excitação dente de serra periódica

Determine a resposta do sistema da Figura 8.48 a uma excitação dente de serra periódica $x(t)$ descrita por

$$x(t) = \frac{At}{w}[u(t) - u(t-w)] * \delta_{T_0}(t)$$

onde $A = 100$, $w = 4$ ms, e $T_0 = 10$ ms para três valores de a_1: 50, 500 e 5000. Trace os sinais de entrada e saída em um gráfico para fins de comparação relativos a cada valor de a_1.

Figura 8.48
Um sistema de segunda ordem.

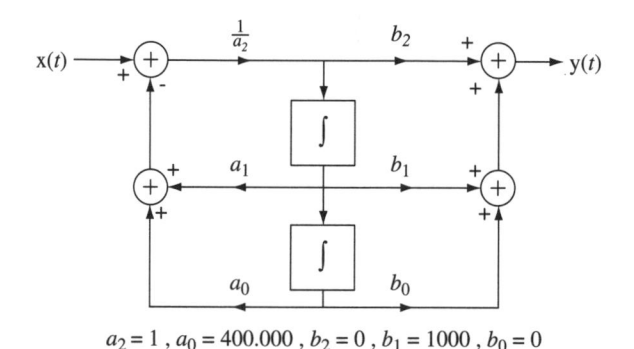

$a_2 = 1$, $a_0 = 400.000$, $b_2 = 0$, $b_1 = 1000$, $b_0 = 0$

■ Solução

A excitação é uma onda dente de serra. Podemos determinar sua função harmônica por meio de uma entrada da tabela encontrada no Apêndice B.

$$\frac{t}{w}[u(t) - u(t-w)] * \delta_{T_0}(t) \xleftrightarrow{\mathcal{FS}} \frac{1}{wT_0} \frac{(j2\pi kw/T_0 + 1)e^{-j2\pi kw/T_0} - 1}{(2\pi k/T_0)^2}, T_F = T_0$$

$$X[k] = \frac{A}{wT_0} \frac{(j2\pi kf_0 w + 1)e^{-j2\pi kf_0 w} - 1}{(2\pi kf_0)^2} \tag{8.37}$$

onde $f_0 = 1/T_0$, e sabemos que x(t) pode ser representado pela SFCT

$$x(t) = \sum_{k=-\infty}^{\infty} X[k] e^{j200k\pi t}$$

Esse diagrama de blocos para o sistema é esquematizado exatamente na Forma Direta II como apresentado no Capítulo 6 e, conseqüentemente, sabemos que sua equação diferencial é

$$a_2 y''(t) + a_1 y'(t) + a_0 y(t) = b_2 x''(t) + b_1 x'(t) + b_0 x(t)$$

A função de transferência e a resposta em freqüência são dadas, respectivamente, por

$$H(s) = \frac{b_2 s^2 + b_1 s + b_0}{a_2 s^2 + a_1 s + a_0} \Rightarrow H(j\omega) = \frac{b_2 (j\omega)^2 + b_1 (j\omega) + b_0}{a_2 (j\omega)^2 + a_1 (j\omega) + a_0}$$

Uma vez que $b_2 = b_0 = 0$,

$$H(j\omega) = \frac{j\omega b_1}{(j\omega)^2 a_2 + j\omega a_1 + a_0}$$

Expressando a equação anterior em termos do número harmônico

$$H[k] = \frac{Y[k]}{X[k]} = \frac{j2\pi k f_0 b_1}{(j2\pi k f_0)^2 a_2 + j2\pi k f_0 a_1 + a_0} \tag{8.38}$$

E então combinando as Equações (8.37) e (8.38)

$$Y[k] = \frac{j2\pi k f_0 b_1}{(j2\pi k f_0)^2 a_2 + j2\pi k f_0 a_1 + a_0} \times \frac{A}{wT_0} \frac{(j2\pi k f_0 w + 1)e^{-j2\pi k f_0 w} - 1}{(2\pi k f_0)^2}$$

e

$$y(t) = \sum_{k=-\infty}^{\infty} Y[k] e^{j200k\pi t}$$

Podemos escrever um programa de MATLAB para traçar os sinais de entrada e saída. Porém, precisamos resolver um problema antes de mais nada. Quando o número harmônico k vale zero, a expressão em SFCT para x(t) é indeterminada. Podemos determinar seu valor usando a regra de L'Hôpital.

$$X[0] = \lim_{k \to 0} \frac{A}{wT_0} \frac{(j2\pi k f_0 w + 1)e^{-j2\pi k f_0 w} - 1}{(2\pi k f_0)^2}$$

$$X[0] = \lim_{k \to 0} \frac{A}{wT_0} (-j2\pi k f_0 w) \frac{(j2\pi k f_0 w + 1)e^{-j2\pi k f_0 w} - e^{-j2\pi k f_0 w}}{(2\pi f_0)^2 \times 2k}$$

$$X[0] = \lim_{k \to 0} \frac{A}{wT_0} (-j2\pi k f_0 w)^2 \frac{(j2\pi k f_0 w + 1)e^{-j2\pi k f_0 w} - 2e^{-j2\pi k f_0 w}}{2 \times (2\pi f_0)^2}$$

$$X[0] = \frac{Aw}{2T_0}$$

O programa do MATLAB e seu resultado gráfico (Figura 8.49) são apresentados a seguir.

```
%   Define os valores dos parâmetros do sistema
a1 = [50,500,5000]; a0 = 400000; b1 = 1000;
%   Define o número máximo de harmônicos, amplitude e largura do pulso,
%    período fundamental e freqüência fundamental
kmax = 100; A = 100; w = 0.004; T0 = 0.01; f0 = 1/T0;
```

Figura 8.49
Sinais de entrada e saída para três valores diferentes de a_1.

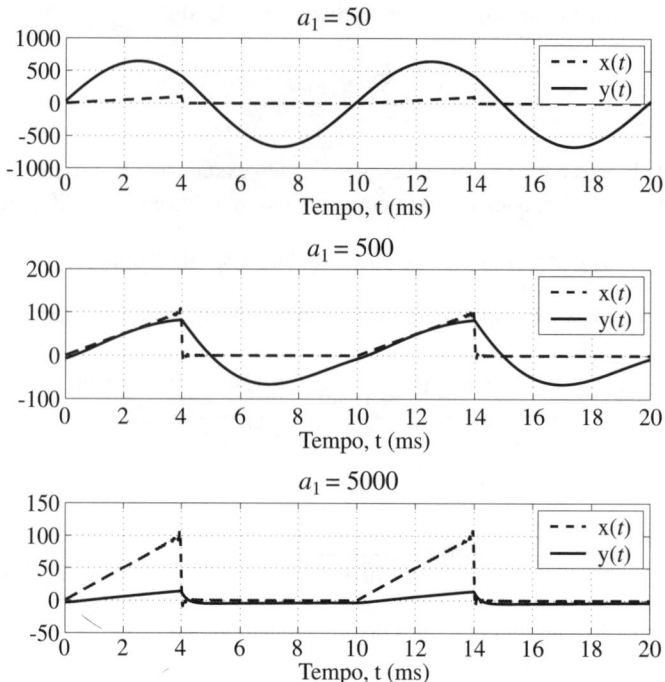

```
%   Cria um vetor de tempos para a elaboração dos gráficos dos sinais
dt = T0/(16*kmax);t = [0:dt:2*T0]';
%   Realiza a interação para os três valores possíveis de a1, traçando
%   os sinais de entrada e saída para cada um destes valores.
for n = 1:3,
    y = 0;x = 0;              % Inicializa x e y em zero
      for k = -kmax:kmax,     % Soma os harmônicos até kmax
        if k ~= 0,
%           Calcula os valores X da função harmônica para k não-nulo
            X = (A/(w*T0))*((j*2*pi*k*f0*w+1)*...
                        exp(-j*2*pi*k*f0*w)-1)/(2*pi*k*f0)^2;
        else
%           Calcula o valor X da função harmônica para k = 0
            X = A*w/(2*T0);
        end
%           Calcula os valores Y da função harmônica
            Y = (j*2*pi*k*f0*b1/((j*2*pi*k*f0)^2 + ...
                        j*2*pi*k*f0*a1(n) + a0))*X;
%           Calcula os sinais de entrada e saída devido ao k-ésimo
%           harmônico.
            x = x + X*exp(j*2*pi*k*f0*t); y = y + Y*exp(j*2*pi*k*f0*t);
        end
%   Traça o gráfico e rotula eixos para os três sinais de entrada e
%   saída
    subplot(3,1,n) ;
    p = plot(t*1000,real(x), 'k--',t*1000,real(y),'k') ;
    set(p,'LineWidth',2) ;
    if n == 3,
        xlabel('Tempo, t (ms)','FontName','Times','FontSize',18) ;
    end
    p = title (['{\ita_1}=', num2str(a1(n)],'FontName','Times',...
                    'FontSize',16) ;
    p = legend('x({\itt})','y({\itt})');
    set(p,'FontName','Times','FontSize',18) ;
    grid on ;
end
```

8.11 RESUMO DOS PONTOS MAIS IMPORTANTES

1. A série de Fourier representa um sinal periódico como uma soma de senóides em harmônicos da freqüência fundamental do sinal.
2. As senóides utilizadas na série de Fourier para representar um sinal são todas ortogonais entre si.
3. As formas complexa e trigonométrica da série de Fourier estão relacionadas por meio da identidade de Euler.
4. Uma série de Fourier pode ser calculada para qualquer sinal que satisfaça as condições de Dirichlet.
5. Para sinais contínuos, a série de Fourier converge exatamente para o sinal em todos os seus pontos.
6. Para sinais descontínuos, a série de Fourier converge exatamente para o sinal em todos os seus pontos, excetuando-se os pontos de descontinuidade. Os efeitos do sinal real e sua representação por série de Fourier em qualquer sistema físico real são idênticos.
7. Se um sistema SLIT estável é excitado por um sinal periódico, a resposta corresponde também a um sinal periódico de mesmo período fundamental.

EXERCÍCIOS COM RESPOSTAS

Em cada exercício, as respostas estão listadas em ordem aleatória.

Conceitos Fundamentais

1. Utilizando o MATLAB, trace os gráficos de cada somatório de senóides complexas sobre o período de tempo indicado.

    (a) $x(t) = \dfrac{1}{10} \displaystyle\sum_{k=-30}^{30} \text{sinc}\left(\dfrac{k}{10}\right) e^{j200\pi kt}$, $-15\text{ms} < t < 15\text{ms}$

    (b) $x(t) = \dfrac{j}{4} \displaystyle\sum_{k=-9}^{9} \left[\text{sinc}\left(\dfrac{k+2}{2}\right) - \text{sinc}\left(\dfrac{k-2}{2}\right)\right] e^{j10\pi kt}$, $-200\text{ms} < t < 200\text{ms}$

    Respostas:

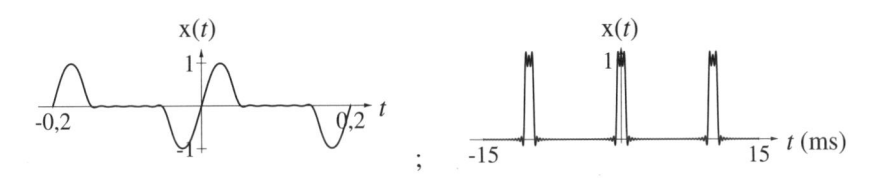

2. Converta a função $g(t) = (1 + j)e^{j4\pi t} + (1-j)e^{-j4\pi t}$ a uma forma equivalente em que j não apareça.
    Respostas: $2\cos(4\pi t) - 2\text{sen}(4\pi t)$

Ortogonalidade

3. Mostre por meio da integração analítica direta que a integral da função

$$g(t) = A\text{sen}(2\pi t) B\text{sen}(4\pi t)$$

é nula sobre o intervalo $-1/2 < t < 1/2$.

4. Usando o MATLAB, elabore os gráficos dos produtos a seguir sobre o intervalo de tempo indicado e observe, em cada caso, que a área sob o produto é zero.

    (a) $x(t) = -3\text{sen}(16\pi t) \times 2\cos(24\pi t)$, $0 < t < 1/4$
    (b) $x(t) = -3\text{sen}(16\pi t) \times 2\cos(24\pi t)$, $0 < t < 1$

(c) $x(t) = -3\text{sen}(16\pi t) \times 2\cos(24\pi t)$, $-1/16 < t < 3/16$

(d) $x(t) = x_1(t)x_2(t)$

em que

$x_1(t)$ é uma função par na forma de uma onda quadrada com ciclo de trabalho de 50%, com um período fundamental igual a 4 segundos, uma amplitude igual a 2 e um valor médio igual a zero; e $x_2(t)$ é uma função ímpar na forma de uma onda quadrada com ciclo de trabalho de 50%, de período fundamental igual a 4 segundos, amplitude de 3 e um valor médio igual a zero.

(e) $x(t) = x_1(t)x_2(t)$

em que $x_1(t) = \text{ret}(2t) * \delta_1(t)$ e $x_2(t) = [\text{ret}(4(t-1/8)) * \delta_2(t)] - 1/8$

Respostas:

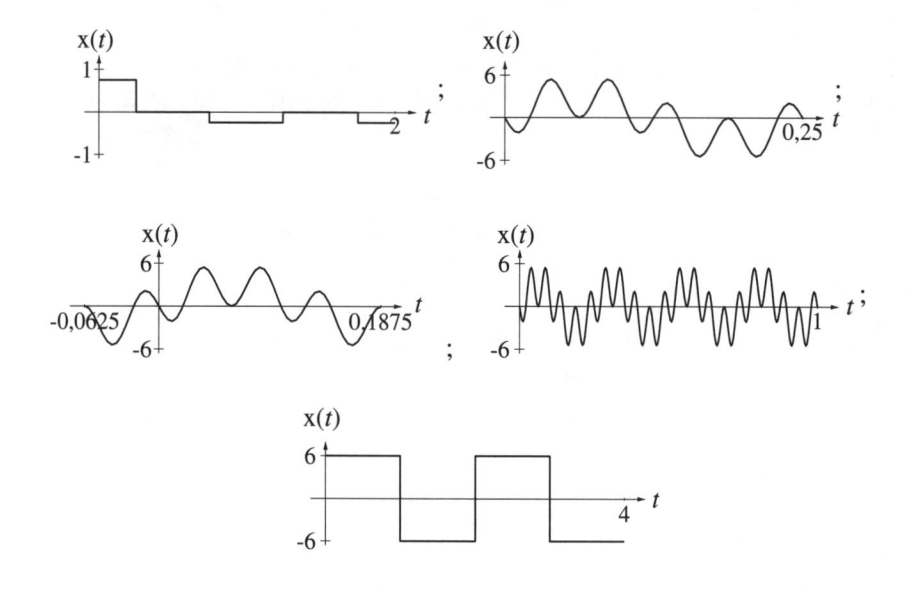

Básico de Séries de Fourier Contínuas no Tempo

5. Uma função seno pode ser escrita como

$$\text{sen}(2\pi f_0 t) = \frac{e^{j2\pi f_0 t} - e^{-j2\pi f_0 t}}{j2}$$

Essa é uma SFCT muito simples em que a função harmônica somente é não-nula em dois números harmônicos, +1 e −1. Verifique se podemos escrever a função harmônica diretamente como

$$X[k] = (j/2)(\delta[k+1] - \delta[k-1])$$

Escreva as expressões equivalentes para $\text{sen}(2\pi(-f_0)t)$ e mostre que a função harmônica é igual ao conjugado complexo da função anterior relativa a $\text{sen}(2\pi f_0 t)$.

6. Para cada sinal, determine uma SFCT complexa que seja válida para todo o tempo. Faça os gráficos da magnitude e fase da função harmônica em função do número harmônico k e então converta as respostas para a forma trigonométrica da função harmônica.

(a) $x(t) = 4\text{ret}(4t) * \delta_1(t)$

(b) x(t) = 4ret(4t) * δ₄(t)

(c) Um sinal periódico descrito sobre um período fundamental por

$$x(t) = \begin{cases} \text{sgn}(t), & |t| < 1 \\ 0, & 1 < |t| < 2 \end{cases}$$

Respostas:

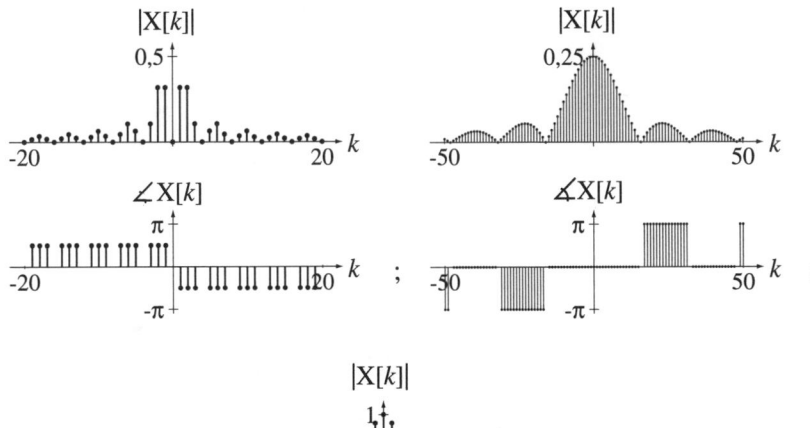

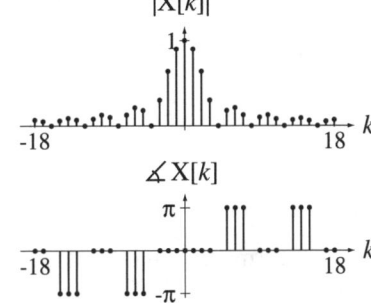

$$X_c[k] = 0, \quad X_s[k] = -2\frac{\cos(\pi k/2) - 1}{\pi k},$$
$$X_c[k] = 2\operatorname{sinc}(k/4), \quad X_s[k] = 0, \quad X_c[k] = (1/4)\operatorname{sinc}(k/16), \quad X_s[k] = 0$$

7. A função harmônica SFCT é determinada por meio da representação de um sinal periódico sobre exatamente um período T_0. (Ou seja, $T_F = T_0$.) A função harmônica a ser determinada é

$$X[k] = \frac{1 - \cos(\pi k)}{(\pi k)^2}$$

(a) O sinal é par, ímpar ou nem par nem ímpar?
(b) Qual é o valor médio do sinal?

Respostas: Par; 1/2

Cálculo Numérico da Função Harmônica

8. Determine numericamente as funções harmônicas SFCT aproximadas dos sinais do Exercício 6 utilizando a DFT.

Respostas:

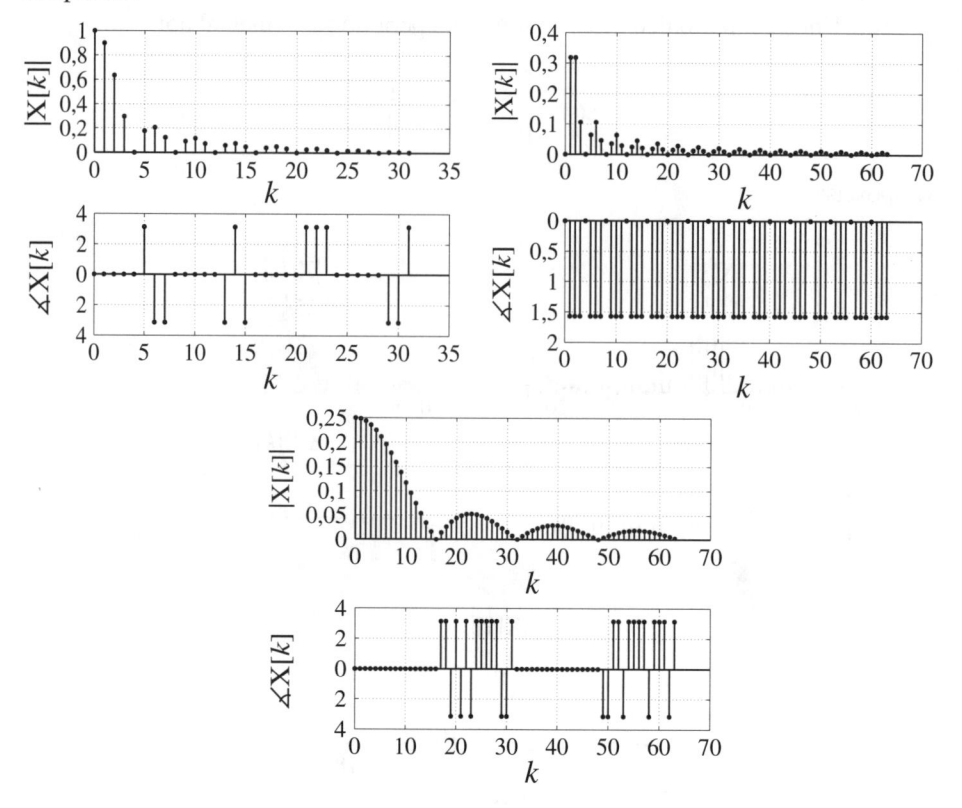

Funções Harmônicas Utilizando Tabelas e Propriedades

9. Fazendo uso da tabela de transformadas e propriedades de SFCT, calcule a função harmônica para cada um dos sinais periódicos a seguir utilizando o tempo de representação T_F indicado.

   (a) $x(t) = 10\text{sen}(20\pi t)$, $T_F = 1/10$
   (b) $x(t) = 2\cos(100\pi(t-0{,}005))$, $T_F = 1/50$
   (c) $x(t) = -4\cos(500\pi t)$, $T_F = 1/50$
   (d) $x(t) = \dfrac{d}{dt}(e^{-j10\pi t})$, $T_F + 1/5$
   (e) $x(t) = \text{ret}(t) * 4\delta_4(t)$, $T_F = 4$
   (f) $x(t) = \text{ret}(t) * \delta_1(t)$, $T_F = 1$
   (g) $x(t) = \text{tri}(t) * \delta_1(t)$, $T_F = 1$

   Respostas: $-2(\delta[k-5] + \delta[k+5])$; $\delta[k]$; $\delta[k]$; $j5(\delta[k+1]-\delta[k-1])$; $j(\delta[k+1]-\delta[k-1])$; $-j10\pi\delta[k+1]$; $\text{sinc}(k/4)$

10. Se um sinal periódico $x(t)$ possui um período fundamental de 10 segundos e sua função harmônica é dada por

    $$X[k] = 4\,\text{sinc}(k/20)$$

    com um tempo de representação de 10 segundos, qual é a função harmônica de $z(t) = x(4t)$ utilizando o mesmo tempo de representação?

    Respostas: $Z[k] = 4\text{sinc}(k/80)\delta_4[k]$

11. Um sinal periódico $x(t)$ tem um período fundamental de 4 milissegundos e sua função harmônica é

    $$X[k] = 15(\delta[k-1] + \delta[k+1])$$

    com um tempo de representação de 4 ms. Determine a integral de $x(t)$.

Resposta: $\dfrac{3}{50\pi}\text{sen}(500\pi t)$

12. Se uma função g(t) com período $T_0 = 6$ é representada exatamente para todo o tempo por uma função harmônica em SFCT G[k] = 4sinc^2(k/3) e $T_F = T_0$, qual é a função harmônica em SFCT de -3g(t + 2) utilizando o mesmo tempo de representação?

    Resposta: $-12\text{sinc}^2(k/3)e^{j2\pi k/3}$

13. Se X[k] é a função harmônica sobre um período fundamental de uma onda quadrada de amplitude unitária, com ciclo de trabalho de 50%, valor médio igual a zero e um período fundamental igual a 1μs, determine a expressão que consista somente em funções valoradas no domínio real para o sinal cuja função harmônica seja X[k−10] + X[k + 10].

    Resposta: $2\big[2\ \text{ret}(2\times 10^6 t)*\delta_{10^{-6}}(t) - 1\big]\cos(2\times 10^7 \pi t)$

14. Determine a função harmônica para uma onda senoidal da forma geral $A\text{sen}(2\pi f_0 t)$. Então, por meio do teorema de Parseval, calcule sua potência de sinal e verifique que ela corresponde à mesma potência de sinal determinada diretamente pela própria função.

    Resposta: $A^2/2$

15. Mostre que para um cosseno e um seno as funções harmônicas em SFCT possuem a propriedade X[k] = X*[−k].

16. Determine as funções no tempo associadas às seguintes funções harmônicas, admitindo que $T_F = 1$.

    (a) X[k] = δ[k−2] + δ[k] + δ[k + 2]
    (b) X[k] = 10sinc(k/10)

    Respostas: $2\cos(4\pi t) + 1$; $100\text{ret}(10t) * \delta_1(t)$

17. Identifique as parcelas par e ímpar $x_p(t)$ e $x_i(t)$ de

    $$x(t) = 20\cos(40\pi t + \pi/6)$$

    Então, determine as funções harmônicas $X_p[k]$ e $X_i[k]$ correspondentes a cada uma delas. Daí, utilizando a propriedade de deslocamento no tempo, determine a função harmônica X[k] e a compare com a soma entre as duas funções harmônicas $X_p[k]$ e $X_i[k]$.

    Resposta: $10(\delta[k-1]e^{j\pi/6} + \delta[k+1]e^{-j\pi/6})$

Resposta do Sistema

18. Elabore o gráfico da resposta do sistema da Figura E.18 para $x(t) = \text{ret}(10t) * \delta_4(t)$ sobre o intervalo de tempo definido por $0 < t < 8$, com $a_0 = 3$ e $b_1 = 5$.

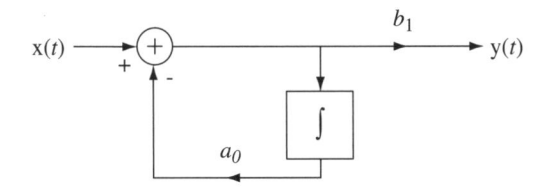

    Figura E.18

    Resposta:

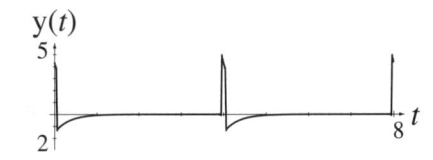

19. Um sistema descrito pela equação diferencial

$$3y'(t) + 4y(t) = -2x(t)$$

é excitado por $x(t) = \text{tri}(3t) * \delta_1(t)$. Trace $x(t)$ e $y(t)$ sobre o intervalo $0 < t < 2$.
Resposta:

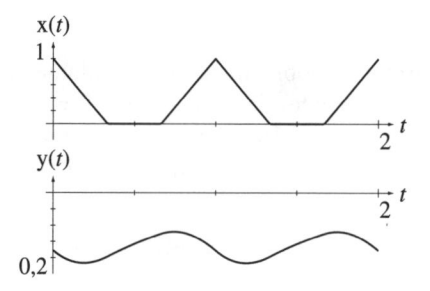

EXERCÍCIOS SEM RESPOSTAS

Ortogonalidade

20. Na integral definida

$$\int_0^{qT_1} \cos(2\pi f_1 t) \cos(2\pi f_2 t)\, dt$$

$f_1 \neq 0, f_2 = mf_1$, em que m é um inteiro, $T_1 = 1/f_1$ e q é também um inteiro. Determine todos os pares de m e q sobre todo o intervalo de inteiros $-\infty < m, q < \infty$ para os quais o valor numérico da integral é diferente de zero.

Básico de Séries de Fourier Contínuas no Tempo

21. Um sinal periódico $x(t)$ de período igual a 4 segundos é descrito sobre um período fundamental por $x(t) = 3 - t$, $0 < t < 4$. Trace o gráfico desse sinal e determine sua descrição em SFCT trigonométrica. Então elabore o gráfico na mesma escala das aproximações para o sinal $x_N(t)$ dado por

$$x_N(t) = X_c[0] + \sum_{k=1}^{N} X_c[k]\cos(2\pi(kf_F)t) + X_s[k]\text{sen}(2\pi(kf_F)t)$$

para $N = 1, 2$ e 3. (Em cada caso, a escala no tempo do gráfico deve abranger pelo menos dois períodos fundamentais do sinal original.)

22. Um sinal periódico $x(t)$ com período igual a 2 segundos é descrito sobre um período fundamental por

$$x(t) = \begin{cases} \text{sen}(2\pi t), & |t| < 1/2 \\ 0, & 1/2 < |t| < 1 \end{cases}$$

Elabore o gráfico desse sinal e determine sua descrição em SFCT complexa. Então trace o gráfico na mesma escala temporal das aproximações para o sinal $x_N(t)$ dado por

$$x_N(t) = \sum_{k=-N}^{N} X[k] e^{j2\pi(kf_F)t}$$

para $N = 1, 2$ e 3. (Em cada caso, a escala no tempo do gráfico deve abranger pelo menos dois períodos fundamentais do sinal original.)

23. Usando o MATLAB, faça o gráfico dos seguintes sinais sobre o intervalo de tempo definido por $-3 < t < 3$.

(a) $x_0(t) = 1$
(b) $x_1(t) = x_0(t) + 2\cos(2\pi t)$
(c) $x_2(t) = x_1(t) + 2\cos(4\pi t)$
(d) $x_{20}(t) = x_{19}(t) + 2\cos(40\pi t)$

Para cada um deles, de (a) a (d), avalie numericamente a área do sinal sobre o intervalo de tempo $-1/2 < t < 1/2$.

Cálculo Numérico da Função Harmônica

24. Um sinal periódico é descrito sobre um período por $x(t) = \dfrac{\text{tg}^{-1}(5t)}{t^2+1}$, $|t|<3$. Trace o sinal com os valores das amostras sobrepostos, determine sua função harmônica em SFCT numericamente usando DFT e faça o gráfico sobre o intervalo de número harmônico determinado por $-20 \leq k \leq 20$.

Funções Harmônicas Utilizando Tabelas e Propriedades

25. A função harmônica em SFCT X[k] para o sinal

$$x(t) = \text{ret}(2(t-1)) * 3\delta_3(t) = \text{ret}(2t) * 3\delta_3(t-1)$$

é da forma $X[k] = A\text{sinc}(ak)e^{-jb\pi k}$. Determine A, a e b utilizando o tempo de representação $T_F = T_0$.

26. Utilizando a tabela de transformadas de SFCT e as propriedades de SFCT, determine a função harmônica em SFCT em cada um dos seguintes sinais periódicos usando o tempo de representação T_F indicado.

(a) $x(t) = 3\text{ret}(2(t-1/4)) * \delta_1(t)$, $T_F = 1$

Lembre-se de que:
Se $g(t) = g_0(t) * \delta(t)$
Então $g(t-t_0) = g_0(t-t_0) * \delta(t) = g_0(t) * \delta(t-t_0)$
E $g(t-t_0) \neq g_0(t-t_0) * \delta(t-t_0) = g(t-2t_0)$

(b) $x(t) = 5[\text{tri}(t-1) - \text{tri}(t+1)] * \delta_4(t)$, $T_F = 4$
(c) $x(t) = 3\text{sen}(6\pi t) + 4\cos(8\pi t)$, $T_F = 1$
(d) $x(t) = 2\cos(24\pi t) - 8\cos(30\pi t) + 6\text{sen}(36\pi t)$, $T_F = 2$
(e) $x(t) = \int_{-\infty}^{t} [\delta_1(\lambda) - \delta_1(\lambda - 1/2)]d\lambda$, $T_F = 1$
(f) $x(t) = 4\cos(100\pi t)\text{sen}(1000\pi t)$, $T_F = 1/50$
(g) $x(t) = [14\text{ret}(t/8) * 12\delta_{12}(t)] \circledast [7\text{ret}(t/5) * 8\delta_8(t)]$, $T_F = 24$
(h) $x(t) = [8\text{ret}(t/2) * 5\delta_5(t)] \circledast [-2\text{ret}(t/6) * 20\delta_{20}(t)]$, $T_F = 20$

27. Um sinal periódico $x(t)$ é descrito sobre um período fundamental por

$$x(t) = \begin{cases} -A, & -T_0/2 < t < 0 \\ A, & 0 < t < T_0/2 \end{cases}$$

Determine sua função harmônica em SFCT complexa e, então, utilizando a propriedade de integração, determine a função harmônica em SFCT de sua integral. Trace o gráfico da representação em SFCT resultante da integral assumindo que o valor médio da integral seja zero.

28. Identifique quais dessas funções possuem uma SFCT complexa G[k] para a qual

1. $\text{Re}(G[k]) = 0$ para todo k,
2. $\text{Im}(G[k]) = 0$ para todo k,

ou

3. nenhuma dessas condições se aplica.

(a) $g(t) = 18\cos(200\pi t) + 22\cos(240\pi t)$
(b) $g(t) = -4\text{sen}(10\pi t)\,\text{sen}(2000\pi t)$
(c) $g(t) = \text{tri}((t-1)/4) * \delta_{10}(t)$

29. A função harmônica em SFCT $X[k]$ para o sinal $x(t) = 5\cos(20\pi t)$, usando um tempo de representação T_F que equivale ao dobro do período fundamental de $x(t)$, é da forma $X[k] = A(\delta[k-a] + \delta[k+a])$. Determine A e a.

30. Cada sinal na Figura E.30 é traçado sobre um intervalo que compreende exatamente um período fundamental. Quais dos sinais possuem funções harmônicas $X[k]$ que têm um valor puramente real para todo valor de k? Quais delas têm um valor puramente imaginário para todo valor de k?

Figura E.30

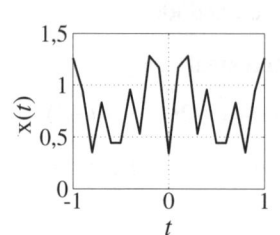

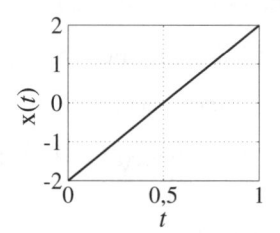

31. Na Figura E.31, há um gráfico que exibe um único período fundamental referente a uma função periódica $x(t)$. Uma função harmônica em SFCT $X[k]$ é obtida com base no tempo de representação T_F, sendo o mesmo que o período fundamental $T_0 (T_F = T_0)$.

(a) Se $A_1 = 4$, $A_2 = -3$ e $T_0 = 5$, qual é o valor numérico para $X[0]$?
(b) Se o tempo de representação é modificado para $T_F = 3T_0$, qual é o novo valor numérico para $X[0]$?

Figura E.31

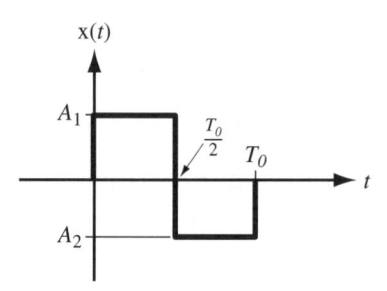

32. Em certos tipos de sistemas de comunicação, dados binários são transmitidos usando-se uma técnica chamada modulação por deslocamento de fase binária (BPSK) em que o valor 1 é representado por uma rajada de onda senoidal e o valor 0 é representado por uma rajada que corresponde ao inverso exato da rajada representativa do valor 1. Seja a freqüência do seno igual a 1MHz e seja a duração da rajada igual a 10 períodos da onda senoidal. Determine e trace a função harmônica em SFCT para um sinal binário periódico que consiste em 1's e 0's alternados, utilizando seu período fundamental como tempo de representação.

Resposta do Sistema

33. A velocidade e o sincronismo de cálculos computacionais são controlados por um relógio. O relógio consiste em uma seqüência periódica de pulsos retangulares, tipicamente com ciclo de trabalho de 50%. Um problema no projeto de placas de circuito impresso de computadores é que o sinal de relógio pode provocar interferências em outros sinais na própria placa devido ao acoplamento com circuitos adjacentes por meio da capacitância de dispersão. Admita que o relógio do computador seja modelado como uma fonte de tensão de onda quadrada que alterna entre 0,4 V e 1,6 V a uma freqüência de 2 GHz e suponha que o acoplamento presente em circuitos adjacentes seja modelado por uma combinação em série de um capacitor de 0,1 pF e um resistor de 50 Ω. Determine e trace o gráfico relativo a dois períodos fundamentais da tensão sobre os terminais do resistor de 50 Ω.

CAPÍTULO 9

Séries de Fourier Discretizadas no Tempo

Aquele que nunca cometeu um erro nunca realizou uma descoberta.

Samuel Smiles, reformista político, moralista e autor

9.1 INTRODUÇÃO E OBJETIVOS

No Capítulo 8, desenvolvemos as séries de Fourier contínuas no tempo como um método para se obter a resposta de um sistema SLIT contínuo no tempo a um sinal de entrada periódico. Neste capítulo, adotamos um caminho semelhante que difere apenas por estarmos tratando de sistemas discretizados no tempo. Grande parte dos conceitos utilizados é a mesma, porém algumas das técnicas empregadas são distintas.

OBJETIVOS DO CAPÍTULO:

1. Desenvolver métodos para representação de sinais discretizados no tempo como combinações lineares de senóides, reais ou complexas.
2. Explorar as propriedades gerais dessas formas de representação dos sinais discretizados no tempo.
3. Aplicar esses métodos na obtenção das respostas de sistemas discretizados no tempo a sinais periódicos arbitrários.

9.2 EXCITAÇÃO PERIÓDICA E RESPOSTA DE SISTEMAS SLIT

Uma situação bastante habitual em análise de sistemas é aquela em que um sistema SLIT, estável de acordo com o critério BIBO, é excitado por um sinal na forma $x[n] = x_p[n]u[n]$, em que $x_p[n]$ é um sinal periódico, mas $x[n]$ não o é. Vamos supor que queiramos obter a resposta em um intervalo de tempo suficientemente longo após o instante $n = 0$, quando a resposta transitória (a solução homogênea) já tenha efetivamente decaído a zero. Ou melhor, queremos determinar a resposta forçada, a resposta $x_p[n]$ em vez de $x[n]$.

Para demonstrar as questões que surgem deste tipo de problema, considere um sinal $x[n] = \delta_4[n]u[n]$, uma seqüência de impulsos iniciada no momento $n = 0$ – que excita um filtro passa-baixas descrito por

$$1{,}25\, y[n] - y[n-1] = x[n]$$

(Figura 9.1).

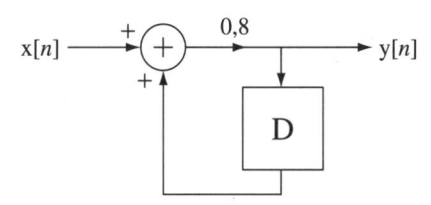

Figura 9.1
Um filtro passa-baixas.

Determine a resposta y[n] e a compare com a resposta $y_p[n]$ relativa a $x_p[n] = \delta_4[n]$ (Figura 9.2).

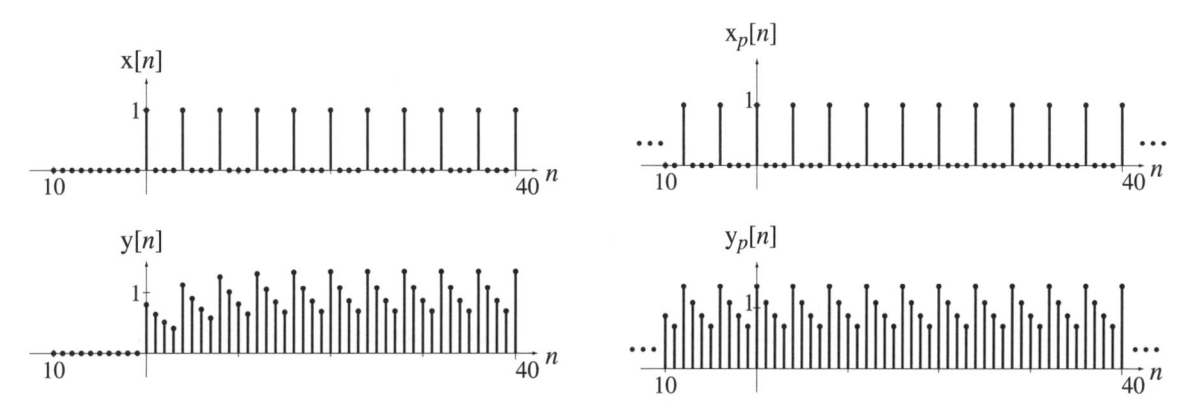

Figura 9.2
Excitações com seqüência de impulsos aperiódica, seqüência de impulsos periódica e as respectivas respostas do sistema.

Há duas técnicas que poderíamos aplicar para obter a resposta relativa a x[n]:

1. Recursividade aplicada à equação de diferenças $y[n] = 0{,}8(x[n] + y[n-1])$;
2. Convolução $y[n] = h[n] * x[n]$.

A recursividade funciona, mas nos fornece uma solução na forma de uma série infinita. Se pretendemos ter uma solução na forma fechada, devemos utilizar a convolução para determinar a solução. A resposta ao impulso é dada por

$$h[n] = 0{,}8^{n+1} u[n]$$

Portanto, a resposta à sequência de impulsos aperiódica é

$$y[n] = 0{,}8^{n+1} u[n] * \delta_4[n] u[n] = 0{,}8^{n+1} u[n] * u[n] \sum_{q=-\infty}^{\infty} \delta[n-4q]$$

$$y[n] = 0{,}8^{n+1} u[n] * \sum_{q=0}^{\infty} \delta[n-4q] = \sum_{q=0}^{\infty} 0{,}8^{n-4q+1} u[n-4q]$$

$$y[n] = 0{,}8^{n+1} \sum_{q=0}^{\infty} (1{,}25)^{4q} u[n-4q] = 0{,}8^{n+1} \begin{cases} \sum_{q=0}^{\lfloor n/4 \rfloor} (1{,}25)^{4q} &, n \geq 0 \\ 0 &, n < 0 \end{cases}$$

$$y[n] = 0{,}8^{n+1}\frac{1-1{,}25^{4(\lfloor n/4 \rfloor+1)}}{1-1{,}25^4}u[n]$$
$$= 0{,}6938(0{,}8)^{n+1}\left[2{,}4414^{(\lfloor n/4 \rfloor+1)}-1\right]u[n] \quad (9.1)$$

onde $\lfloor n/4 \rfloor$ denota o maior inteiro em $n/4$ (ou arredondado para o inteiro mais próximo na direção do infinito negativo). Por meio de uma técnica similar, podemos determinar a resposta relativa a uma seqüência de impulsos periódica $y_p[n]$. Ela é

$$y_p[n] = (4/5)^{n+1}\sum_{q=-\infty}^{\lfloor n/4 \rfloor}(5/4)^{4q} \quad (9.2)$$

Determinar $y[n]$ por meio da Equação (9.1) não é tão difícil (embora chegar à Equação (9.1) com a ajuda da convolução não seja elementar). Porém, determinar $y_p[n]$ usando a Equação (9.2) é mais difícil. A obtenção da resposta a um dado tempo finito requer o cálculo de infinitas somas das respostas relativas a impulsos deslocados, pois o índice do somatório se inicia no infinito negativo. Tal procedimento é praticamente impossível de ser feito. Então, o que poderíamos fazer de fato seria iniciar os somatórios da Equação (9.2) em um indíce q, que posicione o primeiro impulso logo após o intervalo de instantes nos quais estamos realmente interessados. Se o posicionarmos antecipada e suficientemente longe, os efeitos transitórios já terão desaparecido e a solução será praticamente a mesma da solução forçada.

Ainda que tais métodos funcionem, preferimos ter um modo direto de determinação exata da resposta forçada em lugar de aproximá-la por meio de uma convolução. Para uma excitação do tipo senóide complexa $e^{j2\pi n/N_0}$, determinar a resposta forçada é relativamente fácil. Visto que ela se encontra na forma de uma autofunção da equação de um sistema SLIT, a solução particular (a resposta forçada) é também uma senóide complexa de mesmo período N_0. Para este sistema, a resposta forçada relativa a $e^{j2\pi n/N_0}$ seria

$$\underbrace{\frac{1}{1{,}25-e^{-j2\pi/N_0}}}_{\text{constante complexa}}e^{j2\pi n/N_0}$$

O conceito fundamental da série de Fourier discretizada no tempo é determinar um modo de representar um sinal arbitrário como uma combinação linear de senóides complexas. A partir daí, podemos nos aproveitar da linearidade e da invariância no tempo para determinarmos a resposta associada a cada senóide complexa, uma a uma, e, assim, somar todas as respostas.

9.3 CONCEITOS BÁSICOS E DESENVOLVIMENTO DA SÉRIE DE FOURIER

LINEARIDADE E EXCITAÇÃO EXPONENCIAL COMPLEXA

Assim como foi verdade para o tempo contínuo, se um sistema SLIT é excitado por uma senóide complexa, a resposta é igualmente uma senóide complexa de mesma freqüência, mas normalmente com constante multiplicativa distinta. Se um sistema SLIT é excitado por uma soma de sinais, a resposta completa equivale à soma das respostas relativas a cada um desses sinais, tomados individualmente. A série de Fourier discretizada no tempo (SFDT) representa os sinais arbitrários como combinações lineares de senóides complexas e, por isso, podemos utilizar a superposição para obter a resposta de qualquer sistema SLIT relativa a qualquer sinal arbitrário simplesmente somando as respostas às senóides complexas individuais (Figura 9.3).

Cossenos e senos reais podem ser representados por

$$\cos(x) = \frac{e^{jx}+e^{-jx}}{2} \quad \text{e} \quad \text{sen}(x) = \frac{e^{jx}-e^{-jx}}{j2}$$

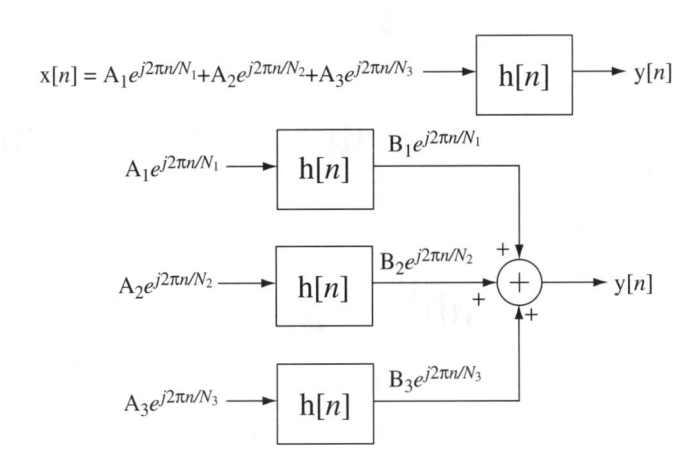

Figura 9.3
A equivalência da resposta de um sistema SLIT a um sinal e a soma de suas respostas associadas a senóides complexas cuja soma é equivalente ao sinal original.

(Figura 9.4).

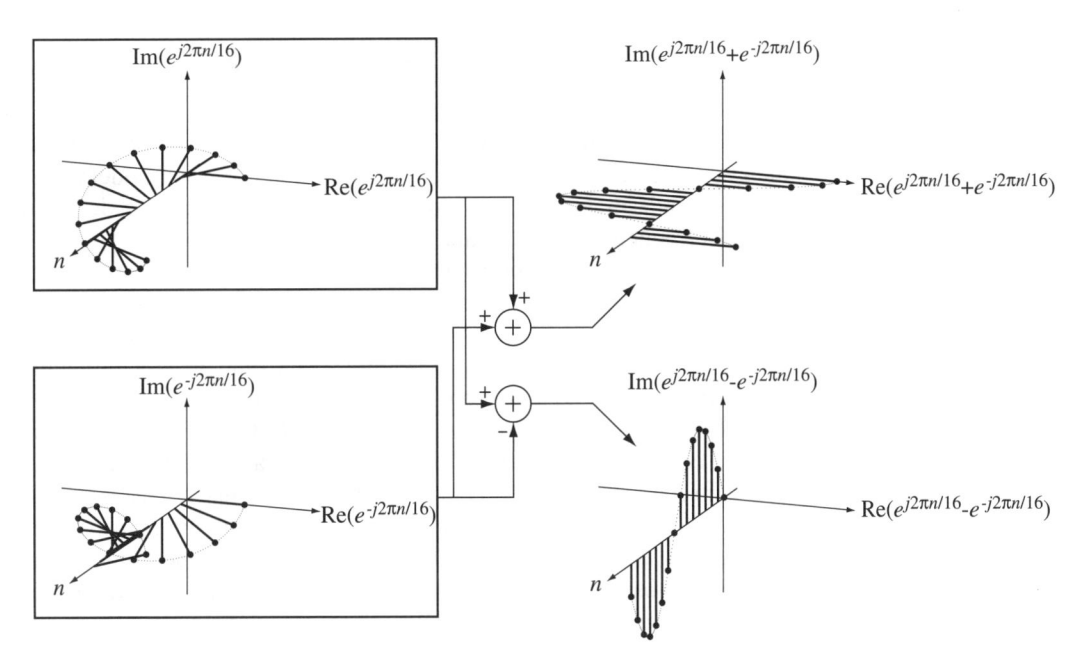

Figura 9.4
Adição e subtração de $e^{j2\pi n/16}$ e $e^{-j2\pi n/16}$ para compor $2\cos(2\pi n/16)$ e $j2\mathrm{sen}(2\pi n/16)$.

Qualquer função periódica limitada pode ser representada como uma combinação de senóides complexas por meio da SFDT. No Capítulo 11, iremos estender a série de Fourier à transformada de Fourier discretizada no tempo (TFDT) para representar funções aperiódicas também.

Considere um sinal original arbitrário x[n] que gostaríamos de representar como uma combinação linear de senóides sobre um intervalo de tempo finito, delimitado por um tempo inicial n_0 e um tempo final $n_0 + N_F$ como ilustrado pelo gráfico do centro da Figura 9.5.

Na Figura 9.5, o sinal é aproximado por uma constante 0,2197, que corresponde ao valor médio do sinal. Uma constante é um caso especial de uma senóide, que neste caso é $0{,}2197\cos(2\pi kn/N_F)$ com $k = 0$ e $N_F = 12$. Essa representação consiste na melhor aproximação possível de x[n] por uma constante porque o erro médio quadrático entre x[n] e a aproximação é mínimo. Podemos melhorar essa aproximação grosseira se acrescentarmos à constante uma senóide cuja freqüência fundamental $1/N_F$ seja a mesma que a freqüência fundamental de x[n] (Figura 9.6).

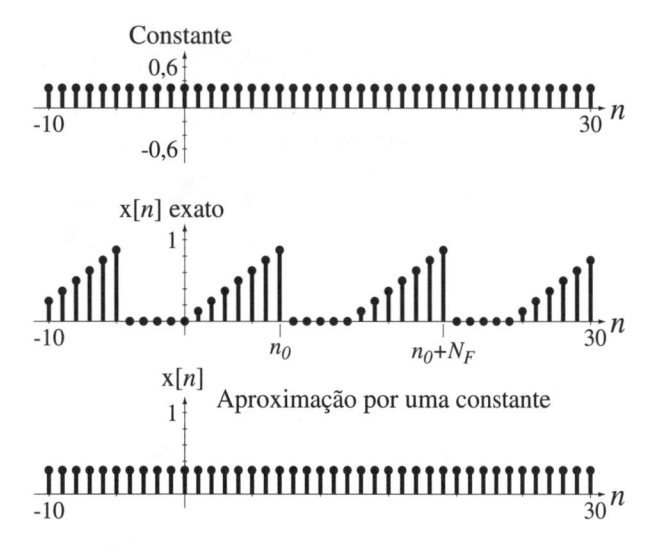

Figura 9.5
Aproximação do sinal por uma constante.

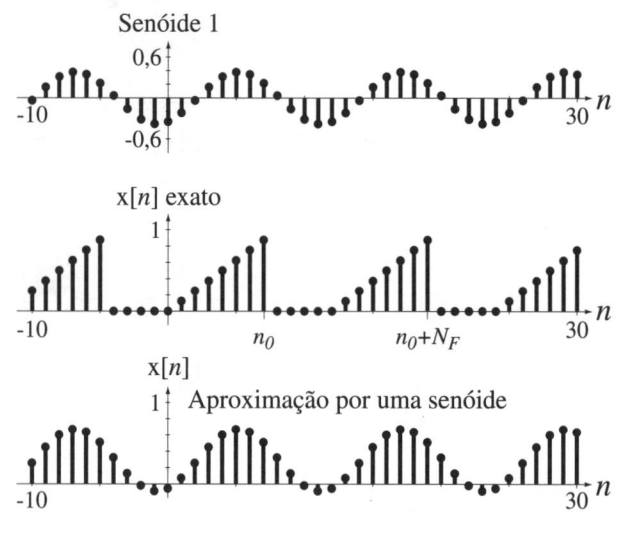

Figura 9.6
Sinal aproximado por uma constante adicionada a única senóide.

Essa é a melhor aproximação que pode ser feita quando se utiliza uma constante e uma única senóide de mesma freqüência fundamental que x[n]. Podemos melhorar a aproximação ainda mais por meio do acréscimo de uma senóide de freqüência igual ao dobro da freqüência fundamental de x[n] (Figura 9.7).

Se prosseguirmos adicionando senóides com freqüências apropriadamente escolhidas, iguais aos múltiplos inteiros maiores do que a freqüência fundamental de x[n], poderemos tornar a aproximação cada vez melhor e, quando a sexta senóide for adicionada, a representação passará a ser exata (Figura 9.8). Compare essa última figura com a série de Fourier contínua no tempo em que infinitas senóides (em geral) são necessárias para se representar exatamente um sinal arbitrário. Neste exemplo, a igualdade exata foi alcançada com apenas seis senóides. Isso demonstra uma diferença significativa entre as representações em séries de Fourier contínuas e as discretizadas no tempo. No tempo discreto, representações exatas são sempre obtidas com um número finito de senóides.

Da mesma maneira que na SFCT, k é conhecido como número harmônico e todas as senóides possuem freqüências que são k vezes a freqüência fundamental, o que para a SFDT equivale a $1/N_F$. Se o sinal a ser representado é x[n], então a amplitude do k-ésimo seno harmônico vale $X_s[k]$ e a amplitude do k-ésimo cosseno harmônico é igual

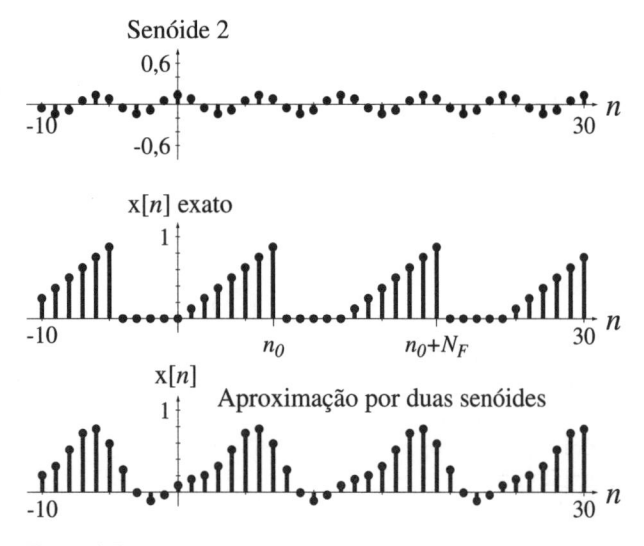

Figura 9.7
Sinal aproximado por uma constante adicionada a duas senóides.

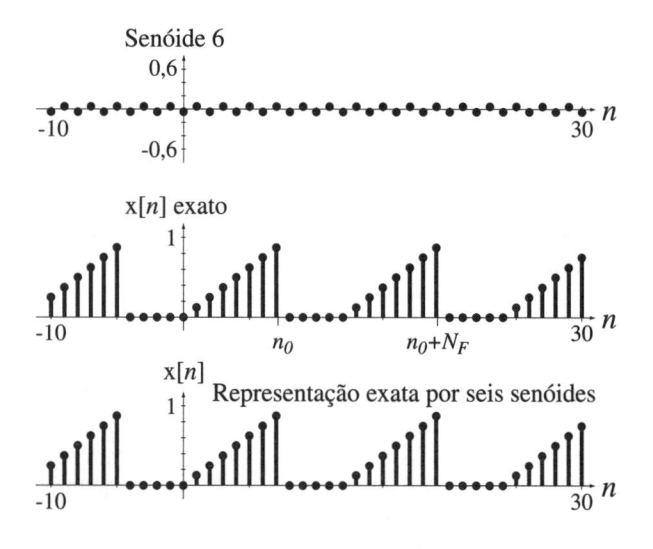

Figura 9.8
Sinal representado por uma constante adicionada a seis senóides.

a $X_c[k]$. As funções $X_s[k]$ e $X_c[k]$ juntamente com o termo constante são funções harmônicas da SFDT do sinal original, neste caso, a SFDT trigonométrica. A Figura 9.9 ilustra como a SFDT converge para o sinal original à proporção que o número de harmônicos utilizados para representar o sinal cresce. Para isso, a referida figura contém dois outros sinais originais.

Ambas as representações na Figura 9.9 são exatas entre as duas linhas verticais quando todos os harmônicos são utilizados. Contudo, o sinal da esquerda não é periódico e, portanto, a representação é exata *somente* no intervalo em questão. O sinal da direita é representado com exatidão para todo o tempo, pois o tempo de representação corresponde precisamente a um período fundamental. Com certeza, esse é o uso mais comum da SFDT na análise de sinais e sistemas.

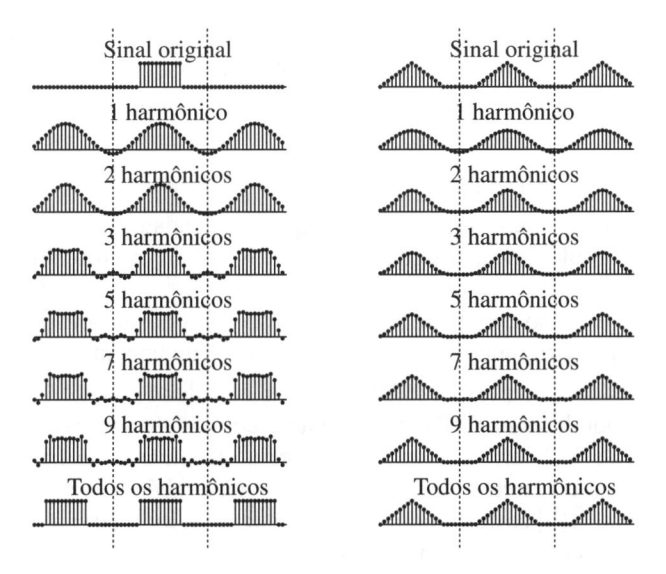

Figura 9.9
Exemplos de representações por série de Fourier.

Cada uma das senóides usadas nas aproximações desse exemplo está na forma $\cos(2\pi kn/N_F + \theta)$ multiplicado por uma constante para ajuste da sua amplitude. Fazendo uso da identidade trigonométrica

$$\cos(a+b) = \cos(a)\cos(b) - \mathrm{sen}(a)\mathrm{sen}(b)$$

podemos reformular essa forma funcional para a seguinte:

$$\cos(2\pi kn/N_F + \theta) = \cos(\theta)\cos(2\pi kn/N_F) - \mathrm{sen}(\theta)\mathrm{sen}(2\pi kn/N_F)$$

Cada seno e cosseno na forma trigonométrica da série de Fourier poderia ser substituído por uma combinação linear de senóides complexas das formas abaixo:

$$\cos\left(\frac{2\pi kn}{N_F}\right) = \frac{e^{j2\pi kn/N_F} + e^{-j2\pi kn/N_F}}{2} \quad \text{e} \quad \mathrm{sen}\left(\frac{2\pi kn}{N_F}\right) = \frac{e^{j2\pi kn/N_F} - e^{-j2\pi kn/N_F}}{j2}$$

Desse modo, para cada componente harmônico em seno e cosseno da série de Fourier, há um par conjugado complexo de senóides complexas que pode substituí-lo. Se adicionarmos o seno e o cosseno de amplitudes $X_s[k]$ e $X_c[k]$ a qualquer número harmônico k particular, obtemos

$$X_c[k]\cos\left(\frac{2\pi kn}{N_F}\right) + X_s[k]\mathrm{sen}\left(\frac{2\pi kn}{N_F}\right) = \begin{cases} X_c[k]\dfrac{e^{j2\pi kn/N_F} + e^{-j2\pi kn/N_F}}{2} \\ + X_s[k]\dfrac{e^{j2\pi kn/N_F} - e^{-j2\pi kn/N_F}}{j2} \end{cases}$$

Podemos combinar termos senoidais complexos semelhantes no lado direito da igualdade para compor

$$\mathrm{X}_c[k]\cos\left(\frac{2\pi kn}{N_F}\right) + \mathrm{X}_s[k]\mathrm{sen}\left(\frac{2\pi kn}{N_F}\right) = \frac{1}{2}\left\{\begin{array}{l}(\mathrm{X}_c[k] - j\,\mathrm{X}_s[k])e^{j2\pi kn/N_F} \\ +(\mathrm{X}_c[k] + j\,\mathrm{X}_s[k])e^{j2\pi(-k)n/N_F}\end{array}\right\}$$

Agora, se definirmos

$$\mathrm{X}[k] = \frac{\mathrm{X}_c[k] - j\,\mathrm{X}_s[k]}{2}, \quad k > 0 \quad \text{e} \quad \mathrm{X}[k] = \mathrm{X}^*[-k]$$

podemos escrever

$$\mathrm{X}_c[k]\cos(2\pi kn/N_F) + \mathrm{X}_s[k]\mathrm{sen}(2\pi kn/N_F)$$
$$= \mathrm{X}[k]e^{j2\pi kn/N_F} + \mathrm{X}[-k]e^{j2\pi(-k)n/N_F}, \quad k > 0$$

e temos as amplitudes X[k] das senóides complexas $e^{j2\pi kn/N_F}$ tanto nos múltiplos inteiros positivos quanto nos negativos da freqüência fundamental, e a soma de todas essas senóides complexas é acrescida à função original do mesmo modo que os senos e os cossenos.

Para incluir o termo constante na formulação geral das senóides complexas, admita que ele seja o harmônico de ordem 0 ($k = 0$) da fundamental. Considerando que k seja zero, a senóide complexa $e^{j2\pi kn/N_F}$ é igual ao valor 1; e se formos multiplicá-la por um fator de ponderação X[0] corretamente escolhido, podemos completar a representação em série de Fourier complexa. A mesma fórmula geral para se determinar X[k] para qualquer k diferente de zero pode ser usada também, sem modificações, para se obter X[0], e tal X[0] corresponde simplesmente ao valor médio no tempo de representação $n_0 \leq n < n_0 + N_F$ da função a ser representada.

DEDUÇÃO DA SÉRIE DE FOURIER

Vamos admitir, provisoriamente, que um sinal x[n] possa ser representado, sobre um tempo de representação $n_0 \leq n < n_0 + N_F$ como uma combinação linear de senóides complexas, sobre um intervalo de harmônicos delimitado por $k_1 \leq k < k_2$ na forma

$$\mathrm{x}_F[n] = \sum_{k=k_1}^{k_2-1} \mathrm{X}[k]e^{j2\pi kn/N_F} \tag{9.3}$$

Então x[n] = x$_F$[n], $n_0 \leq n < n_0 + N_F$. Estamos representando o sinal original x[n] como uma combinação linear de senóides complexas sobre um tempo de representação finito $n_0 \leq n < n_0 + N_F$, e não sobre todo o tempo. Adiante, restringiremos sua aplicação aos sinais periódicos. A representação de um sinal periódico para todo tempo é a aplicação prática mais comum das SFDTs.

Neste momento, considere a questão em relação à quantidade de harmônicos de que realmente precisamos para representar uma função por meio de uma SFDT. A forma da senóide complexa é $e^{j2\pi kn/N_F}$, em que k é o número harmônico. Comece com $k = 0$ e componha senóides complexas com valores sucessivamente maiores de k (Figura 9.10). A senóide complexa $k = N_F$ e a senóide complexa $k = 0$ são funções idênticas (pois n deve ser inteiro), assim como são as senóides complexas $k = N_F + 1$ e $k = 1$. Podemos generalizar tal observação ao considerarmos qualquer senóide complexa $e^{j2\pi k_0 n/N_F}$ em $k = k_0$ e $e^{j2\pi(k_0+qN_F)n/N_F}$ em $k = k_0 + qN_F$, onde q é qualquer inteiro

$$e^{j2\pi(k_0+qN_F)n/N_F} = e^{j2\pi k_0 n/N_F}\underbrace{e^{j2\pi qn}}_{=1} = e^{j2\pi k_0 n/N_F} \tag{9.4}$$

k	$e^{j2\pi kn/N_F}$
0	1
1	$e^{j2\pi n/N_F}$
2	$e^{j4\pi n/N_F}$
⋮	⋮
N_F	$e^{j2\pi n} = 1$ → visto que n é inteiro
N_F+1	$e^{j2\pi(N_F+1)n/N_F} = e^{j2\pi n/N_F}$
⋮	⋮

Figura 9.10
Senóides complexas para vários números harmônicos.

Esse desenvolvimento prova que ao adicionarmos qualquer múltiplo inteiro (inclusive inteiros negativos) do tempo de representação N_F ao número harmônico de qualquer senóide complexa particular discretizada no tempo, obtemos uma senóide complexa discretizada no tempo idêntica. (Tal fenômeno não acontece com senóides contínuas no tempo.) Portanto, qualquer intervalo de números harmônicos k consecutivos, de comprimento exatamente igual a N_F, é um conjunto completo de senóides complexas. Qualquer elemento adicional seria redundante. Logo, a Equação (9.3) pode ser escrita como

$$x_F[n] = \sum_{k=k_0}^{k_0+N_F-1} X[k]e^{j2\pi kn/N_F} = \sum_{k=\langle N_F \rangle} X[k]e^{j2\pi kn/N_F}$$

em que a notação $\sum_{k=\langle N_F \rangle}$ indica um somatório sobre *qualquer* intervalo de ks consecutivos de comprimento exatamente igual a N_F.

O problema de determinação da representação por SFDT passa a ser um problema de determinação da função correta $X[k]$ que torne válida a igualdade $x[n] = x_F[n]$, $n_0 \leq n < n_0 + N_F$. Se a igualdade entre $x[n]$ e $x_F[n]$ é mantida, devemos ser capazes de afirmar que

$$x[n] = \sum_{k=\langle N_F \rangle} X[k]e^{j2\pi kn/N_F} \quad , \quad n_0 \leq n < n_0 + N_F \qquad (9.5)$$

Existem N_F valores para $x[n]$ no intervalo de tempo delimitado por $n_0 \leq n < n_0 + N_F$. Para tornarmos a notação mais simples nas próximas equações façamos

$$W_N = e^{j2\pi/N} \qquad (9.6)$$

e, já que o ponto de partida do somatório de k é arbitrário, vamos admitir $k = 0$. Logo, se escrevemos a Equação (9.5) para cada n em $n_0 \leq n < n_0 + N_F$, utilizando a Equação (9.6), podemos escrever a equação na forma de uma matriz

$$\underbrace{\begin{bmatrix} x[n_0] \\ x[n_0+1] \\ \vdots \\ x[n_0+N_F-1] \end{bmatrix}}_{\mathbf{x}} = \underbrace{\begin{bmatrix} W_{N_F}^0 & W_{N_F}^{n_0} & \cdots & W_{N_F}^{n_0(N_F-1)} \\ W_{N_F}^0 & W_{N_F}^{n_0+1} & \cdots & W_{N_F}^{(n_0+1)(N_F-1)} \\ \vdots & \vdots & \ddots & \vdots \\ W_{N_F}^0 & W_{N_F}^{n_0+N_F-1} & \cdots & W_{N_F}^{(n_0+N_F-1)(N_F-1)} \end{bmatrix}}_{\mathbf{W}} \underbrace{\begin{bmatrix} X[0] \\ X[1] \\ \vdots \\ X[N_F-1] \end{bmatrix}}_{\mathbf{X}} \qquad (9.7)$$

ou na forma compacta, $\mathbf{x} = \mathbf{WX}$. Se $\mathbf{W}$ é não-singular, podemos obter diretamente $\mathbf{X}$ por meio de $\mathbf{X} = \mathbf{W}^{-1}\mathbf{x}$. A Equação (9.7) também pode ser escrita na forma

$$\begin{bmatrix} x[n_0] \\ x[n_0+1] \\ \vdots \\ x[n_0+N_F-1] \end{bmatrix} = \underbrace{\begin{bmatrix} 1 \\ 1 \\ \vdots \\ 1 \end{bmatrix}}_{k=0} X[0] + \underbrace{\begin{bmatrix} W_{N_F}^{n_0} \\ W_{N_F}^{n_0+1} \\ \vdots \\ W_{N_F}^{n_0+N_F-1} \end{bmatrix}}_{k=1} X[1] + \cdots$$

$$+ \underbrace{\begin{bmatrix} W_{N_F}^{n_0(N_F-1)} \\ W_{N_F}^{(n_0+1)(N_F-1)} \\ \vdots \\ W_{N_F}^{(n_0+N_F-1)(N_F-1)} \end{bmatrix}}_{k=N_F-1} X[N_F-1] \qquad (9.8)$$

ou

$$\mathbf{x} = \mathbf{w}_0 X[0] + \mathbf{w}_1 X[1] + \cdots + \mathbf{w}_{N_F-1} X[N_F-1] \qquad (9.9)$$

em que $\mathbf{W} = [\mathbf{w}_0 \mathbf{w}_1 \cdots \mathbf{w}_{N_F-1}]$. O vetor da primeira coluna $\mathbf{w}_0$ é a constante 1 sobre o intervalo de tempo $n_0 \le n < n_0 + N_F$, o que pode também ser entendido como uma senóide complexa de freqüência zero. O vetor da segunda coluna $\mathbf{w}_1$ corresponde a um ciclo da senóide complexa $e^{j2\pi n/N_F}$ na freqüência fundamental ($k = 1$). Cada vetor de colunas subseqüente corresponde a k ciclos de uma senóide complexa à freqüência igual ao próximo número harmônico superior sobre o período de tempo $n_0 \le n < n_0 + N_F$.

A Figura (9.11) ilustra estas senóides complexas para o caso de $N_F = 8$ e $n_0 = 0$.

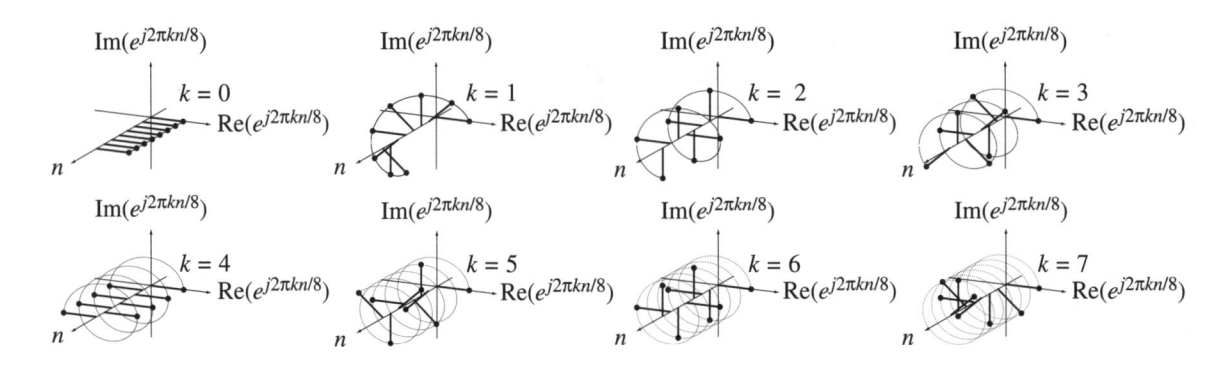

Figura 9.11
Ilustração de um conjunto completo de vetores de bases ortogonais para $N_F = 8$ e $n_0 = 0$.

Note que a seqüência de valores da senóide complexa em função de n para $k = 7$ se assemelha à seqüência para $k = 1$, excetuando-se pela rotação no sentido contrário. Na verdade, a seqüência para $k = 7$ é a mesma que a seqüência para $k = -1$. Esse fato ocorreu devido à propriedade de periodicidade provada pela Equação (9.4).

Os vetores em questão compõem uma família de **vetores de bases ortogonais**. Relembrando da álgebra linear básica ou análise de vetores que a projeção $\mathbf{p}$ de um vetor real $\mathbf{x}$ na direção de outro vetor real $\mathbf{y}$ é dada por

$$\mathbf{p} = \frac{\mathbf{x}^T \mathbf{y}}{\mathbf{y}^T \mathbf{y}} \mathbf{y} \qquad (9.10)$$

e quando a projeção é zero, $\mathbf{x}$ e $\mathbf{y}$ são ditos serem ortogonais. Tal situação ocorre quando o produto escalar (também chamado de produto interno) de $\mathbf{x}$ e $\mathbf{y}$, $\mathbf{x}^T\mathbf{y}$, é zero.

9.3 Conceitos Básicos e Desenvolvimento da Série de Fourier

Se os vetores possuem valores complexos, a teoria é praticamente a mesma, diferindo-se apenas pelo fato de que o produto escalar é dado por $\mathbf{x}^H\mathbf{y}$ e a projeção é

$$\mathbf{p} = \frac{\mathbf{x}^H\mathbf{y}}{\mathbf{y}^H\mathbf{y}}\mathbf{y} \qquad (9.11)$$

em que a notação $\mathbf{x}^H$ indica o conjugado complexo da transposta de $\mathbf{x}$. (Essa é uma operação tão comum em matrizes com valores complexos que a transposta de uma matriz complexa é freqüentemente definida incluindo-se a operação de conjugação complexa. Isso se aplica a transposições de matrizes no MATLAB.) Um conjunto de vetores ortogonais adequadamente escolhidos pode formar uma **base**. Uma base vetorial ortogonal corresponde a um conjunto de vetores ortogonais que podem ser associados por combinações lineares para compor qualquer vetor arbitrário da mesma dimensão.

O produto escalar entre os dois primeiros vetores de base na Equação (9.8) é

$$\mathbf{w}_0^H\mathbf{w}_1 = \begin{bmatrix} 1 & 1 & \cdots & 1 \end{bmatrix} \begin{bmatrix} W_{N_F}^{n_0} \\ W_{N_F}^{n_0+1} \\ \vdots \\ W_{N_F}^{n_0+N_F-1} \end{bmatrix} = W_{N_F}^{n_0}\left(1 + W_{N_F} + \cdots + W_{N_F}^{N_F-1}\right) \qquad (9.12)$$

A soma de uma série geométrica de comprimento finito é

$$\sum_{n=0}^{N-1} r^n = \begin{cases} N & , r = 1 \\ \dfrac{1-r^N}{1-r} & , r \neq 1 \end{cases}$$

Somando a série geométrica da Equação (9.12),

$$\mathbf{w}_0^H\mathbf{w}_1 = W_{N_F}^{n_0}\frac{1-W_{N_F}^{N_F}}{1-W_{N_F}} = W_{N_F}^{n_0}\frac{1-e^{j2\pi}}{1-e^{j2\pi/N_F}} = 0$$

provando que eles são de fato ortogonais (se $N_F \neq 1$). Em geral, o produto escalar entre o vetor do harmônico k_1 e o vetor do harmônico k_2 é

$$\mathbf{w}_{k_1}^H\mathbf{w}_{k_2} = \begin{bmatrix} W_{N_F}^{-n_0 k_1} & W_{N_F}^{-(n_0+1)k_1} & \cdots & W_{N_F}^{-(n_0+N_F-1)k_1} \end{bmatrix} \begin{bmatrix} W_{N_F}^{n_0 k_2} \\ W_{N_F}^{(n_0+1)k_2} \\ \vdots \\ W_{N_F}^{(n_0+N_F-1)k_2} \end{bmatrix}$$

$$\mathbf{w}_{k_1}^H\mathbf{w}_{k_2} = W_{N_F}^{n_0(k_2-k_1)}\left[1 + W_{N_F}^{(k_2-k_1)} + \cdots + W_{N_F}^{(N_F-1)(k_2-k_1)}\right]$$

$$\mathbf{w}_{k_1}^H\mathbf{w}_{k_2} = W_{N_F}^{n_0(k_2-k_1)}\frac{1-\left[W_{N_F}^{(k_2-k_1)}\right]^{N_F}}{1-W_{N_F}^{(k_2-k_1)}} = W_{N_F}^{n_0(k_2-k_1)}\frac{1-e^{j2\pi(k_2-k_1)}}{1-e^{j2\pi(k_2-k_1)/N_F}} = 0 \quad , \; k_1 \neq k_2$$

Esse resultado é zero porque o numerador é zero e o denominador não. O numerador é nulo, pois ambos k_1 e k_2 são inteiros e, portanto, $e^{j2\pi(k_2-k_1)}$ é unitário. O denominador é diferente de zero, visto que ambos k_1 e k_2 encontram-se no intervalo $0 \leq k_1, k_2 < N_F$, e a razão $(k_2 - k_1)/N_F$ não pode ser inteira (se $k_1 \neq k_2$ e $N_F \neq 1$). Assim, todos os vetores da Equação (9.8) são mutuamente ortogonais.

O produto escalar de um desses vetores de base com ele próprio é diferente de zero. Ele é

$$\mathbf{w}_{k_1}^H \mathbf{w}_{k_1} = \begin{bmatrix} W_{N_F}^{-n_0 k_1} & W_{N_F}^{-(n_0+1)k_1} & \cdots & W_{N_F}^{-(n_0+N_F-1)k_1} \end{bmatrix} \begin{bmatrix} W_{N_F}^{n_0 k_1} \\ W_{N_F}^{(n_0+1)k_1} \\ \vdots \\ W_{N_F}^{(n_0+N_F-1)k_1} \end{bmatrix}$$

ou

$$\mathbf{w}_{k_1}^H \mathbf{w}_{k_1} = 1 + 1 + \cdots + 1 = N_F$$

O fato de que as colunas de $\mathbf{W}$ sejam ortogonais conduzem a uma interpretação interessante de como $\mathbf{X}$ possa ser calculado. Se pré-multiplicarmos todos os termos da Equação (9.9) por $\mathbf{w}_0^H$, obtemos

$$\mathbf{w}_0^H \mathbf{x} = \underbrace{\mathbf{w}_0^H \mathbf{w}_0}_{=N_F} X[0] + \underbrace{\mathbf{w}_0^H \mathbf{w}_1}_{=0} X[1] + \cdots + \underbrace{\mathbf{w}_0^H \mathbf{w}_{N_F-1}}_{=0} X[N_F-1] = N_F X[0]$$

Logo podemos resolver para X[0] como

$$X[0] = \frac{\mathbf{w}_0^H \mathbf{x}}{\mathbf{w}_0^H \mathbf{w}_0} = \frac{\mathbf{w}_0^H \mathbf{x}}{N_F}$$

O vetor $X[0]\mathbf{w}_0$ representa a projeção do vetor $\mathbf{x}$ na direção do vetor de base $\mathbf{w}_0$. De maneira similar, cada $X[k]\mathbf{w}_k$ corresponde à projeção do vetor $\mathbf{x}$ na direção do vetor de base $\mathbf{w}_k$. O valor da função harmônica $X[k]$ pode ser determinado em cada número harmônico como

$$X[k] = \frac{\mathbf{w}_k^H \mathbf{x}}{N_F}$$

e podemos resumir todo o processo de determinação da função harmônica como

$$\mathbf{X} = \frac{1}{N_F} \begin{bmatrix} \mathbf{w}_0^H \\ \mathbf{w}_1^H \\ \vdots \\ \mathbf{w}_{N_F+1}^H \end{bmatrix} \mathbf{x} = \frac{\mathbf{W}^H \mathbf{x}}{N_F} \qquad (9.13)$$

Devido à ortogonalidade dos vetores $\mathbf{w}_{k_1}$ e $\mathbf{w}_{k_2}$ ($k_1 \neq k_2$), o produto entre $\mathbf{W}$ e sua transposta conjugada complexa $\mathbf{W}^H$ é dado por

$$\mathbf{W}\mathbf{W}^H = \begin{bmatrix} \mathbf{w}_0 \mathbf{w}_1 \cdots \mathbf{w}_{N_F-1} \end{bmatrix} \begin{bmatrix} \mathbf{w}_0^H \\ \mathbf{w}_1^H \\ \vdots \\ \mathbf{w}_{N_F+1}^H \end{bmatrix} = \begin{bmatrix} N_F & 0 & \cdots & 0 \\ 0 & N_F & \cdots & 0 \\ \vdots & \vdots & \ddots & \vdots \\ 0 & 0 & \cdots & N_F \end{bmatrix} = N_F \mathbf{I}$$

Dividindo ambos os lados por N_F,

$$\frac{\mathbf{W}\mathbf{W}^H}{N_F} = \begin{bmatrix} 1 & 0 & \cdots & 0 \\ 0 & 1 & \cdots & 0 \\ \vdots & \vdots & \ddots & \vdots \\ 0 & 0 & \cdots & 1 \end{bmatrix} = \mathbf{I}$$

Portanto, a inversa de W é

$$\mathbf{W}^{-1} = \frac{\mathbf{W}^H}{N_F}$$

e com base em $\mathbf{X} = \mathbf{W}^{-1}\mathbf{x}$, podemos resolver para X como

$$\mathbf{X} = \frac{\mathbf{W}^H \mathbf{x}}{N_F} \qquad (9.14)$$

o que equivale ao mesmo resultado da Equação (9.13). As Equações (9.13) e (9.14) podem ser escritas na forma de um somatório

$$X[k] = \frac{1}{N_F} \sum_{n=n_0}^{n_0+N_F-1} x[n] e^{-j2\pi kn/N_F}$$

Agora temos as fórmulas direta e inversa da SFDT

$$\boxed{X[k] = \frac{1}{N_F} \sum_{n=n_0}^{n_0+N_F-1} x[n] e^{-j2\pi kn/N_F} \quad , \quad x_F[n] = \sum_{k=\langle N_F \rangle} X[k] e^{j2\pi kn/N_F}} \qquad (9.15)$$

Se a função no domínio do tempo x[n] é limitada no tempo de representação $n_0 \leq n < n_0 + N_F$, a função harmônica pode ser sempre obtida e ela própria é limitada, uma vez que consiste em um somatório finito de termos limitados.

Os somatórios na Equação (9.15) parecem familiares. Em

$$\sum_{n=n_0}^{n_0+N_F-1} x[n] e^{-j2\pi kn/N_F}$$

se permitirmos que n_0 seja zero, obtemos

$$\sum_{n=0}^{N_F-1} x[n] e^{-j2\pi kn/N_F}$$

e essa é a DFT, primeiramente obtida ao realizarmos a aproximação numérica do SFCT no Capítulo 8. Logo, a DFT e a SFDT são muito similares, diferindo-se apenas por uma constante de escala N_F se a escolha para o primeiro n no somatório

$$\sum_{n=n_0}^{n_0+N_F-1} x[n] e^{-j2\pi kn/N_F}$$

é $n_0 = 0$. Assim como se verifica para a DFT, a função harmônica em SFDT é periódica de período N_F. Resumindo, se um sinal x[n] tem um período fundamental N_0, e N_F é um inteiro múltiplo de N_0, sua função harmônica em SFDT é a seguinte:

$$\boxed{X[k] = (1/N_F)\mathcal{DFT}(x[n])} \qquad (9.16)$$

em que $0 \leq n < N_F$

Na representação por SFDT de uma função

$$x_F[n] = \sum_{k=\langle N_F \rangle} X[k] e^{j2\pi kn/N_F} = \sum_{k=\langle N_F \rangle} X[k] e^{j2\pi k F_F n}$$

k é o número harmônico. Na segunda versão da SFDT, kF_F ($F_F = 1/N_F$) é uma freqüência cíclica k vezes a freqüência cíclica fundamental da representação em série de Fourier. Por exemplo, a freqüência $2F_F$ equivale ao segundo harmônico da freqüência fundamental F_F. Nas expressões em SFDT, os sinais são sempre representados por combinações lineares de senóides reais ou complexas na freqüência fundamental da representação em série de Fourier e seus harmônicos. (No Capítulo 11, no estudo da transformada de Fourier discretizada no tempo, a quantidade kF_F será generalizada para uma variável F na freqüência contínua.)

Representar a função $x[n]$ por uma SFDT corresponde a uma transformação da maneira como representamos a função matematicamente. A função é a mesma porque se fôssemos traçar pontos de $x[n]$ e $\sum_{k=\langle N_F \rangle} X[k] e^{j2\pi kn/N_F}$ em um gráfico no intervalo de tempo $n_0 \leq n < n_0 + N_F$, as duas representações funcionais iriam produzir exatamente os mesmos valores em todos os pontos daquele intervalo de tempo em consideração. Um modo comum de expressar a relação existente entre uma função e sua função harmônica em SFDT é afirmar que eles formam um par em série de Fourier. Essa relação é normalmente indicada pela notação concisa,

$$x[n] \xleftrightarrow{\mathcal{FS}} X[k] \qquad (9.17)$$

em que a função da esquerda representa o sinal no domínio do tempo, já que sua variável independente é o tempo discreto n, e a função da direita representa a transformação do sinal para um domínio dos números harmônicos, pois a variável independente é o número harmônico k.

O processo de composição de um sinal $x_F[n]$ como a soma de uma série de senóides complexas é algumas vezes denominado **síntese**. Podemos sintetizar um sinal por meio de suas partes componentes: as senóides complexas individuais. O processo de determinação da função harmônica da série de Fourier $X[k]$ é algumas vezes denominado **análise**. Analisamos o sinal $x[n]$ quando o decompomos em suas partes componentes.

A Série de Fourier Discretizada no Tempo Trigonométrica

É demonstrado no Apêndice G, localizado no site do livro, no endereço **www.mhhe.com/roberts**, que a forma trigonométrica da série de Fourier discretizada no tempo para N_F par é a seguinte

$$x_F[n] = X[0] + (-1)^n X[N_F/2] + \sum_{k=1}^{N_F/2-1} \left[X_c[k] \cos(2\pi kn/N_F) + X_s[k] \operatorname{sen}(2\pi kn/N_F) \right]$$

e para N_F ímpar é

$$x_F[n] = X[0] + \sum_{k=1}^{(N_F-1)/2} \left\{ X_c[k] \cos(2\pi kn/N_F) + X_s[k] \operatorname{sen}(2\pi kn/N_F) \right\} \qquad (9.18)$$

onde

$$X[0] = \frac{1}{N_F} \sum_{n=n_0}^{n_0+N_F-1} x[n]$$

assim como na forma complexa e, para $k > 0$,

$$X_c[k] = \frac{2}{N_F} \sum_{n=n_0}^{n_0+N_F-1} x[n] \cos(2\pi kn/N_F) \text{ e}$$

9.3 Conceitos Básicos e Desenvolvimento da Série de Fourier

$$X_s[k] = \frac{2}{N_F} \sum_{n=n_0}^{n_0+N_F-1} x[n]\operatorname{sen}(2\pi kn/N_F)$$

As relações entre as funções harmônicas complexa e trigonométrica são

$$X_c[k] = \begin{cases} X[k] + X^*[k], & 0 < k < N_F/2 \\ X[k], & k = N_F/2 \end{cases}$$

$$X_s[k] = \begin{cases} j(X[k] - X^*[k]), & 0 < k < N_F/2 \\ 0, & k = N_F/2 \end{cases} \quad (9.19)$$

e

$$X[k] = \begin{cases} \dfrac{X_c[k] - jX_s[k]}{2}, & 0 < k < N_F/2 \\ X_c[k], & k = N_F/2 \end{cases}$$

$$X[-k] = X^*[k], \quad 0 < k \le N_F/2 \quad (9.20)$$

As formas complexa e trigonométrica da SFDT são intimamente relacionadas devido à identidade de Euler $e^{jx} = \cos(x) + j\operatorname{sen}(x)$, que indica que, ao obtermos uma senóide complexa em uma representação por SFDT de um sinal, estamos, por conseqüência, simultaneamente determinando um cosseno e um seno.

EXEMPLO 9.1

Função harmônica em SFDT de um seno

Determine a função harmônica em SFDT de $x[n] = 8\operatorname{sen}(\pi n/2)$ representada sobre o período fundamental $0 \le n < N_0$.

■ **Solução**

Este sinal tem um período fundamental igual a 4. Portanto, o sinal $x[n]$ pode ser expresso como uma combinação linear de quaisquer quatro senóides complexas da forma $e^{-j2\pi kn/N_F}$ para a qual k cobre um intervalo de exatamente quatro valores inteiros consecutivos. Vamos utilizar o intervalo de números harmônicos definido por $0 \le k < 4$. Desse modo, podemos obter a função harmônica usando

$$\mathbf{X} = \frac{1}{N_F} \begin{bmatrix} \mathbf{w}_0^H \\ \mathbf{w}_1^H \\ \vdots \\ \mathbf{w}_{N_F+1}^H \end{bmatrix} \mathbf{x}$$

onde, neste exemplo,

$$\mathbf{w}_k = \begin{bmatrix} 1 \\ e^{+j2\pi k/N_F} \\ e^{+j4\pi k/N_F} \\ e^{+j6\pi k/N_F} \end{bmatrix}$$

Portanto,

$$\mathbf{X} = \frac{1}{4}\begin{bmatrix} 1 & 1 & 1 & 1 \\ 1 & e^{-j\pi/2} & e^{-j\pi} & e^{-j3\pi/2} \\ 1 & e^{-j\pi} & e^{-j2\pi} & e^{-j3\pi} \\ 1 & e^{-j3\pi/2} & e^{-j3\pi} & e^{-j9\pi/2} \end{bmatrix} \begin{bmatrix} 0 \\ 8 \\ 0 \\ -8 \end{bmatrix} = \frac{1}{4}\begin{bmatrix} 1 & 1 & 1 & 1 \\ 1 & -j & -1 & j \\ 1 & -1 & 1 & -1 \\ 1 & j & -1 & -j \end{bmatrix} \begin{bmatrix} 0 \\ 8 \\ 0 \\ -8 \end{bmatrix}$$

$$\mathbf{X} = \frac{1}{4}\begin{bmatrix} 0 \\ -j16 \\ 0 \\ j16 \end{bmatrix} = \begin{bmatrix} 0 \\ -j4 \\ 0 \\ j4 \end{bmatrix}$$

O vetor **X** contém o conjunto de valores de **X** que cobrem o intervalo de números harmônicos $0 \leq k < 4$. A função harmônica X[k] é periódica de período 4. Portanto, a função harmônica é

$$X[k] = j4\big(\delta_4[k+1] - \delta_4[k-1]\big)$$

Para verificar se esta é a função harmônica certa, substitua-a em $x_F[n] = \sum_{k=\langle 4 \rangle} X[k]e^{j2\pi kn/4}$.

$$x_F[n] = \sum_{k=\langle 4 \rangle} j4\big(\delta_4[k+1] - \delta_4[k-1]\big)e^{j2\pi kn/N_F}$$

$$x_F[0] = j4\Big(\underbrace{\delta_4[0+1]}_{=0} - \underbrace{\delta_4[0-1]}_{=0}\Big)\underbrace{e^0}_{=1} + j4\Big(\underbrace{\delta_4[1+1]}_{=0} - \underbrace{\delta_4[1-1]}_{=1}\Big)\underbrace{e^0}_{=1}$$
$$+ j4\Big(\underbrace{\delta_4[2+1]}_{=0} - \underbrace{\delta_4[2-1]}_{=0}\Big)\underbrace{e^0}_{=1} + j4\Big(\underbrace{\delta_4[3+1]}_{=1} - \underbrace{\delta_4[3-1]}_{=0}\Big)\underbrace{e^0}_{=1}$$

$$x_F[0] = j4(0)\underbrace{e^0}_{=1} + j4(-1)\underbrace{e^0}_{=1} + j4(0)\underbrace{e^0}_{=1} + j4(1)\underbrace{e^0}_{=1} = 0$$

$$x_F[1] = j4(0)\underbrace{e^0}_{=1} + j4(-1)\underbrace{e^{j2\pi/4}}_{=j} + j4(0)\underbrace{e^{j4\pi/4}}_{=-1} + j4(1)\underbrace{e^{j6\pi/4}}_{=-j} = 8$$

$$x_F[2] = j4(0)\underbrace{e^0}_{=1} + j4(-1)\underbrace{e^{j4\pi/4}}_{=-1} + j4(0)\underbrace{e^{j8\pi/4}}_{=1} + j4(1)\underbrace{e^{j12\pi/4}}_{=-1} = 0$$

$$x_F[3] = j4(0)\underbrace{e^0}_{=1} + j4(-1)\underbrace{e^{j6\pi/4}}_{=-j} + j4(0)\underbrace{e^{j12\pi/4}}_{=-1} + j4(1)\underbrace{e^{j18\pi/4}}_{=j} = -8$$

Esse desenvolvimento matemático mostra que a função harmônica X[k] realmente produz os valores de x[n] no intervalo de tempo $0 \leq k < 4$ quando ela é utilizada na SFDT. Visto que o tempo de representação é idêntico ao período fundamental, ela também produz valores de x[n] para todo o tempo.

Fizemos uso de um intervalo de tempo para a representação que tornou os cálculos relativamente fáceis. Poderíamos ter escolhido um intervalo diferente, por exemplo $3 \leq n < 7$. Usando esse intervalo de tempo, as equações correspondentes se tornariam as seguintes

$$\mathbf{w}_k = \begin{bmatrix} e^{+j6\pi k/4} \\ e^{+j8\pi k/4} \\ e^{+j10\pi k/4} \\ e^{+j12\pi k/4} \end{bmatrix}$$

Portanto,

$$\mathbf{X} = \frac{1}{4}\begin{bmatrix} 1 & 1 & 1 & 1 \\ e^{-j6\pi/4} & e^{-j8\pi/4} & e^{-j10\pi/4} & e^{-j12\pi/4} \\ e^{-j12\pi/4} & e^{-j16\pi/4} & e^{-j20\pi/4} & e^{-j24\pi/4} \\ e^{-j18\pi/4} & e^{-j24\pi/4} & e^{-j30\pi/4} & e^{-j36\pi/4} \end{bmatrix}\begin{bmatrix} -8 \\ 0 \\ 8 \\ 0 \end{bmatrix} = \frac{1}{4}\begin{bmatrix} 1 & 1 & 1 & 1 \\ j & 1 & -j & -1 \\ -1 & 1 & -1 & 1 \\ -j & 1 & j & -1 \end{bmatrix}\begin{bmatrix} -8 \\ 0 \\ 8 \\ 0 \end{bmatrix}$$

$$\mathbf{X} = \frac{1}{4}\begin{bmatrix} 0 \\ -j16 \\ 0 \\ j16 \end{bmatrix} = \begin{bmatrix} 0 \\ -j4 \\ 0 \\ j4 \end{bmatrix}$$

e a função harmônica é exatamente a mesma, como deveria ser.

Poderíamos também escolher um intervalo diferente de números harmônicos k, por exemplo, $-2 \le k < 2$. Então, utilizando $3 \le n < 7$ novamente, obteríamos as seguintes equações

$$\mathbf{X} = \frac{1}{4}\begin{bmatrix} e^{j12\pi/4} & e^{j16\pi/4} & e^{j20\pi/4} & e^{j24\pi/4} \\ e^{j6\pi/4} & e^{j8\pi/4} & e^{j10\pi/4} & e^{j12\pi/4} \\ 1 & 1 & 1 & 1 \\ e^{-j6\pi/4} & e^{-j8\pi/4} & e^{-j10\pi/4} & e^{-j12\pi/4} \end{bmatrix}\begin{bmatrix} -8 \\ 0 \\ 8 \\ 0 \end{bmatrix} = \frac{1}{4}\begin{bmatrix} -1 & 1 & -1 & 1 \\ -j & 1 & j & -1 \\ 1 & 1 & 1 & 1 \\ j & 1 & -j & -1 \end{bmatrix}\begin{bmatrix} -8 \\ 0 \\ 8 \\ 0 \end{bmatrix}$$

$$\mathbf{X} = \frac{1}{4}\begin{bmatrix} 0 \\ j16 \\ 0 \\ -j16 \end{bmatrix} = \begin{bmatrix} 0 \\ j4 \\ 0 \\ -j4 \end{bmatrix}$$

Desse modo, $X[-2] = 0$, $X[-1] = j4$, $X[0] = 0$ e $X[1] = -j4$ como anteriormente, provando que a função harmônica ainda é a mesma

$$X[k] = j4\left(\delta_4[k+1] - \delta_4[k-1]\right) \tag{9.21}$$

REPRESENTAÇÃO DE FUNÇÕES PERIÓDICAS POR MEIO DE SFDT

Em um caso muito especial no qual representamos uma função periódica por sua SFDT usando seu período fundamental N_0 como tempo de representação, as operações em SFDT direta e inversa tornam-se

$$X[k] = \frac{1}{N_0}\sum_{n=n_0}^{n_0+N_0-1} x[n]e^{-j2\pi kn/N_0} \qquad \text{e} \qquad x_F[n] = \sum_{k=\langle N_0 \rangle} X[k]e^{j2\pi kn/N_0}$$

e, desde que $x[n]$ e $x_F[n]$ são agora iguais em todo lugar, podemos escrever

$$x[n] = \sum_{k=\langle N_0 \rangle} X[k]e^{j2\pi kn/N_0} \tag{9.22}$$

Além disso, o ponto de partida para o somatório no cálculo da função harmônica é agora arbitrário e

$$X[k] = \frac{1}{N_0}\sum_{n=\langle N_0 \rangle} x[n]e^{-j2\pi kn/N_0} \tag{9.23}$$

Se utilizarmos um múltiplo inteiro m do período fundamental como o tempo de representação, a fórmula se modifica para

$$x[n] = \sum_{k=\langle mN_0 \rangle} X[k]e^{j2\pi kn/mN_0} \quad\overset{\mathcal{F}}{\longleftrightarrow}\quad X[k] = \frac{1}{mN_0}\sum_{n=\langle mN_0 \rangle} x[n]e^{-j2\pi kn/mN_0} \tag{9.24}$$

As Equações (9.22), (9.23) e (9.24) são as expressões mais comuns para as SFDT utilizadas nas aplicações práticas.

Exemplo 9.2

Fórmula geral para a função harmônica em SFDT de um seno

Determine uma fórmula geral para a função harmônica em SFDT de uma função seno da forma $x[n] = A\,\text{sen}(2\pi qn/N_0)$ (sendo q um inteiro), representado sobre um intervalo de tempo $0 \leq n < mN_0$ (sendo m um inteiro).

■ Solução

Os valores da função harmônica sobre o intervalo de números harmônicos $0 \leq k < mN_0$ podem ser obtidos por meio de

$$\mathbf{X} = \frac{\mathbf{W}^H \mathbf{x}}{mN_0}$$

onde

$$\mathbf{X} = \begin{bmatrix} X[0] \\ X[1] \\ \vdots \\ X[mN_0 - 1] \end{bmatrix}$$

$$\mathbf{W} = \begin{bmatrix} 1 & 1 & \cdots & 1 \\ 1 & e^{j2\pi/mN_0} & \cdots & e^{j2\pi(mN_0-1)/mN_0} \\ \vdots & \vdots & \ddots & \vdots \\ 1 & e^{j2\pi(mN_0-1)/mN_0} & \cdots & e^{j2\pi(mN_0-1)^2/mN_0} \end{bmatrix} = \begin{bmatrix} \mathbf{w}_1 & \mathbf{w}_2 & \cdots & \mathbf{w}_{mN_0-1} \end{bmatrix}$$

e

$$\mathbf{x} = A \begin{bmatrix} 1 \\ \text{sen}(2\pi q/N_0) \\ \vdots \\ \text{sen}(2\pi q(mN_0-1)/N_0) \end{bmatrix} = \frac{A}{j2} \left(\begin{bmatrix} 1 \\ e^{j2\pi q/N_0} \\ \vdots \\ e^{j2\pi q(mN_0-1)/N_0} \end{bmatrix} - \begin{bmatrix} 1 \\ e^{-j2\pi q/N_0} \\ \vdots \\ e^{-j2\pi q(mN_0-1)/N_0} \end{bmatrix} \right)$$

$$= \frac{A}{j2}(\mathbf{x}_1 - \mathbf{x}_2)$$

$$\mathbf{X} = \frac{A}{j2mN_0} \begin{bmatrix} \mathbf{w}_1 & \mathbf{w}_2 & \cdots & \mathbf{w}_{mN_0-1} \end{bmatrix}^H (\mathbf{x}_1 - \mathbf{x}_2)$$

$$\mathbf{X} = \frac{A}{j2mN_0} \begin{bmatrix} \mathbf{w}_1^H \\ \mathbf{w}_2^H \\ \vdots \\ \mathbf{w}_{mN_0-1}^H \end{bmatrix} (\mathbf{x}_1 + \mathbf{x}_2) = \frac{A}{j2mN_0} \left(\begin{bmatrix} \mathbf{w}_1^H \\ \mathbf{w}_2^H \\ \vdots \\ \mathbf{w}_{mN_0-1}^H \end{bmatrix} \mathbf{x}_1 - \begin{bmatrix} \mathbf{w}_1^H \\ \mathbf{w}_2^H \\ \vdots \\ \mathbf{w}_{mN_0-1}^H \end{bmatrix} \mathbf{x}_2 \right)$$

As linhas de $\mathbf{W}^H$ são ortogonais a $\mathbf{x}_1$ com exceção da linha

$$\mathbf{w}_{mq}^H = \begin{bmatrix} 1 & e^{-j2\pi k/mN_0} & \cdots & e^{-j2\pi k(mN_0-1)/mN_0} \end{bmatrix}_{k \to mq}$$

$$= \begin{bmatrix} 1 & e^{-j2\pi q/N_0} & \cdots & e^{-j2\pi q(mN_0-1)/N_0} \end{bmatrix}$$

O produto escalar entre $\mathbf{w}_{mq}^H$ e $\mathbf{x}_1$ é igual a mN_0. De maneira similar, as linhas de $\mathbf{W}^H$ são ortogonais a $\mathbf{x}_2$, exceto para a linha

$$\mathbf{w}_{mN_0-mq}^H = \begin{bmatrix} 1 & e^{-j2\pi(mN_0-mq)/mN_0} & \cdots & e^{-j2\pi(mN_0-mq)(mN_0-1)/mN_0} \end{bmatrix}$$

$$\mathbf{w}_{mN_0-mq}^H = \begin{bmatrix} 1 & \underbrace{e^{-j2\pi}}_{=1} e^{j2\pi q/N_0} & \cdots & \underbrace{e^{-j2\pi}}_{=1} e^{j2\pi q(mN_0-1)/mN_0} \end{bmatrix}$$

O produto escalar de $\mathbf{w}_{mN_0-mq}^H$ e $\mathbf{x}_2$ é também igual a mN_0. Portanto, no intervalo de números harmônicos $0 \leq k < mN_0$

$$\mathbf{X} = \frac{A}{j2} \begin{bmatrix} 0 \\ \vdots \\ 0 \\ 1 \\ 0 \\ \vdots \\ 0 \\ -1 \\ 0 \\ \vdots \\ 0 \end{bmatrix} = j\frac{A}{2} \begin{bmatrix} 0 \\ \vdots \\ 0 \\ -1 \\ 0 \\ \vdots \\ 0 \\ 1 \\ 0 \\ \vdots \\ 0 \end{bmatrix} \begin{matrix} \leftarrow k = 0 \\ \\ \\ \leftarrow k = mq \\ \\ \\ \\ \leftarrow k = mN_0 - mq \\ \\ \\ \leftarrow k = mN_0 - 1 \end{matrix}$$

Visto que este equivale exatamente a um período fundamental de X[k], tal padrão se repete sobre o intervalo $-\infty < k < \infty$ com valores diferentes de zero somente nos inteiros múltiplos de mN_0 mais e menos mq. Essa descrição define duas funções impulso periódicas de número harmônico discreto com período mN_0, e a função harmônica em SFDT pode ser escrita como

$$\mathrm{X}[k] = j(A/2)(\delta_{mN_0}[k+mq] - \delta_{mN_0}[k-mq])$$

∎

Toda informação sobre o sinal periódico x[n] de período fundamental N_0 está contida nos números reais de N_0, os valores do sinal sobre exatamente um período fundamental, porque se soubéssemos todos os x[n] em qualquer período e soubéssemos o período, poderíamos reconstruir todo o sinal simplesmente pela repetição daqueles valores em todos os demais períodos. Aliás, toda a informação sobre o sinal periódico x[n] de período fundamental N_0 está contida em um conjunto diferente de números de N_0, os valores de X[k] sobre exatamente seu período fundamental, que também é igual a N_0, pois, se soubéssemos tais valores, poderíamos reconstruir o sinal inteiro pela utilização da seguinte relação:

$$\mathrm{x}[n] = \sum_{k=\langle N_0 \rangle} \mathrm{X}[k] e^{j2\pi kn/N_0}$$

(Figura 9.12).
Essa simetria conduz a uma idéia importante. A **informação** a respeito de um sinal é conservada à medida que o transformamos de uma função no tempo discreto *n* para sua representação equivalente como uma função do número harmônico discreto *k*. Essa idéia será bastante significativa quando explorarmos a amostragem e a transformada discreta de Fourier no Capítulo 14.

Figura 9.12
Um sinal periódico e sua função harmônica em SFDT periódica.

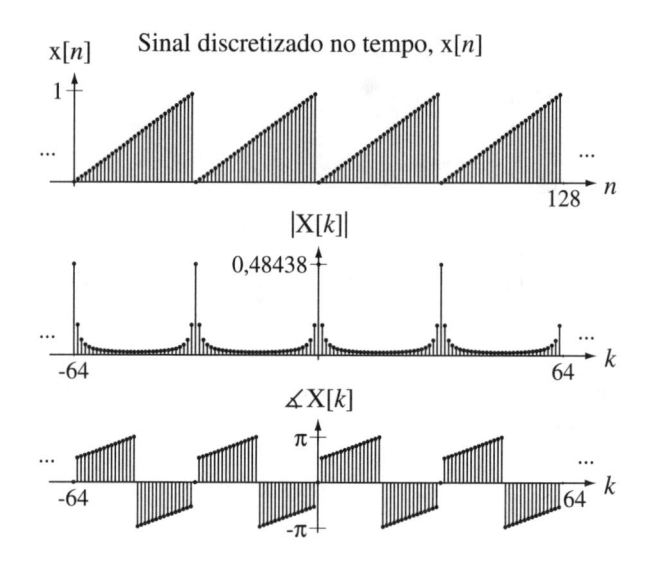

Exemplo 9.3

Função harmônica em SFDT de uma onda retangular

Determine a função harmônica em SFDT do sinal $x[n] = \text{ret}_2[n] * \delta_8[n]$ sobre um período fundamental (Figura 9.13).

Figura 9.13
Um sinal $x[n] = \text{ret}_2[n] * \delta_8[n]$.

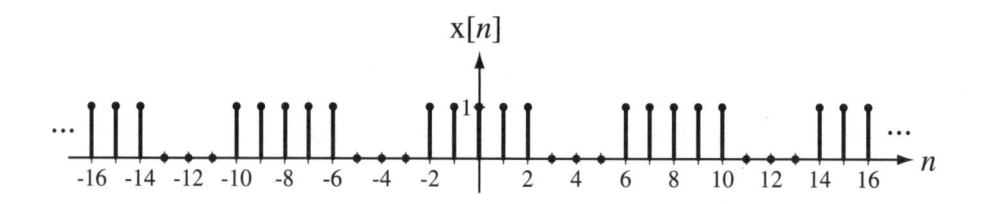

■ Solução

O período fundamental N_0 vale 8. A função harmônica em SFDT pode ser obtida por meio de

$$X[k] = \frac{1}{N_0} \sum_{n=\langle N_0 \rangle} x[n] e^{-j2\pi kn/N_0}$$

A extensão do somatório pode alcançar qualquer intervalo $n_0 \leq n < n_0 + 8$, em que n_0 é qualquer inteiro. Admita que o intervalo do somatório seja $-4 \leq n < 4$. Logo,

$$X[k] = \frac{1}{N_0} \sum_{n=-4}^{3} x[n] e^{-j2\pi kn/N_0} = \frac{1}{8} \sum_{n=-2}^{2} e^{-j2\pi kn/8} \quad (9.25)$$

Podemos determinar a função harmônica em SFDT admitindo que k assuma cada um dos valores inteiros contidos no intervalo especificado por $q \leq k < q + 8$, em que q corresponde a qualquer inteiro, um a um, e somando os termos no somatório para cada k. Contudo, seria interessante ter uma expressão compacta em forma fechada para $X[k]$ em função de k. Assim que for obtida, o processo pode ser feito novamente utilizando-se a relação conveniente

$$\sum_{n=0}^{N-1} r^n = \begin{cases} N & , r = 1 \\ \dfrac{1 - r^N}{1 - r} & , r \neq 1 \end{cases} \quad (9.26)$$

para o cálculo do somatório de uma série geométrica finita. Em primeiro lugar, realize a troca de variável $m = n + 2$ na Equação (9.25). Então

$$X[k] = \frac{1}{8}\sum_{m=0}^{4} e^{-j2\pi(m-2)k/8} = \frac{1}{8}e^{jk\pi/2}\sum_{m=0}^{4}\left(e^{-j2\pi k/8}\right)^m$$

e, usando a Equação (9.26),

$$X[k] = \frac{1}{8}e^{jk\pi/2}\frac{1-e^{-j5k\pi/4}}{1-e^{-jk\pi/4}} = \frac{1}{8}e^{jk\pi/2}\frac{e^{-j5k\pi/8}}{e^{-jk\pi/8}}\frac{e^{+j5e^{jk\pi/8}}-e^{-j5k\pi/8}}{e^{+jk\pi/8}-e^{-jk\pi/8}} = \frac{1}{8}\frac{\text{sen}(5k\pi/8)}{\text{sen}(k\pi/8)}$$

Relembrando que a função de Dirichlet é definida por

$$\text{drcl}(t,N) = \frac{\text{sen}(N\pi t)}{N\,\text{sen}(\pi t)}$$

Fazendo uso da definição, $X[k] = (5/8)\text{drcl}(k/8,5)$. Essa é uma função de Dirichlet com um N igual a 5, um número ímpar, e por isso as extremas da função $\text{drcl}(k/8,5)$ são todas iguais a $+1$ nos valores inteiros de $k/8$. Portanto, quando k corresponde a um inteiro múltiplo de 8, $X[k]$ vale $5/8$. O gráfico no topo da Figura 9.14 é da magnitude da função harmônica em SFDT em função do número harmônico k.

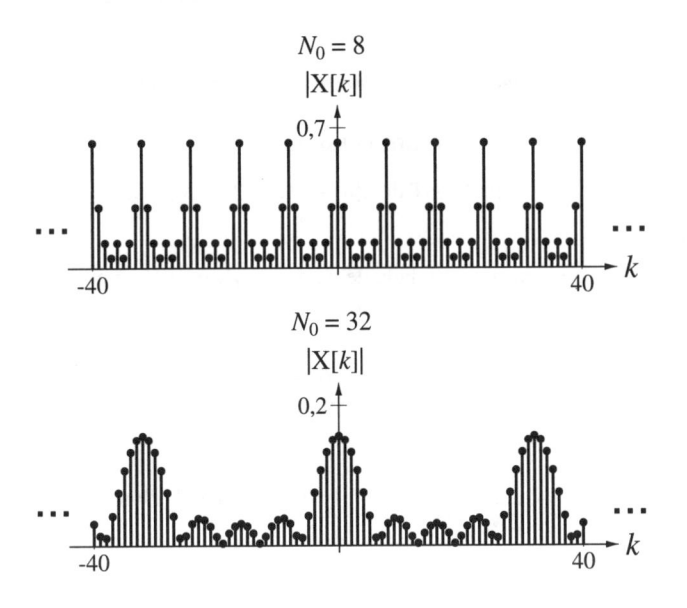

Figura 9.14
A função $X[k]$ para $x[n] = \text{ret}_2[n] * \delta_8[n]$ e $x[n] = \text{ret}_2[n] * \delta_{32}[n]$.

Agora, para ilustrarmos o conceito que será importante na compreensão da transformada de Fourier discretizada no tempo a ser vista no Capítulo 11, vamos refazer o exemplo em questão, mas com um tempo discreto maior entre os pulsos retangulares. Admita

$$x[n] = \text{ret}_2[n] * \delta_{32}[n]$$

Esse sinal é idêntico, a não ser pelo valor do período fundamental ser agora igual a 32 em vez de 8. O cálculo da função harmônica em SFDT é basicamente o mesmo, e o resultado é

$$X[k] = \frac{1}{32}\frac{\text{sen}(5k\pi/32)}{\text{sen}(k\pi/32)} = \frac{5}{32}\text{drcl}\left(\frac{k}{32},5\right)$$

A função harmônica em SFDT é traçada no gráfico da parte inferior da Figura 9.14. O valor de $X[0]$ é menor, pois o valor médio do sinal é igualmente menor, e o período é maior, uma vez que o período do sinal também é maior.

Exemplo 9.4

Exemplo 9.1 refeito utilizando `fft`

Refaça o Exemplo 9.1 usando a função `fft` do MATLAB para determinar a função harmônica em SFDT. Obtenha a função harmônica em SFDT de $x[n] = 8\operatorname{sen}(\pi n/2)$ representada sobre o período fundamental $0 \le n < N_F$, $N_F = 4$.

■ Solução

```
» NF = 4 ;
» n = [0:NF-1]' ;
» x = 8*sin(pi*n/2) ;
» X = fft(x)/NF ;
» X
X =
   0.0000
  -0.0000 - 4.0000i
   0.0000
  -0.0000 + 4.0000i
```

Esse resultado concorda exatamente com a Equação (9.21).

Exemplo 9.5

Função harmônica em SFDT de um cosseno

Determine a função harmônica em SFDT de $x[n] = A\cos(2\pi n/N_0)$ com $N_F = N_0$.

■ Solução

Esta função harmônica encontra-se na tabela de pares em série de Fourier, contudo, vamos deduzi-la com base na definição (apenas como exercício).

$$X[k] = \frac{1}{N_0} \sum_{n=\langle N_0 \rangle} A\cos\left(\frac{2\pi n}{N_0}\right) e^{-j2\pi kn/N_0} = \frac{A}{N_0} \sum_{n=\langle N_0 \rangle} \frac{e^{j2\pi n/N_0} + e^{-j2\pi n/N_0}}{2} e^{-j2\pi kn/N_0}$$

$$X[k] = \frac{A}{2N_0} \sum_{n=\langle N_0 \rangle} \left(e^{j2\pi n(1-k)/N_0} + e^{j2\pi n(1-k)/N_0} \right)$$

$$X[k] = \frac{A}{2N_0} \left[\sum_{n=\langle N_0 \rangle} \left(e^{j2\pi(1-k)/N_0} \right)^n + \sum_{n=\langle N_0 \rangle} \left(e^{j2\pi(-1-k)/N_0} \right)^n \right]$$

Em seguida, utilizando

$$\sum_{n=0}^{N-1} r^n = \frac{1-r^N}{1-r} \ , \ r \ne 1$$

$$X[k] = \frac{A}{2N_0} \left[\frac{1 - \left(e^{j2\pi(1-k)/N_0}\right)^{N_0}}{1 - e^{j2\pi(1-k)/N_0}} + \frac{1 - \left(e^{j2\pi(-1-k)/N_0}\right)^{N_0}}{1 - e^{j2\pi(-1-k)/N_0}} \right]$$

$$X[k] = \frac{A}{2N_0} \left(\frac{1 - e^{j2\pi(1-k)}}{1 - e^{j2\pi(1-k)/N_0}} + \frac{1 - e^{j2\pi(-1-k)}}{1 - e^{j2\pi(-1-k)/N_0}} \right)$$

$$X[k] = \frac{A}{2N_0}\left[\frac{e^{j\pi(1-k)}}{e^{j\pi(1-k)/N_0}}\frac{\text{sen}(\pi(k-1))}{\text{sen}(\pi(k-1)/N_0)} + \frac{e^{j\pi(-1-k)}}{e^{j\pi(-1-k)/N_0}}\frac{\text{sen}(\pi(k+1))}{\text{sen}(\pi(k-1)/N_0)}\right]$$

ou

$$X[k] = \frac{A}{2}\left[\frac{e^{j\pi(1-k)}}{e^{j\pi(1-k)/N_0}}\text{drcl}\left(\frac{k-1}{N_0},N_0\right) + \frac{e^{j\pi(-1-k)}}{e^{j\pi(-1-k)/N_0}}\text{drcl}\left(\frac{k+1}{N_0},N_0\right)\right]$$

Essa fórmula de aparência um pouco complicada é na verdade bastante simples. Seu valor é zero para todo k, com exceção daqueles ks para os quais

$$\frac{k-1}{N_0} = q \quad \text{ou} \quad \frac{k+1}{N_0} = q, \text{ sendo } q \text{ inteiro}$$

e naqueles valores de k em que o valor de $X[k]$ resulta em $A/2$. Em suma,

$$X[k] = \begin{cases} A/2, & k = qN_0 \pm 1 \\ 0, & \text{caso contrário} \end{cases} = (A/2)(\delta_{N_0}[k-1] + \delta_{N_0}[k+1])$$

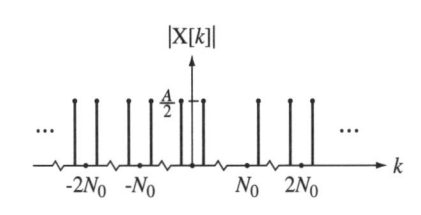

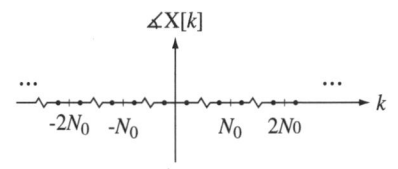

(Figura 9.15).

Figura 9.15
Magnitude e fase de $X[k]$.

Para verificar a consistência do resultado obtido, faça $A = 1$, bem como $N_F = N_0 = 8$, e determine a DFT utilizando o comando `fft` do MATLAB.

```
» NF = 8 ;
» n = [0:NF-1]' ;
» x = cos(2*pi*n/NF) ;
» X = fft(x)/NF ;
» X
X =
 -0.0000
  0.5000 - 0.0000i
  0.0000
 -0.0000 - 0.0000i
  0.0000
 -0.0000 + 0.0000i
  0.0000
  0.5000 + 0.0000i
»
```

O vetor X contém os valores da função harmônica em SFDT sobre exatamente um período nos números harmônicos $k = 0,1,\ldots,7$. Desse modo $X[1] = 1/2$ e $X[7] = 1/2$ e todos os demais valores são zero. O resultado está totalmente condizente com a função

$$X[k] = (1/2)(\delta_8[k-1] + \delta_8[k+1])$$

no referido intervalo, comprovando a coerência do resultado geral.

9.4 PROPRIEDADES DAS SÉRIES DE FOURIER

Seja $x[n]$ um sinal periódico de período N_{0x} e seja $y[n]$ um sinal periódico de período fundamental N_{0y}. Podemos obter a função harmônica em SFDT, válida para todo o tempo, para cada um destes dois sinais sobre qualquer período N_F que seja um inteiro múltiplo do período fundamental. A função harmônica em SFDT é determinada por meio da fórmula geral

$$X[k] = \frac{1}{N_F} \sum_{n=\langle N_F \rangle} x[n] e^{-j2\pi kn/N_F}$$

Por suposição, para x[n], $N_F = mN_{0x}$, em que m é inteiro,

$$X[k] = \frac{1}{N_F} \sum_{n=\langle N_F \rangle} x[n] e^{-j2\pi kn/N_F} \quad \text{e} \quad x[n] = \sum_{k=\langle N_F \rangle} X[k] e^{j2\pi kn/N_F}$$

De maneira similar, para y[n], $N_F = qN_{0y}$, em que q é inteiro,

$$Y[k] = \frac{1}{N_F} \sum_{n=\langle N_F \rangle} y[n] e^{-j2\pi kn/N_F} \quad \text{e} \quad y[n] = \sum_{k=\langle N_F \rangle} Y[k] e^{j2\pi kn/N_F}$$

Então, usando tais sinais como protótipos nas próximas seções, diversas propriedades da SFDT de sinais associados serão apresentadas. Os detalhes das deduções de tais propriedades serão omitidos aqui, contudo eles podem ser encontrados no Apêndice G, no site deste livro, no endereço **www.mhhe.com/roberts**.

LINEARIDADE, DESLOCAMENTO NO TEMPO, DESLOCAMENTO NA FREQÜÊNCIA, CONJUGAÇÃO E INVERSÃO NO TEMPO

As provas destas cinco propriedades são todas bastante similares às provas correspondentes para a SFCT. As propriedades são

Linearidade
$$\boxed{\begin{array}{c} N_F = mN_{0x} = qN_{0y} \\ \alpha x[n] + \beta y[n] \xleftrightarrow{\mathcal{FS}} \alpha X[k] + \beta Y[k] \end{array}} \quad (9.27)$$

Deslocamento no tempo
$$\boxed{\begin{array}{c} N_F = mN_0 \\ x[n-n_0] \xleftrightarrow{\mathcal{FS}} X[k] e^{-j2\pi kn_0/N_F} \end{array}} \quad (9.28)$$

Deslocamento na freqüência
$$\boxed{\begin{array}{c} N_F = mN_0 \\ x[n] e^{j2\pi k_0 n/N_F} \xleftrightarrow{\mathcal{FS}} X[k-k_0] \end{array}} \quad (9.29)$$

Inversão no tempo
$$\boxed{\begin{array}{c} N_F = mN_0 \\ x[-n] \xleftrightarrow{\mathcal{FS}} X[-k] \end{array}} \quad (9.30)$$

Conjugação
$$\boxed{\begin{array}{c} N_F = mN_0 \\ x^*[n] \xleftrightarrow{\mathcal{FS}} X^*[-k] \end{array}} \quad (9.31)$$

EXEMPLO 9.6

Função harmônica em SFDT de um impulso periódico

Dado o par SFDT $\delta_{N_0}[n] \xleftrightarrow{\mathcal{FS}} (1/N_0)\delta_m[k]$, $N_F = mN_0$, obtenha a função harmônica em SFDT para $x[n] = \delta_8[n-3]$ usando o período fundamental como o tempo de representação. Então mostre que a representação em SFDT e o sinal original são equivalentes.

$$\delta_8[n] \xleftrightarrow{\mathcal{FS}} (1/8)\delta_1[k] \quad, \quad N_F = N_0 = 8 \Rightarrow m = 1$$

Aplicando a propriedade de deslocamento no tempo,

$$\delta_8[n-3] \xleftrightarrow{\mathcal{FS}} (1/8)\delta_1[k]e^{-j2\pi k(3/8)} = (1/8)\delta_1[k]e^{-j3\pi k/4}$$

A representação em SFDT é

$$x_F[n] = \sum_{k=\langle 8 \rangle} X[k]e^{j2\pi nk/8} = \frac{1}{8}\sum_{k=0}^{7} \delta_1[k]e^{-j3\pi k/4}e^{j2\pi nk/8}$$

$$x_F[n] = \frac{1}{8}\sum_{k=0}^{7} e^{j\pi k(n-3)/4} = \frac{1}{8}\sum_{k=0}^{7}\left[e^{j\pi(n-3)/4}\right]^k = \frac{1}{8}\frac{1-e^{j8\pi(n-3)/4}}{1-e^{j\pi(n-3)/4}}$$

$$x_F[n] = \frac{1}{8}\frac{1-e^{j2\pi(n-3)}}{1-e^{j2\pi(n-3)/8}}$$

Visto que n é inteiro, o numerador é zero para qualquer n. O denominador resulta zero quando $(n-3)/8$ é inteiro. Sendo assim, $x_F[n]$ é zero a não ser que $(n-3)/8 = m$, em que m deve ser inteiro. Quando $(n-3)/8 = m$, precisamos utilizar a regra de L'Hôpital para determinar o valor de x[n].

$$x_F[n]\bigg|_{\frac{n-3}{8}=m} = \frac{1}{8}\lim_{n \to 8m+3}\frac{-j2\pi e^{j2\pi(n-3)}}{-(j2\pi/8)e^{j2\pi(n-3)/8}} = \frac{1}{8}\frac{-j2\pi e^{j2\pi(8m+3-3)}}{-(j2\pi/8)e^{j2\pi(8m+3-3)/8}} = 1$$

Essa equação define um impulso periódico $\delta_8[n-3]$ provando que a representação em SFDT é equivalente à função original.

No MATLAB, podemos simular o caso em questão da seguinte maneira.

```
» N0 = 8 ;
» n = [0:N0-1]' ;
» x = impD(n - 3) ;
» X = fft(x)/N0 ;
» X
X =
  0.1250
 -0.0884 - 0.0884i
      0 + 0.1250i
  0.0884 - 0.0884i
 -0.1250
  0.0884 + 0.0884i
      0 + 0.1250i
 -0.0884 + 0.0884i
»
```

Por meio deste conjunto de dados, podemos afirmar que X[0] = 0,125. Tal resultado está em conformidade com o resultado geral $(1/8)\delta_1[k]e^{-j3\pi k/4}$ com $k = 0$. Para $k = 1$, deveríamos ter $X[1] = (1/8)e^{-j3\pi/4} = -0,0884 - j0,0884$, e este valor está de acordo com o resultado obtido pelo MATLAB. Todos os demais estão igualmente coerentes, o que corrobora então a função harmônica em SFDT geral deduzida acima.

■

EXEMPLO 9.7

Determinação de uma função com base em sua função harmônica em SFDT por meio do uso da propriedade de deslocamento na freqüência

Uma função tem uma função harmônica em SFDT $X[k] = \delta_{10}[k-1] + \delta_{10}[k+1]$ baseada em um tempo de representação $N_F = 10$. Determine a função y[n] cuja função harmônica em SFDT seja $Y[k] = X[k-2] + X[k+2]$ utilizando o mesmo tempo de representação.

■ Solução

Usando

$$\cos(2\pi qn/N_0) \xleftrightarrow{\mathcal{FS}} (1/2)\left(\delta_{N_F}[k-mq] + \delta_{N_F}[k+mq]\right), \quad N_F = mN_0$$

$N_F = 10$ e $mq = 1 \Rightarrow m = 1, q = 1$, obtemos

$$2\cos(2\pi n/10) \xleftrightarrow{\mathcal{FS}} X[k]$$

$$2\cos(2\pi n/10)e^{j2\pi n(2/10)} \xleftrightarrow{\mathcal{FS}} X[k-2]$$

$$2\cos(2\pi n/10)e^{-j2\pi n(2/10)} \xleftrightarrow{\mathcal{FS}} X[k+2]$$

$$2\cos(2\pi n/10)e^{j2\pi n/5} + 2\cos(2\pi n/10)e^{-j2\pi n/5} \xleftrightarrow{\mathcal{FS}} X[k-2] + X[k+2]$$

$$2\cos(2\pi n/10)\left(e^{j2\pi n/5} + e^{-j2\pi n/5}\right) \xleftrightarrow{\mathcal{FS}} X[k-2] + X[k+2]$$

$$y[n] = 4\cos(2\pi n/10)\cos(2\pi n/5) \xleftrightarrow{\mathcal{FS}} Y[k] = X[k-2] + X[k+2]$$

Solução Alternativa

$$Y[k] = X[k-2] + X[k+2]$$

$$Y[k] = \delta_{10}[k-3] + \delta_{10}[k-1] + \delta_{10}[k+1] + \delta_{10}[k+3]$$

Usando

$$\cos(2\pi qn/N_0) \xleftrightarrow{\mathcal{FS}} (1/2)\left(\delta_{N_F}[k-mq] + \delta_{N_F}[k+mq]\right), \quad N_F = mN_0$$

com $N_F = 10$, podemos reconhecer $\delta_{10}[k-3] + \delta_{10}[k+3]$ como a função harmônica para $2\cos(6\pi n/10)$ e $\delta_{10}[k-1] + \delta_{10}[k+1]$ como a função harmônica para $2\cos(2\pi n/10)$. Se os dois resultados são equivalentes, isso implica

$$4\cos(2\pi n/10)\cos(2\pi n/5) = 2\cos(2\pi n/10) + 2\cos(6\pi n/10)$$

Utilizando a identidade trigonométrica, $\cos(a)\cos(b) = (1/2)(\cos(a-b) + \cos(a+b))$ em $4\cos(2\pi n/10)\cos(4\pi n/10)$ obtemos

$$4\cos(2\pi n/10)\cos(2\pi n/5) = 2\left[\cos(-2\pi n/10) + \cos(6\pi n/10)\right]$$

Daí, usando o fato de que o cosseno é uma função par,

$$4\cos(2\pi n/10)\cos(2\pi n/5) = 2\cos(2\pi n/10) + 2\cos(6\pi n/10)$$

e a equivalência é verificada.

Simulando o caso investigado acima no MATLAB,

```
» N0 = 10 ;
» k = [0:N0 - 1]' ;
» Y = impND(N0,k-2-1) + impND(N0,k-2+1) + impND(N0,k+2-1) + ...
        impND(N0,k+2+1) ;
» y = ifft(Y)*N0 ;
» y
```

```
y =
    4.0000
    1.0000 - 0.0000i
   -1.0000 - 0.0000i
    1.0000 - 0.0000i
   -1.0000
   -4.0000 + 0.0000i
   -1.0000
    1.0000 + 0.0000i
   -1.0000 + 0.0000i
    1.0000 - 0.0000i
»

» n = [0:N0 - 1]' ;
» y = 4*cos(2*pi*n/10).*cos(2*pi*n/5) ;
» y
y =
    4.0000
    1.0000
   -1.0000
    1.0000
   -1.0000
   -4.0000
   -1.0000
    1.0000
   -1.0000
    1.0000
»
```

As duas versões retornadas de y[n] sobre o intervalo $0 \leq n < 10$ são exatamente as mesmas, reforçando a validade do resultado.

REDIMENSIONAMENTO DA ESCALA DE TEMPO

Seja z[n] = x[an], $a > 0$. Se a não é inteiro, então alguns valores de z[n] estarão indefinidos e uma SFDT não pode ser determinada para ela. Se a é inteiro, então z[n] corresponde a uma versão decimada de x[n], e certos valores de x[n] não aparecem em z[n]. Nesse caso, não pode haver uma relação única entre as funções harmônicas de x[n] e z[n] por meio da transformação $n \to an$ (Figura 9.16).

Entretanto, existe uma operação para a qual a relação entre x[n] e z[n] é única. Seja m um inteiro positivo e admita que

$$z[n] = \begin{cases} x[n/m] &, n/m \text{ um inteiro} \\ 0 &, \text{caso contrário} \end{cases}$$

Ou seja, z[n] é uma versão expandida no tempo de x[n] formada pela inserção de $m - 1$ zeros entre os valores adjacentes de x[n] (Figura 9.17).

Se o período fundamental de x[n] é igual a N_{0x}, o período fundamental de z[n] corresponde a $N_{0z} = mN_{0x}$. A função harmônica em SFDT para z[n], utilizando-se o

Figura 9.16
Dois sinais diferentes decimados para produzirem o mesmo sinal.

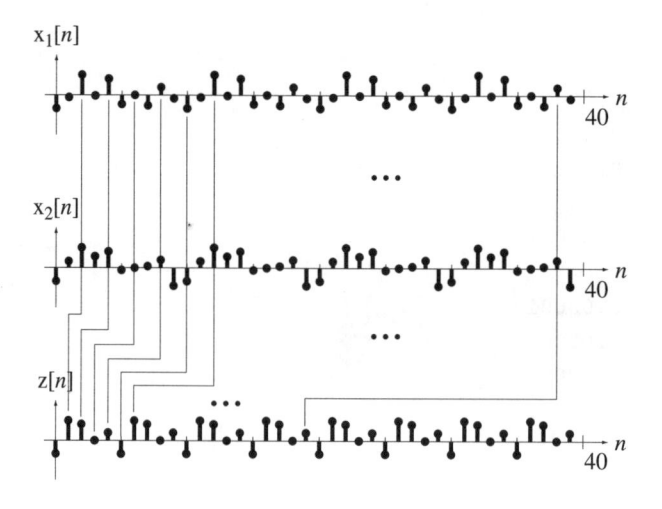

Figura 9.17
Uma função e sua versão expandida formada pela inserção de zeros entre os valores.

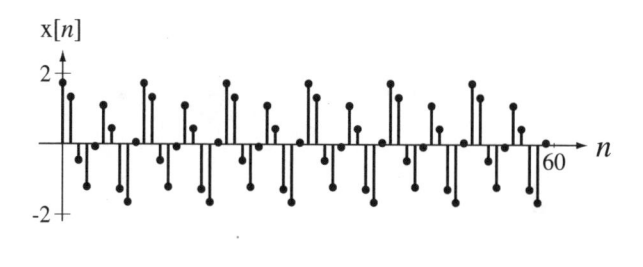

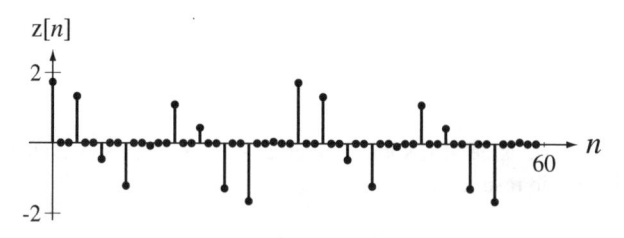

tempo de representação dado por $N_F = qN_{0z}$, onde q é inteiro, é $Z[k] = (1/m)X[k]$ em que $X[k]$ é a função harmônica para $x[n]$ usando um tempo de representação de qN_{0x}. Portanto, a propriedade de redimensionamento da escala de tempo é descrita como

$$\boxed{\begin{aligned} z[n] &= \begin{cases} x[n/m] &, \ n/m \text{ é inteiro} \\ 0 &, \ \text{caso contrário} \end{cases} \\ N_F &\to mN_F \ , \ Z[k] = (1/m)X[k] \end{aligned}} \qquad (9.32)$$

Esse resultado indica que a função harmônica de z é a mesma que a função harmônica para x, exceto pela divisão por m. Contudo, isso não significa que a representação por SFDT de z seja idêntica à representação por SFDT de x diferindo-se pela divisão por m, pois os períodos dos dois sinais não são os mesmos. A representação por SFDT de z é

$$z[n] = \sum_{k=\langle N_F \rangle} Z[k] e^{j2\pi kn/N_F} \ , \ N_F = qmN_{0x}$$

MUDANÇA DE PERÍODO

Se sabemos que a função harmônica em SFDT de x[n] sobre o tempo de representação $N_F = mN_{0x}$, em que m corresponde a um inteiro, é X[k], podemos determinar a função harmônica de x[n] sobre o tempo de representação qN_F, a qual é $X_q[k]$, com q sendo um inteiro positivo. A propriedade de mudança de período é apresentada a seguir

$$\boxed{\begin{array}{l} N_F \to qN_F, \; q \text{ um inteiro positivo} \\ X_q[k] = \begin{cases} X[k/q], & k/q \text{ é um inteiro} \\ 0, & \text{caso contrário} \end{cases} \end{array}} \quad (9.33)$$

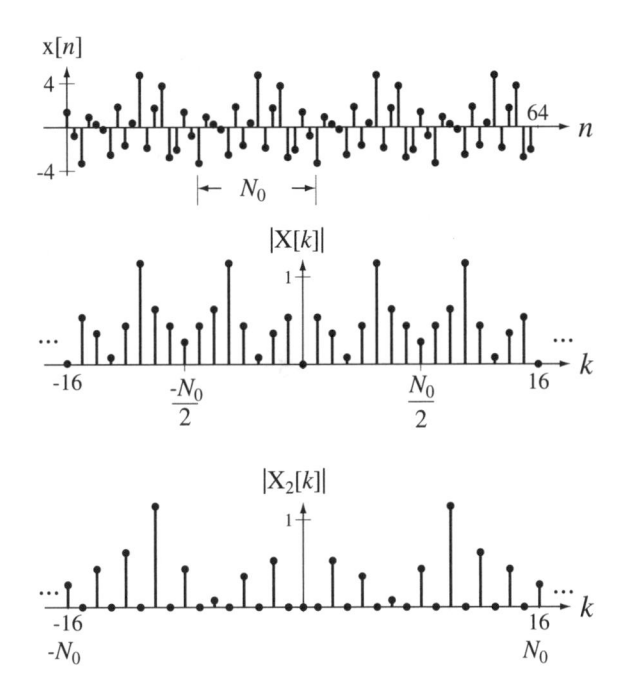

(Figura 9.18).

Figura 9.18
Um sinal e a magnitude de sua função harmônica em SFDT com $N_F = N_0$ e com $N_F = 2N_0$.

Examinando as duas funções harmônicas em SFDT, vemos que utilizar dois períodos em vez de um não acrescenta nenhuma informação, haja vista que o sinal é exatamente o mesmo em cada período. Ao utilizarmos um tempo de representação mais longo, conseguimos informação sobre qualquer harmônico de freqüência mais baixa que possa estar presente no sinal. No exemplo da Figura 9.18, o sinal é periódico de período fundamental N_0, e, portanto, sua freqüência fundamental é igual a $1/N_0$. Quando usamos um tempo de representação de $2N_0$, vemos as amplitudes dos harmônicos nos múltiplos inteiros de $1/2N_0$. Porém, nesse sinal, os harmônicos estão todos nos múltiplos inteiros de $1/N_0$, que são os mesmos dos múltiplos pares de $1/2N_0$. Sendo assim, não existem quaisquer harmônicos nos múltiplos ímpares de $1/2N_0$. Em geral, iríamos obter informação adicional sobre os harmônicos, mas aqui todos os harmônicos adicionais têm amplitude nula.

EXEMPLO 9.8

Função harmônica em SFDT para a soma de dois sinais periódicos de períodos fundamentais distintos

Obtenha a função harmônica em SFDT para $x[n] = \cos(2\pi n/3) + \delta_5[n]$.

■ Solução

Este é um sinal que consiste na soma de dois sinais periódicos cujos períodos fundamentais individuais são 3 e 5, respectivamente. O período fundamental da soma resultante entre os dois sinais é o mínimo múltiplo comum entre 3 e 5, que é igual a 15. Fazendo uso do princípio da linearidade, podemos obter a função harmônica em SFDT de x[n] por meio da adição das funções harmônicas em SFDT de cos(2πn/3) e $\delta_5[n]$. Mas, para podermos ser capazes de somá-las, elas devem ser determinadas sobre o mesmo tempo de representação, que deve ser também um período de cada um deles. O período fundamental de x[n] é igual a 15. Portanto, qualquer múltiplo inteiro positivo de 15 seria apropriado. Vamos usar o valor 15 como tempo de representação.

Com base na tabela de pares em série de Fourier,

$$\cos(2\pi qn/N_0) \xleftrightarrow{\mathcal{FS}} (1/2)\left(\delta_{N_F}[k-mq] + \delta_{N_F}[k+mq]\right), \quad N_F = mN_0$$

e

$$\delta_{N_0}[n] \xleftrightarrow{\mathcal{FS}} 1/N_0$$

A função harmônica em SFCT do cosseno sobre seu período fundamental é

$$X_{\cos}[k] = (1/2)\left(\delta_3[k-1] + \delta_3[k+1]\right)$$

Portanto, utilizando a propriedade de mudança de período para obtermos a função harmônica em SFDT sobre cinco de seus períodos fundamentais, chegamos a

$$X_{\cos,5}[k] = \begin{cases} (1/2)\left(\delta_3[k/5-1] + \delta_3[k/5+1]\right), & k/5 \text{ é um inteiro} \\ 0, & \text{caso contrário} \end{cases}$$

Da definição da função impulso periódico,

$$\delta_{N_0}\left[\frac{k}{5}-1\right] = \delta_{N_0}\left[\frac{k-5}{5}\right] = \delta_{N_0}[k-5]$$

Portanto

$$X_{\cos,5}[k] = \begin{cases} (1/2)\left(\delta_3[k-5] + \delta_3[k+5]\right), & k/5 \text{ é um inteiro} \\ 0, & \text{caso contrário} \end{cases}$$

o que também pode ser escrito como $X_{\cos,5}[k] = (1/2)(\delta_{15}[k-5] + \delta_{15}[k+5])$ (Figura 9.19).

Figura 9.19
O sinal cosseno e suas funções harmônicas em SFDT.

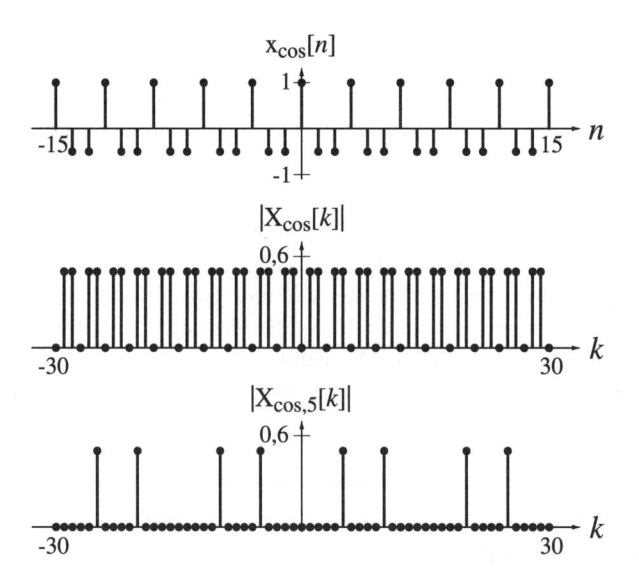

A função harmônica em SFDT do impulso periódico sobre seu período fundamental equivale a $X_{\delta_5}[k] = 1/5$. Logo, usando a propriedade de mudança de período para determinar a função harmônica sobre três de seus períodos fundamentais, obtemos:

$$X_{\delta_5,3}[k] = \begin{Bmatrix} 1/5 & , & k/3 \text{ é um inteiro} \\ 0 & , & \text{caso contrário} \end{Bmatrix} = \frac{1}{5}\delta_3[k]$$

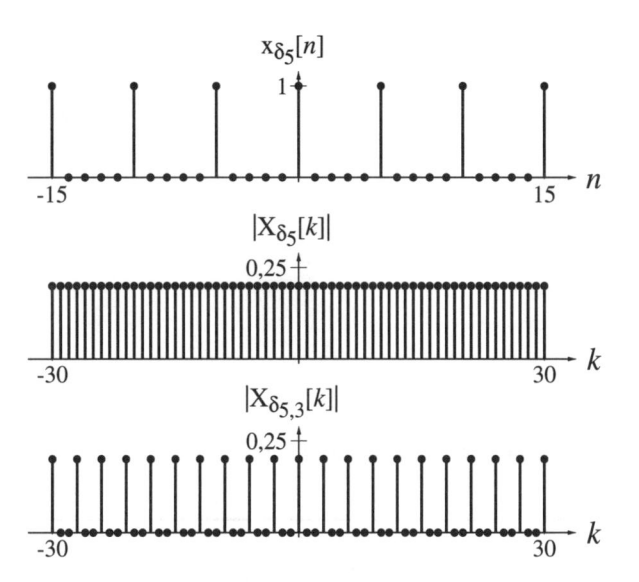

Figura 9.20
O sinal impulso periódico e suas funções harmônicas em SFDT.

Então, a função harmônica em SFDT para x[n] é dada por

$$X[k] = X_{\cos,5}[k] + X_{\delta_5,3}[k] = (1/2)(\delta_{15}[k-5] + \delta_{15}[k+5]) + (1/5)\delta_3[k] \quad (9.34)$$

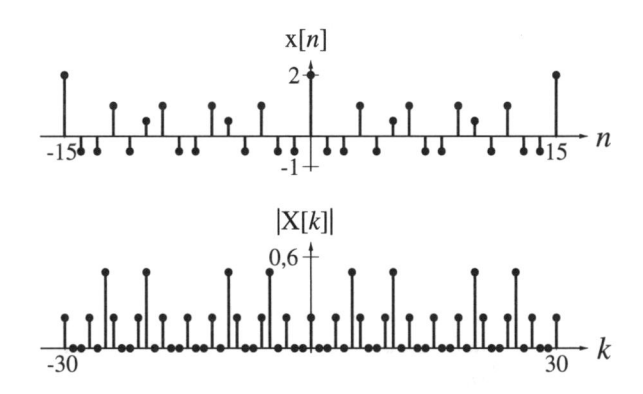

Figura 9.21
O sinal completo e a magnitude de sua função harmônica em SFDT.

Simulando este exemplo numericamente no MATLAB

```
» N0 = 15 ;
» n = [0:N0 - 1]' ;
» x = cos(2*pi*n/3) + impND(5,n) ;
» X = fft(x)/N0 ;
» X
```

X =
   0.2000

```
   -0.0000 - 0.0000i
    0.0000 + 0.0000i
    0.2000 - 0.0000i
    0.0000 - 0.0000i
    0.5000 - 0.0000i
    0.2000 + 0.0000i
    0.0000 - 0.0000i
    0.0000 - 0.0000i
    0.2000 - 0.0000i
    0.5000 + 0.0000i
   -0.0000 - 0.0000i
    0.2000 + 0.0000i
   -0.0000 - 0.0000i
    0.0000 + 0.0000i
»
```

Este vetor de valores é exatamente o que foi traçado no gráfico situado na metade inferior da Figura 9.21, reforçando a validade do resultado analítico presente na Equação (9.34).

DUALIDADE MULTIPLICAÇÃO-CONVOLUÇÃO

Seja $z[n] = x[n]y[n]$ e seja $N_F = mN_{x0} = qN_{y0}$, em que m e q são inteiros. Então $Z[k] = \sum_{p=\langle N_F \rangle} Y[p]X[k-p]$. Esse resultado se parece exatamente com a soma de convolução, com exceção de p, que se estende sobre um intervalo finito em vez de um intervalo infinito. Esta é uma **soma de convolução periódica** que é indicada pela notação

$$Z[k] = Y[k] \circledast X[k]$$

Portanto, a propriedade de multiplicação é descrita como

$$\boxed{\begin{array}{c} N_F = mN_{x0} = qN_{y0} \\ x[n]y[n] \xleftrightarrow{\mathcal{FS}} Y[k] \circledast X[k] = \sum_{p=\langle N_F \rangle} Y[p]X[k-p] \end{array}} \quad (9.35)$$

A multiplicação de dois sinais corresponde à convolução entre suas funções harmônicas em SFDT, mas a convolução é agora periódica. A soma de convolução periódica pode ser realizada por uma soma de convolução aperiódica.

$$Y[k] \circledast X[k] = Y_{ap}[k] * X[k] = Y[k] * X_{ap}[k]$$

onde

$$X_{ap}[k] = X[k]\left(u[k-k_0] - u[k-k_0-N_F]\right)$$

e

$$Y_{ap}[k] = Y[k]\left(u[k-k_0] - u[k-k_0-N_F]\right)$$

e k_0 é qualquer inteiro.

9.4 Propriedades das Séries de Fourier

Seja $Z[k] = Y[k]X[k]$ e seja $N_F = mN_{x0} = qN_{y0}$, onde m e q são inteiros. Portanto.

$$z[n] = \frac{1}{N_F} \sum_{p=\langle N_F \rangle} x[p] y[n-p]$$ e a propriedade de convolução é descrita como

$$\boxed{\begin{array}{c} N_F = mN_{x0} = qN_{y0} \\ x[n] \circledast y[n] \xleftrightarrow{\mathcal{FS}} N_F\, Y[k]X[k] \end{array}} \quad (9.36)$$

A multiplicação em qualquer um dos domínios equivale a uma soma de convolução periódica no outro domínio (com exceção para um fator de escala N_F no caso da convolução periódica discretizada no tempo).

Exemplo 9.9

Multiplicação no domínio do tempo, convolução no domínio dos números harmônicos

Obtenha e trace o gráfico da magnitude e da fase da função harmônica em SFDT de $y[n] = x[n]h[n]$, onde $x[n] = \text{sen}(2\pi n/16)$ e $h[n] = \text{drcl}(n/12,5)$, usando o mínimo múltiplo comum entre os dois períodos de $x[n]$ e $h[n]$, sendo o tempo de representação igual a N_F. Em seguida, trace o gráfico de $y[n]$ em função do tempo usando sua definição original $y[n] = x[n]h[n]$ e usando sua representação em SFDT, $y[n] = \sum_{k=\langle N_F \rangle} Y[k] e^{j2\pi nk/N_F}$.

■ Solução

Os dois períodos fundamentais são 16 e 12. O mínimo múltiplo comum entre os dois períodos é igual a 48. Com base na tabela de pares SFDT, podemos usar

$$\text{sen}(2\pi qn/N_0) \xleftrightarrow{\mathcal{FS}} (j/2)\left(\delta_{N_F}[k+mq] - \delta_{N_F}[k-mq]\right) \;,\; N_F = mN_0$$

e

$$\text{drcl}\left(\frac{n}{N_0}, 2M+1\right) \xleftrightarrow{\mathcal{FS}} \frac{1}{2M+1} \,\text{ret}_M[k] * \delta_{N_0}[k] \;,\; M \text{ um inteiro}, N_F = N_0$$

Para a função seno,

$$\text{sen}(2\pi n/16) \xleftrightarrow{\mathcal{FS}} (j/2)\left(\delta_{48}[k+3] - \delta_{48}[k-3]\right) \;,\; N_F = 3N_0$$

Para a função de Dirichlet,

$$\text{drcl}(n/12,5) \xleftrightarrow{\mathcal{FS}} (1/5)\,\text{ret}_2[k] * \delta_{12}[k] \;,\; N_F = N_0 = 12$$

Fazendo uso da propriedade de mudança de período,

$$\text{drcl}\left(\frac{n}{12}, 5\right) \xleftrightarrow{\mathcal{FS}} \frac{1}{5}\begin{cases} \text{ret}_2[k/4] * \delta_{12}[k/4] \;,\; k/4 \text{ é um inteiro} \\ 0 \hspace{3.2cm}, \text{ caso contrário} \end{cases}, N_F = 4N_0 = 48$$

$$\text{drcl}\left(\frac{n}{12}, 5\right) \xleftrightarrow{\mathcal{FS}} \frac{1}{5}\begin{cases} \text{ret}_8[k] * \delta_{48}[k] \;,\; k/4 \text{ é um inteiro} \\ 0 \hspace{2.6cm}, \text{ caso contrário} \end{cases}, N_F = 4N_0 = 48$$

$$\text{drcl}(n/12,5) \xleftrightarrow{\mathcal{FS}} (1/5)\left(\text{ret}_8[k] * \delta_{48}[k]\right)\delta_4[k] \;,\; N_F = 4N_0 = 48$$

Usando a propriedade, $x[n]y[n] \xleftrightarrow{\mathcal{FS}} Y[k] \circledast X[k]$, obtemos

$$Y[k] = (j/2)\left(\delta_{48}[k+3] - \delta_{48}[k-3]\right) \circledast (1/5)\left(\text{ret}_8[k] * \delta_{48}[k]\right)\delta_4[k] \;,\; N_F = 48$$

Uma convolução periódica entre duas funções periódicas equivale à convolução aperiódica de um período de uma das duas funções com a outra função periódica.

$$Y[k] = (j/10)(\delta[k+3] - \delta[k-3]) * (\text{ret}_8[k] * \delta_{48}[k])\delta_4[k] \quad , \quad N_F = 48$$

$$Y[k] = \frac{j}{10}\begin{pmatrix} \delta[k+3] * (\text{ret}_8[k] * \delta_{48}[k])\delta_4[k] \\ -\delta[k-3] * (\text{ret}_8[k] * \delta_{48}[k])\delta_4[k] \end{pmatrix} \quad , \quad N_F = 48$$

Faça as convoluções dos impulsos com os impulsos periódicos

$$Y[k] = \frac{j}{10}\begin{pmatrix} (\text{ret}_8[k] * \delta_{48}[k+3])\delta_4[k+3] \\ -(\text{ret}_8[k] * \delta_{48}[k-3])\delta_4[k-3] \end{pmatrix} \quad , \quad N_F = 48$$

$$Y[k] = \frac{j}{10}\begin{pmatrix} \delta_4[k+3] \sum_{q=-\infty}^{\infty} \text{ret}_8[k+3-48q] \\ -\delta_4[k-3] \sum_{q=-\infty}^{\infty} \text{ret}_8[k-3-48q] \end{pmatrix} \quad , \quad N_F = 48$$

Figura 9.22
Magnitude e $\measuredangle Y[k]$.

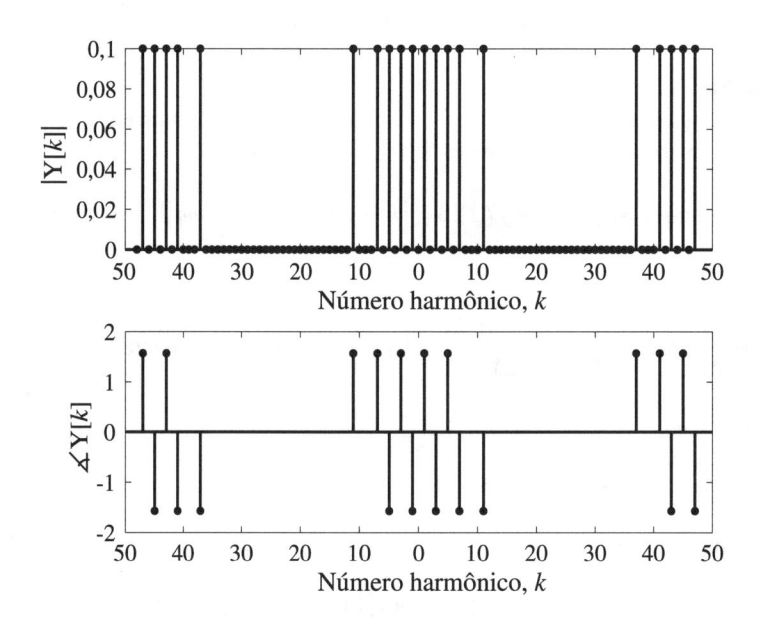

A fórmula original para y[n] é

$$y[n] = \text{sen}(2\pi n/16)\text{drcl}(n/12, 5)$$

A representação em SFDT de y[n] é

$$y[n] = \sum_{k=0}^{47} Y[k]e^{j2\pi nk/48}$$

Ambas as formas estão traçadas graficamente na Figura 9.23 e elas são idênticas, confirmando que a função harmônica em SFDT está correta.

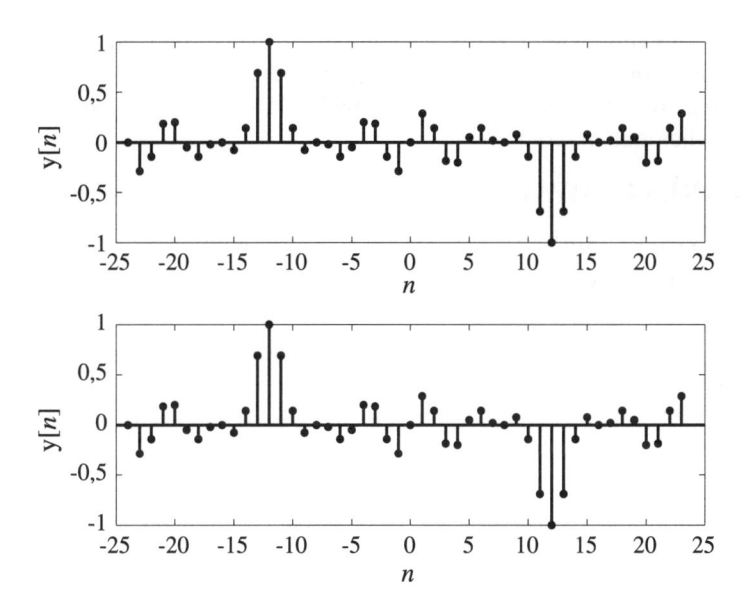

Figura 9.23
Função y[n] calculada a partir da fórmula original e a partir da SFDT.

PRIMEIRA DIFERENÇA PARA TRÁS

Seja $z[n] = x[n] - x[n-1]$ e seja $N_F = mN_{x0} = mN_{z0}$, em que m é um inteiro. Então $x[n] + x[n-1] \xleftrightarrow{\mathcal{FS}} X[k] + X[k]e^{-j2\pi k/N_0}$ e a propriedade da primeira diferença para trás é dada como

$$\boxed{\begin{array}{c} N_F = mN_0 \\ x[n] - x[n-1] \xleftrightarrow{\mathcal{FS}} \left(1 - e^{-j2\pi k/N_0}\right)X[k] \end{array}} \quad (9.37)$$

ACUMULAÇÃO

Seja $z[n] = \sum_{m=-\infty}^{n} x[m]$. É importante para esta propriedade considerar o efeito do valor médio de x[n]. Podemos escrever o sinal x[n] como

$$x[n] = x_0[n] + X[0]$$

em que $x_0[n] = x[n] - X[0]$ corresponde a um sinal com um valor médio igual a zero, e X[0] corresponde ao valor médio de x[n]. Logo

$$z[n] = \sum_{m=-\infty}^{n} x_0[m] + \sum_{m=-\infty}^{n} X[0]$$

Visto que X[0] é constante, $\sum_{m=-\infty}^{n} X[0]$ cresce ou decresce linearmente com n, a menos que X[0] = 0. Portanto, se X[0] ≠ 0, z[n] não é periódica e não podemos obter sua SFDT. Se o valor médio de x[n] é zero, z[n] é periódica e conseguimos determinar uma SFDT para ela. A propriedade de acumulação é descrita como

$$\boxed{\begin{array}{c} N_F = mN_0 \\ \sum_{m=-\infty}^{n} x[m] \xleftrightarrow{\mathcal{FS}} \dfrac{X[k]}{1 - e^{-j2\pi k/N_F}}, \quad k \neq 0, \text{ se } X[0] = 0 \end{array}} \quad (9.38)$$

Assim como foi válido para a SFCT, é importante perceber que, em $k = 0$, o valor da nova função harmônica que resulta da aplicação da propriedade de acumulação é desconhecido. Este resultado equivale ao valor médio da acumulação que, na ausência de informação adicional, desconhecemos.

SINAIS PARES E ÍMPARES

Se x[n] é um sinal par, x[n] = x[–n] e X[k] = X[–k]. Se, além disso, x[n] é de valor real, então já sabemos que $X[k] = X^*[-k]$.

> Para x[n] par e de valor real, X[k] é par e de valor real.

Se x[n] = –x[–n], então a dedução é exatamente a mesma, exceto por um sinal e que X[k] = –X[–k]. Se, além disso, x[n] é de valor real, $X[k] = X^*[-k]$.

> Para x[n] ímpar e de valor real, X[k] é ímpar e puramente imaginário.

TEOREMA DE PARSEVAL

A energia de sinal total de um sinal periódico x[n] é infinita (a não ser que ele seja o sinal trivial x[n] = 0). A energia de sinal sobre um período $N_F = mN_{x0}$ é $E_{x,N_F} = N_F \sum_{k=\langle N_F \rangle} |X[k]|^2$. Logo,

$$\boxed{\begin{array}{c} N_F = mN_0 \\ \dfrac{1}{N_F} \sum_{n=\langle N_F \rangle} |x[n]|^2 = \sum_{k=\langle N_F \rangle} |X[k]|^2 \end{array}} \quad (9.39)$$

o que, explicando melhor, indica que a potência de sinal média do sinal é igual à soma das potências de sinal médias em seus harmônicos SFDT.

EXEMPLO 9.10

Função harmônica em SFDT de um sinal transmitido na forma de primeiras diferenças

Uma técnica que, algumas vezes, é empregada para transmitir uma seqüência de dados codificados na forma binária é enviar somente as diferenças entre os valores de dados em vez dos valores propriamente ditos. Se os valores dos dados se modificam lentamente, as diferenças podem ser codificadas usando uma quantidade de bits menor do que aquela necessária para se representar os valores reais dos dados. Em seguida, o dado original pode ser recuperado por meio da acumulação das diferenças. Para constatarmos quão efetiva esta técnica possa ser na redução do número de bits requeridos por valor de dado, vamos considerar um sinal original a ser transmitido como x[n] = 10cos(2πn/48) e considerar apenas o envio das suas primeiras diferenças para trás.

(a) Como as funções harmônicas em SFDT dos dois sinais se comparam?
(b) Qual delas tem a maior potência de sinal média e por qual fator?

■ **Solução**

Admita que a primeira diferença para trás de x seja y[n] = x[n]−x[n−1].

$$x[n] = 10\cos(2\pi n/48) \xleftrightarrow{\mathcal{FS}} X[k] = 5(\delta_{48}[k-1] + \delta_{48}[k+1]), \quad N_F = 48$$

$$y[n] = 10\cos(2\pi n/48) - 10\cos(2\pi(n-1)/48) \xleftrightarrow{\mathcal{FS}}$$

$$Y[k] = 5(\delta_{48}[k-1] + \delta_{48}[k+1]) - 5(\delta_{48}[k-1] + \delta_{48}[k+1])e^{-j2\pi k/48}$$

$$Y[k] = 5\left[\delta_{48}[k-1]\left(1 - e^{-j2\pi k/48}\right) + \delta_{48}[k+1]\left(1 - e^{-j2\pi k/48}\right)\right]$$

$$Y[k] = 5\left[\delta_{48}[k-1]\underbrace{\left(1-e^{-j2\pi/48}\right)}_{0{,}1308 \angle 1{,}5053} + \delta_{48}[k+1]\underbrace{\left(1-e^{j2\pi/48}\right)}_{0{,}1308 \angle -1{,}5053}\right]$$

Fica claro que a amplitude de y é muito menor do que a amplitude de x. Podemos utilizar o teorema de Parseval para determinar a potência de sinal média de cada sinal.

$$P_x = \sum_{k=\langle 48 \rangle} |X[k]|^2 = 5^2 + 5^2 = 50$$

$$P_y = 25 \sum_{k=\langle 48 \rangle} |Y[k]|^2 = 25\left[|0{,}1308 \angle 1{,}5053|^2 + |0{,}1308 \angle -1{,}5053|^2\right] = 0{,}8555$$

A razão da amplitude entre x e y é de aproximadamente 7,645 e a razão da potência de sinal entre x e y é cerca de $7{,}645^2$ ou próximo de 58,44. Se 12 bits fossem utilizados para enviar x, a amplitude de sinal por bit seria de aproximadamente 0,0024. Apenas cerca de 536 níveis de quantização são requeridos para enviar y com o mesmo erro absoluto por bit. Sendo assim, o sinal poderia ser enviado com 10 bits por valor de dado em lugar de 12.

■

RESUMO DAS PROPRIEDADES DAS SFDT

Em todas as propriedades admite-se que $N_F = mN_{0x} = qN_{0y}$, onde m e q são inteiros, a não ser que, do contrário, seja especificado.

Linearidade	$\alpha x[n] + \beta y[n] \xleftrightarrow{\mathcal{FS}} \alpha X[k] + \beta Y[k]$
Deslocamento no tempo	$x[n-n_0] \xleftrightarrow{\mathcal{FS}} X[k]e^{-j2\pi k n_0/N_F}$
Deslocamento na freqüência	$x[n]e^{j2\pi k_0 n/N_F} \xleftrightarrow{\mathcal{FS}} X[k-k_0]$
Inversão no tempo	$x[-n] \xleftrightarrow{\mathcal{FS}} X[-k]$
Conjugação	$x^*[n] \xleftrightarrow{\mathcal{FS}} X^*[-k]$
Redimensionamento da escala do tempo	$z[n] = \begin{cases} x[n/m], & n/m \text{ é um inteiro} \\ 0, & \text{caso contrário} \end{cases}$ $N_F \to mN_F, \quad Z[k] = (1/m)X[k]$
Mudança de período	$N_F \to qN_F, \; q$ é um inteiro positivo $X_q[k] = \begin{cases} X[k/q], & k/q \text{ é um inteiro} \\ 0, & \text{caso contrário} \end{cases}$
Dualidade multiplicação-convolução	$x[n]y[n] \xleftrightarrow{\mathcal{FS}} Y[k] \circledast X[k]$ $x[n] \circledast y[n] \xleftrightarrow{\mathcal{FS}} N_F Y[k]X[k]$
Primeira diferença para trás	$x[n] - x[n-1] \xleftrightarrow{\mathcal{FS}} \left(1 - e^{-j2\pi k/N_0}\right)X[k]$

| Acumulação | $\sum_{m=-\infty}^{n} x[m] \xleftrightarrow{FS} \dfrac{X[k]}{1-e^{-j2\pi k/N_F}}$, $k \neq 0$, Se $X[0]=0$ |

| Teorema de Parseval | $\dfrac{1}{N_F} \sum_{n=\langle N_F \rangle} |x[n]|^2 = \sum_{k=\langle N_F \rangle} |X[k]|^2$ |

Tabela 9.1 Pares SFDT.

$$e^{j2\pi n/N_0} \xleftrightarrow{FS} \delta_{N_F}[k-m] \ , \ N_F = mN_0$$

$$\cos(2\pi qn/N_0) \xleftrightarrow{FS} \frac{1}{2}\left(\delta_{N_F}[k-mq] + \delta_{N_F}[k+mq]\right) \ , \ N_F = mN_0$$

$$\operatorname{sen}(2\pi qn/N_0) \xleftrightarrow{FS} \frac{j}{2}\left(\delta_{N_F}[k+mq] - \delta_{N_F}[k-mq]\right) \ , \ N_F = mN_0$$

$$1 \xleftrightarrow{FS} \delta_{N_F}[k] \ , \ N_F \text{ é arbitrário}$$

$$\delta_{N_0}[n] \xleftrightarrow{FS} \frac{1}{N_0}\delta_m[k] \ , \ N_F = mN_0$$

$$\operatorname{ret}_{N_w}[n] * \delta_{N_0}[n] \xleftrightarrow{FS} \frac{2N_w+1}{N_0} \operatorname{drcl}\left(\frac{k}{N_0}, 2N_w+1\right) \ , \ N_F = N_0$$

$$(u[n-n_0] - u[n-n_1]) * \delta_{N_0}[n] \xleftrightarrow{FS} \frac{e^{-j\pi k(n_1+n_0)/N_0}}{e^{-j\pi k/N_0}} \frac{n_1-n_0}{N_0} \operatorname{drcl}\left(\frac{k}{N_0}, n_1-n_0\right) \ , \ N_F = N_0$$

$$\operatorname{tri}\left(\frac{n}{N_w}\right) * \delta_{N_0}[n] \xleftrightarrow{FS} \frac{N_w}{N_0} \operatorname{drcl}^2\left(\frac{k}{N_0}, N_w\right) \ , \ N_w \text{ é um inteiro}, \ N_F = N_0$$

$$\operatorname{sinc}\left(\frac{n}{w}\right) * \delta_{N_0}[n] \xleftrightarrow{FS} \frac{w}{N_0} \operatorname{ret}\left(\frac{w}{N_0}k\right) * \delta_{N_0}[k] \ , \ N_F = N_0$$

Nota: O período fundamental é N_0 e o tempo de representação é N_F. As variáveis m e q são inteiras em todos os casos. Existem alguns pares SFDT ilustrados graficamente no Apêndice C.

9.5 CONVERGÊNCIA DAS SÉRIES DE FOURIER

Visto que o somatório SFDT é finito, uma igualdade exata entre uma função e sua representação em SFDT é obtida por meio de um número finito de termos N_F. Um sinal x[n] e sua função harmônica em SFDT X[k] são ilustradas na Figura 9.24.

Figura 9.24
Um sinal com sua função harmônica em SFDT.

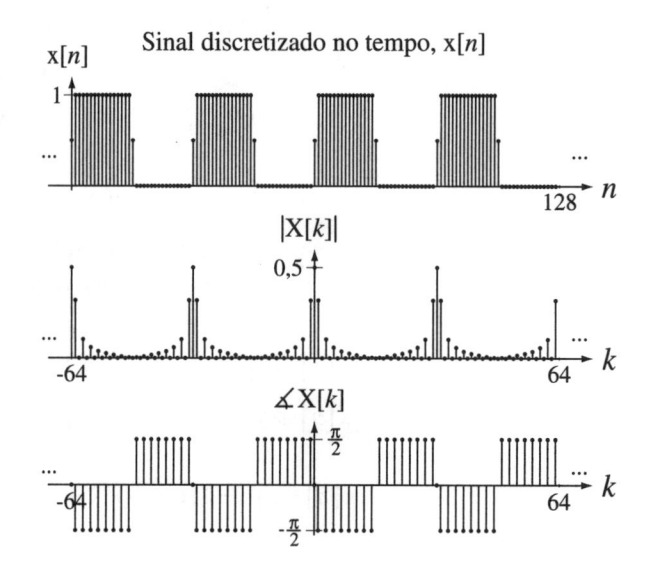

Da Figura 9.25 à Figura 9.27 encontram-se as somas parciais,

$$x_N[n] = \sum_{k=-N}^{N} X[k]e^{j2\pi nk/N_0} \ , \ N < N_F/2$$

para $N = 1$, 3 e 5, os erros associados, $x_N[n] - x[n]$, e os erros quadráticos, $(x_N[n] - x[n])^2$.

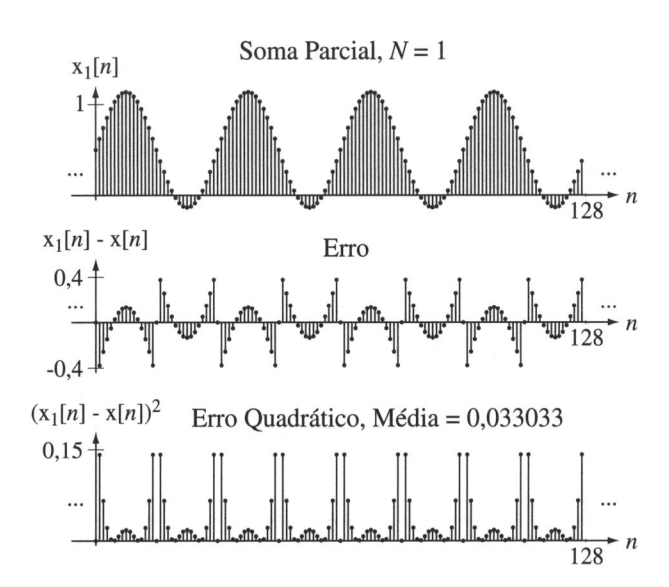

Figura 9.25
Soma parcial, erro e erro quadrático para $N = 1$.

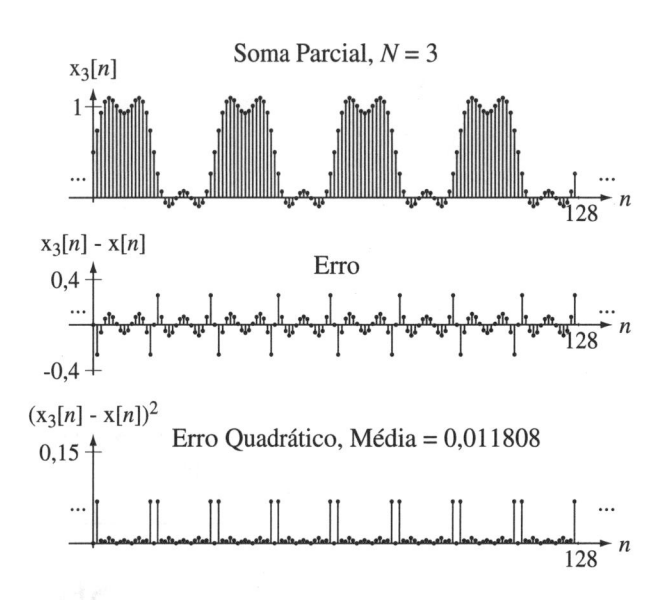

Figura 9.26
Soma parcial, erro e erro quadrático para $N = 3$.

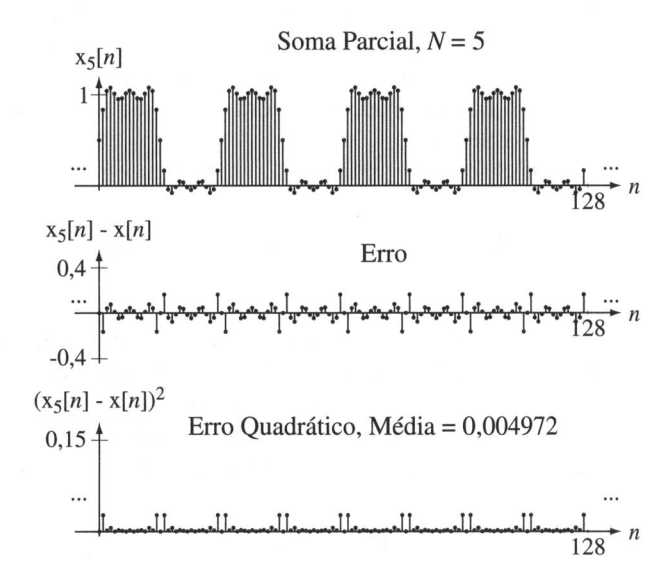

Figura 9.27
Soma parcial, erro e erro quadrático para $N = 5$.

Fica óbvio por meio dessas figuras que as somas parciais se aproximam da função e que o erro médio quadrático é uma função monotonicamente decrescente de N (Tabela 9.2).

Tabela 9.2 Erro médio quadrático (EMQ) em função de N.

N	EMQ
0	0,23438
1	0,03303
2	0,03303
3	0,01181
4	0,01181
5	0,00497
6	0,00497
7	0,00207
8	0,00207
9	0,00076
10	0,00076
11	0,00020
12	0,00020
13	0,00002
14	0,00002
15	0,00000

A soma parcial para $N = 15$ fornece exatamente o mesmo resultado que a função original.

9.6 RESPOSTAS DE SISTEMAS SLIT A EXCITAÇÕES PERIÓDICAS

Na Seção 9.2, o problema foi delineado em como determinar a resposta de um sistema, estável segundo o critério BIBO, descrito por $(5/4)\mathrm{y}[n] - \mathrm{y}[n-1] = \mathrm{x}[n]$, para um sinal $\mathrm{x}[n] = \delta_4[n]\mathrm{u}[n]$ após o transiente ter desaparecido. Para n grande, $n > 0$, esta corresponde à mesma solução que seria obtida se a excitação fosse $\mathrm{x}_p[n] = \delta_4[n]$ em lugar de $\mathrm{x}[n] = \delta_4[n]\mathrm{u}[n]$. Podemos agora obter uma solução para grandes valores de n, $n > 0$, usando a SFDT.

Desde que $\mathrm{x}[n]$ seja periódico, podemos representá-lo por uma SFDT:

$$\mathrm{x}[n] = \sum_{k=\langle N_F \rangle} \mathrm{X}[k] e^{j2\pi kn/N_F}$$

onde N_F é escolhido para ser igual a 4, ou seja, o período fundamental. A função harmônica em SFDT é $\mathrm{X}[k] = 1/4$. Visto que este é um sistema SLIT, a resposta pode ser determinada pela obtenção de cada resposta individual associada a cada uma das senóides complexas e em seguida pela adição dessas mesmas respostas. (Esse fato só procede para sistemas estáveis.) A equação de diferenças é dada então como

$$(5/4)\mathrm{y}[n] - \mathrm{y}[n-1] = \sum_{k=\langle N_F \rangle} \mathrm{X}[k] e^{j2\pi kn/N_F} \qquad (9.40)$$

A Equação (9.40) pode ser entendida como uma para cada um dos quatro componentes harmônicos de $\mathrm{x}[n]$. A resposta a cada componente harmônico terá a mesma forma que a da excitação de mesmo período, porém com um valor da função harmônica diferente. Seja a forma da resposta à k-ésima senóide complexa $\mathrm{y}[n] = \mathrm{Y}[k] e^{j2\pi kn/N_F}$. Logo, a Equação (9.40) se torna

$$(5/4)\mathrm{Y}[k] e^{j2\pi kn/N_F} - \mathrm{Y}[k] e^{j2\pi k(n-1)/N_F} = \mathrm{X}[k] e^{j2\pi kn/N_F}$$

Acabamos de transformar a equação de diferenças em uma equação algébrica. Resolvendo a equação algébrica para Y[k],

$$Y[k] = \frac{X[k]}{1{,}25 - e^{-j2\pi k/N_F}}$$

Se compormos a razão entre a resposta e a excitação, obtemos

$$\frac{Y[k]}{X[k]} = \frac{1}{1{,}25 - e^{-j2\pi k/N_F}} \qquad (9.41)$$

Usando os métodos vistos no Capítulo 7, podemos obter a resposta em freqüência diretamente da equação de diferenças $(5/4)y[n] - y[n-1] = x[n]$ a ser

$$H(e^{j\Omega}) = \frac{1}{1{,}25 - e^{-j\Omega}} \qquad (9.42)$$

Com a equivalência $\Omega = 2\pi k/N_F$, as Equações (9.41) e (9.42) são as mesmas. Ou seja, a Equação (9.41) é uma forma alternada para a resposta em freqüência como uma função do número harmônico em vez da freqüência. Finalmente, a resposta do sistema é

$$y[n] = \sum_{k=\langle 4 \rangle} \frac{X[k]}{1{,}25 - e^{-j2\pi k/N_F}} e^{j2\pi kn/N_F}$$

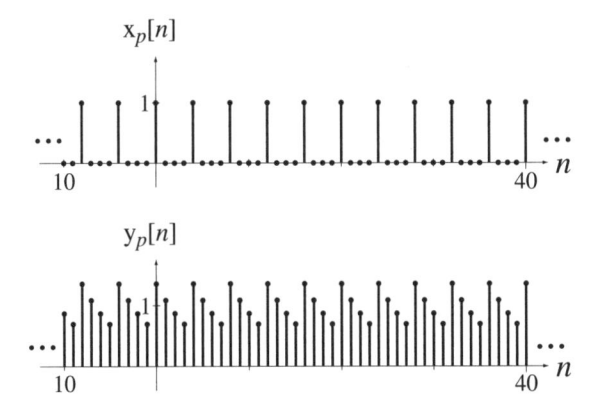

Figura 9.28
Excitação do tipo trem de impulsos periódicos e a resposta forçada.

De modo análogo à discussão realizada ao final da análise por SFCT de um sistema com excitação periódica, para ser consistente com o nome resposta em freqüência, assim como foi aplicado à função $H(e^{j\Omega})$, podemos denominar a razão $Y[k]/X[k]$ de resposta harmônica ou em número harmônico e dar a ela o símbolo $H[k]$. Dessa maneira $Y[k] = H[k]X[k]$, assim como $Y(z) = H(z)X(z)$ e $Y(e^{j\Omega}) = H(e^{j\Omega})X(e^{j\Omega})$. $H[k]$ corresponde a uma versão amostrada de $H(e^{j\Omega})$ em que a amostragem é realizada pela substituição de Ω por $2\pi k/N_F$. Portanto,

$$H[k] = H(e^{j2\pi k/N_F})$$

EXEMPLO 9.11

Usando o MATLAB para elaborar o gráfico da resposta de um sistema a um sinal periódico

A resposta $y_p[n]$ da Figura 9.28 pode ser convenientemente calculada usando-se o MATLAB.

```
%   Programa para calcular a resposta, yp[n]
%
n = [-10:40]' ;        % Cria um vetor de instantes de tempo discretos
yp = 0*n ;             % Inicializa todos os elementos de yp com zero
for k = 0:3            % Soma os harmônicos
   yp = yp + (0.25/(1.25 - exp(-j*2*pi*k/4)))*exp(j*2*pi*n*k/4) ;
end
```

> Este programa produzirá um vetor yp com 51 números *complexos* pois estamos somando senóides complexas. Idealmente, todos esses números complexos teriam suas partes imaginárias iguais a zero uma vez que deveriam ser reais. As partes imaginárias não serão iguais a zero, porém serão extremamente pequenas, tipicamente da ordem de 10^{-15}. Tal fato ocorre devido ao erro de arredondamento nos cálculos elaborados pelo MATLAB, que são realizados usando-se computações de ponto flutuante com dupla precisão. Cálculos com ponto flutuante de dupla precisão são suficientemente precisos para a maioria dos propósitos, mas são ainda aproximações de valores exatos por números binários. Portanto, eles tipicamente produzem respostas numéricas aproximadas muito boas. As partes imaginárias podem ser redefinidas para zero por meio do comando yp = real(yp) ;.

Exemplo 9.12

Resposta de um sistema a um sinal do tipo onda retangular

Determine a resposta do sistema ilustrado na Figura 9.29 ao sinal periódico do tipo onda retangular.

$$x[n] = \text{ret}_2[n] * \delta_8[n]$$

Figura 9.29
Um sistema.

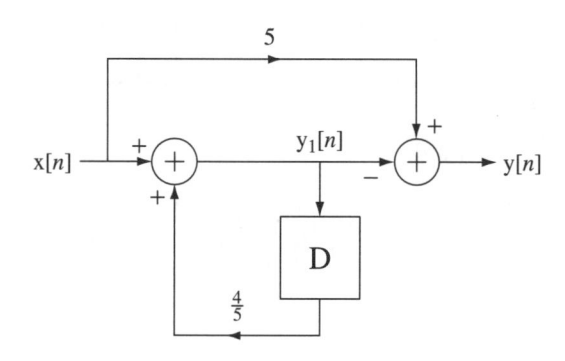

■ Solução

A equação de diferenças descritora deste sistema pode ser determinada pela combinação das duas equações de diferenças seguintes,

$$y[n] = 5\,x[n] - y_1[n]$$

e

$$y_1[n] = x[n] + 0{,}8\,y_1[n-1]$$

que resulta em

$$y[n] = 4\left(x[n] - x[n-1]\right) + 0{,}8\,y[n-1] \tag{9.43}$$

Haja vista que o sinal $x[n] = \text{ret}_2[n] * \delta_8[n]$ é periódico, ele pode ser representado como

$$x[n] = \sum_{k=\langle N_0 \rangle} X[k] e^{j2\pi kn/N_0} = \sum_{k=\langle 8 \rangle} X[k] e^{j\pi kn/4}$$

em que, utilizando

$$\text{ret}_{N_w}[n] * \delta_{N_0}[n] \xleftrightarrow{FS} \frac{2N_w+1}{N_0} \text{drcl}\left(\frac{k}{N_0}, 2N_w+1\right) , \quad N_F = N_0$$

obtemos

$$X[k] = \frac{5}{8} \text{drcl}\left(\frac{k}{8}, 5\right) = \frac{1}{8} \frac{\text{sen}(5k\pi/8)}{\text{sen}(k\pi/8)} \qquad (9.44)$$

Por meio da Equação de diferenças (9.43), podemos escrever diretamente a resposta em freqüência como

$$H(e^{j\Omega}) = \frac{4 - 4e^{-j\Omega}}{1 - 0{,}8e^{-j\Omega}}$$

Então, substituindo $2\pi k/N_F$ por Ω, obtemos a forma em número harmônico da resposta em freqüência

$$H[k] = \frac{Y[k]}{X[k]} = \frac{4 - 4e^{-j2\pi k/N_F}}{1 - 0{,}8e^{-j2\pi k/N_F}} \qquad (9.45)$$

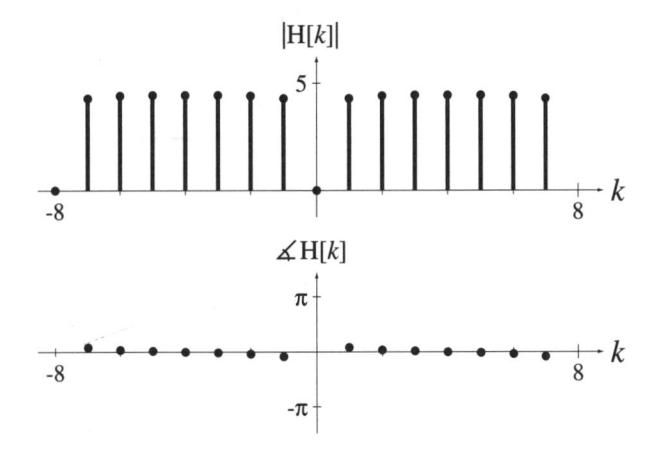

(Figura 9.30).

Figura 9.30
Resposta em número harmônico do sistema.

A resposta, que é também periódica de mesmo período fundamental, pode ser igualmente expressa como uma SFDT na forma

$$y[n] = \sum_{k=\langle 8 \rangle} Y[k] e^{j2\pi kn/N_F} \qquad (9.46)$$

Combinando as Equações (9.44) e (9.45), e utilizando $N_F = 8$,

$$Y[k] = \frac{4 - 4e^{-j\pi k/4}}{1 - 0{,}8e^{-j\pi k/4}} \times \frac{1}{8} \frac{\text{sen}(5k\pi/8)}{\text{sen}(k\pi/8)}$$

ou, simplificando,

$$Y[k] = j e^{-jk\pi/8} \frac{\text{sen}(5k\pi/8)}{1 - 0{,}8e^{-jk\pi/4}} \qquad (9.47)$$

Portanto, combinando as Equações (9.46) e (9.47), a resposta do sistema resulta em

$$y[n] = j \sum_{k=\langle 8 \rangle} e^{-jk\pi/8} \frac{\text{sen}(5k\pi/8)}{1 - 0{,}8e^{-jk\pi/4}} e^{j\pi kn/4}$$

Podemos adotar qualquer intervalo para k de comprimento igual a 8. Por conveniência, escolhemos $-4 \leq k < 4$. Então

$$y[n] = j \sum_{k=-4}^{3} e^{-jk\pi/8} \frac{\operatorname{sen}(5k\pi/8)}{1 - 0{,}8 e^{-jk\pi/4}} e^{j\pi kn/4}$$

Podemos agora traçar o gráfico de x[n] e y[n] em função de n (Figura 9.31).

Figura 9.31
Excitação e resposta do sistema.

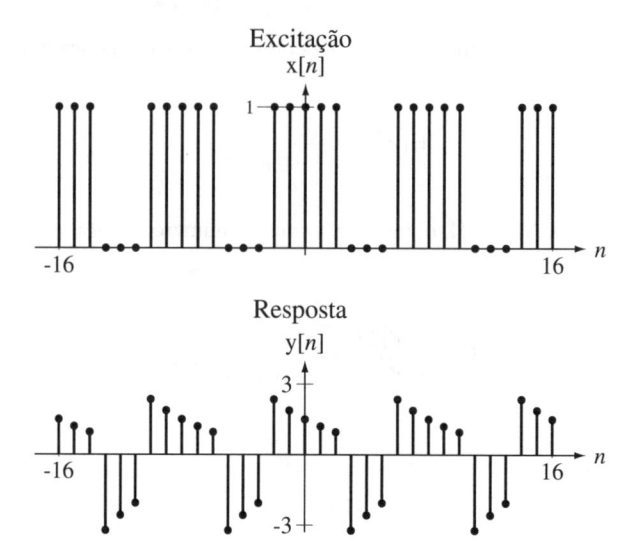

9.7 RESUMO DOS PONTOS MAIS IMPORTANTES

1. A série de Fourier representa um sinal periódico como uma soma de senóides em harmônicos da freqüência fundamental do sinal.
2. As senóides utilizadas na série de Fourier para representar um sinal são todas ortogonais entre si.
3. As formas complexa e trigonométrica da série de Fourier estão relacionadas por meio da identidade de Euler.
4. A convergência da SFDT é exata em cada ponto.
5. A SFDT de um sinal corresponde a um somatório finito devido à natureza do tempo discreto.
6. Se um sistema SLIT estável é excitado por um sinal periódico, a resposta é também um sinal periódico de mesmo período fundamental.

EXERCÍCIOS COM RESPOSTAS

Em cada exercício, as respostas estão listadas em ordem aleatória.

Básico de Séries de Fourier Discretizadas no Tempo

1. Sem usar uma calculadora ou um computador, determine os produtos escalares de (a) $\mathbf{w}_1$ e $\mathbf{w}_{-1}$, (b) $\mathbf{w}_1$ e $\mathbf{w}_{-2}$, (c) $\mathbf{w}_{11}$ e $\mathbf{w}_{37}$, em que

$$\mathbf{w}_k = \begin{bmatrix} W_4^0 \\ W_4^k \\ W_4^{2k} \\ W_4^{3k} \end{bmatrix} \quad \text{e} \quad W_{N_F} = e^{j2\pi/N_F}$$

para mostrar que eles são ortogonais.

Respostas: Todos os produtos escalares são iguais a zero.

2. Obtenha a função harmônica em SFDT de um sinal x[n] com período igual a 4 para que x[0] = 3, x[1] = 1, x[2] = –5 e x[3] = 0 usando a multiplicação de matriz $\mathbf{X} = \dfrac{\mathbf{W}^H \mathbf{x}}{N_F}$.

Resposta: $\mathbf{X} = \begin{bmatrix} -1/4 \\ 2 - j/4 \\ -3/4 \\ 2 + j/4 \end{bmatrix}$

3. Usando a fórmula direta do somatório, obtenha e trace a função harmônica em SFDT de $\delta_{N_0}[n]$ com $N_F = N_0$.

Resposta:

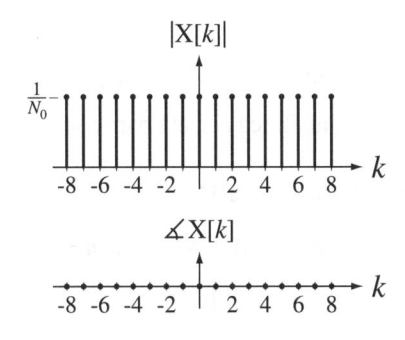

4. Um período de uma função periódica de período igual a 4 é descrito por
$$x[n] = \delta[n] - \delta[n-2] \ , \ 0 \le n < 4$$

Usando a fórmula do somatório para a função harmônica em SFDT e não fazendo uso das tabelas ou propriedades, determine a função harmônica X[k].

Resposta: $X[k] = \dfrac{1 - e^{-j\pi k}}{4}$

Funções Harmônicas Utilizando Tabelas e Propriedades

5. Usando a tabela de transformadas para a SFDT e as propriedades das SFDTs, determine a função harmônica em SFDT de cada um dos sinais periódicos dados a seguir, considerando o tempo de representação N_F indicado.

(a) $x[n] = 6\cos(2\pi n/32)$, $N_F = 32$
(b) $x[n] = 10\text{sen}(2\pi (n-2)/12)$, $N_F = 12$
(c) $x[n] = \begin{cases} x_1[n/8] \ , & n/8 \text{ é um inteiro} \\ 0 & , \text{ caso contrário} \end{cases}$, $N_F = 48$,

onde $x_1[n] = \text{sen}(2\pi n/6)$
(d) $x[n] = e^{j2\pi n}$, $N_F = 6$
(e) $x[n] = \cos(2\pi n/16) - \cos(2\pi (n-1)/16)$, $N_F = 16$
(f) $x[n] = -\text{sen}(33\pi n/32)$, $N_F = 64$
(g) $x[n] = \text{ret}_5[n] * \delta_{11}[n]$, $N_F = 11$
(h) $x[n] = \text{ret}_2[n] * \delta_{21}[n-3]$, $N_F = 21$

Respostas: $X[k] = \delta_{11}[k]$; $X[k] = (5/21)\text{drcl}(k/21, 5)e^{-j2\pi k/7}$; $(1/2)\{(1 - e^{-j\pi/8})\delta_{16}[k-1] - (1 - e^{j\pi/8})\delta_{16}[k+1]\}$;

$$X[k = 3(\delta_{32}[k-1] + \delta_{32}[k+1]); \quad X[k] = \frac{j}{16}(\delta_6[k+1] - \delta_6[k-1]);$$

$$X[k] = -\frac{j}{2}(\delta_{64}[k+33] - \delta_{64}[k-33]); \quad \delta_6[k];$$

$$X[k] = j5(\delta_{12}[k+1] - \delta_{12}[k-1])e^{-j\pi k/3}$$

6. Determine a função harmônica em SFDT de

$$x[n] = \sum_{m=-\infty}^{n} \delta_3[m] - \delta_3[m-1]$$

com $N_F = N_0 = 3$.
Resposta: $X[k] = 1/3$

7. Um sinal periódico x[n] é exatamente descrito para todo o tempo discreto por sua SFDT

$$X[k] = (\delta_8[k-1] + \delta_8[k+1] + j2\delta_8[k+2] - j2\delta_8[k-2])e^{-j\pi k/4}$$

utilizando um período fundamental como o tempo de representação.

(a) Escreva uma expressão analítica correta para x[n] em que $\sqrt{-1}$ (j) não apareça.
(b) Qual é o valor de x[n] em $n = -10$?

Respostas: $x[n] = 2\cos(2\pi(n-1)/8) + 4\text{sen}(2\pi(n-1)/4)$; 2,586

8. Determine a potência de sinal média de

$$x[n] = \text{ret}_4[n] * \delta_{20}[n]$$

diretamente no domínio do tempo discretizado e então obtenha sua função harmônica X[k]. Calcule a potência de sinal no domínio k e, finalmente, mostre que elas são as mesmas.
Resposta: 9/20

9. Fazendo uso da propriedade de deslocamento na freqüência da SFDT, determine o x[n] correspondente à função harmônica

$$X[k] = \frac{7}{32}\text{drcl}\left(\frac{k-16}{32}, 7\right)$$

que é baseada no tempo de representação de um período fundamental.
Resposta: $(\text{ret}_3[n] * \delta_{32}[n])(-1)^n$

10. Obtenha a função harmônica em SFDT para

$$x[n] = \text{ret}_3[n] * \delta_8[n]$$

com o tempo de representação $N_F = 8$. Em seguida, usando o MATLAB, trace o gráfico da representação em SFDT,

$$x_F[n] = \sum_{k=0}^{7} X[k]e^{j2\pi kn/8}$$

sobre o intervalo $-8 \leq n < 8$. Para fins de comparação, faça o gráfico da função

$$x_{F2}[n] = \sum_{k=13}^{20} X[k]e^{j2\pi kn/8}$$

sobre o mesmo intervalo. Os gráficos devem ser idênticos.

Resposta:

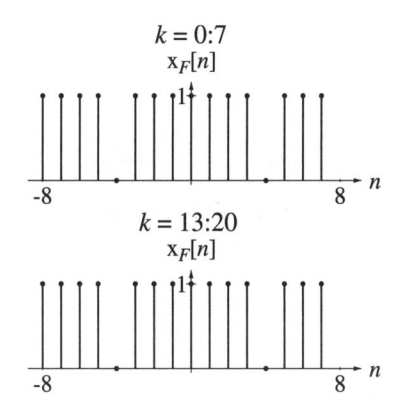

$k = 0:7$
$x_F[n]$

$k = 13:20$
$x_F[n]$

Resposta do Sistema a Excitações Periódicas

11. Trace o gráfico da resposta do sistema mostrado na Figura E.11 para $x[n] = \delta_4[n] - \delta_4[n-2]$ sobre o intervalo de tempo especificado por $0 \leq n < 8$.

    Resposta:

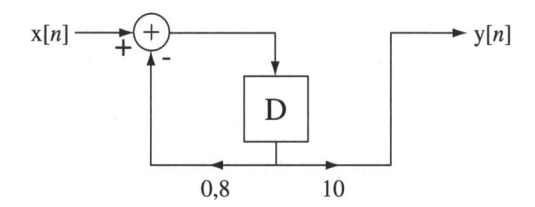

    Figura E.11

12. Um sistema descrito pela equação de diferenças

$$2y[n] + y[n-1] = 4x[n]$$

é excitado por $x[n] = 1 - \delta_6[n]$. Trace graficamente $x[n]$ e $y[n]$ sobre o período de tempo $0 \leq n < 12$.

Resposta:

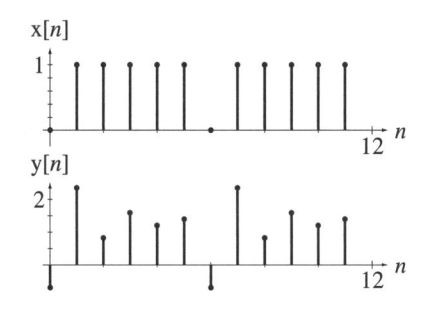

EXERCÍCIOS SEM RESPOSTAS

Básico de Séries de Fourier Discretizadas no Tempo

13. Baseado em um tempo de representação $N_F = 4$, a função harmônica em SFDT $X[k]$ de um sinal $x[n]$ possui os seguintes valores:

$$X[-1] = 2 - j2 \ , \ X[0] = 4 \ , \ X[1] = 2 + j2 \ , \ X[2] = 3$$

(a) Qual é o valor de X[3]?
(b) Qual é o valor de X[22]?
(c) Qual é o valor médio de x[n]?

14. Cada sinal na Figura E.14 é traçado sobre um intervalo de exatamente um período fundamental. Quais dos sinais tem funções harmônicas X[k] que contêm um valor puramente real para cada valor de k? Qual delas possui um valor puramente imaginário para cada valor de k?

Figura E.14

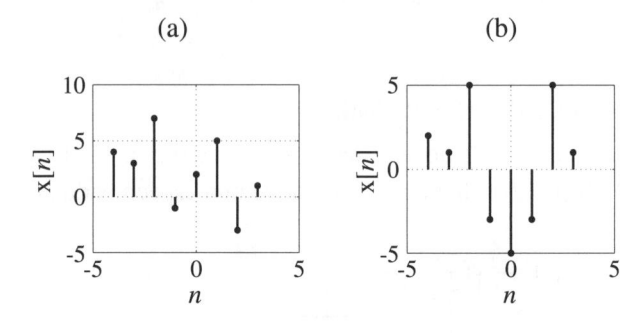

(a)   (b)

Funções Harmônicas Utilizando Tabelas e Propriedades

15. Uma função harmônica em SFDT X[k] é determinada para um sinal, usando o tempo de representação $N_F = 16$. Se X[2] = 1−j, qual é o valor de X[18]? Qual é o valor de X[−2]?

16. Fazendo uso da tabela de transformadas para SFDT e das propriedades das SFDTs, obtenha a função harmônica de cada um dos sinais periódicos dados a seguir utilizando o tempo de representação N_F indicado.

    (a) $x[n] = e^{-j2\pi n/16} \circledast \delta_{24}[n], N_F = 48$
    (b) $x[n] = (\text{ret}_5[n] * \delta_{24}[n])\text{sen}(2\pi n/6), N_F = 24$
    (c) $x[n] = x_1[n] - x_1[n-1]$ em que $x_1[n] = \text{tri}(n/8) * \delta_{20}[n], N_F = 20$

17. Calcule a potência de sinal de

    $$x[n] = 5\text{sen}(14\pi n/15) - 8\cos(26\pi n/30)$$

18. Obtenha a função harmônica em SFDT X[k] de $x[n] = (\text{ret}_1[n-1] - \text{ret}_1[n-4]) * \delta_6[n]$ usando o tempo de representação $N_F = 6$.

    Então faça o gráfico da soma parcial $x_N[n] = \sum_{k=-N}^{N} X[k] e^{j\pi nk/3}$ para $N = 0, 1, 2$ e, em seguida, para a soma total $x[n] = \sum_{k=0}^{5} X[k] e^{j\pi nk/3}$.

19. Determine e faça os gráficos de magnitude e fase para a função harmônica em SFDT de

    $$x[n] = 4\cos(2\pi n/7) + 3\text{sen}(2\pi n/3)$$

    que é válido para todo o tempo discreto.

20. Faça a correspondência entre cada função mostrada pela Figura E.20 e a magnitude de sua função harmônica em SFDT (se houver uma correspondência) utilizando para isso o tempo de representação igual a 16 para ambos em todos os casos.

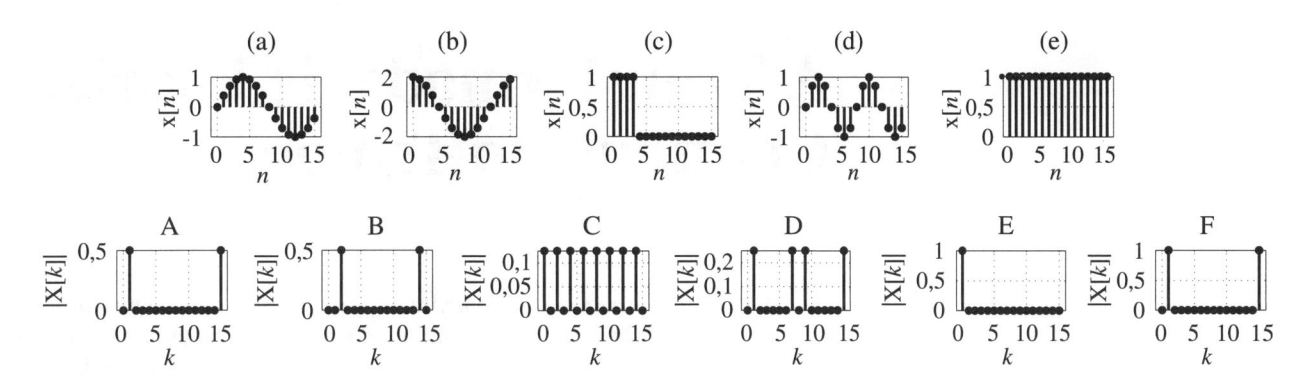

Figura E.20

Resposta do Sistema a Excitações Periódicas

21. Determine e elabore o gráfico em função de $N_F = 2n_0$ da potência de sinal da resposta y[n] relativa a $x[n] = (u[n] - u[n - n_0]) * \delta_{2n_0}[n]$ no sistema da Figura E.21 para o intervalo $0 \le n_0 < 10$.

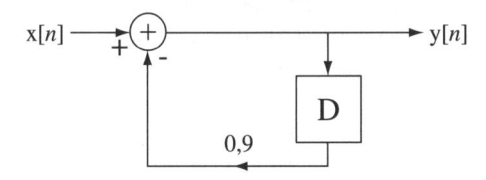

Figura E.21

22. Obtenha e faça o gráfico da resposta do sistema mostrado na Figura E.22 para $x[n] = 2\delta_8[n] - \delta_8[n-2]$ sobre o intervalo definido por $0 \le n < 16$.

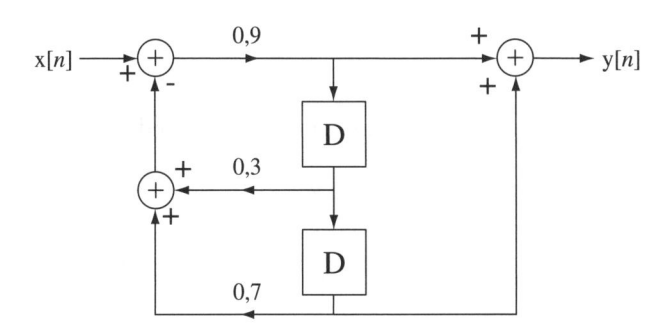

Figura E.22

10
CAPÍTULO

A Transformada de Fourier Contínua no Tempo

*É paradoxal, mas profundamente verídico e importante o princípio da vida
o qual estabelece que o caminho mais provável para se alcançar uma
meta não é pela concentração na meta propriamente dita,
e sim em alguma meta mais ambiciosa
além da primeira.*

Arnold Toynbee, historiador inglês de Economia

10.1 INTRODUÇÃO E OBJETIVOS

A série de Fourier é uma boa ferramenta de análise, porém limitada. Ela pode descrever qualquer sinal periódico limitado de utilidade para a engenharia sobre todo o tempo como uma combinação linear de senóides. Contudo, não pode descrever um sinal aperiódico para todo o tempo.

Neste capítulo, iremos estender a idéia da série de Fourier para torná-la aplicável aos sinais aperiódicos com a transformada de Fourier. Veremos que a série de Fourier é apenas um caso especial da transformada de Fourier. Começaremos por desenvolver técnicas de análise e projeto de sistemas no **domínio da freqüência**, técnicas que serão mais aplicadas no Capítulo 12.

OBJETIVOS DO CAPÍTULO:

1. Generalizar a série de Fourier para incluir sinais aperiódicos por meio da definição da transformada de Fourier.
2. Estabelecer quais tipos de sinais podem ou não ser descritos por uma transformada de Fourier.
3. Deduzir e demonstrar as propriedades da transformada de Fourier.

10.2 EXCITAÇÃO APERIÓDICA E RESPOSTA DE SISTEMAS SLIT

O Capítulo 8 sobre séries de Fourier se iniciou apresentando um problema que poderia ser resolvido (aproximadamente) sem o uso das séries de Fourier, porém era mais conveniente resolvê-lo por meio das séries de Fourier. A série de Fourier é adequada para se determinar a resposta de um sistema SLIT a um sinal periódico. Todavia, ela não se aplica a um sinal aperiódico.

Considere o caso de um sistema SLIT contínuo no tempo excitado por um sinal $x(t)$, que é limitado no tempo e, portanto, aperiódico (Figura 10.1). Não podemos obter uma solução exata para a resposta $y(t)$ usando a série de Fourier, mas talvez poderíamos pelo menos determinar uma solução aproximada. A idéia por trás dessa aproximação é que, se o sistema é estável de acordo com o critério BIBO, a resposta $y(t)$ irá por fim tender a zero. Então, se aplicássemos um sinal aperiódico $x_p(t)$ que se parece, sobre um período fundamental, com a parcela não-nula de $x(t)$, e se o período fundamental fosse comparável ou maior do que o tempo necessário para $y(t)$ decair a aproximadamente zero, um período fundamental da resposta periódica $y_p(t)$ se pareceria muito com a parcela não-nula da resposta real limitada no tempo $y(t)$ (Figura 10.1).

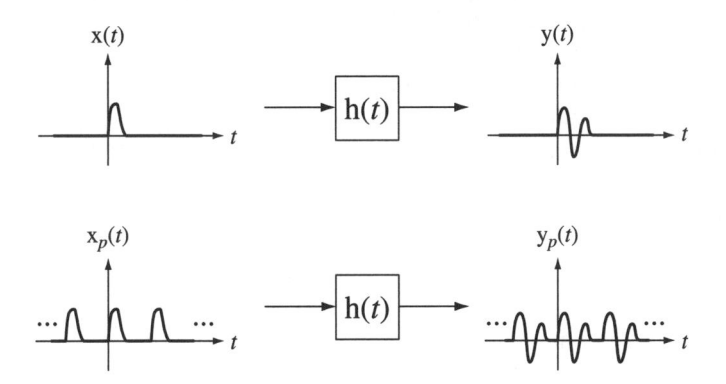

Figura 10.1
Um sistema submetido às excitações aperiódica e periódica, respectivamente.

Naturalmente, o que realmente queremos não é uma solução aproximada, mas sim uma solução exata. A aproximação torna-se melhor à medida que o período fundamental T_0 e o tempo de representação T_F torna-se mais longo. Para tornar esta técnica de resolução exata, devemos tornar tanto o período fundamental quanto o tempo de representação infinitamente grandes. Faremos ambos iguais ($T_F = T_0$) porque não há vantagens em torná-los diferentes. No limite, não importa quanto tempo demore para a resposta tender a zero, ela chegará a zero antes do próximo período fundamental ocorrer. Em um sentido matemático bastante real, dizer que um sinal tem um período fundamental infinito e dizer que ele é aperiódico são afirmações que traduzem realmente a mesma idéia. Como veremos na próxima seção, admitir que o período fundamental tenda a infinito provoca alguns problemas para a série de Fourier. Contudo, tais problemas podem ser evitados ao se modificar o conceito e então mudar para uma notação mais conveniente.

Há um benefício muito interessante em utilizar um tempo de representação infinito. Agora todos os sinais têm inerentemente o mesmo tempo de representação (infinito) e não precisamos mais nos preocupar em torná-los todos idênticos. Esta mudança evita a consideração do tempo de representação e o aborrecimento de ter que se determinar os mínimos múltiplos comuns dos períodos. Veremos que, até mesmo para os sinais periódicos, utilizar um tempo de representação infinito na verdade simplifica e unifica a análise e, simultâneamente, a torna mais genérica.

10.3 CONCEITOS BÁSICOS E DESENVOLVIMENTO DA TRANSFORMADA DE FOURIER

A TRANSIÇÃO DA SÉRIE DE FOURIER PARA A TRANSFORMADA DE FOURIER

A diferença relevante entre um sinal periódico e um sinal aperiódico é que o periódico se repete em um tempo finito T_0 denominado período fundamental. O sinal vem se repetindo sempre com esse mesmo período fundamental e continuará a repetir a cada período fundamental indefinidamente. Um sinal aperiódico não possui um período finito. Ele pode repetir um padrão várias vezes dentro de um certo tempo finito, porém não ao longo de todo o tempo. A transição entre a série de Fourier e a transformada de Fourier é conseguida por meio da determinação da forma da série de Fourier para um sinal periódico e, então, admitindo-se que o período fundamental tenda ao infinito. Se o período fundamental tende ao infinito, o sinal não pode repetir em um tempo finito e, portanto, deixa de ser periódico.

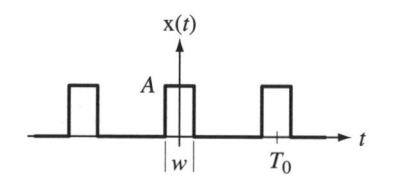

Figura 10.2
Sinal em onda retangular.

Considere um sinal x(t) no domínio do tempo que consista em pulsos retangulares de altura A e largura w, com período fundamental igual a T_0 (Figura 10.2). Esse sinal irá demonstrar os fenômenos que ocorrem ao se considerar o período fundamental tendendo ao infinito para um sinal genérico.

Representando este trem de pulsos por meio de uma SFCT complexa sobre exatamente um período fundamental ($T_F = T_0$), a função harmônica em SFCT X[k] de x(t) é determinada como X[k] = (Aw/T_0)sinc(kw/T_0).

Admita que $w = T_0/2$ (significando que a forma de onda encontra-se em A na metade do tempo e em zero na outra metade). Logo, X[k] = $(A/2)$sinc$(k/2)$ e X[k], em função do número harmônico k, fornece um gráfico como aquele ilustrado pela Figura 10.3. Agora suponha que o período fundamental T_0 (e T_F) aumente de 1 para 5 enquanto w permaneça inalterado. Dessa maneira, X[0] torna-se 1/10 e a função harmônica em SFCT passa a ser X[k] = $(1/10)$sinc$(k/10)$ (Figura 10.4). A magnitude da amplitude do harmônico máxima é cinco vezes menor do que antes, pois o valor médio da função é cinco vezes menor do que o valor prévio. À medida que o período fundamental T_0 torna-se maior, as amplitudes dos harmônicos encontram-se em uma função *sinc* mais ampla cuja amplitude diminui à proporção que T_0 cresce. No limite em que T_0 tende ao infinito, a forma de onda original no domínio do tempo x(t) se aproxima de um pulso retangular único localizado na origem e a função harmônica em SFCT tende às amostras de uma função *sinc* de largura infinita e de amplitude nula. Se fôssemos multiplicar X[k] por T_0 antes de traçá-la no gráfico, a amplitude não iria alcançar o zero à medida que T_0 tendesse ao infinito, mas permaneceria onde estivesse e simplesmente traçaríamos pontos em uma função *sinc* mais extensa. Além disso, traçar o gráfico em função de kf_0 em lugar de k faria da escala horizontal uma grandeza igual à freqüência em vez do número harmônico, e a função *sinc* conservaria a mesma largura nesta escala à medida que T_0 aumentasse de valor (e f_0 decrescesse). Promovendo tais modificações, os últimos dois gráficos se assemelhariam àqueles apresentados na Figura 10.5.

Chame essa função de função harmônica em SFCT complexa modificada. Para a função harmônica em SFCT modificada, T_0X[k] = Awsinc(wkf_0). À medida que T_0 cresce sem limites (tornando o trem de pulsos um pulso singular), a variável discreta kf_0 tende a uma variável contínua (que chamaremos mais tarde de f) e a função harmônica em SFCT modificada tende à função ilustrada na Figura 10.6.

A função harmônica em SFCT modificada será denominada (com algumas mudanças na notação) **transformada de Fourier contínua no tempo** (**TFCT**) daquele pulso único.

A diferença de freqüência entre amplitudes harmônicas em SFCT adjacentes é a mesma que a freqüência fundamental da representação em SFCT f_F, que está relacionada

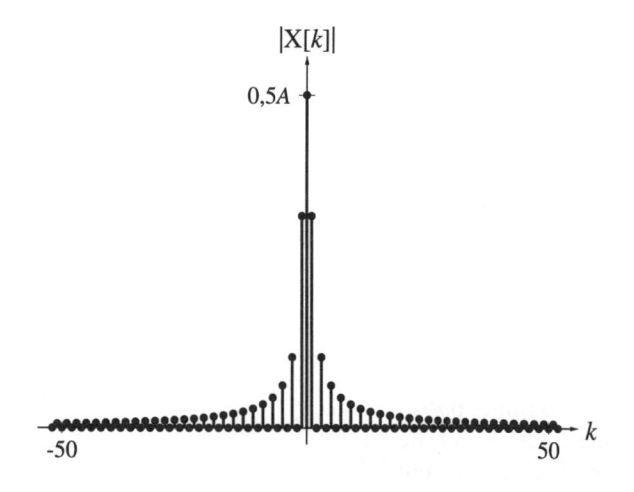

Figura 10.3
A magnitude da função harmônica em SFCT de um sinal em onda retangular com ciclo de trabalho de 50%.

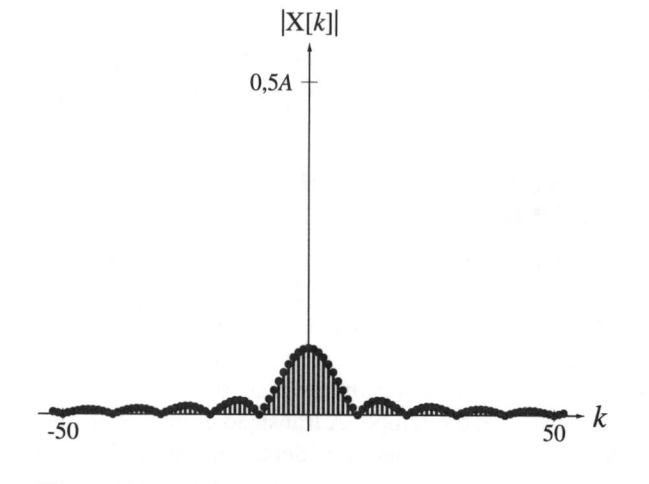

Figura 10.4
A magnitude da função harmônica em SFCT para um sinal em onda retangular com ciclo de trabalho reduzido.

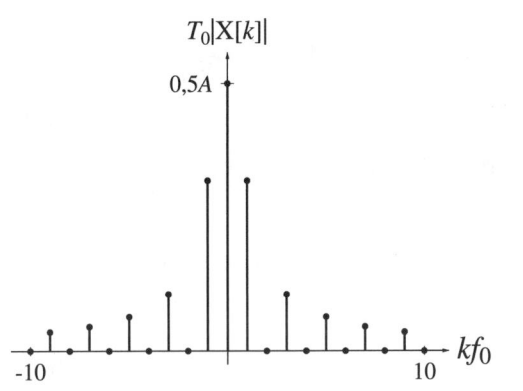

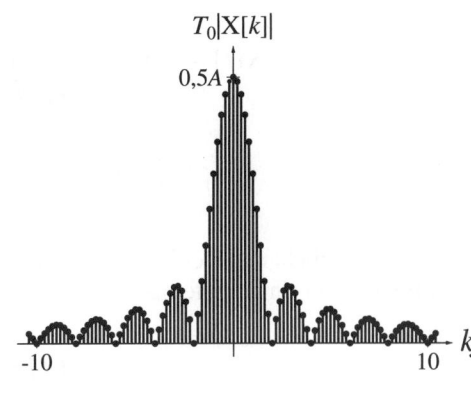

Figura 10.5
Magnitudes das funções harmônicas em SFCT modificadas para sinais em onda retangular com ciclos de trabalho de 50% e 10%, respectivamente.

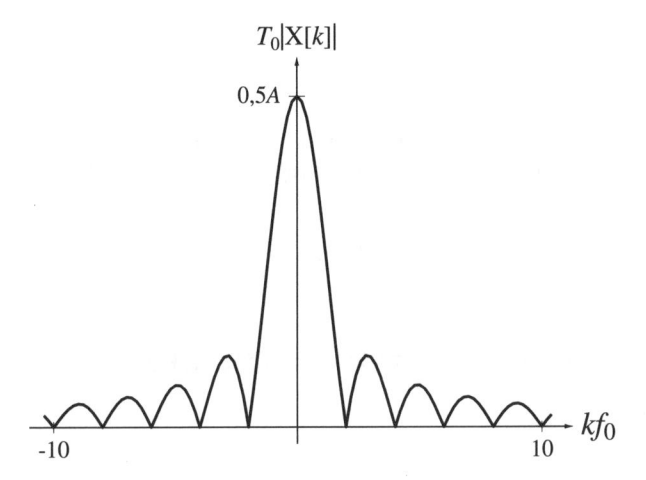

Figura 10.6
Forma limitante da função harmônica em SFCT modificada para sinal em onda retangular.

ao período fundamental da representação em SFCT por $f_F = 1/T_F$. Para enfatizar sua relação com um diferencial de freqüência (que irá se transformar no limite à medida que o período fundamental tender ao infinito) admita que o espaçamento seja denotado por Δf. Ou seja, $\Delta f = f_F = 1/T_F$. Sendo assim, a representação em SFCT complexa de x(t) pode ser escrita como

$$x(t) = \sum_{k=-\infty}^{\infty} X[k] e^{j2\pi k \Delta f t}$$

Substituindo X[k] pela expressão da integral,

$$x(t) = \sum_{k=-\infty}^{\infty} \left[\frac{1}{T_F} \int_{t_0}^{t_0+T_F} x(\tau) e^{-j2\pi k \Delta f \tau} d\tau \right] e^{j2\pi k \Delta f t}$$

(A variável de integração τ é usada para distingui-la de t na função $e^{j2\pi k \Delta f t}$, que se encontra do lado de fora da integral.) Visto que o ponto de partida t_0 para a integral é arbitrário, vamos fazê-lo $t_0 = -T_F/2$. Logo,

$$x(t) = \sum_{k=-\infty}^{\infty} \left[\int_{-T_F/2}^{T_F/2} x(\tau) e^{-j2\pi k \Delta f \tau} d\tau \right] e^{j2\pi k \Delta f t} \Delta f$$

em que Δf substituiu $1/T_F$. No limite em que T_F tende ao infinito, Δf tende ao diferencial df, $k\Delta f$ torna-se uma variável contínua f, os limites da integração tendem a mais e menos infinito, e o somatório se transforma em uma integral

$$x(t) = \lim_{T_F \to \infty} \left\{ \sum_{k=-\infty}^{\infty} \left[\int_{-T_F/2}^{T_F/2} x(\tau) e^{-j2\pi k \Delta f \tau} d\tau \right] e^{j2\pi k \Delta f t} \Delta f \right\}$$

$$= \int_{-\infty}^{\infty} \left[\int_{-\infty}^{\infty} x(\tau) e^{-j2\pi f \tau} d\tau \right] e^{j2\pi f t} df \quad (10.1)$$

A quantidade entre colchetes no lado direito da Equação (10.1) é a transformada de Fourier contínua no tempo de x(*t*)

$$X(f) = \int_{-\infty}^{\infty} x(t) e^{-j2\pi ft} dt \quad (10.2)$$

e segue-se que

$$x(t) = \int_{-\infty}^{\infty} X(f) e^{j2\pi ft} df \quad (10.3)$$

Não se incomode com a mudança do nome da variável de τ para *t* entre as Equações (10.1) e (10.2), pois o nome da variável de integração não é importante.

$$X(f) = \int_{-\infty}^{\infty} x(t) e^{-j2\pi ft} dt = \int_{-\infty}^{\infty} x(\tau) e^{-j2\pi f\tau} d\tau$$

DEFINIÇÃO DA TRANSFORMADA DE FOURIER

A transformada de Fourier contínua no tempo (TFCT) é definida por

$$\boxed{X(f) = \mathcal{F}(x(t)) = \int_{-\infty}^{\infty} x(t) e^{-j2\pi ft} dt \;,\; x(t) = \mathcal{F}^{-1}(X(f)) = \int_{-\infty}^{\infty} X(f) e^{+j2\pi ft} df} \quad (10.4)$$

ou

$$\boxed{\begin{aligned} X(j\omega) &= \mathcal{F}(x(t)) = \int_{-\infty}^{\infty} x(t) e^{-j\omega t} dt \;, \\ x(t) &= \mathcal{F}^{-1}(X(j\omega)) = \frac{1}{2\pi} \int_{-\infty}^{\infty} X(j\omega) e^{+j\omega t} d\omega \end{aligned}} \quad (10.5)$$

em que o operador $\mathcal{F}$ significa "transformada de Fourier de" e o operador $\mathcal{F}^{-1}$ significa "transformada inversa de Fourier de". Essas duas definições da transformada de Fourier são as mais comumente utilizadas na engenharia. A primeira é escrita em termos da freqüência cíclica *f* e tem a vantagem de ser bastante simétrica. As transformadas direta e inversa são praticamente iguais. Somente o sinal no expoente e a variável de integração mudam. Essa é a forma adotada mais freqüente em análise de sistemas de comunicação, na óptica de Fourier e em processamento de imagens. A segunda definição é escrita em termos da variável de freqüência angular ω em lugar da freqüência cíclica *f*. A freqüência angular possui uma relação com as constantes de tempo e com as freqüências de ressonância de sistemas reais um tanto quanto mais direta e, conseqüentemente, as transformadas de certas funções de sistemas são um tanto mais simples com a adoção dessa forma. Essa é a forma mais comumente usada em análise de sistemas de controle. Qualquer uma das definições pode ser convertida na outra por meio da seguinte relação $\omega = 2\pi f$.

O sinal x(*t*) é dito estar no **domínio do tempo**, pois seu argumento funcional *t* representa tempo, e a função da transformada X(*f*) ou X(*j*ω) é dita estar no **domínio da**

freqüência porque seu argumento funcional f ou ω representa a freqüência. A freqüência cíclica é o recíproco do tempo e a freqüência angular é proporcional ao recíproco do tempo. Em algumas outras aplicações da TFCT em matemática, física e na engenharia, as duas variáveis independentes não são o tempo nem a freqüência, porém umas são sempre mutuamente proporcionais aos recíprocos das outras.

A transformada direta

$$X(f) = \mathcal{F}(x(t)) = \int_{-\infty}^{\infty} x(t) e^{-j2\pi ft} dt \quad \text{ou} \quad X(j\omega) = \mathcal{F}(x(t)) = \int_{-\infty}^{\infty} x(t) e^{-j\omega t} dt$$

é muitas vezes referida como **análise** do sinal $x(t)$ visto que ela extrai as partes componentes de $x(t)$, isto é, as exponenciais complexas $X(f)$ ou $X(j\omega)$, em todo valor das variáveis contínuas f ou ω. A transformada inversa

$$x(t) = \mathcal{F}^{-1}(X(f)) = \int_{-\infty}^{\infty} X(f) e^{+j2\pi ft} df$$

$$\text{ou } x(t) = \mathcal{F}^{-1}(X(j\omega)) = \frac{1}{2\pi} \int_{-\infty}^{\infty} X(j\omega) e^{+j\omega t} d\omega$$

é, algumas vezes, denominada **síntese** do sinal $x(t)$ porque ela recombina as componentes de $X(f)$ ou $X(j\omega)$ de volta ao sinal original $x(t)$.

É natural pensar neste momento qual deva ser o significado físico de $X(f)$. Um modo de compreender é determinar a unidade de $X(f)$. Ela depende da unidade de $x(t)$. Para tornar a idéia concreta, suponha agora que a unidade de $x(t)$ seja dada em volts (V). O processo de transformação se inicia com a multiplicação de $x(t)$ pela exponencial complexa $e^{-j2\pi ft}$. O expoente de e consiste em três números adimensionais ($-j$, 2 e π) juntamente com f e t, que são a freqüência e o tempo, respectivamente. A freqüência é dada em Hz ou s^{-1} e o tempo tem sua unidade dada em s. Portanto, o expoente de e é adimensional, assim como é $e^{-j2\pi ft}$. Então, multiplicamos por dt, que possui unidades em segundos s. Desse modo, o processo de integração acumula a área sob o produto entre $x(t)$ e $e^{-j2\pi ft}$. Essa área possui unidades em (neste caso) V·s. Por conseguinte, $X(f)$ é dado em V·s. Contudo, é mais significativo fisicamente expressar as unidades como V/Hz, visto que Hz é o mesmo que s^{-1} e é a unidade da variável independente f. De maneira similar, $X(j\omega)$ teria suas unidades dadas em V/(rad/s). Se a unidade do sinal no domínio do tempo $x(t)$ não for dada em Volts, então as unidades da transformada de Fourier devem ser dadas em [unidades de $x(t)$]/Hz ou [unidades de $x(t)$]/(rad/s).

A função $X(f)$ ou $X(j\omega)$ é algumas vezes chamada de **densidade espectral da amplitude**, ou simplesmente, **espectro** de $x(t)$. Ela expressa a variação da amplitude das senóides complexas com a freqüência que, quando somadas, formam $x(t)$. A palavra "espectral" se refere, neste caso, à variação em relação à freqüência. (Algumas vezes, em outras áreas, ela pode se referir à variação em relação a alguma outra entidade física. Por exemplo, em óptica ela pode se referir ao espectro do comprimento de onda. Em espectroscopia por raios X, ela pode se referir a um espectro de energia.) A palavra "densidade" advém das unidades em Volts por Hertz. Essa unidade é análoga a outras densidades, que são mais familiares. Por exemplo, pressão é a densidade da força bidimensional, força por unidade de área. No caso de $X(f)$ ou $X(j\omega)$, ela corresponde à densidade de amplitude unidimensional, amplitude por unidade de freqüência. Neste exemplo, a amplitude foi dada em tensão, mas ela poderia ter sido dada em corrente ou em alguma outra grandeza.

Existem muitas razões para transformar sinais no domínio do tempo para o domínio da freqüência e vice-versa. Certas operações, bastantes úteis e comuns na análise de sistemas lineares, são mais convenientes em um domínio do que no outro. O fato de que $x(t)$ e $X(f)$ ou $X(j\omega)$ sejam transformadas uma em outra pode ser indicado pela seguinte notação,

$$x(t) \xleftrightarrow{\mathcal{F}} X(f) \quad \text{ou} \quad x(t) \xleftrightarrow{\mathcal{F}} X(j\omega)$$

e elas são ditas formarem um par de transformada de Fourier.

> Outros autores definem outras formas para a TFCT. Por exemplo,
>
> $$X(f) = \int_{-\infty}^{\infty} x(t)e^{+j2\pi ft}dt \qquad x(t) = \int_{-\infty}^{\infty} X(f)e^{-j2\pi ft}df$$
>
> ou
>
> $$X(j\omega) = \frac{1}{\sqrt{2\pi}}\int_{-\infty}^{\infty} x(t)e^{+j\omega t}dt \qquad x(t) = \frac{1}{\sqrt{2\pi}}\int_{-\infty}^{\infty} X(j\omega)e^{-j\omega t}d\omega$$
>
> Elas são tão válidas matematicamente quanto aquelas apresentadas anteriormente, apesar de não serem freqüentemente utilizadas na engenharia.

É importante neste ponto comentar sobre a notação convencional. Em sistemas de comunicação, óptica de Fourier e processamento de imagens, a forma funcional $X(f)$ é usualmente utilizada para denotar a transformada de $x(t)$. Na literatura sobre sistemas de controle, pode-se encontrar o uso de ambas as formas $X(\omega)$ e $X(j\omega)$. A forma $X(\omega)$ possui a vantagem de ser escrita diretamente em termos da variável independente ω. A outra forma $X(j\omega)$ pode parecer menos eficiente ou menos direta, mas existe uma boa razão para isso. Ela surgiu naturalmente no Capítulo 6, na discussão sobre funções de transferência e resposta em freqüência. Além disso no estudo da transformada de Laplace (veja o Capítulo 15), seremos capazes de simplesmente substituirmos $j\omega$ por s para compor as muitas transformadas de Laplace sem precisarmos ter de modificar o significado matemático da função X.

Note que, em termos matemáticos, o "X" de $X(f)$ e o "X" de $X(j\omega)$ não indicam as mesmas funções, porque não se pode compor $X(j\omega)$ por meio da troca de f por $j\omega$ em $X(f)$. Em vez disso, $X(j\omega)$ é formada pela substituição de f por $\omega/2\pi$ em $X(f)$,

$$X(j\omega) = X(f)\big|_{f \to \omega/2\pi}$$

Ao se dispor tal igualdade, o símbolo "X" não representa a mesma função do lado esquerdo que é representada no lado direito. Essa é uma forma de representação matemática ruim devido à confusão que ela acaba gerando. Poderíamos utilizar a notação $X(j2\pi f)$ em lugar de $X(f)$. Tal adoção faria com que a função "X" tivesse um significado consistente. Entretanto, tal procedimento traz um pouco de incômodo e não é feito normalmente. A escolha de como lidar com estes conflitos relativos à nomeação de funções é uma questão de estilo e o estilo adotado aqui é consenso na maior parte dos usos atuais. Em grande parte do tempo, essa ambigüidade nos nomes das funções não consiste em um tema de discussão, pois usualmente tanto uma quanto a outra forma da transformada são utilizadas exclusivamente em qualquer análise particular, e o símbolo X denota apenas a forma da transformada em uso e, por isso, uma função única, sem ambigüidades.

EXEMPLO 10.1

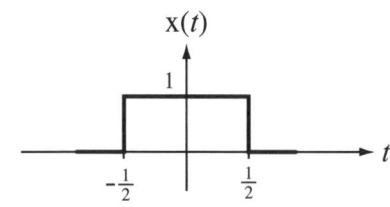

Figura 10.7
Função a qual será aplicada a transformada de Fourier.

TFCT de uma função pulso retangular

Determine a TFCT de $x(t) = \text{ret}(t)$ (Figura 10.7).

■ Solução

Com base na forma f da TFCT,

$$X(f) = \int_{-\infty}^{\infty} \text{ret}(t)e^{-j2\pi ft}dt = \int_{-1/2}^{1/2} e^{-j2\pi ft}dt = \int_{-1/2}^{1/2}\left[\underbrace{\cos(2\pi ft)}_{\text{ímpar}} - \underbrace{j\text{sen}(2\pi ft)}_{\text{par}}\right]dt$$

e

$$X(f) = 2\int_0^{1/2} \cos(2\pi ft)dt = \left.\frac{\text{sen}(2\pi ft)}{\pi f}\right|_0^{1/2} = \frac{\text{sen}(\pi f)}{\pi f} = \text{sinc}(f)$$

Da forma em ω da TFCT,

$$X(j\omega) = \int_{-\infty}^{\infty} \text{ret}(t)e^{-j\omega t}dt = \int_{-1/2}^{1/2} e^{-j\omega t}dt = \int_{-1/2}^{1/2}\left[\underbrace{\cos(\omega t)}_{\text{ímpar}} - \underbrace{j\text{sen}(\omega t)}_{\text{par}}\right]dt$$

e

$$X(j\omega) = 2\int_0^{1/2} \cos(\omega t)dt = \left.\frac{2\text{sen}(\omega t)}{\omega}\right|_0^{1/2} = \frac{2}{\omega}\text{sen}\left(\frac{\omega}{2}\right) = \frac{\text{sen}(\pi(\omega/2\pi))}{\pi(\omega/2\pi)} = \text{sinc}\left(\frac{\omega}{2\pi}\right)$$

e, como dito anteriormente para todas as transformadas de Fourier, as formas em f e ω desta transformada de Fourier podem ser determinadas uma com base na outra por meio da relação ω = 2πf.

Transformadas de Fourier são, em geral, funções complexas da variável real f ou ω. Portanto, elas são usualmente traçadas como dois gráficos, um para a magnitude e o outro para a fase. A função *sinc* recém-deduzida acima como a TFCT da função pulso retangular poderia, naturalmente, ser traçada em um gráfico como uma função real (Figura 10.8). Mas e a TFCT de x(t) = 2ret(t−2)? Sua TFCT é

$$X(f) = 2\int_{-\infty}^{\infty} \text{ret}(t-2)e^{-j2\pi ft}dt$$

O melhor jeito de determinarmos essa transformada (até abordarmos a propriedade de deslocamento no tempo para a TFCT) é promover uma mudança de variável. Vamos fazer τ = t−2 e dτ = dt. Logo

$$X(f) = 2\int_{-\infty}^{\infty} \text{ret}(\tau)e^{-j2\pi f(\tau+2)}d\tau = 2e^{-j4\pi f}\underbrace{\int_{-1/2}^{1/2} e^{-j2\pi f\tau}d\tau}_{=\text{sinc}(f)} = 2\,\text{sinc}(f)e^{-j4\pi f}$$

Agora a TFCT não é definitivamente uma função real e deveria ser traçada em um gráfico em termos de sua magnitude e fase (Figura 10.9).

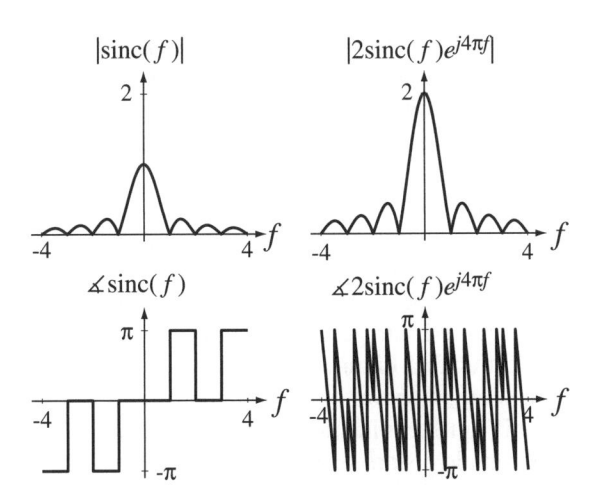

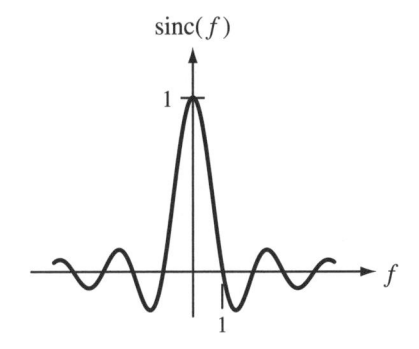

Figura 10.8
A TFCT da função ret(*t*) traçada em gráfico como uma função real.

Figura 10.9
A magnitude e a fase da TFCT da função ret(*t*) e da TFCT da função 2ret(*t* − 2).

Note que o redimensionamento da escala da amplitude por um fator igual a 2 modificou a magnitude da TFCT pelo mesmo fator de escala, porém não afetou a forma da magnitude da TFCT. A transformação de deslocamento no tempo $t \to t-2$ provoca uma mudança na fase, mas não afeta a magnitude. A forma da magnitude da TFCT em cada caso indica que a função pulso retangular é predominantemente composta por baixas freqüências, pois é nelas que a magnitude da TFCT é a maior possível. Nas altas freqüências, existem ainda componentes significativas, mas suas magnitudes geralmente decrescem com a freqüência. Esse tipo de sinal pode ser informalmente caracterizado ao se afirmar que ele tem maior conteúdo em baixas freqüências do que em altas freqüências.

À medida que avançarmos pelos métodos de transformada desde as séries de Fourier até as transformadas de Fourier e, posteriormente, as transformadas de Laplace, aumentaremos a capacidade do método de transformada ao ampliarmos a gama de problemas aos quais ela pode ser empregada. Contudo, ao mesmo tempo, estamos também tornando a matemática envolvida mais abstrata e complexa de ser visualizada. Considere as implicações extraordinárias na fórmula da integral da TFCT inversa

$$x(t) = \mathcal{F}^{-1}(X(f)) = \int_{-\infty}^{\infty} X(f) e^{+j2\pi ft} df$$

Em outras palavras, essa fórmula indica que o somatório (integral) de uma infinidade incontável de exponenciais complexas ponderadas com amplitude infinitesimal (que oscilam para todo o tempo) corresponde a um sinal real de amplitude finita, que pode ser limitado no tempo. É espantoso pensar que, ao se escolher a função de ponderação $X(f)$ da maneira adequada, todas aquelas exponenciais complexas se cancelem umas com as outras fora de um certo intervalo de tempo finito e que se igualem exatamente ao sinal dentro deste mesmo intervalo de tempo. O fato de que combinações lineares de funções tão distintas aparentemente possam se tornar equivalentes é a magia da TFCT. Ela converte um sinal de uma forma para outra bastante distinta e, algumas vezes, isso facilita muito a análise do sinal, pois características importantes que estariam ocultas em uma dada forma podem se tornar óbvias em outra.

É importante desenvolver um entendimento intuitivo da relação entre a forma e a variação no tempo de um sinal e a forma e a variação na freqüência da TFCT deste sinal (Figura 10.10). Na Figura 10.10(a), encontra-se um sinal proveniente de um filtro passa-baixas, aquele com mais conteúdo em baixas freqüências do que qualquer outro. O nome passa-baixas provém da seguinte idéia: Suponha que excitamos um sistema com um sinal que tenha a mesma amplitude em todas as freqüências, significando que a TFCT do sinal possua uma magnitude que é constante com a freqüência. A resposta de um sistema a tal sinal que preferencialmente permite a passagem de baixas freqüências por ele e atenua ou elimina altas freqüências teria uma forma espectral geralmente similar à da Figura 10.10(a). As partes (b) e (c) da Figura 10.10 correspondem a sinais provenientes de filtros passa-altas e passa-faixa, respectivamente. Um sistema passa-altas elimina ou atenua baixas freqüências e permite às altas freqüências passarem por ele. Um sistema passa-faixa permite que um conjunto de freqüências pertencentes a um intervalo finito e que não contenham zero passe por ele. Um sistema corta-faixa atenua ou elimina uma faixa finita de freqüências que não contenham zero e permite que as freqüências restantes o atravessem. (Essas idéias serão exploradas em maiores detalhes no Capítulo 12.)

Sinais passa-baixas são caracterizados pela suavidade (ou variação lenta). Eles são suaves porque um sinal de baixa freqüência varia de valor lentamente e por isso é mais suave do que um sinal que modifique seu valor mais rapidamente. Um sinal passa-altas é caracterizado pela sua alteração rápida de valor e por um valor médio igual a zero. Um sinal passa-faixa é caracterizado pela sua similaridade com uma senóide. A TFCT do sinal passa-faixa, mostrada na Figura 10.10 (c), possui dois picos altos e estreitos. Se os dois picos fossem infinitamente altos e infinitamente estreitos, eles se compararima a impulsos e o sinal seria uma senóide perfeita. Quanto mais estreito o pico se torna, mais próximo de uma senóide o sinal se encontra.

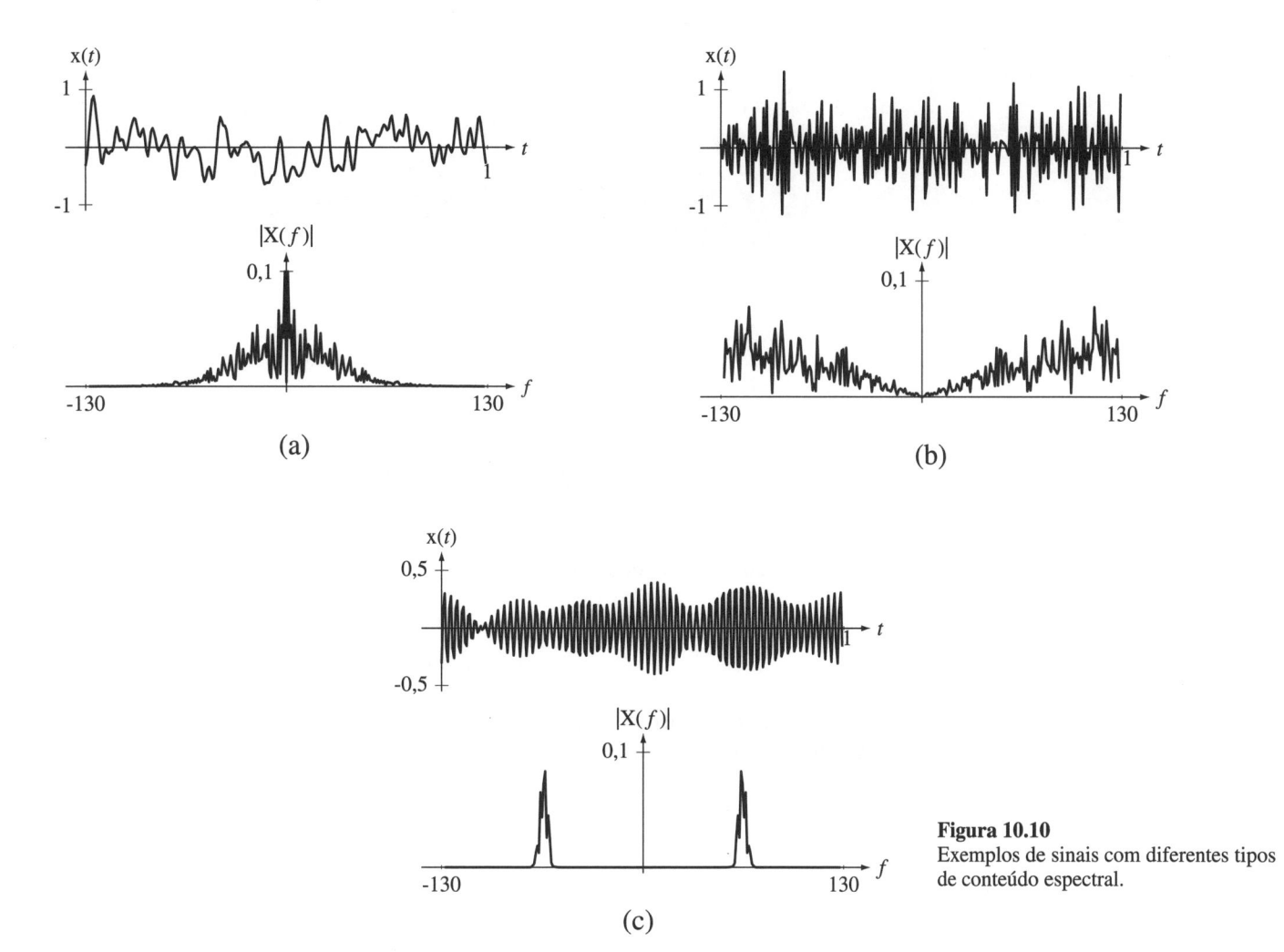

Figura 10.10
Exemplos de sinais com diferentes tipos de conteúdo espectral.

10.4 CONVERGÊNCIA E A TRANSFORMADA DE FOURIER GENERALIZADA

Como exemplo de um problema em que se utiliza a transformada de Fourier, vamos determinar a TFCT de uma função bastante elementar: $x(t) = A$, isto é, uma constante.

$$X(f) = \int_{-\infty}^{\infty} A e^{-j2\pi ft} dt = A \int_{-\infty}^{\infty} e^{-j2\pi ft} dt$$

A integral não converge. Por conseguinte, estritamente falando, a transformada de Fourier não existe. Contudo, podemos evitar esse problema ao generalizarmos a transformada de Fourier por meio do procedimento descrito a seguir. Vamos em primeiro lugar determinar a TFCT de $x_\sigma(t) = A e^{-\sigma|t|}$, $\sigma > 0$. Em seguida, iremos fazer σ tender a zero *após* a determinação da transformada. O fator $e^{-\sigma|t|}$ é um **fator de convergência** que nos permite avaliar a integral (Figura 10.11).

A transformada é

$$X_\sigma(f) = \int_{-\infty}^{\infty} A e^{-\sigma|t|} e^{-j2\pi ft} dt = \int_{-\infty}^{0} A e^{\sigma t} e^{-j2\pi ft} dt + \int_{0}^{\infty} A e^{-\sigma t} e^{-j2\pi ft} dt$$

$$X_\sigma(f) = A \left[\int_{-\infty}^{0} e^{(\sigma - j2\pi f)t} dt + \int_{0}^{\infty} e^{(-\sigma - j2\pi f)t} dt \right] = A \frac{2\sigma}{\sigma^2 + (2\pi f)^2}$$

Figura 10.11
Efeito do fator de convergência, σ.

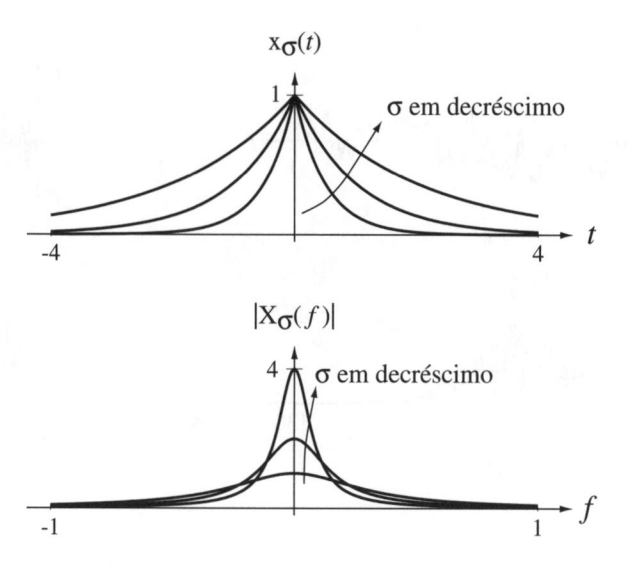

Agora, tomamos o limite de $X_\sigma(f)$ à medida que σ tende a zero. Se $f \neq 0$ então

$$\lim_{\sigma \to 0} A \frac{2\sigma}{\sigma^2 + (2\pi f)^2} = 0$$

Portanto, no limite à medida que σ tende a zero, a TFCT de $x_\sigma(t)$, que é $X_\sigma(f)$, tende a zero para $f \neq 0$. Em seguida, vamos determinar a área sob a função $X_\sigma(f)$ à medida que σ tender a zero.

$$\text{Área} = A \int_{-\infty}^{\infty} \frac{2\sigma}{\sigma^2 + (2\pi f)^2} \, df$$

Usando

$$\int \frac{dx}{a^2 + (bx)^2} = \frac{1}{ab} \, \text{tg}^{-1}\left(\frac{bx}{a}\right)$$

Obtemos

$$\text{Área} = A\left[\frac{2\sigma}{2\pi\sigma} \, \text{tg}^{-1}\left(\frac{2\pi f}{\sigma}\right)\right]_{-\infty}^{\infty} = \frac{A}{\pi}\left(\frac{\pi}{2} + \frac{\pi}{2}\right) = A$$

A área sob a função é A e é independente do valor de σ. Por isso, no limite em que $\sigma \to 0$, a transformada de Fourier da constante A é uma função que é nula para $f \neq 0$ e tem uma área igual a A. Essa afirmação descreve exatamente um impulso de intensidade A ocorrendo em $f = 0$. Dessa maneira, podemos formar o par da transformada de Fourier

$$A \xleftrightarrow{\mathcal{F}} A\delta(f) \quad (10.6)$$

Apelar para esse processo de definição do limite usando o fator de convergência para obter a TFCT de uma função produz o que se denomina **transformada de Fourier generalizada**. Ela estende a TFCT para outras funções úteis, incluindo constantes e funções periódicas. Por razão similar, os pares de transformadas da TFCT

$$\cos(2\pi f_0 t) \xleftrightarrow{\mathcal{F}} \frac{1}{2}[\delta(f - f_0) + \delta(f + f_0)]$$

e

$$\text{sen}(2\pi f_0 t) \xleftrightarrow{\mathcal{F}} \frac{j}{2}[\delta(f + f_0) - \delta(f - f_0)]$$

podem ser obtidos. Ao se realizar a substituição $f = \omega/2\pi$ e usando a propriedade de redimensionamento de escala dos impulsos, as formas equivalentes em freqüência angular de tais transformadas são obtidas como

$$A \xleftrightarrow{\mathcal{F}} 2\pi A \delta(\omega)$$

$$\cos(\omega_0 t) \xleftrightarrow{\mathcal{F}} \pi\left[\delta(\omega-\omega_0)+\delta(\omega+\omega_0)\right]$$

$$\operatorname{sen}(\omega_0 t) \xleftrightarrow{\mathcal{F}} j\pi\left[\delta(\omega+\omega_0)-\delta(\omega-\omega_0)\right]$$

O problema que causou a necessidade de uma forma generalizada da transformada de Fourier ocorre devido ao fato de que essas funções, constantes e senóides não são absolutamente integráveis, ainda que elas sejam limitadas. A transformada de Fourier generalizada pode também ser aplicada a outros sinais que não sejam absolutamente integráveis, mas que sejam limitados como, por exemplo, o degrau unitário e a função sinal.

Uma outra maneira de determinar a TFCT de uma constante é abordar o problema de um outro ângulo, determinando a TFCT inversa de um impulso $X(f) = A\delta(f)$ ou $X(j\omega) = 2\pi A\delta(\omega)$ por meio da propriedade da amostragem do impulso.

$$x(t) = \int_{-\infty}^{\infty} X(f) e^{+j2\pi ft} df = A \int_{-\infty}^{\infty} \delta(f) e^{+j2\pi ft} df = A e^0 = A$$

ou

$$x(t) = \frac{1}{2\pi} \int_{-\infty}^{\infty} X(j\omega) e^{+j\omega t} d\omega = \frac{1}{2\pi} \int_{-\infty}^{\infty} 2\pi A \delta(\omega) e^{+j\omega t} d\omega = A e^0 = A$$

Neste caso, esse é um caminho mais rápido para se determinar a transformada direta de uma constante. O único problema com essa abordagem é que, se estivermos tentando obter a transformada direta de uma função particular, devemos primeiro adivinhar a transformada e então avaliar se ela está correta por meio da determinação da transformada inversa.

EXEMPLO 10.2

TFCT das Funções Sinal e Degrau Unitário

Determine a TFCT de $x(t) = \operatorname{sgn}(t)$ e então aplique este resultado para a obtenção da TFCT de $x(t) = u(t)$.

■ **Solução**

Aplicando a fórmula da integral diretamente, obtemos

$$X(j\omega) = \int_{-\infty}^{\infty} \operatorname{sgn}(t) e^{-j\omega t} dt = -\int_{-\infty}^{0} e^{-j\omega t} dt + \int_{0}^{\infty} e^{-j\omega t} dt$$

e essas integrais não convergem. Podemos utilizar um fator de convergência para determinar a TFCT generalizada. Seja $x_\sigma(t) = \operatorname{sgn}(t) e^{-\sigma|t|}$ com $\sigma > 0$. Logo,

$$X_\sigma(j\omega) = \int_{-\infty}^{\infty} \operatorname{sgn}(t) e^{-\sigma|t|} e^{-j\omega t} dt = -\int_{-\infty}^{0} e^{(\sigma-j\omega)t} dt + \int_{0}^{\infty} e^{-(\sigma+j\omega)t} dt$$

$$X_\sigma(j\omega) = -\left.\frac{e^{(\sigma-j\omega)t}}{\sigma-j\omega}\right|_{-\infty}^{0} - \left.\frac{e^{-(\sigma+j\omega)t}}{\sigma+j\omega}\right|_{0}^{\infty} = -\frac{1}{\sigma-j\omega} + \frac{1}{\sigma+j\omega}$$

e

$$X(j\omega) = \lim_{\sigma \to 0} X_\sigma(j\omega) = 2/j\omega$$

Para determinar a TFCT de x(t) = u(t), observe que

$$u(t) = (1/2)\big[\operatorname{sgn}(t) + 1\big]$$

Daí a TFCT é

$$U(j\omega) = (1/2)\big[2/j\omega + 2\pi\delta(\omega)\big] = 1/j\omega + \pi\delta(\omega)$$

ou, na forma em f,

$$U(f) = \frac{1}{2}\left[\frac{2}{j2\pi f} + \delta(f)\right] = \frac{1}{j2\pi f} + \frac{1}{2}\delta(f)$$

EXEMPLO 10.3

TFCT inversa

Verifique se a TFCT inversa de $U(j\omega) = 1/j\omega + \pi\delta(\omega)$ é na verdade a função degrau unitário.

■ Solução

Se aplicarmos a integral da transformada inversa de Fourier à função em questão, obteremos

$$u(t) = \frac{1}{2\pi}\int_{-\infty}^{\infty}\big[1/j\omega + \pi\delta(\omega)\big]e^{j\omega t}d\omega = \frac{1}{2\pi}\left[\int_{-\infty}^{\infty}\frac{e^{j\omega t}}{j\omega}d\omega + \pi\underbrace{\int_{-\infty}^{\infty}\delta(\omega)e^{j\omega t}d\omega}_{=1\text{ pela propriedade da amostragem do impulso}}\right]$$

$$u(t) = \frac{1}{2\pi}\left[\pi + \underbrace{\int_{-\infty}^{\infty}\frac{\cos(\omega t)}{j\omega}d\omega}_{=0\text{ (integrando ímpar)}} + \underbrace{\int_{-\infty}^{\infty}\frac{\operatorname{sen}(\omega t)}{\omega}d\omega}_{\text{função par}}\right] = \frac{1}{2\pi}\left[\pi + 2\int_{0}^{\infty}\frac{\operatorname{sen}(\omega t)}{\omega}d\omega\right]$$

Considere primeiro o caso $t = 0$. Então

$$u(t) = \frac{1}{2\pi}\left[\pi + 2\int_0^\infty (0)d\omega\right] = \frac{1}{2}$$

Seja $\tau = \omega t \Rightarrow d\tau = td\omega$.

Caso 1. $t > 0$

$$u(t) = \frac{1}{2\pi}\left[\pi + 2\int_0^\infty \frac{\operatorname{sen}(\tau)}{\tau/t}\frac{d\tau}{t}\right] = \frac{1}{2} + \frac{1}{\pi}\int_0^\infty \frac{\operatorname{sen}(\tau)}{\tau}d\tau$$

Caso 2. $t < 0$

$$u(t) = \frac{1}{2\pi}\left[\pi + 2\int_0^{-\infty} \frac{\operatorname{sen}(\tau)}{\tau/t}\frac{d\tau}{t}\right] = \frac{1}{2} + \frac{1}{\pi}\int_0^{-\infty} \frac{\operatorname{sen}(\tau)}{\tau}d\tau$$

Essas duas integrais são integrais em seno definidas por

$$\operatorname{Si}(z) = \int_0^z \frac{\operatorname{sen}(\tau)}{\tau}d\tau$$

e podemos encontrar nas tabelas matemáticas padrões (por exemplo, Abramowitz e Stegun) que

$$\lim_{z \to \infty} \text{Si}(z) = \frac{\pi}{2}, \quad \text{Si}(0) = 0 \quad \text{e} \quad \text{Si}(-z) = -\text{Si}(z)$$

Portanto,

$$\int_0^\infty \frac{\text{sen}(\omega t)}{\omega} d\omega = \begin{cases} \pi/2, & t > 0 \\ 0, & t = 0 \\ -\pi/2, & t < 0 \end{cases}$$

e

$$u(t) = \frac{1}{2} + \frac{1}{\pi} \begin{cases} \pi/2, & t > 0 \\ 0, & t = 0 \\ -\pi/2, & t < 0 \end{cases} = \begin{cases} 1, & t > 0 \\ 1/2, & t = 0 \\ 0, & t < 0 \end{cases}$$

Essa é exatamente a definição do degrau unitário apresentado no Capítulo 2, incluindo o valor 1/2 presente na descontinuidade, e é outra razão para se definir o degrau unitário daquela maneira.

■

Note que quando uma TFCT é realizada, o resultado é válido para todo f ou ω, incluindo-se valores *negativos*. Uma fonte comum de confusão quando nos deparamos pela primeira vez com a análise de Fourier de sinais é a idéia de uma freqüência negativa. A análise de Fourier, no seu nível mais básico, é simplesmente a representação de um sinal como uma combinação linear de senóides. Considere um sinal bastante elementar (Figura 10.12). Ele é periódico com período fundamental T_0. Que sinal é ele? Mais especificamente, quais são as componentes senoidais que podem ser somadas para produzirem o sinal em questão? Ele é obviamente senoidal. Portanto, uma única senóide adequadamente escolhida pode descrevê-lo completamente. É tentador afirmar que a única função matemática que descreve exatamente este sinal seja

$$x(t) = A\cos(2\pi t / T_0) = A\cos(2\pi f_0 t)$$

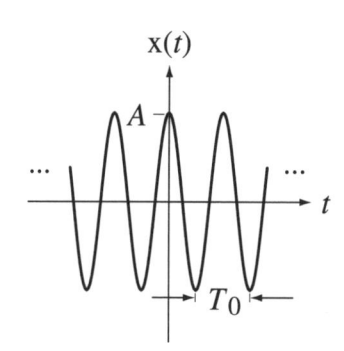

Figura 10.12
Um sinal senoidal a ser representado como uma SFCT.

em que $f_0 = 1/T_0$. Mas isso não é verdade, porque a função $x(t) = A\cos(2\pi(-f_0)t)$ também o descreve com a mesma exatidão. Quem pode afirmar qual será a freqüência, f_0 ou $-f_0$? As funções,

$$x(t) = A_1 \cos(2\pi f_0 t) + A_2 \cos(2\pi(-f_0)t), \quad A_1 + A_2 = A$$

e

$$x(t) = (A/2)\left(e^{j2\pi f_0 t} + e^{-j2\pi f_0 t}\right)$$

igualmente descrevem o sinal com exatidão. Se o sinal fosse um seno em lugar de um cosseno, então, qualquer uma das duas formas $A\text{sen}(2\pi f_0 t)$ e $-A\text{sen}(2\pi(-f_0)t)$ (e outras) poderia ter sido escolhida, com igual validade matemática.

Considere um experimento em que multiplicamos dois sinais senoidais

$$x_1(t) = \cos(2\pi f_1 t) \quad \text{e} \quad x_2(t) = \cos(200\pi t)$$

para formar $x(t) = x_1(t) x_2(t)$. Podemos utilizar uma identidade trigonométrica para expressar $x(t)$ como

$$x(t) = (1/2)\left[\cos(2\pi(f_1 - 100)t) + \cos(2\pi(f_1 + 100)t)\right]$$

a soma entre os dois cossenos; um de freqüência igual à diferença de freqüências $f_1 - 100$ e outro de freqüência correspondente à soma de freqüências $f_1 + 100$. Suponha que iniciemos o experimento com $f_1 > 100$. Então, ambas as quantidades $f_1 - 100$ e $f_1 + 100$ são positivas, e temos uma descrição para x(t) como a soma de dois cossenos de freqüências positivas. Agora imagine que continuamente reduzimos f_1 e traçamos o gráfico da diferença de freqüências $f_1 - 100$ em função de f_1 (Figura 10.13).

Figura 10.13
Diferença de freqüências em função de f_1.

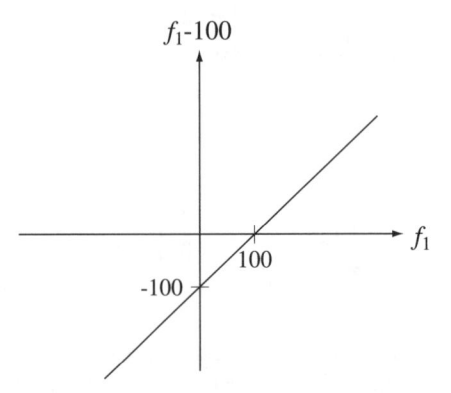

Quando chegamos ao ponto em que $f_1 = 100$, a diferença de freqüência é igual a zero e temos uma constante combinada com um cosseno de freqüência igual a 200. Neste momento, continuamos decrementando f_1. Qual é a melhor interpretação para a freqüência do primeiro cosseno? Deveríamos optar neste ponto por afirmar que, uma vez que o cosseno é uma função par, podemos expressar x(t) como

$$x(t) = (1/2)\left[\cos(2\pi(100 - f_1)t) + \cos(2\pi(f_1 + 100)t)\right]?$$

Ela é uma afirmação matematicamente correta, mas soa um pouco artificial mudarmos a maneira como expressamos o primeiro cosseno somente para fazer a freqüência parecer positiva. É mais natural deixar a expressão como era originalmente e simplesmente aceitar que o primeiro cosseno se encontra em uma freqüência negativa. Desse modo, a primeira freqüência não "salta" além de zero para permanecer positiva à medida que continuamente reduzimos f_1, mas, em vez disso, ela suavemente passa por zero em direção a uma freqüência negativa. Aceitar tal explicação sobre a freqüência negativa será valioso para a análise de sistemas de comunicação que utilizam a modulação no Capítulo 12.

O problema básico com a freqüência negativa é que, naturalmente, não se pode imaginar algo do tipo "menos dez ciclos por segundo". Examine o sinal senoidal genérico x(t) = $A\cos(2\pi(-f_0)t + \theta)$. Ele é escrito para enfatizar a idéia de uma freqüência negativa, $-f_0$. Porém, pode ser matematicamente rearranjado como x(t) = $A\cos(2\pi f_0(-t) + \theta)$ para destacar outra idéia. Nesta formulação, podemos interpretar o sinal como o mesmo que o de freqüência positiva x(t) = $A\cos(2\pi f_0 t - \theta)$ com exceção da inversão no tempo. Portanto, uma senóide de freqüência negativa é equivalente à senóide de freqüência positiva, mas com o tempo invertido. Quando prosseguimos, juntamente com a senóide de tempo invertido, encontramos o mesmo número de ciclos por segundo. Conseqüentemente, um sinal de freqüência negativa tem um comportamento oscilatório idêntico ao de um sinal de freqüência positiva (mas sua fase, em geral, não é igual).

A análise de Fourier é uma ferramenta matemática para a manipulação de sinais que expressa os sinais como somatórios de senóides ou exponenciais complexas, e senóides ou exponenciais complexas com freqüências negativas são tão válidas matematicamente quanto as senóides ou exponenciais complexas de freqüências positivas. Não é óbvio até o momento, porém o uso da simetria de ambas as freqüências positiva e negativa será bastante útil adiante, na simplificação da análise de certos sistemas mais complicados. Tentar analisá-los somente por meio da atribuição à amplitude do sinal de freqüências positivas, embora seja possível, conduz a uma análise demasiada e indesejavelmente desajeitada. (Por falar nisso, existem outros usos para a TFCT na ciência e na engenharia. Por exemplo, a difração da luz é adequadamente descrita, em certas situações, por uma transformada de Fourier bidimensional e a inclusão de ambas as freqüências positiva e negativa é absolutamente essencial neste tipo de análise.)

No domínio da análise de Fourier, sinais podem ser vistos como tendo apenas freqüências positivas (espectros de única lateral) ou tanto freqüências positivas quanto negativas (espectros de dupla lateral) com igual validade. (Poderíamos até mesmo optar por utilizar apenas freqüências negativas, mas esta visão tem poucos seguidores, se houver.) Existe uma esquizofrenia nas disciplinas de sistemas de comunicação, sistemas de controle e análise de sinais. Algumas vezes, espectros de única lateral são adotados, outras vezes os espectros de dupla lateral é que são os escolhidos. Há certas vantagens na análise por espectros de dupla lateral em relação à simetria matemática proporcionada, e há algumas vantagens em relação aos conceitos físicos quando uma análise por espectros de única lateral é a adotada. É importante perceber que ambas as representações são úteis e que devemos ser capazes de usá-las sem nos confundirmos.

10.5 CÁLCULO NUMÉRICO DA TRANSFORMADA DE FOURIER

Em casos que o sinal a ser transformado não seja prontamente descritível por uma função matemática ou que a integral da transformada de Fourier não possa ser realizada analiticamente, podemos algumas vezes determinar uma aproximação para a TFCT numericamente usando a transformada discreta de Fourier (DFT), que foi introduzida pela primeira vez no Capítulo 8. Se o sinal a ser transformado é um sinal de energia causal, pode ser mostrado (veja o Apêndice H em **www.mhhe.com/roberts**) que podemos aproximar sua TFCT em freqüências discretas por

$$X(kf_F) \cong T_s \sum_{n=0}^{N_F-1} x(nT_s) e^{-j2\pi kn/N_F} \cong T_s \times \mathcal{DFT}(x(nT_s)) \ , \ |k| << N_F \quad (10.7)$$

em que $T_s = 1/f_s$ é escolhido de maneira que o sinal x não se altere muito naquela quantidade de tempo, $f_F = f_s/T_s$, e N_F é escolhido de maneira que o intervalo de tempo de 0 a $N_F T_s$ abranja toda ou praticamente toda a energia de sinal do sinal x (Figura 10.14).

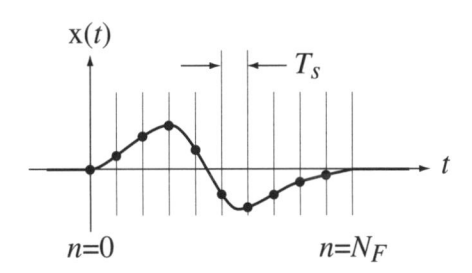

Figura 10.14
Um sinal de energia causal amostrado com T_s segundos entre amostras consecutivas sobre um intervalo de tempo igual a $N_F T_s$.

Se o sinal a ser transformado é um sinal de energia causal e o amostramos sobre um intervalo de tempo contendo praticamente toda a sua energia, e se as amostras estão suficientemente próximas umas das outras de maneira que o sinal não se altere consideravelmente entre elas, a aproximação feita pela Equação (10.7) torna-se precisa para $|k| << N_F$.

Exemplo 10.4

Utilização da DFT para aproximar a TFCT

Usando a DFT, determine numericamente a TFCT aproximada de

$$x(t) = \begin{cases} t(1-t) \ , \ 0 < t < 1 \\ 0 \ , \ \text{caso contrário} \end{cases} = t(1-t)\,\text{ret}\,(t-1/2)$$

amostrando-o 32 vezes sobre o intervalo de tempo delimitado por $0 \le t < 2$.

■ Solução

O programa de MATLAB a seguir pode ser utilizado para realizar esta aproximação.

```
% Programa para demonstrar a aproximação da TFCT de t(1-t)*ret(t-1/2)
% amostrando-o 32 vezes no intervalo de tempo 0 <= t < 2
% segundos e usando a DFT.
NF = 32 ;                          % Amostra 32 vezes
Ts = 2/NF ;                        % Amostra por dois segundos
                                   % Define o intervalo de amostragem
fs = 1/Ts ;                        % Define a taxa de amostragem
fF = fs/NF ;                       % Define a resolução no domínio
                                   % da freqüência
n = [0:NF-1]' ;                    % Vetor de 32 índices de tempo
t = Ts*n ;                         % Vetor de instantes de tempo
x = t.*(1-t).*ret((t-1/2));        % Vetor de 32 valores da função x(t)
X = Ts*fft(x) ;                    % Vetor de 32 valores da TFCT
                                   % aproximada X(f)
k = [0:NF/2-1]';                   % Vetor com 16 índices de freqüência
% Traça os gráficos dos resultados
subplot(3,1,1) ;
p = plot(t,x,'k'); set(p,'LineWidth',2) ; grid on ;
xlabel('Tempo, t (s)') ; ylabel('x(t)') ;
subplot(3,1,2) ;
p = plot(k*fF,abs(X(1:NF/2)),'k') ; set(p,'LineWidth',2) ; grid on ;
xlabel('Freqüência, f (Hz)') ; ylabel('|X(f)|') ;
subplot(3,1,3) ;
p = plot(k*fF,angle(X(1:NF/2)),'k') ; set(p,'LineWidth',2) ; grid on ;
xlabel('Freqüência, f (Hz)') ; ylabel('Fase de X(f)') ;
```

Este programa de MATLAB produz os gráficos da Figura 10.15.

Figura 10.15
Um sinal e sua TFCT aproximada, determinada por meio da DFT.

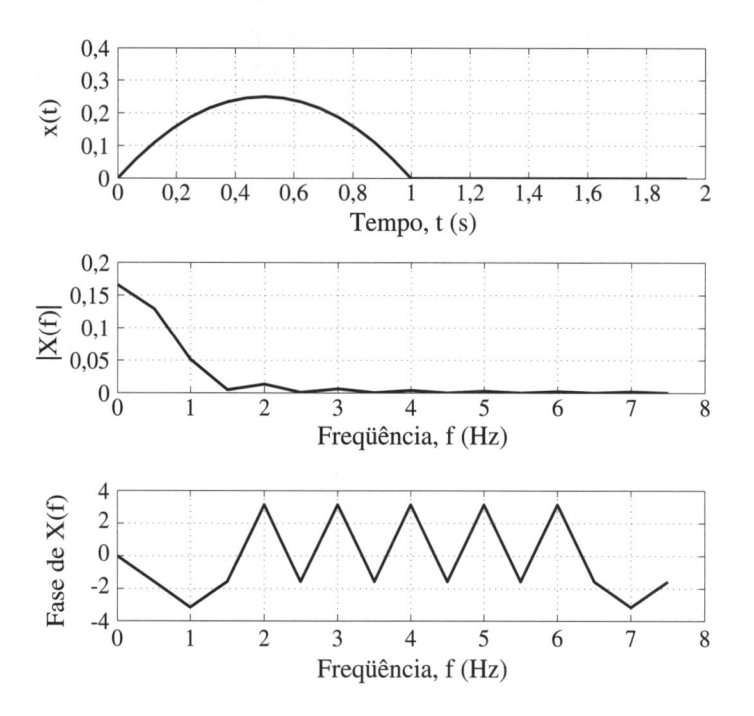

Note que 32 amostras são retiradas do sinal no domínio do tempo e a DFT retorna um vetor de 32 valores. Utilizamos somente os 16 primeiros valores nos gráficos da Figura 10.15. A DFT é periódica e os 32 pontos retornados representam um período. Portanto, a segunda parte com os 16 pontos residuais são os mesmos que os primeiros 16 pontos ocorridos no período anterior e podem ser usados na elaboração gráfica da DFT para freqüências negativas.

O comando `fftshift` do MATLAB existe justamente para este propósito. Abaixo, segue um exemplo de uso de `fftshift` e da construção do gráfico da TFCT aproximada sobre freqüências iguais positivas e negativas.

```
% Programa para demonstrar a aproximação da TFCT de t(1-t)*ret(t-1/2)
% pela amostragem dele em 32 vezes no intervalo de tempo 0 < t < 2
% segundos e pelo uso da DFT. O gráfico no domínio da freqüência cobre
% igualmente tanto as freqüências positivas quanto as negativas.
NF = 32 ;                       % Amostra 32 vezes
Ts = 2/NF ;                     % Amostra por dois segundos
                                % Define o intervalo de amostragem
fs = 1/Ts ;                     % Define a taxa de amostragem
fF = fs/NF ;                    % Define a resolução no domínio da
                                % freqüência
n = [0:NF-1]' ;                 % Vetor de 32 índices de tempo
t = Ts*n ;                      % Vetor de instantes de tempo
x = t.*(1-t).*ret((t-1/2));     % Vetor de 32 valores da função
                                % x(t)
X = fftshift(Ts*fft(x)) ;       % Vetor de 32 valores da TFCT
                                % aproximada X(f)
k = [-NF/2:NF/2-1]';            % Vetor com 32 índices de
                                % freqüência
% Traça os gráficos dos resultados
subplot(3,1,1) ;
p = plot(t,x,'k'); set(p,'LineWidth',2) ; grid on ;
xlabel('Tempo, t (s)') ; ylabel('x(t)') ;
subplot(3,1,2) ;
p = plot(k*fF,abs(X),'k') ; set(p,'LineWidth',2) ; grid on ;
xlabel('Freqüência, f (Hz)') ; ylabel('|X(f)|') ;
subplot(3,1,3) ;
p = plot(k*fF,angle(X),'k') ; set(p,'LineWidth',2) ; grid on ;
xlabel('Freqüência, f (Hz)') ; ylabel('Fase de X(f)') ;
```

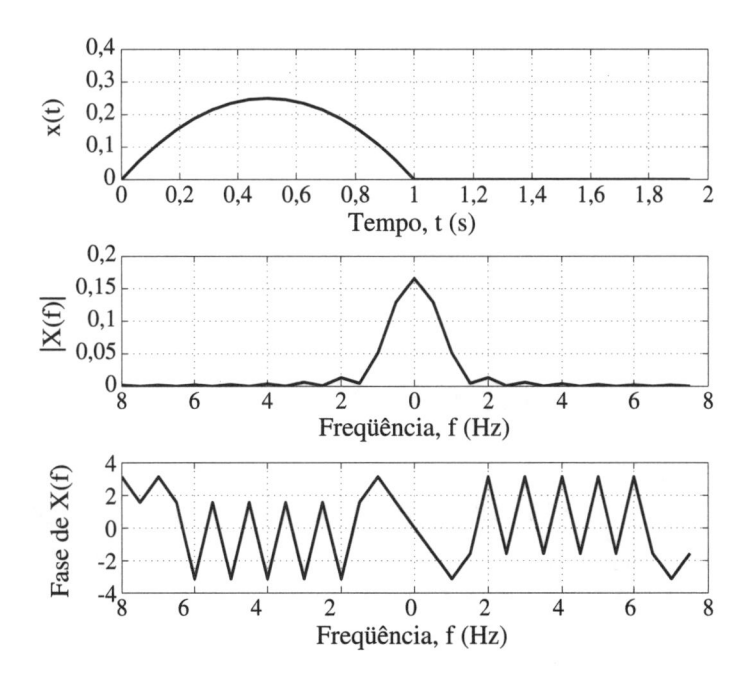

Figura 10.16
TFCT aproximada, determinada por meio da DFT, e traçada sobre freqüências iguais positivas e negativas.

Este resultado é uma aproximação grosseira da TFCT, pois apenas 32 pontos foram utilizados. Se usarmos 512 pontos sobre um período de tempo de 16 segundos, conseguiremos uma aproximação com maior resolução no domínio da freqüência e sobre um intervalo de freqüências mais amplo (Figura 10.17).

Figura 10.17
TFCT aproximada determinada pelo uso da DFT com maior resolução.

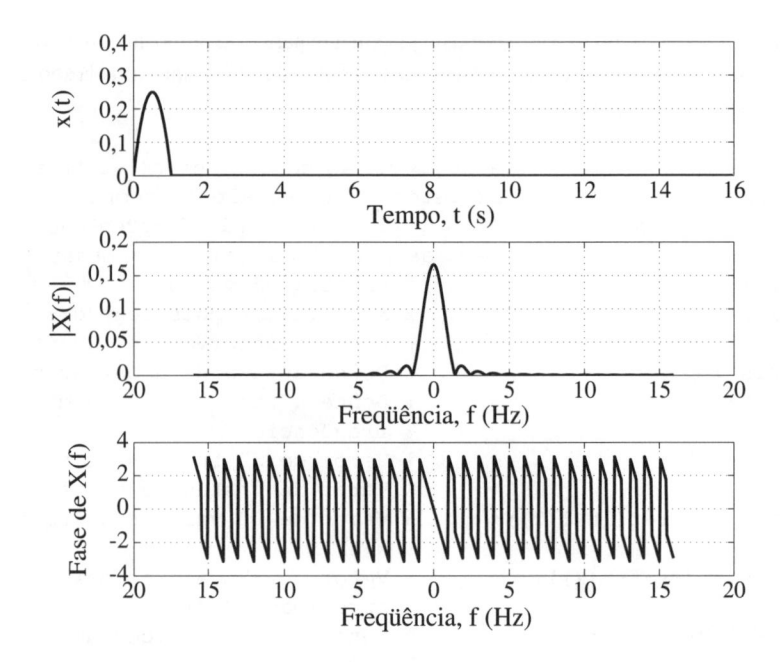

10.6 PROPRIEDADES DA TRANSFORMADA DE FOURIER CONTÍNUA NO TEMPO

Existem várias propriedades importantes da TFCT que, juntamente com a tabela de pares de transformadas, podem, na maioria dos casos práticos, nos fazer evitar a aplicação direta da definição de integral da TFCT. Se dois sinais possuem TFCTs

$$\mathcal{F}(\mathrm{x}(t)) = \mathrm{X}(f) \text{ ou } \mathrm{X}(j\omega) \quad \text{e} \quad \mathcal{F}(\mathrm{y}(t)) = \mathrm{Y}(f) \text{ ou } \mathrm{Y}(j\omega)$$

então as propriedades seguintes se aplicam, não importando as formas dos sinais. Os detalhes das deduções dessas propriedades são omitidos aqui, mas podem ser encontrados no site do livro, no Apêndice H em **www.mhhe.com/roberts**.

LINEARIDADE

A propriedade da linearidade é exatamente a mesma que foi descrita para a SFCT e para SFDT,

$$\boxed{\begin{array}{c} \alpha\,\mathrm{x}(t) + \beta\,\mathrm{y}(t) \xleftrightarrow{\mathcal{F}} \alpha\,\mathrm{X}(f) + \beta\,\mathrm{Y}(f) \\ \text{ou} \\ \alpha\,\mathrm{x}(t) + \beta\,\mathrm{y}(t) \xleftrightarrow{\mathcal{F}} \alpha\,\mathrm{X}(j\omega) + \beta\,\mathrm{Y}(j\omega) \end{array}} \quad (10.8)$$

e as provas são similares.

DESLOCAMENTO NO TEMPO E DESLOCAMENTO NA FREQÜÊNCIA

Seja t_0 qualquer constante real e seja $z(t) = \mathrm{x}(t - t_0)$. Então a TFCT de $z(t)$ é $\mathrm{Z}(f) = e^{-j2\pi f t_0}\,\mathrm{X}(f)$ e a propriedade de deslocamento no tempo pode ser definida como

$$\boxed{\begin{array}{c} \mathrm{x}(t - t_0) \xleftrightarrow{\mathcal{F}} \mathrm{X}(f)e^{-j2\pi f t_0} \\ \text{ou} \\ \mathrm{x}(t - t_0) \xleftrightarrow{\mathcal{F}} \mathrm{X}(j\omega)e^{-j\omega t_0} \end{array}} \quad (10.9)$$

Como um exemplo de por que a propriedade de deslocamento no tempo faz sentido, seja o sinal no tempo uma senóide complexa $x(t) = e^{j2\pi f_0 t}$. Então $x(t-t_0) = e^{j2\pi f_0(t-t_0)} = e^{j2\pi f_0 t} e^{-j2\pi f_0 t_0}$.

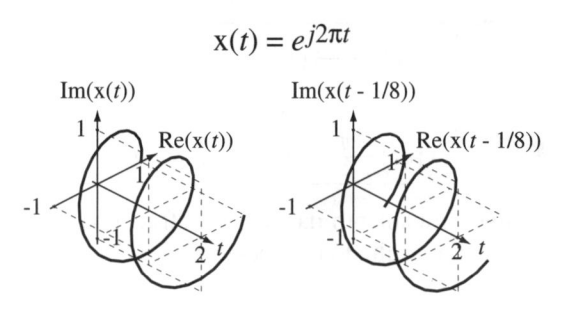

Figura 10.18
Uma exponencial complexa $x(t) = e^{j2\pi f_0 t}$ e uma versão atrasada $x(t-1/8) = e^{j2\pi f_0(t-1/8)}$.

Desse modo, deslocar o sinal no tempo equivale a multiplicá-lo pelo número complexo $e^{-j2\pi f_0 t_0}$. A expressão da TFCT

$$x(t) = \int_{-\infty}^{\infty} X(f) e^{+j2\pi ft} df$$

indica que qualquer sinal que seja transformável por Fourier pode ser representado como uma combinação linear de senóides complexas sobre um contínuo de freqüências f e, se $x(t)$ é deslocado por t_0, cada uma dessas senóides complexas é multiplicada pelo valor complexo $e^{-j2\pi f t_0}$. O que acontece a qualquer número complexo quando ele é multiplicado por uma exponencial complexa da forma e^{jx} em que x é real? A magnitude de e^{jx} é unitária para qualquer real x. Portanto, a multiplicação por e^{jx} modifica apenas a fase, mas não a magnitude do número complexo. Modificar a fase quer dizer alterar seu ângulo no plano complexo, o que corresponde a uma simples rotação do vetor que representa o número. Conseqüentemente, multiplicar uma função exponencial complexa do tempo $e^{j2\pi f_0 t}$ por uma constante complexa $e^{-j2\pi f_0 t_0}$ simplesmente rotaciona a exponencial complexa $e^{j2\pi f_0 t}$ onde o eixo dos tempos corresponde ao eixo de rotação do movimento. Ao examinar a Figura 10.18, é claro que, devido à sua forma helicoidal singular, uma rotação de uma função exponencial complexa do tempo e um deslocamento ao longo do eixo dos tempos produzem o mesmo efeito líquido.

A propriedade de deslocamento na freqüência pode ser comprovada ao se iniciar com uma versão deslocada na freqüência de X(f), X($f-f_0$) e ao se utilizar a integral da TFCT inversa. O resultado é

$$\boxed{\begin{array}{c} x(t)e^{+j2\pi f_0 t} \xleftrightarrow{\mathcal{F}} X(f-f_0) \\ \text{ou} \\ x(t)e^{+j\omega_0 t} \xleftrightarrow{\mathcal{F}} X(j(\omega-\omega_0)) \end{array}} \quad (10.10)$$

Note a similaridade entre as propriedades de deslocamento no tempo e de deslocamento na freqüência. Ambas resultam na multiplicação por uma senóide complexa no outro domínio. Entretanto, o sinal do expoente na senóide complexa é diferente. Isso ocorre devido aos sinais nas TFCTs direta e inversa

$$X(f) = \int_{-\infty}^{\infty} x(t) e^{-j2\pi ft} dt, \quad x(t) = \int_{-\infty}^{\infty} X(f) e^{+j2\pi ft} df$$

A propriedade de deslocamento no tempo é bastante prática e conveniente para se determinarem transformadas de sinais que sejam compostos de múltiplas funções que foram deslocadas no tempo e combinadas. A propriedade de deslocamento na freqüência é fundamental na compreensão dos efeitos da modulação em sistemas de comunicação.

REDIMENSIONAMENTO DAS ESCALAS DO TEMPO E DA FREQÜÊNCIA

Seja *a* qualquer constante real diferente de zero e seja z(*t*) = x(*at*). Então a TFCT de z(*t*) é Z(*f*)=(1/|*a*|)X(*f*/*a*) e a propriedade de redimensionamento da escala de tempo é

$$\boxed{\begin{array}{c} \mathrm{x}(at) \xleftrightarrow{\mathcal{F}} (1/|a|)\mathrm{X}(f/a) \\ \text{ou} \\ \mathrm{x}(at) \xleftrightarrow{\mathcal{F}} (1/|a|)\mathrm{X}(j\omega/a) \end{array}} \quad (10.11)$$

A propriedade de redimensionamento da escala de freqüência pode ser comprovada por uma maneira similar, e o resultado resume-se a

$$\boxed{\begin{array}{c} (1/|a|)\mathrm{x}(t/a) \xleftrightarrow{\mathcal{F}} \mathrm{X}(af) \\ \text{ou} \\ (1/|a|)\mathrm{x}(t/a) \xleftrightarrow{\mathcal{F}} \mathrm{X}(ja\omega) \end{array}} \quad (10.12)$$

A propriedade de redimensionamento da escala do tempo e a propriedade de redimensionamento da escala da freqüência permitem o cálculo da TFCT e da TFCT inversa de funções que foram estendidas ou comprimidas para se ajustarem à escala temporal ou à escala da freqüência de sinais reais.

Uma conseqüência advinda das propriedades de redimensionamento das escalas do tempo e da freqüência é que a compressão em um domínio corresponde à expansão no outro domínio. Um modo interessante de demonstrar esse fenômeno é por meio da função $\mathrm{x}(t) = e^{-\pi t^2}$ cuja TFCT é da mesma forma funcional $e^{-\pi t^2} \xleftrightarrow{\mathcal{F}} e^{-\pi f^2}$. Podemos atribuir um parâmetro de largura característica *w* para essa funções, a distância entre pontos de inflexão (o tempo ou freqüência entre os pontos de magnitude de inclinação máxima). Tais pontos ocorrem para $e^{-\pi t^2}$ em $t = \pm 1/\sqrt{2\pi}$, logo $w = \sqrt{2/\pi}$. Se agora elaborarmos um redimensionamento na escala temporal por meio da transformação $t \to t/2$, por exemplo, o par de transformadas se torna $e^{-\pi(t/2)^2} \xleftrightarrow{\mathcal{F}} 2e^{-\pi(2f)^2}$ (Figura 10.19) e o parâmetro de largura da função no tempo passa a ser $2\sqrt{2/\pi}$ enquanto o parâmetro de largura da função na freqüência torna-se igual a $1/\sqrt{2\pi}$.

A transformação $t \to t/2$ equivale a uma expansão no tempo e o efeito correspondente no domínio da freqüência é uma compressão na freqüência (acompanhada por um fator de escala da amplitude). À medida que o sinal no domínio do tempo é expan-

Figura 10.19
Expansão no tempo e a compressão correspondente na freqüência.

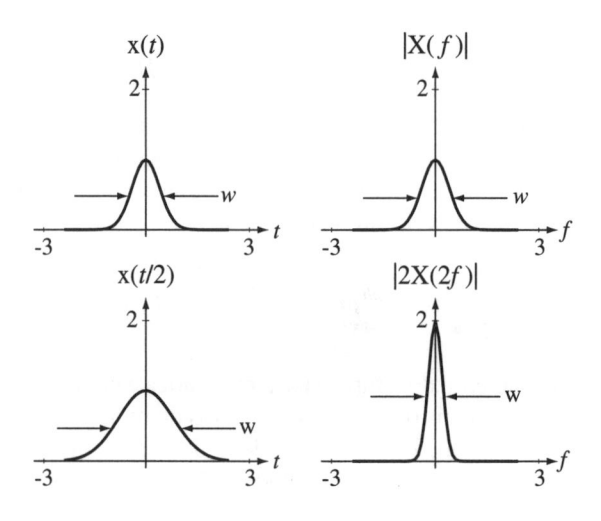

dido, ele decai do seu máximo igual a um em $t = 0$ cada vez mais lentamente à proporção que o tempo transcorre a partir de zero em qualquer uma das direções e, no limite, à medida que o fator de expansão do tempo se aproxima do infinito, ele não se modifica consideravelmente e tende à constante 1 ($w \to \infty$). À medida que o sinal no domínio do tempo é expandido por um certo fator, sua TFCT é comprimida na freqüência e sua altura é multiplicada pelo mesmo fator. No limite, à medida que o fator de expansão no domínio do tempo tende ao infinito, a TFCT torna-se um impulso

$$\lim_{a \to \infty} e^{-\pi(t/a)^2} = 1 \xleftrightarrow{\mathcal{F}} \lim_{a \to \infty} (1/|a|) e^{-\pi(af)^2} = \delta(f) \tag{10.13}$$

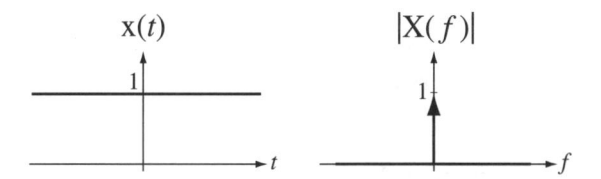

e $w \to 0$.

Figura 10.20
Constante e impulso como limites do redimensionamento de escala no tempo e na freqüência de $x(t) = e^{-\pi t^2}$ e sua TFCT.

A relação entre compressão em um domínio e expansão no outro é a base para uma idéia denominada **princípio da incerteza** da análise de Fourier. À medida que $a \to \infty$ na Equação (10.13), a energia de sinal da função do domínio do tempo torna-se menos localizada e a energia de sinal da função no domínio da freqüência correspondente torna-se mais localizada. No limite, a energia de sinal do sinal no domínio da freqüência é "infinitamente localizada" em uma única freqüência $f = 0$, enquanto a largura da função no tempo torna-se infinita e, portanto, sua energia de sinal está "infinitamente não localizada" no tempo. Se comprimirmos a função do tempo em vez de expandi-la, ela se tornará um impulso no instante de tempo $t = 0$ e sua energia de sinal ocorrerá em apenas um ponto, enquanto sua TFCT passará a ficar espalhada uniformemente sobre o intervalo $-\infty < f < \infty$ e sua energia de sinal não possuirá "localidade" de nenhuma forma. Podemos expressar essa idéia em palavras explicando que à medida que conhecemos cada vez mais a localização da energia de sinal de uma função, perdemos informação sobre a localização da energia de sinal da outra função. O nome "princípio da incerteza" advém, naturalmente, do princípio de mesmo nome criado na mecânica quântica.

TRANSFORMADA DE UM CONJUGADO

A propriedade da conjugação é descrita como

$$\boxed{\begin{array}{c} x^*(t) \xleftrightarrow{\mathcal{F}} X^*(-f) \\ \text{ou} \\ x^*(t) \xleftrightarrow{\mathcal{F}} X^*(-j\omega) \end{array}} \tag{10.14}$$

Fazendo uso desta propriedade, podemos descobrir outra característica útil da transformada de Fourier de sinais de valor real. Se $x(t)$ é de valor real, então $x(t) = x^*(t)$. A TFCT de $x(t)$ é $X(f)$ e a TFCT de $x^*(t)$ é $X^*(-f)$. Portanto, se $x(t) = x^*(t)$, logo, $X(f) = X^*(-f)$. Em outras palavras, se o sinal no domínio do tempo é de valor real, sua TFCT possui a propriedade em que o comportamento para freqüências negativas equivale ao conjugado complexo do comportamento para as freqüências positivas. Por conseguinte, se sabemos a forma funcional na freqüência positiva da TFCT de um sinal de valor real, conhecemos também a forma funcional na freqüência negativa. Esse comportamento é análogo à propriedade previamente observada em que as amplitudes harmônicas da SFCT complexa de um sinal real ocorrem nos pares conjugados complexos.

Seja x(t) um sinal de valor real. O quadrado da magnitude de X(f) é igual a $|X(f)|^2 = X(f)X^*(f)$. Então, usando a igualdade $X(f) = X^*(-f)$, podemos mostrar que o quadrado da magnitude de X(−f) é

$$|X(-f)|^2 = \underbrace{X(-f)}_{X^*(f)}\underbrace{X^*(-f)}_{X(f)} = X(f)X^*(f) = |X(f)|^2$$

provando que a magnitude da TFCT de um sinal de valor real é uma função par da freqüência. Fazendo uso de $X(f) = X^*(-f)$, podemos também mostrar que a fase da TFCT de um sinal de valor real pode ser representada sempre como uma função ímpar da freqüência. (Visto que a fase de qualquer função complexa possui múltiplos valores, existem muitas maneiras igualmente corretas de representar a fase. Conseqüentemente, não podemos afirmar que a fase *é* uma função ímpar, apenas que *ela pode ser sempre representada como* uma função ímpar.) Freqüentemente, em análise de sinais e sistemas práticos, a TFCT de um sinal de valor real é apenas exibida para freqüências positivas, pois, uma vez que $X(f) = X^*(-f)$, se conhecermos o comportamento funcional dela para freqüências positivas, também conheceremos seu comportamento para as freqüências negativas.

DUALIDADE MULTIPLICAÇÃO-CONVOLUÇÃO

Seja a convolução entre x(t) e y(t) dada como

$$z(t) = x(t) * y(t) = \int_{-\infty}^{\infty} x(\tau)y(t-\tau)d\tau$$

A TFCT de z(t) é $Z(f) = X(f)Y(f)$. Portanto, a propriedade da convolução no domínio do tempo é

$$\boxed{\begin{array}{c} x(t) * y(t) \xleftrightarrow{\mathcal{F}} X(f)Y(f) \\ \text{ou} \\ x(t) * y(t) \xleftrightarrow{\mathcal{F}} X(j\omega)Y(j\omega) \end{array}} \quad (10.15)$$

A prova da propriedade da convolução no domínio da freqüência

$$\boxed{\begin{array}{c} x(t)y(t) \xleftrightarrow{\mathcal{F}} X(f) * Y(f) \\ \text{ou} \\ x(t)y(t) \xleftrightarrow{\mathcal{F}} (1/2\pi)X(j\omega) * Y(j\omega) \end{array}} \quad (10.16)$$

é similar.

A propriedade da convolução talvez seja a propriedade mais importante para a transformada de Fourier (na verdade, para qualquer método de transformada), pois ela converte a propriedade básica de sistema SLIT no domínio do tempo

a resposta com condições iniciais nulas corresponde à convolução entre a excitação e a resposta ao impulso

na propriedade mais simples no domínio da freqüência

a resposta com condições iniciais nulas corresponde ao produto entre a excitação e a resposta em freqüência

(Figura 10.21).

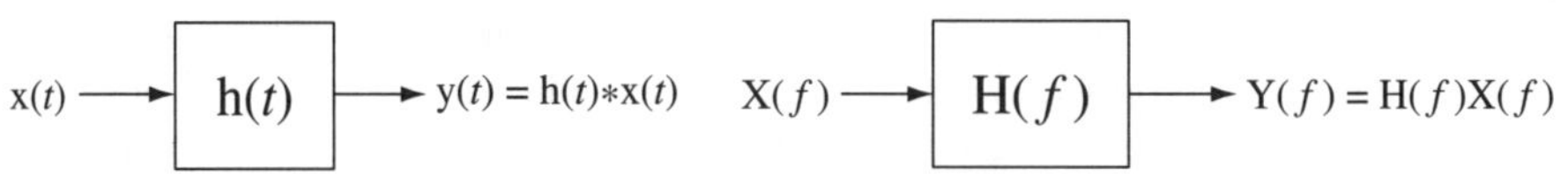

Figura 10.21
A equivalência entre a convolução no domínio do tempo e a multiplicação no domínio da freqüência na análise de sistemas SLIT.

x(t) → [h(t)] → y(t) = h(t)∗x(t)   X(f) → [H(f)] → Y(f) = H(f)X(f)

A **resposta em freqüência** (introduzida pela primeira vez no Capítulo 6) é a TFCT da resposta ao impulso, pois ela é a função que nos informa como o sistema responde às várias componentes de freqüência presentes na excitação.

No Capítulo 6, mostramos que a resposta ao impulso da associação em cascata entre dois sistemas SLIT equivale à convolução de suas respostas ao impulso. E então se segue que a resposta em freqüência da associação em cascata dos dois sistemas é o produto de suas respostas em freqüência (Figura 10.22). (Outros nomes comumente usados para a resposta em freqüência são **função de transferência de estado estacionário** ou apenas **função de transferência**. O nome "função de transferência" provém da idéia de que se "transfere" a excitação através do sistema para a resposta. O nome função de transferência é usualmente reservado para a transformada de Laplace da resposta ao impulso, a ser introduzida no Capítulo 15. Contudo, as relações matemáticas são as mesmas, independentemente do nome.)

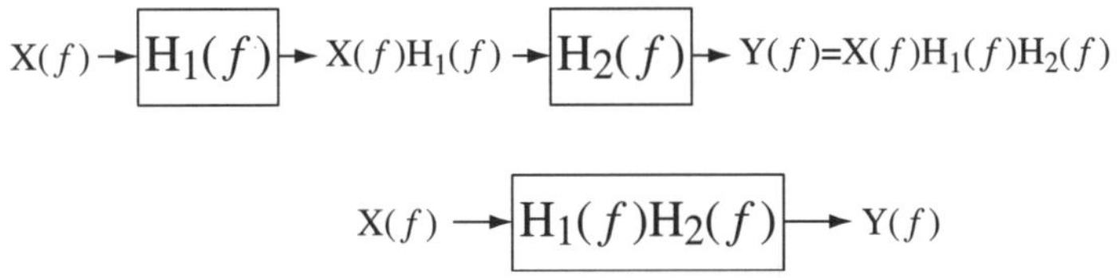

$$X(f) \to \boxed{H_1(f)} \to X(f)H_1(f) \to \boxed{H_2(f)} \to Y(f) = X(f)H_1(f)H_2(f)$$

$$X(f) \to \boxed{H_1(f)H_2(f)} \to Y(f)$$

Figura 10.22
Resposta em freqüência de uma associação em cascata entre dois sistemas SLIT.

A resposta em freqüência foi brevemente explorada no Capítulo 6 nas respostas de sistemas a sinais padronizados, incluindo-se aí a senóide. Se a excitação é uma senóide da forma $x(t) = A\cos(2\pi f_0 t + \theta)$ então

$$X(f) = (A/2)\left[\delta(f - f_0) + \delta(f + f_0)\right]e^{j\theta f/f_0}$$

e

$$Y(f) = X(f)H(f) = H(f) \times (A/2)\left[\delta(f - f_0) + \delta(f + f_0)\right]e^{j\theta f/f_0}$$

Por meio da propriedade da equivalência do impulso e da propriedade da conjugação da TFCT,

$$Y(f) = \frac{A}{2}\left[H(f_0)\delta(f - f_0) + \underbrace{H(-f_0)}_{=H^*(f_0)}\delta(f + f_0)\right]e^{j\theta f/f_0}$$

$$Y(f) = \frac{A}{2}\left\{\begin{array}{l}\operatorname{Re}(H(f_0))\left[\delta(f - f_0) + \delta(f + f_0)\right] \\ +j\operatorname{Im}(H(f_0))\left[\delta(f - f_0) - \delta(f + f_0)\right]\end{array}\right\}e^{j\theta f/f_0}$$

$$y(t) = A\left[\operatorname{Re}(H(f_0))\cos(2\pi f_0 t + \theta) - \operatorname{Im}(H(f_0))\operatorname{sen}(2\pi f_0 t + \theta)\right]$$

$$y(t) = A|H(f_0)|\cos(2\pi f_0 t + \theta + \measuredangle H(f_0))$$

Compare este com o resultado análogo obtido no Capítulo 6

$$\underbrace{\operatorname{Re}(y(t))}_{y(t)} = \underbrace{|X|}_{A}\underbrace{|H(j\omega)|}_{|H(f_0)|}\cos\left(\underbrace{\omega}_{2\pi f_0} t + \underbrace{\measuredangle H(j\omega)}_{\measuredangle H(f_0)} + \underbrace{\measuredangle X}_{\theta}\right)$$

Com exceção de algumas mudanças na notação, as duas equações são as mesmas.

Exemplo 10.5

Resposta em freqüência de um sistema

Elabore os gráficos da magnitude e da fase da resposta em freqüência do sistema da Figura 10.23. Se o sistema é excitado por um sinal x(t) = cos(1000πt), determine e trace a resposta y(t).

Figura 10.23
Um sistema.

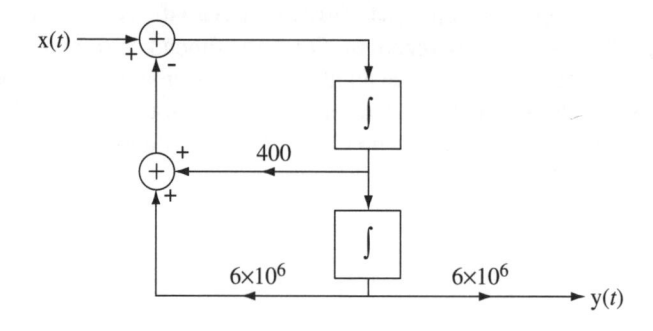

■ Solução

A equação diferencial descritora deste sistema é

$$y''(t) + 400\, y'(t) + 6 \times 10^6\, y(t) = 6 \times 10^6\, x(t)$$

A resposta ao impulso é h(t) = 2457,7e^{-200t}sen(2441,3t)u(t). A resposta em freqüência é a transformada de Fourier da resposta ao impulso. Podemos usar o par TFCT

$$e^{-at}\operatorname{sen}(bt)\,\mathrm{u}(t) \xleftrightarrow{\mathcal{F}} \frac{b}{(j\omega + a)^2 + b^2}$$

para obter

$$\mathrm{h}(t) = 2457{,}7 e^{-200t} \operatorname{sen}(2449{,}5t)\mathrm{u}(t) \xleftrightarrow{\mathcal{F}} \mathrm{H}(j\omega) = \frac{6 \times 10^6}{(j\omega + 200)^2 + (2441{,}3)^2}$$

Se usássemos os métodos do Capítulo 6, obteríamos

$$\mathrm{H}(s) = \frac{6 \times 10^6}{s^2 + 400s + 6 \times 10^6} \Rightarrow \mathrm{H}(j\omega) = \frac{6 \times 10^6}{(j\omega)^2 + j400\omega + 6 \times 10^6}$$

que é o mesmo resultado.

Podemos utilizar o MATLAB para obtermos um gráfico preciso desta resposta em freqüência. Porém precisamos ter alguma idéia sobre qual intervalo de freqüências adotar. A resposta em freqüência tende a zero nas freqüências muito altas. Em ω = 0, a resposta é H(0) = 1. A resposta em freqüência pode também ser escrita como

$$\mathrm{H}(j\omega) = \frac{6 \times 10^6}{(j\omega + 200)^2 + (2441{,}3)^2} = \frac{6 \times 10^6}{-\omega^2 + j400\omega + 200^2 + (2441{,}3)^2}$$

e quando $-\omega^2 + 200^2 + (2441{,}3)^2 = 0 \Rightarrow \omega = 2449{,}5$, o sistema encontra-se em ressonância e

$$\mathrm{H}(j2521{,}2) = \frac{6 \times 10^6}{j400 \times 2449{,}5} = -j6{,}124$$

Os picos da resposta estão aproximadamente em 400 Hz e então decaem em direção a zero. Portanto, um intervalo de freqüências de zero a aproximadamente 2 kHz parece razoável.

Podemos utilizar a resposta em freqüência para determinar a amplitude e a fase da senóide que é a resposta y(t). A amplitude da resposta equivale a |H(j1000π)| vezes a amplitude da senóide de 500 Hz, e a fase da resposta é ∡H($j1000\pi$) somada à fase da senóide de 500 Hz. Portanto

$$y(t) = |H(j1000\pi)|\cos(1000\pi t + \angle H(j1000\pi))$$

ou

$$y(t) = 1{,}474\cos(1000\pi t - 2{,}828)$$

Um programa do MATLAB para calcular e traçar os gráficos da resposta em freqüência, da excitação e da resposta é apresentado a seguir.

```
% Programa para elaborar o gráfico da resposta em freqüência do
sistema.
close all ;                           % Encerra todas as janelas de
                                      % figura abertas
figure('Position',[20,20,800,600]) ;  % Cria uma janela de figura
f = [0:2:2000]' ;                     % Cria um vetor de freqüências
                                      % cíclicas
w = 2*pi*f ;                          % Converte freqüências
                                      % cíclicas em
                                      % freqüências angulares
% Calcula o vetor da resposta em freqüência
H = 6e6./((j*w + 200).^2 + 2441.3^2) ;
% Traça a magnitude e a fase da resposta em freqüência
subplot(3,1,1) ; p = plot(f,abs(H),'k') ;
set(p,'LineWidth',2) ; grid on ;
xlabel('Freqüência, {\itf} (Hz)','FontName','Times','FontSize',18) ;
ylabel('|H({\itf})|','FontName','Times','FontSize',18) ;
subplot(3,1,2) ; p = plot(f,angle(H),'k') ;
set(p,'LineWidth',2) ; grid on ;
xlabel('Freqüência, {\itf} (Hz)','FontName','Times','FontSize',18) ;
ylabel('Fase de H( {\itf} )','FontName','Times','FontSize',18) ;
% Define a freqüência da excitação de 500 Hz e o período do seu
% recíproco
f0 = 500; T0 = 1/f0 ;
% Define o número de pontos a serem plotados por ciclo e o intervalo
% de tempo entre estes pontos
ptsPerCiclo = 24; dt = T0/ptsPerCiclo ;
% Define o número de ciclos para o gráfico e o número total de pontos
% do gráfico
nCiclos = 4 ; N = ptsPerCiclo*nCiclos ;
% Cria um vetor de instantes de tempo para os gráficos e calcula
% o vetor de excitação correspondente
t = dt*[0:N-1]'; x = cos(1000*pi*t) ;
% Define a freqüência angular da excitação e
% calcula a resposta em freqüência nela.
w0 = f0*2*pi; H0 = 6e6./((j*w0 + 200).^2 + 2441.3^2);
y = abs(H0)*cos(1000*pi*t-angle(H0)) ; % Calcula a resposta
% Traça o gráfico da excitação e da resposta
```

```
subplot(3,1,3) ; p = plot(t*1000,x,'k',t*1000,y,'k--') ;
set(p,'LineWidth',2) ; grid on ;
xlabel('Tempo, {\itt} (ms)','FontName','Times','FontSize',18) ;
p = legend('x({\itt})','y({\itt})') ;
set(p,'FontName','Times','FontSize',18) ;
```

Os gráficos produzidos por este programa do MATLAB estão na Figura 10.24.

Figura 10.24
Resposta em freqüência, excitação e resposta em 500 Hz.

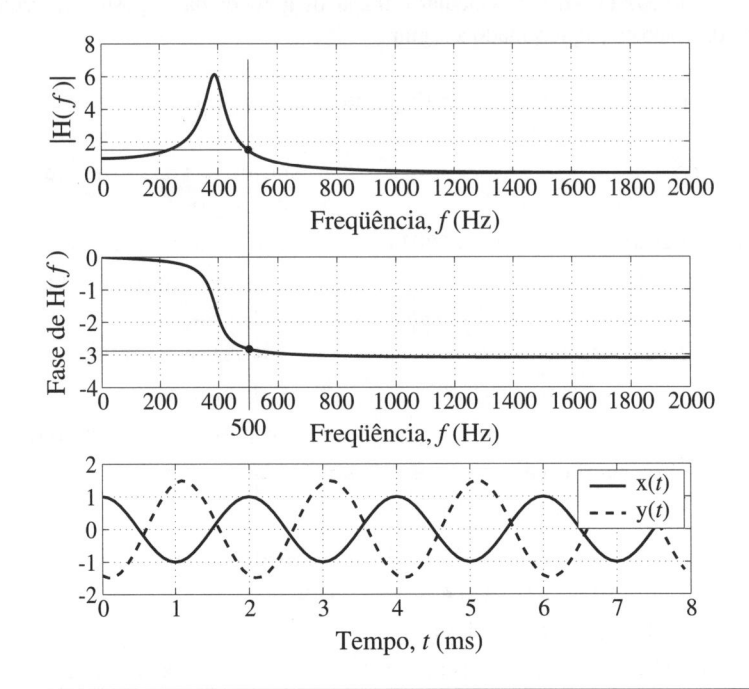

DIFERENCIAÇÃO NO TEMPO

A propriedade de diferenciação no tempo é

$$\frac{d}{dt}(x(t)) \xleftrightarrow{\mathcal{F}} j2\pi f \, X(f)$$

ou

$$\frac{d}{dt}(x(t)) \xleftrightarrow{\mathcal{F}} j\omega \, X(j\omega)$$

(10.17)

Esta propriedade, juntamente com a propriedade de integração a ser abordada posteriormente, pode ser utilizada para converter equações íntegro-diferenciais no domínio do tempo em equações algébricas no domínio da freqüência.

Exemplo 10.6

TFCT usando a propriedade de diferenciação

Determine a TFCT de $x(t) = \text{ret}((t+1)/2) - \text{ret}((t-1)/2)$ usando a propriedade da diferenciação da TFCT e a entrada da tabela que contém a TFCT da função pulso triangular (Figura 10.25).

■ **Solução**

A função $x(t)$ é a derivada de uma função pulso triangular, centrada em zero, com meia largura igual a 2 e uma amplitude de 2

$$x(t) = \frac{d}{dt}\left(2 \, \text{tri}(t/2)\right)$$

Na tabela de pares TFCT ao final desta seção (Tabela 10.1) ou no Apêndice D, encontramos $\text{tri}(t) \xleftrightarrow{\mathcal{F}} \text{sinc}^2(f)$. Utilizando a propriedade de redimensionamento de escala, temos, $2\text{tri}(t/2) \xleftrightarrow{\mathcal{F}} 4\text{sinc}^2(2f)$. Então, com a propriedade de diferenciação, chegamos a $x(t) \xleftrightarrow{\mathcal{F}} j8\pi f \text{sinc}^2(2f)$. Se determinamos a TFCT de x(t) por meio da entrada da tabela para a TFCT de um pulso retangular $\text{ret}(t) \xleftrightarrow{\mathcal{F}} \text{sinc}(f)$ e pelas propriedades de redimensionamento da escala de tempo e deslocamento no tempo, obtemos $x(t) \xleftrightarrow{\mathcal{F}} j4\text{sinc}(2f)\text{sen}(2\pi f)$ que, fazendo uso da definição da função *sinc*, pode ser mostrada a equivalência:

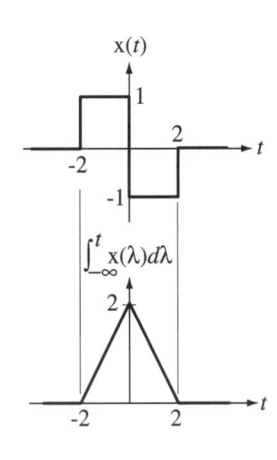

$$x(t) \xleftrightarrow{\mathcal{F}} j8\pi f \text{sinc}^2(2f) = j8\pi f \text{sinc}(2f)\frac{\text{sen}(2\pi f)}{2\pi f} = j4\text{sinc}(2f)\text{sen}(2\pi f)$$

Figura 10.25
Função x(t) e sua integral.

TRANSFORMADAS DE SINAIS PERIÓDICOS

Se um sinal no tempo x(t) é periódico, ele pode ser representado exatamente por uma SFCT complexa (fazendo $T_F = T_0$). Por conseguinte, para sinais periódicos (usando a propriedade de deslocamento na freqüência),

$$x(t) = \sum_{k=-\infty}^{\infty} X[k] e^{-j2\pi k f_F t} \xleftrightarrow{\mathcal{F}} X(f) = \sum_{k=-\infty}^{\infty} X[k]\delta(f - kf_F)$$

ou

$$x(t) = \sum_{k=-\infty}^{\infty} X[k] e^{-jk\omega_F t} \xleftrightarrow{\mathcal{F}} X(j\omega) = 2\pi \sum_{k=-\infty}^{\infty} X[k]\delta(\omega - k\omega_F)$$

(10.18)

A TFCT de um sinal periódico consiste em apenas impulsos.
Esta propriedade da TFCT demonstra que a SFCT pode ser considerada apenas um caso especial da TFCT. Uma vez que saibamos como fazer a TFCT, podemos usá-la para determinar a função harmônica em SFCT de um sinal periódico através da obtenção da TFCT na forma $\sum_{k=-\infty}^{\infty} X[k]\delta(f - kf_0)$ e identificando a função X[k] como a função harmônica em SFCT.

EXEMPLO 10.7

Função harmônica em SFCT de um sinal periódico usando a TFCT

Use a Equação (10.18) para determinar a função harmônica em SFCT de x(t) = ret(2t)*$\delta_1(t)$.

■ Solução

Esta é uma convolução entre duas funções. Portanto, a TFCT de x(t) é o produto das TFCTs das funções individuais,

$$X(f) = (1/2)\text{sinc}(f/2)\delta_1(f) = (1/2)\sum_{k=-\infty}^{\infty} \text{sinc}(k/2)\delta(f - k)$$

Logo, usando a Equação (10.18), a função harmônica em SFCT (com $T_0 = 1$ como tempo de representação) é

$$X[k] = (1/2)\text{sinc}(k/2)$$

TEOREMA DE PARSEVAL

Ainda que um sinal de energia e sua TFCT possam parecer bastante distintos, eles têm algumas coisa em comum. Eles têm a mesma energia de sinal total

$$\boxed{\int_{-\infty}^{\infty} |x(t)|^2 \, dt = \int_{-\infty}^{\infty} |X(f)|^2 \, df}$$
ou
$$\boxed{\int_{-\infty}^{\infty} |x(t)|^2 \, dt = (1/2\pi) \int_{-\infty}^{\infty} |X(j\omega)|^2 \, df}$$
(10.19)

Parseval é Marc-Antoine Parseval des Chênes, um matemático francês contemporâneo de Fourier do final do século XVIII e início do século XIX, nascido em 27/4/1755 e falecido em 16/8/1836.

O integrando $|X(f)|^2$, no lado direito da Equação (10.19), é denominado **densidade espectral de energia**. O nome provém do fato de que sua integral sobre todas as freqüências (todo o espectro) corresponde à energia de sinal total do sinal. Portanto, para ser consistente com o significado corriqueiro da integração, $|X(f)|^2$ deve ser dada em energia de sinal por unidade de freqüência cíclica, ou seja, uma densidade da energia de sinal. Por exemplo, suponha que x(t) represente uma corrente dada em ampères (A). Então, da definição de energia de sinal, a unidade da energia de sinal para este sinal é $A^2 \cdot s$. A TFCT de x(t) é X(f) e sua unidade é A · s ou A/Hz. Quando elevamos ao quadrado esta quantidade, obtemos as unidades

$$A^2/Hz^2 = \frac{A^2 \cdot s}{Hz} \quad \begin{array}{l} \leftarrow \text{energia de sinal} \\ \leftarrow \text{freqüência cíclica} \end{array}$$

o que confirma que a quantidade $|X(f)|^2$ é energia de sinal por unidade de freqüência cíclica.

DEFINIÇÃO DE INTEGRAL DE UM IMPULSO

Usando transformadas de Fourier pode ser demonstrado que

$$\boxed{\int_{-\infty}^{\infty} e^{-j2\pi xy} dy = \delta(x)}$$
(10.20)

Esta propriedade é utilizada na dedução da propriedade da dualidade, que aparece no Apêndice H localizado no site do livro no endereço **www.mhhe.com/roberts**.

DUALIDADE

Se a TFCT de x(t) é X(f), qual é a TFCT de X(t)? É mostrado no Apêndice H, na Internet, que

$$\mathcal{F}(X(t)) = \int_{-\infty}^{\infty} x(\tau)\delta(\tau+f)d\tau = x(-f)$$

Portanto, a propriedade da dualidade pode ser descrita como

$$\boxed{\begin{array}{c} X(t) \xleftrightarrow{\mathcal{F}} x(-f) \quad \text{e} \quad X(-t) \xleftrightarrow{\mathcal{F}} x(f) \\ \text{ou} \\ X(jt) \xleftrightarrow{\mathcal{F}} 2\pi x(-\omega) \quad \text{e} \quad X(-jt) \xleftrightarrow{\mathcal{F}} 2\pi x(\omega) \end{array}}$$
(10.21)

A razão básica para esta propriedade existir origina-se da definição da TFCT

$$X(f) = \int_{-\infty}^{\infty} x(t) e^{-j2\pi ft} dt \quad \text{e} \quad x(t) = \int_{-\infty}^{\infty} X(f) e^{+j2\pi ft} df$$

10.6 Propriedades da Transformada de Fourier Contínua no Tempo

As TFCTs direta e inversa na forma em *f* são bastante similares, diferindo apenas no sinal do expoente de *e* e no nome da variável de integração. Um bom exemplo disso é a dualidade entre as funções ret(·) e sinc(·) (Figura 10.26).

$$\mathrm{ret}(t) \xleftrightarrow{\mathcal{F}} \mathrm{sinc}(f) \quad \text{e} \quad \mathrm{sinc}(t) \xleftrightarrow{\mathcal{F}} \mathrm{ret}(f)$$

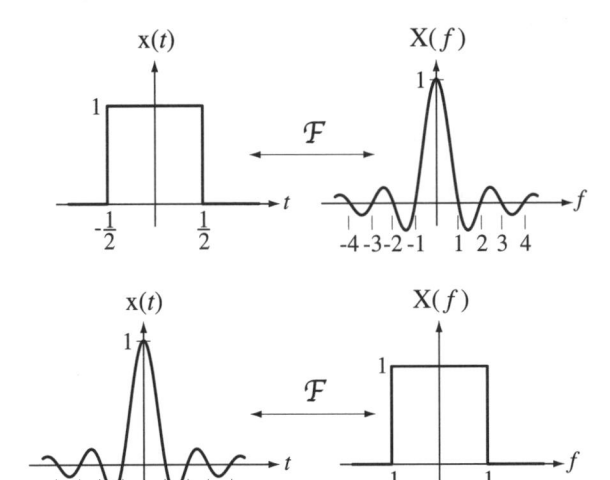

Figura 10.26
Dualidade entre as funções ret(·) e sinc(·) mediante transformações de Fourier.

INTEGRAL DA ÁREA TOTAL USANDO TRANSFORMADAS DE FOURIER

Uma outra propriedade da TFCT que se origina diretamente da definição é que a área total sob um sinal no domínio do tempo ou da freqüência pode ser determinada por meio do cálculo de sua TFCT ou TFCT inversa com um argumento igual a zero.

$$\begin{aligned}
\mathrm{X}(0) &= \left[\int_{-\infty}^{\infty} \mathrm{x}(t)e^{-j2\pi ft}dt\right]_{f \to 0} = \int_{-\infty}^{\infty} \mathrm{x}(t)dt, \\
\mathrm{x}(0) &= \left[\int_{-\infty}^{\infty} \mathrm{X}(f)e^{+j2\pi ft}df\right]_{t \to 0} = \int_{-\infty}^{\infty} \mathrm{X}(f)df \\
&\text{ou} \\
\mathrm{X}(0) &= \left[\int_{-\infty}^{\infty} \mathrm{x}(t)e^{-j\omega t}dt\right]_{\omega \to 0} = \int_{-\infty}^{\infty} \mathrm{x}(t)dt, \\
\mathrm{x}(0) &= \left[\frac{1}{2\pi}\int_{-\infty}^{\infty} \mathrm{X}(j\omega)e^{+j\omega t}d\omega\right]_{t \to 0} = \frac{1}{2\pi}\int_{-\infty}^{\infty} \mathrm{X}(j\omega)d\omega
\end{aligned} \quad (10.22)$$

EXEMPLO 10.8

Área total sob uma função usando a TFCT

Determine a área total sob a função x(*t*) = 10sinc((*t* + 4)/7).

■ **Solução**

Normalmente tentaríamos integrar diretamente a função sobre todo o tempo *t*.

$$\text{Área} = \int_{-\infty}^{\infty} \mathrm{x}(t)dt = \int_{-\infty}^{\infty} 10\,\mathrm{sinc}\left(\frac{t+4}{7}\right)dt = \int_{-\infty}^{\infty} 10\,\frac{\mathrm{sen}(\pi(t+4)/7)}{\pi(t+4)/7}dt$$

Esta integral é uma integral em seno (primeiramente mencionada no exemplo 10.3) definida por

$$\text{Si}(z) = \int_0^z \frac{\text{sen}(t)}{t} dt$$

A integral em seno pode ser encontrada tabulada em livros de tabelas matemáticas. Entretanto, o cálculo da integral em seno não irá necessariamente resolver este problema. Podemos utilizar a Equação (10.22). Primeiro determinamos a TFCT de x(t), que é X(f) = 70ret(7f)$e^{j8\pi f}$. Logo, Área = X(0) = 70.

INTEGRAÇÃO NO TEMPO

Seja $y(t) = \int_{-\infty}^{t} x(\tau) d\tau$. Então queremos determinar Y(f), dado X(f). É mostrado no Apêndice H que

$$Y(f) = \frac{X(f)}{j2\pi f} + \frac{1}{2} X(0)\delta(f)$$

Portanto, os pares de Fourier são

$$\boxed{\begin{array}{c} \int_{-\infty}^{t} x(\tau) d\tau \xleftrightarrow{\mathcal{F}} \dfrac{X(f)}{j2\pi f} + \dfrac{1}{2} X(0)\delta(f) \\ \text{ou} \\ \int_{-\infty}^{t} x(\tau) d\tau \xleftrightarrow{\mathcal{F}} \dfrac{X(j\omega)}{j\omega} + \pi X(0)\delta(\omega) \end{array}} \qquad (10.23)$$

Este desenvolvimento da TFCT da integral de uma função consiste em um bom exemplo do uso das transformadas e suas propriedades.

EXEMPLO 10.9

TFCT usando a propriedade da integração

Verifique a entrada da tabela para a TFCT de x(t) = tri(t) por meio da propriedade de integração da TFCT.

■ Solução

A derivada primeira da função pulso triangular é

$$\frac{d}{dt}(x(t)) = \text{ret}(t + 1/2) - \text{ret}(t - 1/2)$$

e a derivada segunda é

$$\frac{d^2}{dt^2}(x(t)) = \delta(t+1) - 2\delta(t) + \delta(t-1)$$

(Figura 10.27).
A transformada de Fourier da derivada segunda é

$$\mathcal{F}\left(\frac{d^2}{dt^2}(x(t))\right) = e^{j2\pi f} - 2 + e^{-j2\pi f} = 2[\cos(2\pi f) - 1]$$

Por meio da propriedade da integração da TFCT e do fato de que o valor médio da derivada segunda é igual a zero, a transformada de Fourier da derivada primeira é

$$\mathcal{F}\left(\frac{d}{dt}(\mathrm{x}(t))\right) = 2\frac{\cos(2\pi f)-1}{j2\pi f}$$

e, usando a propriedade da integração novamente,

$$\mathcal{F}(\mathrm{x}(t)) = \mathcal{F}(\mathrm{tri}(t)) = 2\frac{\cos(2\pi f)-1}{(j2\pi f)^2}$$

Então, usando

$$\mathrm{sen}(x)\mathrm{sen}(y) = \frac{1}{2}\left[\cos(x-y) - \cos(x+y)\right]$$

segue-se que

$$\mathrm{sen}^2(x) = \frac{1}{2}\left[1 - \cos(2x)\right]$$

e

$$\mathcal{F}(\mathrm{tri}(t)) = 2\frac{\cos(2\pi f)-1}{(j2\pi f)^2} = 2\frac{-2\mathrm{sen}^2(\pi f)}{(j2\pi f)^2} = \frac{\mathrm{sen}^2(\pi f)}{(\pi f)^2} = \mathrm{sinc}^2(f)$$

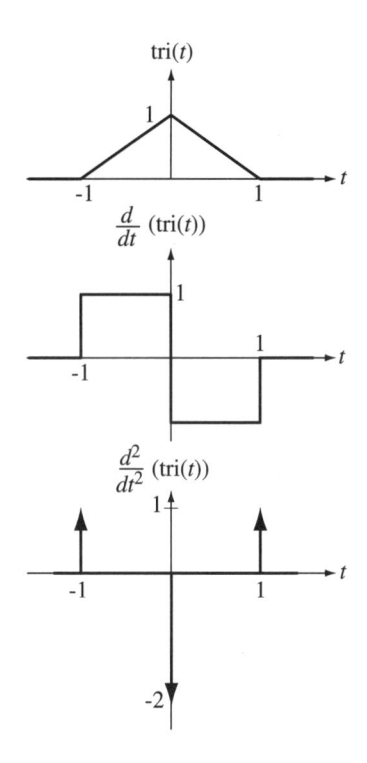

Figura 10.27
O pulso triangular unitário e suas derivadas primeira e segunda, respectivamente.

RESUMO DAS PROPRIEDADES DAS TFCT

Linearidade

$$\alpha \mathrm{x}(t) + \beta \mathrm{y}(t) \xleftrightarrow{\mathcal{F}} \alpha \mathrm{X}(f) + \beta \mathrm{Y}(f)$$
$$\alpha \mathrm{x}(t) + \beta \mathrm{y}(t) \xleftrightarrow{\mathcal{F}} \alpha \mathrm{X}(j\omega) + \beta \mathrm{Y}(j\omega)$$

Deslocamento no tempo

$$\mathrm{x}(t-t_0) \xleftrightarrow{\mathcal{F}} \mathrm{X}(f)e^{-j2\pi f t_0}$$
$$\mathrm{x}(t-t_0) \xleftrightarrow{\mathcal{F}} \mathrm{X}(j\omega)e^{-j\omega t_0}$$

Deslocamento na freqüência

$$\mathrm{x}(t)e^{+j2\pi f_0 t} \xleftrightarrow{\mathcal{F}} \mathrm{X}(f-f_0)$$
$$\mathrm{x}(t)e^{+j\omega_0 t} \xleftrightarrow{\mathcal{F}} \mathrm{X}(j(\omega-\omega_0))$$

Redimensionamento da escala do tempo

$$\mathrm{x}(at) \xleftrightarrow{\mathcal{F}} \frac{1}{|a|}\mathrm{X}\left(\frac{f}{a}\right)$$
$$\mathrm{x}(at) \xleftrightarrow{\mathcal{F}} \frac{1}{|a|}\mathrm{X}\left(j\frac{\omega}{a}\right)$$

Redimensionamento da escala da freqüência

$$\frac{1}{|a|}\mathrm{x}\left(\frac{t}{a}\right) \xleftrightarrow{\mathcal{F}} \mathrm{X}(af)$$
$$\frac{1}{|a|}\mathrm{x}\left(\frac{t}{a}\right) \xleftrightarrow{\mathcal{F}} \mathrm{X}(ja\omega)$$

Transformada de um conjugado

$$\mathrm{x}^*(t) \xleftrightarrow{\mathcal{F}} \mathrm{X}^*(-f)$$
$$\mathrm{x}^*(t) \xleftrightarrow{\mathcal{F}} \mathrm{X}^*(-j\omega)$$

Dualidade multiplicação-convolução
$$x(t)*y(t) \xleftrightarrow{\mathcal{F}} X(f)Y(f)$$
$$x(t)*y(t) \xleftrightarrow{\mathcal{F}} X(j\omega)Y(j\omega)$$

$$x(t)y(t) \xleftrightarrow{\mathcal{F}} X(f)*Y(f)$$
$$x(t)y(t) \xleftrightarrow{\mathcal{F}} \frac{1}{2\pi}X(j\omega)*Y(j\omega)$$

Diferenciação
$$\frac{d}{dt}(x(t)) \xleftrightarrow{\mathcal{F}} j2\pi f X(f)$$
$$\frac{d}{dt}(x(t)) \xleftrightarrow{\mathcal{F}} j\omega X(j\omega)$$

Transformadas de sinais periódicos
$$x(t) = \sum_{k=-\infty}^{\infty} X[k]e^{-j2\pi k f_F t} \xleftrightarrow{\mathcal{F}} X(f) = \sum_{k=-\infty}^{\infty} X[k]\delta(f - kf_F)$$
$$x(t) = \sum_{k=-\infty}^{\infty} X[k]e^{-jk\omega_F t} \xleftrightarrow{\mathcal{F}} X(j\omega) = 2\pi \sum_{k=-\infty}^{\infty} X[k]\delta(\omega - k\omega_F)$$

Teorema de Parseval
$$\int_{-\infty}^{\infty} |x(t)|^2 dt = \int_{-\infty}^{\infty} |X(f)|^2 df$$
$$\int_{-\infty}^{\infty} |x(t)|^2 dt = \frac{1}{2\pi}\int_{-\infty}^{\infty} |X(j\omega)|^2 df$$

Definição da integral de um pulso
$$\int_{-\infty}^{\infty} e^{-j2\pi xy} dy = \delta(x)$$

Dualidade
$$X(t) \xleftrightarrow{\mathcal{F}} x(-f) \quad e \quad X(-t) \xleftrightarrow{\mathcal{F}} x(f)$$
$$X(jt) \xleftrightarrow{\mathcal{F}} 2\pi x(-\omega) \quad e \quad X(-jt) \xleftrightarrow{\mathcal{F}} 2\pi x(\omega)$$

Integral da área total usando transformadas de Fourier
$$X(0) = \int_{-\infty}^{\infty} x(t)e^{-j2\pi ft} \Big]_{f \to 0} dt = \int_{-\infty}^{\infty} x(t) dt$$
$$x(0) = \int_{-\infty}^{\infty} X(f)e^{+j2\pi ft} \Big]_{t \to 0} df = \int_{-\infty}^{\infty} X(f) df$$
$$X(0) = \int_{-\infty}^{\infty} x(t)e^{-j\omega t} \Big]_{\omega \to 0} dt = \int_{-\infty}^{\infty} x(t) dt$$
$$x(0) = \frac{1}{2\pi}\int_{-\infty}^{\infty} X(j\omega)e^{+j\omega t} \Big]_{t \to 0} d\omega = \frac{1}{2\pi}\int_{-\infty}^{\infty} X(j\omega) d\omega$$

Integração
$$\int_{-\infty}^{t} x(\tau) d\tau \xleftrightarrow{\mathcal{F}} \frac{X(f)}{j2\pi f} + \frac{1}{2}X(0)\delta(f)$$
$$\int_{-\infty}^{t} x(\tau) d\tau \xleftrightarrow{\mathcal{F}} \frac{X(j\omega)}{j\omega} + \pi X(0)\delta(\omega)$$

Tabela 10.1 Pares de TFCT comuns

$$1 \xleftrightarrow{\mathcal{F}} \delta(f) \qquad\qquad 1 \xleftrightarrow{\mathcal{F}} 2\pi\delta(\omega)$$

$$\delta(t) \xleftrightarrow{\mathcal{F}} 1 \qquad\qquad \delta(t) \xleftrightarrow{\mathcal{F}} 1$$

$$u(t) \xleftrightarrow{\mathcal{F}} (1/2)\delta(f) + 1/j2\pi f \qquad\qquad u(t) \xleftrightarrow{\mathcal{F}} \pi\delta(\omega) + 1/j\omega$$

$$\text{sgn}(t) \xleftrightarrow{\mathcal{F}} 1/j\pi f \qquad\qquad \text{sgn}(t) \xleftrightarrow{\mathcal{F}} 2/j\omega$$

$$\text{ret}(t) \xleftrightarrow{\mathcal{F}} \text{sinc}(f) \qquad\qquad \text{ret}(t) \xleftrightarrow{\mathcal{F}} \text{sinc}(\omega/2\pi)$$

$$\text{sinc}(t) \xleftrightarrow{\mathcal{F}} \text{ret}(f) \qquad\qquad \text{sinc}(t) \xleftrightarrow{\mathcal{F}} \text{ret}(\omega/2\pi)$$

$$\text{tri}(t) \xleftrightarrow{\mathcal{F}} \text{sinc}^2(f) \qquad\qquad \text{tri}(t) \xleftrightarrow{\mathcal{F}} \text{sinc}^2(\omega/2\pi)$$

$$\text{sinc}^2(t) \xleftrightarrow{\mathcal{F}} \text{tri}(f) \qquad\qquad \text{sinc}^2(t) \xleftrightarrow{\mathcal{F}} \text{tri}(\omega/2\pi)$$

$$\delta_{T_0}(t) \xleftrightarrow{\mathcal{F}} f_0 \delta_{f_0}(f) \qquad\qquad \delta_{T_0}(t) \xleftrightarrow{\mathcal{F}} \omega_0 \delta_{\omega_0}(\omega)$$

$$e^{j2\pi f_0 t} \xleftrightarrow{\mathcal{F}} \delta(f - f_0) \qquad\qquad e^{j\omega_0 t} \xleftrightarrow{\mathcal{F}} 2\pi\delta(\omega - \omega_0)$$

$$\cos(2\pi f_0 t) \xleftrightarrow{\mathcal{F}} (1/2)[\delta(f - f_0) + \delta(f + f_0)] \qquad \cos(\omega_0 t) \xleftrightarrow{\mathcal{F}} \pi[\delta(\omega - \omega_0) + \delta(\omega + \omega_0)]$$

$$\text{sen}(2\pi f_0 t) \xleftrightarrow{\mathcal{F}} (j/2)[\delta(f + f_0) - \delta(f - f_0)] \qquad \text{sen}(\omega_0 t) \xleftrightarrow{\mathcal{F}} j\pi[\delta(\omega + \omega_0) - \delta(\omega - \omega_0)]$$

$$e^{-at}u(t) \xleftrightarrow{\mathcal{F}} \frac{1}{a + j2\pi f}, \ \text{Re}(a) > 0 \qquad e^{-at}u(t) \xleftrightarrow{\mathcal{F}} \frac{1}{a + j\omega}, \ \text{Re}(a) > 0$$

$$te^{-at}u(t) \xleftrightarrow{\mathcal{F}} \frac{1}{(a + j2\pi f)^2}, \ \text{Re}(a) > 0 \qquad te^{-at}u(t) \xleftrightarrow{\mathcal{F}} \frac{1}{(a + j\omega)^2}, \ \text{Re}(a) > 0$$

$$e^{-a|t|} \xleftrightarrow{\mathcal{F}} \frac{2a}{a^2 + (2\pi f)^2}, \ \text{Re}(a) > 0 \qquad e^{-a|t|} \xleftrightarrow{\mathcal{F}} \frac{2a}{a^2 + \omega^2}, \ \text{Re}(a) > 0$$

$$e^{-\pi t^2} \xleftrightarrow{\mathcal{F}} e^{-\pi f^2} \qquad\qquad e^{-\pi t^2} \xleftrightarrow{\mathcal{F}} e^{-\omega^2/4\pi}$$

Nota: Nestes pares, para funções do tempo periódicas, o período fundamental é $T_0 = 1/f_0 = 2\pi/\omega_0$.

Há uma tabela ilustrada de pares de TFCT no Apêndice D.

USO DE TABELAS E PROPRIEDADES

Nesta seção, encontram-se alguns exemplos que demonstrarão o uso da Tabela 10.1, do Apêndice D e das propriedades para se determinarem as TFCTs de certos sinais.

Exemplo 10.10

TFCT de algumas transformações de um seno

Se $x(t) = 10\text{sen}(t)$, então determine (a) a TFCT de $x(t)$, (b) a TFCT de $x(t-2)$, (c) a TFCT de $x(2(t-1))$ e (d) a TFCT de $x(2t-1)$.

■ Solução

(a) Por meio da propriedade de linearidade e considerando a transformada da forma geral do seno,

$$\text{sen}(\omega_0 t) \xleftrightarrow{\mathcal{F}} j\pi[\delta(\omega + \omega_0) - \delta(\omega - \omega_0)]$$

$$\text{sen}(t) \xleftrightarrow{\mathcal{F}} j\pi[\delta(\omega + 1) - \delta(\omega - 1)]$$

$$10\text{sen}(t) \xleftrightarrow{\mathcal{F}} j10\pi[\delta(\omega + 1) - \delta(\omega - 1)]$$

ou, na forma da freqüência cíclica, $10\text{sen}(t) \xleftrightarrow{\mathcal{F}} j5[\delta(f + 1/2\pi) - \delta(f - 1/2\pi)]$.

(b) Usando o resultado da parte (a), $10\operatorname{sen}(t) \xleftrightarrow{\mathcal{F}} j10\pi[\delta(\omega+1)-\delta(\omega-1)]$ e a propriedade de deslocamento no tempo, $10\operatorname{sen}(t-2) \xleftrightarrow{\mathcal{F}} j10\pi[\delta(\omega+1)-\delta(\omega-1)]e^{-j2\omega}$.
Podemos utilizar a propriedade de equivalência do impulso para escrever,

$$10\operatorname{sen}(t-2) \xleftrightarrow{\mathcal{F}} j10\pi\left[\delta(\omega+1)e^{j2}-\delta(\omega-1)e^{-j2}\right]$$

ou

$$10\operatorname{sen}(t-2) \xleftrightarrow{\mathcal{F}} j5\left[\delta(f+1/2\pi)e^{j2}-\delta(f-1/2\pi)e^{-j2}\right]$$

(c) Da parte (a), $10\operatorname{sen}(t) \xleftrightarrow{\mathcal{F}} j10\pi[\delta(\omega+1)-\delta(\omega-1)]$. Usando a propriedade de redimensionamento da escala do tempo,

$$10\operatorname{sen}(2t) \xleftrightarrow{\mathcal{F}} j5\pi\left[\delta(\omega/2+1)-\delta(\omega/2-1)\right]$$

Logo, pela propriedade do deslocamento no tempo,

$$10\operatorname{sen}(2(t-1)) \xleftrightarrow{\mathcal{F}} j5\pi\left[\delta(\omega/2+1)-\delta(\omega/2-1)\right]e^{-j\omega}$$

Em seguida, com a propriedade de redimensionamento da função impulso,

$$10\operatorname{sen}(2(t-1)) \xleftrightarrow{\mathcal{F}} j10\pi\left[\delta(\omega+2)-\delta(\omega-2)\right]e^{-j\omega}$$

ou

$$10\operatorname{sen}(2(t-1)) \xleftrightarrow{\mathcal{F}} j10\pi\left[\delta(\omega+2)e^{j2}-\delta(\omega-2)e^{-j2}\right]$$

ou

$$10\operatorname{sen}(2(t-1)) \xleftrightarrow{\mathcal{F}} j5\left[\delta(f+1/\pi)e^{j2}-\delta(f-1/\pi)e^{-j2}\right]$$

(d) Da parte (a), $10\operatorname{sen}(t) \xleftrightarrow{\mathcal{F}} j10\pi[\delta(\omega+1)-\delta(\omega-1)]$. Aplicando primeiro a propriedade de deslocamento no tempo, $10\operatorname{sen}(t-1) \xleftrightarrow{\mathcal{F}} j10\pi[\delta(\omega+1)-\delta(\omega-1)]e^{-j\omega}$.
Então, aplicando a propriedade do redimensionamento da escala de tempo,

$$10\operatorname{sen}(2t-1) \xleftrightarrow{\mathcal{F}} j5\pi\left[\delta(\omega/2+1)-\delta(\omega/2-1)\right]e^{-j\omega/2}$$

Logo, usando a propriedade de redimensionamento de escala do impulso,

$$10\operatorname{sen}(2t-1) \xleftrightarrow{\mathcal{F}} j10\pi\left[\delta(\omega+2)-\delta(\omega-2)\right]e^{-j\omega/2}$$

ou

$$10\operatorname{sen}(2t-1) \xleftrightarrow{\mathcal{F}} j10\pi\left[\delta(\omega+2)e^{j}-\delta(\omega-2)e^{-j}\right]$$

ou, na forma da freqüência cíclica, $10\operatorname{sen}(2t-1) \xleftrightarrow{\mathcal{F}} j5\left[\delta(f+1/\pi)e^{j}-\delta(f-1/\pi)e^{-j}\right]$.

■

EXEMPLO 10.11

TFCT de um pulso retangular redimensionado em escala e deslocado

Se $x(t) = 25\operatorname{ret}((t-4)/10)$, determine a TFCT de $x(t)$.

■ **Solução**

Podemos obter a TFCT da função pulso retangular unitário pela tabela de transformadas de Fourier $\operatorname{ret}(t) \xleftrightarrow{\mathcal{F}} \operatorname{sinc}(f)$. Primeiramente, devemos aplicar a propriedade da linearidade $25\operatorname{ret}(t) \xleftrightarrow{\mathcal{F}} 25\operatorname{sinc}(f)$. Em seguida, devemos aplicar a propriedade de redimensionamento da escala de tempo $25\,\mathrm{ret}(t/10) \xleftrightarrow{\mathcal{F}} 250\,\mathrm{sinc}(10f)$. Então, aplicamos a propriedade de deslocamento no tempo

$$25\,\mathrm{ret}((t-4)/10) \xleftrightarrow{\mathcal{F}} 250\,\mathrm{sinc}(10f)e^{-j8\pi f}$$

■

EXEMPLO 10.12

TFCT da convolução de alguns sinais

Determine a TFCT da convolução entre $10\,\mathrm{sen}(t)$ e $2\delta(t+4)$.

■ **Solução**

Método 1: Faça a convolução primeiro e obtenha a TFCT do resultado.

$$10\,\mathrm{sen}(t) * 2\delta(t+4) = 20\,\mathrm{sen}(t+4)$$

e a transformada pode ser feita de um modo similar à parte (b) do Exemplo 10.11.

$$20\,\mathrm{sen}(t+4) \xleftrightarrow{\mathcal{F}} j20\pi\big[\delta(\omega+1) - \delta(\omega-1)\big]e^{j4\omega}$$

ou

$$20\,\mathrm{sen}(t+4) \xleftrightarrow{\mathcal{F}} j10\big[\delta(f+1/2\pi) - \delta(f-1/2\pi)\big]e^{j8\pi f}$$

Método 2: Faça a TFCT primeiro para evitar a convolução.

$$10\,\mathrm{sen}(t) * 2\delta(t+4) \xleftrightarrow{\mathcal{F}} \mathcal{F}(10\,\mathrm{sen}(t))\mathcal{F}(2\delta(t+4)) = 2\mathcal{F}(10\,\mathrm{sen}(t))\mathcal{F}(\delta(t))e^{j4\omega}$$

$$10\,\mathrm{sen}(t) * 2\delta(t+4) \xleftrightarrow{\mathcal{F}} j20\pi\big[\delta(\omega+1) - \delta(\omega-1)\big]e^{j4\omega}$$

ou

$$10\,\mathrm{sen}(t) * 2\delta(t+4) \xleftrightarrow{\mathcal{F}} \mathcal{F}(10\,\mathrm{sen}(t))\mathcal{F}(2\delta(t+4)) = 2\mathcal{F}(10\,\mathrm{sen}(t))\mathcal{F}(\delta(t))e^{j8\pi f}$$

$$10\,\mathrm{sen}(t) * 2\delta(t+4) \xleftrightarrow{\mathcal{F}} j10\big[\delta(f+1/2\pi) - \delta(f-1/2\pi)\big]e^{j8\pi f}$$

■

10.7 RESUMO DOS PONTOS MAIS IMPORTANTES

1. A SFCT é um caso especial da TFCT.
2. Um sinal com período infinito é aperiódico.
3. Sinais e sistemas são mais úteis normalmente quando descritos por suas propriedades no domínio da freqüência do que ao serem descritos por suas propriedades no domínio do tempo.
4. A TFCT generalizada, que permite impulsos na transformada, inclui sinais periódicos.
5. Quanto mais um sinal for localizado em um domínio (no tempo ou na freqüência), menos ele será localizado no outro domínio.
6. A convolução e a multiplicação de funções são operações duais nos domínios do tempo e da freqüência.

7. A transformada de Fourier de um sinal periódico consiste apenas em impulsos.
8. A energia de sinal é conservada no processo de transformação de Fourier.
9. Grande parte das transformadas de Fourier de sinais com utilidade em engenharia pode ser realizada mais eficientemente por meio de tabelas de transformadas e com o uso das propriedades da transformada.

EXERCÍCIOS COM RESPOSTAS

Em cada exercício, as respostas estão listadas na ordem aleatória.

Transição SFCT-TFCT

1. A transição da SFCT para a TFCT é ilustrada pelo sinal

$$x(t) = \text{ret}(t/w) * \delta_{T_0}(t)$$

ou

$$x(t) = \sum_{n=-\infty}^{\infty} \text{ret}\left(\frac{t - nT_0}{w}\right)$$

A função harmônica em SFCT complexa para este sinal é dada por

$$X[k] = (Aw/T_0)\text{sinc}(kw/T_0)$$

Elabore o gráfico da função harmônica em SFCT "modificada"

$$T_0 X[k] = Aw\,\text{sinc}(w(kf_0))$$

Para $w = 1$ e $f_0 = 0{,}5$, $0{,}1$ e $0{,}002$ em função de kf_0 para o intervalo delimitado por $-8 < kf_0 < 8$.

Respostas:

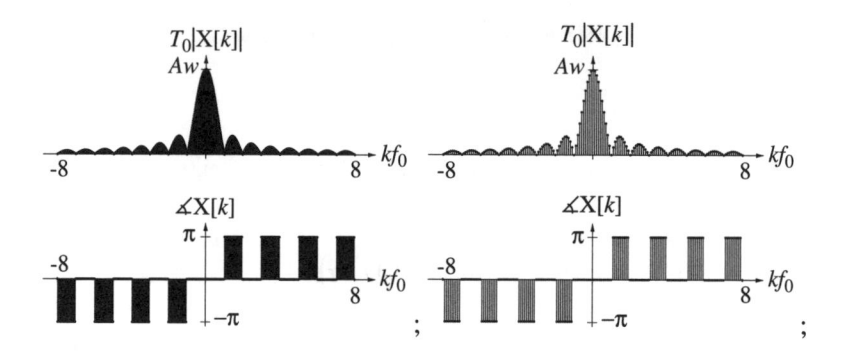

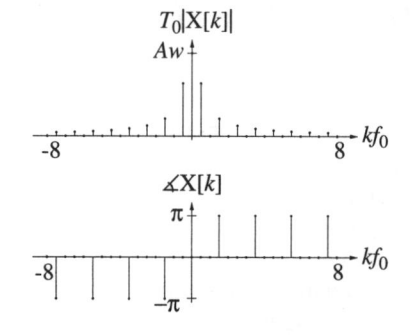

Básico de Transformadas de Fourier Contínua no Tempo

2. Suponha que uma função m(x) seja dada nas unidades kg/m³ e seja uma função da posição espacial x em metros. Escreva a expressão matemática para sua TFCT M(y). Quais são as unidades de M e de y?

   Respostas: kg/m²; m^{-1}.

3. Por meio da definição de integral da transformada de Fourier, obtenha a TFCT das funções seguintes:

   (a) x(t) = tri(t)
   (b) x(t) = δ(t + 1/2) − δ(t − 1/2)

   Respostas: $j2\text{sen}(\pi f)$; $\text{sinc}^2(f)$

Conteúdo Espectral

4. Na Figura E.4 existe um exemplo para um sinal de filtro passa-baixas, um sinal de filtro passa-altas e um sinal de filtro passa-faixa. Identifique-os.

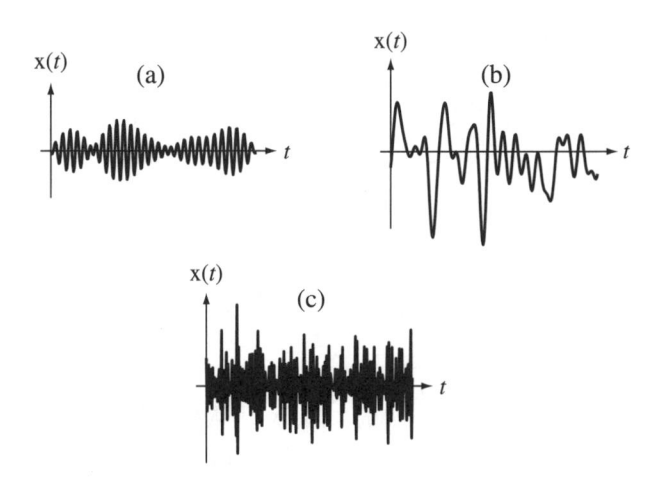

   Figura E.4
   Sinais com diferentes conteúdos espectrais.

   Respostas: (a) passa-faixa; (b) passa-baixas; (c) passa-altas

Convergência e a TFCT Generalizada

5. Começando pela definição da TFCT, determine a forma em freqüência angular da TFCT generalizada de uma constante. Então, verifique se uma mudança de variável ω → 2πf produz o resultado correto na forma da freqüência cíclica. Confira sua resposta com a tabela de transformadas de Fourier no Apêndice D.

6. Partindo da definição da TFCT, obtenha a TFCT generalizada do seno na forma $A\text{sen}(\omega_0 t)$ e compare sua resposta com a tabela de transformadas de Fourier do Apêndice D.

Relações entre TFCT e SFCT

7. Obtenha a função harmônica em SFCT e a TFCT de cada um dos sinais periódicos dados a seguir e compare os resultados. Após determinar as transformadas, formule um método geral de conversão entre as duas formas para sinais periódicos.

   (a) $x(t) = A\cos(2\pi f_0 t)$
   (b) $x(t) = \delta_1(t)$

   Respostas: 1; $(A/2)(\delta(f-f_0) + \delta(f+f_0))$; $\delta_1(f)$;

   $$(A/2)(\delta[k-1] + \delta[k+1]) \; ; \; X(f) = \sum_{k=-\infty}^{\infty} X[k]\delta(f - kf_0)$$

8. Determine a função harmônica em SFCT e a TFCT destas funções periódicas e compare-as com as respostas.

    (a) $x(t) = \text{ret}(t) * \delta_2(t)$
    (b) $x(t) = \text{tri}(10t) * \delta_{1/4}(t)$

    Respostas:

    $$\sum_{k=-\infty}^{\infty} \frac{5}{4} \frac{\cos(4\pi k/5)-1}{(\pi k)^2} \delta(f-4k) \; ; \; (1/2)\text{sinc}(f) \sum_{k=-\infty}^{\infty} \delta(f-k/2);$$

    $$(1/2)\text{sinc}(k/2) \; ; \; \frac{5}{4}\frac{\cos(4\pi k/5)-1}{(\pi k)^2}$$

TFCT Numérica

9. Determine a TFCT de $x(t) = \exp(-2\cos(10\pi t))[u(t)-u(t-1)]$ numericamente usando a DFT e elabore o gráfico do sinal e a magnitude e fase de sua TFCT sobre o intervalo de freqüência $-20 < f < 20$.

    Respostas:

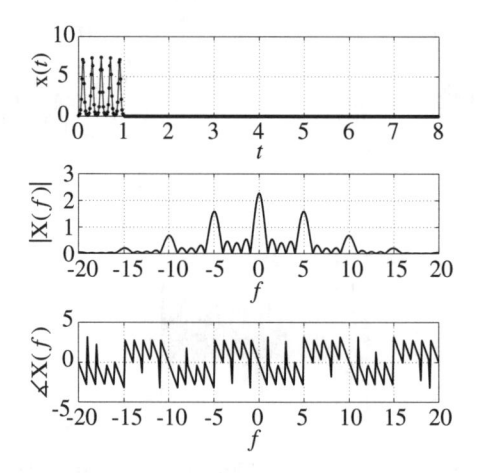

TFCT Usando Tabelas e Propriedades

10. Seja um sinal definido por

    $$x(t) = 2\cos(4\pi t) + 5\cos(15\pi t)$$

    Determine as TFCT de $x(t-1/40)$ e $x(t+1/20)$ e identifique o deslocamento de fase resultante de cada senóide em cada caso. Trace o gráfico da fase da TFCT e desenhe uma linha reta através dos quatro pontos de fase que resultam em cada caso. Qual é a relação geral entre a inclinação da referida linha e o atraso no tempo?

    Respostas:

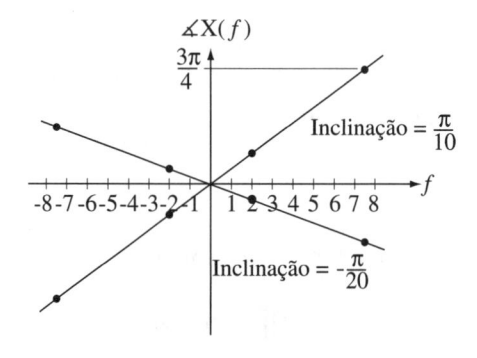

    A inclinação da linha é $-2\pi f$ vezes o atraso.

11. Com a propriedade do deslocamento na freqüência, determine e faça o gráfico da TFCT inversa em função do tempo de

$$X(f) = \text{ret}\left(\frac{f-20}{2}\right) + \text{ret}\left(\frac{f+20}{2}\right)$$

Resposta:

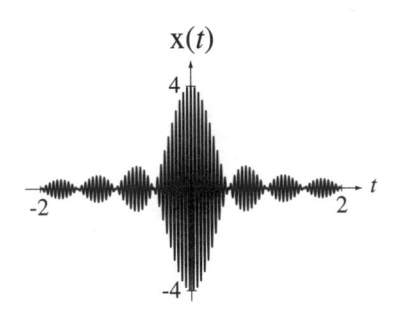

12. Obtenha a TFCT de $x(t) = \text{sinc}(t)$. Em seguida, faça a troca de escala $t \to 2t$ em $x(t)$ e determine a TFCT do sinal redimensionado no tempo.

    Respostas: ret(f) ; $(1/2)$ret$(f/2)$

13. Usando a dualidade multiplicação-convolução da TFCT, determine uma expressão para $y(t)$ que não utilize o operador de convolução $*$ e trace o gráfico de $y(t)$.

    (a) $y(t) = \text{ret}(t) * \cos(\pi t)$
    (b) $y(t) = \text{ret}(t) * \cos(2\pi t)$
    (c) $y(t) = \text{sinc}(t) * \text{sinc}(t/2)$
    (d) $y(t) = \text{sinc}(t) * \text{sinc}^2(t/2)$
    (e) $y(t) = e^{-t}u(t) * \text{sen}(2\pi t)$

    Respostas:

    $$\frac{\cos(2\pi t + 0{,}158)}{\sqrt{1+(2\pi)^2}}; 2/\pi\cos(\pi t); 0; \text{sinc}(t/2); \text{sinc}^2(t/2)$$

14. Por meio da TFCT da função pulso retangular e da propriedade da diferenciação da TFCT, obtenha a transformada de Fourier de

    $$x(t) = \delta(t-1) - \delta(t+1)$$

    Compare sua resposta com a TFCT obtida usando a tabela e a propriedade de deslocamento no tempo.

    Resposta: $-j2\text{sen}(2\pi f)$

15. Determine os seguintes valores numéricos.

    (a) $x(t) = 20\text{ret}(4t)$ $X(f)|_{f=2}$
    (b) $x(t) = 2\text{sinc}(t/8) * \text{sinc}(t/4)$ $x(4)$
    (c) $x(t) = 2\text{tri}(t/4) * \delta(t-2)$ $x(1)$ e $x(-1)$
    (d) $x(t) = -5\text{ret}(t/2) * (\delta(t+1) + \delta(t))$ $x(1/2)$, $x(-1/2)$ e $x(-5/2)$
    (e) $x(t) = 3\text{ret}(t-1)$ $X(f)|_{f=1/4}$
    (f) $x(t) = 4\text{sinc}^2(3t)$ $X(j\omega)|_{\omega=4\pi}$
    (g) $x(t) = \text{ret}(t) * \text{ret}(2t)$ $X(f)|_{f=1/2}$
    (h) $X(f) = 10[\delta(f-1/2) + \delta(f+1/2)]$ $x(1)$
    (i) $X(j\omega) = -2\text{sinc}(\omega/2\pi) * 3\text{sinc}(\omega/\pi)$ $x(0)$

    Respostas: -5; $1/2$; $3/2$; $4/9$; 0; -3; $3{,}1831$; -10; -20; $-j2{,}7$; $0{,}287$; $5{,}093$

16. Determine as transformadas de Fourier direta e inversa seguintes. Nenhum resultado final deve conter o operador de convolução *.

    (a) $\mathcal{F}(15\text{ret}((t+2)/7))$
    (b) $\mathcal{F}^{-1}(2\text{tri}(f/2)e^{-j6\pi f})$
    (c) $\mathcal{F}(\text{sen}(20\pi t)\cos(200\pi t))$

    Respostas: $(j/4)[\delta(f-90) + \delta(f+110) - \delta(f-110) - \delta(f+90)]$; $105\text{sinc}(7f)e^{j4\pi f}$; $4\text{sinc}^2(2(t-3))$

17. Usando o teorema de Parseval, determine a energia de sinal destes sinais:

    (a) $x(t) = 4\text{sinc}(t/5)$
    (b) $x(t) = 2\text{sinc}^2(3t)$

    Respostas: 80; 8/9

18. Determine os valores numéricos das constantes:

    (a) $6\text{ret}(2t) \xleftrightarrow{\mathcal{F}} A\text{sinc}(bf)$ — Determine A e b
    (b) $10\text{tri}((t-1)/8) \xleftrightarrow{\mathcal{F}} A\text{sinc}^2(bf)e^{-jB\pi f}$ — Determine A, B e b
    (c) $A\cos(2\pi f_0 t) \xleftrightarrow{\mathcal{F}} 10[\delta(f-4) + \delta(f+4)]$ — Determine A e f_0
    (d) $(A/b)\delta_{1/b}(t)e^{jB\pi t} \xleftrightarrow{\mathcal{F}} (1/5)\delta_{1/10}(f-1/5)$ — Determine A, B e b

    Respostas: 1/10; 1/5; 80; 20; 3; 2; 8; 2/5; 8; 1/2

19. Qual é a área total sob a função $g(t) = 100\text{sinc}((t-8)/30)$?
    Resposta: 3000

20. Com a propriedade de integração, determine a TFCT de cada uma das funções a seguir e compare com a TFCT obtida por meio das outras propriedades.

    (a) $g(t) = \begin{cases} 1 & , |t| < 1 \\ 2 - |t| & , 1 < |t| < 2 \\ 0 & , \text{em outro instante} \end{cases}$

    (b) $g(t) = 8\text{ret}(t/3)$

    Respostas: $24\text{sinc}(3f)$; $3\text{sinc}(3f)\text{sinc}(f)$

21. Trace os gráficos das magnitudes e fases das TFCTs dos sinais dados abaixo na forma em f.

    (a) $x(t) = \delta(t-2)$
    (b) $x(t) = u(t) - u(t-1)$
    (c) $x(t) = 5\text{ret}((t+2)/4)$
    (d) $x(t) = 25\text{sinc}(10(t-2))$
    (e) $x(t) = 6\text{sen}(200\pi t)$
    (f) $x(t) = 2e^{-3t}u(3t)$
    (g) $x(t) = 4e^{-3t^2}$

Respostas:

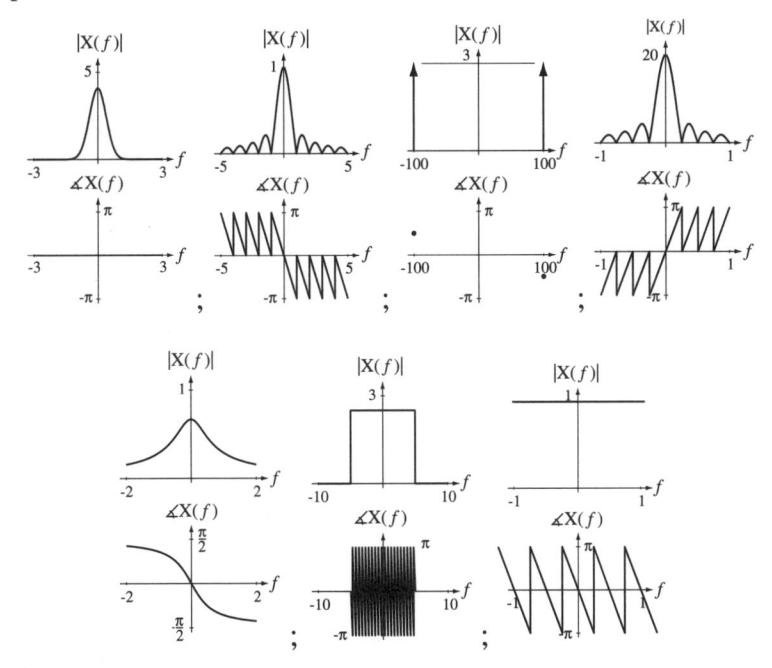

22. Trace os gráficos das magnitudes e fases das TFCTs dos sinais a seguir na forma em ω.

    (a) $x(t) = \delta_2(t)$
    (b) $x(t) = \text{sgn}(2t)$
    (c) $x(t) = 10\text{tri}((t-4)/20)$
    (d) $x(t) = (1/10)\text{sinc}^2((t+1)/3)$
    (e) $x(t) = \dfrac{\cos(200\pi t - \pi/4)}{4}$
    (f) $x(t) = 2e^{-3t}u(t)$
    (g) $x(t) = 7e^{-5|t|}$

Respostas:

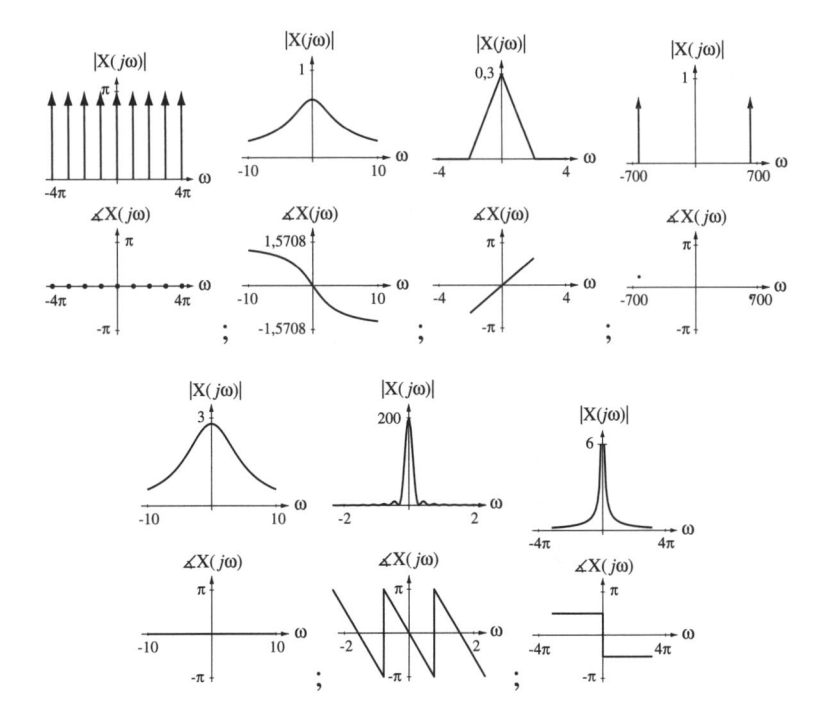

23. Elabore o gráfico das TFCTs inversas destas funções:

(a) $X(f) = -15\text{ret}(f/4)$

(b) $X(f) = \dfrac{\text{sinc}(-10f)}{30}$

(c) $X(f) = \dfrac{18}{9+f^2}$

(d) $X(f) = \dfrac{1}{10+jf}$

(e) $X(f) = \dfrac{\delta(f-3)+\delta(f+3)}{6}$

(f) $X(f) = 8\delta(5f)$

(g) $X(f) = -\dfrac{3}{j\pi f}$

Respostas:

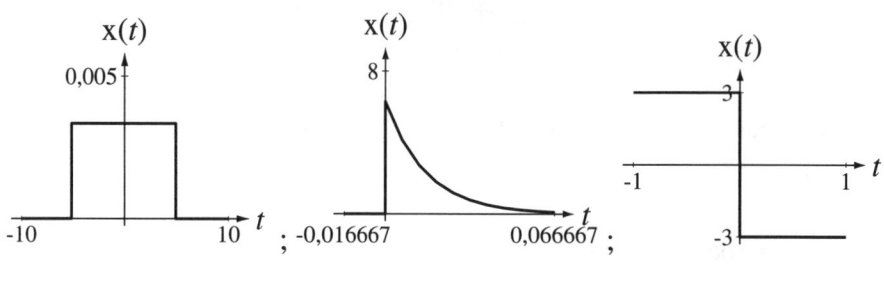

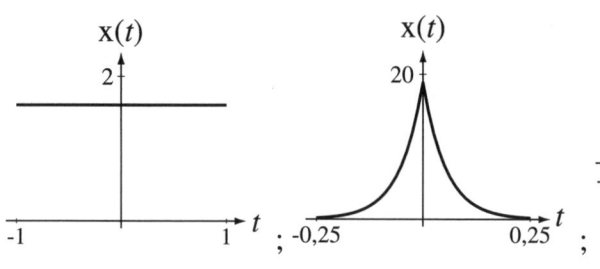

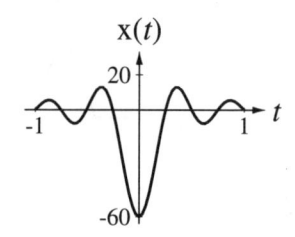

24. Faça o gráfico das TFCTs inversas destas funções:

(a) $X(j\omega) = e^{-4\omega^2}$

(b) $X(j\omega) = 7\text{sinc}^2(\omega/\pi)$

(c) $X(j\omega) = j\pi[\delta(\omega+10\pi)-\delta(\omega-10\pi)]$

(d) $X(j\omega) = (\pi/20)\delta_{1/4}(\omega)$

(e) $X(j\omega) = 5\pi/j\omega + 10\pi\delta(\omega)$

(f) $X(j\omega) = \dfrac{6}{3+j\omega}$

(g) $X(j\omega) = 20\text{tri}(8\omega)$

Respostas:

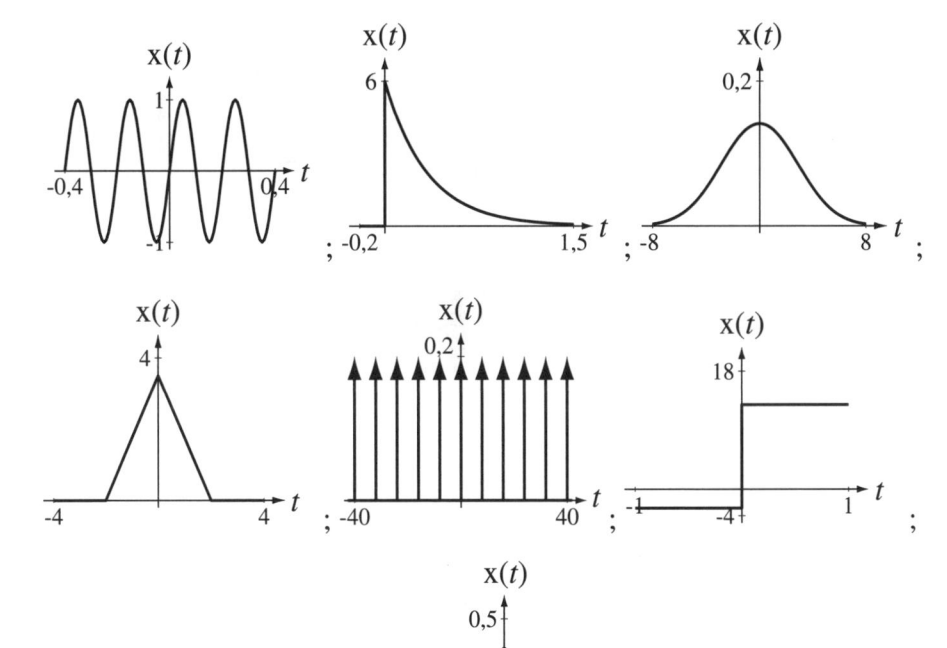

25. Determine as TFCTs dos sinais apresentados abaixo em qualquer uma das formas, em f ou em ω, aquela que for mais conveniente.

    (a) $x(t) = 3\cos(10t) + 4\mathrm{sen}(10t)$
    (b) $x(t) = 2\delta_2(t) - 2\delta_2(t-1)$
    (c) $x(t) = 4\mathrm{sinc}(4t) - 2\mathrm{sinc}(4(t-1/4)) - 2\mathrm{sinc}(4(t+1/4))$
    (d) $x(t) = [2e^{(-1+j2\pi)t} + 2e^{(-1-j2\pi)t}]u(t)$
    (e) $x(t) = 4e^{-|t|/16}$

Respostas:

$$\left(5\pi e^{-j0{,}927}\right)\delta(\omega-10) + \left(5\pi e^{j0{,}927}\right)\delta(\omega+10) \quad ; \quad 4\frac{j2\pi f + 1}{(j2\pi f + 1)^2 + (2\pi)^2} \quad ;$$

$$\mathrm{ret}(\omega/8\pi) - \mathrm{ret}(\omega/8\pi)\cos(\omega/4) \quad ; \quad \frac{128}{1+256\omega^2} \quad ; \quad j4\pi e^{-j\omega/2}\delta_\pi(\omega)\mathrm{sen}(\omega/2)$$

26. Elabore os gráficos de magnitude e fase das funções dadas a seguir. Trace também os gráficos das TFCTs inversas das funções:

    (a) $X(j\omega) = \dfrac{10}{3+j\omega} - \dfrac{4}{5+j\omega}$
    (b) $X(f) = 4\left[\mathrm{sinc}\left(\dfrac{f-1}{2}\right) + \mathrm{sinc}\left(\dfrac{f+1}{2}\right)\right]$
    (c) $X(f) = \dfrac{j}{10}\left[\mathrm{tri}\left(\dfrac{f+2}{8}\right) - \mathrm{tri}\left(\dfrac{f-2}{8}\right)\right]$
    (d) $X(f) = \delta(f+1050) + \delta(f+950) + \delta(f-950) + \delta(f-1050)$
    (e) $X(f) = \begin{bmatrix} \delta(f+1050) + 2\delta(f+1000) + \delta(f+950) \\ +\delta(f-950) + 2\delta(f-1000) + \delta(f-1050) \end{bmatrix}$

Respostas:

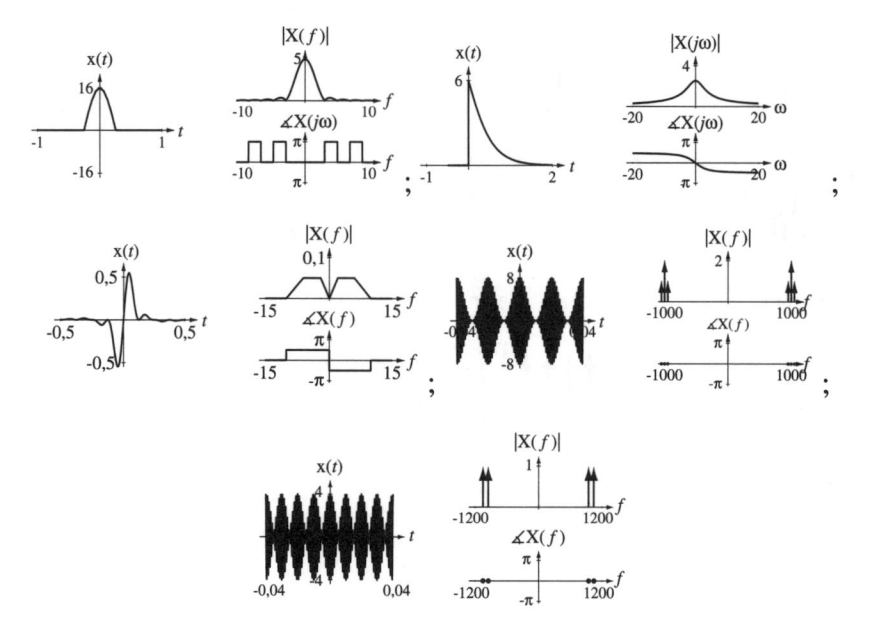

27. Elabore os gráficos destes sinais em função do tempo. Trace os gráficos das magnitudes e fases das respectivas TFCTs em qualquer uma das formas f ou ω, aquela que for mais conveniente.

   (a) $x(t) = \text{ret}(2t) * \delta_1(t) - \text{ret}(2t) * \delta_1(t-1/2)$
   (b) $x(t) = -1 + 2\text{ret}(2t) * \delta_1(t)$
   (c) $x(t) = e^{-t/4} u(t) * \text{sen}(2\pi t)$
   (d) $x(t) = e^{-\pi t^2} * \left[\text{ret}(2t) * \delta_1(t) \right]$
   (e) $x(t) = \text{ret}(t) * [\text{tri}(2t) * \delta_1(t)]$
   (f) $x(t) = \text{sinc}(2,01t) * \delta_1(t)$
   (g) $x(t) = \text{sinc}(1,99t) * \delta_1(t)$
   (h) $x(t) = e^{-t^2} * e^{-t^2}$

Respostas:

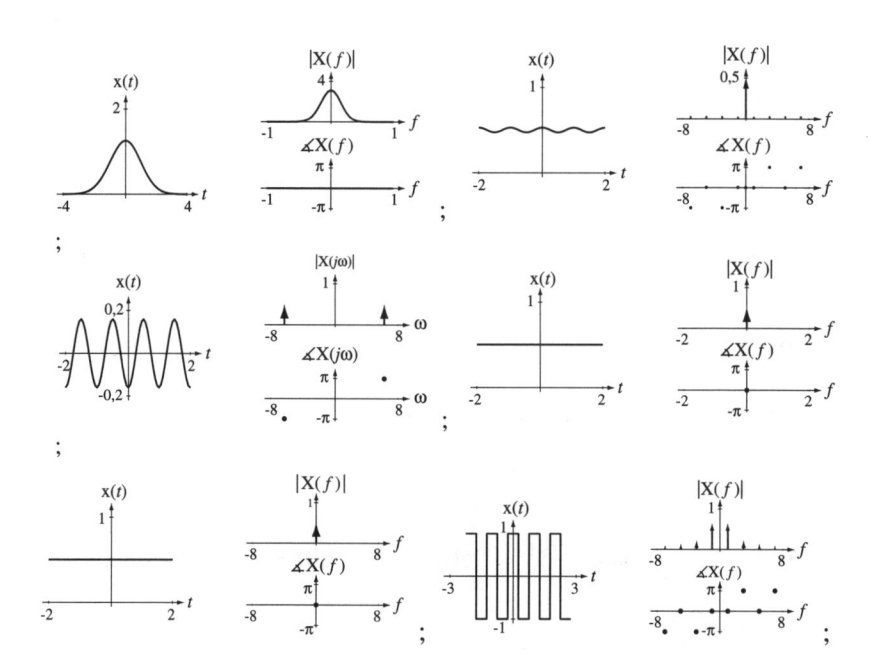

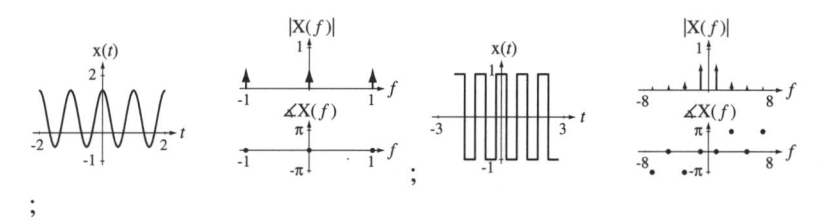

28. Trace os gráficos das magnitudes e fases das funções dadas a seguir. Trace também os gráficos das TFCTs inversas das funções.

(a) $X(f) = \text{sinc}\left(\dfrac{f}{100}\right) * \left[\delta(f-1000) + \delta(f+1000)\right]$

(b) $X(f) = \text{sinc}(10f) * \delta_1(f)$

Respostas:

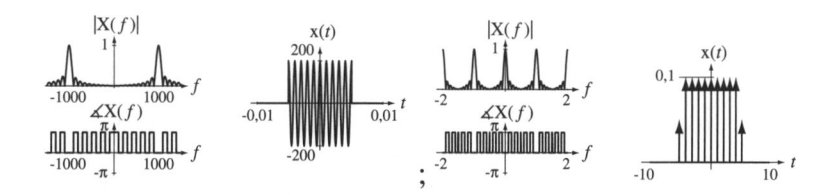

29. Trace os gráficos destes sinais em função do tempo. Trace os gráficos das magnitudes e das fases das respectivas TFCTs destes sinais em qualquer uma das formas f ou ω, aquela que for mais conveniente. Em alguns casos, pode ser mais conveniente fazer o gráfico no tempo depois de a TFCT ter sido determinada, por meio da obtenção da TFCT inversa.

(a) $x(t) = e^{-\pi t^2} \text{sen}(20\pi t)$
(b) $x(t) = (1/100)\cos(400\pi t)\delta_{1/100}(t)$
(c) $x(t) = [1 + \cos(400\pi t)]\cos(4000\pi t)$
(d) $x(t) = [1 + \text{ret}(100t)*\delta_{1/50}(t)]\cos(500\pi t)$
(e) $x(t) = \text{ret}(t/7)\delta_1(t)$

Respostas:

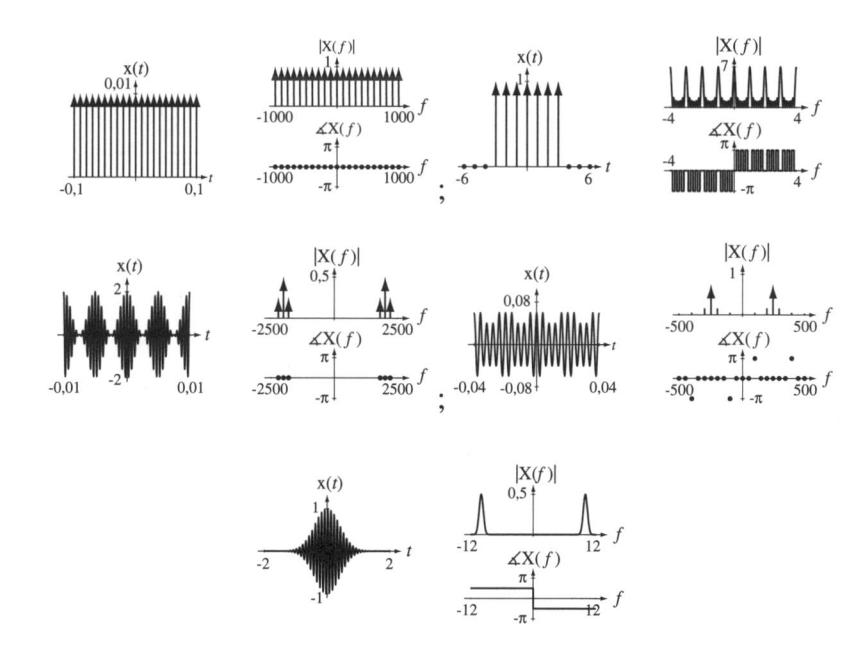

30. Elabore os gráficos das magnitudes e das fases das funções dadas abaixo. Trace também os gráficos das TFCTs inversas dessas funções.

   (a) $X(f) = \text{sinc}(f/4)\delta_1(f)$

   (b) $X(f) = \left[\text{sinc}\left(\dfrac{f-1}{4}\right) + \text{sinc}\left(\dfrac{f+1}{4}\right)\right]\delta_1(f)$

   (c) $X(f) = \text{sinc}(f)\text{sinc}(2f)$

   Respostas:

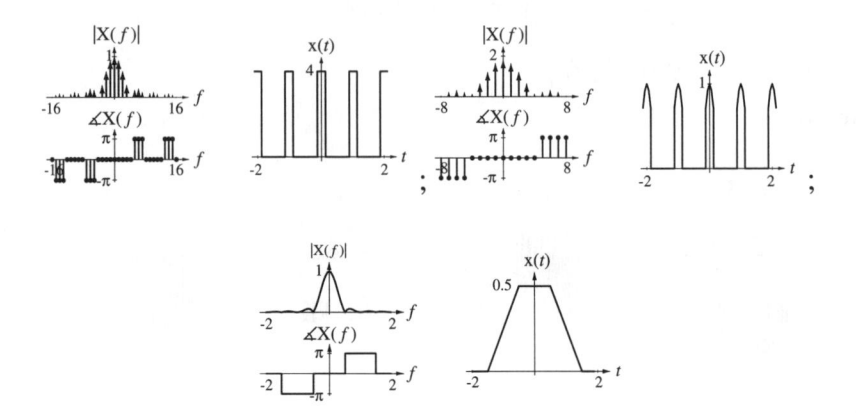

31. Trace os gráficos destes sinais em função do tempo e as magnitudes e fases de suas respectivas TFCTs.

   (a) $x(t) = \dfrac{d}{dt}\left[\text{sinc}(t)\right]$

   (b) $x(t) = \dfrac{d}{dt}\left[4\ \text{ret}(t/6)\right]$

   (c) $x(t) = \dfrac{d}{dt}\left(\text{tri}(2t) * \delta_1(t)\right)$

   Respostas:

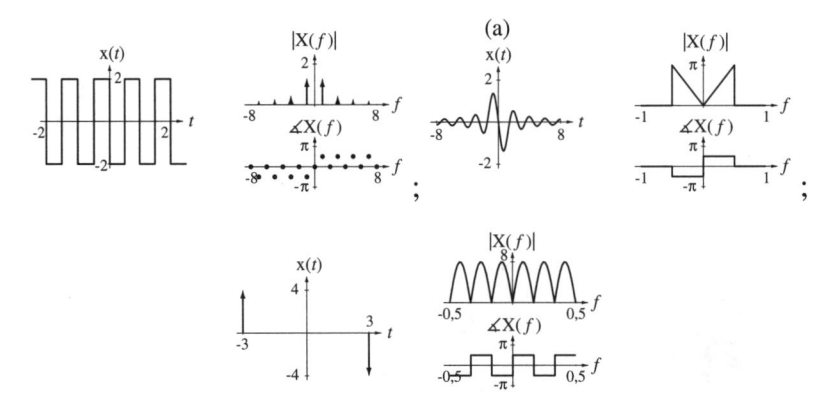

32. Trace os gráficos destes sinais em função do tempo e as magnitudes e fases de suas respectivas TFCTs.

   (a) $x(t) = \displaystyle\int_{-\infty}^{t} \text{sen}(2\pi\lambda)\,d\lambda$

   (b) $x(t) = \displaystyle\int_{-\infty}^{t} \text{ret}(\lambda)\,d\lambda$

(c) $x(t) = \int_{-\infty}^{t} 3\operatorname{sinc}(2\lambda)d\lambda$

Respostas:

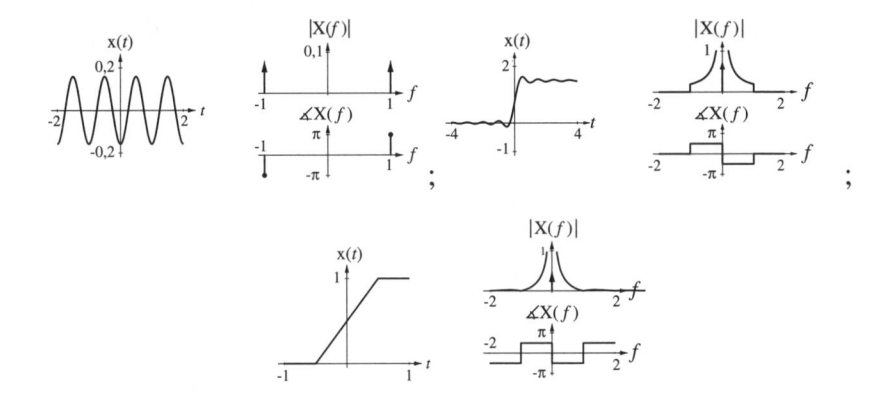

EXERCÍCIOS SEM RESPOSTAS

TFCT

33. Um sistema é excitado por um sinal

$$x(t) = 4\operatorname{ret}(t/2)$$

e sua resposta é

$$y(t) = 10\left[\left(1 - e^{-(t+1)}\right)u(t+1) - \left(1 - e^{-(t-1)}\right)u(t-1)\right]$$

Qual é a sua resposta ao impulso?

34. Elabore os gráficos das magnitudes e fases referentes às TFCTs das seguintes funções:

   (a) $g(t) = 5\delta(4t)$
   (b) $g(t) = 4[\delta_4(t+1) - \delta_4(t-3)]$
   (c) $g(t) = u(2t) + u(t-1)$
   (d) $g(t) = \operatorname{sgn}(t) - \operatorname{sgn}(-t)$
   (e) $g(t) = \operatorname{ret}\left(\dfrac{t+1}{2}\right) + \operatorname{ret}\left(\dfrac{t-1}{2}\right)$
   (f) $g(t) = \operatorname{ret}(t/4)$
   (g) $g(t) = 5\operatorname{tri}(t/5) - 2\operatorname{tri}(t/2)$
   (h) $g(t) = (3/2)\operatorname{ret}(t/8) * \operatorname{ret}(t/2)$

35. Trace os gráficos das magnitudes e das fases referentes às TFCTs das funções dadas a seguir:

   (a) $\operatorname{ret}(4t)$
   (b) $\operatorname{ret}(4t) * 4\delta(t)$
   (c) $\operatorname{ret}(4t) * 4\delta(t-2)$
   (d) $\operatorname{ret}(4t) * 4\delta(2t)$
   (e) $\operatorname{ret}(4t) * \delta_1(t)$
   (f) $\operatorname{ret}(4t) * \delta_1(t-1)$
   (g) $(1/2)\operatorname{ret}(4t) * \delta_{1/2}(t)$
   (h) $(1/2)\operatorname{ret}(t) * \delta_{1/2}(t)$

36. Faça os gráficos destes sinais sobre dois períodos fundamentais centrados em $t = 0$.

    (a) $x(t) = 2\cos(20\pi t) + 4\text{sen}(10\pi t) + 3\cos(-20\pi t) - 3\text{sen}(-10\pi t)$
    (b) $x(t) = 5\cos(20\pi t) + 7\text{sen}(10\pi t)$

    Compare os resultados das partes (a) e (b).

37. Um sinal periódico tem um período fundamental de quatro segundos.

    (a) Qual é a menor freqüência positiva na qual sua TFCT poderia ser diferente de zero?
    (b) Qual é a segunda menor freqüência positiva na qual sua TFCT poderia ser diferente de zero?

38. Um sinal $x(t)$ possui uma TFCT, $X(f) = \dfrac{j2\pi f}{3 + jf/10}$.

    (a) Qual é a área total líquida sob o sinal $x(t)$?
    (b) Seja $y(t)$ a integral de $x(t)$, $y(t) = \int_{-\infty}^{t} x(\lambda)d\lambda$. Qual é a área total líquida sob $y(t)$?
    (c) Qual é o valor numérico de $|X(f)|$ no limite em que $f \to +\infty$?

39. Responda às questões a seguir.

    (a) Um sinal $x_1(t)$ tem uma TFCT $X_1(f)$. Se $x_2(t) = x_1(t+4)$, qual é a relação entre $|X_1(f)|$ e $|X_2(f)|$?
    (b) Um sinal $x_1(t)$ tem uma TFCT, $X_1(f)$. Se $x_2(t) = x_1(t/5)$, qual é a relação entre o valor máximo de $|X_1(f)|$ e o valor máximo de $|X_2(f)|$?
    (c) Uma TFCT tem um valor igual a $e^{-j\pi/4}$ na freqüência $f = 20$. Qual é o valor desta mesma TFCT na freqüência $f = -20$?

40. Se $y(t) \xleftrightarrow{\mathcal{F}} Y(f)$ e $\dfrac{d}{dt}(y(t)) \xleftrightarrow{\mathcal{F}} 1 - e^{-j\pi f/2}$, determine $y(t)$ e trace seu gráfico.

41. Seja um sinal $x(t)$ que tenha uma TFCT, $X(f) = \begin{cases} |f| &, |f| < 2 \\ 0 &, |f| \geq 2 \end{cases}$.

    Seja $y(t) = x(4(t-2))$. Obtenha os valores da magnitude e da fase de $Y(3)$, em que $y(t) \xleftrightarrow{\mathcal{F}} Y(f)$.

42. Elabore os gráficos da magnitude e da fase da TFCT para cada um dos sinais mostrados na Figura E.42 (forma em ω).

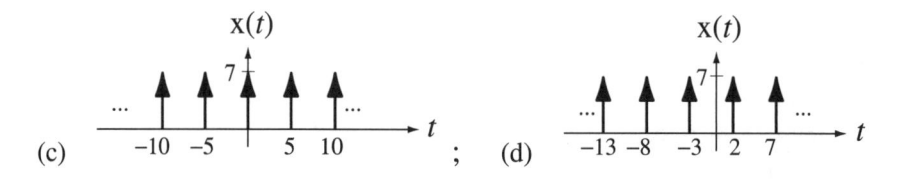

Figura E.42

43. Faça os gráficos das TFCTs inversas das funções presentes na Figura E.43.

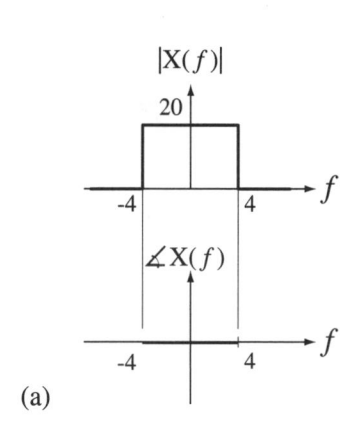

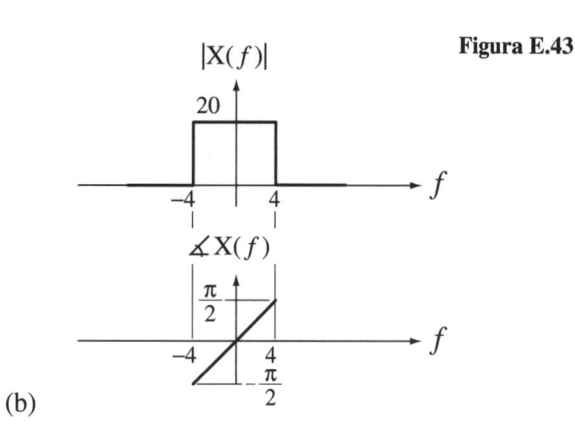

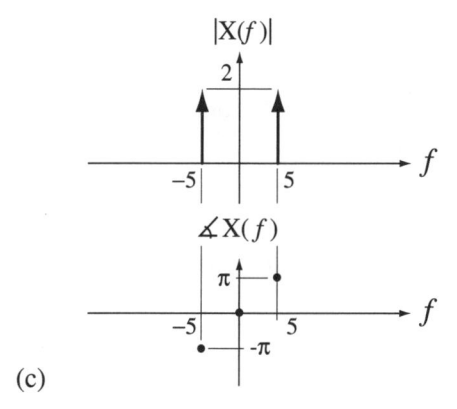

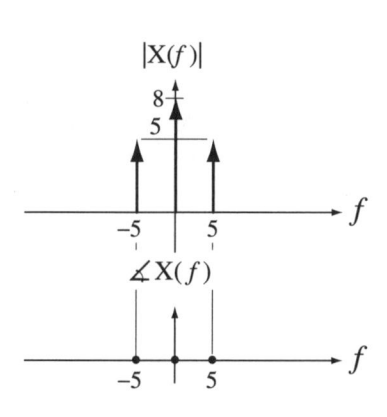

Figura E.43

(a) $|X(f)|$ = 20 para $-4 < f < 4$; $\angle X(f)$ = 0.

(b) $|X(f)|$ = 20 para $-4 < f < 4$; $\angle X(f)$ linear de $-\pi/2$ em $f=-4$ a $\pi/2$ em $f=4$.

(c) $|X(f)|$: impulsos de altura 2 em $f = \pm 5$; $\angle X(f)$: π em $f=-5$ e $-\pi$ em $f=5$.

(d) $|X(f)|$: impulso de altura 8 em $f=0$ e impulsos de altura 5 em $f=\pm 5$; $\angle X(f) = 0$.

44. Abaixo encontram-se duas listas, uma para as funções no domínio do tempo e outra para as funções no domínio da freqüência. Faça a correspondência entre as funções no domínio da freqüência e suas TFCTs inversas na lista de funções no domínio do tempo. (Pode não haver correspondência em alguns casos.)

(a)

Domínio do tempo

1. $-(1/2)\delta_{1/8}(t)$
2. $5\text{sinc}(2(t + 2))$
3. $3\delta(3t-9)$
4. $-7\text{sinc}^2(t/12)$
5. $5\text{sinc}(2(t-2))$
6. $5\cos(200\pi t)$
7. $2\text{tri}((t + 5)/10)$
8. $3\delta(t-3)$
9. $-24[u(t + 1)-u(t-3)]$
10. $-2\delta_{1/4}(-t)$
11. $9\text{ret}((t-4)/20)$
12. $2\text{tri}((t + 10)/5)$
13. $-24[u(t + 3)-u(t-1)]$
14. $10\cos(400\pi t)$

Domínio da freqüência

A $5[\delta(f-200) + \delta(f + 200)]$
B $(5/2)\text{ret}(f/2)e^{-j4\pi f}$
C $180\text{sinc}(20f)e^{-j8\pi f}$
D $-84\text{tri}(12f)$
E $-96\text{sinc}(4f)e^{j2\pi f}$
F $-4\delta_8(-f)$
G $e^{-j6\pi f}$
H $10\text{sinc}^2(5f)e^{j10\pi f}$

(b)

Domínio do tempo	Domínio de freqüência
1. $3\delta(t-3)$	A $-4\delta_4(-f)$
2. $3\text{sinc}(8t+7)$	B $0{,}375\text{ret}(\omega/16\pi)e^{j7\omega}$
3. $-\text{ret}((t+3)/6)$	C $e^{j3\omega}$
4. $12[u(t-3)-u(t+5)]$	D $12\text{tri}(3f)e^{-j2\pi f}$
5. $4\text{sinc}^2((t+1)/3)$	E $0{,}375\text{ret}(f/8)e^{j7\pi f/4}$
6. $10\text{sen}(5\pi t)$	F $j10\pi[\delta(\omega+10\pi)-\delta(\omega-10\pi)]$
7. $-(1/2)\delta_{1/8}(t)$	G $-1{,}25\text{sinc}^2(f/4)e^{-j4\pi f}$
8. $3\text{sinc}(8(t+7))$	H $3e^{-j3\omega}$
9. $3\delta(3t-9)$	I $96\text{sinc}(4\omega/\pi)e^{-j\omega}$
10. $12[u(t+3)-u(t-5)]$	J $6\text{sinc}(6f)e^{j6\pi f}$
11. $18\text{tri}(6(t+5))$	K $3\text{sinc}^2(3\omega/\pi)e^{j5\omega}$
12. $-5\text{tri}(4(t-2))$	
13. $-2\delta_4(-t)$	
14. $5\text{sen}(10\pi t)$	

45. Faça a correspondência dos sinais da lista da esquerda com as TFCTs da lista da direita (pode não haver correspondência em alguns casos.)

(a)

A	$5\text{ret}(2t-1)$	1.	$10\text{sinc}(2f)e^{-j4\pi f}$
B	$5\text{ret}((t/2)-1)$	2.	$j5\pi[\delta(\omega+3)-\delta(\omega-3)]e^{+j\omega}$
C	$5\text{ret}(2(t-1))$	3.	$2{,}5\text{ret}(2f)e^{-j2\pi f}$
D	$5\text{ret}((t-1)/2)$	4.	$2{,}5\text{sinc}(f/2)e^{-j\pi f}$
E	$5\text{sinc}(2t-1)$	5.	$2{,}5\text{ret}(f/2)e^{-j\pi f}$
F	$5\text{sinc}((t/2)-1)$	6.	$2{,}5\text{ret}(f/2)e^{-j2\pi f}$
G	$5\text{sinc}(2(t-1))$	7.	$10\text{ret}(2f)e^{-j2\pi f}$
H	$5\text{sinc}((t-1)/2)$	8.	$10\text{ret}(f/2)e^{-j\pi f}$
I	$5\text{sen}(3t-(\pi/4))$	9.	$j5\pi[\delta(\omega+(1/3))-\delta(\omega-(1/3))]e^{+j3\pi\omega/4}$
J	$5\text{sen}(3(t+1))$	10.	$10\text{ret}(2f)e^{-j4\pi f}$
K	$5\text{sen}((t/3)-(\pi/4))$	11.	$2{,}5\text{sinc}(f/2)e^{-j2\pi f}$
L	$5\text{sen}((t+1)/3)$	12.	$j2{,}5[\delta(\omega+3/(2\pi))-\delta(\omega-3/(2\pi))]e^{-j\pi\omega/12}$
		13.	$2{,}5\text{sinc}(2f)e^{-j2\pi f}$
		14.	$j2{,}5[\delta(\omega+1/(6\pi))-\delta(\omega-1/(6\pi))]e^{+j\omega}$
		15.	$10\text{sinc}(f/2)e^{-j4\pi f}$
		16.	$2{,}5\text{sinc}(2f)e^{-j\pi f}$
		17.	$j5\pi[\delta(\omega+3)-\delta(\omega-3)]e^{-j\omega}$
		18.	$10\text{sinc}(f/2)e^{-j2\pi f}$
		19.	$j5\pi[\delta(\omega+3)-\delta(\omega-3)]e^{-j\pi\omega/12}$
		20.	$10\text{ret}(f/2)e^{-j2\pi f}$
		21.	$j5\pi[\delta(\omega+(1/3))-\delta(\omega-(1/3))]e^{-j3\pi\omega/4}$
		22.	$10\text{sinc}(2f)e^{-j2\pi f}$
		23.	$2{,}5\text{ret}(2f)e^{-j4\pi f}$
		24.	$j5\pi[\delta(\omega+(1/3))-\delta(\omega-(1/3))]e^{+j\omega}$

(b)

A	$(5/2)\text{ret}(t/2) * \delta_1(t)$	1.	$8\delta_3(f)e^{-j2\pi f/3}$
B	$8\delta(3(t+1)) - 8\delta(3(t-1))$	2.	$-j48\text{sen}(6\pi f)$
C	$(8/3)\delta_{1/3}(t-1/3)$	3.	$48\cos(2\pi f)$
D	$(8/3)\delta_{1/3}(t-1)$	4.	$72\delta_3(f)e^{-j2\pi f/3}$
E	$8\delta(3t-1) + 8\delta(3t+1)$	5.	$(5/2)\text{sinc}(f)\delta_{1/2}(f)$
F	$8\delta((t-1)/3) + 8\delta((t-1)/3)$	6.	$(16/3)\cos(2\pi f/3)$
G	$5\text{ret}(t) * \delta_2(t-1)$	7.	$8\sum_{k=-\infty}^{\infty} e^{-j2\pi k/3}\delta(f-k/3)$
H	$24\delta_3(t-3)$	8.	$-j(16/3)\text{sen}(2\pi f)$
I	$(5/2)\text{ret}((t-1)/2) * \delta_1(t)$	9.	$(8/9)\delta_{1/3}(f)e^{j6\pi f}$
J	$8\delta((t/3)-1) - 8\delta((t/3)+1)$	10.	$(5/8)\text{sinc}(f)\delta_{1/2}(f)e^{-j2\pi f}$
K	$24\delta_3(t-1)$	11.	$8\sum_{k=-\infty}^{\infty} e^{-j2\pi k/3}\delta(f-3k)$
L	$5\text{ret}(t)*\delta_2(t)$	12.	$5\sum_{k=-\infty}^{\infty} \text{sinc}(2k)e^{-j2\pi k}\delta(f-k)$
		13.	$5\sum_{k=-\infty}^{\infty} \text{sinc}(k)\delta(f-k)$
		14.	$(8/9)\delta_{1/3}(f)e^{-j6\pi f}$
		15.	$j(16/3)\text{sen}(2\pi f)$
		16.	$(16/3)\cos(2\pi f)$
		17.	$(5/4)\text{sinc}(f)\delta_{1/2}(f)$
		18.	$8\delta_{1/3}(f)e^{-j6\pi f}$
		19.	$(16/3)\cos(2\pi f)$
		20.	$5\sum_{k=-\infty}^{\infty} \text{sinc}(2k)\delta(f-k)$
		21.	$5\sum_{k=-\infty}^{\infty} \text{sinc}(2k)e^{-j4\pi k}\delta(f-k)$
		22.	$(5/2)\text{sinc}(f)\delta_{1/2}(f)e^{-j2\pi f}$
		23.	$48\cos(6\pi f)$
		24.	$8\sum_{k=-\infty}^{\infty} e^{-j6\pi k}\delta(f-3k)$

46. Determine a TFCT inversa da função real no domínio da freqüência mostrada na Figura E.46 e elabore seu gráfico. (Admita que $A = 1, f_1 = 95kHz$, e $f_2 = 105kHz$.)

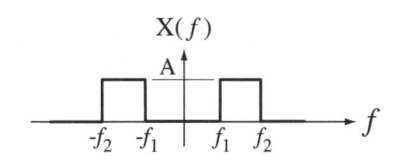

Figura E.46
Uma função real no domínio da freqüência.

47. Determine a TFCT (em qualquer uma das formas) do sinal da Figura E.47 e trace os gráficos de sua magnitude e fase em função da freqüência em gráficos separados. (Admita que $A = -B = 1$ e seja $t_1 = 1$ e $t_2 = 2$.) Dica: Expresse este sinal como a soma entre duas funções e use a propriedade da linearidade.

Figura E.47
Uma função.

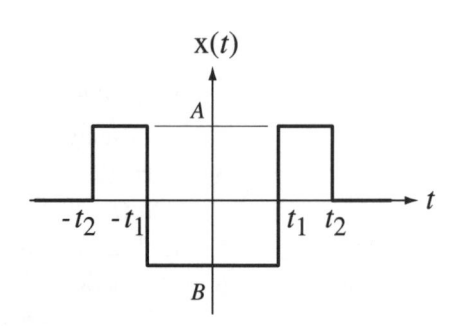

48. Em vários sistemas de comunicação, é usado um dispositivo chamado de misturador. Em sua forma mais simples, um misturador corresponde simplesmente a um multiplicador analógico. Ou seja, seu sinal de saída y(t) equivale ao produto entre os sinais presentes em suas duas entradas. Se os dois sinais de entrada são

$$x_1(t) = 10\operatorname{sinc}(20t) \quad \text{e} \quad x_2(t) = 5\cos(2000\pi t)$$

faça o gráfico da magnitude da TFCT de y(t), que é Y(f), e compare-o com a magnitude da TFCT de $x_1(t)$. De maneira bem simples, explique o que faz um misturador.

49. Um grande problema em sistemas de instrumentação reais é a interferência eletromagnética provocada pelos cabos de energia de 60 Hz. Um sistema com uma resposta ao impulso da forma $h(t) = A(u(t) - u(t-t_0))$ pode eliminar o sinal de 60 Hz e todos os seus harmônicos. Determine o valor numérico de t_0 que permita que isso aconteça.

50. Elabore o gráfico da convolução entre as duas funções de cada caso dado abaixo.

    (a) ret(t) * ret(t)
    (b) ret(t−1/2) * ret(t + 1/2)
    (c) tri(t) * tri(t−1)
    (d) 3δ(t) * 10cos(t)
    (e) $10\delta_1(t)$ * ret(t)
    (f) $5\delta_1(t)$ * tri(t)

51. Na eletrônica, um dos primeiros circuitos a serem estudados é o retificador. Existem duas configurações: o retificador de meia onda e o retificador de onda completa. O retificador de meia onda elimina metade de um sinal de tensão senoidal em sua entrada e deixa a outra metade intacta. O retificador de onda completa inverte a polaridade de metade do sinal de tensão senoidal na entrada e deixa a outra metade do sinal intacta. Seja o sinal da tensão senoidal na entrada uma tensão típica para consumidores domésticos – 120 Vrms a 60 Hz – e admita que ambos os tipos de retificadores alterem a metade negativa da senóide enquanto deixam a metade positiva inalterada. Determine e trace os gráficos das magnitudes das TFCTs dos sinais de tensão de saída de ambos os tipos de retificadores (em qualquer forma).

CAPÍTULO 11

A Transformada de Fourier Discretizada no Tempo

Descobertas consistem em ver o que todos vêem, mas pensar em algo que ninguém jamais pensou.

Albert Szent-Gyorgyi, fisiologista agraciado com o Prêmio Nobel

A criatividade representa um milagre que vem acompanhado da energia espontânea de uma criança juntamente com o seu opositor e inimigo aparente: o senso de ordem imposto pela inteligência adulta disciplinada.

Norman Podhoretz, editor, intelectual, escritor e pensador neoconservador

11.1 INTRODUÇÃO E OBJETIVOS

Assim como a série de Fourier contínua no tempo, a série de Fourier discretizada no tempo consiste em uma ferramenta limitada para ser utilizada na análise de sinais e sistemas. Ela pode descrever qualquer sinal periódico limitado sobre todo o tempo, com aplicabilidade em engenharia, como uma combinação linear de senóides. Porém, ela não é capaz de descrever um sinal aperiódico para todo o tempo.

Neste capítulo, iremos ampliar o alcance de atuação das séries de Fourier discretizadas no tempo para que ela seja igualmente aplicável aos sinais aperiódicos, e a denominaremos de transformada de Fourier. Vamos começar por desenvolver técnicas no domínio da freqüência para a análise de sinais e sistemas discretizados no tempo; técnicas estas que serão muito importantes no Capítulo 13. Finalmente, apresentamos uma visão geral sobre os quatro métodos de Fourier, comparando-os, realizando conversões entre eles e desenvolvendo diversas relações que serão valiosas nos capítulos seguintes, especialmente no Capítulo 14 que trata da amostragem.

OBJETIVOS DO CAPÍTULO:

1. Generalizar a série de Fourier discretizada no tempo para incluir sinais aperiódicos por meio da definição da transformada de Fourier discretizada no tempo.
2. Estabelecer quais tipos de sinais podem ou não ser descritos pela transformada de Fourier discretizada no tempo.
3. Demonstrar as propriedades da transformada de Fourier discretizada no tempo.
4. Demonstrar as inter-relações existentes entre os vários métodos de Fourier.

11.2 CONCEITOS BÁSICOS E DESENVOLVIMENTO DA TRANSFORMADA DE FOURIER

Há uma necessidade de analisar sistemas discretizados no tempo, excitados por sinais aperiódicos, da mesma forma que existe a necessidade de analisar os sistemas contínuos no tempo excitados por sinais aperiódicos. A transição da SFDT para a TFDT é análoga à transição da SFCT para a TFCT. Partiremos de uma demonstração gráfica dos conceitos, e em seguida passaremos à dedução analítica formal.

DEMONSTRAÇÃO GRÁFICA

Considere primeiro um sinal do tipo onda retangular $x[n] = \text{ret}_{N_w}[n] * \delta_{N_0}[n]$ (Figura 11.1).

Figura 11.1
Um sinal do tipo onda retangular genérico.

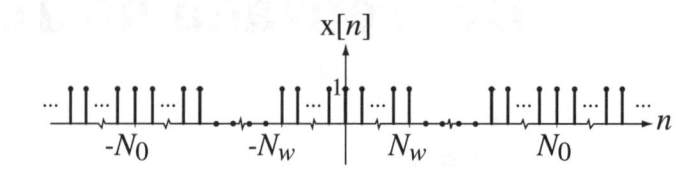

A função harmônica em SFDT para este sinal x[n] sobre todo o tempo discreto com $N_F = N_0$ é

$$X[k] = \frac{2N_w + 1}{N_0} \text{drcl}\left(\frac{k}{N_0}, 2N_w + 1\right)$$

uma função de Dirichlet com extremas de $(2N_w + 1)/N_0$ e um período de N_0.

Para demonstrar os efeitos dos períodos fundamentais distintos N_0, admita que $N_w = 5$ e trace a magnitude de X[k] em função de k para $N_0 = 22$, 44 e 88 (Figura 11.2).

Figura 11.2
Efeito do período fundamental N_0 sobre a magnitude da função harmônica em SFDT de um sinal do tipo onda retangular.

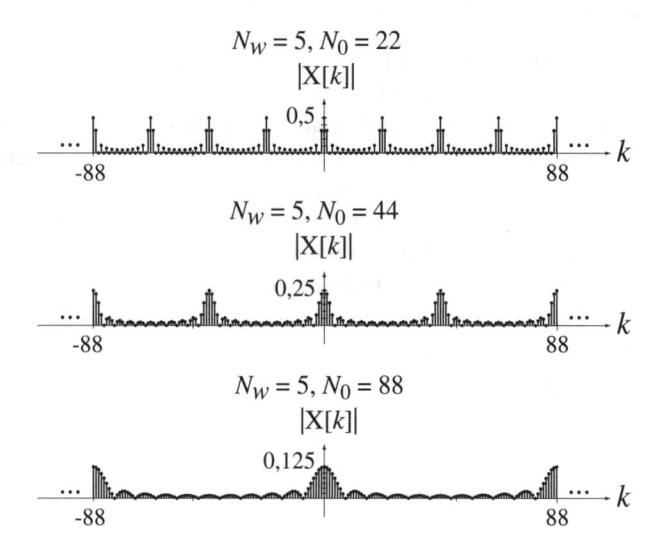

O efeito do aumento do período fundamental de x[n] na função harmônica em SFDT é semelhante ao mesmo efeito observado na função harmônica em SFCT quando se aumenta o período fundamental de x(t). A função harmônica em SFCT não é periódica (em geral). Por outro lado, a função harmônica em SFDT é sempre periódica. Entretanto, em qualquer um dos casos, a forma da envoltória das amplitudes dos harmônicos tende a uma função *sinc*, que é a TFCT da função pulso retangular. À medida que o período fundamental de x[n] é aumentado, a resolução da envoltória com forma da função *sinc* aumenta. No caso da SFDT, a forma da função sinc é repetida periodicamente e é o que define uma função de Dirichlet.

A seguir, iremos realizar duas normalizações similares àquelas feitas em relação à transição da SFCT para a TFCT. Em primeiro lugar, à medida que se aumenta o período fundamental N_0 as amplitudes dos harmônicos decrescem. No limite em que N_0 tende a infinito, todas as amplitudes dos harmônicos tenderão a zero. Esse efeito pode ser eliminado ao se modificar a função harmônica em SFDT por meio da multiplicação pelo período fundamental N_0. A função harmônica em SFDT modificada é portanto

$$N_0 \, \text{X}[k] = (2N_w + 1)\,\text{drcl}\!\left(k/N_0,(2N_w+1)\right)$$

O outro efeito acaba fazendo o período fundamental N_0 de x[n] ser também o período fundamental da função harmônica em SFDT e, à medida que ele é aumentado, a largura do gráfico relativo a um período fundamental da função harmônica em SFDT modificada $N_0 \, \text{X}[k]$ cresce até o infinito. Podemos fazer uma normalização se traçarmos a função harmônica em SFDT modificada em função de k/N_0 em lugar de k. Logo, o período fundamental da função harmônica em SFDT modificada (como foi traçada graficamente) será sempre unitário, em vez de ser N_0 (Figura 11.3).

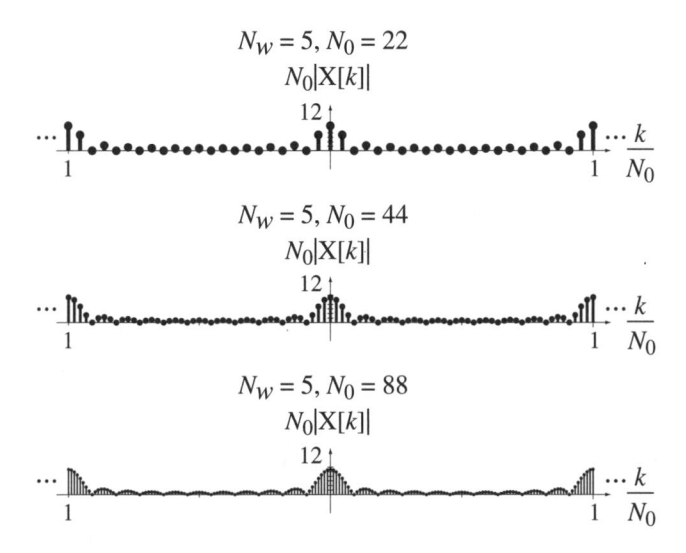

Figura 11.3
Magnitude da função harmônica em SFDT modificada de um sinal do tipo onda retangular.

À medida que N_0 tende ao infinito, a separação entre os pontos de $N_0 \, \text{X}[k]$ se aproxima de zero e o gráfico em freqüência discreta torna-se um gráfico em freqüência contínua (Figura 11.4).

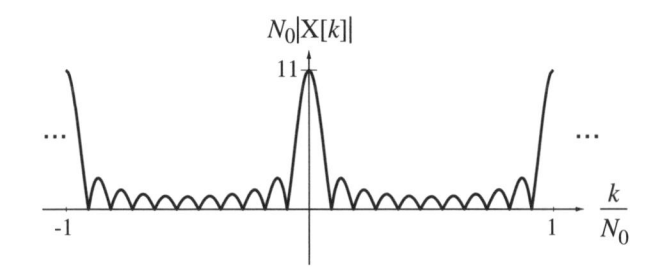

Figura 11.4
Função harmônica em SFDT modificada limitante de um sinal do tipo onda retangular.

DEDUÇÃO ANALÍTICA

Esta dedução se desenvolve de um modo análogo à dedução feita para a TFCT por meio da SFCT. Para estendermos a SFDT aos sinais aperiódicos, vamos fazer primeiramente $\Delta F = 1/N_0$, isto é, um incremento finito na freqüência cíclica F discreta no tempo. Conseqüentemente, a representação em SFDT de x[n] pode ser escrita como

$$\text{x}[n] = \sum_{k=\langle N_0 \rangle} \text{X}[k] e^{j2\pi k \Delta F n}$$

Substituindo a expressão do somatório para X[k] na definição de SFDT

$$x[n] = \sum_{k=\langle N_0 \rangle} \left(\frac{1}{N_0} \sum_{m=\langle N_0 \rangle} x[m] e^{-j2\pi k \Delta F m} \right) e^{j2k\pi \Delta F n}$$

ou

$$x[n] = \sum_{k=\langle N_0 \rangle} \left(\sum_{m=\langle N_0 \rangle} x[m] e^{-j2\pi k \Delta F m} \right) e^{j2\pi k \Delta F n} \Delta F$$

(O índice n do somatório na expressão para X[k] foi substituído por m para se evitar uma confusão com o n na expressão para x[n], visto que eles são variáveis independentes nesta dedução.) Já que o somatório interno é sobre qualquer intervalo arbitrário em m de largura N_0, seja o intervalo $-N_0/2 \le m < N_0/2$ para N_0 par ou $-(N_0 - 1)/2 \le m < (N_0 + 1)/2$ para N_0 ímpar. O somatório externo é sobre qualquer intervalo arbitrário de k de largura N_0, e por isso vamos considerar seu intervalo definido por $k_0 \le k < k_0 + N_0$. Logo

$$x[n] = \sum_{k=k_0}^{k_0+N_0-1} \left(\sum_{m=-N_0/2}^{N_0/2-1} x[m] e^{-j2\pi k \Delta F m} \right) e^{j2\pi k \Delta F n} \Delta F, \; N_0 \text{ par} \quad (11.1)$$

ou

$$x[n] = \sum_{k=k_0}^{k_0+N_0-1} \left(\sum_{m=-(N_0-1)/2}^{(N_0-1)/2} x[m] e^{-j2\pi k \Delta F m} \right) e^{j2\pi k \Delta F n} \Delta F, \; N_0 \text{ ímpar} \quad (11.2)$$

Agora admita que o período fundamental N_0 da SFDT tenda ao infinito. No limite tomado em consideração, os seguintes eventos acontecem:

1. ΔF se aproxima da freqüência discreta diferencial dF.
2. $k\Delta F$ torna-se a freqüência discreta no tempo F, uma variável independente contínua, pois ΔF está tendendo a dF.
3. O somatório externo tende a uma integral quando $F = k\Delta F$. O somatório abrange um intervalo definido por $k_0 \le k < k_0 + N_0$. O intervalo equivalente da (limita-se a) integral a qual ele se aproxima pode ser determinado usando-se as relações $F = kdF = k/N_0$. Dividir o intervalo dos números harmônicos $k_0 \le k < k_0 + N_0$ por N_0 mapeia o intervalo anterior no intervalo de freqüências discretas no tempo $F_0 < F < F_0 + 1$, em que F_0 é arbitrário pois k_0 é arbitrário. O somatório interno abrange um intervalo infinito.

Então, no limite, ambas as Equações (11.1) e (11.2) tornam-se

$$x[n] = \int_1 \left(\sum_{m=-\infty}^{\infty} x[m] e^{-j2\pi F m} \right) e^{j2\pi F n} dF$$

A forma equivalente em freqüência angular é dada por

$$x[n] = \frac{1}{2\pi} \int_{2\pi} \left(\sum_{m=-\infty}^{\infty} x[m] e^{-j\Omega m} \right) e^{j\Omega n} d\Omega$$

em que $\Omega = 2\pi F$.

DEFINIÇÃO DA TRANSFORMADA DE FOURIER

A transformada de Fourier discretizada no tempo é definida por

$$\boxed{x[n] = \int_1 X(F) e^{j2\pi F n} dF \xleftrightarrow{\mathcal{F}} X(F) = \sum_{n=-\infty}^{\infty} x[n] e^{-j2\pi F n}} \quad (11.3)$$

	Freqüência Discreta (Número Harmônico k)	Freqüência Contínua f ou F
Tempo Contínuo t	**SFCT** $$X[k] = (1/T_F)\int_{T_F} x(t)e^{-j2\pi k f_F t}dt$$ $$x(t) = \sum_{k=-\infty}^{\infty} X[k]e^{j2\pi k f_F t}$$ Periódica em t, Aperiódica em k	**TFCT** $$X(f) = \int_{-\infty}^{\infty} x(t)e^{-j2\pi ft}dt$$ $$x(t) = \int_{-\infty}^{\infty} X(f)e^{j2\pi ft}df$$ Aperiódica em t, Aperiódica em f
Tempo Discreto n	**SFDT** $$X[k] = (1/N_F)\sum_{n=\langle N_F \rangle} x[n]e^{-j2\pi nk/N_F}$$ $$x[n] = \sum_{k=\langle N_F \rangle} X[k]e^{j2\pi nk/N_F}$$ Periódica em n, Periódica em k	**TFDT** $$X(F) = \sum_{n=-\infty}^{\infty} x[n]e^{-j2\pi Fn}$$ $$x[n] = \int_1 X(F)e^{j2\pi Fn}dF$$ Aperiódica em n, Periódica em F

Figura 11.5
Matriz contendo os métodos de Fourier.

ou

$$x[n] = (1/2\pi)\int_{2\pi} X(e^{j\Omega})e^{j\Omega n}d\Omega \xleftrightarrow{\mathcal{F}} X(e^{j\Omega}) = \sum_{n=-\infty}^{\infty} x[n]e^{-j\Omega n} \quad (11.4)$$

A TFDT completa os quatro métodos de análise de Fourier. Estes quatro métodos formam uma matriz de métodos para as quatro combinações de tempo contínuo e discreto e da freqüência contínua e discreta (Figura 11.5).

11.3 CONVERGÊNCIA DA TRANSFORMADA DE FOURIER

A condição para a convergência da TFDT é simplesmente aquela na qual o somatório em

$$X(F) = \sum_{n=-\infty}^{\infty} x[n]e^{-j2\pi Fn} \quad \text{ou} \quad X(e^{j\Omega}) = \sum_{n=-\infty}^{\infty} x[n]e^{-j\Omega n}$$

deve convergir de fato. Ele convergirá se $\sum_{n=-\infty}^{\infty}|x[n]| < B$, onde B é finito. Se $|X(F)|$ é limitada, a transformada inversa

$$x[n] = \int_1 X(F)e^{j2\pi Fn}dF \quad \text{ou} \quad x[n] = (1/2\pi)\int_{2\pi} X(e^{j\Omega})e^{j\Omega n}d\Omega$$

sempre convergirá pois o intervalo de integração é finito.

11.4 CÁLCULO NUMÉRICO DA TRANSFORMADA DE FOURIER

A DFT pode ser usada para se calcular a TFDT de uma classe restrita de sinais. Se o sinal $x[n]$ a ser transformado é de energia causal, a fórmula geral para a TFDT se resume a

$$X(F) = \sum_{n=-\infty}^{\infty} x[n] e^{-j2\pi Fn}$$

que pode ser restringida à forma

$$X(F) \cong \sum_{n=0}^{N_F-1} x[n] e^{-j2\pi Fn}$$

em que $n = N_F$ corresponde ao tempo além do qual a energia de sinal de x[n] é desprezível. Logo, se calcularmos estimativas da TFDT em valores discretos $F = k/N_F$, obtemos

$$X(k/N_F) \cong \sum_{n=0}^{N_F-1} x[n] e^{-j2\pi kn/N_F}$$

O somatório é a DFT de x[n] no intervalo de instantes de tempo discretos $0 \le n < N_F$. Desse modo, podemos resumir afirmando que a TFDT de x[n] calculada nas freqüências $F = k/N_F$ é

$$\boxed{X(k/N_F) \cong \mathcal{DFT}(x[n])} \quad (11.5)$$

11.5 PROPRIEDADES DA TRANSFORMADA DE FOURIER

Sejam x[n] e y[n] dois sinais cujas TFDTs são X(F) e Y(F) ou $X(e^{j\Omega})$ e $Y(e^{j\Omega})$, e assim as propriedades descritas a seguir se aplicam. Os detalhes das deduções de tais propriedades são omitidos aqui, mas podem ser encontrados no Apêndice I no endereço da Internet, **www.mhhe.com/roberts**.

LINEARIDADE
Esta propriedade é idêntica àquela descrita para todos os demais métodos de Fourier (e é também aplicável às transformadas de Laplace e transformada z que serão vistas mais adiante).

$$\boxed{\begin{array}{c} \alpha x[n] + \beta y[n] \xleftrightarrow{\mathcal{F}} \alpha X(F) + \beta Y(F) \\ \text{ou} \\ \alpha x[n] + \beta y[n] \xleftrightarrow{\mathcal{F}} \alpha X(e^{j\Omega}) + \beta Y(e^{j\Omega}) \end{array}} \quad (11.6)$$

DESLOCAMENTO NO TEMPO E DESLOCAMENTO NA FREQÜÊNCIA
Estas propriedades podem ser provadas de modo similar aos utilizados nas comprovações equivalentes para a TFCT. Os resultados são os seguintes:

$$\boxed{\begin{array}{c} x[n-n_0] \xleftrightarrow{\mathcal{F}} e^{-j2\pi Fn_0} X(F) \quad \text{ou} \quad x[n-n_0] \xleftrightarrow{\mathcal{F}} e^{-j\Omega n_0} X(e^{j\Omega}) \\ \text{ou} \\ e^{j2\pi F_0 n} x[n] \xleftrightarrow{\mathcal{F}} X(F-F_0) \quad \text{ou} \quad e^{j\Omega_0 n} x[n] \xleftrightarrow{\mathcal{F}} X(e^{j(\Omega-\Omega_0)}) \end{array}} \quad (11.7)$$

EXEMPLO 11.1

TFDT inversa de dois pulsos retangulares periódicos e deslocados

Determine e trace a TFDT inversa de

$$X(F) = \left[\text{ret}(50(F-1/4)) + \text{ret}(50(F+1/4)) \right] * \delta_1(F)$$

(Figura 11.6).

■ Solução

Podemos começar com a seguinte entrada da tabela de pares de transformadas
$\text{sinc}(n/w) \xleftrightarrow{\mathcal{F}} w\,\text{ret}(wF) * \delta_1(F)$ ou, neste caso,

$(1/50)\text{sinc}(n/50) \xleftrightarrow{\mathcal{F}} \text{ret}(50F) * \delta_1(F)$. Agora, aplicando a propriedade de deslocamento na freqüência $e^{j2\pi F_0 n}\,x[n] \xleftrightarrow{\mathcal{F}} X(F - F_0)$,

$$e^{j\pi n/2}(1/50)\text{sinc}(n/50) \xleftrightarrow{\mathcal{F}} \text{ret}(50(F - 1/4)) * \delta_1(F) \quad (11.8)$$

e

$$e^{-j\pi n/2}(1/50)\text{sinc}(n/50) \xleftrightarrow{\mathcal{F}} \text{ret}(50(F + 1/4)) * \delta_1(F) \quad (11.9)$$

(Lembre-se, quando a convolução é realizada entre duas funções, um deslocamento em qualquer uma delas, mas não em ambas, desloca o resultado da convolução pela mesma quantidade.) Finalmente, combinando as Equações (11.8) e (11.9) e simplificando,

$$(1/25)\text{sinc}(n/50)\cos(\pi n/2) \xleftrightarrow{\mathcal{F}} \\ \left[\text{ret}(50(F - 1/4)) + \text{ret}(50(F + 1/4))\right] * \delta_1(F) \quad (11.10)$$

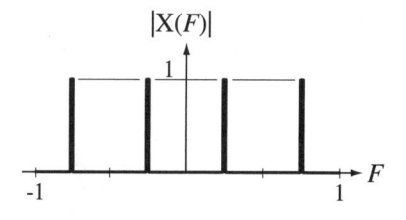

Figura 11.6 Magnitude de X(F).

Podemos usar também a DFT inversa no MATLAB para determinar a TFDT inversa.

```
NF = 512 ;              % Número de pontos para aproximar X(F)
k = [0:NF-1]' ;         % Números harmônicos
%   Calcula amostras de X(F) entre 0 e 1 assumindo
%   uma repetição periódica de período igual a 1
X = ret(50*(k/NF-1/4)) + ret(50*(k/NF-3/4)) ;
%   Calcula a TFDT inversa aproximada e
%   centraliza a função em n = 0
xa = real(fftshift(ifft(X))) ;
n = [-NF/2:NF/2-1]' ; % Vetor de instantes discretos para o gráfico
%   Calcula a x[n] exata a partir da TFDT inversa exata
xe = sinc(n/50).*cos (pi*n/2)/25 ;

%   Traça o gráfico da TFDT inversa exata
subplot(2,1,1) ; p = stem(n,xe,'k','filled') ;
set(p,'LineWidth',1,'MarkerSize',2) ;
axis([-NF/2,NF/2,-0.05,0.05]) ; grid on ;
xlabel('\itn','FontName','Times','FontSize',18) ;
ylabel('x[{\itn}]','FontName','Times','FontSize',18) ;
title('Exata','FontName','Times','FontSize',24) ;

%   Traça o gráfico da TFDT inversa aproximada
subplot(2,1,2) ; p = stem(n,xa,'k','filled') ;
set(p,'LineWidth',1,'MarkerSize',2) ;
axis([-NF/2,NF/2,-0.05,0.05]) ; grid on ;
xlabel('\itn','FontName','Times','FontSize',18) ;
ylabel('x[{\itn}]','FontName','Times','FontSize',18) ;
title('Aproximação usando a DFT','FontName','Times','FontSize',24) ;
```

Os resultados das TFDTs inversas exata e aproximada encontram-se ilustrados na Figura 11.7.

Figura 11.7
TFDTs inversas exata e aproximada de X(F).

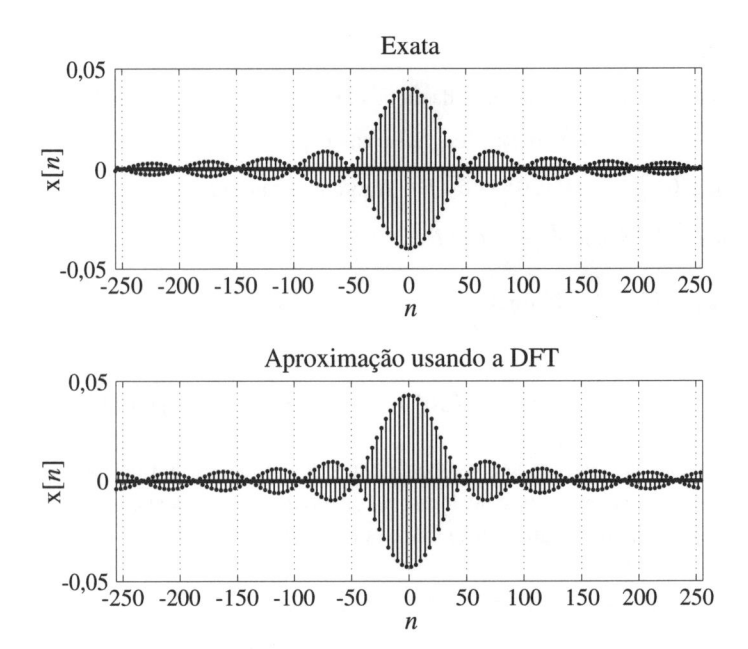

Note que x[n] exata e aproximada são praticamente idênticas perto de n = 0, porém são destacadamente diferentes próximo a n = ± 256. Tal comportamento ocorre porque o resultado aproximado é periódico e a sobreposição das funções *sinc* repetidas periodicamente provocam estes erros próximos mais ou menos à metade de um período.

REDIMENSIONAMENTO DAS ESCALAS DO TEMPO E DA FREQÜÊNCIA

Assim como foi para o caso da SFDT, o redimensionamento de escala do tempo na TFDT é bem diferente do redimensionamento de escala do tempo na TFCT devido às diferenças entre o tempo discreto e o tempo contínuo. Seja $z[n] = x[an]$. Se a não é inteiro, certos valores de z[n] são indefinidos e uma TFDT não pode ser determinada para esta função. Se a é inteiro e maior do que um, certos valores de x[n] não aparecerão em z[n] por causa da decimação, e não pode haver uma relação única entre suas TFDTs (Figura 11.8).

Figura 11.8
Dois sinais diferentes que, ao serem decimados por um fator igual a 2, produzem o mesmo sinal.

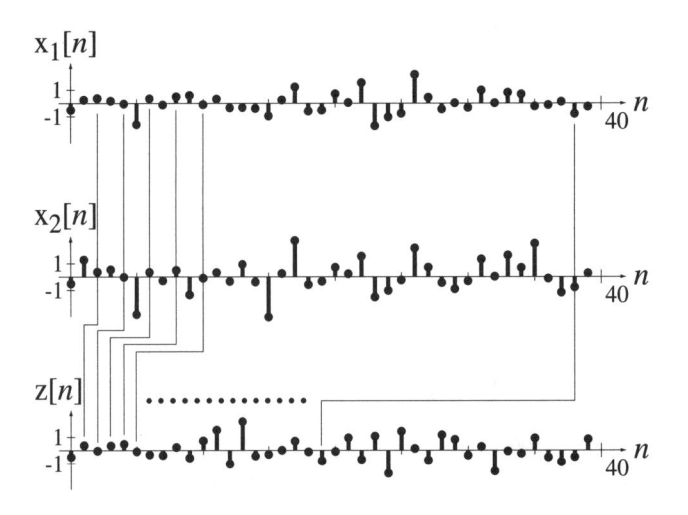

Na Figura 11.8, os dois sinais $x_1[n]$ e $x_2[n]$ são diferentes mas têm o mesmo valor nos valores pares de *n*. Cada um deles, quando decimados por um fator igual a 2, produz o mesmo sinal decimado z[n]. Portanto, as relações entre a TFDT de um sinal e a TFDT de uma versão decimada do sinal em questão não estão unicamente associadas e nenhuma propriedade de redimensionamento de escala do tempo pode ser obtida para este tipo de redimensionamento de escala temporal. Entretanto, se z[n] é uma versão de x[n] expandida no tempo, formada pela inserção de zeros entre os valores de x[n], como no caso da propriedade de redimensionamento de escala do tempo para a SFDT, existe uma relação única entre as TFDTs de x[n] e z[n]. Seja

$$z[n] = \begin{cases} x[n/m] &, n/m \text{ é um inteiro} \\ 0 &, \text{caso contrário} \end{cases}$$

em que m é inteiro. Então $Z(F) = X(mF)$ e a propriedade de redimensionamento de escala do tempo da TFDT é

$$\boxed{z[n] = \begin{cases} x[n/m] &, n/m \text{ é um inteiro} \\ 0 &, \text{caso contrário} \end{cases}, \begin{array}{c} z[n] \overset{\mathcal{F}}{\longleftrightarrow} X(mF) \\ \text{ou} \\ z[n] \overset{\mathcal{F}}{\longleftrightarrow} X(e^{jm\Omega}) \end{array}} \quad (11.11)$$

Esses resultados também podem ser interpretados como uma espécie de propriedade de redimensionamento de escala da freqüência. Dada uma TFDT X(F), se redimensionamos F para mF em que $m \geq 1$, o efeito no domínio do tempo equivale à inserção de $m-1$ zeros entre os pontos de x[n]. O único redimensionamento de escala que pode ser realizado no domínio da freqüência é a compressão e somente por um fator que seja inteiro. Tal requisito é necessário porque todas as TFDTs precisam ter um período (não necessariamente um período fundamental) unitário em F ou 2π em Ω.

EXEMPLO 11.2

Expressão geral para a TFDT de um impulso periódico

Dado o par de TFDT $1 \overset{\mathcal{F}}{\longleftrightarrow} \delta_1(F)$, utilize a propriedade do redimensionamento de escala do tempo para obter uma expressão geral para a TFDT de $\delta_{N_0}[n]$.

■ Solução

A constante 1 pode ser representada como $\delta_1[n]$. O impulso periódico $\delta_{N_0}[n]$ é uma versão de $\delta_1[n]$ redimensionada no tempo por um fator de escala inteiro N_0. Ou seja,

$$\delta_{N_0}[n] = \begin{cases} \delta_1[n/N_0] &, n/N_0 \text{ é um inteiro} \\ 0 &, \text{caso contrário} \end{cases}$$

Portanto, da Equação (11.11)

$$\delta_{N_0}[n] \overset{\mathcal{F}}{\longleftrightarrow} \delta_1(N_0 F)$$

TRANSFORMADA DE UM CONJUGADO

$$\mathcal{F}(x^*[n]) = \sum_{n=-\infty}^{\infty} x^*[n] e^{-j2\pi Fn} = \left(\sum_{n=-\infty}^{\infty} x[n] e^{+j2\pi Fn} \right)^* = X^*(-F)$$

$$\boxed{\begin{array}{c} x^*[n] \overset{\mathcal{F}}{\longleftrightarrow} X^*(-F) \\ \text{ou} \\ x^*[n] \overset{\mathcal{F}}{\longleftrightarrow} X^*(e^{-j\Omega}) \end{array}} \quad (11.12)$$

As implicações desta propriedade são as mesmas tanto para sinais discretizados no tempo quanto para sinais contínuos no tempo. A magnitude da TFDT de uma função discretizada no tempo real é uma função par da freqüência, e a fase pode ser sempre representada como uma função ímpar da freqüência.

DIFERENÇAS FINITAS E ACUMULAÇÃO

Diferenças finitas e acumulação são análogas à diferenciação e integração para a TFCT. Por meio da propriedade do deslocamento no tempo

$$\mathcal{F}(x[n] - x[n-1]) = X(F) - e^{-j2\pi F} X(F) = (1 - e^{-j2\pi F})X(F)$$

$$x[n] - x[n-1] \xleftrightarrow{\mathcal{F}} (1 - e^{-j2\pi F})X(F) \quad (11.13)$$

ou

$$x[n] - x[n-1] \xleftrightarrow{\mathcal{F}} (1 - e^{-j\Omega})X(e^{j\Omega})$$

De maneira similar à prova da propriedade de integração da TFCT, a propriedade de acumulação da TFDT pode ser apresentada como

$$\sum_{m=-\infty}^{n} x[m] \xleftrightarrow{\mathcal{F}} \frac{X(F)}{1 - e^{-j2\pi F}} + \frac{1}{2}X(0)\delta_1(F)$$

ou $\quad (11.14)$

$$\sum_{m=-\infty}^{n} x[m] \xleftrightarrow{\mathcal{F}} \frac{X(e^{j\Omega})}{1 - e^{-j\Omega}} + \pi X(e^{j0})\delta_{2\pi}(\Omega)$$

EXEMPLO 11.3

TFDT de um pulso retangular usando a propriedade de acumulação

Determine a TFDT de $x[n] = \text{ret}_{N_w}[n]$ usando a propriedade de acumulação e a TFDT de um impulso.

■ Solução

A primeira diferença para trás de x[n] é

$$x[n] - x[n-1] = \delta[n + N_w] - \delta[n - (N_w + 1)]$$

e

$$\delta[n + N_w] - \delta[n - (N_w + 1)] \xleftrightarrow{\mathcal{F}} e^{j2\pi F N_w} - e^{-j2\pi F(N_w + 1)}$$

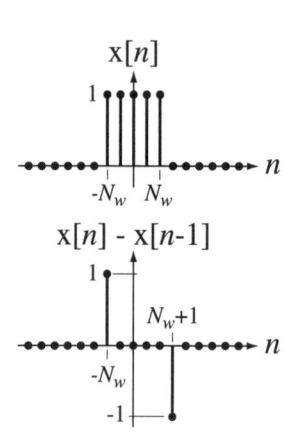

(Figura 11.9).

Logo, usando a propriedade de acumulação da TFDT e o fato de que a primeira diferença para trás do pulso retangular tem uma soma resultante igual a zero,

$$x[n] = \text{ret}_{N_w}[n] \xleftrightarrow{\mathcal{F}} \frac{e^{j2\pi F N_w} - e^{-j2\pi F(N_w + 1)}}{1 - e^{-j2\pi F}} = \frac{e^{-j\pi F}}{e^{-j\pi F}} \frac{e^{j\pi F(2N_w + 1)} - e^{-j\pi F(2N_w + 1)}}{e^{j\pi F} - e^{-j\pi F}}$$

$$x[n] = \text{ret}_{N_w}[n] \xleftrightarrow{\mathcal{F}} \frac{\text{sen}(\pi F(2N_w + 1))}{\text{sen}(\pi F)} = (2N_w + 1)\text{drcl}(F, 2N_w + 1)$$

Figura 11.9
A função $\text{ret}_{N_w}[n]$ e sua primeira diferença para trás.

INVERSÃO DO TEMPO

$$x[-n] \xleftrightarrow{\mathcal{F}} X(-F) \quad \text{ou} \quad x[-n] \xleftrightarrow{\mathcal{F}} X(e^{-j\Omega}) \tag{11.15}$$

DUALIDADE MULTIPLICAÇÃO-CONVOLUÇÃO

Seja $z[n] = x[n] * y[n] = \sum_{m=-\infty}^{\infty} x[m] y[n-m]$. Logo, $Z(F) = Y(F)X(F)$ e a propriedade da convolução é

$$\boxed{\begin{array}{c} x[n] * y[n] \xleftrightarrow{\mathcal{F}} X(F)Y(F) \\ \text{ou} \\ x[n] * y[n] \xleftrightarrow{\mathcal{F}} X(e^{j\Omega})Y(e^{j\Omega}) \end{array}} \tag{11.16}$$

Seja $z[n] = x[n]y[n]$. Então $Z(F) = X(F) \circledast Y(F)$ e a propriedade de multiplicação da TFDT é

$$\boxed{\begin{array}{c} x[n]y[n] \xleftrightarrow{\mathcal{F}} X(F) \circledast Y(F) \\ \text{ou} \\ x[n]y[n] \xleftrightarrow{\mathcal{F}} (1/2\pi) X(e^{j\Omega}) \circledast Y(e^{j\Omega}) \end{array}} \tag{11.17}$$

As implicações da dualidade multiplicação-convolução para a análise de sinais e sistemas servem tanto para sinais e sistemas discretizados no tempo quanto para sinais e sistemas contínuos no tempo, ou seja, elas são idênticas. A resposta de um sistema equivale à convolução entre a excitação e a resposta ao impulso. E a afirmação equivalente no domínio da freqüência indica que a TFDT da resposta de um sistema corresponde ao produto entre a TFDT da excitação e a resposta em freqüência, que equivale à TFDT da resposta ao impulso (Figura 11.10).

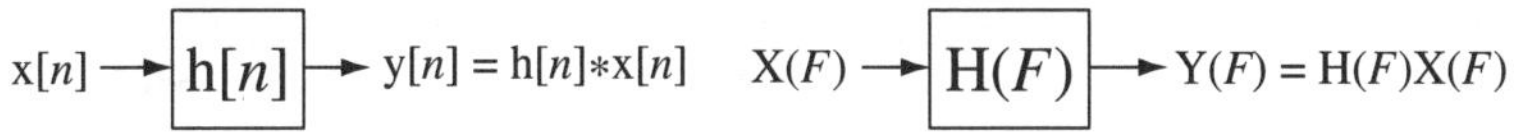

Figura 11.10
Equivalência entre a convolução no domínio do tempo e a multiplicação no domínio da freqüência.

As implicações para as conexões em cascata entre sistemas são também idênticas (Figura 11.11).

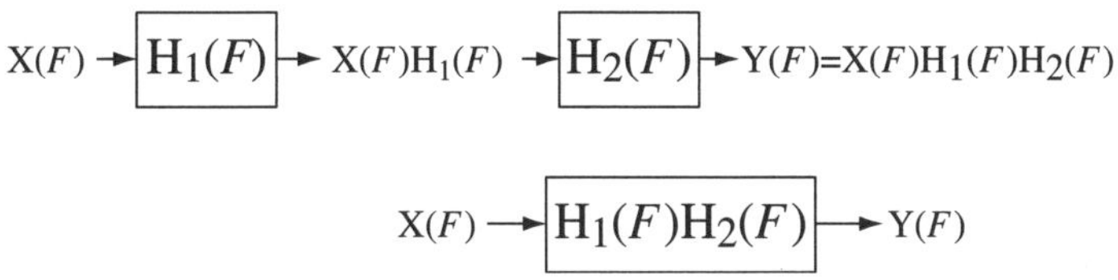

Figura 11.11
Associação em cascata entre sistemas.

A resposta em freqüência foi brevemente introduzida no Capítulo 7 o qual tratava da resposta de sistemas a sinais padrão. Se o sinal é uma senóide da forma $x[n] = A\cos(2\pi n/N_0 + \theta)$, então

$$X(F) = (A/2)\big[\delta_1(F - F_0) + \delta_1(F + F_0)\big] e^{j\theta F/F_0}$$

em que $F_0 = 1/N_0$. Então

$$Y(F) = X(F)H(F) = H(F) \times (A/2)\left[\delta_1(F - F_0) + \delta_1(F + F_0)\right]e^{j\theta F/F_0}$$

Por meio da propriedade da equivalência do impulso, da periodicidade da TFDT e da propriedade da conjugação da TFCT,

$$Y(F) = \frac{A}{2}\left[H(F_0)\delta_1(F - F_0) + \underbrace{H(-F_0)}_{=H^*(F_0)}\delta(F + F_0)\right]e^{j\theta F/F_0}$$

$$Y(F) = \frac{A}{2}\begin{Bmatrix} \text{Re}(H(F_0))\left[\delta_1(F - F_0) + \delta_1(F + F_0)\right] \\ +j\,\text{Im}(H(F_0))\left[\delta_1(F - F_0) - \delta_1(F + F_0)\right] \end{Bmatrix}e^{j\theta F/F_0}$$

$$y[n] = A\left[\text{Re}(H(F_0))\cos(2\pi n/N_0 + \theta) - \text{Im}(H(F_0))\text{sen}(2\pi n/N_0 + \theta)\right]$$

$$y[n] = A|H(1/N_0)|\cos\left(2\pi n/N_0 + \theta + \measuredangle H(1/N_0)\right)$$

Compare esse resultado com o resultado análogo obtido no Capítulo 7,

$$\underbrace{\text{Re}(y[n])}_{y[n]} = \underbrace{|X|}_{A}\underbrace{|H(e^{j\Omega})|}_{|H(1/N_0)|}\cos\left(\underbrace{\Omega}_{2\pi/N_0}n + \underbrace{\measuredangle H(e^{j\Omega})}_{\measuredangle H(1/N_0)} + \underbrace{\measuredangle X}_{\theta}\right)$$

Com exceção de algumas modificações na notação, as duas equações são idênticas. A forma em freqüência angular é dada por

$$y[n] = A|H(e^{j\Omega_0})|\cos\left(\Omega_0 n + \theta + \measuredangle H(e^{j\Omega_0})\right)$$

> Este é um bom momento para se comentar sobre convenções que tratam de notações. Este texto utiliza a notação H(F) para a resposta em freqüência como uma função da freqüência cíclica e a notação H($e^{j\Omega}$) para a resposta em freqüência como uma função da freqüência angular. A notação H($e^{j\Omega}$) surgiu naturalmente no Capítulo 7 pela substituição de z em H(z) por $e^{j\Omega}$. Para tornar clara a analogia com H($j\omega$) em sistemas contínuos no tempo, a notação H($j\Omega$) poderia ter sido utilizada. Ambas as notações H($j\Omega$) e H($e^{j\Omega}$) possuem vantagens e desvantagens. H($j\Omega$) é mais simples e mais fácil de escrever, além de ser similar a H($j\omega$). Contudo, usamos H($j\omega$) em lugar de H(ω) para preservar o significado do nome da função H em análises por transformada de Laplace que serão feitas posteriormente. Isso não ocorrerá com o uso de H($j\Omega$), mas ocorrerá com H($e^{j\Omega}$) quando abordarmos as transformadas z no Capítulo 16. Em grande parte dos livros atuais sobre sinais e sistemas, outras notações também podem ser encontradas como, por exemplo, H(Ω) e também H($e^{j\omega}$) ou H(ω), em que ω é adotado tanto para denotar a freqüência angular contínua no tempo quanto a freqüência angular discreta no tempo. Cada autor tem suas próprias razões para escolher um estilo particular de notação, e parece não ser óbvia a "melhor" escolha que todo mundo possa fazer para se estabelecer um acordo.

Exemplo 11.4

Resposta em freqüência de um sistema

Trace os gráficos da magnitude e fase da resposta em freqüência do sistema mostrado pela Figura 11.12. Se o sistema é excitado por um sinal x[n] = sen($\Omega_0 n$), determine e trace graficamente a resposta y[n] para $\Omega_0 = \pi/4, \pi/2, 3\pi/4$.

■ Solução

A equação de diferenças descritora do sistema é $y[n] + 0{,}7\,y[n-1] = x[n]$, e a resposta ao impulso é $h[n] = (-0{,}7)^n\,u[n]$. A resposta em freqüência é a transformada de Fourier da resposta ao impulso. Podemos utilizar o par de TFDT

$$\alpha^n\,u[n] \xleftrightarrow{\mathcal{F}} \frac{1}{1-\alpha e^{-j\Omega}}$$

para obter

$$h[n] = (-0{,}7)^n\,u[n] \xleftrightarrow{\mathcal{F}} H(e^{j\Omega}) = \frac{1}{1+0{,}7 e^{-j\Omega}}$$

Usando os métodos do Capítulo 7, obteríamos o mesmo resultado

$$H(z) = \frac{1}{1+0{,}7 z^{-1}} \Rightarrow H(e^{j\Omega}) = \frac{1}{1+0{,}7 e^{-j\Omega}}$$

Visto que a resposta em freqüência é periódica em Ω de período 2π, um intervalo $-\pi \le \Omega < \pi$ mostrará todo o comportamento da resposta em freqüência (Figura 11.13). Em $\Omega = 0$, a resposta em freqüência é $H(e^{j0}) = 0{,}5882$. Em $\Omega = \pm\pi$ a resposta em freqüência é $H(e^{\pm j\pi}) = 3{,}333$. A resposta em $\Omega = \Omega_0$ é

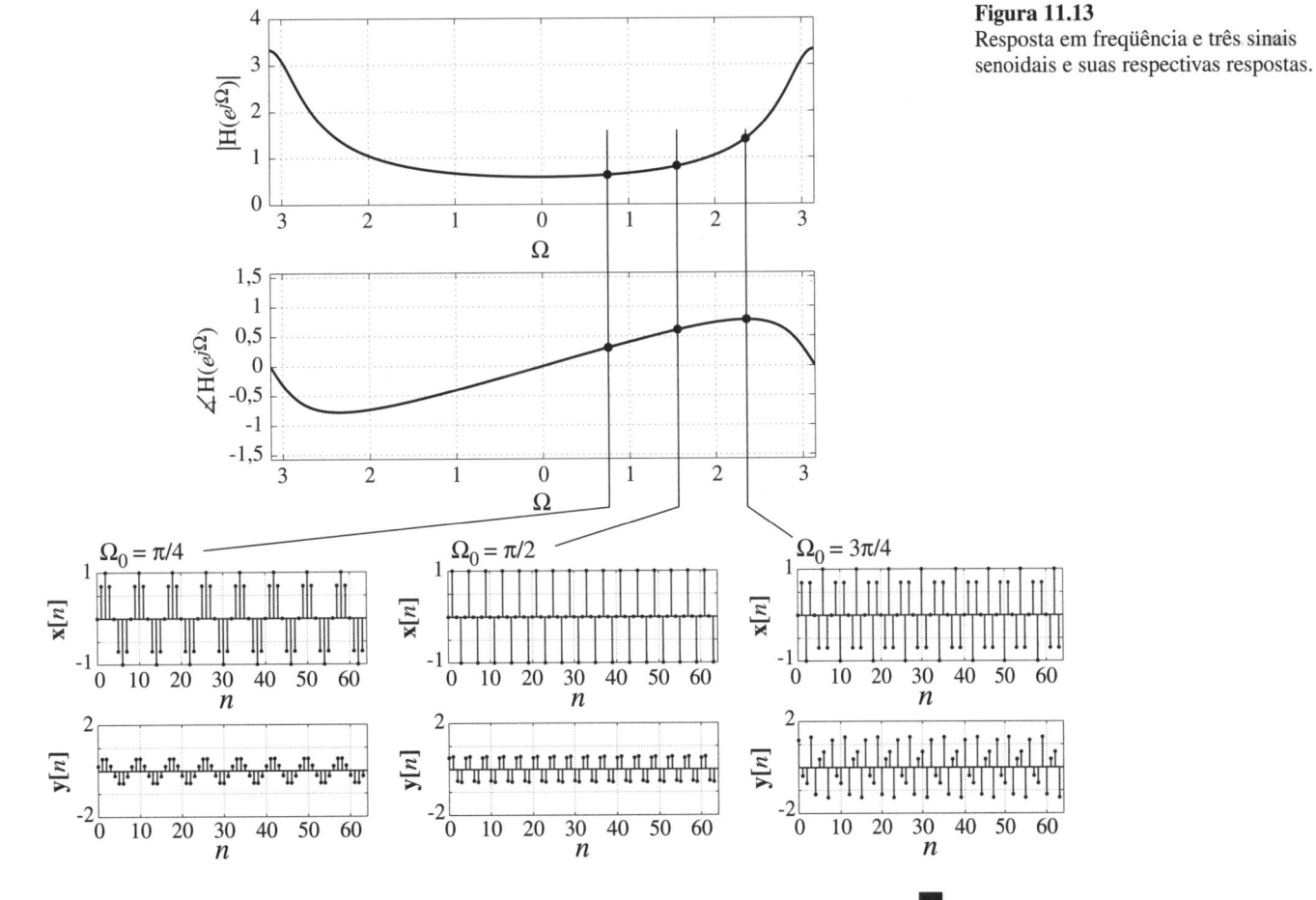

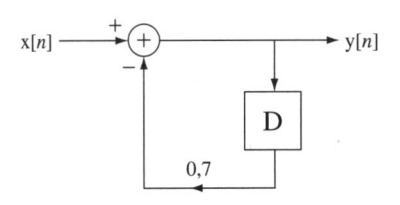

$$y[n] = \left|H(e^{j\Omega_0})\right|\mathrm{sen}\left(\Omega_0 n + \measuredangle H(e^{j\Omega_0})\right)$$

Figura 11.12
Um sistema.

Figura 11.13
Resposta em freqüência e três sinais senoidais e suas respectivas respostas.

DEFINIÇÃO DE ACUMULAÇÃO DE UMA FUNÇÃO IMPULSO PERIÓDICO

A TFCT conduz a uma definição de integral de um impulso. De um modo similar, a TFDT leva à definição de uma acumulação de um impulso periódico. A dedução encontra-se na Internet, no Apêndice I. O resultado pode ser escrito como

$$\boxed{\sum_{n=-\infty}^{\infty} e^{j2\pi Fn} = \delta_1(F)} \qquad (11.18)$$

EXEMPLO 11.5

TFDT de um cosseno diretamente a partir da definição

Obtenha a TFDT do cosseno $x[n] = A\cos(\pi n/2)$.

■ Solução

Esta transformada aparece nas tabelas do Apêndice E, mas vamos determiná-la aplicando a definição.

$$X(F) = \sum_{n=-\infty}^{\infty} x[n]e^{-j2\pi Fn} = \sum_{n=-\infty}^{\infty} A\cos(\pi n/2)e^{-j2\pi Fn} = \frac{A}{2}\sum_{n=-\infty}^{\infty}\left(e^{j\pi n/2} + e^{-j\pi n/2}\right)e^{-j2\pi Fn}$$

$$X(F) = (A/2)\sum_{n=-\infty}^{\infty}\left[e^{j2\pi(1/4-F)n} + e^{j2\pi(-1/4-F)n}\right]$$

ou

$$X(e^{j\Omega}) = (A/2)\sum_{n=-\infty}^{\infty}\left[e^{j(\pi/2-\Omega)n} + e^{j(-\pi/2-\Omega)n}\right]$$

Usando $\sum_{n=-\infty}^{\infty} e^{j2\pi xn} = \delta_1(x)$ e o fato de que a função impulso periódico seja par,

$$X(F) = (A/2)\left[\delta_1(F-1/4) + \delta_1(F+1/4)\right]$$

ou, usando a propriedade de redimensionamento de escala do impulso,

$$X(e^{j\Omega}) = A\pi\left[\delta_1(\Omega - \pi/2) + \delta_1(\Omega + \pi/2)\right]$$

(Figura 11.14).

Figura 11.14
Magnitude da TFDT de $x[n] = A\cos(\pi n/2)$.

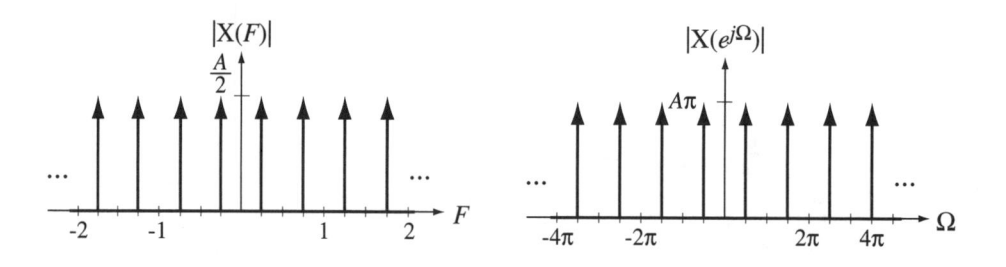

Visto que $x[n]$ é periódico, podemos determinar também sua função harmônica em SFDT.

$$X[k] = (jA/2)e^{-jk\pi/2}\text{sen}(k\pi/2)$$

Essa expressão é zero para valores pares de k e resulta em $A/2$ para valores ímpares de k,

$$X[k] = \frac{A}{2}\begin{cases}0, & k \text{ é par} \\ 1, & k \text{ é ímpar}\end{cases}$$

Estes valores são exatamente as intensidades dos impulsos em X(F) sobre X(F) em ··· −3/4, −1/4, 1/4, 3/4. Este resultado demonstra que a SFDT é tão somente um caso especial da TFDT, assim como a SFCT era um caso particular da TFCT. Se um sinal é periódico, sua TFDT consiste em apenas impulsos e as intensidades de tais impulsos correspondem aos valores da função harmônica em SFDT nos inteiros múltiplos da freqüência fundamental.

TEOREMA DE PARSEVAL

$$\sum_{n=-\infty}^{\infty} |x[n]|^2 = \int_1 |X(F)|^2 dF$$
$$\text{or}$$
$$\sum_{n=-\infty}^{\infty} |x[n]|^2 = (1/2\pi) \int_{2\pi} |X(e^{j\Omega})|^2 d\Omega$$

(11.19)

A energia total sobre todo o tempo discreto n é igual à energia total em um período fundamental de freqüência F ou Ω.

EXEMPLO 11.6

Energia de sinal de um sinal sinc

Obtenha a energia de sinal de $x[n] = (1/5)\text{sinc}(n/100)$.

■ **Solução**

A energia de sinal de um sinal é definida como

$$E_x = \sum_{n=-\infty}^{\infty} |x[n]|^2$$

porém, podemos evitar a realização deste somatório infinito complicado ao usarmos o teorema de Parseval. A TFDT de x[n] pode ser determinada ao iniciarmos com o par de Fourier

$$\text{sinc}(n/w) \xleftrightarrow{\mathcal{F}} w\,\text{ret}(wF) * \delta_1(F)$$

e aplicando a propriedade de linearidade para compor

$$(1/5)\text{sinc}(n/100) \xleftrightarrow{\mathcal{F}} 20\,\text{ret}(100F) * \delta_1(F)$$

O teorema de Parseval é, como já visto,

$$\sum_{n=-\infty}^{\infty} |x[n]|^2 = \int_1 |X(F)|^2 dF$$

Portanto, a energia de sinal é

$$E_x = \int_1 |20\,\text{ret}(100F) * \delta_1(F)|^2 dF = \int_{-\infty}^{\infty} |20\,\text{ret}(100F)|^2 dF$$

ou

$$E_x = 400 \int_{-1/200}^{1/200} dF = 4$$

RESUMO DAS PROPRIEDADES DAS TRANSFORMADAS DE FOURIER DISCRETIZADAS NO TEMPO

Linearidade

$$\alpha x[n] + \beta y[n] \xleftrightarrow{\mathcal{F}} \alpha X(F) + \beta Y(F)$$

$$\alpha x[n] + \beta y[n] \xleftrightarrow{\mathcal{F}} \alpha X(e^{j\Omega}) + \beta Y(e^{j\Omega})$$

Deslocamento no tempo

$$x[n - n_0] \xleftrightarrow{\mathcal{F}} e^{-j2\pi F n_0} X(F)$$

$$x[n - n_0] \xleftrightarrow{\mathcal{F}} e^{-j\Omega n_0} X(e^{j\Omega})$$

Deslocamento na freqüência

$$e^{j2\pi F_0 n} x[n] \xleftrightarrow{\mathcal{F}} X(F - F_0)$$

$$e^{j\Omega_0 n} x[n] \xleftrightarrow{\mathcal{F}} X(e^{j(\Omega - \Omega_0)})$$

Redimensionamento da escala do tempo

$$z[n] = \begin{cases} x[n/m], & n/m \text{ é um inteiro} \\ 0, & \text{caso contrário} \end{cases}$$

$$\text{então } z[n] \xleftrightarrow{\mathcal{F}} X(mF) \text{ ou } z[n] \xleftrightarrow{\mathcal{F}} X(e^{jm\Omega})$$

Transformada de um conjugado

$$x^*[n] \xleftrightarrow{\mathcal{F}} X^*(-F)$$

$$x^*[n] \xleftrightarrow{\mathcal{F}} X^*(e^{-j\Omega})$$

Diferenças finitas

$$x[n] - x[n-1] \xleftrightarrow{\mathcal{F}} (1 - e^{-j2\pi F}) X(F)$$

$$x[n] - x[n-1] \xleftrightarrow{\mathcal{F}} (1 - e^{-j\Omega}) X(e^{j\Omega})$$

Acumulação

$$\sum_{m=-\infty}^{n} x[m] \xleftrightarrow{\mathcal{F}} \frac{X(F)}{1 - e^{-j2\pi F}} + \frac{1}{2} X(0) \delta_1(F)$$

$$\sum_{m=-\infty}^{n} x[m] \xleftrightarrow{\mathcal{F}} \frac{X(e^{j\Omega})}{1 - e^{-j\Omega}} + \pi X(e^{j0}) \delta_{2\pi}(\Omega)$$

Inversão do tempo

$$x[-n] \xleftrightarrow{\mathcal{F}} X(-F)$$

$$x[-n] \xleftrightarrow{\mathcal{F}} X(e^{-j\Omega})$$

Dualidade multiplicação-convolução

$$x[n] * y[n] \xleftrightarrow{\mathcal{F}} X(F) Y(F)$$

$$x[n] * y[n] \xleftrightarrow{\mathcal{F}} X(e^{j\Omega}) Y(e^{j\Omega})$$

e

$$x[n]y[n] \xleftrightarrow{\mathcal{F}} X(F) \circledast Y(F)$$

$$x[n]y[n] \xleftrightarrow{\mathcal{F}} (1/2\pi) X(e^{j\Omega}) \circledast Y(e^{j\Omega})$$

Definição de acumulação de uma Função Impulso Periódica

$$\sum_{n=-\infty}^{\infty} e^{j2\pi Fn} = \delta_1(F)$$

Teorema de Parseval

$$\sum_{n=-\infty}^{\infty} |x[n]|^2 = \int_1 |X(F)|^2 \, dF$$

$$\sum_{n=-\infty}^{\infty} |x[n]|^2 = (1/2\pi) \int_{2\pi} |X(e^{j\Omega})|^2 \, d\Omega$$

Tabela 11.1 Pares de TFDT comuns.

$1 \xleftrightarrow{\mathcal{F}} \delta_1(F)$	$1 \xleftrightarrow{\mathcal{F}} 2\pi \delta_{2\pi}(\Omega)$
$\delta[n] \xleftrightarrow{\mathcal{F}} 1$	$\delta[n] \xleftrightarrow{\mathcal{F}} 1$
$u[n] \xleftrightarrow{\mathcal{F}} \dfrac{1}{1-e^{-j2\pi F}} + \dfrac{1}{2}\delta_1(F)$	$u[n] \xleftrightarrow{\mathcal{F}} \dfrac{1}{1-e^{-j\Omega}} + \pi\delta_{2\pi}(\Omega)$
$\text{ret}_{N_w}[n] \xleftrightarrow{\mathcal{F}} (2N_w+1)\text{drcl}(F, 2N_w+1)$	$\text{ret}_{N_w}[n] \xleftrightarrow{\mathcal{F}} (2N_w+1)\text{drcl}(\Omega/2\pi, 2N_w+1)$
$\text{ret}_{N_w}[n] \xleftrightarrow{\mathcal{F}} (2N_w+1)\text{sinc}((2N_w+1)F) * \delta_1(F)$	$\text{ret}_{N_w}[n] \xleftrightarrow{\mathcal{F}} (2N_w+1)\text{sinc}((2N_w+1)\Omega/2\pi) * \delta_{2\pi}(\Omega)$
$u[n-n_0] - u[n-n_1] \xleftrightarrow{\mathcal{F}}$ $\dfrac{e^{-j\pi F(n_1+n_0)}}{e^{-j\pi F}}(n_1-n_0)\text{drcl}(F, n_1-n_0)$	$u[n-n_0] - u[n-n_1] \xleftrightarrow{\mathcal{F}}$ $\dfrac{e^{-j\Omega(n_1+n_0)/2}}{e^{-j\Omega/2}}(n_1-n_0)\text{drcl}\left(\dfrac{\Omega}{2\pi}, n_1-n_0\right)$
$\text{tri}(n/w) \xleftrightarrow{\mathcal{F}} w\,\text{drcl}^2(F, w)$	$\text{tri}(n/w) \xleftrightarrow{\mathcal{F}} \text{drcl}^2(\Omega/2\pi, w)$
$\text{tri}(n/w) \xleftrightarrow{\mathcal{F}} w\,\text{sinc}^2(wF) * \delta_1(F)$	$\text{tri}(n/w) \xleftrightarrow{\mathcal{F}} w\,\text{sinc}^2(w\Omega/2\pi) * \delta_{2\pi}(\Omega)$
$\text{sinc}(n/w) \xleftrightarrow{\mathcal{F}} w\,\text{ret}(wF) * \delta_1(F)$	$\text{sinc}(n/w) \xleftrightarrow{\mathcal{F}} w\,\text{ret}(w\Omega/2\pi) * \delta_{2\pi}(\Omega)$
$\delta_{N_0}[n] \xleftrightarrow{\mathcal{F}} (1/N_0)\delta_{1/N_0}(F) = F_0\delta_{F_0}(F)$	$\delta_{N_0}[n] \xleftrightarrow{\mathcal{F}} (2\pi/N_0)\delta_{2\pi/N_0}(\Omega) = \Omega_0\delta_{\Omega_0}(\Omega)$
$\cos(2\pi F_0 n) \xleftrightarrow{\mathcal{F}} (1/2)[\delta_1(F-F_0) + \delta_1(F+F_0)]$	$\cos(\Omega_0 n) \xleftrightarrow{\mathcal{F}} \pi[\delta_{2\pi}(\Omega-\Omega_0) + \delta_{2\pi}(\Omega+\Omega_0)]$
$\text{sen}(2\pi F_0 n) \xleftrightarrow{\mathcal{F}} (j/2)[\delta_1(F+F_0) - \delta_1(F-F_0)]$	$\text{sen}(\Omega_0 n) \xleftrightarrow{\mathcal{F}} j\pi[\delta_{2\pi}(\Omega+\Omega_0) - \delta_{2\pi}(\Omega-\Omega_0)]$
$\alpha^n u[n] \xleftrightarrow{\mathcal{F}} \dfrac{1}{1-\alpha e^{-j2\pi F}}$, $|\alpha|<1$	$\alpha^n u[n] \xleftrightarrow{\mathcal{F}} \dfrac{1}{1-\alpha e^{-j\Omega}}$, $|\alpha|<1$
$\alpha^{|n|} \xleftrightarrow{\mathcal{F}} \dfrac{1-\alpha^2}{1-2\alpha\cos(2\pi F)+\alpha^2}$, $|\alpha|<1$	$\alpha^{|n|} \xleftrightarrow{\mathcal{F}} \dfrac{1-\alpha^2}{1-2\alpha\cos(\Omega)+\alpha^2}$, $|\alpha|<1$

Nota: Nestes pares, para funções do tempo periódicas, o período fundamental vale $N_0 = 1/F_0 = 2\pi/\Omega_0$.

Há uma tabela ilustrada com pares de TFDT no Apêndice E.

Exemplo 11.7

TFDT inversa de um pulso retangular repetido periodicamente

Obtenha a TFDT inversa de $X(F) = \text{ret}(wF) * \delta_1(F)$, $w > 1$ usando a definição da TFDT.

■ Solução

$$x[n] = \int_1 X(F)e^{j2\pi Fn}dF \qquad x[n] = \int_1 \text{ret}(wF) * \delta_1(F)e^{j2\pi Fn}dF$$

Visto que podemos optar por integrar sobre qualquer intervalo em F de largura unitária, vamos escolher o mais simples deles

$$x[n] = \int_{-1/2}^{1/2} \text{ret}(wF) * \delta_1(F)e^{j2\pi Fn}dF$$

Nesse intervalo de integração, existe exatamente uma função pulso retangular de largura $1/w$ (pois $w > 1$) e

$$x[n] = \int_{-1/2w}^{1/2w} e^{j2\pi Fn}dF = 2\int_0^{1/2w}\cos(2\pi Fn)dF = \frac{\text{sen}(\pi n/w)}{\pi n} = \frac{1}{w}\text{sinc}\left(\frac{n}{w}\right) \quad (11.20)$$

Com base nesse resultado, podemos estabelecer também o par de TFDT facilitador (que aparece na tabela de pares de TFDT),

$$\text{sinc}(n/w) \xleftrightarrow{\mathcal{F}} w\,\text{ret}(wF) * \delta_1(F) \ , \ w > 1$$

ou

$$\text{sinc}(n/w) \xleftrightarrow{\mathcal{F}} w\sum_{k=-\infty}^{\infty} \text{ret}(w(F-k)) \ , \ w > 1$$

ou, na forma da freqüência angular, usando a propriedade da convolução do Capítulo 7,

$$y(t) = x(t) * h(t) \Rightarrow y(at) = |a|x(at) * h(at),$$

obtemos

$$\text{sinc}(n/w) \xleftrightarrow{\mathcal{F}} w\,\text{ret}(w\Omega/2\pi) * \delta_{2\pi}(\Omega) \ , \ w > 1$$

ou

$$\text{sinc}(n/w) \xleftrightarrow{\mathcal{F}} w\sum_{k=-\infty}^{\infty} \text{ret}(w(\Omega - 2\pi k)/2\pi) \ , \ w > 1$$

Embora esses pares de Fourier fossem deduzidos sob a condição $w > 1$ para tornar a Equação da integral de inversão (11.20) mais simples, na verdade eles são igualmente corretos para $w \leq 1$.

11.6 RELAÇÕES ENTRE OS MÉTODOS DE FOURIER

Um leitor cuidadoso já terá notado que existem diversas similaridades entre os métodos de análise de Fourier: SFCT, SFDT, TFCT e TFDT. Esta seção explora as relações entre eles e mostra que a informação em uma SFCT, SFDT e TFDT existe em uma forma equivalente ao se adotar a TFCT. As próximas figuras resumem as relações importantes entre os quatro métodos.

Na Figura 11.15 estão as quatro transformações entre os domínios do tempo e da freqüência para sinais contínuos e discretizados no tempo e para freqüências contínuas

11.6 Relações entre os Métodos de Fourier

Freqüência Discreta
(Número Harmônico k)

Freqüência Contínua
f ou F

Tempo Contínuo t

$$X[k]=(1/T_F)\int_{T_F} x(t)e^{-j2\pi kf_F t}dt$$
$$x(t)=\sum_{k=-\infty}^{\infty} X[k]e^{j2\pi kf_F t}$$

$kf_F \leftrightarrow f$

$(1/T_F)\int_{T_F} dt \leftrightarrow \int_{-\infty}^{\infty} dt$

$\sum_{k=-\infty}^{\infty} \leftrightarrow \int_{-\infty}^{\infty} dt$

$$X(f)=\int_{-\infty}^{\infty} x(t)e^{-j2\pi ft}dt$$
$$x(t)=\int_{-\infty}^{\infty} X(f)e^{j2\pi ft}df$$

$k \quad t \quad (1/T_F)\int_{T_F} dt \quad \leftrightarrow \quad \sum_{k=-\infty}^{\infty}$

$\updownarrow \quad \updownarrow \quad \updownarrow \quad\quad\quad \updownarrow$

$k \quad n \quad (1/N_F)\sum_{n=\langle N_F \rangle} \leftrightarrow \sum_{k=\langle N_F \rangle}$

$f \quad t \quad \int_{-\infty}^{\infty} dt \leftrightarrow \int_{-\infty}^{\infty} df$

$\updownarrow \quad \updownarrow \quad \updownarrow \quad \updownarrow$

$F \quad n \quad \sum_{n=-\infty}^{\infty} \leftrightarrow \int_{1} dF$

Tempo Discreto n

$$X[k]=(1/N_F)\sum_{n=\langle N_F \rangle} x[n]e^{-j2\pi kn/N_F}$$
$$x[n]=\sum_{k=\langle N_F \rangle} X[k]e^{j2\pi nk/N_F}$$

$k/N_F \leftrightarrow F$

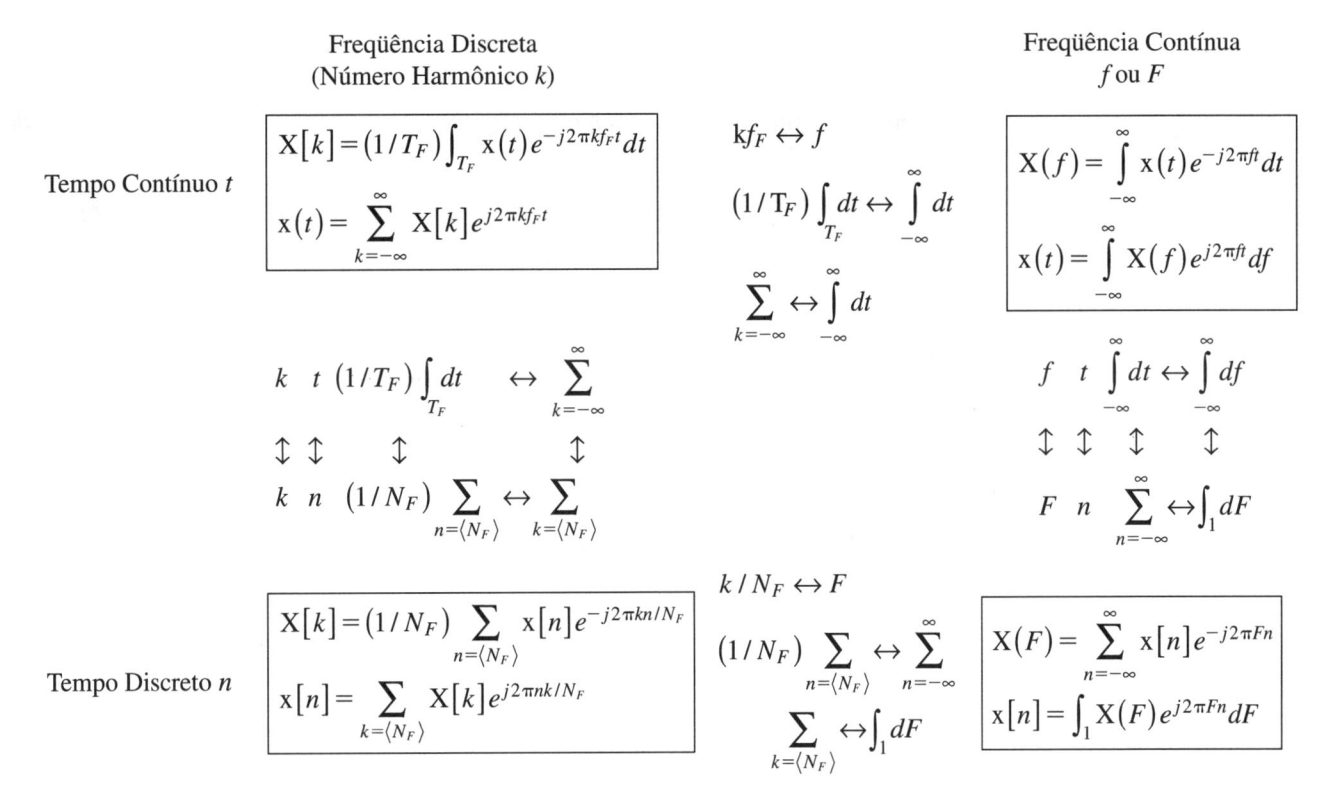

$(1/N_F)\sum_{n=\langle N_F \rangle} \leftrightarrow \sum_{n=-\infty}^{\infty}$

$\sum_{k=\langle N_F \rangle} \leftrightarrow \int_{1} dF$

$$X(F)=\sum_{n=-\infty}^{\infty} x[n]e^{-j2\pi Fn}$$
$$x[n]=\int_{1} X(F)e^{j2\pi Fn}dF$$

Figura 11.15
Os quatro métodos de Fourier.

e discretas (sendo a freqüência discreta representada como número harmônico). Entre dois métodos quaisquer adjacentes estão as mudanças de variável e modificações operacionais a serem realizadas de um método para o outro. Ao se transitar das funções contínuas no tempo para as funções discretizadas no tempo, integrais se transformam em somatórios e as variáveis indicativas de tempo e freqüência assumem suas formas discretas. E ao se transitar da freqüência contínua para a freqüência discreta, integrais ou somatórios sobre todo o tempo mudam para integrais ou somatórios sobre um período divididos pelo período, e a freqüência muda de variável contínua para uma variável discreta, que equivale ao número harmônico vezes a freqüência fundamental.

A dualidade da multiplicação-convolução é uma propriedade muito importante para todos os métodos de Fourier (Figura 11.16).

	Freqüência Discreta	Freqüência Contínua
Tempo Contínuo	$x(t)y(t) \xleftrightarrow{\mathcal{FS}} X[k]*Y[k]$	$x(t)y(t) \xleftrightarrow{\mathcal{F}} X(f)*Y[f]$
Tempo Discreto	$x[n]y[n] \xleftrightarrow{\mathcal{FS}} Y[k] \circledast X[k]$	$x[n]y[n] \xleftrightarrow{\mathcal{F}} X(F) \circledast Y[F]$

	Freqüência Discreta	Freqüência Contínua
Tempo Contínuo	$x(t) \circledast y(t) \xleftrightarrow{\mathcal{FS}} T_0 X[k]Y[k]$	$x(t)*y(t) \xleftrightarrow{\mathcal{F}} X(f)Y[f]$
Tempo Discreto	$x[n] \circledast y[n] \xleftrightarrow{\mathcal{FS}} N_0 Y[k]X[k]$	$x[n]*y[n] \xleftrightarrow{\mathcal{F}} X(F)Y[F]$

Figura 11.16
Dualidade multiplicação-convolução para os quatro métodos de Fourier.

A multiplicação em um domínio corresponde à convolução no outro domínio. Se as funções que participarem da convolução foram periódicas, a convolução também será periódica. Do contrário, a convolução é aperiódica.

Cada método possui sua própria versão do teorema de Parseval (Figura 11.17).

Figura 11.17
O teorema de Parseval para os quatro métodos de Fourier.

	Freqüência Discreta	Freqüência Contínua
Tempo Contínuo	$\dfrac{1}{T_0}\int_{T_0} |x(t)|^2 dt = \sum_{k=-\infty}^{\infty} |X[k]|^2$	$\int_{-\infty}^{\infty} |x(t)|^2 dt = \int_{-\infty}^{\infty} |X(f)|^2 df$
Tempo Discreto	$\dfrac{1}{N_0}\sum_{n=\langle N_0 \rangle} |x[n]|^2 = \sum_{n=\langle N_0 \rangle} |X[k]|^2$	$\sum_{n=-\infty}^{\infty} |x[n]|^2 = \int_{1} |X(F)|^2 dF$

Nas formas da freqüência contínua, o teorema de Parseval expressa a conservação da energia de sinal através do processo de transformação. Nas formas da freqüência discreta, o teorema de Parseval representa a conservação da potência de sinal média. Se uma função do tempo ou da freqüência é periódica, a integral ou o somatório é realizado sobre um período. Caso contrário, a integral ou o somatório é sobre todo o tempo ou freqüência (ou número harmônico).

Um deslocamento em um domínio corresponde à multiplicação por uma função complexa no outro domínio (Figura 11.18).

Figura 11.18
As propriedades de deslocamento no tempo e na freqüência para os quatro métodos de Fourier.

	Freqüência Discreta	Freqüência Contínua
Tempo Contínuo	$x(t-t_0) \xleftrightarrow{\mathcal{FS}} X[k]\, e^{-jk\omega_0 t_0}$	$x(t-t_0) \xleftrightarrow{\mathcal{F}} X(j\omega)\, e^{-j\omega t_0}$
Tempo Discreto	$x[n-n_0] \xleftrightarrow{\mathcal{FS}} X[k]\, e^{-jk\Omega_0 n_0}$	$x[n-n_0] \xleftrightarrow{\mathcal{F}} X(e^{j\Omega})\, e^{-j\Omega n_0}$

	Freqüência Discreta	Freqüência Contínua
Tempo Contínuo	$x(t)e^{+jk_0\omega_0 t} \xleftrightarrow{\mathcal{FS}} X[k-k_0]$	$x(t)e^{+j\omega_0 t} \xleftrightarrow{\mathcal{F}} X(j(\omega-\omega_0))$
Tempo Discreto	$x[n]e^{+jk_0\Omega_0 n} \xleftrightarrow{\mathcal{FS}} X[k-k_0]$	$x[n]e^{+j\Omega_0 n} \xleftrightarrow{\mathcal{F}} X(e^{j(\Omega-\Omega_0)})$

Os quatro métodos de Fourier são comparados graficamente na Figura 11.19 para quatro sinais correspondentes.

Figura 11.19
Comparação gráfica de sinais e suas respectivas transformadas de Fourier.

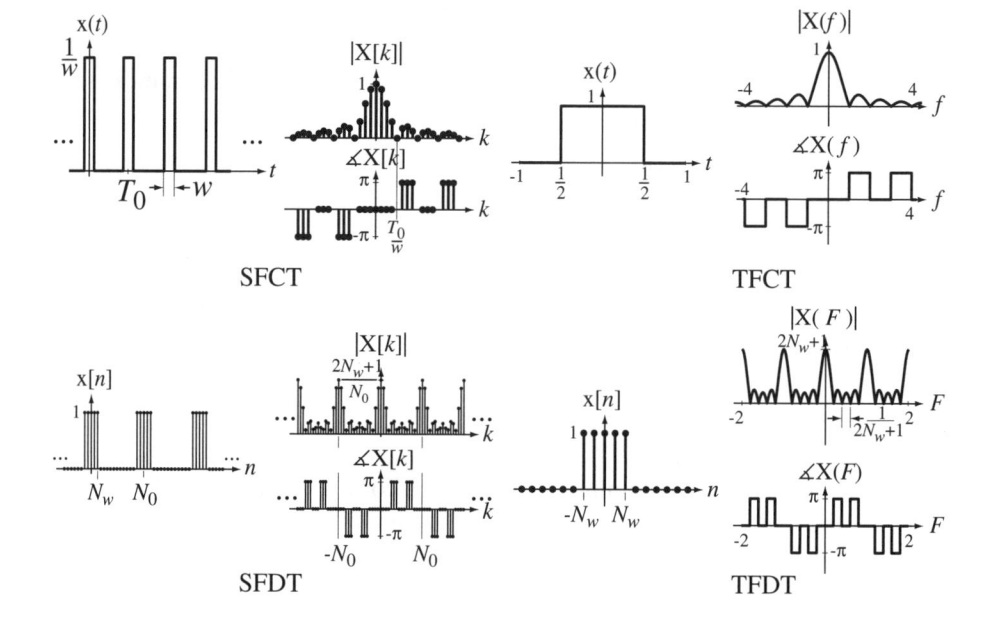

SFCT   TFCT

SFDT   TFDT

Conseguimos observar certas características gerais desses pares de transformadas. Se uma função é discreta em um domínio, ela é periódica no outro e vice-versa. No canto inferior esquerdo da Figura 11.19 onde está a SFDT, ambas as funções são discretizadas e ambas são periódicas. No canto inferior direito da Figura 11.19 onde está a TFCT, ambas as funções são contínuas e ambas são periódicas (em geral).

TFCT E SFCT

Um sinal periódico x(t) de período fundamental $T_0 = 1/f_0$ pode ser representado para todo o tempo por uma SFCT

$$\mathrm{x}(t) = \sum_{k=-\infty}^{\infty} \mathrm{X}[k] e^{j2\pi k f_0 t} \quad \text{ou} \quad \mathrm{x}(t) = \sum_{k=-\infty}^{\infty} \mathrm{X}[k] e^{jk\omega_0 t}$$

Com a propriedade de deslocamento da freqüência $e^{j2\pi f_0 t} \mathrm{x}(t) \xleftrightarrow{\mathcal{F}} \mathrm{X}(f - f_0)$ e o par de transformadas TFCT $1 \xleftrightarrow{\mathcal{F}} \delta(f)$, podemos determinar a TFCT de x(t), produzindo

$$\mathrm{X}(f) = \sum_{k=-\infty}^{\infty} \mathrm{X}[k] \delta(f - kf_0) \quad \text{ou} \quad \mathrm{X}(j\omega) = 2\pi \sum_{k=-\infty}^{\infty} \mathrm{X}[k] \delta(\omega - k\omega_0)$$

Portanto, a TFCT de uma função periódica é uma função da freqüência contínua, que consiste em uma soma de impulsos espaçados pela freqüência fundamental do sinal, cujas intensidades são iguais àquelas presentes na função harmônica em SFCT, no mesmo número harmônico múltiplo da freqüência fundamental. A SFCT é apenas um caso especial da TFCT com algumas mudanças de notação (Figura 11.20).

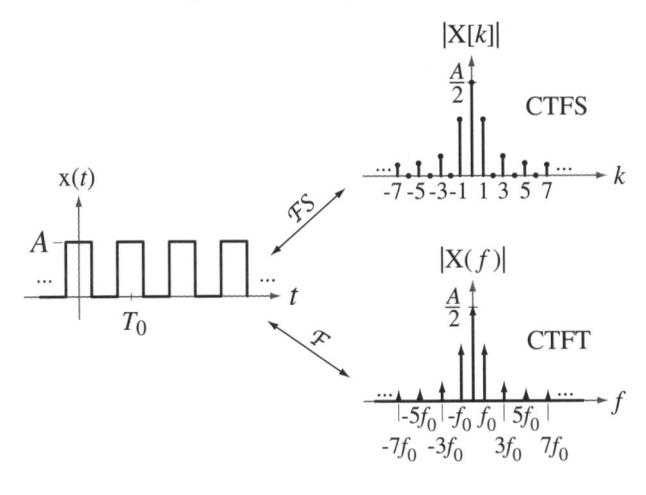

Figura 11.20
Função harmônica em SFCT e a TFCT para uma função onda quadrada.

Esse é o primeiro exemplo da equivalência de informação de uma função X[k] de uma variável independente discreta, que neste caso é o número harmônico k, e uma função X(f) ou X(jω) de uma variável independente contínua, neste caso a freqüência. Elas são equivalentes ao se pensar que X(f) ou X(jω) é não-nula somente nos inteiros múltiplos k da freqüência fundamental f_0 ou ω_0, e X[k] é apenas definida nos valores inteiros de k. Além disso, os valores de X[k] sobre os valores inteiros de k são os mesmos que as intensidades dos impulsos em X(f) ocorridas em kf_0. Resumindo, para uma função periódica x(t)

$$\boxed{\mathrm{X}(f) = \sum_{k=-\infty}^{\infty} \mathrm{X}[k] \delta(f - kf_0)} \quad (11.21)$$

(As funções X(·) e X[·] não devem ser consideradas a mesma função, pois, ainda que elas tenham o mesmo nome (X), uma delas é função de uma variável independente contínua e a outra é função de uma variável independente discreta.)

Outra comparação importante entre a SFCT e a TFCT é a relação entre a TFCT de um sinal aperiódico e a função harmônica em SFCT de uma extensão periódica do sinal em questão. Seja x(t) uma função do tempo aperiódica. Seja $x_p(t)$ uma extensão periódica de x(t) de período fundamental T_p definida por

$$x_p(t) = \sum_{n=-\infty}^{\infty} x(t - nT_p) = x(t) * \delta_{T_p}(t)$$

(Figura 11.21).

Figura 11.21
Um sinal, sua TFCT, a repetição periódica do sinal e sua função harmônica em SFCT.

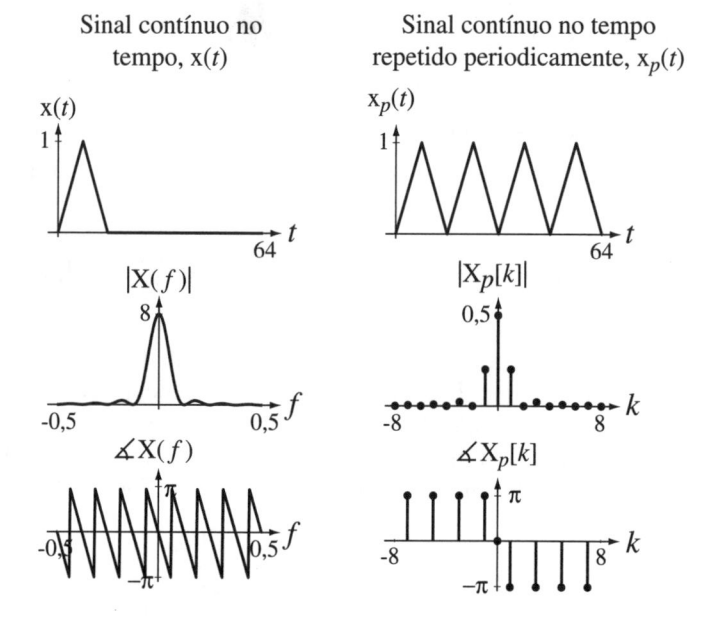

A TFCT de x(t) é X(f). Fazendo uso da dualidade multiplicação-convolução da TFCT, a TFCT de $x_p(t)$ é

$$X_p(f) = X(f)(1/T_p)\delta_{1/T_p}(f)$$
$$= X(f) f_p \delta_{f_p}(f) = f_p \sum_{k=-\infty}^{\infty} X(kf_p)\delta(f - kf_p) \quad (11.22)$$

em que $f_p = 1/T_p$. Agora, usando a Equação (11.21),

$$X_p(f) = \sum_{k=-\infty}^{\infty} X_p[k]\delta(f - kf_p) \quad (11.23)$$

e combinando as Equações (11.22) e (11.23), obtemos

$$\boxed{X_p[k] = f_p X(kf_p)} \quad (11.24)$$

Em outras palavras, esse resultado indica que se uma função aperiódica é periodicamente estendida para compor uma função periódica $x_p(t)$ de período fundamental T_p, os valores da função harmônica em SFCT $X_p[k]$ de $x_p(t)$ são as amostras da TFCT X(f) de x(t) obtidas nas freqüências kf_p e, então, multiplicadas pela freqüência fundamental da SFCT f_p. Essa relação compõe uma equivalência entre a amostragem no domínio da freqüência e a repetição periódica no domínio do tempo. Essa idéia será importante para o estudo da amostragem a ser feito no Capítulo 14.

Exemplo 11.8

Usando a TFCT para determinar a função harmônica em SFCT de uma função *sinc* repetida periodicamente

Por meio da Equação (11.24), determine a função harmônica em SFCT de $x(t) = \text{sinc}(t/2) * \delta_{10}(t)$.

■ **Solução**

O período fundamental desta função aperiódica estendida periodicamente é $T_p = 10$. Da Equação (11.24), $X_p[k] = f_p X(kf_p)$, em que, neste caso, $X(f) = \mathcal{F}(\text{sinc}(t/2)) = 2\text{ret}(2f)$. Portanto, para este $x(t)$, $X[k] = (1/5)\text{ret}(k/5)$. Então $x(t)$ pode ser representado como uma SFCT

$$x(t) = \sum_{k=-\infty}^{\infty} X[k] e^{j2\pi k f_0 t} = (1/5) \sum_{k=-\infty}^{\infty} \text{ret}(k/5) e^{j\pi k t/5}$$

ou

$$x(t) = (1/5) \sum_{k=-2}^{2} e^{j\pi k t/5}$$

Este resultado pode ser representado de duas maneiras alternativas interessantes. Primeiro, combinando senóides complexas em pares conjugados, obtemos $x(t) = (1/5)[1 + 2\cos(\pi t/5) + 2\cos(2\pi t/5)]$. Segundo, podemos usar a fórmula para o somatório de uma série geométrica finita

$$\sum_{n=0}^{N-1} r^n = \begin{cases} N & , r = 1 \\ \dfrac{1-r^N}{1-r} & , r \neq 1 \end{cases}$$

e a mudança de variável $q = k + 2$ para obter

$$x(t) = \frac{e^{-j2\pi t/5}}{5} \sum_{q=0}^{5-1} e^{j\pi q t/5} = \frac{e^{-j2\pi t/5}}{5} \frac{1-e^{j\pi t}}{1-e^{j\pi t/5}} = \frac{e^{-j2\pi t/5}}{5} \frac{e^{j\pi t/2}}{e^{j\pi t/10}} \frac{e^{-j\pi t/2} - e^{j\pi t/2}}{e^{-j\pi t/10} - e^{j\pi t/10}}$$

ou

$$x(t) = \frac{1}{5} \frac{e^{-j\pi t/2} - e^{j\pi t/2}}{e^{-j\pi t/10} - e^{j\pi t/10}} = \frac{1}{5} \frac{\text{sen}(\pi t/2)}{\text{sen}(\pi t/10)} = \text{drcl}(t/10, 5)$$

Portanto, a função original no domínio do tempo $x(t)$ pode ser representada de três formas bastante distintas aparentemente, porém equivalentes

$$x(t) = \text{sinc}(t/2) * \delta_{10}(t) = (1/5)[1 + 2\cos(\pi t/5) + 2\cos(2\pi t/5)] = \text{drcl}(t/10, 5)$$

■

Exemplo 11.9

Usando a TFCT para determinar uma fórmula geral para a função harmônica em SFCT de uma função *sinc* repetida periodicamente

Generalize os resultados do exemplo anterior partindo de

$$x(t) = \text{sinc}(t/w) * \delta_{T_0}(t).$$

■ **Solução**

O período fundamental desta função aperiódica estendida periodicamente é $T_p = T_0$. Da Equação (11.24), $X_p[k] = f_p X(kf_p)$, onde, neste caso, $X(t) = \mathcal{F}(\text{sinc}(t/w)) = w\,\text{ret}(wf)$. Portanto, $X[k] = wf_0\,\text{ret}(wkf_0)$. Então $x(t)$ pode ser representado como uma SFCT

$$x(t) = \sum_{k=-\infty}^{\infty} X[k] e^{j2\pi k f_0 t} = wf_0 \sum_{k=-\infty}^{\infty} \text{ret}(wkf_0) e^{j2\pi k f_0 t}$$

CASO 1. $T_0 / 2w$ não é um inteiro

$$x(t) = wf_0 \sum_{k=-M}^{M} e^{j2\pi k f_0 t}$$

em que M é o maior inteiro em $T_0 / 2w$. Combinando senóides complexas em pares conjugados, obtemos

$$x(t) = wf_0 \left[1 + 2\cos(2\pi f_0 t) + 2\cos(4\pi f_0 t) + \cdots + 2\cos(2M\pi f_0 t) \right]$$

Podemos usar a fórmula para o somatório de uma série geométrica finita

$$\sum_{n=0}^{N-1} r^n = \begin{cases} N & , \; r = 1 \\ \dfrac{1 - r^N}{1 - r} & , \; r \neq 1 \end{cases}$$

e a mudança de variável $q = k + M$ para obter

$$x(t) = wf_0 \sum_{k=-M}^{M} e^{j2\pi k f_0 t} = wf_0 \sum_{q=0}^{2M} e^{j2\pi(q-M)f_0 t} = wf_0 e^{-j2\pi M f_0 t} \sum_{q=0}^{2M} e^{j2\pi q f_0 t}$$

ou

$$x(t) = wf_0 e^{-j2\pi M f_0 t} \frac{1 - e^{j2\pi(2M+1)f_0 t}}{1 - e^{j2\pi f_0 t}}$$

$$= wf_0 \frac{e^{-j2\pi M f_0 t} e^{j\pi(2M+1)f_0 t}}{e^{j\pi f_0 t}} \frac{e^{-j\pi(2M+1)f_0 t} - e^{j\pi(2M+1)f_0 t}}{e^{-j\pi f_0 t} - e^{j\pi f_0 t}}$$

ou

$$x(t) = wf_0 \frac{\text{sen}\bigl(\pi(2M+1)f_0 t\bigr)}{\text{sen}(\pi f_0 t)} = wf_0 (2M+1) \text{drcl}(f_0 t, 2M+1)$$

Portanto, a função original no domínio do tempo $x(t)$ pode ser representada nestas três maneiras:

$$x(t) = \text{sinc}(t/w) * \delta_{T_0}(t)$$

$$x(t) = wf_0 \left[1 + 2\cos(2\pi f_0 t) + 2\cos(4\pi f_0 t) + \cdots + 2\cos(2M\pi f_0 t) \right]$$

$$x(t) = wf_0 (2M+1)\text{drcl}(f_0 t, 2M+1)$$

CASO 2. $T_0 / 2w$ é um inteiro

$$x(t) = wf_0 \left[\sum_{k=-(T_0/2w-1)}^{T_0/2w-1} e^{j2\pi k f_0 t} \right] + wf_0 \left(\frac{1}{2}\right) e^{-j2\pi(T_0/2w)f_0 t} + wf_0 \left(\frac{1}{2}\right) e^{j2\pi(T_0/2w)f_0 t}$$

$$x(t) = wf_0 \left[\sum_{k=-(T_0/2w-1)}^{T_0/2w-1} e^{j2\pi k f_0 t} \right] + \frac{wf_0}{2}\left(e^{-j\pi t/w} + e^{j\pi t/w}\right)$$

$$= wf_0 \left[\cos\left(\frac{\pi t}{w}\right) + \sum_{k=-(T_0/2w-1)}^{T_0/2w-1} e^{j2\pi k f_0 t} \right]$$

Combinando senóides complexas em pares conjugados, obtemos

$$x(t) = wf_0 \left[1 + 2\cos(2\pi f_0 t) + 2\cos(4\pi f_0 t) + \cdots + 2\cos(2(T_0/2w-1)\pi f_0 t) + \cos(\pi t/w) \right]$$

Podemos usar a fórmula para o somatório de uma série geométrica finita

$$\sum_{n=0}^{N-1} r^n = \begin{cases} N & , r = 1 \\ \dfrac{1-r^N}{1-r} & , r \neq 1 \end{cases}$$

e a mudança de variável $q = k + (T_0/2w - 1)$ para obter

$$x(t) = wf_0 \left[\cos(\pi t/w) + \sum_{q=0}^{T_0/w-2} e^{j2\pi(q-(T_0/2w-1))f_0 t} \right]$$

$$= wf_0 \left[\cos(\pi t/w) + e^{-j2\pi(T_0/2w-1)f_0 t} \sum_{q=0}^{T_0/w-2} e^{j2\pi q f_0 t} \right]$$

ou

$$x(t) = wf_0 \left[\cos(\pi t/w) + e^{-j2\pi(T_0/2w-1)f_0 t} \frac{1-e^{j2\pi(T_0/w-1)f_0 t}}{1-e^{j2\pi f_0 t}} \right]$$

$$x(t) = wf_0 \left[\cos(\pi t/w) + e^{-j2\pi(T_0/2w-1)f_0 t} \frac{e^{j\pi(T_0/w-1)f_0 t}}{e^{j\pi f_0 t}} \frac{e^{-j\pi(T_0/w-1)f_0 t} - e^{j\pi(T_0/w-1)f_0 t}}{e^{-j\pi f_0 t} - e^{j\pi f_0 t}} \right]$$

$$x(t) = wf_0 \left[\cos(\pi t/w) + \frac{\operatorname{sen}(\pi(T_0/w-1)f_0 t)}{\operatorname{sen}(\pi f_0 t)} \right]$$

$$x(t) = wf_0 \left[\cos(\pi t/w) + (T_0/w - 1)\operatorname{drcl}(f_0 t, T_0/w - 1) \right]$$

Sendo assim, neste caso, a função original no domínio do tempo $x(t)$ pode ser representada destes três modos:

$$x(t) = \operatorname{sinc}(t/w) * \delta_{T_0}(t)$$

$$x(t) = wf_0 \left[1 + 2\cos(2\pi f_0 t) + 2\cos(4\pi f_0 t) + \ldots + 2\cos(2(T_0/2w - 1)\pi f_0 t) + \cos(\pi t/w) \right]$$

e

$$x(t) = wf_0 \left[\cos(\pi t/w) + (T_0/w - 1)\operatorname{drcl}(f_0 t, T_0/w - 1) \right]$$

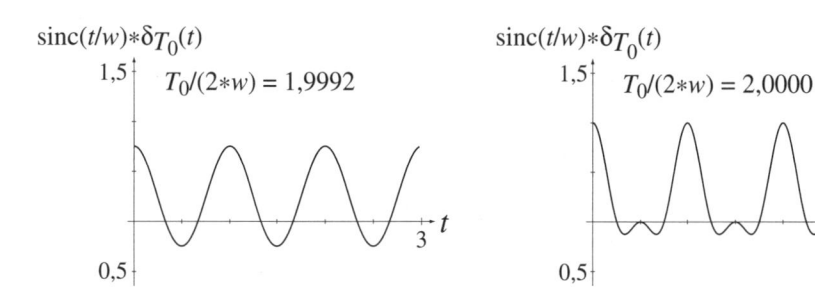

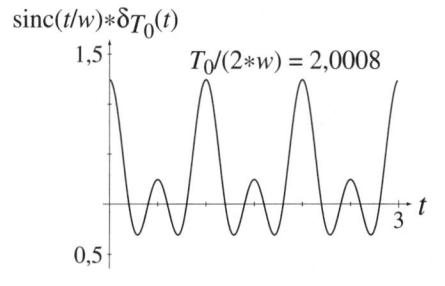

Figura 11.22

Demonstração do sinal $x(t) = \operatorname{sinc}(t/w) * \delta_{T_0}(t)$ para três razões ligeiramente distanciadas, $T_0/2w$.

À medida que $T_0/2w$ vai de uma distância infinitesimal inferior a 2 até exatamente 2 e, então, para uma distância infinitesimal acima de 2, a natureza de x(t) muda descontinuamente de uma senóide para a soma entre duas senóides ainda que as funções *sinc* que constem em x(t) sejam contínuas e tudo o que estamos fazendo seja modificar ligeiramente o período da repetição periódica (Figura 11.22). Esse efeito é visto claramente no domínio da freqüência porque a transição de $T_0/2w < 2$ passando por $T_0/2w = 2$ até $T_0/2w > 2$ provoca a inclusão de outro par de impulsos. É bem mais difícil visualizar no domínio do tempo, pois ele envolve um somatório de infinitas funções *sinc*, onde cada uma delas tem duração infinita.

TFCT E TFDT

A TFCT é a transformada de Fourier de uma função contínua no tempo e a TFDT é a transformada de Fourier de uma função discretizada no tempo. Se multiplicarmos uma função x(t) contínua no tempo por um trem de impulsos unitários periódico espaçados de T_s segundos um do outro, criamos a função impulso contínua no tempo

$$x_\delta(t) = x(t)\delta_{T_s}(t) = \sum_{n=-\infty}^{\infty} x(nT_s)\delta(t - nT_s) \qquad (11.25)$$

Se agora formamos uma função x[n] cujos valores sejam os da função original contínua no tempo x(t) sobre múltiplos inteiros de T_s e sejam, portanto, também as intensidades dos impulsos na função impulso contínua no tempo $x_\delta(t)$, conseguimos a relação x[n] = x(nT_s). Dessa forma, as duas funções x[n] e $x_\delta(t)$ são completamente descritas pelo mesmo conjunto de valores e contêm a mesma informação. Se agora determinarmos a TFCT da Equação (11.25), obteremos

$$X_\delta(f) = X_f(f) * f_s \delta_{f_s}(f) = \sum_{n=-\infty}^{\infty} x(nT_s) e^{-j2\pi f n T_s}$$

ou

$$X_\delta(f) = f_s \sum_{k=-\infty}^{\infty} X_f(f - kf_s) = \sum_{n=-\infty}^{\infty} x[n] e^{-j2\pi f n / f_s}$$

em que $f_s = 1/T_s$. Se fizermos a troca de variável $f \to f_s F$, obteremos

$$X_\delta(f_s F) = f_s \sum_{k=-\infty}^{\infty} X_f(f_s(F-k)) = \underbrace{\sum_{n=-\infty}^{\infty} x[n] e^{-j2\pi n F}}_{= X_F(F)}$$

A última expressão corresponde exatamente à definição da TFDT de x[n], que é $X_F(F)$. Resumindo, se x[n] = x(nT_s) e $X_\delta(t) = \sum_{n=-\infty}^{\infty} x[n]\delta(t - nT_s)$, então

$$\boxed{X_F(F) = X_\delta(f_s F)} \qquad (11.26)$$

ou

$$\boxed{X_\delta(f) = X_F(f/f_s)} \qquad (11.27)$$

Além disso,

$$\boxed{X_F(F) = f_s \sum_{k=-\infty}^{\infty} X_f(f_s(F-k))} \qquad (11.28)$$

Os subscritos F e f são necessários aqui porque $X_F(\cdot) \neq X_f(\cdot)$. Em vez disso, da Equação (11.28), $X_F(F) = f_s \sum_{k=-\infty}^{\infty} X_f(f_s(F-k))$. As funções $X_F(\cdot)$ e $X_f(\cdot)$ são ambas funções de uma variável independente contínua e são matematicamente distintas, por isso, elas precisam de nomes diferentes. Normalmente, os subscritos não são necessários na análise prática porque apenas uma das duas funções é usada, mas, quando estamos nos referenciando aos métodos de Fourier, é necessário fazer uma distinção entre as duas funções.

Aqui novamente temos uma correspondência entre uma função $x[n]$ de uma variável independente discreta, que neste caso é o tempo discreto n, e uma função impulso $x_\delta(t)$ de uma variável independente contínua, que neste caso é o tempo contínuo t. Conseqüentemente, há também uma equivalência de informação entre a TFDT da função $x[n]$ e a TFCT da função $x_\delta(t)$ (Figura 11.23).

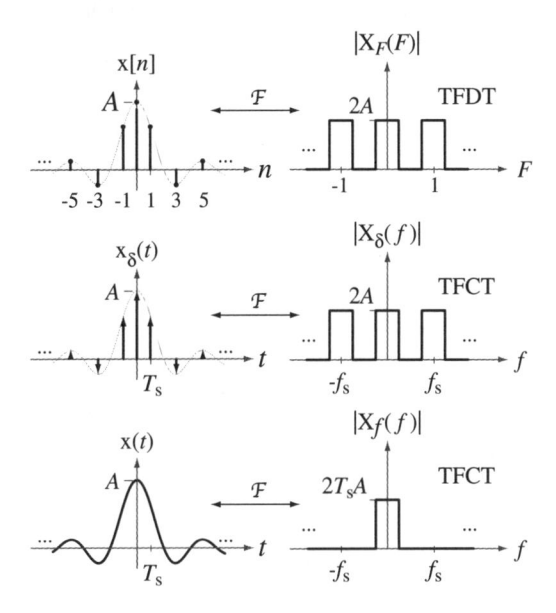

Figura 11.23
A TFDT de uma função *sinc* $x[n]$, a TFCT de uma função impulso $x_\delta(t)$ cujas intensidades dos impulsos são os valores de $x[n]$ e a TFCT da função original $x(t)$.

Há também certa equivalência entre a TFCT da função original $x(t)$ e a TFDT da função $x[n]$ por meio da Equação (11.28). Dado $X_f(f)$, podemos determinar $X_F(F)$. Entretanto, o contrário dessa afirmação nem sempre é verdade. Dado $X_F(F)$, nem sempre estaremos certos de obter $X_f(f)$. As condições sob as quais $X_f(f)$ pode ser determinada por meio de $X_F(F)$ são o assunto do Capítulo 14.

TFDT E SFDT

A SFDT de uma função periódica $x[n]$ de período fundamental N_0 é definida por

$$x[n] = \sum_{k=\langle N_0 \rangle} X[k] e^{j2\pi kn/N_0} \xleftrightarrow{\mathcal{FS}} X[k] = \frac{1}{N_0} \sum_{n=\langle N_0 \rangle} x[n] e^{-j2\pi kn/N_0} \qquad (11.29)$$

Com a propriedade de deslocamento na freqüência $e^{j2\pi F_0 n} x[n] \xleftrightarrow{\mathcal{F}} X(F-F_0)$ e do par de transformadas de TFDT $1 \xleftrightarrow{\mathcal{F}} \delta_1(F)$, podemos determinar a TFDT de $x[n]$, produzindo

$$X(F) = \sum_{k=\langle N_0 \rangle} X[k] \delta_1(F - k/N_0) \qquad (11.30)$$

Logo,

$$X(F) = \sum_{k=\langle N_0 \rangle} X[k] \sum_{q=-\infty}^{\infty} \delta(F - k/N_0 - q) = \sum_{k=-\infty}^{\infty} X[k] \delta(F - k/N_0) \qquad (11.31)$$

As últimas equações apresentadas mostram que, para funções periódicas, a SFDT é simplesmente um caso especial da TFDT. Se uma função x[n] é periódica, sua TFDT consiste somente em impulsos que ocorrem em k/N_0 com intensidades X[k] (Figura 11.24).

Figura 11.24
Função harmônica e a TFDT de x[n] = (A/2)[1 + cos(2πn/4)].

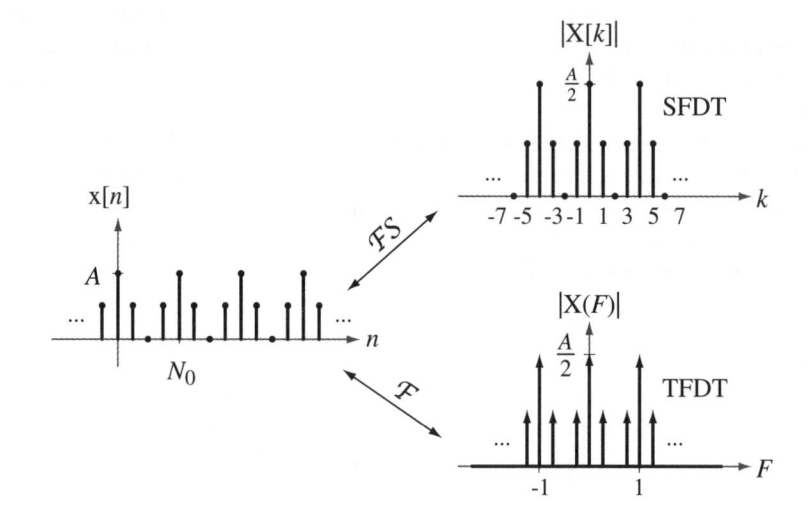

Resumindo, para uma função periódica x[n] de período fundamental N_0

$$\boxed{X(F) = \sum_{k=-\infty}^{\infty} X[k]\delta(F - k/N_0)} \qquad (11.32)$$

Outro caso que será importante na exploração da amostragem no Capítulo 14 é a relação existente entre a TFDT de um sinal aperiódico e a função harmônica em SFDT de uma extensão periódica deste mesmo sinal. Seja x[n] uma função aperiódica. Sua TFDT é X(F). Seja $x_p[n]$ uma extensão periódica de x[n] de período fundamental N_p de tal modo que

$$x_p[n] = \sum_{m=-\infty}^{\infty} x[n - mN_p] = x[n] * \delta_{N_p}[n]$$

(Figura 11.25). Por meio da dualidade multiplicação-convolução da TFDT,

$$X_p(F) = X(F)(1/N_p)\delta_{1/N_p}(F) = (1/N_p) \sum_{k=-\infty}^{\infty} X(k/N_p)\delta(F - k/N_p) \qquad (11.33)$$

Utilizando a Equação (11.32),

$$X(F) = \sum_{k=-\infty}^{\infty} X[k]\delta(F - k/N_p) \qquad (11.34)$$

e combinando as Equações (11.33) e (11.34),

$$\boxed{X_p[k] = (1/N_p) X(k/N_p)} \qquad (11.35)$$

Em outras palavras, a dedução das últimas equações indicam que se um sinal aperiódico x[n] for repetido periodicamente com um período fundamental igual a N_p para compor um sinal periódico $x_p[n]$, os valores de sua função harmônica em SFDT $X_p[k]$ podem ser determinados por meio de X(F), que corresponde à TFDT de x[n], avaliada

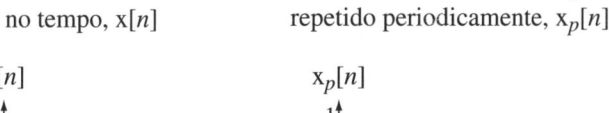

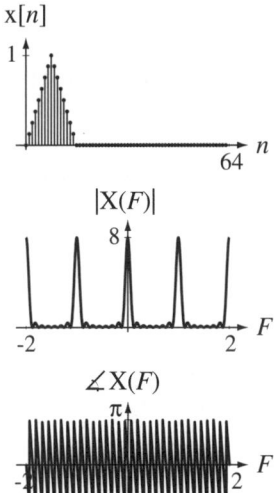

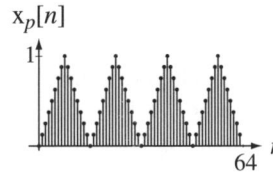

Sinal discretizado no tempo, x[n]

Sinal discretizado no tempo repetido periodicamente, $x_p[n]$

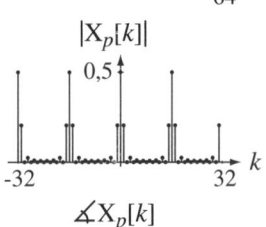

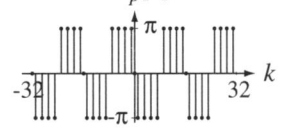

Figura 11.25
Um sinal, sua TFDT, a repetição periódica do sinal e sua função harmônica em SFDT.

nas freqüências discretas k/N_p. Essa característica compõe uma equivalência entre a amostragem no domínio da freqüência e a repetição periódica no domínio do tempo. Essa correspondência será bastante útil no estudo da amostragem a ser realizado no Capítulo 14.

EXEMPLO 11.10

Potência de sinal média de um seno amostrado

Determine a potência de sinal média de

$$x[n] = \begin{cases} \text{sen}(\pi n/12) &, n/3 \text{ é um inteiro} \\ 0 &, \text{caso contrário} \end{cases} = \text{sen}(\pi n/12)\delta_3[n]$$

■ Solução

Este problema pode ser resolvido diretamente no domínio do tempo. Porém, poderíamos também utilizar sua SFDT e calcular a potência de sinal média por meio dela. Podemos obter sua SFDT primeiro pela determinação de sua TFDT através da Equação (11.32). Na tabelas de pares de Fourier, encontramos

$$\text{sen}(2\pi F_0 n) \xleftrightarrow{\mathcal{F}} (j/2)\left[\delta_1(F+F_0) - \delta_1(F-F_0)\right]$$

Portanto,

$$\text{sen}(\pi n/4) \xleftrightarrow{\mathcal{F}} (j/2)\left[\delta_1(F+1/8) - \delta_1(F-1/8)\right]$$

Utilizando a propriedade de redimensionamento de escala do tempo,

$$x[n] = \begin{cases} \text{sen}(\pi n/12) &, n/3 \text{ é um inteiro} \\ 0 &, \text{caso contrário} \end{cases} \xleftrightarrow{\mathcal{F}} X(F) = \frac{j}{2}\left[\delta_1\left(3F+\frac{1}{8}\right) - \delta_1\left(3F-\frac{1}{8}\right)\right]$$

$$X(F) = (j/2)\sum_{k=-\infty}^{\infty}\left[\delta(3F+1/8-k) - \delta(3F-1/8-k)\right]$$

$$X(F) = (j/6)\sum_{k=-\infty}^{\infty}\left[\delta(F+1/24-k/3) - \delta(F-1/24-k/3)\right] \quad (11.36)$$

Sabemos que

$$X(F) = \sum_{k=-\infty}^{\infty} X[k]\delta(F - k/N_0)$$

Como podemos aplicar esta relação à Equação (11.36)? Podemos fazer isso ao percebermos que todos os impulsos na Equação (11.36) ocorrem nos múltiplos inteiros de $F = 1/24$, a freqüência fundamental de x[n] e, portanto, $N_0 = 24$. Logo, X[k] simplesmente precisa "ativar" ou "desativar" impulsos de maneira apropriada para possibilitar a correspondência com os impulsos da Equação (11.36). Os impulsos em X(F) no intervalo $0 \leq F < 1$ são

$24F$	0	1	2	3	4	5	6	7	8	9	10	11	12
$\dfrac{\text{Intensidade}}{j/6}$	0	−1	0	0	0	0	0	1	0	−1	0	0	0
$24F$	13	14	15	16	17	18	19	20	21	22	23		
$\dfrac{\text{Intensidade}}{j/6}$	0	0	1	0	−1	0	0	0	0	0	1		

Sendo assim, a função harmônica apropriada, usando o período usual unitário em F e, portanto, 24 em k, é

$$X[k] = \frac{j}{6}\begin{pmatrix}(\delta_{24}[k+1]-\delta_{24}[k-1])\\ +(\delta_{24}[k+7]-\delta_{24}[k-7])\\ +(\delta_{24}[k+15]-\delta_{24}[k-15])\end{pmatrix} \quad (11.37)$$

Agora podemos determinar a potência do sinal média.

$$P_x = \sum_{k=\langle N_0\rangle}|X[k]|^2 = \sum_{k=\langle 24\rangle}\left|\frac{j}{6}\begin{pmatrix}(\delta_{24}[k+1]-\delta_{24}[k-1])\\ +(\delta_{24}[k+7]-\delta_{24}[k-7])\\ +(\delta_{24}[k+15]-\delta_{24}[k-15])\end{pmatrix}\right|^2 \quad (11.38)$$

Visto que cada um dos seis impulsos periódicos nunca tem um impulso na mesma posição que outro impulso periódico,

$$P_x = \frac{1}{36}\sum_{k=\langle 24\rangle}\begin{pmatrix}(\delta_{24}[k+1]-\delta_{24}[k-1])\\ +(\delta_{24}[k+7]-\delta_{24}[k-7])\\ +(\delta_{24}[k+15]-\delta_{24}[k-15])\end{pmatrix}^2 = \frac{1}{36}\times 6 = \frac{1}{6} \quad (11.39)$$

A potência de sinal média da senóide sen($\pi n/4$) é igual a 1/2. Essa senóide é redimensionada na escala do tempo por um fator igual a três para compor x[n]. Dessa forma, a resposta 1/6 é razoável, pois estamos considerando a energia em um período da senóide original e espalhando-a sobre um intervalo no tempo discreto, cuja duração é três vezes maior.

Exemplo 11.11

TFDT de um pulso bipolar

Determine a TFDT do pulso bipolar x[n] = $\text{ret}_2[n-2] - \text{ret}_2[n-7]$ e compare-o com a função harmônica em SFDT de uma extensão periódica deste sinal com períodos, $N_p = 10$, 20 e 50, multiplicados pelo período N_p.

■ Solução

A TFDT é

$$X(F) = 5\,\mathrm{drcl}(F,5)\left(e^{-j4\pi F} - e^{-j14\pi F}\right) = j10 e^{-j9\pi F}\,\mathrm{drcl}(F,5)\,\mathrm{sen}(5\pi F)$$

(Figura 11.26).

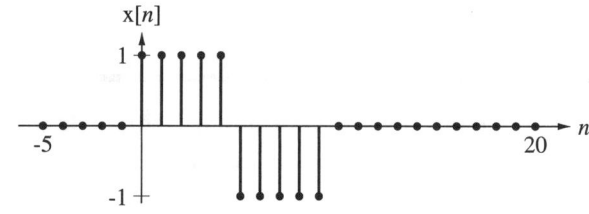

Figura 11.26
Pulso bipolar e a magnitude de sua TFDT.

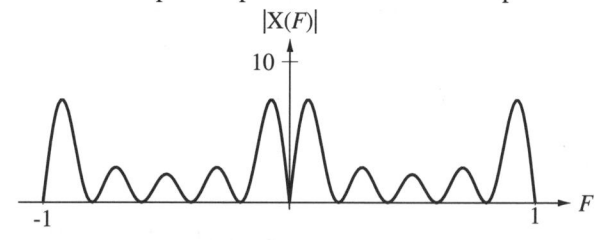

Pela Equação (11.35), a função harmônica em SFDT de uma extensão periódica do sinal é

$$X_p[k] = (1/N_p)X(k/N_p)$$

As três SFDTs estão ilustradas na Figura 11.27.

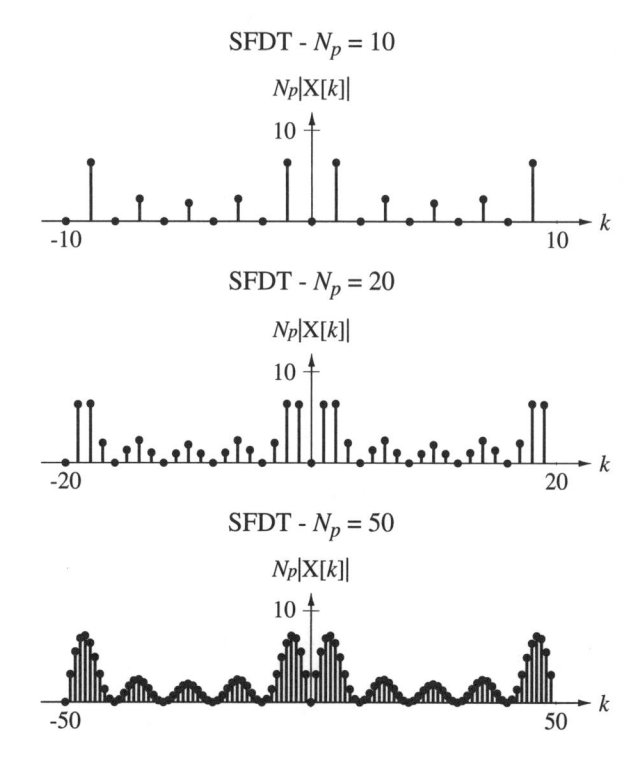

Figura 11.27
Magnitude da função harmônica em SFDT da extensão periódica do pulso bipolar para três períodos distintos.

À medida que o período da extensão periódica do pulso bipolar é aumentado, a função harmônica em SFDT (redimensionada pelo período) tende à mesma forma da TFDT do pulso bipolar original. Esse é o mesmo tipo de relação ilustrada no desenvolvimento da TFDT como uma generalização da SFDT.

EXEMPLOS DE COMPARAÇÃO ENTRE MÉTODOS

Os dois exemplos seguintes comparam todos os métodos de Fourier.

EXEMPLO 11.12

TFCT, SFCT e TFDT de um cosseno contínuo no tempo, de um cosseno contínuo no tempo amostrado por impulso e de um cosseno discretizado no tempo

Determine a função harmônica em SFCT e a TFCT de $x(t) = A\cos(2\pi f_0 t)$, a SFCT e a TFCT de $x_\delta(t) = A\cos(2\pi f_0 t)\delta_{T_s}(t)$, em que $f_s = N_0 f_0 = 1/T_s$, N_0 é um inteiro e a função harmônica em SFDT e a TFDT de $x[n] = A\cos(2\pi n/N_0)$, Observe a relação entre eles.

■ Solução

A função harmônica em SFCT de $x(t)$:

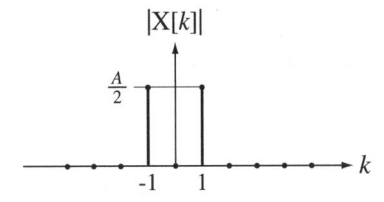

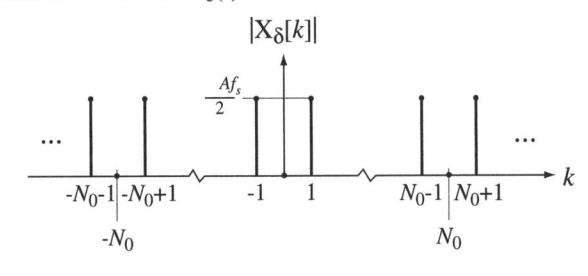

$$X[k] = (A/2)(\delta[k-1] + \delta[k+1])$$

TFCT de $x(t)$:

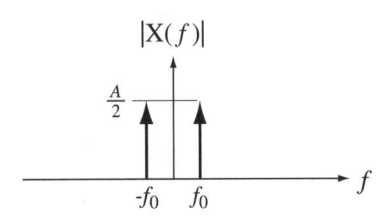

$$X(f) = (A/2)[\delta(f-f_0) + \delta(f+f_0)]$$

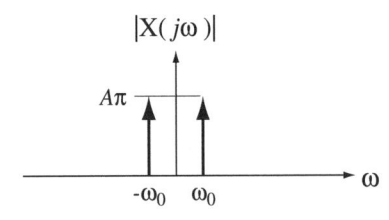

ou

$$X(j\omega) = A\pi[\delta(\omega-\omega_0) + \delta(\omega+\omega_0)]$$

Função harmônica em SFCT de $x_\delta(t)$:

$$X_\delta[k] = \frac{Af_s}{2}\left(\delta_{N_0}[k-1] + \delta_{N_0}[k+1]\right)$$

ou

$$X_\delta[k] = \frac{Af_s}{2}\left(\sum_{q=-\infty}^{\infty} \delta[k-qN_0-1] + \sum_{q=-\infty}^{\infty} \delta[k-qN_0+1]\right)$$

TFCT de $x_\delta(t)$:

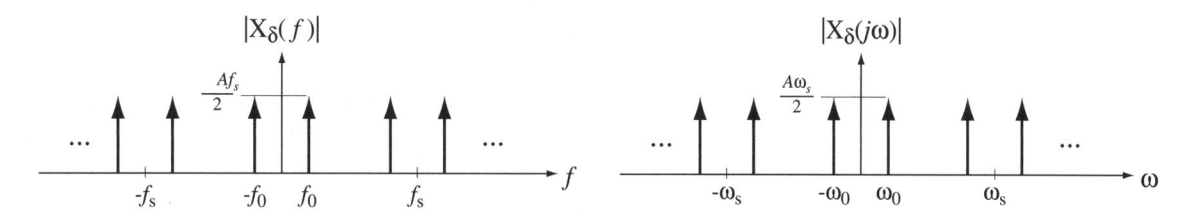

$$X_\delta(f) = \frac{Af_s}{2}\left[\delta_{f_s}(f-f_0) + \delta_{f_s}(f+f_0)\right]$$

ou

$$X_\delta(j\omega) = \frac{A\omega_s}{2}\left[\delta_{\omega_s}(\omega-\omega_0) + \delta_{\omega_s}(\omega+\omega_0)\right]$$

Função harmônica em SFDT de x[n]:

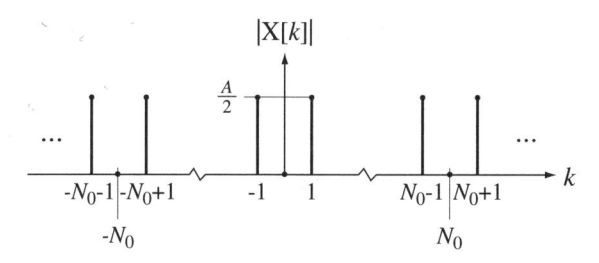

$$X[k] = \frac{A}{2}\left(\delta_{N_0}[k-1] + \delta_{N_0}[k+1]\right)$$

ou

$$X[k] = \frac{A}{2}\left(\sum_{q=-\infty}^{\infty} \delta[k-qN_0-1] + \sum_{q=-\infty}^{\infty} \delta[k-qN_0+1]\right)$$

TFDT de x[n]:

$$X(F) = (A/2)\left[\delta_1(F-f_0/f_s) + \delta_1(F+f_0/f_s)\right]$$

$$X(F) = (A/2)\left[\sum_{q=-\infty}^{\infty} \delta(F-q-f_0/f_s) + \sum_{q=-\infty}^{\infty} \delta(F-q+f_0/f_s)\right]$$

ou

$$X(e^{j\Omega}) = A\pi\left[\delta_{2\pi}(\Omega - 2\pi\omega_0/\omega_s) + \delta_{2\pi}(\Omega + 2\pi\omega_0/\omega_s)\right]$$

$$X(e^{j\Omega}) = A\pi\left[\sum_{q=-\infty}^{\infty} \delta(\Omega - 2\pi(\omega_0/\omega_s - q)) + \sum_{q=-\infty}^{\infty} \delta(\Omega + 2\pi(\omega_0/\omega_s - q))\right]$$

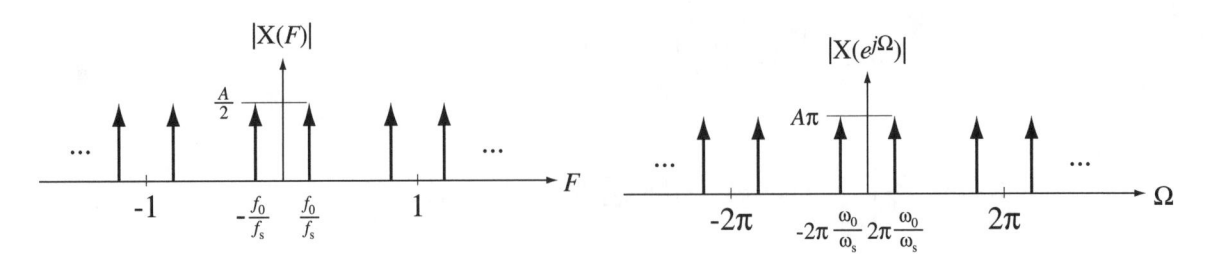

Observações:

1. Os valores da função harmônica em SFCT de x(t) correspondem às intensidades dos impulsos na TFCT de x(t).
2. A função harmônica em SFCT de $x_\delta(t)$ e a SFDT de x[n] são exatamente as mesmas, com exceção de um fator f_s, e elas são ambas repetições periódicas da função harmônica em SFCT de x(t) com período fundamental N_0.
3. A TFCT de $x_\delta(t)$ é uma repetição periódica da TFCT de x(t), a menos de um fator igual a f_s ou ω_s, com período fundamental f_s ou ω_s.
4. A TFCT de $x_\delta(t)$ e a TFDT de x[n] estão relacionadas por $X_\delta(f) = X(f/f_s)$ ou $X_\delta(j\omega) = X(j2\pi\omega/\omega_s)$, assim como foi mostrado anteriormente ser verdade de maneira geral.

Exemplo 11.13

TFCT, SFCT e TFDT de uma *sinc* contínua no tempo, de uma função *sinc* contínua no tempo amostrada por impulso e de uma função *sinc* discretizada no tempo

Determine a TFCT de $x(t) = A\operatorname{sinc}(t/T)$, a TFCT de $x_\delta(t) = A\operatorname{sinc}(t/T)\delta_{T_s}(t)$, e a TFDT de $x[n] = A\operatorname{sinc}(n/N_0)$, em que $f_s T = N_0$, N_0 é inteiro, $N_0 > 1$.

■ Solução

A TFCT de x(t):

$$X(f) = AT \operatorname{ret}(Tf) \quad \text{ou} \quad X(j\omega) = AT \operatorname{ret}(T\omega/2\pi)$$

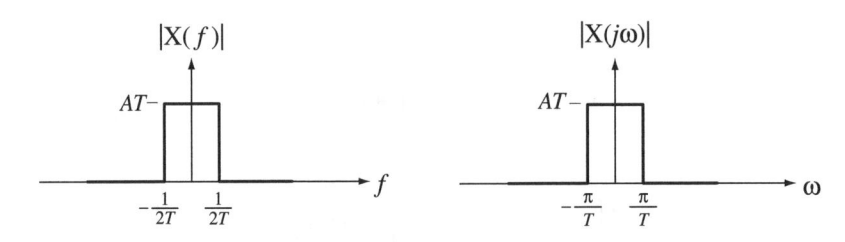

TFCT de $x_\delta(t)$:

$$X_\delta(f) = ATf_s \sum_{q=-\infty}^{\infty} \operatorname{ret}\left(T(f - qf_s)\right) = AN_0 \sum_{q=-\infty}^{\infty} \operatorname{ret}(Tf - qN_0)$$

ou

$$X_\delta(j\omega) = \frac{AT\omega_s}{2\pi} \sum_{q=-\infty}^{\infty} \operatorname{ret}\left(\frac{T}{2\pi}(\omega - q\omega_s)\right) = AN_0 \sum_{q=-\infty}^{\infty} \operatorname{ret}\left(\frac{T\omega - 2\pi q N_0}{2\pi}\right)$$

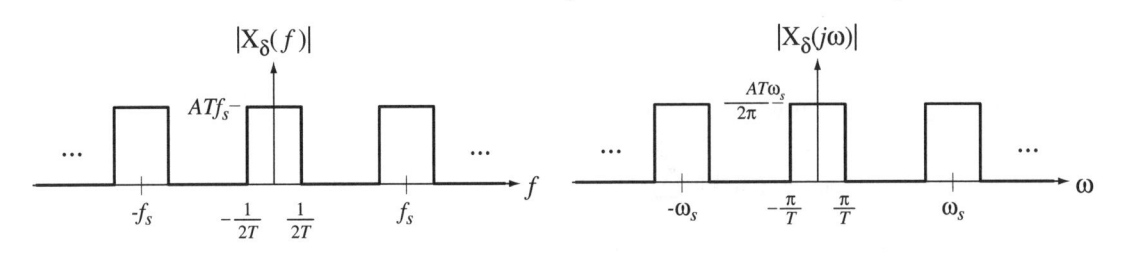

TFDT de $x[n] = A\operatorname{sinc}(n/N_0)$:

$$X(F) = AN_0 \sum_{q=-\infty}^{\infty} \operatorname{ret}\left(N_0(F-q)\right) = ATf_s \sum_{q=-\infty}^{\infty} \operatorname{ret}\left(Tf_s(F-q)\right)$$

ou

$$X(e^{j\Omega}) = AN_0 \sum_{q=-\infty}^{\infty} \operatorname{ret}\left(N_0\left(\frac{\Omega - 2\pi q}{2\pi}\right)\right) = \frac{AT\omega_s}{2\pi} \sum_{q=-\infty}^{\infty} \operatorname{ret}\left(\frac{T\omega_s}{2\pi}\left(\frac{\Omega - 2\pi q}{2\pi}\right)\right)$$

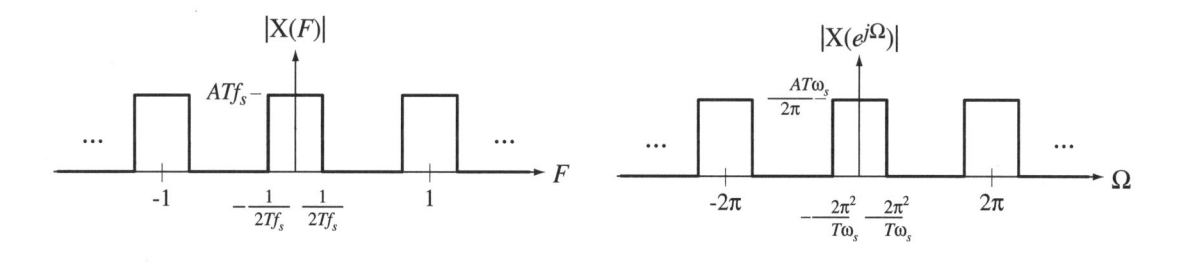

Os resultados do Exemplo 11.12 e do Exemplo 11.13 mostram como todos os métodos de Fourier são inter-relacionados e como um pode ser substituído pelo outro em muitas análises. Tais características serão importantes para o estudo da amostragem.

11.7 RESUMO DOS PONTOS MAIS IMPORTANTES

1. A SFDT consiste em um caso especial da TFDT.
2. A TFDT é sempre periódica com período unitário no domínio F ou com período 2π no domínio Ω.
3. Para sinais periódicos, existem conversões simples entre a transformada de Fourier e a série de Fourier.
4. Se um sinal é discreto em um domínio, ele é periódico no outro.
5. Um deslocamento em um domínio equivale a uma multiplicação por uma exponencial complexa no outro domínio.
6. Se um sinal contínuo no tempo é amostrado para compor um sinal discretizado no tempo, a TFDT do sinal discretizado pode ser determinada por meio da TFCT do sinal contínuo através de uma mudança de variável, porém o contrário não é geralmente verdadeiro.

EXERCÍCIOS COM RESPOSTAS

Em cada exercício, as respostas estão listadas em ordem aleatória.

TFDT Direta com Base na Definição

1. Da definição do somatório, determine a TFDT de

$$x[n] = 10\operatorname{ret}_4[n]$$

e compare com a tabela de transformadas de Fourier do Apêndice E.

2. Com base na definição, deduza uma expressão geral para as formas em F e Ω das TFDTs das funções da forma

$$x[n] = A\sin(2\pi F_0 n) = A\sin(\Omega_0 n)$$

[Você deve se lembrar da TFCT de $x(t) = A\operatorname{sen}(2\pi f_0 t) = A\operatorname{sen}(\omega_0 t)$.] Compare com a tabela de transformadas de Fourier do Apêndice E.

TFDT por Tabelas e Transformadas

3. Um sinal é definido por

$$x[n] = \operatorname{sinc}(n/8)$$

Trace os gráficos da magnitude e da fase da TFDT de x[n−2].
Resposta:

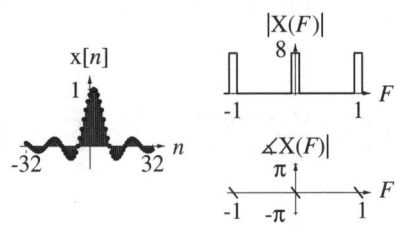

4. Um sinal é definido por

$$x[n] = \text{sen}(\pi n / 6)$$

Elabore os gráficos da magnitude e da fase da TFDT de x[n−3] e x[n + 12].
Respostas:

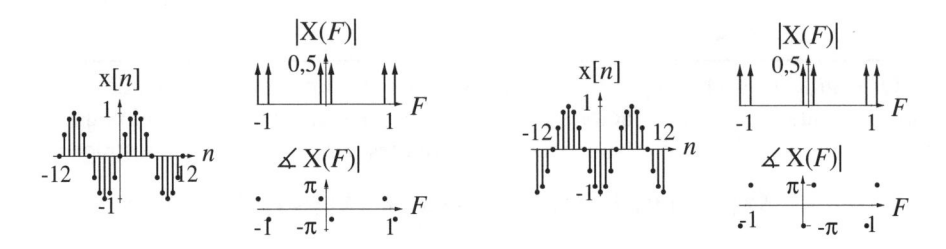

5. A TFDT de um sinal é definida por $X(e^{j\Omega}) = 4\pi[\text{ret}((2/\pi)(\Omega - \pi/2)) + \text{ret}((2/\pi)(\Omega + \pi/2))] * \delta_{2\pi}(\Omega)$. Trace x[n].
Resposta:

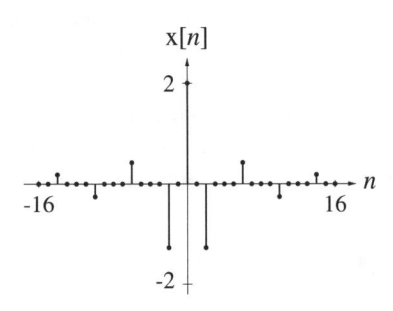

6. Elabore os gráficos da magnitude e da fase da TFDT de

$$x[n] = \text{ret}_4[n] * \cos(2\pi n / 6)$$

E então faça o gráfico de x[n].
Respostas:

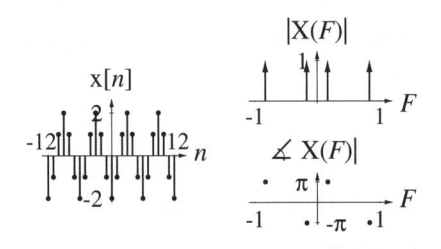

7. Trace o gráfico da TFDT inversa de $X(F) = (1/2)[\text{ret}(4F) * \delta_1(F)] \circledast \delta_{1/2}(F)$.

Resposta:

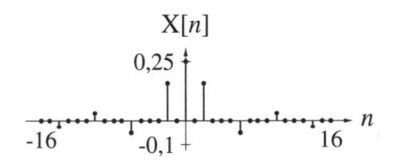

$X[n]$

0,25

-16   -0,1   16 n

8. Determine os valores numéricos das constantes.

(a) $A \operatorname{ret}_W[n] e^{jB\pi n} \xleftrightarrow{\mathcal{F}} 10 \dfrac{\operatorname{sen}(5\pi(F+1))}{\operatorname{sen}(\pi(F+1))}$ $A, W, e\ B$

(b) $2\delta_{15}[n-3] \operatorname{ret}_3[n] \xleftrightarrow{\mathcal{F}} A e^{jB\pi F}$ $A\ e\ B$

(c) $(2/3)^n u[n+2] \xleftrightarrow{\mathcal{F}} \dfrac{A e^{jB\pi F}}{1-\alpha e^{-j2\pi F}}$ $A, B, e\ \alpha$

(d) $4\operatorname{sinc}(n/10) \xleftrightarrow{\mathcal{F}} A\operatorname{ret}(BF) * \delta_1(F)$ $A\ e\ B$

Respostas: 10, 40, 6, −4, 2/3, 10, 2, 2, −2

9. Determine os valores numéricos destas funções.

(a) $x[n] = 4(2/3)^n u[n]$ $X(e^{j\Omega})|_{\Omega=\pi}$
(b) $x[n] = 2\operatorname{ret}_3[n-2]$ $X(F)|_{F=1/8}$
(c) $X(F) = [\operatorname{ret}(10F) * \delta_1(F)] \circledast (1/2)[\delta_1(F-1/4) + \delta_1(F+1/4)]$ $x[2]$

Respostas: −0,09355; 2,4; −j2

10. Utilizando a propriedade das diferenças finitas da TFDT e o par de transformadas

$$\operatorname{tri}(n/2) \xleftrightarrow{\mathcal{F}} 1 + \cos(2\pi F)$$

determine a TFDT de $\dfrac{1}{2}(\delta[n+1]+\delta[n]-\delta[n-1]-\delta(n-2))$. Compare-a com a transformada de Fourier obtida utilizando-se a tabela do Apêndice E.

11. Com o teorema de Parseval, determine a energia de sinal de

$$x[n] = \operatorname{sinc}(n/10)\sin(2\pi n/4)$$

Resposta: 5

Relações entre Métodos de Fourier

12 Trace os gráficos da magnitude e da fase da TFCT de

$$x_1(t) = \operatorname{ret}(t)$$

e da função harmônica em SFCT de

$$x_2(t) = \operatorname{ret}(t) * \delta_8(t)$$

Para fins de comparação, trace $X_1(f)$ em função de f e $T_0 X_2[k]$ em função de kf_0 no mesmo conjunto de eixos. [T_0 é o período fundamental de $x_2(t)$ e $T_0 = 1/f_0$.]

Resposta:

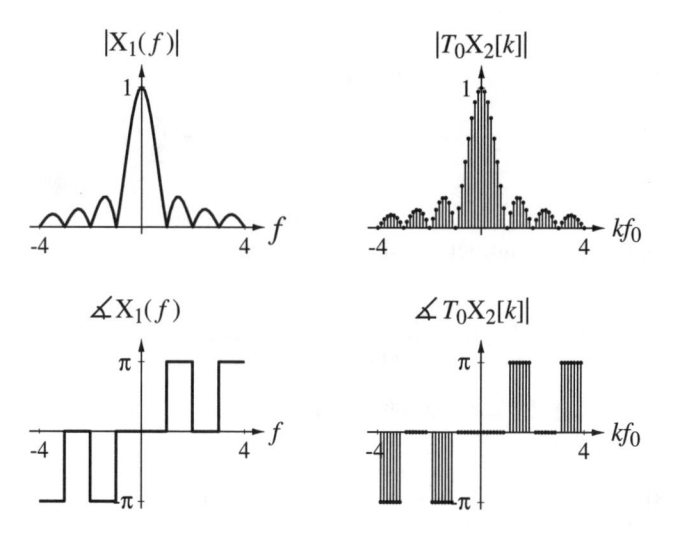

[Gráficos: $|X_1(f)|$, $|T_0 X_2[k]|$, $\sphericalangle X_1(f)$, $\sphericalangle T_0 X_2[k]$]

13. Elabore os gráficos da magnitude e da fase da TFCT de

$$x_1(t) = 4\cos(4\pi t)$$

e da TFDT de

$$x_2[n] = x_1(nT_s)$$

em que $T_s = 1/16$. Para fins de comparação, trace $X_1(f)$ e $T_s X_2(T_s f)$ em função de f no mesmo conjunto de eixos.

Resposta:

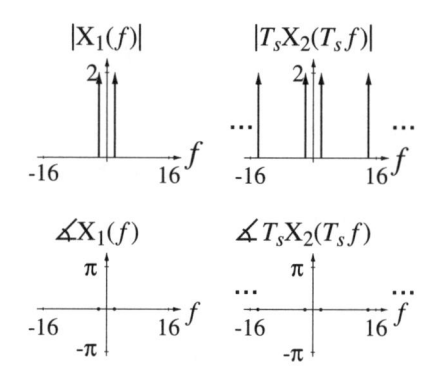

[Gráficos: $|X_1(f)|$, $|T_s X_2(T_s f)|$, $\sphericalangle X_1(f)$, $\sphericalangle T_s X_2(T_s f)$]

14. Faça os gráficos da magnitude e da fase da TFDT de

$$x_1[n] = \frac{\text{sinc}(n/16)}{4}$$

e da função harmônica em SFDT de

$$x_2[n] = \frac{\text{sinc}(n/16)}{4} * \delta_{32}[n]$$

Para fins de comparação, trace $X_1(F)$ em função de F e $N_0 X_2[k]$ em função de kF_0 no mesmo conjunto de eixos.

Respostas:

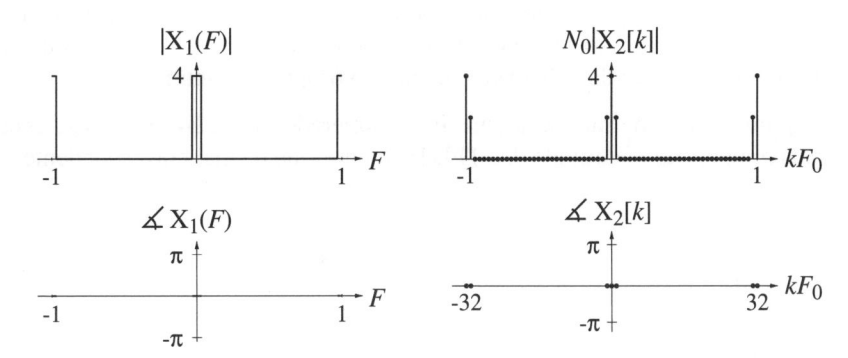

EXERCÍCIOS SEM RESPOSTAS

TFDT

15. Determine a TFDT de cada um dos sinais a seguir.

    (a) $x[n] = (1/3)^n u[n-1]$
    (b) $x[n] = \text{sen}(\pi n/4)(1/4)^n u[n-2]$
    (c) $x[n] = \text{sinc}(2\pi n/8) * \text{sinc}(2\pi(n-4)/8)$
    (d) $x[n] = \text{sinc}^2(2\pi n/8)$

16. Trace os gráficos das magnitudes e das fases das TFDTs das funções abaixo.

    (a) $\text{ret}_2[n]$
    (b) $\text{ret}_2[n] * (-5\delta[n])$
    (c) $\text{ret}_2[n] * 3\delta[n+3]$
    (d) $\text{ret}_2[n] * (-5\delta[4n])$
    (e) $\text{ret}_2[n] * \delta_8[n]$
    (f) $\text{ret}_2[n] * \delta_8[n-3]$
    (g) $\text{ret}_2[n] * \delta_8[2n]$
    (h) $\text{ret}_2[n] * \delta_5[n]$

17. Elabore os gráficos das TFDTs inversas das funções dadas a seguir.

    (a) $X(F) = \delta_1(F) - \delta_1(F-1/2)$
    (b) $X(F) = j\delta_1(F+1/8) - j\delta_1(F-1/8)$
    (c) $X(F) = [\text{sinc}(10(F-1/4)) + \text{sinc}(10(F+1/4))] * \delta_1(F)$
    (d) $X(F) = [\delta(F-1/4) + \delta(F-3/16) + \delta(F-5/16)] * \delta_1(2F)$

18. Um sinal $x[n]$ possui uma TFDT $X(F) = 10\text{sinc}(5F) * \delta_1(F)$. Qual é a sua energia de sinal?

19. Um sinal $x[n]$ tem uma TFDT,

    $$X(F) = \delta_1(F-1/4) + \delta_1(F+1/4) + j\delta_1(F+1/3) - j\delta_1(F-1/3)$$

    Qual é o período fundamental N_0 de $x[n]$?

20. A TFDT de $x[n] = 2\delta[n+3] - 3\delta[n-3]$ pode ser representada na forma, $X(F) = A\text{sen}(bF) + Ce^{dF}$. Determine os valores numéricos de A, b, C e d.

21. Seja $x[n]$ um sinal e seja $y[n] = \sum_{m=-\infty}^{n} x[m]$. Se $Y(e^{j\Omega}) = \cos(2\Omega)$, $x[n]$ consiste exatamente em quatro impulsos. Quais são as intensidades numéricas deles e suas posições?

22. Um sinal $x[n] = 4\cos(2\pi n/15) + 2\cos(2\pi n/9)$ excita um sistema cuja resposta ao impulso é $h[n] = \text{ret}_{N_w}[n]$ (N_w (em que N_w é inteiro). Quando $N_w = 22$, a resposta

y[n] do sistema é zero. A resposta do sistema também é zero para certos valores maiores de N_w. Determine o menor valor inteiro numérico positivo de N_w maior do que 22 que torna a resposta nula. [Dica: Os zeros de drcl(F, N) ocorrem quando F é um múltiplo inteiro de $1/N$, exceto quando o próprio F é inteiro.]

23. Na Figura E.23 encontram-se alguns sinais numerados de 1 a 14. Abaixo deles estão alguns gráficos de magnitude das TFDTs, identifique o sinal correspondente.

  (1) $3\text{sinc}(n)$
  (2) $5\text{sinc}(n/4) * 2\text{sinc}(n/4)$
  (3) $7\cos(2\pi n/8)$
  (4) $\delta[n+1] - \delta[n-1]$
  (5) $3\text{sinc}(n/4)$
  (6) $4\text{sen}(2\pi n/8)$
  (7) $(2/3)^n\, u[n]$
  (8) $2\text{ret}_2[n-3]$
  (9) $4\delta_4[n]$
  (10) $-4\delta_2[n]$
  (11) $-3\text{sinc}^2(n/4)$
  (12) $\delta[n+1] + \delta[n-1]$
  (13) $2\text{ret}_3[n-3]$
  (14) $(-1/3)^n\, u[n]$

Relações entre os Métodos de Fourier

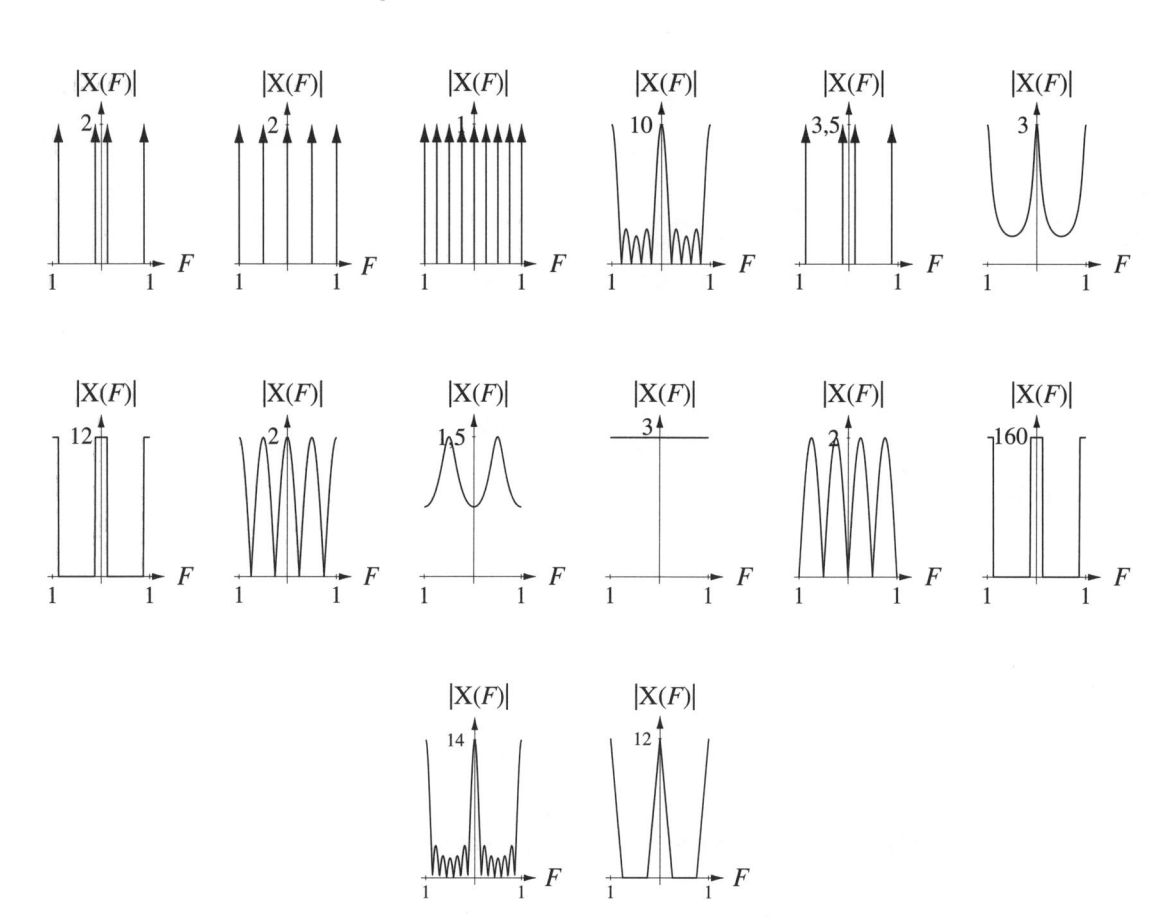

Figura E.23

24. Usando a relação entre a TFCT de um sinal e a SFCT de uma extensão periódica daquele sinal, determine a SFCT de

$$x(t) = \text{ret}(t/w) * \delta_{T_0}(t)$$

e realize a comparação dela com a entrada da tabela.

25. Um sinal x(t) possui uma TFCT X(f) = 4 ret(f/2). Um novo sinal $x_p(t)$ é composto pela repetição periódica de x(t) com um período igual a 8. A função harmônica em SFCT de $x_p(t)$ é $X_p[k]$. Determine $X_p[k]$.

26. Um sinal aperiódico x(t) possui uma TFCT,

$$X(f) = \begin{cases} 0 & , |f| > 4 \\ 4 - |f| & , 2 < |f| < 4 \\ 2 & , |f| < 2 \end{cases} = 4\,\text{tri}(f/4) - 2\,\text{tri}(f/2)$$

Seja $x_p(t) = x(t) * \delta_2(t) = \sum_{k=-\infty}^{\infty} x(t - 2k)$ e seja $X_p[k]$ sua função harmônica em SFCT.

(a) Trace a magnitude de X(f).
(b) Determine uma expressão para $X_p[k]$.
(c) Determine os valores numéricos de $X_p[3]$, $X_p[5]$ e $X_p[10]$.

27. Fazendo uso da relação entre a TFDT de um sinal e a SFDT de uma extensão periódica do referido sinal, determine a SFDT de

$$\text{ret}_{N_w}[n] * \delta_{N_0}[n]$$

e compare-a com a entrada da tabela.

28. Um sinal x[n] é constituído por meio da amostragem de um sinal x(t) = 12sinc(5t) com o tempo entre amostras de $T_s = 0{,}1$. A TFDT de x[n] corresponde a $X_{TFDT}(F)$. Determine o valor numérico de $X_{TFDT}(0{,}2)$.

12

CAPÍTULO

Análise de Sinais e Sistemas por Transformada de Fourier Contínua no Tempo

A cura para o tédio é a curiosidade. Não há cura para a curiosidade.

Dorothy Parker, escritora e poetisa espirituosa

12.1 INTRODUÇÃO E OBJETIVOS

Até este ponto do nosso texto, o conteúdo tem sido substancialmente matemático e abstrato. Vimos alguns exemplos oportunos do uso de técnicas para a análise de sinais e sistemas, porém ainda não foi feita nenhuma exploração detalhada de suas aplicações. Estamos agora munidos de ferramentas analíticas suficientes para tratarmos certos tipos de sinais e sistemas importantes e demonstrar o porquê destes métodos de Fourier serem tão populares e poderosos na realização da análise de diversos sistemas. Uma vez que tenhamos desenvolvido uma habilidade e familiaridade reais com os métodos no domínio da freqüência, compreenderemos a razão pela qual muitos engenheiros profissionais despendem praticamente toda a sua carreira "no domínio da freqüência", criando, projetando e analisando sistemas por meio dos métodos de Fourier e de outros métodos de transformada.

Todo sistema SLIT tem uma resposta ao impulso e, por meio da transformada de Fourier, também uma resposta em freqüência. Iremos analisar sistemas denominados filtros, que são projetados para terem uma dada resposta em freqüência. Vamos definir o termo "filtro ideal" e veremos modos de aproximação para um filtro ideal. Visto que a resposta em freqüência é bastante importante na análise de sistemas, desenvolveremos métodos eficientes de determinação de respostas em freqüência associadas a sistemas complexos. O último e principal exemplo de aplicação dos métodos de Fourier é representado pelos sistemas de comunicação, que utilizam filtros e outras técnicas no domínio da freqüência.

OBJETIVOS DO CAPÍTULO:

1. Demonstrar o uso dos métodos de Fourier na análise de uma variedade de sistemas de importância prática para a engenharia, tais como filtros e sistemas de comunicação.
2. Desenvolver uma percepção do poder da análise de sinais e sistemas realizada diretamente no domínio da freqüência.

12.2 RESPOSTA EM FREQÜÊNCIA

O verdadeiro poder da TFCT fica claro na análise geral de sinais e sistemas no domínio da freqüência. Um sistema SLIT é completamente caracterizado por sua resposta ao impulso. Ele é também completamente caracterizado por sua resposta em freqüência, que corresponde à TFCT de sua resposta ao impulso (Figura 12.1).

Figura 12.1
(a) Diagrama de blocos do sistema no domínio do tempo e (b) diagrama de blocos do sistema no domínio da freqüência.

Assim como foi mostrado nos Capítulos 10 e 11, quando dois sistemas são associados em cascata, a resposta ao impulso total equivale à convolução entre as duas respostas ao impulso individuais. Visto que a contrapartida no domínio da freqüência da convolução é a multiplicação, quando dois sistemas são conectados em cascata, a resposta em freqüência total equivale ao produto entre as duas respostas em freqüência individuais (Figura 12.2).

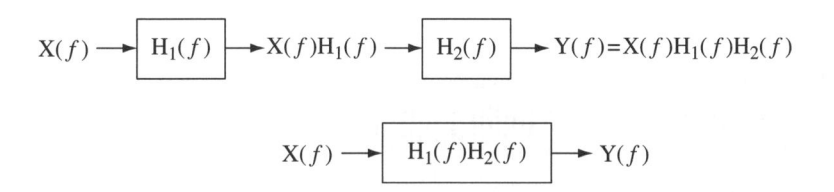

Figura 12.2
Associação em cascata entre sistemas no domínio da freqüência.

Já que a multiplicação entre funções complexas é geralmente mais fácil de ser feita do que a convolução entre duas funções reais, a análise de sinais e sistemas é freqüentemente mais conveniente no domínio da freqüência. A resposta ao impulso total do sistema relativa aos sistemas associados em paralelo corresponde à soma das respostas ao impulso individuais. Visto que a TFCT de uma soma de funções no domínio do tempo equivale à soma das TFCTs das funções individuais, a resposta em freqüência total do sistema relativa aos sistemas conectados em paralelo é a soma de suas respostas em freqüência (Figura 12.3).

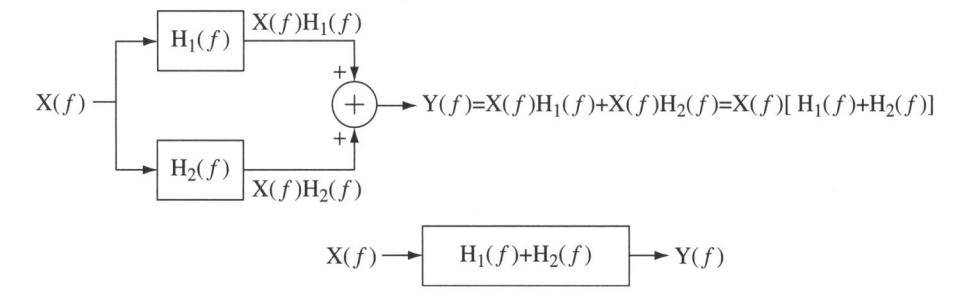

Figura 12.3
Associação em paralelo entre sistemas no domínio da freqüência.

Até agora determinamos a resposta de um sistema conhecido para um sinal conhecido. É bastante comum em análise de sistemas não conhecer o comportamento exato do sinal no domínio do tempo, mas conhecer bem suas características gerais no domínio da freqüência. As Figuras 12.4 e 12.5 ilustram alguns sinais e como suas potências de sinal variam com a freqüência.

Figura 12.4
Um fluxo de bits em banda-base e sua variação da potência de sinal com a freqüência.

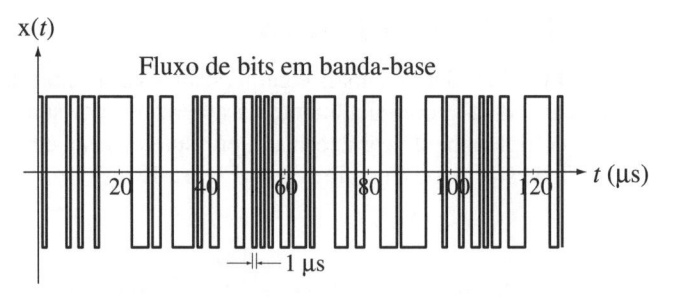

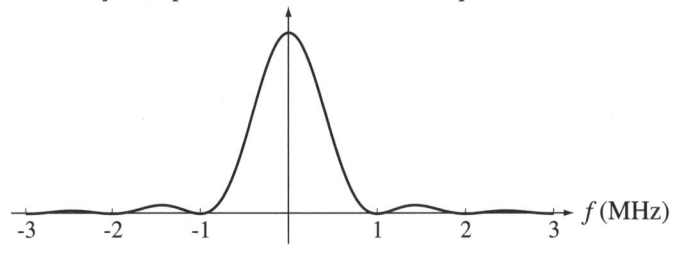

Figura 12.5
Um fluxo de bits codificado pela modulação por deslocamento de fase binária e sua variação da potência de sinal com a freqüência.

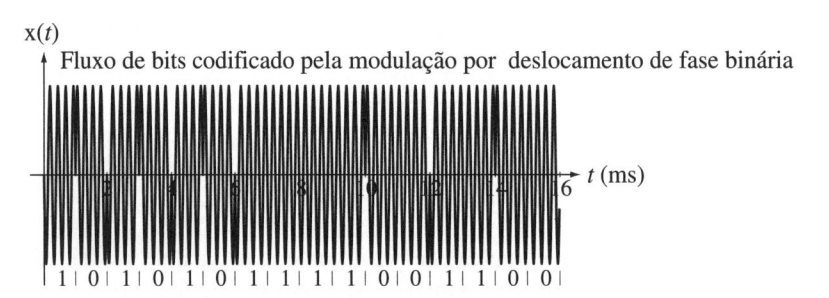

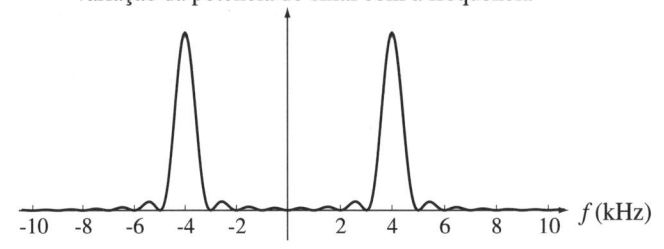

Provavelmente, o exemplo de resposta em freqüência mais familiar em nossa vida diária seja a resposta do ouvido humano aos sons. A Figura 12.6 ilustra a variação da percepção de um ouvido humano tipicamente comum em relação ao volume de uma única freqüência senoidal com intensidade média constante como uma função da freqüência entre 20 Hz e 20 kHz. Essa faixa de freqüências é comumente chamada de **faixa de áudio**.

Essa resposta em freqüência é o resultado da estrutura do ouvido humano. O sistema de áudio para entretenimento em casa é um sistema projetado com a resposta característica do ouvido em mente. Esse é um exemplo de sistema projetado sem se conhecer exatamente quais sinais ele processará ou exatamente como devem ser processados. Contudo, é sabido que os sinais se encontrarão na faixa de freqüência de áudio. Visto que pessoas distintas possuem diferentes gostos para a música e a percebem de maneira individual, tal sistema deve possuir certa flexibilidade. Um sistema de

Percepção do ouvido humano em relação ao volume do som em função da freqüência (Normalizada para 4 kHz)

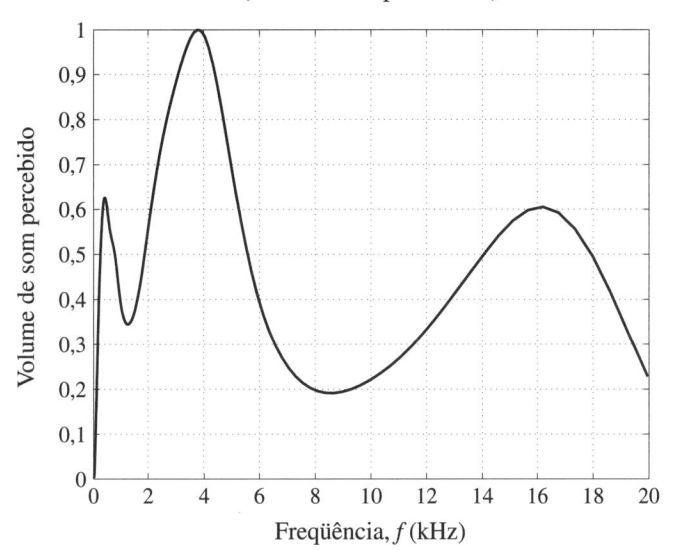

Figura 12.6
Percepção do ouvido humano típico em relação ao volume do som de um tom de aúdio com amplitude constante como uma função da freqüência.

áudio tipicamente tem um amplificador capaz de ajustar o volume relativo de uma freqüência em função de outra por meio dos controles de tom como o ajuste de graves, o ajuste de agudos, a compensação de volume ou um equalizador gráfico. Esses controles permitem a qualquer usuário do sistema ajustar sua resposta em freqüência com vistas à obtenção de uma reprodução mais agradável possível do som para qualquer tipo de música.

Estes tipos de controle do amplificador de áudio são bons exemplos de sistemas projetados no domínio da freqüência. O propósito deles é ajustar a forma da resposta em freqüência do amplificador. O termo **filtro** é comumente adotado para sistemas cujo objetivo principal seja ajustar a forma da resposta em freqüência. Já analisamos um circuito denominado filtro passa-baixas e apresentamos o motivo pelo qual ele tem esse nome. O que quer dizer a palavra filtro em geral? É um dispositivo para separar elementos desejáveis de elementos indesejáveis. Um filtro de café separa o café (líquido), que é desejável, dos grãos moídos, que são indesejáveis. Um filtro de óleo remove partículas indesejáveis. Na análise de sinais e sistemas, um filtro separa a parte desejável de um sinal da parte indesejável. O que é desejável e o que é indesejável depende daquilo que estamos tentando obter com sinais e sistemas. Um filtro é convencionalmente definido em análise de sinais e sistemas como um dispositivo que intensifica a potência de um sinal em uma faixa de freqüências enquanto atenua a potência em outra faixa de freqüências.

Ajustes simples do volume de graves e agudos (baixas e altas freqüências) em amplificadores de áudio podem ser realizados pelo uso de filtro passa-baixas e passa-altas com freqüências de quebra ajustáveis. Já vimos como se conceber o circuito de um filtro passa-baixas. Do mesmo modo, podemos construir um filtro passa-baixas usando blocos elementares de sistema padrão como integradores, amplificadores e junções somadoras [Figura 12.7(a)].

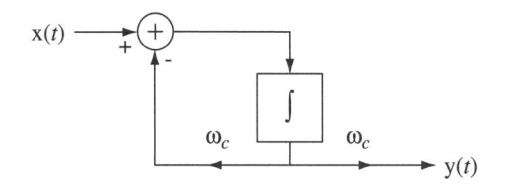

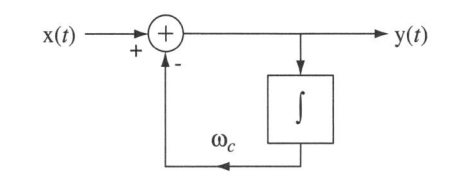

Figura 12.7
Filtros elementares: (a) passa-baixas, (b) passa-altas.

O sistema da Figura 12.7(a) é um filtro passa-baixas com uma freqüência de corte igual a ω_c (em radianos/segundo) e uma magnitude de resposta em freqüência que tende à unidade nas baixas freqüências. A resposta em freqüência é

$$H(j\omega) = \frac{\omega_c}{j\omega + \omega_c}$$

O sistema da Figura 12.7(b) é um filtro passa-altas com uma freqüência de corte de ω_c e uma magnitude de resposta em freqüência que tende à unidade nas altas freqüências. Sua resposta em freqüência é descrita por

$$H(j\omega) = \frac{j\omega}{j\omega + \omega_c}$$

Em cada caso, se ω_c pode variar, a potência relativa dos sinais em freqüências baixas e altas pode ser ajustada. Esses dois sistemas podem ser associados em cascata para formarem, juntos, um filtro **passa-faixa** (Figura 12.8).

Figura 12.8
Um filtro passa-faixa constituído pela associação em cascata entre um filtro passa-altas e um filtro passa-baixas.

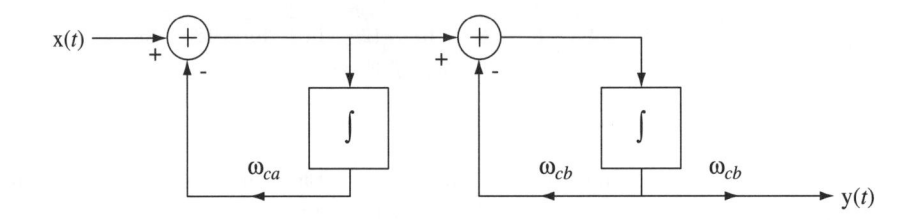

A resposta em freqüência do filtro passa-faixa é dada por

$$H(j\omega) = \frac{j\omega}{j\omega + \omega_{ca}} \frac{\omega_{cb}}{j\omega + \omega_{cb}} = \frac{j\omega\omega_{cb}}{(j\omega)^2 + j\omega(\omega_{ca} + \omega_{cb}) + \omega_{ca}\omega_{cb}}$$

Como um exemplo, seja $\omega_{ca} = 100$ e $\omega_{cb} = 50.000$. Então as respostas em freqüência dos filtros passa-baixas, passa-altas e passa-faixa resultam nas formas que estão ilustradas nos gráficos da Figura 12.9.

Figura 12.9
Respostas em freqüência para os filtros passa-altas, passa-baixas e passa-faixa.

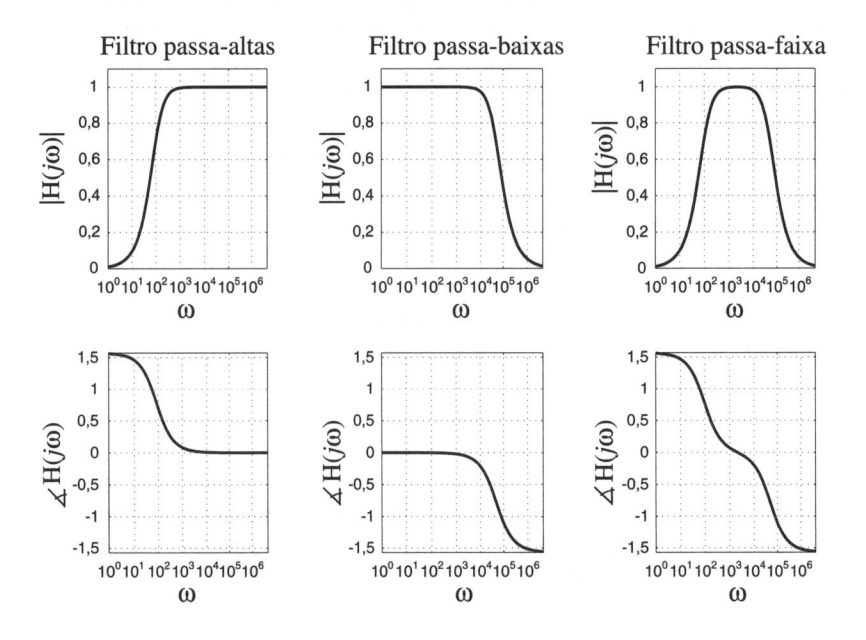

Um filtro **corta-faixa** pode ser elaborado por meio da associação em paralelo entre um filtro passa-baixas e um filtro passa-altas se a freqüência de quebra do filtro passa-baixas for menor do que a freqüência de quebra do filtro passa-altas (Figura 12.10).

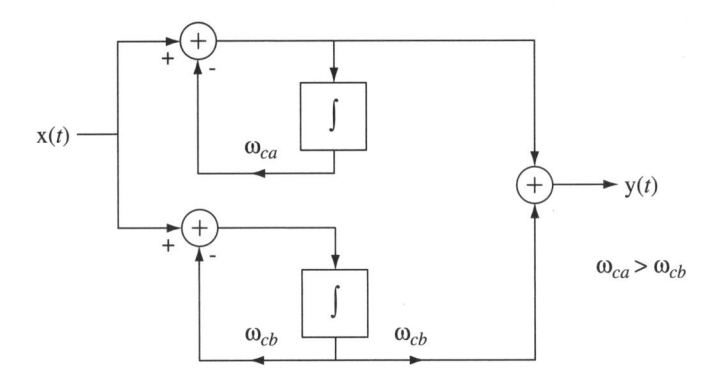

Figura 12.10
Um filtro corta-faixa constituído pela associação em paralelo de um filtro passa-baixas e um filtro passa-altas.

A resposta em freqüência do filtro corta-faixa é

$$H(j\omega) = \frac{(j\omega)^2 + j2\omega\omega_{cb} + \omega_{ca}\omega_{cb}}{(j\omega)^2 + j\omega(\omega_{ca} + \omega_{cb}) + \omega_{ca}\omega_{cb}}$$

Se, por exemplo, fossem admitidos os seguintes valores $\omega_{ca} = 50.000$ e $\omega_{cb} = 100$, a resposta em freqüência se assemelharia àquela mostrada pelos gráficos da Figura 12.11.

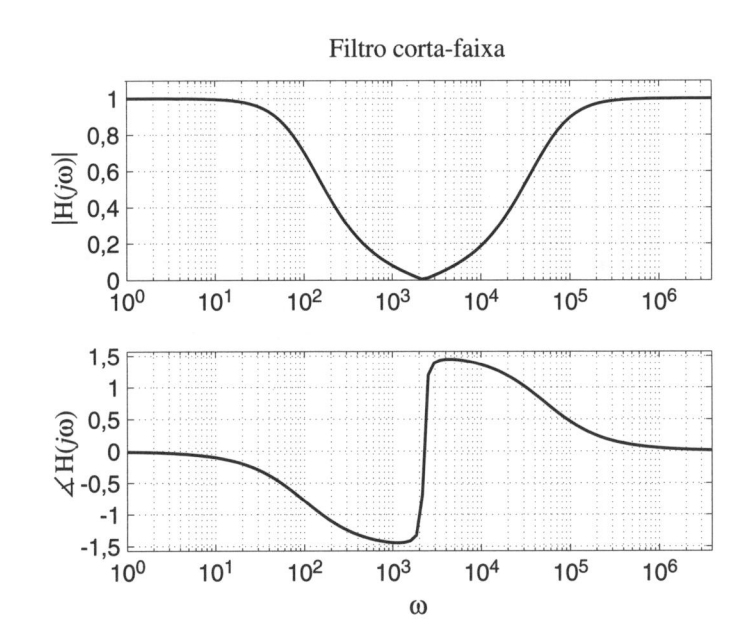

Figura 12.11
Resposta em freqüência do filtro corta-faixa.

Um equalizador gráfico é um pouco mais complicado do que um simples filtro passa-baixas, passa-altas ou passa-faixa. Ele possui diversos filtros conectados em cascata, onde cada um deles pode aumentar ou reduzir a resposta em freqüência do amplificador em uma estreita faixa de freqüências. Considere o sistema mostrado pela Figura 12.12.

Figura 12.12
Um sistema biquadrático.

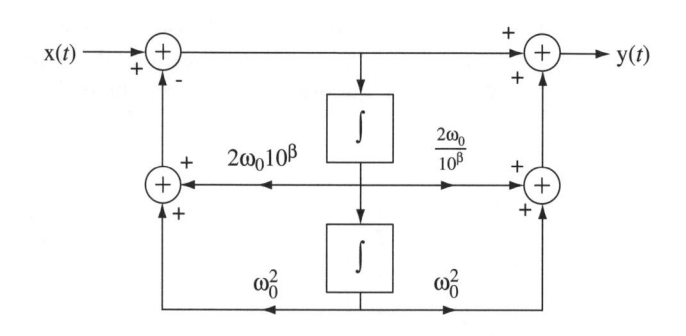

Sua resposta em freqüência é

$$H(j\omega) = \frac{(j\omega)^2 + j2\omega_0\omega/10^\beta + \omega_0^2}{(j\omega)^2 + j2\omega_0\omega \times 10^\beta + \omega_0^2}$$

Essa resposta em freqüência é **biquadrática** em $j\omega$, uma razão entre dois polinômios quadráticos. Se traçarmos um gráfico da magnitude da resposta em freqüência com $\omega_0 = 1$ para diversos valores do parâmetro β, podemos ver como este sistema poderia ser usado como um único filtro em um equalizador gráfico (Figura 12.13).

Figura 12.13
Magnitude da resposta em freqüência para

$$H(j\omega) = \frac{(j\omega)^2 + j2\omega/10^\beta + 1}{(j\omega)^2 + j2\omega \times 10^\beta + 1}.$$

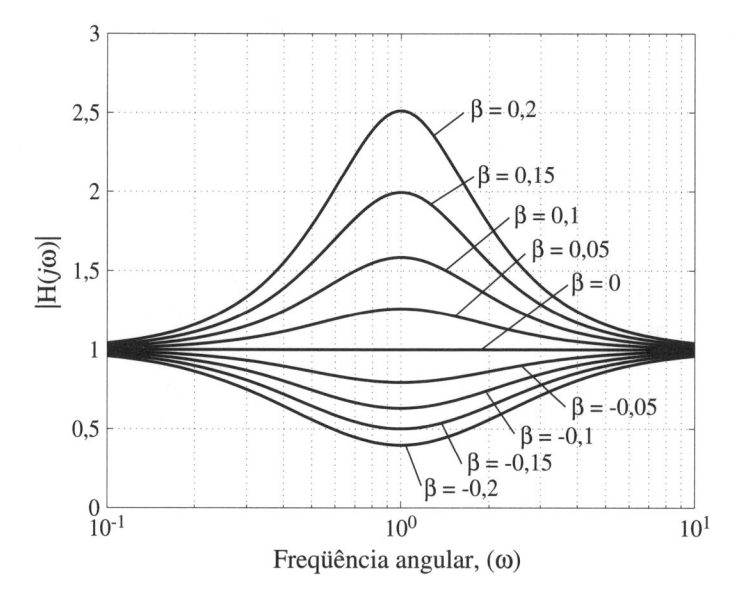

É claro que, com uma seleção adequada do parâmetro β, esse filtro pode tanto reforçar quanto atenuar sinais próximos à sua freqüência central ω_0 e tem uma resposta em freqüência tendendo à unidade para freqüências distantes de sua freqüência central. Um conjunto de filtros associados em cascata deste tipo, onde cada um deles tem uma freqüência central diferenciada, pode ser utilizado para reforçar ou atenuar múltiplas bandas de freqüências e, conseqüentemente, conformar a resposta em freqüência de acordo com praticamente qualquer forma que um ouvinte possa desejar (Figura 12.14).

Com todos esses filtros ajustados para reforçar suas respectivas faixas de freqüência, as magnitudes das respostas em freqüência dos subsistemas se pareceriam muito com os gráficos da Figura 12.15.

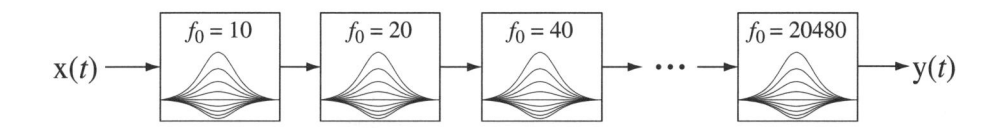

Figura 12.14
Diagrama de blocos conceitual de um equalizador gráfico.

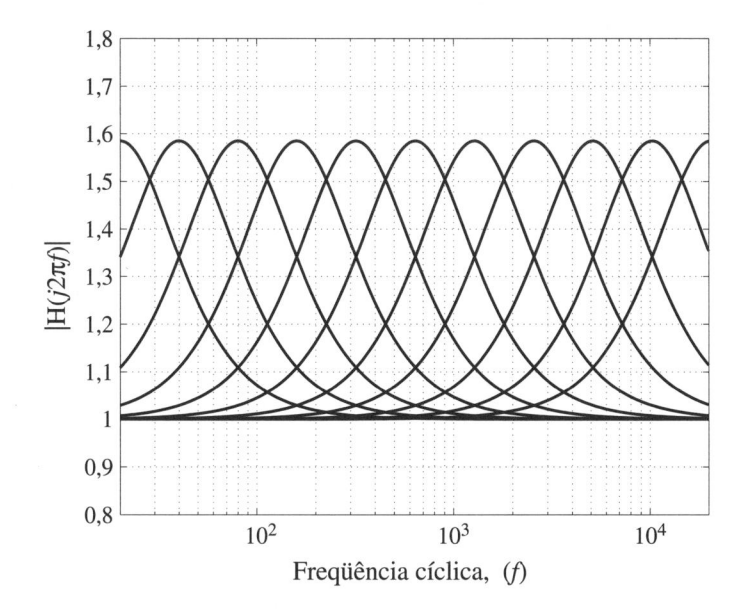

Figura 12.15
Magnitudes da resposta em freqüência para 11 filtros que cobrem a faixa de áudio.

As freqüências centrais desses filtros são 20 Hz, 40 Hz, 80 Hz, ..., 20480 Hz. Os filtros estão espaçados por intervalos de **oitavas** na freqüência. Uma oitava é um fator que equivale à mudança na freqüência por dois. Isso torna as freqüências centrais individuais de cada filtro uniformemente espaçadas em uma escala logarítmica e as larguras de banda dos filtros são também uniformes na escala logarítmica. Esse é um tipo de filtro conhecido como **Q-constante** porque a razão entre a freqüência central e a largura de banda se mantém a mesma à medida que a freqüência central é alterada.

Um outro exemplo de sistema projetado para lidar com sinais desconhecidos são os sistemas de instrumentação que medem pressão, temperatura, fluxo, dentre outras grandezas em um processo industrial. Não sabemos exatamente como tais parâmetros dos processos podem variar. Contudo, eles normalmente estão confinados dentro de alguma faixa de valores conhecida e não podem variar mais rapidamente do que uma dada taxa máxima devido às limitações físicas do processo. Novamente, tal conhecimento nos permite projetar um sistema de processamento de sinais apropriado para esses tipos de sinais.

Mesmo que as características exatas de um sinal possam ser desconhecidas, normalmente sabemos alguma coisa a respeito dele. Muitas vezes, conhecemos o seu **espectro de potência** aproximado. Ou seja, temos uma descrição aproximada da potência de sinal do sinal no domínio da freqüência. Se não pudéssemos calcular matematicamente o espectro de potência, poderíamos estimá-lo baseando-nos no conhecimento da física do sistema que o criou ou poderíamos medi-lo. Um modo de medi-lo seria por meio de filtros. Diversos tipos de filtros e a maneira pela qual os analisamos e os caracterizamos são tópicos a serem vistos da Seção 12.3 à Seção 12.6.

12.3 FILTROS IDEAIS

DISTORÇÃO

O termo "filtro passa-baixas" descreve um filtro que permite a passagem da potência de sinal a baixas freqüências e elimina a potência de sinal nas altas freqüências. Um filtro passa-baixas **ideal** permitiria a passagem de toda a potência de sinal para freqüências abaixo de um certo máximo, sem provocar distorções no sinal em toda a faixa de freqüências em questão, e eliminaria ou bloquearia completamente toda a potência de sinal situada nas freqüências acima da referência de máximo. É importante aqui definir precisamente o que é entendido por **distorção**. Distorção é comumente interpretada em análise de sinais e sistemas para significar mudanças na forma de um sinal. Isso não quer dizer que se alteramos um dado sinal, estejamos necessariamente distorcendo-o. A multiplicação do sinal por uma constante ou um deslocamento no tempo do sinal são mudanças que não são consideradas distorções.

Suponha que um sinal x(t) tenha uma forma como aquela ilustrada na parte superior da Figura 12.16(a). Então, o sinal na parte inferior da Figura 12.16(a) é uma versão não distorcida do referido sinal. A Figura 12.16(b) apresenta um tipo de distorção.

Figura 12.16
(a) Um sinal original e uma versão modificada, mas não distorcida dele; (b) um sinal original e uma versão distorcida dele.

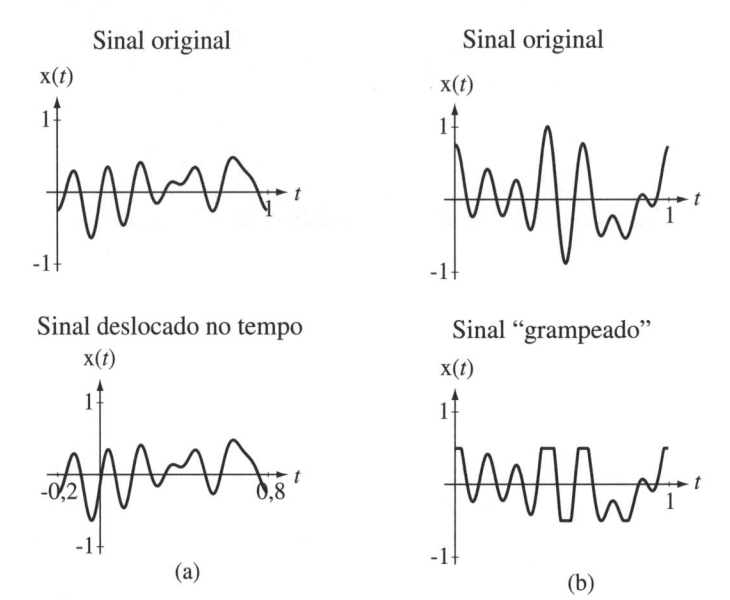

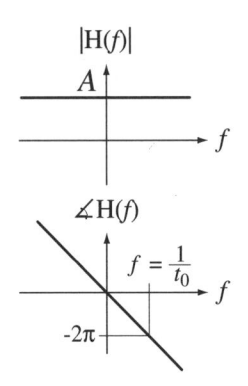

Figura 12.17
Magnitude e fase de um sistema livre de distorções.

A resposta de um filtro SLIT (e de qualquer sistema SLIT) é a convolução entre sua excitação e sua resposta ao impulso. Qualquer sinal submetido à convolução com um impulso unitário localizado na origem permanece inalterado, $x(t) * \delta(t) = x(t)$. Se o impulso tem uma intensidade diferente de um, o sinal é multiplicado por essa intensidade, mas a forma ainda continua a mesma, $x(t) * A\delta(t) = Ax(t)$. Se o impulso é deslocado da origem, a convolução é igualmente deslocada, porém sem modificações na forma $x(t) * A\delta(t-t_0) = Ax(t-t_0)$. Portanto, a resposta ao impulso de um filtro que não provoca distorções seria um impulso, possivelmente com uma intensidade diferente da unitária e, possivelmente, deslocado no tempo. A forma mais geral de uma resposta ao impulso para um sistema livre de distorções seria $h(t) = A\delta(t-t_0)$. A resposta em freqüência correspondente seria a transformada de Fourier da resposta ao impulso $H(f) = Ae^{-j2\pi f t_0}$. A resposta em freqüência pode ser caracterizada por sua magnitude e fase $|H(f)| = A$ e $\angle H(f) = -2\pi f t_0$. Dessa maneira, um sistema imune às distorções tem uma magnitude de resposta em freqüência que é constante com a freqüência e uma fase que é linear com a freqüência (Figura 12.17). A magnitude da resposta em freqüência de um sistema livre de distorções é constante e a fase da resposta em freqüência é linear.

Deve ser notado aqui que uma resposta ao impulso ou uma resposta em freqüência sem distorções é um conceito que na verdade não pode ser realizado em qualquer sistema físico real. Nenhum sistema real pode ter uma resposta em freqüência que seja constante ao longo de todo o espectro de freqüências até o infinito. Portanto, as respostas em freqüência de todos os sistemas físicos reais devem tender a zero à medida que a freqüência tende ao infinito.

CLASSIFICAÇÕES DE FILTROS

Para qualquer filtro, uma faixa de freqüências a qual um filtro permite a passagem da potência de sinal é conhecida como **banda passante** e uma faixa de freqüências a qual um filtro bloqueia a potência de sinal é denominada **banda de rejeição**. Visto que o propósito de um filtro é remover a parte indesejável de um sinal e manter a parte residual deste sinal, nenhum filtro, nem mesmo o ideal, é livre de distorções, pois sua magnitude não é constante com a freqüência. Porém, um filtro ideal é imune a distorções *dentro de sua banda passante*. Sua magnitude de resposta em freqüência é constante dentro da banda passante, e sua fase da resposta em freqüência é linear dentro dessa mesma banda.

Existem quatro tipos de filtro ideal elementar comumente definidos: passa-baixas, passa-altas, passa-faixa e corta-faixa. Nas descrições seguintes, f_m, f_L, e f_H são todos diferentes de zero e finitos.

Um filtro passa-baixas ideal permite a passagem de potência de sinal em um intervalo de freqüências $0 < |f| < f_m$ sem distorção e elimina a potência de sinal em todas as demais freqüências.

Um filtro passa-altas ideal elimina a potência de sinal em um intervalo de freqüências $0 < |f| < f_m$ e permite a passagem de potência de sinal em todas as demais freqüências.

Um filtro passa-faixa ideal permite a passagem de potência de sinal em um intervalo de freqüências $0 < f_L < |f| < f_H$ sem distorção e elimina potência de sinal em todas as demais freqüências.

Um filtro corta-faixa ideal elimina a potência de sinal em um intervalo de freqüências $0 < f_L < |f| < f_H$ e permite a passagem de potência de sinal em todas as demais freqüências

---

RESPOSTAS EM FREQÜÊNCIA DE FILTROS IDEAIS

Nas Figuras 12.18 e 12.19 estão magnitude e fase típicas das respostas em frequência relativas aos quatro tipos básicos de filtros ideais.

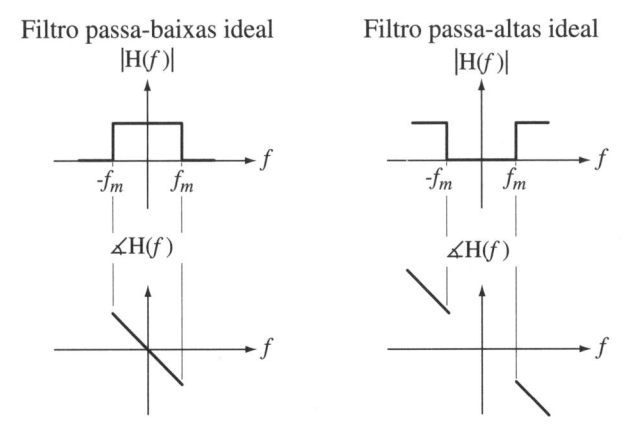

Figura 12.18
Magnitude e fase das respostas em frequência dos filtros passa-baixas e passa-altas ideais.

(Note que as fases desses filtros não estão indicadas nas regiões onde as magnitudes são nulas. Se a magnitude é zero, a fase é indefinida. É uma prática comum em certos textos, que tratam da análise de sinais, indicar uma fase igual a zero quando a magnitude for nula, ainda que reconhecidamente ela seja indefinida.)

Figura 12.19
Magnitude e fase das respostas em frequência dos filtros passa-faixa e corta-faixa ideais.

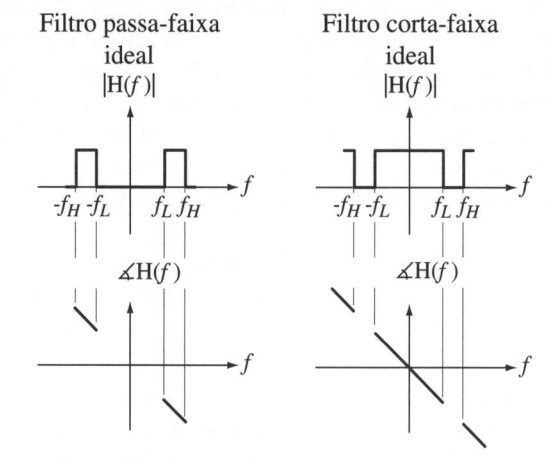

LARGURA DE BANDA

É apropriado aqui definir uma palavra comumente usada em análise de sinais e sistemas: **largura de banda**. O termo "largura de banda" é aplicado tanto a sinais quanto a sistemas. Ele geralmente indica "uma faixa de freqüências". Ele poderia se referir à faixa de freqüências contida em um sinal ou à faixa de freqüências que um dado sistema admite ou elimina. Por questões históricas, é usualmente interpretado para significar um intervalo de freqüências no espaço de freqüências positivas. Por exemplo, um filtro passa-baixas ideal com freqüências de quebra iguais a $\pm f_m$, como ilustrado acima, é dito ter uma largura de banda igual a f_m, embora a largura não-nula da magnitude da resposta em freqüência do filtro seja obviamente $2f_m$. O filtro passa-faixa ideal tem uma largura de banda igual a $f_H - f_L$, que é a largura da região na freqüência positiva em que o filtro admite a passagem de um sinal.

Existem muitos tipos diferentes de definições para a largura de banda: largura de banda absoluta, largura de banda de meia potência, largura de banda nula e assim por diante (Figura 12.20). Cada uma delas equivale a uma faixa de freqüências, porém definida de maneiras distintas. Por exemplo, se um sinal não possui qualquer potência de sinal abaixo de certa freqüência mínima positiva e acima de certa freqüência máxima positiva, sua largura de banda absoluta corresponde simplesmente à diferença entre essas duas freqüências. Se o sinal tem uma largura de banda absoluta finita, ele é considerado **estritamente limitado em banda** ou, mais comumente, apenas **limitado em banda**. Grande parte dos sinais reais não é considerada limitada em banda e, por isso, outras definições de largura de banda se fazem necessárias.

Figura 12.20
Exemplos de definições de larguras de banda.

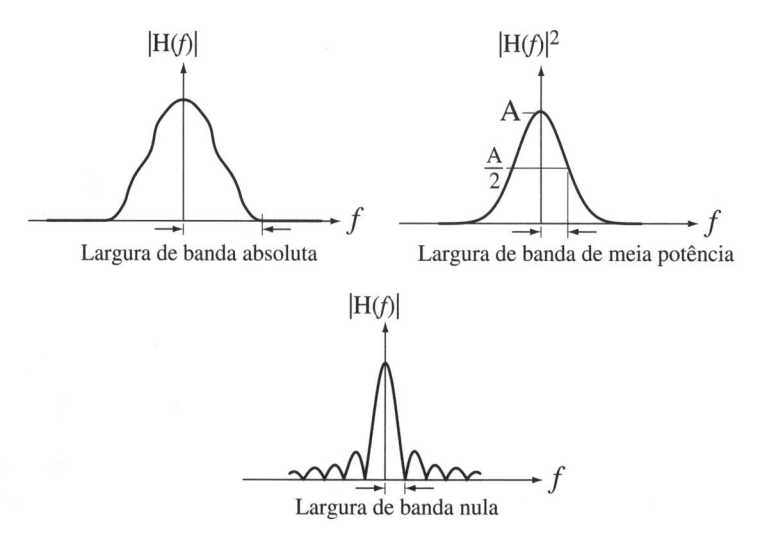

RESPOSTAS AO IMPULSO E CAUSALIDADE

Visto que filtros ideais não admitem a passagem de todas as freqüências, suas respostas ao impulso não resultam em impulsos. Elas correspondem às transformadas inversas das respostas em freqüência dos filtros. O filtro passa-baixas ideal tem uma resposta em freqüência que é matematicamente descrita por uma função pulso retangular $H(f) = A \operatorname{ret}(f/2f_m)e^{-j2\pi f t_0}$. A resposta ao impulso correspondente é a função *sinc* $h(t) = 2Af_m \operatorname{sinc}(2f_m(t - t_0))$. Essas descrições são gerais no sentido de que envolvem um ganho arbitrário A constante e um atraso de tempo arbitrário t_0.

O filtro passa-altas ideal desempenha uma operação que é exatamente oposta ao filtro passa-baixas ideal. Portanto, sua resposta em freqüência equivale a uma constante subtraída de um pulso retangular $H(f) = A[1 - \operatorname{ret}(f/2f_m)]e^{-j2\pi f t_0}$. As respostas ao impulso correspondentes são cada uma igual a um impulso subtraído de uma função *sinc* $h(t) = A\delta(t - t_0) - 2Af_m \operatorname{sinc}(2f_m(t - t_0))$. Note que o filtro passa-altas ideal tem uma resposta em freqüência que se estende em direção ao infinito. Esse comportamento é notadamente impraticável em qualquer sistema físico real. Portanto, aproximações práticas consideram que o filtro passa-altas ideal bloqueia sinais de baixa freqüência e permite sinais de mais alta freqüência passarem, porém apenas até certa freqüência alta, mas não infinita. "Alta" é um termo relativo e, como questão prática, usualmente quer dizer além das freqüências de quaisquer sinais passíveis de ocorrerem no sistema em consideração.

O filtro passa-faixa ideal possui uma resposta em freqüência que pode ser convenientemente descrita como a soma de duas funções pulso retangular deslocadas

$$H(f) = A\left[\operatorname{ret}((f - f_0)/\Delta f) + \operatorname{ret}((f + f_0)/\Delta f)\right]e^{-j2\pi f t_0}$$

em que $\Delta f = f_H - f_L$ e $f_0 = (f_H + f_L)/2$. A resposta ao impulso do filtro passa-faixa ideal corresponde à transformada inversa da resposta em freqüência e, por isso, pode também ser descrita por

$$h(t) = 2A\Delta f \operatorname{sinc}(\Delta f(t - t_0))\cos(2\pi f_0(t - t_0))$$

O filtro corta-faixa ideal, sendo o oposto do filtro passa-faixa ideal, também tem uma resposta em freqüência que pode ser convenientemente descrita por

$$H(f) = A\left[1 - \operatorname{ret}((f - f_0)/\Delta f) - \operatorname{ret}((f + f_0)/\Delta f)\right]e^{-j2\pi f t_0}$$

em que $\Delta f = f_H - f_L$, $f_0 = (f_H + f_L)/2$ e

$$h(t) = A\delta(t - t_0) - 2A\Delta f \operatorname{sinc}(\Delta f(t - t_0))\cos(2\pi f_0(t - t_0))$$

Assim como foi válido para o filtro passa-altas, o filtro corta-faixa ideal tem uma resposta em freqüência que se estende em direção ao infinito. Pela mesma razão, nenhum sistema físico real pode de fato ter tal resposta em freqüência, embora ele possa ser uma boa aproximação para certos propósitos de análise. Na Figura 12.21, estão algumas formas típicas de respostas ao impulso para os quatro tipos básicos de filtro ideal.

Como mencionado anteriormente, um motivo para o qual filtros ideais sejam chamados de ideais é que eles não podem existir fisicamente. A razão não é simplesmente pelo fato de componentes de circuitos perfeitos com características ideais não existirem (embora esse fato seja significativo). É mais fundamental do que isso. Considere as respostas ao impulso representadas na Figura 12.21. Elas são as respostas dos filtros a um impulso unitário aplicado no instante de tempo $t = 0$. Isso é o que quer dizer o termo "resposta ao impulso". Note que todas as respostas ao impulso destes filtros ideais têm uma resposta diferente de zero *antes da aplicação do impulso* no instante

Figura 12.21
Respostas ao impulso típicas de filtros passa-baixas, passa-altas, passa-faixa e corta-faixa ideais.

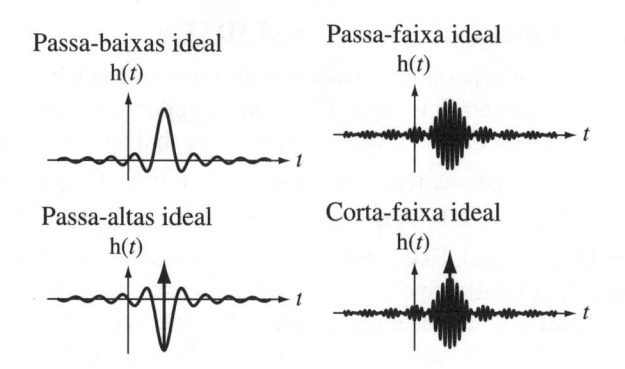

Passa-baixas ideal h(t)

Passa-faixa ideal h(t)

Passa-altas ideal h(t)

Corta-faixa ideal h(t)

$t = 0$. De fato, todas estas respostas ao impulso em particular se iniciam em um tempo *infinito* antes do instante $t = 0$. Deveria ser intuitivamente óbvio que um sistema real não conseguisse vislumbrar o futuro, antecipar a aplicação da excitação e começar a responder antes que ela ocorresse. Todos os filtros ideais são não causais. As palavras causalidade e causal provêm do princípio de causa e efeito em que, para sistemas reais, não pode haver efeito até que a sua causa tenha acontecido. Nas Figuras 12.22 e 12.23, estão alguns exemplos das respostas ao impulso, da magnitude das respostas em freqüência e respostas a ondas quadradas de certos filtros não ideais e causais, que se aproximam dos quatro tipos comuns de filtros ideais.

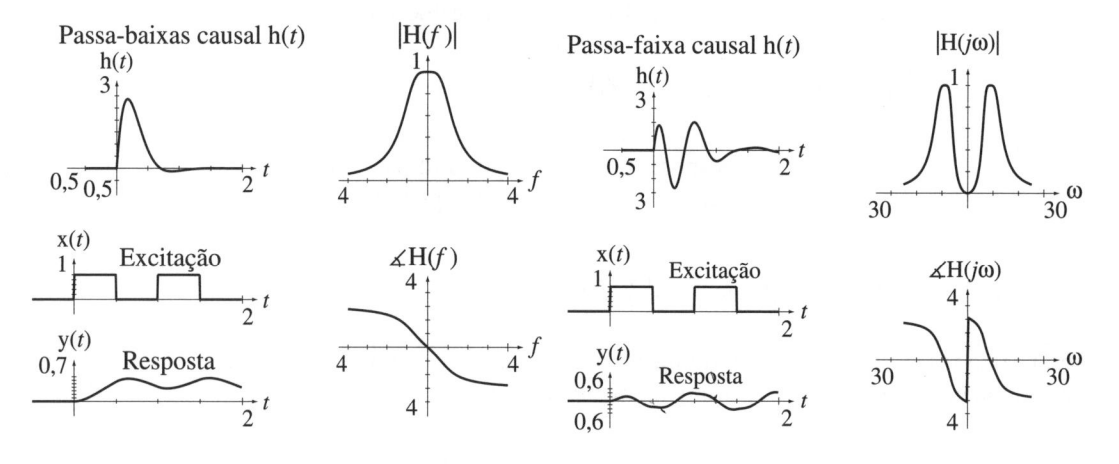

Figura 12.22
Respostas ao impulso, respostas em freqüência e respostas a ondas quadradas de filtros passa-baixas e passa-faixa causais.

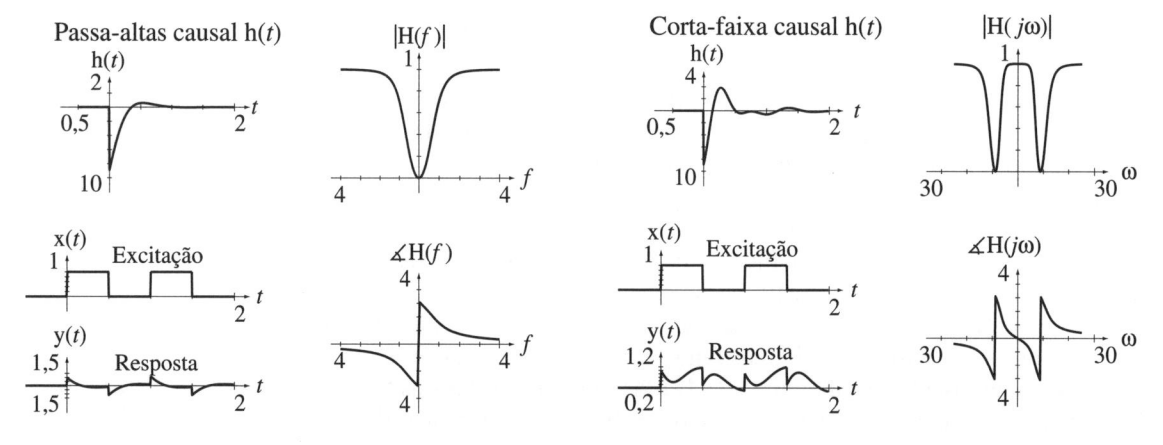

Figura 12.23
Respostas ao impulso, respostas em freqüência e respostas a ondas quadradas para filtros passa-altas e corta-faixa causais.

O filtro passa-baixas suaviza a onda quadrada ao remover a potência de sinal de alta freqüência dela, mas conserva a potência de sinal de baixa freqüência (inclusive a componente de freqüência zero), tornando os valores médios dos sinais de entrada e saída idênticos (pois a resposta em freqüência na freqüência zero é igual a um). O filtro passa-faixa remove a potência de sinal de alta freqüência, suavizando o sinal, e remove a potência de baixa freqüência (inclusive a freqüência zero) tornando o valor médio da resposta igual a zero.

O filtro passa-altas elimina a potência de sinal das baixas freqüências (incluindo a freqüência zero) da onda quadrada produzindo uma resposta de valor médio nulo. Porém, a potência de sinal de alta freqüência, que define as descontinuidades acentuadas da onda quadrada, é preservada. O filtro corta-faixa elimina a potência de sinal em uma estreita faixa de freqüência e mantém as componentes de freqüência muito baixas e muito altas da potência de sinal. Desse modo, as descontinuidades e o valor médio da onda quadrada são ambos preservados, porém algumas das freqüências intermediárias do sinal são removidas.

O ESPECTRO DE POTÊNCIA

Um propósito para nos lançarmos à exploração da idéia de um filtro era o de explicar um modo de determinar o espectro de potência de um sinal por meio de sua medição. Esse processo poderia ser realizado pelo sistema ilustrado na Figura 12.24. O sinal é encaminhado para múltiplos filtros passa-faixa, em que cada um deles possui a mesma largura de banda, porém têm freqüências centrais distintas. A resposta de cada filtro corresponde àquela parte do sinal compreendida na faixa de freqüências do filtro. Logo, o sinal de saída proveniente de cada filtro equivale ao sinal de entrada de um dobrador e seu sinal de saída é o sinal de entrada para um gerador de média temporal. Um dobrador simplesmente gera o quadrado de um sinal. Essa não é uma operação linear e, por isso, o dobrador não é um sistema linear. O sinal de saída produzido por qualquer dobrador equivale àquela parte da potência de sinal instantânea do sinal x(t) original, que se encontra na banda passante do filtro passa-faixa. Então, o gerador de média temporal simplesmente gera a potência de sinal média no tempo. Cada resposta da saída $P_x(f_n)$ é uma medida da potência de sinal do sinal original x(t) em uma banda estreita de freqüências centradas em f_n. Tomadas em conjunto, os Ps são uma indicação da variação da potência de sinal com a freqüência, isto é, o espectro de potência.

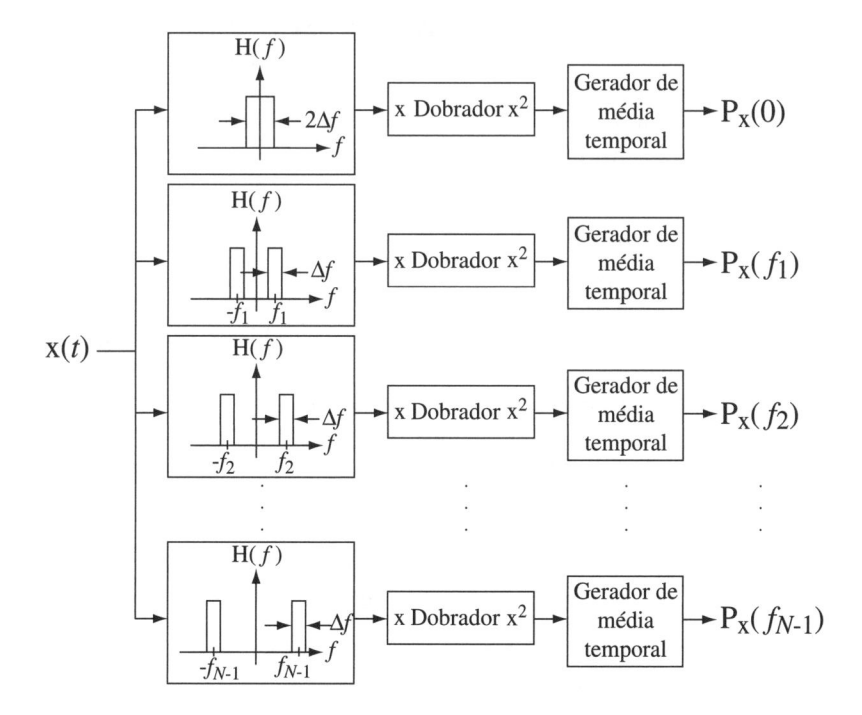

Figura 12.24
Um sistema para medir o espectro de potência de um sinal.

Nenhum engenheiro nos dias de hoje constrói realmente um sistema como aquele apresentado na Figura 12.24 para medir o espectro de um sinal. Uma maneira mais sensata de medi-lo seria utilizar um instrumento denominado **analisador de espectro**. Contudo, essa ilustração é útil porque reforça o conceito daquilo que um filtro realiza e de qual é o significado do termo "espectro de potência".

ELIMINAÇÃO DO RUÍDO

Cada sinal útil sempre possui outro sinal indesejável conhecido por **ruído** acrescentado a ele. Uma aplicação muito importante de filtros está justamente na remoção de ruídos presentes em sinais. As fontes de ruídos são muitas e diversificadas. Por meio de um projeto cuidadoso, o ruído pode ser reduzido a um mínimo, mas nunca completamente eliminado. Como um exemplo de filtragem, suponha que a potência de sinal esteja confinada a uma faixa de baixas freqüências e a potência do ruído esteja espalhada sobre um intervalo de freqüência ainda mais amplo (uma situação bastante comum). Podemos filtrar o sinal acrescido do ruído por meio de um filtro passa-baixas e reduzir então a potência do ruído sem provocar grandes efeitos na potência do sinal (Figura 12.25).

Figura 12.25
Remoção parcial do ruído por um filtro passa-baixas.

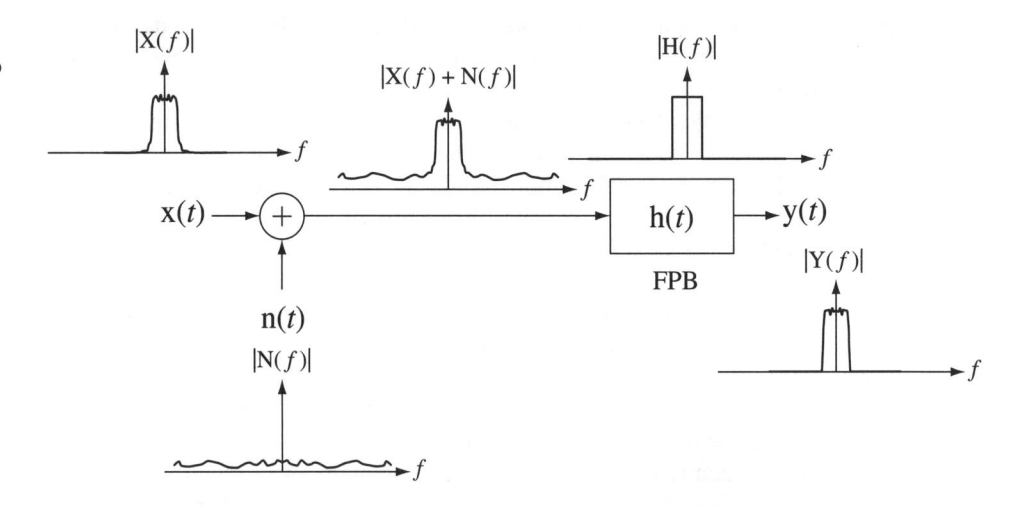

A proporção da potência de sinal do sinal de interesse em relação à potência de sinal do ruído é denominada razão **sinal-ruído**, muitas vezes abreviada para SNR (*Signal-to-Noise Ratio*). Provavelmente, a consideração mais essencial no projeto de sistemas de comunicação seja maximizar a SNR, e a filtragem se constitui em uma técnica muito importante para a maximização da SNR.

12.4 FILTROS PASSIVOS PRÁTICOS

O FILTRO PASSA-BAIXAS *RC*

Aproximações para os filtros passa-baixas e passa-faixa ideais podem ser realizadas por meio de certos tipos de circuitos. A aproximação mais elementar para um filtro passa-baixas ideal é aquela que já analisamos mais de uma vez, o tão conhecido filtro passa-baixas *RC* (Figura 12.26). Determinamos sua resposta para um degrau e para uma senóide. Vamos agora analisá-lo diretamente no domínio da freqüência.

Figura 12.26
Um filtro passa-baixas *RC* prático.

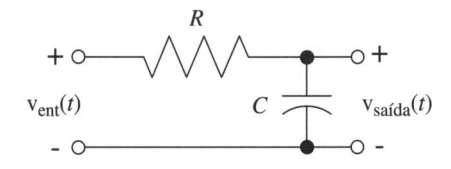

A equação diferencial descritora deste circuito é $RCv'_{saída}(t) + v_{saída}(t) = v_{ent}(t)$. Aplicando a transformada de Fourier a ambos os lados, $(j\omega C) RV_{saída}(f) + V_{saída}(f) = V_{ent}(f)$. Podemos agora resolver diretamente a resposta em freqüência,

$$H(j\omega) = \frac{V_{saída}(j\omega)}{V_{ent}(j\omega)} = \frac{1}{(j\omega C)R + 1}$$

O método comumente empregado na análise de circuitos elementares para se obter a resposta em freqüência é baseado em fasores e conceitos de impedância. A **impedância** é uma generalização da idéia de resistência aplicada aos indutores e capacitores. Relembremos as relações entre a tensão e a corrente observadas em resistores, capacitores e indutores (Figura 12.27).

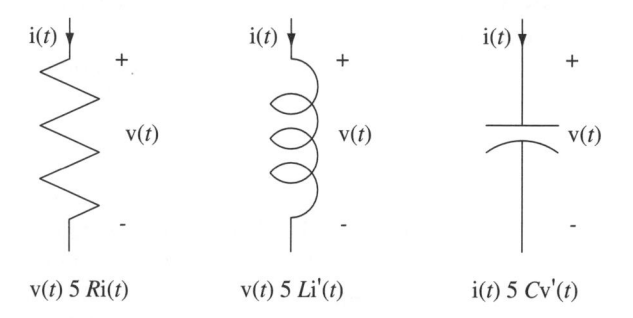

Figura 12.27
Definição das equações para resistores, indutores e capacitores.

Se aplicarmos a transformada de Fourier a essas relações, obteremos

$$V(j\omega) = RI(j\omega), \quad V(j\omega) = j\omega L I(j\omega), \quad \text{e} \quad I(j\omega) = j\omega C V(j\omega)$$

O conceito de impedância provém da similaridade das equações do indutor e do capacitor com a lei de Ohm para resistores. Se dispusermos as razões entre tensão e corrente, obteremos

$$\frac{V(j\omega)}{I(j\omega)} = R, \quad \frac{V(j\omega)}{I(j\omega)} = j\omega L, \quad \text{e} \quad \frac{V(j\omega)}{I(j\omega)} = \frac{1}{j\omega C}$$

Para resistores, tal razão é denominada resistência. Na generalização, essa razão é chamada de impedância. Impedâncias são convencionalmente simbolizadas por Z. Usando tal símbolo,

$$Z_R(j\omega) = R, \quad Z_L(j\omega) = j\omega L, \quad \text{e} \quad Z_C(j\omega) = \frac{1}{j\omega C}$$

Essas relações nos permitem aplicar muitas das técnicas usadas na análise de circuitos puramente resistivos em circuitos que contenham indutores e capacitores e que sejam analisados no domínio da freqüência. No caso do filtro passa-baixas RC, podemos vê-lo como um divisor de tensão (Figura 12.28).

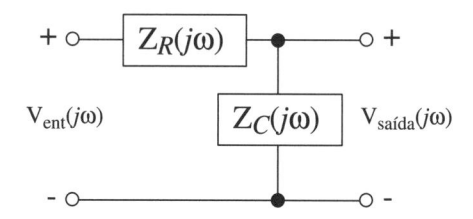

Figura 12.28
Representação do divisor de tensão em impedâncias, equivalente ao filtro passa-baixas RC.

Logo, podemos escrever diretamente a resposta em freqüência no domínio da freqüência:

$$H(j\omega) = \frac{V_{saída}(j\omega)}{V_{ent}(j\omega)} = \frac{Z_C(j\omega)}{Z_C(j\omega) + Z_R(j\omega)} = \frac{1/j\omega C}{1/j\omega C + R} = \frac{1}{j\omega RC + 1}$$

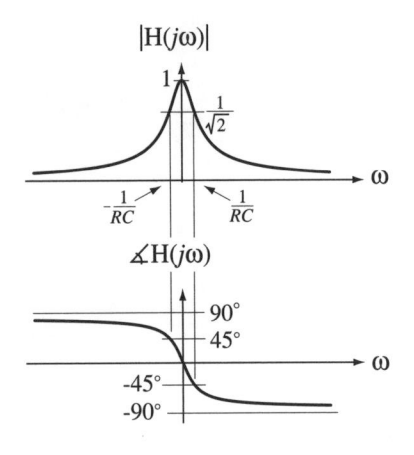

Figura 12.29
Magnitude e fase da resposta em freqüência de um filtro passa-baixas *RC*.

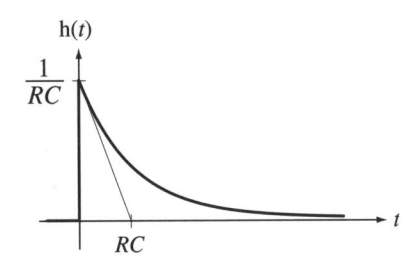

Figura 12.30
Resposta ao impulso de um filtro passa-baixas *RC*.

ou, em termos da freqüência cíclica,

$$H(f) = \frac{1}{j2\pi f RC + 1}$$

chegando ao mesmo resultado anterior ao ignorarmos completamente as relações no domínio do tempo. A magnitude e a fase da resposta em freqüência do filtro passa-baixas *RC* estão ilustradas na Figura 2.29. A resposta ao impulso do filtro passa-baixas de primeira ordem *RC* corresponde à TFCT inversa de sua resposta em freqüência

$$h(t) = \frac{e^{-t/RC}}{RC} u(t)$$

(Figura 12.30). Para esse filtro realizável fisicamente, a resposta ao impulso é nula antes do instante de tempo $t = 0$. O filtro é causal.

Para esse circuito, a operação física pode ser vista para o domínio do tempo da seguinte maneira: nas baixas freqüências (tendendo a zero), a impedância do capacitor é muito maior em magnitude do que a impedância do resistor e, portanto, a proporção na divisão da tensão tende à unidade e os sinais de tensão na saída e na entrada são praticamente idênticos. Já nas altas freqüências, a impedância do capacitor torna-se muito menor em magnitude do que a impedância do resistor e a proporção da divisão de tensão tende a zero. Assim, podemos dizer de modo aproximado que as baixas freqüências "passam" e as altas freqüências "são eliminadas". Essa análise qualitativa do circuito concorda com a forma matemática da resposta em freqüência,

$$H(j\omega) = \frac{1}{j\omega RC + 1}$$

Em freqüências baixas,

$$\lim_{\omega \to 0} H(j\omega) = 1$$

e em freqüências altas

$$\lim_{\omega \to \infty} H(j\omega) = 0$$

O filtro passa-baixas *RC* é passa-baixas somente porque a excitação é definida como a tensão na entrada e a resposta é definida como a tensão na saída. Se a resposta tivesse sido definida em termos da corrente, a natureza do processo de filtragem mudaria completamente. Nesse caso, a resposta em freqüência se tornaria

$$H(j\omega) = \frac{I(j\omega)}{V_{ent}(j\omega)} = \frac{1}{Z_R(j\omega) + Z_c(j\omega)} = \frac{1}{1/j\omega C + R} = \frac{j\omega C}{j\omega RC + 1}$$

Com essa definição da resposta, em baixas freqüências a impedância do capacitor é muito grande, bloqueando o fluxo de corrente e então a resposta tende a zero. Em altas freqüências, a impedância do capacitor se aproxima de zero e, conseqüentemente, o circuito responde como se o capacitor fosse um condutor perfeito e o fluxo de corrente é determinado pela resistência *R*. Matematicamente, a resposta tende a zero nas baixas freqüências e tende à constante $1/R$ nas altas freqüências. Essa descrição define um filtro passa-altas

$$\lim_{\omega \to 0} H(j\omega) = 0 \quad \text{e} \quad \lim_{\omega \to \infty} H(j\omega) = 1/R$$

Note que não estamos mais considerando qualquer resposta particular em relação a qualquer excitação específica. O valor da resposta em freqüência é aquele que está *geralmente* associado com a resposta a uma excitação. A resposta em freqüência caracteriza o sistema propriamente dito, não a excitação, tampouco a resposta, e a maior parte dos projetos de sistemas é realizada com base no conhecimento da natureza geral no domínio da freqüência tanto dos sinais de entrada esperados quanto dos sinais de saída desejados, projetando-se as respostas em freqüência dos sistemas para se obter o comportamento requerido.

Outra forma (menos comum) para um filtro passa-baixas está ilustrada na Figura 12.31.

$$\mathrm{H}(j\omega) = \frac{\mathrm{V}_{saída}(j\omega)}{\mathrm{V}_{ent}(j\omega)} = \frac{R}{j\omega L + R}$$

Usando as idéias de impedância e de divisor de tensão, você consegue explicar com suas palavras por que o filtro ilustrado é um filtro passa-baixas?

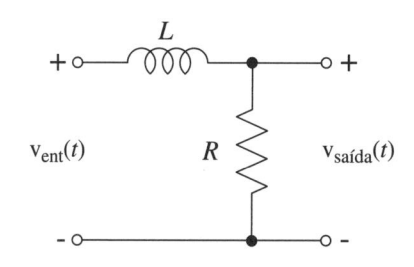

Figura 12.31
Forma alternativa de um filtro passa-baixas prático.

O FILTRO PASSA-FAIXA *RLC*

Uma das formas mais elementares adotadas para se elaborar um filtro passa-faixa prático está ilustrada na Figura 12.32.

$$\mathrm{H}(j\omega) = \frac{\mathrm{V}_{saída}(j\omega)}{\mathrm{V}_{ent}(j\omega)} = \frac{j\omega/RC}{(j\omega)^2 + j\omega/RC + 1/LC}$$

Embora seja um pouco difícil prever a magnitude dessa expressão matemática, considere o seguinte raciocínio. Em freqüências muito baixas, o capacitor se comporta como um circuito aberto (ele bem poderia nem estar no circuito) e o indutor atua como um condutor perfeito (não há tensão em seus terminais). Portanto, em baixas freqüências, o sinal de tensão na saída é praticamente zero. Em freqüências muito altas, o indutor se comporta como um circuito aberto e o capacitor é um condutor perfeito, de novo tornando o sinal de tensão na saída nulo. Entretanto, na freqüência de ressonância do circuito paralelo *LC*, a impedância da combinação paralela entre o indutor e o capacitor tende ao infinito, e o sinal de tensão na saída é idêntico ao sinal de tensão na entrada. Essa freqüência é o valor ω ou *f* no qual a parte real do denominador da resposta em freqüência vai para zero

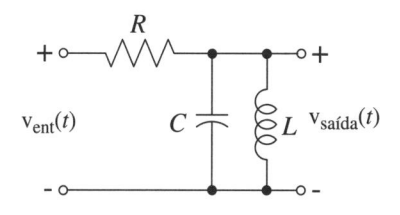

$$(j\omega)^2 + 1/LC = 0 \quad \Rightarrow \quad \omega = \pm 1/\sqrt{LC} \quad \text{ou} \quad f = \pm 1/\left(2\pi\sqrt{LC}\right)$$

Figura 12.32
Um filtro passa-faixa *RLC* prático.

Portanto, o comportamento geral do circuito é aproximadamente o de permitir a passagem de freqüências próximas da freqüência de ressonância e bloquear as demais freqüências e, por esse motivo, ele é um filtro passa-faixa prático. Um gráfico contendo a magnitude e a fase da resposta em freqüência (Figura 12.33) (para uma escolha particular de valores dos componentes) revelará a natureza passa-faixa dessa resposta em freqüência. A resposta ao impulso do filtro passa-faixa *RLC* é

$$\mathrm{h}(t) = \mathcal{F}^{-1}\left(\frac{j\omega/RC}{(j\omega)^2 + j\omega/RC + 1/LC}\right)$$

ou

$$\mathrm{h}(t) = \frac{1}{RC}\mathcal{F}^{-1}\left(\frac{j\omega}{(j\omega + 1/2RC)^2 + 1/LC - (1/2RC)^2}\right)$$

ou

$$\mathrm{h}(t) = \frac{1}{RC}\mathcal{F}^{-1}\left(\frac{j\omega + 1/2RC}{(j\omega + 1/2RC)^2 + 1/LC - (1/2RC)^2} - \frac{1}{2RC\sqrt{1/LC - (1/2RC)^2}}\frac{\sqrt{1/LC - (1/2RC)^2}}{(j\omega + 1/2RC)^2 + 1/LC - (1/2RC)^2}\right)$$

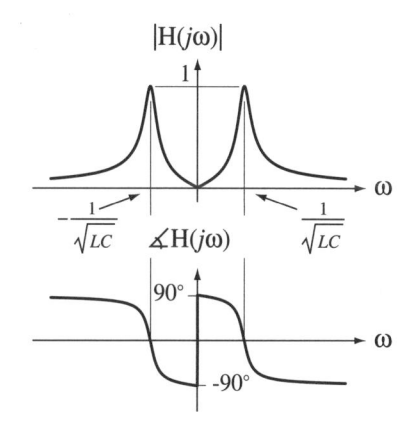

Figura 12.33
Magnitude e fase da resposta em freqüência de um filtro passa-faixa *RLC* prático.

Das tabelas de transformadas de Fourier,

$$e^{-at}\operatorname{sen}(\omega_0 t)\mathrm{u}(t) \xleftrightarrow{\mathcal{F}} \frac{\omega_0}{(j\omega+a)^2+\omega_0^2}$$

$$e^{-at}\cos(\omega_0 t)\mathrm{u}(t) \xleftrightarrow{\mathcal{F}} \frac{j\omega+a}{(j\omega+a)^2+\omega_0^2}$$

e

$$\mathrm{h}(t) = \frac{e^{-t/2RC}}{RC}\left(\cos\left(\sqrt{1/LC-(1/2RC)^2}\,t\right) - \frac{\operatorname{sen}\left(\sqrt{1/LC-(1/2RC)^2}\,t\right)}{2RC\sqrt{1/LC-(1/2RC)^2}}\right)\mathrm{u}(t)$$

ou

$$\mathrm{h}(t) = 2\zeta\omega_n e^{-\zeta\omega_n t}\left[\cos(\omega_c t) - \frac{\zeta}{\sqrt{1-\zeta^2}}\operatorname{sen}(\omega_c t)\right]\mathrm{u}(t)$$

onde

$$2\zeta\omega_n = 1/RC,\quad \omega_n^2 = 1/LC \quad\text{e}\quad \omega_c = \omega_n\sqrt{1-\zeta^2} \tag{12.1}$$

(Figura 12.34). Note que a resposta ao impulso deste filtro realizável fisicamente é causal.

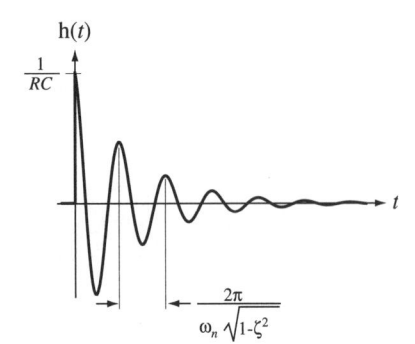

Figura 12.34
Resposta ao impulso de um filtro passa-faixa *RLC* prático.

EXEMPLOS DE FILTROS

Todos os sistemas físicos são filtros no sentido de que cada um deles possui uma resposta que tem uma variação característica com a freqüência. A variação é o que possibilita a cada instrumento musical e a cada voz humana um som característico próprio. Para entender quão importante essa peculiaridade é, experimente apenas usar o bocal de um instrumento de sopro para reproduzir um som. O som é bastante desagradável até que o instrumento esteja ajustado e, então, o som reproduzido se tornará agradável (quando o instrumento é tocado por um bom músico). O sol periodicamente aquece a Terra à medida que ela gira e a Terra age como um filtro passa-baixas, suavizando as variações diárias de temperatura e respondendo com uma variação sazonal atrasada da temperatura. Na era pré-histórica, as pessoas tendiam a morar em cavernas, pois a massa térmica da rocha em torno delas suavizava a variação sazonal da temperatura e acabava permitindo um ambiente mais fresco no verão e mais quente no inverno, ou seja, esse é um outro exemplo de filtragem passa-baixas. Protetores auriculares industriais com espuma de borracha são projetados para permitir a passagem de baixas freqüências a fim de que as pessoas que os utilizam possam conversar, mas bloquear os sons intensos de alta freqüência que poderiam causar danos à audição. A lista de exemplos de sistemas que realizam operações de filtragem com os quais somos familiares no nosso cotidiano é interminável.

Um exemplo de "filtro" familiar para quase todo mundo é a suspensão automotiva como aquela modelada no Exercício 12 no Capítulo 4. Ela pode ser modelada pelo sistema massa-mola-amortecedor da Figura 12.35. Seja a massa *m* do carro igual a 1500 kg, seja a constante de mola K_s igual a 75.000 N/m e considere um coeficiente de amortecimento (amortecedor) K_d igual a 20.000 N · s/m. A um certo comprimento d_0, a mola não se encontra esticada ou comprimida e, portanto, não exerce força alguma. Seja este comprimento d_0 igual a 0,6 m. Admita que $\mathrm{z}(t) = \mathrm{y}(t) - \mathrm{x}(t) -$ constante, de modo que se o sistema estiver em repouso, então $\mathrm{z}(t) = 0$.

Ao modelarmos o sistema, determinamos que sua equação diferencial descritora é

$$m\,\mathrm{z}''(t) + K_d\,\mathrm{z}'(t) + K_s\,\mathrm{z}(t) = -m\,\mathrm{x}''(t)$$

em que $\mathrm{z}(t) = \mathrm{y}(t) - \mathrm{x}(t) - d_0 + \dfrac{mg}{K_s}$ e g equivale à aceleração da gravidade. Tomando a TFCT de ambos os lados da equação,

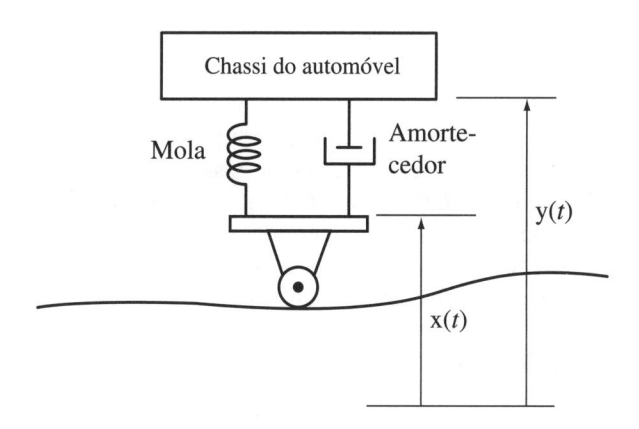

Figura 12.35
Um modelo de suspensão automotiva.

$$(j\omega)^2 m\, Z(j\omega) + j\omega K_d\, Z(j\omega) + K_s\, Z(j\omega) = -(j\omega)^2 m\, X(j\omega)$$

A resposta em freqüência desse sistema é portanto

$$H(j\omega) = \frac{Z(j\omega)}{X(j\omega)} = -\frac{(j\omega)^2 m}{(j\omega)^2 m + j\omega K_d + K_s} = -\frac{(j\omega)^2}{(j\omega)^2 + j\omega K_d/m + K_s/m}$$

Essa é a resposta em freqüência que relaciona as duas distâncias x e z, uma à outra. A freqüência na qual x ou z mudam com o tempo depende da variação espacial da elevação da estrada sobre a qual o carro trafega e também da velocidade do automóvel. À medida que o automóvel acelera, as freqüências se elevam.

A posição do chassi do automóvel é dada por $y(t) = z(t) + x(t) + d_0 - mg/K_s$. Conseqüentemente,

$$Y(j\omega) = Z(j\omega) + X(j\omega) + (d_0 - mg/K_s)\pi\delta(\omega)$$

$$Y(j\omega) = \frac{j\omega K_d/m + K_s/m}{(j\omega)^2 + j\omega K_d/m + K_s/m} X(j\omega) + (d_0 - mg/K_s)\pi\delta(\omega)$$

A variação $\Delta Y(j\omega)$ na posição do chassi do carro está associada à variação da elevação da superfície da estrada $\Delta X(j\omega)$ por

$$\Delta Y(j\omega) = \frac{j\omega K_d/m + K_s/m}{(j\omega)^2 + j\omega K_d/m + K_s/m} \Delta X(j\omega)$$

Suponha que o carro esteja trafegando em uma estrada cuja elevação da superfície varie senoidalmente de acordo com $A\cos(2\pi d/D)$, em que d corresponde à distância em metros viajada desde um certo ponto de partida, e D seja o período fundamental, dado em metros, da variação senoidal ao longo da estrada. Admita que a velocidade do carro v seja dada em metros por segundo. Logo, a variação vertical senoidal da superfície da estrada em função do tempo é dada por

$$\Delta x(t) = A_x \cos(2\pi v t/D) = A\cos(\omega t)$$

onde $\omega = 2\pi v/D$. A resposta será da forma $\Delta y(t) = A_y \cos(\omega t + \theta)$, uma senóide de mesma freqüência, porém de amplitude e fase geralmente diferentes.

Em baixas velocidades, $\omega \to 0$ e $\Delta Y(j\omega) \to \Delta X(j\omega)$, o que quer dizer que a variação na posição do chassi é idêntica à variação da superfície da estrada. Portanto, o carro está subindo e descendo à medida que ele viaja pela estrada exatamente como o trajeto da própria estrada. Por outro lado, quando consideramos a outra situação extrema, a velocidades muito altas, $\Delta Y(j\omega) \to 0$, o que significa que a posição vertical do chassi do automóvel permanece praticamente constante enquanto a estrada e as rodas do carro estão oscilando para cima e para baixo muito rapidamente. Portanto, se o carro passa por uma seqüência de ondulações na estrada que crescem e decrescem em alta freqüência (a uma certa velocidade do carro), o chassi tende a permanecer em sua posição original enquanto as rodas e a suspensão "absorvem" os solavancos da estrada. Porém, se reduzirmos a velocidade do carro a um valor muito baixo, a freqüência com a qual encontraremos as ondulações diminuirá e a posição do chassi novamente responderá a essas varições de elevação na estrada. Essa é exatamente o tipo de resposta que cria a possibilidade de uma viagem tranqüila, desejada pela maioria dos motoristas. Toleramos movimentos de subida e descida muito bem se eles ocorrerem lentamente, mas não se eles ocorrerem rapidamente. Em outras palavras, a suspensão assegura que os passageiros no carro não estejam sujeitos às altas acelerações. A Figura 12.36 ilustra a resposta do carro descrito anteriormente para três períodos fundamentais distintos da variação senoidal da elevação da superfície da estrada em função da velocidade do carro, dada em quilômetros por hora.

Figura 12.36
Resposta do chassi do carro em função da velocidade do carro para três condições diferentes da estrada.

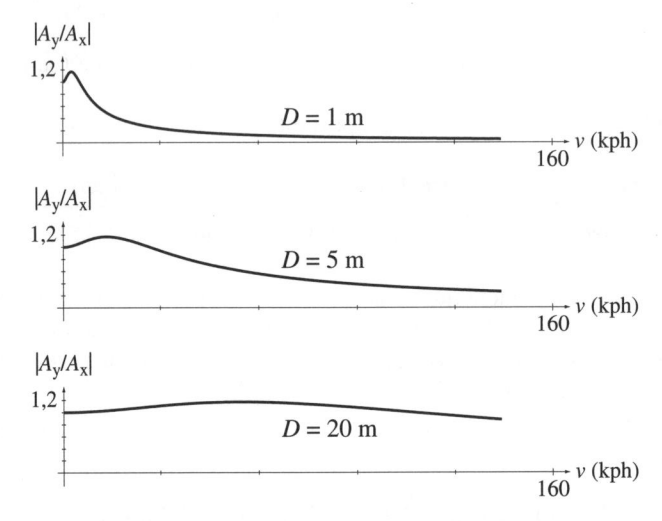

12.5 GRÁFICO LOGARÍTMICO DA MAGNITUDE DA RESPOSTA EM FREQÜÊNCIA E DIAGRAMA DE BODE

Freqüentemente, gráficos lineares que representam uma resposta em freqüência como aqueles mostrados pelas Figuras 12.29 e 12.33, embora sejam exatos, não revelam qualquer comportamento importante do sistema. Como exemplo, considere os gráficos de duas respostas em freqüência totalmente diferentes,

$$H_1(j\omega) = \frac{1}{j\omega + 1} \quad \text{e} \quad H_2(j\omega) = \frac{30}{30 - \omega^2 + j31\omega}$$

(Figura 12.37).

Figura 12.37
Comparação entre as magnitudes das duas respostas em freqüência aparentemente diferentes.

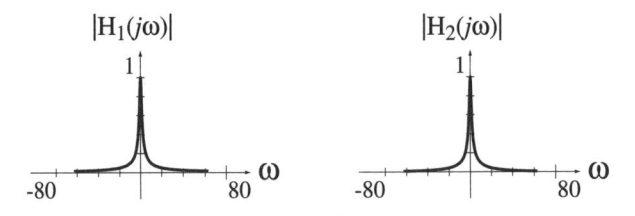

Traçados dessa maneira, os dois gráficos que retratam as magnitudes das duas respostas em freqüência parecem idênticos, ainda que saibamos que tais respostas em freqüência sejam distintas. Um modo de visualizar pequenas diferenças entre respostas em freqüência é traçar o logaritmo da magnitude da resposta em vez da própria magnitude. Um logaritmo dá menos destaque aos valores muito grandes e evidencia os valores pequenos. Logo, pequenas diferenças entre respostas em freqüência podem ser mais facilmente notadas (Figura 12.38).

Nos gráficos lineares, o comportamento da magnitude da resposta em freqüência pareceu idêntico, porque para valores extremamente pequenos os dois gráficos pare-

12.5 Gráfico Logarítmico da Magnitude da Resposta em Freqüência e Diagrama de Bode

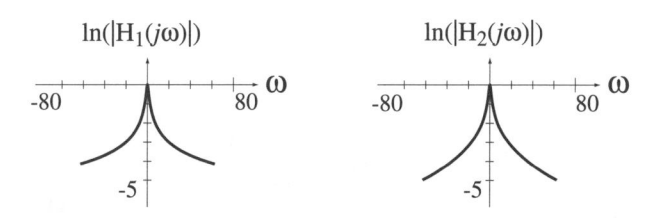

Figura 12.38
Gráficos logarítmicos da magnitude para as duas respostas em freqüência.

cem ser o mesmo. Em um gráfico com escala logarítmica, a diferença entre as magnitudes das duas respostas em freqüência para valores muito pequenos pode ser notada.

Embora os gráficos logarítmicos da magnitude sejam usados algumas vezes, um modo mais comum de apresentação da resposta em freqüência é por meio do **Diagrama de Bode** ou **Gráfico de Bode**.

Hendrik Bode, 24/12/1905 – 21/6/1982

Hendrik Bode recebeu seu grau de *Bachelor of Arts* em 1924 pela Universidade Estadual de Ohio e, mais tarde, em 1926 recebeu o grau de *Master of Arts* novamente pela mesma universidade. Em 1926, começou a trabalhar no Bell Telephone Laboratories onde lidou com filtros eletrônicos e equalizadores. Enquanto estava empregado no Bell Labs, ele freqüentava a Escola de Graduação da Universidade de Columbia, época em que recebeu seu título de doutor em 1935. Em 1938, Bode utilizou os gráficos de magnitude e fase da resposta em freqüência referente a uma função complexa. Ele investigou a estabilidade em malha fechada usando noções de margens de ganho e de fase. Esse estudo foi o que lhe deu o maior reconhecimento por seus trabalhos. Os gráficos de Bode são adotados extensivamente em diversos sistemas eletrônicos. Ele ainda publicou o trabalho *Network Analysis and Feedback Amplifier Design*, que muitos consideraram ser um livro muito importante neste campo. Bode se aposentou em outubro de 1967 e recebeu o título *Gordon Mckay* de Professor de Engenharia de Sistemas na Universidade de Harvard.

Assim como o gráfico logarítmico da magnitude, o diagrama de Bode revela as pequenas diferenças entre as respostas em freqüência, mas ele também é uma maneira sistemática de esboçar ou estimar rapidamente a resposta em freqüência total de um sistema que pode conter múltiplas respostas em freqüência associadas em cascata. Um gráfico logarítmico da magnitude é logarítmico em apenas uma dimensão. Um diagrama de Bode para a magnitude é logarítmico em ambas as dimensões. Um diagrama de Bode para a magnitude da resposta em freqüência é um gráfico do logaritmo da magnitude da resposta em freqüência pela escala de freqüência logarítmica.

Visto que a escala de freqüências agora é logarítmica, apenas freqüências positivas podem ser utilizadas no gráfico. Essa restrição não representa perda de informação, já que para respostas em freqüência de sistemas reais, o valor da resposta em freqüência em qualquer freqüência negativa equivale ao conjugado complexo do valor sobre a freqüência positiva correspondente.

Em um diagrama de Bode, a magnitude da resposta em freqüência é convertida para uma escala logarítmica utilizando uma unidade chamada **decibel** (**dB**). Se a magnitude da resposta em freqüência é

$$|H(j\omega)| = \left|\frac{Y(j\omega)}{X(j\omega)}\right|$$

então a referida magnitude, representada em decibéis, é dada por

$$\boxed{|H(j\omega)|_{dB} = 20\log_{10}|H(j\omega)| = 20\log_{10}\left|\frac{Y(j\omega)}{X(j\omega)}\right| = |Y(j\omega)|_{dB} - |X(j\omega)|_{dB}} \quad (12.2)$$

O nome decibel vem da unidade original definida pelos engenheiros da empresa americana Bell Telephone, o **bel** (**B**), nomeado em homenagem a Alexander Graham Bell, o inventor do telefone. O bel é definido como o logaritmo comum (na base 10) de uma razão de potências. Por exemplo, se a potência de sinal da resposta relativa a um sistema é igual a 100 e a potência de sinal da entrada (representada nas mesmas unidades) é igual a 20, o ganho de potência de sinal do sistema, expresso em bel, seria calculado da seguinte maneira:

$$\log_{10}(P_Y/P_X) = \log_{10}(100/20) \cong 0{,}699 \text{ B}$$

Visto que o prefixo *deci* representa, de acordo com o padrão internacional, um décimo, um decibel equivale a um décimo de um bel e aquela mesma razão de potências representada em dB seria igual a 6,99 dB. Portanto, o ganho de potência representado em dB seria $10\log_{10}$ (P_Y/P_X). Já que a potência de sinal é proporcional ao quadrado do sinal propriamente dito, a razão entre potências, representada diretamente em termos dos sinais, seria

$$10\log_{10}(P_Y/P_X) = 10\log_{10}(Y^2/X^2) = 10\log_{10}\left[(Y/X)^2\right] = 20\log_{10}(Y/X)$$

Em um sistema onde múltiplos subsistemas são cascateados, a resposta em freqüência total corresponde ao produto das respostas em freqüência individuais, mas a resposta em freqüência total expressa em dB equivale à soma das respostas em freqüência individuais representadas em dB devido à definição logarítmica do dB.

Alexander Graham Bell, 3/3/1847 – 2/8/1922

Alexander Graham Bell nasceu na Escócia em uma família especialista em elocução. Em 1864, tornou-se professor residente na Academia Weston House de Elgin na Escócia, onde estudou o som e, pela primeira vez, pensou sobre a transmissão de voz por meio da eletricidade. Mudou-se para o Canadá em 1870 para se recuperar de uma tuberculose e mais tarde fixou residência em Boston. Lá continuou trabalhando na transmissão de sons por meio de fios e, em 7 de março de 1876, recebeu uma patente por ter inventado o telefone, indiscutivelmente a patente mais valiosa já requerida. Ele se tornou independente financeiramente como resultado da renda proveniente da sua patente. Em 1898, Graham Bell assumiu a presidência da Sociedade Geográfica Nacional.

De volta agora às duas respostas em freqüência distintas referentes aos sistemas

$$H_1(j\omega) = \frac{1}{j\omega + 1} \quad \text{e} \quad H_2(j\omega) = \frac{30}{30 - \omega^2 + j31\omega}$$

se elaborarmos um diagrama de Bode para cada um deles, suas diferenças irão se tornar mais evidentes (Figura 12.39).

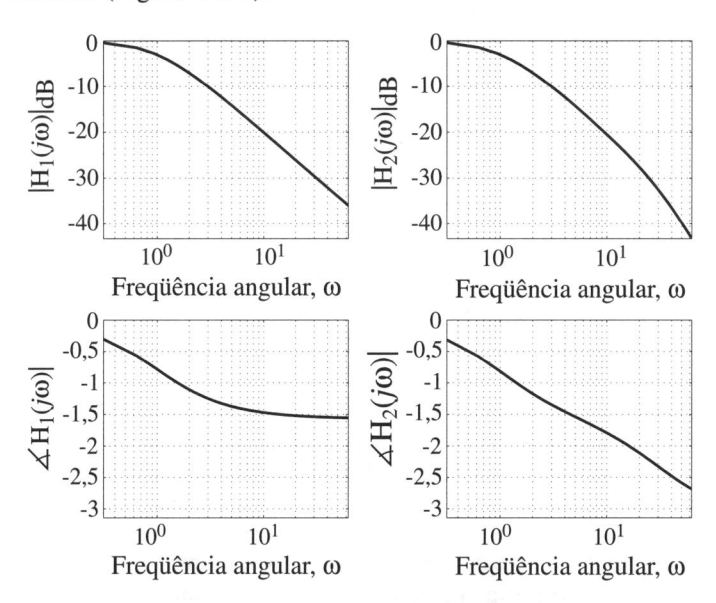

Figura 12.39
Diagramas de Bode referentes aos dois exemplos de respostas em freqüência.

A escala logarítmica em dB torna o comportamento da magnitude das duas respostas em freqüência nas altas freqüências distingüíveis.

Embora as diferenças entre os níveis baixos da magnitude da resposta em freqüência sejam melhor visualizadas por meio de um diagrama de Bode, esta não é a única razão para utilizá-lo, apesar de certamente ser importante. Ela sequer é a razão principal. O fato de que os ganhos de sistemas em dB se adicionem em vez de se multiplicarem quando tais sistemas são associados em cascata, traz sem dúvida maior facilidade na elaboração de uma rápida estimativa gráfica das características do ganho de sistema total usando-se diagramas de Bode em lugar dos gráficos lineares.

A maior parte dos sistemas SLIT é descrita por equações diferenciais lineares com coeficientes constantes. A forma mais geral de tal equação é

$$\sum_{k=0}^{N} a_k \frac{d^k}{dt^k} y(t) = \sum_{k=0}^{M} b_k \frac{d^k}{dt^k} x(t) \qquad (12.3)$$

em que x(t) é a excitação e y(t) é a resposta. Aplicando a transformada de Fourier a ambos os lados da equação, obtemos

$$\sum_{k=0}^{N} a_k (j\omega)^k Y(j\omega) = \sum_{k=0}^{M} b_k (j\omega)^k X(j\omega)$$

A equação pode ser rearranjada para assumir a forma de uma resposta em freqüência

$$H(j\omega) = \frac{Y(j\omega)}{X(j\omega)} = \frac{\displaystyle\sum_{k=0}^{M} b_k (j\omega)^k}{\displaystyle\sum_{k=0}^{N} a_k (j\omega)^k}$$

mostrando que as respostas em freqüência de sistemas SLIT podem ser escritas na forma de uma razão polinomial em $j\omega$. A resposta em freqüência pode ser representada na forma

$$H(j\omega) = \frac{b_M(j\omega)^M + b_{M-1}(j\omega)^{M-1} + \cdots + b_1(j\omega) + b_0}{a_N(j\omega)^N + a_{N-1}(j\omega)^{N-1} + \cdots + a_1(j\omega) + b_0}$$

Os polinômios do numerador e do denominador podem (pelo menos em princípio) ser fatorados, colocando a resposta em freqüência na seguinte forma

$$H(j\omega) = A \frac{\left(1 - \frac{j\omega}{z_1}\right)\left(1 - \frac{j\omega}{z_2}\right) \cdots \left(1 - \frac{j\omega}{z_M}\right)}{\left(1 - \frac{j\omega}{p_1}\right)\left(1 - \frac{j\omega}{p_2}\right) \cdots \left(1 - \frac{j\omega}{p_N}\right)} \qquad (12.4)$$

(Formulado dessa maneira, as unidades dos p's e z's são dadas em radianos por segundo, em lugar de Hz. Essa especificação está conforme convenções já aceitas para a transformada de Laplace a serem introduzidas mais adiante e é compatível com a notação e com as convenções encontradas na área de controle de sistemas em que diagramas de Bode são mais utilizados.) Este é um bom ponto do texto para definirmos dois termos bastante comuns em análise de sinais e sistemas: **pólo** e **zero**. O pólo de uma função é um valor de sua variável independente no qual o valor da função resulta em infinito. O zero de uma função é um valor de sua variável independente no qual a função se anula.

Na Equação (12.4), o k-ésimo pólo finito de H ocorre onde $j\omega = p_k$. Portanto, os p's não são as freqüências ω nas quais a magnitude da resposta em freqüência resulta infinita, mas são na verdade os valores de $j\omega$ em que a magnitude da resposta em freqüência vai para o infinito. Por isso, quando nos referimos aos p's como pólos, queremos dizer os valores de $j\omega$ quando a resposta em freqüência resulta infinita. (Quando abordarmos a transformada de Laplace posteriormente, esses p's serão os valores de fato da variável independente s de Laplace nos quais uma função de sistema vai para o infinito.) O mesmo se aplica para o k-ésimo zero finito da resposta em freqüência, que ocorre em $j\omega = z_k$.

Para sistemas reais, os coeficientes a e b na Equação (12.3) são todos reais. Uma vez que são também os coeficientes da resposta em freqüência na forma de função racional

$$H(j\omega) = \frac{b_M(j\omega)^M + b_{M-1}(j\omega)^{M-1} + \cdots + b_1(j\omega) + b_0}{a_N(j\omega)^N + a_{N-1}(j\omega)^{N-1} + \cdots + a_1(j\omega) + b_0}$$

todos os p's e z's finitos nas formas fatoradas

$$H(j\omega) = A \frac{\left(1 - \frac{j\omega}{z_1}\right)\left(1 - \frac{j\omega}{z_2}\right) \cdots \left(1 - \frac{j\omega}{z_M}\right)}{\left(1 - \frac{j\omega}{p_1}\right)\left(1 - \frac{j\omega}{p_2}\right) \cdots \left(1 - \frac{j\omega}{p_N}\right)}$$

devem ser cada um deles um valor real ou existir em pares conjugados complexos, de modo que, ao se multiplicarem tanto os membros do numerador fatorado quanto os membros do denominador também fatorado para se obter a forma em razão polinomial, todos os coeficientes das potências de $j\omega$ resultem reais.

É comum para uma resposta em freqüência ter mais pólos finitos do que zeros finitos ($N > M$). Contudo, para todas as respostas em freqüência na forma de função racional, o número *total* de pólos é sempre o mesmo que o número *total* de zeros. Se $N > M$, os zeros adicionais estão localizados no infinito. Nos casos pouco usuais em que $M > N$, existem pólos localizados no infinito.

Por meio da forma fatorada, a resposta em freqüência do sistema pode ser considerada equivalente à associação em cascata entre um ganho A independente da freqüência e múltiplos subsistemas, cada um deles tendo uma resposta em freqüência com um pólo finito ou um zero finito (Figura 12.40).

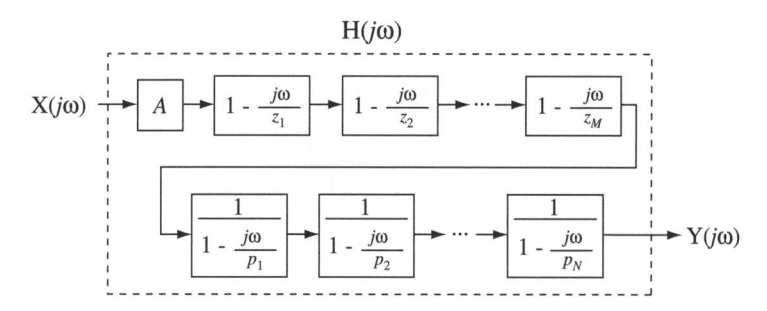

Figura 12.40
Uma resposta em freqüência de sistema representada por uma associação em cascata de sistemas mais elementares.

Cada sistema elementar terá seu diagrama de Bode e, visto que diagramas de Bode da magnitude são traçados em dB, que é uma escala logarítmica, o diagrama de Bode da magnitude total resultante equivale à soma dos diagramas de Bode da magnitude individuais. A fase é traçada de maneira linear como antes (*versus* uma escala de freqüências logarítmica), e o diagrama de Bode da fase total resultante corresponde à soma das contribuições de fase de todos os subsistemas.

DIAGRAMAS COMPONENTES

Sistema de Pólo Real Único

Considere a resposta em freqüência de um subsistema com único pólo real em $j\omega = p_k$ e que não tenha zeros finitos,

$$H(j\omega) = \frac{1}{1 - j\omega/p_k} = \frac{p_k}{p_k - j\omega} \qquad (12.5)$$

Antes de prosseguirmos, vamos considerar primeiro a TFCT inversa de $H(j\omega)$. Podemos usar o par de TFCT

$$e^{-at}u(t) \xleftrightarrow{\mathcal{F}} \frac{1}{a + j\omega}, \quad \mathrm{Re}(a) > 0$$

e reescrever a Equação (12.5) como

$$H(j\omega) = -\frac{p_k}{j\omega - p_k}$$

Então se segue que

$$-p_k e^{p_k t} u(t) \xleftrightarrow{\mathcal{F}} -\frac{p_k}{j\omega - p_k}, \quad p_k < 0 \qquad (12.6)$$

A Equação (12.6) mostra que o pólo deve ter um valor real negativo para que a resposta em freqüência tenha sentido, pois, se ele for positivo, não podemos realizar a transformada inversa para obter a função no tempo correspondente. Se p_k é negativo, a exponencial na Equação (12.6) decai a zero no tempo positivo. Se ele fosse positivo, isso indicaria uma exponencial de valor crescente no tempo positivo e o sistema seria instável. A transformada de Fourier de uma exponencial crescente não existe. Aliás, a resposta em freqüência não tem significado prático para um sistema instável, pois ela nunca poderia na verdade ser testada em um sistema real.

As magnitudes e fases de $H(j\omega) = 1/(1 - j\omega/p_k)$ em função da freqüência estão traçadas graficamente na Figura 12.41. Para freqüências $\omega \ll |p_k|$, a resposta em freqüência tende a $H(j\omega) = 1$, a resposta da magnitude é aproximadamente zero dB, e a resposta da fase é aproximadamente zero radianos. Para freqüências $\omega \gg |p_k|$, a resposta em freqüência tende a $H(j\omega) = -p_k/j\omega$, a magnitude da resposta em freqüência tende a uma reta com inclinação de –6 dB por oitava ou –20 dB por década, e a resposta da fase tende à constante $-\pi/2$ radianos. (Uma oitava é um fator que corresponde à alteração na freqüência por 2 e uma década é um fator que corresponde à modificação na freqüência por dez.) Esses fatores limitantes para freqüências extremas

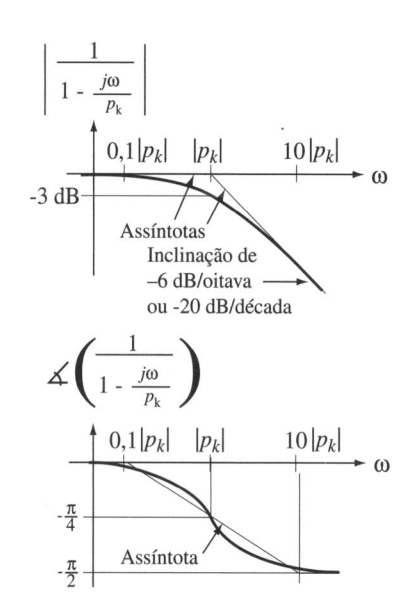

Figura 12.41
A magnitude e a fase da resposta em freqüência de um subsistema com pólo real único negativo.

definem as **assíntotas** da magnitude e da fase. A interseção de duas assíntotas da magnitude ocorre em $\omega = |p_k|$, que é denominada **freqüência de quebra**. Na freqüência de quebra $\omega = |p_k|$, a magnitude da resposta em freqüência é

$$H(j\omega) = \frac{1}{1 - j|p_k|/p_k} = \frac{1}{1+j}, \quad p_k < 0$$

e sua magnitude é igual a $1/\sqrt{2} \cong 0{,}707$ Podemos converter esse resultado para decibéis.

$$(0{,}707)_{dB} = 20\log_{10}(0{,}707) = -3 \text{ dB}$$

No referido ponto do gráfico, o diagrama de Bode real encontra-se 3 dB abaixo da quebra formada pelas assíntotas. Esse é o ponto de maior desvio desse diagrama de Bode para a magnitude em relação às suas assíntotas. O diagrama de Bode para a fase passa por $-\pi/4$ radianos na freqüência de quebra e tende a zero radiano abaixo dela, em direção às baixas freqüências, e $-\pi/2$ radianos acima da freqüência de quebra.

Exemplo 12.1

Diagrama de Bode da resposta em freqüência de um filtro passa-baixas *RC*

Desenhe os diagramas de Bode da magnitude e da fase para a resposta em freqüência de um filtro passa-baixas *RC* com uma constante de tempo igual a 50 µs.

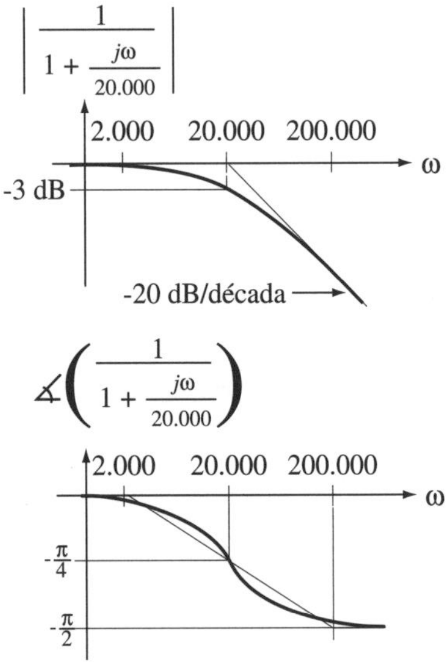

■ Solução

A forma da resposta em freqüência de um filtro passa-baixas *RC* é

$$H(j\omega) = \frac{1}{j\omega RC + 1}$$

A constante de tempo é *RC*. Portanto,

$$H(j\omega) = \frac{1}{j50 \times 10^{-6}\omega + 1}$$

Ajustando o denominador para ser igual a zero e resolvendo a localização do pólo, temos um pólo em $j\omega = -20.000$. Então, podemos escrever a resposta em freqüência na forma padrão de pólo único real negativo,

$$H(j\omega) = \frac{1}{1 - j\omega/(-20.000)}$$

A freqüência de quebra correspondente no diagrama de Bode está em $\omega = 20.000$ (Figura 12.42).

Figura 12.42
Diagrama de Bode da magnitude e da fase para a resposta em freqüência de um filtro passa-baixas *RC*.

Sistema de Zero Real Único
Uma análise similar à análise do sistema de pólo real único produz os diagramas de Bode da magnitude e da fase para um subsistema com zero real único negativo e nenhum pólo finito cuja resposta em freqüência é da forma

$$H(j\omega) = 1 - j\omega/z_k, \quad z_k < 0$$

(Figura 12.43).

Os diagramas são muito similares àqueles para pólo único real negativo, exceto que a assíntota da magnitude acima da freqüência de quebra tem uma inclinação de +6 dB por oitava ou +20 dB por década e a fase tende a $+\pi/2$ radianos em vez de $-\pi/2$ radianos. Eles são basicamente os diagramas de Bode vistos para pólo único real negativo, mas "virados de cabeça para baixo".

Para um subsistema com zero real único *positivo* e nenhum pólo finito, da forma

$$H(j\omega) = 1 - j\omega/z_k, \quad z_k > 0$$

o gráfico da magnitude é o mesmo que aquele mostrado na Figura 12.43, mas a fase tende a $-\pi/2$ radianos em vez de $+\pi/2$ radianos em freqüências superiores à freqüência de quebra.

Integradores e Diferenciadores

Devemos considerar também um pólo ou um zero na freqüência zero (Figuras 12.44 e 12.45).

Figura 12.43
A magnitude e a fase da resposta em freqüência de um subsistema com zero real único negativo.

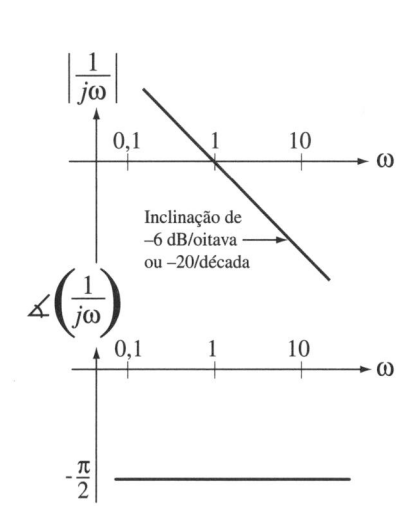

Figura 12.44
A magnitude e a fase da resposta em freqüência de pólo único em $j\omega = 0$.

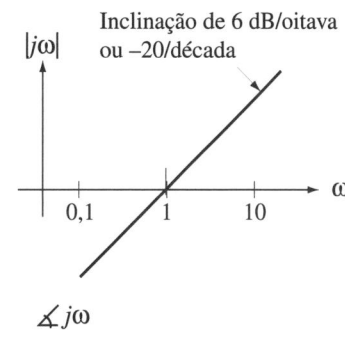

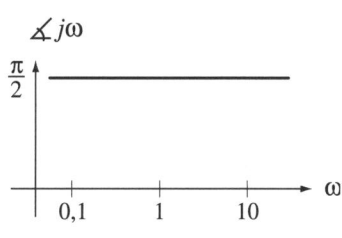

Figura 12.45
A magnitude e a fase da resposta em freqüência de zero único em $j\omega = 0$.

Um componente de sistema com pólo único em $j\omega = 0$ é chamado de integrador, porque sua resposta em freqüência é $H(j\omega) = 1/j\omega$ e a divisão por $j\omega$ no domínio da freqüência corresponde à integração no domínio do tempo.

Um componente de sistema com zero único em $j\omega = 0$ é denominado diferenciador, porque sua resposta em freqüência é $H(j\omega) = j\omega$, e a multiplicação por $j\omega$ no domínio da freqüência corresponde à diferenciação no domínio do tempo.

Ganho Independente da Freqüência

O único tipo remanescente de componente elementar de sistema é um ganho independente da freqüência (Figura 12.46). Na Figura 12.46, o ganho constante A é suposto ser positivo. Essa é a razão pela qual a fase é igual a zero. Se A fosse negativo, a fase seria igual a $\pm\pi$ radianos.

As assíntotas auxiliam na elaboração do diagrama de Bode real, e elas são especialmente úteis no esboço do diagrama de Bode total resultante para um sistema mais complicado. As assíntotas podem ser esboçadas com base no conhecimento de umas poucas regras simples e combinadas. Logo, o diagrama de Bode para a magnitude pode ser esboçado aproximadamente pelo traçado de uma curva suave, que se aproxima das assíntotas e desvia por ± 3 dB nas quebras.

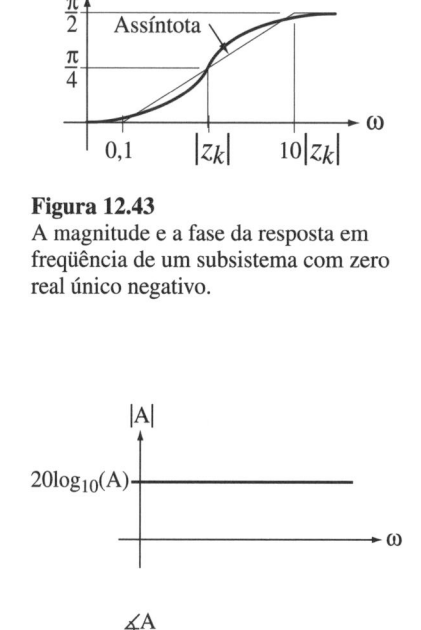

Figura 12.46
A magnitude e a fase da resposta em freqüência de um ganho A independente da freqüência.

EXEMPLO 12.2

Diagrama de Bode da resposta em freqüência de um circuito RC

Elabore o diagrama de Bode para a resposta em freqüência da tensão do circuito mostrado pela Figura 12.47, em que $C_1 = 1$ F, $C_2 = 2$ F, $R_s = 4\ \Omega$, $R_1 = 2\ \Omega$, $R_2 = 3\ \Omega$.

■ Solução

Por meio do conceito de impedância, a resposta em freqüência é determinada como

$$H(j\omega) = R_2 \frac{(j\omega)R_1C_1 + 1}{(j\omega)^2 R_1R_2R_sC_1C_2 + (j\omega)\left[R_1R_2(C_1+C_2) + (R_1C_1+R_2C_2)R_s\right] + (R_1+R_2+R_s)}$$

Figura 12.47
Um circuito RC.

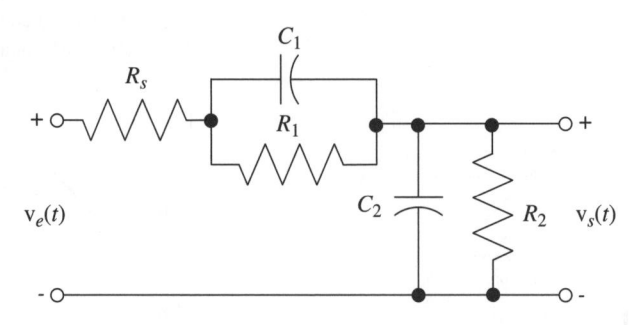

Substituindo os valores numéricos para os componentes,

$$H(j\omega) = 3\frac{2j\omega + 1}{48(j\omega)^2 + 50(j\omega) + 9} = 0{,}125\frac{j\omega + 0{,}5}{(j\omega + 0{,}2316)(j\omega + 0{,}8104)}$$

$$H(j\omega) = 0{,}333\frac{1 - \dfrac{j\omega}{(-0{,}5)}}{\left[1 - \dfrac{j\omega}{(-0{,}2316)}\right]\left[1 - \dfrac{j\omega}{(-0{,}8104)}\right]} = A\frac{1 - j\omega/z_1}{(1 - j\omega/p_1)(1 - j\omega/p_2)}$$

em que $A = 0{,}333$; $z_1 = -0{,}5$; $p_1 = -0{,}2316$ e $p_2 = -0{,}8104$.

Sendo assim, esta resposta em freqüência possui dois pólos finitos, um zero finito e um ganho independente da freqüência. Podemos construir rapidamente um diagrama de Bode assintótico total por meio da adição dos diagramas de Bode assintóticos associados aos quatro componentes individuais da resposta em freqüência resultante total (Figura 12.48).

Figura 12.48
Diagramas de Bode exato e assintótico para as magnitudes e fases individuais e resposta em freqüência total da tensão no circuito RC.

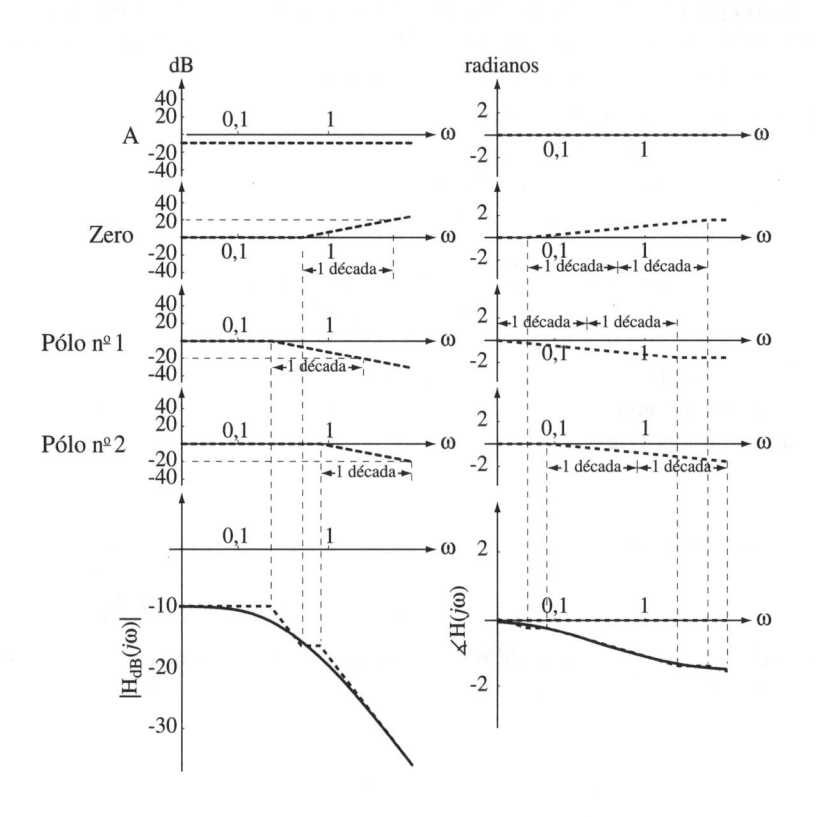

12.5 Gráfico Logarítmico da Magnitude da Resposta em Freqüência e Diagrama de Bode

O programa seguinte do MATLAB demonstra algumas técnicas para se desenhar diagramas de Bode.

```
% Define um vetor logarítmico de freqüências angulares
% para se traçar o diagrama de Bode de 0,01 até 10 rad/seg
w = logspace(-2,1,200) ;
% Ajusta os valores do ganho, do zero e dos pólos
A = 0.3333 ; z1 = -0.5 ; p1 = -0.2316 ; p2 = -0.8104 ;
% Calcula a resposta em freqüência complexa
H = A*(1-j*w/z1)./((1-j*w/p1).*(1-j*w/p2)) ;
% Traça o diagrama de Bode da magnitude

subplot(2,1,1) ;
p = semilogx(w,20*log10(abs(H)),'k') ; set(p,'LineWidth',2) ; grid on ;
xlabel('\omega','FontSize',18,'FontName','Times') ;
ylabel('|H({\itj}\omega)|_d_B','FontSize',18,'FontName','Times') ;
title('Magnitude','FontSize',24,'FontName','Times') ;
set(gca,'FontSize',14,'FontName','Times') ;

% Traça o diagrama de Bode da fase

subplot(2,1,2) ;
p = semilogx(w,angle(H),'k') ; set(p,'LineWidth',2) ; grid on ;
xlabel('\omega','FontSize',18,'FontName','Times') ;
ylabel('Fase de H({\itj}\omega)','FontSize',18,'FontName','Times') ;
title('Fase','FontSize',24,'FontName','Times') ;
set(gca,'FontSize',14,'FontName','Times') ;
```

Os diagramas de Bode resultantes para a magnitude e para a fase estão ilustrados na Figura 12.49.

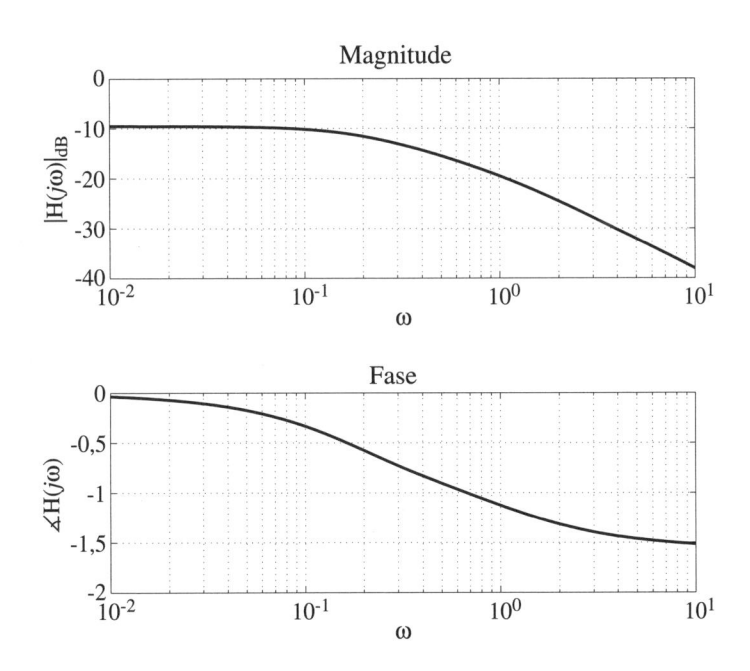

Figura 12.49
Diagramas de Bode para a magnitude e para a fase da resposta em freqüência do filtro passa-baixas *RC*.

PARES COMPLEXOS DE PÓLOS E ZEROS

Agora considere o caso de pólos e zeros complexos. Para funções de sistemas reais, eles sempre ocorrem em pares complexos conjugados. Portanto, um par complexo conjugado de pólos sem zeros finitos comporia uma resposta em freqüência para o subsistema da forma

$$H(j\omega) = \frac{1}{(1-j\omega/p_1)(1-j\omega/p_2)} = \frac{1}{1 - j\omega(1/p_1 + 1/p_1^*) + (j\omega)^2/p_1 p_1^*}$$

$$H(j\omega) = \frac{1}{1 - j\omega \dfrac{2\operatorname{Re}(p_1)}{|p_1|^2} + \dfrac{(j\omega)^2}{|p_1|^2}}$$

Por meio da tabela de pares de Fourier, encontramos o par

$$e^{-\omega_n \zeta t} \operatorname{sen}\left(\omega_n \sqrt{1-\zeta^2}\, t\right) u(t) \xleftrightarrow{\mathcal{F}} \frac{\omega_n \sqrt{1-\zeta^2}}{(j\omega)^2 + j\omega(2\zeta\omega_n) + \omega_n^2}$$

no domínio ω, que pode ser representado na forma

$$\omega_n \frac{e^{-\omega_n \zeta t} \operatorname{sen}\left(\omega_n \sqrt{1-\zeta^2}\, t\right)}{\sqrt{1-\zeta^2}} u(t) \xleftrightarrow{\mathcal{F}} \frac{1}{1 + j\omega \dfrac{2\zeta\omega_n}{\omega_n^2} + \dfrac{(j\omega)^2}{\omega_n^2}}$$

cujo lado direito é da mesma forma funcional que

$$H(j\omega) = \frac{1}{1 - j\omega \dfrac{2\operatorname{Re}(p_1)}{|p_1|^2} + \dfrac{(j\omega)^2}{|p_1|^2}}$$

Essa é uma forma padrão de resposta em freqüência subamortecida de segunda ordem em que a freqüência angular natural é ω_n e a relação de amortecimento é ζ. Portanto, para este tipo de subsistema,

$$\omega_n^2 = |p_1|^2 = p_1 p_2 \quad \text{e} \quad \zeta = -\frac{\operatorname{Re}(p_1)}{\omega_n} = -\frac{p_1 + p_2}{2\sqrt{p_1 p_2}}$$

O diagrama de Bode para este subsistema é ilustrado na Figura 12.50.

Um par complexo de zeros produziria uma resposta em freqüência do subsistema da forma,

$$H(j\omega) = \left(1 - \frac{j\omega}{z_1}\right)\left(1 - \frac{j\omega}{z_2}\right) = 1 - j\omega\left(\frac{1}{z_1} + \frac{1}{z_1^*}\right) + \frac{(j\omega)^2}{z_1 z_1^*} = 1 - j\omega \frac{2\operatorname{Re}(z_1)}{|z_1|^2} + \frac{(j\omega)^2}{|z_1|^2}$$

Neste tipo de subsistema, podemos identificar a freqüência angular natural e a relação de amortecimento como

$$\omega_n^2 = |z_1|^2 = z_1 z_2 \quad \text{e} \quad \zeta = -\frac{\operatorname{Re}(z_1)}{\omega_n} = -\frac{z_1 + z_2}{2\sqrt{z_1 z_2}}$$

O diagrama de Bode para este subsistema é ilustrado na Figura 12.51.

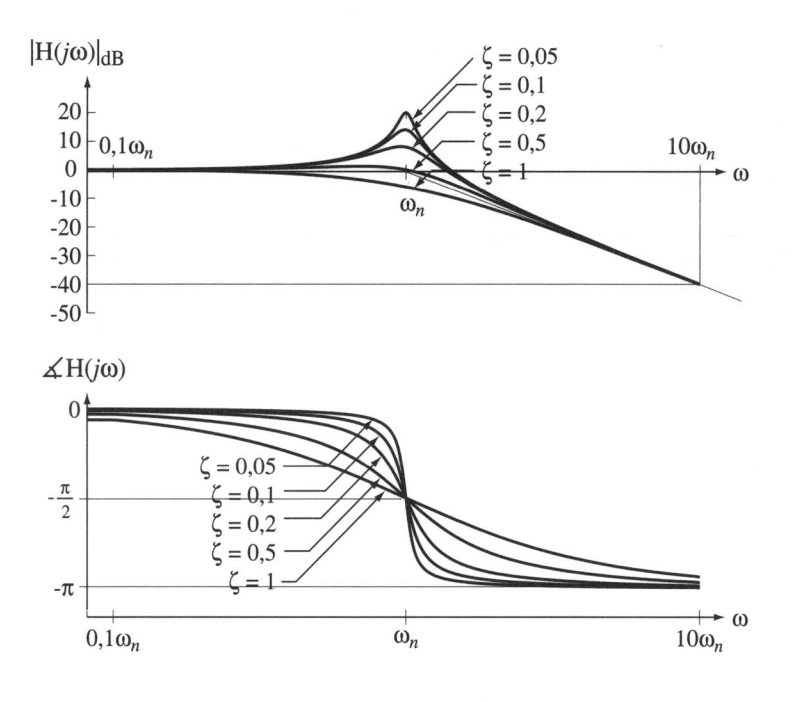

Figura 12.50
Diagramas de Bode da magnitude e da fase para um par de pólos complexos de segunda ordem.

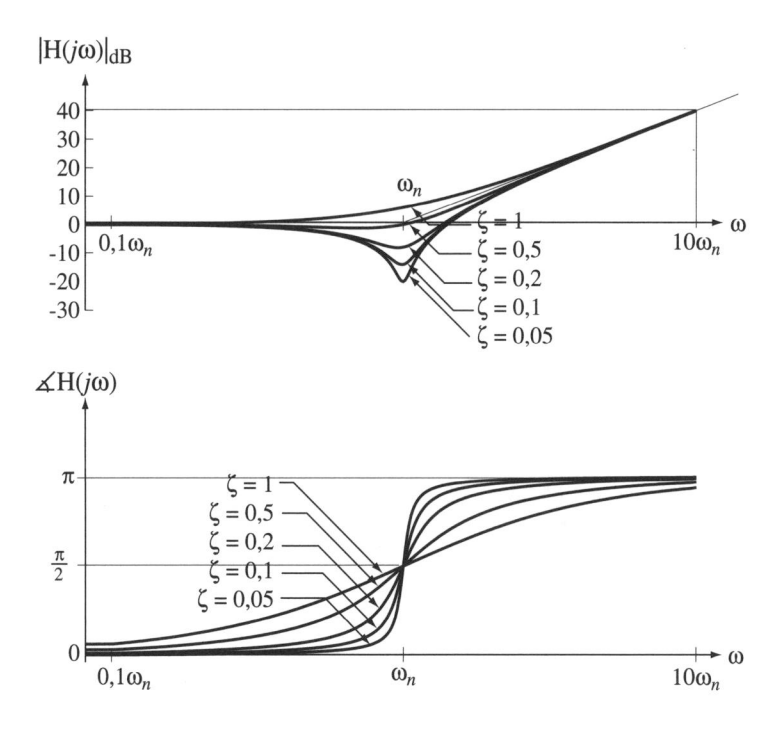

Figura 12.51
Diagramas de Bode da magnitude e da fase para um par de zeros complexos de segunda ordem.

12.6 FILTROS ATIVOS PRÁTICOS

Todos os filtros que examinamos até o momento têm sido filtros **passivos**. O termo "passivo" significa que eles não contêm qualquer dispositivo com a capacidade de gerar um sinal de saída com maior potência real (não é a potência de sinal) do que o sinal de entrada. Muitos filtros modernos são filtros **ativos**. Ou melhor, eles contêm dispositivos ativos como transistores e/ou amplificadores operacionais e requerem uma fonte externa de energia para operarem adequadamente. Com a adoção de dispositivos ativos, a potêncial de sinal real da saída pode ser maior do que a potência de sinal real presente na entrada. O tópico sobre filtros ativos é bastante amplo e somente as formas mais simples de filtros ativos serão introduzidas aqui.

> Em alguns circuitos passivos, há o ganho de tensão em certas freqüências. Ou seja, o sinal de tensão da saída pode ser maior do que o sinal de tensão da entrada. Portanto, a potência de sinal da saída, como definida anteriormente, seria maior do que a potência de sinal da entrada. Contudo, este não representa o ganho de potência real, pois o sinal de tensão na saída mais elevado está aplicado a uma impedância de valor mais elevado.

AMPLIFICADORES OPERACIONAIS

Há duas formas comumente adotadas para circuitos com amplificadores operacionais: a configuração de amplificador inversor e a configuração de amplificador não-inversor (Figura 12.52). A análise aqui utilizará o modelo mais simples possível para o amplificador operacional – o amplificador operacional ideal. Um **amplificador operacional ideal** possui impedância de entrada infinita, impedância de entrada nula, ganho infinito e largura de banda infinita.

Para cada tipo de amplificador, existem duas impedâncias – $Z_e(f)$ e $Z_f(f)$ – que controlam o ganho. O ganho do amplificador inversor pode ser deduzido ao se observar que, visto que a impedância de entrada do amplificador operacional é infinita, o fluxo de corrente para cada um dos terminais de entrada é igual a zero e, portanto,

$$I_f(f) = I_e(f) \tag{12.7}$$

Além disso, como a tensão de saída é finita e o ganho do amplificador operacional é infinito, a diferença de tensão entre os dois terminais de entrada deve ser igual a zero. Desse modo

$$I_e(f) = \frac{V_e(f)}{Z_e(f)} \tag{12.8}$$

e

$$I_f(f) = -\frac{V_f(f)}{Z_f(f)} \tag{12.9}$$

Combinando as Equações (12.8) e (12.9) de acordo com a Equação (12.7), e resolvendo para a resposta em freqüência,

$$\boxed{H(f) = \frac{V_s(f)}{V_e(f)} = -\frac{Z_f(f)}{Z_e(f)}} \tag{12.10}$$

Similarmente, pode ser mostrado que a resposta em freqüência do amplificador não-inversor é dada por

$$\boxed{H(f) = \frac{V_s(f)}{V_e(f)} = \frac{Z_f(f) + Z_e(f)}{Z_e(f)}} \tag{12.11}$$

FILTROS

Provavelmente a forma mais comum e simples de filtro ativo seja o integrador ativo (Figura 12.53).

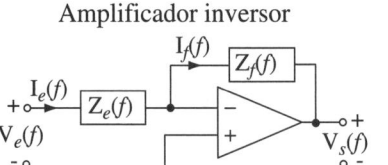

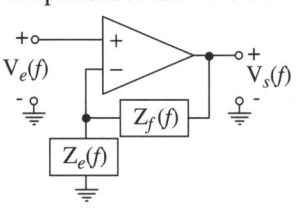

Figura 12.52
Duas configurações comuns de amplificadores que utilizam amplificadores operacionais.

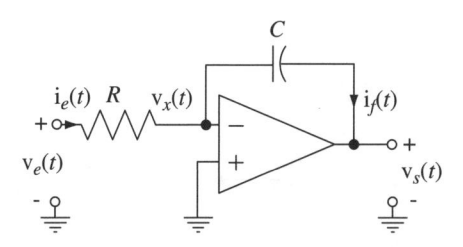

Figura 12.53
Um integrador ativo.

Utilizando a fórmula do ganho do amplificador inversor [Equação (12.10)] para a resposta em freqüência,

$$H(f) = -\frac{Z_f(f)}{Z_e(f)} = -\frac{1/j2\pi fC}{R} = -\frac{1}{j2\pi fRC}$$

A ação do integrador é mais fácil de ser vista se a resposta em freqüência for rearranjada para a forma

$$V_s(f) = -\frac{1}{RC}\frac{V_e(f)}{j2\pi f} \quad \text{ou} \quad V_s(j\omega) = -\frac{1}{RC}\frac{V_e(j\omega)}{j\omega}$$

O integrador integra o sinal, mas, ao mesmo tempo, multiplica-o por $-1/RC$. Note que não introduzimos um integrador passivo prático. O filtro passa-baixas RC passivo age mais como um integrador para freqüências logo após sua freqüência de quebra, mas em freqüências suficientemente baixas sua resposta não é como a de um integrador. Sendo assim, o dispositivo ativo (o amplificador operacional neste caso) tem dado ao projetista de filtros outro grau de liberdade durante o projeto.

O integrador é facilmente modificado para agir como um filtro passa-baixas pelo acréscimo de um simples resistor (Figura 12.54).

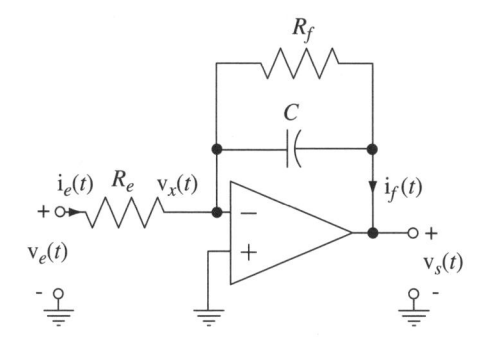

Figura 12.54
Um filtro passa-baixas RC ativo.

Para este circuito,

$$H(f) = \frac{V_s(f)}{V_e(f)} = -\frac{R_f}{R_e}\frac{1}{j2\pi fCR_f+1} \quad \text{ou} \quad H(j\omega) = \frac{V_s(j\omega)}{V_e(j\omega)} = -\frac{R_f}{R_e}\frac{1}{j\omega CR_f+1}$$

Esta resposta em freqüência tem a mesma forma funcional que a de um filtro passa-baixas RC passivo, a menos do fator $-R_f/R_e$. Desse modo, este é um filtro com ganho. Ele filtra e amplifica o sinal simultaneamente. Neste caso, o ganho de tensão é negativo.

EXEMPLO 12.3

Diagrama de Bode da resposta em freqüência de um filtro ativo de dois estágios

Faça os diagramas de Bode da magnitude e da fase para o filtro ativo de dois estágios (Figura 12.55).

Figura 12.55
Um filtro ativo de dois estágios.

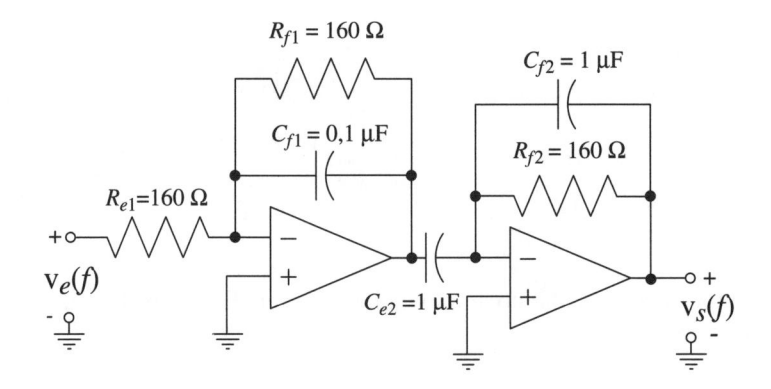

■ Solução

A resposta em freqüência do primeiro estágio é

$$H_1(f) = -\frac{Z_{f1}(f)}{Z_{e1}(f)} = -\frac{R_{f1}}{R_{e1}}\frac{1}{1+j2\pi f C_{f1}R_{f1}}$$

A resposta em freqüência do segundo estágio é

$$H_2(f) = -\frac{Z_{f1}(f)}{Z_{e1}(f)} = -\frac{j2\pi f R_{f2}C_{e2}}{1+j2\pi f R_{f2}C_{f2}}$$

Visto que a impedância de saída de um amplificador operacional ideal é zero, o segundo estágio não provoca o efeito de carregamento no primeiro estágio e, portanto, a resposta em freqüência total resultante equivale simplesmente ao produto entre as duas respostas em freqüência.

$$H(f) = \frac{R_{f1}}{R_{e1}}\frac{j2\pi f R_{f2}C_{e2}}{(1+j2\pi f C_{f1}R_{f1})(1+j2\pi f R_{f2}C_{f2})}$$

Substituindo os valores dos parâmetros,

$$H(f) = \frac{j1000f}{(1000+jf/10)(1000+jf)}$$

(Figura 12.56).

Figura 12.56
Diagrama de Bode da resposta em freqüência para o filtro ativo de dois estágios.

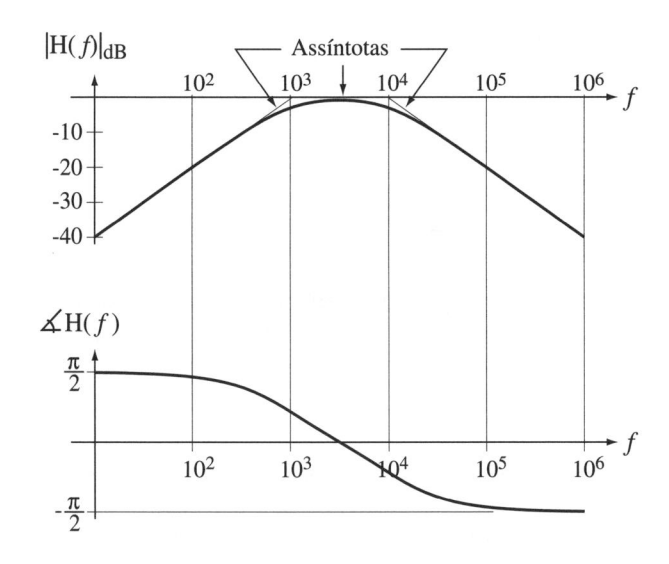

Este é obviamente um filtro passa-faixa prático.

12.6 Filtros Ativos Práticos

EXEMPLO 12.4

Projeto de um filtro passa-altas ativo

Projete um filtro ativo que atenue sinais em 60 Hz e freqüências inferiores por mais de 40 dB e amplifique sinais de freqüência de 10 KHz ou superior com um ganho positivo que se desvie de 20 dB por não mais do que 2 dB.

■ Solução

Essa descrição especifica um filtro passa-altas. O ganho deve ser positivo. Um ganho positivo e uma filtragem do tipo passa-altas podem ser realizados por um amplificador não-inversor. Entretanto, observando a fórmula do ganho para o amplificador não-inversor

$$H(f) = \frac{V_s(f)}{V_e(f)} = \frac{Z_f(f) + Z_e(f)}{Z_e(f)}$$

vemos que se as duas impedâncias consistem em apenas resistores e capacitores, seu ganho nunca é menor do que a unidade e necessitamos de atenuação (um ganho menor do que um) para baixas freqüências. [Se fôssemos utilizar indutores e capacitores, poderíamos fazer a magnitude da soma $Z_f(f) + Z_e(f)$ ser menor do que a magnitude de $Z_e(f)$ em certas freqüências e, assim, conseguir um ganho inferior a um. Porém, não conseguiríamos o mesmo comportamento para todas as freqüências inferiores a 60 Hz e o uso de indutores é geralmente evitado em projetos práticos, a não ser que sejam absolutamente necessários. Existem outras dificuldades práticas relacionadas a essa idéia que também utiliza amplificadores operacionais reais, em oposição aos ideais.

Se utilizarmos um amplificador inversor, teremos um ganho negativo. Mas poderíamos inserir outro amplificador inversor logo após em uma associação em cascata, tornando o ganho total do conjunto positivo. O ganho é o oposto da atenuação. Se a atenuação é 60 dB, o ganho é –60 dB. Se o ganho em 60 Hz é –40 dB e a resposta é aquela de um filtro passa-altas com único pólo, a assíntota do diagrama de Bode da magnitude da resposta em freqüência passaria por –20 dB de ganho em 600 Hz, 0 dB de ganho em 6 kHz e 20 dB de ganho em 60 kHz. Porém, precisamos ter um ganho de 20 dB em 10 kHz e, por isso, um filtro de pólo único é inadequado para se atender às especificações. Necessitamos de um filtro passa-altas com dois pólos. Podemos ter sucesso através de uma associação em cascata entre dois filtros passa-altas de único pólo cada um, possibilitando o atendimento aos requisitos de atenuação e ganho positivo simultaneamente.

Agora devemos escolher $Z_f(f)$ e $Z_e(f)$ para transformar o amplificador inversor em um filtro passa-altas. A Figura 12.54 ilustra um filtro passa-baixas ativo. Aquele filtro é um passa-baixas porque o ganho é dado por $-Z_f(f) / Z_e(f)$, $Z_e(f)$ é constante, e a magnitude de $Z_f(f)$ é maior nas baixas freqüências do que nas altas freqüências. Existe mais de um modo para se construir um filtro passa-altas utilizando a mesma configuração do amplificador inversor. Poderíamos tornar a magnitude de $Z_f(f)$ pequena nas baixas freqüências e maior nas altas freqüências. Tal comportamento requer o uso de um indutor, mas, novamente, por motivos práticos, indutores devem ser evitados a não ser que sejam realmente indispensáveis. Poderíamos tornar $Z_f(f)$ constante e tornar a magnitude de $Z_e(f)$ maior para as freqüências baixas e menor para as freqüências altas. O objetivo geral pode ser alcançado por qualquer uma das combinações entre um resistor e um capacitor, a configuração em paralelo ou a configuração em série (Figura 12.57).

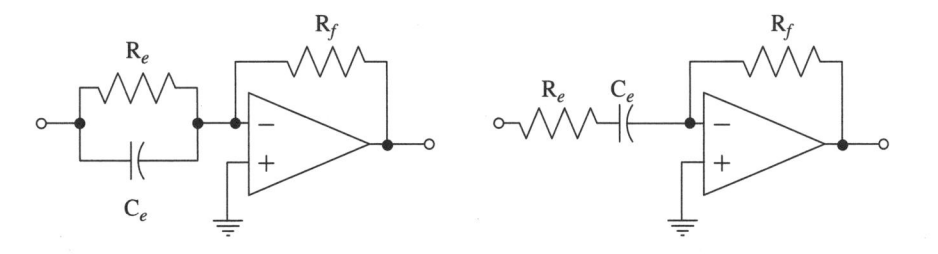

Figura 12.57
Duas idéias de projeto para um filtro passa-altas utilizando-se apenas capacitores e resistores.

Se pensarmos apenas no comportamento limitado dessas duas idéias de projeto em freqüências muito baixas e muito altas, vemos imediatamente que somente uma delas atende às especificações deste projeto. O projeto (a) tem um ganho finito nas freqüências muito baixas e um ganho que cresce com a freqüência nas freqüências mais altas, nunca tendendo a ser constante. O projeto (b) possui um ganho que cai com a freqüência nas baixas freqüências, tendendo a zero na freqüência zero, e tendendo a um ganho constante nas freqüências altas. O projeto (b) pode ser utilizado para atender às nossas especificações.

Dessa forma, o projeto agora corresponde a uma associação em cascata entre dois amplificadores inversores (Figura 12.58).

Figura 12.58
Associação em cascata entre dois filtros ativos passa-altas inversores.

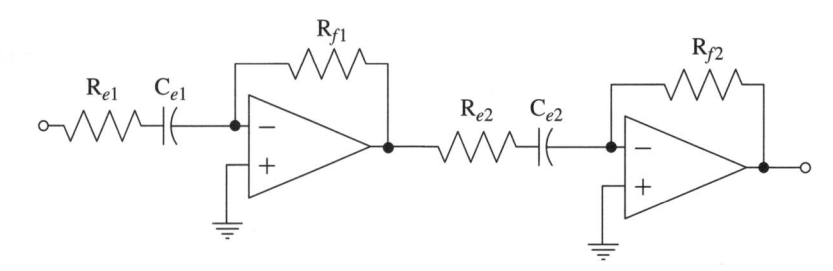

Neste ponto da solução, devemos definir os valores dos resistores e dos capacitores para atender aos requisitos de atenuação e ganho. Existem muitas maneiras de determinar esses valores. O projeto não é único. Podemos começar selecionando os resistores para atender o requisito de 20 dB para o ganho em alta freqüência. Ele é um ganho de alta freqüência total igual a 10, o qual podemos distribuir da maneira que quisermos entre os dois amplificadores. Vamos procurar manter o ganho dos dois estágios aproximadamente o mesmo. Então, a proporção entre os resistores em cada estágio deve estar em torno de 3,16. Devemos escolher resistores de valor alto o suficiente para não provocar o efeito de carregamento nas saídas dos amplificadores operacionais, mas não tão altos a ponto das capacitâncias de dispersão nos causarem problemas. Resistores na faixa de valores entre 500 Ω e 50 kΩ são normalmente boas escolhas. Contudo, a menos que estejamos dispostos a pagar caro, não podemos escolher arbitrariamente um valor para um resistor. Resistores são vendidos em valores padronizados, tipicamente seguindo a seqüência

$$1;\ 1,2;\ 1,5;\ 1,8;\ 2,2;\ 2,7;\ 3,3;\ 3,9;\ 4,7;\ 5,6;\ 6,8;\ 8,2 \times 10^n$$

em que n define a década do valor da resistência. Algumas razões que são bem próximas de 3.16 são

$$\frac{3,9}{1,2} = 3,25,\quad \frac{4,7}{1,5} = 3,13,\quad \frac{5,6}{1,8} = 3,11,\quad \frac{6,8}{2,2} = 3,09 \quad \frac{8,2}{2,7} = 3,03$$

Para ajustarmos o ganho resultante total para muito próximo de 10, podemos escolher uma razão para o primeiro estágio igual a 3,9/1,2 = 3,25 e uma razão para o segundo estágio igual a 6,8/2,2 = 3,09 e obter um ganho em alta freqüência total de 10,043. Assim sendo, definimos os seguintes valores

$$R_{f1} = 3,9\text{ k}\Omega,\quad R_{e1} = 1,2\text{ k}\Omega,\quad R_{f2} = 6,8\text{ k}\Omega,\quad R_{e2} = 2,2\text{ k}\Omega$$

Agora devemos escolher os valores dos capacitores para possibilitar a atenuação em 60 Hz ou freqüência inferior e o ganho em 10 kHz ou freqüência superior. Para simplificarmos o projeto vamos ajustar as duas freqüências de quebra dos dois estágios para o mesmo valor (ou valores muito próximos). Com uma transição (*roll-off*) para baixa freqüência de dois pólos igual a 40 dB por década e um ganho de alta freqüência de aproximadamente 20 dB, conseguimos uma diferença de 60 dB na magnitude da resposta em freqüência entre 60 Hz e 10 kHz. Se fôssemos ajustar o ganho em 60 Hz para ser exatamente –40 dB, então em 600 Hz teríamos aproximadamente 0 dB de ganho, e em 6 kHz teríamos um ganho de 40 dB, e ele seria maior em 10 kHz. Esse comportamento da resposta não atende às especificações do problema.

Podemos começar pelas altas freqüências e ajustar o ganho em 10 kHz para aproximadamente 10, significando que a quebra para a transição de baixa freqüência deve estar logo abaixo de 10 kHz. Se o colocarmos em 1 kHz, o ganho aproximado em 100 Hz, baseado nas aproximações assintóticas, será de –20 dB e em 10 Hz será de –60 dB, e precisamos de –40 dB em 60 Hz. Entretanto, atingimos apenas –29 dB em 60 Hz. Portanto, precisamos posicionar a freqüência de quebra em uma freqüência um pouco maior como 3 kHz. Se posicionarmos a freqüência de quebra em

3 kHz, os valores dos capacitores calculados serão $C_{e1} = 46$ nF e $C_{e2} = 24$ nF. De novo, não podemos definir um valor arbitrário para um capacitor. Valores de capacitores padronizados são tipicamente dispostos nos mesmos intervalos numéricos, assim como os valores de resistores padrão

$$1;\ 1{,}2;\ 1{,}5;\ 1{,}8;\ 2{,}2;\ 2{,}7;\ 3{,}3;\ 3{,}9;\ 4{,}7;\ 5{,}6;\ 6{,}8;\ 8{,}2 \times 10^n$$

Há certa liberdade no posicionamento da freqüência de quebra e, por isso, provavelmente não precisemos de um valor de capacitância realmente exato. Podemos escolher $C_{e1} = 0{,}47$ nF e $C_{e2} = 22$ nF sendo o primeiro um pouco maior e o outro um pouco menor. Essa definição irá separar os pólos ligeiramente, mas ainda criará a desejada transição para a baixa freqüência igual a 40 dB por década. Este parece ser um bom projeto, porém precisamos verificar seu desempenho por meio do esboço de um diagrama de Bode (Figura 12.59).

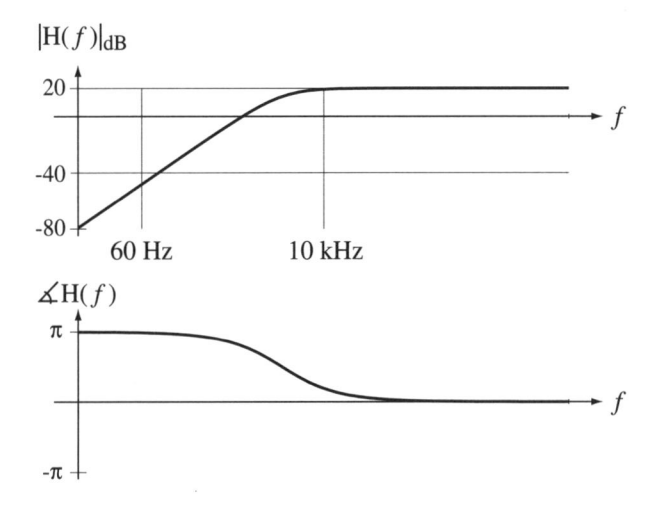

Figura 12.59
Diagrama de Bode para o projeto do filtro ativo passa-altas de dois estágios.

Fica claro, pelo diagrama, que a atenuação em 60 Hz é adequada. Cálculos para o ganho em 10 kHz resultam em cerca de 19,2 dB, o que atende às especificações.

Estes resultados são baseados em valores exatos de resistores e capacitores. Na realidade, todos os resistores e capacitores são tipicamente escolhidos com base em seus valores nominais, mas seus valores reais podem variar em relação aos valores nominais por uma pequena porcentagem. Dessa maneira, qualquer bom projeto deve ter certa tolerância para as especificações, de modo que permita pequenos desvios nos valores dos componentes em relação aos valores calculados no projeto.

EXEMPLO 12.5

Filtro passa-faixa Sallen-Key

Um projeto muito popular de filtro que pode ser encontrado em muitos livros de eletrônica ou sobre filtros é o filtro passa-faixa **Sallen-Key** de estágio único com dois pólos, também conhecido como **K constante** (Figura 12.60).

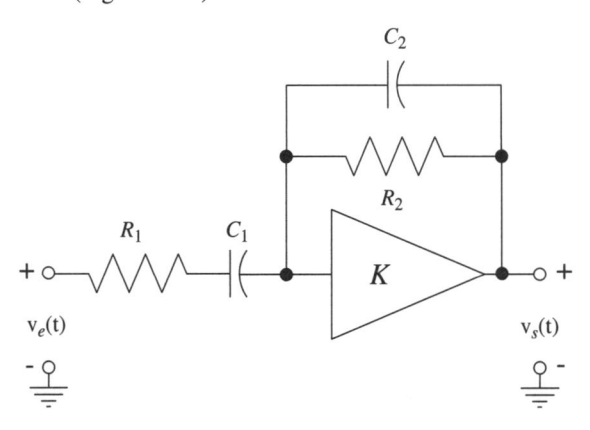

Figura 12.60
O filtro passa-faixa Sallen-Key ou K constante.

O símbolo do triângulo com um K em seu interior representa um amplificador não-inversor ideal de ganho de tensão finito K, com impedância de entrada infinita, com impedância de saída nula e com uma largura de banda infinita (não é um amplificador operacional). A resposta em freqüência total do filtro passa-faixa é

$$H(j\omega) = \frac{V_s(j\omega)}{V_e(j\omega)} = \frac{j\omega \dfrac{K}{(1-K)} \dfrac{1}{R_1 C_2}}{(j\omega)^2 + j\omega\left[\dfrac{1}{R_1 C_1} + \dfrac{1}{R_2 C_2} + \dfrac{1}{R_1 C_2 (1-K)}\right] + \dfrac{1}{R_1 R_2 C_1 C_2}}$$

que é da forma

$$H(j\omega) = H_0 \frac{j 2\zeta \omega_0^2}{(j\omega)^2 + 2\zeta\omega_0(j\omega) + \omega_0^2} = \frac{j\omega A}{(j\omega)^2 + 2\zeta\omega_0(j\omega) + \omega_0^2}$$

em que

$$A = \frac{K}{(1-K)} \frac{1}{R_1 C_2} \;,\; \omega_0^2 = \frac{1}{R_1 R_2 C_1 C_2}$$

$$\zeta = \frac{R_1 C_1 + R_2 C_2 + \dfrac{R_2 C_1}{1-K}}{2\sqrt{R_1 R_2 C_1 C_2}} \;,\; Q = \frac{1}{2\zeta} = \frac{\sqrt{R_1 R_2 C_1 C_2}}{R_1 C_1 + R_2 C_2 + \dfrac{R_2 C_1}{1-K}}$$

e

$$H_0 = \frac{K}{1 + (1-K)\left(\dfrac{C_2}{C_1} + \dfrac{R_1}{R_2}\right)}$$

O procedimento de projeto recomendado é escolher o Q e a freqüência de ressonância $f_0 = \omega_0/2\pi$, definir $C_1 = C_2 = C$ para algum valor conveniente e então calcular

$$R_1 = R_2 = \frac{1}{2\pi f_0 C} \quad \text{e} \quad K = \frac{3Q-1}{2Q-1} \quad \text{e} \quad |H_0| = 3Q - 1$$

Além disso, é recomendado que Q deva ser menor do que 10 para este projeto. Projete um filtro deste tipo com um Q igual a 5 e uma freqüência central em 50 kHz.

■ Solução

Podemos selecionar valores convenientes de capacitância. Por isso, vamos admitir que $C_1 = C_2 = C = 10$ nF. Então $R_1 = R_2 = 318\ \Omega$, e $K = 1{,}556$ e $|H_0| = 14$. Essas escolhas resultam na seguinte resposta em freqüência:

$$H(j\omega) = -\frac{j\omega(8{,}792 \times 10^5)}{(j\omega)^2 + (6{,}4 \times 10^4) j\omega + 9{,}86 \times 10^{10}}$$

ou, escrita como uma função da freqüência cíclica:

$$H(f) = -\frac{j2\pi f(8{,}792 \times 10^5)}{(j2\pi f)^2 + (6{,}4 \times 10^4) j2\pi f + 9{,}86 \times 10^{10}}$$

(Figura 12.61).

Como no exemplo anterior, não podemos escolher valores para os componentes que sejam exatamente iguais àqueles calculados, mas podemos ficar próximos desses valores. Provavelmente, teríamos de utilizar resistores nominais de 330 Ω, o que alteraria ligeiramente a resposta em freqüência dependendo de seus valores reais e dos valores reais dos capacitores.

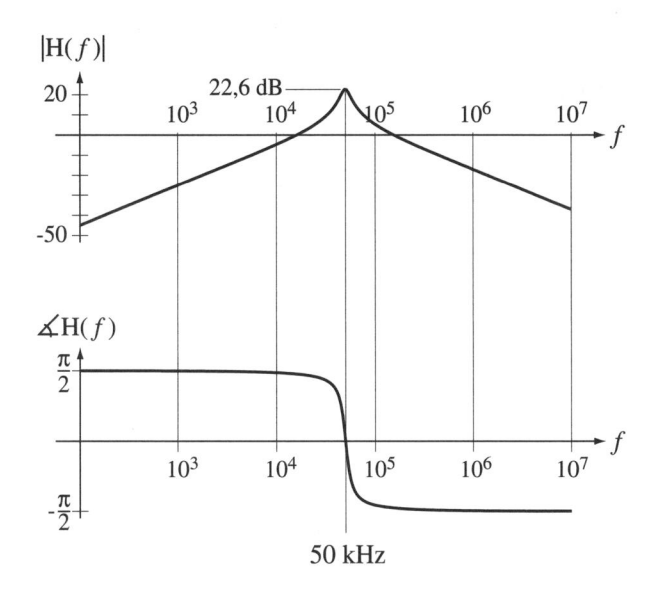

Figura 12.61
Diagrama de Bode da resposta em freqüência para o filtro passa-faixa Sallen-Key.

Exemplo 12.6

Filtro ativo *RLC* biquadrático

O filtro biquadrático introduzido na Seção 12.2 pode ser construído como um filtro ativo (Figura 12.62).

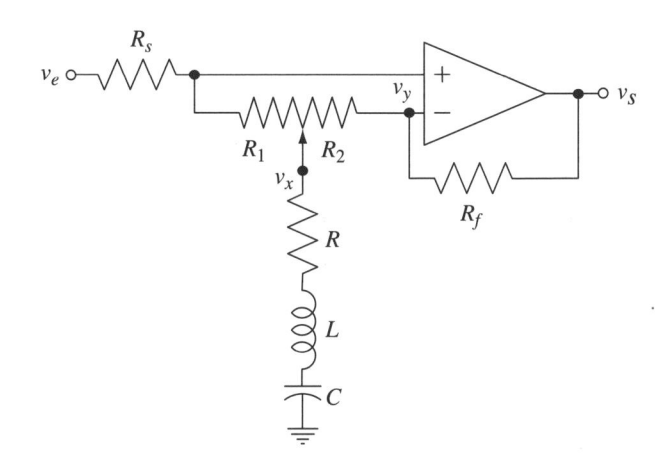

Figura 12.62
Implementação de um filtro ativo RLC biquadrático.

Sob a consideração de um amplificador operacional ideal, a resposta em freqüência pode ser determinada utilizando-se técnicas padrão de análise de circuito. Ela é descrita como

$$H(j\omega) = \frac{V_s(j\omega)}{V_e(j\omega)} = \frac{(j\omega)^2 + j\omega \dfrac{R(R_1+R_2)+R_1(R_f+R_2)}{L(R_1+R_2)} + \dfrac{1}{LC}}{(j\omega)^2 + j\omega \dfrac{R(R_1+R_2)+R_2(R_s+R_1)}{L(R_1+R_2)} + \dfrac{1}{LC}}$$

Considere os dois casos $R_1 \neq 0$, $R_2 = 0$ e $R_1 = 0$, $R_2 \neq 0$. Se $R_1 \neq 0$, $R_2 = 0$, então

$$H(j\omega) = \frac{V_s(j\omega)}{V_e(j\omega)} = \frac{(j\omega)^2 + j\omega(R+R_f)/L + 1/LC}{(j\omega)^2 + j\omega R/L + 1/LC}$$

A freqüência angular natural é $\omega_n = 1/\sqrt{LC}$, e existem pólos em

$$j\omega = -(R/2L) \pm \sqrt{(R/2L)^2 - 1/LC}$$

e zeros em

$$j\omega = -\frac{R+R_f}{2L} \pm \sqrt{\left(\frac{R+R_f}{2L}\right)^2 - \frac{1}{LC}}$$

e, nas freqüências baixas e altas e na freqüência de ressonância,

$$\lim_{\omega \to 0} H(j\omega) = 1, \quad \lim_{\omega \to \infty} H(j\omega) = 1, \quad H(j\omega_n) = \frac{R+R_f}{R} > 1$$

Se $R < 2\sqrt{L/C}$ e $R+R_f >> 2\sqrt{L/C}$, os pólos são complexos e os zeros são reais e o efeito dominante próximo a ω_n é o aumento na magnitude da resposta em freqüência. Note que, neste caso, a resposta em freqüência não depende de R_1. Essa condição é semelhante a se ter o circuito *RLC* ressonante na retroalimentação sem o potenciômetro.

Se $R_1 = 0$, $R_2 \neq 0$, então

$$H(j\omega) = \frac{V_s(j\omega)}{V_e(j\omega)} = \frac{(j\omega)^2 + j\omega\frac{R}{L} + \frac{1}{LC}}{(j\omega)^2 + j\omega\frac{R+R_s}{L} + \frac{1}{LC}}$$

A freqüência angular natural é $\omega_n = 1/\sqrt{LC}$, e existem zeros em

$$j\omega = -\frac{R}{2L} \pm \sqrt{\left(\frac{R}{2L}\right)^2 - \frac{1}{LC}}$$

e pólos em

$$j\omega = -\frac{R+R_s}{2L} \pm \sqrt{\left(\frac{R+R_s}{2L}\right)^2 - \frac{1}{LC}}$$

e, nas freqüências baixas e altas e na freqüência de ressonância,

$$\lim_{\omega \to 0} H(j\omega) = 1, \quad \lim_{\omega \to \infty} H(j\omega) = 1, \quad H(j\omega_n) = \frac{R}{R+R_s} < 1$$

Se $R < 2\sqrt{L/C}$ e $R+R_s >> 2\sqrt{L/C}$, os zeros são complexos e os pólos são reais, e o efeito dominante próximo a ω_n é o decréscimo na magnitude da resposta em freqüência. Note que neste caso a resposta em freqüência não depende de R_2. Essa condição é equivalente a se ter o circuito *RLC* ressonante na entrada do amplificador com o potenciômetro retirado.

Se $R_1 = R_2$ e $R_f = R_s$, a resposta em freqüência é

$$H(j\omega) = \frac{V_s(j\omega)}{V_e(j\omega)} = 1$$

e o sinal de saída é idêntico ao sinal de entrada.

Portanto, um potenciômetro pode determinar o aumento ou a redução da magnitude da resposta em freqüência próxima à freqüência de ressonância. O equalizador gráfico da Seção 6.2 poderia ser implementado por uma associação em cascata contendo de 9 a 11 filtros biquadráticos como este com suas respectivas freqüências de ressonância distanciadas uma da outra por oitavas. Entretanto, ele também pode ser implementado com apenas um amplificador operacional como aquele ilustrado na Figura 12.63. Devido à interação das redes *RLC* passivas, a operação deste circuito não é idêntica ao circuito composto por múltiplos filtros biquadráticos associados em cascata, mas ele atinge o mesmo intento com menos componentes.

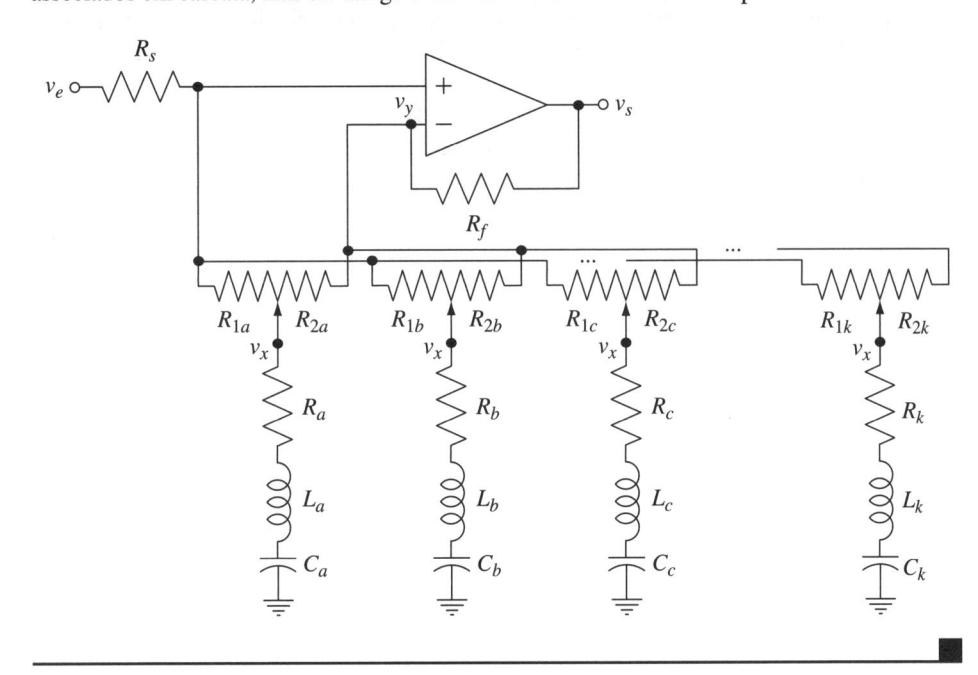

Figura 12.63
Uma implementação do circuito de um equalizador gráfico com apenas um amplificador operacional.

12.7 SISTEMAS DE COMUNICAÇÃO

Uma das aplicações mais importantes da transformada de Fourier está na análise de sistemas de comunicação. Vamos abordar este conceito por meio da análise da operação de um radiotransmissor e um receptor. Por que temos rádios? Porque eles eliminam o problema da comunicação entre as pessoas que se encontram muito distantes umas das outras para se comunicarem diretamente por meio das ondas sonoras. Existem, naturalmente, muitas modalidades de comunicação a distância. A comunicação poderia ser feita em uma única direção como nas transmissões dos sinais de rádio e televisão ou em ambas as direções como no caso do telefone, radioamador e da Internet. A informação transferida pode ser voz, dados, imagens, dentre outros. A comunicação pode ser realizada em tempo real ou postergada.

Suponha que uma pessoa em Curitiba e uma pessoa em Salvador queiram conversar. A voz humana obviamente não tem potência suficiente para ser ouvida a grandes distâncias. Poderíamos utilizar amplificadores e alto-falantes para aumentar a potência acústica da voz, mas como a potência acústica se esvai muito rapidamente com a distância, precisaríamos de um sistema de fornecimento de energia *astronomicamente* potente para amplificar a nossa voz e sermos ouvidos a grandes distâncias (Figura 12.64).

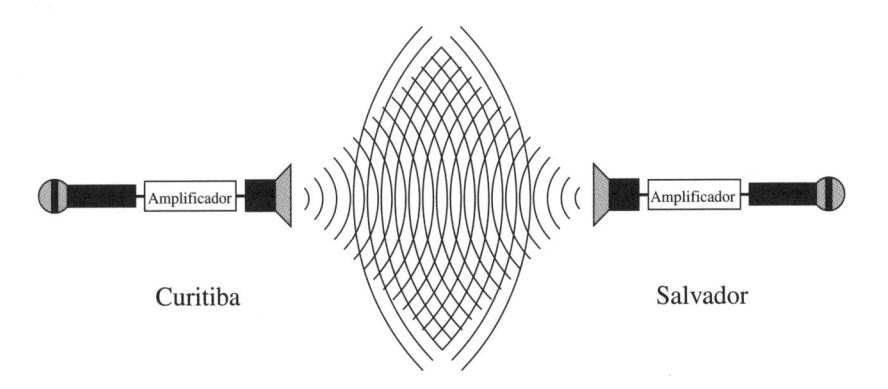

Figura 12.64
Um sistema de comunicação simples e rudimentar.

Se a voz emitida em Curitiba pudesse ser ouvida em Salvador e vice-versa, por meio de amplificação acústica, talvez devessem ocorrer algumas poucas reclamações das pessoas de São Paulo e Belo Horizonte a respeito do barulho indesejado. (Na verdade, não haveria qualquer reclamação das pessoas de São Paulo e Belo Horizonte devido ao fato de toda a população das duas cidades ter sido morta pela energia acústica.) Além disso, se a comunicação é bidirecional, dada a velocidade do som no ar, a pessoa em Salvador teria de aguardar mais de 8 horas para ouvir a resposta a uma pergunta feita à pessoa que mora em Curitiba. Se pensarmos nos problemas advindos da comunicação por essa modalidade entre milhões de pessoas no Brasil conversando simultaneamente e a falta de condições para se garantir privacidade em cada comunicação, iremos perceber rapidamente que este tipo de estrutura seria um sistema extremamente insatisfatório e ridículo.

Uma boa solução para muitos desses problemas seria utilizar a propagação da energia eletromagnética para transportar as mensagens entre lugares remotos. A velocidade de propagação desse tipo de onda é muito maior do que a velocidade do som no ar que, assim, o problema de atraso nas comunicações seria resolvido. Contudo, temos agora outros problemas que devem ser solucionados. Como podemos codificar uma mensagem acústica em um sinal eletromagnético de modo que a mensagem se propague na velocidade da onda eletromagnética (à velocidade da luz)? A idéia mais simples seria utilizar um microfone e um amplificador para converter diretamente a energia acústica em energia eletromagnética (Figura 12.65).

Figura 12.65
Um sistema de comunicação que utiliza conversões de energia acústica para eletromagnética e de energia eletromagnética para acústica.

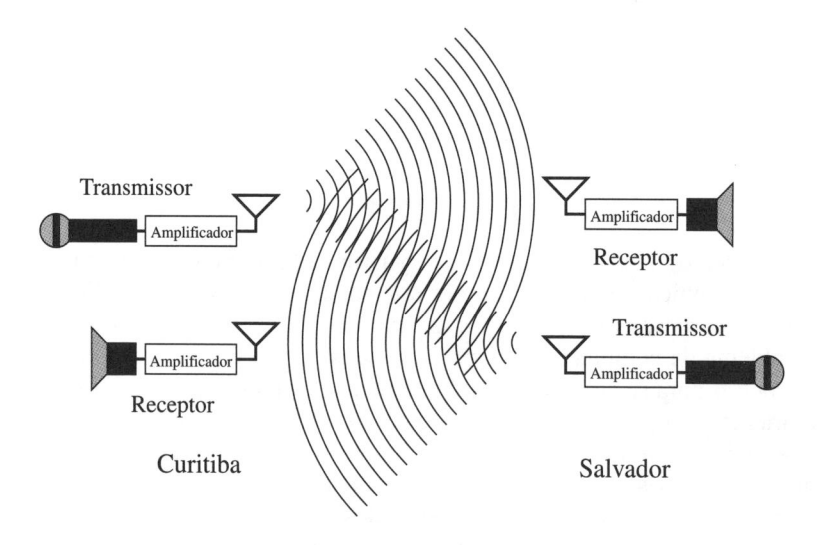

Então a energia eletromagnética poderia ser direcionada para um amplificador que, por sua vez, conduziria o sinal amplificado para uma antena transmissora. Uma antena receptora em um lugar remoto poderia coletar parte da energia eletromagnética originalmente transmitida e um amplificador e um alto-falante poderiam reconverter a energia eletromagnética em energia acústica.

Existem dois problemas principais com essa abordagem. Primeiro, o espectro de freqüências da comunicação por voz encontra-se em grande parte concentrado no intervalo entre 30 Hz e 300 Hz, e até mesmo fontes de programas musicais não se estendem muito além de 10 kHz. Uma antena eficiente para essa faixa de freqüências teria de ser bastante longa (muitos quilômetros de comprimento). Além disso, a variação da freqüência dentro de um intervalo de 10:1 ou até talvez de 1000:1 na freqüência representaria um sinal distorcido significativamente pela variação da eficiência da antena com a freqüência. Talvez possamos construir uma antena bem longa ou talvez possamos conviver com uma bastante ineficiente. Porém, o segundo problema tem maior significância.

Na suposição de que muitas pessoas quisessem conversar simultaneamente (uma suposição bastante razoável), após a conversão da energia de volta à forma acústica, ainda haveria o problema de ouvir todo mundo falando ao mesmo tempo, pois as vozes foram todas transmitidas ao mesmo tempo no mesmo sinal. Imagine que você e um amigo sejam os únicos clientes em um restaurante muito grande e vocês estejam sentados em lados opostos. Se você quiser conversar com o seu amigo, precisa aumentar a sua voz um pouco, mas não teria grandes dificuldades em fazer isso. Agora imagine que o restaurante esteja lotado de clientes. Se você quiser conversar com o mesmo amigo, será muito mais difícil devido ao fenômeno de cacofonia provocado pelas conversas de todos os demais fregueses no restaurante. Esse é um problema similar que temos quando tentamos transmitir sinais na mesma largura de banda como todos os demais.

Sistemas de telefonia padrão resolveram esse problema confinando a energia eletromagnética em um cabo, seja ele de cobre seja de fibra óptica. Os sinais são **espacialmente** separados ao terem uma conexão direta dedicada entre as partes. Entretanto, com os telefones celulares sem fio modernos tal solução não funciona, pois a energia eletromagnética não está confinada em seu trajeto entre o aparelho e a antena celular mais próxima. Uma outra solução seria atribuir a cada transmissor um conjunto de intervalos de tempo específicos em que todos os demais transmissores não transmitissem. Logo, para se receber a mensagem correta, o receptor teria de estar sincronizado com esses mesmos intervalos de tempo (levando-se em consideração os atrasos na propagação). Essa solução é denominada **multiplexação temporal**. A multiplexação no tempo é usada extensivamente em sistemas de telefonia em que o sinal é confinado em cabos ou a áreas celulares locais onde a companhia telefônica pode controlar toda a temporização, e os intervalos podem ser tão curtos a ponto de não serem percebidos pelas pessoas que utilizam o sistema. Contudo, a multiplexação temporal possui alguns problemas em outros sistemas de comunicação. Se a propagação da energia eletromagnética é realizada no espaço livre, com múltiplos transmissores e receptores independentes envolvidos em um sistema de comunicação de abrangência nacional ou global, a multiplexação temporal torna-se praticamente inviável. Há uma solução melhor, e ela é melhor compreendida por meio da transformada de Fourier. A solução é denominada **multiplexação na freqüência**, e ela depende do uso de uma técnica chamada **modulação**.

MODULAÇÃO

Modulação com Portadora Suprimida e Banda Lateral Dupla

Vamos representar um sinal a ser transmitido por $x(t)$. Se fôssemos multiplicar este sinal por uma senóide, como ilustrado na Figura 12.66, teríamos um novo sinal $y(t)$, que corresponde ao produto do sinal original pela senóide.

Na linguagem de sistemas de comunicação, o sinal $x(t)$ modula a portadora $\cos(2\pi f_c t)$. Neste caso, a modulação é conhecida como **modulação em amplitude**, pois a amplitude da portadora está sendo constantemente modificada pelo nível do sinal modulante $x(t)$ (Figura 12.67).

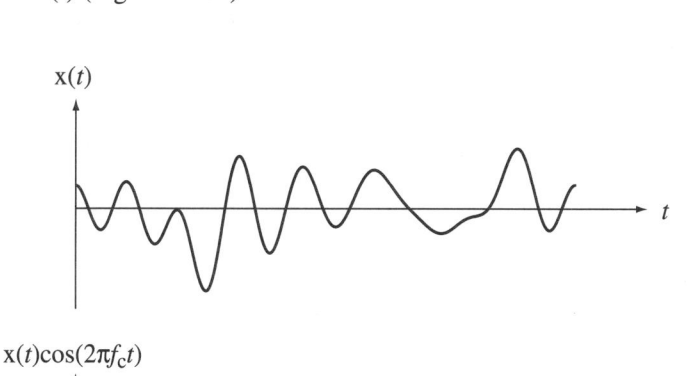

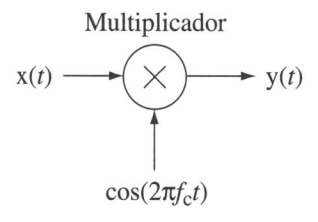

Figura 12.66
Um multiplicador analógico atuando como um modulador.

Figura 12.67
O sinal modulante $x(t)$ e a portadora modulada $y(t) = x(t)\cos(2\pi f_c t)$.

A resposta do modulador é $y(t) = x(t)\cos(2\pi f_c t)$. Aplicando a transformada de Fourier a ambos os lados,

$$Y(f) = X(f) * (1/2)\left[\delta(f - f_c) + \delta(f + f_c)\right]$$

ou

$$Y(f) = (1/2)\left[X(f - f_c) + X(f + f_c)\right]$$

Sendo assim, agora pode ser mostrado que este tipo de modulação tem o efeito de simplesmente deslocar o espectro do sinal modulante para cima ou para baixo pela freqüência da portadora f_c no domínio da freqüência (Figura 12.68).

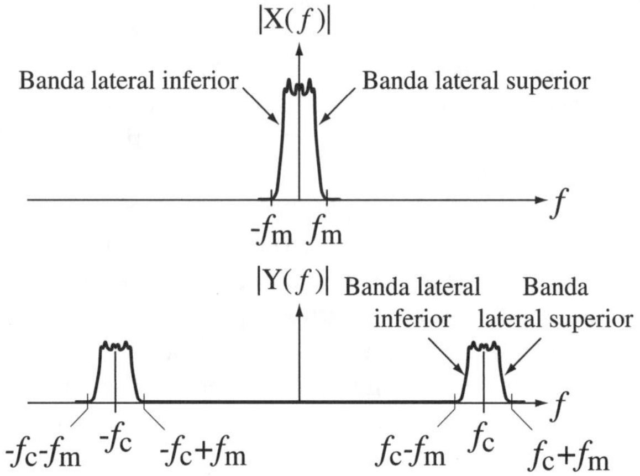

Figura 12.68
A modulante e a portadora modulada no domínio da freqüência.

Portanto, alguma coisa que pareça complicada no domínio do tempo parece bastante simples no domínio da freqüência. Essa é uma das vantagens da análise no domínio da freqüência. Esse tipo de modulação em amplitude é denominada **modulação com portadora suprimida e banda lateral dupla** (*DSBSC – Double-Sideband Supressed-Carrier*) e ela é a mais simples para se descrever matematicamente. O nome provém do fato de que as duas bandas laterais, acima e abaixo da freqüência zero no espectro de $x(t)$, são transferidas para as duas bandas laterais acima e abaixo de f_c, e não há impulso na freqüência da portadora no espectro do sinal modulado.

A modulação DSBSC não é muito adotada na prática. Entretanto, uma compreensão da modulação DSBSC percorre um caminho longo em direção à compreensão das formas de modulação mais comumente utilizadas e, portanto, este é um bom lugar para começar. Alcançamos agora um objetivo. O espectro do sinal original que se iniciou em uma faixa de baixas freqüências foi deslocado para uma nova faixa que pode estar localizada em qualquer lugar que desejarmos ao escolhermos apropriadamente a freqüência da portadora. O sinal original reside em uma largura de banda centrada em zero, e a nomenclatura convencional atribui o termo **banda-base** à localização do sinal original. Após a modulação, a informação do sinal encontra-se em uma banda de freqüência diferente.

A solução para o problema da conversação simultânea entre várias pessoas na mesma faixa de freqüência é transferir a mensagem de cada um para uma faixa de freqüências diferente por meio do uso de freqüências portadoras distintas. Veja o caso da transmissão de rádio AM. Existem diversas estações de rádio em uma dada região geográfica transmitindo sinais ao mesmo tempo. A cada estação de rádio é atribuída uma banda de freqüência em que ela pode efetuar a difusão. Essas bandas de freqüência têm uma largura igual a 10 kHz. Desse modo, uma estação de rádio modula uma portadora com o seu sinal-fonte contendo a programação (o sinal em banda-base). A portadora encontra-se no centro de sua banda de freqüências atribuída. A portadora modulada então é direcionada para o transmissor. Se o sinal em banda-base tem uma largura de banda menor do que 5 kHz, o sinal de difusão da estação estará contido completamente dentro de sua banda de freqüências alocada. Um receptor precisa sintonizar uma estação para processar seu sinal e rejeitar os demais, de maneira que o ouvinte possa entender a mensagem original. A antena do receptor capta a energia proveniente de todas as estações de rádio e efetua a conversão deles em uma tensão sobre seus terminais.

Portanto, o receptor precisa de algum modo selecionar uma banda de freqüências de interesse do ouvinte e rejeitar todas as demais.

Há mais de um modo para se selecionar uma única estação de rádio para a recepção de seu sinal. Mas a maneira mais comum é utilizar a idéia de modulação de novo, porém desta vez a operação é denominada **demodulação**. Vamos supor que o sinal recebido pela antena $x_r(t)$ seja equivalente à soma dos sinais provenientes de diversas estações de rádio na área considerada e que o espectro do sinal da antena seja como aquele ilustrado na Figura 12.69.

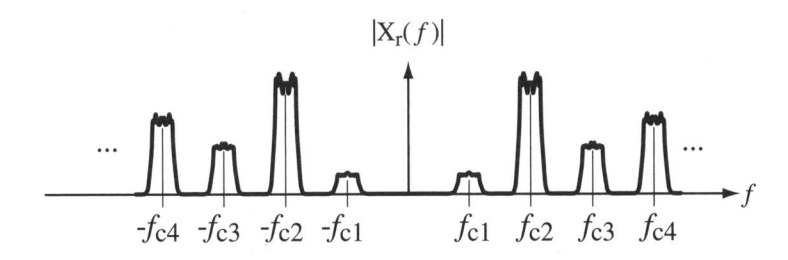

Figura 12.69
Espectro do sinal recebido por uma antena receptora.

Suponha que a estação a qual pretendemos ouvir é aquela centrada em f_{c3}. Multiplicamos o sinal da antena recebido por uma senóide naquela freqüência para criar um sinal demodulado $y_r(t)$.

$$y_r(t) = x_r(t)\cos(2\pi f_c t) = A\begin{bmatrix} x_1(t)\cos(2\pi f_{c1}t) + x_2(t)\cos(2\pi f_{c2}t) + \\ \cdots + x_N(t)\cos(2\pi f_{cN}t) \end{bmatrix}\cos(2\pi f_{c3}t)$$

ou

$$y_r(t) = A\sum_{k=1}^{N} x_k(t)\cos(2\pi f_{ck}t)\cos(2\pi f_{c3}t)$$

No domínio da freqüência,

$$Y_r(f) = A\sum_{k=1}^{N} X_k(f) * \frac{1}{2}\big[\delta(f-f_{ck}) + \delta(f+f_{ck})\big] * \frac{1}{2}\big[\delta(f-f_{c3}) + \delta(f+f_{c3})\big]$$

ou

$$Y_r(f) = \frac{A}{4}\sum_{k=1}^{N} X_k(f) * \begin{bmatrix} \delta(f-f_{c3}-f_{ck}) + \delta(f+f_{c3}-f_{ck}) \\ +\delta(f-f_{c3}+f_{ck}) + \delta(f+f_{c3}+f_{ck}) \end{bmatrix}$$

ou

$$Y_r(f) = \frac{A}{4}\sum_{k=1}^{N} \begin{bmatrix} X_k(f-f_{c3}-f_{ck}) + X_k(f+f_{c3}-f_{ck}) \\ +X_k(f-f_{c3}+f_{ck}) + X_k(f+f_{c3}+f_{ck}) \end{bmatrix}$$

Esse resultado parece complicado, mas na verdade não é. Mais uma vez, estamos apenas deslocando o sinal de chegada para cima e para baixo no espaço de freqüências e somando como ilustrado pela Figura 12.70.

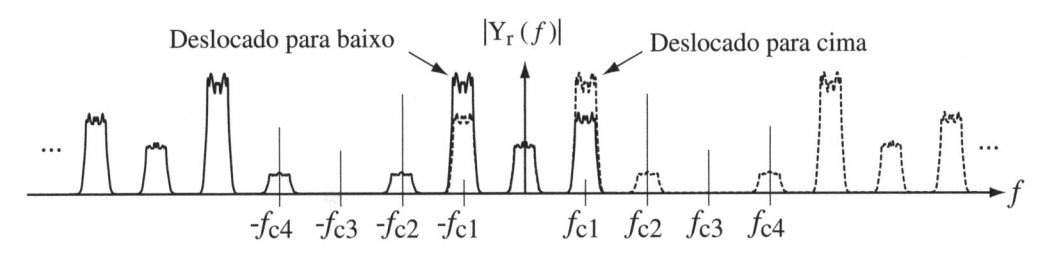

Figura 12.70
Sinal no receptor após a demodulação.

Note que o espectro da informação centrado em f_{c3} foi movido para cima e para baixo e está agora centrado em zero (e também em $\pm 2f_{c3}$). Podemos agora recuperar o sinal original que foi modulado pelo transmissor para f_{c3} por meio da aplicação de um filtro passa-baixas a este mesmo sinal, que permite somente a passagem da potência de sinal contida na largura de banda da informação desejada, que se encontra neste momento centrada em zero. Essa descrição não é exatamente fiel à operação de um receptor AM típico, mas muitos dos mesmos processos são usados nesses tipos de receptores, e essa técnica realmente funciona. A operação de demodulação é um bom exemplo da vantagem de utilizar métodos de transformada que incluam as freqüências negativas. Nesse caso, parte dos picos espectrais são deslocados das freqüências negativas para as positivas e vice-versa, e indicam diretamente o sinal correto demodulado.

Um problema com essa técnica é que a senóide na freqüência f_{c3}, utilizada na demodulação, o tão conhecido **oscilador local** presente no receptor, não deve estar apenas exatamente na freqüência certa f_{c3}, mas também deve estar em fase com a portadora recebida para se alcançarem os melhores resultados no processo. Se a freqüência do oscilador local flutua por uma mínima quantidade que seja, o receptor não funcionará adequadamente. Um tom irritante chamado freqüência de **batimento** será ouvido à medida que o oscilador local flutuar desviando da freqüência apropriada. A freqüência de batimento corresponde à diferença entre a freqüência da portadora e a freqüência do oscilador local. Como conseqüência, para tal técnica funcionar, a freqüência e a fase do oscilador local devem estar atrelados à fase da portadora. Essa condição é mais comumente atendida por meio de um dispositivo chamado de **malha de sincronismo de fase** (*PLL – phased-locked loop*). Esse tipo de modulação é chamado de **demodulação síncrona** devido à restrição que se impõe à portadora e ao oscilador local que devem estar em fase (sincronizados).

Usaremos o termo "sintonia" de um receptor de rádio para selecionar uma estação desejada. Quando sintonizamos uma estação, estamos simplesmente alterando a freqüência do oscilador local no receptor para fazer um sinal de estação diferente aparecer centrado na freqüência zero (na banda-base). Essas são maneiras mais simples e mais econômicas de realizar a demodulação, e que são adotadas na grande parte pelos receptores AM padronizados. Em uma transmissão de rádio por AM, usa-se a **modulação com portadora transmitida e banda lateral dupla** (*DSBTC – Double-Sideband Transmitted-Carrier*).

MODULAÇÃO COM PORTADORA TRANSMITIDA E BANDA LATERAL DUPLA

Como mencionado na seção anterior, a modulação com portadora suprimida e banda lateral dupla (DSBSC) não é amplamente usada. Uma técnica de modulação largamente utilizada é a modulação com portadora transmitida e banda lateral dupla (DSBTC). Essa é a técnica usada por transmissores de rádio AM comerciais e pela maioria dos transmissores de ondas curtas internacionais. Ela é muito similar à modulação DSBSC; a única diferença é o acréscimo de uma constante K ao sinal x(t) antes da modulação se proceder (Figura 12.71).

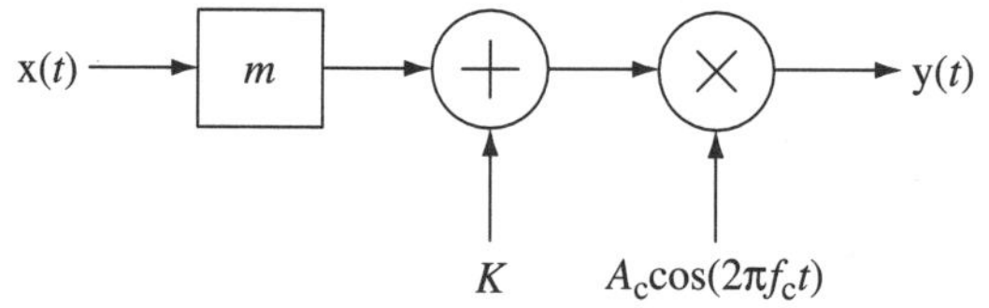

Figura 12.71
Um modulador para modulação com portadora transmitida e banda lateral dupla.

A constante K é um número positivo escolhido para ser grande o suficiente, de forma que, ao ser somado a $mx(t)$, a soma nunca resulte em valor negativo. Nesta implementação, m é chamado de **índice de modulação**. (Para a maior parte dos sinais modulantes práticos, se a excursão negativa máxima for $-K$, a excursão positiva máxima é aproximadamente $+K$.) O sinal de saída vindo do modulador é

$$y(t) = \left[K + m\,\text{x}(t) \right] A_c \cos(2\pi f_c t) \tag{12.12}$$

(Figura 12.72).

Aplicando a transformada de Fourier à Equação (12.12),

$$Y(f) = \left[K\delta(f) + m X(f)\right] * (A_c/2)\left[\delta(f-f_c) + \delta(f+f_c)\right]$$

ou

$$Y(f) = (KA_c/2)\left\{\left[\delta(f-f_c) + \delta(f+f_c)\right] + m\left[X(f-f_c) + X(f+f_c)\right]\right\}$$

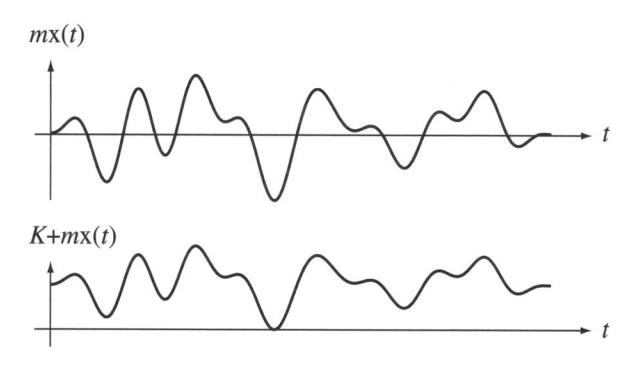

Figura 12.72
Modulação DSBTC e portadora modulada.

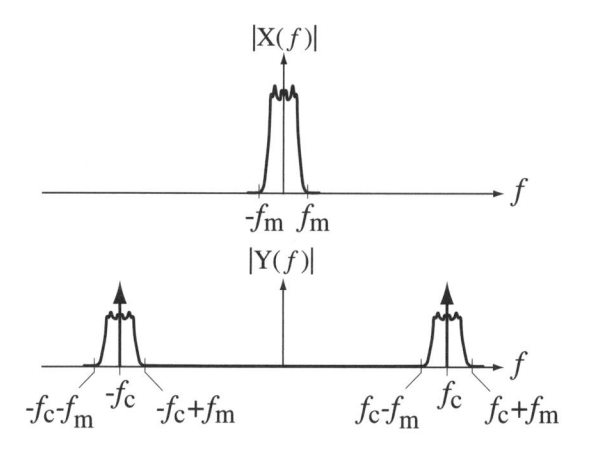

(Figura 12.73).

Figura 12.73
Espectros do sinal em banda-base e do sinal DSBTC.

Dando uma olhada no espectro, podemos ver de onde o nome portadora transmitida se origina. Há um impulso na freqüência da portadora que não estava presente na modulação DSBSC. É natural pensar sobre a razão pela qual esta técnica de modulação é tão amplamente adotada, uma vez que ela requer um sistema ligeiramente mais complicado para se implementar. A razão para tal fato é que embora a modulação DSBTC seja um pouco mais complicada em relação à modulação DSBSC, o processo de demodulação da primeira é *mais simples* do que a demodulação da segunda. Para cada estação de rádio AM comercial, existe um transmissor que modula a portadora com o sinal em banda-base e milhares ou até mesmo milhões de receptores que demodulam o sinal da portadora modulada para recriar o sinal em banda-base. A demodulação DSBTC é bastante simples para podermos utilizar um circuito conhecido por **detector de envoltória**. Sua operação é melhor compreendida no domínio do tempo. Na modulação *DSBTC*, a portadora modulada acompanha a forma do sinal em banda-base com os picos positivos (e negativos) da oscilação da portadora (Figura 12.74).

O detector de envoltória é um circuito que, em certo sentido, reconhece os picos da portadora modulada e, desse modo, reproduz aproximadamente o sinal em banda-base (Figura 12.75).

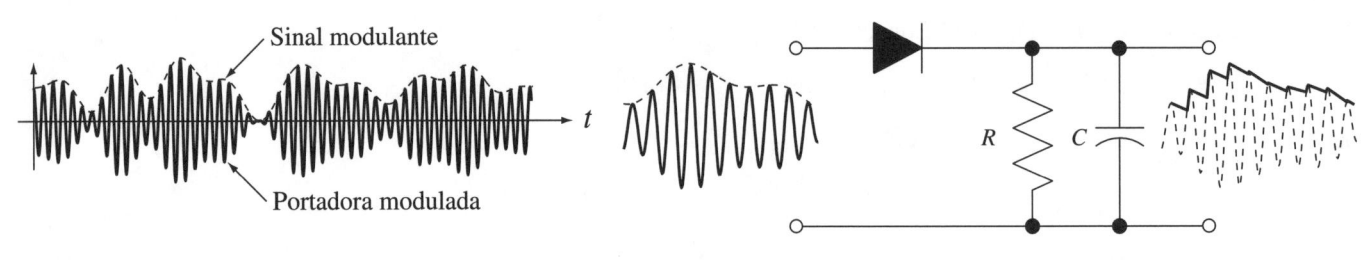

Figura 12.74
Sinal em banda-base contido na portadora modulada.

Figura 12.75
O circuito do detector de envoltória.

A reprodução do sinal em banda-base representado na Figura 12.75 não é muito boa, mas ela ilustra o conceito da operação de um detector de envoltória. Na prática, a freqüência da portadora seria muito maior do que a representada nesta figura e a reprodução do sinal em banda-base seria muito melhor. A explanação sobre o funcionamento do detector de envoltória foi realizada no domínio do tempo. Foi feito dessa forma porque o detector de envoltória é um sistema não-linear e, portanto, a teoria de sistemas lineares não se aplica. Nenhum oscilador local ou sincronização é requerido para a detecção da envoltória e, então, esta técnica de demodulação é conhecida como **demodulação assíncrona**.

Um sinal DSBTC pode ser igualmente demodulado pela mesma técnica de demodulação usada para o sinal DSBSC na seção anterior, porém ela requer a presença de um oscilador local no receptor para gerar uma senóide em fase com a portadora recebida. O detector de envoltória é mais simples e mais barato.

Se $m > 1$, $K + mx(t)$ pode se tornar negativo e a **sobremodulação** ocorre, e o detector de envoltória não pode recuperar o sinal em banda-base original sem que haja alguma distorção (Figura 12.76).

Figura 12.76
A sobremodulação.

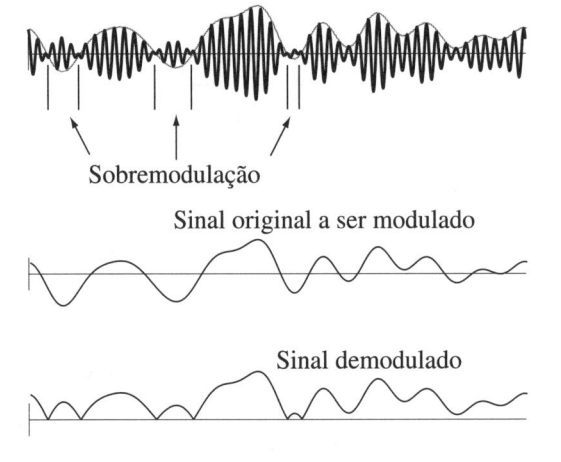

MODULAÇÃO E DEMODULAÇÃO COM BANDA LATERAL ÚNICA

O espectro da amplitude $X(f)$ de qualquer sinal real $x(t)$ tem a propriedade que assegura que $X(f) = X^*(-f)$. Portanto, a informação em $X(f)$ para $f \geq 0$ somente é suficiente para reconstruir o sinal de modo exato. O fato em questão baseia-se no conceito da **modulação com portadora suprimida e banda lateral única** (*SSBSC – Single-Sideband Suppressed-Carrier*). Na modulação DSBSC, o espectro de amplitude centrado na freqüência da portadora (e no valor negativo da freqüência da portadora) tem informação da amplitude $X(f)$ sobre o intervalo de freqüências $-f_m < f < f_m$. Contudo, apenas metade desse espectro de amplitude precisa ser transmitido, se o receptor é projetado adequadamente. A vantagem em se transmitir apenas a metade do espectro de amplitude é que somente metade da largura de banda que seria utilizada no caso da modulação DSBSC é realmente necessária.

Um modulador SSBSC é quase idêntico ao modulador DSBSC. A diferença está em um filtro que remove uma das bandas laterais, a superior ou a inferior, antes da transmissão (Figura 12.77)

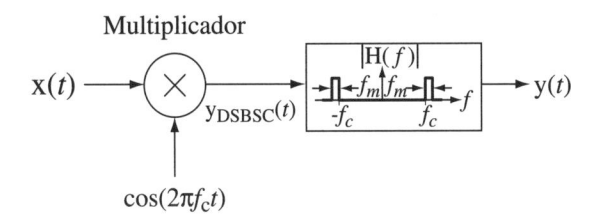

Figura 12.77
Modulador com portadora suprimida e banda lateral única.

A resposta proveniente do multiplicador é a mesma, assim como foi para o caso anterior da modulação DSBSC, $y_{DSBSC}(t) = x(t)\cos(2\pi f_c t)$. No domínio da freqüência, o espectro da amplitude da resposta do multiplicador é $Y_{DSBSC}(f) = (1/2)[X(f-f_c) + X(f+f_c)]$. O filtro na Figura 12.77 remove a banda lateral inferior e mantém a banda lateral superior. O espectro da amplitude resultante é $Y(f) = (1/2)[X(f-f_c) + X(f+f_c)]H(f)$ (Figura 12.78).

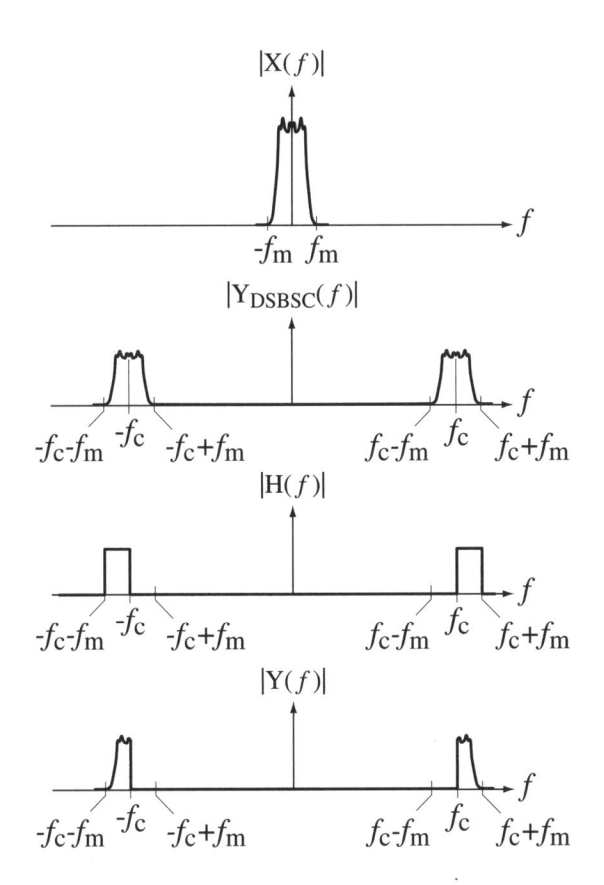

Figura 12.78
Operação de um modulador SSBSC.

O processo de demodulação para a SSBSC é idêntico à primeira técnica introduzida para a modulação DSBSC: multiplicação do sinal recebido por um oscilador local em fase com a portadora (Figura 12.79). Se esse sinal agora passa por um filtro passa-baixas, o espectro original é recuperado. O sinal original é completamente regenerado, porque toda a informação encontra-se em uma única banda lateral. Esse tipo de modulação é muito mais facilmente compreendido por meio do uso da análise no domínio da freqüência do que pelo uso de análise no domínio do tempo.

Figura 12.79
Demodulação SSBSC.

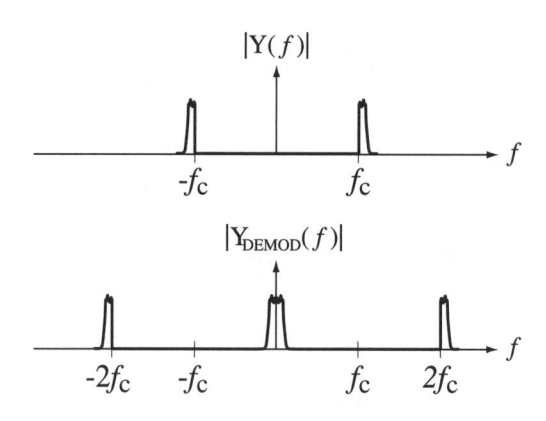

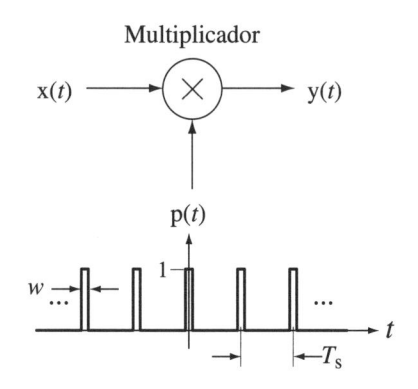

Figura 12.80
Trem de pulsos.

MODULAÇÃO EM AMPLITUDE DE PULSO

A modulação em amplitude de pulso (*PAM – Pulse Amplitude Modulation*) é uma técnica adotada em diversos tipos de sistemas de comunicação, instrumentação e controle. Ela também é importante, pois serve de base conceitual para o estudo da amostragem. É similar à modulação DSBSC excetuando-se pela portadora que não é uma senóide, mas é, em vez disso, um trem de pulsos periódicos p(*t*) com pulsos retangulares de largura *w*, período fundamental T_s e amplitude unitária (Figura 12.80).

O trem de pulsos pode ser matematicamente descrito por $p(t) = \text{ret}(t/w) * \delta_{T_s}(t)$.
Se o sinal de entrada do modulador em amplitude de pulso é x(*t*), o sinal de saída é

$$y(t) = x(t)\,p(t) = x(t)\left[\text{ret}(t/w) * \delta_{T_s}(t)\right]$$

A TFCT de y(*t*) é $Y(f) = X(f) * w\,\text{sinc}(wf)\,f_s\delta_{f_s}(f)$, onde $f_s = 1/T_s$ é a taxa de repetição de pulso (freqüência fundamental do trem de pulsos) e

$$Y(f) = X(f) * \left[wf_s \sum_{k=-\infty}^{\infty} \text{sinc}(wkf_s)\,\delta(f - kf_s)\right]$$

$$Y(f) = wf_s \sum_{k=-\infty}^{\infty} \text{sinc}(wkf_s)\,X(f - kf_s)$$

A TFCT Y(*f*) da resposta equivale a um conjunto de réplicas da TFCT do sinal de entrada x(*t*) repetidas periodicamente em múltiplos inteiros da taxa de repetição de pulso f_s e também multiplicadas pelo valor de uma função *sinc*, cuja largura é determinada pela largura do pulso *w* (Figura 12.81).

Réplicas do espectro do sinal de entrada ocorrem múltiplas vezes no espectro do sinal de saída, cada uma centrada em um inteiro múltiplo da taxa de repetição de pulso e multiplicada por uma constante diferente. Se a largura de banda do sinal de entrada é tão pequena a ponto das réplicas não se sobreporem, o sinal de entrada pode ser recuperado por meio do sinal de saída por um filtro passa-baixas.

O sinal de entrada também poderia ser recuperado pela técnica de demodulação síncrona em que uma réplica centrada em um múltiplo da taxa de repetição de pulso diferente de zero é deslocada para a banda-base por meio da multiplicação entre o sinal modulado em amplitude de pulso e uma senóide de freqüência naquele mesmo múltiplo da taxa de repetição de pulso (Figura 12.82).

Poderia até se pensar no motivo que levaria alguém a se submeter aos problemas advindos da realização da demodulação síncrona, embora a réplica da banda-base do espectro do sinal de entrada pudesse ser recuperada por um simples filtro passa-baixas. A resposta é que em certos sistemas a réplica da banda-base pode estar distorcida devido a ruídos ou sinais de interferência e as demais réplicas podem estar menos afetadas.

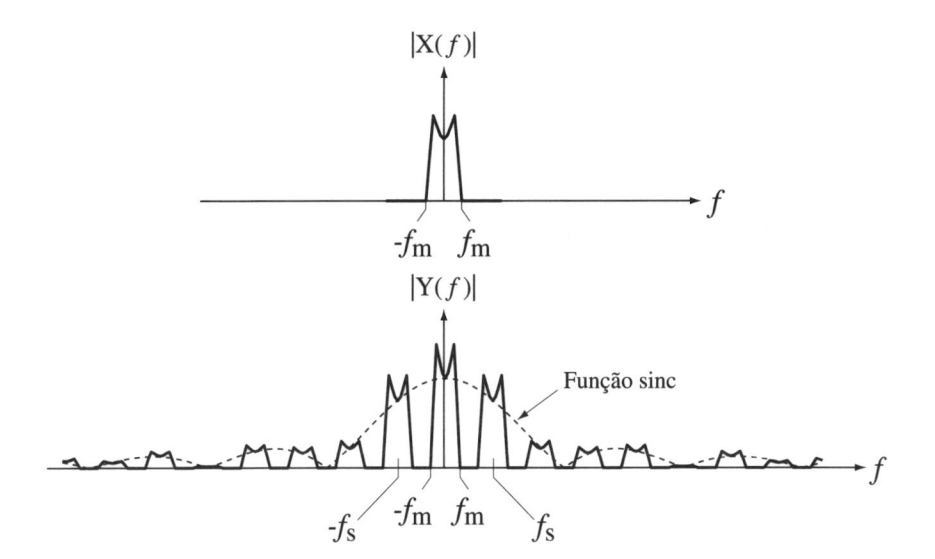

Figura 12.81
Magnitude da TFCT dos sinais de entrada e saída.

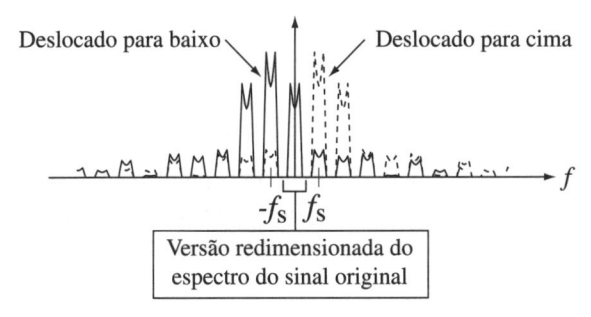

Figura 12.82
Demodulação síncrona de um sinal modulado em amplitude com uma senóide de freqüência igual à taxa de repetição de pulso.

12.8 AMOSTRAGEM POR IMPULSO

A modulação em amplitude de pulso conduz naturalmente a uma idéia muito importante em análise de sinais e sistemas: a **amostragem por impulso**. A amostragem corresponde à aquisição dos valores de um sinal em pontos discretos no tempo. Na modulação em amplitude de pulso, se os pulsos no sinal de saída têm curta duração, o valor médio de um pulso é uma aproximação razoável para o valor do sinal de entrada no centro de cada pulso. À medida que formos tornando cada pulso mais e mais breve, seu valor médio tende ao valor exato do sinal em seu centro. A resposta de um modulador em amplitude de pulso é exatamente

$$y(t) = x(t)\,p(t) = x(t)\left[\operatorname{ret}(t/w) * \delta_{T_s}(t)\right] = \sum_{n=-\infty}^{\infty} x(t)\,\operatorname{ret}((t - nT_s)/w)$$

e a resposta é aproximadamente

$$y(t) \cong \sum_{n=-\infty}^{\infty} x(nT_s)\,\operatorname{ret}((t - nT_s)/w) \qquad (12.13)$$

Essa aproximação fica melhor à medida que *w* tende a zero. A resposta da modulação em amplitude de pulso na Equação (12.13), no limite em que *w* tende a zero, é

$$y(t) = \lim_{w \to 0} \sum_{n=-\infty}^{\infty} x(nT_s) \operatorname{ret}\left((t - nT_s)/w\right)$$

Levando em consideração esse limite, a potência de sinal de y(*t*) tende a zero. Podemos evitar esse problema ao redefinirmos y(*t*) como

$$y(t) = \sum_{n=-\infty}^{\infty} x(nT_s)(1/w) \operatorname{ret}\left((t - nT_s)/w\right)$$

Seja a resposta nesse limite designada por $x_\delta(t)$. No limite, os pulsos retangulares $(1/w)$ ret $((t - nT_s)/w)$ se aproximam de impulsos unitários e

$$x_\delta(t) = \lim_{w \to 0} y(t) = \sum_{n=-\infty}^{\infty} x(t)\delta(t - nT_s) = x(t)\delta_{T_s}(t)$$

Essa operação é denominada **amostragem por impulso** ou, algumas vezes, **modulação por impulso**. Naturalmente, como uma questão prática, este tipo de amostragem é impossível, pois não somos capazes de gerar impulsos. Contudo, uma análise deste tipo hipotético de amostragem é ainda útil, uma vez que ela conduz a relações entre os valores de um sinal em instantes discretos e os valores do sinal em todos os demais instantes de tempo.

É bastante revelador examinar a TFCT da nova resposta definida $x_\delta(t)$, que corresponde a uma versão amostrada por impulso de x(*t*). Ela é

$$X_\delta(f) = X(f) * (1/T_s)\delta_{1/T_s}(f) = f_s X(f) * \delta_{f_s}(f)$$

No domínio da freqüência, o sinal amostrado por impulso equivale à soma de réplicas da TFCT X(*f*) do sinal original x(*t*), cada um deslocado por um inteiro múltiplo diferente da freqüência de amostragem f_s, e multiplicado por f_s (Figura 12.83).

Figura 12.83
TFCT de um sinal amostrado por impulso.

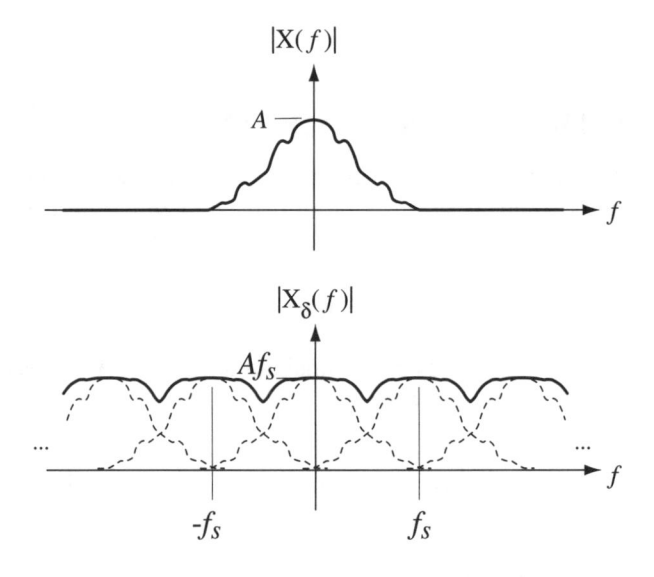

Essas réplicas são conhecidas por *aliases*. Na Figura 12.83, as linhas pontilhadas representam os *aliases* da magnitude da TFCT do sinal original, e a linha contínua representa a magnitude da soma destes *aliases*. Obviamente, a forma da magnitude da TFCT do sinal original é perdida no processo de sobreposição. Porém, se X(*f*) é zero para todo $|f| > f_m$ e se $f_s > 2f_m$, então os *aliases* não se sobrepõem (Figura 12.84).

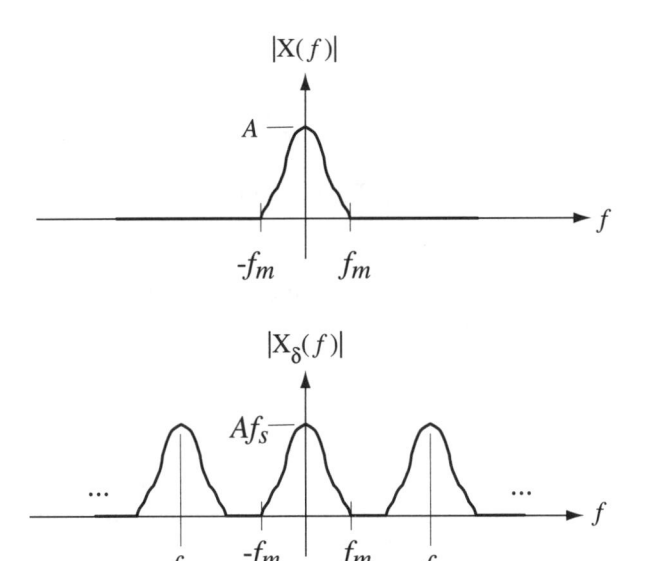

12.8 Amostragem por Impulso

Figura 12.84
A TFCT de um sinal limitado em banda, amostrado por impulso a uma taxa acima do dobro de seu limite de banda.

Sinais para os quais X(f) é zero para todo $|f| > f_m$ são denominados **estritamente limitados em banda** ou, mais freqüentemente, apenas sinais **limitados em banda**. Se os *aliases* não se sobrepõem, então, pelo menos a princípio, o sinal original pode ser recuperado pelo sinal amostrado por impulso por meio da filtragem dos *aliases* centrados em $\pm f_s$, $\pm 2f_s$, $\pm 3f_s$, ... usando-se um filtro passa-baixas ideal de ganho unitário e dividindo a resposta do filtro por f_s. Esse fato compõe a base para o que é comumente conhecido por **teorema da amostragem**.

> Se um sinal contínuo no tempo é amostrado para todo o tempo a uma taxa f_s, que é superior a duas vezes o limite da banda f_m do sinal, o sinal contínuo no tempo original pode ser recuperado com exatidão por meio das amostras.

Se a maior freqüência presente em um sinal é f_m, a taxa mínima com a qual o sinal pode ser amostrado e ainda reconstruído com base em suas amostras deve ser superior a $2f_m$, e a freqüência $2f_m$ é chamada de **taxa de Nyquist**. (Harry Nyquist, da *Bell Labs*, foi um pioneiro na análise de sinais e sistemas.) As palavras taxa e freqüência descrevem algo que acontece periodicamente. Neste texto, a palavra freqüência se referirá às freqüências presentes em um sinal e a palavra taxa se referirá ao modo como um sinal é amostrado. Um sinal amostrado a uma taxa maior do que a sua taxa de Nyquist é dito **superamostrado** e um sinal amostrado a uma taxa inferior à taxa de Nyquist é dito **subamostrado**. Quando um sinal é amostrado a uma taxa f_s, a freqüência $f_s/2$ é denominada **freqüência de Nyquist**. Portanto, se um sinal tem qualquer potência de sinal em ou acima da freqüência de Nyquist, os *aliases* ficarão sobrepostos.

A descrição dada anteriormente sobre como recuperar o sinal original indicava que poderíamos filtrar o sinal amostrado por impulso para remover todos os *aliases*, exceto aquele centrado na freqüência zero. Se o filtro em questão fosse um filtro passa-baixas ideal de ganho constante igual $f_s/2$ em sua banda passante e com largura de banda igual a f_c, em que $f_m < f_c < f_s - f_m$, a operação no domínio da freqüência seria descrita por

$$X(f) = T_s \, \text{ret}(f/2f_c) \times X_\delta(f) = T_s \, \text{ret}(f/2f_c) \times f_s X(f) * \delta_{f_s}(f)$$

Se aplicarmos a transformada inversa nessa expressão, obteremos

$$x(t) = \underbrace{T_s f_s}_{=1} 2 f_c \, \text{sinc}(2 f_c t) * \underbrace{x(t)(1/f_s)\delta_{T_s}(t)}_{=(1/f_s)\sum_{n=-\infty}^{\infty} x(nT_s)\delta(t-nT_s)}$$

ou

$$x(t) = 2(f_c/f_s)\operatorname{sinc}(2f_c t) * \sum_{n=-\infty}^{\infty} x(nT_s)\delta(t-nT_s) \quad (12.14)$$

$$= 2(f_c/f_s) \sum_{n=-\infty}^{\infty} x(nT_s)\operatorname{sinc}(2f_c(t-nT_s))$$

Perseguindo uma idéia reconhecidamente impraticável – a amostragem por impulso – chegamos a um resultado que nos permite preencher com valores um sinal para todo o tempo, dados seus valores em pontos espaçados igualmente no tempo. Não há impulsos na Equação (12.14), apenas os valores do sinal original em pontos no tempo que são as intensidades dos impulsos. O processo de preenchimento dos valores perdidos entre as amostras é denominado **interpolação**.

Essa é uma técnica de interpolação perfeita teoricamente. Porém, há ainda alguns problemas práticos. O somatório nas Equações (12.14) é sobre todos os inteiros n. Isso implica necessitarmos de amostras do sinal sobre um espaço de tempo que se estenda na direção do infinito negativo e na direção do infinito positivo. Não podemos iniciar a amostragem no infinito negativo, e mesmo se pudéssemos não conseguiríamos armazenar todos os valores. E ainda que conseguíssemos armazenar todos os valores, não teríamos tempo suficiente para usar todos eles em um cálculo como o da Equação (12.14). Ainda mais problemática é a aquisição de todas essas amostras até o tempo infinito positivo. Esse procedimento requereria a antecipação do futuro, o que torna o processo não causal e, portanto, impossível. Além disso, a função de interpolação é uma função *sinc* que tem valores diferentes de zero sobre um tempo infinito.

Todos os problemas mencionados estão relacionados a tempos infinitos. Porém, como um problema prático, nunca precisamos de um valor de sinal sobre um tempo infinito. Sendo esse o caso, embora não possamos realizar uma interpolação perfeita, podemos, em situações práticas, fazer aproximações excelentes ao usarmos tempos finitos que se estendem bem além do intervalo finito de tempo em que o sinal é considerado significante.

A amostragem e sua relação com a transformada discreta de Fourier (DFT) são discutidas com maior profundidade no Capítulo 14. Os exemplos seguintes demonstrarão alguns dos princípios e efeitos importantes associados à amostragem por impulso de sinais.

EXEMPLO 12.7

Amostrando senóides por impulso

Amostre por impulso um sinal $x(t) = \operatorname{sen}(2\pi t)$ para compor $x_\delta(t)$ em três taxas: 4 Hz, 2 Hz e 1,5 Hz. Em cada caso, filtre o sinal amostrado por impulso com um filtro passa-baixas ideal, cuja resposta em freqüência é T_s entre suas freqüências de quebra e cuja freqüência de quebra é igual à metade da taxa de amostragem, para formar o sinal interpolado $x_i(t)$. Trace os gráficos de $x(t)$, $x_\delta(t)$, $x_i(t)$, $X(f)$, $X_\delta(f)$, e $X_i(f)$.

■ Solução

O sinal $x(t)$ tem uma TFCT consistindo em impulsos em $f = \pm 1$. Portanto, sua freqüência mais alta (e única freqüência) f_m é 1 Hz, e sua taxa de Nyquist é 2 Hz.

(a) $f_s = 4$ Hz

$$x_\delta(t) = \operatorname{sen}(2\pi t)\delta_{1/4}(t) = \sum_{n=-\infty}^{\infty} \operatorname{sen}(2\pi n/4)\delta(t-n/4)$$

$$X_\delta(f) = (j/2)[\delta(f+1) - \delta(f-1)] * 4\delta_4(f) = j2 \sum_{k=-\infty}^{\infty} [\delta(f+1-4k) - \delta(f-1-4k)]$$

A freqüência de quebra do filtro passa-baixas é 2 Hz e a operação do filtro no domínio da freqüência é

$$X_i(f) = T_s \operatorname{ret}(f/2f_c) \times X_\delta(f) = (1/4)\operatorname{ret}(f/4) \times j2 \sum_{k=-\infty}^{\infty} [\delta(f+1-4k) - \delta(f-1-4k)]$$

O filtro permite apenas as freqüências no intervalo $-2 < f < 2$ passarem. Isso significa que apenas dois impulsos em $X_\delta(f)$ passam pelo filtro para formarem $X_i(f)$, aqueles que ocorrem quando $k = 0$ no somatório, e portanto

$$X_i(f) = (j/2)\left[\delta(f+1) - \delta(f-1)\right]$$

e a transformada inversa é $x_i(t) = \text{sen}(2\pi t)$, que é idêntica ao sinal original (Figura 12.85).

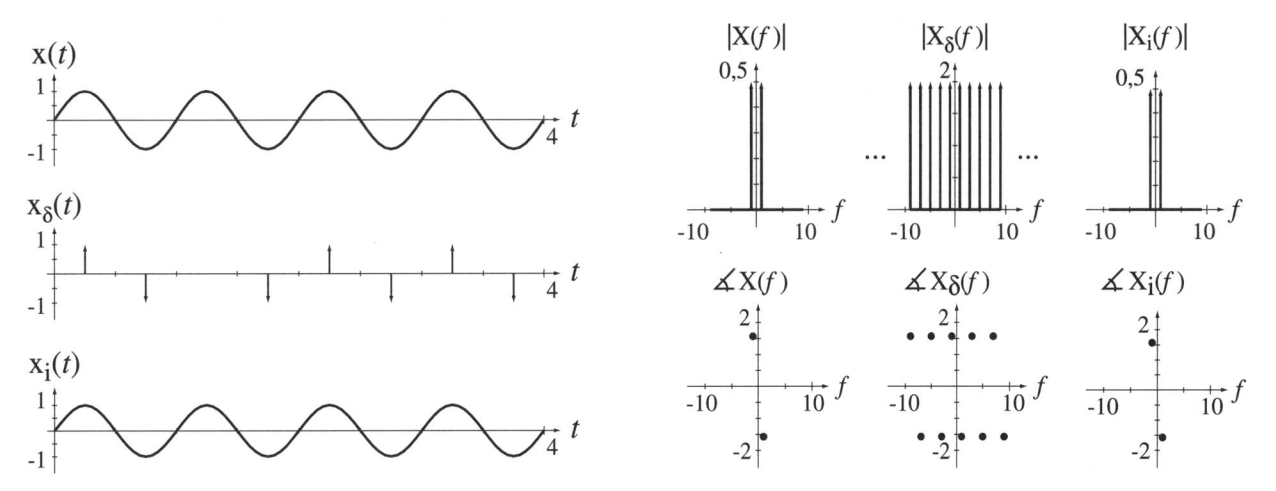

Figura 12.85
Todos os sinais nos domínios do tempo e da freqüência.

(b) $f_s = 2$ Hz

$$x_\delta(t) = \text{sen}(2\pi t)\delta_{1/2}(t) = \sum_{n=-\infty}^{\infty} \text{sen}(2\pi n/2)\delta(t - n/2) \quad (12.15)$$

$$X_\delta(f) = (j/2)\left[\delta(f+1) - \delta(f-1)\right] * 2\delta_2(f) = j\sum_{k=-\infty}^{\infty}\left[\delta(f+1-2k) - \delta(f-1-2k)\right]$$

Não fica imediatamente óbvio com esse último resultado, mas $X_\delta(f) = 0$. Ambos os impulsos $[\delta(f+1-2k) - \delta(f-1-2k)]$ ocorrem nas freqüências $f = \pm 1, \pm 3, \pm 5$, e eles têm sinais opostos. Portanto, para todo impulso positivo em qualquer uma dessas freqüências, existe um impulso negativo de igual magnitude cancelando aquele. Esse fato é na verdade mais fácil de verificar por meio da observação da Equação (12.15)

$$x_\delta(t) = \sum_{n=-\infty}^{\infty} \text{sen}(\pi n)\delta(t - n/2) = 0$$

Visto que n é inteiro e o seno de qualquer inteiro múltiplo de π é zero, todos os valores das amostras são iguais a zero. Portanto, podemos constatar que tentar recuperar o sinal original por meio do sinal amostrado por impulso é impossível.

(c) $f_s = 1,5$ Hz

$$x_\delta(t) = \text{sen}(2\pi t)\delta_{2/3}(t) = \sum_{n=-\infty}^{\infty} \text{sen}(4\pi n/3)\delta(t - 2n/3)$$

$$X_\delta(f) = (j/2)\left[\delta(f+1) - \delta(f-1)\right] * (3/2)\delta_{3/2}(f)$$

$$X_\delta(f) = (j3/4)\sum_{k=-\infty}^{\infty}\left[\delta(f+1-3k/2) - \delta(f-1-3k/2)\right]$$

A operação do filtro no domínio da freqüência é

$$X_i(f) = T_s \,\text{ret}(f/2f_c) \times Y(f)$$

$$= (2/3)\,\text{ret}(2f/3) \times (j3/4)\sum_{k=-\infty}^{\infty}\left[\delta(f+1-3k/2) - \delta(f-1-3k/2)\right]$$

O filtro permite apenas às freqüências no intervalo $-0{,}75 < f < 0{,}75$ passarem. Ou seja, que somente dois impulsos em $X_\delta(f)$, que ocorrem quando $k = 1$ e quando $k = -1$ no somatório, passam pelo filtro para formarem $X_i(f)$, e portanto

$$X_i(f) = (j3/4)\left[\underbrace{\delta(f - 1/2)}_{k=1} - \underbrace{\delta(f + 1/2)}_{k=-1}\right]$$

e a transformada inversa é $x_i(t) = -(3/2)\mathrm{sen}(\pi t)$, que não é o mesmo que o sinal original, pois a taxa de amostragem estava aquém da taxa de amostragem (Figura 12.86).

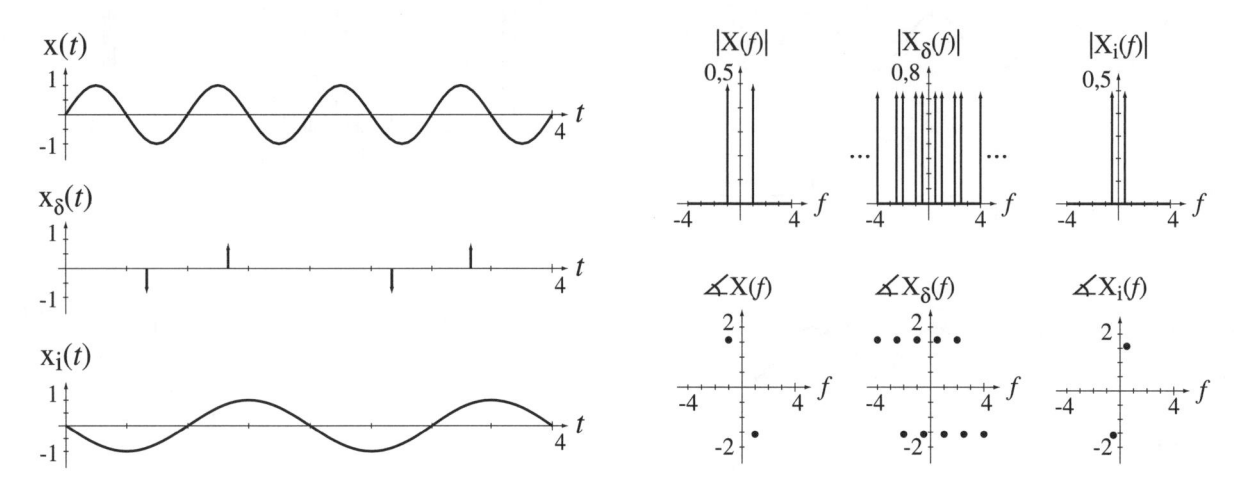

Figura 12.86
Todos os sinais nos domínios do tempo e da freqüência.

12.9 RESUMO DOS PONTOS MAIS IMPORTANTES

1. A resposta em freqüência e a resposta ao impulso de sistemas SLIT estão relacionadas por meio das transformadas de Fourier.
2. A caracterização de sistemas no domínio da freqüência permite procedimentos generalizados no projeto de sistemas que processam certos tipos de sinais.
3. Um filtro ideal não apresenta distorção dentro de sua banda passante.
4. A técnica por diagrama de Bode pode ser usada para realizar a análise e projeto de sistema rápidos e aproximados.
5. Sistemas de comunicação que utilizam a multiplexação de freqüências são convenientemente analisados usando métodos de Fourier.
6. A modulação em amplitude de pulso cria múltiplas réplicas do sinal que foi modulado no domínio da freqüência. Esse conceito será muito importante em um estudo posterior sobre a amostragem.

EXERCÍCIOS COM RESPOSTAS

Em cada exercício, as respostas estão listadas em ordem aleatória.

Resposta em Freqüência

1. Um sistema tem uma resposta ao impulso,

$$h_1(t) = 3e^{-10t}\,u(t)$$

e outro sistema tem a seguinte resposta ao impulso da forma

$$h_2(t) = \delta(t) - 3e^{-10t}\,u(t)$$

(a) Trace os gráficos da magnitude e da fase para a resposta em freqüência desses dois sistemas associados em paralelo.

(b) Elabore os gráficos da magnitude e da fase da resposta em freqüência destes dois sistemas quando associados em cascata.

Respostas:

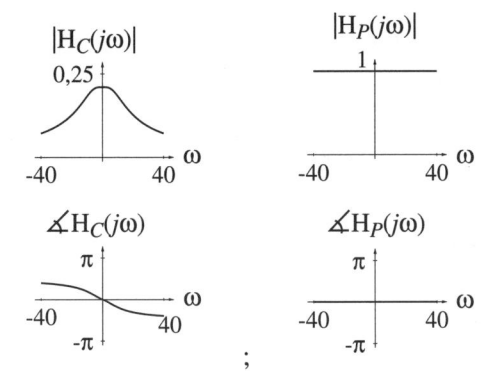

|H$_C$(jω)| 0,25, -40 a 40 ω
|H$_P$(jω)| 1, -40 a 40 ω
∡H$_C$(jω) π, -π, -40 a 40 ω
∡H$_P$(jω) π, -π, -40 a 40 ω

Filtros Ideais

2. Classifique as respostas em freqüência na Figura E.2 como respostas do tipo passa-baixas, passa-altas, passa-faixa ou corta-faixa.

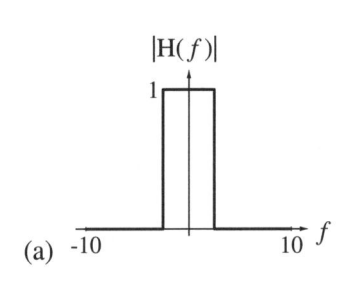

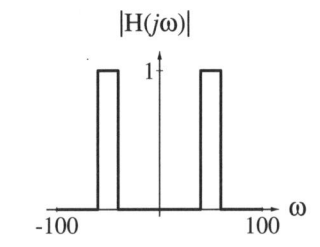

(a) |H(f)|, -10 a 10, f

(b) |H($j\omega$)|, -100 a 100, ω

(c) $\mathrm{H}(f) = 1 - \mathrm{ret}\left(\dfrac{|f|-100}{10}\right)$

Figura E.2

Respostas: Passa-baixas unitário; passa-faixa unitário; corta-faixa unitário

3. Um sistema tem uma resposta ao impulso $\mathrm{h}(t) = 10\,\mathrm{ret}\left(\dfrac{t-0,01}{0,02}\right)$. Qual é a sua largura de banda nula?

Resposta: 50

4. Na Figura E.4 estão pares de sinais de entrada x e sinais de saída y. Para cada par, identifique o tipo de filtragem que foi realizado: passa-baixas, passa-altas, passa-faixa ou corta-faixa.

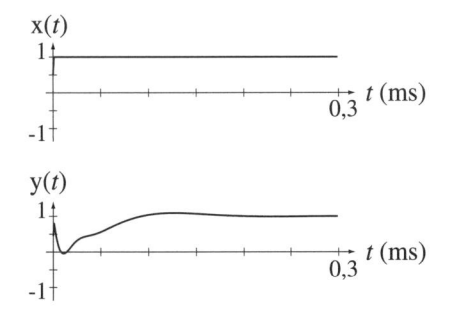

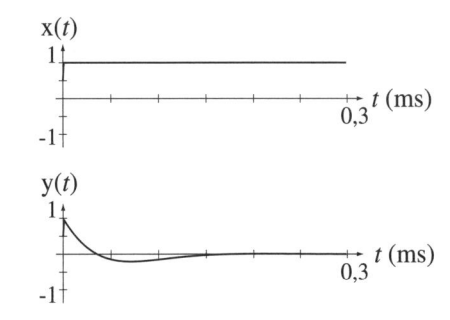

Figura E.4

Respostas: Corta-faixa; passa-altas

Causalidade

5. Determine se os sistemas com as respostas em freqüência dadas a seguir são causais.
   (a) $H(f) = \text{sinc}(f)$
   (b) $H(f) = \text{sinc}(f)e^{-j\pi f}$
   (c) $H(j\omega) = \text{ret}(\omega)$
   (d) $H(j\omega) = \text{ret}(\omega)e^{-j\omega}$
   (e) $H(f) = A$
   (f) $H(f) = Ae^{j2\pi f}$

   Resposta: Dois causais; quatro não causais

Filtros Passivos Práticos

6. Determine e faça o gráfico da resposta em freqüência de cada um dos circuitos da Figura E.6 dadas a excitação e a resposta indicadas.
   (a) Excitação, $v_e(t)$ – Resposta $v_L(t)$

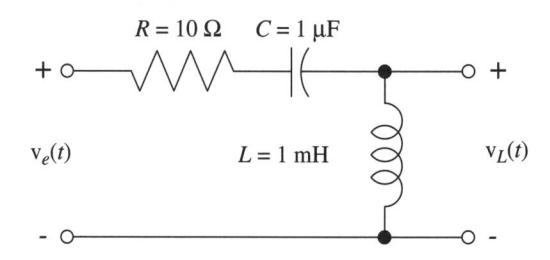

   $R = 10\ \Omega$ $C = 1\ \mu F$ $L = 1\ mH$

   (b) Excitação, $v_e(t)$ – Resposta $i_C(t)$

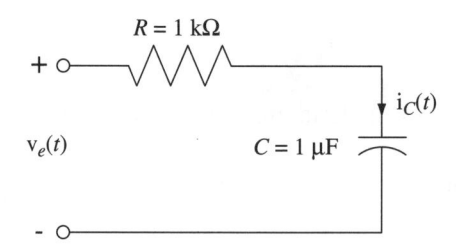

   $R = 1\ k\Omega$ $C = 1\ \mu F$

   (c) Excitação, $v_e(t)$ – Resposta $v_R(t)$

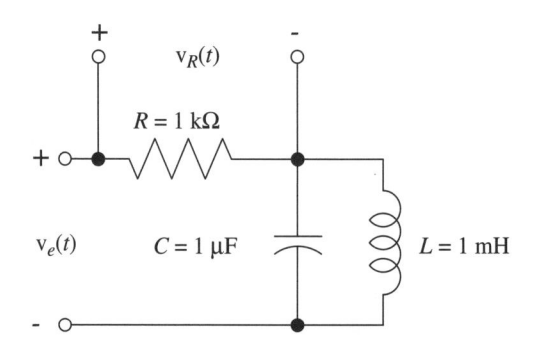

   $R = 1\ k\Omega$ $C = 1\ \mu F$ $L = 1\ mH$

(d) Excitação, $i_e(t)$ = Resposta $v_R(t)$

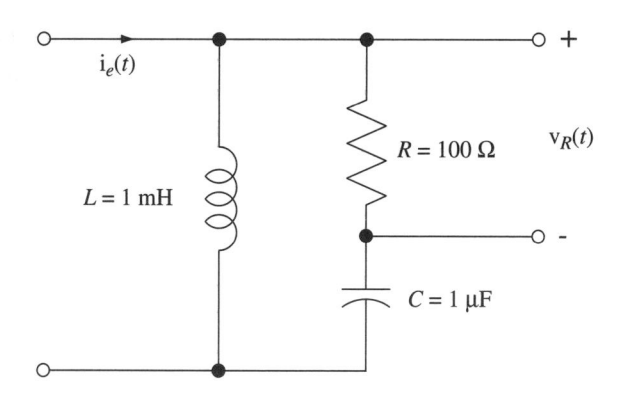

Figura E.6

Respostas:

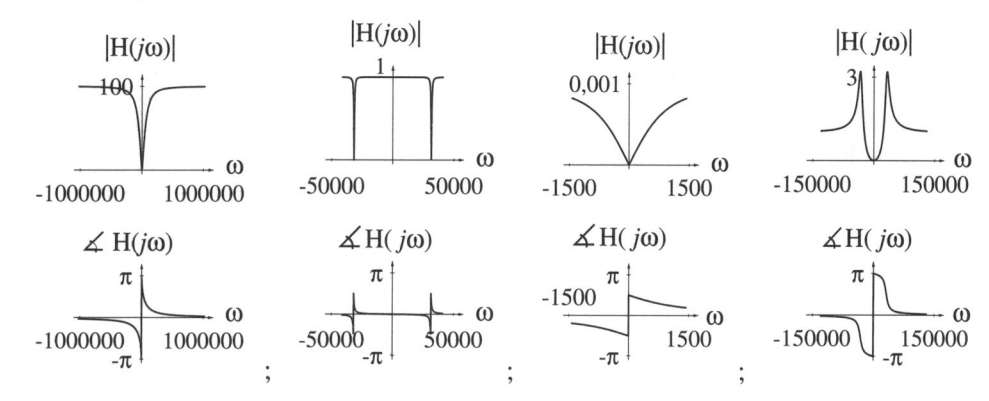

;   ;   ;

7. O circuito da Figura E.7 é excitado pela tensão $v_e(t)$, e a resposta é a tensão $v_s(t)$. Os valores dos componentes são $R = 50\ \Omega$, $L = 100$ mH e $C = 5\ \mu$F.
   (a) A que tipo de filtro ideal este filtro passivo prático se aproxima?
   (b) Escreva uma expressão para a resposta em freqüência $H(f) = \dfrac{V_s(f)}{V_e(f)}$.
   (c) Qual é a freqüência numérica f_{max} em que a magnitude máxima de $H(f)$ acontece, e qual é a fase de $H(f)$ nesta freqüência?
   (d) Determine a magnitude numérica da resposta em freqüência para 0 Hz, 100 Hz e para uma freqüência tendendo ao infinito.

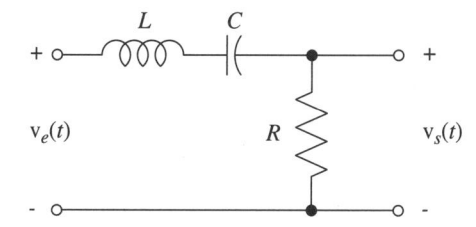

Figura E.7

Respostas: 0; 0; 0; 0,192; passa-faixa; 225

8. Para cada circuito da Figura E.8, a resposta em freqüência corresponde à razão $H(f) = \dfrac{V_s(f)}{V_e(f)}$. Quais dos circuitos têm
   (a) resposta em freqüência igual a zero em $f = 0$?
   (b) resposta em freqüência igual a zero em $f \to +\infty$?
   (c) magnitude unitária para a resposta em freqüência em $f = 0$?

(d) magnitude unitária para a resposta em freqüência em $f \to +\infty$?

(e) magnitude diferente de zero e fase igual a zero para a resposta em freqüência a certa freqüência $0 < f < \infty$ (a uma freqüência finita e não-nula)?

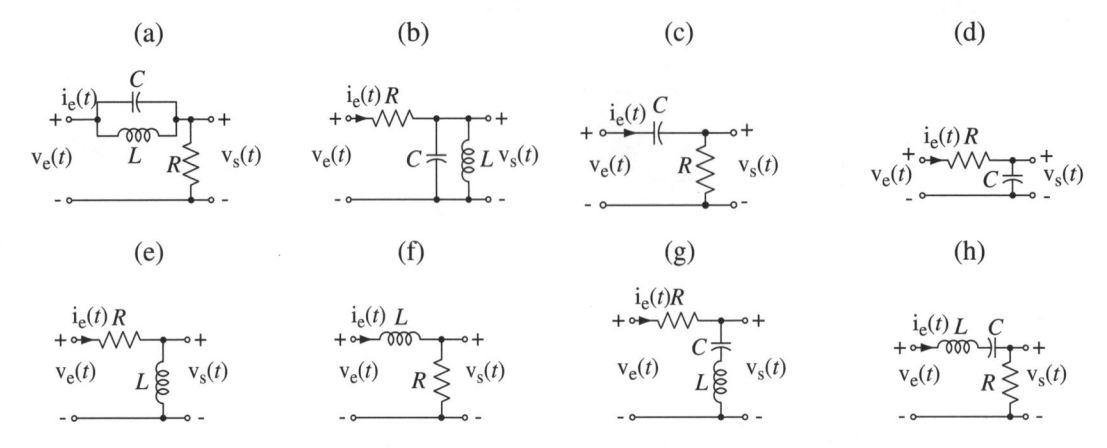

Figura E.8

9. Classifique cada umas das respostas em freqüência a seguir como passa-baixas, passa-altas, passa-faixa ou corta-faixa.

   (a) $H(f) = \dfrac{1}{1+jf}$

   (b) $H(f) = \dfrac{jf}{1+jf}$

   (c) $H(j\omega) = -\dfrac{j10\omega}{100 - \omega^2 + j10\omega}$

   Respostas: Passa-baixas; passa-faixa; passa-altas

Gráficos Logarítmicos e Diagramas de Bode

10. Elabore os gráficos das respostas em freqüência dos dois sistemas, ambos em uma escala linear de magnitude e em uma escala logarítmica de magnitude, com estas respostas em freqüência sobre o intervalo de freqüências especificado.

    (a) $H(f) = \dfrac{20}{20 - 4\pi^2 f^2 + j42\pi f}$, $\quad -100 < f < 100$

    (b) $H(j\omega) = \dfrac{2 \times 10^5}{(100 + j\omega)(1700 - \omega^2 + j20\omega)}$, $\quad -500 < \omega < 500$

    Respostas:

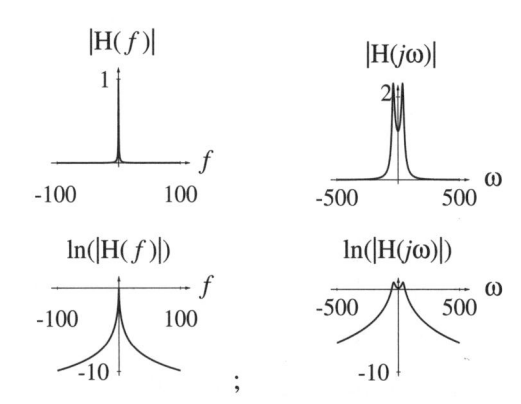

11. Desenhe os diagramas de Bode da magnitude e fase exatos e assintóticos para as respostas em freqüência dos seguintes circuitos e sistemas:

(a) Um filtro RC passa-baixas com $R = 1$ MΩ e $C = 0{,}1$ μF.

(b)

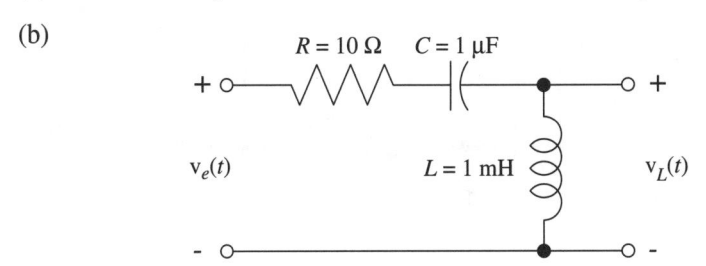

$$R = 10\ \Omega \quad C = 1\ \mu F \quad L = 1\ mH$$

$v_e(t)$, $v_L(t)$

Respostas:

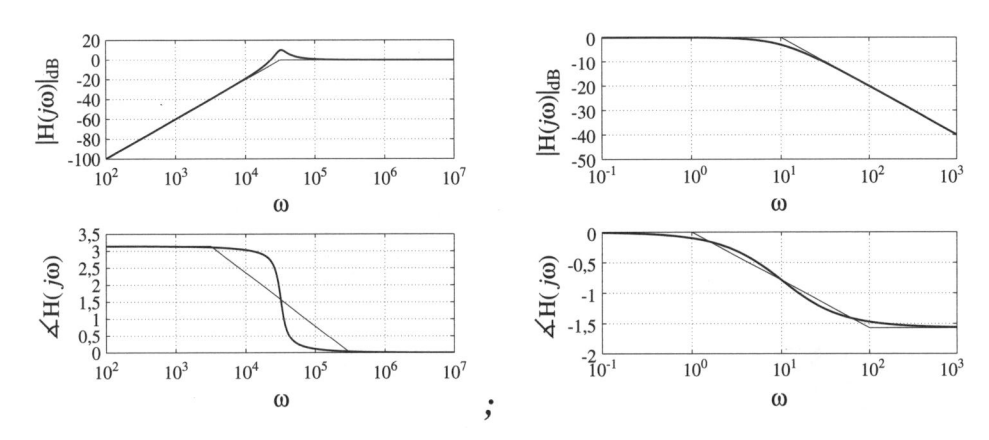

;

12. Faça a correspondência de cada circuito da Figura E.12 com o diagrama de Bode da magnitude assintótica de sua resposta em freqüência $H(j\omega) = \dfrac{V_s(j\omega)}{V_e(j\omega)}$.

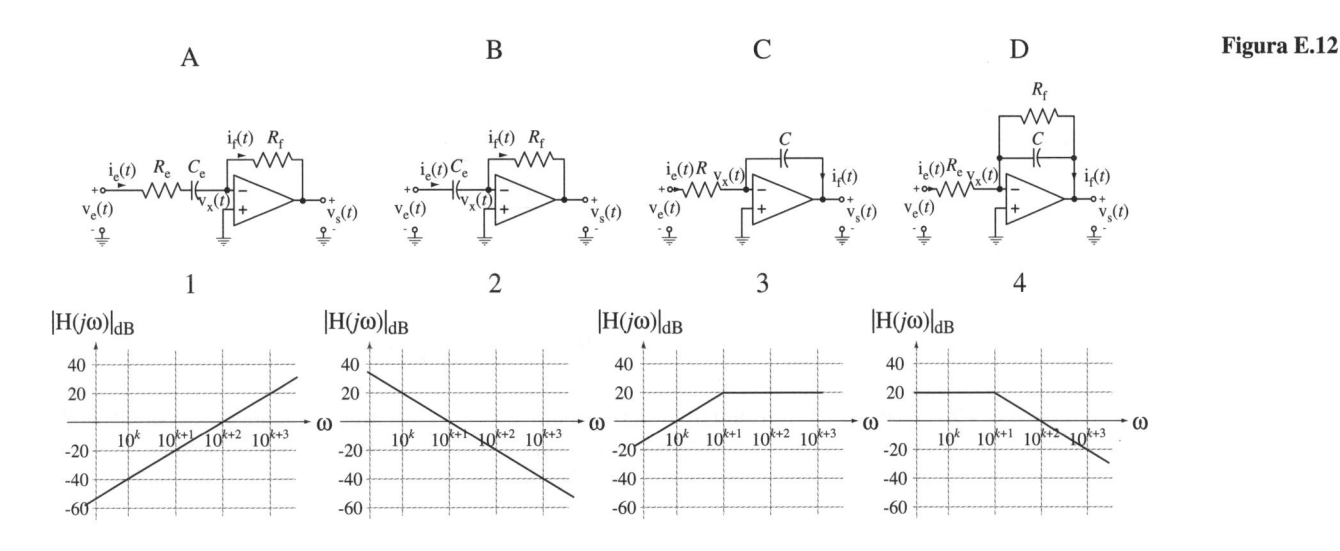

Figura E.12

Respostas: A-3; B-1; C-2; D-4

Filtros Ativos Práticos

13. Determine a resposta em freqüência $H(f) = \dfrac{V_s(f)}{V_e(f)}$ de cada um dos filtros ativos da Figura E.13 e identifique cada um deles como passa-baixas, passa-altas, passa-faixa ou corta-faixa.

(a)

(b)

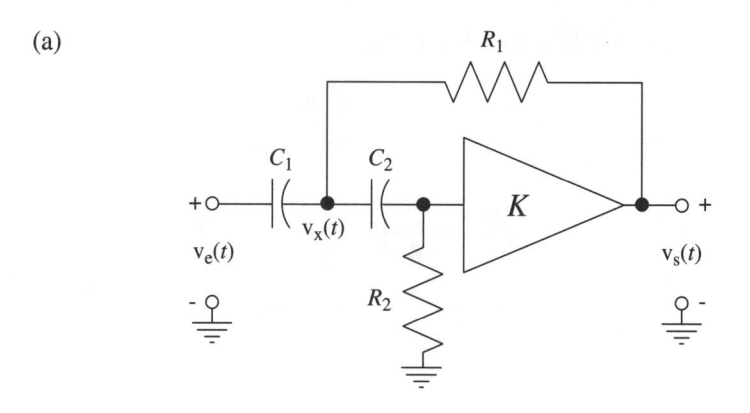

Figura E.13

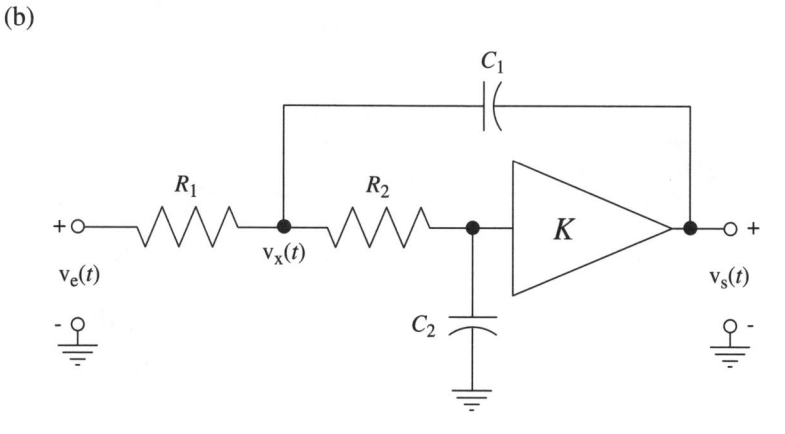

Respostas: Passa-altas e passa-baixas

14. Mostre que o sistema na Figura E.14 tem uma resposta em freqüência passa-altas.

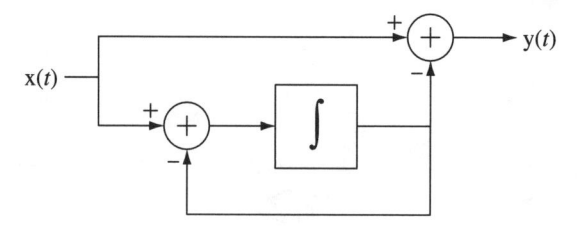

Figura E.14

Resposta:

$$H(j\omega) = \frac{Y(j\omega)}{X(j\omega)} = \frac{j\omega}{j\omega + 1}$$

15. Desenhe o diagrama de blocos de um sistema com uma resposta em freqüência do tipo passa-faixa utilizando dois integradores como blocos funcionais. Então determine sua resposta em freqüência e verifique que ela é passa-faixa.

Resposta:

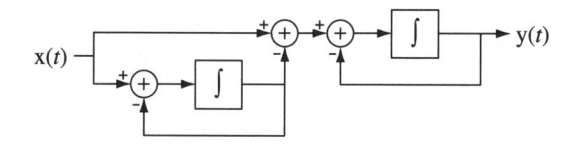

Modulação

16. No sistema da Figura E.16, $x_t(t) = \text{sinc}(t)$, $f_c = 10$ e a freqüência de corte do filtro passa-baixas é de 1 Hz. Faça os gráficos dos sinais $x_t(t)$, $y_t(t)$, $y_d(t)$ e $y_f(t)$ e das magnitudes e fases de suas TFCTs.

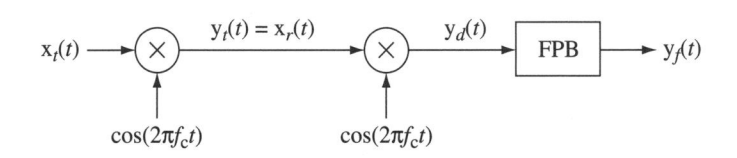

Figura E.16

Respostas:

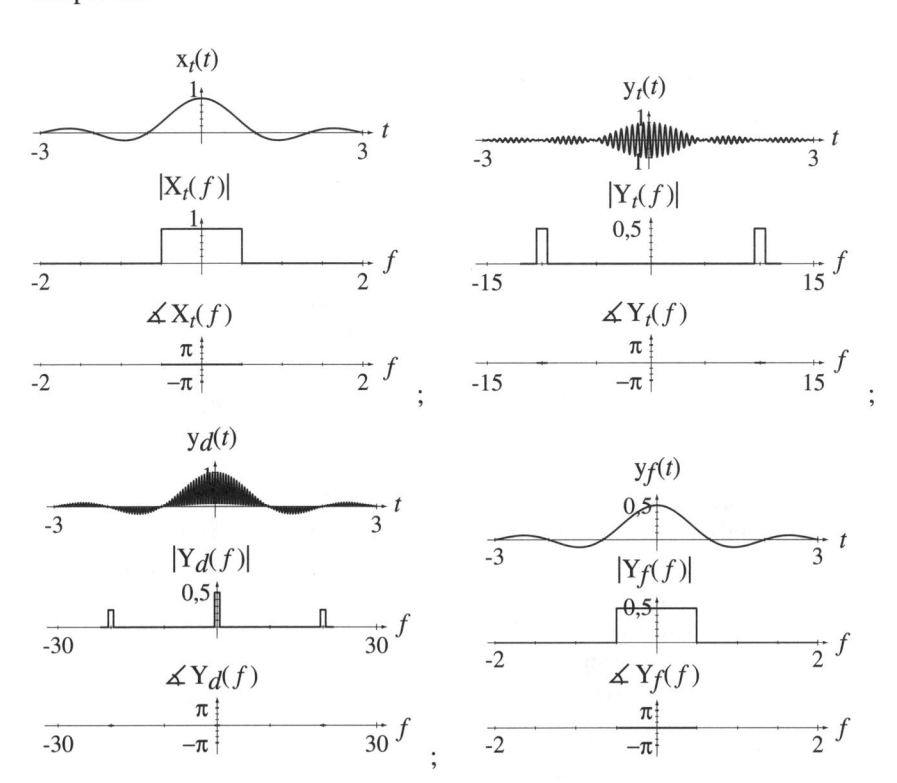

; ;

;

17. No sistema da Figura E.17, $x_t(t) = \text{sinc}(5t) * \delta_1(t)$, $m = 1$, $f_c = 40$ e a freqüência de corte do filtro passa-baixas é de 4 Hz. Faça os gráficos dos sinais $x_t(t)$, $y_t(t)$, $y_d(t)$ e $y_f(t)$ e das magnitudes e fases de suas TFCTs.

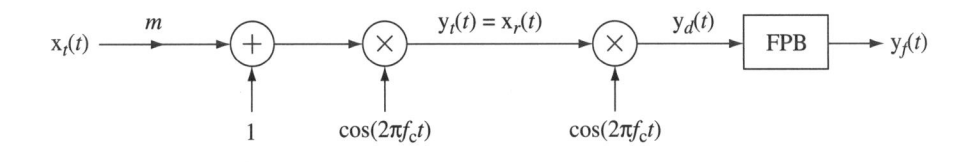

Figura E.17

Respostas:

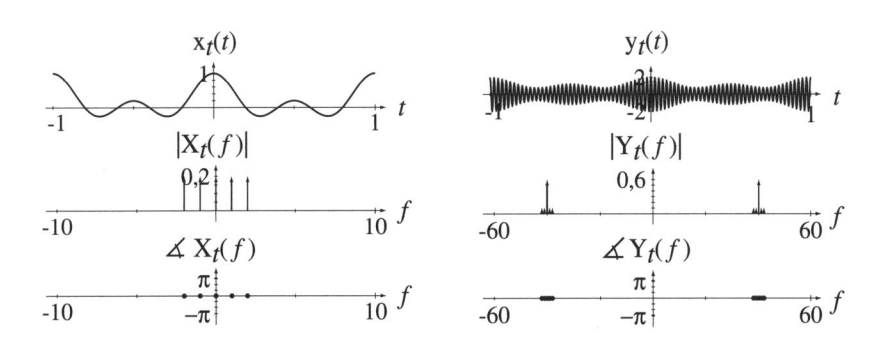

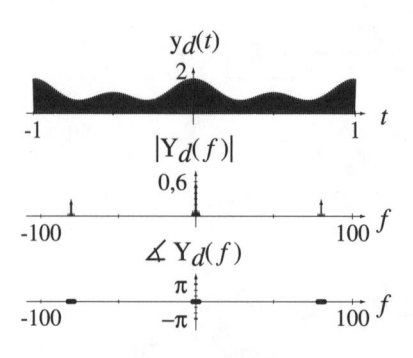

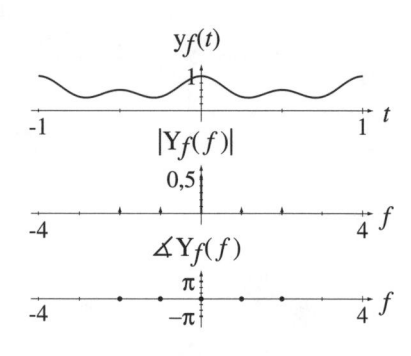

18. Uma estação de rádio AM transmite música com uma largura de banda absoluta de 5 KHz. A estação utiliza modulação com portadora transmitida e banda lateral dupla e a freqüência de sua portadora é de 1 MHz.

    (a) Quais são os limites de freqüência máximo e mínimo f_{baixa} e f_{alta} da largura de banda no espaço de freqüências positivas ocupado pela portadora modulada que é transmitida por esta estação?

    (b) Se a freqüência da portadora é modificada para 1,5 MHz, quais são os novos limites de freqüência máximo e mínimo f_{baixa} e f_{alta} da largura de banda no espaço de freqüências positivas ocupado pela portadora modulada que é transmitida por esta estação?

    (c) Se a estação optar pela modulação com portadora suprimida e banda lateral única, transmitindo apenas a banda lateral superior (no espaço de freqüências positivas) e a freqüência da portadora fosse a original de 1 MHz, quais seriam os novos limites de freqüência máximo e mínimo f_{baixa} e f_{alta} da largura de banda no espaço de freqüências positivas ocupado pela portadora modulada que é transmitida por esta estação?

    Respostas: 1,005 MHz; 0,995 MHz; 1 MHz; 1,495 MHz; 1,005 MHz; 1,505 MHz

19. Um sinal $x(t) = 4\,\text{sinc}(10t)$ corresponde ao sinal de entrada para um sistema de modulação por portadora suprimida com banda lateral única (SSBSC – *Single-Sideband, Suppressed-Carrier*) cuja portadora é $10\cos(2000\pi t)$. O sistema gera o produto entre $x(t)$ e a portadora para compor um sinal DSBSC (*Double-Sideband, Suppressed-Carrier*) $y_{DSBSC}(t)$. Ela então transmite a banda lateral superior e suprime a banda lateral inferior de $y_{DSBSC}(t)$ por meio de um filtro passa-altas ideal para compor o sinal transmitido $y(t)$. O sinal transmitido $y(t)$ pode ser representado na forma $y(t) = A\,\text{sinc}(bt)\cos(ct)$. Determine os valores numéricos de A, b e c.

    Respostas: 2005π; 20; 5

20. Um trem de pulsos,
    $$p(t) = \text{ret}(100t) * 10\delta_1(10t)$$
    é modulado por um sinal
    $$x(t) = \text{sen}(4\pi t)$$
    Trace o gráfico do sinal de saída do modulador $y(t)$ e as TFCTs dos sinais de entrada e saída.

    Resposta:

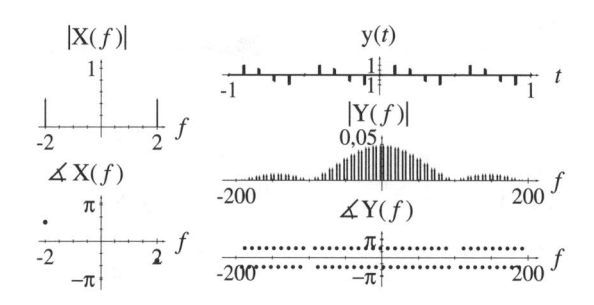

Amostragem por Impulso

21. Para cada sinal x(t), amostre por impulso à taxa especificada pela multiplicação do sinal por um impulso periódico $\delta_{T_s}(t)(T_s = 1/f_s)$ e trace o gráfico do sinal $x_\delta(t)$ amostrado por impulsos sobre o intervalo de tempo especificado e a magnitude e fase de sua TFCT $X_\delta(f)$ sobre o intervalo de freqüências especificado.

    (a) x(t) = ret(100t), $f_s = 1100$, −20 ms < t < 20 ms, −3kHz < f < 3kHz
    (b) x(t) = ret(100t), $f_s = 110$, −20 ms < t < 20 ms, −3kHz < f < 3kHz
    (c) x(t) = tri(45t), $f_s = 180$, −100 ms < t < 100 ms, −400 < f < 400

    Respostas:

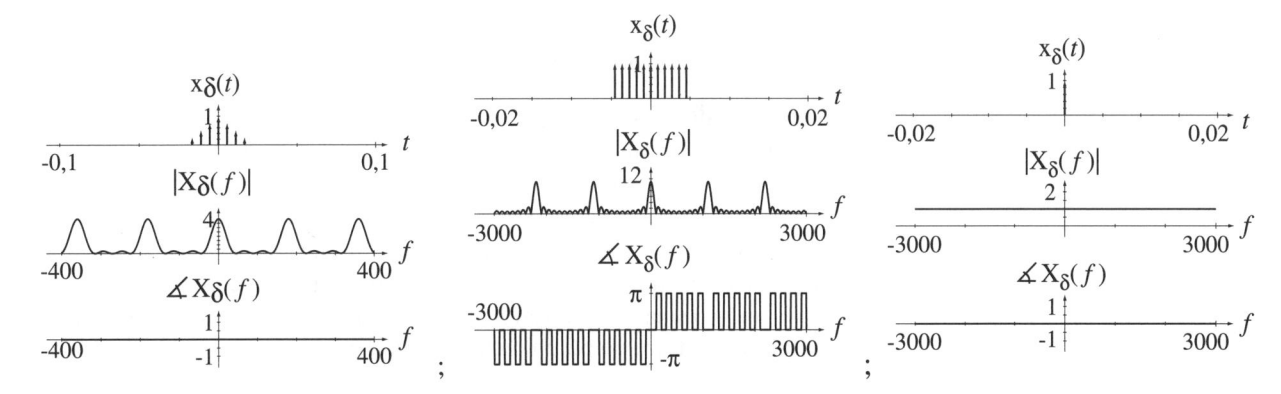

22. Dado um sinal x(t) = tri(200t) * $\delta_{0,05}(t)$, amostre-o por impulso a uma taxa f_s especificada pela multiplicação dele por um impulso periódico da forma $\delta_{T_s}(t)(T_s = 1/f_s)$. Então, filtre o sinal amostrado por impulso $x_\delta(t)$ com um filtro passa-baixas ideal cujo ganho é T_s em sua banda passante e cuja freqüência de quebra corresponde à freqüência de Nyquist. Trace o gráfico x(t) e a resposta do filtro passa-baixas $x_i(t)$ sobre o intervalo de tempo −60 ms < t < 60 ms.

    (a) $f_s = 1000$
    (b) $f_s = 200$
    (c) $f_s = 100$

    Respostas:

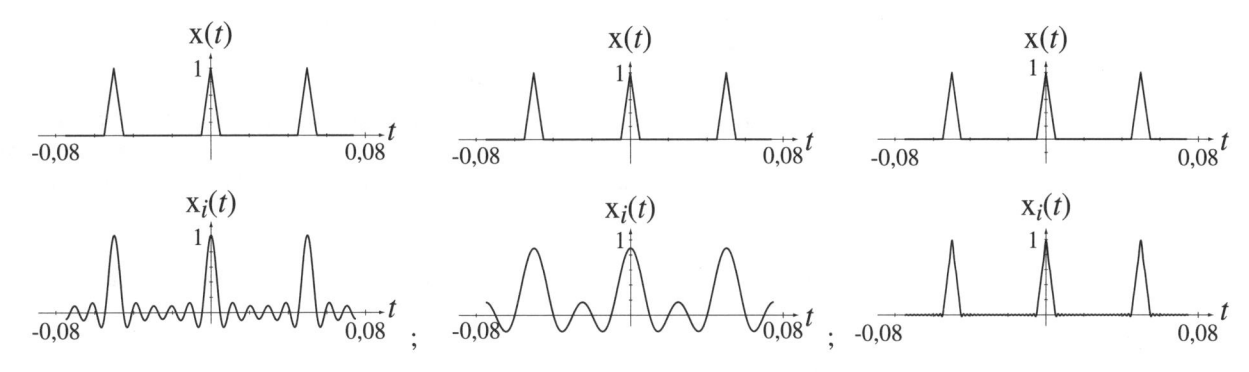

23. Dado um sinal x(t) = 8cos(24πt)−6cos(104πt), amostre-o por impulso a uma taxa especificada pela multiplicação dele com um impulso periódico da forma $\delta_{T_s}(t)(T_s = 1/f_s)$. Então, filtre o sinal amostrado por impulso com um filtro passa-baixas ideal cujo ganho é T_s em sua banda passante e cuja freqüência de quebra equivale à freqüência de Nyquist. Faça o gráfico x(t) e a resposta do filtro passa-baixas $x_i(t)$ sobre dois períodos fundamentais de $x_i(t)$.

    (a) $f_s = 100$
    (b) $f_s = 50$
    (c) $f_s = 40$

Respostas:

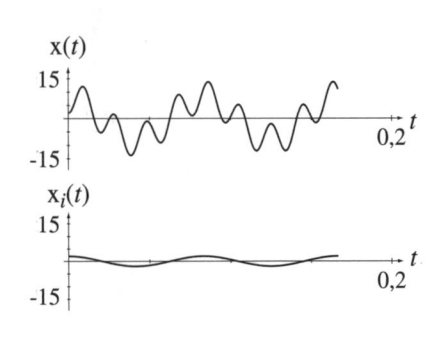

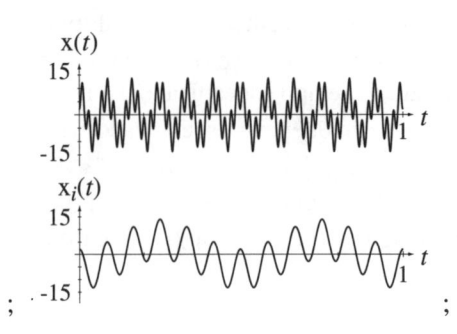

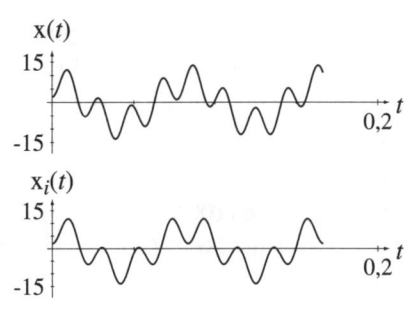

[Gráficos de x(t) e x_i(t)]

EXERCÍCIOS SEM RESPOSTAS

Resposta em Freqüência

24. Um problema com filtros causais é aquele em que o sinal de saída do filtro sempre está atrasado em relação ao sinal de entrada. Esse problema não pode ser eliminado se a filtragem é realizada em tempo real, porém se o sinal é gravado para filtragem "off-line" posterior, uma forma simples de eliminar o efeito de atraso é filtrar o sinal, gravar a resposta e então filtrar a resposta gravada com o mesmo filtro, mas reproduzindo o sinal de volta através do sistema *de trás para a frente*. Suponha que o filtro seja um filtro de pólo único com uma resposta em freqüência da forma

$$H(j\omega) = \frac{1}{1 + j\omega/\omega_c}$$

em que ω_c é a freqüência de corte (freqüência de meia potência) do filtro.

(a) Qual é a resposta em freqüência efetiva do processo inteiro de filtragem do sinal no modo direto, e então no modo inverso?

(b) Qual é a resposta ao impulso efetiva?

Filtros Ideais

25. Um sinal x(t) é descrito por

$$x(t) = \text{ret}(1000t) * \delta_{0,002}(t)$$

(a) Se x(t) é o sinal de entrada de um filtro passa-baixas ideal com uma freqüência de corte de 3 kHz, trace o gráfico do sinal de entrada x(t) e do sinal de saída y(t) na mesma escala e compare-os.

(b) Se x(t) é o sinal de entrada de um filtro passa-baixas ideal com uma freqüência de corte baixa de 1 kHz e uma freqüência de corte alta de 5 kHz, faça o gráfico do sinal de entrada x(t) e do sinal de saída y(t) na mesma escala e compare-os.

Causalidade

26. Determine se os sistemas com as respostas em freqüência descritas a seguir são ou não causais.

(a) $H(j\omega) = \dfrac{2}{j\omega}$

(b) $H(j\omega) = \dfrac{10}{6 + j4\omega}$

(c) $H(j\omega) = \dfrac{4}{25 - \omega^2 + j6\omega}$

(d) $H(j\omega) = \dfrac{4}{25 - \omega^2 + j6\omega} e^{j\omega}$

(e) $H(j\omega) = \dfrac{4}{25 - \omega^2 + j6\omega} e^{-j\omega}$

(f) $H(j\omega) = \dfrac{j\omega + 9}{45 - \omega^2 + j6\omega}$

(g) $H(j\omega) = \dfrac{49}{49 + \omega^2}$

Filtros Passivos Práticos

27. O sinal de tensão em onda quadrada causal ilustrado na Figura E.27 excita cinco filtros passivos práticos de (a) a (e) também ilustrados na Figura E.27. As respostas dos cinco filtros são apresentadas abaixo deles em ordem aleatória. Faça a correspondência entre as respostas e os filtros.

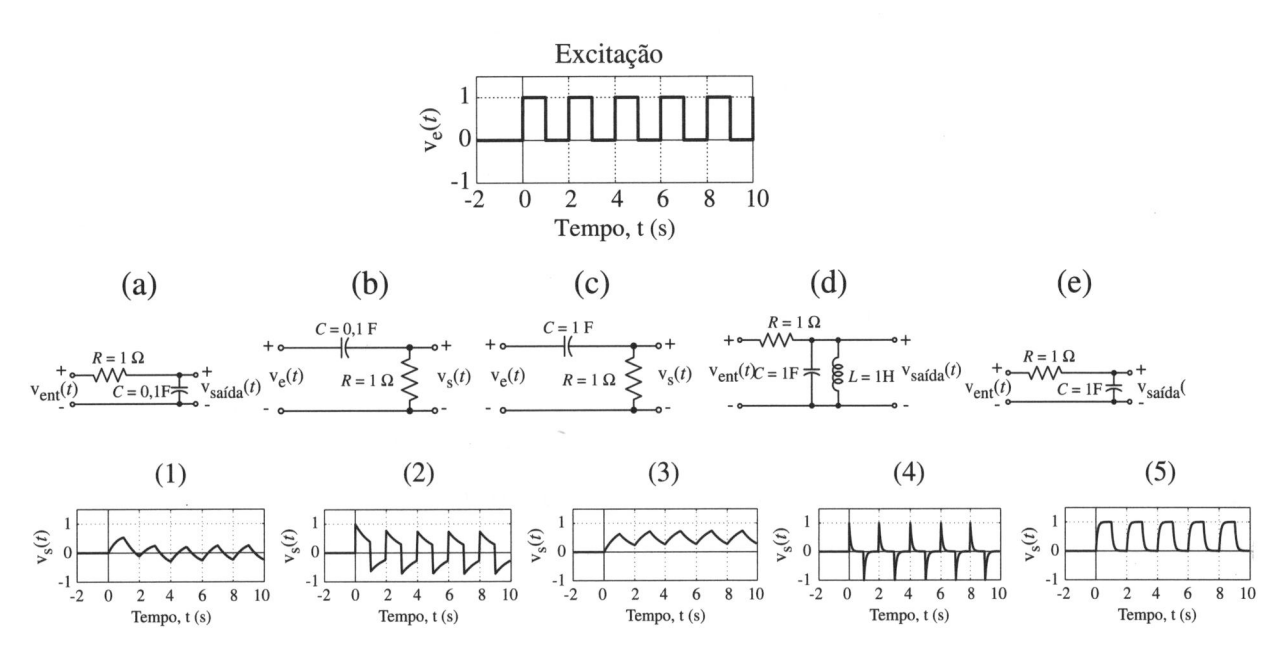

Figura E.27

28. Determine e trace o gráfico da resposta em freqüência de cada um dos circuitos mostrados na Figura E.28 dadas a excitação indicada e a resposta.

(a) Excitação $v_e(t)$ – Resposta $v_{C2}(t)$

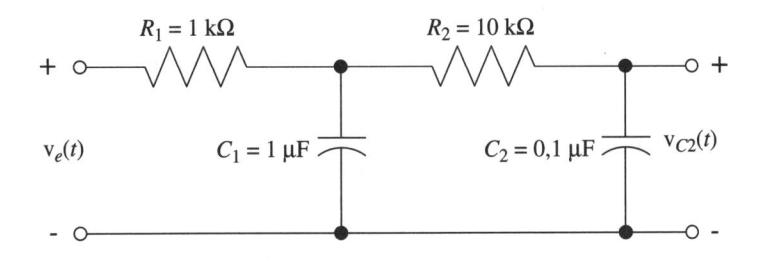

(b) Excitação $v_e(t)$ – Resposta $i_{C1}(t)$

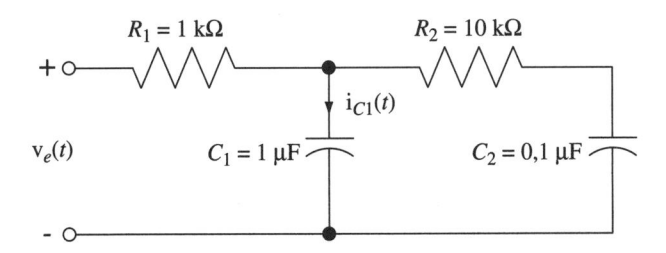

(c) Excitação $v_e(t)$ – Resposta $v_{R2}(t)$

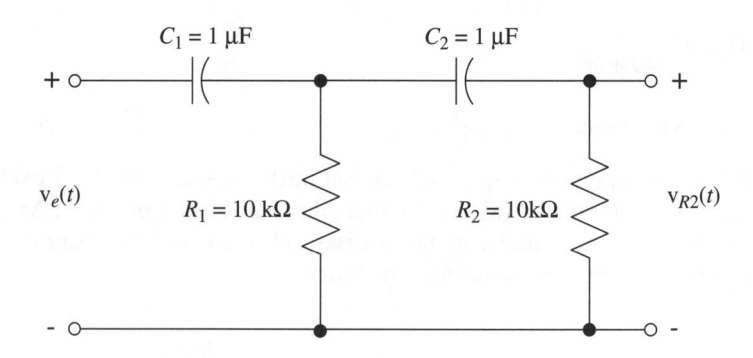

(d) Excitação $i_e(t)$ – Resposta $v_{R1}(t)$

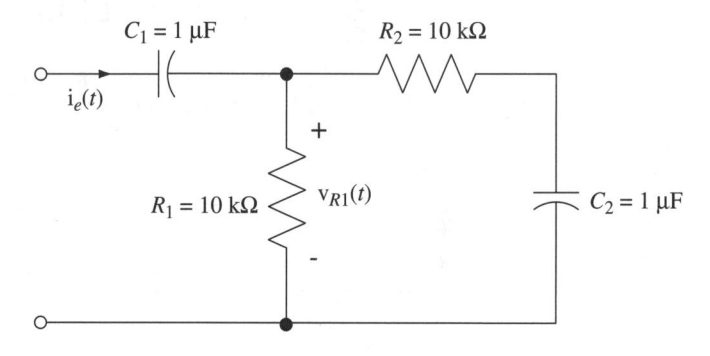

(e) Excitação $v_e(t)$ – Resposta $v_{RL}(t)$

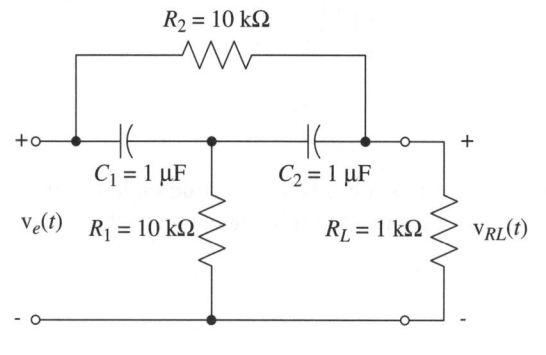

Figura E.28

29. Determine e trace os gráficos, em função da freqüência, da magnitude e da fase da impedância de entrada $Z_{ent}(j\omega) = \dfrac{V_e(j\omega)}{I_e(j\omega)}$ e da resposta em freqüência $H(j\omega) = \dfrac{V_s(j\omega)}{V_e(j\omega)}$ para cada um dos filtros mostrados na Figura E.29.

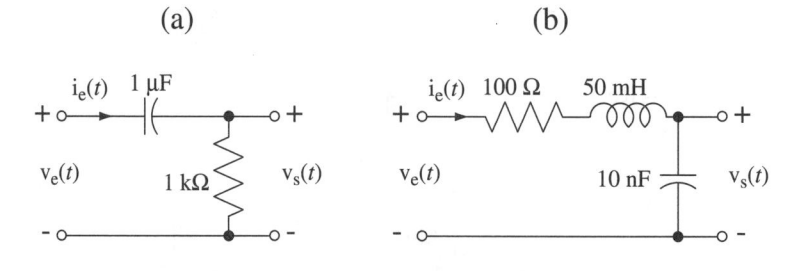

(a)   (b)

Figura E.29

30. O sinal x(t) do Exercício 25 é o sinal da tensão de entrada de um filtro passa-baixas RC com R = 1 kΩ e C = 0,3 μF. Faça os gráficos dos sinais de tensão da entrada e da saída em função do tempo e na mesma escala.

Filtros

31. Na Figura E.31, estão algumas descrições de filtros na forma de uma resposta ao impulso, uma magnitude de resposta em freqüência e um diagrama de circuito. Para cada um deles, sempre que for possível, classifique os filtros como ideais ou práticos, causais ou não causais, passa-baixas, passa-altas, passa-faixa ou corta-faixa.

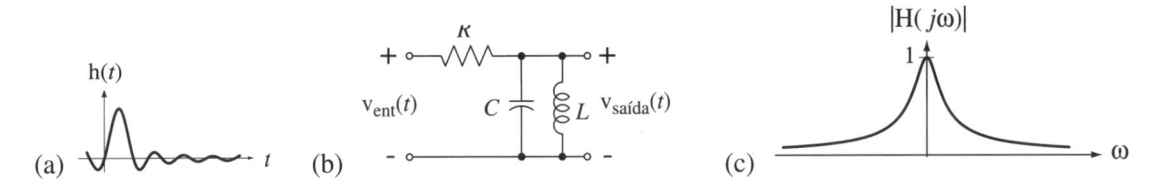

Figura E.31

Diagramas de Bode

32. Desenhe diagramas de Bode assintóticos e exatos da magnitude e fase para as respostas em freqüência dos circuitos e sistemas da Figura E.32.

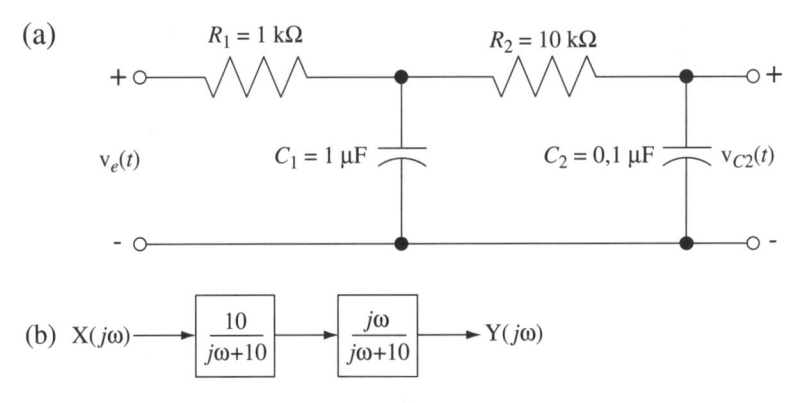

(a) [circuito com $R_1 = 1\ k\Omega$, $R_2 = 10\ k\Omega$, $C_1 = 1\ \mu F$, $C_2 = 0{,}1\ \mu F$, entrada $v_e(t)$, saída $v_{C2}(t)$]

(b) $X(j\omega) \longrightarrow \boxed{\dfrac{10}{j\omega+10}} \longrightarrow \boxed{\dfrac{j\omega}{j\omega+10}} \longrightarrow Y(j\omega)$

(c) Um sistema cuja resposta em freqüência seja $H(j\omega) = \dfrac{j20\omega}{10.000 - \omega^2 + j20\omega}$

Figura E.32

33. Um sistema SLIT possui a resposta em freqüência $H(j\omega) = \dfrac{j3\omega - \omega^2}{1000 - 10\omega^2 + j250\omega}$

   (a) Obtenha todas as freqüências de quebra (em radianos por segundo) em um diagrama de Bode para a magnitude dessa resposta em freqüência.
   (b) Em freqüências muito baixas e muito altas, qual é a inclinação do diagrama de Bode da magnitude em dB/década?

Filtros Ativos Práticos

34. Determine a resposta em freqüência para o circuito da Figura E.34. Qual é a função que ele desempenha?

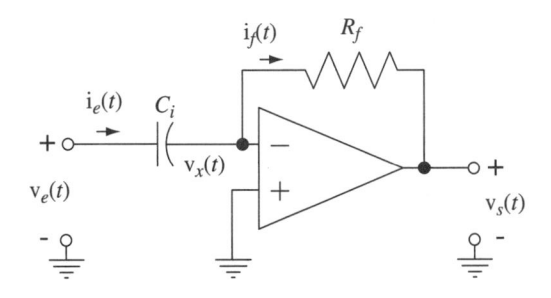

Figura E.34

35. Projete um filtro passa-altas ativo usando um amplificador operacional ideal, dois resistores e um capacitor. Deduza sua resposta em freqüência para verificar se ele é do tipo passa-altas.

36. Determine a resposta em freqüência $H(j\omega) = \dfrac{V_s(j\omega)}{V_e(j\omega)}$ do filtro ativo na Figura E.36 com $R_e = 1000\,\Omega$, $C_e = 1\,\mu F$, e $R_f = 5000\,\Omega$.

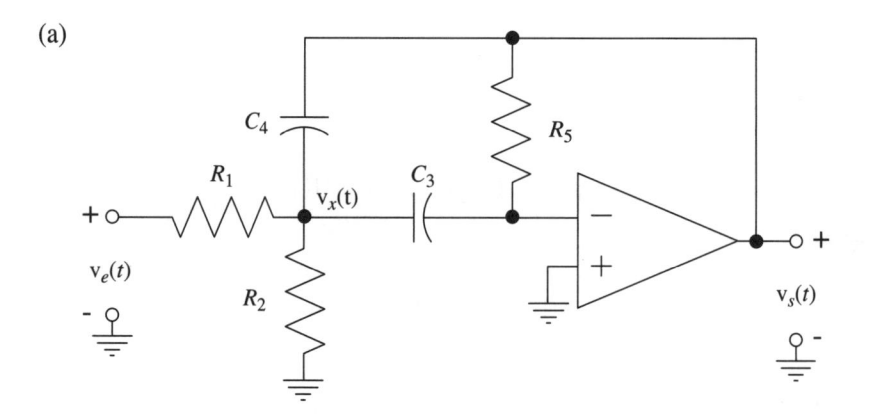

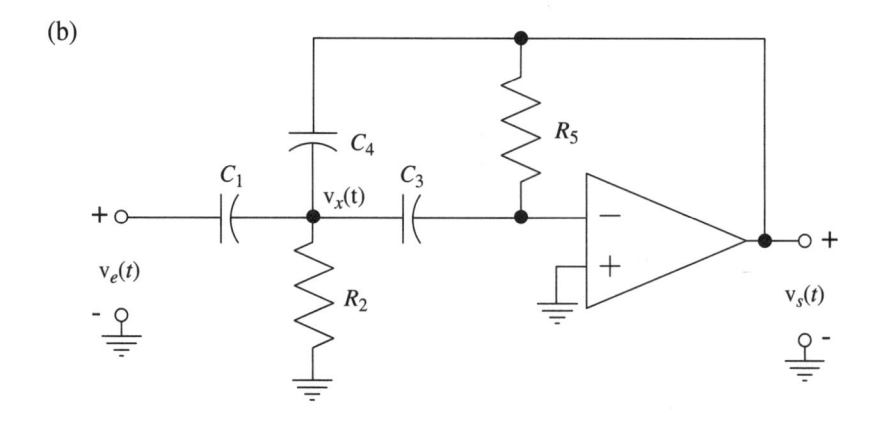

Figura E.36

(a) Obtenha todas as freqüências de quebra (em radianos por segundo) em um diagrama de Bode para a magnitude desta resposta em freqüência.

(b) Em freqüências muito baixas e muito altas, qual é a inclinação do diagrama de Bode da magnitude em dB/década?

37. Determine as respostas em freqüência $H(f) = \dfrac{V_s(f)}{V_e(f)}$ dos filtros ativos contidos na Figura E.37 e identifique-os como passa-baixas, passa-altas, passa-faixa ou corta-faixa.

(a)

(b)

(c)

Figura E.37

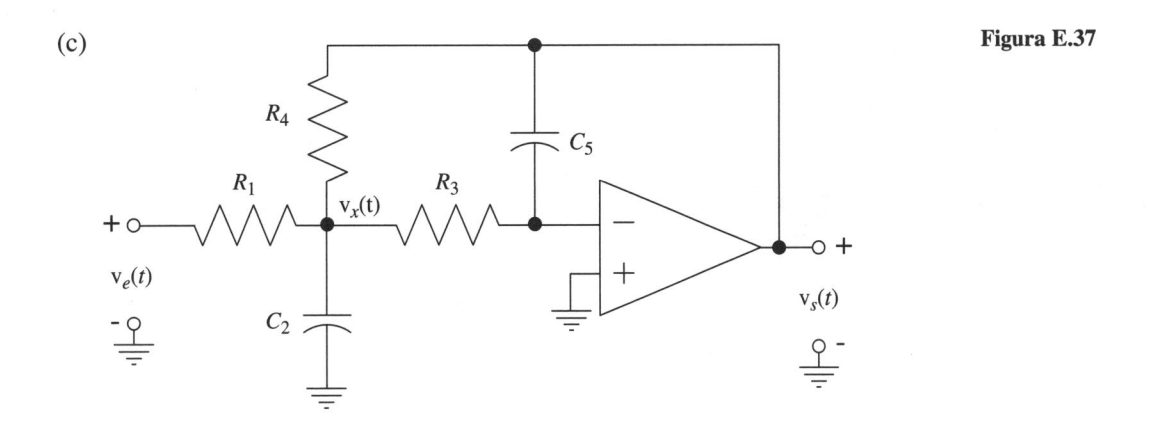

38. Na Figura E.38 estão alguns filtros ativos e alguns diagramas de Bode de magnitude assintóticos para as respostas em freqüência $\left|\dfrac{V_s(j\omega)}{V_e(j\omega)}\right|$. Para cada filtro, encontre o diagrama de Bode da magnitude que tem correspondência com ele.

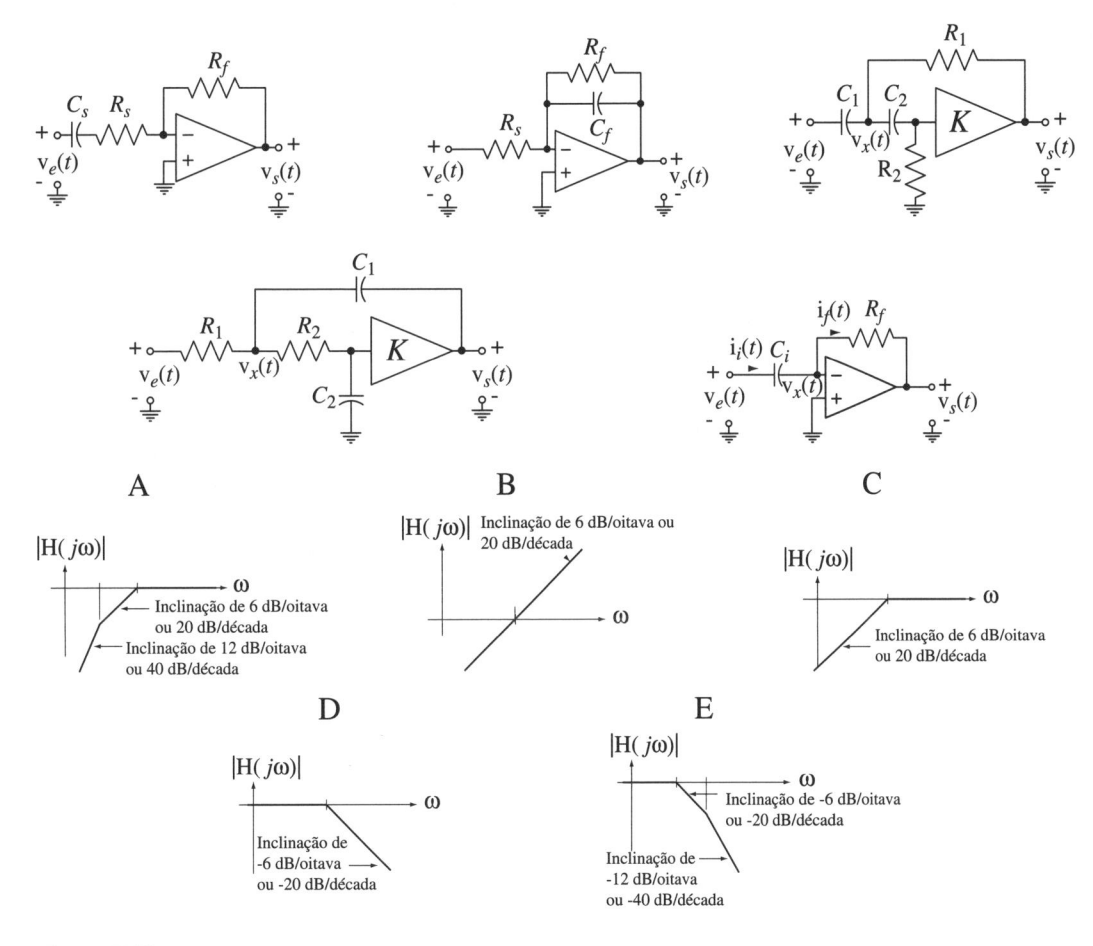

A B C

D E

Figura E.38

39. Nos filtros ativos da Figura E.39, todos os resistores são de 1 ohm e todos os capacitores são de 1 farad. Para cada filtro, a resposta em freqüência é $H(j\omega) = \dfrac{V_s(j\omega)}{V_e(j\omega)}$. Identifique o diagrama de Bode em magnitude da função de transferência para cada circuito.

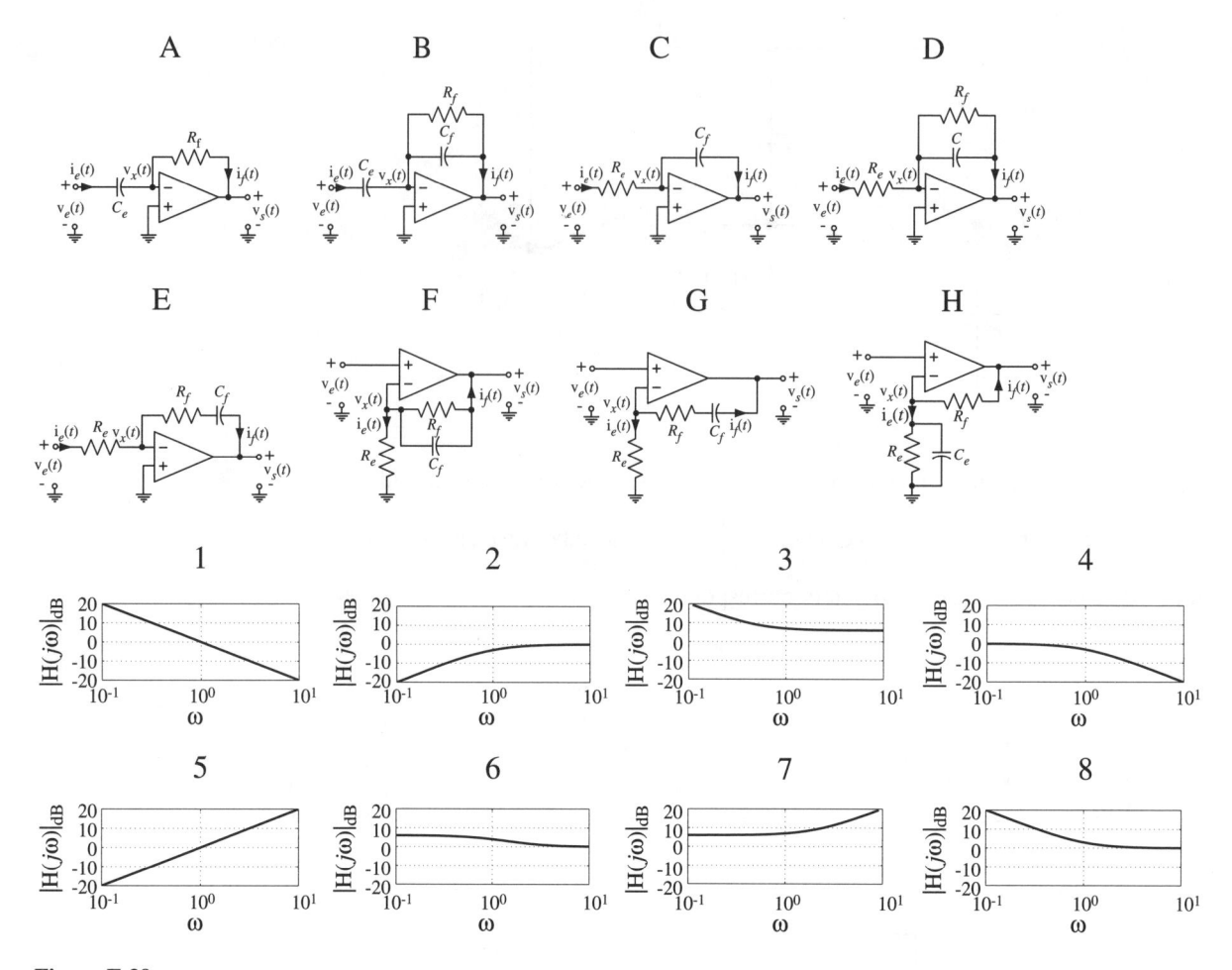

Figura E.39

40. Quando uma música é gravada em uma fita cassete magnética analógica e posteriormente reproduzida, uma componente de ruído de alta freqüência chamada de "silvo"[1] de fita é acrescentada à música. Para fins de análise, suponha que o espectro da música seja plano em –30 dB, ao longo do espectro de áudio de 20 Hz até 20 kHz. Também suponha que o espectro do sinal reproduzido novamente no compartimento do aparelho de som tenha uma componente acrescentada fazendo o sinal reproduzido ter um diagrama de Bode como aquele ilustrado pela Figura E.40.

Figura E.40
Diagrama de Bode do sinal reproduzido.

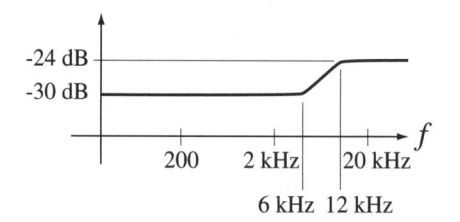

O ruído adicional de alta freqüência poderia ser atenuado por um filtro passa-baixas, porém isso atenuaria também as componentes de alta freqüência da música, reduzindo sua fidelidade. Uma solução para este problema é "pré-amplificar" a parte de alta freqüência da música durante o processo de gravação de maneira que,

---

[1] N.T.: Este termo é proveniente do termo em inglês *hiss*.

ao se aplicar o filtro passa-baixas à reprodução, o efeito líquido na música seja nulo, mas o "silvo" acabe sendo atenuado. Projete um filtro ativo que poderia ser usado durante o processo de gravação para se realizar a pré-amplificação.

Modulação

41. Repita o Exercício 16, mas com o segundo cosseno $\cos(2\pi f_c t)$ substituído pelo $\text{sen}(2\pi f_c t)$.

42. No sistema da Figura E.42, $x_t(t) = \text{sinc}(t)$, $f_c = 10$ e a freqüência de corte do filtro passa-baixas é de 1 Hz. Trace graficamente os sinais $x_t(t)$, $y_t(t)$, $y_d(t)$ e $y_f(t)$ e as magnitudes e fases de suas TFCTs.

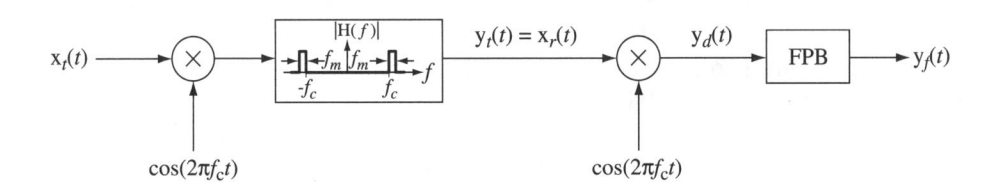

Figura E.42

43. Uma senóide $x(t) = A_m \cos(2\pi f_m t)$ modula uma portadora senoidal $A_c \cos(2\pi f_c t)$ em um sistema com portadora transmitida e banda lateral dupla (DSBTC) do tipo ilustrado na Figura E.43. Se $A_m = 1$, $f_m = 10$, $A_c = 4$, $f_c = 1000$ e $m = 1$, determine o valor numérico da potência de sinal total em $y(t)$ na freqüência da portadora P_c e o valor numérico da potência de sinal total em $y(t)$ em suas bandas laterais P_s.

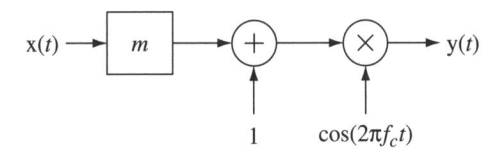

Figura E.43

44. No sistema mostrado pela Figura E.44, seja $x_t(t) = 3\text{sen}(1000\pi t)$, seja $f_c = 5000$, e seja um filtro passa-baixas (FPB) ideal com uma magnitude de resposta em freqüência unitária em sua banda passante.

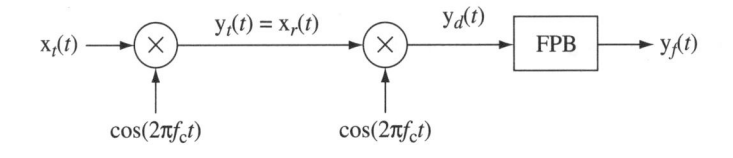

Figura E.44

(a) Determine a potência de sinal de $y_t(t)$.
(b) Determine a potência de sinal de $y_d(t)$.
(c) Determine a potência de sinal de $y_f(t)$ se a freqüência de corte do filtro passa-baixas é de 1 kHz.
(d) Determine a potência de sinal de $y_f(t)$ se a freqüência de corte do filtro passa-baixas é de 100 Hz.

Figura E.45

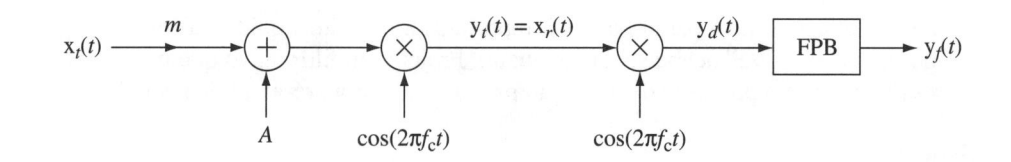

45. No sistema mostrado na Figura E.45, seja $x_t(t) = 3\text{sen}(1000\pi t)$, $m = 1$, $A = 3$, $f_c = 5000$, e seja um filtro passa-baixas (FPB) ideal com uma magnitude da resposta em freqüência unitária em sua banda passante.
    (a) Determine a potência de sinal de $y_t(t)$.
    (b) Determine a potência de sinal de $y_d(t)$.
    (c) Determine a potência de sinal de $y_f(t)$ se a freqüência de corte do filtro passa-baixas é de 1 kHz.
    (d) Determine a potência de sinal de $y_f(t)$ se a freqüência de corte do filtro passa-baixas é de 100 Hz.

46. Um sinal de potência $x(t)$ que não tem potência de sinal fora do intervalo de freqüências especificado por $-f_c/100 < f < f_c/100$ é multiplicado por uma portadora $\cos(2\pi f_c t)$ para compor um sinal, $y_t(t)$. Então $y_t(t)$ é multiplicado por $\cos(2\pi f_c t)$ para formar $y_r(t)$. Em seguida, $y_r(t)$ é filtrado por um filtro passa-baixas ideal cuja resposta em freqüência é $H(f) = 6\text{ret}(f/2f_c)$ para compor o sinal $y_f(t)$. Qual é a razão da potência de sinal em $y_f(t)$ em relação à potência de sinal em $x(t)$, P_{y_f}/P_x?

47. Um trem de pulsos

    $$p(t) = (1/w)\text{ret}(t/w) * \delta_{1/4}(t)$$

    é modulado pelo sinal

    $$x(t) = \text{sinc}(t)$$

    Elabore o gráfico do sinal de saída do modulador $y(t)$ e as TFCTs dos sinais de entrada e saída para
    (a) $w = 10$ ms
    (b) $w = 1$ ms

48. No sistema da Figura E.48, considere que a TFCT do sinal de entrada seja $X(f) = \text{tri}(f/f_c)$. Este sistema é algumas vezes chamado de embaralhador (*scrambler*), pois ele transfere as componentes de freqüência de um sinal para novas posições tornando-o ininteligível.
    (a) Fazendo uso apenas de um multiplicador analógico e de um filtro ideal, projete um "desembaralhador" que seja capaz de recuperar o sinal original.
    (b) Trace o gráfico do espectro de magnitude de cada um dos sinais que pertencem ao sistema embaralhador-desembaralhador.

Figura E.48
Um "embaralhador".

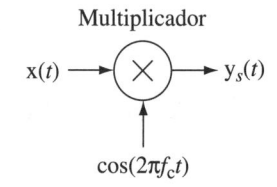

Amostragem por Impulso

49. Para cada sinal x(t), amostre por impulso à taxa especificada pela multiplicação dele por um impulso periódico $\delta_{T_s}(t)\,(T_s = 1/f_s)$ e trace o gráfico do sinal amostrado por impulso $x_\delta(t)$ sobre o intervalo de tempo especificado e a magnitude e a fase de sua TFCT $X_\delta(f)$ sobre o intervalo de freqüências especificado.

   (a) $x(t) = 5(1 + \cos(200\pi t))\mathrm{ret}(100t), f_s = 1600$

   (b) $x(t) = e^{-t^2/2}$, $f_s = 5$

   (c) $x(t) = 10e^{-t/20}\,u(t), f_s = 1$

50. Dado o sinal $x(t) = \mathrm{ret}(20t) * \delta_{0,1}(t)$ e um filtro passa-baixas ideal cuja resposta em freqüência é $T_s\,\mathrm{ret}(f/f_s)$, processe x(t) de duas maneiras diferentes:

    Processo 1: Filtre o sinal e multiplique-o por f_s.

    Processo 2: Amostre por impulso o sinal à taxa especificada, e em seguida filtre o sinal amostrado por impulso.

    Para cada taxa de amostragem, faça o gráfico do sinal original x(t) e do sinal processado y(t) sobre o intervalo de tempo $-0,5 < t < 0,5$. Em cada caso, por meio do exame das TFCTs dos sinais, explique a razão pela qual os dois sinais parecem ou não o mesmo.

    (a) $f_s = 1000$
    (b) $f_s = 200$
    (c) $f_s = 50$
    (d) $f_s = 20$
    (e) $f_s = 10$
    (f) $f_s = 4$
    (g) $f_s = 2$

51. Amostre o sinal

    $$x(t) = \begin{cases} 4\,\mathrm{sen}(20\pi t) & , -0,2 < t < 0,2 \\ 0 & , \text{caso contrário} \end{cases} = 4\,\mathrm{sen}(20\pi t)\,\mathrm{ret}(t/0,4)$$

    sobre o intervalo de tempo $-0,5 < t < 0,5$ às taxas de amostragem especificadas e reconstrua aproximadamente o sinal utilizando a técnica da função *sinc*

    $$x(t) = 2(f_c/f_s) \sum_{n=-\infty}^{\infty} x(nT_s)\,\mathrm{sinc}(2f_c(t - nT_s))$$

    exceto com um conjunto finito de amostras e com a freqüência de corte do filtro especificada. Ou seja, use

    $$x(t) = 2(f_c/f_s) \sum_{n=-N}^{N} x(nT_s)\,\mathrm{sinc}(2f_c(t - nT_s))$$

    em que $N = 0,5/T_s$. Elabore o gráfico do sinal reconstruído em cada caso.

    (a) $f_s = 20,\ f_c = 10$
    (b) $f_s = 40,\ f_c = 10$
    (c) $f_s = 40,\ f_c = 20$
    (d) $f_s = 100,\ f_c = 10$
    (e) $f_s = 100,\ f_c = 20$
    (f) $f_s = 100,\ f_c = 50$

Óptica de Fourier

52. A difração da luz pode ser aproximadamente descrita por meio do uso da transformada de Fourier. Considere uma tela opaca com uma pequena fenda sendo iluminada a partir do lado esquerdo por uma onda de luz plana uniforme e com ângulo de incidência igual à normal (Figura E.52).

Figura E.52
Difração unidimensional da luz através de uma fenda.

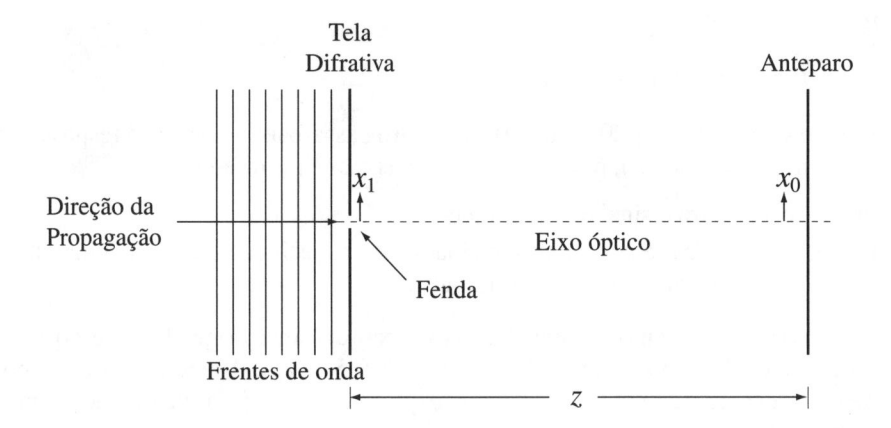

Se $z \gg \pi x_1^2 / \lambda$ consiste em uma boa aproximação para qualquer x_1 na fenda, então a intensidade de campo elétrico da luz que atinge o anteparo pode ser precisamente descrita por

$$E_0(x_0) = K \frac{e^{j2\pi z/\lambda}}{j\lambda z} e^{j\pi x_0^2/\lambda z} \int_{-\infty}^{\infty} E_1(x_1) e^{-j2\pi x_0 x_1/\lambda z} dx_1$$

em que E_1 corresponde à intensidade do campo na tela difrativa, E_0 é a intensidade de campo no anteparo, K equivale a uma constante de proporcionalidade e λ é o comprimento de onda da luz. A integral é uma transformada de Fourier com uma notação diferente. A intensidade de campo no anteparo pode ser escrita como

$$E_0(x_0) = K \frac{e^{j2\pi z/\lambda}}{j\lambda z} e^{j\pi x_0^2/\lambda z} \mathcal{F}\left[E_1(t)\right]_{f \to x_0/\lambda z}$$

A intensidade $I_0(x_0)$ da luz no anteparo corresponde ao quadrado da magnitude da intensidade de campo,

$$I(x_0) = |E_0(x_0)|^2$$

(a) Faça o gráfico da intensidade da luz sobre o anteparo se a fenda possui uma largura de 1 mm, o comprimento da luz é de 500 nm, a distância z é igual a 100 m, a constante de proporcionalidade é 10^{-3} e a intensidade de campo elétrico sobre a tela difrativa é igual a 1 V/m.

(b) Agora considere que a fenda seja substituída por duas fendas, cada uma com 0,1 mm de largura, separadas por uma distância igual a 1 mm (centro a centro) sendo que o conjunto encontra-se centrado no eixo óptico. Faça o gráfico da intensidade da luz sobre o anteparo se os demais parâmetros forem considerados os mesmos da parte (a).

Detector de Envoltória

53. Na Figura E.53.1, encontra-se um diagrama de circuito de um detector de envoltória. Leve em consideração o modelo de um diodo ideal e admita que o sinal de tensão na entrada seja um cosseno de 60 Hz com uma amplitude de $120\sqrt{2}$ volts.

Seja a constante de tempo RC igual a 0,1 segundo. Logo, o sinal de tensão da saída se assemelhará àquele ilustrado na Figura E.53.2. Determine e trace o gráfico da magnitude da TFCT do sinal de tensão da saída.

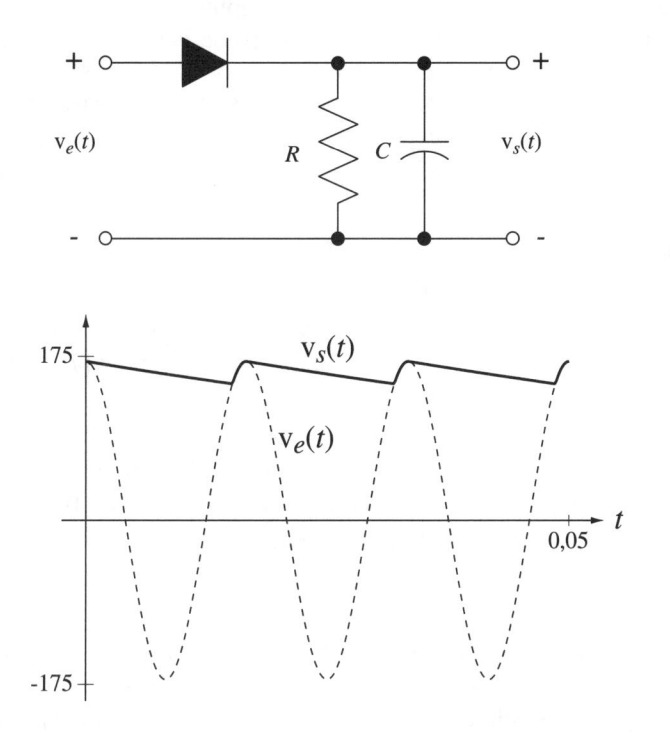

Figura E.53.1
Um retificador de meia onda com um filtro capacitivo para a suavização do sinal.

Figura E.53.2
Tensões de entrada e saída.

Amplificador Limitador Estabilizado

54. Amplificadores eletrônicos que lidam com sinais de freqüências muito baixas são difíceis de projetar porque flutuações térmicas das tensões de deslocamento não podem ser distinguidas dos sinais. Por essa razão, uma técnica bastante difundida aplicável ao projeto de amplificadores de baixa freqüência consiste na adoção do tão conhecido amplificador limitador estabilizado, como mostra a Figura E.54.

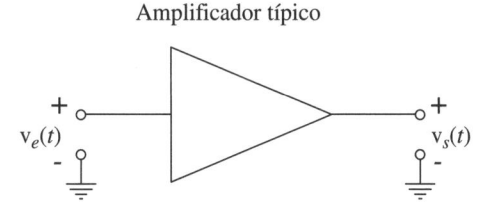

Figura E.54
Um amplificador limitador estabilizado.

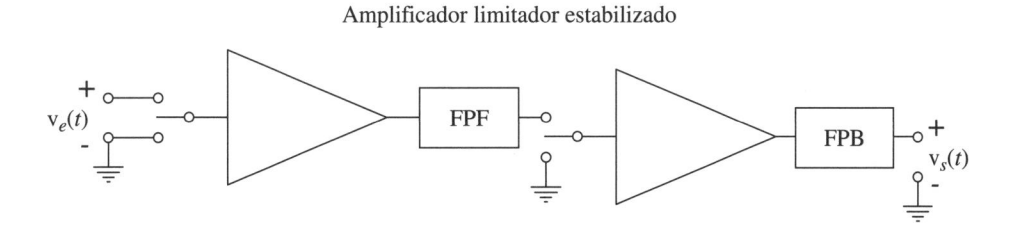

Um amplificador limitador estabilizado "ceifa" o sinal de entrada comutando-o entre os estados liga e desliga periodicamente. Essa ação é equivalente a uma modulação em amplitude de pulso na qual o trem de pulsos a ser modulado pelo sinal de entrada corresponde a uma onda quadrada com ciclo de trabalho de 50%, que alterna entre zero e um. Conseqüentemente, o sinal limitado é filtrado como passa-faixa para eliminar quaisquer sinais de flutuação térmica lenta do primeiro amplificador. Em seguida, o sinal amplificado é ceifado de novo exatamente à mesma taxa e em fase com o sinal limitado usado na entrada do primeiro amplificador. Então, esse sinal poderá ser amplificado adiante. A última etapa consiste em fazer o sinal passar por um filtro passa-baixas após a saída do último amplificador, para se recuperar uma versão amplificada do sinal original. (Esse é um modelo simplificado, porém demonstra as características essenciais de um amplificador limitador estabilizado.)

Sejam os seguintes parâmetros e respectivos valores do amplificador limitador estabilizado:

Freqüência ceifadora	500 Hz.
Ganho do primeiro amplificador	100 V/V.
Filtro passa-faixa	Ganho unitário, ideal, de fase nula. Banda passante $250 < |f| < 750$.
Ganho do segundo amplificador	10 V/V.
Filtro passa-baixas	Ganho unitário, ideal, de fase nula. Largura de banda de 100 Hz.

Admita que o sinal de entrada tenha uma largura de banda de 100 Hz. Qual é o ganho CC efetivo deste amplificador grampeador estabilizado?

Multipercurso

55. Um problema comum na transmissão de sinais de televisão pelo espaço livre é a distorção por **multipercurso** do sinal recebido devido aos ricocheteios nas estruturas existentes pelo caminho. Tipicamente, um sinal forte "principal" chega a um certo tempo e um sinal "fantasma" mais fraco chega logo depois. Portanto, se o sinal transmitido for $x_t(t)$, o sinal recebido será

$$x_r(t) = K_m x_t(t - t_m) + K_g x_t(t - t_g)$$

em que $K_m >> K_g$ e $t_g > t_m$.

(a) Qual é a resposta em freqüência deste canal de comunicação?

(b) Qual seria a resposta em freqüência de um sistema de **equalização** que realizasse compensações para os efeitos do multipercurso?

CAPÍTULO 13

Análise de Sinais e Sistemas por Transformada de Fourier Discretizada no Tempo

Enquanto uma calculadora no ENIAC é equipada com 18.000 válvulas e pesa 30 toneladas, os computadores do futuro talvez tenham apenas 1.000 válvulas e pesem 1,5 tonelada.

Revista de Mecânica Popular, março de 1949

Não há razão para qualquer indivíduo ter um computador em sua casa.

Ken Olsen, presidente da *Digital Equipment Corporation*, 1977

13.1 INTRODUÇÃO E OBJETIVOS

A análise de sistemas discretizados no tempo utilizando-se métodos de Fourier é bastante similar à análise de sistemas contínuos no tempo. A análise de Fourier é comumente aplicada à análise e projeto de filtros discretizados no tempo, comumente denominados **filtros digitais**. A terminologia geral que descreve filtros digitais é a mesma adotada para os filtros contínuos no tempo (analógicos), porém as respostas em freqüência são distintas, devido à natureza singular do tempo discreto. Métodos de filtragem digital são também usados para processar imagens. Na aplicação de métodos de filtragem digital ao processamento de imagens, a causalidade perde o seu significado original e os filtros não causais tão conhecidos podem ser utilizados. Filtros digitais práticos podem se aproximar bastante de filtros ideais, porém o filtro ideal não é realizável. Filtros digitais têm várias vantagens sobre os filtros analógicos e, por causa disso, mais e mais filtros digitais são utilizados hoje em dia.

OBJETIVOS DO CAPÍTULO:

1. Demonstrar o uso dos métodos de Fourier na análise de sistemas discretizados no tempo, especialmente os filtros digitais.
2. Desenvolver uma percepção do poder da análise de sinais e sistemas discretizados no tempo, feita diretamente no domínio da freqüência.

13.2 FILTROS IDEAIS

A análise e projeto de filtros discretizados no tempo têm muitos aspectos similares com a análise e projeto de filtros contínuos no tempo. Nesta e na próxima seção, exploraremos as características dos filtros discretizados no tempo usando muitas das técnicas e muito da terminologia desenvolvida para os filtros contínuos no tempo.

DISTORÇÃO

O termo "distorção" tem o significado, para filtros discretizados no tempo, idêntico àquele adotado para filtros contínuos no tempo, ou seja, ela provoca a alteração da forma de um sinal. Suponha que um sinal x[n] tenha a forma ilustrada no topo da Figura 13.1(a). Então o sinal na parte inferior da Figura 13.1(a) corresponde a uma versão não distorcida do sinal em questão. A Figura 13.1(b) ilustra um tipo de distorção.

Figura 13.1
Um sinal original e uma versão modificada, mas não distorcida dele; (b) um sinal original e uma versão distorcida dele.

Assim como foi válido para filtros contínuos no tempo, a resposta ao impulso de um filtro que realmente não distorce é um impulso, possivelmente com uma intensidade diferente da unidade e, possivelmente, deslocado no tempo. A forma mais geral de uma resposta ao impulso de um sistema imune a distorções seria $h[n] = A\delta[n - n_0]$. A resposta em freqüência correspondente seria a TFDT da resposta ao impulso $H(F) = Ae^{-j2\pi F n_0}$. A resposta em freqüência pode ser caracterizada por sua magnitude e fase $|H(F)| = A$ e $\angle H(F) = -2\pi F n_0$. Portanto, um sistema imune a distorções tem uma magnitude para a resposta em freqüência que é constante com a freqüência e uma fase que é linear com a freqüência (Figura 13.2).

A magnitude da resposta em freqüência de um sistema livre de distorções é constante, e a fase da resposta em freqüência é linear sobre o intervalo $-1/2 < F < 1/2$ e se repete periodicamente fora deste intervalo. Visto que n_0 é inteiro, a magnitude e a fase de um filtro livre de distorções definitivamente se repetem a cada vez que F se altera em uma unidade ou Ω se altera por 2π.

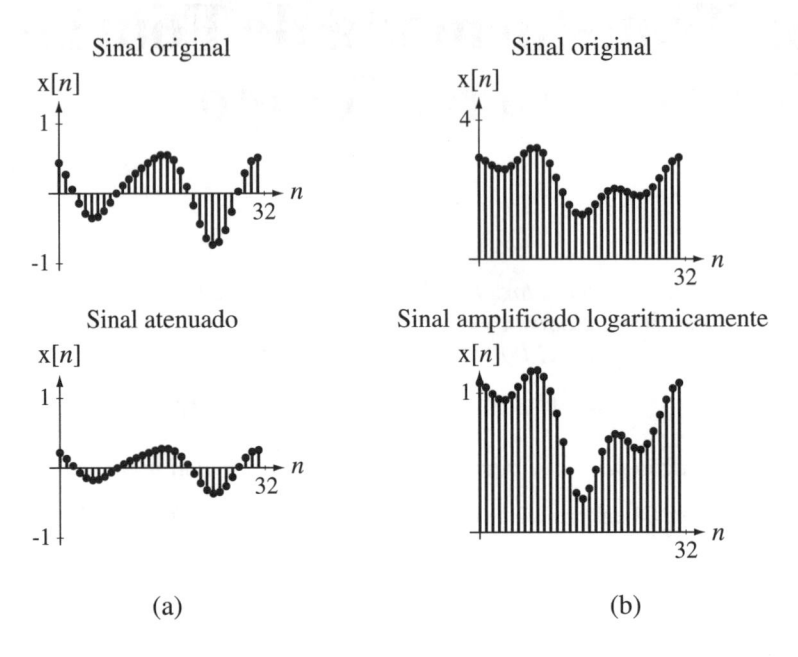

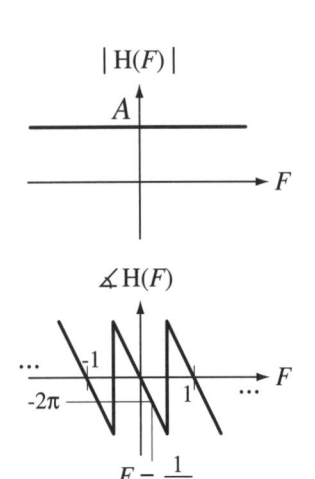

Figura 13.2
Magnitude e fase de um sistema livre de distorções.

CLASSIFICAÇÕES DE FILTROS

Os termos "passa-faixa" e "corta-faixa" têm o mesmo significado para filtros discretizados no tempo e para filtros contínuos no tempo. As descrições de filtros discretizados no tempo ideais são similares em conceito, mas precisam ser ligeiramente modificadas devido ao fato de que todos os sistemas discretizados no tempo possuem respostas em freqüência periódicas. Elas são periódicas porque, no sinal $A\cos(2\pi F_0 n)$, se F_0 é modificada pela adição de qualquer inteiro m, o sinal muda para $A\cos(2\pi(F_0 + m)n)$ e o sinal acaba permanecendo inalterado, pois

$$A\cos(2\pi F_0 n) = A\cos(2\pi(F_0 + m)n) = A\cos(2\pi F n_0 + 2\pi m n), \quad m \text{ é inteiro}$$

Portanto, um filtro discretizado no tempo é classificado por sua resposta em freqüência sobre o período-base $-1/2 < F < 1/2$ ou $-\pi < \Omega < \pi$.

> Um filtro passa-baixas ideal permite a passagem de potência de sinal em um intervalo de freqüências $0 < |F| < F_m < 1/2$ sem causar distorção e elimina potência de sinal em todas as demais freqüências no intervalo $-1/2 < F < 1/2$.

> Um filtro passa-altas ideal elimina potência de sinal em um intervalo de freqüências $0 < |F| < F_m < 1/2$ e permite a passagem de potência de sinal em todas as demais freqüências no intervalo $-1/2 < F < 1/2$ sem provocar distorção.

> Um filtro passa-faixa ideal permite a passagem de potência de sinal em um intervalo de freqüências $0 < F_L < |F| < F_H < 1/2$ sem distorção e elimina potência de sinal em todas as demais freqüências no intervalo $-1/2 < F < 1/2$.

> Um filtro corta-faixa ideal elimina potência de sinal em um intervalo de freqüências $0 < F_L < |F| < F_H < 1/2$ e permite a passagem de potência de sinal em todas as demais freqüências no intervalo $-1/2 < F < 1/2$ sem causar distorção.

RESPOSTAS EM FREQÜÊNCIA DE FILTROS IDEAIS

As Figuras 13.3 e 13.4 mostram a magnitude e a fase de respostas em freqüência relativas aos quatro tipos básicos de filtros ideais.

RESPOSTAS AO IMPULSO E CAUSALIDADE

O filtro passa-baixas ideal tem uma resposta em freqüência que é matematicamente descrita por uma função pulso retangular repetida periodicamente

$$H(F) = A \operatorname{ret}(F/2F_m) e^{-j2\pi F n_0} * \delta_1(F)$$

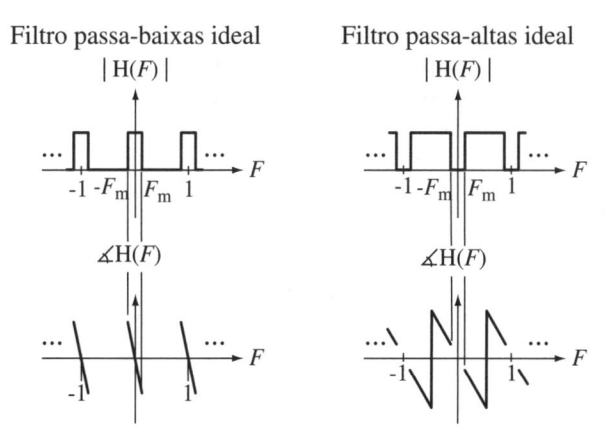

Figura 13.3
Magnitude e fase das respostas em frequência dos filtros passa-baixas e passa-altas ideais.

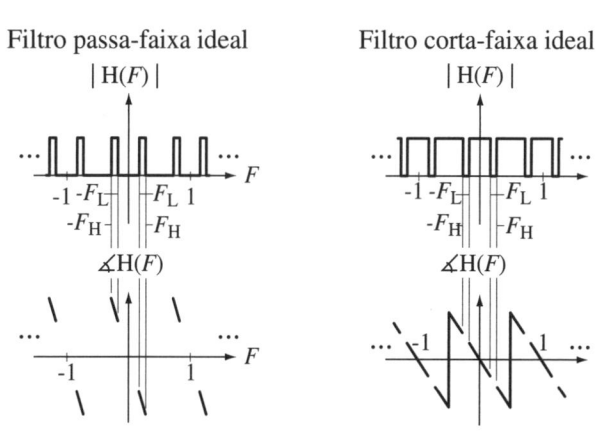

Figura 13.4
Magnitude e fase das respostas em frequência dos filtros passa-faixa e corta-faixa ideais.

A resposta ao impulso do filtro é a função *sinc*

$$h[n] = 2AF_m \operatorname{sinc}(2F_m(n-n_0))$$

Essas descrições são gerais no sentido de que envolvem um ganho constante arbitrário A e um atraso de tempo também arbitrário n_0.

O filtro passa-altas ideal desempenha uma operação que é exatamente o oposto do filtro passa-baixas ideal. Portanto, sua resposta em freqüência é uma constante subtraída de um pulso retangular repetido periodicamente

$$H(F) = Ae^{-j2\pi Fn_0}\left[1 - \operatorname{ret}(F/2F_m) * \delta_1(F)\right]$$

A resposta ao impulso do filtro corresponde a um impulso subtraído de uma função *sinc*

$$h[n] = A\delta[n-n_0] - 2AF_m \operatorname{sinc}(2F_m(n-n_0))$$

O filtro passa-faixa ideal tem uma resposta em freqüência que pode ser convenientemente descrita como a repetição periódica da soma de duas funções pulso retangular deslocadas

$$H(F) = A\left[\operatorname{ret}\left(\frac{F-F_0}{\Delta F}\right) + \operatorname{ret}\left(\frac{F+F_0}{\Delta F}\right)\right]e^{-j2\pi Fn_0} * \delta_1(F)$$

em que $\Delta F = F_H - F_L$ e $F_0 = (F_H + F_L)/2$. A resposta ao impulso do filtro passa-faixa ideal é a transformada inversa da resposta em freqüência descrita por

$$h[n] = 2A\Delta F \operatorname{sinc}(\Delta F(n-n_0))\cos(2\pi F_0(n-n_0))$$

O filtro corta-faixa ideal, sendo o oposto do filtro passa-faixa ideal, também tem uma resposta em freqüência que pode ser convenientemente descrita como

$$H(F) = Ae^{-j2\pi Fn_0}\left\{1 - \left[\operatorname{ret}\left(\frac{F-F_0}{\Delta F}\right) + \operatorname{ret}\left(\frac{F+F_0}{\Delta F}\right)\right] * \delta_1(F)\right\}$$

em que $\Delta F = F_H - F_L$ e $F_0 = (F_H + F_L)/2$ e

$$h[n] = A\delta[n-n_0] - 2A\Delta F \operatorname{sinc}(\Delta F(n-n_0))\cos(2\pi F_o(n-n_0))$$

Na Figura 13.5 estão algumas formas típicas de respostas ao impulso para os quatro tipos básicos de filtro ideal.

A consideração de causalidade vista para os filtros contínuos no tempo é a mesma para os filtros discretizados no tempo. Assim como filtros contínuos no tempo ideais, filtros discretizados no tempo têm respostas ao impulso não causais e são, portanto, fisicamente inviáveis de serem construídos.

Figura 13.5
Respostas ao impulso típicas de filtros passa-baixas, passa-altas, passa-faixa e corta-faixa ideais.

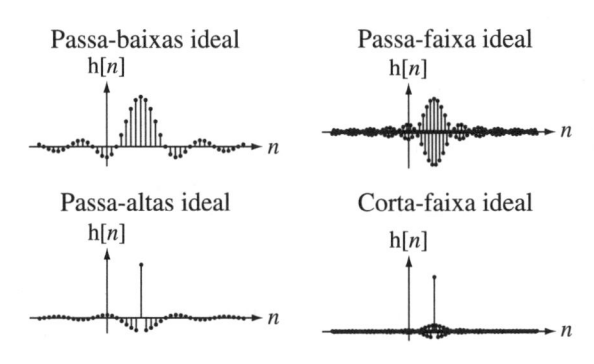

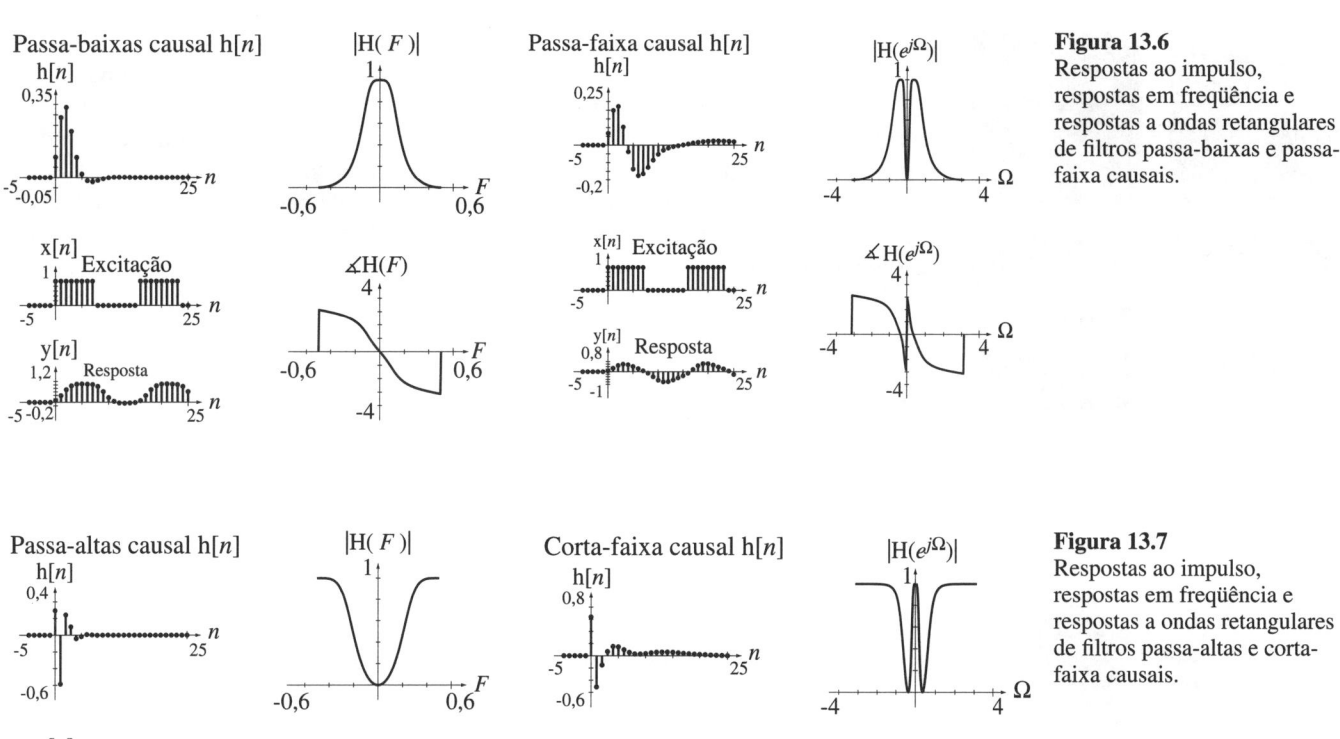

Figura 13.6
Respostas ao impulso, respostas em freqüência e respostas a ondas retangulares de filtros passa-baixas e passa-faixa causais.

Figura 13.7
Respostas ao impulso, respostas em freqüência e respostas a ondas retangulares de filtros passa-altas e corta-faixa causais.

Nas Figuras 13.6 e 13.7 estão alguns exemplos das respostas ao impulso, respostas em freqüência e respostas a ondas retangulares de certos filtros causais e não ideais, que se aproximam dos quatro tipos comuns de filtros ideais. Em cada caso, a resposta em freqüência é traçada graficamente apenas sobre o período-base $-1/2 < F < 1/2$ ou $-\pi < \Omega < \pi$. Os efeitos desses filtros práticos nas ondas retangulares são similares àqueles mostrados para os filtros contínuos no tempo correspondentes.

FILTRAGEM DE IMAGENS

Uma forma interessante de demonstrar o que os filtros realizam é efetuar a filtragem de uma imagem. Uma imagem é um "sinal bidimensional". Imagens podem ser obtidas de diversas maneiras. Uma câmera de filmagem expõe um filme com sensibilidade à luz na direção de uma paisagem através de seu sistema de lentes, que posiciona uma imagem óptica da paisagem no filme. A fotografia pode ser colorida ou preta-e-branca (monocromática). A discussão a ser feita agora ficará restrita às imagens monocromáticas. Uma câmera digital captura uma imagem ao enquadrar a paisagem em um arranjo retangular de detectores (normalmente), que converte a energia luminosa em cargas elétricas. Cada detector, efetivamente, percebe um ponto minúsculo da imagem denominado **pixel** (abreviação para *picture element*). A imagem capturada pela câmera digital então consiste em um vetor de valores, um para cada pixel que indica a intensidade da luz naquele referido ponto (novamente estamos assumindo que seja uma imagem monocromática).

Uma fotografia é uma função **contínua no espaço** de duas coordenadas espaciais, convencionalmente denotadas por x e y. Uma imagem digital capturada é uma função **discretizada no espaço** de duas coordenadas discretas no espaço: n_x e n_y. Em princípio, uma fotografia poderia ser filtrada diretamente. De fato, existem técnicas ópticas que promovem justamente tal filtragem. Porém, incontestavelmente, o tipo mais

Figura 13.8
Uma cruz branca sobre um plano de fundo preto.

Figura 13.11
Imagem da cruz branca depois de todas as linhas de pixels terem sido processadas por um filtro passa-baixas causal.

Figura 13.12
Imagem da cruz branca depois de todas as colunas terem sido processadas por um filtro passa-baixas causal.

comum de filtragem de imagem é realizada digitalmente, significando que uma imagem digital capturada é filtrada por um computador que utiliza métodos numéricos.

As técnicas utilizadas para filtrar imagens são bastante similares às usadas para filtrar sinais temporais, excetuando-se pelo fato de que elas são realizadas em duas dimensões. Considere o exemplo de imagem bastante simples da Figura 13.8. Uma técnica para se filtrar uma imagem é tratar uma linha de pixels como um sinal unidimensional e filtrá-la como um sinal discretizado no tempo. A Figura 13.9 é um gráfico da luminosidade dos pixels na primeira linha de pixels superior da imagem em função do espaço discretizado horizontal n_x.

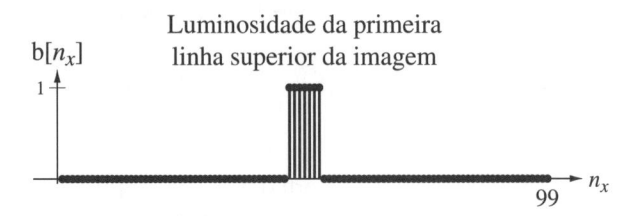

Figura 13.9
Luminosidade da primeira linha de pixels na imagem contendo uma cruz branca.

Se o sinal fosse na verdade uma função discretizada no tempo e estivéssemos filtrando em tempo real (significando que não teríamos valores futuros disponíveis durante o processo de filtragem), o sinal processado por um filtro passa-baixas iria se parecer com o da Figura 13.10.

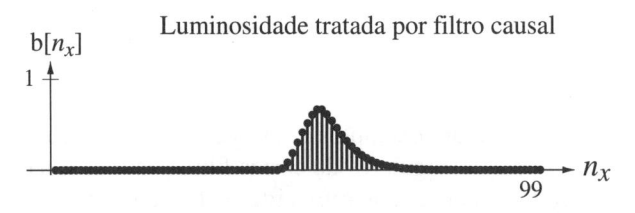

Figura 13.10
Luminosidade da primeira linha de pixels, depois de ter sido filtrada por um filtro passa-baixas causal.

Após o uso do filtro passa-baixas, todas as linhas na imagem pareceriam manchadas ou suavizadas na direção horizontal e inalteradas na direção vertical (Figura 13.11). Se tivéssemos filtrado as colunas ao invés das linhas, o efeito teria sido similar ao da Figura 13.12.

Um ponto positivo a respeito da filtragem de imagens é que normalmente a causalidade não é relevante para o processo de filtragem. Em geral, a imagem inteira é capturada e então processada. Seguindo a analogia entre espaço e tempo, durante o processo horizontal, valores "passados" do sinal estariam localizados à esquerda e valores "futuros" estariam localizados à direita. Na filtragem em tempo real de sinais temporais, não podemos utilizar valores futuros, pois não sabemos ainda quais são eles. Na filtragem de imagens, temos a imagem completa antes de começarmos o processo e, portanto, os valores "futuros" já estão disponíveis. Se filtrarmos horizontalmente a linha superior da imagem com um filtro passa-baixas "não causal", o efeito provocado se assemelharia à imagem ilustrada na Figura 13.13. Se aplicarmos um filtro passa-baixas "não causal" horizontalmente à imagem toda, o resultado se pareceria com aquele mostrado na Figura 13.14. O efeito geral desse tipo de filtragem pode ser visto na Figura 13.15, em que ambas as linhas e colunas da imagem foram filtradas por um filtro passa-baixas.

Naturalmente, o filtro referido como "não causal" é de fato causal porque todos os dados da imagem foram capturados antes de o processo de filtragem ser iniciado.

13.2 Filtros Ideais   **517**

Luminosidade tratada por filtro não causal

b[n_x]

Figura 13.13
Luminosidade da primeira linha de pixels depois de ter sido filtrada por um filtro passa-baixas não causal.

Figura 13.14
Imagem da cruz branca depois de todas as linhas terem sido processadas por um filtro passa-baixas "não causal".

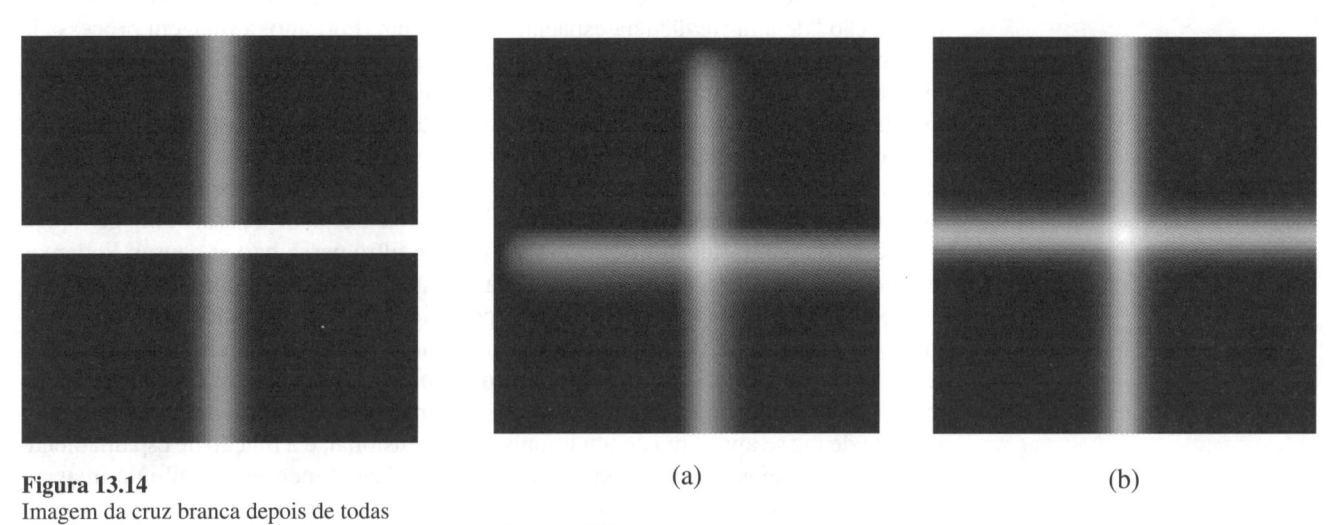

(a)   (b)

Figure 13.15
Imagem da cruz branca filtrada por um filtro passa-baixas: (a) causal, (b) "não causal".

Passa-altas "não causal"   Passa-faixa "não causal"   Passa-baixas causal   Passa-altas "não causal"

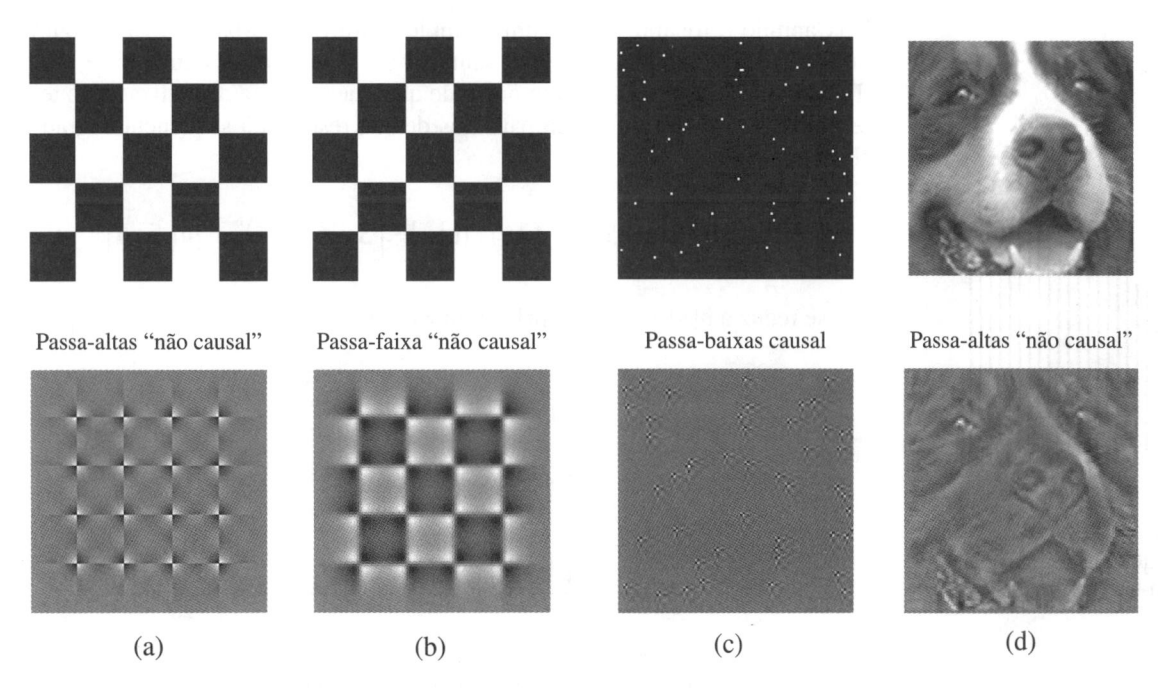

(a)   (b)   (c)   (d)

Figura 13.16
Exemplos de tipos diferentes de filtragem de imagens.

O conhecimento sobre o futuro não é preciso em momento algum. Ele é apenas chamado de não causal porque se uma coordenada espacial fosse trocada pelo tempo e estivéssemos fazendo uma filtragem em tempo real, a filtragem seria não causal. A Figura 13.16 ilustra algumas outras imagens e operações de filtragem. Em cada imagem da Figura 13.16, o intervalo de valores dos pixels vai do branco até o preto com gradações de cinza intermediárias. Para se entender os efeitos da filtragem, pense em um pixel preto com valor igual a 0 e um pixel branco de valor igual a +1. Logo, o cinza médio teria um valor igual a 0,5.

A imagem (a) corresponde a um padrão do tipo tabuleiro de damas filtrada por um filtro passa-altas em ambas as dimensões. O efeito do filtro passa-altas é destacar as bordas e esconder as mudanças lentas de valores entre as bordas. As bordas contêm a informação "de alta freqüência espacial" da imagem. Portanto, a imagem processada por um filtro passa-altas possui um valor médio igual a 0,5 (cinza médio) e os quadrados brancos e pretos, que eram bastante diferentes na imagem original, parecem aproximadamente iguais na imagem filtrada. O tabuleiro de damas em (b) foi processado por um filtro passa-faixa. Esse tipo de filtro suaviza as bordas, pois sua resposta para altas freqüências é baixa. Ele também atenua os valores médios porque tem uma baixa resposta para as freqüências muito baixas, inclusive a freqüência zero. A imagem (c) é um padrão de pontos aleatório processada por um filtro passa-baixas causal. Podemos ver que ele é um filtro causal, porque a suavização dos pontos sempre ocorre à direita e abaixo deles, o que indicaria instantes "posteriores" se os sinais fossem sinais temporais. A resposta de um filtro para um pequenino ponto de luz em uma imagem é denominada sua **função de espalhamento do ponto**. A função de espalhamento do ponto é análoga à resposta ao impulso em sistemas no domínio do tempo. Um ponto pequeno de luz se aproxima de um impulso bidimensional, e a função de espalhamento do ponto é a resposta aproximada ao impulso em duas dimensões. A última imagem (d) apresenta a face de um cachorro. Ela é processada por um filtro passa-altas. O efeito é formar uma imagem que se parece com um "contorno" da imagem original, pois a filtragem enfatiza mudanças bruscas (bordas) e ameniza as partes da imagem contendo variações lentas.

13.3 FILTROS PRÁTICOS

No Capítulo 7, foi apresentado um exemplo de filtro passa-baixas SLIT (Figura 13.17). Sua resposta à seqüência degrau unitário foi determinada como $[5 - 4(4/5)^n]u[n]$ (Figura 13.18). A resposta ao impulso de qualquer sistema discretizado no tempo corresponde à primeira diferença para trás de sua resposta à seqüência degrau unitário. Neste caso, ela é

$$h[n] = \left[5 - 4(4/5)^n\right]u[n] - \left[5 - 4(4/5)^{n-1}\right]u[n-1]$$

que se reduz a $h[n] = (4/5)^n\, u[n]$ (Figura 13.19).

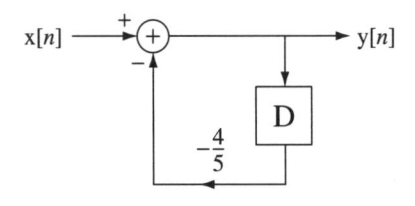

Figura 13.17
Um filtro passa-baixas.

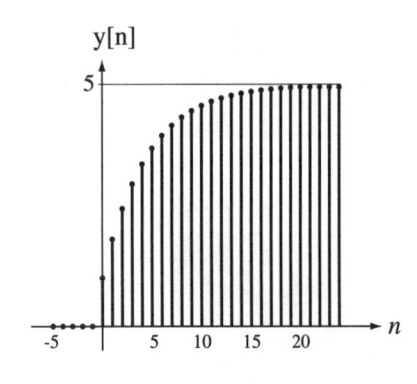

Figura 13.18
Resposta à seqüência degrau unitário do filtro passa-baixas.

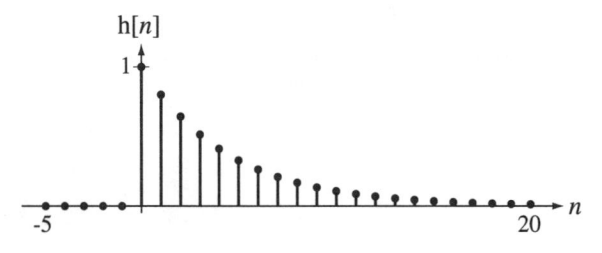

Figura 13.19
Resposta ao impulso do filtro passa-baixas.

A resposta em freqüência é a TFDT da resposta ao impulso

$$H(F) = \frac{1}{1-(4/5)e^{-j2\pi F}}$$

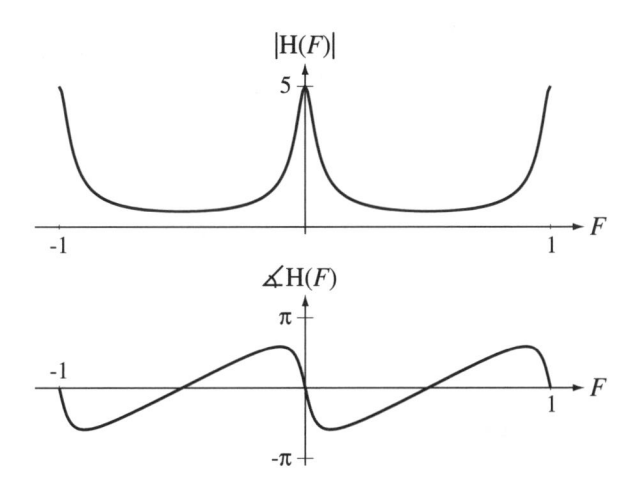

(Figura 13.20).

Figura 13.20
Resposta em freqüência do filtro passa-baixas.

É instrutivo comparar as respostas ao impulso e em freqüência deste filtro passa-baixas e do filtro passa-baixas *RC* analisado no Capítulo 12. A resposta ao impulso do filtro passa-baixas discretizado no tempo é semelhante a uma versão amostrada da resposta ao impulso do filtro passa-baixas *RC* (Figura 13.21).

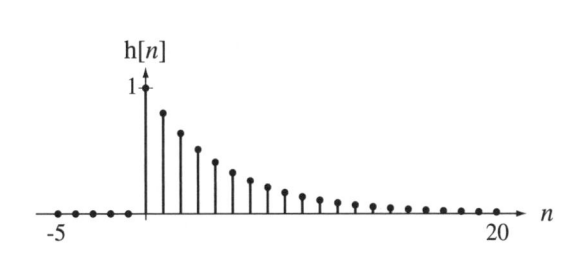

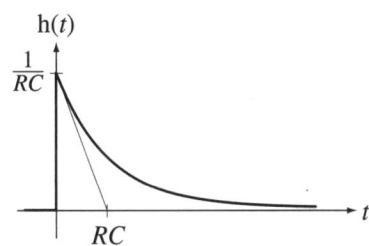

Figura 13.21
Uma comparação entre as respostas ao impulso de um filtro passa-baixas discretizado no tempo e um filtro passa-baixas *RC*.

Suas respostas em freqüência também apresentam certas similaridades (Figura 13.22).

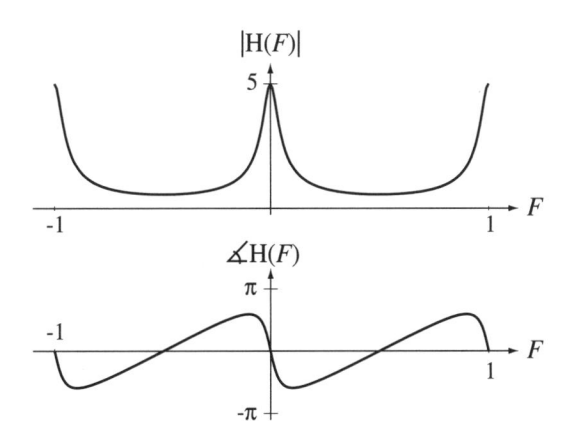

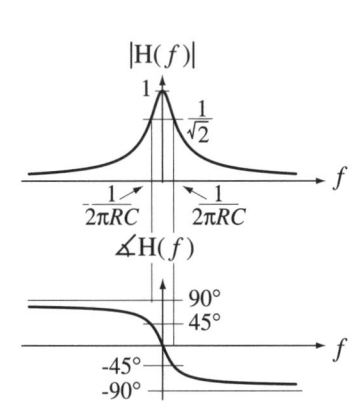

Figura 13.22
Respostas em freqüência de um filtro passa-baixas discretizado no tempo e de um filtro passa-baixas contínuo no tempo.

Se compararmos as formas das magnitudes e das fases dessas respostas em freqüência sobre o intervalo de freqüências $-1/2 < F < 1/2$, veremos que elas se parecem bastante (as magnitudes são mais do que as fases). Porém, uma resposta em freqüência discretizada no tempo é sempre periódica e nunca pode ser passa-baixas da mesma maneira que uma resposta em freqüência vista em um filtro passa-baixas *RC*. O nome passa-baixas se aplica especificamente ao comportamento da resposta em freqüência no intervalo $-1/2 < F < 1/2$, e este é o único sentido no qual a designação passa-baixas é corretamente empregada em sistemas discretizados no tempo.

É claro que também temos os filtros passa-altas, passa-faixa e corta-faixa discretizados no tempo (Figura 13.23 à Figura 13.25).

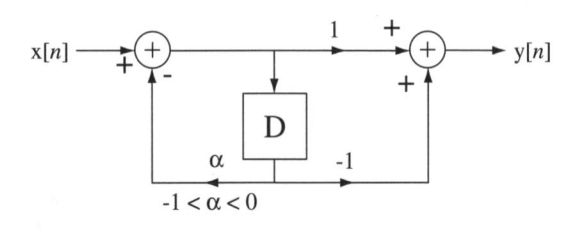

Figura 13.23
Um filtro passa-altas.

Figura 13.24
Um filtro passa-faixa.

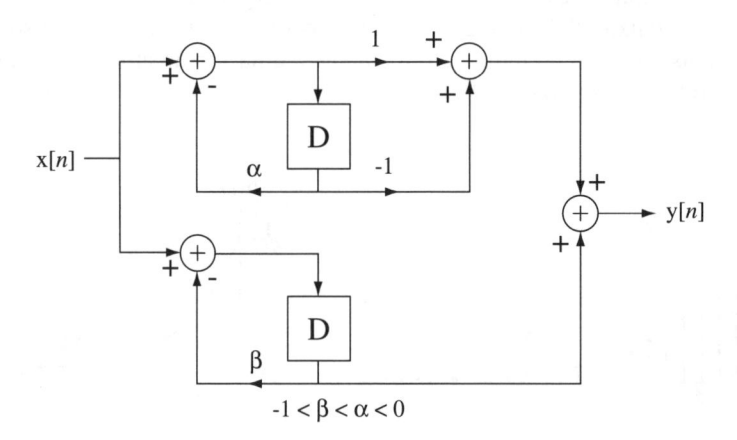

Figura 13.25
Um filtro corta-faixa.

As respostas em freqüência desses filtros são

$$H(e^{j\Omega}) = \frac{1 - e^{-j\Omega}}{1 + \alpha e^{-j\Omega}}$$

para o filtro passa-altas,

$$H(e^{j\Omega}) = \frac{1 - e^{-j\Omega}}{1 + (\alpha + \beta)e^{-j\Omega} + \alpha\beta e^{-j2\Omega}}$$

para o filtro passa-faixa e

$$H(e^{j\Omega}) = \frac{2 - (1 - \beta - \alpha)e^{-j\Omega} - \beta e^{-j2\Omega}}{1 + (\alpha + \beta)e^{-j\Omega} + \alpha\beta e^{-j2\Omega}} \quad , \quad -1 < \beta < \alpha < 0$$

para o filtro corta-faixa.

13.3 Filtros Práticos

EXEMPLO 13.1

Resposta de um filtro passa-altas a uma senóide

Um sinal senoidal x[n] = 5sen(2πn/18) excita um filtro passa-altas de função de transferência

$$H(F) = \frac{1 - e^{-j2\pi F}}{1 - 0{,}7e^{-j2\pi F}}$$

Trace o gráfico da resposta y[n].

■ Solução

A TFDT de x[n] é igual a X(F) = (j5/2)[δ_1(F + 1/18) − δ_1(F − 1/18)]. Portanto, a TFDT da resposta é

$$Y(F) = (j5/2)\left[\delta_1(F+1/18) - \delta_1(F-1/18)\right] \times \frac{1-e^{-j2\pi F}}{1-0{,}7e^{-j2\pi F}}$$

Visto que ambas X(F) e H(F) são periódicas em F de mesmo período, que equivale ao unitário, cada impulso periódico tem o mesmo comprimento a cada vez que ele ocorre, e as exponenciais complexas se repetem com o mesmo período. As freqüências de ocorrência dos impulsos são ± 1/18 no período-base 1/2 < F < 1/2. Portanto, os únicos valores das funções exponenciais que importam são $e^{-j2\pi(\pm 1/18)} = e^{\mp j\pi/9}$ e a TFDT da resposta pode ser escrita como

$$Y(F) = (j5/2)\left[\delta_1(F+1/18) \times \frac{1-e^{j\pi/9}}{1-0{,}7e^{j\pi/9}} - \delta_1(F-1/18) \times \frac{1-e^{-j\pi/9}}{1-0{,}7e^{-j\pi/9}}\right]$$

$$Y(F) = (j5/2)\left[(0{,}5878 - j0{,}5882)\delta_1(F+1/18) - (0{,}5878 + j0{,}5882)\delta_1(F-1/18)\right]$$

$$Y(F) = (j5/2)\left[0{,}5878\delta_1(F+1/18) - 0{,}5878\delta_1(F-1/18)\right]$$
$$- (j5/2)\left[j0{,}5882\delta_1(F+1/18) - j0{,}5882\delta_1(F-1/18)\right]$$

$$y[n] = 2{,}939\,\text{sen}(2\pi n/18) + 2{,}941\cos(2\pi n/18)$$

$$y[n] = 4{,}158\cos(2\pi n/18 - 0{,}785)$$

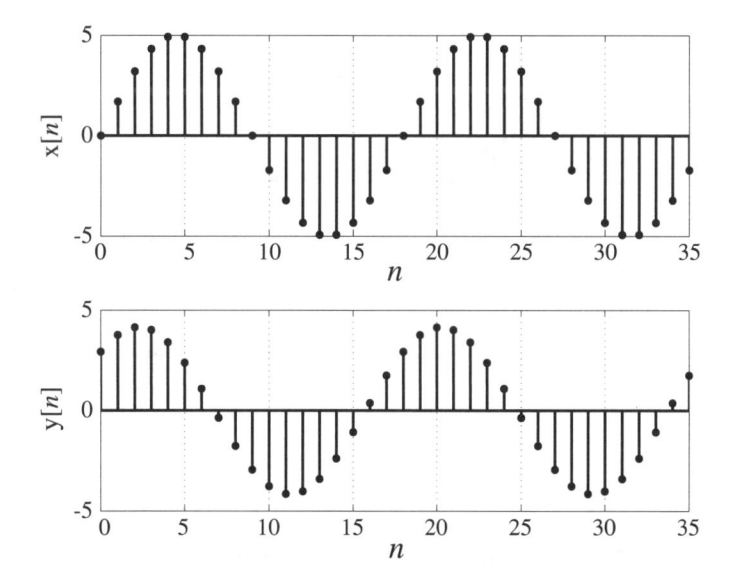

Figura 13.26
Excitação e resposta de um filtro passa-altas.

Exemplo 13.2

Efeitos de filtros em sinais de exemplo

Teste o filtro da Figura 13.27 com um impulso unitário, uma seqüência degrau unitário, e com um sinal aleatório para mostrar os efeitos da filtragem nas três respostas às respectivas entradas.

Figura 13.27
Filtro com saídas passa-baixas, passa-altas e passa-faixa.

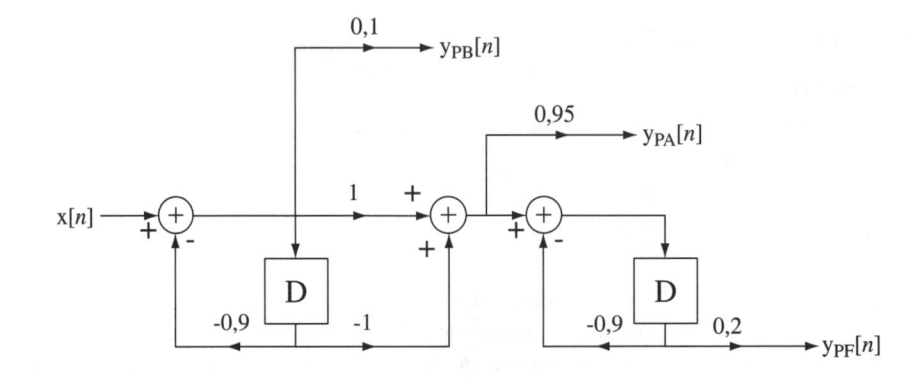

■ Solução

$$H_{PB}\left(e^{j\Omega}\right) = \frac{Y_{PB}\left(e^{j\Omega}\right)}{X\left(e^{j\Omega}\right)} = \frac{0,1}{1-0,9e^{-j\Omega}}$$

$$H_{PA}\left(e^{j\Omega}\right) = \frac{Y_{PA}\left(e^{j\Omega}\right)}{X\left(e^{j\Omega}\right)} = 0,95\frac{1-e^{-j\Omega}}{1-0,9e^{-j\Omega}}$$

$$H_{PF}\left(e^{j\Omega}\right) = \frac{Y_{PF}\left(e^{j\Omega}\right)}{X\left(e^{j\Omega}\right)} = 0,2\frac{1-e^{-j\Omega}}{1-1,8e^{-j\Omega}+0,81e^{-j2\Omega}}$$

Figura 13.28
Respostas ao impulso nas três saídas do filtro.

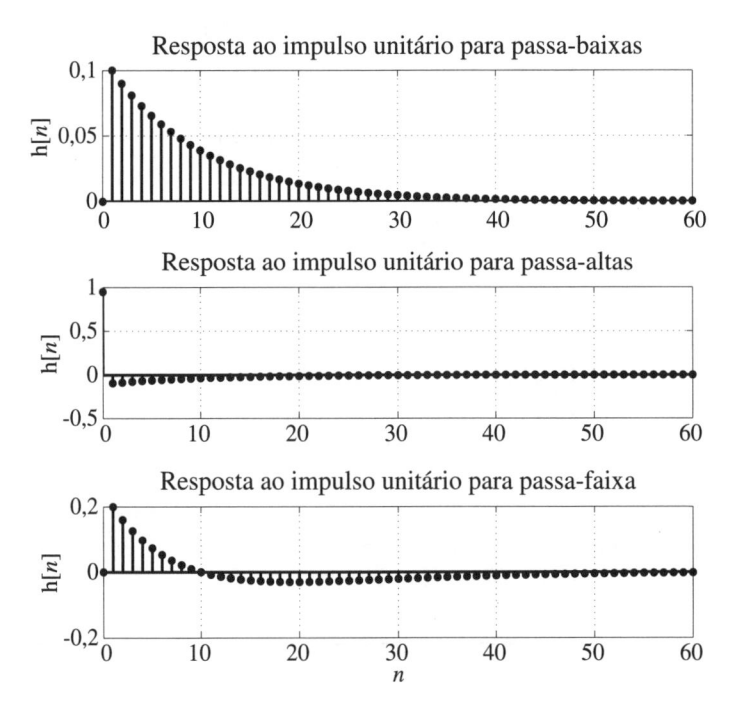

Note na Figura 13.28 que as somas líquidas das respostas ao impulso para passa-altas e passa-faixa são nulas, porque a resposta em freqüência é zero em $F = 0$.

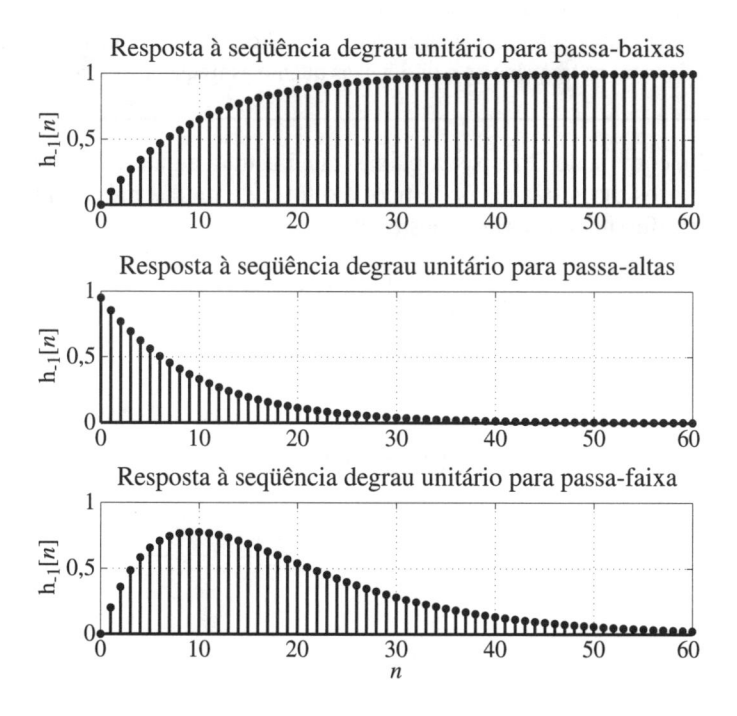

Figura 13.29
Respostas à seqüência degrau unitário nas três saídas do filtro.

A resposta do filtro passa-baixas a uma seqüência degrau unitário (Figura 13.29) tende a um valor final diferente de zero, porque o filtro deixa passar o valor médio da seqüência degrau unitário. Ambas as respostas às seqüências degrau unitário dos filtros passa-altas e passa-faixa tendem a zero. Além disso, a resposta à seqüência degrau unitário do filtro passa-altas salta abruptamente quando a seqüência degrau unitário é aplicada, mas os filtros passa-baixas e passa-faixa ambos respondem muito mais lentamente à excitação, indicando que eles não admitem a passagem de sinais de alta freqüência.

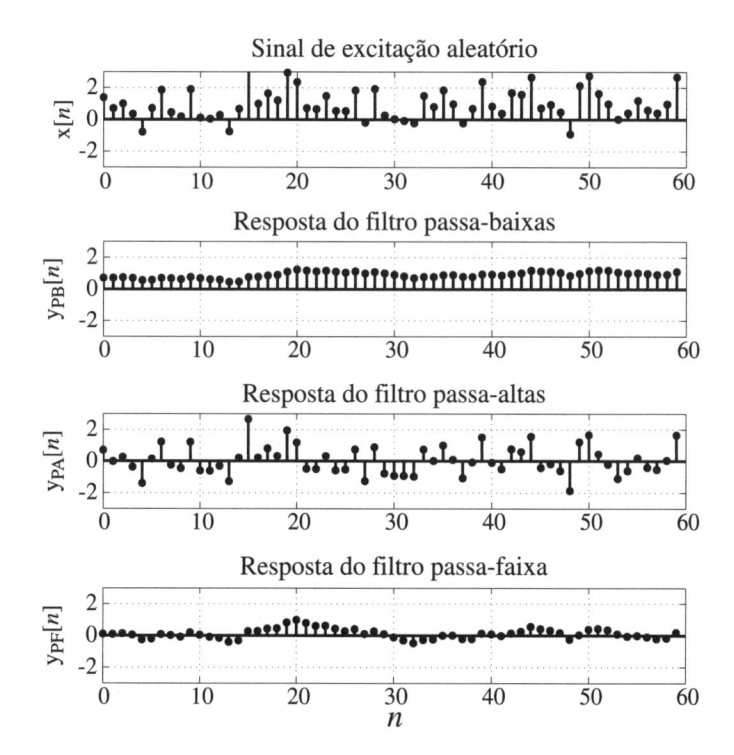

Figura 13.30
Resposta a um sinal aleatório nas três saídas do filtro.

Com a excitação de padrão aleatório, o sinal de saída do filtro passa-baixas corresponde a uma versão suave do sinal de entrada (Figura 13.30). O conteúdo com mudanças rápidas (alta freqüência) é removido pelo filtro. A resposta do filtro passa-altas tem um valor médio igual a zero, e todas as rápidas mudanças no sinal de entrada aparecem como rápidas mudanças no sinal de saída. O filtro passa-faixa elimina o valor médio do sinal e também o suaviza até certo ponto, pois ele bloqueia tanto as freqüências muito baixas quanto as freqüências muito altas.

Um tipo muito comum de filtro passa-baixas, que ilustrará alguns princípios de projeto e análise de filtros discretizados no tempo, é o filtro de **média móvel** (Figura 13.31). A equação de diferenças descritora deste filtro é

$$y[n] = \frac{x[n] + x[n-1] + x[n-2] + \cdots + x[n-(N-1)]}{N}$$

e sua resposta ao impulso é

$$h[n] = (u[n] - u[n-N])/N$$

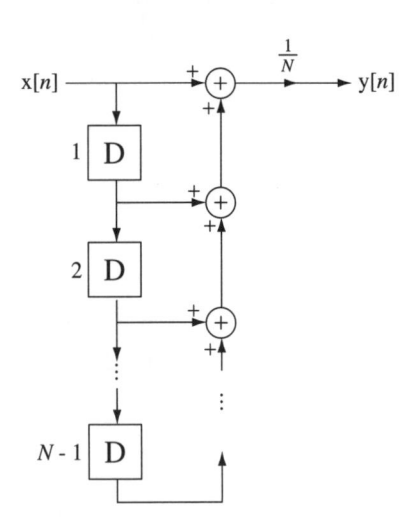

(Figura 13.32).

Figura 13.31
Um filtro de média móvel.

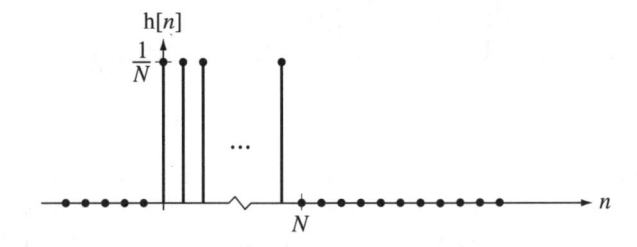

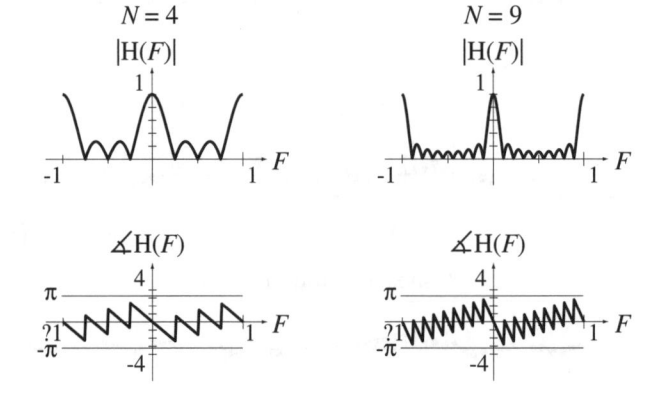

Figura 13.32
Resposta ao impulso de um filtro de média móvel.

Sua resposta em freqüência é

$$H(F) = \frac{e^{-j\pi(N-1)F}}{N} \frac{\text{sen}(\pi N F)}{\text{sen}(\pi F)} = e^{-j\pi(N-1)F} \, \text{drcl}(F, N)$$

(Figura 13.33).

Figura 13.33
Resposta em freqüência de um filtro de média móvel para dois períodos de média distintos.

Esse filtro é normalmente descrito como um filtro de suavização, porque geralmente atenua as altas freqüências. Tal designação seria consistente com a de um filtro passa-baixas. Entretanto, observando os nulos na magnitude da resposta em freqüência, alguém poderia ficar tentado a denominá-lo de filtro "corta-faixas múltiplas". Isso demonstra que a classificação de um filtro como passa-baixas, passa-altas, passa-faixa ou corta-faixa não é sempre clara. Entretanto, devido ao uso convencional desse filtro para suavizar um conjunto de dados, ele é normalmente classificado como filtro passa-baixas com o mesmo sentido geral anteriormente visto para o filtro passa-baixas propriamente dito, no intervalo de freqüências $-1/2 < F < 1/2$.

Exemplo 13-3

Filtragem de um pulso com um filtro de média móvel

Filtre o sinal $x[n] = u[n] - u[n-9]$

(a) Com um filtro de média móvel com $N = 6$.
(b) Com um filtro passa-faixa da Figura 13.24 com $\alpha = 0,8$ e $\beta = 0,5$.

Usando o MATLAB, trace o gráfico da resposta para condições iniciais nulas $y[n]$ de cada filtro.

■ Solução

A resposta em condições iniciais nulas equivale à convolução entre a resposta ao impulso e a excitação. A resposta ao impulso para o filtro de média móvel é

$$h[n] = (1/6)\big(u[n] - u[n-6]\big)$$

A resposta em freqüência do filtro passa-faixa é

$$H\big(e^{j\Omega}\big) = \frac{Y\big(e^{j\Omega}\big)}{X\big(e^{j\Omega}\big)} = \frac{1 - e^{-j\Omega}}{1 - 1,3e^{-j\Omega} + 0,4e^{-j2\Omega}} = \frac{1}{1 - 0,8e^{-j\Omega}} \times \frac{1 - e^{-j\Omega}}{1 - 0,5e^{-j\Omega}}$$

portanto, sua resposta ao impulso é

$$h[n] = (0,8)^n u[n] * \big\{(0,5)^n u[n] - (0,5)^{n-1} u[n-1]\big\}$$

O programa do MATLAB tem um arquivo contendo o corpo (*script*) principal, e ele invoca uma função `convD` para realizar as convoluções discretizadas no tempo.

```
% Programa para traçar o gráfico da resposta de um filtro de média
% móvel e de um filtro passa-faixa discretizado no tempo a uma onda
% retangular

close all ;                         % Encerra todas as janelas de
                                    % figura abertas
figure('Position',[20,20,800,600]) ; % Abre uma nova janela de figura

n = [-5:30]' ;      % Define um vetor de tempo para as respostas
x = uD(n) - uD(n-9) ; % Vetor da excitação

% Resposta do filtro de média móvel

h = uD(n) - uD(n-6) ;               % Resposta ao impulso do filtro de
                                    % média móvel
[y,n] = convD(x,n,h,n,n) ;          % Resposta do filtro de média móvel

% Traça a resposta

subplot(2,1,1) ; p = stem(n,y,'k','filled') ;
set(p,'LineWidth',2,'MarkerSize',4) ; grid on ;
```

```
xlabel('\itn','FontName','Times','FontSize',18) ;
ylabel('y[{\itn}]','FontName','Times','FontSize',18) ;
title('Filtro de média móvel','FontName','Times','FontSize',24) ;

%   Resposta do filtro passa-faixa

%   Determina a resposta ao impulso do filtro passa-faixa

h1 = 0.8.^n.*uD(n) ; h2 = 0.5.^n.*uD(n) - 0.5.^(n - 1).*uD(n - 1) ;
[h,n] = convD(h1,n,h2,n,n) ;

[y,n] = convD(x,n,h,n,n) ; % Resposta do filtro passa-faixa

% Traça a resposta

subplot(2,1,2) ; p = stem(n,y,'k','filled') ;
set(p,'LineWidth',2,'MarkerSize',4) ; grid on ;
xlabel('\itn','FontName','Times','FontSize',18) ;
ylabel('y [{\itn}]','FontName','Times','FontSize',18) ;
title('Filtro passa-faixa','FontName','Times','FontSize',24) ;

% Função que realiza uma convolução discretizada no tempo entre dois
% sinais e retorna o resultado desta convolução em instantes de tempo
% discreto especificados. Os dois sinais são vetores-coluna, x1 e x2,
% e seus tempos estão em vetores-coluna, n1 e n2. Os instantes de
% tempo discreto nos quais a convolução é desejada estão na coluna
% n12. A convolução retornada está no vetor-coluna x12 e seus
% instantes são encontrados no vetor-coluna n12. Se n12 não está
% incluído na chamada da função, ele é gerado dentro da função
% como o tempo total determinado pelos vetores de tempo individuais
%
% [x12,n12] = convD(x1,n1,x2,n2,n12)

function [x12,n12] = convD(x1,n1,x2,n2,n12)

% Realiza a convolução entre os dois vetores usando o comando do
% MATLAB conv

    xtmp = conv(x1,x2) ;

% Define um vetor temporário de tempos para a convolução com base nos
% vetores de tempo da entrada

    ntmp = n1(1) + n2(1) + [0:length(n1) + length(n2) - 2]' ;

% Define o primeiro e o último instante de tempo no vetor temporário

nmin = ntmp(1) ; nmax = ntmp(length(ntmp)) ;

if nargin < 5, % Se nenhum vetor de tempo da entrada é dado, use ntmp
    x12 = xtmp ; n12 = ntmp ;
```

```
       else
%        Se um vetor de tempo da entrada for especificado, calcule
%        a convolução nos referidos instantes de tempo
         x12 = 0*n12 ; % Inicializa a resposta da convolução para zero
%        Determina os índices dos instantes de tempo desejados que
         estão entre o mínimo e o máximo do vetor temporário de tempos
         I12intmp = find(n12 >= nmin & n12 <= nmax) ;
%        Mapeia-os nos índices do vetor temporário de instantes de tempo
         Itmp = (n12(I12intmp) - nmin) + 1 ;
%        Substitui os valores de convolução para aqueles instantes de
%        tempo no vetor de tempos desejado
         x12(I12intmp) = xtmp(Itmp) ;
     end
```

Os gráficos criados encontram-se na Figura 13.34.

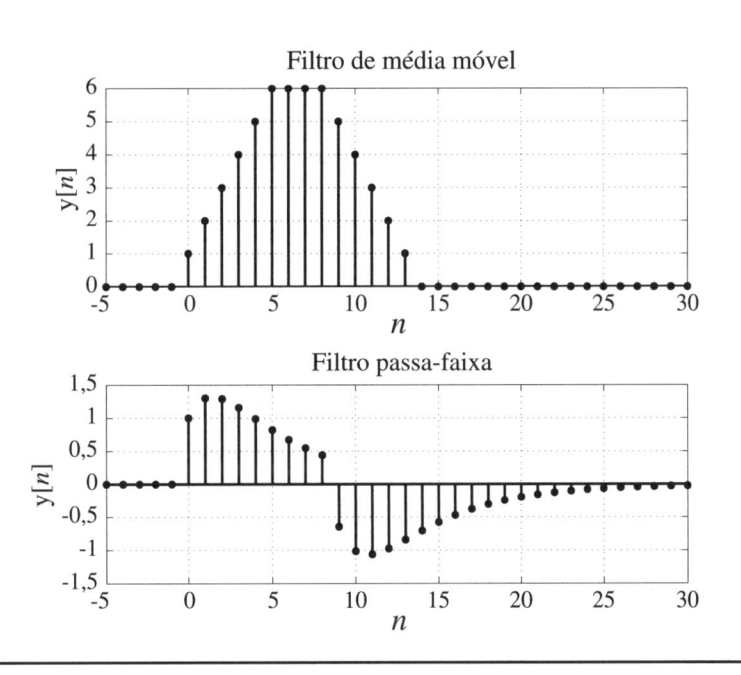

Figura 13.34
Duas respostas de filtros.

Poderíamos imaginar o motivo de usar um filtro discretizado no tempo em vez de um filtro contínuo no tempo. Existem diversas razões. Os filtros discretizados no tempo são construídos com três elementos básicos: um dispositivo de atraso, um multiplicador e um somador. Esses elementos podem ser implementados com dispositivos digitais. Contanto que permaneçamos dentro dos intervalos de freqüências pretendidos para eles, esses dispositivos sempre realizam a mesma operação com exatidão. O mesmo não pode ser afirmado a respeito de componentes como resistores e capacitores, que compõem filtros contínuos no tempo. Um resistor de certo valor nominal nunca tem exatamente a resistência de tal valor, mesmo sob condições ideais. E mesmo se ele fosse ideal em algum instante, os efeitos da temperatura ou outros efeitos ambientais o modificariam. O mesmo argumento pode ser apresentado em relação aos capacitores, indutores, transistores e assim por diante. Portanto, filtros discretizados no tempo são mais estáveis e reprodutíveis do que filtros contínuos no tempo.

É quase sempre muito trabalhoso implementar um filtro contínuo no tempo para freqüências muito baixas devido ao tamanho dos componentes que se tornam difíceis de serem manejados, por exemplo, valores de capacitor muito grandes podem ser necessários. Além disso, nas freqüências muito baixas, os efeitos de ruído térmico em componentes tornam-se um grande problema, pois eles são indistingüíveis das variações do sinal na mesma faixa de freqüência. Filtros discretizados no tempo não têm esses tipos de problema.

Os filtros discretizados no tempo são freqüentemente implementados por meio de hardware digital programável. Isso significa que podem ser reprogramados para desempenhar uma função diferente sem modificações no hardware. Filtros contínuos no tempo não têm tal flexibilidade. Aliás, existem certos tipos de filtros discretizados no tempo que são tão sofisticados computacionalmente que seriam praticamente impossíveis de serem implementados como filtros contínuos no tempo.

Sinais discretizados no tempo podem ser confiavelmente armazenados por longos períodos de tempo, sem qualquer degradação significativa, em disco magnético, fita ou CD-ROM. Sinais contínuos no tempo podem ser armazenados em fitas magnéticas analógicas, mas ao longo do tempo os valores podem se degradar.

Ao multiplexarmos no tempo sinais discretizados no tempo, um filtro pode acomodar múltiplos sinais de um modo que parece ser, e efetivamente é, simultâneo. Filtros contínuos no tempo não podem realizar esse tipo de operação porque, para funcionar corretamente, eles requerem que o sinal de entrada esteja sempre presente.

13.4 RESUMO DOS PONTOS MAIS IMPORTANTES

1. A resposta em freqüência e a resposta ao impulso de sistemas SLIT discretizados no tempo estão relacionadas por meio da TFDT.
2. Filtros discretizados no tempo ideais não podem ser construídos porque eles são não causais.
3. Técnicas de filtragem podem ser aplicadas a imagens do mesmo modo que podem ser aplicadas a sinais.
4. Filtros discretizados no tempo práticos podem ser implementados como sistemas discretizados no tempo usando apenas amplificadores, junções somadoras e blocos de retardo.
5. Todas as idéias que se aplicam a sistemas de filtragem contínuos no tempo se aplicam de um modo similar aos sistemas de filtragem discretizados no tempo.
6. Filtros discretizados no tempo têm diversas vantagens sobre filtros contínuos no tempo.

EXERCÍCIOS COM RESPOSTAS

Em cada exercício, as respostas estão listadas em ordem aleatória.

Filtros Ideais

1. Classifique cada uma das respostas em freqüência na Figura E.1 como tendo respostas em freqüência passa-baixas, passa-altas, passa-faixa ou corta-faixa.

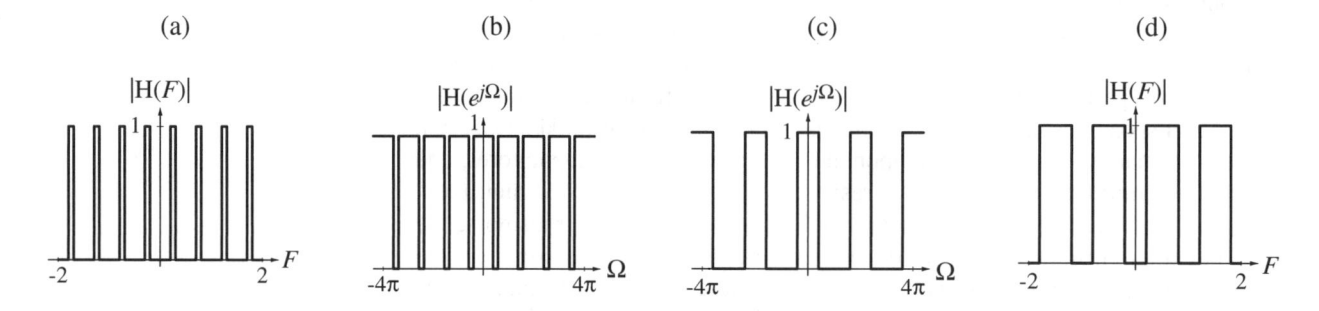

Figura E.1

Respostas: Um de cada tipo

2. Classifique cada uma das respostas em freqüência dadas a seguir como passa-baixas, passa-altas, passa-faixa ou corta-faixa.

   (a) $H(F) = \text{ret}(10F) * \delta_1(F)$

   (b) $H(e^{j\Omega}) = [\text{ret}(20\pi(\Omega - \pi/4)) + \text{ret}(20\pi(\Omega + \pi/4))] * 2\pi\delta_{2\pi}(\Omega)$

   Respostas: Um passa-faixa e um passa-baixas

3. Um sistema possui uma resposta ao impulso,

$$h[n] = (7/8)^n u[n]$$

   Qual é a sua largura de banda de freqüência de meia potência?

   Resposta: 0,1337 radiano

4. Classifique cada uma das respostas em freqüência seguintes como passa-baixas, passa-altas, passa-faixa ou corta-faixa.

   (a) $H(F) = \dfrac{\text{sen}(3\pi F)}{\text{sen}(\pi F)}$

   (b) $H(e^{j\Omega}) = j[\text{sen}(\Omega) + \text{sen}(2\Omega)]$

   Respostas: Passa-baixas; passa-faixa

5. Na Figura E.5 encontram-se pares de excitações x e respostas y. Para cada par, identifique o tipo de filtragem que foi realizado: passa-baixas, passa-altas, passa-faixa ou corta-faixa.

Figura E.4

Respostas: Passa-faixa; passa-baixas

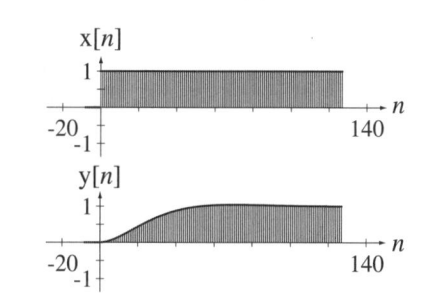

6. Determine se os sistemas com as respostas em freqüência dadas a seguir são ou não são causais.

   (a) $H(F) = \dfrac{\text{sen}(7\pi F)}{\text{sen}(\pi F)}$

   (b) $H(F) = \dfrac{\text{sen}(7\pi F)}{\text{sen}(\pi F)} e^{-j2\pi F}$

   (c) $H(F) = \dfrac{\text{sen}(3\pi F)}{\text{sen}(\pi F)} e^{-j2\pi F}$

   (d) $H(F) = \text{ret}(10F) * \delta_1(F)$

   Respostas: Um causal; três não causais

Filtros Práticos

7. Determine a resposta em freqüência de $H(e^{j\Omega}) = \dfrac{Y(e^{j\Omega})}{X(e^{j\Omega})}$ e trace o gráfico para cada um dos filtros da Figura E.7 sobre o intervalo $-2\pi < \Omega < 2\pi$.

(a)

(b)

(c)

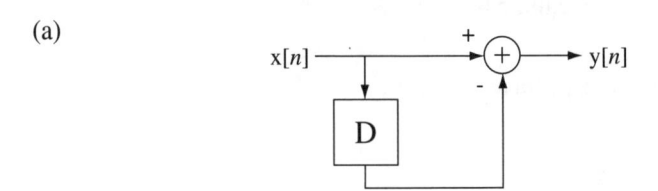

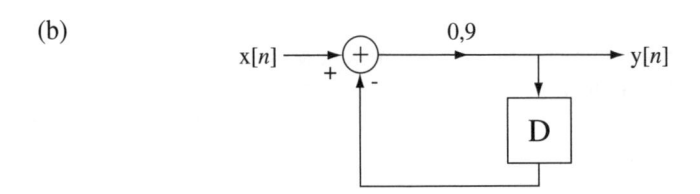

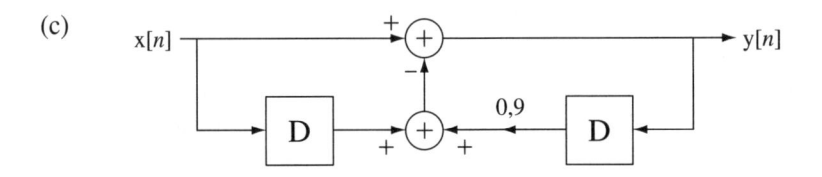

Figura E.7

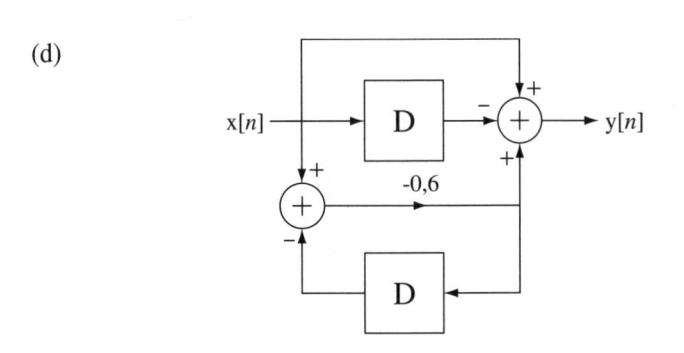

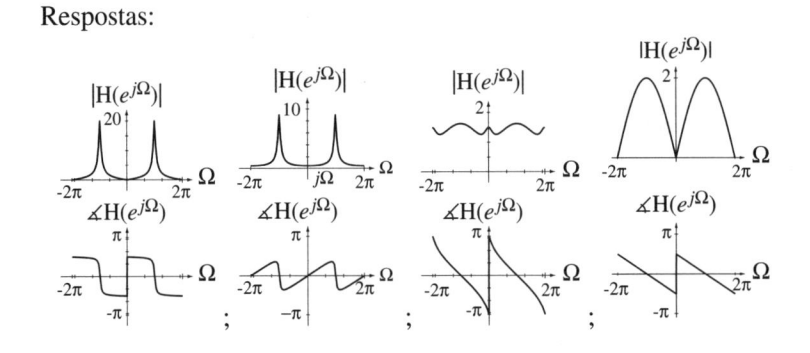

(d)

Respostas:

8. Determine a atenuação mínima da banda de corte de um filtro de média móvel com $N = 3$. Defina a banda de corte como a região de freqüência $F_c < F < 1/2$, em que F_c é a freqüência do primeiro nulo na resposta em freqüência.

   Resposta: 11,35 dB de atenuação

EXERCÍCIOS SEM RESPOSTAS

Causalidade

9. Determine se os sistemas com as respostas em freqüência descritas a seguir são ou não são causais.

   (a) $H(F) = [\text{ret}(10F) * \delta_1(F)]e^{-j20\pi F}$

   (b) $H(F) = j\text{sen}(2\pi F)$

   (c) $H(F) = 1 - e^{-j4\pi F}$

   (d) $H(e^{j\Omega}) = \dfrac{8e^{j\Omega}}{8 - 5e^{-j\Omega}}$

Filtros

10. Na Figura E.10 estão pares de excitações x e respostas y. Para cada par, identifique o tipo de filtragem que foi feito: passa-baixas, passa-altas, passa-faixa ou corta-faixa.

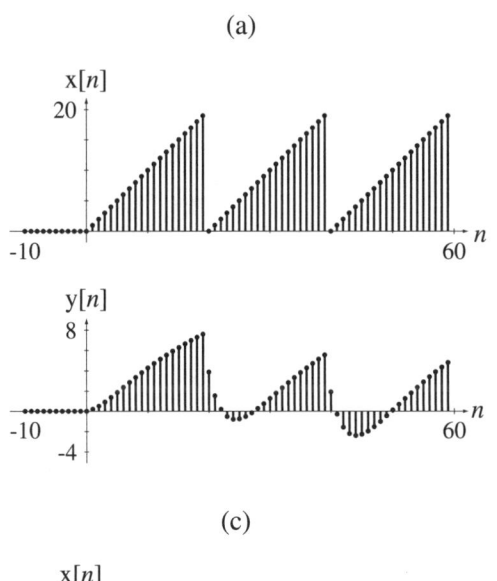

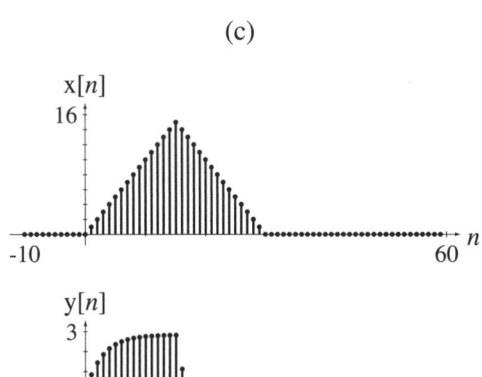

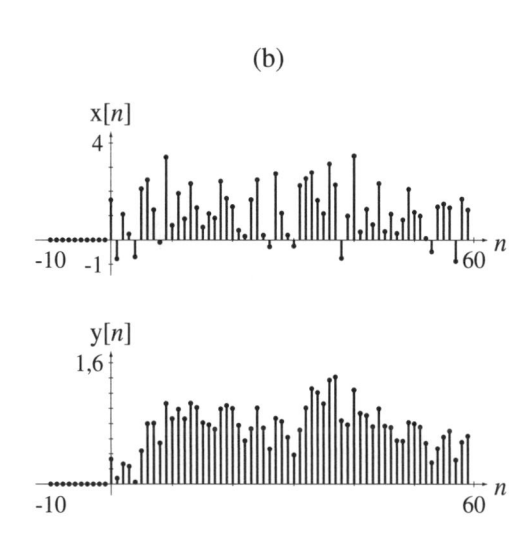

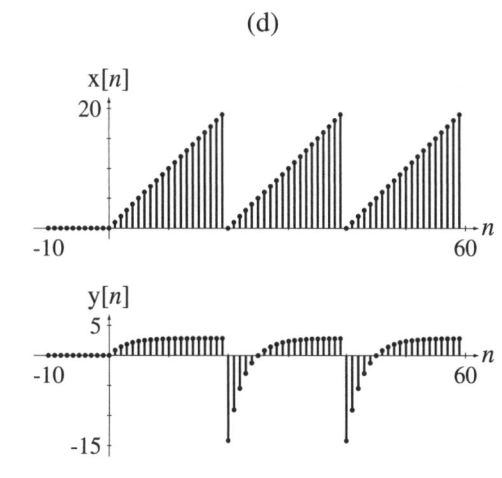

Figura E.10

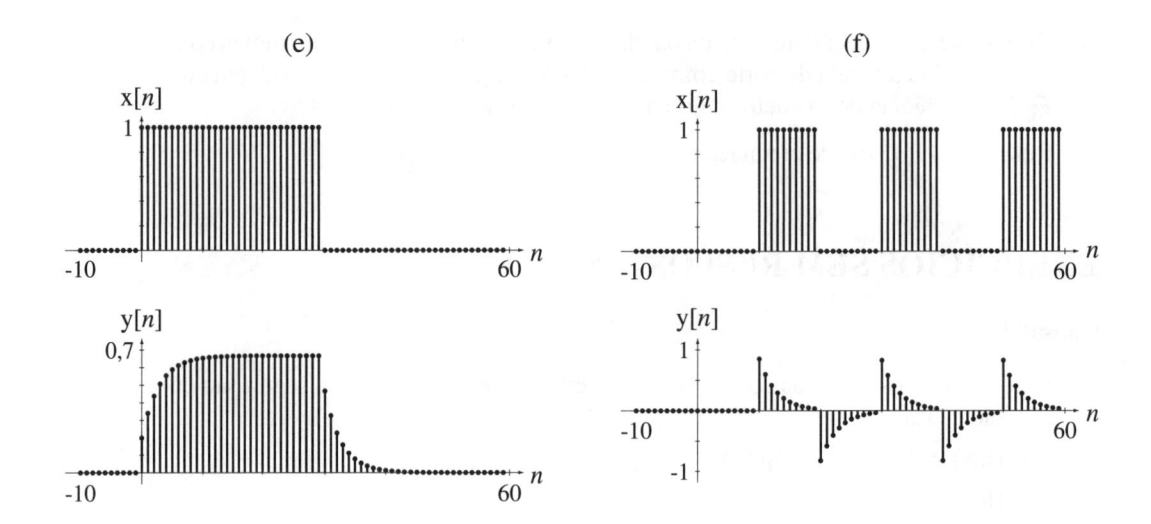

(e)

(f)

11. Determine a resposta em freqüência de $H(F) = \dfrac{Y(F)}{X(F)}$ e trace o gráfico dela para cada um dos filtros mostrados na Figura E.11 sobre o intervalo $-1/2 < F < 1/2$. Os três filtros são (a) um filtro passa-baixas de segunda ordem, (b) um filtro passa-altas de segunda ordem e (c) um filtro passa-faixa de segunda ordem.

(a)

(b)

(c)

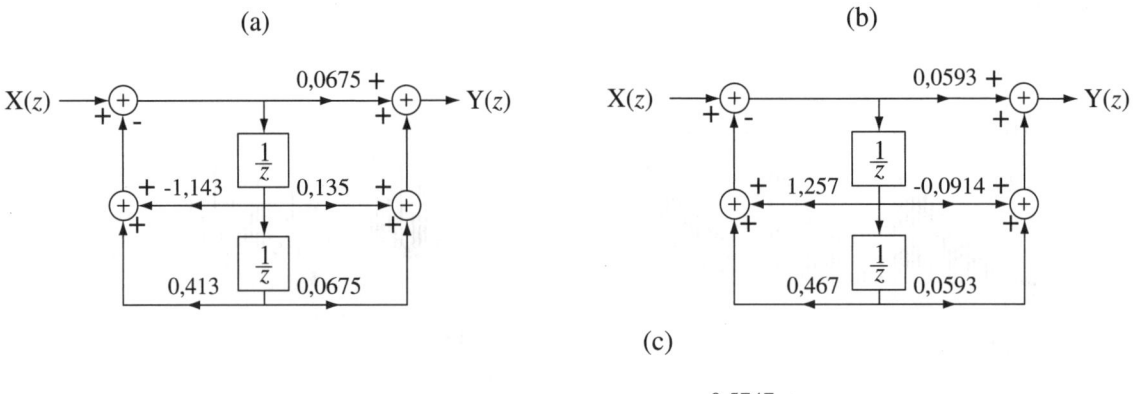

Figura E.11

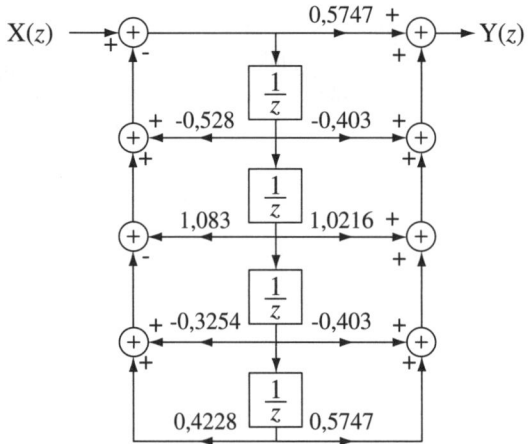

12. Na Figura E.12 estão algumas descrições de filtros na forma de uma resposta ao impulso e duas magnitudes de respostas em freqüência. Para cada uma delas, até onde for possível, classifique os filtros como ideal ou prático, causal ou não causal, passa-baixas, passa-altas, passa-faixa ou corta-faixa.

Figura E.12

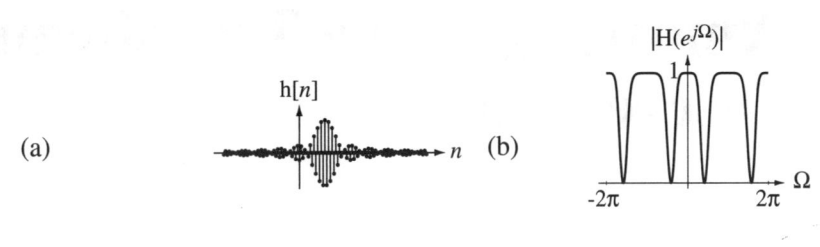

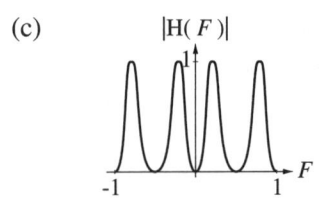

(a) h[n]

(b) $|H(e^{j\Omega})|$

(c) $|H(F)|$

Filtragem de Imagens

13. Crie uma imagem discretizada no espaço consistindo em 96 por 96 pixels. Admita que a imagem seja um "tabuleiro de damas" contendo 8 por 8 quadrados em preto e branco alternadamente.

    (a) Filtre a imagem, linha a linha, e então, coluna a coluna, utilizando um filtro cuja resposta ao impulso é descrita como

    $$h[n] = 0{,}2(0{,}8)^n u[n]$$

    e exiba a imagem na tela do computador usando o comando do MATLAB `imagesc`.

    (b) Filtre a imagem, linha por linha e, em seguida, coluna por coluna, com um filtro cuja resposta ao impulso seja

    $$h[n] = \delta[n] - 0{,}2(0{,}8)^n u[n]$$

    e exiba a imagem na tela do computador usando o comando do MATLAB `imagesc`.

14

CAPÍTULO

Amostragem e a Transformada Discreta de Fourier

A frase mais empolgante de escutar em ciência, aquela que anuncia novas descobertas, não é "Heureca!" (Eu encontrei!), e sim "É engraçado...".

Isaac Asimov, autor

14.1 INTRODUÇÃO E OBJETIVOS

Como indicado nos capítulos anteriores, ao abordarmos o emprego do processamento de sinal a sinais reais associados a sistemas reais, muitas vezes, não temos uma descrição matemática desses sinais. Devemos realizar medições e analisar os sinais para descobrir suas características. Se o sinal é desconhecido, o processo de análise se inicia com a sua **aquisição**. Aquisição significa medir e gravar os sinais durante certo período de tempo. A aquisição poderia ser realizada por meio de um gravador de fita ou outro dispositivo de gravação **analógico**, mas a técnica mais comum adotada na aquisição de sinais atualmente é a **amostragem**. (O termo "analógico" refere-se a sistemas que lidam com sinais contínuos no tempo.) A amostragem converte um sinal contínuo no tempo em um sinal discretizado no tempo. Em capítulos anteriores, exploramos maneiras de efetuar a análise dos sinais contínuos e discretizados no tempo. Neste capítulo, exploraremos as relações entre eles.

Assim como foi definido primeiro no Capítulo 3 e, então, novamente no Capítulo 7, amostrar um sinal corresponde ao processo de captura de seus valores apenas em instantes discretos do tempo. O motivo principal para se capturarem sinais desse modo é que muito do processamento e análise de sinais, atualmente, se realiza através do **processamento digital de sinais** (*DSP – Digital Signal Processing*). Um sistema DSP pode ser qualquer sistema capaz de capturar, armazenar e realizar cálculos matemáticos com valores. Portanto, qualquer método DSP requer que toda a informação esteja na forma de números. Um computador pode ser utilizado como um sistema DSP. Visto que a memória e a capacidade de armazenamento em massa de qualquer sistema DSP são finitas, ele pode lidar somente com um número finito de valores. Portanto, se um sistema DSP é usado na análise de um sinal, este somente pode ser amostrado por um período finito de tempo. A questão fundamental a ser levantada neste capítulo é: "Até que ponto as amostras descrevem fielmente o sinal do qual elas foram retiradas?". Veremos que a perda de informação e esta quantidade perdida devido ao processo de amostragem depende da maneira pela qual as amostras são obtidas. Descobriremos que, sob determinadas condições, toda ou praticamente toda a informação do sinal pode ser armazenada em um número finito de amostras numéricas.

O processamento de sinais discretizados (amostrados) no tempo está se tornando mais importante a cada dia. Muitas operações de filtragem, realizadas antes por filtros analógicos, agora são feitas por filtros digitais que atuam nas amostras de um sinal em vez de atuarem no sinal original contínuo no tempo. Sistemas modernos de telefonia celular usam DSP para melhorar a qualidade da voz, separar canais e realizar a comutação de usuários entre células. Sistemas telefônicos de comunicação a longas distâncias utilizam DSP para alocarem eficientemente longos cabos-tronco e enlaces de microondas. Aparelhos de televisão usam DSP para melhorarem a qualidade da imagem. A visão robótica é baseada nos sinais provenientes das câmeras que digitalizam (amostram) uma imagem e em seguida a analisam por meio de técnicas computacionais para reconhecerem certos aspectos característicos. Sistemas modernos de controle em automóveis, máquinas de produção e instrumentação científica normalmente têm processadores embutidos que analisam sinais e tomam decisões utilizando um DSP.

OBJETIVOS DO CAPÍTULO:

1. Determinar como um sinal contínuo no tempo deve ser amostrado e até que ponto as amostras descrevem este sinal.
2. Aprender a reconstruir um sinal contínuo no tempo com base em suas amostras.
3. Aprender a utilizar a transformada discreta de Fourier e verificar como ela está relacionada aos outros métodos de Fourier.
4. Aprender como o algoritmo da transformada rápida de Fourier aumenta a velocidade da computação da transformada discreta de Fourier.

14.2 REPRESENTAÇÃO DE SINAIS CONTÍNUOS NO TEMPO POR AMOSTRAS

CONCEITOS QUALITATIVOS

No Capítulo 12, introduzimos a idéia da amostragem de um sinal pela multiplicação entre um trem de pulsos e o sinal e, em seguida, estendemos o conceito de amostragem por impulso (Figura 14.1). A TFCT do sinal amostrado por impulso da Figura 14.1 é

$$X_\delta(f) = X(f) * (1/T_s)\delta_{1/T_s}(f) = f_s X(f) * \delta_{f_s}(f)$$

Em seguida, mostramos que se um sinal limitado em banda for amostrado por impulso para todo o tempo a uma taxa de amostragem que seja superior a duas vezes o limite de banda do sinal, o sinal original poderá ser reconstruído com exatidão. Essa consideração é denominada teorema da amostragem. Na seção seguinte, iremos explorar essas idéias com maior profundidade e desenvolver o teorema da amostragem baseado diretamente em um sinal discretizado no tempo, criado de um sinal contínuo no tempo por meio da amostragem, em lugar de nos basearmos na amostragem por impulso que, por impedimento prático, não pode ser realizada.

Se utilizarmos as amostras de um sinal contínuo no tempo, em lugar do sinal propriamente dito, a questão mais importante e básica a responder seria como amostrar o sinal de modo que retesse a informação portada pela versão original dele. Se o sinal pode ser reconstruído com exatidão por meio das amostras, então as amostras contêm toda a informação sobre o sinal. Devemos decidir quão rápido pretendemos amostrar o sinal e por quanto tempo queremos realizar tal amostragem. Considere o sinal x(t) [Figura 14.2(a)].

Suponha que este sinal seja amostrado à taxa de amostragem ilustrada pela Figura 14.2(b). A maioria das pessoas provavelmente, de maneira intuitiva, afirmaria que há amostras suficientes presentes na figura para descrever o sinal adequadamente por meio do esboço de uma curva suave que ligue todos os pontos. O que você acha da taxa de amostragem da Figura 14.2(c)? Ela lhe parece adequada? E o que você acha da taxa de amostragem da Figura 14.2(d)? Grande parte das pessoas provavelmente concordaria em afirmar que a taxa de amostragem na Figura 14.2(d) é inadequada. Uma curva suave desenhada naturalmente passando pelo último conjunto de amostras não se pareceria muito com a curva original. Embora a última taxa de amostragem fosse inadequada para este sinal, ela seria suficiente para outro sinal (Figura 14.3). Ela aparenta ser adequada para o sinal apresentado na Figura 14.3, porque ele é muito mais suave e de variação muito mais lenta.

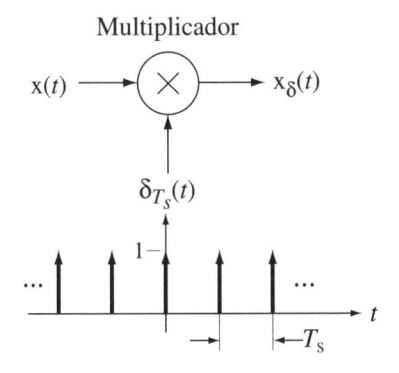

Figura 14.1
Um modulador de impulso que produz um sinal amostrado por impulso.

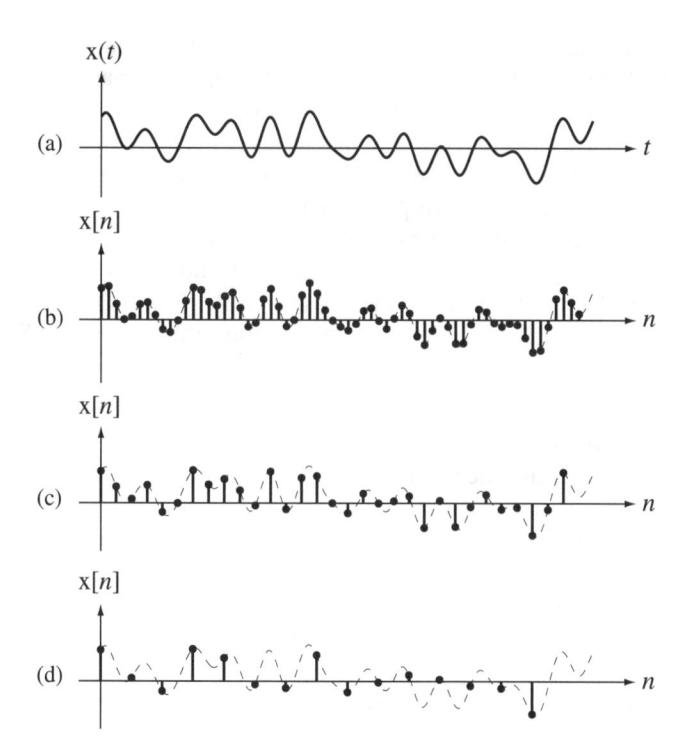

Figura 14.2
(a) Um sinal contínuo no tempo; (b)-(d) sinais discretizados no tempo criados pela amostragem do sinal contínuo no tempo a taxas distintas.

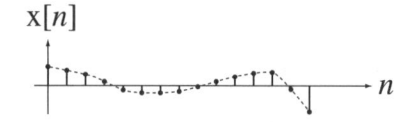

Figura 14.3
Um sinal discretizado no tempo criado pela amostragem de um sinal de variação lenta.

A taxa mínima na qual amostras podem ser obtidas, enquanto retêm a informação sobre o sinal, depende do quão rápido o sinal varia no tempo, isto é, do conteúdo em freqüências do sinal. A questão sobre quão rápido devem ser capturadas as amostras para que seja possível descrever um sinal foi respondida definitivamente pelo teorema da amostragem. Claude Shannon, da Bell Labs, foi aquele que mais contribuiu para as teorias da amostragem.

Claude Elwood Shannon (1916 – 2001)

Claude Shannon chegou como um estudante de graduação ao Instituto de Tecnologia de Massachusetts em 1936. Em 1937, ele redigiu uma tese sobre o uso de circuitos elétricos na tomada de decisões baseada em lógica booleana. Em 1948, enquanto trabalhava na Bell Labs, ele escreveu *A Mathematical Theory of Communication*, dando destaque ao que chamamos hoje de teoria da informação. Este trabalho foi denominado a "Carta Magna" da era da informação. Ele foi indicado para ser professor de ciências da comunicação e matemática no MIT em 1957, mas permaneceu como consultor da Bell Labs. Freqüentemente, era visto nos corredores do MIT andando em um monociclo quando, algumas vezes, fazia malabarismos. Ele também idealizou um dos primeiros programas de jogo de xadrez.

O TEOREMA DA AMOSTRAGEM

No estudo a seguir sobre amostragem, usaremos um sinal contínuo no tempo como um exemplo para a comparação entre métodos e conceitos: uma função $x(t) = A\text{sinc}(t/w)$. Começaremos por determinar a TFCT do sinal $X_f(f) = Aw\text{ret}(wf)$. [Neste desenvolvimento, a TFCT de $x(t)$ será denotada por $X_f(f)$ e a TFDT de $x[n]$ será denotada por $X_F(F)$ para se evitar confusão entre as duas funções $X(\cdot)$ em que cada uma está em função de uma variável contínua independente distinta, visto que ambas são adotadas e a transformação $f \rightarrow f_s F$ é usada na relação entre elas.] O sinal e a magnitude de sua TFCT estão ilustrados na Figura 14.4. Uma razão pela qual esse sinal foi escolhido como um exemplo é que sua TFCT é igual a zero para freqüências, $|f| > 1/2w$. Ele é um sinal limitado em banda.

Em seguida, amostramos $x(t)$ com um intervalo entre amostras T_s produzindo o sinal $x[n] = x(nT_s) = A\text{sinc}(nT_s/w)$. Visto que $x[n]$ é em geral um sinal aperiódico, o método de Fourier apropriado para a análise é a TFDT e a TFDT é $X_F(F) = Awf_s \text{ret}(Fwf_s) * \delta_1(F)$. O sinal discretizado no tempo e sua magnitude da TFDT estão ilustrados na Figura 14.5 para duas taxas de amostragem distintas.

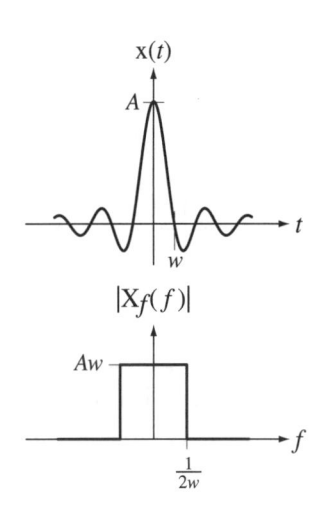

Figura 14.4
Sinal de exemplo e a magnitude de sua TFCT.

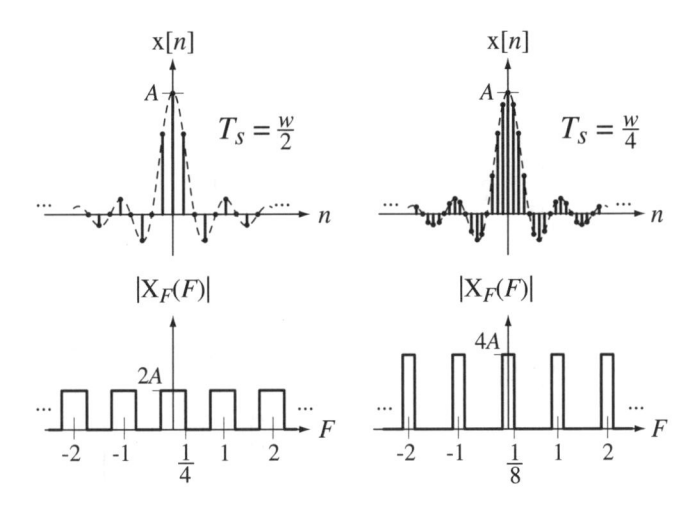

Figura 14.5
Sinal de exemplo e a magnitude de sua TFDT para duas taxas de amostragem diferentes.

Quando comparamos a TFCT do sinal contínuo no tempo com a TFDT do sinal discretizado no tempo criado pela amostragem do primeiro, existem certas similaridades óbvias. Para esse sinal de exemplo, a TFCT equivale a uma função pulso retangular e a TFDT é uma repetição periódica das funções pulso retangular. Como foi mencionado pela primeira vez no Capítulo 12, as réplicas da TFCT original, que estão centradas nos inteiros em F, são conhecidas por **aliases**. A TFCT é $X_f(f) = Aw\text{ret}(wf)$ e a TFDT é $X_F(F) = Awf_s \text{ret}(Fwf_s) * \delta_1(F)$ ou

$$X_F(F) = Awf_s \sum_{k=-\infty}^{\infty} \text{ret}\left((F-k)wf_s\right) \qquad (14.1)$$

Se considerarmos o pulso retangular indexado por $k = 0$ no somatório da Equação (14.1), que é $Awf_s \text{ret}(Fwf_s)$, e realizarmos a mudança de variável $F \rightarrow f/f_s$, obteremos a transformação funcional $Awf_s \text{ret}(Fwf_s) \rightarrow Awf_s \text{ret}(wf)$. Se então multiplicarmos esse resultado por T_s, obteremos a TFCT da função contínua no tempo original $T_s \times Awf_s \text{ret}(Fwf_s) = Aw\text{ret}(wf) = X_f(f)$. Desse modo, pelo menos por esse exemplo, parece que uma forma de recuperarmos o sinal contínuo no tempo por meio do sinal discretizado no tempo criado pela sua amostragem, é

1. Determinar a TFDT do sinal discretizado no tempo.
2. Isolar a função indexada por $k = 0$ obtida no passo 1.
3. Realizar a troca de variável $F \rightarrow f/f_s$ no resultado do passo 2.

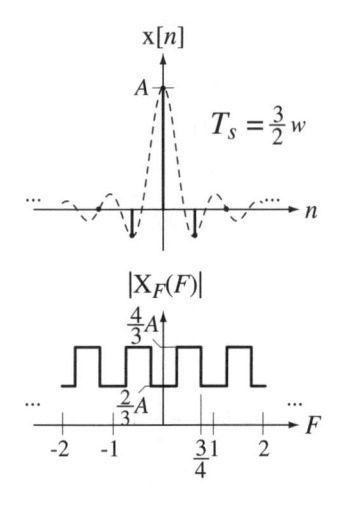

Figura 14.6
Um sinal subamostrado e sua TFDT.

Figura 14.7
Sinal de exemplo amostrado por impulso e a magnitude de sua TFCT para duas taxas de amostragem diferentes.

4. Multiplicar o resultado do passo 3 por T_s.
5. Determinar a TFCT inversa do resultado do passo 4.

Nas demonstrações anteriores, o intervalo de tempo entre amostras T_s foi sempre menor do que w. O que aconteceria se T_s fosse maior do que w? Logo, na expressão

$$X_F(F) = Awf_s \sum_{k=-\infty}^{\infty} \text{ret}\left((F-k)wf_s\right)$$

as funções pulso retangular se sobreporiam no somatório da TFDT e a forma de $X_f(f)$ deixaria de ser óbvia quando observássemos $X_F(F)$ (Figura 14.6). Quando essa sobreposição ocorre, deixa de ser possível, simplesmente pela observação da TFDT, extrair a TFCT do sinal original e, portanto, reconstruí-lo. Quando os *aliases* se sobrepõem dessa maneira, o espectro é dito estar **replicado**.

Se tivéssemos desenvolvido essa teoria com base na amostragem por impulso, como no Capítulo 12, a Figura 14.5 se pareceria com a Figura 14.7.

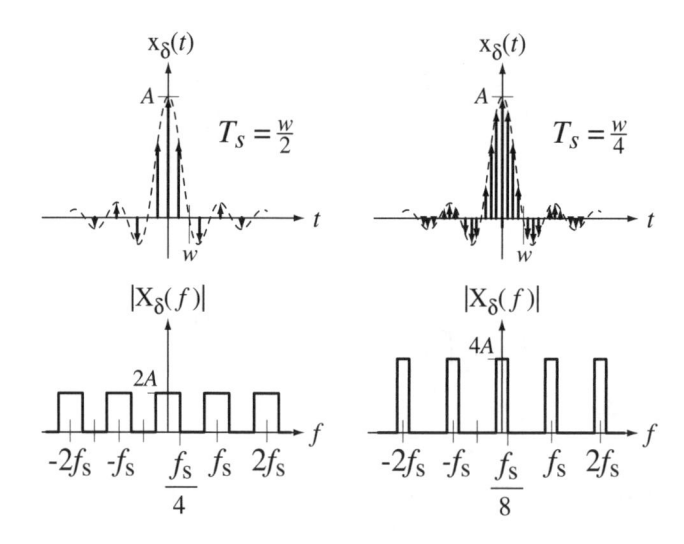

Note a grande similaridade. Os impulsos discretizados no tempo em x[n] e os impulsos contínuos no tempo correspondentes em $x_\delta(t)$ têm o mesmo comprimento, e F e f estão relacionadas por $F = f/f_s$.

A forma mais comum para o teorema da amostragem é a seguinte:

> Se um sinal for amostrado para todo o tempo a uma taxa superior ao dobro da maior freqüência a qual sua TFCT é diferente de zero, ele pode ser reconstruído totalmente com base em suas amostras.

Como afirmado no Capítulo 12, se a maior freqüência presente em um sinal for f_m, a taxa mínima na qual um sinal pode ser amostrado e ainda reconstruído por meio de suas amostras está sempre acima de $2f_m$ e a freqüência $2f_m$ é denominada **taxa de Nyquist**. Um sinal amostrado a uma taxa superior à sua taxa de Nyquist é dito **superamostrado** e um sinal amostrado a uma taxa inferior à sua taxa de Nyquist é dito **subamostrado**. Quando um sinal é amostrado a uma taxa f_s, a freqüência $f_s/2$ é denominada **freqüência de Nyquist**.

Harry Nyquist 7/2/1889 – 4/4/1976

Harry Nyquist recebeu seu título de doutor pela Universidade de Yale, em 1917. De 1917 a 1934, ele trabalhou na Bell Labs, onde desenvolveu trabalhos sobre transmissão de imagens usando telegrafia e sobre transmissão de voz. Nyquist foi o primeiro a explicar quantitativamente o ruído térmico. Ele inventou a técnica de transmissão por banda lateral vestigial, ainda amplamente adotada na transmissão de sinais de televisão. Inventou também o diagrama de Nyquist para a determinação da estabilidade em sistemas retroalimentados.

ALIASING

O fenômeno de *aliasing* (sobreposição de aliases) não é um conceito matemático exótico, que está fora do alcance da experiência de pessoas comuns. Quase todo mundo já presenciou o aliasing, mas provavelmente sem saber como chamá-lo. Uma experiência bastante comum que demonstra o aliasing algumas vezes ocorre enquanto assistimos à televisão. Suponha que você esteja assistindo a um filme de faroeste na televisão e há a imagem de uma carroça de rodas raiadas sendo puxada por cavalos. Se a roda da carroça gira gradualmente cada vez mais rápido, há um instante no qual a roda deixa de parecer visualmente estar realizando um movimento de rotação para a frente e passa a dar a impressão de estar girando para trás, apesar de que a carroça esteja obviamente movendo-se para a frente. Se a velocidade de rotação fosse aumentada ainda mais, a roda finalmente pareceria estar imóvel e, em seguida, aparentaria girar para a frente novamente. Esse é um exemplo do fenômeno de aliasing.

Embora não seja explícito ao olho humano, a imagem na tela de uma televisão é regenerada 30 vezes por segundo (para o padrão de vídeo NTSC[1]). Ou seja, a imagem é amostrada a uma taxa de 30 Hz. A Figura 14.8 mostra as posições de uma roda raiada em quatro instantes de amostragem para várias velocidades rotacionais diferentes, partindo-se de uma velocidade rotacional mais lenta (topo da figura) para uma velocidade rotacional mais alta (parte inferior da figura). (Um pequeno ponto de referência foi adicionado à roda para auxiliar na visão da rotação real da roda, em contraste com a rotação aparente.)

Esta roda possui oito raias de maneira que, diante da rotação por um oitavo da revolução completa, a roda encontra-se exatamente disposta da mesma forma como se estivesse em sua posição inicial. Portanto, a imagem da roda tem um período angular de $\pi/4$ radianos ou 45°, o espaço angular entre as raias. Se a velocidade rotacional da roda é f_0 revoluções/segundo (Hz), a freqüência fundamental da imagem corresponde a $8f_0$ Hz. A imagem se repete exatamente oito vezes durante uma rotação completa da roda.

Seja a freqüência de amostragem da imagem igual a 30 Hz ($T_s = 1/30$ s). Na primeira linha da figura (topo da figura), a roda está girando no sentido dos ponteiros do relógio a $-5°/T_s$ ($-150°$/s ou 0,416 rev/s) e, assim, nesta primeira linha, as raias giraram 0°, 5°, 10° e 15° no sentido dos ponteiros do relógio. Os olhos e o cérebro do observador interpretam a sucessão de imagens fazendo-o entender que a roda está girando no sentido dos ponteiros do relógio devido à progressão dos ângulos nos instantes de amostragem. Nesse caso, a roda aparenta estar (e está) girando a uma freqüência rotacional de imagem igual a $-150°$/s.

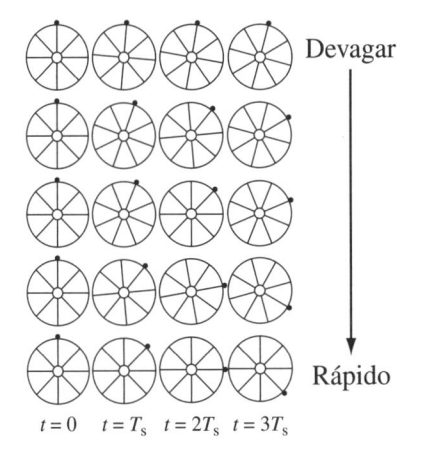

Figura 14.8
Posições angulares da roda de uma carroça em quatro instantes de amostragem.

---

1 N.T.: Acrônimo para National Television Systems Committee.

Na segunda linha da Figura 14.8, a velocidade rotacional é quatro vezes maior do que aquela da primeira linha e os ângulos de rotação nos instantes de amostragem são 0°, 20°, 40° e 60° no sentido dos ponteiros do relógio. A roda aparenta ainda (corretamente) estar girando no sentido dos ponteiros do relógio, porém, agora, em sua freqüência rotacional real de −600° /s. Na terceira linha, a velocidade rotacional é de −675° /s. Nesse momento, a ambigüidade provocada pela amostragem tem início. Se o ponto de referência não estivesse sendo usado, seria impossível determinar se a roda estaria girando a −22,5° por amostra ou a +22,5° por amostra, porque as amostras da imagem são idênticas para os dois casos em questão. É impossível pela simples observação das imagens de amostra determinar se a rotação é no sentido dos ponteiros do relógio ou no sentido contrário. Na quarta linha da Figura 14.18, a roda está girando a −1200°/s. Agora (ignorando o ponto de referência) a roda definitivamente aparenta estar girando a +5° por amostra em lugar da freqüência rotacional real de −40° por amostra. A percepção do cérebro humano entenderia que a roda estaria girando a 5° no sentido contrário ao dos ponteiros do relógio por amostra, em vez de 40° no sentido dos ponteiros do relógio. Na linha mais inferior da Figura 14.18, a rotação da roda é de −1350° /s ou de 45° no sentido dos ponteiros do relógio por amostra. Agora, a roda parece permanecer imóvel ainda que ela esteja girando no sentido dos ponteiros do relógio. Sua velocidade angular parece ser nula, porque ela está sendo amostrada exatamente a uma taxa igual à freqüência fundamental da imagem.

Exemplo 14.1

Determinação das taxas de Nyquist de sinais

Determine a taxa de Nyquist para cada um dos sinais seguinte.

■ Solução

(a) $x(t) = 25\cos(500\pi t)$

$$X(f) = \frac{25}{2}[\delta(f-250) + \delta(f+250)]$$

A maior freqüência (e a única freqüência) presente neste sinal é $f_m = 250$ Hz. A taxa de Nyquist é igual a 500 Hz.

(b) $x(t) = 15\text{ret}(t/2)$

$$X(f) = 30\text{sinc}(2f)$$

Visto que a função *sinc* nunca vai para zero e permanece em zero a uma freqüência infinita, a maior freqüência presente no sinal é infinita e a taxa de Nyquist também é infinita. A função pulso retangular não é limitada em banda.

(c) $x(t) = 10\text{sinc}(5t)$

$$X(f) = 2\,\text{ret}(f/5)$$

A maior freqüência presente em $x(t)$ é o valor de f no qual a função ret tem uma transição descontínua de um para zero, $f_m = 2,5$ Hz. Portanto, a taxa de Nyquist é igual a 5 Hz.

(d) $x(t) = 2\text{sinc}(5000t)\text{sen}(500.000\pi t)$

$$X(f) = \frac{1}{2500}\text{ret}\left(\frac{f}{5000}\right) * \frac{j}{2}[\delta(f+250.000) - \delta(f-250.000)]$$

$$X(f) = \frac{j}{5000}\left[\text{ret}\left(\frac{f+250.000}{5000}\right) - \text{ret}\left(\frac{f-250.000}{5000}\right)\right]$$

A maior freqüência em $x(t)$ é $f_m = 252,5$ kHz. Portanto, a taxa de Nyquist é de 505 kHz.

EXEMPLO 14.2

Análise de um filtro RC como um filtro antialiasing

Suponha que um sinal a ser capturado por um sistema de aquisição de dados é conhecido por ter um espectro de amplitude que é plano até 100 kHz e decai a zero repentinamente a partir daí. Suponha ainda que a maior taxa na qual nosso sistema de aquisição de dados pode amostrar o sinal seja de 60 kHz. Projete um filtro *antialiasing* passa-baixas RC que reduza o espectro de amplitude do sinal em 30 kHz para menos de 1% de seu valor nas freqüências muito baixas de maneira que o efeito aliasing seja minimizado.

■ Solução

A função de transferência de um filtro passa-baixas RC de ganho unitário é dada por

$$H(f) = \frac{1}{j2\pi fRC + 1}$$

O quadrado da magnitude da função de transferência é

$$|H(f)|^2 = \frac{1}{(2\pi fRC)^2 + 1}$$

e seu valor nas freqüências muito baixas tende à unidade. Ajustamos a constante de tempo RC de modo que em 30 kHz o quadrado da magnitude de H(f) seja $(0,01)^2$. Isto é,

$$|H(30.000)|^2 = \frac{1}{(2\pi \times 30.000 \times RC)^2 + 1} = (0,01)^2$$

Resolvendo para RC, RC = 0,0005305. A freqüência de quebra (freqüência de –3 dB) deste filtro passa-baixas RC equivale a 300 Hz, que é 100 vezes menor do que a freqüência de Nyquist de 30 kHz (Figura 14.9).

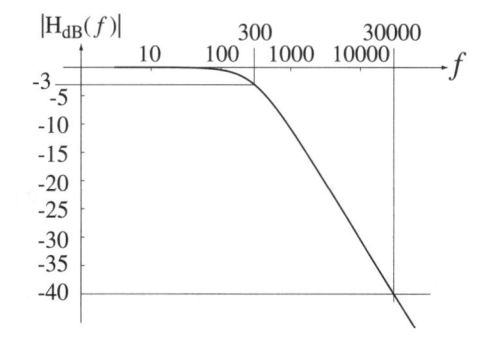

Figura 14.9
Diagrama de Bode da resposta em freqüência do filtro passa-baixas RC antialiasing.

Ela deve ser ajustada baixa assim para atender às especificações usando-se um filtro de pólo único, pois sua função de transferência tem uma transição (*roll-off*) bastante lenta com a freqüência. Por essa razão, a maior parte dos filtros antialiasing reais são projetados como filtros de ordem mais elevada com transições mais rápidas.

SINAIS LIMITADOS NO TEMPO E LIMITADOS EM BANDA

Relembre-se de que a descrição matemática original da maneira como um sinal é amostrado corresponde a $x[n] = x(nT_s)$. Essa equação se mantém válida para qualquer valor de n inteiro, e isso implica que o sinal $x(t)$ seja amostrado *para todo o tempo* para criar $x[n]$. Portanto, infinitas amostras são necessárias para descrever $x(t)$ com exatidão, por meio da informação contida em $x[n]$. O teorema da amostragem é enunciado dessa maneira. Por isso, ainda que a taxa de amostragem mínima seja determinada e possa ser finita, deve-se (em geral) ainda obter infinitas amostras para se reconstruir com exatidão o sinal original com base em suas amostras, *até mesmo se ele for limitado em banda e amostrarmos a uma taxa maior do que duas vezes sua maior freqüência.*

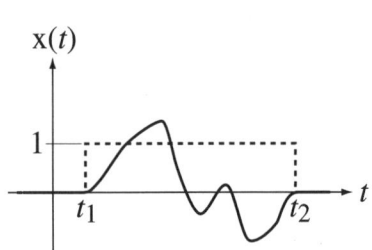

Figura 14.10
Uma função limitada no tempo e uma função pulso retangular limitada para o mesmo período de tempo.

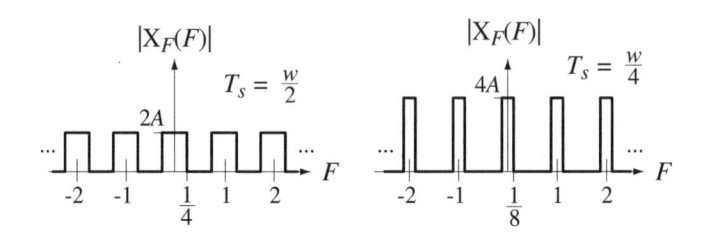

É tentador pensar que se um sinal for **limitado no tempo** (possuir valores não-nulos apenas sobre um tempo finito), será possível então amostrar somente sobre aquele período de tempo, sabendo-se que todas as demais amostras serão iguais a zero e, com isso, obter-se toda a informação presente no sinal. O problema com tal idéia é que nenhum sinal limitado no tempo pode ser também limitado em banda e, portanto, nenhuma taxa de amostragem finita se mostra adequada.

O fato de que um sinal não possa ser simultaneamente limitado no tempo e limitado em banda é uma lei fundamental para a análise de Fourier. A validade dessa lei pode ser demonstrada pelo seguinte argumento. Seja um sinal x(t) que não tenha valores diferentes de zero fora de um intervalo de tempo $t_1 < t < t_2$. Seja sua TFCT X(f). Se x(t) é limitado no tempo para o intervalo $t_1 < t < t_2$, então ele pode ser multiplicado por uma função pulso retangular cuja porção não-nula abranja este mesmo intervalo de tempo, sem haver modificações no sinal. Ou seja,

$$\mathrm{x}(t) = \mathrm{x}(t)\,\mathrm{ret}\left(\frac{t - t_0}{\Delta t}\right) \qquad (14.2)$$

em que $t_0 = (t_1 + t_2)/2$ e $\Delta t = t_2 - t_1$ (Figura 14.10).

Determinando a TFCT de ambos os lados da Equação (14.2) X(f) = X(f) * Δt sinc($\Delta t f$)$e^{-j2\pi f t_0}$. Essa última equação indica que X(f) não é afetada ao ser submetida à convolução com uma função *sinc*. Visto que *sinc* ($\Delta t f$) tem uma extensão não-nula infinita em f, se ela for submetida à convolução com uma X(f) que tenha uma extensão finita e diferente de zero em f, a convolução entre as duas terá uma extensão não-nula infinita em f. Portanto, a última equação não pode ser satisfeita para qualquer X(f) que tenha uma extensão não-nula infinita em f, provando que se o sinal é limitado no tempo, ele não pode ser limitado em banda. O contrário, isto é, um sinal limitado em banda não poder ser limitado no tempo, é comprovado por meio de um argumento similar.

> Um sinal pode ser simultaneamente *ilimitado* tanto no tempo quanto na freqüência, porém não pode ser simultaneamente *limitado* no tempo e na freqüência.

INTERPOLAÇÃO

Como poderia um sinal ser reconstruído com exatidão com base em suas amostras, assumindo que ele tenha sido amostrado apropriadamente? Essa questão foi respondida no Capítulo 12 utilizando-se para isso o modelo de amostragem por impulso. Ele será repetido com maiores detalhes aqui, supondo que o sinal contínuo no tempo seja amostrado para formar um sinal discretizado no tempo.

A descrição do processo de reconstrução no domínio da freqüência inclui as seguintes etapas: determinar a TFDT do sinal discretizado no tempo, isolar a função referenciada por $k = 0$, fazer a mudança de variável $F \to f/f_s$, multiplicar por T_s, e obter a TFCT inversa. Determinamos a TFDT por meio das amostras usando

$$\mathrm{X}_F(F) = \sum_{n=-\infty}^{\infty} \mathrm{x}[n] e^{-j2\pi F n}$$

Para o exemplo da função *sinc*, a TFDT está ilustrada na Figura 14.11.

Figura 14.11
A TFDT da função *sinc*.

Para isolarmos a função referenciada por $k = 0$, podemos multiplicar a TFDT por uma função pulso retangular que seja larga o suficiente para incluir a réplica (alias) $k = 0$, mas não larga o suficiente para incluir qualquer uma das outras réplicas (aliases) (Figura 14.12).

Por isso, a extremidade do pulso retangular deve estar sobre um valor de F maior do que $F_m = f_m/f_s$, em que f_m é a maior freqüência presente em $x(t)$, porém menor do que $1 - F_m$, ou mais concisamente, $F_m < F_c < 1 - F_m$. A réplica isolada $k = 0$ é, então,

$$X_{F0}(F) = \text{ret}(F/2F_c) \sum_{n=-\infty}^{\infty} x[n] e^{-j2\pi F n}$$

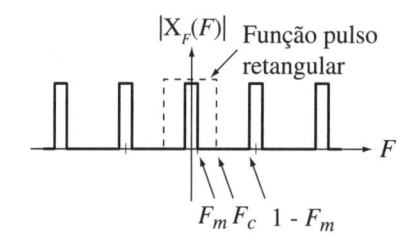

Figura 14.12
Isolando a réplica $k = 0$ pela multiplicação de uma função pulso retangular.

Em seguida, faremos a mudança de variável $F \rightarrow f/f_s$ e multiplicaremos por T_s produzindo

$$X_f(f) = T_s X_{F0}(f/f_s) = T_s \text{ ret}((f/f_s)/2F_c) \sum_{n=-\infty}^{\infty} x[n] e^{-j2\pi f n/f_s}$$

O último passo é determinar a TFCT inversa, que é

$$x(t) = \mathcal{F}^{-1}(X_f(f)) = \int_{-\infty}^{\infty} T_s \text{ ret}((f/f_s)/2F_c) \sum_{n=-\infty}^{\infty} x[n] e^{-j2\pi f n/f_s} e^{j2\pi f t} df$$

Seja $F_c = f_c/f_s$, então

$$x(t) = T_s \int_{-\infty}^{\infty} \sum_{n=-\infty}^{\infty} x[n] \text{ ret}(f/2f_c) e^{+j2\pi f(t - n/f_s)} df$$

Trocando a ordem entre a integração e o somatório e reconhecendo o integrando como uma TFCT inversa deslocada no tempo de uma função pulso retangular no domínio da freqüência:

$$x(t) = T_s \sum_{n=-\infty}^{\infty} x[n] \underbrace{\int_{-\infty}^{\infty} \text{ret}(f/2f_c) e^{+j2\pi f(t - nT_s)} df}_{= \mathcal{F}^{-1}(\text{ret}(f/2f_c))_{t \rightarrow t - nT_s}}$$

Então, usando $x[n] = x(nT_s)$,

$$x(t) = 2(f_c/f_s) \sum_{n=-\infty}^{\infty} x(nT_s) \text{sinc}(2f_c(t - nT_s)) \qquad (14.3)$$

O processo de reconstrução consiste na substituição de cada amostra por uma função *sinc*, centrada no instante de tempo da amostra e redimensionada pelo valor da amostra $x(nT_s)$ vezes $2f_c/f_s$, e somando todas as funções então criadas.

Suponha que o sinal seja amostrado exatamente à taxa de Nyquist $f_s = 2f_m$. Logo, $f_m = f_s/2 = f_s - f_m$ e $F_m = 1/2 = 1 - F_m$. O requisito $F_m < F_c < 1 - F_m$ não pode ser atendido. Nesse caso, devemos permitir que $F_c = F_m$, o que significa que $f_c = f_m = f_s/2$. Essa condição funcionará contanto que o espectro do sinal não tenha um impulso em f_m. (Se existir um impulso em F_m, ele será replicado durante o processo de amostragem.) Nesse caso limite, o processo de interpolação é descrito pela expressão mais elementar

$$x(t) = \sum_{n=-\infty}^{\infty} x(nT_s) \text{sinc}((t - nT_s)/T_s)$$

Agora a interpolação consiste simplesmente na multiplicação de cada função *sinc* pelo seu valor de amostra correspondente e, então, na soma de todas as funções *sinc* redimensionadas em escala e deslocadas, como ilustra a Figura 14.13.

Esse método de interpolação reconstrói o sinal com exatidão, porém ele é baseado em uma suposição que nunca é justificada na prática: a disponibilidade de infinitas amostras. O valor interpolado em qualquer ponto corresponde à soma das contribuições

Figura 14.13
Processo de interpolação para um sinal amostrado à sua taxa de Nyquist.

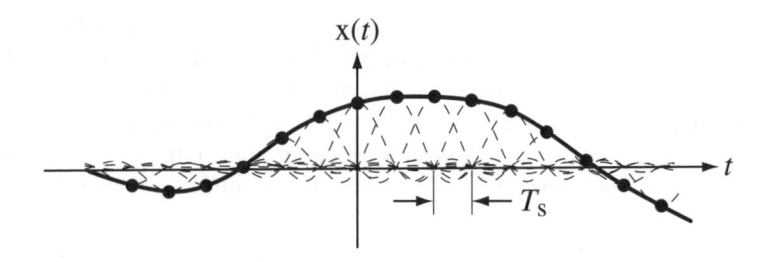

provenientes das infinitas funções *sinc* ponderadas. Contudo, como uma questão prática, não podemos capturar infinitas amostras. Devemos reconstruir de maneira aproximada o sinal utilizando um número finito de amostras. Existem muitas técnicas que podem ser empregadas e a seleção de uma delas para uma determinada situação qualquer depende da precisão de reconstrução requerida e de quão superamostrado o sinal é.

Provavelmente a idéia de reconstrução aproximada mais simples é admitir que a reconstrução sempre seja igual ao valor da amostra mais recente (Figura 14.14).

Figura 14.14
Reconstrução de um sinal com um retentor de ordem zero.

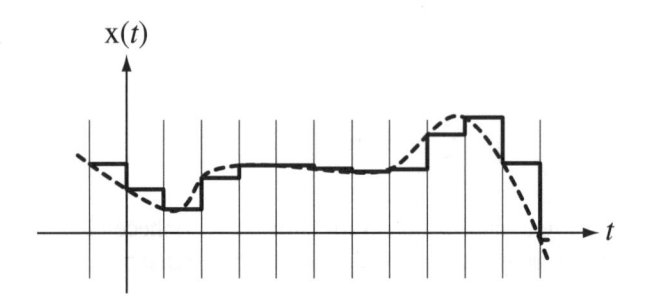

Essa é uma técnica simples, porque as amostras na forma de códigos numéricos podem ser o sinal de entrada para um conversor D/A, que está sincronizado para produzir um novo sinal de saída a cada pulso de relógio. O sinal produzido por essa técnica tem uma forma em degrau de escada que acompanha (e atrasa) o sinal original. Esse tipo de reconstrução de sinal pode ser modelado (com exceção dos efeitos de quantização) ao se passar o sinal amostrado por impulso através de um sistema denominado **retentor de ordem zero** cuja resposta ao impulso é igual a

$$h(t) = \begin{cases} 1, & 0 < t < T_s \\ 0, & \text{do contrário} \end{cases} = \text{ret}\left(\frac{t - T_s/2}{T_s}\right)$$

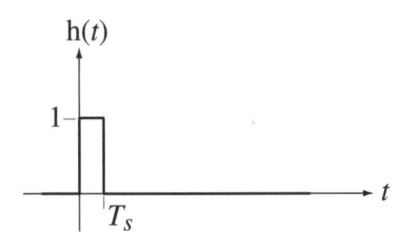

Figura 14.15
Resposta ao impulso de um retentor de ordem zero.

(Figura 14.15).

Um modo comum de reduzir ainda mais os efeitos dos aliases é conectar o retentor de ordem zero em cascata com um filtro passa-baixas prático que suavizará os degraus provocados pelo retentor. O retentor de ordem zero provoca inevitavelmente um atraso relativo ao sinal original, pois ele é causal.

Uma outra idéia de reconstrução natural seria realizar uma interpolação entre as amostras por meio de linhas retas (Figura 14.16). Essa interpolação, obviamente, é uma melhor aproximação para o sinal original, mas ela é um pouco mais difícil de implementar. Como esboçado na Figura 14.16, o valor do sinal interpolado em qualquer instante de tempo depende do valor da amostra anterior e do valor da próxima amostra. Essa idéia não pode ser implementada em tempo real, pois o valor da próxima amostra não é conhecido ainda em tempo real. Contudo, se estivermos dispostos a atrasar o sinal reconstruído por um tempo de amostra T_s, podemos fazer o processo de reconstrução ocorrer em tempo real e o sinal reconstruído se assemelharia àquele apresentado pela Figura 14.17.

Essa interpolação pode ser conseguida colocando-se em série com o retentor de ordem zero um outro retentor idêntico. Isso significa que a resposta ao impulso de tal

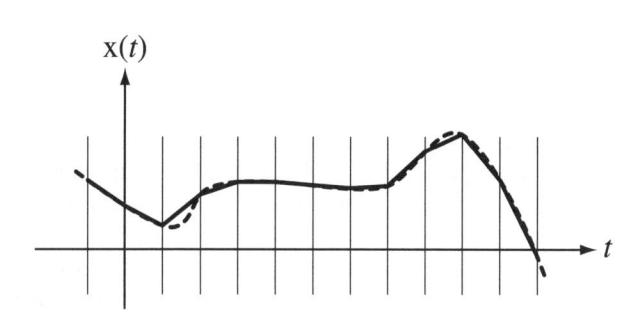

Figura 14.16
Reconstrução de um sinal por interpolação em linhas retas.

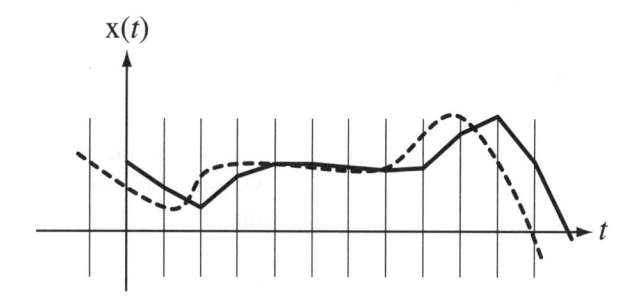

Figura 14.17
Reconstrução de sinal por linhas retas atrasada por um tempo de amostra.

filtro para a reconstrução de sinal seria igual à convolução da resposta ao impulso de um retentor de ordem zero com ela mesma

$$h(t) = \text{ret}\left(\frac{t - T_s/2}{T_s}\right) * \text{ret}\left(\frac{t - T_s/2}{T_s}\right) = \text{tri}\left(\frac{t - T_s}{T_s}\right)$$

(Figura 14.18). Esse tipo de filtro é denominado **retentor de primeira ordem**. Sua função de transferência é igual a $H(f) = T_s \text{sinc}^2(T_s f) e^{-j2\pi f T_s}$. Essa função de transferência é similar àquela pertencente a um retentor de ordem zero, exceto por atenuar aliases (réplicas) com maior eficácia, pois sua magnitude diminui mais rapidamente com o aumento da freqüência.

Um exemplo muito similar do uso da amostragem e reconstrução de sinal é a reprodução de um disco compacto de áudio (CD). Um CD armazena amostras de um sinal musical que foram obtidas a uma taxa de 44,1 kHz. Metade desta taxa de amostragem é igual a 22,05 kHz. A resposta em freqüência do ouvido humano de um jovem saudável é convencionalmente considerada se estender desde 20 Hz até aproximadamente 20 kHz, com alguma variabilidade neste intervalo. Portanto, a taxa de amostragem é um pouco maior do que o dobro da maior freqüência detectada por um ouvido humano.

AMOSTRANDO UMA SENÓIDE

O ponto primordial em análise de Fourier é que qualquer sinal pode ser decomposto em senóides (reais ou complexas). Portanto, vamos explorar a amostragem pela observação de algumas senóides reais amostradas acima, abaixo e à taxa de Nyquist. Em cada exemplo, uma amostra ocorre no instante $t = 0$. Essa condição define uma relação clara da fase entre um sinal matemático descrito com exatidão e o modo pelo qual ele é amostrado. Essa consideração é arbitrária, mas deve existir sempre uma referência para o tempo de amostragem e, quando temos que amostrar para tempos finitos, a primeira amostra estará sempre no instante de tempo $t = 0$ a não ser que seja especificado de outro modo.

Caso 1. Um cosseno amostrado a uma taxa que seja igual a quatro vezes sua freqüência, ou seja, igual ao dobro da sua taxa de Nyquist (Figura 14.19).

Fica claro aqui que os valores das amostras e o conhecimento de que o sinal seja amostrado rápido o suficiente estão adequados à descrição unívoca desta senóide. Nenhuma outra senóide nesta ou em qualquer outra freqüência inferior à freqüência de Nyquist poderia passar com exatidão sobre todas as amostras em todo o intervalo de tempo $-\infty < n < +\infty$. De fato, nenhum outro sinal *de qualquer tipo* que seja limitado em banda, abaixo da freqüência de Nyquist, poderia passar com exatidão sobre todas as amostras.

Caso 2. Um cosseno amostrado a uma taxa igual ao dobro da sua freqüência ou igual à sua taxa de Nyquist (Figura 14.20).

Esta amostragem é adequada para se determinar unicamente o sinal? Não. Considere o sinal senoidal da Figura 14.21, que é de mesma freqüência e passa exatamente pelas mesmas amostras.

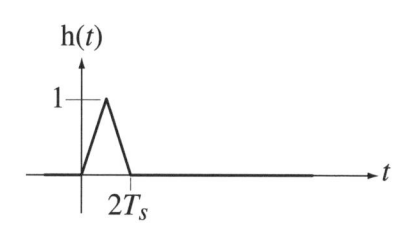

Figura 14.18
Resposta ao impulso de um retentor de primeira ordem.

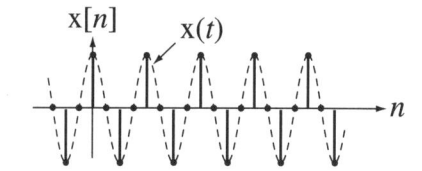

Figura 14.19
Cosseno amostrado à taxa igual ao dobro da sua taxa de Nyquist.

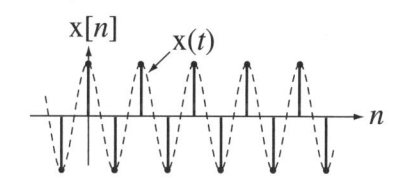

Figura 14.20
Cosseno amostrado à sua taxa de Nyquist.

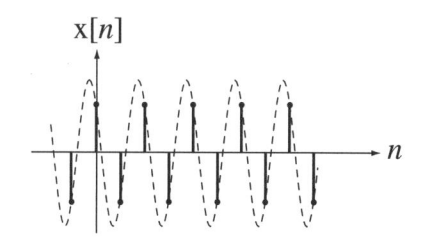

Figura 14.21
Senóide com as mesmas amostras de um cosseno amostrado à sua taxa de Nyquist.

Este é um caso especial que demonstra a sutileza mencionada anteriormente pelo teorema da amostragem. Para nos certificarmos da reconstrução exata de qualquer sinal geral com base em suas amostras, a taxa de amostragem deve ser *maior do que* a taxa de Nyquist em lugar de *pelo menos* à taxa de Nyquist. Em exemplos anteriores, essa consideração não importava, pois a potência de sinal exatamente à freqüência de Nyquist era zero (nenhum impulso no espectro de amplitudes). Se há uma senóide em um sinal exatamente no seu limite de banda, a amostragem deve exceder a taxa de Nyquist para a reconstrução exata, em geral. Note que não há ambigüidade sobre a freqüência do sinal. Porém, há ambigüidade a respeito da amplitude e da fase, como ilustrado anteriormente. Se o procedimento de interpolação por função *sinc*, deduzido anteriormente, fosse aplicado às amostras da Figura 14.21, poderia se gerar o cosseno da Figura 14.20, que foi amostrado em seus picos.

Qualquer senóide a certa freqüência pode ser representada como a soma de um cosseno não deslocado de certa amplitude à mesma freqüência e um seno não deslocado de certa amplitude e igual freqüência. As amplitudes do seno e cosseno não-deslocados dependem da fase da senóide original.

$$A\cos(2\pi f_0 t + \theta) = A\cos(2\pi f_0 t)\cos(\theta) - A\,\text{sen}(2\pi f_0 t)\,\text{sen}(\theta)$$

$$A\cos(2\pi f_0 t + \theta) = \underbrace{A\cos(\theta)}_{=A_c}\cos(2\pi f_0 t) + \underbrace{\left[-A\,\text{sen}(\theta)\right]}_{=A_s}\text{sen}(2\pi f_0 t)$$

$$A\cos(2\pi f_0 t + \theta) = A_c \cos(2\pi f_0 t) + A_s \,\text{sen}(2\pi f_0 t)$$

Quando uma senóide é amostrada examente à sua taxa de Nyquist, a interpolação da função *sinc* sempre produz a parte do cosseno e descarta a parte do seno, um efeito de aliasing. A parte do cosseno de uma senóide geral é, muitas vezes, conhecida como parte **em fase** e a parte do seno é muitas vezes denominada parte em **quadratura**. A omissão da parte em quadratura de uma senóide pode ser facilmente vista no domínio do tempo através da amostragem realizada exatamente à taxa de Nyquist de uma função *sinc* não deslocada. Todas as amostras resultam em zero (Figura 14.22).

Se fôssemos acrescentar uma função seno de qualquer amplitude e de freqüência exatamente igual a esta freqüência (a freqüência de Nyquist) a qualquer sinal e então amostrar o novo sinal, as amostras seriam as mesmas como se a função seno não estivesse presente no sinal, pois seu valor em cada instante de amostragem é exatamente zero (Figura 14.23).

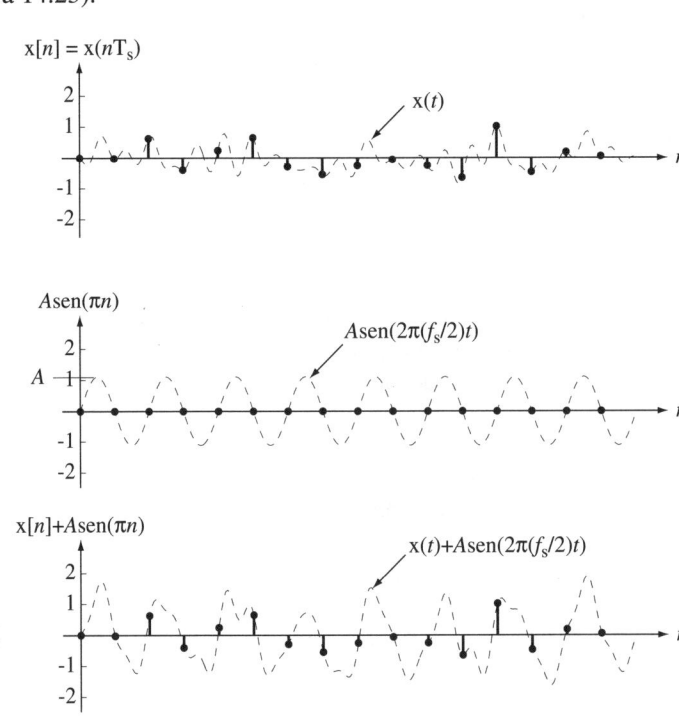

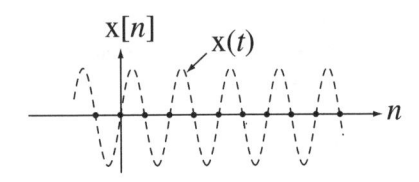

Figura 14.22
Seno amostrado à sua taxa de Nyquist.

Figura 14.23
Efeitos nas amostras da adição de um seno de freqüência igual à freqüência de Nyquist.

Portanto, a quadratura ou parte do seno de um sinal, que está exatamente à freqüência de Nyquist, é perdida quando o sinal é amostrado.

Caso 3. Uma senóide amostrada a uma taxa ligeiramente superior à taxa de Nyquist (Figura 14.24).

Agora, porque a taxa de amostragem é maior do que a taxa de Nyquist, as amostras não ocorrem todas nos cruzamentos por zero e há informação suficiente nas amostras para que seja possível reconstruir o sinal. Existe apenas uma senóide cuja freqüência é menor do que a freqüência de Nyquist, de amplitude, fase e freqüência únicas, que passa exatamente por todas essas amostras.

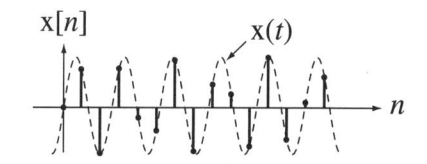

Caso 4. Duas senóides de freqüências distintas, amostradas à mesma taxa, com os mesmos valores de amostra (Figura 14.25).

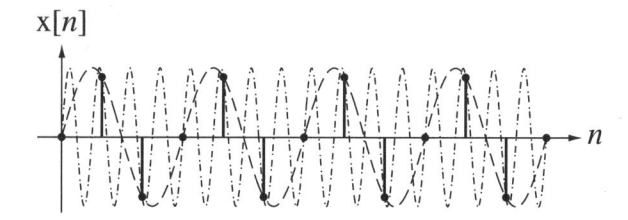

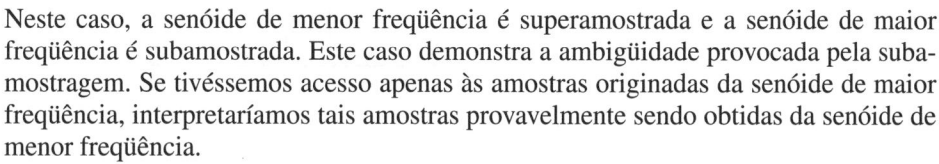

Figura 14.24
Seno amostrado a uma freqüência ligeiramente superior à taxa de Nyquist.

Figura 14.25
Duas senóides de freqüências distintas que têm os mesmos valores de amostras.

Neste caso, a senóide de menor freqüência é superamostrada e a senóide de maior freqüência é subamostrada. Este caso demonstra a ambigüidade provocada pela subamostragem. Se tivéssemos acesso apenas às amostras originadas da senóide de maior freqüência, interpretaríamos tais amostras provavelmente sendo obtidas da senóide de menor freqüência.

Relembre que o espectro de um sinal discretizado no tempo formado pela amostragem de um sinal contínuo no tempo corresponde à TFCT do sinal contínuo no tempo, com f sendo substituído por $f_s F$, multiplicado pela taxa de amostragem e repetido com período F igual à unidade (ou se for em Ω o período é igual a 2π). Sendo esse o caso, se uma senóide $x_1(t) = A\cos(2\pi f_0 t + \theta)$ é amostrada a uma taxa f_s, as amostras serão idênticas àquelas provenientes de uma outra senóide $x_2(t) = A\cos(2\pi(f_0 + kf_s)t + \theta)$, em que k é qualquer inteiro (incluindo-se inteiros negativos). Esse resultado é facilmente mostrado ao se expandir o argumento de $x_2(t) = A\cos(2\pi f_0 t + 2\pi(kf_s)t + \theta)$. As amostras ocorrem nos instantes nT_s, em que n é inteiro. Portanto, os enésimos valores das amostras das duas senóides são iguais a

$$x_1(nT_s) = A\cos(2\pi f_0 nT_s + \theta) \text{ e } x_2(nT_s) = A\cos(2\pi f_0 nT_s + 2\pi(kf_s)nT_s + \theta)$$

e desde que $f_s T_s = 1$, a segunda equação é simplificada para $x_2(nT_s) = A\cos(2\pi f_0 nT_s + 2k\pi n + \theta)$ e, uma vez que kn equivale ao produto entre inteiros e, portanto, resulta também inteiro e, já que somando um inteiro múltiplo de 2π ao argumento de uma senóide não modifica o seu valor, segue-se que

$$x_2(nT_s) = A\cos(2\pi f_0 nT_s + 2k\pi n + \theta) = A\cos(2\pi f_0 nT_s + \theta) = x_1(nT_s) \quad (14.4)$$

14.3 SINAIS PERIÓDICOS LIMITADOS EM BANDA

Na Seção 14.2, vimos quais eram os requisitos para se amostrar adequadamente um sinal. Também aprendemos que, em geral, para a reconstrução perfeita de um sinal, infinitas amostras são necessárias. Visto que qualquer sistema DSP possui uma capacidade de armazenamento finita, é importante explorar métodos de análise de sinais usando um número finito de amostras.

Há um tipo de sinal que pode ser completamente descrito por um número finito de amostras: um sinal periódico limitado em banda. O conhecimento daquilo que ocorre em apenas um período é suficiente para se descrever todos os demais períodos, e um período é finito em comprimento (Figura 14.26). Portanto, um número finito de amostras

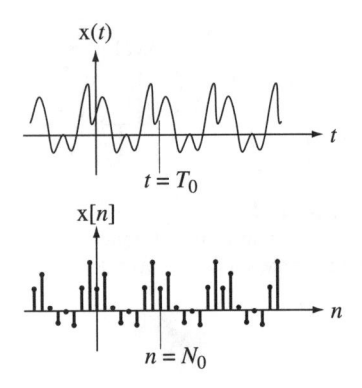

Figura 14.26
Um sinal contínuo periódico limitado em banda e um sinal discretizado no tempo criado com base na amostragem do primeiro por oito vezes a cada período fundamental.

sobre exatamente um período de um sinal periódico limitado em banda, obtidas a uma taxa acima da taxa de Nyquist, equivale a uma completa descrição do sinal.

Admita que o sinal formado pela amostragem de um sinal x(t) periódico limitado em banda acima de sua taxa de Nyquist seja um sinal periódico x[n], e seja uma versão amostrada por impulso de x(t), amostrada à mesma taxa $x_\delta(t)$ (Figura 14.27). Apenas um período fundamental das amostras é mostrado na Figura 14.27 para se destacar que um período fundamental de amostras é suficiente para descrever completamente o sinal periódico limitado em banda. Fazendo uso das relações de Fourier deduzidas em um capítulo anterior, podemos determinar as transformadas de Fourier apropriadas destes sinais (Figura 14.28).

A TFCT de x(t) consiste em apenas impulsos pois ela é periódica, e consiste em um número finito de impulsos porque ela é limitada em banda. Sendo assim, um número finito de valores caracterizam completamente o sinal tanto no domínio do tempo quanto no domínio da freqüência. Se multiplicarmos as intensidades de impulso em X(f) pela taxa de amostragem f_s, obteremos as intensidades dos impulsos no mesmo intervalo de freqüências de $X_\delta(f)$.

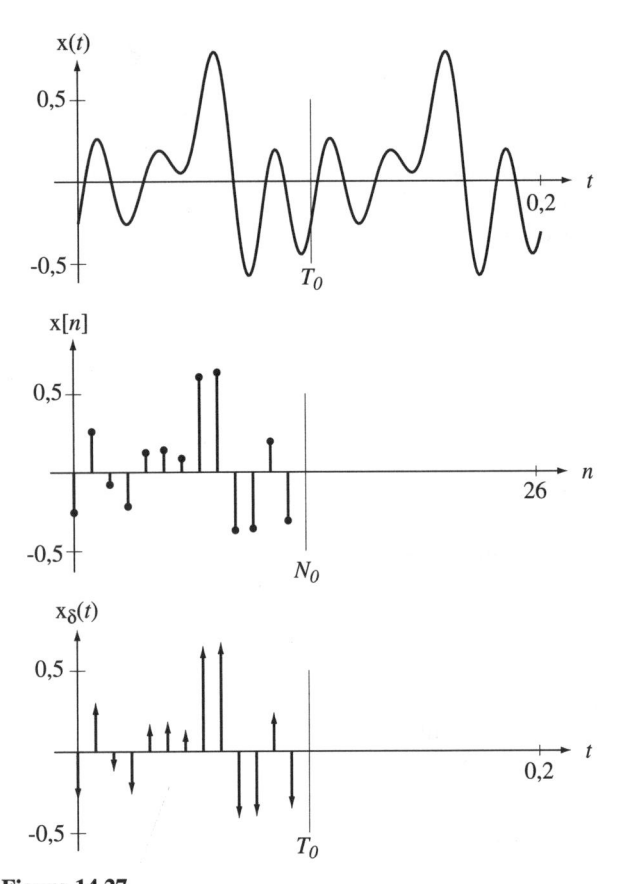

Figura 14.27
Um sinal contínuo periódico limitado em banda, um sinal discretizado no tempo e um sinal contínuo no tempo representado por impulsos criado pela amostragem do sinal original a uma taxa superior à taxa de Nyquist.

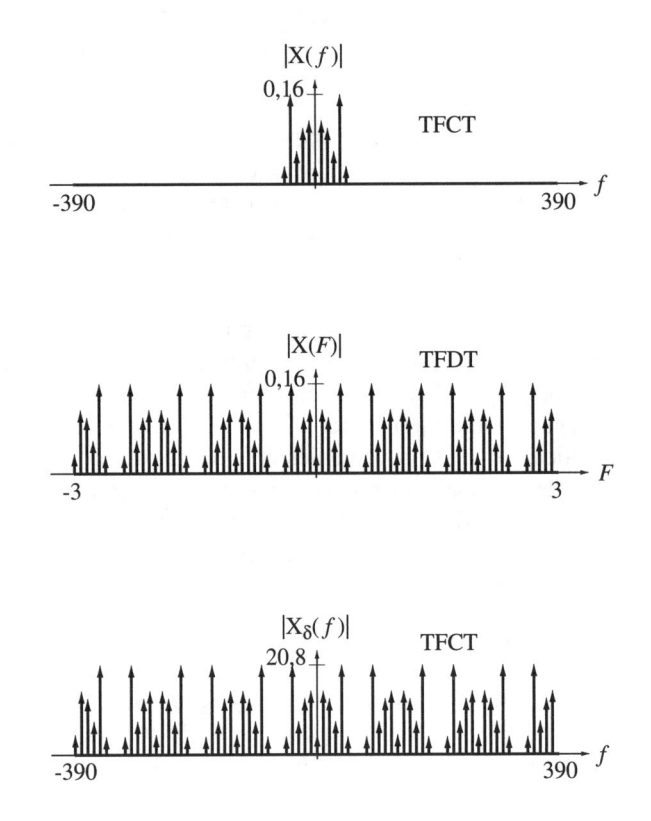

Figura 14.28
Magnitudes das transformadas de Fourier referentes aos três sinais no domínio do tempo da Figura 14.27.

EXEMPLO 14.3

Determinação de uma função harmônica em SFCT por meio de uma função harmônica em SFDT

Determine a função harmônica em SFCT para o sinal $x(t) = 4 + 2\cos(20\pi t) - 3\text{sen}(40\pi t)$ amostrando-o acima da taxa de Nyquist sobre exatamente um período fundamental e determinando a função harmônica em SFDT das amostras.

■ Solução

Existem exatamente três freqüências no sinal: 0 Hz, 10 Hz e 20 Hz. Portanto, a maior freqüência presente no sinal é $f_m = 20$ Hz e a taxa de Nyquist é igual a 40 Hz. A freqüência fundamental corresponde ao máximo divisor comum entre 10 Hz e 20 Hz, que é igual a 10 Hz. Por isso, devemos amostrar a 1/10 segundo. Se fôssemos amostrar à taxa de Nyquist para exatamente um período fundamental, obteríamos quatro amostras. Se formos amostrar durante exatamente um período fundamental acima da taxa de Nyquist, devemos obter cinco ou mais amostras durante o período. Para mantermos simples os cálculos, amostraremos oito vezes em um período fundamental. Essa corresponde a uma taxa de amostragem igual a 80 Hz. Então, iniciando a amostragem no instante de tempo $t = 0$, as amostras são

$$\{x[0], x[1], \ldots x[7]\} = \{6, 1+\sqrt{2}, 4, 7-\sqrt{2}, 2, 1-\sqrt{2}, 4, 7+\sqrt{2}\}$$

Usando a fórmula para se determinar a função harmônica em SFDT de uma função discretizada no tempo,

$$X_{DT}[k] = \frac{1}{N_0} \sum_{n=\langle N_0 \rangle} x[n] e^{-j2\pi kn/N_0}$$

obtemos

$$\{X_{DT}[0], X_{DT}[1], \ldots, X_{DT}[7]\} = \left\{4, 1, j\frac{3}{2}, 0, 0, 0, -j\frac{3}{2}, 1\right\}$$

O lado direito dessa equação corresponde a um período fundamental da função harmônica em SFDT $X_{DT}[k]$ da função $x[n]$. Determinando a função harmônica em SFCT de $x(t) = 4 + 2\cos(20\pi t) - 3\text{sen}(40\pi t)$ diretamente usando

$$X_{CT}[k] = \frac{1}{T_0} \int_{T_0} x(t) e^{-j2\pi(kf_0)t} dt$$

obtemos

$$\{X_{CT}[-4], X_{CT}[-3], \ldots, X_{CT}[4]\} = \{0, 0, -j3/2, 1, 4, 1, j3/2, 0, 0\}$$

Nos dois resultados, os valores $\{X[0], X[1], X[2], X[3], X[4]\}$ são os mesmos para ambas as funções harmônicas em SFDT e em SFCT e, usando o fato de que $X_{DT}[k]$ seja periódica de período fundamental igual a 8, $\{X[-4], X[-3], X[-2], X[-1]\}$ são também os mesmos.

Agora vamos violar o teorema da amostragem ao realizarmos uma amostragem à taxa de Nyquist. Neste caso, há quatro amostras

$$\{x[0], x[1], x[2] x[3]\} = \{6, 4, 2, 4\}$$

e um período da função harmônica em SFDT é

$$\{X_{DT}[0], X_{DT}[1], X_{DT}[2], X_{DT}[3]\} = \{4, 1, 0, 1\}$$

Os valores não-nulos da função harmônica em SFCT são o conjunto

$$\{X_{CT}[-2], X_{CT}[-1], \ldots, X_{CT}[2]\} = \{-j3/2, 1, 4, 1, j3/2\}$$

Os $j3/2$'s estão faltantes na função harmônica em SFDT. Eles são os coeficientes da função em seno de 40 Hz. Essa é uma demonstração de que quando amostramos uma função em seno exatamente à taxa de Nyquist, não a vemos nas amostras porque a amostramos exatamente em seus cruzamentos por zero.

■

Um leitor observador pode ter notado que a descrição de um sinal baseada em amostras no domínio do tempo, provenientes de um período fundamental, consiste em um conjunto finito de valores $x[n]$, $n_0 \leq n < n_0 + N_0$, que contém N_0 números *reais* independentes e a descrição correspondente da função harmônica em SFDT do sinal no domínio da freqüência consiste no conjunto finito de valores $X[k]$, $k_0 \leq k < k_0 + N_0$, que contêm N_0 números *complexos* e, portanto $2N_0$ números reais (dois números reais para cada número complexo, as partes real e imaginária). Desse modo, iria parecer que a descrição no domínio do tempo é mais eficiente do que no domínio da freqüência, haja visto que ela é alcançada com menor quantidade de números reais. Porém, como fica quando o conjunto X[k], delimitado por $k_0 \leq k < k_0 + N_0$, é calculado diretamente por meio do conjunto x[n], $n_0 \leq n < n_0 + N_0$ sem qualquer informação adicional? Uma inspeção mais cuidadosa da relação entre os dois conjuntos de valores nos revelará que essa aparente diferença é uma ilusão.

Como discutido no Capítulo 8, o coeficiente X[0] é sempre real. Ele pode ser calculado através da fórmula da função harmônica em SFDT como

$$X[0] = \frac{1}{N_0} \sum_{n=\langle N_0 \rangle} x[n]$$

Visto que todo x[n] é real, X[0] deve ser igualmente real porque ele é simplesmente a média de todos os x[n]. Existem dois casos a serem considerados a seguir: N_0 par e N_0 ímpar.

Caso 1. N_0 par

Por questão de simplicidade, e sem perda de generalidade, em

$$X[k] = \frac{1}{N_0} \sum_{n=\langle N_0 \rangle} x[n] e^{-j\pi kn/N_0} = \frac{1}{N_0} \sum_{n=k_0}^{k_0+N_0-1} x[n] e^{-j\pi kn/N_0}$$

seja $k_0 = -N_0/2$. Logo

$$X[k_0] = X[-N_0/2] = \frac{1}{N_0} \sum_{n=\langle N_0 \rangle} x[n] e^{j\pi n} = \frac{1}{N_0} \sum_{n=\langle N_0 \rangle} x[n](-1)^n$$

e $X[k_0]$ é assegurado real. Todos os valores da função harmônica em SFDT em um período, que não sejam X[0] e X[$-N_0/2$], ocorrem em pares X[k] e X[–k]. Em seguida, relembre que para qualquer real x[n], X[k] = X*[$-k$]. Ou seja, uma vez que saibamos X[k], sabemos também X[–k]. Portanto, ainda que cada X[k] contenha dois números reais, e cada X[–k] também, X[–k] não acrescenta nenhuma informação se já não soubermos que X[k] = X*[$-k$]. X[–k] não é independente de X[k]. Sendo assim, agora temos como valores independentes, X[0], X[$-N_0/2$], e X[k] para $1 \leq k < N_0/2$. Todos os X[k] provenientes de $k = 1$ até $k = N_0/2-1$ produzem um total de $2(N_0/2-1) = N_0-2$ números reais independentes. Adicionamos os dois coeficientes asseguradamente reais X[0] e X[$-N_0/2$] e, finalmente, temos um total de N_0 números reais independentes para a descrição no domínio da freqüência deste sinal.

Caso 2: N_0 ímpar

Por simplicidade, e sem perda de generalidade, seja $k_0 = -(N_0-1)/2$. Neste caso, temos simplesmente X[0] mais $(N_0-1)/2$ pares conjugados complexos X[k] e X[$-k$]. Já vimos que X[k] = X*[$-k$]. Desse modo, temos o número real X[0] e dois números reais independentes por par de conjugados complexos ou N_0-1 números reais independentes para um total de N_0 números reais independentes. O conteúdo de informação em forma de números reais independentes é conservado no processo de conversão do domínio do tempo para o domínio da freqüência.

14.4 A TRANFORMADA DISCRETA DE FOURIER E SUA RELAÇÃO COM OUTROS MÉTODOS DE FOURIER

A técnica de análise de Fourier mais comumente empregada no mundo é a **transformada rápida de Fourier**, que é um algoritmo eficiente para se calcular computacionalmente a **transformada discreta de Fourier** (DFT) (introduzida no Capítulo 8). A DFT é quase idêntica à SFDT. As únicas diferenças reais são um fator de escala e uma suposição de que o intervalo de tempo do sinal seja delimitado por $0 \leq n < N_F$. A DFT de um sinal x[n] é definida pelo par de transformadas

$$x[n] = \frac{1}{N_F} \sum_{k=0}^{N_F-1} X[k] e^{j2\pi nk/N_F} \xleftrightarrow{\mathcal{DFT}} X[k] = \sum_{n=0}^{N_F-1} x[n] e^{-j2\pi nk/N_F} \quad (14.5)$$

e a relação entre a função harmônica em SFDT e a DFT é $X_{DFT}[k] = N_F X_{SFDT}[k]$. Não deveria haver realmente duas transformadas praticamente idênticas com nomes diferentes, mas, por razões históricas, existem.

No desenvolvimento da relação entre a TFCT e a DFT que se segue, todos os passos de processamento a partir da função original para a DFT serão ilustrados por meio de um sinal de exemplo. Além disso, diversos usos da DFT são desenvolvidos para cálculos computacionais aproximados ou exatos de várias operações de processamento de sinais.

Seja um sinal x(t) amostrado e seja o número total de amostras adquiridas igual a N_F, onde $N_F = T_F f_s$, T_F corresponde ao tempo total de amostragem e f_s é a freqüência de amostragem. Logo, o intervalo de tempo entre amostras é $T_s = 1/f_s$. A seguir, está um sinal original de exemplo mostrado tanto no domínio do tempo quanto no domínio da freqüência (Figura 14.29).

O primeiro passo do processamento na conversão da TFCT para a DFT é amostrar o sinal x(t) para se criar um sinal $x_s[n] = x(nT_s)$. A contrapartida no domínio da freqüência da função discretizada no tempo equivale a sua TFDT. Usando as relações entre os métodos de Fourier deduzidos no Capítulo 11, podemos escrever a TFDT de $x_s[n]$, que é $X_s(F)$, em termos da TFCT de x(t), que é X(f). Ela é

$$X_s(F) = f_s X(f_s F) * \delta_1(F) = f_s \sum_{k=-\infty}^{\infty} X(f_s(F-k))$$

uma versão de X(f) redimensionada na escala de freqüência e repetida periodicamente (Figura 14.30).

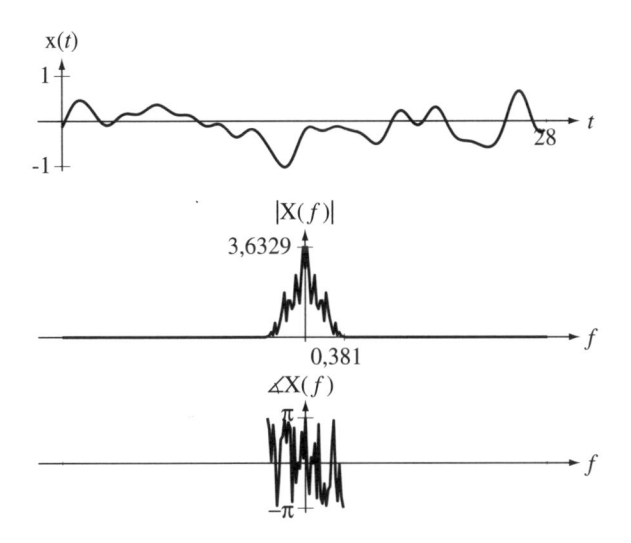

Figura 14.29
Um sinal original e sua TFCT.

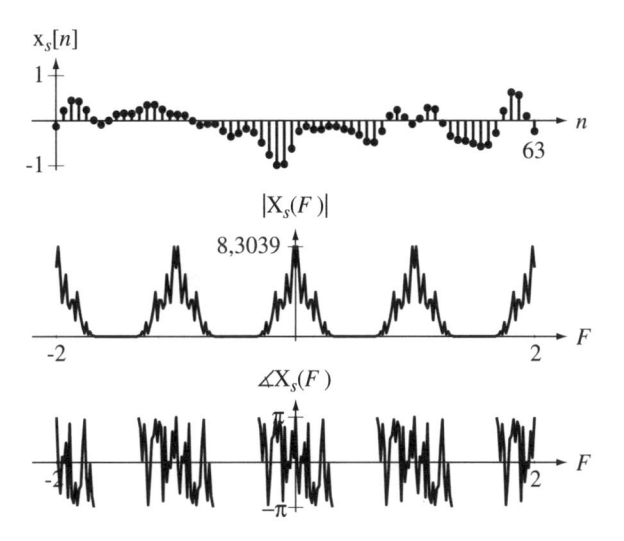

Figura 14.30
Sinal original, sinal amostrado no tempo para criar um sinal discretizado no tempo e a TFDT do sinal discretizado no tempo.

Em seguida, devemos limitar o número de amostras para aquelas que ocorrem durante o período total de amostragem N_F nos instantes discretos. Seja o instante da primeira amostra igual a $n = 0$. (Essa é a suposição padrão na DFT. Outras referências de tempo poderiam ser utilizadas, porém o efeito de uma referência de tempo diferente é simplesmente causar um deslocamento na fase, que varia linearmente com a freqüência.) Tal limitação pode ser alcançada pela multiplicação de $x_s[n]$ por uma função **janela**

$$w[n] = \begin{cases} 1 &, \ 0 \leq n < N_F \\ 0 &, \ \text{caso contrário} \end{cases}$$

como ilustrado na Figura 14.31. A função janela tem exatamente N_F valores não-nulos. O primeiro deles encontra-se no instante de tempo discreto $n = 0$. Chame o sinal amostrado e delimitado por $x_{sw}[n]$. Logo

$$x_{sw}[n] = w[n]x_s[n] = \begin{cases} x_s[n] &, \ 0 \leq n < N_F \\ 0 &, \ \text{caso contrário} \end{cases}$$

Figura 14.31
Sinal original, sinal amostrado no tempo, versão amostrada no tempo e delimitada para criar um sinal discretizado no tempo e a TFDT deste sinal discretizado no tempo.

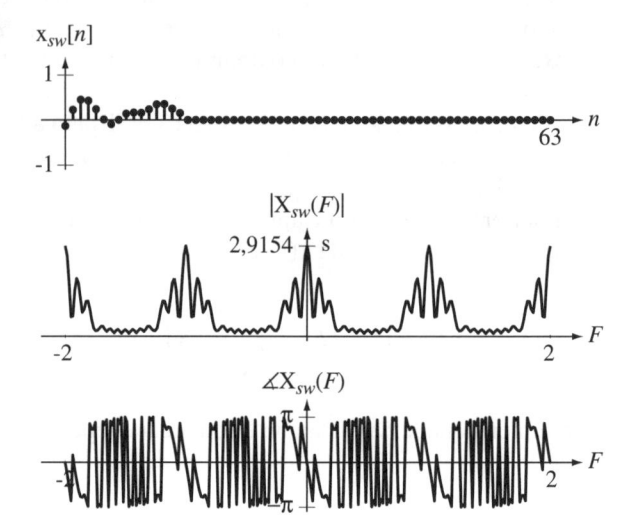

O processo de delimitação de um sinal a um intervalo finito N_F no tempo discreto é denominado janelamento, pois estamos considerando apenas aquela parte do sinal amostrado que pode ser vista através de uma "janela" de comprimento finito. A função janela não precisa ser necessariamente um retângulo. Outras formas de janela são muitas vezes usadas na prática para se minimizar um efeito chamado **vazamento** (descrito a seguir) no domínio da freqüência. A TFDT de $x_{sw}[n]$ é a convolução periódica entre a TFDT do sinal $x[n]$ e a TFDT da função janela $w[n]$, que é $X_{sw}(F) = W(F) \circledast X_s(F)$. A TFDT da função janela é

$$W(F) = e^{-j\pi F(N_F - 1)} N_F \, \text{drcl}(F, N_F)$$

Então

$$X_{sw}(F) = e^{-j\pi F(N_F - 1)} N_F \, \text{drcl}(F, N_F) \circledast f_s \sum_{k=-\infty}^{\infty} X(f_s(F - k))$$

ou, usando o fato de que a convolução periódica com um sinal periódico é equivalente à convolução aperiódica com qualquer sinal aperiódico que possa ser repetido periodicamente para formar o sinal periódico,

$$X_{sw}(F) = f_s \left[e^{-j\pi F(N_F - 1)} N_F \, \text{drcl}(F, N_F) \right] * X(f_s F) \tag{14.6}$$

Portanto, o efeito do janelamento no domínio da freqüência para o tempo discreto é que a transformada de Fourier do sinal amostrado no tempo é submetida à convolução periodicamente com

$$W(F) = e^{-j\pi F(N_F - 1)} N_F \, \text{drcl}(F, N_F)$$

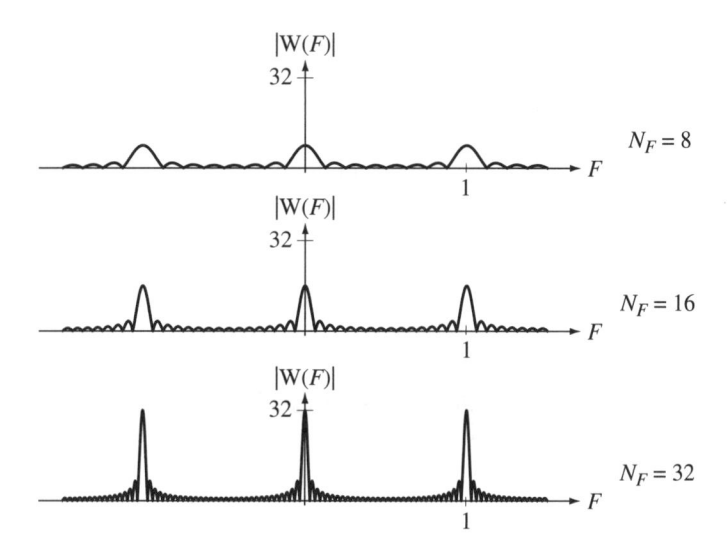

(Figura 14.32).

Figura 14.32
Magnitude da TFDT da função janela retangular

$$w[n] = \begin{cases} 1, & 0 \leq n < N_F \\ 0, & \text{caso contrário} \end{cases}$$

para três larguras da janela diferentes.

A convolução tenderá a espalhar $X_s(F)$ no domínio da freqüência, o que faz a potência de $X_s(F)$ em qualquer freqüência "vazar" para freqüências próximas em $X_{sw}(F)$. É daí que o termo "vazamento" se origina. O uso de uma função janela diferente, cuja TFDT esteja mais confinada no domínio da freqüência, reduz (mas nunca poderia eliminar completamente) o vazamento. Assim como pode ser visto na Figura 14.32, à medida que o número de amostras N_F aumenta, a largura do lóbulo principal de cada período fundamental desta função diminui, reduzindo o vazamento. Desse modo, uma outra maneira de reduzir o vazamento é utilizar um conjunto maior de amostras.

Neste ponto do processo, temos uma seqüência finita de valores a partir do sinal amostrado e delimitado, mas a TFDT do sinal delimitado é uma função periódica na freqüência contínua F e, portanto, não apropriada para ser armazenada e manipulada por computador. O fato de que a função no domínio do tempo tenha se tornado limitada no tempo pelo processo de janelamento e o fato de que a função no domínio da freqüência seja periódica nos permitem amostrar agora no domínio da freqüência ao longo de um período fundamental para descrever completamente a função do domínio da freqüência. É natural neste ponto imaginar como uma função do domínio da freqüência deve ser amostrada para sermos capazes de reconstruí-lo com base em suas amostras. A resposta é quase idêntica à resposta para a amostragem de sinais no domínio do tempo, exceto pelo fato de que o tempo e a freqüência trocaram de papéis. As relações entre os domínios do tempo e da freqüência são quase idênticas devido à dualidade das transformadas de Fourier direta e inversa.

No Capítulo 11, descobrimos que a amostragem no domínio da freqüência corresponde à repetição periódica no domínio do tempo através da relação

$$X_p[k] = (1/N_F) X(k/N_F)$$

em que $x_p[n]$ é uma função periódica no domínio do tempo formada pela repetição periódica de uma função aperiódica no domínio do tempo $x[n]$, $X_p[k]$ é a função harmônica em SFDT de $x_p[n]$ e N_F é o período fundamental da repetição periódica (Figura 14.33). Portanto, se formarmos uma repetição periódica de $x_{sw}[n]$

$$x_{swp}[n] = \sum_{m=-\infty}^{\infty} x_{sw}[n - mN_F]$$

com período fundamental N_F, sua função harmônica em SFDT será

$$X_{swp}[k] = (1/N_F) X_{sw}(k/N_F), \quad k \text{ um inteiro}$$

ou, da Equação (12.6),

$$X_{swp}[k] = (f_s/N_F)\left[e^{-j\pi F(N_F-1)} N_F \operatorname{drcl}(F, N_F) * X(f_s F)\right]_{F \to k/N_F}$$

O efeito da última operação, amostragem no domínio da freqüência, é muitas vezes denominado **cercamento por piquete** (Figura 14.34).

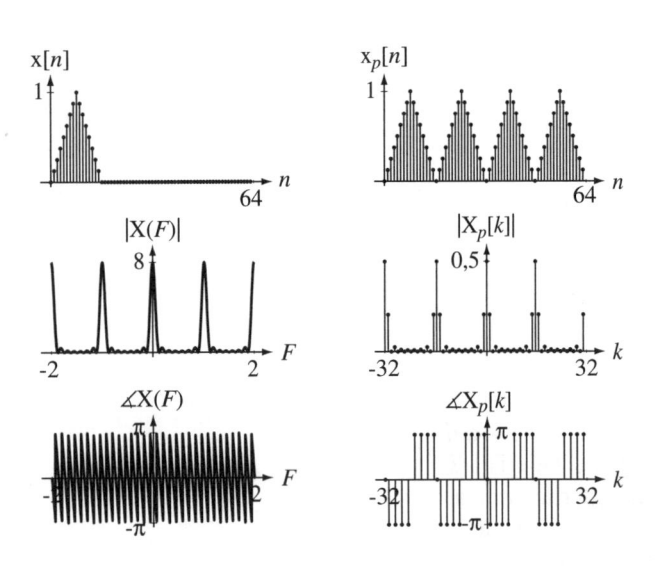

Figura 14.33
A correspondência entre a amostragem no domínio da freqüência e a repetição periódica no domínio do tempo.

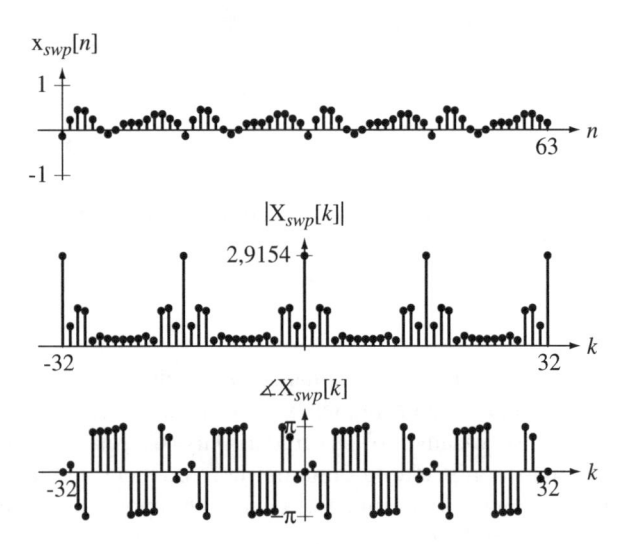

Figura 14.34
Sinal original, versão amostrada no tempo, delimitada e repetida periodicamente para formar um sinal discretizado no tempo periódico e a função harmônica em SFDT do sinal.

Visto que o comprimento não-nulo de $x_{sw}[n]$ é exatamente igual a N_F, $x_{swp}[n]$ corresponde a uma repetição periódica de $x_{sw}[n]$ com período fundamental igual ao seu comprimento de modo que as múltiplas réplicas de $x_{sw}[n]$ não se sobreponham, mas, em vez disso, apenas se toquem. Portanto, $x_{sw}[n]$ pode ser recuperada de $x_{swp}[n]$ por simples isolamento de um período fundamental de $x_{swp}[n]$ no intervalo de tempo discreto $0 \le n < N_F$.

O resultado

$$X_{swp}[k] = (f_s/N_F)\left[e^{-j\pi F(N_F-1)} N_F \operatorname{drcl}(F, N_F) * X(f_s F)\right]_{F \to k/N_F}$$

é a função harmônica em SFDT de uma extensão periódica do sinal discretizado no tempo formada pela amostragem do sinal original sobre um tempo finito. Visto que a *DFT* equivale à função harmônica em SFDT a menos de um fator de escala N_F, a expressão equivalente em termos da DFT é

$$X_{swp,DFT}[k] = f_s \left[e^{-j\pi F(N_F-1)} N_F \operatorname{drcl}(F, N_F) * X(f_s F) \right]_{F \to k/N_F} \quad (14.7)$$

APROXIMAÇÃO DA TFCT POR MEIO DA DFT

A aproximação numérica da TFCT usando a DFT foi deduzida no Capítulo 10. Para aqueles números harmônicos k os quais $|k| \ll N_F$,

$$X(kf_F) \cong T_s \times \mathcal{DFT}(x(nT_S)) \quad (14.8)$$

Por isso, se superamostrarmos por um fator muito grande e amostrarmos um grande número de vezes, a aproximação para a Equação (14.8) torna-se precisa para freqüências bem abaixo da freqüência de Nyquist.

CÁLCULO DA SFCT COM A DFT

O cálculo numérico computacional da SFCT usando a DFT foi deduzido no Capítulo 8. Para um sinal periódico limitado em banda amostrado sobre um período fundamental a uma taxa acima de sua taxa de Nyquist e é múltiplo inteiro da freqüência fundamental, a SFCT e a SFDT estão relacionadas por

$$X_{SFDT}[k] = X_{SFCT}[k] * \delta_{N_F}[k] \quad (14.9)$$

e a SFCT e a DFT estão relacionadas por

$$\boxed{X_{DFT}[k] = \mathcal{DFT}(x(nT_S)) = N_F \, X_{SFCT}[k] * \delta_{N_F}[k]} \quad (14.10)$$

É raro na prática amostrar concretamente um sinal periódico limitado em banda sobre um período fundamental a uma taxa que esteja acima de sua taxa de Nyquist e que seja um inteiro múltiplo da freqüência fundamental. Em primeiro lugar, estritamente falando, nenhum sinal real pode verdadeiramente ser limitado em banda porque ele deve ser limitado no tempo. Aliás, nenhum sinal pode de fato ser periódico pelo mesmo motivo. Em muitos casos, poderíamos dizer que muitos sinais são *praticamente* limitados em banda, periódicos e conservam erro desprezível. Mas mesmo se soubéssemos que um sinal é limitado em banda e periódico na prática, isso não significaria que conheceríamos seu limite de banda ou pudéssemos necessariamente amostrá-lo de maneira síncrona a um inteiro múltiplo de sua freqüência fundamental. Mesmo com todas essas limitações apresentadas, a DFT ainda é usada na análise prática e no processamento de sinais bilhões de vezes por dia em todo o mundo.

Quando tomamos um conjunto de amostras de um sinal real e usamos a DFT para obter uma transformada numérica por meio delas, obtemos um resultado que é exato para um sinal periódico limitado em banda apropriadamente amostrado, que passa por todos os pontos e tem um período fundamental que se iguala ao tempo total sobre o qual o sinal é amostrado. Embora o sinal real não seja nem limitado em banda e nem periódico, a DFT pode ainda produzir resultados úteis. Quão úteis eles são e quão inteligentemente eles sejam utilizados depende das pessoas que estão realizando a análise. Elas precisam estar atentas com relação às limitações e aproximações de modo que os resultados possam ser úteis.

CÁLCULO DA SFDT COM A DFT

O cálculo numérico da SFDT usando a DFT foi deduzido no Capítulo 9. A SFDT de $x[n]$ é

$$\boxed{X[k] = \mathcal{DFT}(x[n]) / N_F} \quad (14.11)$$

APROXIMAÇÃO DA TFDT COM A DFT

A aproximação numérica da TFDT usando a DFT foi deduzida no Capítulo 11. A TFDT de x[n] calculada nas freqüências $F = k/N_F$ é

$$\boxed{X(k/N_F) \cong \mathcal{DFT}(x[n])} \tag{14.12}$$

APROXIMAÇÃO DA CONVOLUÇÃO CONTÍNUA NO TEMPO COM A DFT

Outro uso comum da DFT é para se aproximar a convolução entre dois sinais contínuos no tempo usando suas amostras. Suponha que queiramos realizar a convolução entre dois sinais de energia aperiódicos x(t) e h(t) para compor y(t). É mostrado no Apêndice L, que está no **www.mhhe.com/roberts**, que para $|n| << N_F$,

$$\boxed{y(nT_s) \cong T_s \times \mathcal{DFT}^{-1}\big(\mathcal{DFT}(x(nT_s)) \times \mathcal{DFT}(h(nT_s))\big)} \tag{14.13}$$

APROXIMAÇÃO DA CONVOLUÇÃO DISCRETIZADA NO TEMPO COM A DFT

Se x[n] é um sinal de energia e a maior parte da sua energia ou toda ela ocorre no intervalo de tempo $0 \le n < N_F$, então é mostrado no Apêndice L que para $|n| << N_F$,

$$\boxed{y[n] \cong \mathcal{DFT}^{-1}\big(\mathcal{DFT}(x[n]) \times \mathcal{DFT}(h[n])\big)} \tag{14.14}$$

APROXIMAÇÃO DA CONVOLUÇÃO PERIÓDICA CONTÍNUA NO TEMPO COM A DFT

Seja x(t) e h(t) dois sinais periódicos contínuos no tempo com um período comum T_F e amostre-os sobre exatamente o referido tempo a uma taxa f_s acima da taxa de Nyquist, tomando N_F amostras de cada sinal. Seja y(t) a convolução periódica de x(t) com h(t). Logo

$$\boxed{y(nT_s) \cong T_s \times \mathcal{DFT}^{-1}\big(\mathcal{DFT}(x(nT_s)) \times \mathcal{DFT}(h(nT_s))\big)} \tag{14.15}$$

CALCULANDO A CONVOLUÇÃO PERIÓDICA DISCRETIZADA NO TEMPO COM A DFT

Seja x[n] e h[n] dois sinais periódicos com um período comum N_F. Seja y[n] a convolução periódica entre x[n] e h[n]. Então é mostrado no Apêndice L que

$$\boxed{y[n] = \mathcal{DFT}^{-1}\big(\mathcal{DFT}(x[n]) \times \mathcal{DFT}(h[n])\big)} \tag{14.16}$$

RESUMO DO PROCESSAMENTO DE SINAL USANDO A DFT

TFCT $\qquad X(kf_F) > T_s \times \mathcal{DFT}(x(nT_S))$

SFCT $\qquad X_{DFT}[k] = \mathcal{DFT}(x(nT_s)) = N_F\, X_{SFCT}[k] * \delta_{N_F}[k]$

SFDT $\qquad X[k] = \mathcal{DFT}(x[n])/N_F$

TFDT $\qquad X(k/N_F) \cong \mathcal{DFT}(x[n])$

Convolução TC $\quad [x(t) * h(t)]_{t \to nT_s} \cong T_s \times \mathcal{DFT}^{-1}\big(\mathcal{DFT}(x(nT_s)) \times \mathcal{DFT}(h(nT_s))\big)$

Convolução TD $x[n] * h[n] \cong \mathcal{DFT}'^{-1}(\mathcal{DFT}'(x[n]) \times \mathcal{DFT}'(h[n]))$

Convolução Periódica TC

$$\left[x(t) \circledast h(t)\right]_{t \to nT_s} \cong T_s \times \mathcal{DFT}'^{-1}\left(\mathcal{DFT}'(x(nT_s)) \times \mathcal{DFT}'(h(nT_s))\right)$$

Convolução Periódica TD $x[n] \circledast h[n] = \mathcal{DFT}'^{-1}(\mathcal{DFT}'(x[n]) \times \mathcal{DFT}'(h[n]))$

14.5 A TRANSFORMADA RÁPIDA DE FOURIER

A DFT direta é definida por

$$X[k] = \sum_{n=0}^{N_F-1} x[n] e^{-j2\pi nk/N_F}$$

Um modo direto de calcular computacionalmente a DFT seria através do seguinte algoritmo (escrito em linguagem MATLAB), que implementa diretamente as operações indicadas anteriormente.

```
.
.
.
%    (Capturar os dados de entrada em um vetor x com NF elementos.)
.
.
.
%
%    Inicializar o vetor da DFT como um vetor-coluna de zeros.
%
X = zeros(NF,1) ;
%
%    Calcular os Xn's em um laço de repetição duplo aninhado.
%
for k = 0:NF-1
        for n = 0:NF-1
            X(k + 1) = X(k + 1) + x(n + 1)*exp(-j*2*pi*n*k/NF) ;
        end
end
.
.
.
```

(A propósito, esse programa não deveria ser escrito em MATLAB porque a DFT já se encontra implementada no MATLAB como uma função intrínseca chamada fft.)

O cálculo computacional de uma DFT utilizando este algoritmo requer N^2 operações de soma e multiplicação complexas. Portanto, o número de cálculos computacionais aumenta com o quadrado do número de elementos do vetor de entrada que está sendo transformado. Em 1965, James Cooley e John Tukey popularizaram um algoritmo que é muito mais eficiente em termos do tempo computacional para grandes vetores de entrada cujo comprimento seja uma potência inteira de dois. Esse algoritmo para calcular a DFT é a tão conhecida **transformada rápida de Fourier**, ou apenas *fft* (*Fast Fourier Transform*). O Apêndice M em **www.mhhe.com/roberts** explica a operação do algoritmo *fft*.

A redução em tempo de cálculo para o algoritmo da transformada rápida de Fourier em contraste com a abordagem que usa um laço for duplo, apresentado anteriormente, é ilustrada na Tabela 14.1 em que *A* corresponde ao número de adições com números complexos requerido e *M* corresponde ao número de multiplicações de números complexos requerido. O subscrito DFT indica a abordagem direta por laço for duplo e *fft* indica que o algoritmo *fft* está sendo utilizado.

James W. Cooley (1926 –)   John Wilder Tukey (1915 – 2000)

James Cooley recebeu seu título de doutor em matemática aplicada da Universidade de Columbia em 1961. Cooley foi um pioneiro no campo de processamento de sinal digital tendo desenvolvido, juntamente com John Tukey, a transformada rápida de Fourier. Ele desenvolveu a *fft* através da teoria matemática e suas aplicações, e ajudou a torná-la mais amplamente disponível idealizando algoritmos para aplicações de engenharia e científicas.

John Tukey recebeu seu título de doutor em matemática da Universidade de Princeton em 1939. Ele trabalhou na Bell Labs de 1945 a 1970. Desenvolveu novas técnicas de análise de dados. Desenvolveu métodos de elaboração de gráficos que agoram surgem em textos padrão sobre estátistica. Tukey elaborou diversas publicações sobre análise de séries temporais e sobre outros aspectos do processamento de sinal digital que são agora muito importantes para a engenharia e a ciência. Desenvolveu, juntamente com James Cooley, o algoritmo da transformada rápida de Fourier. É creditado a ele a denominação da palavra "bit", originada da contração de *binary digit*, que corresponde à menor unidade de informação utilizada por um computador.

À medida que o número de pontos N no processo de transformação é aumentado, a vantagem em velocidade da *fft* cresce muito rapidamente. *Porém, esses fatores de melhoria na velocidade não se aplicam se N não é uma potência inteira de dois.* Por essa razão, praticamente toda a análise em DFT real é feita com a *fft* usando comprimentos de vetor de dados que são potências inteiras de dois. (No MATLAB, se o comprimento do vetor de entrada é uma potência inteira de dois, o algoritmo usado na função do MATLAB *fft* é o algoritmo *fft* sobre o qual acabamos de discutir. Se o vetor não tem comprimento igual a uma potência inteira de dois, a DFT ainda é calculada, mas a velocidade do cálculo é afetada, pois um algoritmo menos eficiente deve ser utilizado.)

Tabela 14.1 Números de adições, multiplicações e proporções para diversos N's.

γ	$N = 2^\gamma$	A_{DFT}	M_{DFT}	A_{fft}	M_{fft}	A_{DFT}/A_{fft}	M_{DFT}/M_{fft}
1	2	2	4	2	1	1	4
2	4	12	16	8	4	1,5	4
3	8	56	64	24	12	2,33	5,33
4	16	240	256	64	32	3,75	8
5	32	992	1024	160	80	6,2	12,8
6	64	4032	4096	384	192	10,5	21,3
7	128	16256	16384	896	448	18,1	36,6
8	256	65280	65536	2048	1024	31,9	64
9	512	261632	262144	4608	2304	56,8	113,8
10	1024	1047552	1048576	10240	5120	102,3	204,8

14.6 RESUMO DOS PONTOS MAIS IMPORTANTES

1. Um sinal amostrado possui um espectro de Fourier que é uma versão repetida periodicamente do espectro do sinal amostrado. Cada repetição é denominada alias.
2. Se os aliases no espectro do sinal amostrado não se sobrepõem, o sinal original pode ser recuperado com base nas amostras.
3. Se o sinal é amostrado a uma taxa superior a duas vezes a componente de maior freqüência contida nele, os aliases não se sobreporão.
4. Um sinal não pode ser simultaneamente limitado no tempo e limitado em banda.
5. A função de interpolação ideal é a função *sinc*, mas visto que ela é não causal, outros métodos devem ser utilizados na prática.
6. Um sinal periódico limitado em banda pode ser completamente descrito por um conjunto finito de valores.
7. A TFCT de um sinal e a DFT das suas amostras estão relacionadas por meio das operações: amostragem no tempo, janelamento e amostragem na freqüência.
8. A DFT pode ser utilizada para aproximar a TFCT, a SFCT e outras operações de processamento de sinais comuns, e à medida que a taxa de amostragem e/ou número de amostras são aumentados, a aproximação torna-se cada vez melhor.
9. A transformada rápida de Fourier (*FFT – Fast Fourier Transform*) é um algoritmo muito eficiente para se computar a DFT, que tira proveito de simetrias que ocorrem quando o número de pontos corresponde a uma potência inteira de 2.

EXERCÍCIOS COM RESPOSTAS

Em cada exercício, as respostas estão listadas em ordem aleatória.

Modulação em Amplitude de Pulso

1. Amostre o sinal

$$x(t) = 10\operatorname{sinc}(500t)$$

multiplicando-o pelo trem de pulsos

$$p(t) = \operatorname{ret}(10^4 t) * \delta_{0,001}(t)$$

para formar o sinal $x_p(t)$. Trace o gráfico da magnitude da TFCT $X_p(f)$ de $x_p(t)$.

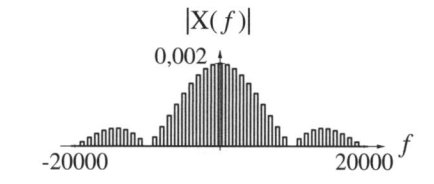

Resposta:

2. Seja

$$x(t) = 10\operatorname{sinc}(500t)$$

como no Exercício 1, forme um sinal

$$x_p(t) = \left[1000\,x(t) \times 0,001\delta_{0,001}(t)\right] * \operatorname{ret}(10^4 t)$$

Trace o gráfico da magnitude da TFCT $X_p(f)$ de $x_p(t)$ e compare-o com o resultado do Exercício 1.

Amostragem

3. Um sinal $x(t) = 25\text{sen}(200\pi t)$ é amostrado a 300 Hz com a primeira amostra sendo tomada no instante de tempo $t = 0$. Qual é o valor da quinta amostra?

   Resposta: 21,651

4. Um sinal $x(t) = 4\cos(20\pi t)$ é amostrado por impulso a 40 Hz para formar $x_s(t)$.

   (a) Qual é a primeira freqüência positiva acima de 10 Hz na qual $X_s(f)$ não é zero?

   (b) Se $x_s(t)$ é filtrado por um filtro passa-baixas ideal, qual é a máxima freqüência de quebra do filtro que produziria uma resposta puramente senoidal?

   (c) Se $x_s(t)$ é filtrado por um filtro passa-baixas ideal, qual é a máxima freqüência de quebra do filtro que não produziria resposta?

   (d) Altere a taxa de amostragem para 12 Hz e repita as letras (a), (b) e (c).

   Respostas: 10, 14, 10, 30, 2, 30

5. Dado o sinal $x(t) = \text{tri}(100t)$, forme um sinal $x[n]$ pela amostragem de $x(t)$ a uma taxa $f_s = 800$ e forme um sinal amostrado por impulso equivalente em informação $x_\delta(t)$ pela multiplicação de $x(t)$ por uma seqüência periódica de impulsos unitários, cuja freqüência fundamental seja a mesma $f_0 = f_s = 800$. Trace a magnitude da TFDT de $x[n]$ e da TFCT de $x_\delta(t)$. Modifique a taxa de amostragem para $f_s = 5000$ e faça o exercício novamente.

   Respostas:

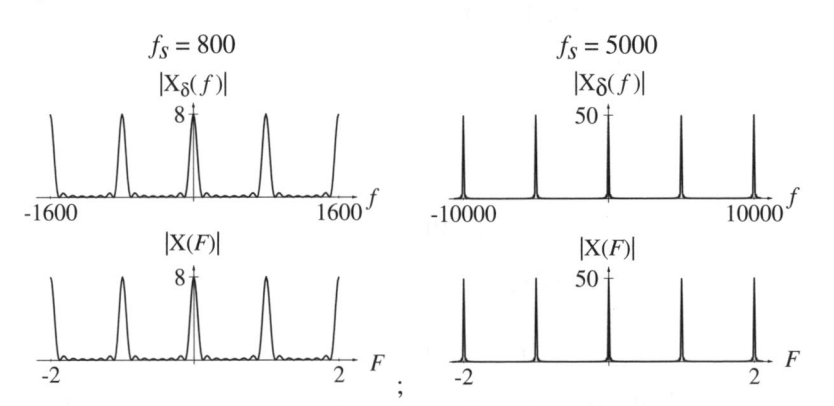

6. Dado o sinal limitado em banda $x(t) = \text{sinc}(t/4)\cos(2\pi t)$, forme um sinal $x[n]$ pela amostragem de $x(t)$ a uma taxa $f_s = 4$ e forme um sinal amostrado por impulso equivalente em informação $x_\delta(t)$ pela multiplicação de $x(t)$ por uma seqüência periódica de impulsos unitários cuja freqüência fundamental seja a mesma $f_0 = f_s = 4$. Trace o gráfico da magnitude da TFDT de $x[n]$ e da TFCT de $x_\delta(t)$. Modifique a taxa de amostragem para $f_s = 2$ e repita o exercício.

   Respostas:

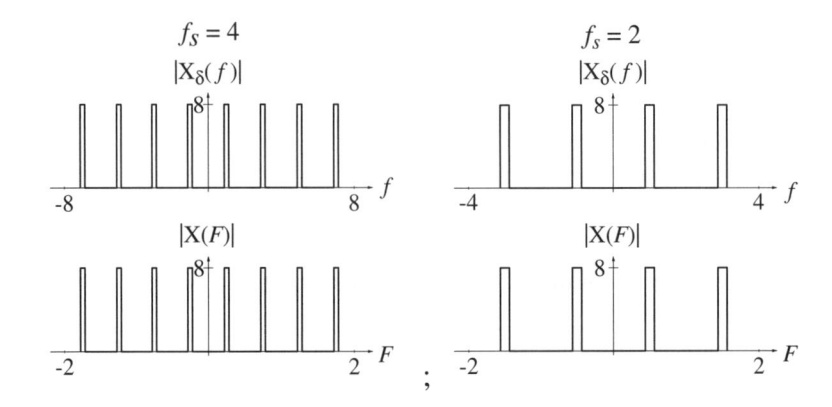

Taxas de Nyquist

7. Determine as taxas de Nyquist para os sinais a seguir.
   (a) $x(t) = \text{sinc}(20t)$
   (b) $x(t) = 4\text{sinc}^2(100t)$
   (c) $x(t) = 8\text{sen}(50\pi t)$
   (d) $x(t) = 4\text{sen}(30\pi t) + 3\cos(70\pi t)$
   (e) $x(t) = \text{ret}(300t)$
   (f) $x(t) = -10\text{sen}(40\pi t)\cos(300\pi t)$
   (g) $x(t) = \text{sinc}(t/2) * \delta_{10}(t)$
   (h) $x(t) = \text{sinc}(t/2)\delta_{0,1}(t)$

   Respostas: 200; 340; 70; infinito; 50; 0,4; infinito; 20

Sinais Limitados no Tempo e Limitados em Banda

8. Trace graficamente os seguintes sinais limitados no tempo. Determine e trace a magnitude de suas TFCTs e comprove que eles não são limitados em banda.
   (a) $x(t) = 5\text{ret}(t/100)$
   (b) $x(t) = 10\text{tri}(5t)$
   (c) $x(t) = \text{ret}(t)[1 + \cos(2\pi t)]$
   (d) $x(t) = \text{ret}(t)[1 + \cos(2\pi t)]\cos(16\pi t)$

   Respostas:

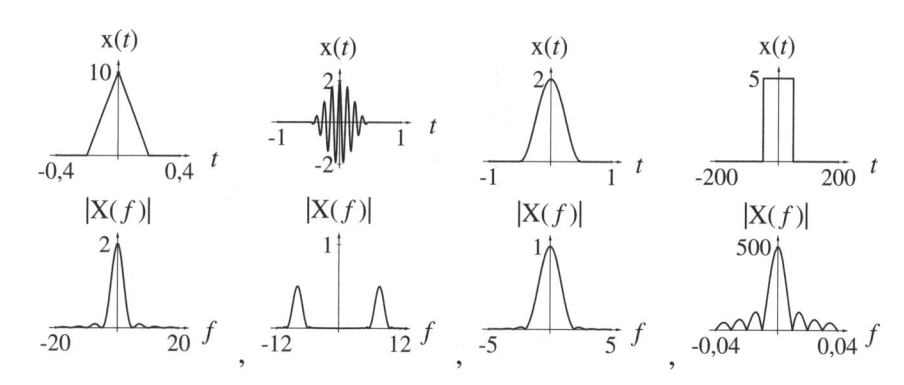

9. Trace graficamente a magnitude das seguintes TFCTs dos sinais limitados em banda. Determine e trace suas TFCTs inversas e comprove que eles não são limitados no tempo.
   (a) $X(f) = \text{ret}(f)e^{-j4\pi f}$
   (b) $X(f) = \text{tri}(100f)e^{j\pi f}$
   (c) $X(f) = \delta(f-4) + \delta(f+4)$
   (d) $X(f) = j[\delta(f+4) - \delta(f-4)] * \text{ret}(8f)$

   Respostas:

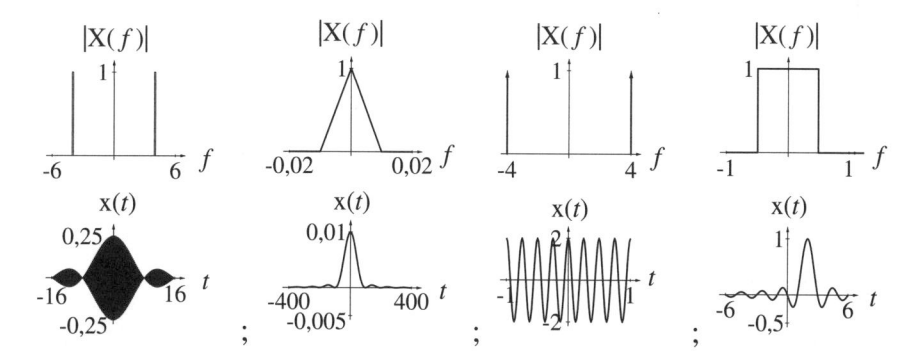

Interpolação

10. Amostre o sinal $x(t) = \text{sen}(2\pi t)$ a uma taxa de amostragem f_s. Então, usando o MATLAB, trace a interpolação entre as amostras no intervalo de tempo $-1 < t < 1$ usando a aproximação

$$x(t) \cong 2(f_c / f_s) \sum_{n=-N}^{N} x(nT_s)\text{sinc}(2f_c(t - nT_s))$$

com estas combinações de f_s, f_c, e N.
(a) $f_s = 4, f_c = 2, N = 1$
(b) $f_s = 4, f_c = 2, N = 2$
(c) $f_s = 8, f_c = 4, N = 4$
(d) $f_s = 8, f_c = 2, N = 4$
(e) $f_s = 16, f_c = 8, N = 8$
(f) $f_s = 16, f_c = 8, N = 16$

Respostas:

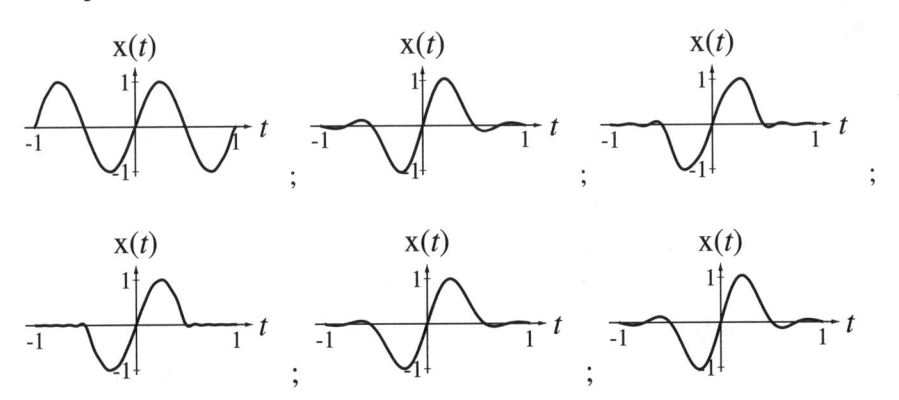

11. Para cada sinal e taxa de amostragem especificada, trace o gráfico do sinal original e uma interpolação entre as amostras do sinal utilizando um retentor de ordem zero, sobre o intervalo de tempo $-1 < t < 1$. (A função do MATLAB `stairs` poderia ser útil aqui.)
(a) $x(t) = \text{sen}(2\pi t), f_s = 8$
(b) $x(t) = \text{sen}(2\pi t), f_s = 32$
(c) $x(t) = \text{ret}(t), f_s = 8$
(d) $x(t) = \text{tri}(t), f_s = 8$

Respostas:

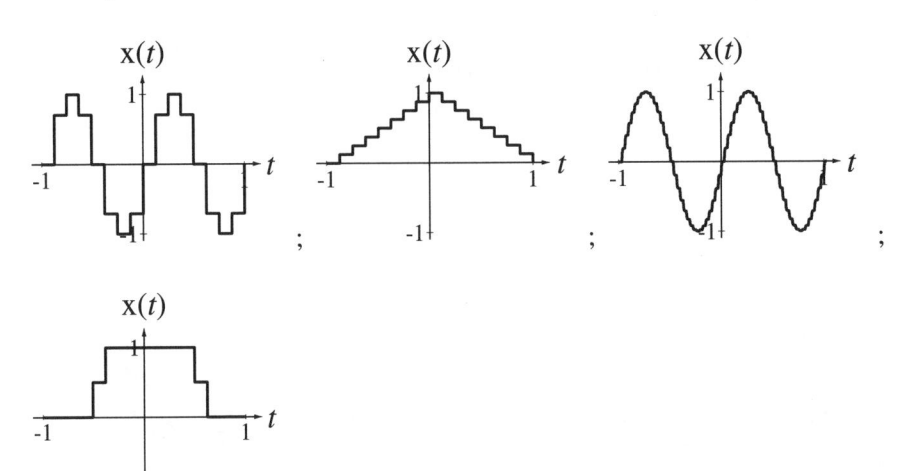

12. Para cada sinal do Exercício 11, processe o sinal interpolado por um retentor de ordem zero com um filtro passa-baixas de pólo único, cuja freqüência em –3 dB seja um quarto da taxa de amostragem.

    Respostas:

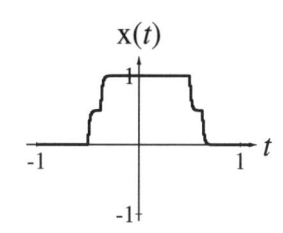

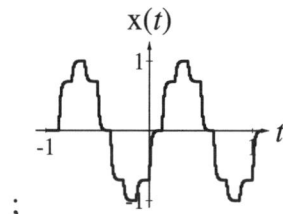

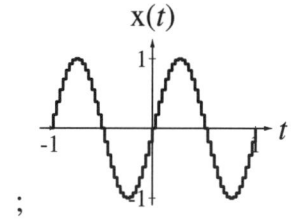

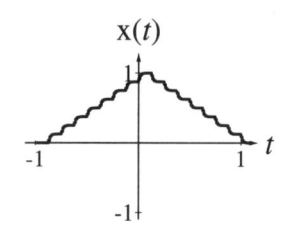

13. Repita o Exercício 11, mas utilize um retentor de primeira ordem em lugar do retentor de ordem zero.

    Respostas:

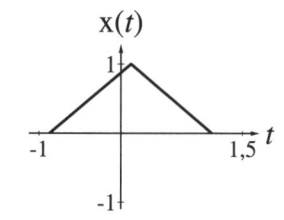

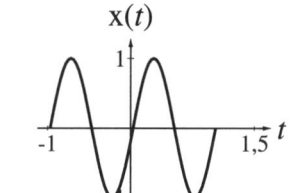

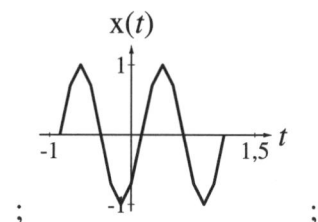

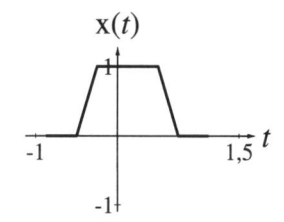

Aliasing (Replicação)

14. Amostre os dois sinais $x_1(t) = e^{-t^2}$ e $x_2(t) = e^{-t^2} + \text{sen}(8\pi t)$ no intervalo de tempo delimitado por $-3 < t < 3$ a 8 Hz e demonstre que os valores das amostras são idênticos.

15. Para cada par de sinais abaixo, amostre à taxa especificada e determine a TFDT dos sinais amostrados. Em cada caso, esclareça, pelo exame das TFDTs dos dois sinais, o motivo pelo qual as amostras são as mesmas.
    (a) $x(t) = 4\cos(16\pi t)$ e $x(t) = 4\cos(76\pi t), f_s = 30$
    (b) $x(t) = 6\text{sinc}(8t)$ e $x(t) = 6\text{sinc}(8t)\cos(400\pi t), f_s = 100$
    (c) $x(t) = 9\cos(14\pi t)$ e $x(t) = 9\cos(98\pi t), f_s = 56$

    Respostas: $75\text{ret}(25F/2) * \delta_1(F)$; $2[\delta_1(F-8/30) + \delta_1(F+8/30)]$; $(9/2)[\delta_1(F-1/8) + \delta_1(F+1/8)]$

16. Para cada senóide, determine as duas outras senóides cujas freqüências estejam o mais próximo possível da freqüência da senóide dada e que, quando amostradas à taxa especificada, tenham exatamente as mesmas amostras.

    (a) $x(t) = 4\cos(8\pi t), f_s = 20$
    (b) $x(t) = 4\text{sen}(8\pi t), f_s = 20$
    (c) $x(t) = 2\text{sen}(-20\pi t), f_s = 50$
    (d) $x(t) = 2\cos(-20\pi t), f_s = 50$
    (e) $x(t) = 5\cos(30\pi t + \pi/4), f_s = 50$

    Respostas: $-2\text{sen}(-80\pi t)$ e $2\text{sen}(-120\pi t)$; $5\cos(130\pi t + \pi/4)$ e $5\cos(-70\pi t + \pi/4)$; $4\text{sen}(48\pi t)$ e $-4\text{sen}(32\pi t)$; $2\cos(80\pi t)$ e $2\cos(-120\pi t)$; $4\cos(48\pi t)$ e $4\cos(32\pi t)$

Sinais Periódicos Limitados em Banda

17. Amostre os seguintes sinais $x(t)$ para comporem os sinais $x[n]$. Amostre à taxa de Nyquist e então à próxima taxa mais alta para a qual o número de amostras por ciclo seja inteiro. Trace graficamente os sinais e as magnitudes das TFCTs dos sinais contínuos no tempo e as TFDTs dos sinais discretizados no tempo.

    (a) $x(t) = 2\text{sen}(30\pi t) + 5\cos(18\pi t)$
    (b) $x(t) = 6\text{sen}(6\pi t)\cos(24\pi t)$

    Respostas:

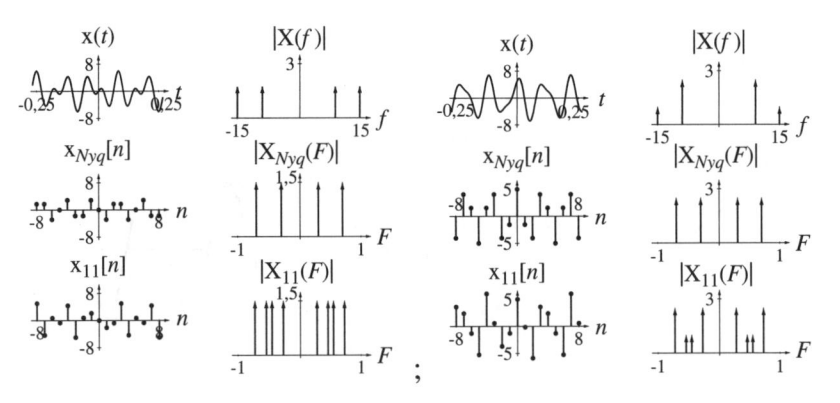

Uma Propriedade da SFDT

18. Para cada um dos sinais dados a seguir determine a função harmônica em SFDT sobre um período fundamental e mostre que $X[N_0/2]$ é real.

    (a) $x[n] = \text{ret}_2[n] * \delta_{12}[n]$
    (b) $x[n] = \text{ret}_2[n + 1] * \delta_{12}[n]$
    (c) $x[n] = \cos(14\pi n/16)\cos(2\pi n/16)$
    (d) $x[n] = \cos(12\pi n/14)\cos(2\pi(n-3)/14)$

    Respostas: $(1/4)(\delta_{16}[k-8] + \delta_{16}[k-6] + \delta_{16}[k + 6] + \delta_{16}[k + 8])$
    $(5/12)\text{drcl}(k/12,5)e^{j\pi k/6}(1/4)(\delta_{14}[k-7] + \delta_{14}[k-5] + \delta_{14}[k + 5] + \delta_{14}[k + 7])e^{j3\pi k/7}(5/12)\text{drcl}(k/12,5)$

Relações entre TFCT-SFCT-DFT

19. Comece com um sinal $x(t) = 8\cos(30\pi t)$ e faça a amostragem. Delimite-o pelo janelamento e repita-o periodicamente usando uma taxa de amostragem de $f_s = 60$ e uma janela de $N_F = 32$. Para cada sinal no processo, trace graficamente o sinal e sua transformada, seja TFCT ou TFDT.

Respostas:

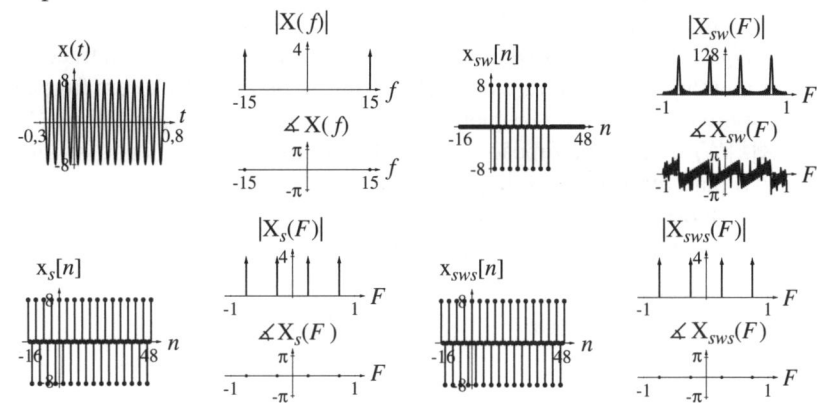

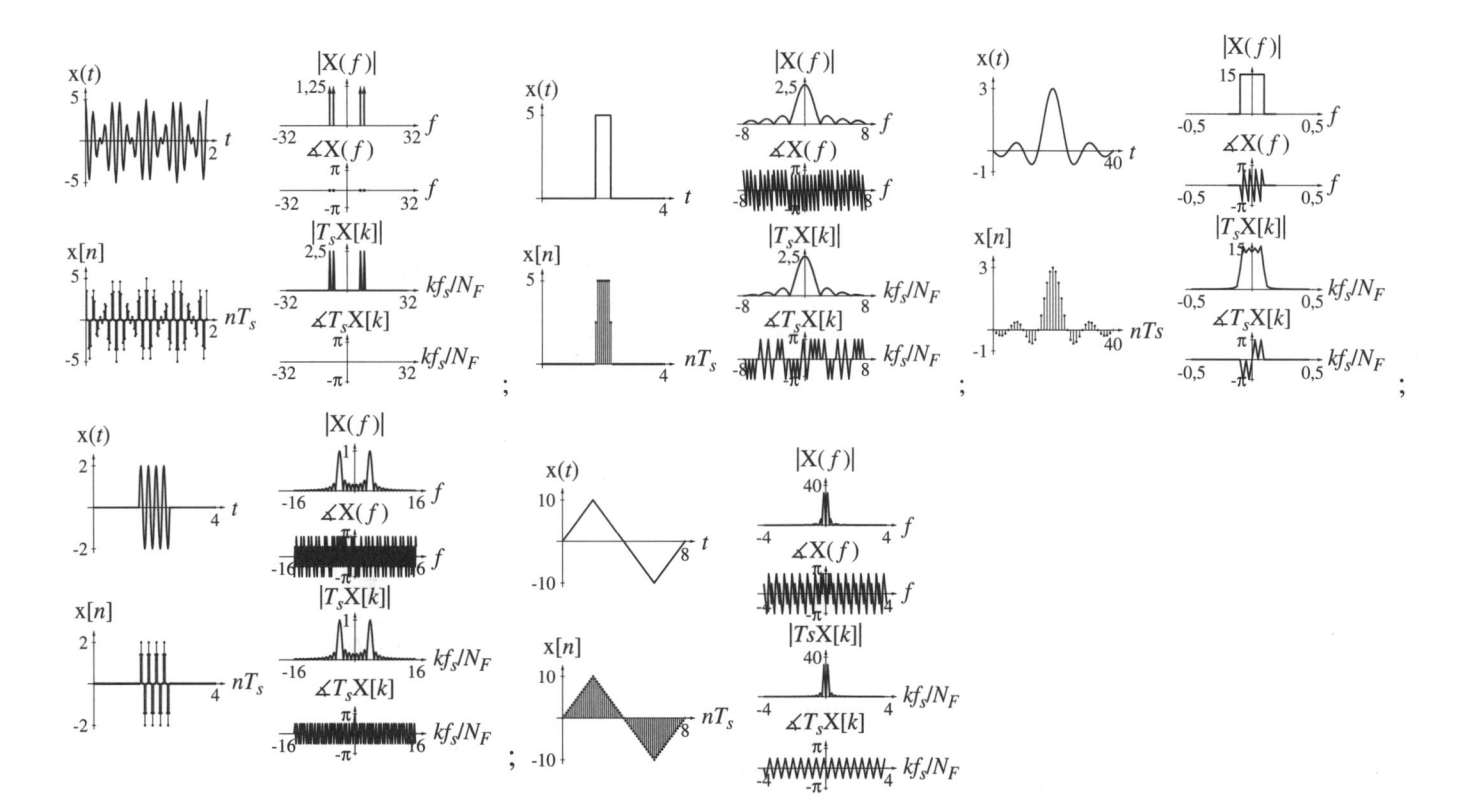

20. Amostre cada sinal x(t) N_F vezes à taxa de amostragem f_s criando o sinal x[n]. Trace x(t) em função de t e x[n] em função de nT_s sobre o intervalo de tempo $0 < t < N_F T_s$. Determine a DFT X[k] das N_F amostras. Então trace graficamente a magnitude e a fase de X(f) em função de f e T_s X[k] em função de $k\Delta f$ sobre o intervalo de freqüências $-f_s/2 < f < f_s/2$ em que $\Delta f = f_s/N_F$. Trace T_s X[k] como uma função contínua de $k\Delta f$ usando o comando `plot` do MATLAB.

(a) $x(t) = 5\text{ret}(2(t-2))$, $f_s = 16$, $N_F = 64$
(b) $x(t) = 3\text{sinc}((t-20)/5)$, $f_s = 1$, $N_F = 40$
(c) $x(t) = 2\text{ret}(t-2)\text{sen}(8\pi t)$, $f_s = 32$, $N_F = 128$
(d) $x(t) = 10\left[\text{tri}\left(\dfrac{t-2}{2}\right) - \text{tri}\left(\dfrac{t-6}{2}\right)\right]$, $f_s = 8$, $N_F = 64$
(e) $x(t) = 5\cos(2\pi t)\cos(16\pi t)$, $f_s = 64$, $N_F = 128$

Respostas:

21. Amostre cada sinal x(t) N_F vezes à taxa de amostragem f_s criando o sinal x[n]. Trace x(t) em função de t e x[n] em função de nT_s sobre o intervalo de tempo $0 < t < N_F T_s$. Determine a DFT X[k] das N_F amostras. Em seguida trace os gráficos da magnitude e da fase de X(f) em função de f e X[k]/N_F em função de $k\Delta f$ sobre o intervalo de freqüências $-f_s/2 < f < f_s/2$, em que $\Delta f = f_s/N_F$. Trace X[k]/N_F como uma função *impulso* de $k\Delta f$ usando o comando `stem` do MATLAB para representar os impulsos.

(a) $x(t) = 4\cos(200\pi t)$, $f_s = 800$, $N_F = 32$
(b) $x(t) = 6\text{ret}(2t) * \delta_1(t)$, $f_s = 16$, $N_F = 128$
(c) $x(t) = 6\text{sinc}(4t) * \delta_1(t)$, $f_s = 16$, $N_F = 128$
(d) $x(t) = 5\cos(2\pi t)\cos(16\pi t)$, $f_s = 64$, $N_F = 128$

Respostas:

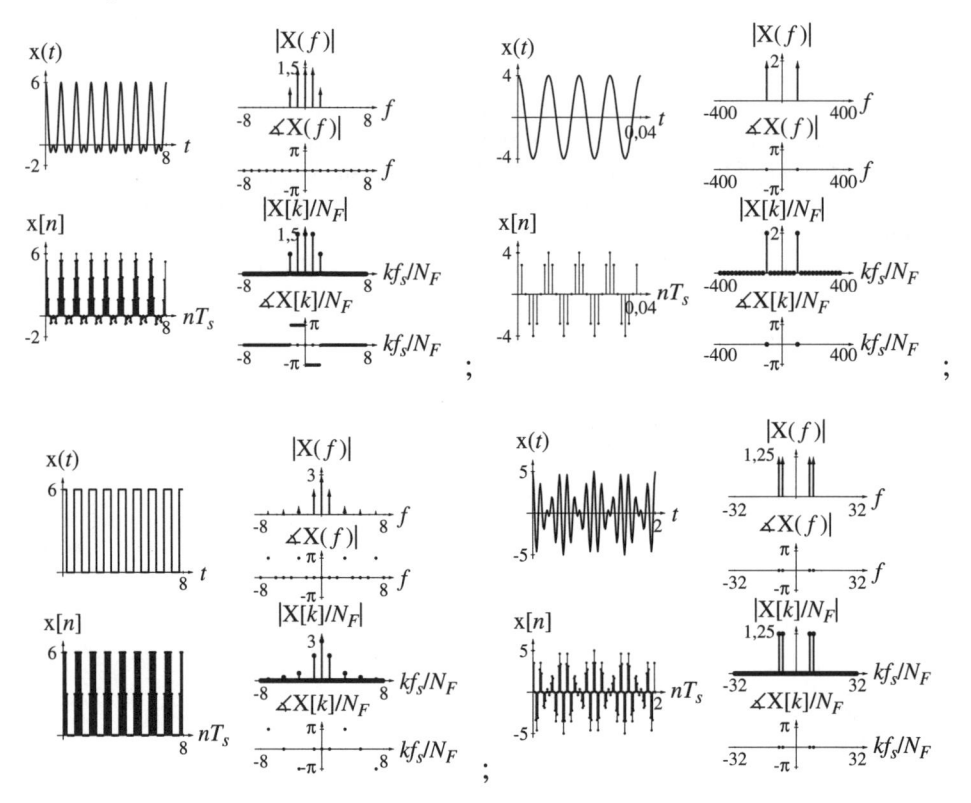

Janelas

22. Algumas vezes as formas de janelas diferentes de um retângulo são usadas. Usando o MATLAB, determine e trace graficamente as magnitudes das DFTs das funções janela a seguir com $N = 32$.

(a) von Hann ou Hanning

$$w[n] = \frac{1}{2}\left[1 - \cos\left(\frac{2\pi n}{N-1}\right)\right], \quad 0 \le n < N$$

(b) Bartlett

$$w[n] = \begin{cases} \dfrac{2n}{N-1}, & 0 \le n \le \dfrac{N-1}{2} \\ 2 - \dfrac{2n}{N-1}, & \dfrac{N-1}{2} \le n < N \end{cases}$$

(c) Hamming

$$w[n] = 0{,}54 - 0{,}46\cos\left(\frac{2\pi n}{N-1}\right), \quad 0 \le n < N$$

(d) Blackman

$$w[n] = 0{,}42 - 0{,}5\cos\left(\frac{2\pi n}{N-1}\right) + 0{,}08\cos\left(\frac{4\pi n}{N-1}\right), \quad 0 \le n < N$$

Respostas:

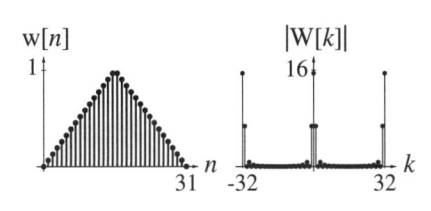

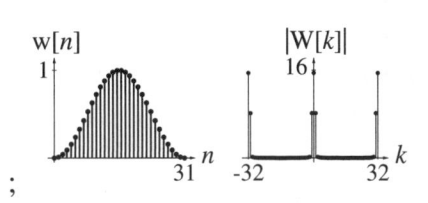

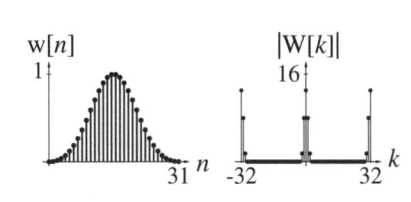

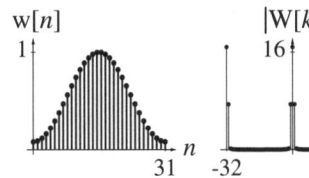

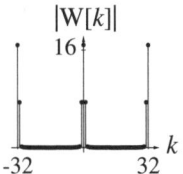

DFT

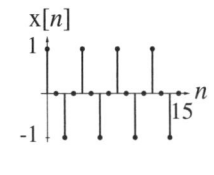

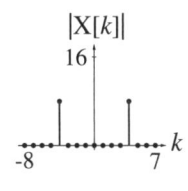

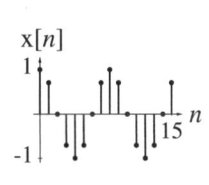

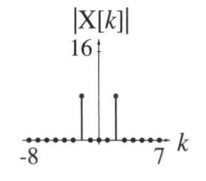

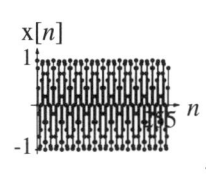

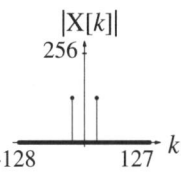

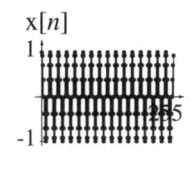

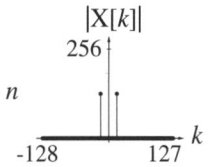

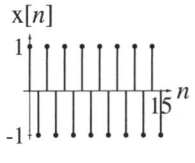

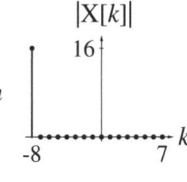

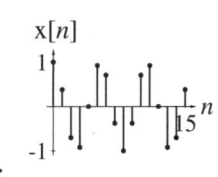

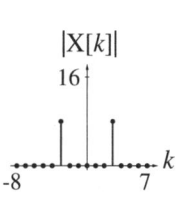

23. Amostre os sinais seguintes às taxas especificadas para os instantes de tempo especificados e elabore os gráficos das magnitudes das DFTs em função do número harmônico na faixa $-N_F/2 < k < (N_F/2)-1$.

   (a) $x(t) = \cos(2\pi t)$, $f_s = 2$, $N_F = 16$
   (b) $x(t) = \cos(2\pi t)$, $f_s = 8$, $N_F = 16$
   (c) $x(t) = \cos(2\pi t)$, $f_s = 16$, $N_F = 256$
   (d) $x(t) = \cos(3\pi t)$, $f_s = 2$, $N_F = 16$
   (e) $x(t) = \cos(3\pi t)$, $f_s = 8$, $N_F = 16$
   (f) $x(t) = \cos(3\pi t)$, $f_s = 16$, $N_F = 256$

Respostas:

24. Amostre os sinais seguintes às taxas especificadas para os instantes de tempo especificados e faça os gráficos das magnitudes e fases das DFTs em função do número harmônico na faixa $-N_F/2 < k < (N_F/2) - 1$.

(a) $x(t) = \text{tri}(t-1)$, $f_s = 2$, $N_F = 16$
(b) $x(t) = \text{tri}(t-1)$, $f_s = 8$, $N_F = 16$
(c) $x(t) = \text{tri}(t-1)$, $f_s = 16$, $N_F = 256$
(d) $x(t) = \text{tri}(t) + \text{tri}(t-4)$, $f_s = 2$, $N_F = 8$
(e) $x(t) = \text{tri}(t) + \text{tri}(t-4)$, $f_s = 8$, $N_F = 32$
(f) $x(t) = \text{tri}(t) + \text{tri}(t-4)$, $f_s = 64$, $N_F = 256$

Respostas:

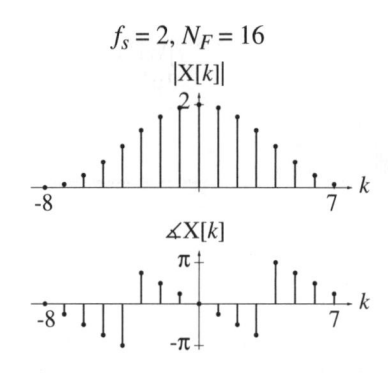

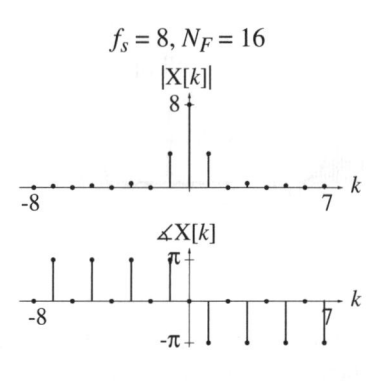

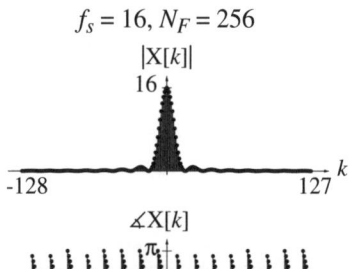

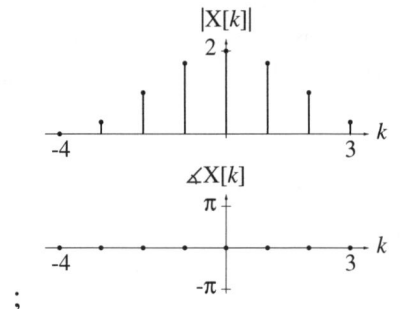

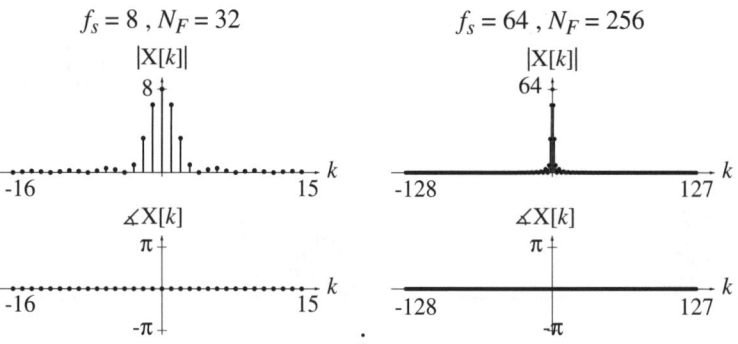

EXERCÍCIOS SEM RESPOSTAS

Amostragem

25. Usando o MATLAB (ou uma ferramenta computacional matemática equivalente), faça o gráfico do sinal

$$x(t) = 3\cos(20\pi t) - 2\text{sen}(30\pi t)$$

sobre um intervalo de tempo $0 < t < 400$ ms. Além disso, trace graficamente o sinal formado pela amostragem desta função nos seguintes intervalos de amostragem: (a) $T_s = 1/120$ s, (b) $T_s = 1/60$ s, (c) $T_s = 1/30$ s e (d) $T_s = 1/15$ s. Baseando-se no que você observa, o que se pode dizer sobre quão rápido este sinal deveria ser amostrado de modo que ele pudesse ser reconstruído com base nas amostras?

26. Um sinal $x(t) = 20\cos(1000\pi t)$ é amostrado por impulso a uma taxa de amostragem de 2 kHz. Trace graficamente dois períodos fundamentais do sinal amostrado por impulso $x_\delta(t)$. (Admita que uma amostra esteja no instante de tempo $t = 0$.) Então trace o gráfico para quatro períodos fundamentais, centrados em zero Hz, da TFCT $X_\delta(f)$ do sinal amostrado por impulso $x_\delta(t)$. Altere a taxa de amostragem para 500 Hz e repita o exercício.

27. Um sinal $x(t) = 10\text{ret}(t/4)$ é amostrado por impulso a uma taxa de amostragem de 2 Hz. Trace graficamente o sinal amostrado por impulso $x_\delta(t)$ no intervalo $-4 < t < 4$. Então trace os gráficos de três períodos fundamentais, centrados em $f = 0$, da TFCT $X_\delta(f)$ do sinal amostrado por impulso $x_\delta(t)$. Altere a taxa de amostragem para 1/2 Hz e repita o exercício.

28. Um sinal $x(t) = 4\text{sinc}(10t)$ é amostrado por impulso a uma taxa de amostragem de 20 Hz. Elabore o gráfico do sinal amostrado por impulso $x_\delta(t)$ no intervalo $-0,5 < t < 0,5$. Então faça os gráficos de três períodos fundamentais, centrados em $f = 0$, da TFCT $X_\delta(f)$ do sinal amostrado por impulso $x_\delta(t)$. Altere a taxa de amostragem para 4 Hz e repita o exercício.

29. Um sinal $x[n]$ é formado pela amostragem de um sinal $x(t) = 20\cos(8\pi t)$ a uma taxa de amostragem de 20 Hz. Elabore o gráfico de $x[n]$ para 10 períodos fundamentais em função do tempo discreto. Então faça o mesmo para as freqüências de amostragem de 8 Hz e 6 Hz.

30. Um sinal $x[n]$ é formado pela amostragem de um sinal $x(t) = -4\text{sen}(200\pi t)$ a uma taxa de amostragem de 400 Hz. Elabore o gráfico de $x[n]$ em função do tempo discreto para 10 períodos fundamentais. Então faça o mesmo para as freqüências de amostragem de 200 Hz e 60 Hz.

31. Um sinal $x(t)$ é amostrado acima de sua taxa de Nyquist para compor um sinal $x[n]$ e é também amostrado por impulso à mesma taxa para formar um sinal amostrado por impulso $x_\delta(t)$. A TFDT de $x[n]$ é

$$X(F) = 10 \text{ ret}(5F) * \delta_1(F) \text{ ou } X(e^{j\Omega}) = 10 \text{ ret}(5\Omega/2\pi) * \delta_{2\pi}(\Omega)$$

(a) Se a taxa de amostragem é de 100 Hz, qual é a maior freqüência na qual a TFCT de $x(t)$ é diferente de zero?

(b) Qual é a menor freqüência acima da maior freqüência em $x(t)$ na qual a TFCT de $x_\delta(t)$ é diferente de zero?

(c) Se o sinal original $x(t)$ é recuperado por meio do sinal amostrado por impulso $x_\delta(t)$ usando-se um filtro passa-baixas ideal com resposta ao impulso $h(t) = A\text{sinc}(wt)$, qual é o maior valor possível para w?

Taxas de Nyquist

32. Determine as taxas de Nyquist para os sinais dados a seguir.

(a) $x(t) = 15\text{ret}(300t)\cos(10^4 \pi t)$

(b) $x(t) = 7\text{sinc}(40t)\cos(150\pi t)$

(c) $x(t) = 15[\text{ret}(500t) * \delta_{1/100}(t)]\cos(10^4 \pi t)$

(d) $x(t) = 4[\text{sinc}(500t) * \delta_{1/200}(t)]$

(e) $x(t) = -2[\text{sinc}(500t) * \delta_{1/200}(t)]\cos(10^4 \pi t)$

(f) $x(t) = \begin{cases} |t|, & |t| < 10 \\ 0, & |t| \geq 10 \end{cases}$

(g) $x(t) = -8\text{sinc}(101t) + 4\cos(200\pi t)$

(h) $x(t) = -32\text{sinc}(101t)\cos(200\pi t)$

(i) $x(t) = 7\text{sinc}(99t) * \delta_1(t)$

Aliasing (Replicação)

33. Em um gráfico, trace o sinal formado pela amostragem das três funções seguintes a uma taxa de amostragem de 30 Hz.

    (a) $x_1(t) = 4\text{sen}(20\pi t)$
    (b) $x_2(t) = 4\text{sen}(80\pi t)$
    (c) $x_2(t) = -4\text{sen}(40\pi t)$

34. Trace o sinal $x[n]$ formado pela amostragem do sinal $x(t) = 10\text{sen}(8\pi t)$ a uma taxa igual ao dobro da taxa de Nyquist e do próprio $x(t)$. Então, sobre os mesmos eixos, trace graficamente pelo menos mais duas outras senóides contínuas no tempo que produziriam exatamente as mesmas amostras se elas fossem amostradas em instantes de tempo idênticos.

35. Um cosseno $x(t)$ e um seno $y(t)$ de mesmas freqüências são somados para formar um sinal composto $z(t)$. O sinal $z(t)$ é então amostrado à taxa de Nyquist exatamente com a suposição usual de que uma amostra ocorre no instante $t = 0$. Qual dentre os dois sinais $x(t)$ ou $y(t)$ produziria, se amostrado por ele próprio, exatamente o mesmo conjunto de amostras?

36. Cada sinal x abaixo é amostrado por impulso para compor x_s sendo multiplicado por uma função impulso periódico da forma $\delta_{T_s}(t)$ e $f_s = 1/T_s$.

    (a) $x(t) = 4\cos(20\pi t)$, $f_s = 40$. Qual é a primeira freqüência positiva acima de 10 Hz na qual $X_s(f)$ é diferente de zero?
    (b) $x(t) = 10\text{tri}(t)$, $f_s = 4$. Se o sinal amostrado é interpolado ao se reter simplesmente sempre o valor da última amostra, qual seria o valor do sinal interpolado no instante de tempo $t = 0,9$?

Amostragem Prática

37. Trace o gráfico da magnitude da TFCT de $x(t) = 25\text{ sinc}^2(t/6)$. Qual é a taxa de amostragem mínima requerida para se reconstruir exatamente $x(t)$ com base nas suas amostras? Infinitas amostras seriam necessárias para se reconstruir exatamente $x(t)$ com base em suas amostras. Se fosse estabelecido um compromisso prático em que um sinal amostrado sobre o intervalo mínimo de tempo possível poderia conter 99% da energia desta forma de onda, quantas amostras seriam necessárias?

38. Trace o gráfico da magnitude da TFCT de $x(t) = 8\text{rec}(3t)$. Este sinal não é limitado em banda e, por isso, não pode ser amostrado adequadamente para que se possa reconstruir o sinal com base nas amostras. Como um compromisso prático, admita que uma largura de banda, que contém 99% da energia de $x(t)$, é grande o bastante para praticamente reconstruir $x(t)$ com base nas suas amostras. Qual é a taxa de amostragem mínima requerida neste caso?

Sinais Periódicos Limitados em Banda

39. Quantos valores de amostras são necessários para produzirem informação suficiente de modo que descrevam os sinais periódicos limitados em banda seguintes?

    (a) $x(t) = 8 + 3\cos(8\pi t) + 9\text{sen}(4\pi t)$
    (b) $x(t) = 8 + 3\cos(7\pi t) + 9\text{sen}(4\pi t)$

40. Amostre o sinal $x(t) = 15[\text{sinc}(5t) * \delta_2(t)]\text{sen}(32\pi t)$ para formar o sinal $x[n]$. Amostre à taxa de Nyquist e em seguida à próxima taxa maior do que a anterior para a qual o número de amostras por ciclo seja inteiro. Trace os gráficos correspondentes aos sinais e às magnitudes da TFCT do sinal contínuo no tempo e da TFDT do sinal discretizado no tempo.

41. Um sinal x(t) é periódico e um período fundamental do sinal é descrito por

$$x(t) = \begin{cases} 3t &, 0 < t < 5,5 \\ 0 &, 5,5 < t < 8 \end{cases}$$

Determine as amostras deste sinal sobre um período fundamental amostrado a uma taxa de 1 Hz (iniciando no instante de tempo $t = 0$). Então trace os gráficos, na mesma escala, de dois períodos fundamentais do sinal original e dois períodos fundamentais de um sinal periódico que seja limitado em banda a 0,5 Hz ou menos das mesmas amostras.

DFT

42. Sem utilizar um computador, determine a DFT direta da seguinte seqüência de dados. Obtenha então a DFT inversa daquela seqüência e verifique se você obteve de volta a seqüência original.

$$\{3, 4, 1, -2\}$$

43. Um sinal x(t) é amostrado quatro vezes e as amostras são {x[0],x[1],x[2],x[3]}. Sua DFT vale {X[0],X[1],X[2],X[3]}. X[3] pode ser escrito como X[3] = ax[0] + bx[1] + cx[2] + dx[3]. Quais são os valores de a, b, c e d?

44. Amostre o sinal periódico limitado em banda x(t) = 15cos(300πt) + 40sen(200πt) à sua freqüência de Nyquist exatamente sobre um período fundamental de x(t). Determine a DFT de tais amostras. Com base na DFT, determine a função harmônica em SFCT. Faça o gráfico da representação da SFCT do sinal que se resulta e compare-a com x(t). Explique quaisquer diferenças que existirem. Repita para uma taxa de amostragem igual ao dobro da taxa de Nyquist.

45. Amostre o sinal periódico limitado em bandal x(t) = 8cos(50πt) − 12sen(80πt) à exatamente sua freqüência de Nyquist sobre um período rigorosamente igual ao fundamental de x(t). Determine a DFT destas amostras. Com base na DFT, determine a função harmônica em SFCT. Faça o gráfico da representação da SFCT do sinal resultante e compare-a com x(t). Explique quaisquer diferenças que houver. Repita para uma taxa de amostragem igual ao dobro da taxa de Nyquist.

46. Um sinal periódico limitado em banda x(t) cuja maior freqüência seja 25 Hz é amostrado a 100 Hz sobre exatamente um período fundamental para compor o sinal x[n]. As amostras são

$$\{x[0], x[1], x[2], x[3]\} = \{a, b, c, d\}$$

Seja um período da DFT dessas amostras iguais a {X[0], X[1], X[2], X[3]}.
(a) Qual é o valor de X[1] em termos de a, b, c e d?
(b) Qual é o valor médio de x(t) em termos de a, b, c e d?
(c) Um dos valores {X[0], X[1], X[2], X[3]} deve ser zero. Qual deles e por quê?
(d) Dois dos valores {X[0], X[1] X[2] X[3]} devem ser números reais. Quais deles e por quê?
(e) Se X[1] = 2 + j3, qual é o valor numérico de X[3] e por quê?

47. Usando o MATLAB
(a) Gere uma seqüência pseudo-aleatória de 256 pontos de dados em um vetor x por meio da função `randn`, que está integrada ao MATLAB.
(b) Determine a DFT desta seqüência de dados e a coloque em um vetor X.
(c) Defina um vetor `X1pf` igual a X.

(d) Altere todos os valores em X1pf para zero, excetuando-se os primeiros oito pontos e os últimos oito pontos.

(e) Extraia a parte real da DFT inversa de X1pf e coloque-a em um vetor x1pf.

(f) Gere um conjunto de 256 instantes de amostras t, que se inicia com 0 e estejam uniformemente separadas por 1.

(g) Trace os gráficos de x e x1pf em função de t na mesma escala e compare-os.

Que tipo de efeito esta operação provoca sobre um conjunto de dados? Por que o vetor de saída é chamado de x1pf?

48. Na Figura E.48, faça a correspondência entre as funções e as magnitudes de suas DFT.

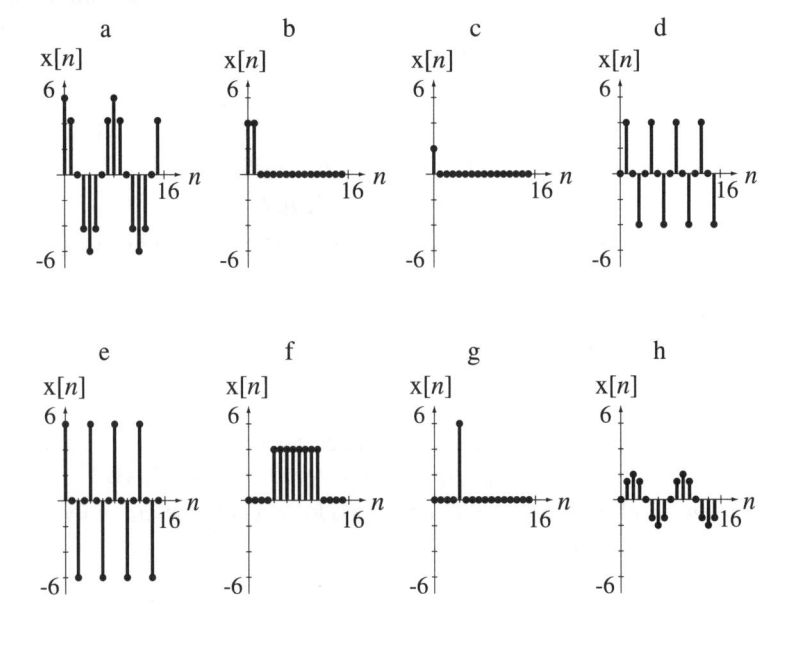

Figura E.48

49. Para cada sinal x[n] das letras a-h mostrado na Figura E.49, determine a magnitude da DFT |X[k]| correspondente a ele.

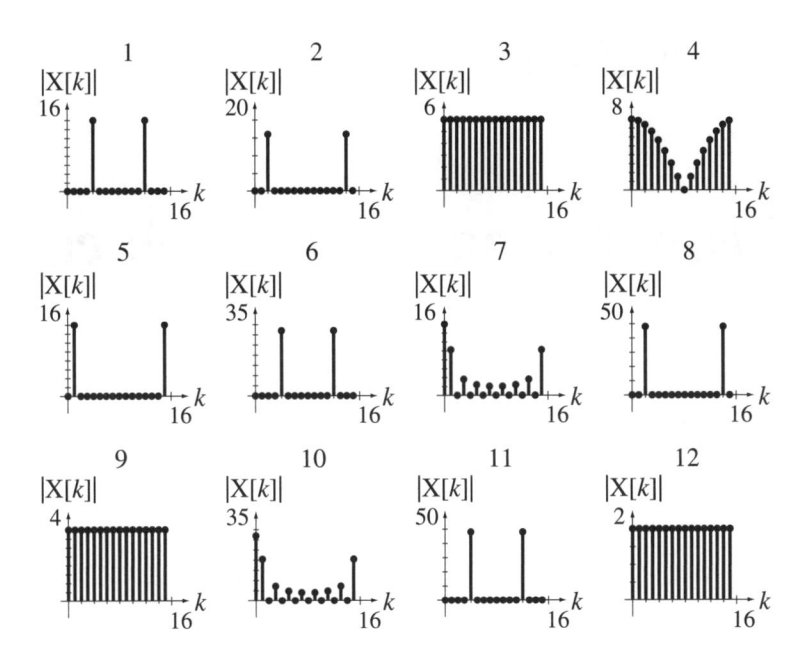

Figura E.49

CAPÍTULO 15

A Transformada de Laplace

Se você souber algo profundamente, ensine às outras pessoas.

Tryon Edwards, teólogo

15.1 INTRODUÇÃO E OBJETIVOS

A TFCT é uma ferramenta poderosa para a análise de sinais e sistemas, mas ela tem suas limitações. Existem certos sinais úteis que não têm uma TFCT, mesmo no modo generalizado que permite impulsos na TFCT de um sinal. A TFCT representa sinais como combinações lineares de senóides complexas. A transformada de Laplace representa sinais como combinações lineares de exponenciais complexas, que são autofunções das equações diferenciais que descrevem sistemas SLIT contínuos no tempo. Senóides complexas são um caso especial de exponenciais complexas. Portanto, a transformada de Laplace é mais abrangente do que a TFCT. A transformada de Laplace pode descrever funções que a TFCT não pode.

As respostas ao impulso de sistemas SLIT os caracterizam completamente. Visto que a transformada de Laplace descreve as respostas ao impulso para sistemas SLIT como combinações lineares das autofunções de sistemas SLIT, ela engloba diretamente as características de um sistema de maneira poderosa. Muitas técnicas de análise e projeto de sistemas são baseados na transformada de Laplace.

OBJETIVOS DO CAPÍTULO:

1. Desenvolver um novo método de transformada – a transformada de Laplace – que é aplicável a mais sinais e sistemas do que a transformada de Fourier.
2. Definir a gama de sinais aos quais a transformada de Laplace se aplica.
3. Mostrar a relação entre as transformadas de Laplace e a de Fourier.
4. Mostrar a relação entre a transformada de Laplace da resposta ao impulso de um sistema SLIT e as autofunções daquele sistema.
5. Demonstrar as propriedades da transformada de Laplace, especialmente aquelas que não possuem contrapartida direta na transformada de Fourier.
6. Mostrar como a transformada de Laplace pode ser empregada para resolver equações diferenciais com condições iniciais.
7. Aplicar a transformada de Laplace à análise generalizada de sistemas SLIT, incluindo-se sistemas com retroalimentação, em termos de estabilidade, resposta no domínio do tempo a sinais padrão e resposta em freqüência.
8. Desenvolver técnicas para a realização de sistemas de diferentes maneiras.

15.2 DESENVOLVIMENTO DA TRANSFORMADA DE LAPLACE

DEDUÇÃO E DEFINIÇÃO

Quando estendemos a série de Fourier às transformadas de Fourier, admitimos que o período fundamental de um sinal periódico aumenta até o infinito fazendo as freqüências discretas kf_0 na SFCT se fundirem em um contínuo de freqüências f na TFCT. Esse procedimento levou a duas definições alternativas da transformada de Fourier,

$$X(j\omega) = \int_{-\infty}^{\infty} x(t)^{-j\omega t} dt \ , \ x(t) = (1/2\pi) \int_{-\infty}^{\infty} X(j\omega) e^{+j\omega t} d\omega$$

e

$$X(f) = \int_{-\infty}^{\infty} x(t) e^{-j2\pi ft} dt \ , \ x(t) = \int_{-\infty}^{\infty} X(f) e^{+j2\pi ft} df$$

Há duas abordagens comuns ao se introduzir a transformada de Laplace. Uma abordagem é concebermos a transformada de Laplace como uma generalização da transformada de Fourier ao expressarmos funções como combinações lineares de exponenciais complexas em vez de combinações lineares de uma classe mais restrita de funções, como as senóides complexas usadas na transformada de Fourier. A outra abordagem é explorarmos a única natureza da exponencial complexa como a autofunção das equações diferenciais que descrevem sistemas lineares e perceber que um sistema SLIT, excitado por uma exponencial complexa, responde com outra exponencial complexa. A relação entre a excitação e as respostas em exponencias complexas de um sistema SLIT é a transformada de Laplace. Portanto, a transformada de Laplace é um modo poderoso para se caracterizar um sistema. Consideraremos as duas abordagens.

Uma abordagem para se desenvolver e compreender a transformada de Laplace é considerar a resposta de um sistema SLIT, excitado por uma exponencial complexa da forma $x(t) = Ae^{st}$, em que s pode ser qualquer número complexo (como foi apresentado pela primeira vez no Capítulo 6). A resposta equivale à convolução da excitação com a resposta ao impulso

$$y(t) = h(t) * x(t) = \int_{-\infty}^{\infty} h(\tau) x(t-\tau) \tau = \int_{-\infty}^{\infty} h(\tau) A e^{s(t-\tau)} d\tau$$

$$= \underbrace{Ae^{st}}_{x(t)} \underbrace{\int_{-\infty}^{\infty} h(\tau)^{-s\tau} d\tau}_{\text{Transformada de Laplace de } h(t)}$$

(15.1)

Esse resultado mostra que a resposta de um sistema SLIT excitado por uma exponencial complexa da forma Ae^{st} é uma exponencial complexa da mesma forma, exceto por ser multiplicada por $H(s)$, a transformada de Laplace da resposta ao impulso do sistema. Podemos representar a maior parte dos sinais úteis como uma combinação linear de exponenciais complexas. Portanto, a resposta de um sistema pode ser determinada pela multiplicação da transformada de Laplace da excitação (que a representa como uma combinação linear de exponenciais complexas) pela transformada de Laplace da resposta ao impulso. Essa descrição é diretamente análoga ao resultado da transformada de Fourier correspondente em que uma excitação para um sistema SLIT da forma $Ae^{j\omega t}$ produz uma resposta $Ae^{j\omega t} H(j\omega)$, onde $H(j\omega)$ é a transformada de Fourier da resposta ao impulso do referido sistema SLIT. A função Ae^{st} é mais geral do que a função $Ae^{j\omega t}$ porque s é uma variável complexa e ω é uma variável real e, por isso, a transformada de Laplace é mais geral do que a transformada de Fourier. A transformada de Fourier é realmente apenas um caso especial da transformada de Laplace definida na Equação (15.1), com algumas mudanças na notação.

Se simplesmente generalizarmos a transformada de Fourier direta pela substituição das senóides complexas por exponenciais complexas, obtemos a transformada

$$\mathcal{L}(x(t)) = X(s) = \int_{-\infty}^{\infty} x(t)e^{-st}dt$$

Pierre-Simon Laplace, 23/3/1749 – 2/3/1827

Laplace freqüentou a escola de um mosteiro beneditino até a idade de 16 anos, quando entrou para a Univesidade de Caen pretendendo estudar teologia. Mas logo cedo percebeu que seu talento real era para a matemática. Ele abandonou a universidade e foi para Paris onde se tornou amigo de d'Alambert que lhe assegurou um cargo como professor em uma escola militar. Laplace produziu, nos poucos anos que se sucederam, uma seqüência de vários artigos sobre diversos tópicos, todos de alta qualidade. Foi eleito para a Academia de Paris em 1773 com a idade de 23 anos. Dedicou a maior parte de sua carreira às áreas da probabilidade e da mecânica celestial.

que define a transformada de Laplace direta, em que a notação $\mathcal{L}(\cdot)$ significa "a transformada de Laplace de".

Visto que permitimos à variável s ter valores em qualquer lugar do plano complexo, ela possui uma parte real e uma parte imaginária. Seja s representada como $s = \sigma + j\omega$. Logo, para o caso especial em que a parte real de s (σ) é zero e a transformada de Fourier da função $x(t)$ existe no sentido estrito, a transformada de Laplace direta é equivalente à transformada de Fourier direta. Usando $s = \sigma + j\omega$ na transformada de Laplace direta obtemos

$$X(s) = \int_{-\infty}^{\infty} x(t)e^{-(\sigma + j\omega)t}dt = \int_{-\infty}^{\infty} \left[x(t)e^{-\sigma t}\right]e^{-j\omega t}dt = \mathcal{F}\left[x(t)e^{-\sigma t}\right]$$

Portanto, uma forma de conceitualizar a transformada de Laplace é mostrar que ela é equivalente a uma transformada de Fourier do produto da função $x(t)$ por um **fator de convergência** exponencial real da forma $e^{-\sigma t}$ como ilustra a Figura 15.1.

É natural pensar o que se ganhou pela introdução do fator adicional $e^{-\sigma t}$ no processo de transformação. Esse fator nos permite, em alguns casos, determinar transformadas para as quais a transformada de Fourier não poderia ser determinada. Como mencionado em um capítulo anterior, as transformadas de Fourier de certas funções não existem (estritamente falando). Por exemplo, a função $g(t) = Au(t)$ teria a transformada de Fourier seguinte

$$G(j\omega) = \int_{-\infty}^{\infty} A u(t)^{-j\omega t}dt = A\int_{0}^{\infty} e^{-j\omega t}dt$$

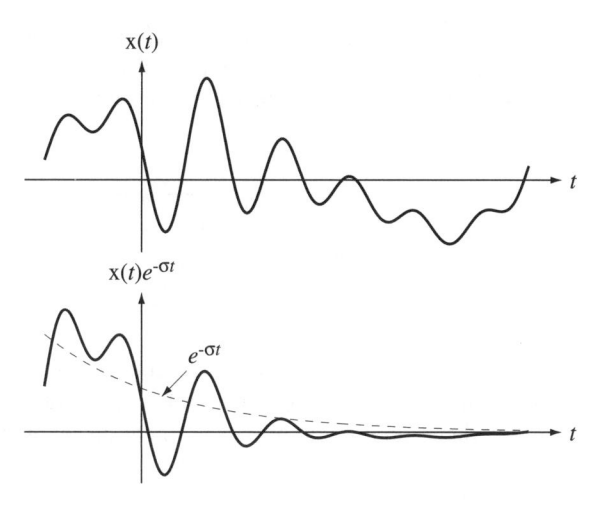

Figura 15.1
O efeito do fator de convergência da exponencial em decaimento na função original.

Essa integral não converge. A técnica usada no Capítulo 10 para fazer a transformada de Fourier convergir foi a multiplicação do sinal por um fator de convergência $e^{-\sigma|t|}$, onde σ é uma constante real positiva. Logo, a transformada de Fourier do sinal modificado pode ser determinada e o limite pode ser tomado à medida que σ tende a zero. A transformada de Fourier determinada por essa técnica foi denominada transformada de Fourier generalizada, em que o impulso fez parte da transformada. Note que, para instantes $t > 0$, este fator de convergência é o mesmo na transformada de Laplace e na transformada de Fourier generalizada, porém na transformada de Laplace o limite, à medida que σ tende a zero, não é calculado. Como veremos logo, existem outras funções úteis que nem mesmo têm uma transformada de Fourier generalizada.

Agora, para se deduzir formalmente as transformadas de Laplace direta e inversa a partir da transformada de Fourier, obtemos a transformada de Fourier de $g_\sigma(t) = g(t)e^{-\sigma t}$ em lugar da função original $g(t)$. Esta integral seria então

$$\mathcal{F}(g_\sigma(t)) = G_\sigma(j\omega) = \int_{-\infty}^{\infty} g_\sigma(t)e^{-j\omega t}dt = \int_{-\infty}^{\infty} g(t)e^{-(\sigma+j\omega)t}dt$$

Essa integral pode ou não convergir, dependendo da natureza da função $g(t)$ e da escolha para o valor de σ. Exploraremos em breve as condições sob as quais a integral converge. Fazendo uso da notação $s = \sigma + j\omega$

$$\mathcal{F}(g_\sigma(t)) = \mathcal{L}(g(t)) = G_\mathcal{L}(s) = \int_{-\infty}^{\infty} g(t)e^{-st}dt$$

Essa é a transformada de Laplace de $g(t)$, se a integral convergir.

A transformada de Fourier inversa seria

$$\mathcal{F}^{-1}(G_\sigma(j\omega)) = g_\sigma(t) = \frac{1}{2\pi}\int_{-\infty}^{\infty} G_\sigma(j\omega)e^{+j\omega t}d\omega = \frac{1}{2\pi}\int_{-\infty}^{\infty} G_\mathcal{L}(s)e^{+j\omega t}d\omega$$

Usando $s = \sigma + j\omega$ e $ds = jd\omega$, obtemos

$$g_\sigma(t) = \frac{1}{j2\pi}\int_{\sigma-j\infty}^{\sigma+j\infty} G_\mathcal{L}(s)e^{+(s-\sigma)t}ds = \frac{e^{-\sigma t}}{j2\pi}\int_{\sigma-j\infty}^{\sigma+j\infty} G_\mathcal{L}(s)e^{+st}ds$$

ou, dividindo ambos os lados por $e^{-\sigma t}$,

$$g(t) = \frac{1}{j2\pi}\int_{\sigma-j\infty}^{\sigma+j\infty} G_\mathcal{L}(s)e^{+st}ds$$

que define uma transformada de Laplace inversa. Quando estivermos lidando apenas com as transformadas de Laplace, o subscrito $\mathcal{L}$ não será necessário para evitar uma possível confusão com as transformadas de Fourier, e as transformadas direta e inversa podem ser escritas como

$$X(s) = \int_{-\infty}^{\infty} x(t)e^{-st}dt \quad \text{e} \quad x(t) = \frac{1}{j2\pi} \int_{\sigma-j\infty}^{\sigma+j\infty} X(s)e^{+st}ds \qquad (15.2)$$

Esse resultado mostra que uma função pode ser representada como uma combinação linear de exponenciais complexas. Essa é uma generalização para o fato de que uma função pode ser representada como uma combinação linear de senóides complexas.

REGIÃO DE CONVERGÊNCIA

Como mencionado anteriormente, existem funções úteis que não têm nem mesmo uma transformada de Fourier generalizada, por exemplo, a função causal $g_1(t) = Ae^{\alpha t}u(t)$, $\alpha > 0$ (Figura 15.2). Esta é uma função que aumenta sem limite à medida que t aumenta. Ainda que não tenha uma transformada de Fourier, ela possui uma transformada de Laplace. A transformada de Laplace é

$$G_1(s) = \int_{-\infty}^{\infty} Ae^{\alpha t}u(t)e^{-st}dt = A\int_{0}^{\infty} e^{-(s-\alpha)t}dt = A\int_{0}^{\infty} e^{(\alpha-\sigma)t}e^{-j\omega t}dt$$

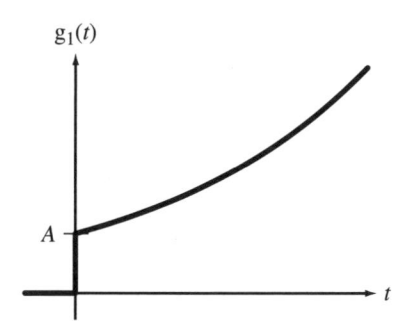

Figura 15.2
Uma função causal que não é transformável por Fourier.

Essa integral converge? Ela converge se $\alpha - \sigma$ é negativo, ou seja, se $\sigma > \alpha$. Se $\sigma > \alpha$, a função $e^{(\alpha-\sigma)t}$ tende a zero à medida que t tende ao infinito positivo. A especificação $\sigma > \alpha$ define o que chamamos de **região de convergência** (**RDC**). A transformada de Laplace existe para aqueles valores de s no plano complexo para os quais $\sigma > \alpha$. Em outras palavras, se a parte real de s for grande o suficiente, até mesmo aquelas funções que aumentam exponencialmente com o tempo e, portanto, são ilimitadas, têm uma transformada de Laplace. Completando a integração,

$$G_1(s) = \frac{A}{s-\alpha}, \quad \sigma = \text{Re}(s) > \alpha$$

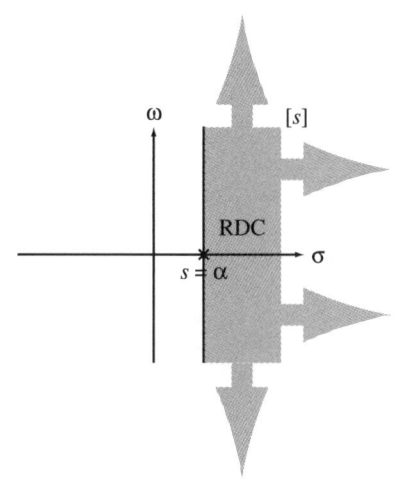

Figura 15.3
Diagrama de pólos zeros e a região de convergência $G_1(s)$.

O resultado da transformada $G_1(s)$ vai para o infinito em um valor finito de s, $s = \alpha$. Esse ponto no plano complexo s é um pólo de $G_1(s)$. Pontos no plano complexo s nos quais a transformada vai para zero são os zeros de $G_1(s)$. Nesse caso, não há zeros finitos de $G_1(s)$, mas há um zero no infinito ($s \square \infty$). É informativo plotar as localizações dos pólos finitos e dos zeros finitos de uma função no domínio de Laplace no plano complexo s. A constelação de pólos finitos e zeros finitos traduz muito (mas não tudo) a respeito da natureza da função diante de uma inspeção de relance. O diagrama de pólos e zeros para $G_1(s)$ é ilustrado na Figura 15.3 juntamente com a região de convergência no plano s.

A região de convergência corresponde àquela parte do plano s para a qual a parte real de s é maior do que α.

Agora considere outra função, a função anticausal $g_2(t) = Ae^{-\alpha t}u(-t) = g_1(-t)$, $\alpha > 0$ (Figura 15.4). A integral da transformada de Laplace é

$$G_2(s) = \int_{-\infty}^{\infty} Ae^{-\alpha t}u(-t)e^{-st}dt = \int_{-\infty}^{0} Ae^{-(s+\alpha)t}dt$$

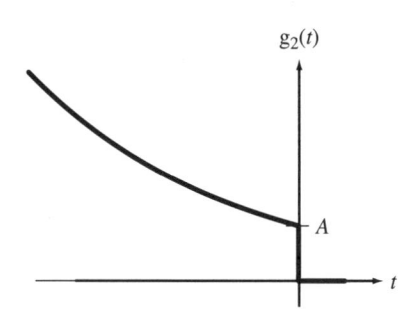

Figura 15.4
Uma função anticausal que não é transformável por Fourier.

A integral converge se $\sigma < -\alpha$, e a transformada é

$$G_2(s) = -\frac{A}{s+\alpha} = G_1(-s) , \quad \sigma < -\alpha$$

O diagrama de pólos e zeros e a região de convergência para essa função são ilustrados na Figura 15.5.

No momento, seja a função a ser transformada $g(t) = Ae^{\alpha t}$. A integral da transformada torna-se

$$G(s) = \int_{-\infty}^{\infty} Ae^{\alpha t}e^{-st}dt = A\int_{-\infty}^{\infty} e^{\alpha t}e^{-\sigma t}e^{-j\omega t}dt = A\int_{-\infty}^{\infty} e^{(\alpha-\sigma)t}e^{-j\omega t}dt$$

Essa integral converge? Não. Não importa qual valor escolhamos para σ, não conseguimos avaliar a integral no limite superior, no limite inferior ou em ambos.

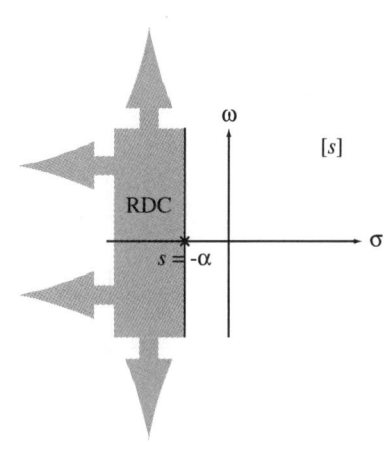

Figura 15.5
Diagrama de pólos e zeros e a região de convergência para $G_2(s)$.

Exemplo 15.1

Transformada de Laplace de um sinal exponencial causal 1

Determine a transformada de Laplace de $x(t) = e^{-t}u(t) + e^{-2t}u(t)$.

■ **Solução**

Usando a definição,

$$x(t) \xleftrightarrow{\mathcal{L}} \int_{-\infty}^{\infty} \left[e^{-t}u(t) + e^{-2t}u(t)\right]e^{-st}dt = \int_{0}^{\infty}\left[e^{-(s+1)t} + e^{-(s+2)t}\right]dt , \quad \sigma > -1$$

ou

$$x(t) \xleftrightarrow{\mathcal{L}} \frac{1}{s+1} + \frac{1}{s+2} , \quad \sigma > -1$$

A RDC é $\sigma > -1$. Se tivéssemos determinado as transformadas de Laplace de $e^{-t}u(t)$ e $e^{-2t}u(t)$ separadamente, teríamos obtido as duas RDCs $\sigma > -1$ e $\sigma > -2$, respectivamente. Portanto, a RDC total corresponde à região que é comum a ambas as RDCs, RDC = $RDC_1 \cap RDC_2$.

Para demonstrar a importância de especificar não apenas a forma algébrica da transformada de Laplace, mas também sua RDC, considere as transformadas de Laplace de $e^{-\alpha t}u(t)$ e $-e^{-\alpha t}u(-t)$

$$e^{-\alpha t}u(t) \xleftrightarrow{\mathcal{L}} \frac{1}{s+\alpha} , \quad \sigma > -\alpha$$

e

$$-e^{-\alpha t}u(-t) \xleftrightarrow{\mathcal{L}} \frac{1}{s+\alpha} , \quad \sigma < -\alpha$$

A expressão algébrica para a transformada de Laplace é a mesma em cada caso, mas as RDCs são totalmente diferentes, na verdade, mutuamente exclusivas. Isso significa, por exemplo, que a transformada de Laplace da soma dessas duas funções não pode ser obtida porque não conseguimos determinar uma região no plano s que seja comum às RDCs de ambas $e^{-\alpha t}u(t)$ e $-e^{-\alpha t}u(-t)$.

Exemplo 15.2

Transformada de Laplace de um sinal exponencial não causal

Determine a transformada de Laplace de $x(t) = e^{-t}u(t) + e^{2t}u(-t)$.

■ Solução

A transformada de Laplace desta soma é a soma das transformadas de Laplace dos termos individuais $e^{-t}u(t)$ e $e^{2t}u(-t)$, e a RDC da soma equivale à região no plano s que é comum às duas RDCs.

$$e^{-t}u(t) \xleftrightarrow{\mathcal{L}} \frac{1}{s+1} \;,\; \sigma > -1$$

e

$$e^{2t}u(-t) \xleftrightarrow{\mathcal{L}} -\frac{1}{s-2} \;,\; \sigma < 2$$

Neste caso, existe uma região no plano s que é comum a ambas as RDCs $-1 < \sigma < 2$ e

$$e^{-t}u(t) + e^{2t}u(-t) \xleftrightarrow{\mathcal{L}} \frac{1}{s+1} - \frac{1}{s-2} \;,\; -1 < \sigma < 2$$

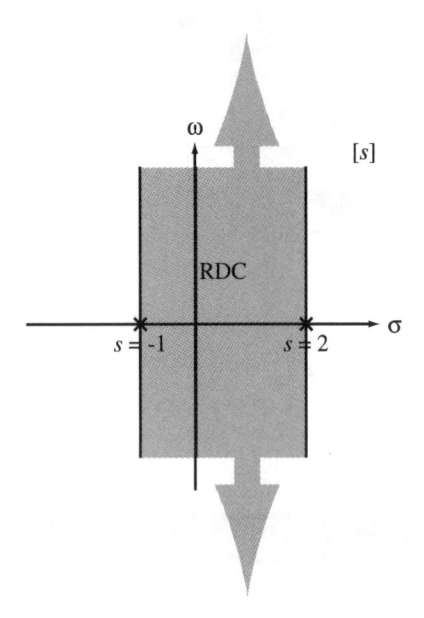

(Figura 15.6).

Figura 15.6
RDC para a transformada de Laplace de $x(t) = e^{-t}u(t) + e^{2t}u(-t)$.

Note que, no Exemplo 15.2, a RDC contém o eixo ω ($\sigma = 0$). Isso significa que a integral $\int_{-\infty}^{\infty} \left[e^{-t}u(t) + e^{2t}u(-t) \right] e^{-j\omega t} dt$ converge. Visto que essa é exatamente a transformada de Fourier de $e^{-t}u(t) + e^{2t}u(-t)$, tal fato implica que sua transformada de Fourier existe. Podemos dizer geralmente que, se a região de convergência da transformada de Laplace contém o eixo ω, a transformada de Fourier existe.

Se uma função $x(t)$ é restrita no tempo ao intervalo $t_1 < t < t_2$ e limitada, sua transformada de Laplace é

$$X(s) = \int_{-\infty}^{\infty} x(t)e^{-st} dt = \int_{t_1}^{t_2} x(t)e^{-st} dt$$

Essa integral converge para qualquer valor finito de s. Portanto, para funções deste tipo, a região de convergência é o plano s inteiro.

A TRANSFORMADA DE LAPLACE UNILATERAL

Na exploração da transformada de Laplace até agora é aparente que, se consideramos toda a gama de possíveis sinais a serem transformados, algumas vezes uma região de convergência pode ser determinada e outras não. Se desconsiderarmos certas funções patológicas como t^t ou e^{t^2}, que crescem mais rápido do que uma exponencial (e não têm utilidade conhecida para a engenharia) e nos restringirmos às funções que são zero antes ou depois do instante de tempo $t = 0$, a transformada de Laplace e sua RDC tornam-se consideravelmente mais simples. A qualidade que tornou as funções $g_1(t) = Ae^{\alpha t}u(t)$, $\alpha > 0$ e $g_2(t) = Ae^{-\alpha t}u(-t)$, $\alpha > 0$ transformáveis por Laplace foi que cada uma delas era restrita pela função degrau unitário a ser zero sobre um intervalo de tempo semi-infinito. A função $g_1(t) = Ae^{\alpha t}u(t)$, $\alpha > 0$ é denominada função causal, porque ela é zero antes do instante de tempo $t = 0$. A função $g_2(t) = Ae^{-\alpha t}u(-t)$, $\alpha > 0$ é denominada função anti causal, porque ela é zero após o instante de tempo $t = 0$. Agora podemos generalizar o que vimos até o presente momento. Qualquer função que seja definida como zero, seja antes ou depois de certo tempo finito $t = t_0$ e cuja variação com o tempo sobre o tempo que resta não é mais rápida do que uma função exponencial, possui uma transformada de Laplace. E a região de convergência da transformada sempre existe e é determinada pelo comportamento funcional.

Até mesmo uma simples função como $g(t) = A$, que é limitada para todo t, causa problemas porque um único fator de convergência que faça a transformada de Laplace convergir para todo o tempo não pode ser determinado. Porém a função $g(t) = Au(t)$ é transformável por Laplace. A presença do degrau unitário permite a escolha de um fator de convergência para o tempo positivo, o que possibilita a integral da transformada de Laplace convergir. Por essa razão, uma modificação da transformada de Laplace que evita muitas questões de convergência é normalmente utilizada nas análises práticas. (Devemos ver adiante que existem outras razões para se utilizar a forma modificada.) Vamos redefinir agora a transformada de Laplace como $G(s) = \int_{0^-}^{\infty} g(t)e^{-st}dt$. Apenas o limite inferior da integração mudou. Com essa nova definição, qualquer função que cresce não tão rápido quanto uma exponencial para o tempo positivo tem uma transformada de Laplace.

A transformada de Laplace definida por $G(s) = \int_{-\infty}^{\infty} g(t)e^{-st}dt$ é convencionalmente denominada transformada de Laplace **bilateral** ou de **duplo lado**. A transformada de Laplace definida por $G(s) = \int_{0^-}^{\infty} g(t)e^{-st}dt$ é convencionalmente denominada transformada de Laplace **unilateral** ou de **único lado**. A transformada de Laplace unilateral é restritiva no sentido de que ela exclui o comportamento das funções para tempos negativos. Mas já que, na análise de qualquer sistema real, uma origem para o tempo pode ser escolhida de modo que todos os sinais fiquem nulos antes do referido instante, este não é realmente um problema prático e na verdade tem algumas vantagens. Visto que o limite inferior da integração é $t = 0^-$, qualquer comportamento funcional de $g(t)$ antes do instante de tempo $t = 0$ é irrelevante para a transformada. Isso significa que qualquer outra função que tenha o mesmo comportamento em ou após o instante $t = 0$ terá a mesma transformada. Portanto, para a transformada ser única em relação a uma função no domínio do tempo, a definição da transformada deveria ser aplicada somente às funções nulas antes do instante de tempo $t = 0$.

> Até para instantes de tempo $t > 0$, a transformada não é realmente única para uma simples função no domínio do tempo. Como mencionado no Capítulo 2, na discussão da definição da função degrau unitário, todas as definições têm exatamente a energia de sinal sobre qualquer período de tempo finito e ainda seus valores são diferentes na descontinuidade do instante de tempo $t = 0$. Esse é um ponto matemático sem qualquer significância real para a engenharia. Seus efeitos em qualquer sistema real serão idênticos, porque não há energia de sinal em um ponto (a não ser que exista um impulso nesse ponto) e o sistema real responde à energia contida nos sinais de entrada. Além disso, se duas funções se diferem em valor por um número finito de pontos, a integral da transformada de Laplace produzirá a mesma transformada para as duas funções, pois a área sob um ponto é nula.

A transformada de Laplace unilateral inversa é exatamente a mesma que foi deduzida anteriormente para a transformada de Laplace bilateral

$$g(t) = \frac{1}{j2\pi} \int_{\sigma-j\infty}^{\sigma+j\infty} G(s)e^{+st}ds$$

É comum ver o par de transformadas de Laplace escrito como

$$\mathcal{L}(g(t)) = G(s) = \int_{0^-}^{\infty} g(t)e^{-st}dt \; , \; \mathcal{L}^{-1}(G(s)) = g(t) = \frac{1}{j2\pi} \int_{\sigma-j\infty}^{\sigma+j\infty} G(s)e^{+st}ds \quad (15.3)$$

A transformada de Laplace unilateral tem uma RDC simples. Ela é sempre a região do plano s para a qual σ reside à direita de todos os pólos finitos da transformada (Figura 15.7). De agora em diante, a transformada de Laplace unilateral será referida como simplesmente *a* transformada de Laplace, e a transformada de Laplace bilateral será designada especificamente.

É convencional se referir ao domínio de s como o domínio da **freqüência complexa**, visto que s é uma variável complexa e pode percorrer todo o plano complexo, e

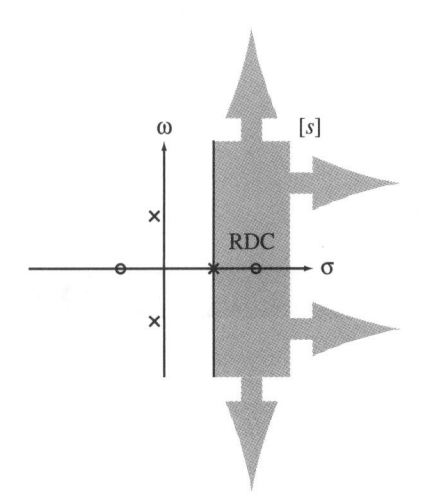

Figura 15.7
RDC para uma transformada de Laplace unilateral.

Exemplo 15.3

Transformada de Laplace de um sinal exponencial causal 2

Determine a transformada de Laplace de $e^{\alpha t} u(t)$.

■ **Solução**

$$e^{\alpha t} u(t) \xleftrightarrow{\mathcal{L}} \int_{0^-}^{\infty} e^{\alpha t} u(t) e^{-st} dt = \int_{0^-}^{\infty} e^{-(s-\alpha)t} dt$$

Essa integral converge para qualquer valor de s cuja parte real σ seja maior do que α. Portanto,

$$e^{\alpha t} u(t) \xleftrightarrow{\mathcal{L}} \left[\frac{e^{-(s-\alpha)t}}{-(s-\alpha)} \right]_{0^-}^{\infty} = \frac{1}{s-\alpha} \ , \ \sigma > \alpha$$

(Figura 15.8).

Figura 15.8
Uma exponencial em decaimento e o diagrama de pólos e zeros de sua transformada de Laplace.

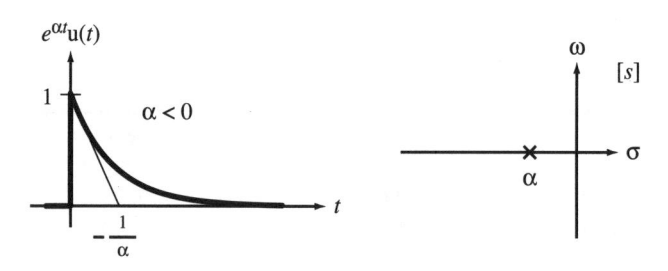

Para o caso especial $\alpha = 0$, $e^{\alpha t} u(t)$ torna-se simplesmente $u(t)$ e $u(t) \xleftrightarrow{\mathcal{L}} 1/s$, $\sigma > 0$ (Figura 15.9).

Figura 15.9
Degrau unitário e o diagrama de pólos e zeros de sua transformada de Laplace.

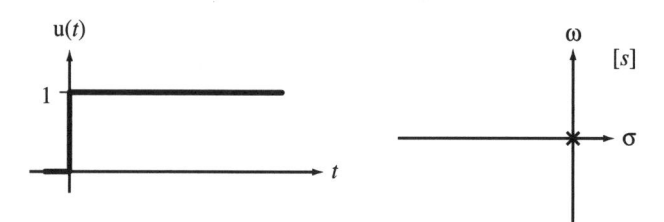

Exemplo 15.4

Transformada de Laplace de uma senóide exponencialmente amortecida

Determine as transformadas de Laplace de $e^{\alpha t} \cos(\omega_c t) u(t)$ e $e^{\alpha t} \text{sen}(\omega_c t) u(t)$.

■ **Solução**

$$e^{\alpha t} \cos(\omega_c t) u(t) \xleftrightarrow{\mathcal{L}} \int_{0^-}^{\infty} e^{\alpha t} \cos(\omega_c t) u(t) e^{-st} dt = \int_{0^-}^{\infty} e^{\alpha t} \frac{e^{j\omega_c t} + e^{-j\omega_c t}}{2} e^{-st} dt$$

$$e^{\alpha t}\cos(\omega_c t)\,\mathrm{u}(t) \xleftrightarrow{\mathcal{L}} \frac{1}{2}\int_{0^-}^{\infty} \left(e^{(j\omega_c - s + \alpha)t} + e^{-(j\omega_c + s - \alpha)t}\right)dt$$

$$e^{\alpha t}\cos(\omega_c t)\,\mathrm{u}(t) \xleftrightarrow{\mathcal{L}} \frac{1}{2}\left[\frac{e^{(j\omega_c - s + \alpha)t}}{j\omega_c - (s-\alpha)} + \frac{e^{-(j\omega_c + s - \alpha)t}}{-j\omega_c - (s-\alpha)}\right]_{0^-}^{\infty}$$

$$e^{\alpha t}\cos(\omega_c t)\,\mathrm{u}(t) \xleftrightarrow{\mathcal{L}} \frac{s-\alpha}{(s-\alpha)^2 + \omega_c^2} \quad , \quad \sigma > \alpha$$

$$e^{\alpha t}\operatorname{sen}(\omega_c t)\,\mathrm{u}(t) \xleftrightarrow{\mathcal{L}} \int_{0^-}^{\infty} e^{\alpha t}\operatorname{sen}(\omega_c t)\,\mathrm{u}(t)e^{-st}dt = \int_{0^-}^{\infty} e^{\alpha t}\frac{e^{j\omega_c t} - e^{-j\omega_c t}}{j2}e^{-st}dt$$

$$e^{\alpha t}\operatorname{sen}(\omega_c t)\,\mathrm{u}(t) \xleftrightarrow{\mathcal{L}} \frac{1}{j2}\int_{0^-}^{\infty}\left(e^{(j\omega_c - s + \alpha)t} - e^{-(j\omega_c + s - \alpha)t}\right)dt$$

$$e^{\alpha t}\operatorname{sen}(\omega_c t)\,\mathrm{u}(t) \xleftrightarrow{\mathcal{L}} \frac{1}{j2}\left[\frac{e^{(j\omega_c - s + \alpha)t}}{j\omega_c - (s-\alpha)} - \frac{e^{-(j\omega_c + s - \alpha)t}}{-j\omega_c - (s-\alpha)}\right]_{0^-}^{\infty}$$

$$e^{\alpha t}\operatorname{sen}(\omega_c t)\,\mathrm{u}(t) \xleftrightarrow{\mathcal{L}} \frac{\omega_c}{(s-\alpha)^2 + \omega_c^2} \quad , \quad \sigma > \alpha$$

Usando os resultados do Exemplo 15.4, segue-se que

$$\cos(\omega_c t)\,\mathrm{u}(t) \xleftrightarrow{\mathcal{L}} \frac{s}{s^2 + \omega_c^2} \quad , \quad \sigma > 0$$

e

$$\operatorname{sen}(\omega_c t)\,\mathrm{u}(t) \xleftrightarrow{\mathcal{L}} \frac{\omega_c}{s^2 + \omega_c^2} \quad , \quad \sigma > 0$$

e que uma exponencial em decaimento ($\omega_c = 0$, $\alpha < 0$) tem a transformada de Laplace

$$e^{\alpha t}\,\mathrm{u}(t) \xleftrightarrow{\mathcal{L}} \frac{1}{s - \alpha} \quad , \quad \sigma > \alpha$$

como vimos no exemplo anterior. A consideração do sinal no domínio do tempo $e^{\alpha t}\cos(\omega_c t)\,\mathrm{u}(t)$ e sua transformada de Laplace $(s-\alpha)/\left[(s-\alpha)^2 + \omega_c^2\right]$ conduz ao diagrama da Figura 15.10, relacionando crescimento exponencial ou taxa de decaimento e freqüência angular para as localizações dos pólos e zeros finitos.

Figura 15.10
Ilustração tanto no domínio do tempo quanto no domínio da freqüência dos efeitos do parâmetro taxa de crescimento α e da freqüência angular crítica ω_c.

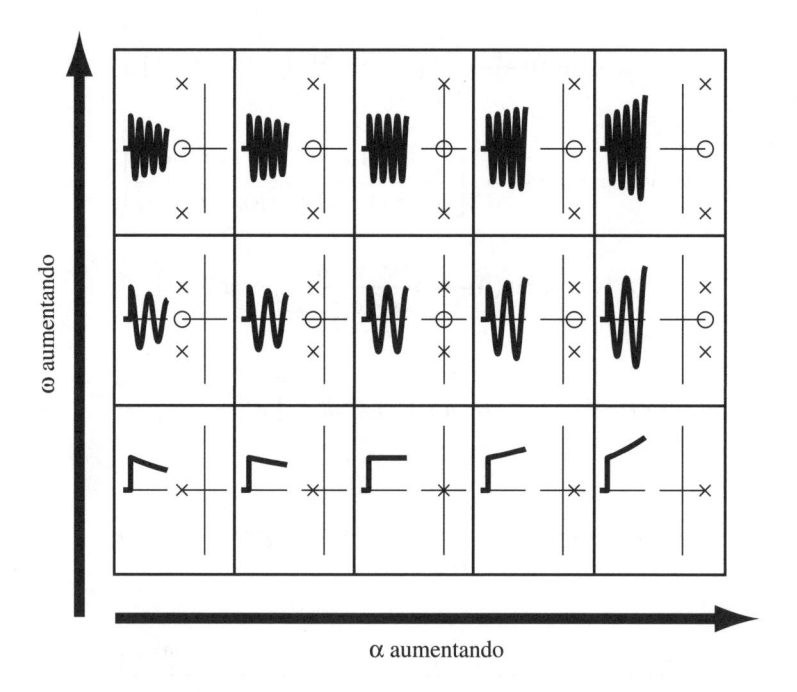

Visto que exponenciais em decaimento e as senóides amortecidas ocorrem tão comumente na análise prática, as entradas nas tabelas de transformadas de Laplace são usualmente vistas nas formas,

$$e^{-\alpha t}\,\mathrm{u}(t) \xleftrightarrow{\mathcal{L}} \frac{1}{s+\alpha}\ ,\ \sigma > -\alpha,$$

$$e^{-\alpha t}\,\mathrm{sen}(\omega_c t)\,\mathrm{u}(t) \xleftrightarrow{\mathcal{L}} \frac{\omega_c}{(s+\alpha)^2 + \omega_c^2}\ ,\ \sigma > -\alpha$$

e

$$e^{-\alpha t}\,\cos(\omega_c t)\,\mathrm{u}(t) \xleftrightarrow{\mathcal{L}} \frac{s+\alpha}{(s+\alpha)^2 + \omega_c^2}\ ,\ \sigma > -\alpha$$

com $\alpha > 0$ para decaimento exponencial. Essas formas são equivalentes às formas do Exemplo 15.4.

EXEMPLO 15.5

Transformada de Laplace de um impulso

Determine a transformada de Laplace de $\delta(t)$.

■ Solução

A integral da transformada de Laplace pode ser calculada usando-se a propriedade de amostragem do impulso.

$$\delta(t) \xleftrightarrow{\mathcal{L}} \int_{0^-}^{\infty} \delta(t) e^{-st} dt = \left[e^{-st} \right]_{t=0} = 1$$

Não há pólos ou zeros e a RDC corresponde a todo o plano s.

15.3 PROPRIEDADES DA TRANSFORMADA DE LAPLACE

A transformada de Laplace tem propriedades similares às propriedades da TFCT. Se

$$\mathcal{L}(g(t)) = G(s) \quad \text{e} \quad \mathcal{L}(h(t)) = H(s)$$

e g(t) = 0 para t < 0 e h(t) = 0 para t < 0, então as propriedades a serem vistas a seguir se aplicam do mesmo modo. Os detalhes das deduções destas propriedades são omitidos aqui, mas podem ser encontrados no Apêndice N, localizado no endereço **www.mhhe.com/roberts**.

LINEARIDADE

$$\boxed{\alpha\, g(t) + \beta\, h(t) \xleftrightarrow{\mathcal{L}} \alpha\, G(s) + \beta\, H(s)} \tag{15.4}$$

DESLOCAMENTO NO TEMPO

$$\boxed{g(t - t_0) \xleftrightarrow{\mathcal{L}} G(s)e^{-st_0}, \quad t_0 > 0} \tag{15.5}$$

Essa propriedade somente é válida para deslocamentos no tempo para a direita (atrasos de tempo), porque apenas para sinais atrasados toda a parte não-nula do sinal ainda é incluída na integral de 0^- ao infinito. Se um sinal fosse deslocado para a esquerda (avanço no tempo), alguma parte dele poderia ocorrer antes do instante de tempo $t = 0$ e não ser incluída dentro dos limites da integral da transformada de Laplace. Essa situação destruiria a relação única existente entre a transformada do sinal e a transformada de sua versão deslocada, tornando impossível relacioná-las de alguma forma geral (Figura 15.11).

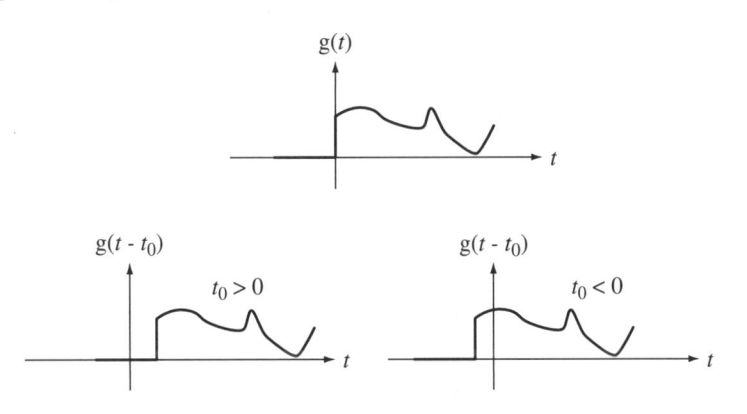

Figura 15.11
Deslocamentos em uma função causal.

DESLOCAMENTO NA FREQÜÊNCIA COMPLEXA

$$\boxed{e^{s_0 t}\, g(t) \xleftrightarrow{\mathcal{L}} G(s - s_0)} \tag{15.6}$$

EXEMPLO 15.6

Uso da propriedade de deslocamento na freqüência complexa

Se $X_1(s) = \dfrac{1}{s+5}$ e $X_2(s) = X_1(s - j4) + X_1(s + j4)$, determine $x_2(t)$.

■ **Solução**

$$e^{-5t}\, u(t) \xleftrightarrow{\mathcal{L}} \frac{1}{s+5}$$

Fazendo uso da propriedade de deslocamento na freqüência complexa

$$e^{-(5+j4)t}\,u(t) \xleftrightarrow{\mathcal{L}} \frac{1}{s-j4+5} \quad \text{e} \quad e^{-(5-j4)t}\,u(t) \xleftrightarrow{\mathcal{L}} \frac{1}{s+j4+5}$$

Portanto

$$x_2(t) = e^{-(5+j4)t}\,u(t) + e^{-(5-j4)t}\,u(t) = e^{-5t}(e^{-j4t}+e^{j4t})u(t) = 2e^{-5t}\cos(4t)\,u(t)$$

O efeito de deslocamento de quantidades iguais em direções opostas paralelas ao eixo ω, no domínio s e a sua soma, corresponde à multiplicação por um cosseno no domínio do tempo. O efeito global equivale à modulação por portadora suprimida e dupla banda lateral (DSBSC), primeiramente introduzida no Capítulo 12.

REDIMENSIONAMENTO DE ESCALA DO TEMPO

$$\boxed{g(at) \xleftrightarrow{\mathcal{L}} (1/a)G(s/a)\,, \quad a>0} \tag{15.7}$$

A constante a não pode ser negativa porque transformaria um sinal causal em um sinal não causal e a transformada de Laplace unilateral somente é válida para sinais causais. Assim como determinamos com a transformada de Fourier, uma compressão do sinal no tempo corresponde a uma expansão de sua transformada de Laplace e vice-versa.

EXEMPLO 15.7

Transformadas de Laplace de dois pulsos retangulares redimensionados na escala do tempo

Determine a transformada de Laplace de $x(t) = u(t) - u(t-a)$ e $x(2t) = u(2t) - u(2t-a)$.

■ **Solução**

Já determinamos a transformada de Laplace de $u(t)$, que é igual a $1/s$. Fazendo uso das propriedades da linearidade e do deslocamento no tempo,

$$u(t) - u(t-a) \xleftrightarrow{\mathcal{L}} \frac{1-e^{-as}}{s}$$

Agora, usando a propriedade de redimensionamento de escala do tempo,

$$u(2t) - u(2t-a) \xleftrightarrow{\mathcal{L}} \frac{1}{2}\frac{1-e^{-as/2}}{s/2} = \frac{1-e^{-as/2}}{s}$$

Este resultado faz sentido quando consideramos que $u(2t) = u(t)$ e $u(2t-a) = u(2(t-a/2)) = u(t-a/2)$.

REDIMENSIONAMENTO DE ESCALA DA FREQÜÊNCIA

$$\boxed{(1/a)g(t/a) \xleftrightarrow{\mathcal{L}} G(as)\,, \quad a>0} \tag{15.8}$$

EXEMPLO 15.8

Desnormalização da função de transferência de um filtro normalizado

Um filtro tem uma função de transferência $H(s) = \dfrac{2}{s^2+2s+2}$. Ele é passa-baixas com uma freqüência de quebra (freqüência de –3 dB) de 1 radiano/segundo e ganho unitário na freqüência zero. Este é um filtro **normalizado**. Desnormalize-o de maneira que sua freqüência de quebra torne-se igual a 200 radianos/segundo.

■ Solução

Queremos expandir a função de transferência do filtro por um fator igual a 200 na freqüência. Podemos conseguir isso pelo redimensionamento em escala $s \to s/200$. Logo

$$\frac{2}{s^2 + 2s + 2} \xrightarrow{s \to s/200} \frac{2}{(s/200)^2 + 2s/200 + 2} = \frac{80.000}{s^2 + 400s + 80.000}$$

Portanto, o filtro desnormalizado tem a função de transferência

$$H_{200}(s) = \frac{80.000}{s^2 + 400s + 80.000}$$

DERIVADA PRIMEIRA NO TEMPO

$$\boxed{\frac{d}{dt}(g(t)) \xleftrightarrow{\mathcal{L}} s\,G(s) - g(0^-)} \tag{15.9}$$

Esta é uma das propriedades mais importantes da transformada de Laplace (unilateral). Ela não possui contrapartida na transformada de Fourier porque a transformada de Laplace tem um ponto de partida finito no tempo e a transformada de Fourier não. Esta é a propriedade que torna a solução de problemas que envolvem transitórios mais fáceis por transformada de Laplace do que por transformada de Fourier. Ao se utilizar a propriedade da diferenciação na solução de equações diferenciais, a condição inicial $g(0^-)$ é automaticamente exigida na forma apropriada como parte inerente do processo de transformada.

DERIVADA ENÉSIMA NO TEMPO

$$\boxed{\frac{d^N}{dt^N}(g(t)) \xleftrightarrow{\mathcal{L}} s^N G(s) - \sum_{n=1}^{N} s^{N-n}\left[\frac{d^{n-1}}{dt^{n-1}}(g(t))\right]_{t=0^-}} \tag{15.10}$$

DIFERENCIAÇÃO NA FREQÜÊNCIA COMPLEXA

$$\boxed{-t\,g(t) \xleftrightarrow{\mathcal{L}} \frac{d}{ds}(G(s))} \tag{15.11}$$

EXEMPLO 15.9

Uso da diferenciação na freqüência complexa para a dedução de um par de transformadas

Usando a diferenciação na freqüência complexa e a transformada de Laplace básica $u(t) \xleftrightarrow{\mathcal{L}} 1/s$, determine a transformada de Laplace inversa de $1/s^2$.

■ Solução

$$u(t) \xleftrightarrow{\mathcal{L}} 1/s$$

Usando $-t\,g(t) \xleftrightarrow{\mathcal{L}} \dfrac{d}{ds}(G(s))$

$$-t\,u(t) \xleftrightarrow{\mathcal{L}} -1/s^2$$

Portanto,

$$t\,u(t) \xleftrightarrow{\mathcal{L}} 1/s^2$$

Por indução, podemos estender esse resultado para o caso geral:

$$\frac{d}{ds}\left(\frac{1}{s}\right) = -\frac{1}{s^2}, \quad \frac{d^2}{ds^2}\left(\frac{1}{s}\right) = \frac{2}{s^3}, \quad \frac{d^3}{ds^3}\left(\frac{1}{s}\right) = -\frac{6}{s^4}, \quad \frac{d^4}{ds^4}\left(\frac{1}{s}\right) = \frac{24}{s^5}, \quad \cdots, \quad \frac{d^n}{ds^n}\left(\frac{1}{s}\right) = (-1)^n \frac{n!}{s^{n+1}}$$

Os pares de transformadas correspondentes são

$$t\,\mathrm{u}(t) \xleftrightarrow{\mathcal{L}} \frac{1}{s^2}, \quad \frac{t^2}{2}\mathrm{u}(t) \xleftrightarrow{\mathcal{L}} \frac{1}{s^3}, \quad \frac{t^3}{6}\mathrm{u}(t) \xleftrightarrow{\mathcal{L}} \frac{1}{s^4}, \quad \cdots, \quad \frac{t^n}{n!}\mathrm{u}(t) \xleftrightarrow{\mathcal{L}} \frac{1}{s^{n+1}}$$

DUALIDADE MULTIPLICAÇÃO-CONVOLUÇÃO

$$\boxed{\mathrm{g}(t) * \mathrm{h}(t) \xleftrightarrow{\mathcal{L}} \mathrm{G}(s)\,\mathrm{H}(s)} \tag{15.12}$$

$$\boxed{\mathrm{g}(t)\mathrm{h}(t) \xleftrightarrow{\mathcal{L}} \frac{1}{j2\pi} \int_{\sigma-j\infty}^{\sigma+j\infty} \mathrm{G}(w)\,\mathrm{H}(s-w)\,dw} \tag{15.13}$$

A integral na Equação (15.13) é quase uma convolução aperiódica no sentido anteriormente definido, mas não exatamente. Essa é uma integral de contorno no plano complexo e está além do escopo deste livro.

A propriedade da dualidade multiplicação-convolução é importante, porque é a base da idéia da **função de transferência**. A função de transferência de um sistema é a transformada de Laplace de sua resposta ao impulso e é, portanto, análoga à resposta em freqüência, a transformada de Fourier da resposta ao impulso. A operação de sistema básica da convolução entre a excitação e a resposta ao impulso no domínio do tempo para se obter a resposta no domínio do tempo $\mathrm{y}(t) = \mathrm{x}(t) * \mathrm{h}(t)$ é convertida para a multiplicação da excitação pela função de transferência no domínio da freqüência para se obter a resposta no domínio da freqüência complexa $\mathrm{Y}(s) = \mathrm{X}(s)\,\mathrm{H}(s)$.

INTEGRAÇÃO

A propriedade da integração é fácil de ser provada usando a propriedade da convolução recém-verificada na última seção e o fato de que

$$\mathrm{g}(t) * \mathrm{u}(t) = \int_{-\infty}^{\infty} \mathrm{g}(\tau)\mathrm{u}(t-\tau)\,d\tau = \int_{0^-}^{t} \mathrm{g}(\tau)\,d\tau$$

$$\mathrm{g}(t) * \mathrm{u}(t) \xleftrightarrow{\mathcal{L}} \mathrm{G}(s)\,\mathrm{U}(s) = \mathrm{G}(s)/s$$

Portanto

$$\boxed{\int_{0^-}^{t} \mathrm{g}(\tau)\,d\tau \xleftrightarrow{\mathcal{L}} \frac{1}{s}\mathrm{G}(s)} \tag{15.14}$$

EXEMPLO 15.10

Uso da propriedade da integração na dedução de um par de transformadas

No exemplo 15.9, usamos a diferenciação na freqüência complexa para deduzir o par de transformadas de Laplace

$$t\,\mathrm{u}(t) \xleftrightarrow{\mathcal{L}} 1/s^2$$

Deduza o mesmo par por meio de $\mathrm{u}(t) \xleftrightarrow{\mathcal{L}} 1/s$ usando a propriedade da integração em vez da diferenciação.

■ Solução

$$\int_{0^-}^{t} u(\tau)d\tau = \begin{Bmatrix} \int_{0^-}^{t} d\tau = t\ ,\ t \geq 0 \\ 0\qquad\quad,\ t < 0 \end{Bmatrix} = t\,u(t)$$

Portanto,

$$t\,u(t) \xleftrightarrow{\mathcal{L}} \frac{1}{s} \times \frac{1}{s} = \frac{1}{s^2}$$

Integrações sucessivas de u(t) produzem

$$t\,u(t)\ ,\ \frac{t^2}{2}u(t)\ ,\ \frac{t^3}{6}u(t)$$

e esses resultados podem ser utilizados para se deduzir a forma geral

$$\frac{t^n}{n!}u(t) \xleftrightarrow{\mathcal{L}} \frac{1}{s^{n+1}}$$

■

TEOREMA DO VALOR INICIAL

$$\boxed{g(0^+) = \lim_{s \to \infty} s\,G(s)} \qquad (15.15)$$

TEOREMA DO VALOR FINAL

$$\boxed{\lim_{t \to \infty} g(t) = \lim_{s \to 0} s\,G(s)} \qquad (15.16)$$

Deve ser enfatizado que esta propriedade somente se aplica se $\lim_{t \to \infty} g(t)$ existe. É possível que o limite $\lim_{s \to 0} sG(s)$ exista, mas o limite $\lim_{t \to \infty} g(t)$ não. Por exemplo, suponha que

$$X(s) = \frac{s}{s^2 + \omega_0^2}$$

Então

$$\lim_{s \to 0} s\,X(s) = \lim_{s \to 0} \frac{s^2}{s^2 + \omega_0^2} = 0$$

Contudo, a transformada de Laplace inversa de X(s) equivale a $x(t) = \cos(\omega_0 t)$ e $\lim_{t \to \infty} x(t)$ não existe. Portanto, a conclusão por meio do teorema do valor final que indica o valor final de x(t) igual a zero, está errada. Na Seção 15.4, é mostrado que a afirmação geral seguinte define as funções para as quais o teorema do valor final se aplica.

> Para o teorema do valor final ser aplicado a uma função G(s), todos os pólos finitos da função sG(s) devem estar localizados no semiplano esquerdo do plano s.

Observe cuidadosamente que essa regra não requer que todos os pólos de G(s) se localizem no semiplano esquerdo. Ela requer que todos os pólos de sG(s) estejam situados no semiplano esquerdo.

EXEMPLO 15.11

Valor final de uma função do tempo usando o teorema do valor final

Obtenha o valor final da resposta y(t) de um sistema cuja função de transferência seja

$$H(s) = \frac{s+3}{s^2 + 4s + 5}$$

quando o sistema é excitado por um degrau unitário e quando ele é excitado por um impulso unitário.

■ Solução

Se o sistema é excitado por um degrau unitário, a transformada de Laplace da resposta é

$$H_{-1}(s) = \frac{1}{s} \frac{s+3}{s^2 + 4s + 5}$$

Todos os pólos de $sH_{-1}(s)$ encontram-se no semiplano esquerdo do plano complexo e o valor final de $h_{-1}(t)$ é então

$$\lim_{t \to \infty} h_{-1}(t) = \lim_{s \to 0} s H_{-1}(s) = \lim_{s \to 0} s \frac{1}{s} \frac{s+3}{s^2 + 4s + 5} = \frac{3}{5}$$

Se o sistema é excitado por um impulso unitário, a transformada de Laplace da resposta é

$$H(s) = \frac{s+3}{s^2 + 4s + 5}$$

Todos os pólos de $sH(s)$ localizam-se no semiplano esquerdo e o valor final de $h(t)$ é então

$$\lim_{t \to \infty} h(t) = \lim_{s \to 0} s H(s) = \lim_{s \to 0} s \frac{s+3}{s^2 + 4s + 5} = 0$$

RESUMO DAS PROPRIEDADES DA TRANSFORMADA DE LAPLACE UNILATERAL

Linearidade $\quad \alpha g(t) + \beta h(t) \xleftrightarrow{\mathcal{L}} \alpha G(s) + \beta H(s)$

Deslocamento no tempo $\quad g(t - t_0) \xleftrightarrow{\mathcal{L}} G(s) e^{-st_0} \; , \; t_0 > 0$

Deslocamento na freqüência complexa $\quad e^{at} g(t) \xleftrightarrow{\mathcal{L}} G(s - a)$

Redimensionamento da escala do tempo $\quad g(at) \xleftrightarrow{\mathcal{L}} (1/a) G(s/a) \; , \; a > 0$

Redimensionamento da escala da freqüência $\quad (1/a) g(t/a) \xleftrightarrow{\mathcal{L}} G(as) \; , \; a > 0$

Derivada primeira no tempo $\quad \dfrac{d}{dt}(g(t)) \xleftrightarrow{\mathcal{L}} s G(s) - g(0^-)$

Derivada enésima no tempo $\quad \dfrac{d^N}{dt^N}(g(t)) \xleftrightarrow{\mathcal{L}} s^N G(s) - \sum_{n=1}^{N} s^{N-n} \left[\dfrac{d^{n-1}}{dt^{n-1}}(g(t)) \right]_{t=0^-}$

Diferenciação na freqüência complexa $\quad -t g(t) \xleftrightarrow{\mathcal{L}} \dfrac{d}{ds}(G(s))$

Dualidade multiplicação-convolução $g(t) * h(t) \xleftrightarrow{\mathcal{L}} G(s)H(s)$

$$g(t)h(t) \xleftrightarrow{\mathcal{L}} \frac{1}{j2\pi} \int_{\sigma-j\infty}^{\sigma+j\infty} G(w)H(s-w)dw$$

Integração
$$\int_{0^-}^{t} g(\tau)d\tau \xleftrightarrow{\mathcal{L}} \frac{G(s)}{s}$$

Teorema do valor inicial
$$g(0^+) = \lim_{s\to\infty} s\,G(s)$$

Teorema do valor final
$$\lim_{t\to\infty} g(t) = \lim_{s\to 0} s\,G(s) \,, \text{ se } \lim_{t\to\infty} g(t) \text{ existir}$$

Tabela 15.1 Pares de transformadas de Laplace comuns.

$$\delta(t) \xleftrightarrow{\mathcal{L}} 1 \,, \text{ Todo } s$$

$$u(t) \xleftrightarrow{\mathcal{L}} 1/s \,, \text{ Re}(s) > 0$$

$$u_{-n}(t) = \underbrace{u(t) * \cdots * u(t)}_{(n-1)\text{convoluções}} \xleftrightarrow{\mathcal{L}} 1/s^n \,, \text{ Re}(s) > 0$$

$$t\,u(t) \xleftrightarrow{\mathcal{L}} 1/s^2 \,, \text{ Re}(s) > 0$$

$$e^{-\alpha t}\,u(t) \xleftrightarrow{\mathcal{L}} \frac{1}{s+\alpha} \,, \text{ Re}(s) > -\alpha$$

$$t^n\,u(t) \xleftrightarrow{\mathcal{L}} n!/s^{n+1} \,, \text{ Re}(s) > 0$$

$$te^{-\alpha t}\,u(t) \xleftrightarrow{\mathcal{L}} \frac{1}{(s+\alpha)^2} \,, \text{ Re}(s) > -\alpha$$

$$t^n e^{-\alpha t}\,u(t) \xleftrightarrow{\mathcal{L}} \frac{n!}{(s+\alpha)^{n+1}} \,, \text{ Re}(s) > -\alpha$$

$$\text{sen}(\omega_0 t)\,u(t) \xleftrightarrow{\mathcal{L}} \frac{\omega_0}{s^2 + \omega_0^2} \,, \text{ Re}(s) > 0$$

$$\cos(\omega_0 t)\,u(t) \xleftrightarrow{\mathcal{L}} \frac{s}{s^2 + \omega_0^2} \,, \text{ Re}(s) > 0$$

$$e^{-\alpha t}\text{sen}(\omega_c t)\,u(t) \xleftrightarrow{\mathcal{L}} \frac{\omega_c}{(s+\alpha)^2 + \omega_c^2} \,, \text{ Re}(s) > -\alpha$$

$$e^{-\alpha t}\cos(\omega_c t)\,u(t) \xleftrightarrow{\mathcal{L}} \frac{s+\alpha}{(s+\alpha)^2 + \omega_c^2} \,, \text{ Re}(s) > -\alpha$$

Essas propriedades e pares de transformadas de Laplace podem ser utilizadas para resolver uma ampla variedade de problemas na engenharia. Existe uma tabela de pares de transformadas de Laplace mais extensa no Apêndice F.

15.4 A TRANSFORMADA DE LAPLACE INVERSA E O USO DA EXPANSÃO EM FRAÇÕES PARCIAIS

A tabela de transformadas de Laplace no Apêndice F foi desenvolvida usando-se as definições das integrais das transformadas de Laplace direta e inversa. Na prática da engenharia, é raro se utilizarem as definições das integrais para determinação de transformadas direta e inversa. É muito mais comum usar as tabelas e as propriedades para determinar as transformadas, pois a maioria dos problemas de engenharia práticos envolve combinações lineares de funções que aparecem nas tabelas padrão.

Um tipo muito comum de problema em análise de sinais e sistemas usando métodos de Laplace é determinar a transformada inversa de uma função no domínio s na forma de uma razão de polinômios em s

$$G(s) = \frac{b_M s^M + b_{M-1} s^{M-1} + \cdots + b_1 s + b_0}{s^N + a_{N-1} s^{N-1} + \cdots + a_1 s + a_0}$$

em que os coeficientes do numerador e do denominador a e b são constantes. Como mencionado pela primeira vez no Capítulo 6, este tipo de função é denominada **função racional** porque ela corresponde a uma razão entre duas funções. Visto que as ordens do numerador e do denominador são arbitrárias, essa função não aparece em tabelas padrão de transformadas de Laplace. Porém, sob certas condições bastante comuns, usando uma técnica denominada **expansão em frações parciais**, ela pode ser representada como uma soma de funções que aparecem em tabelas padrão de transformadas de Laplace.

É sempre possível (numericamente, se não analiticamente) fatorar o polinômio do denominador e colocar a função na forma

$$G(s) = \frac{b_M s^M + b_{M-1} s^{M-1} + \cdots + b_1 s + b_0}{(s - p_1)(s - p_2) \cdots (s - p_N)}$$

em que os p's são os pólos finitos de $G(s)$. Vamos assumir, por agora, o caso mais simples em que não existem pólos repetidos e que $N > M$, tornando a fração própria em s. Uma vez que os pólos tenham sido identificados, devemos ser capazes de escrever a função na forma de frações parciais

$$G(s) = \frac{K_1}{s - p_1} + \frac{K_2}{s - p_2} + \cdots + \frac{K_N}{s - p_N}$$

se podemos obter os valores corretos dos K's. Para que essa forma da função esteja correta, a equação

$$\frac{b_M s^M + b_{M-1} s^{M-1} + \cdots + b_1 s + b_0}{(s - p_1)(s - p_2) \cdots (s - p_N)} = \frac{K_1}{s - p_1} + \frac{K_2}{s - p_2} + \cdots + \frac{K_N}{s - p_N} \quad (15.17)$$

deve ser satisfeita para qualquer valor arbitrário de s. Essa equação pode ser resolvida colocando-se o lado direito na forma de uma fração única com um denominador comum que seja o mesmo denominador do lado esquerdo e, em seguida, definindo-se os coeficientes de cada potência em s nos numeradores iguais e resolvendo estas N equações para os K's. Contudo, existe um modo mais fácil. Multiplicamos ambos os lados da Equação (15.17) por $(s - p_1)$

$$(s - p_1) \frac{b_M s^M + b_{M-1} s^{M-1} + \cdots + b_1 s + b_0}{(s - p_1)(s - p_2) \cdots (s - p_N)} = \left[\begin{array}{l} (s - p_1) \dfrac{K_1}{s - p_1} + (s - p_1) \dfrac{K_2}{s - p_2} + \cdots \\ + (s - p_1) \dfrac{K_N}{s - p_N} \end{array} \right]$$

15.4 A Transformada de Laplace Inversa e o Uso da Expansão em Frações Parciais

ou

$$\frac{b_M s^M + b_{M-1}s^{M-1} + \cdots + b_1 s + b_0}{(s-p_2)\cdots(s-p_N)} = K_1 + (s-p_1)\frac{K_2}{s-p_2}$$
$$+ \cdots + (s-p_1)\frac{K_N}{s-p_N} \quad (15.18)$$

Visto que a Equação (15.18) deve ser satisfeita para qualquer valor arbitrário de s, vamos admitir $s = p_1$. Todos os fatores $(s - p_1)$ no lado direito tornam-se nulos, e a Equação (15.18) se reduz a

$$K_1 = \frac{b_M p_1^M + b_M p_1^{M-1} + \cdots + b_1 p_1 + b_0}{(p_1 - p_2)\cdots(p_1 - p_N)}$$

e temos imediatamente o valor de K_1. Podemos adotar a mesma técnica para obter todos os demais K's. Logo, usando o par de transformadas de Laplace

$$e^{-at}\mathrm{u}(t) \xleftrightarrow{\mathcal{L}} \frac{1}{s+a}$$

podemos determinar a transformada de Laplace inversa como $g(t) = (K_1 e^{p_1 t} + K_2 e^{p_2 t} + \cdots + K_N e^{p_N t})\mathrm{u}(t)$.

A situação mais comum na prática é aquela em que não existem pólos repetidos, mas vamos ver o que acontece se tivermos dois pólos finitos que sejam idênticos,

$$G(s) = \frac{b_M s^M + b_{M-1}s^{M-1} + \cdots + b_1 s + b_0}{(s-p_1)^2(s-p_3)\cdots(s-p_N)}$$

Se tentarmos usar a mesma técnica para obter a forma em frações parciais, obteremos

$$G(s) = \frac{K_{11}}{s-p_1} + \frac{K_{12}}{s-p_1} + \frac{K_3}{s-p_3} + \cdots + \frac{K_N}{s-p_N}$$

Porém, essa igualdade pode ser escrita como

$$G(s)\frac{K_{11}+K_{12}}{s-p_1} + \frac{K_3}{s-p_3} + \cdots + \frac{K_N}{s-p_N} = \frac{K_1}{s-p_1} + \frac{K_3}{s-p_3} + \cdots + \frac{K_N}{s-p_N}$$

e vemos que a soma de duas constantes arbitrárias $K_{11} + K_{12}$ é realmente apenas uma única constante arbitrária. Existem realmente apenas $N - 1$ K's em vez de N K's e, quando formamos o denominador comum da soma em fração parcial, ele não será o mesmo que o denominador da função original. Poderíamos alterar a forma da expansão em frações parciais para

$$G(s) = \frac{K_1}{(s-p_1)^2} + \frac{K_3}{s-p_3} + \cdots + \frac{K_N}{s-p_N}$$

Então, se tentássemos resolver a equação por meio da determinação do denominador comum e equacionássemos potências iguais de s, descobriríamos que temos N equações em $N - 1$ desconhecidas e, por isso, não há uma única solução. A solução para esse problema é determinar uma expansão em frações parciais da forma

$$G(s) = \frac{K_{12}}{(s-p_1)^2} + \frac{K_{11}}{s-p_1} + \frac{K_3}{s-p_3} + \cdots + \frac{K_N}{s-p_N}$$

Podemos obter K_{12} pela multiplicação de ambos os lados de

$$\frac{b_M s^M + b_{M-1}s^{M-1} + \cdots + b_1 s + b_0}{(s-p_1)^2(s-p_3)\cdots(s-p_N)} = \frac{K_{12}}{(s-p_1)^2} + \frac{K_{11}}{s-p_1} + \frac{K_3}{s-p_3}$$
$$+ \cdots + \frac{K_N}{s-p_N} \qquad (15.19)$$

por $(s-p_1)^2$ resultando em

$$\frac{b_M s^M + b_{M-1}s^{M-1} + \cdots + b_1 s + b_0}{(s-p_3)\cdots(s-p_N)} = \begin{bmatrix} K_{12} + (s-p_1)K_{11} + (s-p_1)^2 \dfrac{K_3}{s-p_3} + \cdots \\ + (s-p_1)^2 \dfrac{K_N}{s-p_N} \end{bmatrix}$$

e então admitindo que $s = p_1$, obtemos

$$K_{12} = \frac{b_M p_1^M + b_{M-1}p_1^{M-1} + \cdots + b_1 p_1 + b_0}{(p_1 - p_3)\cdots(p_1 - p_N)}$$

Mas, quando tentamos obter K_{11} pela técnica usual, encontramos um outro problema:

$$(s-p_1)\frac{b_M s^M + b_{M-1}s^{M-1} + \cdots + b_1 s + b_0}{(s-p_1)^2(s-p_3)\cdots(s-p_N)} = \begin{bmatrix} (s-p_1)\dfrac{K_{12}}{(s-p_1)^2} + (s-p_1)\dfrac{K_{11}}{s-p_1}\cdots \\ +(s-p_1)\dfrac{K_3}{s-p_3} + \cdots + (s-p_1)\dfrac{K_N}{s-p_N} \end{bmatrix}$$

ou

$$\frac{b_M s^M + b_{M-1}s^{M-1} + \cdots + b_1 s + b_0}{(s-p_1)(s-p_3)\cdots(s-p_N)} = \frac{K_{12}}{s-p_1} + K_{11}$$

Agora, se definimos $s = p_1$, obtemos uma divisão por zero em ambos os lados da equação e não podemos resolver diretamente para obtermos K_{11}. Porém, podemos evitar esse problema pela multiplicação de toda a Equação (15.19) por $(s - p_1)^2$ produzindo

$$\frac{b_M s^M + b_{M-1}s^{M-1} + \cdots + b_1 s + b_0}{(s-p_3)\cdots(s-p_N)} = \begin{bmatrix} K_{12} + (s-p_1)K_{11} + \\ (s-p_1)^2 \dfrac{K_3}{s-p_3} + \cdots + (s-p_1)^2 \dfrac{K_N}{s-p_N} \end{bmatrix}$$

diferenciando em relação a s, chegamos a

$$\frac{d}{ds}\left[\frac{b_M s^M + b_{M-1}s^{M-1} + \cdots + b_1 s + b_0}{(s-p_3)\cdots(s-p_N)}\right] =$$
$$\begin{bmatrix} K_{11} + \dfrac{(s-p_3)2(s-p_1) - (s-p_1)^2}{(s-p_3)^2}K_3 + \cdots \\ + \dfrac{(s-p_q)2(s-p_1) - (s-p_1)^2}{(s-p_N)^2}K_N \end{bmatrix}$$

e então considerando $s = p_1$ e resolvendo para a obtenção de K_{11},

$$K_{11} = \frac{d}{ds}\left[\frac{b_M s^M + b_{M-1}s^{M-1} + \cdots + b_1 s + b_0}{(s-p_3)\cdots(s-p_N)}\right]_{s \to p_1} = \frac{d}{ds}\left[(s-p_1)^2\, G(s)\right]_{s \to p_1}$$

Se existisse uma raiz repetida de mais alta ordem, como por exemplo triplicada ou quadruplicada, poderíamos determinar os coeficientes estendendo-se a idéia de diferenciação a múltiplas derivadas. Em geral, se H(s) é da forma

$$H(s) = \frac{b_M s^M + b_{M-1} s^{M-1} + \cdots + b_1 s + b_0}{(s - p_1)(s - p_2) \cdots (s - p_{N-1})(s - p_N)^m}$$

com $N - 1$ pólos finitos distintos e um enésimo pólo repetido de ordem m, ela pode ser escrita como

$$H(s) = \frac{K_1}{s - p_1} + \frac{K_2}{s - p_2} + \cdots + \frac{K_{N-1}}{s - p_{N-1}} + \frac{K_{N,m}}{(s - p_N)^m} + \frac{K_{N,m-1}}{(s - p_N)^{m-1}} + \cdots + \frac{K_{N,1}}{s - p_N}$$

em que os K's para os pólos não repetidos são determinados como antes e o K de um pólo repetido p_q de ordem m para o denominador da forma $(s - p_q)^{m-k}$ é

$$\boxed{K_{q,k} = \frac{1}{(m-k)!} \frac{d^{m-k}}{ds^{m-k}} \left[(s - p_q)^m H(s) \right]_{s \to p_q} \quad , \quad k = 1, 2, \cdots, m} \quad (15.20)$$

e é entendido que $0! = 1$.

Vamos agora examinar o efeito de violação de uma das considerações na explicação original sobre o método da expansão em frações parciais: a consideração de que G(s) seja uma fração própria em s. Se $M \geq N$, não podemos expandir em frações parciais porque a expressão em frações parciais é da forma

$$G(s) = \frac{K_1}{s - p_1} + \frac{K_2}{s - p_2} + \cdots + \frac{K_N}{s - p_N}$$

e, se fôssemos combinar essas frações pela determinação de um denominador comum, o numerador resultante não poderia ter uma potência em s maior do que $N - 1$. Portanto, qualquer razão polinomial em s que está para ser expandida em frações parciais deve ser própria em s. Essa não é bem uma restrição, pois se a fração é imprópria em s podemos sempre sinteticamente dividir o numerador pelo denominador até que tenhamos um resto que seja de menor ordem do que o denominador. Então teremos uma expressão consistindo na soma de termos com potências inteiras não negativas de s somada a uma fração própria em s. Os termos em potências positivas de s possuem transformadas de Laplace inversas que são impulsos e singularidades de maior ordem (veja o Exemplo 15.3).

Agora temos que determinar uma transformada inversa usando a expansão em frações parciais. Podemos mostrar sob quais condições a função da forma

$$G(s) = \frac{b_M s^M + b_{M-1} s^{M-1} + \cdots + b_1 s + b_0}{s^N + a_{N-1} s^{N-1} + \cdots + a_1 s + a_0}$$

tem uma transformada inversa para a qual o teorema do valor final se aplica. Primeiramente, se a fração é imprópria em s, então o numerador deve ser sinteticamente dividido pelo denominador até que uma fração própria surja. Então, o denominador é fatorado e, se os pólos finitos são distintos, a função pode ser representada na forma de frações parciais

$$G(s) = \frac{K_1}{s - p_1} + \frac{K_2}{s - p_2} + \cdots + \frac{K_N}{s - p_N}$$

A forma da função correspondente no domínio do tempo é

$$g(t) = K_1 e^{p_1 t} + K_2 e^{p_2 t} + \cdots + K_N e^{p_N t}$$

Se os pólos finitos estão todos no semiplano esquerdo do plano complexo, todos os termos tendem a zero à medida que o tempo tende ao infinito, o limite $\lim_{t \to \infty} g(t)$ é zero e o teorema do valor final pode ser aplicado. Se exatamente um dos pólos está em zero, então um dos termos em g(t) é uma constante e o limite $\lim_{t \to \infty} g(t)$ ainda existe, porém não é zero, e o teorema do valor final ainda se aplica. Seja o pólo único em zero igual a p_1. Então $g(t) = K_1 + K_2 e^{p_2 t} + \cdots + K_N e^{p_N t}$ e

$$\lim_{t \to \infty} g(t) = \lim_{t \to \infty} (K_1 + K_2 e^{p_2 t} + \cdots + K_N e^{p_N t}) = K_1$$

O cálculo correspondente no domínio da freqüência é

$$\lim_{s \to 0} s\, G(s) = \lim_{s \to 0} s \left[\frac{K_1}{s} + \frac{K_2}{s - p_2} + \cdots + \frac{K_N}{s - p_N} \right] = K_1$$

Se existe um outro pólo finito no eixo ω que não esteja em zero, há pelo menos um par de pólos conjugados complexos no eixo ω, g(t) contém uma senóide não amortecida e $\lim_{t \to \infty} g(t)$ não existe.

Se há qualquer número de pólos finitos repetidos no eixo ω, até mesmo em zero, o limite $\lim_{t \to \infty} g(t)$ não existe, porque o pólo repetido introduz uma função no domínio do tempo em uma das formas Kt ou $Kt\cos(\omega_0 t + \theta)$, cada uma delas cresce com o tempo. Portanto, podemos resumir afirmando que se existem quaisquer pólos finitos no semiplano direito do plano complexo ou se há mais de um pólo finito no eixo ω, o teorema do valor final não se aplica. Uma consideração conveniente e concisa sobre as condições de validade do teorema do valor final (previamente apresentado) é a seguinte

> Para o teorema do valor final poder ser aplicável a uma função G(s), todos os pólos finitos da função sG(s) devem estar no semiplano esquerdo aberto no plano-s.

O MATLAB tem uma função `residue` que pode ser usada na determinação de expansões em frações parciais. A sintaxe desse comando é

```
[r,p,k] = residue(b,a)
```

em que b é um vetor de coeficientes de potências descendentes de s no numerador da expressão e a corresponde a um vetor de coeficientes de potências descendentes de s no denominador da expressão, r é um vetor de **resíduos**, p é um vetor contendo as posições dos pólos finitos e k é um vetor dos conhecidos **termos diretos**, que resultam quando o grau do numerador é igual ou maior do que o grau do denominador. Os vetores a e b devem sempre incluir todas as potências de s até o grau zero, inclusive. O termo "resíduo" se origina das teorias da integração em um contorno fechado no plano complexo, um tópico que está além do escopo deste livro. Para os nossos propósitos, os resíduos são simplesmente os numeradores na expansão em frações parciais.

Por exemplo, suponha que queiramos expandir a expressão

$$H(s) = \frac{s^2 + 3s + 1}{s^4 + 5s^3 + 2s^2 + 7s + 3}$$

em frações parciais. No MATLAB,

```
>>b = [1 3 1] ; a = [1 5 2 7 3] ;
>>[r,p,k] = residue(b,a) ;
>>r
r =
    -0.0856
     0.0496 - 0.2369i
     0.0496 + 0.2369i
    -0.0135
>>p
```

```
p =
   -4.8587
    0.1441 + 1.1902i
    0.1441 - 1.1902i
   -0.4295
>>k
k =
       []
>>
```

Sendo assim, existem quatro pólos em –4,8587, 0,1441 + j1,1902, 0,1441 – j1,1902 e em –0,4295, e os resíduos nesses pólos são –0,0856, 0,0496 – j0,2369, 0,0496 + j0,2369 e –0,0135, respectivamente. Não há termos diretos, porque H(s) é uma fração própria em s. Agora podemos escrever H(s) como

$$H(s) = \frac{0,0496 - j0,2369}{s - 0,1441 - j1,1902} + \frac{0,0496 + j0,2369}{s - 0,1441 + j1,1902} - \frac{0,0856}{s + 4,8587} - \frac{0,0135}{s + 0,4295}$$

ou, combinando os dois termos com pólos complexos e resíduos em um termo,

$$H(s) = \frac{0,0991s + 0,5495}{s^2 - 0,2883s + 1,437} - \frac{0,0856}{s + 0,48587} - \frac{0,0135}{s + 0,4295}$$

Exemplo 15.12

Transformada de Laplace inversa com o uso da expansão em frações parciais 1

Determine a transformada de Laplace inversa de $G(s) = \dfrac{10s}{(s+3)(s+1)}$.

■ **Solução**

Podemos expandir essa expressão em frações parciais produzindo

$$G(s) = \frac{15}{s+3} - \frac{5}{s+1}$$

Logo, usando

$$e^{-at}\,u(t) \xleftrightarrow{\mathcal{L}} \frac{1}{s+a}$$

por meio da tabela de transformadas de Laplace, obtemos

$$g(t) = 5(3e^{-3t} - e^{-t})u(t)$$

Exemplo 15.13

Transformada de Laplace inversa com o uso da expansão em frações parciais 2

Determine a transformada de Laplace inversa de $G(s) = \dfrac{10s^2 e^{-s}}{(s+1)(s+3)}$.

■ **Solução**

O coeficiente de e^{-s} é uma fração imprópria em s. Sinteticamente, dividindo o numerador pelo denominador, obtemos

$$\begin{array}{r} 10 \\ s^2+4s+3\overline{)10s^2} \\ \underline{10s^2+40s+30} \\ -40s-30 \end{array} \quad \Rightarrow \quad \frac{10s^2}{(s+1)(s+3)} = 10 - \frac{40s+30}{s^2+4s+3}$$

Portanto

$$G(s) = \left[10 - \frac{40s+30}{(s+1)(s+3)}\right]e^{-s}$$

Expandindo a fração (própria) de s em frações parciais,

$$G(s) = \left[10 - 5\left(\frac{9}{s+3} - \frac{1}{s+1}\right)\right]e^{-s}$$

Então, usando

$$e^{-at}u(t) \xleftrightarrow{\mathcal{L}} \frac{1}{s+a} \quad e \quad \delta(t) \xleftrightarrow{\mathcal{L}} 1$$

e a propriedade de deslocamento no tempo da transformada de Laplace, obtemos

$$g(t) = 10\delta(t-1) - 5(9e^{-3(t-1)} - e^{-(t-1)})u(t-1)$$

(Figura 15.12).

Figura 15.12
Transforma de Laplace inversa de

$$G(s) = \frac{10s^2}{(s+1)(s+3)}e^{-s}.$$

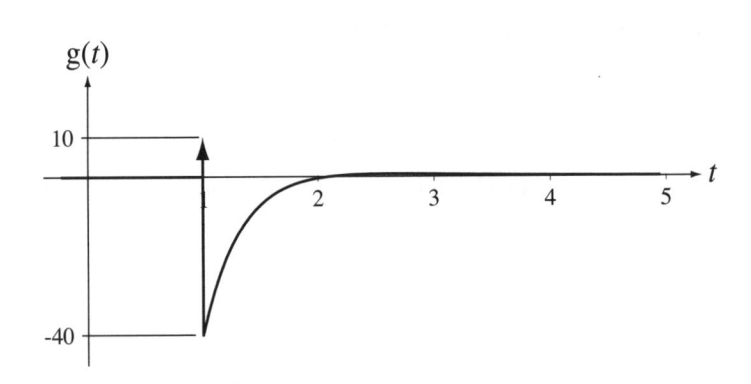

Exemplo 15.14

Transformada de Laplace inversa com o uso da expansão em frações parciais 3

Determine a transformada de Laplace inversa de $G(s) = \dfrac{s}{(s+3)(s^2+4s+5)}$.

■ **Solução**

Se adotarmos o caminho usual para se determinar uma expansão em frações parciais, devemos em primeiro lugar fatorar o denominador,

$$G(s) = \frac{s}{(s+3)(s+2+j)(s+2-j)}$$

Em seguida, expandindo em frações parciais,

$$G(s) = -\frac{3/2}{s+3} + \frac{(3-j)/4}{s+2+j} + \frac{(3+j)/4}{s+2-j}$$

Com raízes complexas como essas temos uma escolha. Podemos

1. continuar como se elas fossem raízes reais, determinar uma expressão no domínio do tempo e então simplificá-la, ou
2. combinar as duas últimas frações em uma fração com todos os coeficientes reais e determinar sua transformada de Laplace inversa procurando por uma forma semelhante na tabela.

MÉTODO 1:

$$g(t) = \left(-\frac{3}{2}e^{-3t} + \frac{3-j}{4}e^{-(2+j)t} + \frac{3+j}{4}e^{-(2-j)t}\right)u(t)$$

Essa é uma expressão correta para g(t), mas ela não é representada na forma mais conveniente. Podemos manipulá-la para compor uma expressão contendo somente funções de valor real.

$$g(t) = \left(-\frac{3}{2}e^{-3t} + \frac{3e^{-(2+j)t} + 3e^{-(2-j)t} - je^{-(2+j)t} + je^{-(2-j)t}}{4}\right)u(t)$$

$$g(t) = \left(-\frac{3}{2}e^{-3t} + e^{-2t}\frac{3(e^{-jt} + e^{jt}) - j(e^{-jt} - e^{jt})}{4}\right)u(t)$$

$$g(t) = \frac{3}{2}\left\{e^{-2t}\left[\cos(t) - \frac{1}{3}\operatorname{sen}(t)\right] - e^{-3t}\right\}u(t)$$

MÉTODO 2:

$$G(s) = \frac{-3/2}{s+3} + \frac{1}{4}\frac{(3-j)(s+2-j) + (3+j)(s+2+j)}{s^2 + 4s + 5}$$

$$G(s) = \frac{-3/2}{s+3} + \frac{1}{4}\frac{6s+10}{s^2+4s+5} = \frac{-3/2}{s+3} + \frac{6}{4}\frac{s+5/3}{(s+2)^2+1}$$

$$G(s) = \frac{-3/2}{s+3} + \frac{3}{2}\left[\frac{s+2}{(s+2)^2+1} - \frac{1/3}{(s+2)^2+1}\right] \quad (15.21)$$

Então usando

$$e^{-\alpha t}\cos(\beta t)u(t) \xleftarrow{\mathcal{L}} \frac{s+\alpha}{(s+\alpha)^2+\beta^2} \quad , \quad \sigma > -\alpha$$

e

$$e^{-\alpha t}\operatorname{sen}(\beta t)u(t) \xleftarrow{\mathcal{L}} \frac{\beta}{(s+\alpha)^2+\beta^2} \quad \sigma > -\alpha$$

$$g(t) = \frac{3}{2}\left\{e^{-2t}\left[\cos(t) - \frac{1}{3}\operatorname{sen}(t)\right] - e^{-3t}\right\}u(t)$$

Percebendo que existem duas raízes complexas, uma outra abordagem é determinar a expansão em frações parciais na forma

$$G(s) = \frac{A}{s+3} + \frac{Bs+C}{s^2+4s+5}$$

A é determinada exatamente como antes e, portanto, é igual a –3/2. Visto que G(s) e sua expansão em frações parciais deve ser igual para qualquer valor arbitrário de *s* e

$$G(s) = \frac{s}{(s+3)(s^2+4s+5)}$$

podemos escrever

$$\left[\frac{s}{(s+3)(s^2+4s+5)}\right]_{s=0} = \left[\frac{-3/2}{s+3} + \frac{Bs+C}{s^2+4s+5}\right]_{s=0}$$

ou

$$0 = -1/2 + C/5 \Rightarrow C = 5/2$$

Logo

$$\frac{s}{(s+3)(s^2+4s+5)} = \frac{-3/2}{s+3} + \frac{Bs+5/2}{s^2+4s+5}$$

e podemos determinar B permitindo que s seja qualquer valor conveniente como, por exemplo, igual a um. Então,

$$\frac{1}{40} = -\frac{3}{8} + \frac{B+5/2}{10} \Rightarrow B = \frac{3}{2}$$

e

$$G(s) = \frac{-3/2}{s+3} + \frac{3}{2}\frac{s+5/3}{s^2+4s+5}$$

Esse resultado é idêntico à Equação (15.21) e o resto da solução é, portanto, o mesmo.

EXEMPLO 15.15

Transformada de Laplace inversa com o uso da expansão em frações parciais 4

Determine a transformada de Laplace inversa de

$$G(s) = \frac{s+5}{s^2(s+2)}$$

■ Solução

Esta função possui um pólo repetido em zero. Portanto, a forma da expansão em frações parciais deve ser

$$G(s) = \frac{K_{12}}{s^2} + \frac{K_{11}}{s} + \frac{K_3}{s+2}$$

Determinamos K_{12} pela multiplicação de $G(s)$ por s^2, e definindo s como zero na expressão remanescente, obtemos

$$K_{12} = \left[s^2 G(s)\right]_{s \to 0} = 5/2$$

Determinamos K_{11} pela multiplicação de $G(s)$ por s^2, diferenciando-a com relação a s e fazendo s igual a zero na expressão remanescente, chegamos a

$$K_{11} = \frac{d}{ds}\left[s^2 G(s)\right]_{s \to 0} = \frac{d}{ds}\left[\frac{s+5}{s+2}\right]_{s \to 0} = \left[\frac{(s+2)-(s+5)}{(s+2)^2}\right]_{s \to 0} = -\frac{3}{4}$$

Determinamos K_3 pelo método usual e obtemos 3/4. Desse modo,

$$G(s) = \frac{5}{2s^2} - \frac{3}{4s} + \frac{3}{4(s+2)}$$

e a transformada inversa é

$$g(t) = \left(\frac{5}{2}t - \frac{3}{4} + \frac{3}{4}e^{-2t}\right)u(t) = \frac{10t - 3(1 - e^{-2t})}{4}u(t)$$

15.5 EQUIVALÊNCIA ENTRE TRANSFORMADA DE LAPLACE E TRANSFORMADA DE FOURIER

A transformada de Laplace é, em certo sentido, uma generalização da TFCT ao permitir análises de funções por meio de combinações lineares de exponenciais complexas gerais em vez de combinações lineares de um caso especial das exponenciais complexas, isto é, as senóides complexas. Para muitas funções comuns, as transformadas de Laplace e Fourier são facilmente relacionadas. Como já foi mencionado anteriormente, para qualquer função g(t) que seja causal e cuja RDC da transformada de Laplace inclui o eixo ω, a TFCT $G_\mathcal{F}(j\omega)$ ou $G_\mathcal{F}(f)$ pode ser determinada por meio da transformada de Laplace $G_\mathcal{L}(s)$ através da transformação funcional $G_\mathcal{F}(j\omega) = G_\mathcal{L}(s)|_{s \to j\omega}$ ou $G_\mathcal{F}(f) = G_\mathcal{L}(s)|_{s \to j2\pi f}$. Por exemplo, o par de transformadas de Laplace

$$e^{-\alpha t} \cos(\omega_c t) u(t) \xleftrightarrow{\mathcal{L}} \frac{s + \alpha}{(s + \alpha)^2 + \omega_c^2} \;,\; \alpha > 0$$

torna-se o par de TFCT

$$e^{-\alpha t} \cos(\omega_c t) u(t) \xleftrightarrow{\mathcal{L}} \frac{j\omega + \alpha}{(j\omega + \alpha)^2 + \omega_c^2} \;,\; \alpha > 0$$

Observe que devido à notação utilizada na TFCT para a forma em ω, as funções $G_\mathcal{F}(\cdot) = G_\mathcal{L}(\cdot)$ correspondem matematicamente à mesma função e a conversão de uma forma para a outra entre as TFCTs representadas na forma ω e a transformada de Laplace equivale simplesmente a um processo de troca de argumentos funcionais entre s e $j\omega$. Sendo assim, não precisamos dos subscritos $\mathcal{F}$ e $\mathcal{L}$. Podemos simplesmente escrever $G(j\omega) = G(s)|_{s \to j\omega}$. Este é o principal motivo pelo qual a forma em ω da TFCT de uma função x(t) foi escrita com a notação funcional X(jω) em lugar de X(ω).

15.6 SOLUÇÃO DE EQUAÇÕES DIFERENCIAIS COM CONDIÇÕES INICIAIS

O poder da transformada de Laplace reside em seu uso na análise da dinâmica de sistemas lineares. Essa aptidão existe porque sistemas lineares contínuos no tempo são descritos por equações diferenciais lineares e, após a transformação de Laplace, a diferenciação é representada pela multiplicação de um s. Portanto, a solução da equação diferencial é convertida em solução para uma equação algébrica. A transformada de Laplace unilateral é especialmente conveniente para as análises de transitórios de sistemas cuja excitação parte de um tempo inicial, que pode ser identificado como $t = 0$, e de sistemas instáveis ou sistemas orientados a funções de força que são ilimitadas à medida que o tempo aumenta.

EXEMPLO 15.16

Solução de uma equação diferencial com condições iniciais usando a transformada de Laplace

Resolva a equação diferencial

$$\frac{d^2}{dt^2}[x(t)] + 7\frac{d}{dt}[x(t)] + 12x(t) = 0$$

para instantes de tempo $t > 0$, sujeita às condições iniciais

$$x(0^-) = 2 \quad \text{e} \quad \frac{d}{dt}(x(t))_{t=0^-} = -4$$

■ Solução

Primeiramente, aplicamos a transformada de Laplace a ambos os lados da equação:

$$s^2 X(s) - sx(0^-) - \frac{d}{dt}(x(t))_{t=0^-} + 7\left[sX(s) - x(0^-)\right] + 12X(s) = 0$$

Então resolvemos X(s),

$$X(s) = \frac{sx(0^-) + 7x(0^-) + \frac{d}{dt}(x(t))_{t=0^-}}{s^2 + 7s + 12}$$

ou

$$X(s) = \frac{2s + 10}{s^2 + 7s + 12}$$

Expandindo X(s) em frações parciais,

$$X(s) = \frac{4}{s+3} - \frac{2}{s+4}$$

Por meio da tabela de transformadas de Laplace,

$$e^{-\alpha t}u(t) \xleftrightarrow{\mathcal{L}} \frac{1}{s+\alpha}$$

Portanto, calculando a transformada de Laplace inversa, obtém-se x(t) = $(4e^{-3t} - 2e^{-4t})$u(t). Substituindo esse resultado na equação diferencial original, para instantes de tempo $t \geq 0$

$$\frac{d^2}{dt^2}\left[4e^{-3t} - 2e^{-4t}\right] + 7\frac{d}{dt}\left[4e^{-3t} - 2e^{-4t}\right] + 12\left[4e^{-3t} - 2e^{-4t}\right] = 0$$

$$36e^{-3t} - 32e^{-4t} - 84e^{-3t} + 56e^{-4t} + 48e^{-3t} - 24e^{-4t} = 0$$

$$0 = 0$$

o que prova que a função x(t) determinada realmente resolve a equação diferencial. Aliás

$$x(0^-) = 4 - 2 = 2 \quad \text{e} \quad \frac{d}{dt}[x(t)]_{t=0^-} = -12 + 8 = -4$$

o que comprova que a solução também satisfaz às condições iniciais estabelecidas.

Exemplo 15.17

Resposta de um filtro passa-baixas *RC* com uma carga inicial a um impulso atrasado no tempo

Seja o filtro passa-baixas mostrado pela Figura 15.13 excitado por um impulso de tensão unitário no instante de tempo $t = \tau$, $\tau > 0$. Determine a resposta $v_{\text{saída}}(t)$.

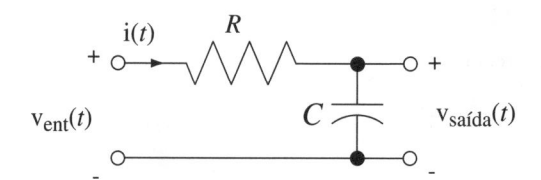

Figura 15.13
Um filtro passa-baixas *RC*.

■ Solução

Adicionando todas as correntes e igualando o resultado da soma a zero no nó positivo do lado direito do circuito da Figura 15.13, obtemos a equação diferencial

$$C v'_{saída}(t) = \frac{v_{ent}(t) - v_{saída}(t)}{R}$$

Aplicando a transformada de Laplace,

$$C \left[s V_{saída}(s) - v_{saída}(0^-) \right] = \frac{V_{ent}(s) - V_{saída}(s)}{R}$$

Se $v_{ent}(t)$ é um impulso,

$$C \left[s V_{saída}(s) - v_{saída}(0^-) \right] = \frac{e^{-\tau s} - V_{saída}(s)}{R}$$

Rearranjando e resolvendo para $V_{saída}(s)$,

$$V_{saída}(s) = \frac{e^{-\tau s} + RC\, v_{saída}(0^-)}{sRC + 1} = \frac{1}{RC} \frac{e^{-s\tau}}{s + 1/RC} + \frac{v_{saída}(0^-)}{s + 1/RC}$$

Aplicando a transformada de Laplace inversa,

$$v_{saída}(t) = \frac{e^{-(t-\tau)/RC}}{RC} u(t - \tau) + v_{saída}(0^-) e^{-t/RC} u(t)$$

O primeiro termo é a resposta ao impulso (resposta em condições iniciais nulas) e o segundo termo é o decaimento da tensão inicial do capacitor (resposta para entrada nula). Aplicando o teorema do valor inicial $g(0^+) = \lim_{s \to \infty} s G(s)$ à expressão no domínio s para a tensão de saída, obtemos

$$v_{saída}(0^+) = \lim_{s \to \infty} s \left\{ \frac{1}{RC} \frac{e^{-s\tau}}{s + 1/RC} + \frac{v_{saída}(0^-)}{s + 1/RC} \right\} = v_{saída}(0^-)\ ,\ \tau > 0.\ \text{Verifique.}$$

Note o que acontece se consideramos que τ seja zero. Neste caso,

$$v_{saída}(0^+) = \lim_{s \to \infty} s \left\{ \frac{1}{RC} \frac{1}{s + 1/RC} + \frac{v_{saída}(0^-)}{s + 1/RC} \right\} = \frac{1}{RC} + v_{saída}(0^-)$$

Isso simplesmente indica (corretamente) que se o impulso ocorre no instante de tempo $t = 0$, a tensão do capacitor em $t = 0^+$ se altera de $v_{saída}(0^+) = v_{saída}(0^-)$ para $v_{saída}(0^+) = 1/RC + v_{saída}(0^-)$ devido à carga que foi depositada nele pelo impulso.

15.7 FUNÇÕES DE TRANSFERÊNCIA PARA CIRCUITOS E DIAGRAMAS DE SISTEMAS

Muitas análises de sinais e sistemas são realizadas por engenheiros sem ao menos se fazer referência diretamente à quantidade no domínio do tempo. Funções de transferências no domínio s são escritas com base nos diagramas de sistemas. Grande parte do projeto de um sistema é feita utilizando-se apenas os conceitos do domínio da freqüência, resposta em freqüência e a largura de banda. A análise de filtros é um exemplo da análise de sinais e sistemas no domínio da freqüência.

Para engenheiros eletricistas, a análise de sistema mais comum é a análise de circuitos. A análise de circuitos pode ser realizada no domínio do tempo, mas ela é freqüentemente realizada no domínio da freqüência devido ao poder da álgebra linear na representação de inter-relações entre sistemas em termos de equações algébricas (em vez de equações diferenciais). Os circuitos são interconexões de elementos de circuito, tais como resistores, capacitores, indutores, transistores, diodos, transformadores, fontes de tensão e fontes de corrente. Até onde esses elementos puderem ser caracterizados por relações lineares no domínio da freqüência, o circuito pode ser analisado por técnicas no domínio da freqüência. Elementos não-lineares como transistores, diodos e transformadores podem muitas vezes ser modelados aproximadamente como dispositivos lineares para pequenas faixas de variação de sinal. Esses modelos consistem em resistores, capacitores e indutores lineares além das fontes de tensão e corrente dependentes, os quais todos podem ser caracterizados por funções de transferências de sistemas SLIT.

Como exemplo da análise de circuitos no domínio da freqüência usando métodos de Laplace, considere o circuito da Figura 15.14.

Figura 15.14
Diagrama de circuito no domínio do tempo para um circuito *RLC*.

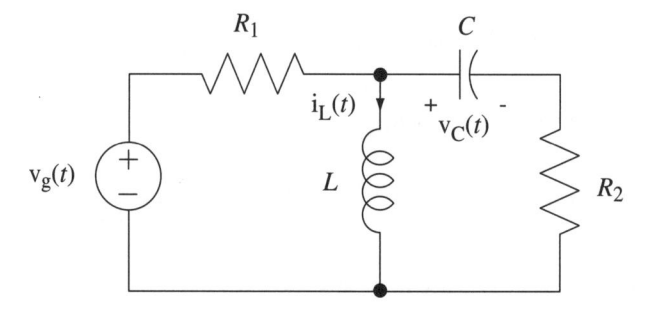

A Figura 15.14 ilustra o circuito no domínio do tempo. Esse circuito pode ser descrito por duas equações diferenciais acopladas

$$-v_g(t) + R_1\left[i_L(t) + C\frac{d}{dt}(v_C(t))\right] + L\frac{d}{dt}(i_L(t)) = 0$$

$$-L\frac{d}{dt}(i_L(t)) + v_C(t) + R_2 C\frac{d}{dt}(v_C(t)) = 0$$

Se aplicamos a transformada de Laplace a ambas as equações, obtemos

$$-V_g(s) + R_1\left\{I_L(s) + C\left[sV_C(s) - v_c(0^+)\right]\right\} + sL\,I_L(s) - i_L(0^+) = 0$$

$$-\left[sL\,I_L(s) - i_L(0^+)\right] + V_C(s) + R_2 C\left[sV_C(s) - v_c(0^+)\right] = 0$$

Se não há energia armazenada inicialmente no circuito (ele se encontra em seu estado caracterizado por condições iniciais nulas), as equações são simplificadas para

$$-V_g(s) + R_1 I_L(s) + sR_1 C V_C(s) + sL\,I_L(s) = 0$$

$$-sL\,I_L(s) + V_C(s) + sR_2 C V_C(s) = 0$$

É comum reescrever as equações na forma

$$\begin{bmatrix} R_1 + sL & sR_1 C \\ -sL & 1 + sR_2 C \end{bmatrix} \begin{bmatrix} I_L(s) \\ V_C(s) \end{bmatrix} = \begin{bmatrix} V_g(s) \\ 0 \end{bmatrix}$$

ou

$$\begin{bmatrix} Z_{R_1}(s) + Z_L(s) & Z_{R_1}(s)/Z_C(s) \\ -Z_L(s) & 1 + Z_{R_2}(s)/Z_C(s) \end{bmatrix} \begin{bmatrix} I_L(s) \\ V_C(s) \end{bmatrix} = \begin{bmatrix} V_g(s) \\ 0 \end{bmatrix}$$

onde

$$Z_{R_1}(s) = R_1 \;,\; Z_{R_2}(s) = R_2 \;,\; Z_L(s) = sL \;,\; Z_C(s) = 1/sC$$

As equações são escritas dessa forma para se destacar o conceito de **impedância** na análise de circuitos no domínio da freqüência. Os termos "sL" e "$1/sC$" são as impedâncias do indutor e do capacitor, respectivamente. A impedância é uma generalização do conceito de resistência. Usando esse conceito, as equações do domínio da freqüência podem ser escritas com base nos diagramas dos circuitos usando relações similares à lei de Ohm para resistores.

$$V_R(s) = Z_R I(s) = R\,I(s) \quad , \quad V_L(s) = Z_L I(s) = sL\,I(s) \quad ,$$
$$V_C(s) = Z_C I(s) = (1/sC)\,I(s)$$

Agora o circuito da Figura 15.14 pode ser representado no domínio da freqüência como o circuito da Figura 15.15.

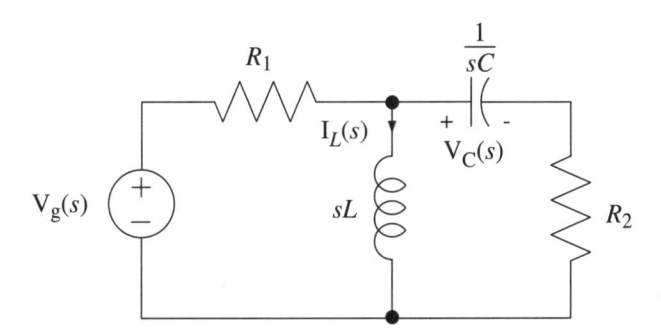

Figura 15.15
Diagrama de circuito no domínio da freqüência para um circuito *RLC*.

As equações do circuito podem agora ser escritas com base na Figura 15.15 como duas equações no domínio da freqüência complexa sem ter que algumas vezes se escreverem as equações no domínio do tempo (de novo, se não há energia inicialmente armazenada no circuito).

$$-V_g(s) + R_1\left[I_L(s) + sC\,V_C(s)\right] + sL\,I_L(s) = 0$$
$$-sL\,I_L(s) + V_C(s) + sR_2 C\,V_C(s) = 0$$

As equações de circuito podem ser interpretadas do ponto de vista de sistema como diferenciação, e/ou multiplicação por uma constante e somatório de sinais, neste caso, $I_L(s)$ e $V_C(s)$.

$$\underbrace{R_1 I_L(s)}_{\substack{\text{multiplicação por} \\ \text{uma constante}}} + \underbrace{sR_1 C\,V_C(s)}_{\substack{\text{diferenciação e} \\ \text{multiplicação por} \\ \text{uma constante}}} + \underbrace{sL\,I_L(s)}_{\substack{\text{diferenciação e} \\ \text{multiplicação por} \\ \text{uma constante}}} = V_g(s)$$

somatório

$$\underbrace{-sL\,I_L(s)}_{\substack{\text{diferenciação e} \\ \text{multiplicação por} \\ \text{uma constante}}} + V_C(s) + \underbrace{sR_2 C\,V_C(s)}_{\substack{\text{diferenciação e} \\ \text{multiplicação por} \\ \text{uma constante}}} = 0$$

somatório

Um diagrama de blocos poderia ser esboçado para esse sistema usando-se integradores, blocos de ganho e somadores.

Outros tipos de sistemas podem também ser modelados por interconexões de integradores, blocos de ganho e junções somadoras. Esses elementos podem representar diversos sistemas físicos que tenham as mesmas relações matemáticas entre uma excitação e uma resposta. Como exemplo bastante simples, suponha que uma massa *m* sofra a atuação de uma força (uma excitação) *f(t)*. Ela responde com movimento. A resposta poderia ser a posição p(*t*) da massa em algum sistema de coordenadas apropriado. De acordo com a mecânica clássica newtoniana, a aceleração de um corpo em qualquer direção do sistema de coordenadas é proporcional à força aplicada ao corpo naquela direção dividida pela massa do corpo,

$$\frac{d^2}{dt^2}(\mathrm{p}(t)) = \frac{\mathrm{f}(t)}{m}$$

Essa equação pode ser apresentada no domínio de Laplace como (admitindo que a posição e a velocidade iniciais sejam zero)

$$s^2 \mathrm{P}(s) = \frac{\mathrm{F}(s)}{m}$$

Por isso, esse sistema bastante simples poderia ser modelado pela multiplicação de uma constante e dois integradores (Figura 15.16).

Figura 15.16
Diagramas de blocos de $d^2 \mathrm{p}(t)/dt = \mathrm{f}(t)/m$ e $s^2 \mathrm{P}(s) = \mathrm{F}(s)/m$.

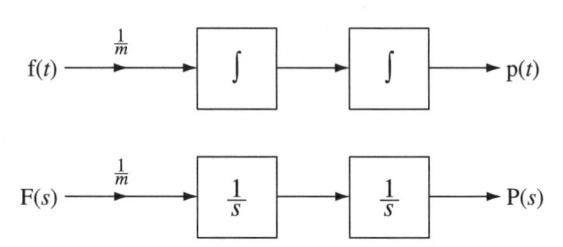

Podemos também representar, com diagramas de blocos, sistemas mais complicados como o da Figura 15.17. Na referida figura, a força f(t) é o sinal de excitação do sistema e x'$_2$(t), que equivale à velocidade da massa m_2, é o sinal de resposta do sistema y(t).

Figura 15.17
Um sistema mecânico.

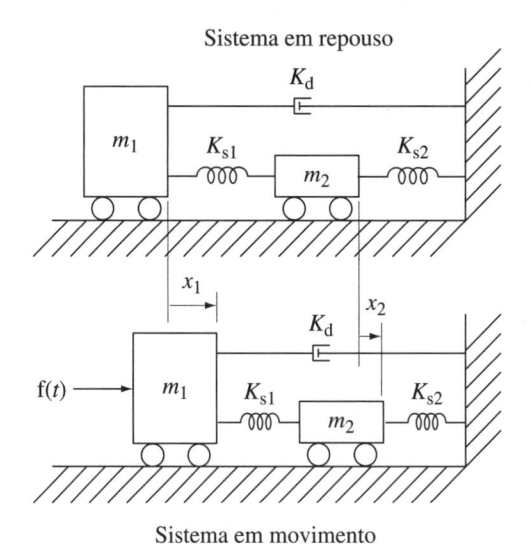

As posições x$_1$(t) e x$_2$(t) são as distâncias a partir das posições de repouso das massas m_1 e m_2, respectivamente. Somando as forças na massa m_1,

$$\mathrm{f}(t) - K_d\, \mathrm{x}_1'(t) - K_{s1}\left[\mathrm{x}_1(t) - \mathrm{x}_2(t)\right] = m_1\, \mathrm{x}_1''(t)$$

Somando as forças que atuam sobre a massa m_2,

$$K_{s1}[x_1(t) - x_2(t)] - K_{s2} x_2(t) = m_2 x_2''(t)$$

Aplicando a transformada de Laplace a ambas as equações,

$$F(s) - K_d s X_1(s) - K_{s1}[X_1(s) - X_2(s)] = m_1 s^2 X_1(s)$$
$$K_{s1}[X_1(s) - X_2(s)] - K_{s2} X_2(s) = m_2 s^2 X_2(s)$$

Podemos modelar o sistema mecânico com um diagrama de blocos (Figura 15.18).

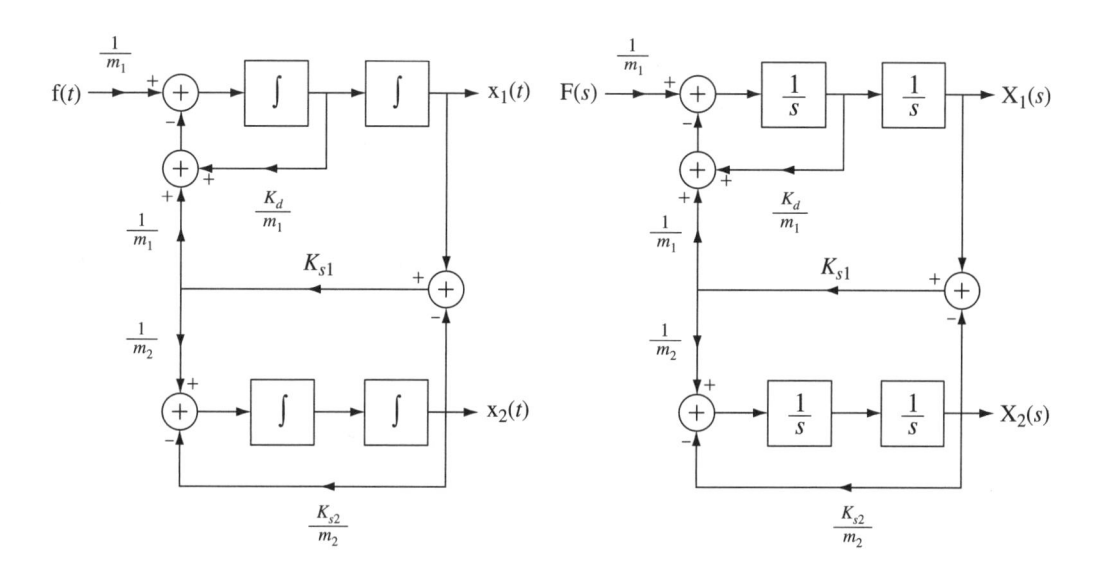

Figura 15.18
Diagramas de blocos nos domínios do tempo e da freqüência do sistema mecânico da Figura 15.17.

15.8 ESTABILIDADE DE SISTEMAS

Uma consideração muito importante em análise de sistemas é a estabilidade de sistemas. Assim como foi mostrado no Capítulo 6, um sistema é estável de acordo com o critério BIBO se sua resposta ao impulso é absolutamente integrável. A transformada de Laplace da resposta ao impulso é a função de transferência. Para sistemas que podem ser descritos por equações diferenciais da forma

$$\sum_{k=0}^{N} a_k \frac{d^k}{dt^k}(y(t)) = \sum_{k=0}^{M} b_k \frac{d^k}{dt^k}(x(t))$$

em que $a_N = 1$, sem perda de generalidade, a função de transferência é da forma

$$H(s) = \frac{Y(s)}{X(s)} = \frac{\sum_{k=0}^{M} b_k s^k}{\sum_{k=0}^{N} a_k s^k} = \frac{b_M s^M + b_{M-1} s^{M-1} + \cdots + b_1 s + b_0}{s^N + a_{N-1} s^{N-1} + \cdots + a_1 s + a_0}$$

O denominador pode ser sempre fatorado (pelo menos a princípio) e, por isso, a função de transferência pode ser escrita também na forma

$$H(s) = \frac{Y(s)}{X(s)} = \frac{b_M s^M + b_{M-1} s^{M-1} + \cdots + b_1 s + b_0}{(s - p_1)(s - p_2) \cdots (s - p_N)}$$

Se existem quaisquer pares de pólos e zeros que estejam localizados exatamente sobre a mesma posição do plano s, eles se cancelam na função de transferência e devem ser retirados antes da função de transferência ser examinada em relação à estabilidade. Se $M < N$, e nenhum dos pólos finitos é repetido, então a função de transferência pode ser representada na forma de frações parciais como

$$H(s) = \frac{K_1}{s - p_1} + \frac{K_2}{s - p_2} + \cdots + \frac{K_N}{s - p_N}$$

e a resposta ao impulso é então da forma,

$$h(t) = (K_1 e^{p_1 t} + K_2 e^{p_2 t} + \cdots + K_N e^{p_N t}) u(t)$$

em que os p's são os pólos finitos da função de transferência. Para h(t) ser absolutamente integrável, cada um dos termos deve ser absolutamente integrável de maneira individual. A integral da magnitude de um termo típico é

$$I = \int_{-\infty}^{\infty} \left| K e^{pt} u(t) \right| dt = |K| \int_0^{\infty} \left| e^{\operatorname{Re}(p)t} e^{j \operatorname{Im}(p)t} \right| dt$$

$$I = |K| \int_0^{\infty} \left| e^{\operatorname{Re}(p)t} \right| \underbrace{\left| e^{j \operatorname{Im}(p)t} \right|}_{=1} dt = |K| \int_0^{\infty} \left| e^{\operatorname{Re}(p)t} \right| dt$$

Nessa última integral, $e^{\operatorname{Re}(p)t}$ é não negativo sobre o intervalo de integração. Portanto,

$$I = |K| \int_0^{\infty} e^{\operatorname{Re}(p)t} dt$$

Para essa integral convergir, a parte real do pólo p deve ser negativa.

> Para garantir a estabilidade de um sistema segundo o critério BIBO, todos os pólos finitos de sua função de transferência devem estar localizados no semiplano esquerdo *aberto* do plano complexo (SPE).

O termo "semiplano esquerdo aberto do plano" significa o semiplano esquerdo do plano, *não se incluindo* o eixo ω. Se existem pólos finitos singulares (não repetidos) no eixo ω e nenhum pólo finito se encontra no semiplano direito do plano complexo (SPD), o sistema é denominado **marginalmente estável** porque, ainda que a resposta ao impulso não decaia com o tempo, ela também não cresce. A estabilidade marginal é um caso especial da estabilidade de acordo com o critério BIBO, pois nestes casos é possível se determinar um sinal de entrada limitado que produzirá um sinal de saída ilimitado. (Embora pareça estranho, um sistema marginalmente estável é também um sistema instável segundo o critério BIBO.)

Se há um pólo repetido de ordem n na função de transferência, a resposta ao impulso terá termos da forma geral $t^{n-1} e^{pt} u(t)$, em que p corresponde à localização do pólo repetido. Se a parte real de p é não negativa, termos desta forma crescem sem limites para o tempo positivo, indicando que há uma resposta ilimitada a uma excitação limitada e que o sistema é instável de acordo com o critério BIBO. Portanto, se uma função de transferência do sistema possui pólos repetidos, a regra não muda. Os pólos devem estar todos no semiplano esquerdo aberto do plano para se garantir a estabilidade do sistema. Entretanto, existe uma pequena diferença em relação ao caso com pólos singulares. Se há pólos repetidos no eixo ω e nenhum pólo no semiplano direito, o sistema não é marginalmente estável, ele é simplesmente instável. Essas condições estão resumidas na Tabela 15.2.

Uma analogia que é algumas vezes útil para se relembrar das descrições distintas para a estabilidade ou instabilidade de sistemas é considerar uma esfera colocada sobre diferentes tipos de superfícies (Figura 15.19). Se excitamos o sistema da Figura 15.19(a) ao aplicarmos um impulso de força horizontal à esfera, ela responde com movimento e então rola para a frente e para trás. Se há a menor quantidade que seja de atrito de rolamento (ou qualquer outro mecanismo de perda como a resistência do ar), a esfera finalmente volta à sua posição inicial de equilíbrio. Esse é um exemplo de

Tabela 15.2 Condições para estabilidade, estabilidade marginal ou instabilidade do sistema (o que inclui a instabilidade marginal como um caso especial).

Estabilidade	Estabilidade Marginal	Instabilidade
Todos os pólos finitos no SPE aberto	Um ou mais pólos finitos singulares sobre o eixo ω, mas nenhum pólo finito repetido no eixo ω e nenhum pólo finito no SPD aberto	Um ou mais pólos finitos no SPD aberto ou sobre o eixo ω

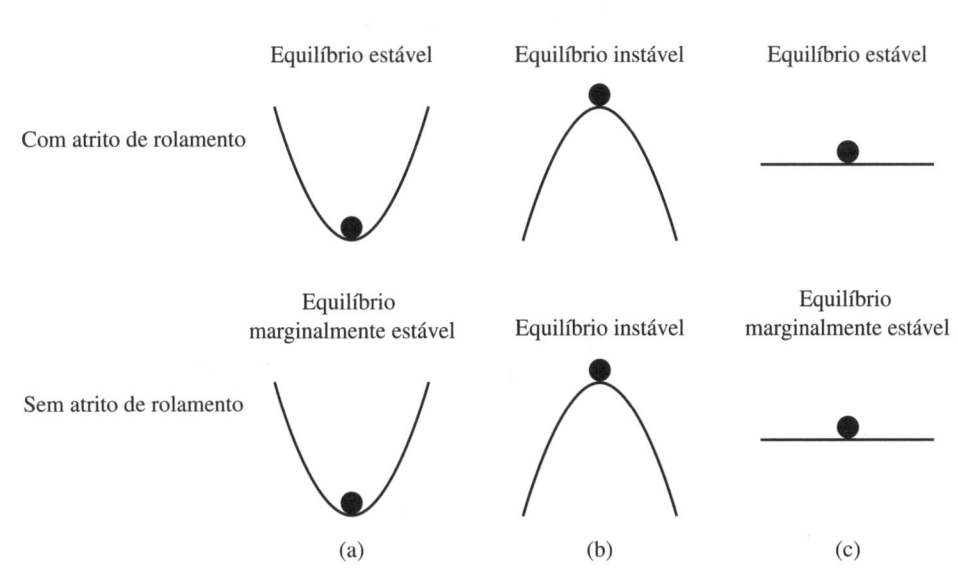

Figura 15.19 Ilustrações dos três tipos de estabilidade.

sistema estável. Se não existe atrito (ou qualquer outro mecanismo de perda), a esfera oscilará para a frente e para trás para sempre, mas permanecerá confinada próxima ao ponto mínimo da superfície. Sua resposta não cresce com o tempo, porém ela não decai também. Nesse caso, o sistema é considerado marginalmente estável.

Se excitamos a esfera da Figura 15.19(b) o mínimo que seja, a esfera rola para longe do ponto máximo e não mais retorna. Se a elevação é infinitamente alta, a velocidade da esfera irá tender ao infinito, ou seja, uma resposta ilimitada a uma excitação limitada. Esse é considerado um sistema instável.

Na Figura 15.19(c), se excitamos a esfera com um impulso de força horizontal, ela responde rolando. Se há qualquer mecanismo de perda presente, a esfera finalmente volta de novo ao repouso, mas não em seu ponto original. Essa é uma resposta limitada para uma excitação limitada e o sistema é, portanto, estável. Se não existe mecanismo de perda, a esfera rolará indefinidamente sem acelerar. Novamente, esse sistema é marginalmente estável.

Exemplo 15.18

Pólos repetidos sobre o eixo ω

A forma mais simples para um sistema com um pólo repetido sobre o eixo ω é o integrador duplo com função de transferência $H(s) = A/s^2$, em que A é constante. Determine a sua resposta ao impulso.

■ Solução

Usando $t^n \, u(t) \xleftrightarrow{\mathcal{L}} n!/s^{n+1}$, determinamos o par de transformadas $At \, u(t) \xleftrightarrow{\mathcal{L}} A/s^2$, uma função rampa que cresce sem limites no tempo positivo indicando que o sistema é instável (e não marginalmente estável).

15.9 CONEXÕES EM PARALELO, EM CASCATA E POR RETROALIMENTAÇÃO

Anteriormente, determinamos a resposta ao impulso e as respostas em freqüência das associações em cascata e em paralelo de sistemas. Os resultados para estes tipos de sistemas são iguais àqueles obtidos para funções de transferência, assim como foram para as respostas em freqüência (Figuras 15.20 e 15.21).

Figura 15.20
Associação em cascata de sistemas.

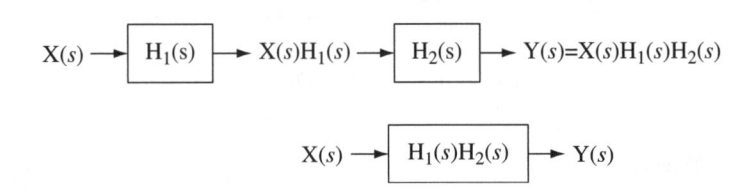

Figura 15.21
Associação em paralelo de sistemas.

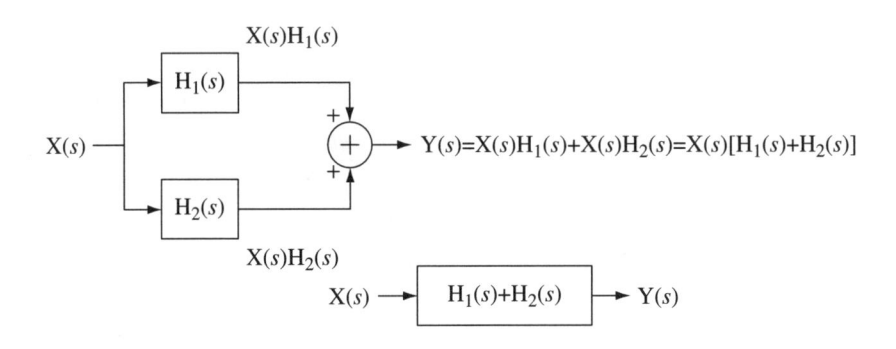

Um outro tipo de conexão é muito importante em análise de sistemas: a conexão por retroalimentação (Figura 15.22).

Figura 15.22
Conexão por retroalimentação de sistemas.

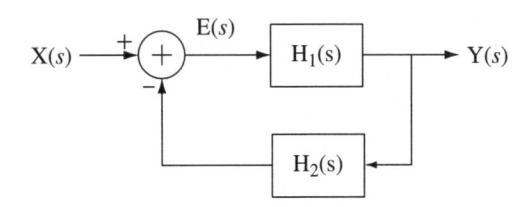

A função de transferência $H_1(s)$ está no **percurso direto** e a função de transferência $H_2(s)$ está no **percurso da retroalimentação**. Na literatura de sistemas de controle, é comum chamar a função de transferência do percurso direto $H_1(s)$ de **planta**, porque ela é normalmente um sistema estabelecido, projetado para produzir algo; e a função de transferência $H_2(s)$ do percurso da retroalimentação é denominada **sensor** porque ela normalmente é um sistema adicionado à planta para auxiliar no controle dela ou estabilizá-la por sensoreamento da resposta da planta, retroalimentando a resposta de volta à junção somadora, localizada na entrada da planta. O sinal de entrada da planta é denominado **sinal de erro** e é dado por $E(s) = X(s) - H_2(s)Y(s)$ e o sinal de saída de $H_1(s)$, que é igual a $Y(s) = H_1(s)E(s)$, é o sinal de entrada para o sensor $H_2(s)$. Combinando as equações e resolvendo para a função de transferência total equivalente

$$\boxed{H(s) = \frac{Y(s)}{X(s)} = \frac{H_1(s)}{1 + H_1(s)H_2(s)}} \qquad (15.22)$$

No diagrama de blocos que ilustra a retroalimentação na Figura 15.22, o sinal da retroalimentação é subtraído do sinal de entrada. Essa é uma convenção bastante comum em análise de sistemas retroalimentados e origina-se da história da retroalimentação utilizada como **retroalimentação negativa** para estabilizar um sistema. A idéia básica por trás do termo "negativo" é que se o sinal de saída da planta se desvia muito em alguma direção, o sensor irá alimentar de volta à entrada do sistema um sinal proporcional ao sinal de saída da planta e este, por sua vez, é subtraído do sinal de entrada e, portanto, tende a mover o sinal de saída da planta na direção oposta, moderando-o. Esse tipo de configuração, naturalmente, supõe que o sinal retroalimentado pelo sensor realmente tem a capacidade de estabilizar o sistema. Se o sinal do sensor *realmente consegue* estabilizar o sistema depende de sua resposta dinâmica e da resposta dinâmica da planta. A estabilidade de sistema é provavelmente o aspecto mais importante em análise e projeto de sistemas.

É comum em análise de sistemas dar ao produto entre as funções de transferência do percurso direto e da retroalimentação o nome especial **função de transferência de malha** $T(s) = H_1(s)H_2(s)$, porque ele aparece muito em análise de sistemas retroalimentados. Em projetos de amplificadores eletrônicos retroalimentados, o produto algumas vezes é conhecido por **transmissão de malha**. É dado o nome função de transferência de malha ou transmissão de malha porque ela representa o que acontece a um sinal que vai de um ponto qualquer dessa malha, passando por toda ela exatamente uma única vez e voltando novamente ao ponto inicial (com exceção do efeito do sinal negativo na junção somadora). Por isso, a função de transferência do sistema retroalimentado é a função de transferência do percurso direto $H_1(s)$ dividida por um mais a função de transferência de malha ou

$$H(s) = \frac{H_1(s)}{1 + T(s)}$$

Note que ao $H_2(s)$ se igualar a zero (significando que não há retroalimentação), $T(s)$ assim o faz também, e a função de transferência $H(s)$ torna-se a mesma que a função de transferência do percurso direto $H_1(s)$.

É importante perceber que a retroalimentação pode ter um efeito bastante decisivo na resposta do sistema, alterando-a de lenta para rápida, de rápida para lenta, de estável para instável ou de instável para estável. O tipo mais simples de retroalimentação consiste em simplesmente se alimentar de volta um sinal diretamente proporcional ao sinal de saída. Isso quer dizer que $H_2(s) = K$, ou seja, uma constante. Nesse caso, a função de transferência total do sistema torna-se

$$H(s) = \frac{H_1(s)}{1 + K\,H_1(s)}$$

Suponha que o sistema do percurso direto seja um integrador com função de transferência $H_1(s) = 1/s$. Então $H(s) = \dfrac{1/s}{1 + K/s} = \dfrac{1}{s + K}$. A função de transferência do percurso direto $H_1(s)$ possui um pólo em $s = 0$, mas $H(s)$ tem um pólo em $s = -K$. Se K for positivo, o sistema retroalimentado resultante é estável, tendo um pólo no semiplano esquerdo aberto. Se K for negativo, o sistema retroalimentado resultante é instável com um pólo no semiplano direito. À medida que tornamos K cada vez maior positivamente, os pólos se afastam cada vez mais da origem do plano s e o sistema responde mais rapidamente a um sinal de entrada. Essa é uma simples demonstração de um dos efeitos provocados pela retroalimentação. Há ainda muito mais para se aprender sobre a retroalimentação e, normalmente, um semestre completo de teoria sobre controles retroalimentados é preciso para uma real apreciação dos efeitos da retroalimentação na dinâmica dos sistemas.

Alimentar o sinal de saída do percurso direto de volta para alterar o seu próprio sinal de entrada é muitas vezes chamado de "fechamento da malha" por razões óbvias, e se não há percurso para a retroalimentação, o sistema é dito estar operando em "malha aberta". Aspirantes a políticos, executivos, outros tomadores de decisão e agitadores da nossa sociedade querem estar sempre "na malha". Essa terminologia provavelmente se origina dos conceitos da malha de retroalimentação, porque se alguém está na malha, esse alguém tem a chance de afetar o desempenho do sistema e, portanto, tem o poder em sistemas políticos, econômicos ou sociais em que atuam.

O *toolbox* control do MATLAB contém diversos comandos úteis à análise de sistemas. Eles são baseados na idéia de um objeto de sistema, um tipo especial de variável no MATLAB para a descrição de sistemas. Uma forma de criar a descrição de um sistema no MATLAB é por meio do comando tf (*transfer function* – função de transferência). A sintaxe para a criação de um objeto de sistema com o tf é

$$sys = tf(num, den)$$

Esse comando cria um objeto de sistema sys por meio de dois vetores num e den. Nos dois vetores estão todos os coeficientes de *s* (incluindo-se quaisquer potências nulas), em ordem descendente, no numerador e denominador de uma função de transferência. Por exemplo, seja a função de transferência

$$H_1(s) = \frac{s^2 + 4}{s^5 + 4s^4 + 7s^3 + 15s^2 + 31s + 75} \tag{15.23}$$

No MATLAB, podemos criar $H_1(s)$ com

```
>>num = [1 0 4] ;
>>den = [1 4 7 15 31 75] ;
>>H1 = tf(num,den) ;
>>H1

Transfer function:
    s^2 + 4
-----------------------------------------
s^5 + 4 s^4 + 7 s^3 + 15 s^2 + 31 s + 75
```

Alternativamente, podemos criar uma descrição de sistema pela especificação dos zeros finitos, pólos finitos e do ganho independentemente da freqüência de um sistema usando o comando zpk. A sintaxe dele é a seguinte

$$sys = zpk(z,p,k)$$

em que z é um vetor de zeros finitos do sistema, p é um vetor de pólos finitos do sistema e k é o ganho independentemente da freqüência. Por exemplo, suponha que saibamos que um sistema tenha uma função de transferência

$$H_2(s) = 20 \frac{s+4}{(s+3)(s+10)}$$

Podemos criar a descrição do sistema com

```
>>z = [-4] ;
>>p = [-3 -10] ;
>>k = 20 ;
>>H2 = zpk(z,p,k) ;
>>H2

Zero/pole/gain:
   20 (s + 4)
---------------
(s + 3) (s + 10)
```

Podemos converter um tipo de descrição do sistema em outro tipo.

```
>>tf(H2)

Transfer function:
 20 s + 80
```

```
--------------
s^2 + 13 s + 30
>>zpk(H1)

Zero/pole/gain:
      (s^2 + 4)
-----------------------------------------------------------
(s+3.081) (s^2 + 2.901s + 5.45) (s^2 - 1.982s + 4.467)
```

Podemos obter informação a respeito dos sistemas por meio de suas descrições usando os dois comandos: `tfdata` e `zpkdata`. Por exemplo,

```
>>[num,den] = tfdata(H2,'v') ;
>>num

num =
       0      20      80
>>den
den =

       1      13      30
```

ou

```
>>[z,p,k] = zpkdata(H1,'v') ;
>>z

z =
    0 + 2.0000i
    0 - 2.0000i
>>p
p =
   -3.0807
   -1.4505 + 1.8291i
   -1.4505 - 1.8291i
    0.9909 + 1.8669i
    0.9909 - 1.8669i
>>k
k =
    1
```

(O argumento `'v'` usado nos dois comandos anteriores indica que as respostas devem ser retornadas em forma de vetor.) Esse último resultado indica que a função de transferência $H_1(s)$ possui zeros em $-3{,}0807$, $-1{,}4505 \pm j1{,}829$ e pólos em $0{,}9909 \pm j1{,}8669$ (e é, portanto, instável).

O real poder do *toolbox* de sistemas de controle surge na interconexão de sistemas. Suponha que queiramos a função de transferência total $H(s) = H_1(s)H_2(s)$ destes dois sistemas em uma associação em cascata. No MATLAB,

```
>>Hc = H1*H2 ;
>>Hc
Zero/pole/gain:
                  20 (s+4) (s^2 + 4)
-----------------------------------------------------------------
(s+3.081) (s+3) (s+10) (s^2 + 2.901s + 5.45) (s^2 - 1.982s + 4.467)

>>tf(Hc)
Transfer function:
            20 s^3 + 80 s^2 + 80 s + 320
-----------------------------------------------------------------
s^7 + 17 s^6 + 89 s^5 + 226 s^4 + 436 s^3 + 928 s^2 + 1905 s + 2250
```

Se queremos saber qual seria a função de transferência resultante da associação em paralelo entre estes dois sistemas,

```
>>Hp = H1 + H2 ;
>>Hp
Zero/pole/gain:
 20 (s+4.023) (s+3.077) (s^2 + 2.881s + 5.486) (s^2 - 1.982s + 4.505)
 -------------------------------------------------------------------
 (s+3.081) (s+3) (s+10) (s^2 + 2.901s + 5.45) (s^2 - 1.982s + 4.467)

>>tf(Hp)

Transfer function:
 20 s^6 + 160 s^5 + 461 s^4 + 873 s^3 + 1854 s^2 + 4032 s + 6120
 ---------------------------------------------------------------
 s^7 + 17 s^6 + 89 s^5 + 226 s^4 + 436 s^3 + 928 s^2 + 1905 s + 2250
```

Existe também o comando `feedback` para a composição da função de transferência total equivalente de um sistema retroalimentado.

```
>> Hf = feedback(H1,H2) ;
>> Hf

Zero/pole/gain:
                  (s+3) (s+10) (s^2 + 4)
 ---------------------------------------------------------------
 (s+9.973) (s^2+6.465s+10.69) (s^2+2.587s+5.163) (s^2-2.025s+4.669)
```

Algumas vezes, quando manipularmos objetos de sistema, o resultado não se apresentará na forma ideal. Ele pode conter um pólo e um zero na mesma posição. Embora não haja nada matematicamente errado com essa representação, é geralmente melhor cancelar o referido pólo e o referido zero para simplificar a função de transferência. A simplificação pode ser realizada usando-se o comando `minreal` (para se obter a realização mínima – *minimum realization*).

Uma vez que tenhamos um sistema descrito, podemos elaborar o gráfico de sua resposta ao degrau por meio comando do MATLAB `step`, de sua resposta ao impulso com `impulse` e um diagrama de Bode de sua resposta em freqüência com o comando `bode`. Podemos também construir seu diagrama de pólos e zeros usando o comando `pzmap`. O MATLAB tem uma função chamada `freqresp` que faz gráficos da resposta em freqüência. A sintaxe é

$$H = freqresp(sys,w)$$

em que `sys` é o objeto de sistema do MATLAB, `w` é um vetor de freqüências angulares (ω) e `H` corresponde à resposta em freqüência do sistema naquelas freqüências angulares.

Existem muitos outros comandos úteis no *toolbox* de controle, que podem ser examinados digitando-se `help control` no prompt de comandos.

15.10 RESPOSTAS DE SISTEMAS A SINAIS PADRÃO

Já vimos em análises de sinais e sistemas anteriores que um sistema SLIT é completamente caracterizado por sua resposta ao impulso. Em testes de sistemas reais, a aplicação de um impulso para se determinar a resposta ao impulso de um certo sistema não é algo prático. Em primeiro lugar, um impulso legítimo não pode ser gerado, e em segundo lugar, mesmo se pudéssemos gerar tal impulso, visto que tem uma amplitude ilimitada, ele levaria inevitavelmente um sistema real ao seu modo de operação não-linear. Poderíamos gerar uma aproximação para um impulso verdadeiro na forma de um pulso de grande altura e muito estreito. Nesse caso, o termo "muito estreito" quer dizer que sua duração deve ser muito menor do que a menor constante de tempo do sistema submetido ao teste. Embora esse tipo de teste seja possível, um pulso muito alto pode conduzir o sistema para a não-linearidade. É muito mais fácil gerar uma boa aproximação para um degrau do que para um impulso, e a amplitude do degrau pode ser pequena o suficiente de maneira que não cause a ida do sistema para a região de operação não-linear.

Senóides são também muito fáceis de serem geradas e estão confinadas a variar entre limites finitos que possam ser pequenos o bastante de modo que a senóide não sobrecarregue o sistema e o force a entrar na região de não-linearidade. A freqüência da senóide pode ser variada para se determinar a resposta em freqüência do sistema. Visto que senóides são intimamente relacionadas com exponenciais complexas, esse tipo de teste pode produzir diretamente informação a respeito das características do sistema.

RESPOSTA AO DEGRAU UNITÁRIO

Seja a função de transferência de um sistema SLIT da forma

$$H(s) = \frac{N(s)}{D(s)}$$

em que $N(s)$ é de grau menor em s do que $D(s)$. Então, a transformada de Laplace da resposta em condições iniciais nulas $Y(s)$ para $X(s)$ é

$$Y(s) = \frac{N(s)}{D(s)} X(s)$$

Seja $x(t)$ um degrau unitário. Logo, a transformada de Laplace da resposta em condições iniciais nulas é

$$Y(s) = H_{-1}(s) = \frac{N(s)}{s\,D(s)}$$

Com a técnica da expansão em frações parciais, essa equação pode ser separada em dois termos

$$Y(s) = \frac{N_1(s)}{D(s)} + \frac{H(0)}{s}$$

Se o sistema é estável segundo o critério BIBO, as raízes de $D(s)$ encontram-se todas no semiplano esquerdo aberto e a transformada de Laplace inversa de $N_1(s)/D(s)$ é denominada **resposta transitória**, porque ela decai a zero à medida que o tempo t tende ao infinito. A **resposta forçada** do sistema a um degrau unitário corresponde à transformada de Laplace inversa de $H(0)/s$, que é $H(0)u(t)$. A expressão

$$Y(s) = \frac{N_1(s)}{D(s)} + \frac{H(0)}{s}$$

possui dois termos. O primeiro termo tem pólos idênticos aos do sistema, e o segundo termo tem um pólo na mesma localização que a transformada de Laplace do degrau unitário.

Esse resultado pode ser generalizado para uma excitação arbitrária. Se a transformada de Laplace da excitação é

$$X(s) = \frac{N_x(s)}{D_x(s)}$$

então a transformada de Laplace da resposta do sistema é

$$Y(s) = \frac{N(s)}{D(s)} X(s) = \frac{N(s)}{D(s)} \frac{N_x(s)}{D_x(s)} = \underbrace{\frac{N_1(s)}{D(s)}}_{\substack{\text{Pólos iguais}\\\text{ao do sistema}}} + \underbrace{\frac{N_{x1}(s)}{D_x(s)}}_{\substack{\text{Pólos iguais}\\\text{ao da excitação}}}$$

Agora vamos examinar a resposta ao degrau unitário de alguns sistemas simples. O sistema dinâmico mais trivial é o de primeira ordem, cuja função de transferência é da forma

$$H(s) = \frac{A}{1 - s/p} = -\frac{Ap}{s-p}$$

em que *A* é a função de transferência do sistema para baixas freqüências, e *p* é a localização do pólo no plano *s*. A transformada de Laplace da resposta ao degrau é

$$Y(s) = H_{-1}(s) = \frac{A}{(1 - s/p)s} = \frac{A/p}{1 - s/p} + \frac{A}{s} = \frac{A}{s} - \frac{A}{s-p}$$

Aplicando a transformada de Laplace inversa, $y(t) = A(1 - e^{pt})u(t)$. Se *p* for positivo, o sistema é instável e a magnitude da resposta a um degrau unitário aumenta exponencialmente com o tempo (Figura 15.23).

Figura 15.23
Respostas de um sistema de primeira ordem a um degrau unitário e os diagramas de pólos e zeros correspondentes.

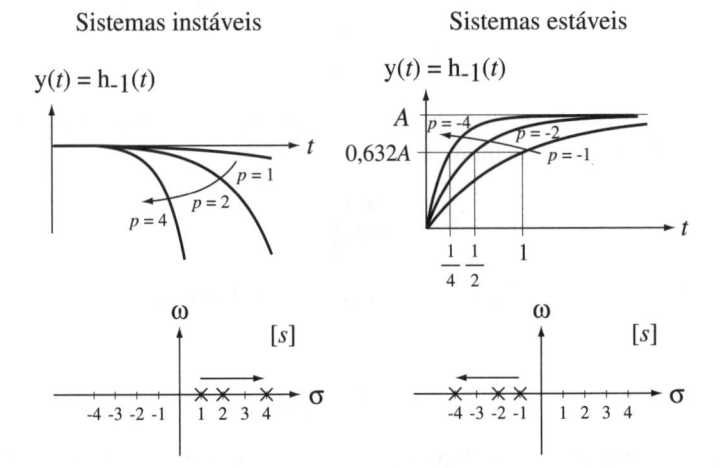

A velocidade do aumento exponencial depende da magnitude de *p*, sendo tanto mais alta quanto maior for a magnitude de *p*. Se *p* for negativo, o sistema é estável e a resposta tende à constante *A* com o tempo. A velocidade de tendência a *A* depende da magnitude de *p*, sendo tanto mais alta quanto maior for a magnitude de *p*. O recíproco negativo de *p* é denominado **constante de tempo** τ do sistema, $\tau = -1/p$ e, para um sistema estável, a resposta a um degrau unitário atinge 63,2% da distância até o valor final em um tempo igual a uma constante de tempo.

Agora considere um sistema de segunda ordem cuja função de transferência é da forma

$$H(s) = \frac{A\omega_n^2}{s^2 + 2\zeta\omega_n s + \omega_n^2} \quad , \quad \omega_n > 0$$

Essa forma de função de transferência de um sistema de segunda ordem possui três parâmetros: o ganho em baixas freqüências *A*, a relação de amortecimento ζ e a freqüência angular natural ω_n. A forma de resposta a um degrau unitário depende dos valores desses parâmetros. A resposta do sistema ao degrau unitário é

$$H_{-1}(s) = \frac{A\omega_n^2}{s(s^2 + 2\zeta\omega_n s + \omega_n^2)} = \frac{A\omega_n^2}{s\left[s + \omega_n\left(\zeta + \sqrt{\zeta^2 - 1}\right)\right]\left[s + \omega_n\left(\zeta - \sqrt{\zeta^2 - 1}\right)\right]}$$

Essa equação pode ser expandida em frações parciais (se $\zeta \neq \pm 1$) como

$$H_{-1}(s) = A\left[\frac{1}{s} + \frac{\dfrac{1}{2\left(\zeta^2 - 1 + \zeta\sqrt{\zeta^2 - 1}\right)}}{s + \omega_n\left(\zeta + \sqrt{\zeta^2 - 1}\right)} + \frac{\dfrac{1}{2\left(\zeta^2 - 1 - \zeta\sqrt{\zeta^2 - 1}\right)}}{s + \omega_n\left(\zeta - \sqrt{\zeta^2 - 1}\right)}\right]$$

e a resposta no domínio do tempo é então

$$h_{-1}(t) = A\left[\frac{e^{-\omega_n\left(\zeta+\sqrt{\zeta^2-1}\right)t}}{2\left(\zeta^2-1+\zeta\sqrt{\zeta^2-1}\right)} + \frac{e^{-\omega_n\left(\zeta-\sqrt{\zeta^2-1}\right)t}}{2\left(\zeta^2-1-\zeta\sqrt{\zeta^2-1}\right)} + 1\right]u(t)$$

Para o caso especial de $\zeta = \pm 1$, a resposta do sistema ao degrau unitário é igual a

$$H_{-1}(s) = \frac{A\omega_n^2}{(s \pm \omega_n)^2 s}$$

os dois pólos são idênticos, a expansão em frações parciais é

$$H_{-1}(s) = A\left[\frac{1}{s} - \frac{\pm\omega_n}{(s \pm \omega_n)^2} - \frac{1}{s \pm \omega_n}\right]$$

e a resposta no domínio do tempo é igual a

$$h_{-1}(t) = A\left[1 - (1 \pm \omega_n t)e^{\mp\omega_n t}\right]u(t) = A\,u(t)\begin{cases}1 - (1 + \omega_n t)e^{-\omega_n t} & , \zeta = 1 \\ 1 - (1 - \omega_n t)e^{+\omega_n t} & , \zeta = -1\end{cases}$$

É difícil, apenas pelo exame da forma funcional matemática da resposta ao degrau unitário, determinar imediatamente qual será a sua aparência para uma escolha arbitrária dos parâmetros. Para explorar os efeitos dos parâmetros, vamos primeiro fixar A e ω_n como constante e investigar a relação de amortecimento ζ. Seja $A = 1$ e $\omega_n = 1$. Logo a resposta ao degrau unitário e os diagramas de pólos e zeros correspondentes resultarão naqueles ilustrados pela Figura 15.24 para seis escolhas de valores de ζ.

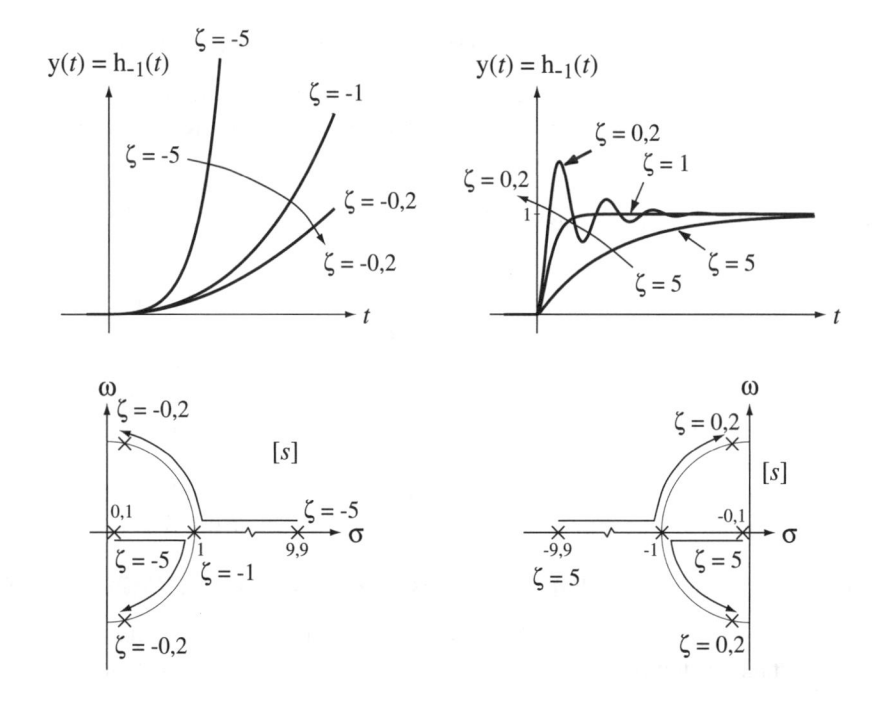

Figura 15.24
Respostas de um sistema de segunda ordem a um degrau unitário e os diagramas de pólos e zeros correspondentes.

Podemos ver porque estes diferentes tipos de comportamento ocorrem se examinarmos a resposta ao degrau unitário

$$h_{-1}(t) = A\left[\frac{e^{-\omega_n\left(\zeta+\sqrt{\zeta^2-1}\right)t}}{2\left(\zeta^2-1+\zeta\sqrt{\zeta^2-1}\right)} + \frac{e^{-\omega_n\left(\zeta-\sqrt{\zeta^2-1}\right)t}}{2\left(\zeta^2-1-\zeta\sqrt{\zeta^2-1}\right)} + 1\right]u(t) \quad \textbf{(15.24)}$$

e, em particular, os expoentes de e, $-\omega_n\left(\zeta \pm \sqrt{\zeta^2-1}\right)t$. Os sinais das partes reais destes expoentes determinam se a resposta cresce ou decai com o tempo $t > 0$. Para os tempos $t < 0$, a resposta é nula por causa do degrau unitário u(t).

Caso 1 $\zeta < 0$

Se $\zeta < 0$, então os expoentes de e em ambos os termos da Equação (15.24) têm uma parte real positiva para tempos positivos e a resposta ao degrau, portanto, cresce com o tempo e o sistema é instável. A forma exata da resposta ao degrau unitário depende do valor de ζ. Ela é uma simples exponencial em crescimento para $\zeta < -1$ e uma oscilação exponencialmente crescente para $-1 < \zeta < 0$. Porém, de uma ou de outra maneira, o sistema é instável.

Caso 2 $\zeta > 0$

Se $\zeta > 0$, então os expoentes de e em ambos os termos da Equação (15.24) têm uma parte real negativa para tempos positivos e a resposta ao degrau, portanto, decai com o tempo e o sistema é estável.

Caso 2a $\zeta > 1$

Se $\zeta > 1$, então $\zeta^2 - 1 > 0$, e os coeficientes de t na Equação (15.24) $-\omega_n\left(\zeta \pm \sqrt{\zeta^2-1}\right)t$ são ambos números reais negativos e a resposta ao degrau unitário é da forma de uma constante mais a soma entre duas exponenciais em decaimento. Este caso em que $\zeta > 1$ é denominado **superamortecido**.

Caso 2b $0 < \zeta < 1$

Se $0 < \zeta < 1$, então $\zeta^2 - 1 < 0$, e os coeficientes de t na Equação (15.24) $-\omega_n\left(\zeta \pm \sqrt{\zeta^2-1}\right)t$ são ambos números complexos em um par conjugado complexo com partes reais negativas, e a resposta ao degrau unitário está na forma de uma constante mais a soma entre duas senóides multiplicadas por uma exponencial em decaimento. Ainda que a resposta oscile e ultrapasse o seu valor final, ela ainda se acomoda em um valor constante e é, portanto, a resposta de um sistema estável. Este caso em que $0 < \zeta < 1$ é denominado **subamortecido**.

A linha divisória entre os casos superamortecido e subamortecido é o caso em que $\zeta = 1$. Essa condição é denominada **amortecimento crítico**.

Agora vamos examinar o efeito da mudança de ω_n enquanto mantemos constantes os outros parâmetros. Seja $A = 1$ e $\zeta = 0,5$. A resposta ao degrau é ilustrada na Figura 15.25 para três valores de ω_n. Visto que ω_n é a freqüência angular natural, é lógico que ela afetaria a taxa de oscilação da resposta ao degrau.

A resposta de qualquer sistema SLIT a um degrau unitário pode ser determinada usando-se o comando step pertencente ao *toolbox* control do MATLAB.

RESPOSTA A UMA SENÓIDE APLICADA DURANTE UM TEMPO FINITO

Agora vamos examinar a resposta de um sistema a uma senóide aplicada ao sistema a partir do instante de tempo $t = 0$. Novamente, seja a função de transferência do sistema na forma

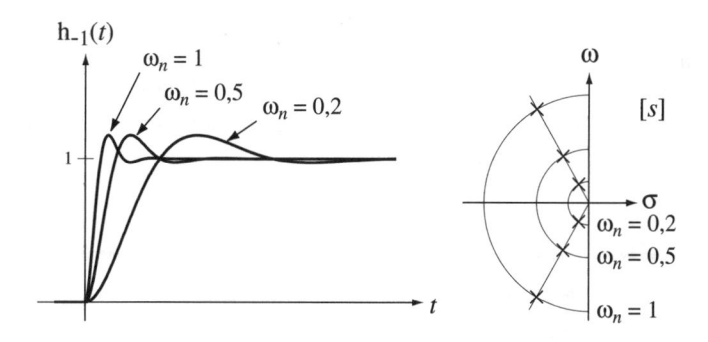

Figura 15.25
Resposta de um sistema de segunda ordem para três diferentes valores de ω_n e os diagramas de pólos e zeros correspondentes.

$$H(s) = \frac{N(s)}{D(s)}$$

Logo, a resposta em condições iniciais nulas para $x(t) = \cos(\omega_0 t)u(t)$ seria

$$Y(s) = \frac{N(s)}{D(s)} \frac{s}{s^2 + \omega_0^2}$$

Essa equação pode ser separada em frações parciais na forma

$$Y(s) = \frac{N_1(s)}{D(s)} + \frac{1}{2}\frac{H(-j\omega_0)}{s+j\omega_0} + \frac{1}{2}\frac{H(j\omega_0)}{s-j\omega_0} = \frac{N_1(s)}{D(s)} + \frac{1}{2}\frac{H^*(j\omega_0)}{s+j\omega_0} + \frac{1}{2}\frac{H(j\omega_0)}{s-j\omega_0}$$

ou

$$Y(s) = \frac{N_1(s)}{D(s)} + \frac{1}{2}\frac{H^*(j\omega_0)(s-j\omega_0) + H(j\omega_0)(s+j\omega_0)}{s^2 + \omega_0^2}$$

$$Y(s) = \frac{N_1(s)}{D(s)} + \frac{1}{2}\left\{\frac{s}{s^2+\omega_0^2}\left[H(j\omega_0) + H^*(j\omega_0)\right] + \frac{j\omega_0}{s^2+\omega_0^2}\left[H(j\omega_0) - H^*(j\omega_0)\right]\right\}$$

$$Y(s) = \frac{N_1(s)}{D(s)} + \operatorname{Re}\left(H(j\omega_0)\right)\frac{s}{s^2+\omega_0^2} - \operatorname{Im}\left(H(j\omega_0)\right)\frac{\omega_0}{s^2+\omega_0^2}$$

A transformada de Laplace inversa do termo $\operatorname{Re}(H(j\omega_0))s/(s^2 + \omega_0^2)$ é um cosseno à freqüência ω_0 com uma amplitude igual a $\operatorname{Re}(H(j\omega_0))$ e a transformada de Laplace inversa do termo $\operatorname{Im}(H(j\omega_0))\omega_0/(s^2 + \omega_0^2)$ é um seno à freqüência ω_0 com uma amplitude de $\operatorname{Im}(H(j\omega_0))$. Ou seja,

$$y(t) = \mathcal{L}^{-1}\left(\frac{N_1(s)}{D(s)}\right) + \left[\operatorname{Re}\left(H(j\omega_0)\right)\cos(\omega_0 t) - \operatorname{Im}\left(H(j\omega_0)\right)\operatorname{sen}(\omega_0 t)\right]u(t)$$

ou, usando $\operatorname{Re}(A)\cos(\omega_0 t) - \operatorname{Im}(A)\operatorname{sen}(\omega_0 t) = |A|\cos(\omega_0 t + \measuredangle A)$

$$y(t) = \mathcal{L}^{-1}\left(\frac{N_1(s)}{D(s)}\right) + |H(j\omega_0)|\cos\left(\omega_0 t + \measuredangle H(j\omega_0)\right)u(t)$$

Se o sistema é estável, as raízes de $D(s)$ encontram-se todas no semiplano esquerdo aberto do plano complexo e a transformada de Laplace inversa de $N_1(s)/D(s)$ (a resposta transitória) decai a zero à medida que o tempo t tende ao infinito. Portanto, a resposta forçada que persiste depois de a resposta transitória ter desaparecido é uma senóide com freqüência igual à da excitação com uma amplitude e fase determinadas pela função de transferência avaliada em $s = j\omega_0$. A resposta forçada é exatamente a mesma que a resposta obtida através da utilização dos métodos de Fourier porque os métodos de Fourier admitem que a excitação é uma senóide verdadeira (aplicada no instante de tempo $t \to -\infty$), e não uma senóide aplicada no instante $t = 0$ e, portanto, não há resposta transitória presente na solução.

EXEMPLO 15.19

Resposta em condições iniciais nulas de um sistema para um cosseno aplicado no instante de tempo zero

Determine a resposta em condições iniciais nulas de um sistema caracterizado pela função de transferência seguinte

$$H(s) = \frac{10}{s+10}$$

para um cosseno de amplitude unitária e com uma freqüência de 2 Hz aplicado no instante de tempo $t = 0$.

■ Solução

A freqüência angular ω_0 do cosseno é 4π. Portanto, a transformada de Laplace da resposta é

$$Y(s) = \frac{10}{s+10} \frac{s}{s^2 + (4\pi)^2}$$

$$Y(s) = \frac{-0{,}388}{s+10} + \text{Re}(H(j4\pi))\frac{s}{s^2+(4\pi)^2} - \text{Im}(H(j4\pi))\frac{\omega_0}{s^2+(4\pi)^2}$$

e a resposta no domínio do tempo é igual a

$$y(t) = \mathcal{L}^{-1}\left(\frac{-0{,}388}{s+10}\right) + |H(j4\pi)|\cos(4\pi t + \angle H(j4\pi))u(t)$$

ou

$$y(t) = \left[-0{,}388 e^{-10t} + \left|\frac{10}{j4\pi + 10}\right|\cos(4\pi t - \angle(j4\pi + 10))\right]u(t)$$

ou

$$y(t) = \left[-0{,}388 e^{-10t} + 0{,}623\cos(4\pi t - 0{,}899)\right]u(t)$$

Essa resposta está ilustrada na Figura 15.26.

Figura 15.26
Excitação e resposta para um sistema de primeira ordem excitado por um cosseno aplicado no instante de tempo $t = 0$.

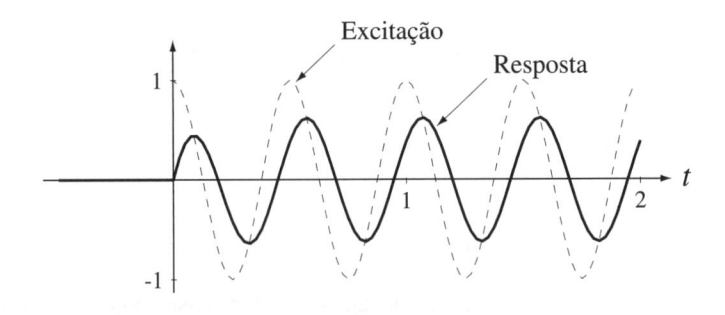

Examinando o gráfico, vemos que a resposta aparenta alcançar uma amplitude estável em menos de um segundo. Esse comportamento é razoável dado que a resposta transitória possui uma constante de tempo de 1/10 do segundo. Após a resposta estabilizar, sua amplitude é cerca de

62% da amplitude da excitação, e sua fase é deslocada de maneira que ela esteja atrasada em relação à excitação em torno de 0,908 radiano de deslocamento de fase, o que é equivalente a aproximadamente um atraso de tempo de 0,72 ms.

Se determinamos a resposta do sistema usando os métodos de Fourier, escreveremos a forma da resposta em freqüência por meio da função de transferência como

$$H(j\omega) = \frac{10}{j\omega + 10}$$

Se fizermos a excitação do sistema igual a um cosseno verdadeiro, ela será $x(t) = \cos(4\pi t)$ e sua TFCT será $X(j\omega) = \pi[\delta(\omega - 4\pi) + \delta(\omega + 4\pi)]$. Logo, a resposta do sistema é

$$Y(j\omega) = \pi[\delta(\omega - 4\pi) + \delta(\omega + 4\pi)]\frac{10}{j\omega + 10} = 10\pi\left[\frac{\delta(\omega - 4\pi)}{j4\pi + 10} + \frac{\delta(\omega + 4\pi)}{-j4\pi + 10}\right]$$

ou

$$Y(j\omega) = 10\pi\frac{10[\delta(\omega - 4\pi) + \delta(\omega + 4\pi)] + j4\pi[\delta(\omega + 4\pi) - \delta(\omega - 4\pi)]}{16\pi^2 + 100}$$

Aplicando a transformada de Laplace inversa, $y(t) = 0{,}388 \cos(4\pi t) + 0{,}487 \sen(4\pi t)$, ou, usando

$$\text{Re}(A)\cos(\omega_0 t) - \text{Im}(A)\sen(\omega_0 t) = |A|\cos(\omega_0 t + \measuredangle A)$$
$$y(t) = 0{,}623\cos(4\pi t - 0{,}899)$$

Essa é exatamente a mesma resposta que a resposta forçada da solução anterior, obtida utilizando-se as transformadas de Laplace.

15.11 DIAGRAMAS DE PÓLOS E ZEROS E CÁLCULO GRÁFICO DA RESPOSTA EM FREQÜÊNCIA

Seja $g(t)$ uma função no domínio do tempo cuja transformada de Laplace tenha todos os seus pólos finitos no semiplano esquerdo aberto. Seja a transformada de Laplace de $g(t)$ igual a $G(s)$. Então a transformada de Fourier de $g(t)$ é $G(j\omega)$. A transformada de Laplace da resposta ao impulso $h(t)$ de um sistema SLIT é a função de transferência $H(s)$, e a transformada de Fourier é a resposta em freqüência $H(j\omega)$. Portanto, a resposta em freqüência de um sistema estável pode ser obtida diretamente da função de transferência no domínio de Laplace fazendo s igual a $j\omega$. Se a forma em freqüência é preferida, ela é simplesmente $H_f(f) = H(j2\pi f)$. [O subscrito f está presente porque H_f e H são duas funções distintas, ou seja $H_f(f) \neq H(f)$.]

Na prática, o tipo mais comum de função de transferência é aquela que pode ser representada por uma razão polinomial em s

$$H(s) = \frac{N(s)}{D(s)}$$

Esse tipo de função de transferência pode ser sempre fatorado na forma

$$H(s) = A\frac{(s - z_1)(s - z_2)\cdots(s - z_M)}{(s - p_1)(s - p_2)\cdots(s - p_N)}$$

Para elaborar o gráfico da resposta em freqüência, admita que s esteja restrito a $j\omega$ em que ω seja real. Essa condição pode ser concebida graficamente imaginando que s varie somente ao longo do eixo imaginário do plano s. Logo, a resposta em freqüência do sistema é

$$H(j\omega) = A\frac{(j\omega - z_1)(j\omega - z_2)\cdots(j\omega - z_M)}{(j\omega - p_1)(j\omega - p_2)\cdots(j\omega - p_N)}$$

Para demonstrar uma interpretação gráfica deste resultado com um exemplo, seja a função de transferência

$$H(s) = \frac{3s}{s+3}$$

Essa função de transferência possui um zero em $s = 0$ e um pólo em $s = -3$ (Figura 15.27).

Convertendo a função de transferência para uma resposta em freqüência, obtemos

$$H(j\omega) = 3\frac{j\omega}{j\omega + 3}$$

A resposta em freqüência é três vezes a razão de $j\omega$ para $j\omega + 3$. O numerador e o denominador podem ser representados como vetores no plano s que estão ilustrados na Figura 15.28 para uma escolha arbitrária de ω.

À medida que a freqüência ω é alterada, os vetores se modificam também. A magnitude da resposta em freqüência em qualquer freqüência particular é três vezes a magnitude do vetor do numerador dividido pela magnitude do vetor do denominador.

$$|H(j\omega)| = 3\frac{|j\omega|}{|j\omega + 3|}$$

A fase da resposta em freqüência em qualquer freqüência particular corresponde à fase da constante +3 (que é obviamente zero), mais a fase do numerador $j\omega$ (uma constante de $\pi/2$ radianos para freqüências positivas e uma constante de $-\pi/2$ radianos para freqüências negativas) menos a fase do denominador $j\omega + 3$. Ou seja,

$$\measuredangle H(j\omega) = \underbrace{\measuredangle 3}_{=0} + \measuredangle j\omega - \measuredangle(j\omega + 3)$$

Nas freqüências que se aproximam de zero pelo lado positivo, o comprimento do vetor do numerador tende a zero e o comprimento do vetor do denominador tende a um valor mínimo igual a 3, tornando a magnitude da resposta em freqüência total equivalente próxima de zero. Nesse mesmo limite, a fase de $j\omega$ é $\pi/2$ radianos e a fase de $j\omega + 3$ tende a zero de maneira que a fase da resposta em freqüência total equivalente tende a $\pi/2$ radianos,

$$\lim_{\omega \to 0^+} |H(j\omega)| = \lim_{\omega \to 0^+} 3\frac{|j\omega|}{|j\omega + 3|} = 0$$

e

$$\lim_{\omega \to 0^+} \measuredangle H(j\omega) = \lim_{\omega \to 0^+} \measuredangle j\omega - \lim_{\omega \to 0^+} \measuredangle(j\omega + 3) = \pi/2 - 0 = \pi/2$$

Em freqüências que tendem a zero pelo lado negativo, o comprimento do vetor do numerador tende a zero e o comprimento do vetor do denominador tende a um valor mínimo igual a 3, tornando a magnitude da resposta em freqüência total equivalente próxima de zero, como antes. Nesse mesmo limite, a fase de $j\omega$ é $-\pi/2$ radianos e a fase de $j\omega + 3$ tende a zero de modo que a fase da resposta em freqüência total equivalente tende a $-\pi/2$ radianos,

$$\lim_{\omega \to 0^-} |H(j\omega)| = \lim_{\omega \to 0^-} 3\frac{|j\omega|}{|j\omega + 3|} = 0$$

e

$$\lim_{\omega \to 0^-} \measuredangle H(j\omega) = \lim_{\omega \to 0^-} \measuredangle j\omega - \lim_{\omega \to 0^-} \measuredangle(j\omega + 3) = -\pi/2 - 0 = -\pi/2$$

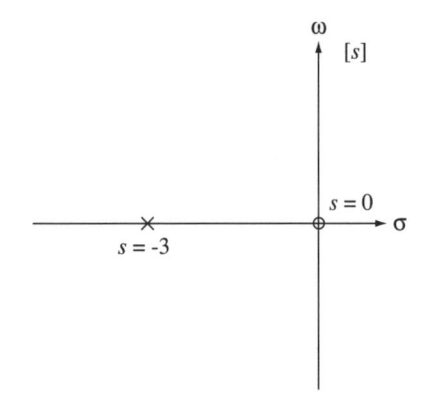

Figura 15.27
Diagrama de pólos e zeros para $H(s) = 3s/(s+3)$.

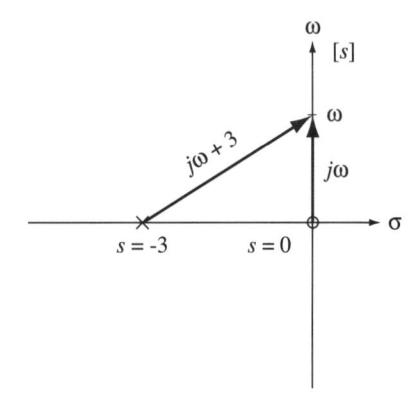

Figura 15.28
Diagrama mostrando os vetores: $j\omega$ e $j\omega + 3$.

Em freqüências que se aproximam do infinito positivo, os comprimentos dos dois vetores tendem ao mesmo valor e a magnitude da resposta em freqüência total equivalente tende a 3. Nesse mesmo limite, a fase de $j\omega$ é igual a $\pi/2$ radianos e a fase de $j\omega + 3$ tende a $\pi/2$ radianos de modo que a fase da resposta em freqüência total equivalente tende a zero,

$$\lim_{\omega \to +\infty} |H(j\omega)| = \lim_{\omega \to +\infty} 3\frac{|j\omega|}{|j\omega + 3|} = 3$$

e

$$\lim_{\omega \to +\infty} \angle H(j\omega) = \lim_{\omega \to +\infty} \angle j\omega - \lim_{\omega \to +\infty} \angle (j\omega + 3) = \pi/2 - \pi/2 = 0$$

Nas freqüências que tendem ao infinito negativo, os comprimentos dos dois vetores tendem ao mesmo valor e a magnitude da resposta em freqüência total equivalente tende a 3, como anteriormente. Nesse mesmo limite, a fase de $j\omega$ é igual a $-\pi/2$ radianos, e a fase de $j\omega + 3$ tende a $-\pi/2$ radianos, de maneira que a fase da resposta em freqüência total equivalente tende a zero,

$$\lim_{\omega \to -\infty} |H(j\omega)| = \lim_{\omega \to -\infty} 3\frac{|j\omega|}{|j\omega + 3|} = 3$$

e

$$\lim_{\omega \to -\infty} \angle H(j\omega) = \lim_{\omega \to -\infty} \angle j\omega - \lim_{\omega \to -\infty} \angle (j\omega + 3) = -\pi/2 - (-\pi/2) = 0$$

Esses atributos da resposta em freqüência deduzidos com base no diagrama de pólos e zeros ficam claros por meio dos gráficos da magnitude e da fase da resposta em freqüência (Figura 15.29).

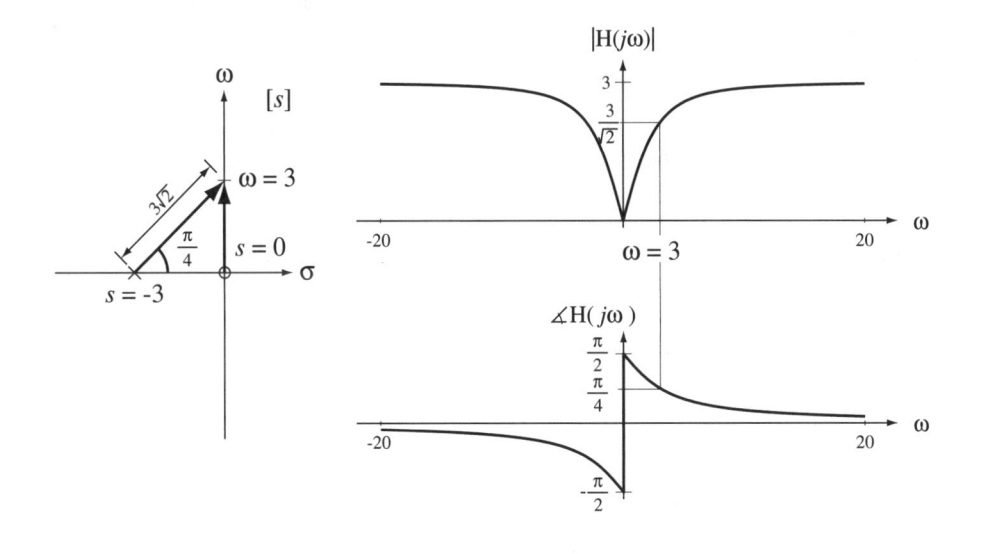

Figura 15.29
Magnitude e fase da resposta em freqüência de um sistema cuja função de transferência é $H(s) = 3s/(s+3)$.

EXEMPLO 15.20

Resposta em freqüência de um sistema com base em seu diagrama de pólos e zeros

Determine a magnitude e a fase da resposta em freqüência de um sistema cuja função de transferência seja a seguinte

$$H(s) = \frac{s^2 + 2s + 17}{s^2 + 4s + 104}$$

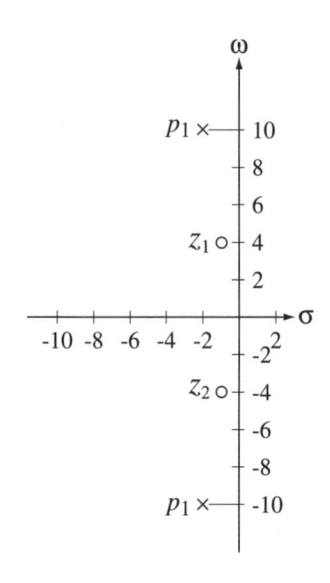

Figura 15.30
Diagrama de pólos e zeros para
$$H(s) = \frac{s^2 + 2s + 17}{s^2 + 4s + 104}.$$

■ Solução

Esta função pode ser fatorada em

$$H(s) = \frac{(s+1-j4)(s+1+j4)}{(s+2-j10)(s+2+j10)}$$

Sendo assim, os pólos e zeros finitos desta função de transferência são $z_1 = -1 + j4$, $z_2 = -1 - j4$ e $p_1 = -2 + j10$, $p_2 = -2 - j10$ como ilustrado na Figura 15.30.

Convertendo a função de transferência para uma resposta em freqüência,

$$H(j\omega) = \frac{(j\omega + 1 - j4)(j\omega + 1 + j4)}{(j\omega + 2 - j10)(j\omega + 2 + j10)}$$

A magnitude da resposta em freqüência em qualquer freqüência particular corresponde ao produto das magnitudes dos vetores do numerador dividido pelo produto das magnitudes dos vetores do denominador

$$|H(j\omega)| = \frac{|j\omega + 1 - j4||j\omega + 1 + j4|}{|j\omega + 2 - j10||j\omega + 2 + j10|}$$

A fase da resposta em freqüência em qualquer freqüência particular equivale à soma dos ângulos dos vetores do numerador menos a soma dos ângulos dos vetores do denominador

$$\angle H(j\omega) = \angle(j\omega + 1 - j4) + \angle(j\omega + 1 + j4) - [\angle(j\omega + 2 - j10) + \angle(j\omega + 2 + j10)]$$

Esta função de transferência não possui pólos ou zeros finitos no eixo ω. Portanto, sua resposta em freqüência não é zero nem infinita em qualquer freqüência real. Porém, os pólos e os zeros finitos estão próximos do eixo real e, por causa dessa proximidade, irão influenciar bastante a resposta em freqüência para freqüências reais próximas a tais pólos e zeros. Para uma freqüência real ω próxima ao pólo p_1, o fator do denominador $j\omega + 2 - j10$ torna-se muito pequeno, e isso faz a magnitude da resposta em freqüência total ficar muito grande. Ao contrário, para uma freqüência real ω próxima ao zero z_1, o fator do numerador $j\omega + 1 - j4$ torna-se muito pequeno, e isso faz a magnitude da resposta em freqüência total ficar muito pequena. Desse modo, não apenas a magnitude da resposta em freqüência vai para zero nos zeros e para o infinito nos pólos, ela torna-se muito pequena próximo aos zeros e torna-se muito grande próximo aos pólos.

A magnitude e a fase da resposta em freqüência estão ilustradas na Figura 15.31.

Figura 15.31
Magnitude e fase da resposta em freqüência de um sistema cuja função de transferência é
$$H(s) = \frac{s^2 + 2s + 17}{s^2 + 4s + 104}.$$

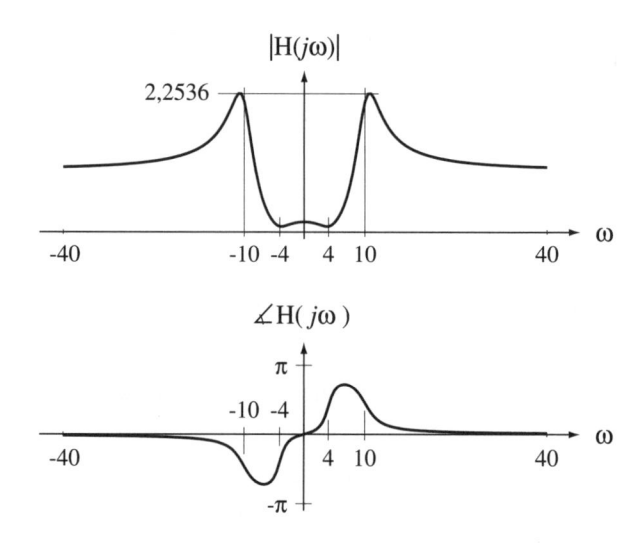

15.11 Diagramas de Pólos e Zeros e Cálculo Gráfico da Resposta em Freqüência

A resposta em freqüência pode ser traçada graficamente usando-se o comando `bode` contido no *toolbox* `control` do MATLAB, e os diagramas de pólos e zeros podem ser plotados utilizando-se o comando `pzmap` do *toolbox* `control` do MATLAB.

■

Por meio de conceitos gráficos para se interpretarem os diagramas de pólos e zeros, pode-se com a prática perceber aproximadamente como a resposta em freqüência deve aparentar. Há um aspecto da função de transferência que não é evidente no diagrama de pólos e zeros. O ganho independentemente da freqüência *A* não tem efeito sobre o diagrama de pólos e zeros e, portanto, não pode ser determinado pela observação do diagrama. Mas, todo o comportamento dinâmico do sistema é determinável por meio do diagrama de pólos e zeros, para um ganho constante.

Uma outra maneira de ver a relação entre as localizações dos pólos e zeros e a resposta em freqüência é traçar a magnitude da função de transferência como uma superfície sobre o plano complexo *s*. Por exemplo, a função de transferência

$$H(s) = \frac{s^2 + 2s + 17}{s^2 + 4s + 104}$$

vista no último exemplo teria o gráfico mostrado pela Figura 15.32.

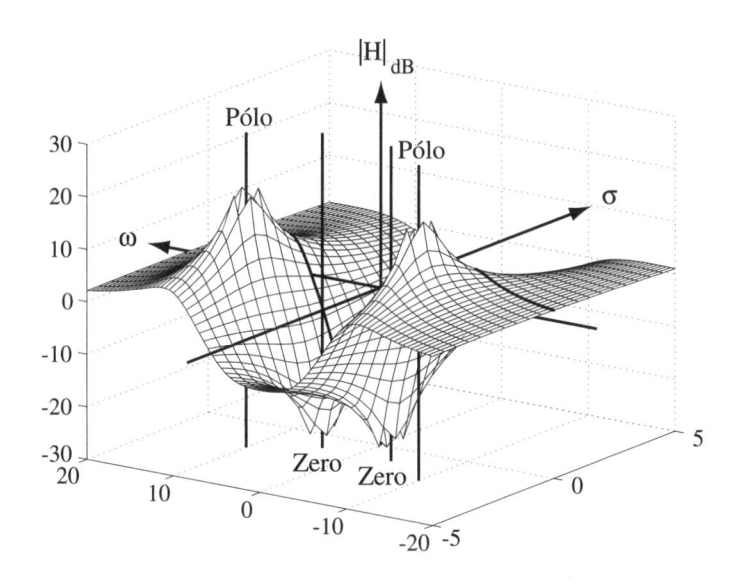

Figura 15.32
Gráfico de superfície da magnitude de

$$H(s) = \frac{s^2 + 2s + 17}{s^2 + 4s + 104} \text{ em dB.}$$

Os pólos e zeros e suas influências na magnitude da resposta em freqüência são claramente vistos na Figura 15.32. (A linha sólida desenhada diretamente na superfície corresponde à magnitude da função de transferência para σ = 0, que é a magnitude da resposta em freqüência. Os gráficos estão incompletos próximo aos pólos e zeros, porque a magnitude da função de transferência em dB tende a mais ou menos infinito nessas respectivas localizações.)

EXEMPLO 15.21

Relações entre diagramas de pólos e zeros, respostas em freqüência e respostas ao degrau

A seguir se encontra uma seqüência de gráficos que mostra como a resposta em freqüência se modifica à medida que o número e a localização dos pólos e zeros finitos de um sistema são modificados.

Na Figura 15.33 está um diagrama de pólos e zeros de um sistema com um pólo real finito e nenhum zero finito. Sua resposta em freqüência é do tipo passa-baixas e sua resposta ao degrau reflete este fato quando não executa um salto descontínuo no instante de tempo $t = 0$ e tende a um valor final não-nulo. A continuidade da resposta ao degrau no instante de tempo $t = 0$ é uma conseqüência para o fato de que o conteúdo de alta freqüência do degrau unitário tenha sido atenuado, impedindo assim alguma mudança descontínua na resposta.

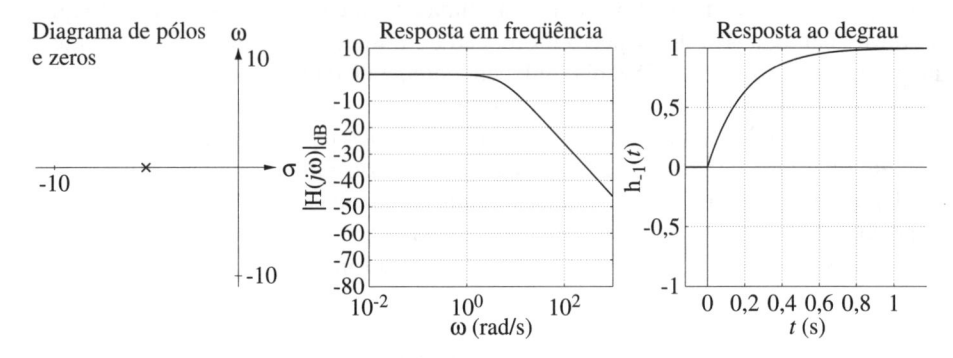

Figura 15.33
Sistema passa-baixas contendo um pólo.

Na Figura 15.34, um zero na origem do plano s foi acrescido ao sistema da Figura 15.33. Essa modificação altera a resposta em freqüência de passa-baixas para passa-altas. O efeito da nova configuração se reflete na resposta ao degrau, uma vez que ela salta descontinuamente no instante de tempo $t = 0$ e tende ao valor final zero. O valor final da resposta ao degrau de um filtro passa-altas deve ser zero, porque esse tipo de filtro bloqueia completamente o conteúdo de freqüência zero do sinal de entrada. O salto em $t = 0$ é descontínuo, pois o conteúdo de alta freqüência do degrau unitário foi conservado.

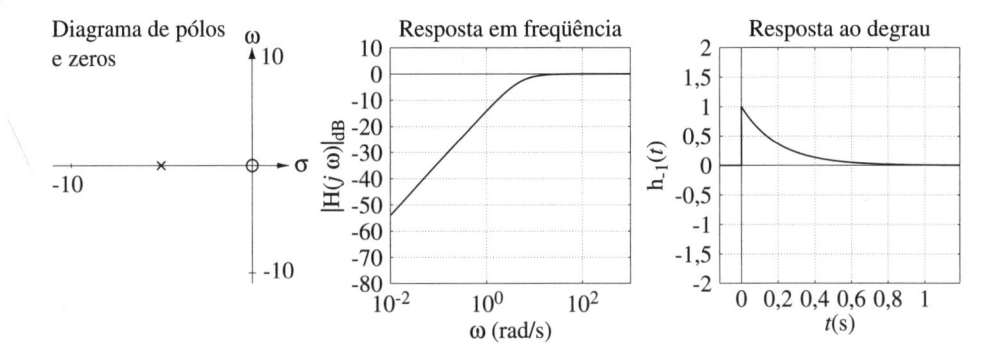

Figura 15.34
Sistema passa-altas contendo um pólo e um zero.

Na Figura 15.35 encontra-se um sistema com dois pólos reais finitos e sem zeros. Sua resposta em freqüência é do tipo passa-baixas e ela se caracteriza pela resposta ao degrau que não salta descontinuamente no instante de tempo $t = 0$ e tende a um valor final diferente de zero. Essa resposta é similar à resposta da Figura 15.33, mas a atenuação do conteúdo de alta freqüência é maior, como pode ser visto pela resposta em freqüência que realiza uma transição (*roll-off*) a uma taxa em torno de –40 dB/década em lugar de –20 dB/década, como acontece na Figura 15.33. A resposta ao degrau é também ligeiramente diferente, iniciando no instante $t = 0$ com inclinação nula em vez de ser diferente de zero, como pode ser constatado pela Figura 15.33.

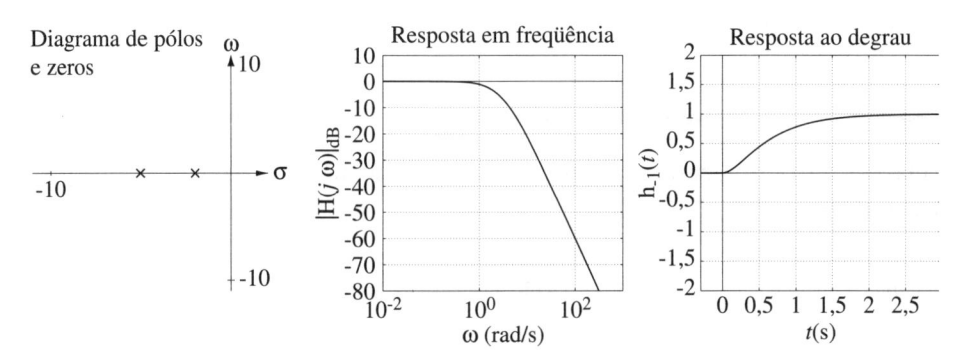

Figura 15.35
Sistema passa-baixas contendo dois pólos.

15.11 Diagramas de Pólos e Zeros e Cálculo Gráfico da Resposta em Freqüência

Na Figura 15.36, um zero na origem do plano s foi adicionado ao sistema da Figura 15.35. Essa nova configuração modifica a resposta em freqüência de passa-baixas para passa-faixa. A resposta ao degrau não salta descontinuamente no instante de tempo $t = 0$ e tende ao valor final igual a zero, porque um filtro passa-faixa atenua tanto o conteúdo de alta freqüência quanto o conteúdo de baixa freqüência. Ao se atenuar o conteúdo de alta freqüência, a resposta passa a ser contínua e, ao se atenuar o conteúdo de baixa freqüência, o valor final da resposta ao degrau se acomoda em zero.

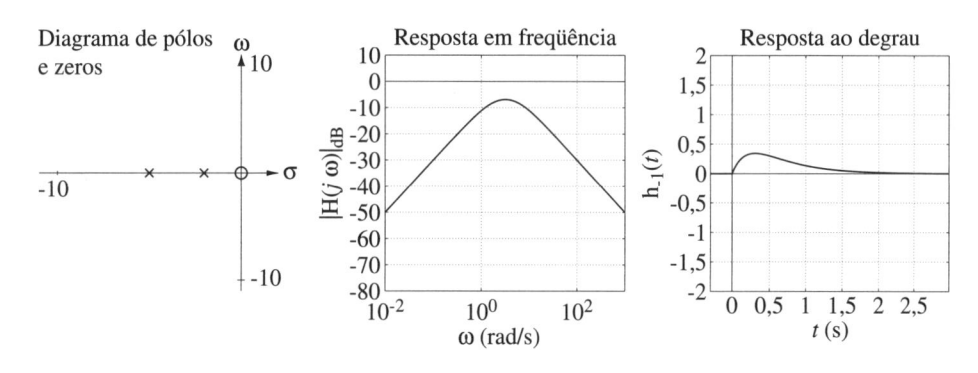

Figura 15.36
Sistema passa-faixa contendo dois pólos e um zero.

Na Figura 15.37, um outro zero na origem foi acrescido ao sistema da Figura 15.36. Essa nova configuração altera a resposta em freqüência de passa-faixa para passa-altas. A resposta ao degrau salta descontinuamente no instante de tempo $t = 0$, e a resposta tende ao valor final zero. A atenuação para baixas freqüências é maior do que a atenuação relativa ao sistema passa-altas da Figura 15.34, fazendo a inclinação nas baixas freqüências ser igual a 40 dB/década em vez de 20 dB/década, o que também afeta a resposta ao degrau, fazendo-a ultrapassar a referência zero antes de se estabilizar neste mesmo valor.

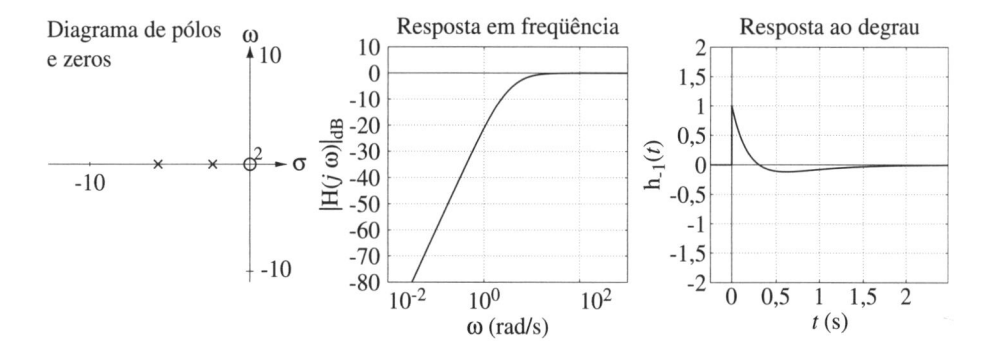

Figura 15.37
Sistema passa-altas com dois pólos e dois zeros.

Na Figura 15.38 encontra-se um outro sistema passa-baixas de dois pólos, mas com uma resposta em freqüência que é notoriamente diferente do sistema da Figura 15.35, porque os pólos são agora complexos conjugados em lugar de serem reais. A natureza desses pólos torna o sistema subamortecido e este comportamento pode ser constatado em ambas as respostas em freqüência, que atingem um pico próximo a 3 rad/s e, na resposta ao degrau, ultrapassa o valor final antes de atingir o regime permanente. A resposta ao degrau é ainda contínua em todo lugar

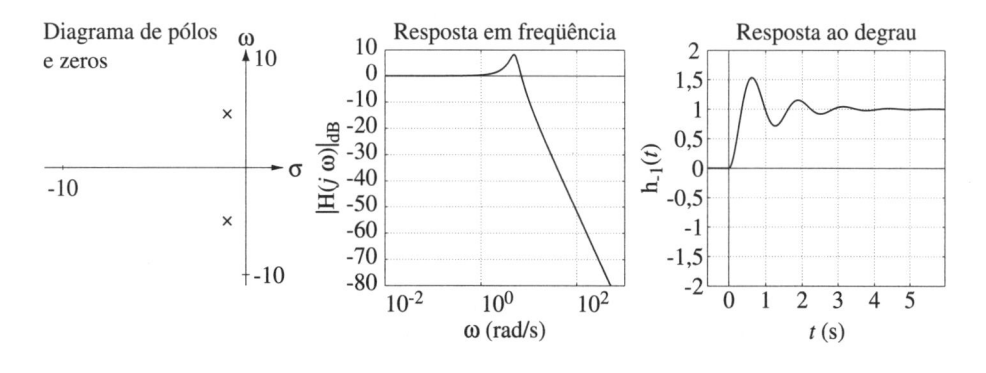

Figura 15.38
Sistema passa-baixas subamortecido de dois pólos.

e ainda tende a um valor final diferente de zero, mas de um modo diferente daquele visto na Figura 15.35. Este sistema é classificado como passa-baixas, porque sua resposta para freqüência zero é diferente de zero e sua resposta para as altas freqüências tende a zero. Porém, esta classificação não é tão óbvia como na Figura 15.35 por causa dos picos, o que faz a resposta em freqüência do sistema ter algumas características similares àquela resposta obtida por um sistema passa-faixa.

Na Figura 15.39, um zero na origem foi incluído ao sistema da Figura 15.38. Essa nova configuração altera-o de passa-baixas para passa-faixa, mas, agora, devido às localizações dos pólos conjugados complexos, a resposta torna-se subamortecida de modo semelhante àquele visto para o surgimento de um pico na resposta em freqüência e a uma oscilação da resposta ao degrau como comparado ao sistema da Figura 15.36.

Figura 15.39
Sistema passa-faixa subamortecido com dois pólos e um zero.

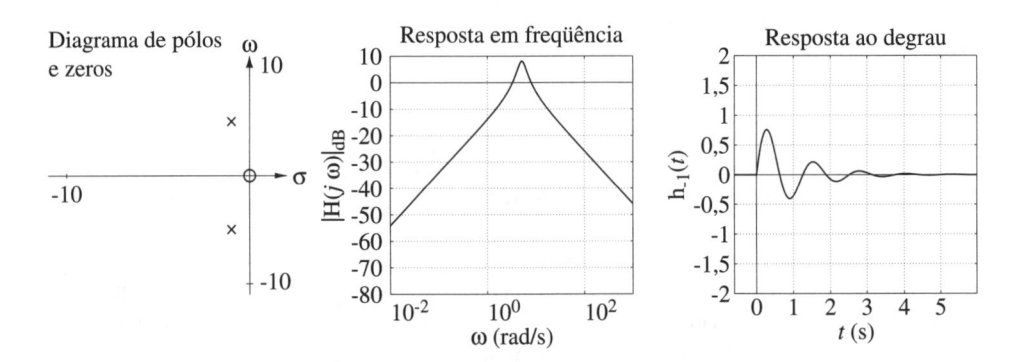

Na Figura 15.40, um outro zero na origem foi adicionado ao sistema da Figura 15.39. Essa mudança altera-o de passa-faixa para passa-altas. Ele ainda é subamortecido como fica evidente pelo aparecimento de um pico na resposta em freqüência e pela oscilação presente na resposta ao degrau.

Figura 15.40
Sistema passa-altas subamortecido com dois pólos e dois zeros.

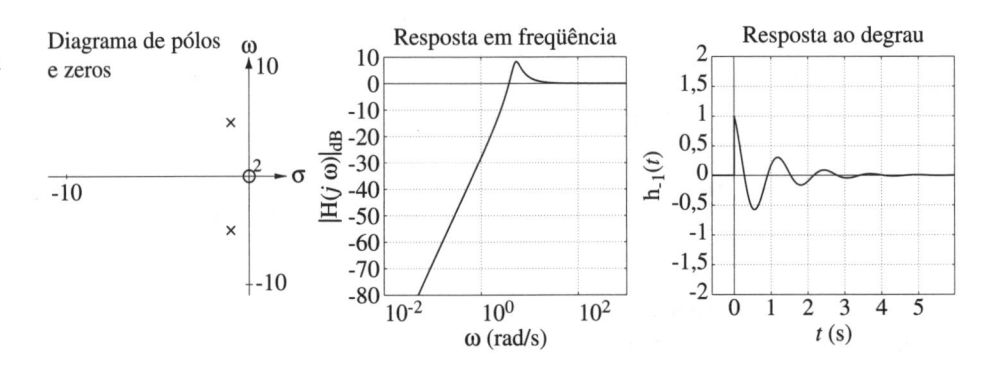

Vimos por esses exemplos que o deslocamento dos pólos em uma região próxima ao eixo ω reduz o amortecimento, faz a resposta ao degrau "oscilar" por um tempo maior e inclui um pico de valor cada vez mais alto na resposta em freqüência. O que aconteceria se puséssemos os pólos *sobre* o eixo ω? Ter dois pólos finitos sobre o eixo ω (e nenhum zero finito) indica que há pólos em $s = \pm j\omega_0$, a função de transferência é da forma $H(s) = \dfrac{K\omega_0}{s^2 + \omega_0^2}$ e a resposta ao impulso é da forma $h(t) = K\text{sen}(\omega_0 t)u(t)$. A resposta ao impulso é uma senóide que se inicia no instante de tempo $t = 0$ e oscila com amplitude estável indefinidamente a partir daí. A resposta em freqüência é $H(j\omega) = \dfrac{K\omega_0}{\omega_0^2 - \omega^2}$. Sendo assim, se o sistema é excitado por uma senóide $x(t) = A\text{sen}(\omega_0 t)$ a uma freqüência angular de $\omega = \omega_0$, a resposta é infinita, ou seja, é uma resposta ilimitada associada a uma excitação limitada. Se o sistema fosse excitado por uma senóide aplicada em um tempo finito $x(t) = A\text{sen}(\omega_0 t)u(t)$, a resposta seria

$$y(t) = \frac{KA}{2}\left[\frac{\text{sen}(\omega_0 t)}{\omega_0} - t\cos(\omega_0 t)\right]u(t)$$

Essa equação contém uma senóide que se inicia no instante de tempo $t = 0$ e cresce em amplitude de modo linear e indefinidamente para instantes de tempo positivos. Novamente, essa é uma resposta ilimitada a uma excitação limitada indicando um sistema instável. A ressonância não amortecida nunca é alcançada em um sistema passivo real, porém ela pode ser obtida em um sistema com componentes ativos que podem compensar perdas de energia e levar a relação de amortecimento a zero.

15.12 REALIZAÇÃO PADRÃO DE SISTEMAS

O processo de projeto de sistema, em oposição à análise de sistema, consiste no desenvolvimento de uma função de transferência desejada para uma classe de excitações, que produz uma ou mais respostas desejadas. Uma vez que tenhamos determinado a função de transferência pretendida, o próximo passo lógico é, na verdade, construir ou talvez simular o sistema. O primeiro passo usual na construção ou simulação de um sistema é formar um diagrama de blocos que descreva a interação entre todos os sinais no sistema. Este passo é denominado **realização**, e surge do conceito de fazer um sistema real em vez de manipular apenas um conjunto de equações adotadas para descrever seu comportamento. Existem diversos tipos padrão de realização de sistema. Iremos explorar três deles agora.

A primeira realização padrão de sistema, comumente denominada forma **canônica** ou **Forma Direta II**, foi desenvolvida no Capítulo 6 usando estritamente os conceitos do domínio do tempo. Agora, com o benefício da transformada de Laplace, podemos deduzi-la de um modo alternativo no domínio da freqüência. Ela pode ser entendida por meio da forma geral de uma função de transferência de enésima ordem como a razão entre dois polinômios

$$H(s) = \frac{Y(s)}{X(s)} = \frac{\sum_{k=0}^{N} b_k s^k}{\sum_{k=0}^{N} a_k s^k} = \frac{b_N s^N + b_{N-1} s^{N-1} + \cdots + b_1 s + b_0}{a_N s^N + a_{N-1} s^{N-1} + \cdots + a_1 s + a_0}$$

Aqui, as ordens nominais do numerador e denominador são ambas N. Se a ordem do numerador é na verdade menor do que N, então alguns dos coeficientes b de maior ordem serão zero. A ordem do denominador deve ser N, porque a_N não pode ser zero. A função de transferência pode ser vista como o produto entre as duas funções de transferência

$$H_1(s) = \frac{Y_1(s)}{X(s)} = \frac{1}{a_N s^N + a_{N-1} s^{N-1} + \cdots + a_1 s + a_0} \quad (15.25)$$

e

$$H_2(s) = \frac{Y(s)}{Y_1(s)} = b_N s^N + b_{N-1} s^{N-1} + \cdots + b_1 s + b_0$$

(Figura 15.41) em que o sinal de saída do primeiro sistema $Y_1(s)$ é o sinal de entrada para o segundo sistema.

$$X(s) \rightarrow \boxed{H_1(s) = \frac{1}{a_N s^N + a_{N-1} s^{N-1} + \cdots + a_1 s + a_0}} \rightarrow Y_1(s) \rightarrow \boxed{H_2(s) = b_N s^N + b_{N-1} s^{N-1} + \cdots + b_1 s + b_0} \rightarrow Y(s)$$

Figura 15.41
Um sistema concebido como dois sistemas associados em cascata.

Podemos esboçar um diagrama de blocos de $H_1(s)$ ao reescrevermos a Equação (15.25) como

$$X(s) = \left[a_N s^N + a_{N-1} s^{N-1} + \cdots + a_1 s + a_0 \right] Y_1(s)$$

ou

$$X(s) = a_N s^N Y_1(s) + a_{N-1} s^{N-1} Y_1(s) + \cdots + a_1 s Y_1(s) + a_0 Y_1(s)$$

ou

$$s^N Y_1(s) = \frac{1}{a_N} \left\{ X(s) - \left[a_{N-1} s^{N-1} Y_1(s) + \cdots + a_1 s Y_1(s) + a_0 Y_1(s) \right] \right\}$$

(Figura 15.42).

Figura 15.42
Realização de $H_1(s)$.

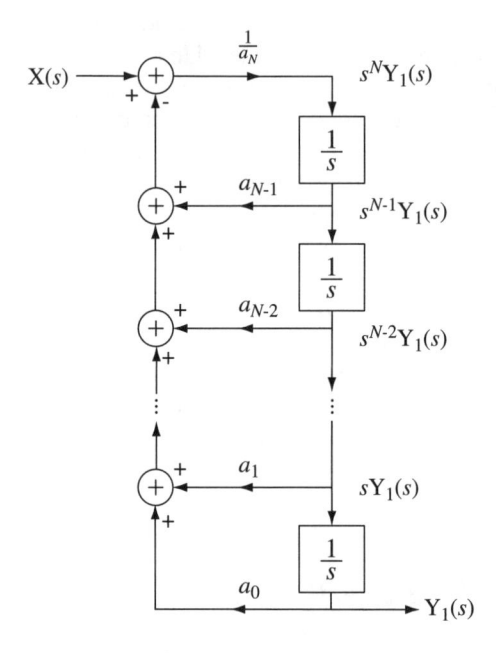

Agora podemos sintetizar imediatamente a resposta total $Y(s)$ como uma combinação linear das várias potências de s que multiplicam $Y_1(s)$ (Figura 15.43). Essa forma é idêntica à estrutura da realização por Forma Direta II no Capítulo 6, exceto por ser representada em notação do domínio da freqüência em lugar da notação do domínio do tempo.

A segunda realização padrão de sistemas é a forma **em cascata**. O numerador e o denominador da função de transferência geral formam

$$H(s) = \frac{Y(s)}{X(s)} = \frac{\sum_{k=0}^{M} b_k s^k}{\sum_{k=0}^{N} a_k s^k} = \frac{b_M s^M + b_{M-1} s^{M-1} + \cdots + b_1 s + b_0}{s^N + a_{N-1} s^{N-1} + \cdots + a_1 s + a_0} \;,\; a_N = 1$$

em que $M \leq N$ pode ser fatorada produzindo uma expressão em função de transferência da forma

$$H(s) = A \frac{s - z_1}{s - p_1} \frac{s - z_2}{s - p_2} \cdots \frac{s - z_M}{s - p_M} \frac{1}{s - p_{M+1}} \frac{1}{s - p_{M+2}} \cdots \frac{1}{s - p_N}$$

Qualquer uma das frações componentes $\dfrac{Y_k(s)}{X_k(s)} = \dfrac{s - z_k}{s - p_k}$ ou $\dfrac{Y_k(s)}{X_k(s)} = \dfrac{1}{s - p_k}$

representa um subsistema que pode ser compreendido ao se escrever a relação como

15.12 Realização Padrão de Sistemas

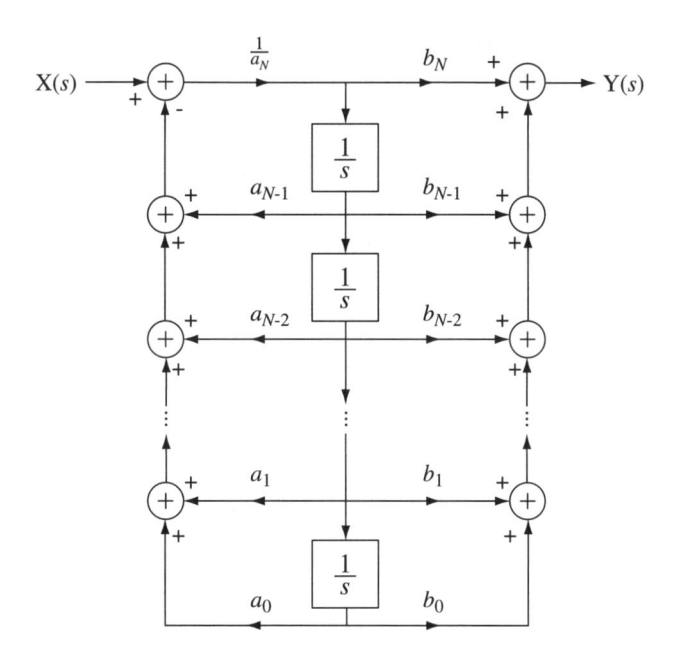

Figura 15.43
Realização do sistema canônico pela Forma Direta II geral.

$$H_k(s) = \underbrace{\frac{1}{s-p_k}}_{H_{k1}(s)} \underbrace{(s-z_k)}_{H_{k2}(s)} \quad \text{ou} \quad H_k(s) = \frac{1}{s-p_k}$$

e entendendo-o como um sistema na Forma Direta II (Figura 15.44).

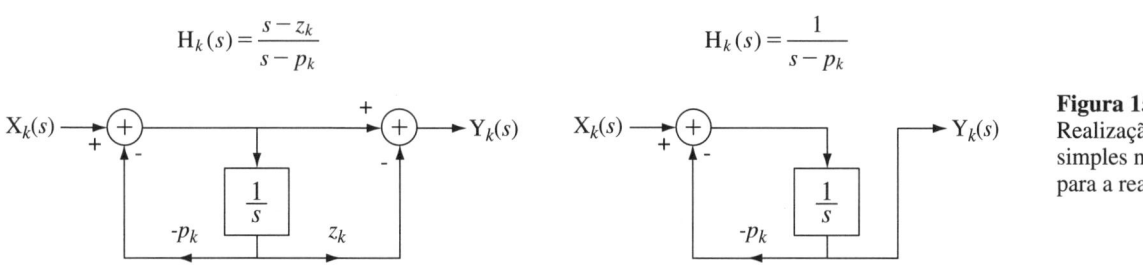

Figura 15.44
Realização de um subsistema simples na Forma Direta II para a realização em cascata.

Então o sistema original completo pode ser realizado na forma em cascata (Figura 15.45).

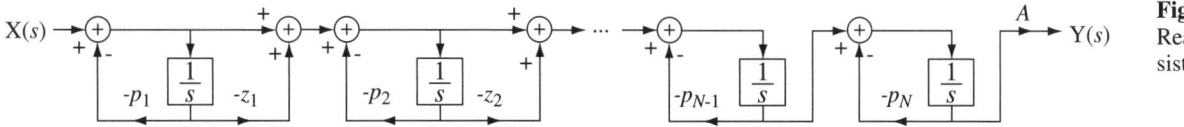

Figura 15.45
Realização geral de sistema em cascata.

Um problema muitas vezes surge com esse tipo de realização em cascata. Algumas vezes, os subsistemas de primeira ordem têm pólos finitos complexos. Essa realização necessita da multiplicação por números complexos, o que não pode ser feito freqüentemente em uma realização de sistema. Em tais casos, dois subsistemas com dois pólos conjugados complexos deveriam ser combinados em um único subsistema de segunda ordem da forma

$$H_k(s) = \frac{s + b_0}{s^2 + a_1 s + a_0}$$

que pode sempre ser implementado com coeficientes reais (Figura 15.46).

Figura 15.46
Um subsistema de segunda ordem com forma padrão.

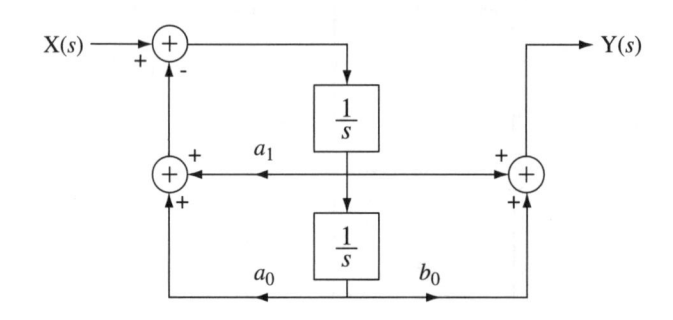

A última realização padrão de um sistema é a realização em paralelo. Essa configuração pode ser conseguida pela expansão da forma da função de transferência padrão [Equação (15.13)] em frações parciais da forma

$$H(s) = \frac{K_1}{s - p_1} + \frac{K_2}{s - p_2} + \cdots + \frac{K_N}{s - p_N} \qquad (15.26)$$

(Figura 15.47).

Figura 15.47
Realização do sistema em paralelo geral.

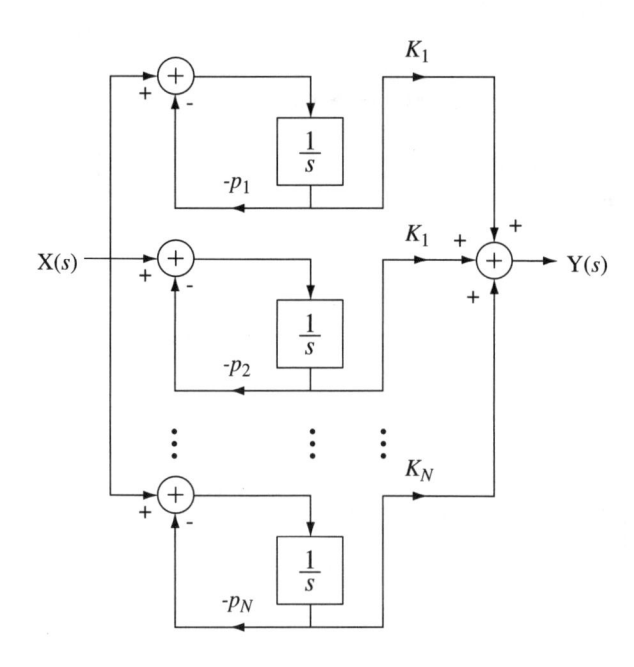

Quando sistemas são simulados por métodos computacionais, a forma da realização do sistema tem um efeito na precisão e, algumas vezes, na estabilidade da realização. Geralmente falando, as realizações em cascata e em paralelo são menos sensíveis aos erros de arrendondamento nos cálculos feitos nas simulações do que é a realização pela Forma Direta II. Essa diferença se deve basicamente ao fato de que os cálculos computacionais nas realizações em cascata e em paralelo são mais localizados e, por isso, há menor probabilidade de erros numéricos em um certo lugar se propagarem, causando erros em diversos outros lugares.

15.13 RESUMO DOS PONTOS MAIS IMPORTANTES

1. As transformadas de Laplace relativas a algumas funções podem ser determinadas ainda que a transformada de Fourier dessas mesmas funções, até mesmo em sua forma generalizada, não exista.
2. As transformadas de Laplace representam funções como combinações de exponenciais complexas – as autofunções de sistemas SLIT – em lugar de serem usadas combinações de senóides complexas.
3. Uma transformada de Laplace é definida somente em sua região de convergência no plano s.
4. A restrição da transformada de Laplace à forma unilateral simplifica a consideração da região de convergência e tem algumas vantagens para aplicações práticas de tais transformadas.
5. Na grande parte das situações práticas, a transformada de Laplace inversa é determinada usando-se a técnica da expansão por frações parciais.
6. Se a região de convergência da transformada de Laplace de uma função contém o eixo ω, a função também tem uma transformada de Fourier no sentido estrito.
7. A transformada de Laplace unilateral é muito conveniente na solução das equações diferenciais com condições iniciais.
8. Sistemas podem ser descritos por equações diferenciais, diagramas de blocos ou diagramas de circuitos no domínio do tempo ou da freqüência.
9. Um sistema SLIT é estável se todos os pólos finitos de sua função de transferência residem no semiplano esquerdo.
10. Sistemas marginalmente estáveis formam um subconjunto dos sistemas instáveis.
11. Os três tipos mais importantes de interconexões entre sistemas são a conexão em cascata, a conexão em paralelo e a conexão por retroalimentação.
12. O degrau unitário e a senóide são sinais práticos importantes para testes de características de sistemas.
13. Com exceção de uma constante multiplicativa, a resposta em freqüência de um sistema pode ser determinada com base em seu diagrama de pólos e zeros.
14. As realizações por Forma Direta II, em cascata e em paralelo são formas padrão importantes na implementação de sistemas.

EXERCÍCIOS COM RESPOSTAS

Em cada exercício, as respostas estão listadas em ordem aleatória.

Região de Convergência

1. Trace graficamente o diagrama de pólos e zeros e a região de convergência (se ela existe) para os sinais a seguir.
    (a) $x(t) = e^{-8t}\,u(t)$
    (b) $x(t) = e^{3t}\cos(20\pi t)u(-t)$
    (c) $x(t) = e^{2t}\,u(-t) - e^{-5t}\,u(t)$

Respostas:

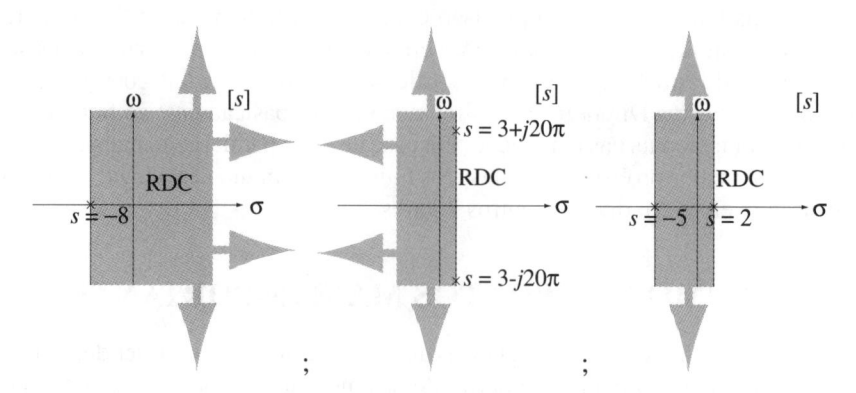

; ;

Integral da Transformada de Laplace

2. Partindo da definição da transformada de Laplace

$$\mathcal{L}(g(t)) = G(s) = \int_{0^-}^{\infty} g(t)e^{-st}dt$$

determine as transformadas de Laplace destes sinais:

(a) $x(t) = e^t u(t)$
(b) $x(t) = e^{2t} \cos(200\pi t)u(t)$
(c) $x(t) = \text{rampa}(t)$
(d) $x(t) = te^t u(t)$

Respostas: $\dfrac{1}{s-1}$, $\text{Re}(s) = \sigma > 1$; $\dfrac{1}{s^2}$, $\text{Re}(s) = \sigma > 0$;

$\dfrac{s-2}{(s-2)^2 + (200\pi)^2}$, $\text{Re}(s) = \sigma > 2$; $\dfrac{1}{(s-1)^2}$, $\text{Re}(s) = \sigma > 1$

Propriedades das Transformadas de Laplace

3. Fazendo uso da propriedade de deslocamento no tempo, determine a transformada de Laplace dos sinais dados a seguir:

(a) $x(t) = u(t) - u(t-1)$
(b) $x(t) = 3e^{-3(t-2)} u(t-2)$
(c) $x(t) = 3e^{-3t} u(t-2)$
(d) $x(t) = 5\text{sen}(\pi(t-1))u(t-1)$

Respostas: $\dfrac{3e^{-2s-6}}{s+3}$; $\dfrac{1-e^{-s}}{s}$; $\dfrac{5\pi e^{-s}}{s^2 + \pi^2}$; $\dfrac{3e^{-2s}}{s+3}$

4. Usando a propriedade de deslocamento na freqüência complexa, determine e trace o gráfico da transformada de Laplace inversa de

$$X(s) = \dfrac{1}{(s+j4)+3} + \dfrac{1}{(s-j4)+3}$$

Respostas:

5. Por meio da propriedade de redimensionamento de escala do tempo, determine as transformadas de Laplace dos sinais dados abaixo:

   (a) $x(t) = \delta(4t)$

   (b) $x(t) = u(4t)$

   Respostas: $1/s$, $\text{Re}(s) > 0$; $1/4$, todo s

6. Com a propriedade de diferenciação no tempo, determine as transformadas de Laplace dos seguintes sinais.

   (a) $x(t) = \dfrac{d}{dt}(u(t))$

   (b) $x(t) = \dfrac{d}{dt}\left(e^{-10t}u(t)\right)$

   (c) $x(t) = \dfrac{d}{dt}(4\,\text{sen}(10\pi t)\,u(t))$

   (d) $x(t)\dfrac{d}{dt}(10\cos(15\pi t)\,u(t))$

   Respostas: $\dfrac{40\pi s}{s^2 + (10\pi)^2}$, $\text{Re}(s) > 0$; $\dfrac{10s^2}{s^2 + (15\pi)^2}$, $\text{Re}(s) > 0$; 1, Todo s;

   $\dfrac{s}{s+10}$, $\text{Re}(s) > -10$

7. Usando a dualidade multiplicação-convolução, determine as transformadas de Laplace dos sinais dados abaixo e trace os gráficos dos sinais em função do tempo.

   (a) $x(t) = e^{-t}u(t) * u(t)$

   (b) $x(t) = e^{-t}\,\text{sen}(20\pi t)u(t) * u(t)$

   (c) $x(t) = 8\cos(\pi t/2)u(t) * [u(t) - u(t-1)]$

   (d) $x(t) = 8\cos(2\pi t)u(t) * [u(t) - u(t-1)]$

   Respostas:

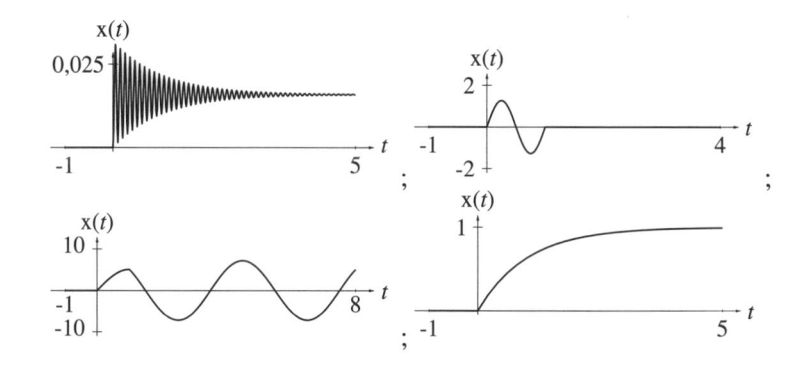

8. Usando os teoremas do valor inicial e do valor final, determine os valores inicial e final (se possível) dos sinais cujas transformadas de Laplace são as funções seguintes:

   (a) $X(s) = \dfrac{10}{s+8}$

   (b) $X(s) = \dfrac{s+3}{(s+3)^2 + 4}$

   (c) $X(s) = \dfrac{s}{s^2 + 4}$

(d) $X(s) = \dfrac{10s}{s^2 + 10s + 300}$

(e) $X(s) = \dfrac{8}{s(s+20)}$

(f) $X(s) = \dfrac{8}{s^2(s+20)}$

Respostas: 10; não se aplica; 0; 1; 0; 0; não se aplica; 2/5; 1; 10; 0; 0

Transformada de Laplace Inversa

9. Determine as transformadas de Laplace inversas das funções dadas abaixo.

   (a) $X(s) = \dfrac{24}{s(s+8)}$

   (b) $X(s) = \dfrac{20}{s^2 + 4s + 3}$

   (c) $X(s) = \dfrac{5}{s^2 + 6s + 73}$

   (d) $X(s) = \dfrac{10}{s(s^2 + 6s + 73)}$

   (e) $X(s) = \dfrac{4}{s^2(s^2 + 6s + 73)}$

   (f) $X(s) = \dfrac{2s}{s^2 + 2s + 13}$

   (g) $X(s) = \dfrac{s}{s+3}$

   (h) $X(s) = \dfrac{s}{s^2 + 4s + 4}$

   (i) $X(s) = \dfrac{s^2}{s^2 - 4s + 4}$

   (j) $X(s) = \dfrac{10s}{s^4 + 4s^2 + 4}$

   Respostas:

   $x(t) = 2\left[e^{-t}\cos(\sqrt{12}\,t) - (1/\sqrt{12})\operatorname{sen}(\sqrt{12}\,t)\right]u(t);$

   $10(e^{-t} - e^{-3t})u(t);\ e^{-2t}(1 - 2t)u(t);\ \dfrac{10}{73}\left[1 - \sqrt{73/64}\,e^{-3t}\cos(8t - 0{,}3588)\right]u(t);$

   $\delta(t) + 4e^{2t}(t+1)u(t);\ \dfrac{1}{(73)^2}\left[292t - 24 + 24e^{-3t}(\cos(8t) - (55/48)\operatorname{sen}(8t))\right]u(t);$

   $(5/8)e^{-3t}\operatorname{sen}(8t)u(t);\ \delta(t) - 3e^{-3t}u(t);\ 3(1 - e^{-8t})u(t);\ (5/\sqrt{2})t\operatorname{sen}(\sqrt{2}\,t)u(t)$

10. Seja a função x(t) definida por $x(t) \xleftrightarrow{\mathcal{L}} \dfrac{s(s+5)}{s^2 + 16}$. A função x(t) pode ser escrita como a soma de três funções, duas delas são senóides.

    (a) Qual é a terceira função?
    (b) Qual é a freqüência cíclica das senóides?

Relações entre Laplace e Fourier

11. Usando a tabela de transformadas de Laplace, determine as TFCTs dos sinais dados a seguir.

    (a) $x(t) = 10e^{-100t} u(t)$

    (b) $x(t) = 3e^{-50t} \cos(100\pi t)u(t)$

    Respostas: $3\dfrac{j\omega + 50}{(j\omega + 50)^2 + (100\pi)^2}$; $\dfrac{10}{j\omega + 100}$

Resolução de Equações Diferenciais

12. Fazendo uso da transformada de Laplace, resolva estas equações diferenciais para $t \geq 0$.

    (a) $x'(t) + 10\,x(t) = u(t), \quad x(0^-) = 1$

    (b) $x''(t) - 2x'(t) + 4x(t) = u(t), \quad x(0^-) = 0$, $\left[\dfrac{d}{dt}x(t)\right]_{t=0^-} = 4$

    (c) $x'(t) + 2x(t) = \text{sen}(2\pi t)u(t), \quad x(0^-) = -4$

    Respostas:

    $$(1/4)\left(1 - e^t \cos\left(\sqrt{3}t\right) + \left(17/\sqrt{3}\right)e^t \text{sen}\left(\sqrt{3}t\right)\right)u(t) \,;\, \dfrac{1 + 9e^{-10t}}{10}u(t) \,;$$

    $$x(t) = \left[\dfrac{2\pi e^{-2t} - 2\pi\cos(2\pi t) + 2\text{sen}(2\pi t)}{4 + (2\pi)^2} - 4e^{-2t}\right]u(t)$$

13. Escreva as equações diferenciais descritoras dos sistemas mostrados na Figura E.13. Determine e trace graficamente as respostas indicadas.

    (a) $x(t) = u(t)$, $y(t)$ é a resposta, $y(0^-) = 0$

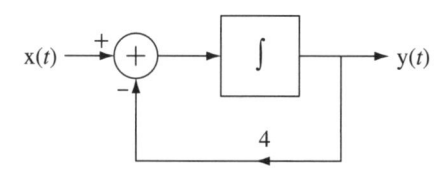

    (b) $v(0^-) = 10$, $v(t)$ é a resposta

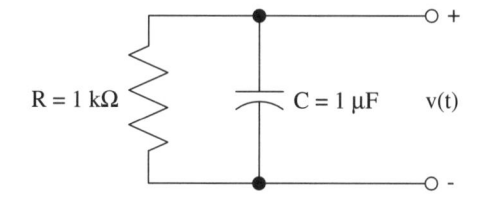

    Figura E.13

    Respostas:

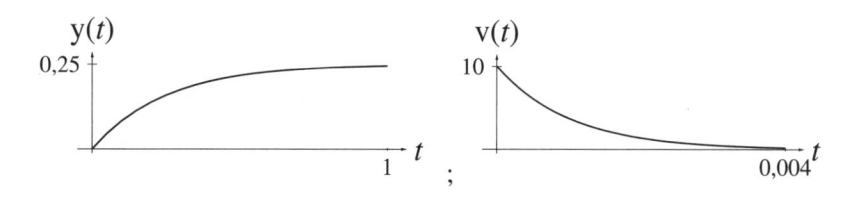

Funções de Transferência

14. Para cada circuito na Figura E.14, escreva a função de transferência entre a excitação indicada e a resposta indicada. Expresse cada função de transferência na forma padrão

$$H(s) = A \frac{s^M + b_{N-1}s^{M-1} + \cdots + b_2 s^2 + b_1 s + b_0}{s^N + a_{D-1}s^{N-1} + \cdots + a_2 s^2 + a_1 s + a_0}$$

(a) Excitação $v_f(t)$, Resposta $v_s(t)$

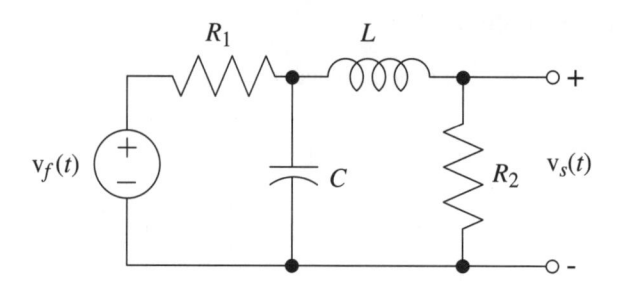

(b) Excitação $i_f(t)$, Resposta $v_s(t)$

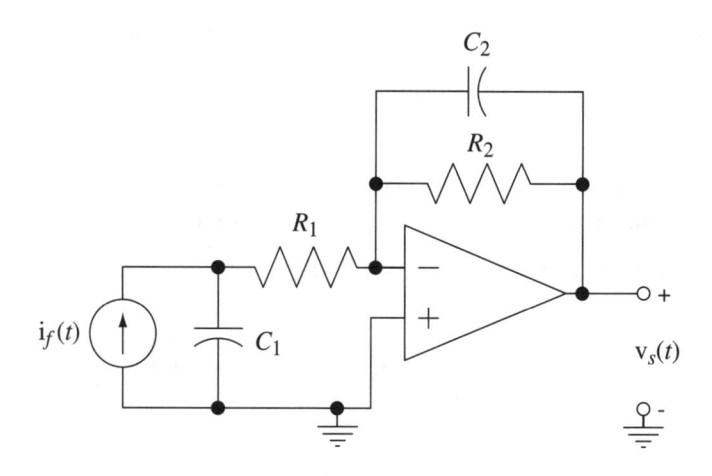

(c) Excitação $v_f(t)$, Resposta $i_1(t)$

Figura E.14

Respostas:

$$\frac{1}{R_1} \frac{s^2 + s \frac{1}{R_2 C_2}}{s^2 + s\left(\frac{1}{R_2 C_2} + \frac{1}{R_2 C_1} + \frac{1}{R_1 C_1}\right) + \frac{1}{R_1 R_2 C_1 C_2}} \; ; \; \frac{R_2}{R_1 LC} \frac{1}{s^2 + s\left(\frac{1}{R_1 C} + \frac{R_2}{L}\right) + \frac{R_2 + R_1}{R_1 LC}} \; ;$$

$$-\frac{1}{R_1C_1C_2}\frac{1}{s^2 + s\left(\dfrac{1}{R_2C_2} + \dfrac{1}{R_1C_1}\right) + \dfrac{1}{R_1R_2C_1C_2}}$$

15. Para cada diagrama de blocos na Figura E.15, escreva a função de transferência com x(t) sendo o sinal de entrada e y(t) sendo o sinal de saída.

    (a)

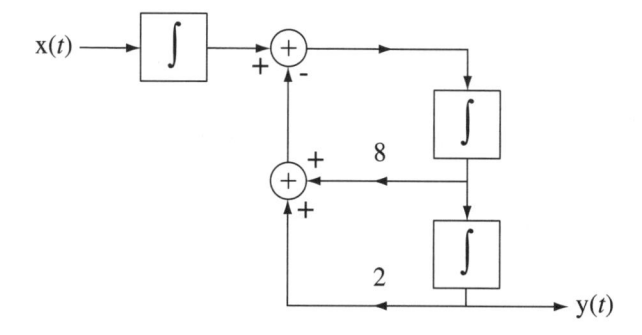

    (b)

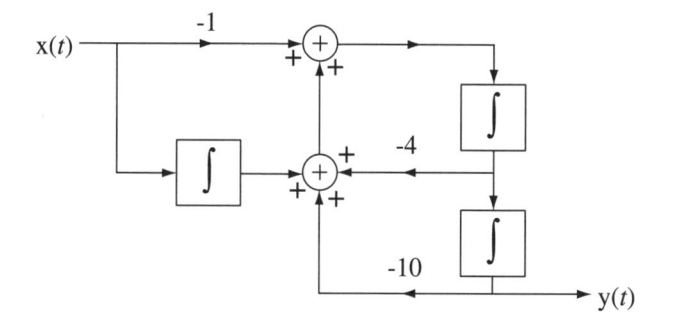

Figura E.15

Respostas:

$$\frac{1}{s^3 + 8s^2 + 2s} \;;\; -\frac{s-1}{s^3 + 4s^2 + 10s}$$

Estabilidade

16. Avalie a estabilidade dos sistemas associados a cada uma das funções de transferência dadas a seguir.

    (a) $H(s) = -\dfrac{100}{s+200}$

    (b) $H(s) = \dfrac{80}{s-4}$

    (c) $H(s) = \dfrac{6}{s(s+1)}$

    (d) $H(s) = -\dfrac{15s}{s^2+4s+4}$

(e) $H(s) = 3\dfrac{s-10}{s^2+4s+29}$

(f) $H(s) = 3\dfrac{s^2+4}{s^2-4s+29}$

(g) $H(s) = \dfrac{1}{s^2+64}$

(h) $H(s) = \dfrac{10}{s^3+4s^2+29s}$

Respostas: Três estáveis, quatro instáveis incluindo-se dois marginalmente estáveis.

Conexões em Paralelo, em Cascata e por Retroalimentação

17. Determine as funções de transferência totais resultantes dos sistemas da Figura E.17 na forma de uma simples razão polinomial em s.

Figura E.17

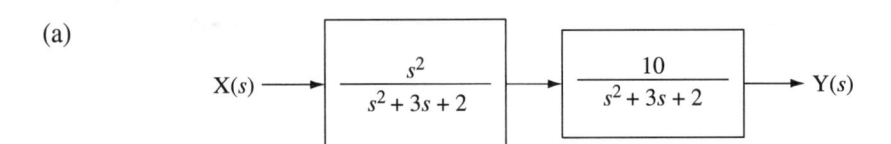

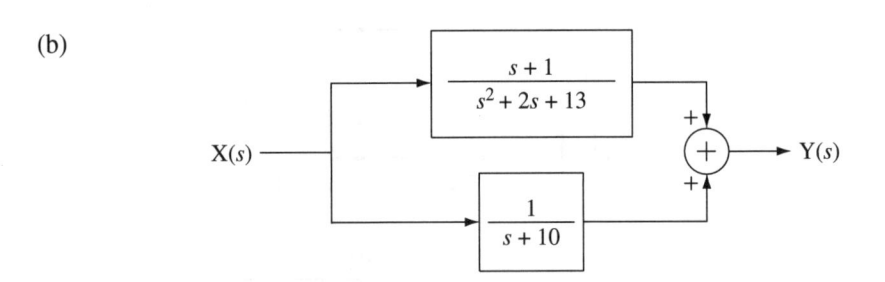

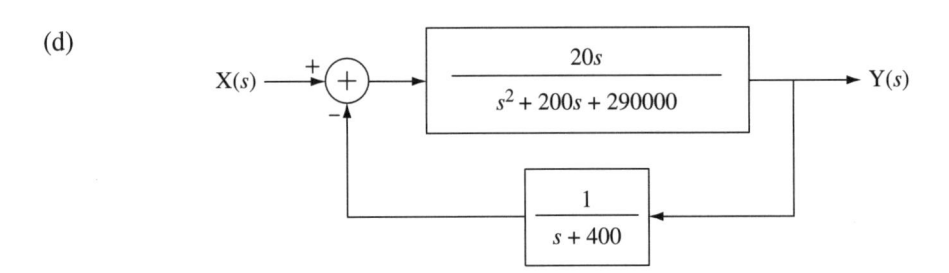

(a) $X(s) \longrightarrow \boxed{\dfrac{s^2}{s^2+3s+2}} \longrightarrow \boxed{\dfrac{10}{s^2+3s+2}} \longrightarrow Y(s)$

(b) $X(s)$ entra em paralelo nos blocos $\dfrac{s+1}{s^2+2s+13}$ e $\dfrac{1}{s+10}$, somados (+,+) resultando em $Y(s)$.

(c) $X(s) \longrightarrow (+,-) \longrightarrow \boxed{\dfrac{s}{s^2+s+5}} \longrightarrow Y(s)$ com realimentação unitária.

(d) $X(s) \longrightarrow (+,-) \longrightarrow \boxed{\dfrac{20s}{s^2+200s+290000}} \longrightarrow Y(s)$ com realimentação $\dfrac{1}{s+400}$.

Respostas:

$$20\dfrac{s^2+400s}{s^3+600s^2+370020s+1{,}16\times 10^8} \; ; \; 2\dfrac{s^2+6{,}5s+11{,}5}{s^3+12s^2+33s+130} \; ;$$

$$10\dfrac{s^2}{s^4+6s^3+13s^2+12s+4} \; ; \; \dfrac{s}{s^2+2s+5}$$

18. No sistema retroalimentado da Figura E.18, obtenha a função de transferência total equivalente para os seguintes valores do ganho de percurso direto K.

    (a) $K = 10^6$
    (b) $K = 10^5$
    (c) $K = 10$
    (d) $K = 1$
    (e) $K = -1$
    (f) $K = -10$

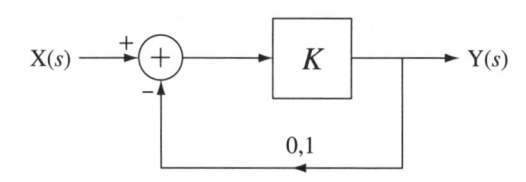

Figura E.18

Respostas: 5; $-1,111$; $-\infty$; 0,909; 10; 10

19. No sistema retroalimentado da Figura E.19, faça o gráfico da resposta do sistema a um degrau unitário para o intervalo de tempo $0 < t < 10$, então escreva a expressão para a função de transferência total equivalente e desenhe um diagrama de pólos e zeros para os seguintes valores do ganho de percurso direto K.

    (a) $K = 20$
    (b) $K = 10$
    (c) $K = 1$
    (d) $K = -1$
    (e) $K = -10$
    (f) $K = -20$

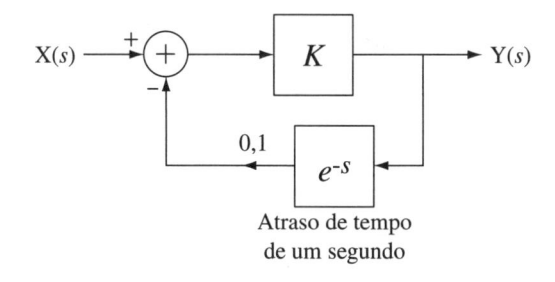

Figura E.19

Respostas:

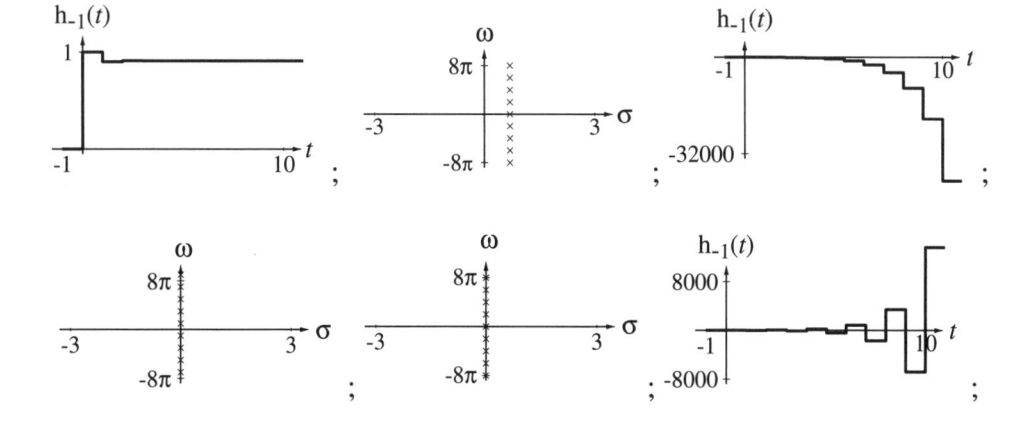

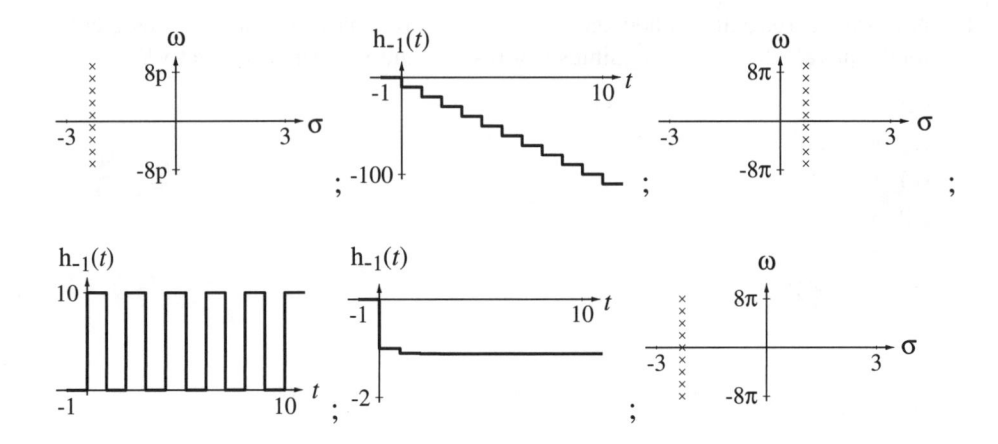

20. Para qual intervalo de valores de K o sistema mostrado pela Figura E.20 é estável? Faça o gráfico das respostas ao degrau para $K = 0$, $K = 4$ e $K = 8$.

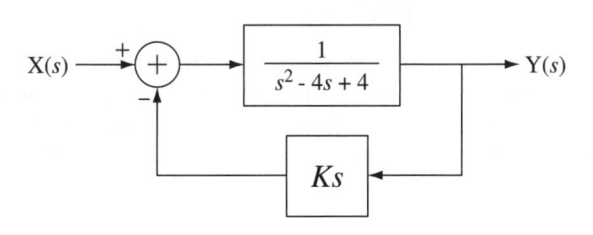

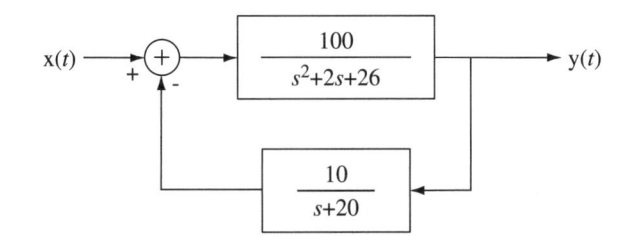

Figura E.20

Resposta: $K > 4$;

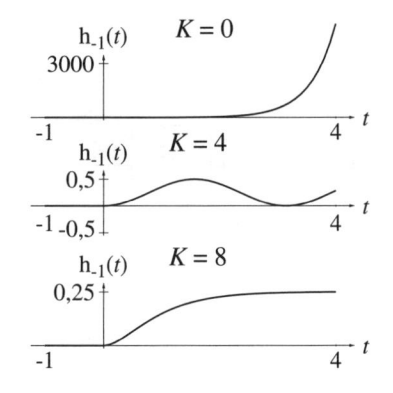

21. Elabore o gráfico da resposta ao impulso e o diagrama de pólos e zeros para o percurso direto e o sistema total equivalente mostrado pela Figura E.21.

Figura E.21

Respostas:

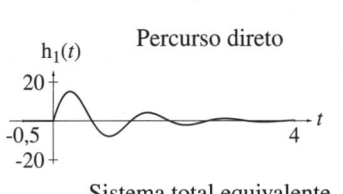

[Gráficos: Percurso direto - $h_1(t)$ com amplitude 20, -20, eixo t de -0,5 a 4; polos-zeros de $H_1(s)$ com polos em $\pm j5$ e zero em -1.

Sistema total equivalente - $h(t)$ com amplitude 30, -30, eixo t de -0,5 a 8; polos-zeros de $H(s)$ com zeros em $\pm j8{,}29$, polos em $-22{,}12$, -20 e $0{,}0612$.]

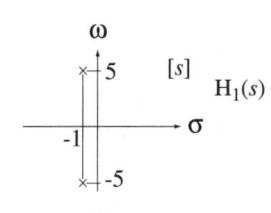

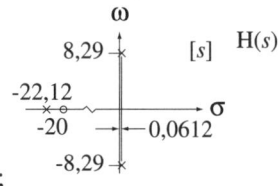

;

Respostas a Sinais Padrão

22. Usando a transformada de Laplace, obtenha e elabore o gráfico da resposta y(t) no domínio do tempo para os sistemas com as funções de transferência dadas a seguir em relação à senóide $x(t) = \cos(10\pi t)u(t)$.

(a) $H(s) = \dfrac{1}{s+1}$

(b) $H(s) = \dfrac{s-2}{(s-2)^2 + 16}$

Respostas:

[Gráficos: y(t) senoidal com amplitude ±0,033333; outro y(t) com amplitude crescente até 5 e -10.]

;

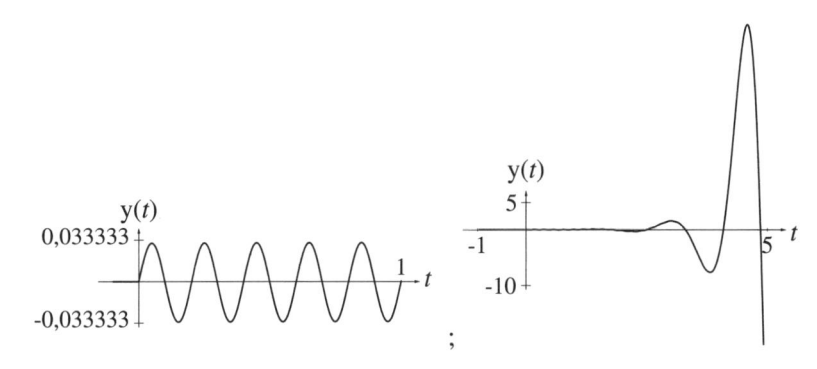

23. Determine as respostas dos sistemas, com funções de transferência descritas a seguir, a um degrau unitário e a um cosseno de amplitude unitária e freqüência igual a 1 Hz, aplicado no instante de tempo $t = 0$. Obtenha também as respostas relativas a um cosseno de 1 Hz e amplitude unitária real usando a TFCT e compare-as com a resposta forçada da solução total determinada por meio da transformada de Laplace.

(a) $H(s) = \dfrac{1}{s}$

(b) $H(s) = \dfrac{s}{s+1}$

(c) $H(s) = \dfrac{s}{s^2 + 2s + 40}$

(d) $H(s) = \dfrac{s^2 + 2s + 40}{s^2}$

Respostas: (respostas ao degrau) $(1 + 2t + 20t^2)u(t)$; rampa(t); $0{,}16e^{-t}$ sen$(6{,}245t)u(t)$; $e^{-t}u(t)$

Diagramas de Pólos e Zeros e Resposta em Freqüência

24. Para cada diagrama de pólos e zeros da Figura E.24, trace o gráfico aproximado da magnitude da resposta em freqüência.

Figura E.24

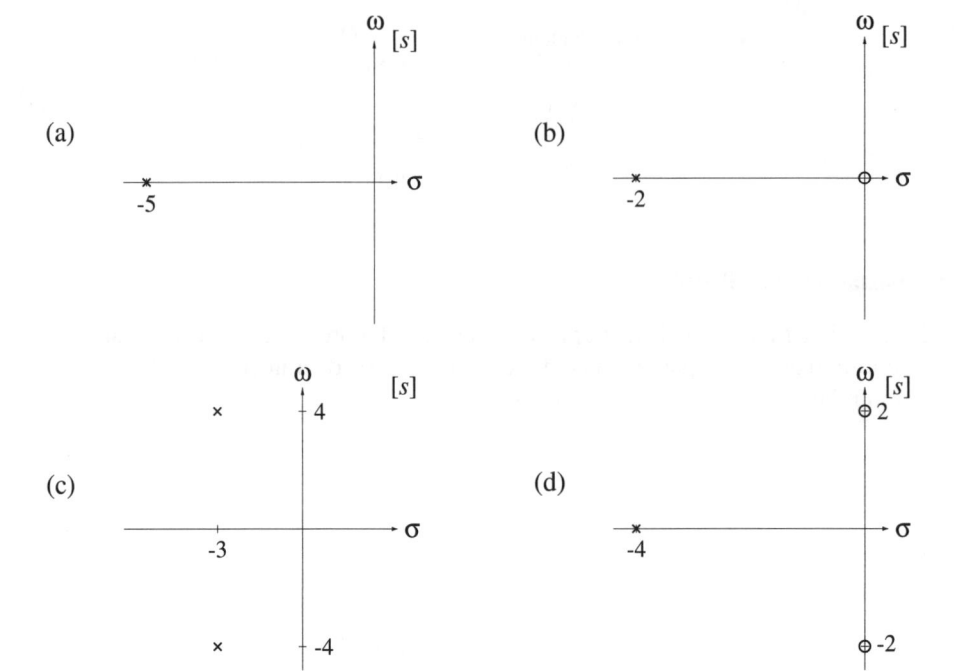

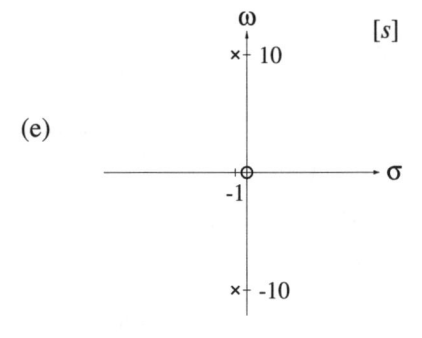

(a) polo em -5

(b) polo em -2, zero na origem

(c) polos em $-3 + j4$ e $-3 - j4$

(d) polo em -4, zeros em $\pm j2$

(e) polos em $\pm j10$, zero em -1

Respostas:

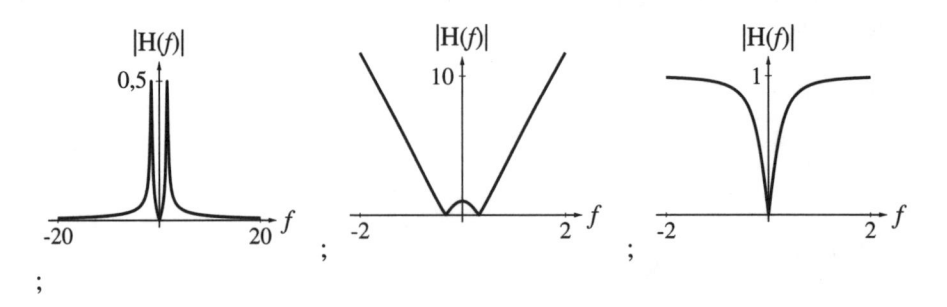

$|H(f)|$ com picos próximos a $f=0$, valor $0{,}5$, eixo de -20 a 20;

$|H(f)|$ em forma de V, valor 10, eixo de -2 a 2;

$|H(f)|$ com vale em $f=0$, valor 1, eixo de -2 a 2;

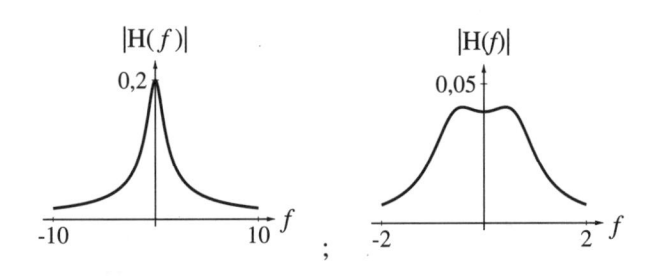

Realização de Sistemas

25. Desenhe os diagramas de sistemas na Forma Direta II para os sistemas com as seguintes funções de transferência:

    (a) $H(s) = \dfrac{1}{s+1}$

    (b) $H(s) = 4\dfrac{s+3}{s+10}$

    Respostas:

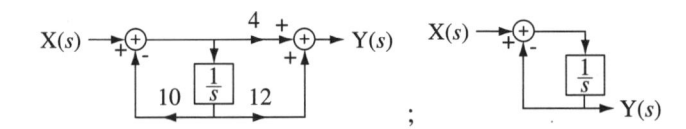

26. Desenhe os diagramas de sistema em cascata para os sistemas cujas funções de transferência são as seguintes:

    (a) $H(s) = \dfrac{s}{s+1}$

    (b) $H(s) = \dfrac{s+4}{(s+2)(s+12)}$

    (c) $H(s) = \dfrac{20}{s(s^2+5s+10)}$

    Respostas:

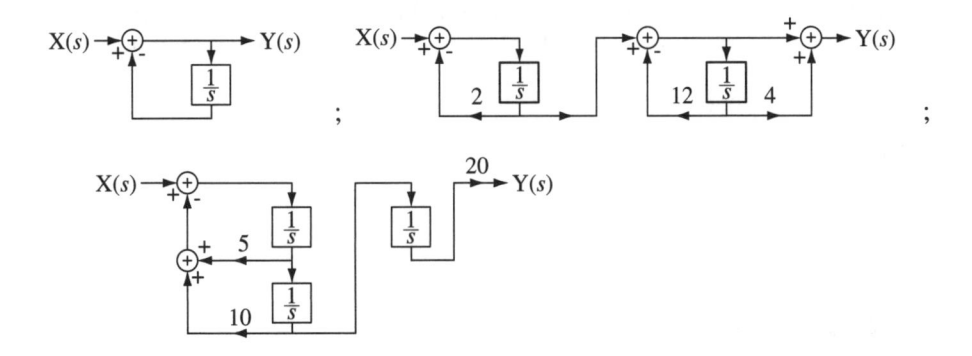

27. Desenhe diagramas de sistema em paralelo correspondentes aos sistemas cujas funções de transferência são dadas a seguir.

    (a) $H(s) = \dfrac{-12}{s^2+11s+30}$

(b) $H(s) = \dfrac{2s^2}{s^2 + 12s + 32}$

Respostas:

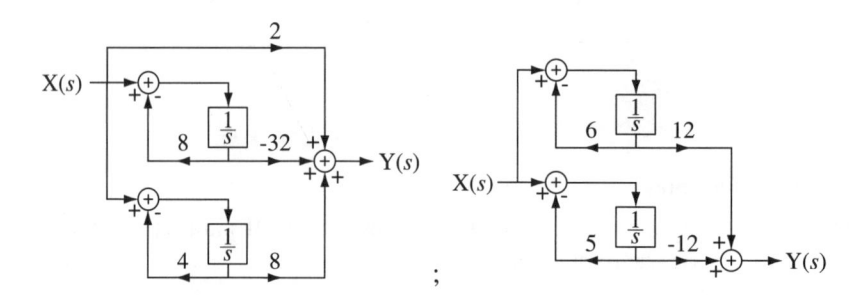

EXERCÍCIOS SEM RESPOSTAS

Região de Convergência

28. Trace o gráfico de pólos e zeros e a região de convergência (se ela existe) para os sinais seguintes.

(a) $x(t) = e^{-t} u(-t) - e^{-4t} u(t)$

(b) $x(t) = e^{-2t} u(-t) - e^{t} u(t)$

Integral da Transformada de Laplace

29. Usando a definição de integral, determine a transformada de Laplace unilateral destas funções do tempo dadas abaixo.

(a) $g(t) = e^{-at} u(t)$

(b) $g(t) = e^{-a(t-\tau)} u(t-\tau), \tau > 0$

(c) $g(t) = e^{-a(t+\tau)} u(t+\tau), \tau > 0$

(d) $g(t) = \text{sen}(\omega_0 t) u(t)$

(e) $g(t) = \text{ret}(t)$

(f) $g(t) = \text{ret}(t - 1/2)$

Transformadas de Laplace Diretas

30. Fazendo uso da tabela de transformadas de Laplace unilaterais e das propriedades, determine as transformadas de Laplace unilaterais das funções seguintes:

(a) $g(t) = 5\text{sen}(2\pi(t-1)) u(t-1)$

(b) $g(t) = 5\text{sen}(2\pi t) u(t-1)$

(c) $g(t) = 2\cos(10\pi t)\cos(100\pi t) u(t)$

(d) $g(t) = \dfrac{d}{dt}(u(t-2))$

(e) $g(t) = \displaystyle\int_{0^+}^{t} u(\tau) d\tau$

(f) $g(t) = \dfrac{d}{dt}\left(5e^{-(t-\tau)/2} u(t-\tau)\right) , \tau > 0$

(g) $g(t) = 2e^{-5t} \cos(10\pi t) u(t)$

(h) $x(t) = 5\text{sen}(\pi t - \pi/8) u(t)$

31. Dado

$$g(t) \xleftrightarrow{\mathcal{L}} \frac{s+1}{s(s+4)}$$

determine as transformadas de Laplace de

(a) $g(2t)$

(b) $\frac{d}{dt}(g(t))$

(c) $g(t-4)$

(d) $g(t) * g(t)$

32. Mostre que os seguintes pares de transformadas de Laplace comuns podem ser deduzidos usando-se apenas a transformação de impulso $\delta(t) \xleftrightarrow{\mathcal{L}} 1$ e as propriedades da transformada de Laplace.

(a) $u(t) \xleftrightarrow{\mathcal{L}} 1/s$

(b) $e^{-\alpha t} u(t) \xleftrightarrow{\mathcal{L}} \frac{1}{s+\alpha}$

(c) $\cos(\omega_0 t) u(t) \xleftrightarrow{\mathcal{L}} \frac{s}{s+\omega_0^2}$

Transformada de Laplace Inversa

33. Determine as funções do domínio do tempo que são as transformadas de Laplace inversas das funções a seguir. Então, usando os teoremas do valor inicial e do valor final, verifique se elas estão de acordo com as funções no domínio do tempo.

(a) $G(s) = \dfrac{4s}{(s+3)(s+8)}$

(b) $G(s) = \dfrac{4}{(s+3)(s+8)}$

(c) $G(s) = \dfrac{s}{s^2+2s+2}$

(d) $G(s) = \dfrac{e^{-2s}}{s^2+2s+2}$

34. Dado

$$e^{-4t} u(t) \xleftrightarrow{\mathcal{L}} G(s)$$

obtenha as transformadas de Laplace inversas de

(a) $G(s/3)$

(b) $G(s-2) + G(s+2)$

(c) $G(s)/s$

35. Determine os valores numéricos das constantes K_0, K_1, K_2, p_1 e p_2.

$$\frac{s^2+3}{3s^2+s+9} = K_0 + \frac{K_1}{s-p_1} + \frac{K_2}{s-p_2}$$

36. Um sistema tem uma função de transferência $H(s) = \dfrac{s(s-1)}{(s+2)(s+a)}$, que pode ser expandida em frações parciais para a forma $H(s) = A + \dfrac{B}{s+2} + \dfrac{C}{s+a}$. Se $a \neq 2$ e $B = 3/2$, determine os valores numéricos de a, A e C.

Relações entre Fourier e Laplace

37. A TFCT de $x(t) = e^{-|t|}$ existe, mas a transformada de Laplace (unilateral) não. Por quê?

38. Faça a comparação entre a TFCT e a transformada de Laplace de um degrau unitário. Por que a TFCT não pode ser determinada por meio da transformada de Laplace?

Resolução de Equações Diferenciais

39. Escreva as equações diferenciais descritoras dos sistemas da Figura E.39. Determine e trace o gráfico das respostas indicadas.

(a) $x(t) = u(t)$, $y(t)$ é a resposta, $y(0^-) = -5$, $\left[\dfrac{d}{dt}(y(t))\right]_{t=0^-} = 10$

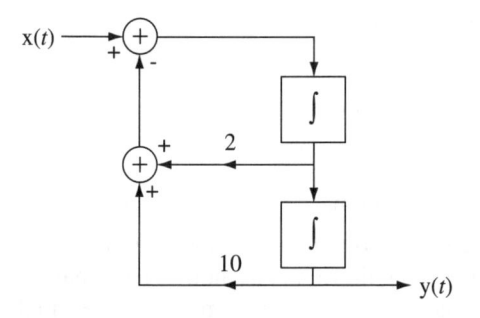

(b) $i_f(t) = u(t)$, $v(t)$ é a resposta, não há energia inicial armazenada

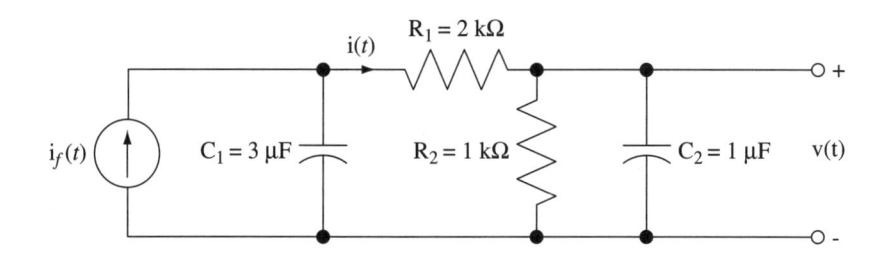

(c) $i_f(t) = \cos(2000\pi t)u(t)$, $v(t)$ é a resposta, não há energia inicial armazenada

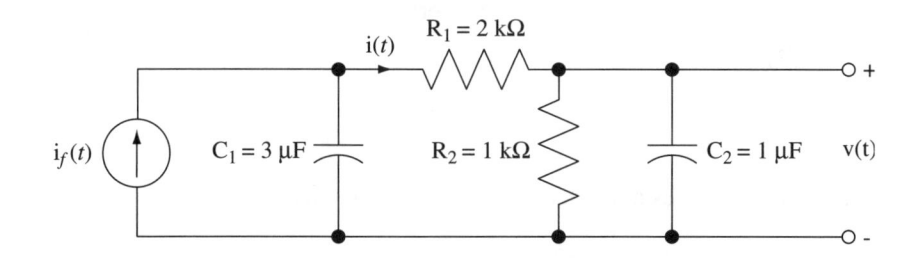

Figura E.39

Funções de Transferência

40. Determine as funções de transferência no domínio *s* para os circuitos da Figura E.40 e então desenhe blocos de diagrama para elas como sistemas com $V_e(s)$ representando a excitação e $V_s(s)$ representando a resposta.

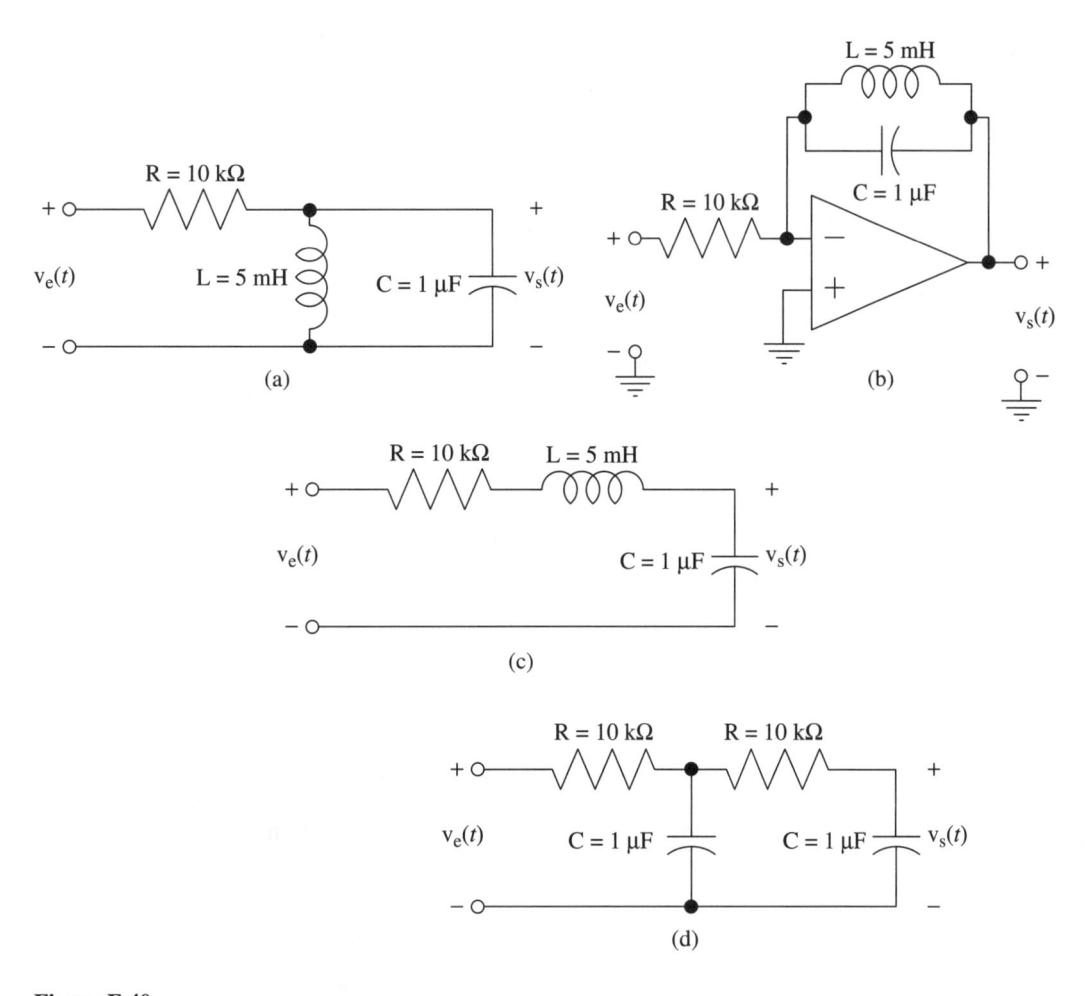

Figura E.40

Estabilidade

41. Determine se os sistemas com as funções de transferência dadas a seguir são estáveis, marginalmente estáveis ou instáveis.

(a) $H(s) = \dfrac{s(s+2)}{s^2+8}$

(b) $H(s) = \dfrac{s(s-2)}{s^2+8}$

(c) $H(s) = \dfrac{s^2}{s^2+4s+8}$

(d) $H(s) = \dfrac{s^2}{s^2-4s+8}$

(e) $H(s) = \dfrac{s}{s^3+4s^2+8s}$

Conexões em Paralelo, em Cascata e por Retroalimentação

42. Determine a expressão para a função de transferência total equivalente do sistema da Figura E.42.

    (a) Seja β = 1. Para quais valores de *K* o sistema é estável?
    (b) Seja β = −1. Para quais valores de *K* o sistema é estável?
    (c) Seja β = 10. Para quais valores de *K* o sistema é estável?

Figura E.42

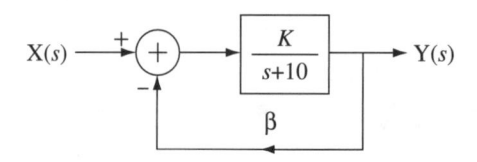

43. Determine a expressão para a função de transferência total equivalente do sistema mostrado pela Figura E.43. Para quais valores positivos de *K* o sistema é estável?

Figura E.43

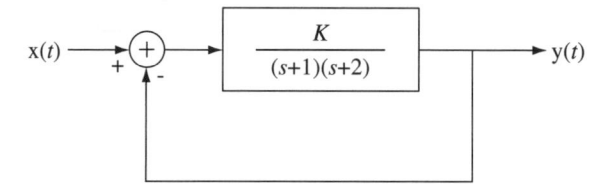

44. Um laser opera mediante o princípio fundamental de que um meio ativo amplifica um feixe de luz viajante à medida que ele se propaga através deste meio. Sem o uso de espelhos, um laser torna-se um amplificador de ondas viajantes de passagem única (Figura E.44.1).

Figura E.44.1
Um amplificador de luz de ondas viajantes de passagem única.

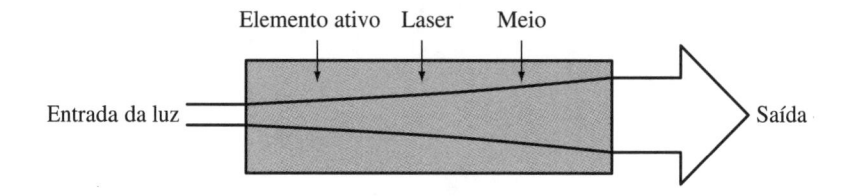

Este é um sistema sem retroalimentação. Se agora posicionarmos espelhos em cada extremidade do meio ativo, introduziremos a retroalimentação no sistema (Figura E.44.2).

Figura E.44.2
Um amplificador de ondas viajantes regenerativo.

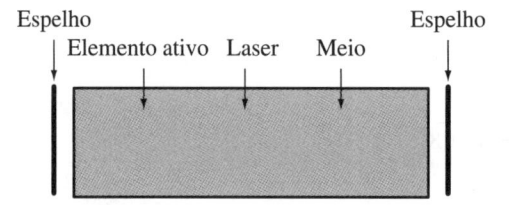

Quando o ganho do meio torna-se grande o suficiente, o sistema oscila criando um feixe de luz na saída coerente. Esse é o funcionamento do laser. Se o ganho do meio é menor do que o necessário para manter a oscilação, o sistema é conhecido como amplificador de ondas viajantes regenerativo (*RTWA – Regenerative Traveling-Wave Amplifier*).

Seja o campo elétrico de um feixe de luz incidente no RTWA a partir da esquerda a excitação do sistema $E_{inc}(s)$ e seja os campos elétricos da luz refletida $E_{refl}(s)$ e da luz transmitida $E_{trans}(s)$ as respostas do sistema (Figura E.44.3).

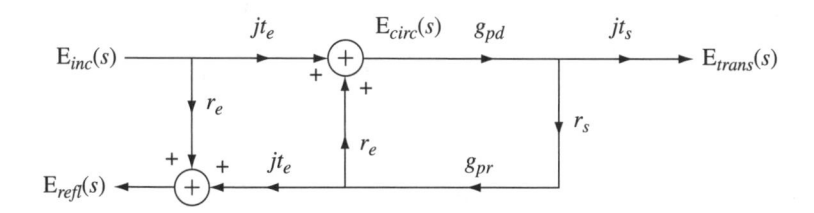

Figura E.44.3
Diagrama de blocos de um RTWA.

Sejam os parâmetros do sistema dados a seguir:

Reflexividade do campo elétrico do espelho da entrada, $r_e = 0{,}99$

Transmissividade do campo elétrico do espelho da entrada, $t_e = \sqrt{1 - r_e^2}$

Reflexividade do campo elétrico do espelho da saída, $r_s = 0{,}98$

Transmissividade do campo elétrico do espelho da saída, $t_s = \sqrt{1 - r_s^2}$

Ganhos do campo elétrico para os percursos direto e reverso,
$g_{pd}(s) = g_{pr}(s) = 1{,}01 e^{-10^{-9} s}$

Determine uma expressão para a resposta em freqüência $\dfrac{E_{trans}(f)}{E_{inc}(f)}$ e faça o gráfico de sua magnitude sobre o intervalo de freqüência $3 \times 10^{14} \pm 5 \times 10^8$ Hz.

45. Um exemplo clássico do uso da retroalimentação é a **malha de fase sincronizada** (*phase-locked loop*) empregada para se demodularem sinais modulados em freqüência (Figura E.45).

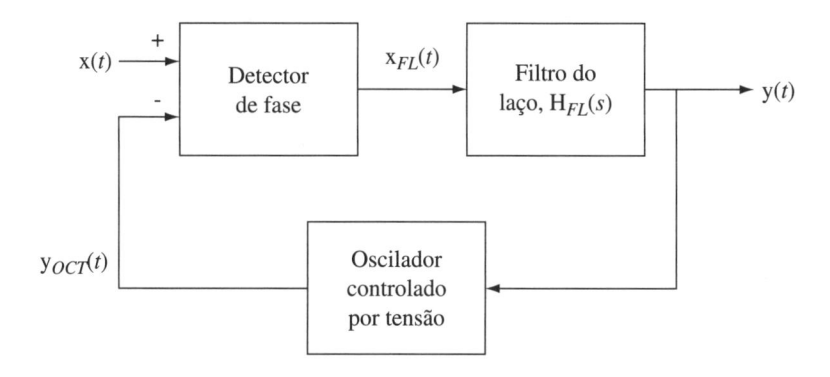

Figura E.45
Uma malha de fase sincronizada.

O sinal de entrada $x(t)$ é uma senóide modulada em freqüência. O detector de fase percebe a diferença de fase entre o sinal de entrada e o sinal produzido pelo oscilador controlado por tensão. A resposta do detector de fase é uma tensão proporcional à diferença de fase. O filtro da malha filtra essa tensão. Em seguida, o sinal de saída do filtro da malha controla a freqüência do oscilador controlado por tensão. Quando o sinal de entrada está a uma freqüência constante e a malha encontra-se "sincronizada", a diferença de fase entre os dois sinais de entrada do detector de fase é zero. (Em um detector de fase real, a diferença de fase está em 90° quando ocorre o travamento (sincronismo). Porém, essa distinção não é significativa para a presente análise, visto que ela apenas causa um deslocamento de fase de 90° e não causa um impacto no desempenho do sistema ou na estabilidade.) À medida que a freqüência do sinal de entrada x(t) varia, a malha detecta a variação da fase em acompanhamento e a rastreia. O sinal de saída total resultante y(t) é um sinal proporcional à freqüência do sinal de entrada.

A excitação real deste sistema, do ponto de vista sistêmico, não é x(t), mas sim *a fase de* x(t), $\phi_x(t)$, pois o detector de fase detecta a diferença em fase, não a tensão. Seja a freqüência de x(t) igual a $f_x(t)$. A relação entre fase e freqüência pode ser vista pela observação da senóide. Seja x(t) = $A\cos(2\pi f_0 t)$. A fase deste cosseno é $2\pi f_0 t$ e, para uma simples senóide (f_0 constante), ela cresce linearmente com o tempo. A freqüência é f_0, ou seja, a derivada da fase. Portanto, a relação entre fase e freqüência para um sinal modulado em freqüência é

$$f_x(t) = \frac{1}{2\pi}\frac{d}{dt}(\phi_x(t))$$

Seja a freqüência x(t) igual a 100 MHz. Seja a função de transferência do oscilador controlado por tensão igual a 10^8 Hz/V. Seja a função de transferência do filtro da malha igual a

$$H_{FL}(s)\frac{1}{s+1,2\times 10^5}$$

Seja a função de transferência do detector de fase igual a 1 V/radiano. Se a freqüência do sinal x(t) repentinamente se modificar para 100,001 MHz, faça o gráfico da mudança no sinal de saída, $\Delta y(t)$.

46. O circuito da Figura E.46 consiste em um modelo aproximado e simples de um amplificador operacional com a entrada inversora aterrada.

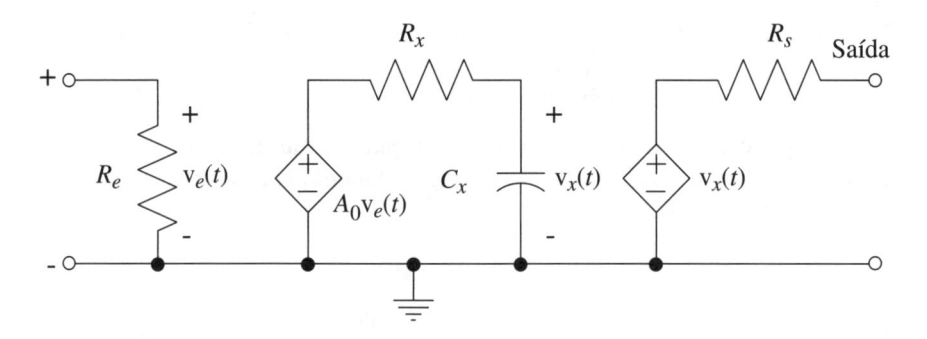

Figura E.46

$R_e = 1$ MΩ, $R_x = 1$ kΩ, $C_x = 8$ μF, $R_s = 10$ Ω, $A_0 = 10^6$

(a) Defina a excitação do circuito como a corrente originada de uma fonte de corrente aplicada à entrada não-inversora e defina a resposta como a tensão criada entre a entrada não-inversora e o terra. Determine a função de transferência e trace o gráfico de sua resposta em freqüência. Esta função de transferência é a impedância de entrada.

(b) Defina a excitação do circuito como a corrente originada de uma fonte de corrente aplicada à *saída* e defina a resposta como a tensão que se desenvolve entre a *saída* e o terra com a entrada não-inversora aterrada. Obtenha a função de transferência e trace o gráfico de sua resposta em freqüência. Esta função de transferência é a impedância de saída.

(c) Defina a excitação do circuito como a tensão originada de uma fonte de tensão aplicada à entrada não-inversora e defina a resposta como a tensão gerada entre a saída e o terra. Determine a função de transferência e trace o gráfico de sua resposta em freqüência. Esta função de transferência corresponde ao ganho de tensão.

47. Modifique o circuito do Exercício 46 para o circuito mostrado pela Figura E.47. Este é um circuito retroalimentado, que estabelece um ganho total do amplificador em malha fechada positivo. Repita os passos (a), (b) e (c) do Problema 46 para o circuito retroalimentado e compare os resultados. Quais são os efeitos importantes da retroalimentação para este circuito?

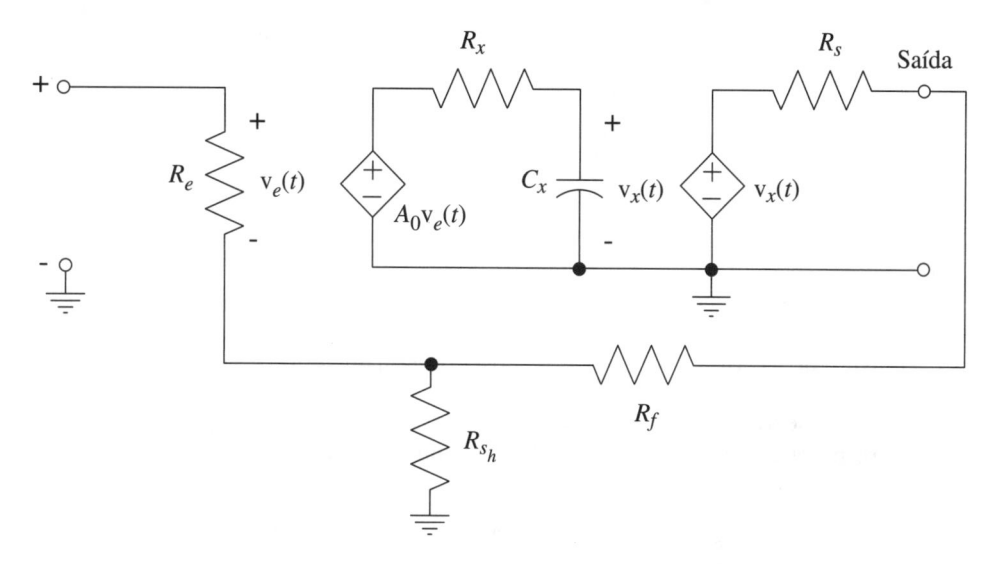

Figura E.47

$R_e = 1\ M\Omega$, $R_x = 1\ k\Omega$, $C_x = 8\ \mu F$, $R_s = 10\ \Omega$, $A_0 = 10^6$, $R_f = 10\ k\Omega$, $R_{s_h} = 5\ k\Omega$

Respostas a Sinais Padrão

48. Dada uma função de transferência de um sistema SLIT, determine a resposta no domínio do tempo para os sinais x(t).

    (a) $x(t) = \text{sen}(2\pi t)u(t)$, $H(s) = \dfrac{1}{s+1}$

    (b) $x(t) = u(t)$, $H(s) = \dfrac{3}{s+2}$

    (c) $x(t) = u(t)$, $H(s) = \dfrac{3s}{s+2}$

    (d) $x(t) = u(t)$, $H(s) = \dfrac{5s}{s^2+2s+2}$

    (e) $x(t) = \text{sen}(2\pi t)u(t)$, $H(s) = \dfrac{5s}{s^2+2s+2}$

49. Dois sistemas A e B na Figura E.49 têm os dois seguintes diagramas de pólos e zeros. Qual deles responde mais rapidamente a um degrau unitário (se aproxima do valor final a uma taxa mais rápida)? Explique sua resposta.

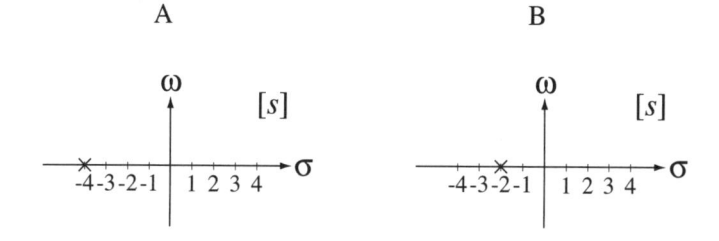

Figura E.49

Figura E.50

50. Dois sistemas A e B na Figura E.50 têm os dois diagramas de pólos e zeros dados. Qual deles tem uma resposta ao degrau unitário que ultrapassa o valor final antes de se acomodar neste mesmo valor? Explique sua resposta.

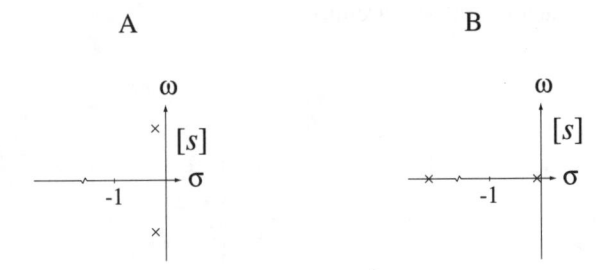

51. O sinal $x(t) = 20\cos(40\pi t)u(t)$ é aplicado a um sistema cuja função de transferência é $H(s) = \dfrac{5}{s+150}$. A resposta contém um termo transitório e um termo forçado. Depois de o termo transitório ter se esvaído, qual é a amplitude $A_{resposta}$ da resposta e qual é a diferença de fase entre os sinais de excitação e resposta $\Delta\theta = \theta_{excitação} - \theta_{resposta}$?

52. Um sistema de segunda ordem é excitado por um degrau unitário e a resposta está ilustrada na Figura E.52. Escreva uma expressão para a função de transferência do sistema.

Figura E.52
Resposta ao degrau de um sistema de segunda ordem.

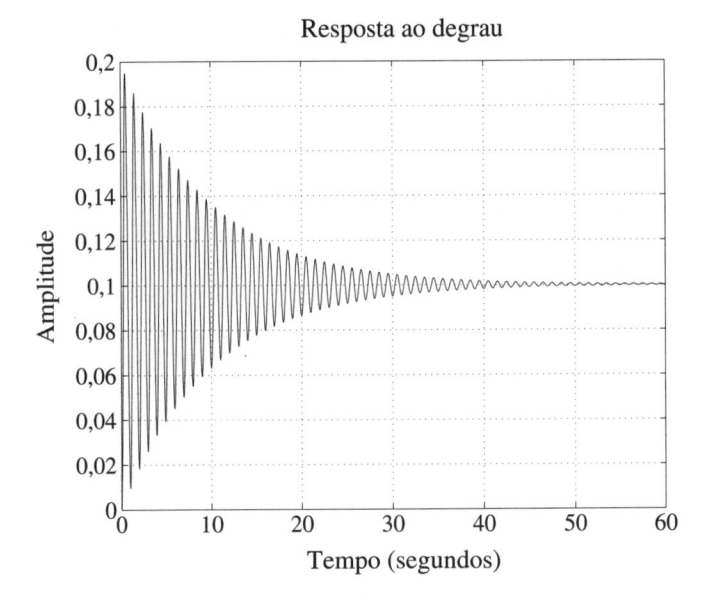

Diagramas de Pólos e Zeros e Respostas em Freqüência

53. Desenhe diagramas de pólos e zeros para as seguintes funções de transferência:

(a) $H(s) = \dfrac{(s+3)(s-1)}{s(s+2)(s+6)}$

(b) $H(s) = \dfrac{s}{s^2 + s + 1}$

(c) $H(s) = \dfrac{s(s+10)}{s^2 + 11s + 10}$

(d) $H(s) = \dfrac{1}{(s+1)(s^2 + 1{,}618s + 1)(s^2 + 0{,}618s + 1)}$

54. Na Figura E.54 estão alguns gráficos de pólos e zeros de funções de transferência de sistemas na forma geral, $H(s) = A\dfrac{(s - z_1)\cdots(s - z_N)}{(s - p_1)\cdots(s - p_D)}$ em que $A = 1$, os z's são os zeros finitos e os p's são os pólos finitos. Responda às seguintes questões:

(a) Qual(is) gráfico(s) possui(em) uma magnitude de resposta em freqüência que seja diferente de zero em $\omega = 0$?

(b) Qual(is) gráfico(s) possui(em) uma magnitude de resposta em freqüência que seja diferente de zero em $\omega \to \infty$?

(c) Existem dois gráficos que têm uma resposta em freqüência do tipo passa-faixa (zero em zero e zero em infinito). Qual deles é mais subamortecido (maior Q)?

(d) Qual(is) deles tem uma magnitude da resposta em freqüência cuja forma é a mais próxima de ser um filtro corta-faixa?

(e) Qual(is) deles tem uma magnitude da resposta em freqüência que se aproxima de K/ω^6 em freqüências muito altas (K é constante)?

(f) Qual(is) deles tem uma magnitude da resposta em freqüência que é constante?

(g) Qual(is) deles tem uma magnitude da resposta em freqüência cuja forma é a mais próxima de ser um filtro passa-baixas ideal?

(h) Qual(is) deles tem uma fase da resposta em freqüência que é descontínua em $\omega = 0$?

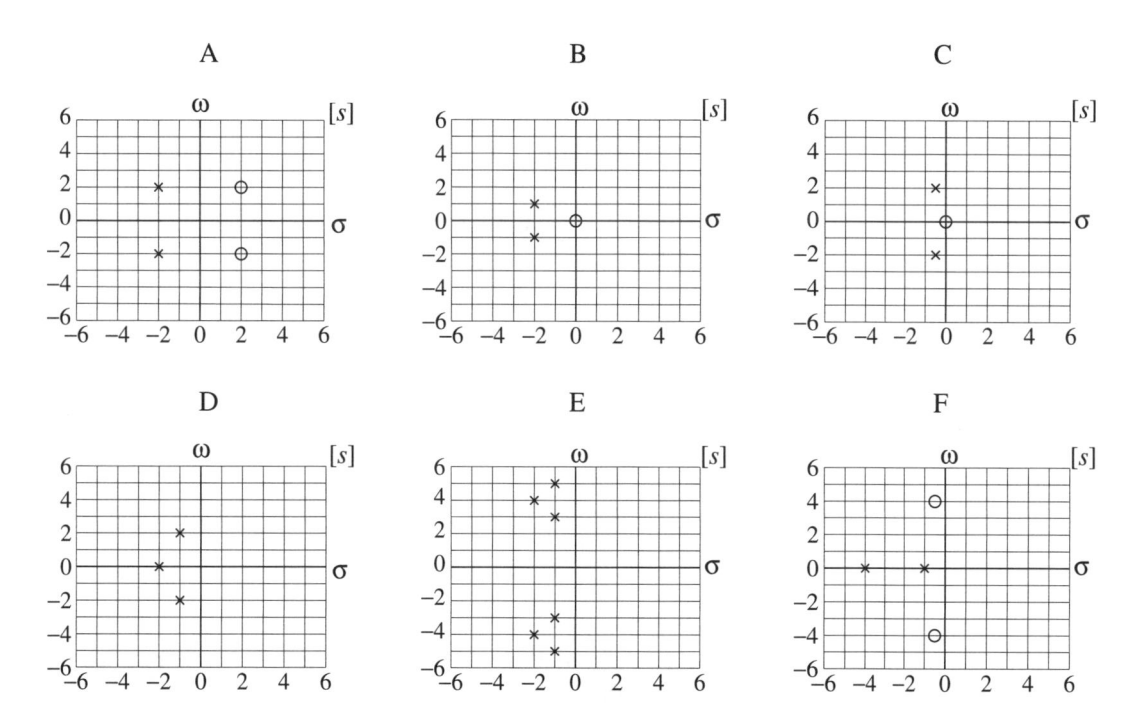

Figura E.54

55. Para cada um dos gráficos de pólos e zeros da Figura E.55, determine se a resposta em freqüência corresponde a um filtro passa-baixas, passa-altas, passa-faixa ou corta-faixa prático.

Figura E.55

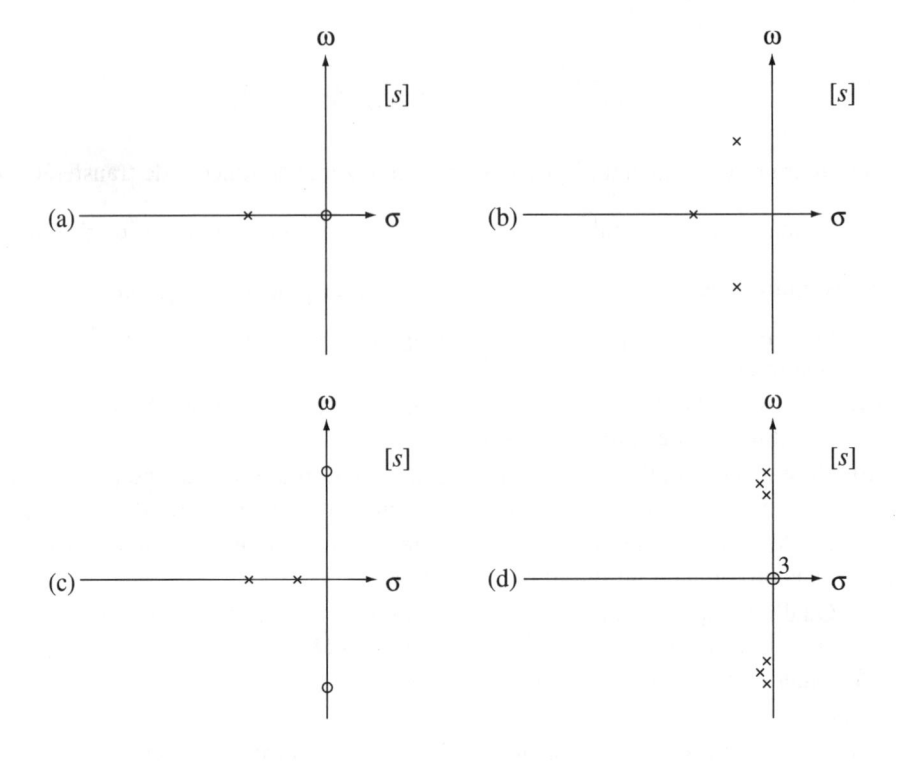

56. Um sistema tem uma função de transferência

$$H(s) = \frac{A}{s^2 + 2\zeta\omega_0 s + \omega_0^2}$$

(a) Seja $\omega_0 = 1$. Então admita que ζ varie continuamente de 0,1 a 10 e desenhe no plano s o trajeto que os dois pólos finitos percorrem enquanto ζ está variando entre os limites estipulados.

(b) Determine a forma funcional de valor real da resposta ao impulso para o caso $\omega_0 = 1$ e $\zeta = 0,5$.

(c) Elabore o gráfico da fase da resposta em freqüência para o caso $\omega_0 = 1$ e $\zeta = 0,1$.

(d) Obtenha a largura de banda de −3 dB para o caso $\omega_0 = 1$ e $\zeta = 0,1$.

(e) O índice Q de um sistema é uma medida do quão acentuada a sua resposta em freqüência é próxima de uma ressonância. Ele é definido como

$$Q = \frac{1}{2\zeta}$$

(f) Para sistemas de alto valor Q, qual é a relação entre Q, ω_0 e a largura de banda de −3 dB?

Realização de Sistemas

57. Desenhe os diagramas de sistema na Forma Direta II para os sistemas com as seguintes funções de transferência:

(a) $H(s) = 10 \dfrac{s^2 + 8}{s^3 + 3s^2 + 7s + 22}$

(b) $H(s) = 10\dfrac{s+20}{(s+4)(s+8)(s+14)}$

58. Desenhe diagramas de sistema em cascata para os sistemas cujas funções de transferência são as seguintes:

(a) $H(s) = -50\dfrac{s^2}{s^3 + 8s^2 + 13s + 40}$

(b) $H(s) = \dfrac{s^3}{s^3 + 18s^2 + 92s + 120}$

59. Desenhe diagramas de sistema em paralelo correspondentes aos sistemas cujas funções de transferência são dadas a seguir.

(a) $H(s) = 10\dfrac{s^3}{s^3 + 4s^2 + 9s + 3}$

(b) $H(s) = \dfrac{5}{6s^3 + 77s^2 + 228s + 189}$

60. Um sistema possui uma função de transferência $H(s) = 10\dfrac{s^2 - 16}{s(s^2 + 4s + 3)}$. Três realizações são ilustradas na Figura E.60: Forma Direta II, em cascata e em paralelo. Determine os valores de todos os ganhos K.

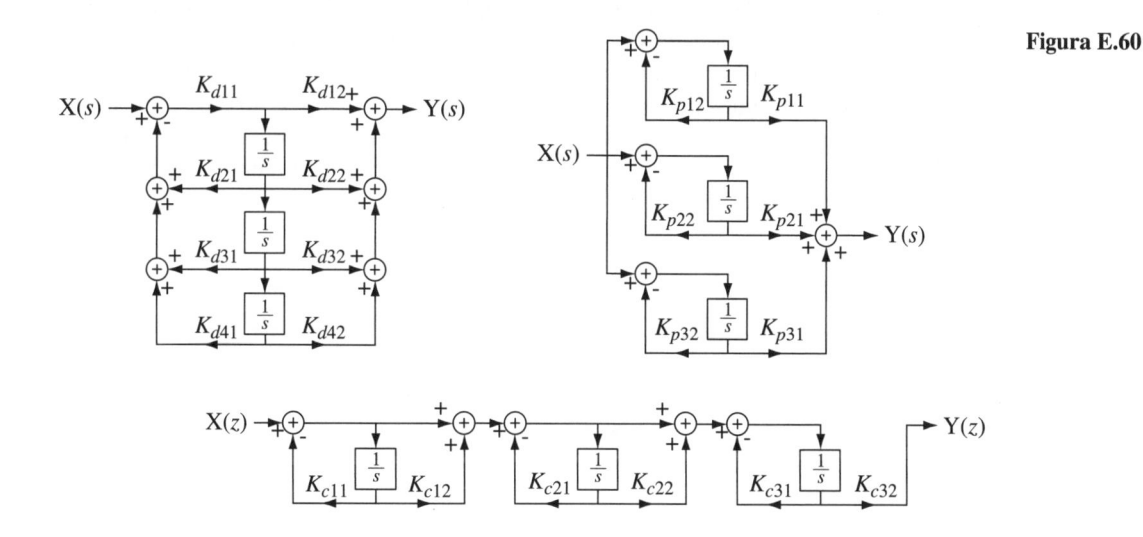

Figura E.60

16 CAPÍTULO

A Transformada z

Ser bem-sucedido em uma profissão desafiadora requer uma fé ávida em si mesmo. Essa é a razão pela qual algumas pessoas com talento medíocre, mas com grande força interior, vão mais longe do que as de talento imensamente superior.

Sofia Loren, atriz

16.1 INTRODUÇÃO E OBJETIVOS

Este capítulo percorre uma trajetória similar àquela traçada no Capítulo 15, o qual aborda transformadas de Laplace, exceto pela aplicação aos sinais e sistemas discretizados no tempo em vez de sinais e sistemas contínuos no tempo. A transformada z é para sinais e sistemas discretizados no tempo o que a transformada de Laplace é para sinais e sistemas contínuos no tempo. Ela amplia a gama de aplicação das técnicas no domínio da freqüência para abranger sinais que não têm uma TFDT. Aliás, como a transformada de Laplace, a transformada z fornece maior entendimento sobre a dinâmica e a estabilidade dos sistemas.

OBJETIVOS DO CAPÍTULO:

1. Desenvolver a transformada z como uma técnica de análise mais geral do que a TFDT para sistemas.
2. Entender a transformada z como um resultado do processo de convolução quando o sistema discretizado no tempo é excitado por sua autofunção.
3. Entender como a transformada z pode ser desenvolvida como uma generalização da TFDT.
4. Deduzir as propriedades da transformada z que são úteis à determinação das transformadas z direta e inversa referentes a sinais práticos.
5. Resolver equações de diferenças com condições iniciais usando a transformada z.
6. Reconhecer a relação entre as transformadas z e a de Laplace.
7. Aplicar a transformada z à análise generalizada de sistemas SLIT, incluindo sistemas retroalimentados, em relação à estabilidade, à resposta no domínio do tempo relativa a sinais padrão e à resposta em freqüência.
8. Desenvolver técnicas para a realização de sistemas em formas distintas.

16.2 DESENVOLVIMENTO DA TRANSFORMADA z

A transformada de Laplace é uma generalização da TFCT que permite a consideração de sinais e respostas a impulsos que não possuem uma TFCT. No Capítulo 15, vimos como essa generalização permite a análise de sinais e sistemas que não poderiam ser analisados com a transformada de Fourier e também vimos como ela fornece entendimento sobre o desempenho do sistema por meio da análise das localizações dos pólos e zeros da função de transferência no plano s. A transformada z é uma generalização da TFDT com vantagens similares.

DEDUÇÃO E DEFINIÇÃO

Quando excitamos um sistema SLIT discretizado no tempo com uma exponencial complexa da forma $x[n] = Az^n$, a resposta pode ser determinada pela convolução a seguir

$$y[n] = x[n] * h[n] = Az^n * h[n] = \sum_{m=-\infty}^{\infty} h[m]Az^{(n-m)} = \underbrace{Az^n}_{x[n]} \underbrace{\sum_{m=-\infty}^{\infty} h[m]z^{-m}}_{\text{transformada } z \text{ de } h[n]}$$

Visto que qualquer sinal discretizado no tempo de utilidade para a engenharia pode ser representado como uma combinação linear de exponenciais complexas, a resposta pode ser determinada pela multiplicação da transformada z da excitação (que expressa a excitação como uma combinação linear de exponenciais complexas) pela transformada z da resposta ao impulso. Essa correspondência leva diretamente à definição convencional de uma transformada z direta

$$\boxed{X(z) = \sum_{n=-\infty}^{\infty} x[n]z^{-n}} \qquad (16.1)$$

O fato de que z possa alcançar qualquer lugar do plano complexo significa que podemos utilizar exponenciais complexas em lugar de apenas senóides complexas (usadas na TFDT) para representar um sinal. Certos sinais não podem ser representados por uma combinação linear de exponenciais complexas. A transformada z pode ser indicada pela notação $\mathcal{Z}(x[n]) = X(z)$ ou $x[n] \xleftrightarrow{\mathcal{Z}} X(z)$.

As TFDTs de algumas funções comumente usadas não existem no sentido estrito. Por exemplo, a seqüência degrau unitário $u[n]$ não possui uma TFDT porque esta seria

$$X(e^{j\Omega}) = \sum_{n=-\infty}^{\infty} u[n]e^{-j\Omega n} = \sum_{n=0}^{\infty} e^{-j\Omega n}$$

e a série não converge. Contudo, ainda que a TFDT não exista, a transformada z

$$X(z) = \sum_{n=-\infty}^{\infty} u[n]z^{-n} = \sum_{n=0}^{\infty} z^{-n}$$

existe para valores de z cujas magnitudes sejam maiores do que um. A exigência para que a magnitude de z seja maior do que um levando à convergência define uma região de convergência (RDC) da transformada z no plano complexo z: a parte externa aberta do círculo unitário. O somatório da transformada z

$$X(z) = \sum_{n=0}^{\infty} z^{-n} \ , \ |z| > 1$$

pode ser escrito na forma fechada como

$$X(z) = \frac{z}{z-1} = \frac{1}{1-z^{-1}} \ , \ |z| > 1$$

As duas formas

$$X(z) = \frac{z}{z-1} \qquad e \qquad X(z) = \frac{1}{1-z^{-1}}$$

são iguais, mas uma ou outra forma pode ser preferida em certas situações. Por exemplo, é imediatamente óbvio, com base na primeira forma, que essa transformada z tenha um zero em $z = 0$ e um pólo em $z = 1$. Embora as localizações do pólo e do zero possam ser determinadas pelo exame da segunda forma, elas não são imediatamente óbvias. A segunda forma é algumas vezes preferida nas situações em que um sistema está sendo sintetizado por meio da função de transferência no domínio z.

REGIÃO DE CONVERGÊNCIA

De modo análogo à determinação da transformada de Laplace de $Ae^{\alpha t}u(t)$, $\alpha > 0$, podemos obter a transformada z da função causal $A\alpha^n u[n]$, $|\alpha| > 0$ (que não possui uma TFDT) como

$$X(z) = A \sum_{n=-\infty}^{\infty} \alpha^n u[n] z^{-n} = A \sum_{n=0}^{\infty} \alpha^n z^{-n} = A \sum_{n=0}^{\infty} \left(\frac{\alpha}{z}\right)^n$$

(Figura 16.1).

Figura 16.1
Um sinal exponencial causal crescente.

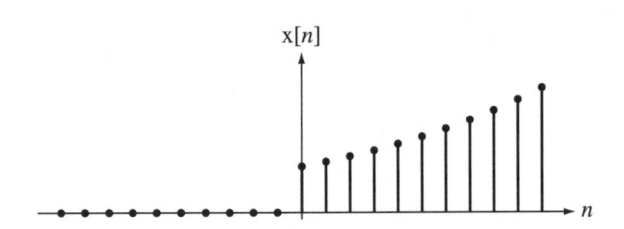

A série converge se $|z| > |\alpha|$. Essa condição define a RDC como a região externa aberta de um círculo de raio $|\alpha|$ no plano z (Figura 16.2).

Figura 16.2
Região de convergência da transformada z de $A\alpha^n u[n]$, $|\alpha| > 0$.

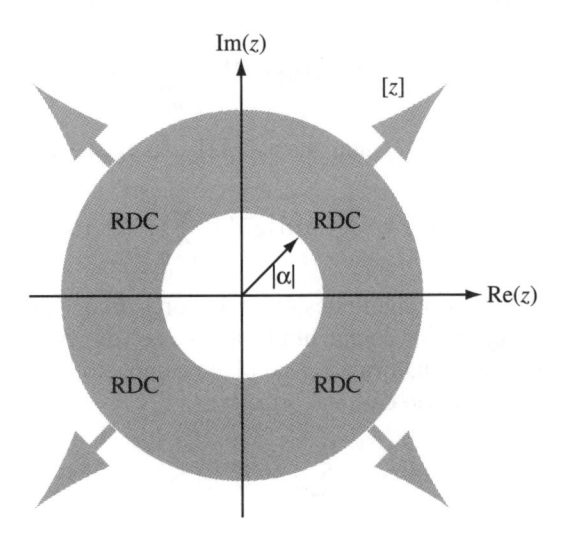

Utilizando a fórmula para o somatório de uma série geométrica, o somatório da transformada z

$$X(z) = A \sum_{n=0}^{\infty} \alpha^n z^{-n} = A \sum_{n=0}^{\infty} \left(\frac{\alpha}{z}\right)^n \quad , \quad |z| > |\alpha|$$

pode ser escrito na forma fechada como

$$X(z) = A\frac{1}{1-\alpha/z} = A\frac{z}{z-\alpha} = \frac{A}{1-\alpha z^{-1}} \ , \ |z| > |\alpha| \qquad (16.2)$$

A função $A\alpha^{-n}\,u[-n]$, $|\alpha| > 0$ é uma função anti causal, que não tem uma TFDT (Figura 16.3).

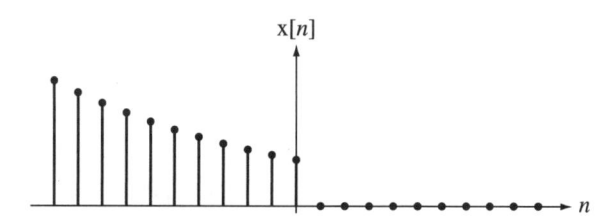

Figura 16.3
Um sinal exponencial anticausal crescente.

Sua transformada z é igual a

$$X(z) = A\sum_{n=-\infty}^{\infty} \alpha^{-n}\,u[-n]z^{-n} = A\sum_{n=-\infty}^{0} \alpha^{-n}z^{-n} = A\sum_{n=0}^{\infty}(\alpha z)^n$$

e a transformada existe se $|\alpha z| < 1$ ou $|z| < 1/|\alpha|$. Portanto, a região de convergência é a área interior aberta de um círculo de raio $1/|\alpha|$ no plano z (Figura 16.4).

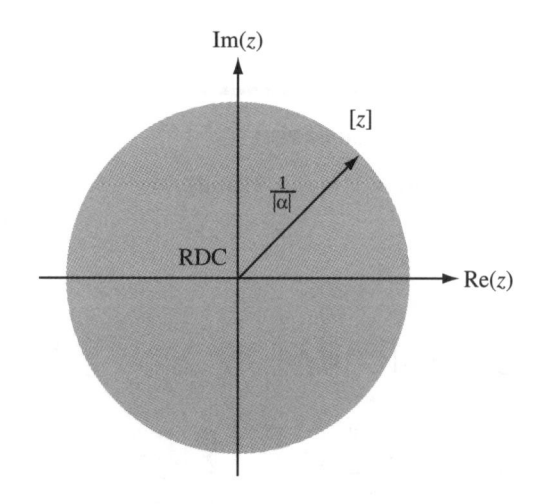

Figura 16.4
Região de convergência da transformada z de $A\alpha^{-n}\,u[-n]$, $|\alpha| > 0$.

O somatório da transformada z

$$X(z) = A\sum_{n=-\infty}^{0} \alpha^{-n}z^{-n} = A\sum_{n=0}^{\infty} \alpha^n z^n \ , \ |z| < 1/|\alpha|$$

pode ser escrito na forma fechada como

$$X(z) = \frac{A}{1-\alpha z} = \frac{Az^{-1}}{z^{-1}-\alpha} \ , \ |z| < 1/|\alpha|$$

Assim como determinamos no Capítulo 15 que a transformada de Laplace bilateral de uma constante não existiria porque nenhum fator de convergência que fizesse a integral da transformada convergir podia ser obtido, a transformada z bilateral de uma constante também não pode ser determinada.

EXEMPLO 16.1

A transformada z de um sinal causal

Determine a transformada z de $x[n] = [3(4/5)^n - (2/3)^{2n}] u[n]$.

■ **Solução**

Usando a definição,

$$X(z) = \sum_{n=-\infty}^{\infty} \left[3(4/5)^n - (2/3)^{2n} \right] u[n] z^{-n}$$

$$X(z) = 3 \underbrace{\sum_{n=0}^{\infty} (4/5z)^n}_{\text{RDC: } |z| > \frac{4}{5}} - \underbrace{\sum_{n=0}^{\infty} (4/9z)^n}_{\text{RDC: } |z| > \frac{4}{9}}$$

$$X(z) = \frac{15z}{5z - 4} - \frac{9z}{9z - 4} \;,\; |z| > 4/5$$

A região de convergência (RDC) é ilustrada na Figura 16.5.

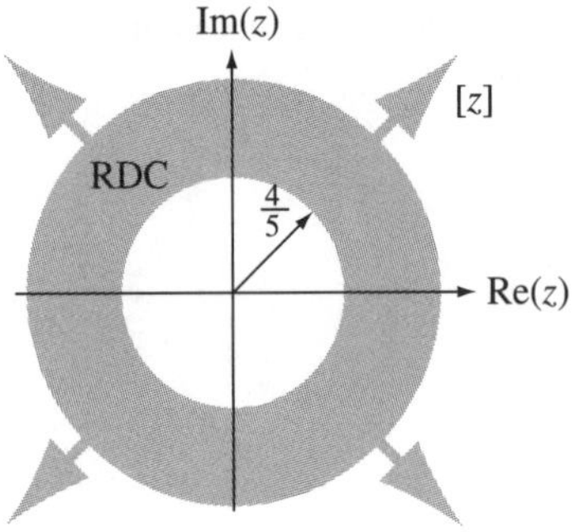

Figura 16.5
Região de convergência da transformada z de $x[n] = [3(4/5)^n - (2/3)^{2n}] u[n]$.

EXEMPLO 16.2

A transformada z de um sinal não causal

Determine a transformada z de $x[n] = 2^n u[n] + 3^n u[-n]$.

■ **Solução**

Aplicando a definição,

$$X(z) = \sum_{n=-\infty}^{\infty} \left(2^n u[n] + 3^n u[-n] \right) z^{-n} = \sum_{n=0}^{\infty} 2^n z^{-n} + \sum_{n=-\infty}^{0} 3^n z^{-n}$$

$$X(z) = \sum_{n=0}^{\infty} (2/z)^n + \sum_{n=-\infty}^{0} (3/z)^n = \underbrace{\sum_{n=0}^{\infty} (2/z)^n}_{\text{RDC: } |z| > 2} + \underbrace{\sum_{n=0}^{\infty} (z/3)^n}_{\text{RDC: } |z| < 3}$$

$$X(z) = \frac{z}{z - 2} - \frac{3}{z - 3} \;,\; 2 < |z| < 3$$

A região de convergência (RDC) é ilustrada na Figura 16.6.

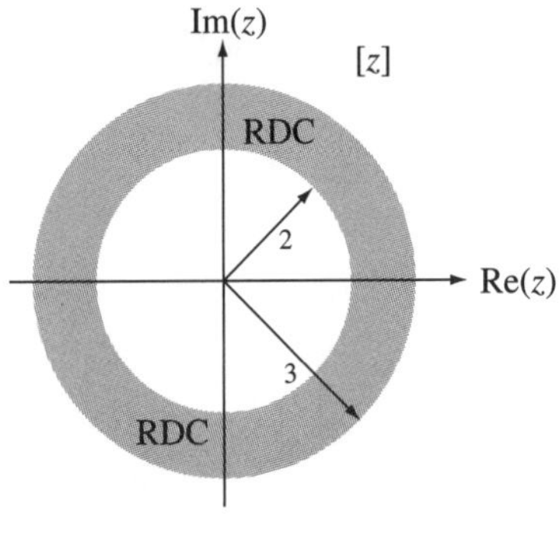

Figura 16.6
Região de convergência da transformada z de $x[n] = 2^n u[n] + 3^n u[-n]$.

A TRANSFORMADA z UNILATERAL

A transformada de Laplace unilateral provou ser conveniente para funções contínuas no tempo e a transformada z unilateral é conveniente para funções discretizadas no tempo pelas mesmas razões. Podemos definir uma transformada z unilateral que seja válida apenas para as funções nulas antes do instante de tempo discreto $n = 0$ e evitar, na maioria dos problemas práticos, o envolvimento de qualquer consideração da região de convergência.

A transformada z unilateral é definida por

$$X(z) = \sum_{n=0}^{\infty} x[n]z^{-n} \qquad (16.3)$$

A região de convergência da transformada z unilateral corresponde sempre ao exterior aberto de um círculo, centrado na origem do plano z cujo raio corresponde à maior magnitude de pólo finito. De agora em diante, a transformada z unilateral será referenciada simplesmente como a transformada z e a transformada z bilateral será explicitamente indicada.

EXEMPLO 16.3

A transformada z de sen $(\Omega_0 n)u[n]$

Determine a transformada z de $x[n] = \text{sen}(\Omega_0 n)u[n]$.

■ Solução

Podemos escrever a função seno em termos de exponenciais complexas

$$\text{sen}(\Omega_0 n)u[n] = \frac{e^{j\Omega_0} - e^{-j\Omega_0}}{j2} u[n]$$

Então, usando o par de transformadas

$$\alpha^n u[n] \xleftrightarrow{Z} \frac{z}{z-\alpha}, \quad |z| > |\alpha|$$

obtido na Equação (16.2), podemos escrever

$$\text{sen}(\Omega_0 n)u[n] \xleftrightarrow{Z} \frac{1}{j2}\left[\frac{z}{z-e^{j\Omega_0}} - \frac{z}{z-e^{-j\Omega_0}}\right] = \frac{1}{j2} \frac{z(z-e^{-j\Omega_0}) - z(z-e^{j\Omega_0})}{(z-e^{j\Omega_0})(z-e^{-j\Omega_0})}$$

ou, simplificando,

$$x[n] \xleftrightarrow{Z} \frac{z\,\text{sen}(\Omega_0)}{z^2 - 2z\cos(\Omega_0) + 1} = \frac{\text{sen}(\Omega_0)z^{-1}}{1 - 2\cos(\Omega_0)z^{-1} + z^{-2}}, \quad |z| > |\alpha|$$

16.3 PROPRIEDADES DA TRANSFORMADA z

Dados os pares de transformadas $g[n] \xleftrightarrow{Z} G(z)$ e $h[n] \xleftrightarrow{Z} H(z)$ com $g[n] = 0$, $n < 0$ e $h[n] = 0$, $n < 0$, as propriedades da transformada z são listadas a seguir. Os detalhes a respeito das deduções das propriedades são omitidos aqui, mas podem ser encontrados no Apêndice O situado no site do livro, no endereço **www.mhhe.com/roberts**.

LINEARIDADE

$$\alpha g[n] + \beta h[n] \xleftrightarrow{Z} \alpha G(z) + \beta H(z) \qquad (16.4)$$

DESLOCAMENTO NO TEMPO

Caso 1. Deslocamentos positivos no tempo discreto

$$g[n - n_0] \xleftrightarrow{Z} z^{-n_0} G(z), \quad n_0 \geq 0 \qquad (16.5)$$

Essa propriedade se aplica somente a sinais causais. Do contrário, um deslocamento positivo poderia posicionar-se sobre novos valores do sinal diferentes de zero, e a relação entre as transformadas do sinal original e dos sinais deslocados não seria única.

Caso 2. Deslocamentos negativos no tempo discreto

$$g[n+n_0] \xleftrightarrow{Z} z^{n_0}\left(G(z) - \sum_{m=0}^{n_0-1} g[m]z^{-m}\right), \quad n_0 > 0 \tag{16.6}$$

A propriedade de deslocamento no tempo é muito importante para a conversão de expressões de função de transferência no domínio z para sistemas reais e, não mais do que a propriedade de linearidade, é provavelmente a propriedade da transformada z mais constantemente utilizada.

EXEMPLO 16.4

Diagramas de blocos de sistema por meio da função de transferência

Um sistema possui uma função de transferência

$$H(z) = \frac{Y(z)}{X(z)} = \frac{z - 1/2}{z^2 - z + 2/9}$$

Desenhe um diagrama de blocos de sistema utilizando blocos de atraso, amplificadores e junções somadoras.

■ Solução

Podemos rearranjar a equação da função de transferência em

$$Y(z)(z^2 - z + 2/9) = X(z)(z - 1/2)$$

ou

$$z^2 Y(z) = z X(z) - (1/2) X(z) + z Y(z) - (2/9) Y(z)$$

Multiplicando toda esta equação por z^{-2}, obtemos

$$Y(z) = z^{-1} X(z) - (1/2) z^{-2} X(z) + z^{-1} Y(z) - (2/9) z^{-2} Y(z)$$

Agora, usando a propriedade de deslocamento no tempo, se $x[n] \xleftrightarrow{Z} X(z)$ e $y[n] \xleftrightarrow{Z} Y(z)$, então a transformada z inversa é

$$y[n] = x[n-1] - (1/2)x[n-2] + y[n-1] - (2/9)y[n-2]$$

Esse processo é denominado relação de **recursividade** entre $x[n]$ e $y[n]$ representando o valor presente de $y[n]$ (em um instante discreto n) como uma combinação linear dos valores passados e presentes de ambos $x[n]$ e $y[n]$ (nos instantes discretos $n, n-1, n-2, ...$). A partir daí, podemos sintetizar diretamente um diagrama de blocos para o sistema (Figura 16.7).

Essa não é a única forma de esboçar um diagrama de blocos para representar este sistema. Podemos reescrever a função de transferência como

$$H(z) = \frac{Y(z)}{X(z)} = \frac{z - 1/2}{(z - 1/3)(z - 2/3)} = \frac{z - 1/2}{z - 1/3} \times \frac{1}{z - 2/3}$$

Se considerarmos que

$$Y_1(z) = \frac{z - 1/2}{z - 1/3} X(z) \qquad \text{e} \qquad Y(z) = \frac{1}{z - 2/3} Y_1(z)$$

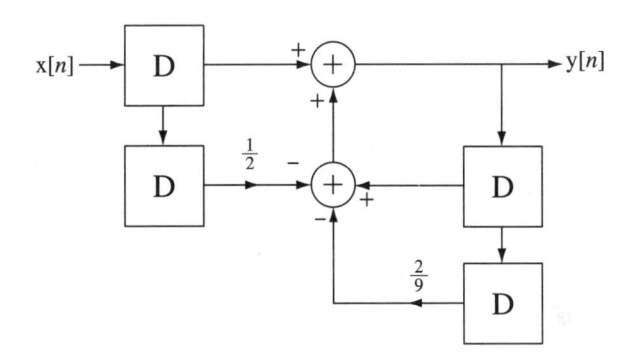

Figura 16.7
Um diagrama de blocos de sistema no domínio do tempo para a função de transferência
$$H(z) = \frac{z - 1/2}{z^2 - z + 2/9}.$$

então

$$H_1(z) = \frac{Y_1(z)}{X(z)} = \frac{z - 1/2}{z - 1/3} \quad \text{e} \quad H_2(z) = \frac{Y(z)}{Y_1(z)} = \frac{1}{z - 2/3} \quad \text{e}$$

$$H(z) = H_1(z) H_2(z)$$

e podemos desenhar o diagrama de blocos de sistema como uma associação em cascata entre os dois sistemas mais elementares (Figura 16.8).

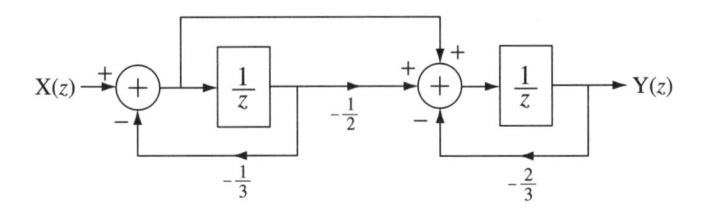

Figura 16.8
Um diagrama de blocos de sistema alternativo no domínio da freqüência para a função de transferência
$$H(z) = \frac{z - 1/2}{z^2 - z + 2/9}.$$

Existem também outras formas de esboçar diagramas de blocos, que serão exploradas na Seção 16.14.

MUDANÇA DE ESCALA

$$\boxed{\alpha^n g[n] \xleftrightarrow{Z} G(z/\alpha)} \tag{16.7}$$

Um caso especial desta propriedade é de interesse particular. Seja a constante α igual a $e^{j\Omega_0}$ com Ω_0 real. Então

$$e^{j\Omega_0 n} g[n] \xleftrightarrow{Z} G(ze^{-j\Omega_0})$$

Cada valor de z é modificado para $ze^{-j\Omega_0}$. Esse procedimento provoca uma rotação no sentido oposto ao dos ponteiros do relógio na transformada $G(z)$ no plano z por um ângulo Ω_0 porque $e^{-j\Omega_0}$ tem magnitude unitária e fase igual a $-\Omega_0$. Esse efeito é um pouco difícil de visualizar em termos abstratos. Um exemplo melhor demonstrará a idéia. Seja

$$G(z) = \frac{1}{(z - e^{-j\pi/4})(z - e^{+j\pi/4})}$$

e seja $\Omega_0 = \pi/8$. Então

$$G(ze^{-j\Omega_0}) = G(ze^{-j\pi/8}) = \frac{1}{(ze^{-j\pi/8} - e^{-j\pi/4})(ze^{-j\pi/8} - e^{+j\pi/4})}$$

ou

$$G(ze^{-j\pi/8}) = \frac{1}{e^{-j\pi/8}(z - e^{-j\pi/8})e^{-j\pi/8}(z - e^{+j3\pi/8})} = \frac{e^{j\pi/4}}{(z - e^{-j\pi/8})(z - e^{+j3\pi/8})}$$

A função original tem pólos finitos em $z = e^{\pm j\pi/4}$. A função transformada $G(ze^{-j\pi/8})$ possui pólos finitos em $z = e^{-j\pi/8}$ e $e^{+j3\pi/8}$. Por isso, as localizações dos pólos finitos foram rotacionadas no sentido contrário ao dos ponteiros do relógio por $\pi/8$ radianos (Figura 16.9).

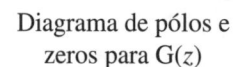

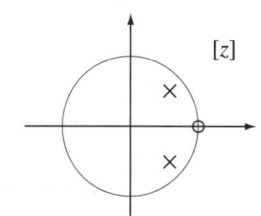

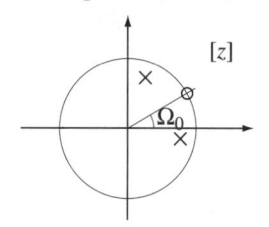

Figura 16.9
Demonstração da propriedade de redimensionamento de escala da freqüência da transformada z para o caso especial de um redimensionamento por $e^{j\Omega_0}$.

A multiplicação por uma senóide complexa da forma $e^{j\Omega_0 n}$ no domínio do tempo corresponde a rotação de sua transformada z. Uma rotação no domínio z é análoga a um deslocamento no domínio da freqüência discretizada no tempo devido à relação $z = e^{j\Omega}$. Desse modo, esta propriedade é análoga à propriedade de deslocamento na freqüência da TFDT e explicará alguns efeitos similares se modularmos um sinal discretizado no tempo.

EXEMPLO 16.5

Transformadas z de uma exponencial causal e de uma senóide causal amortecida exponencialmente

Determine as transformadas z de $x[n] = e^{-n/40} u[n]$ e $x_m[n] = e^{-n/40} \text{sen}(2\pi n/8)u[n]$ e desenhe os diagramas de pólos e zeros para $X(z)$ e $X_m(z)$.

■ Solução

Usando

$$\alpha^n u[n] \xleftrightarrow{\mathcal{Z}} \frac{z}{z - \alpha} = \frac{1}{1 - \alpha z^{-1}}$$

obtemos

$$e^{-n/40} u[n] \xleftrightarrow{\mathcal{Z}} \frac{z}{z - e^{-1/40}}$$

Portanto,

$$X(z) = \frac{z}{z - e^{-1/40}}$$

Podemos reescrever $x_m[n]$ como

$$x_m[n] = e^{-n/40}\frac{e^{j2\pi n/8} - e^{-j2\pi n/8}}{j2}u[n]$$

ou

$$x_m[n] = -\frac{j}{2}\left[e^{-n/40}e^{j2\pi n/8} - e^{-n/40}e^{-j2\pi n/8}\right]u[n]$$

Então, começando com

$$e^{-n/40}u[n] \xleftrightarrow{Z} \frac{z}{z - e^{-1/40}}$$

e, usando a propriedade de mudança de escala $\alpha^n g[n] \xleftrightarrow{Z} G(z/\alpha)$, obtemos

$$e^{j2\pi n/8}e^{-n/40}u[n] \xleftrightarrow{Z} \frac{ze^{-j2\pi/8}}{ze^{-j2\pi/8} - e^{-1/40}}$$

e

$$e^{-j2\pi n/8}e^{-n/40}u[n] \xleftrightarrow{Z} \frac{ze^{j2\pi/8}}{ze^{j2\pi/8} - e^{-1/40}}$$

e

$$-\frac{j}{2}\left[e^{-n/40}e^{j2\pi n/8} - e^{-n/40}e^{-j2\pi n/8}\right]u[n] \xleftrightarrow{Z} -\frac{j}{2}\left[\frac{ze^{-j2\pi/8}}{ze^{-j2\pi/8} - e^{-1/40}} - \frac{ze^{j2\pi/8}}{ze^{j2\pi/8} - e^{-1/40}}\right]$$

ou

$$X_m(z) = -\frac{j}{2}\left[\frac{ze^{-j2\pi/8}}{ze^{-j2\pi/8} - e^{-1/40}} - \frac{ze^{j2\pi/8}}{ze^{j2\pi/8} - e^{-1/40}}\right] = \frac{ze^{-1/40}\text{sen}(2\pi/8)}{z^2 - 2ze^{-1/40}\cos(2\pi/8) + e^{-1/20}}$$

ou

$$X_m(z) = \frac{0{,}6896z}{z^2 - 1{,}3793z + 0{,}9512} = \frac{0{,}6896z}{(z - 0{,}6896 - j0{,}6896)(z - 0{,}6896 + j0{,}6896)}$$

(Figura 16.10).

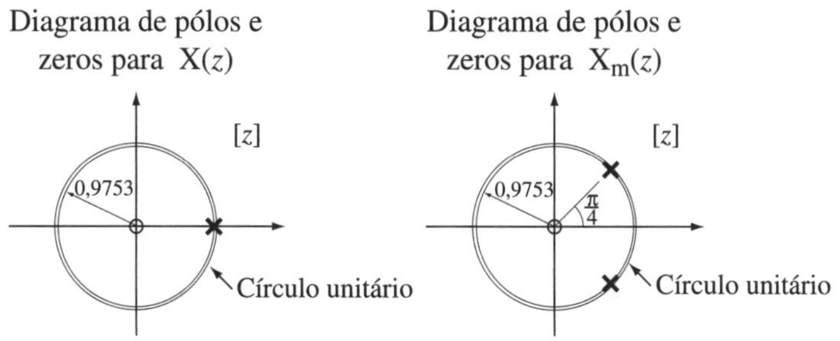

Figura 16.10
Diagramas de pólos e zeros de $X(z)$ e $X_m(z)$.

TEOREMA DO VALOR INICIAL

$$\boxed{g[0] = \lim_{z \to \infty} G(z)} \qquad (16.8)$$

DIFERENCIAÇÃO NO DOMÍNIO z

$$\boxed{-n\,g[n] \xleftrightarrow{z} z\frac{d}{dz}G(z)} \qquad (16.9)$$

EXEMPLO 16.6

Transformada z usando a propriedade da diferenciação

Usando a propriedade da diferenciação no domínio z, mostre que a transformada z de $n\mathrm{u}[n]$ é $\dfrac{z}{(z-1)^2}$.

■ **Solução**

Partindo de

$$\mathrm{u}[n] \xleftrightarrow{z} \frac{z}{z-1}$$

Então, usando a propriedade da diferenciação no domínio z

$$-n\,\mathrm{u}[n] \xleftrightarrow{z} z\frac{d}{dz}\left(\frac{z}{z-1}\right) = -\frac{z}{(z-1)^2}$$

ou

$$n\,\mathrm{u}[n] \xleftrightarrow{z} \frac{z}{(z-1)^2}$$

CONVOLUÇÃO NO TEMPO DISCRETO

$$\boxed{g[n]*h[n] \xleftrightarrow{z} H(z)\,G(z)} \qquad (16.10)$$

Explicando melhor, a convolução entre duas funções no domínio do tempo corresponde à multiplicação de suas transformadas z no domínio z, exatamente como foi válido para as transformadas de Fourier e Laplace. A consideração da transformada z relativa ao produto entre duas funções no domínio do tempo está além do escopo deste livro.

DIFERENÇAS FINITAS

$$\boxed{g[n] - g[n-1] \xleftrightarrow{z} (1 - z^{-1})\,G(z)} \qquad (16.11)$$

ACUMULAÇÃO

$$\boxed{\sum_{m=0}^{n} g[m] \xleftrightarrow{z} \frac{z}{z-1}G(z) = \frac{1}{1-z^{-1}}G(z)} \qquad (16.12)$$

EXEMPLO 16.7

Transformada z usando a propriedade da acumulação

Usando a propriedade da acumulação, mostre que a transformada z de $n\mathrm{u}[n]$ é $\dfrac{z}{(z-1)^2}$.

■ **Solução**

Em primeiro lugar, represente $n\mathrm{u}[n]$ como uma acumulação

$$n\,\mathrm{u}[n] = \sum_{m=0}^{n} \mathrm{u}[m-1]$$

Então, por meio da propriedade de deslocamento no tempo, determine a transformada z de $u[n-1]$,

$$u[n-1] \xleftrightarrow{Z} z^{-1} \frac{z}{z-1} = \frac{1}{z-1}$$

Então aplicando a propriedade da acumulação,

$$n u[n] = \sum_{m=0}^{n} u[m-1] \xleftrightarrow{Z} \left(\frac{z}{z-1}\right)\frac{1}{z-1} = \frac{z}{(z-1)^2}$$

■

TEOREMA DO VALOR FINAL

$$\boxed{\lim_{n\to\infty} g[n] = \lim_{z\to 1}(z-1)G(z)}$$

Assim como foi válido para a transformada de Laplace, este é o teorema do valor final *se* o limite $\lim_{n\to\infty} g[n]$ existir. O limite $\lim_{z\to 1}(z-1)G(z)$ pode até existir mesmo que o limite $\lim_{n\to\infty} g[n]$ não. Por exemplo, se

$$X(z) = \frac{z}{z-2}$$

então

$$\lim_{z\to 1}(z-1)X(z) = \lim_{z\to 1}(z-1)\frac{z}{z-2} = 0$$

Mas $x[n] = 2^n u[n]$ e o limite $\lim_{n\to\infty} x[n]$ não existe. Portanto, a conclusão de que o valor final seja igual a zero é errada.

De um modo similar à prova análoga voltada às transformadas de Laplace, a seguinte propriedade pode ser mostrada.

> Para o teorema do valor final ser aplicável a uma função $G(z)$, todos os pólos finitos da função $(z-1)G(z)$ devem estar situados no interior aberto do círculo unitário do plano z.

RESUMO DAS PROPRIEDADES DA TRANSFORMADA z

Linearidade $\alpha g[n] + \beta h[n] \xleftrightarrow{Z} \alpha G(z) + \beta H(z)$

Deslocamento no tempo $g[n-n_0] \xleftrightarrow{Z} z^{-n_0} G(z)$, $n_0 \geq 0$

$$g[n+n_0] \xleftrightarrow{Z} z^{n_0}\left(G(z) - \sum_{m=0}^{n_0-1} g[m] z^{-m}\right), \quad n_0 > 0$$

Mudança de escala $\alpha^n g[n] \xleftrightarrow{Z} G(z/\alpha)$

Teorema do valor inicial $g[0] = \lim_{z\to\infty} G(z)$

Diferenciação no domínio z $-n g[n] \xleftrightarrow{Z} z \dfrac{d}{dz} G(z)$

Convolução no tempo discreto $g[n] * h[n] \xleftrightarrow{Z} H(z) G(z)$

Diferenças finitas	$g[n] - g[n-1] \xleftrightarrow{Z} (1-z^{-1})G(z)$
Acumulação	$\sum_{m=0}^{n} g[m] \xleftrightarrow{Z} \dfrac{z}{z-1}G(z) = \dfrac{1}{1-z^{-1}}G(z)$
Teorema do valor final	$\lim_{n \to \infty} g[n] = \lim_{z \to 1}(z-1)G(z)$, se $\lim_{n \to \infty} g[n]$ existir

Tabela 16.1 Pares de transformadas z comuns.

$$\delta[n] \xleftrightarrow{Z} 1 \text{ , Todo } z$$

$$u[n] \xleftrightarrow{Z} \frac{z}{z-1} \text{ , } |z| > 1$$

$$\alpha^n u[n] \xleftrightarrow{Z} \frac{z}{z-\alpha} \text{ , } |z| > |\alpha|$$

$$n\, u[n] \xleftrightarrow{Z} \frac{z}{(z-1)^2} \text{ , } |z| > 1$$

$$\frac{n^2}{2!} u[n] \xleftrightarrow{Z} \frac{z(z+1)}{2(z-1)^3} \text{ , } |z| > 1$$

$$n\alpha^n u[n] \xleftrightarrow{Z} \frac{z\alpha}{(z-\alpha)^2} \text{ , } |z| > |\alpha|$$

$$n^m \alpha^n u[n] \xleftrightarrow{Z} (-z)^m \frac{d^m}{dz^m}\left(\frac{z}{z-\alpha}\right) \text{ , } |z| > |\alpha|$$

$$\frac{n(n-1)\cdots(n-m+1)}{m!}\alpha^{n-m} u[n] \xleftrightarrow{Z} \frac{z}{(z-\alpha)^{m+1}} \text{ , } |z| > |\alpha|$$

$$\operatorname{sen}(\Omega_0 n) u[n] \xleftrightarrow{Z} \frac{z \operatorname{sen}(\Omega_0)}{z^2 - 2z\cos(\Omega_0) + 1} \text{ , } |z| > 1$$

$$\cos(\Omega_0 n) u[n] \xleftrightarrow{Z} \frac{z[z - \cos(\Omega_0)]}{z^2 - 2z\cos(\Omega_0) + 1} \text{ , } |z| > 1$$

$$\alpha^n \operatorname{sen}(\Omega_0 n) u[n] \xleftrightarrow{Z} \frac{z\alpha \operatorname{sen}(\Omega_0)}{z^2 - 2\alpha z\cos(\Omega_0) + \alpha^2} \text{ , } |z| > |\alpha|$$

$$\alpha^n \cos(\Omega_0 n) u[n] \xleftrightarrow{Z} \frac{z[z - \alpha\cos(\Omega_0)]}{z^2 - 2\alpha z\cos(\Omega_0) + \alpha^2} \text{ , } |z| > |\alpha|$$

Há uma tabela mais extensa contendo os pares de transformadas z no Apêndice G.

16.4 A TRANSFORMADA z INVERSA

Há uma fórmula direta para se determinar a transformada z inversa. Ela é

$$x[n] = \frac{1}{j2\pi} \int_C X(z) z^{n-1} dz$$

em que C é um contorno circular fechado percorrido no sentido contrário ao dos ponteiros do relógio na RDC do plano complexo z. Visto que este texto considera que a integração do contorno no plano complexo está além da experiência do leitor, não iremos prosseguir com este método de determinação das transformadas z inversas.

Existem dois outros métodos de determinação das transformadas z inversas que são os mais comumente adotados na prática e cada um deles possui suas vantagens e desvantagens. O primeiro método é a divisão sintética da expressão no domínio z. Por exemplo, seja a expressão no domínio z

$$H(z) = \frac{z^2(z-1/2)}{(z-2/3)(z-1/3)(z-1/4)} = \frac{z^3 - z^2/2}{z^3 - (15/12)z^2 + (17/36)z - 1/18}$$

Podemos dividir o denominador pelo numerador produzindo

$$\begin{array}{r}
1 + \frac{3}{4}z^{-1} + \frac{67}{144}z^{-2} + \cdots \\
z^3 - \frac{15}{12}z^2 + \frac{17}{36}z - \frac{1}{18} \overline{\smash{\big)}\, z^3 - \frac{z^2}{2}} \\
\underline{z^3 - \frac{15}{12}z^2 + \frac{17}{36}z - \frac{1}{18}} \\
\frac{3}{4}z^2 - \frac{17}{36}z + \frac{1}{18} \\
\underline{\frac{3}{4}z^2 - \frac{45}{48}z + \frac{51}{144} - \frac{3}{72}z^{-1}} \\
\frac{67}{144}z \cdots \quad \vdots \quad \vdots \\
\vdots
\end{array}$$

Comparando o resultado com a definição da transformada z

$$H(z) = \sum_{n=0}^{\infty} h[n]z^{-n} = h[0] + h[1]z^{-1} + h[2]z^{-2} + h[3]z^{-3} + \cdots$$

vemos que

$$H(z) = 1 + \frac{3}{4}z^{-1} + \frac{67}{144}z^{-2} + \cdots$$

e, portanto,

$$h[0] = 1 \ , \ h[1] = \frac{3}{4} \ , \ h[2] = \frac{67}{144} \cdots$$

Sendo assim, essa técnica produz os valores da função diretamente como uma seqüência. A vantagem de tal técnica é que ela é bem direta e sempre fornecerá a transformada z inversa de uma razão polinomial em z. A desvantagem é que a transformada inversa não se encontra em uma forma fechada.

O segundo método de determinação de transformadas z inversas comumente utilizado é bastante similar ao método para determinar transformadas de Laplace inversas: por meio de uma expansão em frações parciais da expressão no domínio z e pela identificação de pares de transformadas usando-se a tabela de transformadas e as propriedades das transformadas. Seja a expressão no domínio z, a mesma dada no exemplo da divisão sintética,

$$H(z) = \frac{z^2(z-1/2)}{(z-2/3)(z-1/3)(z-1/4)} \tag{16.13}$$

Essa é uma fração imprópria em z e, portanto, não podemos expandi-la diretamente em frações parciais. Podemos fazer o mesmo que realizamos para a obtenção das transformadas de Laplace inversas: dividir o numerador pelo denominador para obter um resto adequado e, em seguida, proceder com a expansão em frações parciais.

$$z^3 - \frac{15}{12}z^2 + \frac{17}{36}z - \frac{1}{18} \overline{\smash{\big)} z^3 - \frac{z^2}{2}} \qquad \Rightarrow H(z) = 1 + \frac{\frac{3}{4}z^2 - \frac{17}{36}z + \frac{1}{18}}{z^3 - \frac{15}{12}z^2 + \frac{17}{36}z - \frac{1}{18}}$$

$$\underline{z^3 - \frac{15}{12}z^2 + \frac{17}{36}z - \frac{1}{18}}$$

$$\frac{3}{4}z^2 - \frac{17}{36}z + \frac{1}{18}$$

Fazendo a expansão em frações parciais,

$$H(z) = 1 + \frac{8/15}{z - 2/3} + -\frac{2/3}{z - 1/3} - \frac{9/20}{z - 1/4} = 1 + z^{-1}\left(\frac{8z/15}{z - 2/3} + \frac{2z/3}{z - 1/3} - \frac{9z/20}{z - 1/4}\right)$$

e, usando

$$\alpha^n \operatorname{u}[n] \xleftrightarrow{z} \frac{z}{z - \alpha} = \frac{1}{1 - \alpha z^{-1}} \qquad \text{e} \qquad g[n - n_0] \xleftrightarrow{z} z^{-n_0} G(z), \; n_0 \geq 0$$

a transformada inversa é

$$h[n] = \delta[n] + \left[(8/15)(2/3)^{n-1} + (2/3)(1/3)^{n-1} - (9/20)(1/4)^{n-1}\right]u[n-1]$$

Essa é uma solução correta. Porém, um método alternativo é freqüentemente preferido. Se dividirmos ambos os lados da Equação (16.13) por z, obteremos

$$\frac{H(z)}{z} = \frac{z(z - 1/2)}{(z - 2/3)(z - 1/3)(z - 1/4)}$$

e vemos que H(z)/z é uma fração própria em z, e podemos expandi-la em frações parciais como

$$\frac{H(z)}{z} = \frac{z(z - 1/2)}{(z - 2/3)(z - 1/3)(z - 1/4)} = \frac{4/5}{z - 2/3} + \frac{2}{z - 1/3} - \frac{9/5}{z - 1/4}$$

Em seguida, multiplicando toda a igualdade por z,

$$H(z) = \frac{4}{5}\frac{z}{z - 2/3} + \frac{2z}{z - 1/3} - \frac{9}{5}\frac{z}{z - 1/4}$$

e, usando

$$\alpha^n \operatorname{u}[n] \xleftrightarrow{z} \frac{z}{z - \alpha} = \frac{1}{1 - \alpha z^{-1}}$$

obtemos h[n] = [(4/5)(2/3)^n + 2(1/3)^n − (9/5)(1/4)^n]u[n], que é um pouco mais simples do que a solução anterior. A solução anterior

$$h[n] = \delta[n] + \left[(8/15)(2/3)^{n-1} + (2/3)(1/3)^{n-1} - (9/20)(1/4)^{n-1}\right]u[n-1]$$

pode ser escrita como

$$h[n] = \delta[n] + \begin{bmatrix} (8/15)(2/3)^{-1}(2/3)^n + (2/3)(1/3)^{-1}(1/3)^n \\ -(9/20)(1/4)^{-1}(1/4)^n \end{bmatrix} u[n-1]$$

ou

$$h[n] = \delta[n] + \left[(4/5)(2/3)^n + 2(1/3)^n - (9/5)(1/4)^n \right] u[n-1]$$

e, visto que h[0] = 1 em ambos os casos, os dois resultados são obviamente equivalentes em todos os instantes n.

Já que esta é a mesma função para a qual obtivemos a transformada z inversa por meio da primeira técnica de divisão sintética, estes resultados devem ser equivalentes a ela. Avaliando h[n] para $n = 0, 1, 2, 3, \ldots$ obtemos

$$h[0] = 1 \; , \; h[1] = \frac{3}{4} \; , \; h[2] = \frac{67}{144} \; \ldots$$

em todos os três casos.

Pares de pólos complexos e pólos repetidos são tratados na transformada z exatamente como foram na transformada de Laplace, porque os métodos de expansão em frações parciais são algebricamente idênticos.

EXEMPLO 16.8

A transformada z inversa usando a expansão em frações parciais

Determine a transformada z inversa de

$$X(z) = \frac{1}{(z^2 - 2z + 1)(z^2 - z + 1/2)}$$

■ **Solução**

O denominador pode ser fatorado, produzindo

$$X(z) = \frac{1}{(z-1)^2(z - 1/2 - j/2)(z - 1/2 + j/2)}$$

o que torna óbvio o fato de que esta função tenha um pólo repetido. Visto que esta fração é própria em z, ela pode ser representada em frações parciais como

$$X(z) = \frac{2}{(z-1)^2} - \frac{4}{z-1} + \frac{2}{z-1/2 - j/2} + \frac{2}{z-1/2 + j/2}$$

ou, para auxiliar na determinação das transformadas inversas usando tabelas,

$$X(z) = z^{-1} \left(\frac{2z}{(z-1)^2} - \frac{4z}{z-1} + \frac{2z}{z-1/2 - j/2} + \frac{2z}{z-1/2 + j/2} \right) \quad (16.14)$$

Podemos agora obter a transformada z inversa diretamente em termos de exponenciais complexas ou combinamos os dois últimos termos em um único termo para produzir uma função real. Tomando o primeiro caminho para a solução, a transformada z inversa é

$$x[n] = \left[2(n-1) - 4 + 2\left(\frac{1}{2} + \frac{j}{2}\right)^{n-1} + 2\left(\frac{1}{2} - \frac{j}{2}\right)^{n-1} \right] u[n-1]$$

ou, combinando exponenciais complexas,

$$x[n] = \left[2(n-1) - 4 + \frac{(1+j)^{n-1} + (1-j)^{n-1}}{2^{n-2}}\right]u[n-1]$$

Então usando $1 \pm j = \sqrt{2}e^{\pm j\pi/4}$,

$$x[n] = 2\left[n - 3 + \frac{2}{(\sqrt{2})^{n-1}}\cos\left(\frac{\pi(n-1)}{4}\right)\right]u[n-1]$$

Tomando o caminho alternativo, podemos combinar os dois termos complexos da Equação (16.14),

$$X(z) = z^{-1}\left(\frac{2z}{(z-1)^2} - \frac{4z}{z-1} + \frac{2z(2z-1)}{z^2 - z + 1/2}\right)$$

Podemos reescrever o último termo de um modo que nos permita determinar a transformada inversa diretamente da tabela,

$$X(z) = z^{-1}\left(\frac{2z}{(z-1)^2} - \frac{4z}{z-1} + 4\frac{z^2 - z/2}{z^2 - z + 1/2}\right)$$

Logo, a transformada z inversa é

$$x[n] = 2\left[n - 3 + \frac{2}{(\sqrt{2})^{n-1}}\cos\left(\frac{\pi(n-1)}{4}\right)\right]u[n-1]$$

como anteriormente.

Note que já que o denominador de X(z) é de quarta ordem em z e o numerador é de ordem zero em z, a solução da série determinada pela divisão sintética teria o primeiro valor de x[n] diferente de zero ocorrendo em $n = 4$. Tal solução é de fato coerente, embora ela não seja óbvia à primeira vista.

16.5 SOLUÇÃO DE EQUAÇÕES DE DIFERENÇAS COM CONDIÇÕES INICIAIS

Podemos entender a transformada z ao vermos que ela se relaciona com a equação de diferenças de maneira análoga à relação existente entre a transformada de Laplace e a equação diferencial. Uma equação diferencial linear com condições iniciais pode ser convertida em uma equação algébrica pela transformada de Laplace. A solução é, então, obtida no domínio de Laplace e a ela é aplicada a transformada de Laplace inversa para determinarmos a solução no domínio do tempo. Uma equação de diferenças linear com condições iniciais pode ser convertida pela transformada z em uma equação algébrica. Em seguida, ela é resolvida e a solução no domínio do tempo é determinada pela transformada z inversa.

Exemplo 16.9

Solução de uma equação de diferenças com condições iniciais usando a transformada z

Resolva a equação de diferenças

$$y[n+2] - (3/2)y[n+1] + (1/2)y[n] = (1/4)^n, \text{ para } n \geq 0$$

com condições iniciais y[0] = 10 e y[1] = 4.

Condições iniciais para uma equação diferencial de segunda ordem normalmente consistem em uma especificação do valor inicial da função e de sua derivada primeira. Condições iniciais para uma equação de diferenças de segunda ordem normalmente consistem na especificação dos dois valores iniciais da função (neste caso y[0] e y[1]).

Tomando a transformada z de ambos os lados da equação de diferenças (usando a propriedade de deslocamento no tempo da transformada z),

$$z^2\left[Y(z)-y[0]-z^{-1}y[1]\right]-(3/2)z\left[Y(z)-y[0]\right]+(1/2)Y(z)=\frac{z}{z-1/4}$$

Resolvendo para $Y(z)$,

$$Y(z)=\frac{\frac{z}{z-1/4}+z^2 y[0]+zy[1]-(3/2)zy[0]}{z^2-(3/2)z+1/2}$$

$$Y(z)=z\frac{z^2 y[0]-z(7y[0]/4-y[1])-y[1]/4+3y[0]/8+1}{(z-1/4)(z^2-(3/2)z+1/2)}$$

Substituindo os valores numéricos das condições iniciais,

$$Y(z)=z\frac{10z^2-(27/2)z+15/4}{(z-1/4)(z-1/2)(z-1)}$$

Dividindo ambos os lados por z,

$$\frac{Y(z)}{z}=\frac{10z^2-(27/2)z+15/4}{(z-1/4)(z-1/2)(z-1)}$$

Essa é uma fração própria em z e pode, portanto, ser expandida em frações parciais como

$$\frac{Y(z)}{z}=\frac{16/3}{z-1/4}+\frac{4}{z-1/2}+\frac{2/3}{z-1}\Rightarrow Y(z)=\frac{16z/3}{z-1/4}+\frac{4z}{z-1/2}+\frac{2z/3}{z-1}$$

Logo, usando

$$\alpha^n u[n]\longleftrightarrow\frac{z}{z-\alpha}$$

e tomando a transformada z inversa, $y[n] = [5{,}333(0{,}25)^n + 4(0{,}5)^n + 0{,}667]u[n]$.
Avaliando essa expressão para $n = 0$ e $n = 1$ produz

$$y[0]=5{,}333(0{,}25)^0+4(0{,}5)^0+0{,}667=10$$
$$y[1]=5{,}333(0{,}25)^1+4(0{,}5)^1+0{,}667=1{,}333+2+0{,}667=4$$

o que está de acordo com as condições iniciais especificadas. Substituindo-se a solução na equação de diferenças,

$$\begin{cases}5{,}333(0{,}25)^{n+2}+4(0{,}5)^{n+2}+0{,}667\\-1{,}5\left[5{,}333(0{,}25)^{n+1}+4(0{,}5)^{n+1}+0{,}667\right]\\+0{,}5\left[5{,}333(0{,}25)^n+4(0{,}5)^n+0{,}667\right]\end{cases}=(0{,}25)^n\,,\text{ para }n\geq 0$$

ou

$$0{,}333(0{,}25)^n+(0{,}5)^n+0{,}667-2(0{,}25)^n-3(0{,}5)^n-1+2{,}667(0{,}25)^n$$
$$+2(0{,}5)^n+0{,}333=(0{,}25)^n\,,\text{ para }n\geq 0$$

ou

$$(0{,}25)^n=(0{,}25)^n\,,\text{ para }n\geq 0$$

o que comprova que a solução de fato resolve a equação de diferenças.

16.6 AS RELAÇÕES ENTRE A TRANSFORMADA z, A TRANSFORMADA DE FOURIER DISCRETIZADA NO TEMPO E A TRANSFORMADA DE LAPLACE

Já vimos que a transformada z é uma generalização da TFDT. Observando a definição da transformada z

$$X(z) = \sum_{n=0}^{\infty} x[n] z^{-n} \qquad (16.15)$$

se a região de convergência contém o círculo unitário (todos os pólos finitos estão no interior do círculo unitário) então se z está confinado ao círculo unitário, a Equação (16.15) ainda permanece válida. Se z está sobre o círculo unitário, ele pode ser representado por $z = e^{j\Omega}$, em que Ω é real. Se $x[n]$ é também causal, logo

$$X(e^{j\Omega}) = \sum_{n=0}^{\infty} x[n] e^{-j\Omega n} = \underbrace{\sum_{n=-\infty}^{\infty} x[n] e^{-j\Omega n}}_{\text{TFDT de } (x[n])}$$

Isso significa que para funções causais cujas transformadas z têm todos os seus pólos finitos no interior do círculo unitário, a TFDT pode ser determinada simplesmente pela substituição de z por $e^{j\Omega}$. Por exemplo, o par de transformadas z

$$\alpha^n u[n] \xleftrightarrow{\mathcal{Z}} \frac{z}{z-\alpha} \ , \ |\alpha| < 1$$

torna-se o par TFDT

$$\alpha^n u[n] \xleftrightarrow{\mathcal{F}} \frac{e^{j\Omega}}{e^{j\Omega}-\alpha} = \frac{1}{1-\alpha e^{-j\Omega}} \ , \ |\alpha| < 1$$

Exploramos nos primeiros capítulos do livro relações importantes entre os métodos de transformada de Fourier. Em particular, mostramos que há uma equivalência de informação entre um sinal discretizado no tempo $x[n] = x(nT_s)$ formado pela amostragem de um sinal contínuo no tempo, e um sinal amostrado por impulso contínuo no tempo $x_\delta(t) = x(t)\delta_{T_s}(t)$ criado pela amostragem por impulso do mesmo sinal contínuo no tempo, em que $f_s = 1/T_s$. Também deduzimos a relação entre a TFDT de $x[n]$ e a TFCT de $x_\delta(t)$. Visto que a transformada z aplica-se a um sinal discretizado no tempo e é uma generalização da TFDT, e uma transformada de Laplace aplica-se a um sinal contínuo no tempo e é uma generalização da TFCT, devemos prever uma relação próxima entre eles também.

Considere dois sistemas, um discretizado no tempo com resposta ao impulso $h[n]$ e um contínuo no tempo com resposta ao impulso $h_\delta(t)$, e admita que eles sejam relacionados por

$$h_\delta(t) = \sum_{n=-\infty}^{\infty} h[n]\delta(t-nT_s) \qquad (16.16)$$

Essa equivalência indica que tudo o que acontece a $x[n]$ no sistema discretizado no tempo acontece de um modo diretamente correspondente a $x_\delta(t)$ no sistema contínuo no tempo (Figura 16.11). Portanto, é possível analisar sistemas discretizados no tempo usando a transformada de Laplace com as intensidades dos impulsos contínuos no tempo representando os valores dos sinais discretizados no tempo em pontos igualmente espaçados no tempo. Contudo, é mais conveniente no sentido notacional usar a transformada z em vez da transformada de Laplace.

A função de transferência do sistema discretizado no tempo é

$$H(z) = \sum_{n=0}^{\infty} h[n] z^{-n}$$

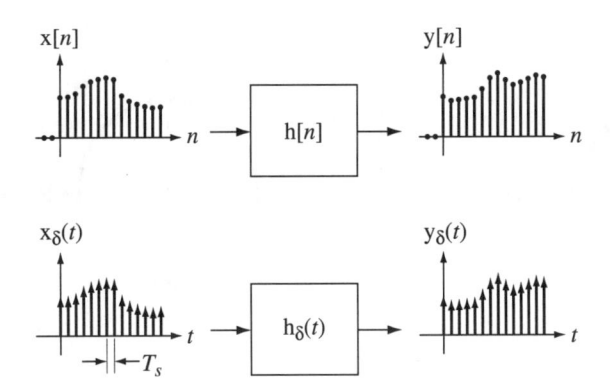

Figura 16.11
Equivalência entre um sistema discretizado no tempo e um sistema contínuo no tempo.

e a função de transferência do sistema contínuo no tempo é

$$H_\delta(s) = \sum_{n=0}^{\infty} h[n] e^{-nT_s s}$$

Se as respostas aos impulsos são equivalentes de acordo com a Equação (16.16), então as funções de transferência devem ser também equivalentes. A equivalência é vista na relação

$$H_\delta(s) = H(z)\big|_{z \to e^{sT_s}}$$

É importante, neste ponto, considerar algumas das implicações da transformação $z \to e^{sT_s}$. Um bom modo de visualizar a relação entre os planos complexos s e z é mapear um contorno ou região do plano s em um contorno ou região correspondente no plano z. Considere primeiro um contorno muito simples no plano s, o contorno $s = j\omega = j2\pi f$ com ω e f representando as freqüências angular e cíclica, respectivamente. Esse contorno está no eixo ω do plano s. O contorno correspondente no plano z é $e^{j\omega T_s}$ ou $e^{j2\pi f/T_s}$ e, para qualquer valor real de ω e f, deve se situar sobre o círculo unitário. Entretanto, o mapeamento não é tão simples quanto a última consideração faz parecer.

Para ilustrar a complicação, tente mapear o segmento do eixo imaginário no plano s $-\pi/T_s < \omega < \pi/T_s$, o que equivale a $-f_s/2 < f < f_s/2$, no contorno correspondente no plano z. À medida que ω percorre o contorno $-\pi/T_s \to \omega \to \pi/T_s$, z percorre o círculo unitário de $e^{-j\pi}$ até $e^{+j\pi}$ no sentido contrário ao dos ponteiros do relógio, perfazendo uma volta completa no círculo unitário. Agora, se permitirmos que ω percorra o contorno $\pi/T_s \to \omega \to 3\pi/T_s$, z percorrerá o círculo unitário de $e^{j\pi}$ até $e^{+j3\pi}$, que é exatamente o mesmo contorno novamente, pois $e^{-j\pi} = e^{j\pi} = e^{j3\pi} = e^{j(2n+1)\pi}$, onde n é qualquer inteiro. Portanto, fica claro que a transformação $z \to e^{sT_s}$ mapeia o eixo ω do plano s no círculo unitário do plano z, *infinitas vezes* (Figura 16.12).

Esse é um outro modo de observar o fenômeno de *aliasing* (replicação). Todos aqueles segmentos do eixo imaginário do plano s de comprimento $2\pi/T_s$ parecem exatamente os mesmos quando mapeados no plano z por causa dos efeitos da amostragem. Sendo assim, para cada ponto no eixo imaginário do plano s, há um único ponto correspondente no círculo unitário no plano z. Porém, essa única correspondência não funciona da outra maneira. Para cada ponto no círculo unitário no plano z, existem infinitos pontos correspondentes sobre o eixo imaginário do plano s.

Levando a idéia de mapeamento um passo adiante, o semiplano esquerdo do plano s é mapeado no interior do círculo unitário no plano z e o semiplano direito do plano s é mapeado na região externa ao círculo unitário no plano z (infinitas vezes em ambos os casos). As idéias correspondentes sobre estabilidade e localização de pólos são transladadas do mesmo modo. Um sistema estável contínuo no tempo possui uma função de transferência com todos os seus pólos finitos localizados no semiplano esquerdo

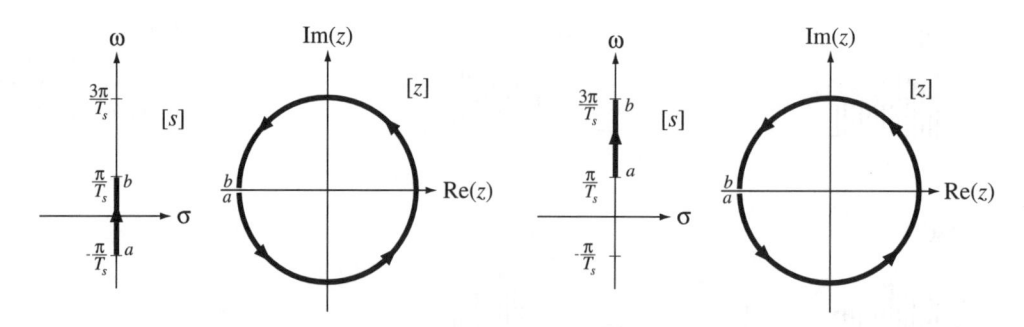

Figura 16.12
Mapeamento do eixo ω do plano s para o círculo unitário do plano z.

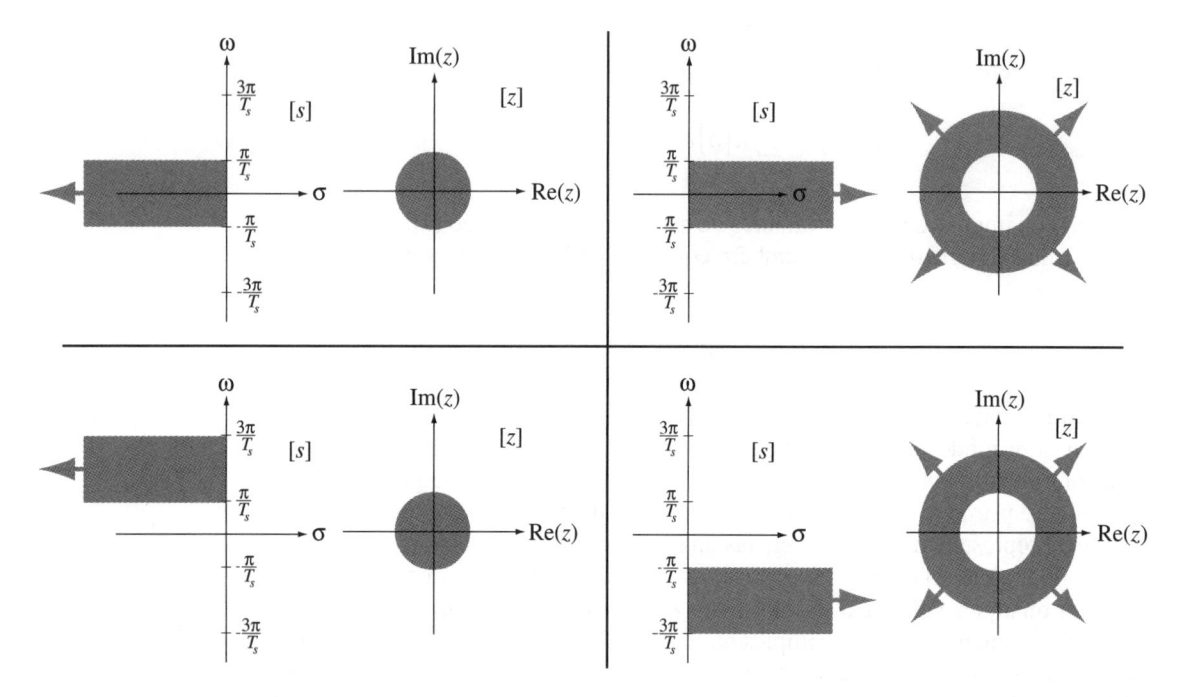

Figura 16.13
Mapeamento das regiões do plano s nas regiões do plano z.

aberto do plano s e um sistema estável discretizado no tempo possui uma função de transferência com todos os seus pólos finitos situados no interior aberto do círculo unitário no plano z (Figura 16.13).

16.7 FUNÇÕES DE TRANSFERÊNCIA

O real poder da transformada de Laplace reside na análise do comportamento dinâmico de sistemas contínuos no tempo. De modo análogo, o real poder da transformada z encontra-se na análise do comportamento dinâmico de sistemas discretizados no tempo. Grande parte dos sistemas contínuos no tempo, analisados por engenheiros, são descritos por equações diferenciais, e a maior parte dos sistemas discretizados no tempo são descritos por equações de diferenças. A forma geral de uma equação de diferenças descritora de um sistema discretizado no tempo com uma excitação x[n] e uma resposta y[n] é

$$\sum_{k=0}^{N} a_k \, y[n-k] = \sum_{k=0}^{M} b_k \, x[n-k]$$

Se tanto x[n] quanto y[n] forem causais, e aplicarmos a transformada z a ambos os lados da equação, então obteremos

$$\sum_{k=0}^{N} a_k z^{-k} Y(z) = \sum_{k=0}^{M} b_k z^{-k} X(z)$$

A função de transferência H(z) corresponde à razão entre Y(z) e X(z)

$$H(z) = \frac{Y(z)}{X(z)} = \frac{\sum_{k=0}^{M} b_k z^{-k}}{\sum_{k=0}^{N} a_k z^{-k}} = \frac{b_0 + b_1 z^{-1} + \cdots + b_M z^{-M}}{a_0 + a_1 z^{-1} + \cdots + a_N z^{-N}}$$

Desse modo, a função de transferência de um sistema discretizado no tempo descrito por uma equação de diferenças equivale a uma razão polinomial em z, assim como a função de transferência de um sistema contínuo no tempo descrito por uma equação diferencial corresponde à razão polinomial em s.

Sistemas discretizados no tempo são convenientemente descritos por diagramas de blocos, assim como sistemas contínuos no tempo o são, e funções de transferência podem ser escritas diretamente dos diagramas de blocos. Considere o sistema mostrado na Figura 16.14.

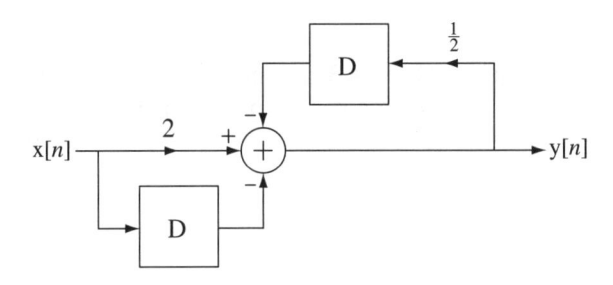

Figura 16.14
Diagrama de blocos de um sistema no domínio do tempo.

A equação de diferenças descritora é y[n] = 2x[n] − x[n−1] − (1/2)y[n−1]. Podemos redesenhar o diagrama de blocos para torná-lo um diagrama de blocos no domínio z em lugar de um diagrama de blocos no domínio do tempo (Figura 16.15).

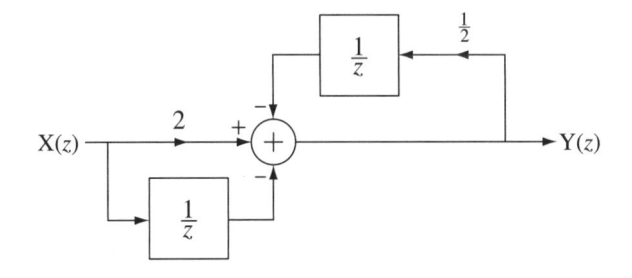

Figura 16.15
Diagrama de blocos de um sistema no domínio z.

No domínio z, a equação descritora é Y(z) = 2X(z) − z^{-1} X(z) − (1/2)z^{-1} Y(z) e a função de transferência é

$$H(z) = \frac{Y(z)}{X(z)} = \frac{2 - z^{-1}}{1 + (1/2)z^{-1}} = \frac{2z - 1}{z + 1/2}$$

As funções do *toolbox* `control` no MATLAB podem, em sua maior parte, também serem utilizadas para sistemas discretizados no tempo. Os operadores * e + sobrecarregados e todos os comandos comuns como `tf`, `zpk`, `tfdata`, `zpkdata`, `step`, impulse e feedback funcionam para os sistemas discretizados no tempo. O comando bode também funciona, mas com algumas pequenas diferenças. Sistemas discretizados no tempo são descritos quase exatamente da mesma maneira que sistemas contínuos. A única diferença real é que na descrição do sistema o intervalo de tempo entre amostras deve ser especificado também. Por exemplo, um sistema cuja função de transferência seja dada abaixo

$$H(z) = \frac{z(z-1)}{z^2 + z/2 + 1/2}$$

com uma taxa de amostragem de 100 Hz, poderia ser descrito por estes comandos no MATLAB:

```
>> fs = 100 ;
>> Ts = 1/fs ;
>> H = tf([1 -1 0],[1 1/2 1/2], Ts) ;
>> H

Transfer function:
 z^2-z
 ---------------
 z^2 + 0.5z + 0.5

Sampling Time: 0.01
```

De fato, a maneira pela qual o MATLAB sabe que uma descrição de sistema se refere a um sistema discretizado no tempo é por meio de T_s que deve ser diferente de zero. Para sistemas contínuos no tempo, o parâmetro T_s é zero. Por exemplo,

```
>> HCT = tf([1 -1 0],[1 1/2 1/2], 0) ;
>> HCT

Transfer function:
 s^2-s
 ---------------
 s^2 + 0.5s + 0.5
```

O MATLAB considera o sistema contínuo no tempo quando o tempo de amostragem especificado vale zero e retorna uma descrição como uma função de s e não de z.

16.8 ESTABILIDADE DE SISTEMAS

Um sistema discretizado no tempo causal é estável de acordo com o critério BIBO se sua resposta ao impulso é absolutamente somável, ou seja, se a soma das magnitudes dos impulsos na resposta ao impulso é finita. Para um sistema cuja função de transferência seja uma razão entre polinômios em z da forma

$$H(z) = \frac{Y(z)}{X(z)} = \frac{\sum_{k=0}^{M} b_k z^{-k}}{\sum_{k=0}^{N} a_k z^{-k}} = \frac{b_0 + b_1 z^{-1} + \cdots + b_M z^{-M}}{a_0 + a_1 z^{-1} + \cdots + a_N z^{-N}}$$

com $M < N$ e todos os pólos finitos distintos, a função de transferência pode ser escrita na forma de frações parciais

$$H(z) = \frac{K_1 z}{z - p_1} + \frac{K_2 z}{z - p_2} + \cdots + \frac{K_N z}{z - p_N}$$

e a resposta ao impulso é então da forma

$$h[n] = \left(K_1 p_1^n + K_2 p_2^n + \cdots + K_N p_N^n\right) u[n]$$

(alguns dos p's podem ser complexos). Para que o sistema seja estável, cada termo deve ser absolutamente somável. O somatório do valor absoluto de um termo típico é

$$\sum_{n=-\infty}^{\infty} |Kp^n \operatorname{u}[n]| = |K| \sum_{n=0}^{\infty} |p^n| = |K| \sum_{n=0}^{\infty} |p|^n \left(e^{j\measuredangle p}\right)^n = |K| \sum_{n=0}^{\infty} |p|^n \underbrace{\left|e^{jn\measuredangle p}\right|}_{=1}$$

$$\sum_{n=-\infty}^{\infty} |Kp^n \operatorname{u}[n]| = |K| \sum_{n=0}^{\infty} |p|^n$$

A convergência desse último somatório requer que $|p| < 1$. Portanto, para se garantir a estabilidade, todos os pólos finitos devem satisfazer à condição $|p_k| < 1$.

> Em um sistema discretizado no tempo, todos os pólos finitos devem estar situados no interior aberto do círculo unitário no plano z para que haja estabilidade no sistema.

Essa descrição é diretamente análoga ao requisito visto em sistemas contínuos no tempo em que todos os pólos finitos devam estar localizados no semiplano esquerdo aberto do plano s para que a estabilidade do sistema seja atingida. Essa análise foi feita para o caso mais comum em que todos os pólos finitos são distintos. Se existem pólos finitos repetidos, pode ser mostrado que o requisito, o qual define que todos os pólos finitos devem permanecer no interior aberto do círculo unitário para se garantir a estabilidade do sistema, continua o mesmo.

16.9 CONEXÕES EM PARALELO, EM CASCATA E POR RETROALIMENTAÇÃO

As funções de transferência de componentes na associação em cascata, em paralelo ou por retroalimentação de sistemas discretizados no tempo combinam do mesmo modo que aquele visto para os sistemas contínuos no tempo (da Figura 16.16 à Figura 16.18).

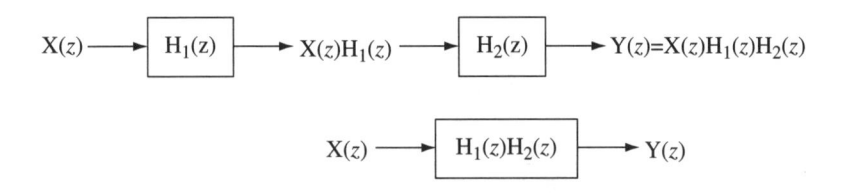

Figura 16.16
Associação em cascata de sistemas.

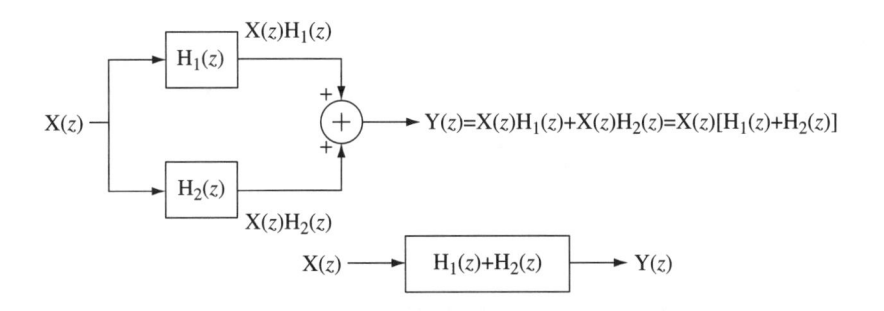

Figura 16.17
Associação em paralelo de sistemas.

Figura 16.18
Associação de sistemas por retroalimentação.

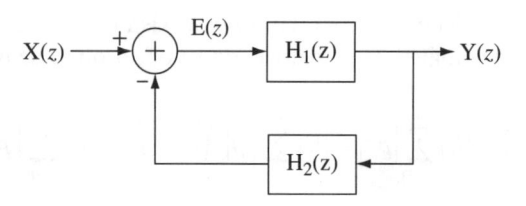

Determinamos a função de transferência total de um sistema retroalimentado pela mesma técnica usada para sistemas contínuos no tempo, e o resultado é

$$H(z) = \frac{Y(z)}{X(z)} = \frac{H_1(z)}{1 + H_1(z)H_2(z)} = \frac{H_1(z)}{1 + T(z)} \quad (16.17)$$

em que $T(z) = H_1(z)H_2(z)$ é a função de transferência da malha.

16.10 RESPOSTAS DE SISTEMAS A SINAIS PADRÃO

Como indicado no Capítulo 15, é impraticável determinar a resposta ao impulso de um sistema contínuo no tempo pela aplicação real de um impulso ao sistema. Para sistemas discretizados no tempo, tal condição não é verdadeira. O impulso discretizado no tempo é uma função bem simples e pode ser aplicada em uma situação prática sem maiores problemas. Em acréscimo à resposta ao impulso, as respostas de sistemas à seqüência degrau unitário e à senóide aplicada ao sistema no instante de tempo $n = 0$ também são bons indicadores do desempenho dinâmico do sistema.

RESPOSTA À SEQÜÊNCIA DEGRAU UNITÁRIO

Seja a função de transferência de um sistema igual a

$$H(z) = \frac{N(z)}{D(z)}$$

Então, a resposta à seqüência degrau unitário do sistema no domínio z é

$$Y(z) = \frac{z}{z-1} \frac{N(z)}{D(z)}$$

Se a ordem de $N(z)$ é menor ou igual à ordem de $D(z)$, então a resposta à seqüência degrau unitário pode ser escrita na forma de frações parciais

$$Y(z) = z\left[\frac{N_1(z)}{D(z)} + \frac{H(1)}{z-1}\right] = z\frac{N_1(z)}{D(z)} + H(1)\frac{z}{z-1}$$

Se o sistema é estável e causal, a transformada z inversa do termo $zN_1(z)/D(z)$ é um sinal que decai com o tempo (a resposta transitória) e a transformada z inversa do termo $H(1)z/(z-1)$ é uma seqüência degrau unitário multiplicada pelo valor da função de transferência em $z = 1$ (a resposta forçada).

EXEMPLO 16.10

Resposta à seqüência degrau unitário usando a transformada z

Um sistema possui uma função de transferência

$$H(z) = \frac{100z}{z - 1/2}$$

Determine e trace o gráfico da resposta à seqüência degrau unitário.

■ Solução

No domínio z, a resposta à seqüência degrau unitário é

$$Y(z) = \frac{z}{z-1}\frac{100z}{z-1/2} = z\left[\frac{-100}{z-1/2} + \frac{200}{z-1}\right] = 100\left[\frac{2z}{z-1} - \frac{z}{z-1/2}\right]$$

A resposta à seqüência degrau unitário no domínio do tempo é a transformada z inversa, que é

$$y[n] = 100\left[2 - (1/2)^n\right]u[n]$$

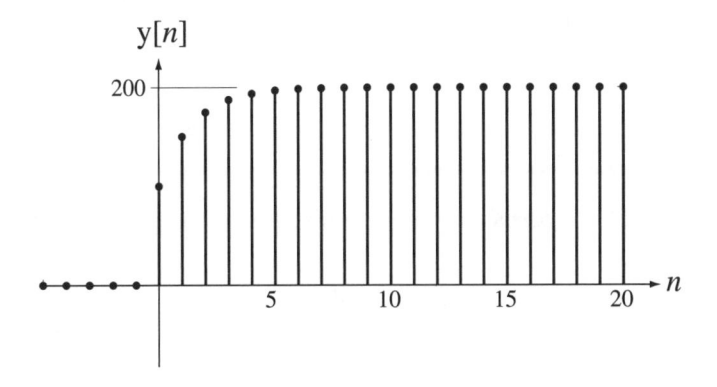

(Figura 16.19).

Figura 16.19
Resposta à seqüência degrau unitário.

O valor final ao qual a resposta à seqüência degrau unitário se aproxima é 200, que corresponde ao mesmo valor obtido por $H(1)$.

■

Em análise de sinais e sistemas, os dois sistemas mais comumente encontrados são os sistemas de um pólo e dois pólos. A função de transferência típica de um sistema com único pólo é da forma

$$H(z) = \frac{Kz}{z-p}$$

em que p equivale à localização de um pólo real no plano z. Sua resposta no domínio z a uma seqüência degrau unitário é

$$Y(z) = \frac{z}{z-1}\frac{Kz}{z-p} = \frac{K}{1-p}\left(\frac{z}{z-1} - \frac{pz}{z-p}\right)$$

e sua resposta no domínio do tempo é

$$y[n] = \frac{K}{1-p}(1 - p^{n+1})u[n]$$

Para simplificar essa expressão e isolar os efeitos, admita que a constante de ganho K seja $1 - p$. Então

$$y[n] = (1 - p^{n+1})u[n]$$

A resposta forçada é $u[n]$ e a resposta transitória é $-p^{n+1}u[n]$.

Essa é a contrapartida no tempo discreto da clássica resposta ao degrau unitário de um sistema contínuo no tempo de um pólo, e a velocidade da resposta é determinada pela localização do pólo. Para $0 < p < 1$, o sistema é estável e quanto mais próximo de 1 p estiver, mais lenta a resposta se tornará (Figura 16.20). Para $p > 1$, o sistema é instável.

Figura 16.20
Resposta de um sistema de único pólo a uma seqüência degrau unitário à medida que a localização do pólo se modifica.

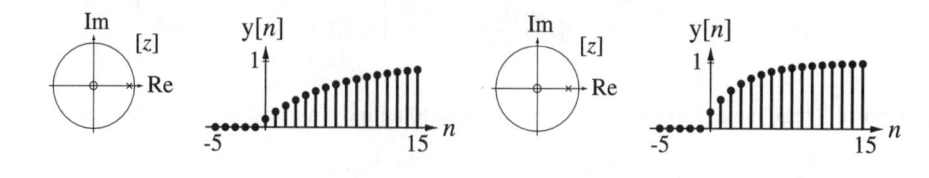

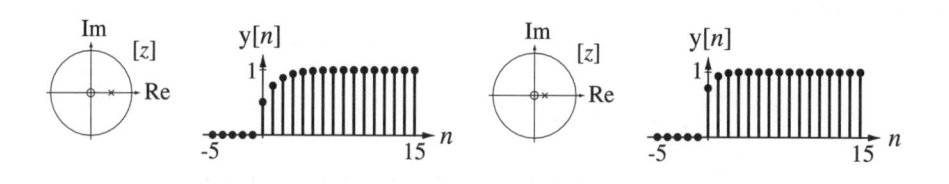

Exemplo 16.11

Diagramas de pólos e zeros e a resposta à seqüência degrau unitário usando a transformada z

Um sistema possui uma função de transferência da forma

$$H(z) = K \frac{z^2}{z^2 - 2r_0 \cos(\Omega_0)z + r_0^2}$$

Trace o diagrama de pólos e zeros e faça o gráfico das respostas à seqüência degrau unitário para

(a) $r_0 = 1/2$, $\Omega_0 = \pi/6$
(b) $r_0 = 1/2$, $\Omega_0 = \pi/3$
(c) $r_0 = 3/4$, $\Omega_0 = \pi/6$
(d) $r_0 = 3/4$, $\Omega_0 = \pi/3$

■ Solução

Os pólos finitos de $H(z)$ residem em $p_{1,2} = r_0 e^{\pm j\Omega_0}$. Se $r_0 < 1$, ambos os pólos finitos encontram-se no interior do círculo unitário e o sistema é estável. A transformada z da resposta à seqüência degrau unitário é

$$Y(z) = K \frac{z}{z-1} \frac{z^2}{z^2 - 2r_0 \cos(\Omega_0)z + r_0^2}$$

Para $\Omega_0 \neq \pm m\pi$, em que m é inteiro, a expansão em frações parciais de $Y(z)/Kz$ é

$$\frac{Y(z)}{Kz} = \frac{1}{1 - 2r_0 \cos(\Omega_0) + r_0^2} \left[\frac{1}{z-1} + \frac{(r_0^2 - 2r_0 \cos(\Omega_0))z + r_0^2}{z^2 - 2r_0 \cos(\Omega_0)z + r_0^2} \right]$$

Então

$$Y(z) = \frac{Kz}{1 - 2r_0 \cos(\Omega_0) + r_0^2} \left[\frac{1}{z-1} + \frac{(r_0^2 - 2r_0 \cos(\Omega_0))z + r_0^2}{z^2 - 2r_0 \cos(\Omega_0)z + r_0^2} \right]$$

ou

$$Y(z) = H(1) \left[\frac{z}{z-1} + z \frac{(r_0^2 - 2r_0 \cos(\Omega_0))z + r_0^2}{z^2 - 2r_0 \cos(\Omega_0)z + r_0^2} \right]$$

que pode ser escrito como

$$Y(z) = H(1) \left(\frac{z}{z-1} + r_0 \left\{ \begin{array}{l} [r_0 - 2\cos(\Omega_0)] \dfrac{z^2 - r_0 \cos(\Omega_0) z}{z^2 - 2r_0 \cos(\Omega_0) z + r_0^2} \\ + \dfrac{1 + [r_0 - 2\cos(\Omega_0)]\cos(\Omega_0)}{\operatorname{sen}(\Omega_0)} \dfrac{z r_0 \operatorname{sen}(\Omega_0)}{z^2 - 2r_0 \cos(\Omega_0) z + r_0^2} \end{array} \right\} \right)$$

A transformada z inversa é

$$y[n] = H(1) \left(1 + r_0 \left\{ \begin{array}{l} [r_0 - 2\cos(\Omega_0)] r_0^n \cos(n\Omega_0) \\ + \dfrac{1 + [r_0 - 2\cos(\Omega_0)]\cos(\Omega_0)}{\operatorname{sen}(\Omega_0)} r_0^n \operatorname{sen}(n\Omega_0) \end{array} \right\} \right) u[n]$$

Essa é a solução geral para a resposta à seqüência degrau unitário de um sistema de segunda ordem com ganho unitário. Se admitirmos que $K = 1 - 2r_0 \cos(\Omega_0) + r_0^2$, então o sistema tem um ganho unitário ($H(1) = 1$). Na Figura 16.21, encontram-se os diagramas de pólos e zeros e as respostas à seqüência degrau unitário para os valores de r_0 e Ω_0 dados anteriormente.

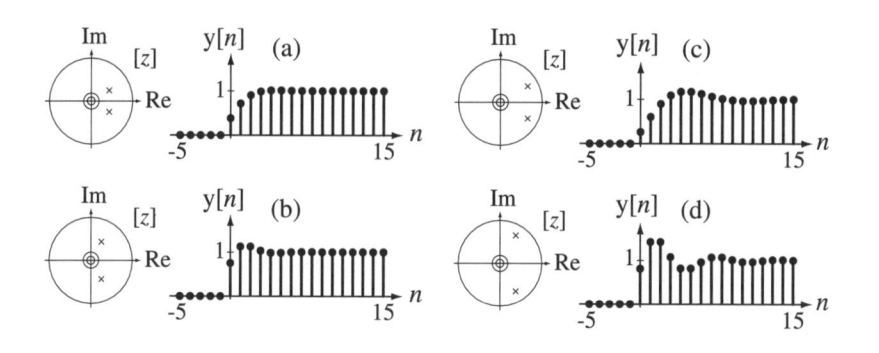

Figura 16.21
Diagramas de pólos e zeros e respostas à seqüência degrau unitário de um sistema de segunda ordem com ganho unitário para quatro combinações de r_0 e Ω_0.

À medida que r_0 é aumentado, as respostas tornam-se mais subamortecidas, oscilando para um tempo de maior duração. À medida que Ω_0 é aumentado, a velocidade da oscilação aumenta. Desse modo, podemos generalizar afirmando que pólos próximos ao círculo unitário provocam uma resposta mais subamortecida do que pólos longe (e no interior) do círculo unitário. Podemos afirmar também que a taxa de oscilação da resposta depende dos ângulos dos pólos, sendo maiores para um ângulo maior.

RESPOSTA A UMA SENÓIDE APLICADA DURANTE UM TEMPO FINITO

A resposta de um sistema a um cosseno de amplitude unitária com freqüência angular Ω_0 aplicado ao sistema no instante $n = 0$ é

$$Y(z) = \frac{N(z)}{D(z)} \frac{z[z - \cos(\Omega_0)]}{z^2 - 2z\cos(\Omega_0) + 1}$$

Os pólos dessa resposta são os pólos da função de transferência mais as raízes de $z^2 - 2z\cos(\Omega_0) + 1 = 0$, que são o par conjugado complexo $p_1 = e^{j\Omega_0}$ e $p_2 = e^{-j\Omega_0}$. Portanto, $p_1 = p_2^*$, $p_1 + p_2 = 2\cos(\Omega_0)$, $p_1 - p_2 = j2\operatorname{sen}(\Omega_0)$ e $p_1 p_2 = 1$. Então se $\Omega_0 \neq m\pi$, sendo m um inteiro e, se não há cancelamento entre pólos e zeros, estes pólos são distintos e a resposta pode ser escrita na forma de frações parciais como

$$Y(z) = z\left[\frac{N_1(z)}{D(z)} + \frac{1}{p_1 - p_2}\frac{H(p_1)(p_1 - \cos(\Omega_0))}{z - p_1} + \frac{1}{p_2 - p_1}\frac{H(p_2)(p_2 - \cos(\Omega_0))}{z - p_2}\right]$$

ou, após a simplificação,

$$Y(z) = z\left[\left\{\frac{N_1(z)}{D(z)} + \left[\frac{H_r(p_1)(z - p_{1r}) - H_i(p_1)p_{1i}}{z^2 - z(2p_{1r}) + 1}\right]\right\}\right]$$

em que $p_1 = p_{1r} + jp_{1i}$ e $H(p_1) = H_r(p_1) + jH_i(p_1)$. A equação anterior pode ser escrita em termos dos parâmetros originais como

$$Y(z) = \left\{z\frac{N_1(z)}{D(z)} + \left[\begin{array}{l}\text{Re}\big(H(\cos(\Omega_0) + j\text{sen}(\Omega_0))\big)\dfrac{z^2 - z\cos(\Omega_0)}{z^2 - z(2\cos(\Omega_0)) + 1} \\ -\text{Im}\big(H(\cos(\Omega_0) + j\text{sen}(\Omega_0))\big)\dfrac{z\,\text{sen}(\Omega_0)}{z^2 - z(2\cos(\Omega_0)) + 1}\end{array}\right]\right\}$$

A transformada z inversa é

$$y[n] = \mathcal{Z}^{-1}\left(z\frac{N_1(z)}{D(z)}\right) + \left[\begin{array}{l}\text{Re}\big(H(\cos(\Omega_0) + j\text{sen}(\Omega_0))\big)\cos(\Omega_0 n) \\ -\text{Im}\big(H(\cos(\Omega_0) + j\text{sen}(\Omega_0))\big)\text{sen}(\Omega_0 n)\end{array}\right]u[n]$$

ou, usando

$$\text{Re}(A)\cos(\Omega_0 n) - \text{Im}(A)\text{sen}(\Omega_0 n) = |A|\cos(\Omega_0 n + \sphericalangle A)$$

$$y[n] = \mathcal{Z}^{-1}\left(z\frac{N_1(z)}{D(z)}\right) + |H(\cos(\Omega_0) + j\text{sen}(\Omega_0))|$$
$$\cos\big(\Omega_0 n + \sphericalangle H(\cos(\Omega_0) + j\text{sen}(\Omega_0))\big)u[n]$$

ou

$$y[n] = \mathcal{Z}^{-1}\left(z\frac{N_1(z)}{D(z)}\right) + |H(p_1)|\cos(\Omega_0 n + \sphericalangle H(p_1))u[n] \qquad (16.18)$$

Se o sistema é estável, o termo

$$\mathcal{Z}^{-1}\left(z\frac{N_1(z)}{D(z)}\right)$$

(a resposta transitória) decai a zero com o tempo discreto e o termo $|H(p_1)|\cos(\Omega_0 n + \sphericalangle H(p_1))u[n]$ (a resposta forçada) é igual a uma senóide após o tempo discreto $n = 0$, e persiste indefinidamente.

Exemplo 16.12

Resposta do sistema a um cosseno aplicado em um tempo finito usando a transformada z

O sistema do Exemplo 16.10 possui uma função de transferência

$$H(z) = \frac{100z}{z - 1/2}$$

Determine e elabore o gráfico da resposta a $x[n] = \cos(\Omega_0 n)u[n]$ com $\Omega_0 = \pi/4$.

■ Solução

No domínio z, a resposta é da forma

$$Y(z) = \frac{Kz}{z-p} \frac{z[z-\cos(\Omega_0)]}{z^2 - 2z\cos(\Omega_0) + 1} = \frac{Kz}{z-p} \frac{z[z-\cos(\Omega_0)]}{(z-e^{j\Omega_0})(z-e^{-j\Omega_0})}$$

em que $K = 100$, $p = 1/2$ e $\Omega_0 = \pi/4$. Essa resposta pode ser escrita na forma de frações parciais,

$$Y(z) = Kz \left[\underbrace{\frac{\frac{p[p-\cos(\Omega_0)]}{(p-e^{j\Omega_0})(p-e^{-j\Omega_0})}}{z-p}}_{\text{Resposta transitória}} + \underbrace{\frac{Az+B}{z^2 - 2z\cos(\Omega_0) + 1}}_{\text{Resposta forçada}} \right]$$

Usando a Equação (16.18),

$$y[n] = Z^{-1}\left(100z \frac{\frac{(1/2)[1/2-\cos(\pi/4)]}{(1/2-e^{j\pi/4})(1/2-e^{-j\pi/4})}}{z-1/2}\right)$$

$$+ \left|\frac{100e^{j\pi/4}}{e^{j\pi/4}-1/2}\right|\cos\left(\Omega_0 n + \measuredangle \frac{100e^{j\pi/4}}{e^{j\pi/4}-1/2}\right)u[n]$$

$$y[n] = \left[-19{,}07(1/2)^n + 135{,}72\cos(\pi n/4 - 0{,}5)\right]u[n] \qquad (16.19)$$

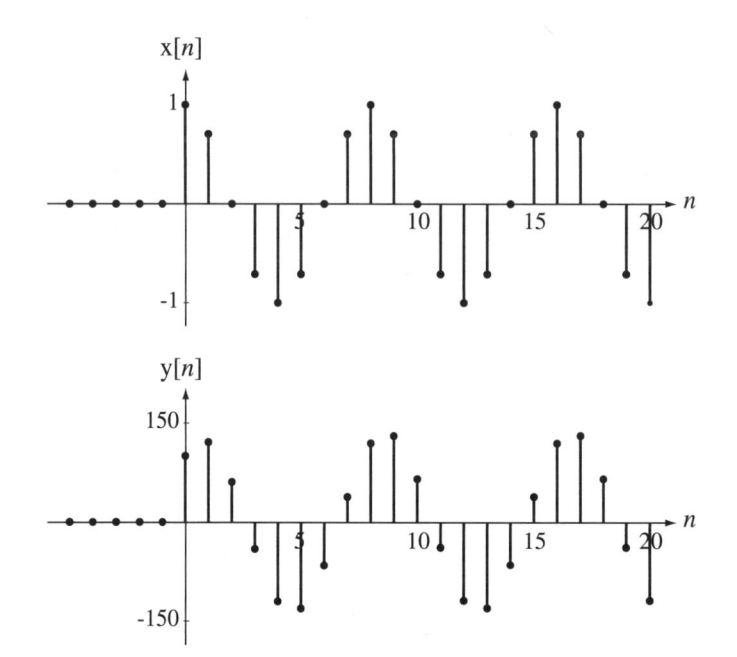

(Figura 16.22).

Figura 16.22
Cosseno aplicado no instante de tempo $n = 0$ e a resposta do sistema.

Para fins de comparação, vamos determinar a resposta do sistema a um cosseno verdadeiro (aplicado desde o instante de tempo $n \to -\infty$) usando a TFDT. A função de transferência, representada como uma função da freqüência angular Ω ao se empregar a relação $z = e^{j\Omega}$, é

$$H(e^{j\Omega}) = \frac{100e^{j\Omega}}{e^{j\Omega} - 1/2}$$

A TFDT de x[n] é

$$X(e^{j\Omega}) = \pi[\delta_{2\pi}(\Omega - \Omega_0) + \delta_{2\pi}(\Omega + \Omega_0)]$$

Portanto, a resposta é

$$Y(e^{j\Omega}) = \pi[\delta_{2\pi}(\Omega - \Omega_0) + \delta_{2\pi}(\Omega + \Omega_0)]\frac{100e^{j\Omega}}{e^{j\Omega} - 1/2}$$

ou

$$Y(e^{j\Omega}) = 100\pi\left[\sum_{k=-\infty}^{\infty} \frac{e^{j\Omega}}{e^{j\Omega} - 1/2}\delta(\Omega - \Omega_0 - 2\pi k) + \sum_{k=-\infty}^{\infty} \frac{e^{j\Omega}}{e^{j\Omega} - 1/2}\delta(\Omega + \Omega_0 - 2\pi k)\right]$$

Usando a propriedade de equivalência do impulso,

$$Y(e^{j\Omega}) = 100\pi \sum_{k=-\infty}^{\infty}\left[\frac{e^{j(\Omega_0 + 2\pi k)}}{e^{j(\Omega_0 + 2\pi k)} - 1/2}\delta(\Omega - \Omega_0 - 2\pi k) + \frac{e^{j(-\Omega_0 + 2\pi k)}}{e^{j(-\Omega_0 + 2\pi k)} - 1/2}\delta(\Omega + \Omega_0 - 2\pi k)\right]$$

Visto que $e^{j(\Omega_0 + 2\pi k)} = e^{j\Omega_0}$ e $e^{j(-\Omega_0 + 2\pi k)} = e^{-j\Omega_0}$ para valores inteiros de k,

$$Y(e^{j\Omega}) = 100\pi \sum_{k=-\infty}^{\infty}\left[\frac{e^{j\Omega_0}\delta(\Omega - \Omega_0 - 2\pi k)}{e^{j\Omega_0} - 1/2} + \frac{e^{-j\Omega_0}\delta(\Omega + \Omega_0 - 2\pi k)}{e^{-j\Omega_0} - 1/2}\right]$$

ou

$$Y(e^{j\Omega}) = 100\pi\left[\frac{e^{j\Omega_0}\delta_{2\pi}(\Omega - \Omega_0)}{e^{j\Omega_0} - 1/2} + \frac{e^{-j\Omega_0}\delta_{2\pi}(\Omega + \Omega_0)}{e^{-j\Omega_0} - 1/2}\right]$$

Determinando um denominador comum, aplicando a identidade de Euler e simplificando,

$$Y(e^{j\Omega}) = \frac{100\pi}{5/4 - \cos(\Omega_0)}\left\{\begin{array}{l}(1 - (1/2)\cos(\Omega_0))[\delta_{2\pi}(\Omega - \Omega_0) + \delta_{2\pi}(\Omega + \Omega_0)]\\+(j/2)\text{sen}(\Omega_0)[\delta_{2\pi}(\Omega + \Omega_0) - \delta_{2\pi}(\Omega - \Omega_0)]\end{array}\right\}$$

Determinando a TFDT inversa,

$$y[n] = \frac{50}{5/4 - \cos(\Omega_0)}\{[1 - (1/2)\cos(\Omega_0)]2\cos(\Omega_0 n) + \text{sen}(\Omega_0)\text{sen}(\Omega_0 n)\}$$

ou, visto que $\Omega_0 = \pi/4$,

$$y[n] = 119{,}06\cos(\pi n/4) + 65{,}113\text{sen}(\pi n/4) = 135{,}72\cos(\pi n/4 - 0{,}5)$$

Esse resultado é exatamente idêntico à parcela da resposta forçada vista na Equação (16.19).

16.11 DIAGRAMAS DE PÓLOS E ZEROS E O CÁLCULO GRÁFICO DA RESPOSTA EM FREQÜÊNCIA

Como acabamos de ver na seção anterior, a resposta a uma senóide aplicada no instante de tempo $n = 0$ corresponde à soma entre uma resposta transitória e uma resposta forçada. Para sistemas estáveis, a resposta transitória decai a zero à medida que o tempo discreto transcorre. A resposta forçada persiste mesmo depois de a resposta transitória ter desaparecido. A resposta forçada relativa a uma senóide aplicada no instante de tempo $n = 0$, obtida usando-se a transformada z, é a mesma que a resposta determinada pelo uso da TFDT com uma excitação senoidal de mesma amplitude, fase e freqüência (Figura 16.23).

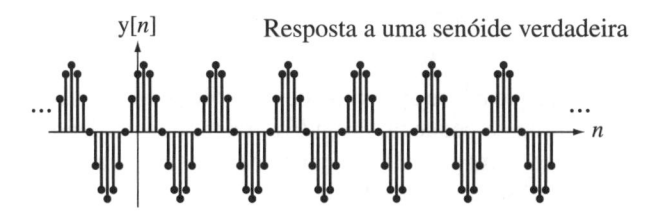

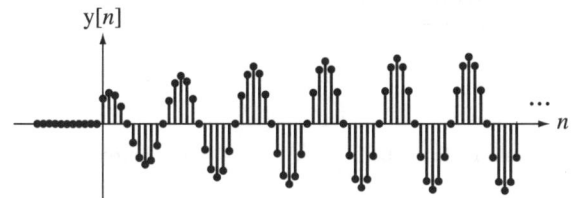

Figura 16.23
Respostas de sistema típicas para uma senóide verdadeira e uma senóide aplicada no instante de tempo $n = 0$.

Para examinarmos a resposta em freqüência de sistemas discretizados no tempo, podemos especializar a transformada z para a TFDT através da transformação $z \to e^{j\Omega}$ com Ω sendo uma variável real que representa a freqüência angular. O fato de que Ω seja real significa que na determinação da resposta em freqüência, os únicos valores de z que estamos considerando agora são aqueles sobre o círculo unitário no plano z, porque $|e^{j\Omega}| = 1$ para qualquer Ω real. Essa consideração é diretamente análoga à determinação da resposta em freqüência de um sistema contínuo no tempo pela inspeção do comportamento de sua função de transferência no domínio s à medida que s se move ao longo do eixo ω no plano s, e uma técnica gráfica similar pode ser utilizada.

Suponha que a função de transferência de um sistema seja

$$H(z) = \frac{z}{z^2 - z/2 + 5/16} = \frac{z}{(z-p_1)(z-p_2)}$$

em que

$$p_1 = \frac{1+j2}{4} \quad \text{e} \quad p_2 = \frac{1-j2}{4}$$

A função de transferência tem um zero na origem e dois pólos finitos conjugados complexos (Figura 16.24).

A resposta em freqüência do sistema em qualquer freqüência angular particular Ω_0 é determinada (para uma certa constante multiplicativa) pelos vetores a partir dos pólos e zeros finitos da função de transferência para o ponto do plano z $z_0 = e^{j\Omega_0}$. A magnitude da resposta em freqüência equivale ao produto das magnitudes dos vetores dos zeros dividido pelo produto das magnitudes dos vetores dos pólos. Neste caso,

$$\left|H(e^{j\Omega})\right| = \frac{\left|e^{j\Omega}\right|}{\left|e^{j\Omega} - p_1\right|\left|e^{j\Omega} - p_2\right|} \tag{16.20}$$

Figura 16.24
Diagrama de pólos e zeros no domínio z de uma função de transferência de sistema.

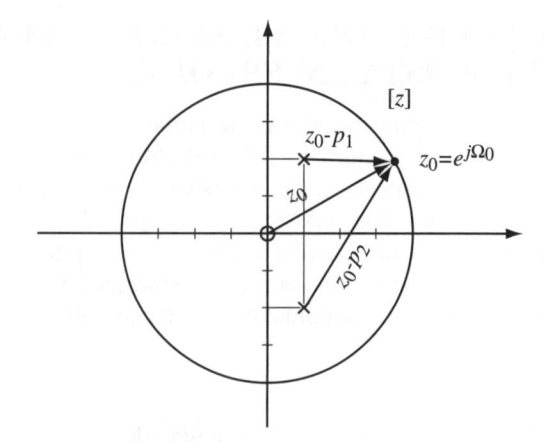

Fica claro que à medida que $e^{j\Omega}$ se aproxima de um pólo p_1, por exemplo, a magnitude da diferença $e^{j\Omega}-p_1$ torna-se pequena, fazendo a magnitude do denominador ficar pequena, e tendendo a fazer a magnitude da função de transferência ficar maior. O efeito oposto ocorre quando $e^{j\Omega}$ se aproxima de zero.

A fase da resposta em freqüência equivale à soma dos ângulos dos vetores do zero menos a soma dos ângulos dos vetores dos pólos. Neste caso, $\angle H(e^{j\Omega}) = \angle e^{j\Omega} - \angle(e^{j\Omega}-p_1) - \angle(e^{j\Omega}-p_2)$ (Figura 16.25).

Figura 16.25
Magnitude e fase da resposta em freqüência do sistema cuja função de transferência é
$$H(z) = \frac{z}{z^2 - z/2 + 5/16}.$$

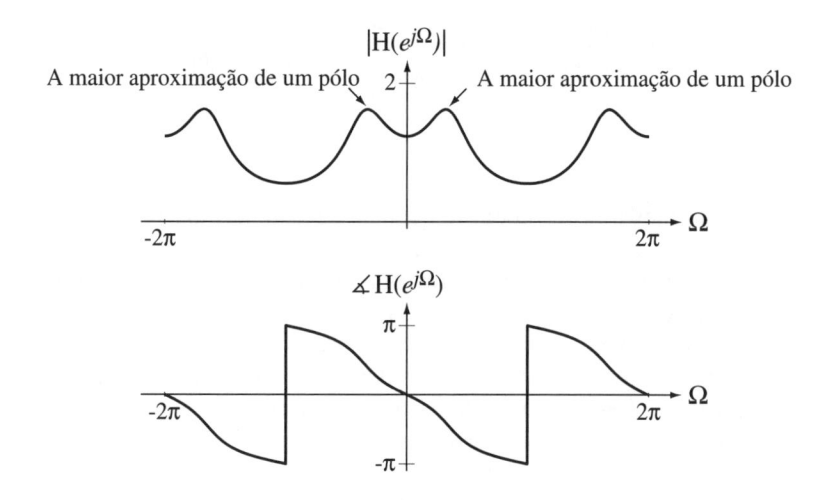

A magnitude máxima da resposta em freqüência ocorre aproximadamente em $z = e^{\pm j1,11}$, que são os pontos sobre o círculo unitário nos mesmos ângulos que os pólos finitos da função de transferência e, portanto, os pontos sobre o círculo unitário nos quais os fatores do denominador $e^{j\Omega_0} - p_1$ e $e^{j\Omega_0} - p_2$ na Equação (16.20) atingem suas magnitudes mínimas.

Exemplo 16.13

Diagrama de pólos e zeros e resposta em freqüência por meio de uma função de transferência 1

Desenhe o diagrama de pólos e zeros e o gráfico da resposta em freqüência para o sistema cuja função de transferência seja

$$H(z) = \frac{z^2 - 0,96z + 0,9028}{z^2 - 1,56z + 0,8109}$$

■ Solução

A função de transferência pode ser fatorada em

$$H(z) = \frac{(z - 0,48 + j0,82)(z - 0,48 + j0,82)}{(z - 0,78 + j0,45)(z - 0,78 - j0,45)}$$

O diagrama de pólos e zeros encontra-se na Figura 16.26.

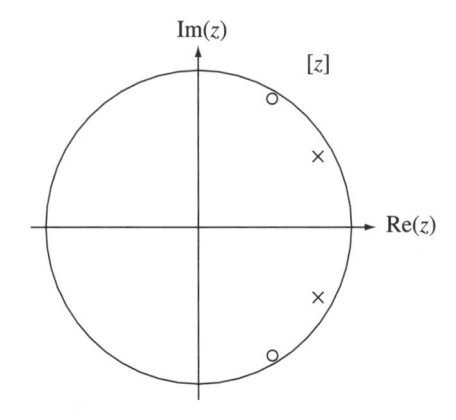

Figura 16.26
Diagrama de pólos e zeros referente à função de transferência

$$H(z) = \frac{z^2 - 0,96z + 0,9028}{z^2 - 1,56z + 0,8109}.$$

A magnitude e a fase da resposta em freqüência do sistema estão ilustradas na Figura 16.27.

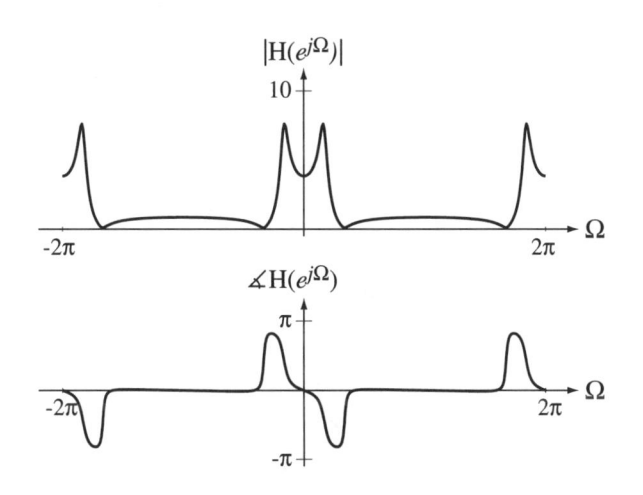

Figura 16.27
A magnitude e a fase da resposta em freqüência do sistema cuja função de transferência é

$$H(z) = \frac{z^2 - 0,96z + 0,9028}{z^2 - 1,56z + 0,8109}.$$

■

EXEMPLO 16.14

Diagrama de pólos e zeros e resposta em freqüência por meio de uma função de transferência 2

Desenhe o diagrama de pólos e zeros e faça o gráfico da resposta em freqüência para o sistema cuja função de transferência é

$$H(z) = \frac{0,0686}{(z^2 - 1,087z + 0,3132)(z^2 - 1,315z + 0,6182)}$$

■ Solução

Esta função de transferência pode ser fatorada em

$$H(z) = \frac{0,0686}{(z - 0,5435 + j0,1333)(z - 0,5435 - j0,1333)(z - 0,6575 + j0,4312)(z - 0,6575 - j0,4312)}$$

O diagrama de pólos e zeros está ilustrado na Figura 16.28.

Figura 16.28
Diagrama de pólos e zeros para a função de transferência

$$H(z) = \frac{0,0686}{(z^2 - 1,087z + 0,3132)(z^2 - 1,315z + 0,6182)}.$$

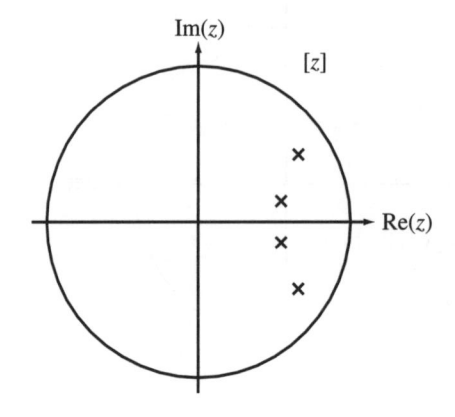

A magnitude e a fase da resposta em freqüência do sistema estão ilustradas na Figura 16.29.

Figura 16.29
A magnitude e a fase da resposta em freqüência do sistema cuja função de transferência é

$$H(z) = \frac{0,0686}{(z^2 - 1,087z + 0,3132)(z^2 - 1,315z + 0,6182)}.$$

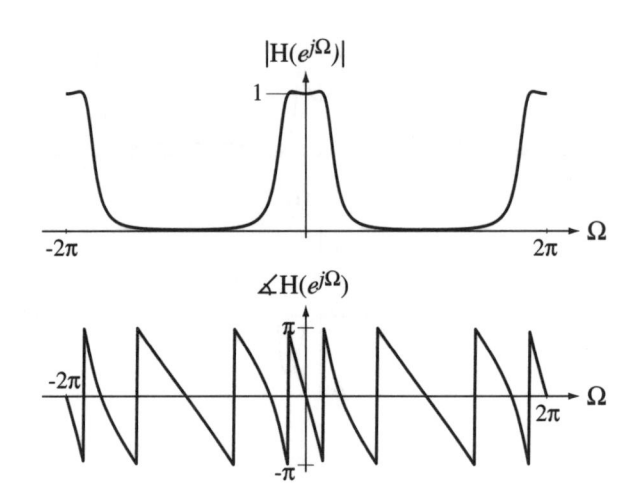

Na Figura 16.30, encontra-se a mesma função de transferência representada em magnitude dada em dB, traçada graficamente como uma superfície acima do plano z. A linha sólida na superfície corresponde à magnitude da função de transferência.

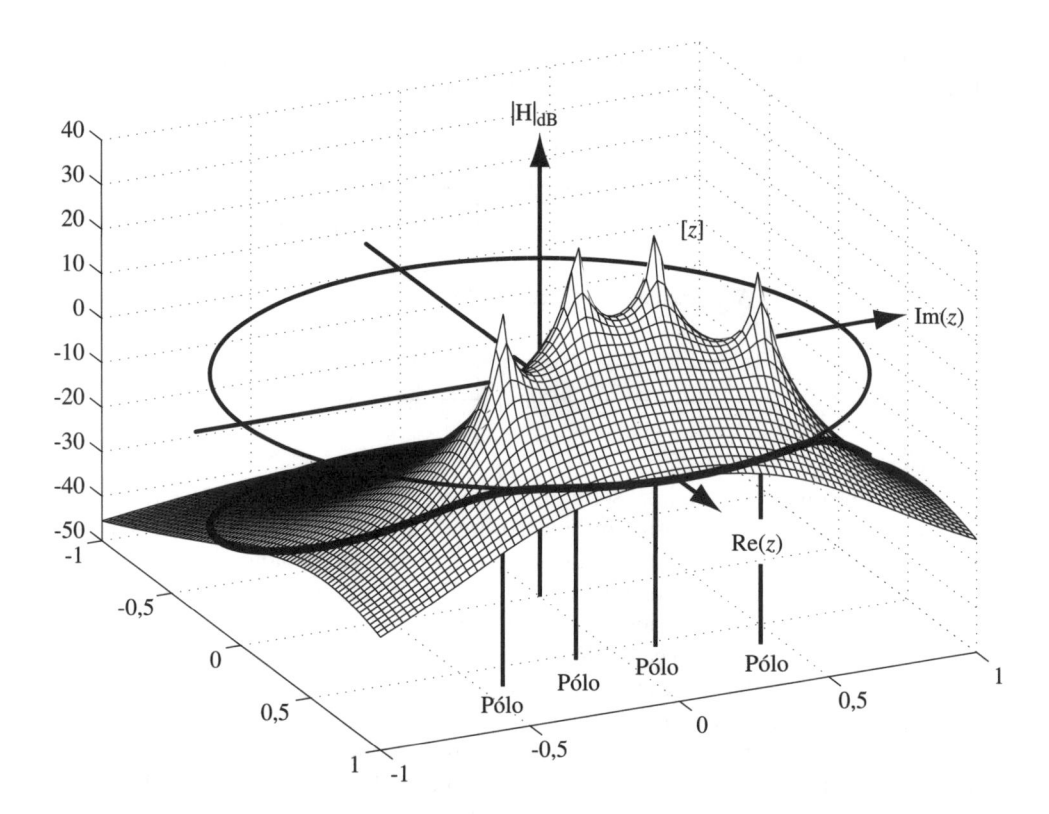

Figura 16.30
Gráfico de superfície da magnitude de H(z) acima do plano z.

16.12 SIMULAÇÃO DE SISTEMAS CONTÍNUOS NO TEMPO COM SISTEMAS DISCRETIZADOS NO TEMPO

No Capítulo 14, examinamos como os sinais contínuos no tempo são convertidos em sinais discretizados no tempo por meio da amostragem. Verificamos que, sob certas condições, o sinal discretizado era uma boa representação do sinal contínuo no tempo no sentido de que ele preservava toda ou praticamente toda a sua informação. Um sinal discretizado no tempo formado através da amostragem adequada de um sinal contínuo no tempo de um certo modo simula o sinal contínuo no tempo. Na Seção 16.6, examinamos a equivalência entre um sistema discretizado no tempo com resposta ao impulso h[n] e um sistema contínuo no tempo com resposta ao impulso

$$h_\delta(t) = \sum_{n=-\infty}^{\infty} h[n]\delta(t - nT_s)$$

O sistema cuja resposta ao impulso seja $h_\delta(t)$ é um tipo muito especial de sistema, porque sua resposta ao impulso consiste em apenas impulsos. Como uma questão prática, essa resposta é impossível de ser obtida, pois a função de transferência de um sistema como este, sendo periódica, possui uma resposta não-nula nas freqüências que se aproximam do infinito. Nenhum sistema real contínuo no tempo pode ter uma resposta ao impulso que contenha impulsos reais, embora em alguns casos possa ser uma boa aproximação para fins de análise.

Para simularmos um sistema contínuo no tempo com um sistema discretizado no tempo, devemos primeiro nos dirigir ao problema de criação de uma equivalência útil entre um sistema discretizado no tempo, cuja resposta ao impulso deve ser discreta, e um sistema contínuo no tempo, cuja resposta ao impulso deve ser contínua. A equivalência mais direta e óbvia entre um sinal discretizado no tempo e um sinal contínuo no tempo é ter valores do sinal contínuo no tempo nos instantes de amostragem iguais aos valores do sinal discretizado no tempo nos instantes discretos correspondentes $x[n] = x(nT_s)$. Sendo assim, se a excitação de um sistema discretizado no tempo corresponde a uma versão amostrada de uma excitação de um sistema contínuo no tempo, queremos que a resposta do sistema discretizado no tempo seja uma versão amostrada da resposta do sistema contínuo no tempo (Figura 16.31).

Figura 16.31
Amostragem do sinal e discretização do sistema.

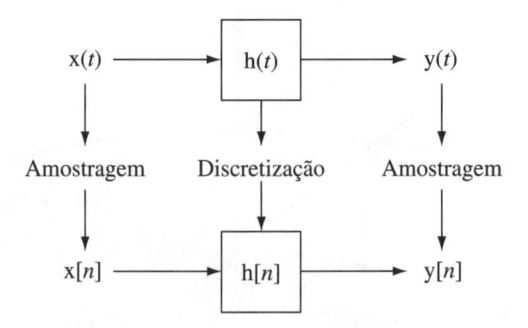

A escolha mais natural para h[n] seria h[n] = h(nT_s). Visto que h[n] não é realmente um sinal que ocorre no sistema em questão, mas sim uma função que caracteriza o sistema, não podemos afirmar precisamente que a Figura 16.31 indica um processo de amostragem. Não estamos amostrando um sinal. Em vez disso, estamos **discretizando** um sistema. A escolha da resposta ao impulso para o sistema discretizado no tempo h[n] = h(nT_s) estabelece uma equivalência entre as respostas ao impulso dos dois sistemas. Com essa escolha de resposta ao impulso, se um impulso contínuo no tempo unitário excita o sistema contínuo no tempo e um impulso unitário discretizado no tempo de mesma intensidade excita o sistema discretizado no tempo, a resposta y[n] equivale a uma versão amostrada da resposta y(t) e y[n] = y(nT_s). Mas, ainda que os dois sistemas tenham respostas ao impulso equivalentes tidas como h[n] = h(nT_s) e y[n] = y(nT_s), isso não significa que as respostas do sistema a outras excitações sejam equivalentes do mesmo modo.

É importante mostrar aqui que, se escolhemos considerar h[n] = h(nT_s), e excitamos ambos os sistemas com impulsos unitários, as respostas são relacionadas por y[n] = y(nT_s), mas não podemos afirmar que x[n] = x(nT_s) como na Figura 16.31. A Figura 16.31 indica que a excitação discretizada no tempo é criada pela amostragem da excitação contínua no tempo. Porém, se a excitação contínua no tempo é um impulso, não podemos amostrá-lo. Tente imaginar a amostragem de um impulso contínuo no tempo. Primeiro, se estivermos amostrando a uma certa taxa finita para tentarmos "capturar" o impulso quando ele ocorre, a probabilidade de realmente vermos o impulso nas amostras é nula, pois ele tem uma largura igual a zero. Até mesmo se pudéssemos amostrar exatamente o instante em que o impulso ocorre, teríamos de admitir $\delta[n] = \delta(nT_s)$, mas essa igualdade não faz sentido, uma vez que a amplitude de um impulso contínuo no tempo em seu tempo de ocorrência não é definido (porque ele não é uma função ordinária) e, por isso, não podemos estabelecer a intensidade correspondente do impulso discretizado no tempo $\delta[n]$. Um projeto de sistema para o qual h[n] = h(nT_s) é denominado projeto **invariante a impulso** devido à equivalência das respostas do sistema aos impulsos unitários.

16.13 SISTEMAS DE DADOS AMOSTRADOS

Devido ao grande crescimento na velocidade dos microprocessadores, na capacidade de memória e na vertiginosa queda no custo destes microprocessadores, projetos de sistemas modernos freqüentemente utilizam subsistemas discretizados no tempo para substituírem subsistemas que eram tradicionalmente contínuos no tempo com o propósito de reduzir custo, espaço ou consumo de energia e aumentar a flexibilidade ou confiabilidade do sistema. Pilotos automáticos, controle de processos químicos industriais, processos de manufatura, ignição automotiva e sistemas de combustíveis são alguns exemplos. Sistemas que contêm tanto subsistemas discretizados no tempo quanto subsistemas contínuos no tempo e os mecanismos de conversão entre sinais discretizados no tempo e sinais contínuos no tempo são denominados sistemas **de dados amostrados**.

O primeiro tipo de sistema de dados amostrados usado para substituir um sistema contínuo no tempo, que ainda é predominante, se origina de uma idéia natural. Convertemos um sinal contínuo no tempo para um sinal discretizado no tempo com um conversor analógico-digital (conversor A/D). Processamos as amostras provenientes do conversor A/D em um sistema discretizado no tempo. Em seguida, convertemos a resposta discretizada no tempo de volta à forma contínua no tempo utilizando para isso um conversor digital-analógico (conversor D/A) (Figura 16.32).

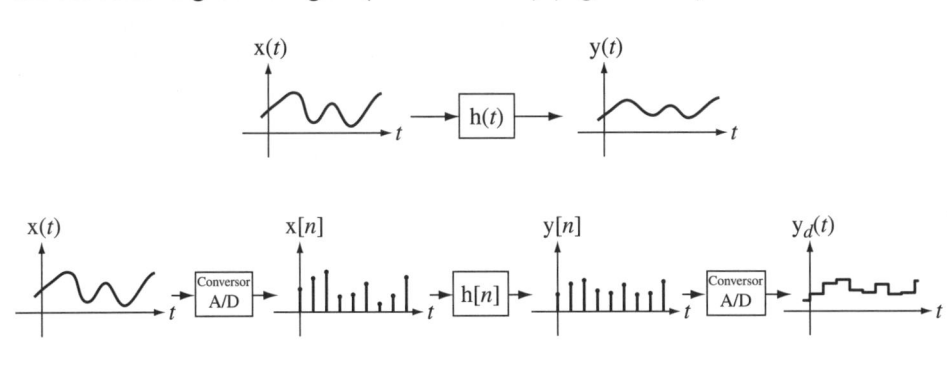

Figura 16.32
Um tipo comum de simulação por dados amostrados de um sistema contínuo no tempo.

O projeto requerido teria a resposta do sistema de dados amostrados bastante próxima à resposta gerada pelo sistema contínuo no tempo. Para conseguirmos essa equivalência, devemos escolher h[n] adequadamente e, para realizarmos tal intento, devemos compreender as ações dos conversores analógico-digital e digital-analógico.

É bastante direto modelar a ação do conversor analógico-digital. Ele simplesmente captura o valor presente no sinal de entrada à taxa de amostragem e responde com um valor proporcional àquele valor lido. (Ele também realiza a quantização do sinal, mas ignoraremos tal efeito e vamos considerá-lo desprezível para esta análise.) O subsistema com resposta ao impulso h[n] é então projetado para fazer o sistema de dados amostrados emular a operação do sistema contínuo no tempo, cuja resposta ao impulso é h(t). (Enfocaremos o problema de determinação de h[n] em breve.)

A operação do conversor digital-analógico é um pouco mais complicada de modelar matematicamente do que o conversor analógico-digital. Ele é excitado por um número proveniente do subsistema discretizado no tempo, a intensidade de um impulso, e responde com um sinal contínuo no tempo proporcional àquele número, que permanece constante até que o valor se altere para um novo número. Esse comportamento pode ser modelado ao pensarmos no processo composto por duas etapas. Primeiro, admita que o impulso discretizado no tempo seja convertido para um impulso contínuo no tempo de mesma intensidade. Em seguida, considere que o impulso contínuo no tempo excite um retentor de ordem zero (introduzido pela primeira vez no Capítulo 14) com uma resposta ao impulso que é retangular de altura unitária e largura T_s e iniciada no instante de tempo $t = 0$

$$h_{roz}(t) = \begin{cases} 0, & t < 0 \\ 1, & 0 < t < T_s \\ 0, & t > T_s \end{cases} = \text{ret}\left(\frac{t - T_s/2}{T_s}\right)$$

(Figura 16.33).

Figura 16.33
Equivalência entre um conversor D/A e uma conversão de impulso contínuo no tempo para discretizado no tempo acompanhada de um retentor de ordem zero.

A função de transferência do retentor de ordem zero é a transformada de Laplace de sua resposta ao impulso $h_{roz}(t)$, que é

$$H_{roz}(s) = \int_{0^-}^{\infty} h_{roz}(t)e^{-st}dt = \int_{0^-}^{T_s} e^{-st}dt = \left[\frac{e^{-st}}{-s}\right]_{0^-}^{T_s} = \frac{1-e^{-sT_s}}{s}$$

A próxima tarefa de projeto é fazer h[n] emular a ação de h(t) de modo que as respostas do sistema total serão tão próximas quanto possível. O sistema contínuo no tempo é excitado por um sinal x(t) e produz uma resposta $y_c(t)$. Gostaríamos de projetar o sistema de dados amostrados correspondente de tal modo que se convertermos x(t) a um sinal discretizado no tempo x[n] = x(nT_s) com um conversor A/D, processá-lo com um sistema para produzir a resposta y[n] e, em seguida, convertê-lo para uma resposta $y_d(t)$ com um conversor D/A, então $y_d(t) = y_c(t)$ (Figura 16.34).

Figura 16.34
Equivalência desejada entre sistemas contínuos no tempo e sistemas de dados amostrados.

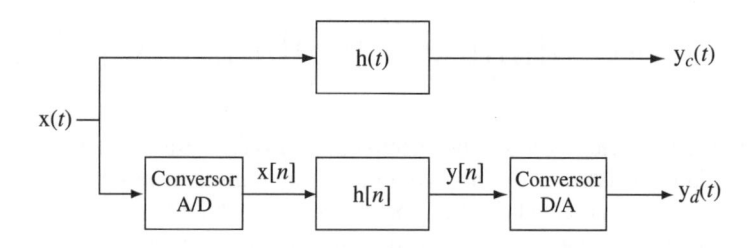

Tal equivalência não pode ser obtida com sucesso (exceto no limite teórico em que a taxa de amostragem tende ao infinito). Porém, podemos estabelecer condições sob as quais uma boa aproximação pode ser feita, uma que se torna cada vez melhor com o aumento da taxa de amostragem.

Como um passo em direção à determinação da resposta ao impulso h[n] do subsistema, primeiro considere a resposta do sistema contínuo no tempo, *não em relação a* x(t), *mas sim em relação a* $x_\delta(t)$, que está relacionado a x(t) por

$$x_\delta(t) = \sum_{n=-\infty}^{\infty} x(nT_s)\delta(t-nT_s) = x(t)\delta_{T_s}(t)$$

A resposta a $x_\delta(t)$ é

$$y(t) = h(t) * x_\delta(t) = h(t) * \sum_{m=-\infty}^{\infty} x(nT_s)\delta(t-mT_s) = \sum_{m=-\infty}^{\infty} x[m]h(t-mT_s)$$

em que x[n] é a versão amostrada de x(t), x(nT_s). A resposta no enésimo múltiplo de T_s é

$$y(nT_s) = \sum_{m=-\infty}^{\infty} x[m]h((n-m)T_s) \qquad (16.21)$$

Compare esse resultado com a resposta de um sistema discretizado no tempo cuja resposta ao impulso seja h[n] = h(nT_s) para x[n] = x(nT_s), que equivale a

$$y[n] = x[n] * h[n] = \sum_{m=-\infty}^{\infty} x[m]h[n-m] \qquad (16.22)$$

Pela comparação entre as Equações (16.21) e (16.22), é aparente que a resposta y(t) de um sistema contínuo no tempo com resposta ao impulso h(t) nos instantes de amostragens nT_s em relação a um sinal contínuo no tempo amostrado por impulso

$$x_\delta(t) = \sum_{n=-\infty}^{\infty} x(nT_s)\delta(t-nT_s)$$

pode ser obtida pela determinação da resposta de um sistema com resposta ao impulso h[n] = h(nT_s) para x[n] = x(nT_s) e fazendo a equivalência y(nT_s) = y[n] (Figura 16.35).

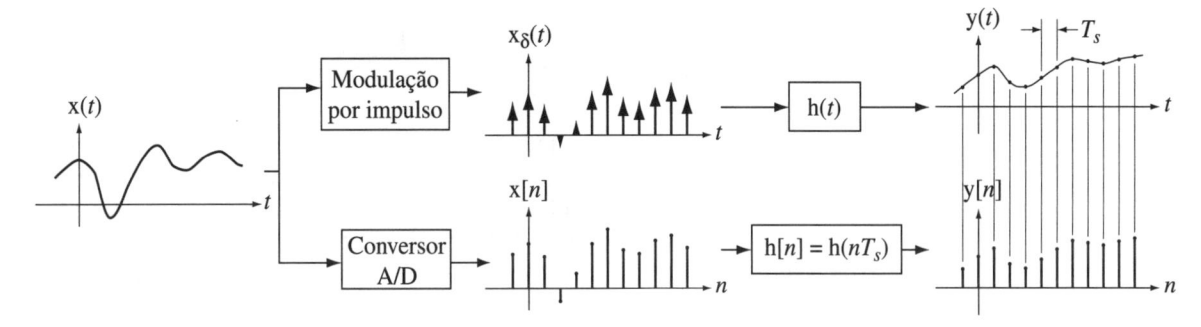

Figura 16.35
Equivalência nos instantes de tempo contínuos nT_s e instantes discretos n correspondentes das respostas dos sistemas contínuo e discretizado no tempo, excitados pelos sinais contínuo e discretizado no tempo, derivados do mesmo sinal contínuo no tempo.

Agora, retornando aos nossos sistemas originais contínuo no tempo e de dados amostrados, modificamos o sistema contínuo no tempo como ilustrado na Figura 16.36.

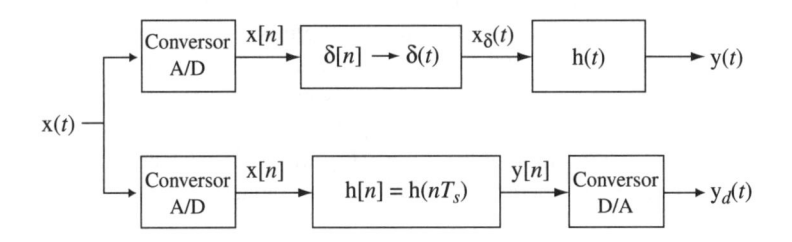

Figura 16.36
Sistemas contínuo no tempo e de dados amostrados quando o sistema contínuo no tempo é excitado por $x_\delta(t)$ em vez de x(t).

Utilizando a equivalência na Figura 16.35, y[n] = y(nT_s).
Agora mudamos tanto a resposta ao impulso do sistema contínuo no tempo quanto a resposta ao impulso do sistema discretizado no tempo por meio da multiplicação deles pelo intervalo de tempo entre amostras T_s (Figura 16.37).

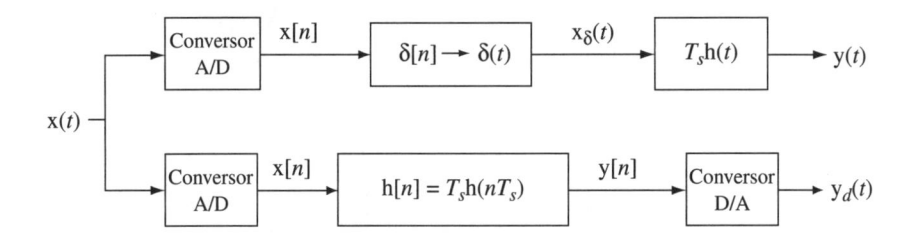

Figura 16.37
Sistemas contínuo no tempo e de dados amostrados quando suas respostas ao impulso são multiplicadas pelo intervalo de tempo entre amostras T_s.

Neste sistema modificado, podemos ainda afirmar que y[n] = y(nT_s), onde agora

$$y(t) = x_\delta(t) * T_s\, h(t) = \left[\sum_{n=-\infty}^{\infty} x(nT_s)\delta(t-nT_s)\right] * h(t)T_s = \sum_{n=-\infty}^{\infty} x(nT_s)h(t-nT_s)T_s$$

$$y[n] = \sum_{m=-\infty}^{\infty} x[m]h[n-m] = \sum_{m=-\infty}^{\infty} x[m]T_s\, h((n-m)T_s) \qquad (16.23)$$

A resposta ao impulso do novo subsistema é h[n] = T_s h(nT_s) e h(t) ainda representa a resposta ao impulso do sistema contínuo no tempo original. Agora na Equação (16.23), admita que T_s tenda a zero. Nesse limite, o somatório do lado direito da equação torna-se a integral de convolução primeiramente desenvolvida na dedução da convolução do Capítulo 6,

$$\lim_{T_s \to 0} y(t) = \lim_{T_s \to 0} \sum_{n=-\infty}^{\infty} x(nT_s) h(t - nT_s) T_s = \int_{-\infty}^{\infty} x(\tau) h(t - \tau) d\tau$$

que é o sinal $y_c(t)$, a resposta do sistema contínuo no tempo original na Figura 16.34 ao sinal x(t). Além disso, nesse limite, y[n] = $y_c(nT_s)$. Sendo assim, no limite, o espaçamento entre os pontos T_s tende a zero, os instantes de amostragem nT_s se fundem em um contínuo t, e há uma correspondência de um para um entre os valores do sinal y[n] e os valores do sinal $y_c(t)$. A resposta do sistema de dados amostrados $y_d(t)$ será indistinguível da resposta $y_c(t)$ do sistema original para o sinal x(t). Naturalmente, na prática, nunca podemos amostrar a uma taxa infinita e, por isso, a correspondência y[n] = $y_c(nT_s)$ nunca pode ser exata, mas ela estabelece uma equivalência aproximada entre um sistema contínuo no tempo e um sistema de dados amostrados.

Há um outro trajeto conceitual para se chegar à mesma conclusão em relação à resposta ao impulso do sistema discretizado no tempo h[n] = T_s h(nT_s). No desenvolvimento anterior, formamos um sinal amostrado por impulso contínuo no tempo

$$x_\delta(t) = \sum_{n=-\infty}^{\infty} x(nT_s) \delta(t - nT_s)$$

cujas intensidades dos impulsos eram iguais às amostras do sinal x(t). Agora, em vez disso, criamos uma versão modificada deste sinal amostrado por impulso. Admita que a nova correspondência entre x(t) e $x_\delta(t)$ seja igual à intensidade de um impulso em nT_s que corresponde aproximadamente à área sob x(t) no intervalo de amostragem $nT_s \leq t < (n+1)T_s$, e não ao valor sobre nT_s. A equivalência entre x(t) e $x_\delta(t)$ é agora baseada em áreas (aproximadamente) iguais (Figura 16.38). (A aproximação torna-se melhor à medida que a taxa de amostragem é aumentada.)

Figura 16.38
Uma comparação entre a amostragem por valor e a amostragem por área.

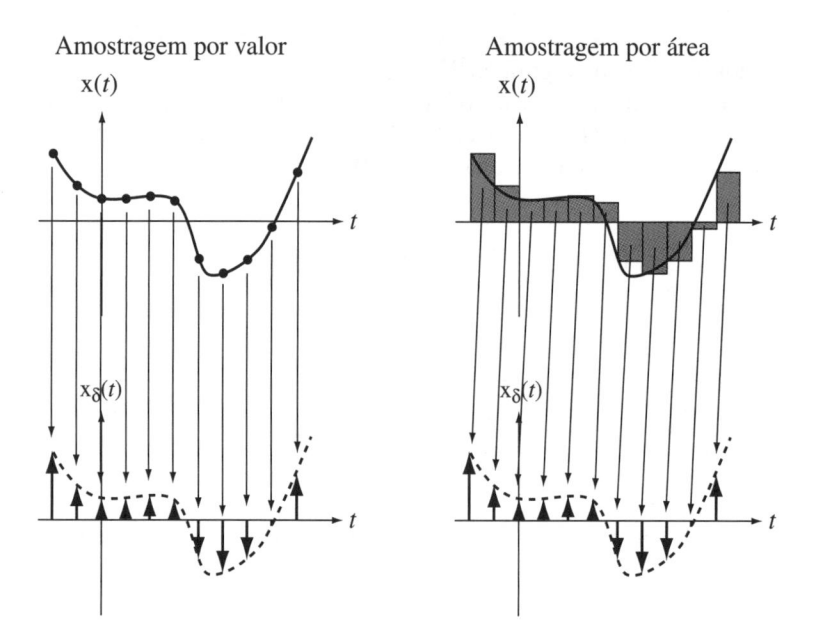

A área sob x(t) é aproximadamente igual a T_s x(nT_s) em cada intervalo de amostragem. Portanto, o novo sinal amostrado por impulso contínuo no tempo seria

$$x_\delta(t) = T_s \sum_{n=-\infty}^{\infty} x(nT_s)\delta(t-nT_s)$$

Se agora aplicarmos esse sinal amostrado por impulso a um sistema com resposta ao impulso h(t), obteremos exatamente a mesma resposta como na Equação (16.23)

$$y(t) = \sum_{n=-\infty}^{\infty} x(nT_s)h(t-nT_s)T_s$$

e, naturalmente, o mesmo resultado $y[n] = y_c(nT_s)$ no limite à medida que a taxa de amostragem tende ao infinito. Tudo o que fizemos nesse desenvolvimento foi associar o fator T_s com a excitação em lugar de associarmos o impulso à resposta. Quando os dois são submetidos à convolução, o resultado é o mesmo. Se amostrássemos sinais definindo as intensidades dos impulsos iguais às áreas do sinal sobre um intervalo de amostragem, então a correspondência $h[n] = h(nT_s)$ seria a correspondência de projeto entre um sistema contínuo no tempo e um sistema de dados amostrados que o simula. Contudo, visto que não amostramos desse modo (porque a maioria dos conversores A/D não funciona assim), associamos em vez disso o fator T_s com a resposta ao impulso e formamos a correspondência $h[n] = T_s h(nT_s)$.

Exemplo 16.15

Projeto de um sistema de dados amostrados para simular um sistema contínuo no tempo

Um sistema contínuo no tempo é caracterizado pela função de transferência

$$H_s(s) = \frac{1}{s^2 + 40s + 300}$$

Projete um sistema de dados amostrados da forma da Figura 16.32 para simular este sistema. Faça o projeto para duas taxas de amostragem $f_s = 10$ e $f_s = 100$ e compare as respostas ao degrau.

■ Solução

A resposta ao impulso do sistema contínuo no tempo é

$$h(t) = (1/20)(e^{-10t} - e^{-30t})u(t)$$

A resposta ao impulso do subsistema discretizado no tempo é então

$$h[n] = (T_s/20)(e^{-10nT_s} - e^{-30nT_s})u[n]$$

e a função de transferência correspondente no domínio z é

$$H_z(z) = \frac{T_s}{20}\left(\frac{z}{z-e^{-10T_s}} - \frac{z}{z-e^{-30T_s}}\right)$$

A resposta ao degrau do sistema contínuo no tempo é

$$y_c(t) = \frac{2 - 3e^{-10t} + e^{-30t}}{600}u(t)$$

A resposta à seqüência degrau unitário do subsistema é

$$y[n] = \frac{T_s}{20}\left[\frac{e^{-10T_s} - e^{-30T_s}}{(1-e^{-10T_s})(1-e^{-30T_s})} + \frac{e^{-10T_s}}{e^{-10T_s}-1}e^{-10nT_s} - \frac{e^{-30T_s}}{e^{-30T_s}-1}e^{-30nT_s}\right]u[n]$$

e a resposta do conversor D/A é

$$y_d(t) = \sum_{n=0}^{\infty} y[n] \operatorname{ret}\left(\frac{t - T_s(n+1/2)}{T_s}\right)$$

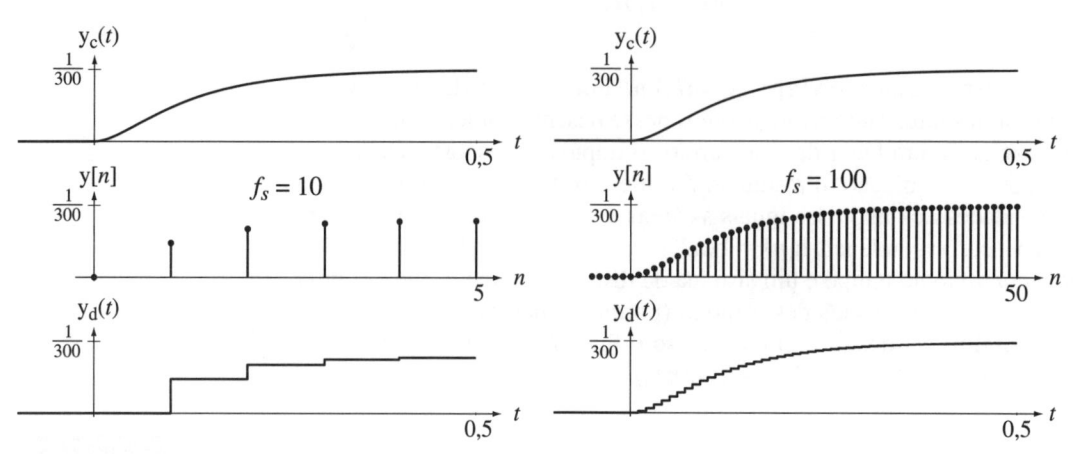

(Figura 16.39).

Figura 16.39
Comparação das respostas ao degrau de um sistema contínuo no tempo e dois sistemas de dados amostrados, que o simulam com diferentes taxas de amostragem.

Para uma taxa de amostragem menor, a simulação do sistema de dados amostrados é muito pobre. Ela tende a um valor da resposta forçada que é cerca de 78% da resposta forçada do sistema contínuo no tempo. A uma taxa de amostragem maior, a simulação é muito melhor com a resposta forçada tendendo a um valor que está em torno de 99% da resposta forçada do sistema contínuo no tempo. Aliás, para a taxa de amostragem maior, a diferença entre a resposta contínua no tempo e a resposta do sistema de dados amostrados é muito menor do que para uma taxa de amostragem menor.

Podemos ver por que a disparidade entre valores forçados existe ao inspecionarmos a expressão,

$$y[n] = \frac{T_s}{20}\left[\frac{e^{-10T_s} - e^{-30T_s}}{(1 - e^{-10T_s})(1 - e^{-30T_s})} + \frac{e^{-10T_s}}{e^{-10T_s} - 1}e^{-10nT_s} - \frac{e^{-30T_s}}{e^{-30T_s} - 1}e^{-30nT_s}\right]u[n]$$

A resposta forçada é

$$y_{forçada} = \frac{T_s}{20}\frac{e^{-10T_s} - e^{-30T_s}}{(1 - e^{-10T_s})(1 - e^{-30T_s})}$$

Se aproximarmos as funções exponenciais pelos dois primeiros termos, em suas expansões em série, como $e^{-10T_s} \approx 1 - 10T_s$ e $e^{-30T_s} \approx 1 - 30T_s$, obtemos $y_{forçada} = 1/300$, que é a resposta forçada correta. Entretanto, se T_s não é pequeno o suficiente, a aproximação da função exponencial por meio dos dois primeiros termos de sua expansão em série não é muito boa, e os valores da resposta forçada real e ideal são significativamente diferentes. Quando $f_s = 10$, obtemos $e^{-10T_s} = 0,368$ e $1 - 10T_s = 0$ e $e^{-30T_s} = 0,0498$ e $1 - 30T_s = -2$, que são aproximações péssimas. Contudo, quando $f_s = 100$, obtemos $e^{-10T_s} = 0,905$ e $1 - 10T_s = 0,9$ e $e^{-30T_s} = 0,741$ e $1 - 30T_s = 0,7$, que são aproximações muito melhores.

16.14 REALIZAÇÕES PADRÃO DE SISTEMAS

A realização de sistemas discretizados no tempo apresenta muitos paralelos bem próximos ao da realização de sistemas contínuos no tempo. As mesmas técnicas gerais se aplicam e os mesmos tipos de resultados de realizações são obtidos. Na Forma Direta II a realização canônica (primeiramente vista no Capítulo 7 para o domínio do tempo) se baseia em um modelo de equações de diferenças do sistema da forma

$$\sum_{k=0}^{N} a_k\, y[n-k] = \sum_{k=0}^{M} b_k\, x[n-k]$$

Se aplicarmos a transformada z a essa equação, podemos achar a razão entre a resposta e a excitação e obtemos uma função de transferência da forma

$$H(z) = \frac{Y(z)}{X(z)} = \frac{b_0 + b_1 z^{-1} + \cdots + b_N z^{-N}}{a_0 + a_1 z^{-1} + \cdots + a_N z^{-N}} = \frac{b_0 z^N + b_1 z^{N-1} + \cdots + b_N}{a_0 z^N + a_1 z^{N-1} + \cdots + a_N}$$

que pode ser separada nas duas funções de transferência dos subsistemas associados em cascata

$$H_1(z) = \frac{Y_1(z)}{X(z)} = \frac{1}{a_0 z^N + a_1 z^{N-1} + \cdots + a_N} \qquad (16.24)$$

e

$$H_2(z) = \frac{Y(z)}{Y_1(z)} = b_0 z^N + b_1 z^{N-1} + \cdots + b_N$$

(Aqui a ordem do numerador e do denominador são ambas indicadas por N. Se a ordem do numerador é realmente menor do que N, alguns b's serão iguais a zero. Porém a_0 não deve ser zero.) Da Equação (16.24),

$$z^N Y_1(z) = (1/a_0)\left\{ X(z) - \left[a_1 z^{N-1} Y_1(z) + \cdots + a_N Y_1(z) \right] \right\}$$

(Figura 16.40).

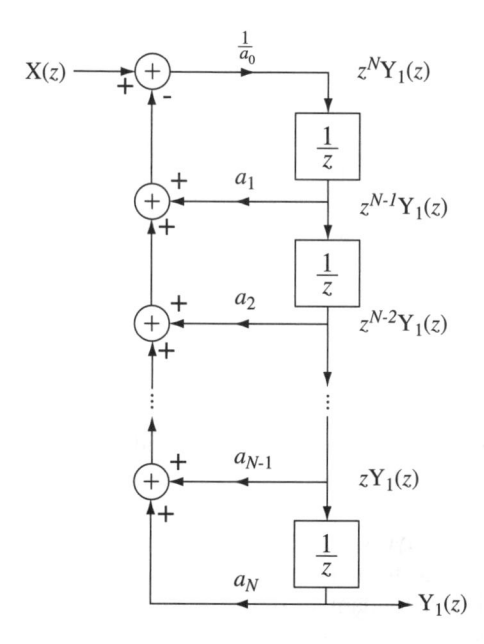

Figure 16.40
Realização canônica de $H_1(z)$ pela Forma Direta II.

Logo, adicionando o segundo subsistema $H_2(z)$, obtemos a realização do sistema total pela Forma Direta II (Figura 16.41).

Figura 16.41
Realização do sistema canônico pela Forma Direta II total.

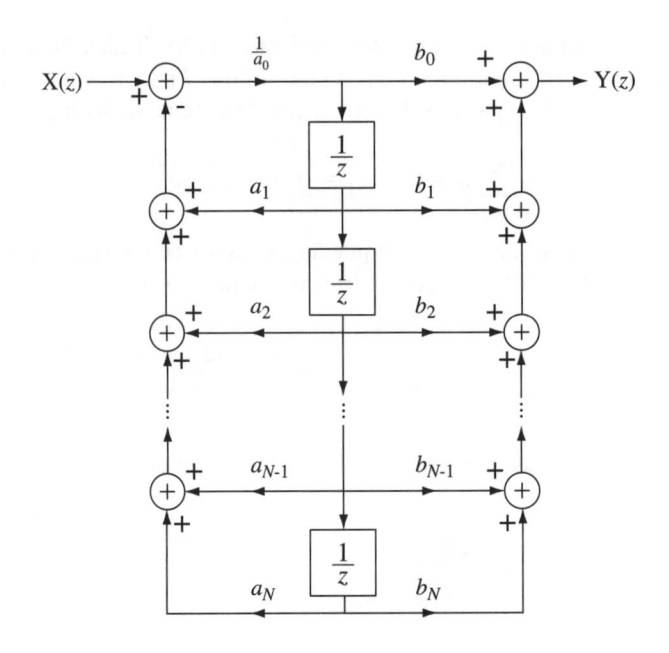

Podemos também conceber o sistema na forma em cascata ou em paralelo por meio da forma fatorada da função de transferência

$$H(z) = A \frac{z-z_1}{z-p_1} \frac{z-z_2}{z-p_2} \cdots \frac{z-z_M}{z-p_M} \frac{1}{z-p_{M+1}} \frac{1}{z-p_{M+2}} \cdots \frac{1}{z-p_N}$$

em que a ordem do numerador é $M \leq N$ (Figura 16.42), ou a forma em frações parciais

$$H(z) = \frac{K_1}{z-p_1} + \frac{K_2}{z-p_2} + \cdots + \frac{K_N}{z-p_N} \qquad (16.25)$$

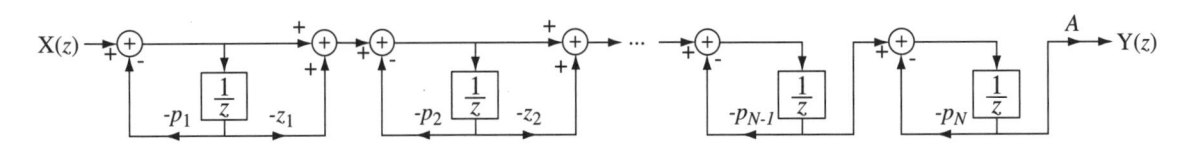

(Figura 16.43).

Figura 16.42
Realização do sistema total na forma de associação em cascata.

Sistemas discretizados no tempo são na verdade construídos utilizando-se *hardware* digital. Nesses sistemas, os sinais estão todos na forma de números binários com um número finito de bits. As operações são normalmente desempenhadas na aritmética de ponto fixo, o que significa que todos os sinais são quantizados para um número finito de valores possíveis e, portanto, não são representações exatas dos sinais ideais. Esse tipo de projeto normalmente conduz ao sistema mais rápido e mais eficiente, porém o erro de arredondamento entre os sinais ideais e os sinais reais é um erro que deve ser controlado para se evitarem ruídos ou, em alguns casos, até mesmo operação com sistema instável. A análise de tais erros está além do escopo deste livro, mas, falando de modo geral, as realizações em cascata e em paralelo são mais tolerantes e menos sensíveis a esses erros do que a realização canônica na Forma Direta II.

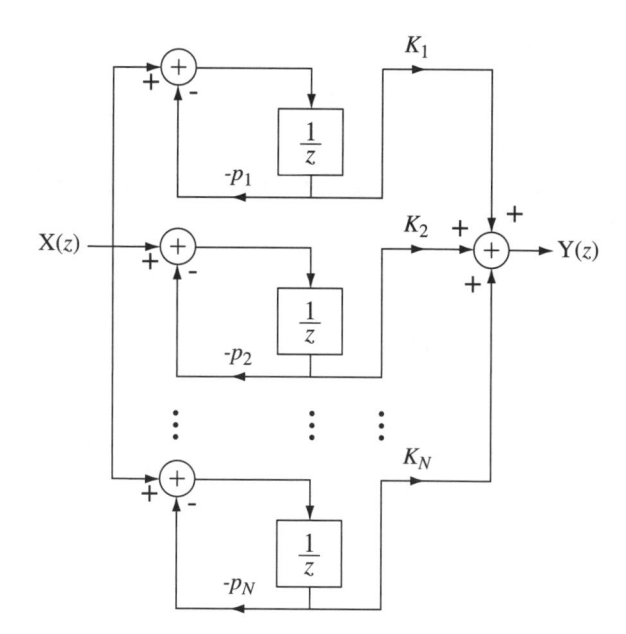

Figura 16.43
Realização do sistema total na forma de associação em paralelo.

16.15 RESUMO DOS PONTOS MAIS IMPORTANTES

1. Alguns sinais que não possuem uma TFDT possuem uma transformada z.
2. Cada transformada z possui uma região de convergência associada no plano z.
3. Uma transformada z inversa pode ser determinada pela integral de inversão direta, divisão sintética ou expansão em frações parciais. O uso da integral de inversão direta é raro e a divisão sintética não fornece um resultado na forma fechada. Portanto, a expansão em frações parciais é normalmente preferida.
4. A transformada z unilateral pode ser usada para resolver as equações de diferenças com condições iniciais.
5. É possível realizar a análise de sistemas discretizados no tempo com a transformada de Laplace por meio de impulsos contínuos no tempo para simular tempos discretos. Contudo, a transformada z é mais conveniente do ponto de vista de notação.
6. Sistemas discretizados no tempo podem ser descritos por equações de diferenças ou diagramas de blocos no domínio do tempo ou da freqüência.
7. Um sistema SLIT discretizado no tempo é estável se todos os pólos finitos de sua função de transferência estão localizados no interior aberto do círculo unitário.
8. Os três tipos mais importantes de interconexão entre sistemas são a associação em cascata, a associação em paralelo e a associação por retroalimentação.
9. A seqüência degrau unitário e a senóide são sinais práticos importantes para testes das características de sistemas.
10. A menos de uma constante multiplicativa, a resposta em freqüência de um sistema pode ser determinada diretamente de seu diagrama de pólos e zeros.
11. Sistemas discretizados no tempo podem aproximar bastante as ações de sistemas contínuos no tempo e tal aproximação melhora à medida que a taxa de amostragem é aumentada.
12. As realizações pela Forma Direta II, em cascata e em paralelo são modos padrão importantes de elaborar a realização de sistemas.

EXERCÍCIOS COM RESPOSTAS

Em cada exercício, as respostas estão listadas em ordem aleatória.

Região de Convergência

1. Determine a região de convergência (se ela existe) no plano z da transformada z bilateral destes sinais.

   (a) $x[n] = u[n] + u[-n]$
   (b) $x[n] = u[n] - u[n-10]$

   Respostas: Não existe; $|z| > 0$

Transformada z Direta

2. Usando a definição de somatório da transformada z e/ou dos pares de transformadas

$$\alpha^n u[n] \xleftrightarrow{z} \frac{z}{z-\alpha} = \frac{1}{1-\alpha z^{-1}}, \quad |z| > |\alpha|$$

e

$$\operatorname{sen}(\Omega_0 n) u[n] \xleftrightarrow{z} \frac{z \operatorname{sen}(\Omega_0)}{z^2 - 2z\cos(\Omega_0) + 1} = \frac{\operatorname{sen}(\Omega_0) z^{-1}}{1 - 2\cos(\Omega_0) z^{-1} + z^{-2}}, \quad |z| > 1$$

determine as transformadas z destes sinais.

   (a) $x[n] = u[n]$
   (b) $x[n] = e^{-10n} u[n]$
   (c) $x[n] = e^n \operatorname{sen}(n) u[n]$
   (d) $x[n] = \delta[n]$

   Respostas: 1, todo z; $\dfrac{z}{z-1}$, $|z| > 1$; $\dfrac{z}{z - e^{-10}}$, $|z| > e^{-10}$;

   $\dfrac{ze \operatorname{sen}(1)}{z^2 - 2ez\cos(1) + e^2}$, $|z| > |e|$

Propriedades da Transformada z

3. Usando a propriedade de deslocamento no tempo, determine as transformadas z destes sinais.

   (a) $x[n] = u[n-5]$
   (b) $x[n] = u[n+2]$
   (c) $x[n] = (2/3)^n u[n+2]$

   Respostas: $\dfrac{z^{-4}}{z-1}$, $|z| > 1$; $\dfrac{z}{z-1}$, $|z| > 1$; $\dfrac{z}{z-2/3}$, $|z| > 2/3$

4. Se a transformada z unilateral de $x[n]$ é $X(z) = \dfrac{z}{z-1}$, quais são as transformadas z de $x[n-1]$ e $x[n+1]$?

   Respostas: $\dfrac{1}{z-1}$; $\dfrac{z}{z-1}$

5. Trace os diagramas de sistema para as funções de transferência dadas a seguir utilizando para isso a propriedade de deslocamento no tempo.

   (a) $H(z) = \dfrac{z^2}{z + 1/2}$

   (b) $H(z) = \dfrac{z}{z^2 + z + 1}$

Respostas:

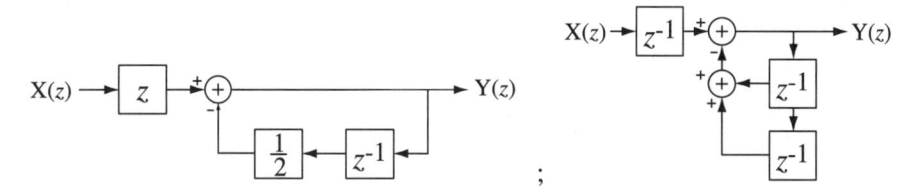

[Diagramas de blocos]

6. Usando a propriedade de mudança de escala, determine a transformada z de

$$x[n]=\text{sen}(2\pi n/32)\cos(2\pi n/8)u[n]$$

Respostas: $z\dfrac{0{,}1379z^2 - 0{,}3827z + 0{,}1379}{z^4 - 2{,}7741z^3 + 3{,}8478z^2 - 2{,}7741z + 1}$

7. Usando a propriedade de diferenciação no domínio z determine a transformada z de

$$x[n] = n(5/8)^n u[n]$$

Respostas: $\dfrac{5z/8}{(z-5/8)^2}$

8. Usando a propriedade da convolução, determine as transformadas z dos seguintes sinais:

(a) $x[n] = (0{,}9)^n u[n] * u[n]$

(b) $x[n] = (0{,}9)^n u[n] * (0{,}6)^n u[n]$

Respostas: $\dfrac{z^2}{z^2 - 1{,}9z + 0{,}9}$; $\dfrac{z^2}{z^2 - 1{,}5z + 0{,}54}$

9. Usando a propriedade de diferenças finitas e a transformada z da seqüência degrau unitário, determine a transformada z do impulso unitário e verifique seu resultado ao checar a tabela de transformadas z.

10. Determine a transformada z de

$$x[n] = u[n] - u[n-10]$$

e, usando o resultado e a propriedade de diferenças finitas, determine a transformada z de

$$x[n] = \delta[n] - \delta[n-10]$$

Compare esse resultado com a transformada z determinada diretamente pela aplicação da propriedade de deslocamento no tempo de um impulso.

11. Usando a propriedade da acumulação, determine as transformadas z dos seguintes sinais:

(a) $x[n] = \text{rampa}[n]$

(b) $x[n] = \sum_{m=0}^{n} \left(u[m] - u[m-5]\right)$

Respostas: $\dfrac{z}{(z-1)^2}$; $\dfrac{z^2(1-z^{-5})}{(z-1)^2}$

12. Usando o teorema do valor final, determine o valor final das funções que são as transformadas z inversas das funções dadas a seguir (se o teorema se aplica).

    (a) $X(z) = \dfrac{z}{z-1}$

    (b) $X(z) = z\dfrac{2z - 7/4}{z^2 - 7/4z + 3/4}$

    Respostas: 1; 1

Transformada z Inversa

13. Obtenha as transformadas z inversas das funções dadas a seguir na forma em série pela divisão sintética.

    (a) $X(z) = \dfrac{z}{z - 1/2}$

    (b) $X(z) = \dfrac{z-1}{z^2 - 2z + 1}$

    Respostas: $\delta[n-1] + \delta[n-2] + \cdots + \delta[n-k] + \cdots$;
    $\delta[n] + (1/2)\delta[n-1] + \cdots + (1/2^k)\delta[n-k] + \cdots$

14. Obtenha as transformadas z inversas das funções abaixo na forma fechada utilizando expansões em frações parciais, uma tabela de transformadas z e as propriedades da transformada z.

    (a) $X(z) = \dfrac{1}{z(z-1/2)}$

    (b) $X(z) = \dfrac{z^2}{(z-1/2)(z-3/4)}$

    (c) $X(z) = \dfrac{z^2}{z^2 + 1{,}8z + 0{,}82}$

    (d) $X(z) = \dfrac{z-1}{3z^2 - 2z + 2}$

    Respostas: $(1/2)^{n-2} u[n-2]$;
    $(0{,}9055)^n [\cos(3{,}031n) - 9{,}03\,\text{sen}(3{,}031n)]u[n]$; $[3(3/4)^n - 2(1/2)^n]u[n]$;
    $0{,}4472(0{,}8165)^n [\text{sen}(1{,}1503n)u[n] - 1{,}2247\,\text{sen}(1{,}1503(n-1))u[n-1]]$

15. Se $H(z) = \dfrac{z^2}{(z - 1/2)(z + 1/3)}$, então ao determinar a expansão em frações parciais desta fração imprópria em z por dois caminhos diferentes, sua transformada z inversa $h[n]$ pode ser escrita de dois modos diferentes,

    $$h[n] = \left[A(1/2)^n + B(-1/3)^n\right]u[n] \ \ \text{e} \ \ h[n]$$
    $$= \delta[n] + \left[C(1/2)^{n-1} + D(-1/3)^{n-1}\right]u[n-1]$$

    Determine A, B, C e D.

    Respostas: 0,6; 0,3; $-0{,}1333$; 0,4

Solução de Equações de Diferenças

16. Utilizando a transformada z, determine as soluções completas das seguintes equações de diferenças com condições iniciais, para o tempo discreto $n \geq 0$.

    (a) $2y[n+1] - y[n] = \text{sen}(2\pi n/16)u[n]$, $y[0] = 1$

    (b) $5y[n+2] - 3y[n+1] + y[n] = (0{,}8)^n u[n]$,
    $y[0] = -1$, $y[1] = 10$

Respostas:

$$0{,}2934\left(\frac{1}{2}\right)^{n-1} u[n-1] + \left(\frac{1}{2}\right)^n u[n] - 0{,}2934 \begin{bmatrix} \cos\left(\frac{\pi}{8}(n-1)\right) \\ -2{,}812\,\text{sen}\left(\frac{\pi}{8}(n-1)\right) \end{bmatrix} u[n-1];$$

$$y[n] = 0{,}4444(0{,}8)^n u[n] - \left\{ \delta[n] - 9{,}5556(0{,}4472)^{n-1} \begin{bmatrix} \cos(0{,}8355(n-1)) \\ +0{,}9325\,\text{sen}(0{,}8355(n-1)) \end{bmatrix} u[n-1] \right\}$$

17. Para cada diagrama de blocos da Figura E.17, escreva a equação de diferenças. Determine e trace o gráfico da resposta y[n] do sistema para o tempo discreto $n \geq 0$, considerando que não haja energia inicial armazenada no sistema e a excitação do tipo impulso x[n] = δ[n].

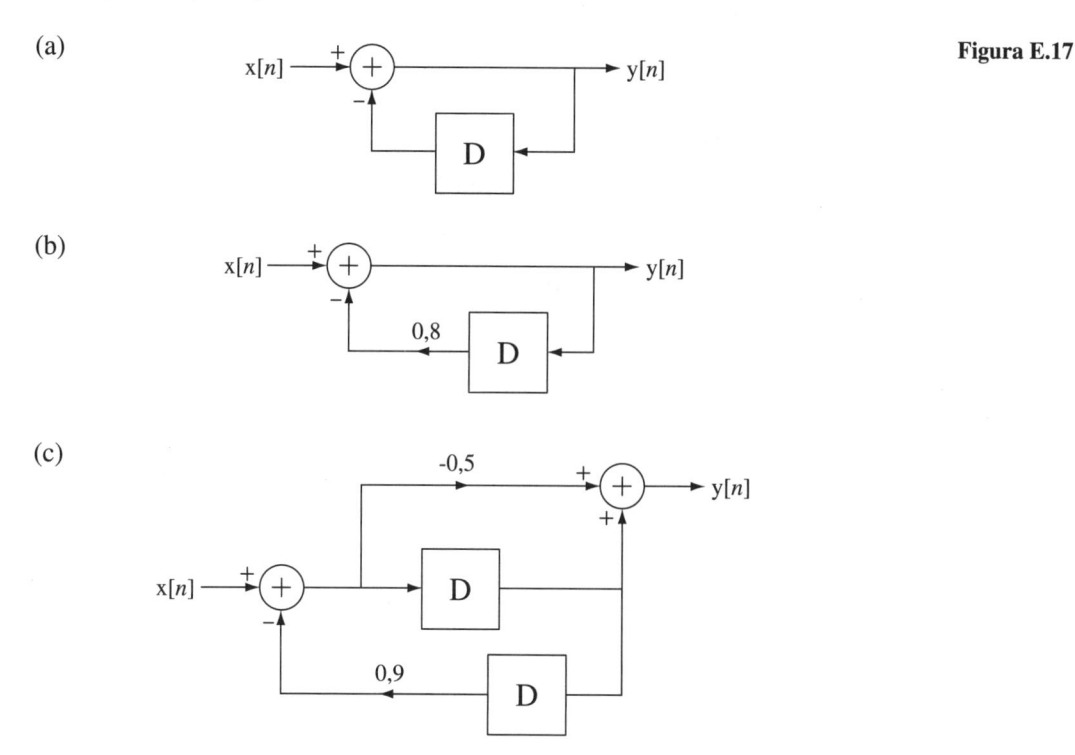

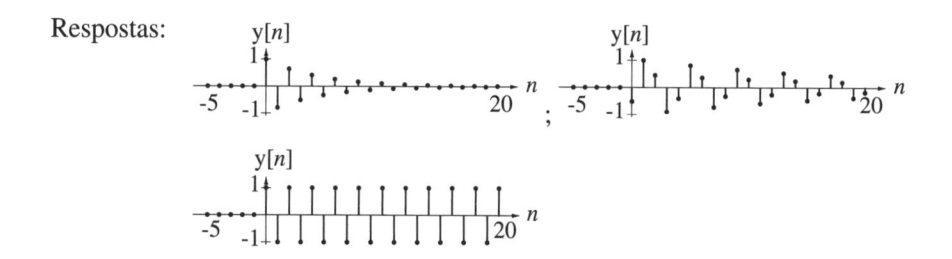

(a)

(b)

(c)

Figura E.17

Respostas:

Relação entre a Transformada de Laplace e a Transformada z

18. Elabore os gráficos das regiões no plano z correspondentes a estas regiões no plano s:

   (a) $0 < \sigma < 1/T_s$, $0 < \omega < \pi/T_s$
   (b) $-1/T_s < \sigma < 0$, $-\pi/T_s < \omega < 0$
   (c) $-\infty < \sigma < \infty$, $0 < \omega < 2\pi/T_s$

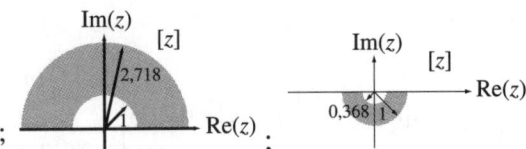

Respostas: O plano z inteiro; ;

Estabilidade

19. Avalie a estabilidade dos sistemas utilizando cada uma das funções de transferência dadas a seguir.

    (a) $H(z) = \dfrac{z}{z-2}$

    (b) $H(z) = \dfrac{z}{z^2 - 7/8}$

    (c) $H(z) = \dfrac{z}{z^2 - (3/2)z + 9/8}$

    (d) $H(z) = \dfrac{z^2 - 1}{z^3 - 2z^2 + 3,75z - 0,5625}$

    Respostas: Três instáveis e um estável

Conexões em Cascata, em Paralelo e por Retroalimentação

20. Um sistema retroalimentado possui uma função de transferência,

    $$H(z) = \dfrac{K}{1 + K\dfrac{z}{z - 0,9}}$$

    Para quais intervalos de K este sistema se mostra estável?

    Resposta: $K > -0,1$ ou $K < -1,9$

21. Determine as funções de transferência totais equivalentes dos sistemas da Figura E.21 na forma de uma razão simples polinomial em z.

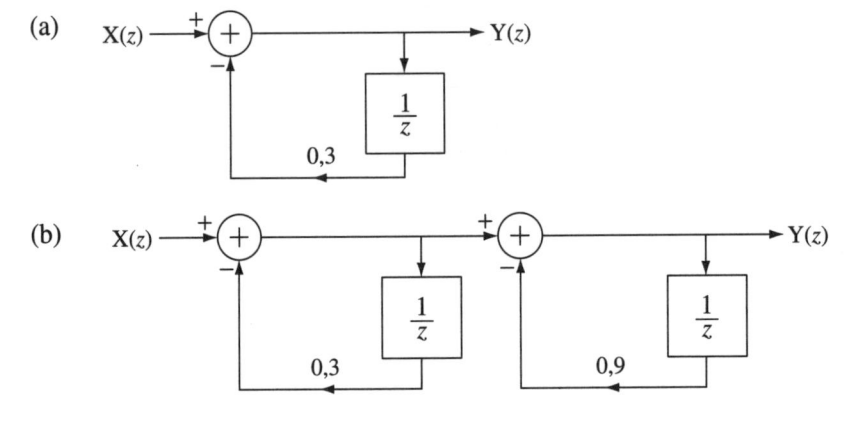

Figura E.21

Respostas: $\dfrac{z}{z + 0,3}$; $\dfrac{z^2}{z^2 + 1,2z + 0,27}$

Resposta a Sinais Padrão

22. Determine as respostas $y[n]$ à excitação seqüência degrau unitário $x[n] = u[n]$ dos sistemas com as funções de transferência dadas a seguir.

    (a) $H(z) = \dfrac{z}{z-1}$

    (b) $H(z) = \dfrac{z-1}{z-1/2}$

    Respostas: $(1/2)^n\, u[n]$; rampa$[n + 1]$

23. Obtenha as respostas y[n] dos sistemas com as seguintes funções de transferência para x[n] = cos(2πn/8)u[n]. Em seguida, mostre que a resposta forçada é a mesma que seria obtida ao se utilizar a análise por TFDT com x[n] = cos(2πn/8).

(a) $H(z) = \dfrac{z}{z - 0{,}9}$

(b) $H(z) = \dfrac{z^2}{z^2 - 1{,}6z + 0{,}63}$

Respostas: $y[n] = \left\{0{,}03482(0{,}7)^n + 1{,}454(0{,}9)^n + 1{,}9293\cos\left(\dfrac{2\pi n}{8} - 1{,}3145\right)\right\}u[n];$

$0{,}3232(0{,}9)^n u[n] + 1{,}3644\cos\left(\dfrac{\pi}{4}n - 1{,}0517\right)u[n]$

Diagramas de Pólos e Zeros e Resposta em Freqüência

24. Elabore os gráficos das magnitudes das respostas em freqüência dos sistemas mostrados pela Figura E.24 com base em seus diagramas de pólos e zeros.

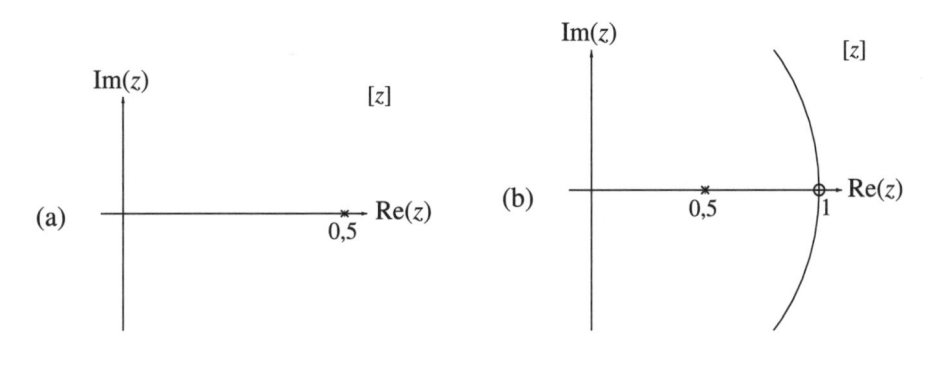

Figura E.24

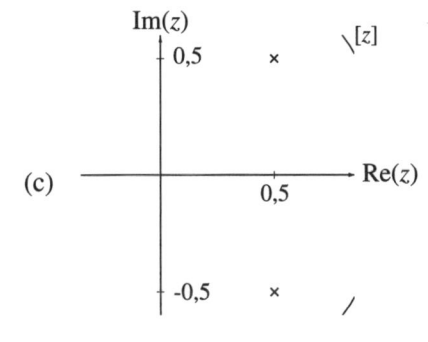

Respostas:

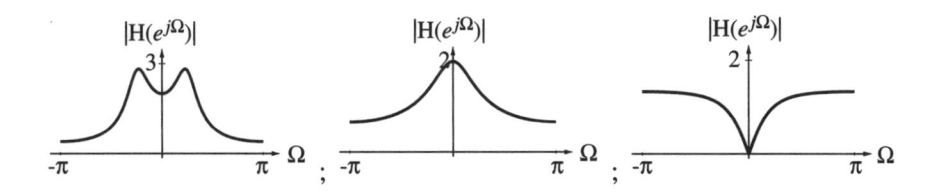

Sistemas de Dados Amostrados

25. Usando o método de projeto invariante a impulso, projete um sistema para aproximar os sistemas por meio das funções de transferência dadas às taxas de amostragem especificadas. Compare as respostas ao impulso e ao degrau unitário (ou seqüência degrau unitário) dos sistemas contínuo e discretizado no tempo.

(a) $H(s) = \dfrac{6}{s+6}$, $f_s = 4$ Hz

(b) $H(s) = \dfrac{6}{s+6}$, $f_s = 20$ Hz

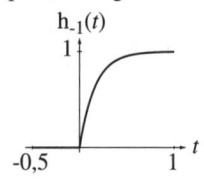

Respostas:

Resposta ao degrau unitário $h_{-1}(t)$

Resposta ao degrau unitário $h_{-1}(t)$

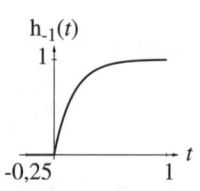

Resposta ao degrau unitário $h_{-1}[n]$

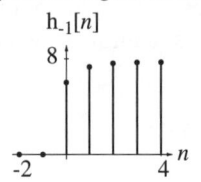

Resposta ao degrau unitário $h_{-1}[n]$

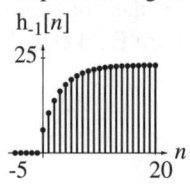

Realização de Sistemas

26. Trace um diagrama de blocos na Forma Direta II para cada uma das funções de transferência de sistema a seguir.

(a) $H(z) = \dfrac{z(z-1)}{z^2 + 1{,}5z + 0{,}8}$

(b) $H(z) = \dfrac{z^2 - 2z + 4}{(z - 1/2)(2z^2 + z + 1)}$

Respostas:

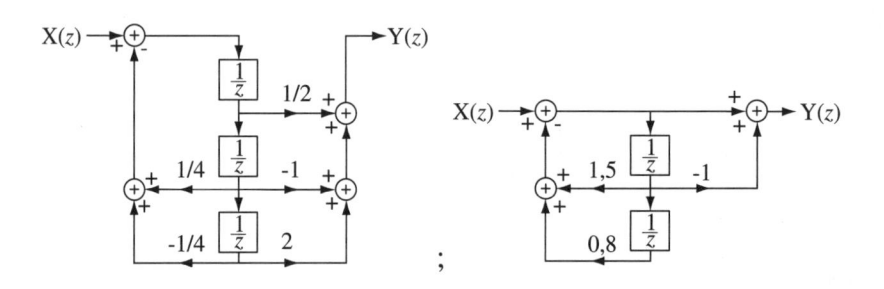

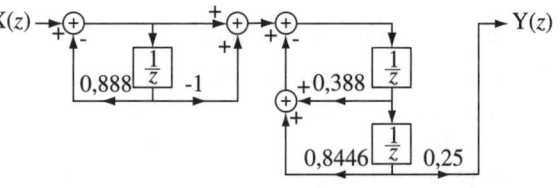

27. Desenhe um diagrama de blocos na representação em cascata para cada uma das funções de transferência de sistema a seguir.

(a) $H(z) = \dfrac{z}{(z + 1/3)(z - 3/4)}$

(b) $H(z) = \dfrac{z-1}{4z^3 + 2z^2 + 2z + 3}$

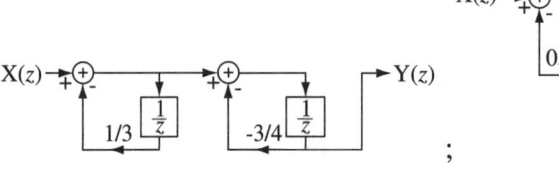

Respostas:

28. Desenhe um diagrama de blocos na representação em paralelo para cada uma das seguintes funções de transferência de sistema:

(a) $H(z) = \dfrac{z}{(z+1/3)(z-3/4)}$

(b) $H(z) = \dfrac{8z^3 - 4z^2 + 5z + 9}{7z^3 + 4z^2 + z + 2}$

Respostas:

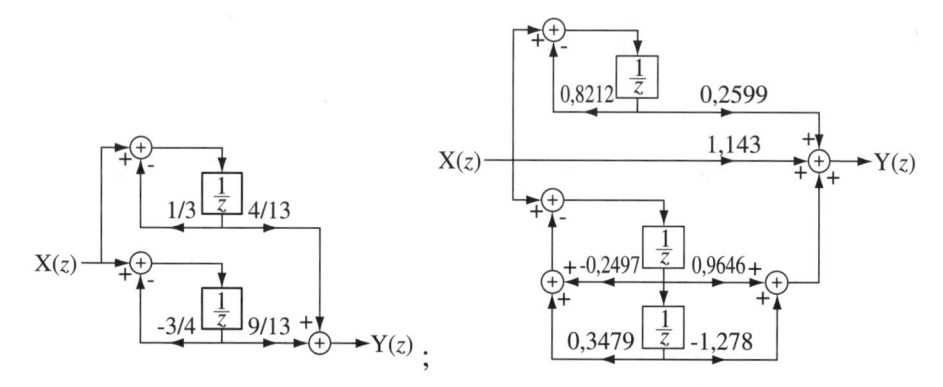

EXERCÍCIOS SEM RESPOSTAS

Região de Convergência

29. Elabore o gráfico da região de convergência (se ela existe) no plano z da transformada z bilateral dos sinais dados abaixo.

(a) $x[n] = (1/2)^n u[n]$

(b) $x[n] = (5/4)^n u[n] + (10/7)^n u[-n]$

Transformada z Direta

30. Usando a definição da transformada z verifique as transformadas z destas funções.

(a) $x[n] = u[n]$

(b) $x[n] = n^2 u[n]/2$

(c) $x[n] = n\alpha^n u[n]$

(d) $x[n] = \alpha^n \operatorname{sen}(2\pi F_0 n) u[n]$

Propriedades da Transformada z

31. Usando a propriedade de deslocamento no tempo, obtenha as transformadas z destes sinais.

(a) $x[n] = (2/3)^{n-1} u[n-1]$

(b) $x[n] = (2/3)^n u[n-1]$

(c) $x[n] = \operatorname{sen}\left(\dfrac{2\pi(n-1)}{4}\right) u[n-1]$

32. Desenhe diagramas de sistema para as funções de transferência dadas a seguir usando a propriedade de deslocamento no tempo.

(a) $H(z) = \dfrac{z(z + 2/3)}{z^2 + (2/3)z + 3/4}$

(b) $H(z) = \dfrac{z^2}{(z - 0{,}75)(z + 0{,}1)(z - 0{,}3)}$

33. Se a transformada z de x[n] é $X(z) = \dfrac{1}{z - 3/4}$, e

$$Y(z) = j\left[X(e^{j\pi/6}z) - X(e^{-j\pi/6}z) \right]$$

qual é y[n]?

34. Utilizando a propriedade da convolução, obtenha as transformadas z dos seguintes sinais.

    (a) x[n] = sen($2\pi n / 8$)u[n] $*$ u[n]
    (b) x[n] = sen($2\pi n / 8$)u[n] $*$ (u[n] − u[n − 8])

35. Um filtro digital possui uma resposta ao impulso $h[n] = \dfrac{\delta[n] + \delta[n-1] + \delta[n-2]}{10}$.

    (a) Quantos pólos finitos e zeros finitos existem em sua função de transferência e quais são as suas localizações numéricas?
    (b) Se a excitação x[n] deste sistema é uma seqüência degrau unitário, qual é o valor numérico final da resposta $\lim\limits_{n\to\infty} y[n]$?

36. A transformada z direta de cada um dos sinais seguintes pode ser representada na forma geral $H(z) = \dfrac{b_2 z^2 + b_1 z + b_0}{a_2 z^2 + a_1 z + a_0}$. Em cada caso, obtenha os valores numéricos de b_2, b_1, b_0, a_2, a_1 e a_0.

    (a) A função de valor real h[n] = $(4/5)^n$ u[n] $*$ u[n]
    (b) A função de valor complexo, h[n] = $(1 - e^{j2\pi n/8})$u[n]

Transformada z Inversa

37. Obtenha as transformadas z inversas das funções abaixo na forma fechada utilizando expansões em frações parciais, uma tabela de transformadas z e as propriedades da transformada z.

    (a) $X(z) = \dfrac{z-1}{z^2 + 1{,}8z + 0{,}82}$

    (b) $X(z) = \dfrac{z-1}{z(z^2 + 1{,}8z + 0{,}82)}$

    (c) $X(z) = \dfrac{z^2}{z^2 - z + 1/4}$

    (d) $X(z) = \dfrac{z + 0{,}3}{z^2 + 0{,}8z + 0{,}16}$

    (e) $X(z) = \dfrac{z^2 - 0{,}8z + 0{,}3}{z^3}$

38. Um sinal y[n] está relacionado a outro sinal x[n] por

$$y[n] = \sum_{m=0}^{n} x[m]$$

Se $y[n] \xleftrightarrow{z} \dfrac{1}{(z-1)^2}$, quais são os valores numéricos de x[−1], x[0], x[1] e x[2]?

39. A transformada z de um sinal x[n] é $X(z) = \dfrac{z^4}{z^4 + z^2 + 1}$. Quais são os valores numéricos de x[0], x[1] e x[2]?

Relação entre a Transformada de Laplace e a Transformada z

40. Para qualquer taxa de amostragem f_s dada, a relação entre os planos s e z é representada por $z = e^{sT_s}$ em que $T_s = 1/f_s$. Seja $f_s = 100$.

    (a) Descreva o contorno no plano z que corresponde a todo o eixo σ negativo no plano s.

    (b) Qual é o comprimento mínimo de um segmento de linha ao longo do eixo ω no plano s que corresponda ao círculo unitário completo no plano z?

    (c) Determine os valores dos dois pontos diferentes no plano s — s_1 e s_2 — que correspondem ao ponto $z = 1$ no plano z.

Estabilidade

41. Se $(1{,}1)^n \cos(2\pi n/16) \xleftrightarrow{\;Z\;} H_1(z)$, e $H_2(z) = H_1(az)$, e $H_1(z)$ e $H_2(z)$ são funções de transferência dos sistemas #1 e #2, respectivamente, quais intervalos de valores de a tornarão o sistema #2 estável e fisicamente realizável?

Conexões em Cascata, em Paralelo e por Retroalimentação

42. Um sistema retroalimentado tem uma função de transferência referente ao percurso direto $H_1(z) = \dfrac{Kz}{z - 0{,}5}$ e uma função de transferência relativa ao percurso da retroalimentação $H_2(z) = 4z^{-1}$. Para qual intervalo de valores de K o sistema é estável?

43. Determine as funções de transferência equivalentes totais dos sistemas da Figura E.43 na forma de uma simples razão polinomial em z.

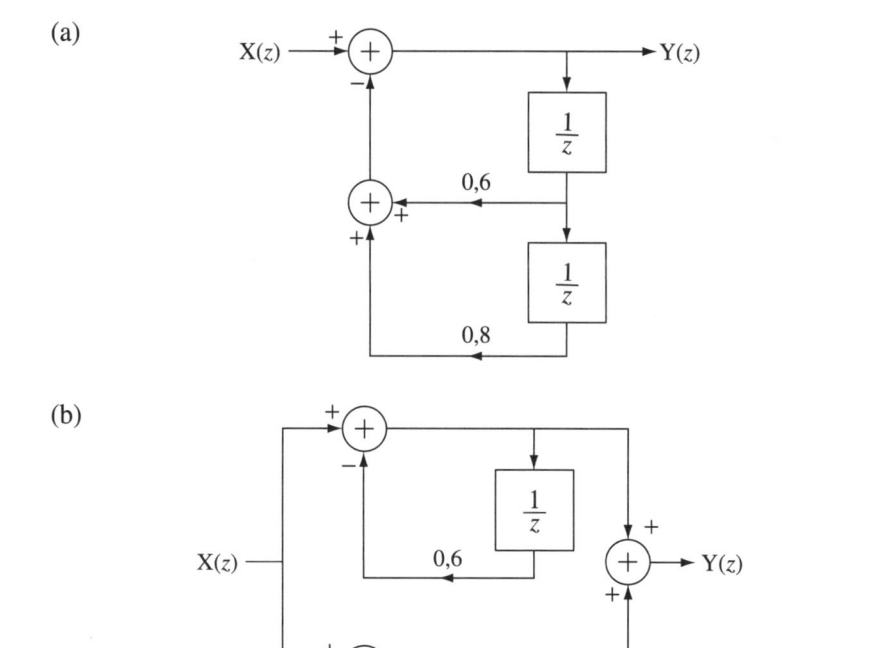

(a)

(b)

Figura E.43

Resposta a Sinais Padrão

44. Um sistema possui uma função de transferência

$$H(z) = \frac{z}{z^2 + z + 0{,}24}$$

Se uma seqüência degrau unitário u[n] é aplicada a este sistema, quais são os valores das respostas y[0], y[1] e y[2]?

45. Determine as respostas no domínio do tempo y[n] dos sistemas com as seguintes funções de transferência em relação à excitação seqüência degrau unitário x[n] = u[n].

(a) $H(z) = \dfrac{z}{z^2 - 1{,}8z + 0{,}82}$

(b) $H(z) = \dfrac{z^2 - 1{,}932z + 1}{z(z - 0{,}95)}$

46. Na Figura E.46 estão seis diagramas de pólos e zeros para seis funções de transferência de sistemas discretizados no tempo. Responda às seguintes questões que tratam destes sistemas.

(a) Quais destes sistemas possuem uma resposta ao impulso que é monotônica?

(b) Dentre aqueles sistemas que têm uma resposta ao impulso monotônica, qual deles tem a resposta mais rápida a uma seqüência degrau unitário?

(c) Dentre aqueles sistemas que têm uma resposta ao impulso oscilatória ou vibratória, qual dos sistemas vibra à taxa mais rápida e tem a maior ultrapassagem em sua resposta?

Figura E.46

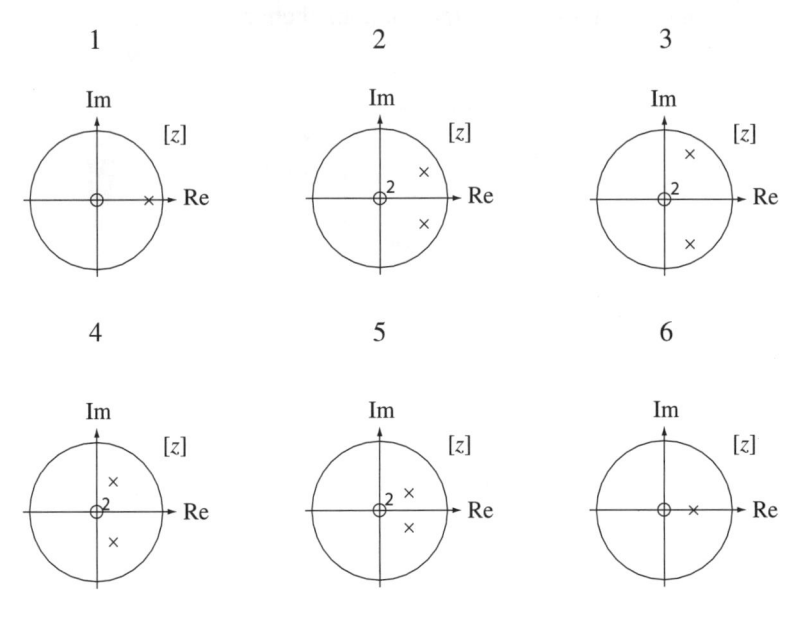

Diagramas de Pólos e Zeros e Resposta em Freqüência

47. Um filtro tem uma resposta ao impulso $h[n] = \dfrac{\delta[n] + \delta[n-1]}{2}$. Uma senóide x[n] é criada pela amostragem, a uma taxa $f_s = 10$ Hz, de uma senóide contínua no tempo de freqüência cíclica f_0.

Qual é o valor numérico positivo mínimo de f_0 para o qual a resposta do filtro seja zero?

48. Determine a magnitude da função de transferência dos sistemas com os diagramas de pólos e zeros mostrados pela Figura E.48 nas freqüências especificadas. [Em cada caso, considere que a função de transferência seja da forma geral $H(z) = K \dfrac{(z-z_1)(z-z_2)\cdots(z-z_N)}{(z-p_1)(z-p_2)\cdots(z-p_D)}$, onde os z's são os zeros finitos e os p's são os pólos finitos, e admita $K=1$.]

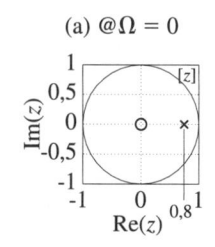

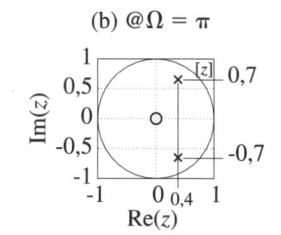

Figura E.48

(a) @ $\Omega = 0$

(b) @ $\Omega = \pi$

49. Para cada um dos sistemas com os diagramas de pólos e zeros na Figura E.49, determine as freqüências angulares $\Omega_{máx}$ e $\Omega_{mín}$ no intervalo $-\pi \leq \Omega \leq \pi$ para o qual a magnitude da função de transferência seja um máximo e um mínimo. Se há mais de um valor $\Omega_{máx}$ ou $\Omega_{mín}$, determine todos esses valores.

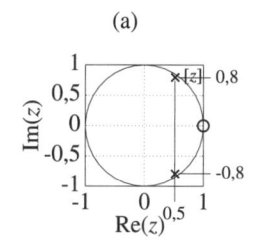

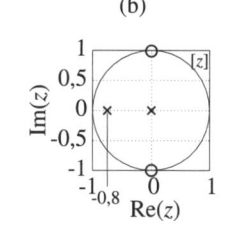

Figura E.49

(a)

(b)

50. Responda às seguintes questões.

   (a) Um filtro digital tem uma resposta ao impulso $h[n] = 0{,}6^n\, u[n]$. Se ele é excitado por uma seqüência degrau unitário, qual é o valor final da resposta?

   (b) Um filtro digital tem uma função de transferência $H(z) = \dfrac{10z}{z - 0{,}5}$. Em qual freqüência angular Ω a magnitude da sua resposta equivale a um mínimo?

   (c) Um filtro digital tem uma função de transferência $H(z) = \dfrac{10(z-1)}{z - 0{,}3}$. Em qual freqüência angular Ω a magnitude da sua resposta equivale a um mínimo?

   (d) Um filtro digital tem uma função de transferência $H(z) = \dfrac{2z}{z - 0{,}7}$. Qual é a magnitude de sua resposta na freqüência angular de $\Omega = \pi/2$?

51. Elabore os gráficos das magnitudes das respostas em freqüência dos sistemas mostrados pela Figura E.51 por meio de seus diagramas de pólos e zeros.

Figura E.51

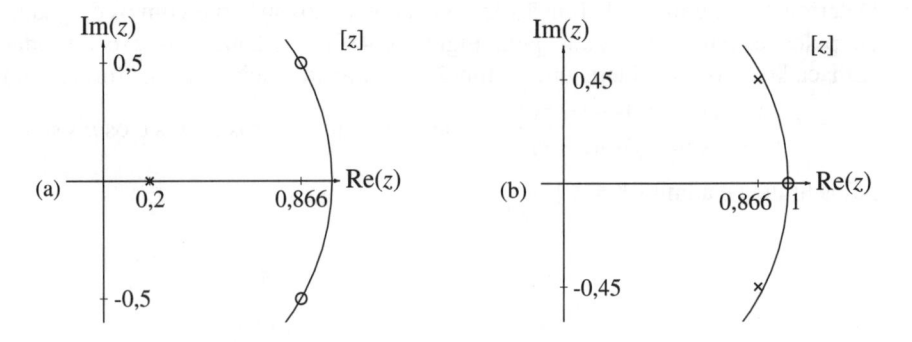

52. Faça a correspondência entre os diagramas de pólos e zeros na Figura E.52 com as magnitudes das respostas em freqüência correspondentes.

Figura E.52

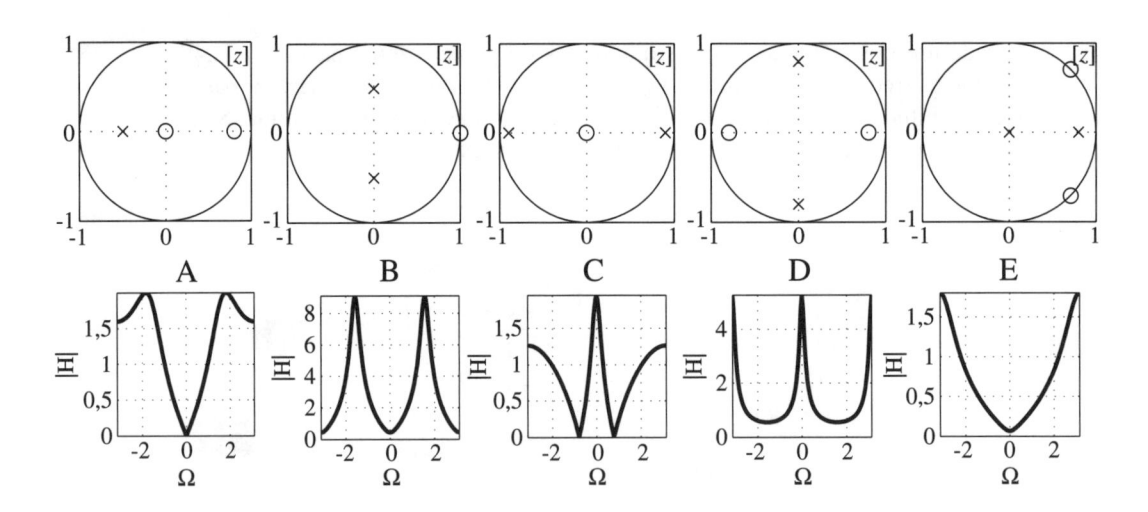

53. Usando as definições seguintes de passa-baixas, passa-altas, passa-faixa e corta-faixa, classifique os sistemas discretizados no tempo cujas funções de transferência têm os diagramas de pólos e zeros na Figura E.53. (Alguns podem não ser classificáveis.) Em cada caso, a função de transferência é H(z).

PB: $H(1) \neq 0$ e $H(-1) = 0$
PA: $H(1) = 0$ e $H(-1) \neq 0$
PF: $H(1) = 0$ e $H(-1) = 0$ e $H(z) \neq 0$ para certo intervalo de $|z| = 1$
CF: $H(1) \neq 0$ e $H(-1) \neq 0$ e $H(z) = 0$ para pelo menos um $|z| = 1$

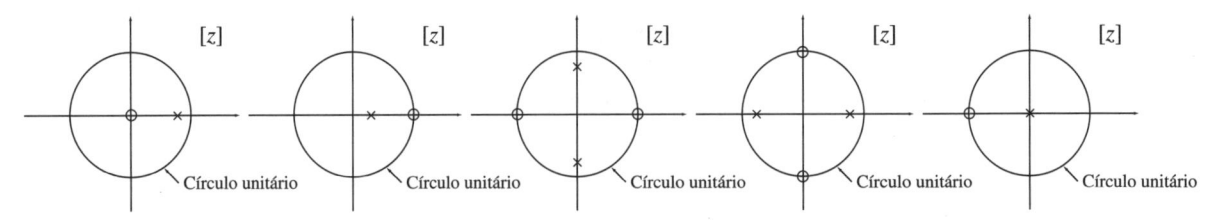

Figura E.53

54. Para cada magnitude de resposta em freqüência e cada resposta à seqüência degrau unitário presentes na Figura E.54, encontre o diagrama de pólos e zeros correspondente.

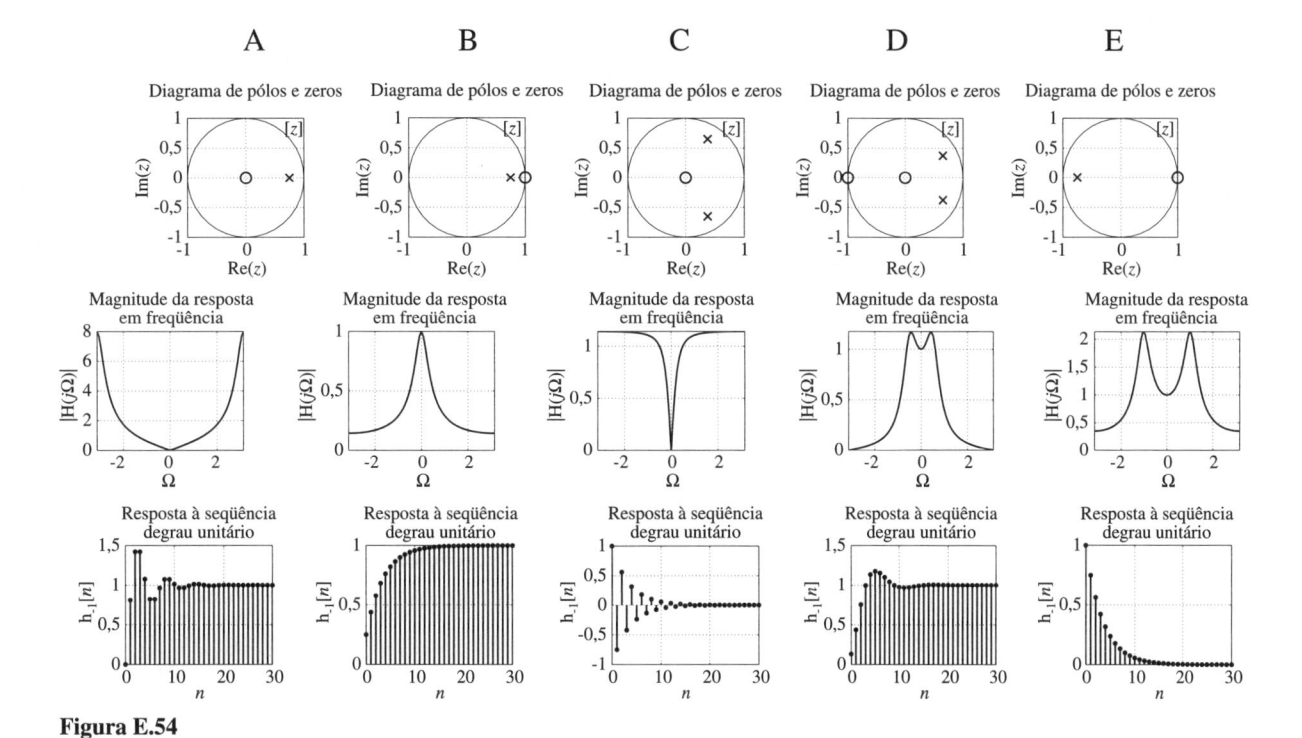

Figura E.54

SISTEMAS DE DADOS AMOSTRADOS

55. Usando o método de projeto invariante a impulso, projete um sistema para aproximar os sistemas com as funções de transferência dadas às taxas de amostragem especificadas. Compare as respostas ao impulso e ao degrau unitário (ou seqüência degrau unitário) dos sistemas contínuo e discretizado no tempo.

   (a) $H(s) = \dfrac{712s}{s^2 + 46s + 240}$, $f_s = 20$ Hz

   (b) $H(s) = \dfrac{712s}{s^2 + 46s + 240}$, $f_s = 200$ Hz

Realização de Sistemas

56. Desenhe um diagrama de blocos na Forma Direta II para cada uma das funções de transferência de sistema a seguir.

   (a) $H(z) = \dfrac{z^2}{2z^4 + 1{,}2z^3 - 1{,}06z^2 + 0{,}08z - 0{,}02}$

   (b) $H(z) = \dfrac{z^2(z^2 + 0{,}8z + 0{,}2)}{(2z^2 + 2z + 1)(z^2 + 1{,}2z + 0{,}5)}$

57. Desenhe um diagrama de blocos na representação em cascata para cada uma das funções de transferência de sistema dadas.

   (a) $H(z) = \dfrac{z^2}{z^2 - 0{,}1z - 0{,}12} + \dfrac{z}{z - 1}$

(b) $H(z) = \dfrac{\dfrac{z}{z-1}}{1 + \dfrac{z}{z-1}\dfrac{z^2}{z^2-1/2}}$

58. Desenhe um diagrama de blocos na representação em paralelo para cada uma das funções de transferência de sistema a seguir.

(a) $H(z) = (1 + z^{-1})\dfrac{18}{(z-0,1)(z+0,7)}$

(b) $H(z) = \dfrac{\dfrac{z}{z-1}}{1 + \dfrac{z}{z-1}\dfrac{z^2}{z^2-1/2}}$

Geral

59. Na Figura E.59 encontram-se algumas descrições de sistemas em diferentes formas. Responda às seguintes questões sobre eles. (Para algumas questões, a resposta pode ser "nenhum deles".)

(a) Quais destes sistemas são instáveis (incluindo-se marginalmente estável)?
(b) Quais destes sistemas possui um ou mais zeros sobre o círculo unitário?

A

B

C

$H(z) = \dfrac{z-1}{z+1}$

D

$y[n] = x[n] + x[n-1]$

E

$2y[n] - y[n-1] = x[n]$

F

$H(z) = \dfrac{z^2 + z + 1}{z^2}$

G

$Y(z) = X(z) - 0,8z^{-1}Y(z) + 1,1z^{-2}Y(z)$

H

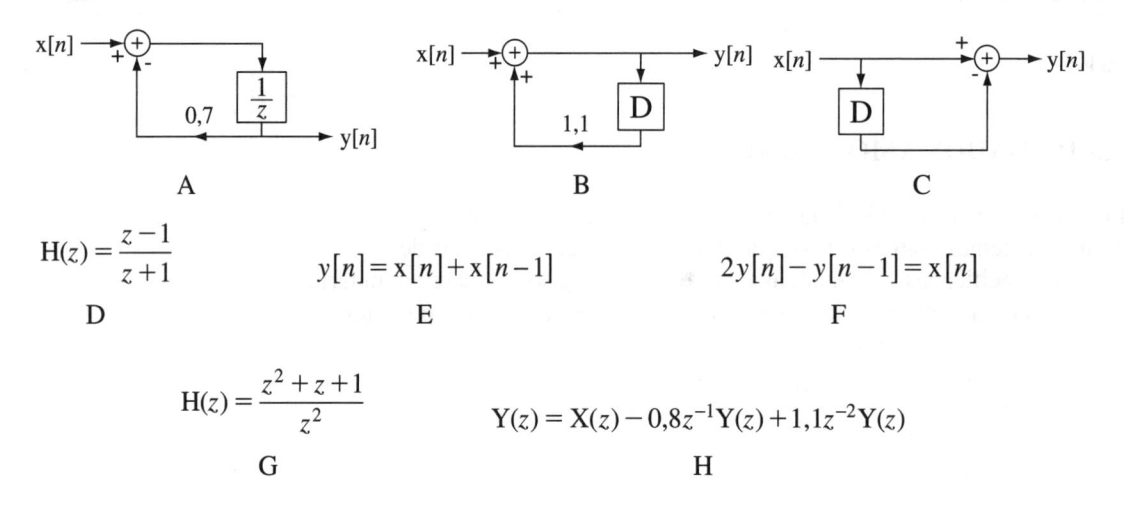

Figura E.59

APÊNDICE A

Relações Matemáticas Úteis

$$e^x = 1 + x + \frac{x^2}{2!} + \frac{x^3}{3!} + \frac{x^4}{4!} + \cdots$$

$$\text{sen}(x) = x - \frac{x^3}{3!} + \frac{x^5}{5!} - \frac{x^7}{7!} + \cdots$$

$$\cos(x) = 1 - \frac{x^2}{2!} + \frac{x^4}{4!} - \frac{x^6}{6!} + \cdots$$

$$\cos(x) = \cos(-x) \quad \text{e} \quad \text{sen}(x) = -\text{sen}(-x)$$

$$e^{jx} = \cos(x) + j\,\text{sen}(x)$$

$$\text{sen}^2(x) + \cos^2(x) = 1$$

$$\cos(x)\cos(y) = \frac{1}{2}\left[\cos(x-y) + \cos(x+y)\right]$$

$$\text{sen}(x)\text{sen}(y) = \frac{1}{2}\left[\cos(x-y) - \cos(x+y)\right]$$

$$\text{sen}(x)\cos(y) = \frac{1}{2}\left[\text{sen}(x-y) + \text{sen}(x+y)\right]$$

$$\cos(x+y) = \cos(x)\cos(y) - \text{sen}(x)\text{sen}(y)$$

$$\text{sen}(x+y) = \text{sen}(x)\cos(y) + \cos(x)\text{sen}(y)$$

$$A\cos(x) + B\,\text{sen}(x) = \sqrt{A^2 + B^2}\,\cos\left(x - \text{tg}^{-1}(B/A)\right)$$

$$\frac{d}{dx}\left[\text{tg}^{-1}(x)\right] = \frac{1}{1+x^2}$$

$$\int u\,dv = uv - \int v\,du$$

$$\int x^n \text{sen}(x)\,dx = -x^n \cos(x) + n\int x^{n-1}\cos(x)\,dx$$

$$\int x^n \cos(x)\,dx = x^n \operatorname{sen}(x) - n\int x^{n-1}\operatorname{sen}(x)\,dx$$

$$\int x^n e^{ax}\,dx = \frac{e^{ax}}{a^{n+1}}\left[(ax)^n - n(ax)^{n-1} + n(n-1)(ax)^{n-2} + \ldots + (-1)^{n-1} n!(ax) + (-1)^n n!\right],\ n \geq 0$$

$$\int e^{ax}\operatorname{sen}(bx)\,dx = \frac{e^{ax}}{a^2+b^2}\left[a\operatorname{sen}(bx) - b\cos(bx)\right]$$

$$\int e^{ax}\cos(bx)\,dx = \frac{e^{ax}}{a^2+b^2}\left[a\cos(bx) + b\operatorname{sen}(bx)\right]$$

$$\int \frac{dx}{a^2+(bx)^2} = \frac{1}{ab}\operatorname{tg}^{-1}\left(\frac{bx}{a}\right)$$

$$\int \frac{dx}{\left(x^2 \pm a^2\right)^{\frac{1}{2}}} = \ln\left|x + \left(x^2 \pm a^2\right)^{\frac{1}{2}}\right|$$

$$\int_0^\infty \frac{\operatorname{sen}(mx)}{x}\,dx = \begin{cases} \pi/2, & m > 0 \\ 0, & m = 0 \\ -\pi/2, & m < 0 \end{cases} = \frac{\pi}{2}\operatorname{sgn}(m)$$

$$|Z|^2 = ZZ^*$$

$$\sum_{n=0}^{N-1} r^n = \begin{cases} \dfrac{1-r^N}{1-r}, & r \neq 1 \\ N, & r = 1 \end{cases}$$

$$\sum_{n=0}^{\infty} r^n = \frac{1}{1-r},\ |r| < 1$$

$$\sum_{n=k}^{\infty} r^n = \frac{r^k}{1-r},\ |r| < 1$$

$$\sum_{n=0}^{\infty} n r^n = \frac{r}{(1-r)^2},\ |r| < 1$$

$$\frac{e^{j\pi n}}{e^{j\pi n/N_0}}\operatorname{drcl}\left(\frac{n}{N_0}, N_0\right) = \delta_{N_0}[n],\ n\ \text{e}\ N_0\ \text{são inteiros}$$

$$\operatorname{drcl}\left(\frac{n}{2m+1}, 2m+1\right) = \delta_{2m+1}[n],\ n\ \text{e}\ m\ \text{são inteiros}$$

APÊNDICE B

Pares das Séries de Fourier Contínuas no Tempo

Séries de Fourier Contínuas no Tempo (SFCT) para uma função periódica com período fundamental $T_0 = 1/f_0 = 2\pi/\omega_0$ representada sobre o período T_F.

$$x(t) = \sum_{k=-\infty}^{\infty} X[k]e^{j2\pi k f_F t} \xleftrightarrow{FS} X[k] = \frac{1}{T_F}\int_{T_F} x(t)e^{-j2\pi k f_F t}dt$$

$$x(t) = \sum_{k=-\infty}^{\infty} X[k]e^{jk\omega_F t} \xleftrightarrow{FS} X[k] = \frac{1}{T_F}\int_{T_F} x(t)e^{-jk\omega_F t}dt$$

Nesses pares, k, n e m são inteiros.

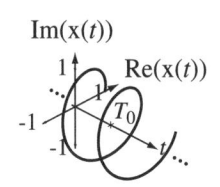

$T_F = mT_0$

$$e^{j2\pi f_0 t} \xleftrightarrow{FS} \delta[k-m]$$

$$e^{j\omega_0 t} \xleftrightarrow{FS} \delta[k-m]$$

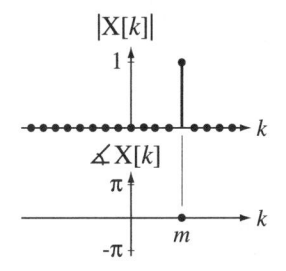

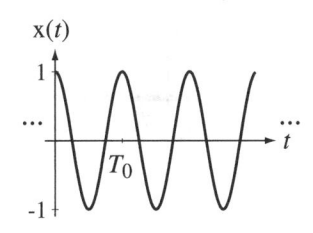

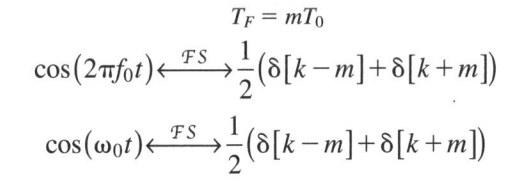

$T_F = mT_0$

$$\cos(2\pi f_0 t) \xleftrightarrow{FS} \frac{1}{2}(\delta[k-m]+\delta[k+m])$$

$$\cos(\omega_0 t) \xleftrightarrow{FS} \frac{1}{2}(\delta[k-m]+\delta[k+m])$$

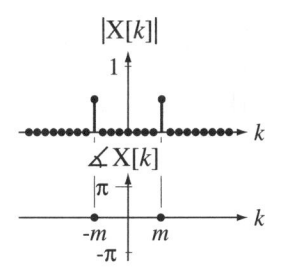

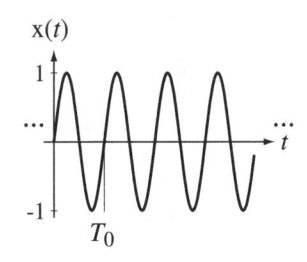

$T_F = mT_0$

$$\text{sen}(2\pi f_0 t) \xleftrightarrow{FS} \frac{j}{2}(\delta[k+m]-\delta[k-m])$$

$$\text{sen}(\omega_0 t) \xleftrightarrow{FS} \frac{j}{2}(\delta[k+m]-\delta[k-m])$$

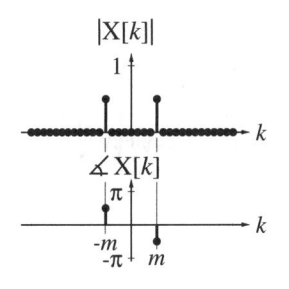

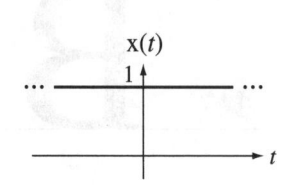

T_F é arbitrário
$$1 \xleftrightarrow{\mathcal{FS}} \delta[k]$$

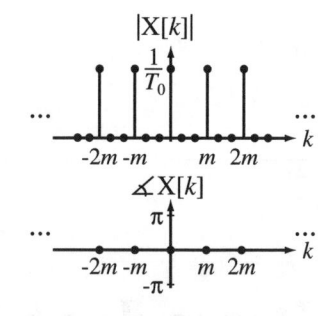

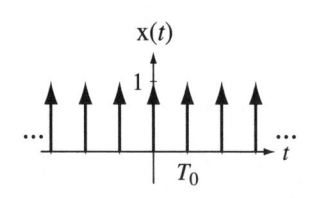

$T_F = mT_0$
$$\delta_{T_0}(t) \xleftrightarrow{\mathcal{FS}} f_0 \delta_m[k]$$

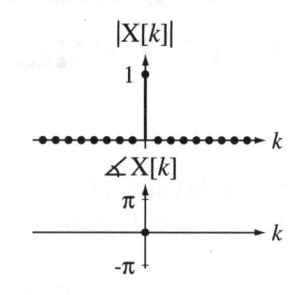

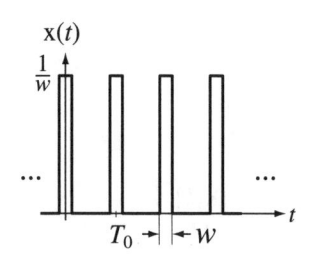

$T_F = T_0$
$$(1/w)\,\mathrm{ret}(t/w) * \delta_{T_0}(t) \xleftrightarrow{\mathcal{FS}} f_0 \,\mathrm{sinc}(wkf_0)$$

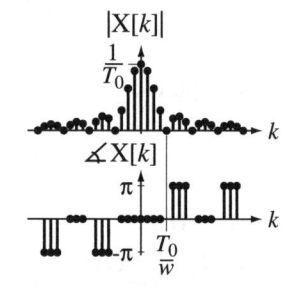

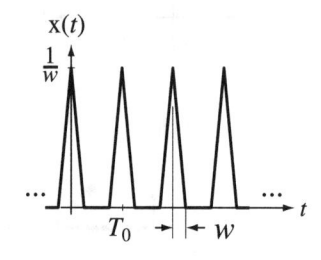

$T_F = T_0$
$$(1/w)\,\mathrm{tri}(t/w) * \delta_{T_0}(t) \xleftrightarrow{\mathcal{FS}} f_0 \,\mathrm{sinc}^2(wkf_0)$$

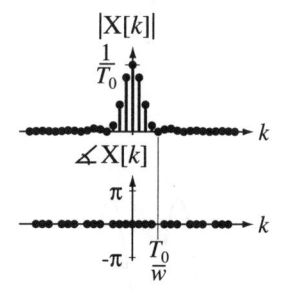

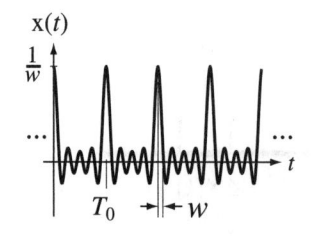

$T_F = T_0$
$$(1/w)\,\mathrm{sinc}(t/w) * \delta_{T_0}(t) \xleftrightarrow{\mathcal{FS}} f_0 \,\mathrm{ret}(wkf_0)$$

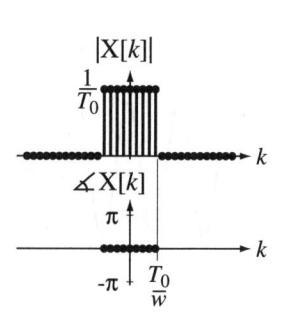

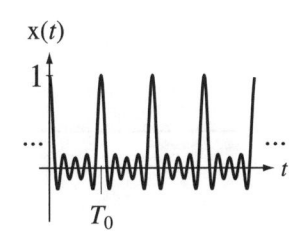

$T_F = T_0$, M é inteiro

$$\text{drcl}(f_0 t, 2M+1) \xleftrightarrow{\mathcal{FS}} \frac{1}{2M+1} \text{ret}_M[k]$$

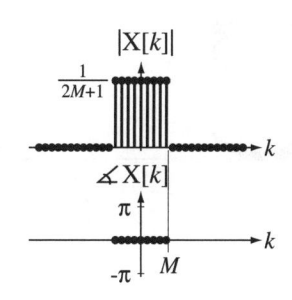

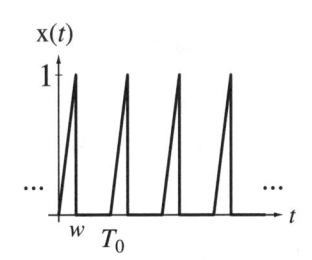

$T_F = T_0$

$$\frac{t}{w}[u(t) - u(t-w)] * \delta_{T_0}(t) \xleftrightarrow{\mathcal{FS}}$$

$$\frac{1}{wT_0} \frac{\left[j(2\pi kw)/T_0 + 1\right]e^{-j(2\pi kw/T_0)} - 1}{(2\pi k/T_0)^2}$$

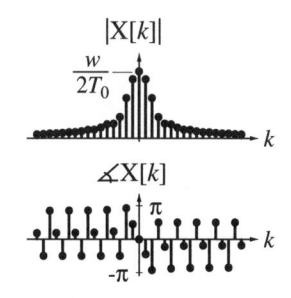

APÊNDICE C

Pares das Séries de Fourier Discretizadas no Tempo

Séries de Fourier Discretizadas no Tempo (SFDT) para uma função DT periódica com período fundamental N_0 representada sobre o período N_F.

$$x[n] = \sum_{k=\langle N_F \rangle} X[k] e^{j2\pi kn/N_F} \xleftrightarrow{\mathcal{FS}} X[k] = \frac{1}{N_F} \sum_{n=\langle N_F \rangle} x[n] e^{-j2\pi kn/N_F}$$

Em todos esses pares, k, n, m, q, N_W, N_0, N_F, n_0 e n_1 são inteiros.

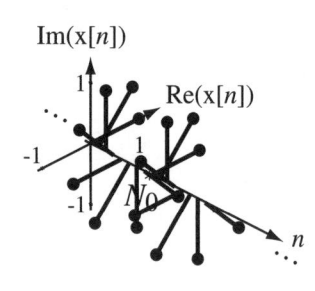

$$N_F = mN_0$$
$$e^{j2\pi n/N_0} \xleftrightarrow{\mathcal{FS}} \delta_{N_F}[k-m]$$

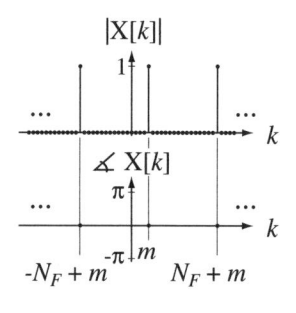

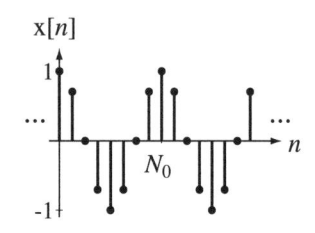

$$N_F = mN_0$$
$$\cos\left(\frac{2\pi n}{N_0}\right) \xleftrightarrow{\mathcal{FS}} \frac{1}{2}\left(\delta_{N_F}[k-m] + \delta_{N_F}[k+m]\right)$$

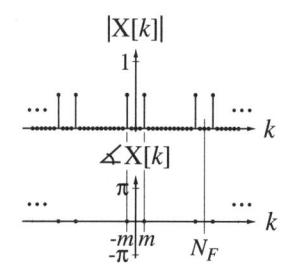

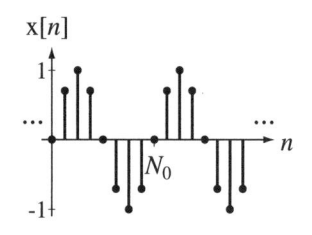

$$N_F = mN_0$$
$$\operatorname{sen}\left(\frac{2\pi n}{N_0}\right) \xleftrightarrow{\mathcal{FS}} \frac{j}{2}\left(\delta_{N_F}[k+m] - \delta_{N_F}[k-m]\right)$$

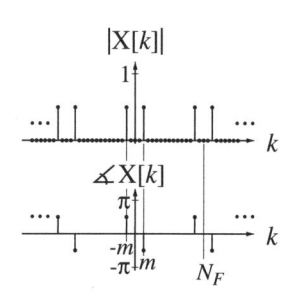

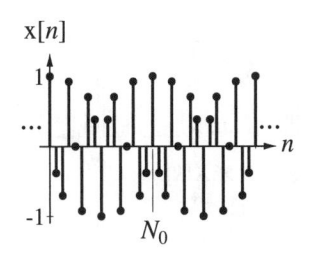

$$\cos\left(\frac{2\pi q n}{N_0}\right) \xleftrightarrow{\mathcal{FS}} \frac{1}{2}\left(\delta_{N_F}[k-mq] + \delta_{N_F}[k+mq]\right) \qquad N_F = mN_0$$

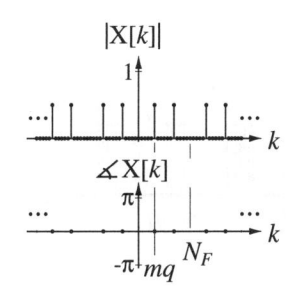

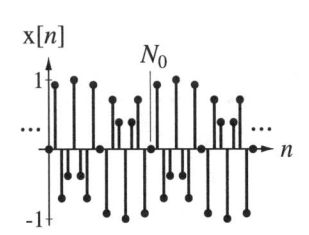

$$\operatorname{sen}\left(\frac{2\pi q n}{N_0}\right) \xleftrightarrow{\mathcal{FS}} \frac{j}{2}\left(\delta_{N_F}[k+mq] - \delta_{N_F}[k-mq]\right) \qquad N_F = mN_0$$

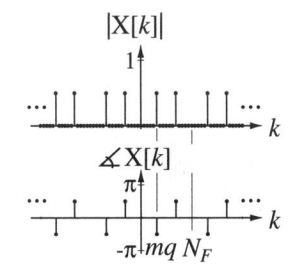

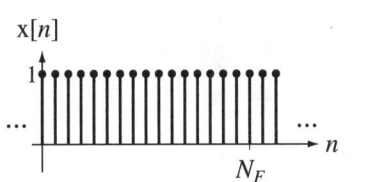

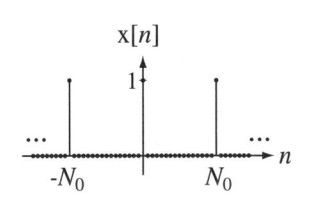

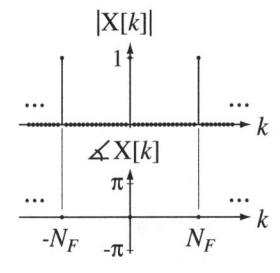

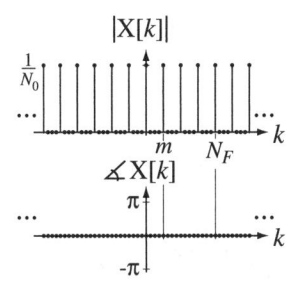

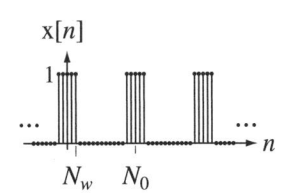

$$1 \xleftrightarrow{\mathcal{FS}} \delta_{N_F}[k] \qquad N_F \text{ é arbitrário}$$

$$\delta_{N_0}[n] \xleftrightarrow{\mathcal{FS}} \frac{1}{N_0}\delta_m[k] \qquad N_F = mN_0$$

$$\operatorname{ret}_{N_w}[n] * \delta_{N_0}[n] \xleftrightarrow{\mathcal{FS}} \frac{2N_w+1}{N_0}\operatorname{drcl}\left(\frac{k}{N_0}, 2N_w+1\right) \qquad N_F = N_0$$

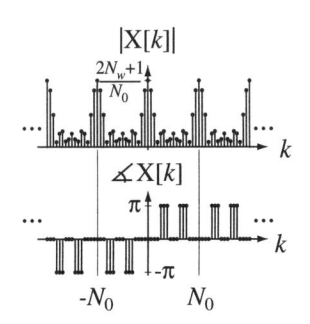

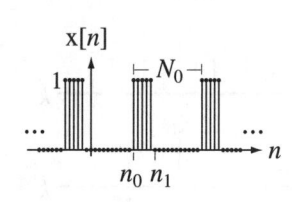

Apêndice C Pares das Séries de Fourier Discretizadas no Tempo

$N_F = N_0$

$$(u[n-n_0] - u[n-n_1]) * \delta_{N_0}[n] \xleftrightarrow{\mathcal{FS}}$$

$$\frac{e^{-j\pi k(n_1+n_0)/N_0}}{e^{-j\pi k/N_0}} \frac{n_1-n_0}{N_0} \mathrm{drcl}\left(\frac{k}{N_0}, n_1-n_0\right)$$

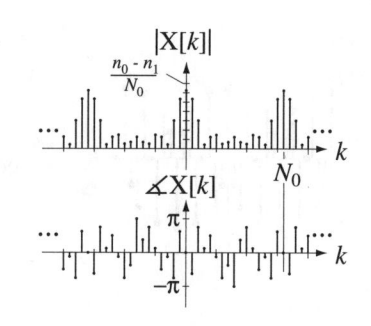

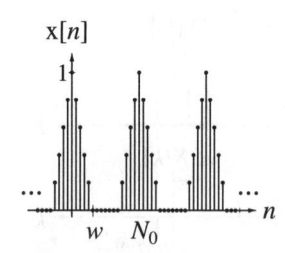

$N_F = N_0$, N_w são inteiros

$$\mathrm{tri}\left(\frac{n}{w}\right) * \delta_{N_0}[n] \xleftrightarrow{\mathcal{FS}} \frac{w}{N_0} \mathrm{sinc}^2\left(\frac{wk}{N_0}\right) * \delta_{N_0}[k]$$

$$\mathrm{tri}\left(\frac{n}{N_w}\right) * \delta_{N_0}[n] \xleftrightarrow{\mathcal{FS}} \frac{N_w}{N_0} \mathrm{drcl}^2\left(\frac{k}{N_0}, N_w\right)$$

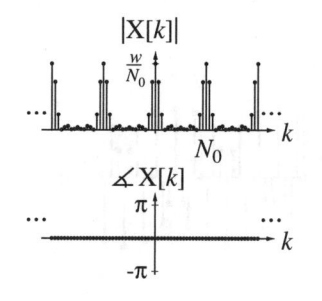

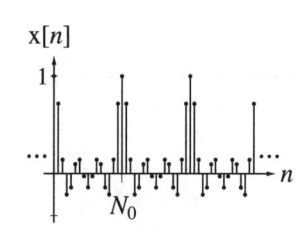

$N_F = N_0$

$$\mathrm{sinc}\left(\frac{n}{w}\right) * \delta_{N_0}[n] \xleftrightarrow{\mathcal{FS}} \frac{w}{N_0} \mathrm{ret}\left(\frac{w}{N_0}k\right) * \delta_{N_0}[k]$$

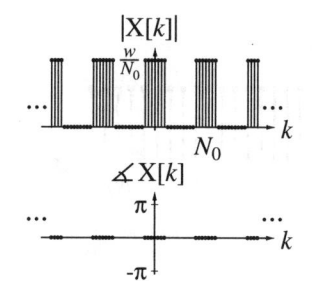

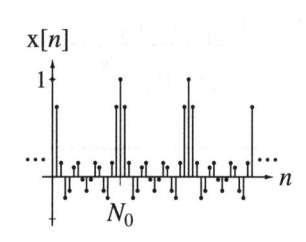

$N_F = N_0$, M é inteiro

$$\mathrm{drcl}\left(\frac{n}{N_0}, 2M+1\right) \xleftrightarrow{\mathcal{FS}} \frac{1}{2M+1} \mathrm{ret}_M[k] * \delta_{N_0}[k]$$

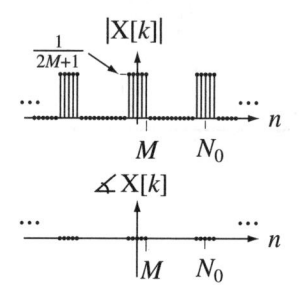

APÊNDICE D

Pares de Transformadas de Fourier Contínuas no Tempo

$$x(t) = \int_{-\infty}^{\infty} X(f)e^{+j2\pi ft}df \xleftrightarrow{\mathcal{F}} X(f) = \int_{-\infty}^{\infty} x(t)e^{-j2\pi ft}dt$$

$$x(t) = \frac{1}{2\pi}\int_{-\infty}^{\infty} X(j\omega)e^{+j\omega t}d\omega \xleftrightarrow{\mathcal{F}} X(j\omega) = \int_{-\infty}^{\infty} x(t)e^{-j\omega t}dt$$

Para todas as funções do tempo periódicas, o período fundamental é $T_0 = 1/f_0 = 2\pi/\omega_0$.

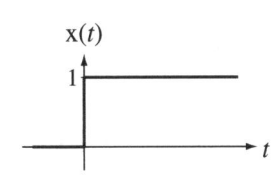

$$u(t) \xleftrightarrow{\mathcal{F}} (1/2)\delta(f) + 1/j2\pi f$$

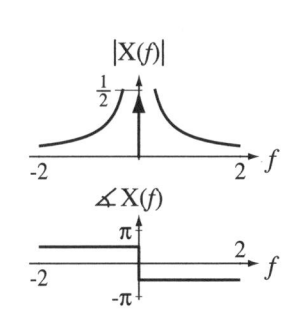

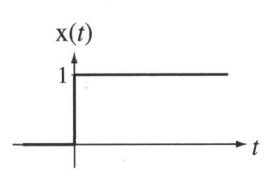

$$u(t) \xleftrightarrow{\mathcal{F}} \pi\delta(\omega) + 1/j\omega$$

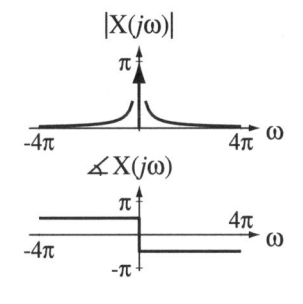

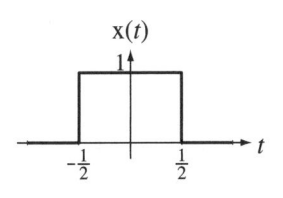

$$\text{ret}(t) \xleftrightarrow{\mathcal{F}} \text{sinc}(f)$$

$$\text{ret}(t) \xleftrightarrow{\mathcal{F}} \text{sinc}(\omega/2\pi)$$

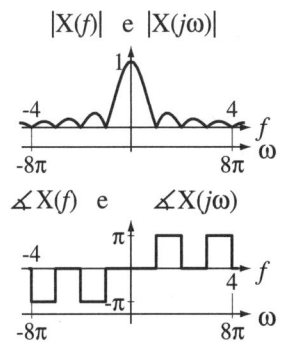

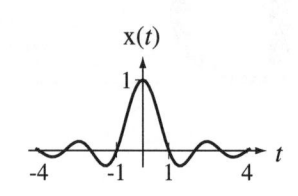

$$\text{sinc}(t) \xleftrightarrow{\mathcal{F}} \text{ret}(f)$$

$$\text{sinc}(t) \xleftrightarrow{\mathcal{F}} \text{ret}(\omega/2\pi)$$

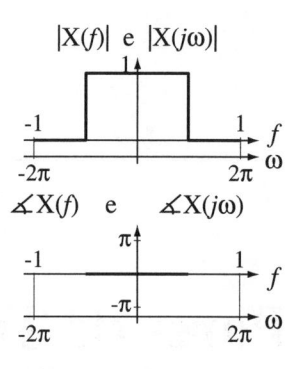

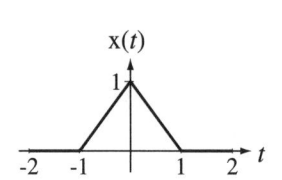

$$\text{tri}(t) \xleftrightarrow{\mathcal{F}} \text{sinc}^2(f)$$

$$\text{tri}(t) \xleftrightarrow{\mathcal{F}} \text{sinc}^2(\omega/2\pi)$$

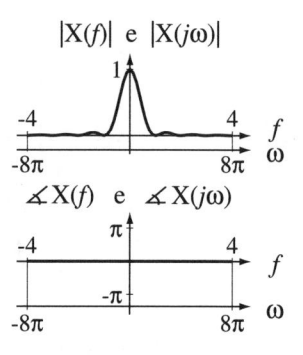

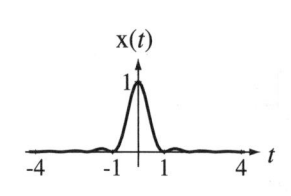

$$\text{sinc}^2(t) \xleftrightarrow{\mathcal{F}} \text{tri}(f)$$

$$\text{sinc}^2(t) \xleftrightarrow{\mathcal{F}} \text{tri}(\omega/2\pi)$$

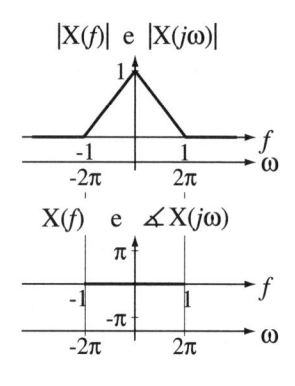

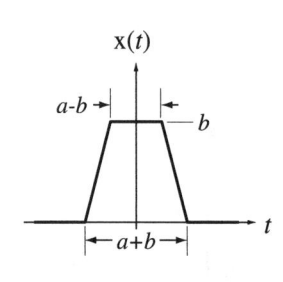

$$\frac{a+b}{2}\text{tri}\left(\frac{2t}{a+b}\right) - \frac{a-b}{2}\text{tri}\left(\frac{2t}{a-b}\right) \xleftrightarrow{\mathcal{F}} ab\,\text{sinc}(af)\,\text{sinc}(bf)$$

$$\frac{a+b}{2}\text{tri}\left(\frac{2t}{a+b}\right) - \frac{a-b}{2}\text{tri}\left(\frac{2t}{a-b}\right) \xleftrightarrow{\mathcal{F}} ab\,\text{sinc}\left(\frac{a\omega}{2\pi}\right)\text{sinc}\left(\frac{b\omega}{2\pi}\right)$$

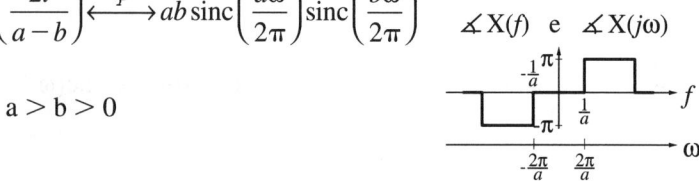

$$a > b > 0$$

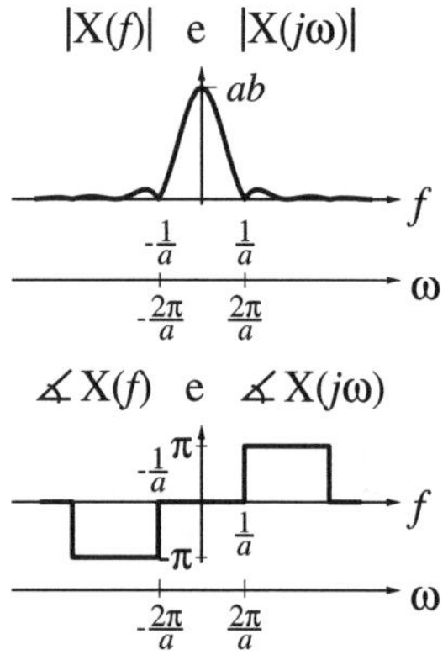

Apêndice D Pares de Transformadas de Fourier Contínuas no Tempo

$$\delta(t) \xleftrightarrow{\mathcal{F}} 1$$

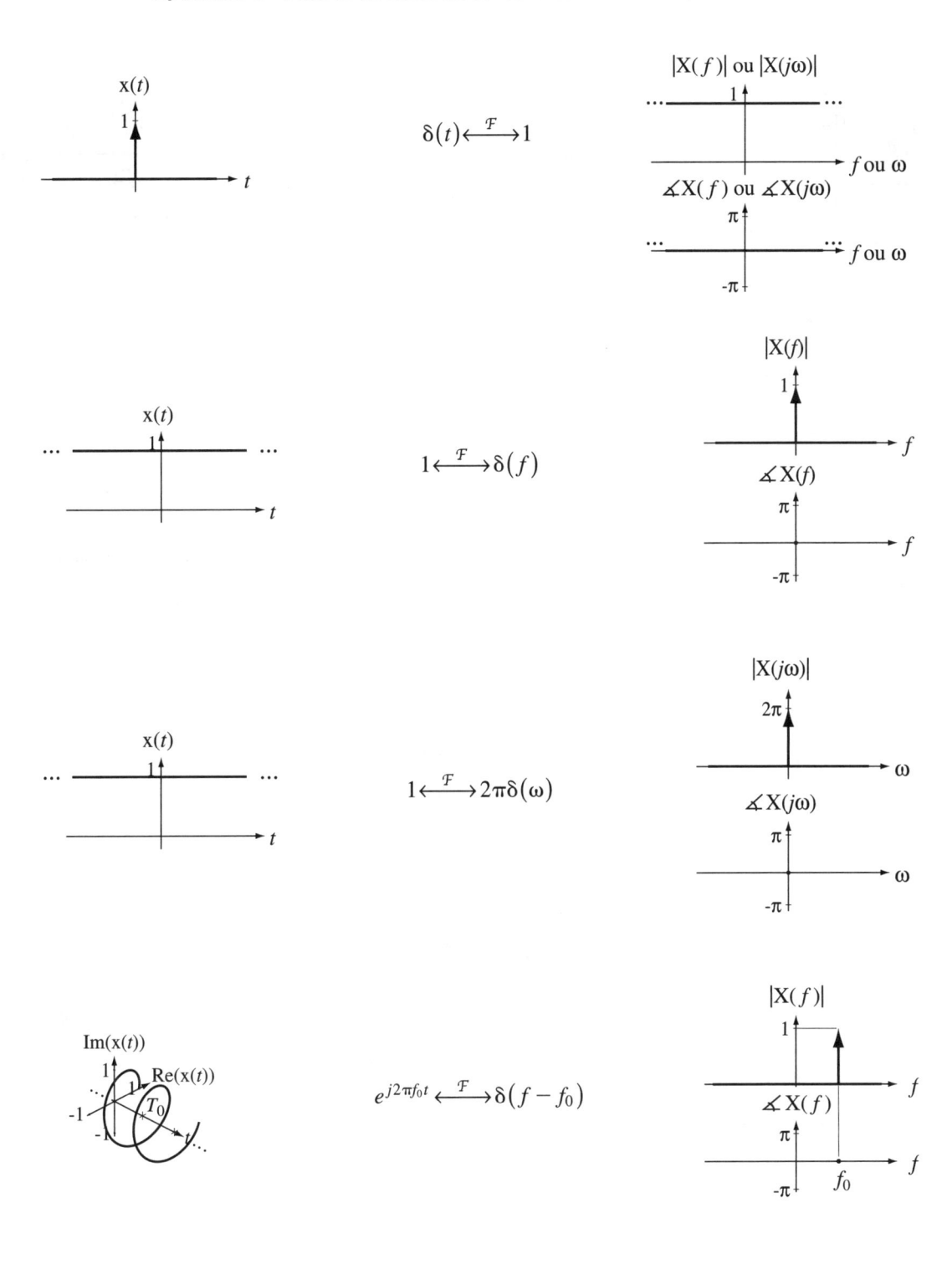

$$1 \xleftrightarrow{\mathcal{F}} \delta(f)$$

$$1 \xleftrightarrow{\mathcal{F}} 2\pi\delta(\omega)$$

$$e^{j2\pi f_0 t} \xleftrightarrow{\mathcal{F}} \delta(f - f_0)$$

$$e^{j\omega_0 t} \xleftrightarrow{\mathcal{F}} 2\pi\delta(\omega - \omega_0)$$

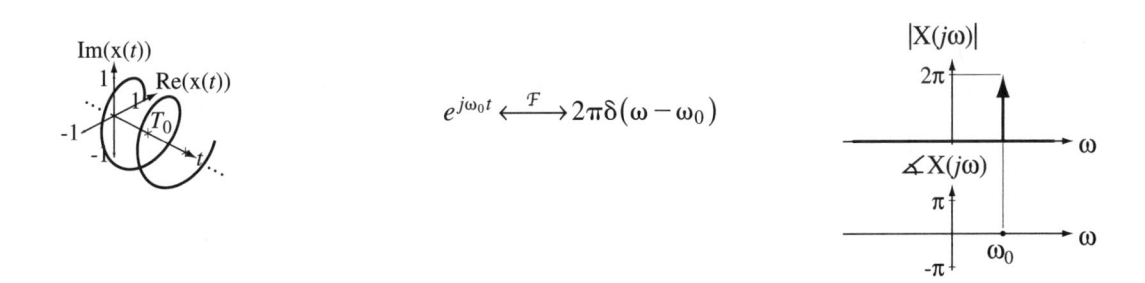

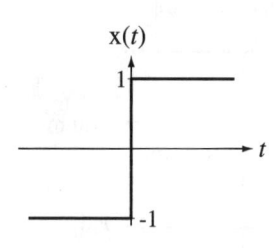

$$\operatorname{sgn}(t) \xleftrightarrow{\mathcal{F}} 1/j\pi f$$

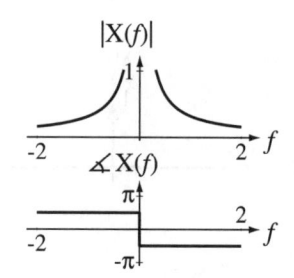

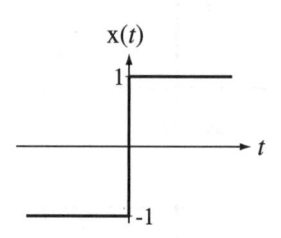

$$\operatorname{sgn}(t) \xleftrightarrow{\mathcal{F}} 2/j\omega$$

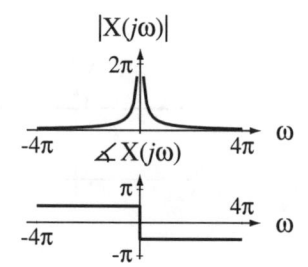

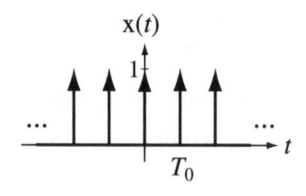

$$\delta_{T_0}(t) \xleftrightarrow{\mathcal{F}} f_0 \delta_{f_0}(f)$$
$$f_0 = 1/T_0$$

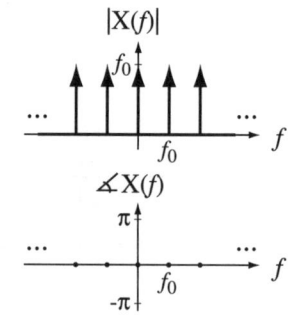

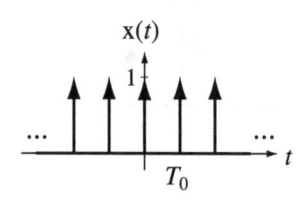

$$\delta_{T_0}(t) \xleftrightarrow{\mathcal{F}} \omega_0 \delta_{\omega_0}(\omega)$$
$$\omega_0 = 2\pi/T_0$$

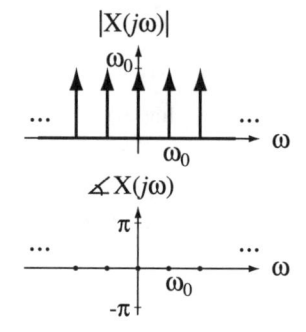

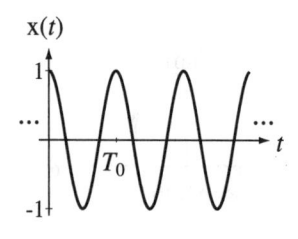

$$\cos(2\pi f_0 t) \xleftrightarrow{\mathcal{F}} \frac{1}{2}\left[\delta(f-f_0) + \delta(f+f_0)\right]$$

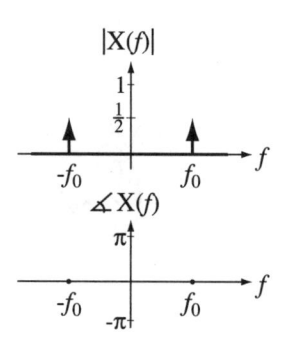

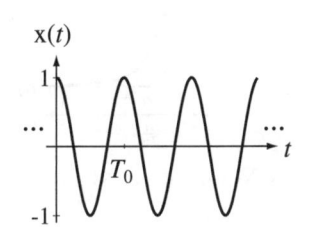

Apêndice D — Pares de Transformadas de Fourier Contínuas no Tempo

$$\cos(\omega_0 t) \xleftrightarrow{\mathcal{F}} \pi[\delta(\omega-\omega_0)+\delta(\omega+\omega_0)]$$

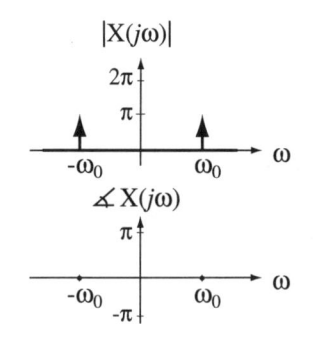

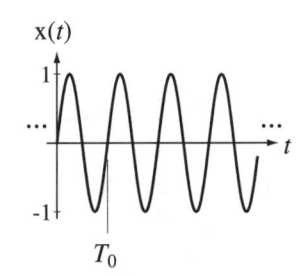

$$\operatorname{sen}(2\pi f_0 t) \xleftrightarrow{\mathcal{F}} \frac{j}{2}[\delta(f+f_0)-\delta(f-f_0)]$$

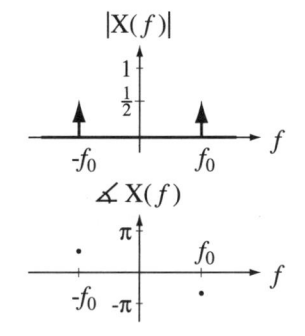

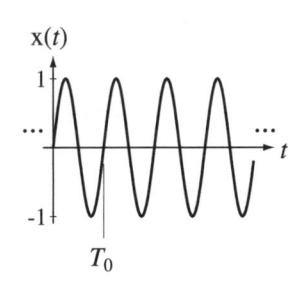

$$\operatorname{sen}(\omega_0 t) \xleftrightarrow{\mathcal{F}} j\pi[\delta(\omega+\omega_0)-\delta(\omega-\omega_0)]$$

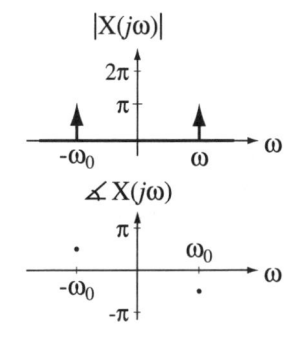

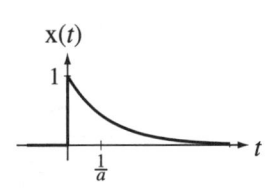

$$e^{-at}u(t) \xleftrightarrow{\mathcal{F}} \frac{1}{j\omega+a}, \quad \operatorname{Re}(a)>0$$

$$e^{-at}u(t) \xleftrightarrow{\mathcal{F}} \frac{1}{j2\pi f+a}, \quad \operatorname{Re}(a)>0$$

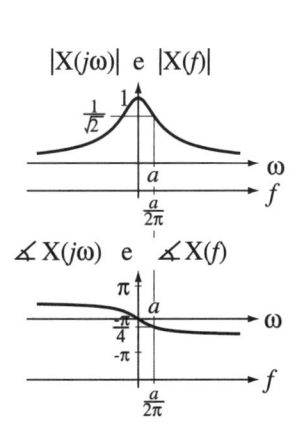

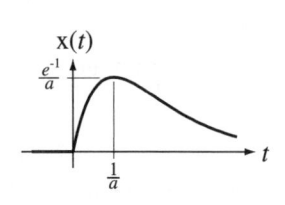

$$te^{-at}\,u(t) \xleftrightarrow{\mathcal{F}} \frac{1}{(j\omega+a)^2} \;,\; \mathrm{Re}(a)>0$$

$$te^{-at}\,u(t) \xleftrightarrow{\mathcal{F}} \frac{1}{(j2\pi f+a)^2} \;,\; \mathrm{Re}(a)>0$$

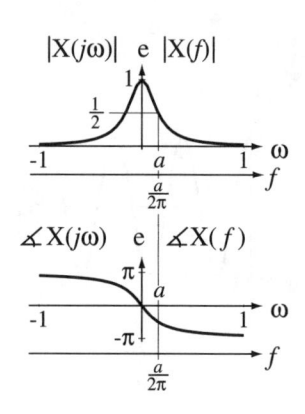

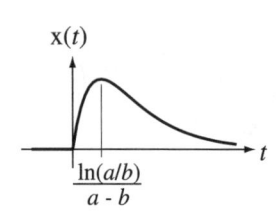

$$\frac{e^{-at}-e^{-bt}}{b-a}u(t) \xleftrightarrow{\mathcal{F}} \frac{1}{(j\omega+a)(j\omega+b)} \;,\; \begin{array}{l}\mathrm{Re}(a)>0\\ \mathrm{Re}(b)>0\\ a\neq b\end{array}$$

$$\frac{e^{-at}-e^{-bt}}{b-a}u(t) \xleftrightarrow{\mathcal{F}} \frac{1}{(j2\pi f+a)(j2\pi f+b)} \;,\; \begin{array}{l}\mathrm{Re}(a)>0\\ \mathrm{Re}(b)>0\\ a\neq b\end{array}$$

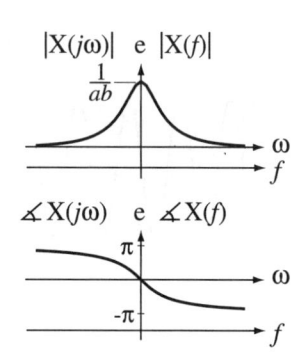

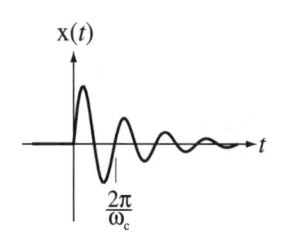

$$e^{-\alpha t}\operatorname{sen}(\omega_c t)\,u(t) \xleftrightarrow{\mathcal{F}} \frac{\omega_c}{(j\omega+\alpha)^2+\omega_c^2}$$

$$e^{-\zeta\omega_n t}\operatorname{sen}\!\left(\omega_n\sqrt{1-\zeta^2}\,t\right)u(t) \xleftrightarrow{\mathcal{F}} \frac{\omega_c}{(j\omega)^2+j\omega(2\zeta\omega_n)+\omega_n^2}$$

$$\left(\omega_c=\omega_n\sqrt{1-\zeta^2}\;,\;\alpha=\zeta\omega_n\right)$$

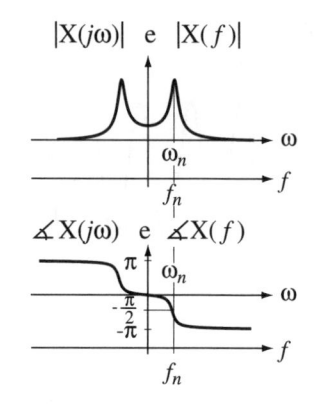

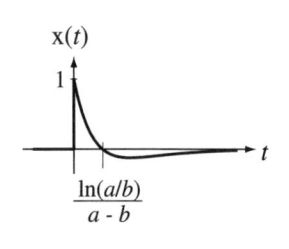

$$\frac{ae^{-at}-be^{-bt}}{a-b}u(t) \xleftrightarrow{\mathcal{F}} \frac{j\omega}{(j\omega+a)(j\omega+b)},\; \begin{array}{l}\mathrm{Re}(a)>0\\ \mathrm{Re}(b)>0\\ a\neq b\end{array}$$

$$\frac{ae^{-at}-be^{-bt}}{a-b}u(t) \xleftrightarrow{\mathcal{F}} \frac{j2\pi f}{(j2\pi f+a)(j2\pi f+b)},\; \begin{array}{l}\mathrm{Re}(a)>0\\ \mathrm{Re}(b)>0\\ a\neq b\end{array}$$

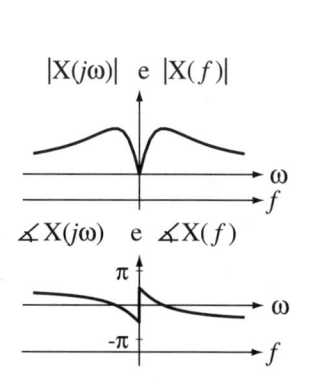

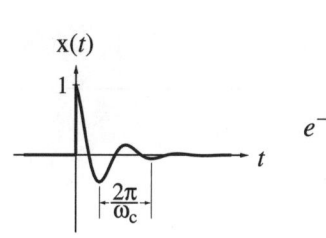

Apêndice D — Pares de Transformadas de Fourier Contínuas no Tempo

$$e^{-\alpha t}\cos(\omega_c t)\,u(t) \overset{\mathcal{F}}{\longleftrightarrow} \frac{j\omega+\alpha}{(j\omega+\alpha)^2+\omega_c^2}$$

$$e^{-\zeta\omega_n t}\cos\!\left(\omega_n\sqrt{1-\zeta^2}\,t\right)u(t) \overset{\mathcal{F}}{\longleftrightarrow} \frac{j\omega+\zeta\omega_n}{(j\omega)^2+j\omega(2\zeta\omega_n)+\omega_n^2}$$

$$\left(\omega_c=\omega_n\sqrt{1-\zeta^2}\;,\;\alpha=\zeta\omega_n\right)$$

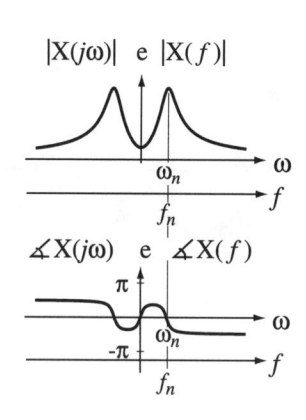

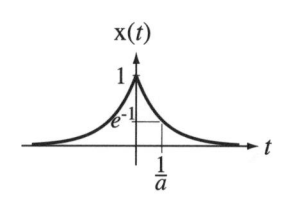

$$e^{-a|t|} \overset{\mathcal{F}}{\longleftrightarrow} \frac{2a}{\omega^2+a^2}\;,\;\operatorname{Re}(a)>0$$

$$e^{-a|t|} \overset{\mathcal{F}}{\longleftrightarrow} \frac{2a}{(2\pi f)^2+a^2}\;,\;\operatorname{Re}(a)>0$$

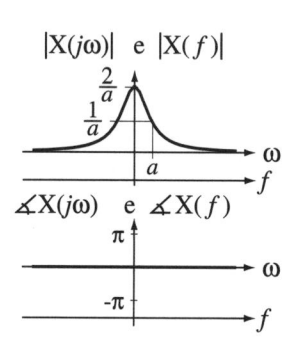

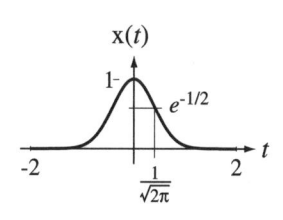

$$e^{-\pi t^2} \overset{\mathcal{F}}{\longleftrightarrow} e^{-\pi f^2}$$

$$e^{-\pi t^2} \overset{\mathcal{F}}{\longleftrightarrow} e^{-\omega^2/4\pi}$$

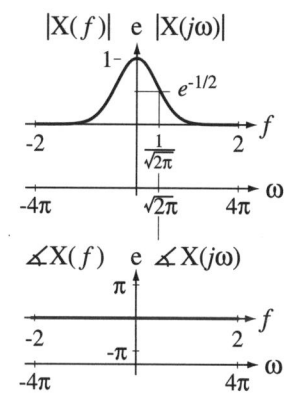

E

APÊNDICE

Pares de Transformadas de Fourier Discretizadas no Tempo

$$x[n] = \int_1 X(F) e^{j2\pi Fn} dF \xleftrightarrow{\mathcal{F}} X(F) = \sum_{n=-\infty}^{\infty} x[n] e^{-j2\pi Fn}$$

$$x[n] = \frac{1}{2\pi} \int_{2\pi} X(e^{j\Omega}) e^{j\Omega n} d\Omega \xleftrightarrow{\mathcal{F}} X(e^{j\Omega}) = \sum_{n=-\infty}^{\infty} x[n] e^{-j\Omega n}$$

Para todas as funções do tempo periódicas, o período fundamental é $N_0 = 1/F_0 = 2\pi/\Omega_0$. Em todos esses pares, n, N_W, N_0, n_0 e n_1 são inteiros.

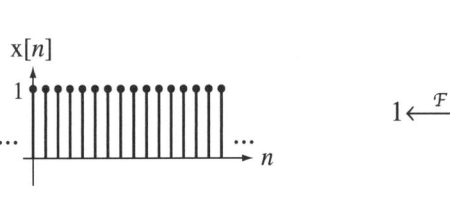

$$1 \xleftrightarrow{\mathcal{F}} \delta_1(F)$$

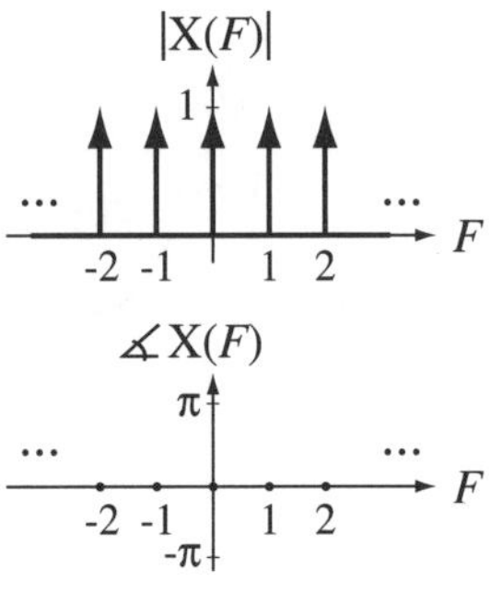

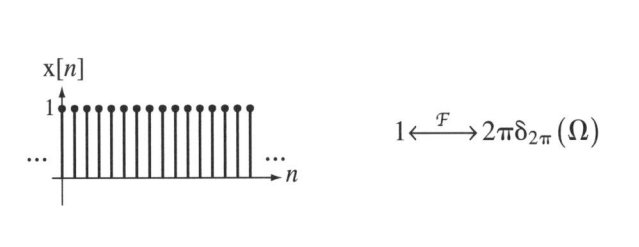

$$1 \xleftrightarrow{\mathcal{F}} 2\pi \delta_{2\pi}(\Omega)$$

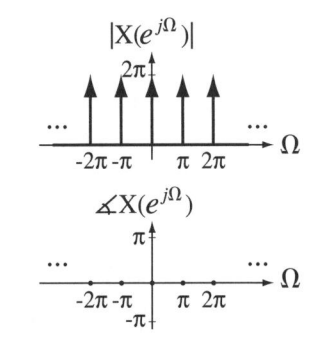

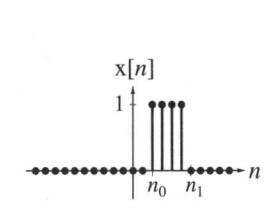

Apêndice E Pares de Transformadas de Fourier Discretizadas no Tempo

$$\mathrm{u}[n-n_0]-\mathrm{u}[n-n_1] \xleftrightarrow{\mathcal{F}}$$

$$\frac{e^{-j\pi F(n_1+n_0)}}{e^{-j\pi F}}(n_1-n_0)\mathrm{drcl}(F, n_1-n_0)$$

$$\mathrm{u}[n-n_0]-\mathrm{u}[n-n_1] \xleftrightarrow{\mathcal{F}}$$

$$\frac{e^{-j\Omega(n_1+n_0)/2}}{e^{-j\Omega/2}}(n_1-n_0)\mathrm{drcl}\left(\frac{\Omega}{2\pi}, n_1-n_0\right)$$

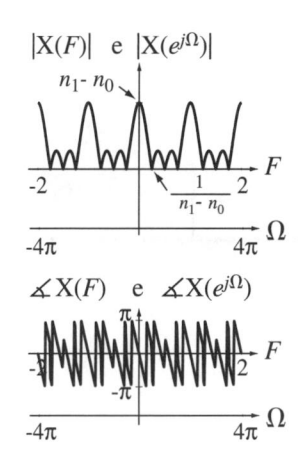

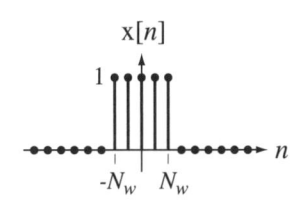

$$\mathrm{ret}_{N_w}[n] \xleftrightarrow{\mathcal{F}} (2N_w+1)\mathrm{drcl}(F, 2N_w+1)$$

$$\mathrm{ret}_{N_w}[n] \xleftrightarrow{\mathcal{F}} (2N_w+1)\mathrm{drcl}(\Omega/2\pi, 2N_w+1)$$

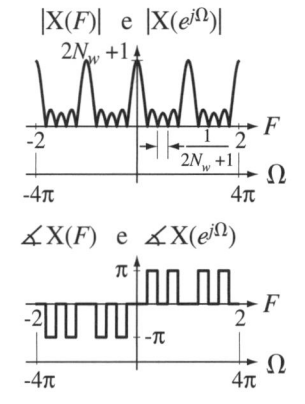

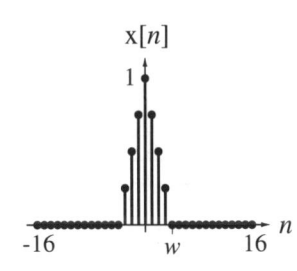

$$\mathrm{tri}(n/w) \xleftrightarrow{\mathcal{F}} w\,\mathrm{drcl}^2(F, w)$$

$$\mathrm{tri}(n/w) \xleftrightarrow{\mathcal{F}} w\,\mathrm{drcl}^2(\Omega/2\pi, w)$$

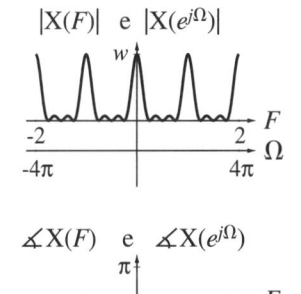

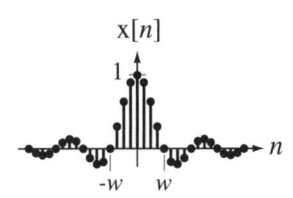

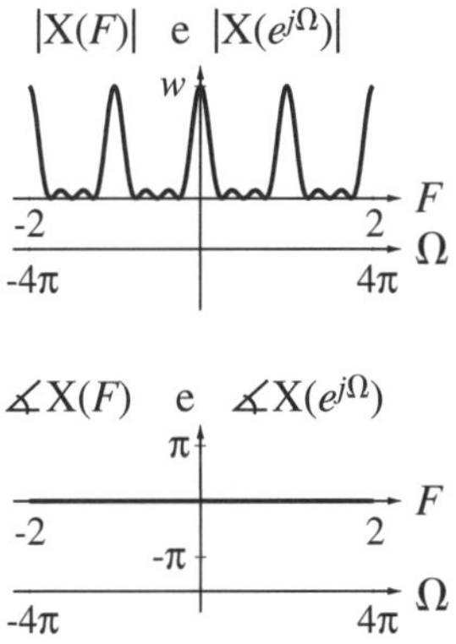

$$\mathrm{sinc}(n/w) \xleftrightarrow{\mathcal{F}} w\,\mathrm{ret}(wF)*\delta_1(F)$$

$$\mathrm{sinc}(n/w) \xleftrightarrow{\mathcal{F}} w\,\mathrm{ret}(w\Omega/2\pi)*\delta_{2\pi}(\Omega)$$

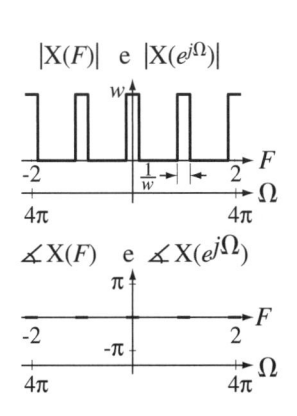

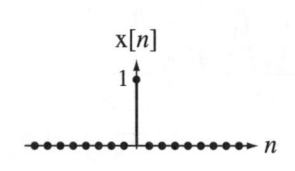

$$\delta[n] \xleftrightarrow{\mathcal{F}} 1$$

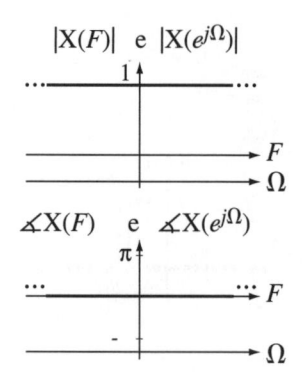

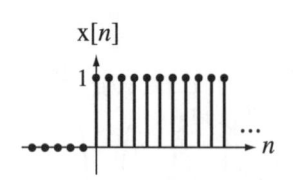

$$u[n] \xleftrightarrow{\mathcal{F}} \frac{1}{1-e^{-j2\pi F}} + \frac{1}{2}\delta_1(F)$$

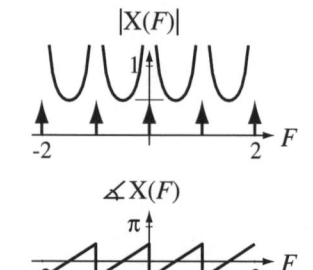

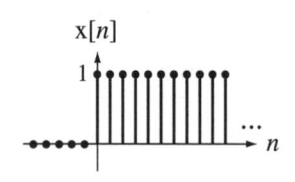

$$u[n] \xleftrightarrow{\mathcal{F}} \frac{1}{1-e^{-j\Omega}} + \pi\delta_{2\pi}(\Omega)$$

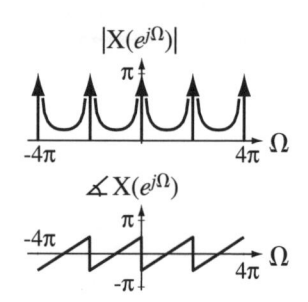

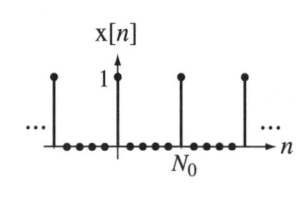

$$\delta_{N_0}[n] \xleftrightarrow{\mathcal{F}} (1/N_0)\delta_{1/N_0}(F) = F_0\delta_{F_0}(F)$$

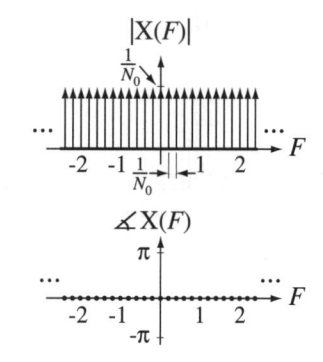

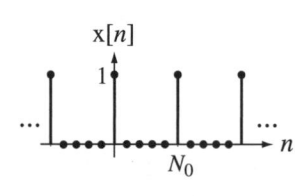

$$\delta_{N_0}[n] \xleftrightarrow{\mathcal{F}} (2\pi/N_0)\delta_{2\pi/N_0}(\Omega) = \Omega_0\delta_{\Omega_0}(\Omega)$$

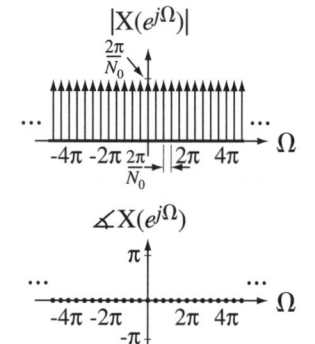

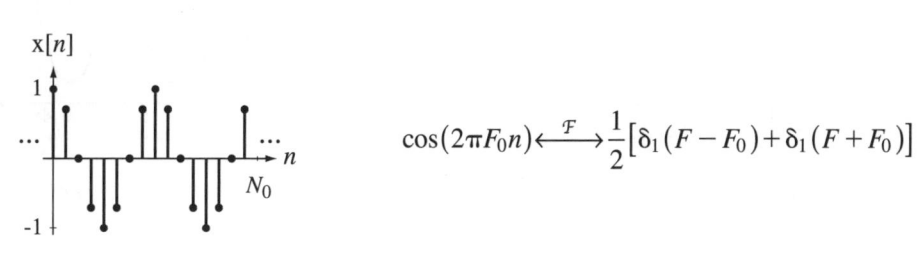

Apêndice E Pares de Transformadas de Fourier Discretizadas no Tempo

$$\cos(2\pi F_0 n) \xleftrightarrow{\mathcal{F}} \frac{1}{2}\left[\delta_1(F - F_0) + \delta_1(F + F_0)\right]$$

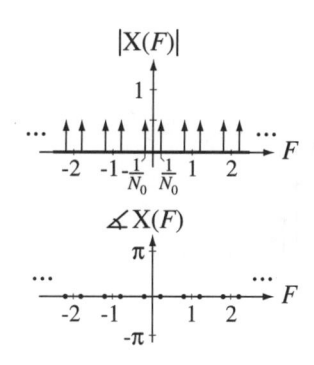

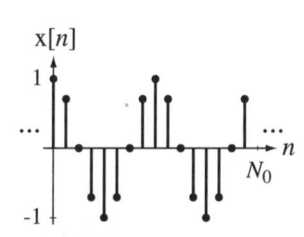

$$\cos(\Omega_0 n) \xleftrightarrow{\mathcal{F}} \pi\left[\delta_{2\pi}(\Omega - \Omega_0) + \delta_{2\pi}(\Omega + \Omega_0)\right]$$

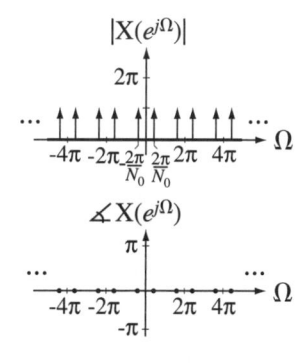

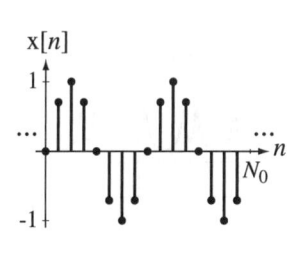

$$\operatorname{sen}(2\pi F_0 n) \xleftrightarrow{\mathcal{F}} \frac{j}{2}\left[\delta_1(F + F_0) - \delta_1(F - F_0)\right]$$

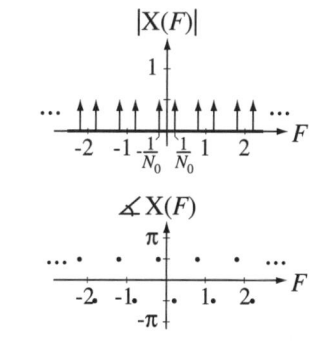

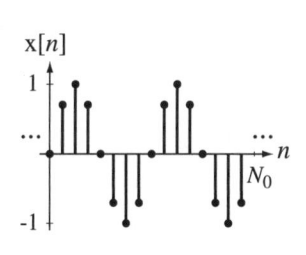

$$\operatorname{sen}(\Omega_0 n) \xleftrightarrow{\mathcal{F}} j\pi\left[\delta_{2\pi}(\Omega + \Omega_0) - \delta_{2\pi}(\Omega - \Omega_0)\right]$$

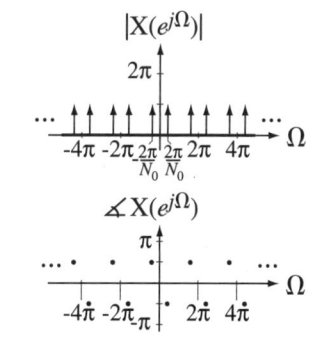

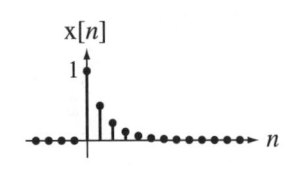

$$\alpha^n \, \mathrm{u}[n] \xleftrightarrow{\mathcal{F}} \frac{1}{1-\alpha e^{-j\Omega}}$$

$$\alpha^n \, \mathrm{u}[n] \xleftrightarrow{\mathcal{F}} \frac{1}{1-\alpha e^{-j2\pi F}}, \quad |\alpha|<1$$

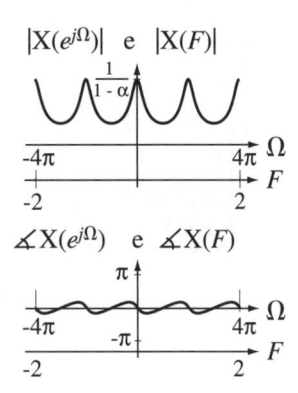

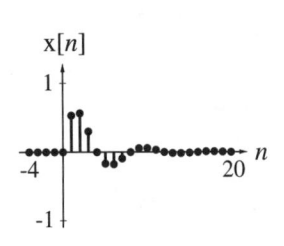

$$\alpha^n \, \mathrm{sen}(\Omega_n n)\, \mathrm{u}[n] \xleftrightarrow{\mathcal{F}} \frac{\alpha \, \mathrm{sen}(\Omega_n) e^{-j\Omega}}{1-2\alpha \cos(\Omega_n) e^{-j\Omega}+\alpha^2 e^{-j2\Omega}}$$

$$\alpha^n \, \mathrm{sen}(2\pi F_n n)\, \mathrm{u}[n] \xleftrightarrow{\mathcal{F}} \frac{\alpha \, \mathrm{sen}(2\pi F_n) e^{-j2\pi F}}{1-2\alpha \cos(2\pi F_n) e^{-j2\pi F}+\alpha^2 e^{-j4\pi F}}$$

$$|\alpha|<1$$

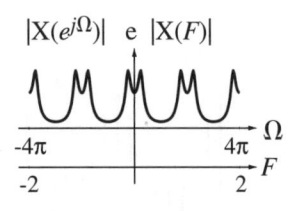

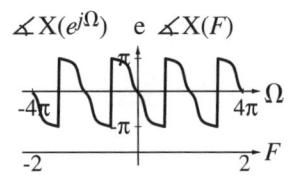

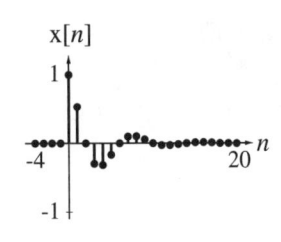

$$\alpha^n \cos(\Omega_n n)\, \mathrm{u}[n] \xleftrightarrow{\mathcal{F}} \frac{1-\alpha \cos(\Omega_n) e^{-j\Omega}}{1-2\alpha \cos(\Omega_n) e^{-j\Omega}+\alpha^2 e^{-j2\Omega}}$$

$$\alpha^n \cos(2\pi F_n n)\, \mathrm{u}[n] \xleftrightarrow{\mathcal{F}} \frac{1-\alpha \cos(2\pi F_n) e^{-j2\pi F}}{1-2\alpha \cos(2\pi F_n) e^{-j2\pi F}+\alpha^2 e^{-j4\pi F}}$$

$$|\alpha|<1$$

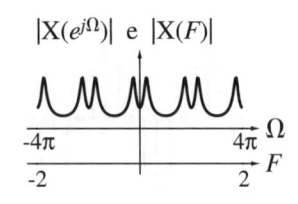

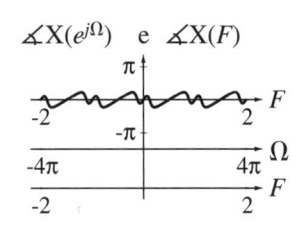

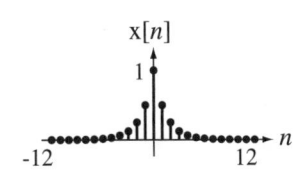

$$\alpha^{|n|} \xleftrightarrow{\mathcal{F}} \frac{1-\alpha^2}{1-2\alpha \cos(2\pi F)+\alpha^2}$$

$$\alpha^{|n|} \xleftrightarrow{\mathcal{F}} \frac{1-\alpha^2}{1-2\alpha \cos(\Omega)+\alpha^2}, \quad |\alpha|<1$$

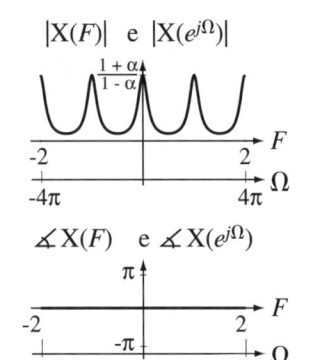

APÊNDICE F

Pares de Transformadas de Laplace

F.1 FUNÇÕES CAUSAIS

$\delta(t) \xleftrightarrow{\mathcal{L}} 1$, Todos os s

$u(t) \xleftrightarrow{\mathcal{L}} \dfrac{1}{s}$, $\operatorname{Re}(s) > 0$

$u_{-n}(t) = \underbrace{u(t) * \cdots * u(t)}_{(n-1)\,\text{convoluções}} \xleftrightarrow{\mathcal{L}} \dfrac{1}{s^n}$, $\operatorname{Re}(s) > 0$

$t\, u(t) \xleftrightarrow{\mathcal{L}} \dfrac{1}{s^2}$, $\operatorname{Re}(s) > 0$

$e^{-\alpha t}\, u(t) \xleftrightarrow{\mathcal{L}} \dfrac{1}{s+\alpha}$, $\operatorname{Re}(s) > -\alpha$

$t^n\, u(t) \xleftrightarrow{\mathcal{L}} \dfrac{n!}{s^{n+1}}$, $\operatorname{Re}(s) > 0$

$t e^{-\alpha t}\, u(t) \xleftrightarrow{\mathcal{L}} \dfrac{1}{(s+\alpha)^2}$, $\operatorname{Re}(s) > -\alpha$

$t^n e^{-\alpha t}\, u(t) \xleftrightarrow{\mathcal{L}} \dfrac{n!}{(s+\alpha)^{n+1}}$, $\operatorname{Re}(s) > -\alpha$

$\operatorname{sen}(\omega_0 t)\, u(t) \xleftrightarrow{\mathcal{L}} \dfrac{\omega_0}{s^2 + \omega_0^2}$, $\operatorname{Re}(s) > 0$

$\cos(\omega_0 t)\, u(t) \xleftrightarrow{\mathcal{L}} \dfrac{s}{s^2 + \omega_0^2}$, $\operatorname{Re}(s) > 0$

$e^{-\alpha t} \operatorname{sen}(\omega_c t)\, u(t) \xleftrightarrow{\mathcal{L}} \dfrac{\omega_c}{(s+\alpha)^2 + \omega_c^2}$, $\operatorname{Re}(s) > -\alpha$

$e^{-\alpha t} \cos(\omega_c t)\, u(t) \xleftrightarrow{\mathcal{L}} \dfrac{s+\alpha}{(s+\alpha)^2 + \omega_c^2}$, $\operatorname{Re}(s) > -\alpha$

$$e^{-\alpha t}\left[A\cos(\omega_c t)+\left(\frac{B-A\alpha}{\beta}\right)\text{sen}(\omega_c t)\right]u(t) \xleftrightarrow{\mathcal{L}} \frac{As+B}{(s+\alpha)^2+\omega_c^2}$$

$$e^{-\alpha t}\left[\sqrt{A^2+\left(\frac{B-A\alpha}{\omega_c}\right)^2}\cos\left(\omega_c t - \text{tg}^{-1}\left(\frac{B-A\alpha}{A\omega_c}\right)\right)\right]u(t) \xleftrightarrow{\mathcal{L}} \frac{As+B}{(s+\alpha)^2+\omega_c^2}$$

$$e^{-\frac{C}{2}t}\left[A\cos\left(\sqrt{D-\left(\frac{C}{2}\right)^2}\,t\right)+\frac{2B-AC}{\sqrt{4D-C^2}}\text{sen}\left(\sqrt{D-\left(\frac{C}{2}\right)^2}\,t\right)\right]u(t) \xleftrightarrow{\mathcal{L}} \frac{As+B}{s^2+Cs+D}$$

$$e^{-\frac{C}{2}t}\left[\sqrt{A^2+\left(\frac{2B-AC}{\sqrt{4D-C^2}}\right)^2}\cos\left(\sqrt{D-\left(\frac{C}{2}\right)^2}\,t - \text{tg}^{-1}\left(\frac{2B-AC}{A\sqrt{4D-C^2}}\right)\right)\right]u(t) \xleftrightarrow{\mathcal{L}} \frac{As+B}{s^2+Cs+D}$$

F.2 FUNÇÕES ANTICAUSAIS

$$-u(-t) \xleftrightarrow{\mathcal{L}} \frac{1}{s}, \quad \text{Re}(s)<0$$

$$-e^{-\alpha t}u(-t) \xleftrightarrow{\mathcal{L}} \frac{1}{s+\alpha}, \quad \text{Re}(s)<-\alpha$$

$$-t^n u(-t) \xleftrightarrow{\mathcal{L}} \frac{n!}{s^{n+1}}, \quad \text{Re}(s)<0$$

F.3 FUNÇÕES NÃO CAUSAIS

$$e^{-\alpha|t|} \xleftrightarrow{\mathcal{L}} \frac{1}{s+\alpha}-\frac{1}{s-\alpha}, \quad -\alpha<\text{Re}(s)<\alpha$$

$$\text{ret}(t) \xleftrightarrow{\mathcal{L}} \frac{e^{s/2}-e^{-s/2}}{s}, \quad \text{Todos os } s$$

$$\text{tri}(t) \xleftrightarrow{\mathcal{L}} \left(\frac{e^{s/2}-e^{-s/2}}{s}\right)^2, \quad \text{Todos os } s$$

APÊNDICE G

Pares de Transformadas z

G.1 FUNÇÕES CAUSAIS

$\delta[n] \xleftrightarrow{z} 1$, Todos os z

$u[n] \xleftrightarrow{z} \dfrac{z}{z-1} = \dfrac{1}{1-z^{-1}}$, $|z|>1$

$\alpha^n u[n] \xleftrightarrow{z} \dfrac{z}{z-\alpha} = \dfrac{1}{1-\alpha z^{-1}}$, $|z|>|\alpha|$

$n u[n] \xleftrightarrow{z} \dfrac{z}{(z-1)^2} = \dfrac{z^{-1}}{\left(1-z^{-1}\right)^2}$, $|z|>1$

$n^2 u[n] \xleftrightarrow{z} \dfrac{z(z+1)}{(z-1)^3} = \dfrac{1+z^{-1}}{z\left(1-z^{-1}\right)}$, $|z|>1$

$n\alpha^n u[n] \xleftrightarrow{z} \dfrac{z\alpha}{(z-\alpha)^2} = \dfrac{\alpha z^{-1}}{\left(1-\alpha z^{-1}\right)^2}$, $|z|>|\alpha|$

$n^m \alpha^n u[n] \xleftrightarrow{z} (-z)^m \dfrac{d^m}{dz^m}\left(\dfrac{z}{z-\alpha}\right)$, $|z|>|\alpha|$

$\dfrac{n(n-1)(n-2)\cdots(n-m+1)}{m!}\alpha^{n-m} u[n] \xleftrightarrow{z} \dfrac{z}{(z-\alpha)^{m+1}}$, $|z|>|\alpha|$

$\operatorname{sen}(\Omega_0 n) u[n] \xleftrightarrow{z} \dfrac{z\operatorname{sen}(\Omega_0)}{z^2 - 2z\cos(\Omega_0)+1} = \dfrac{\operatorname{sen}(\Omega_0)z^{-1}}{1-2\cos(\Omega_0)z^{-1}+z^{-2}}$, $|z|>1$

$\cos(\Omega_0 n) u[n] \xleftrightarrow{z} \dfrac{z[z-\cos(\Omega_0)]}{z^2 - 2z\cos(\Omega_0)+1} = \dfrac{1-\cos(\Omega_0)z^{-1}}{1-2\cos(\Omega_0)z^{-1}+z^{-2}}$, $|z|>1$

$\alpha^n \operatorname{sen}(\Omega_0 n) u[n] \xleftrightarrow{z} \dfrac{z\alpha\operatorname{sen}(\Omega_0)}{z^2 - 2\alpha z\cos(\Omega_0)+\alpha^2} = \dfrac{\alpha\operatorname{sen}(\Omega_0)z^{-1}}{1-2\alpha\cos(\Omega_0)z^{-1}+\alpha^2 z^{-2}}$, $|z|>|\alpha|$

$\alpha^n \cos(\Omega_0 n) u[n] \xleftrightarrow{z} \dfrac{z[z-\alpha\cos(\Omega_0)]}{z^2 - 2\alpha z\cos(\Omega_0)+\alpha^2} = \dfrac{1-\alpha\cos(\Omega_0)z^{-1}}{1-2\alpha\cos(\Omega_0)z^{-1}+\alpha^2 z^{-2}}$, $|z|>|\alpha|$

G.2 FUNÇÕES ANTICAUSAIS

$$-u[-n-1] \xleftrightarrow{z} \frac{z}{z-1} \quad, \quad |z|<1$$

$$-\alpha^n u[-n-1] \xleftrightarrow{z} \frac{z}{z-\alpha} \quad, \quad |z|<|\alpha|$$

$$-n\alpha^n u[-n-1] \xleftrightarrow{z} \frac{\alpha z}{(z-\alpha)^2} \quad, \quad |z|<|\alpha|$$

G.3 FUNÇÕES NÃO CAUSAIS

$$\alpha^{|n|} \xleftrightarrow{z} \frac{z}{z-\alpha} - \frac{z}{z-1/\alpha} \quad, \quad |\alpha|<|z|<|1/\alpha|$$

APÊNDICE H

Equações e Fórmulas

$$\delta(t) = 0 \;,\; t \neq 0$$

$$\int_{t_1}^{t_2} \delta(t)\,dt = \begin{cases} 1 \;,\; t_1 < 0 < t_2 \\ 0 \;,\; \text{caso contrário} \end{cases}$$

$$u(t) = \begin{cases} 1 \;,\; t > 0 \\ 1/2 \;,\; t = 0 \\ 0 \;,\; t < 0 \end{cases}$$

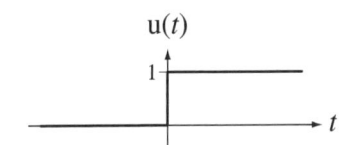

$$\operatorname{sgn}(t) = \begin{cases} 1 \;,\; t > 0 \\ 0 \;,\; t = 0 \\ -1 \;,\; t < 0 \end{cases}$$

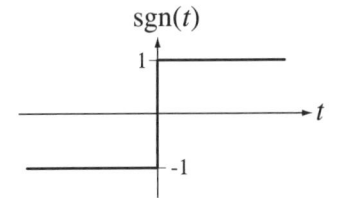

$$\operatorname{rampa}(t) = \begin{cases} t \;,\; t \geq 0 \\ 0 \;,\; t < 0 \end{cases}$$

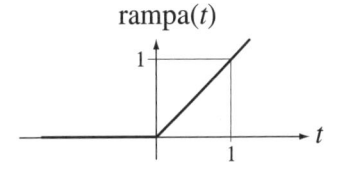

$$\delta_T(t) = \sum_{n=-\infty}^{\infty} \delta(t - nT)$$

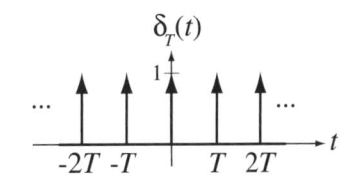

$$\operatorname{ret}(t) = \begin{cases} 1 \;,\; |t| < 1/2 \\ 1/2 \;,\; |t| = 1/2 \\ 0 \;,\; |t| > 1/2 \end{cases}$$

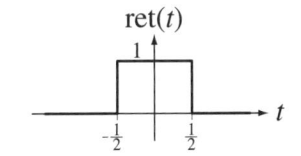

$$\operatorname{tri}(t) = \begin{cases} 1 - |t| \;,\; |t| < 1 \\ 0 \;,\; |t| \geq 1 \end{cases}$$

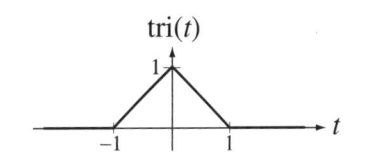

$$\text{sinc}(t) = \frac{\text{sen}(\pi t)}{\pi t}$$

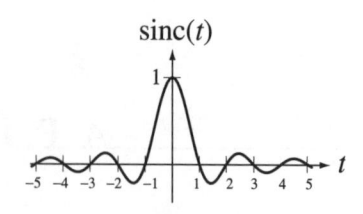

$$\text{drcl}(t, N) = \frac{\text{sen}(\pi N t)}{N \, \text{sen}(\pi t)}$$

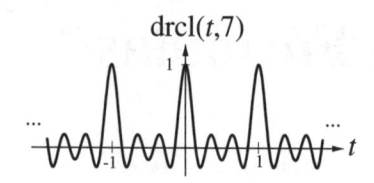

$$\delta[n] = \begin{cases} 1, & n = 0 \\ 0, & n \neq 0 \end{cases}$$

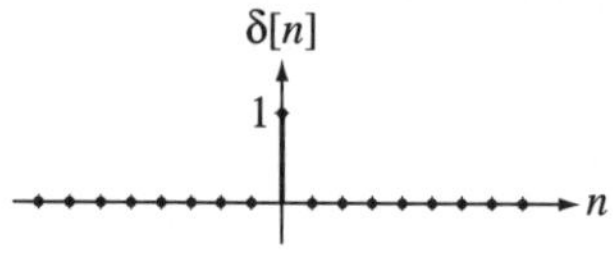

$$u[n] = \begin{cases} 1, & n \geq 0 \\ 0, & n < 0 \end{cases}$$

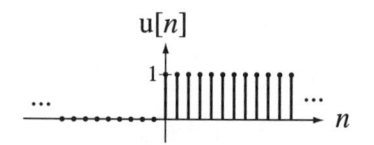

$$\text{sgn}[n] = \begin{cases} 1, & n > 0 \\ 0, & n = 0 \\ -1, & n < 0 \end{cases}$$

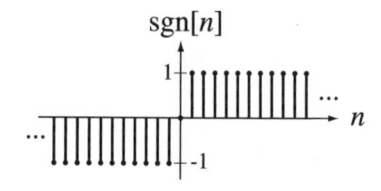

$$\text{rampa}[n] = \begin{cases} n, & n \geq 0 \\ 0, & n < 0 \end{cases}$$

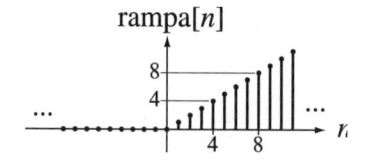

$$\delta_N[n] = \sum_{m=-\infty}^{\infty} \delta[n - mN]$$

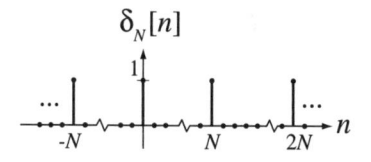

$$\text{ret}_{N_w}[n] = \begin{cases} 1, & |n| \leq N_w \\ 0, & |n| > N_w \end{cases}$$

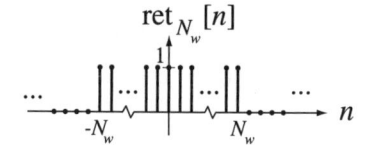

FÓRMULAS PARA SINAIS E SISTEMAS (Em todas as fórmulas, k, n, m, p, q, N_w, N_0, N_{0x}, N_{0y}, n_0 e n_1 são inteiros.)

FUNÇÕES DE SINAL, ENERGIA DE SINAL, POTÊNCIA DE SINAL, CONVOLUÇÃO

$\delta(t) = 0, \; t \neq 0$

$g(t) A\delta(t-t_0) = A g(t_0) \delta(t-t_0)$

$x(t) * A\delta(t-t_0) = A x(t-t_0)$

$x[n] * A\delta[n-n_0] = A x[n-n_0]$

$\delta(a(t-t_0)) = \delta(t-t_0)/|a|$

$\int_{-\infty}^{\infty} g(t) \delta(t-t_0) dt = g(t_0)$

$\text{rampa}(t) = \begin{cases} t, & t \geq 0 \\ 0, & t < 0 \end{cases}$

$\int_{t_1}^{t_2} \delta(t) dt = \begin{cases} 1, & t_1 < 0 < t_2 \\ 0, & \text{caso contrário} \end{cases}$

$\text{sinc}(t) = \dfrac{\text{sen}(\pi t)}{\pi t}$

$u[n] = \begin{cases} 1, & n \geq 0 \\ 0, & n < 0 \end{cases}$

$E_x = \int_{-\infty}^{\infty} |x(t)|^2 dt$

$\delta[n] = \begin{cases} 1, & n = 0 \\ 0, & n \neq 0 \end{cases}$

$\delta_T(t) = \sum_{n=-\infty}^{\infty} \delta(t-nT)$

$\text{drcl}(t, N) = \dfrac{\text{sen}(N\pi t)}{N \text{sen}(\pi t)}$

$\delta_{N_0}[n] = \sum_{m=-\infty}^{\infty} \delta[n-mN_0]$

$\text{rampa}[n] = \begin{cases} n, & n \geq 0 \\ 0, & n < 0 \end{cases}$

$\text{tri}(t) = \begin{cases} 1-|t|, & |t| < 1 \\ 0, & |t| \geq 1 \end{cases}$

$P_x = \lim_{N \to \infty} \dfrac{1}{2N} \sum_{n=-N}^{N-1} |x[n]|^2$

$E_x = \sum_{n=-\infty}^{\infty} |x[n]|^2$

$P_x = \lim_{T \to \infty} \dfrac{1}{T} \int_{-T/2}^{T/2} |x(t)|^2 dt$

$x[n] * h[n] = \sum_{m=-\infty}^{\infty} x[m] h[n-m]$

$x(t) * h(t) = \int_{-\infty}^{\infty} x(\tau) h(t-\tau) d\tau$

$\text{ret}_{N_W}[n] = \begin{cases} 1, & |n| \leq N_W \\ 0, & |n| > N_W \end{cases}$

$u(t) = \begin{cases} 1, & t > 0 \\ 1/2, & t = 0 \\ 0, & t < 0 \end{cases}$

$\text{ret}(t) = \begin{cases} 1, & |t| < 1/2 \\ 1/2, & |t| = 1/2 \\ 0, & |t| > 1/2 \end{cases}$

$\text{sgn}(t) = \begin{cases} 1, & t > 0 \\ 0, & t = 0 \\ -1, & t < 0 \end{cases}$

$\text{sgn}[n] = \begin{cases} 1, & n > 0 \\ 0, & n = 0 \\ -1, & n < 0 \end{cases}$

SFCT - $T_F = mT_{0x} = qT_{0y}$ exceto nos casos em que seja definido de outro modo

$\omega_F / 2\pi = f_F = 1/T_F$

$x^*(t) \xleftrightarrow{\mathcal{FS}} X^*[-k]$

$1 \xleftrightarrow{\mathcal{FS}} \delta[k]$

$\delta_{T_0}(t) \xleftrightarrow{\mathcal{FS}} (1/T_0) \delta_m[k]$

$\alpha x(t) + \beta y(t) \xleftrightarrow{\mathcal{FS}} \alpha X[k] + \beta Y[k]$

$x(t-t_0) \xleftrightarrow{\mathcal{FS}} e^{-j2\pi k f_F t_0} X[k]$

$\text{sen}(2\pi f_0 t) \xleftrightarrow{\mathcal{FS}} (j/2)(\delta[k+m] - \delta[k-m])$

$\cos(2\pi f_0 t) \xleftrightarrow{\mathcal{FS}} (1/2)(\delta[k-m] + \delta[k+m])$

$e^{j2\pi k_0 f_F t} x(t) \xleftrightarrow{\mathcal{FS}} X[k-k_0]$

$e^{j2\pi f_0 t} \xleftrightarrow{\mathcal{FS}} \delta[k-m]$

$x(-t) \xleftrightarrow{\mathcal{FS}} X[-k]$

$x(t) \circledast y(t) = \int_{T_F} x(\tau) y(t-\tau) d\tau \xleftrightarrow{\mathcal{FS}} T_F X[k] Y[k]$

$(1/w) \text{ret}(t/w) * \delta_{T_0}(t) \xleftrightarrow{\mathcal{FS}} f_0 \text{sinc}(wkf_0), \; T_F = T_0$

$(1/w) \text{tri}(t/w) * \delta_{T_0}(t) \xleftrightarrow{\mathcal{FS}} f_0 \text{sinc}^2(wkf_0), \; T_F = T_0$

$(1/w) \text{sinc}(t/w) * \delta_{T_0}(t) \xleftrightarrow{\mathcal{FS}} f_0 \text{ret}(wkf_0), \; T_F = T_0$

$\dfrac{d}{dt}(x(t)) \xleftrightarrow{\mathcal{FS}} j2\pi k f_F X[k]$

$\dfrac{1}{T_F} \int_{T_F} |x(t)|^2 dt = \sum_{k=-\infty}^{\infty} |X[k]|^2$

$x_F(t) = \sum_{k=-\infty}^{\infty} X[k] e^{j2\pi k f_F t} \xleftrightarrow{\mathcal{FS}} X[k] = \dfrac{1}{T_F} \int_{T_F} x(t) e^{-j2\pi k f_F t} dt$

$\int_{-\infty}^{t} x(\tau) d\tau \xleftrightarrow{\mathcal{FS}} \dfrac{X[k]}{j2\pi k f_F} \; k \neq 0, \; \underline{\text{Se } X[0] = 0}$

$x(t) y(t) \xleftrightarrow{\mathcal{FS}} \sum_{p=-\infty}^{\infty} Y[p] X[k-p] = X[k] * Y[k]$

$T_F \to pT_F \Rightarrow X_p[k] = \begin{cases} X[k/p], & k/p \text{ um inteiro} \\ 0, & \text{caso contrário} \end{cases}$

$z(t) = x(at)$, a um inteiro não-nulo, $T_F = mT_{0x} \Rightarrow Z[k] = \begin{cases} X[k/a], & k/a \text{ um inteiro} \\ 0, & \text{caso contrário} \end{cases}$

SFDT - $N_F = mN_{0x} = qN_{0y}$ exceto nos casos em que seja definido de outro modo

$\Omega_F / 2\pi = F_F = 1/N_F$

$x^*[n] \xleftrightarrow{\mathcal{FS}} X^*[-k]$

$x[-n] \xleftrightarrow{\mathcal{FS}} X[-k]$

$\alpha x[n] + \beta y[n] \xleftrightarrow{\mathcal{FS}} \alpha X[k] + \beta Y[k]$

$$x[n-n_0] \xleftrightarrow{\mathcal{FS}} e^{-j2\pi k n_0/N_F} X[k]$$

$$1 \xleftrightarrow{\mathcal{FS}} \delta_{N_F}[k], \; N_F \text{ é arbitrário}$$

$$e^{j2\pi k_0 n/N_F} x[n] \xleftrightarrow{\mathcal{FS}} X[k-k_0]$$

$$\cos(2\pi pn/N_0) \xleftrightarrow{\mathcal{FS}} (1/2)(\delta_{N_F}[k-mp]+\delta_{N_F}[k+mp])$$

$$\operatorname{sen}(2\pi pn/N_0) \xleftrightarrow{\mathcal{FS}} (j/2)(\delta_{N_F}[k+mp]-\delta_{N_F}[k-mp])$$

$$\delta_{N_0}[n] \xleftrightarrow{\mathcal{FS}} \delta_m[k]/N_0$$

$$e^{j2\pi n/N_0} \xleftrightarrow{\mathcal{FS}} \delta_{N_F}[k-m]$$

$$\frac{1}{N_F}\sum_{n=\langle N_F\rangle}|x[n]|^2 = \sum_{k=\langle N_F\rangle}|X[k]|^2$$

$$x[n]\circledast y[n] = \sum_{p=\langle N_F\rangle} x[p]y[n-p] \xleftrightarrow{\mathcal{FS}} N_F Y[k]X[k]$$

$$x[n]-x[n-1] \xleftrightarrow{\mathcal{FS}} (1-e^{-j2\pi k/N_F})X[k]$$

$$x[n]y[n] \xleftrightarrow{\mathcal{FS}} Y[k]\circledast X[k] = \sum_{p=\langle N_F\rangle} Y[p]X[k-p]$$

$$\sum_{p=-\infty}^{n} x[p] \xleftrightarrow{\mathcal{FS}} \frac{X[k]}{1-e^{-j2\pi k/N_F}}, \; k\neq 0, \; \underline{\text{Se } X[0]=0}$$

$$N_F \to pN_F \Rightarrow X_p[k] = \begin{cases} X[k/p], & k/p \text{ é inteiro} \\ 0, & \text{caso contrário} \end{cases}$$

$$x[n] = \sum_{k=\langle N_F\rangle} X[k]e^{j2\pi kn/N_F} \xleftrightarrow{\mathcal{FS}} X[k] = \frac{1}{N_F}\sum_{n=\langle N_F\rangle} x[n]e^{-j2\pi kn/N_F}$$

$$z[n] = \begin{cases} x[n/p], & n/p \text{ é inteiro} \\ 0, & \text{caso contrário} \end{cases}, \; N_F \to pN_F \Rightarrow Z[k]=(1/p)X[k]$$

$$N_F = N_0$$
$$\operatorname{sinc}(n/w)*\delta_{N_0}[n] \xleftrightarrow{\mathcal{FS}} (w/N_0)\operatorname{ret}(wk/N_0)*\delta_{N_0}[k]$$

$$N_F = N_0$$
$$\operatorname{ret}_{N_w}[n]*\delta_{N_0}[n] \xleftrightarrow{\mathcal{FS}} \frac{2N_w+1}{N_0}\operatorname{drcl}\left(\frac{k}{N_0},2N_w+1\right)$$

$$N_F = N_0, \; n_1 > n_0$$
$$u[n-n_0]-u[n-n_1]*\delta_{N_0}[n] \xleftrightarrow{\mathcal{FS}} \frac{e^{-j\pi k(n_0+n_1)/N_0}}{e^{-j\pi k/N_0}}\frac{n_1-n_0}{N_0}\operatorname{drcl}(k/N_0,n_1-n_0)$$

$$N_F = N_0$$
$$\operatorname{tri}(n/w)*\delta_{N_0}[n] \xleftrightarrow{\mathcal{FS}} (w/N_0)\operatorname{sinc}^2(wk/N_0)*\delta_{N_0}[k]$$

$$N_F = N_0$$
$$\operatorname{tri}(n/N_W)*\delta_{N_0}[n] \xleftrightarrow{\mathcal{FS}} (N_w/N_0)\operatorname{drcl}^2(k/N_0,N_w)$$

TFCT

$$\omega = 2\pi f$$

$$e^{-\pi t^2} \xleftrightarrow{\mathcal{F}} e^{-\pi f^2}$$

$$\alpha x(t)+\beta y(t) \xleftrightarrow{\mathcal{F}} \alpha X(f)+\beta Y(f)$$

$$x(t-t_0) \xleftrightarrow{\mathcal{F}} X(f)e^{-j2\pi ft_0}$$

$$x(t)e^{+j2\pi f_0 t} \xleftrightarrow{\mathcal{F}} X(f-f_0)$$

$$x^*(t) \xleftrightarrow{\mathcal{F}} X^*(-f)$$

$$x(t)*y(t) \xleftrightarrow{\mathcal{F}} X(f)Y(f)$$

$$1 \xleftrightarrow{\mathcal{F}} \delta(f)$$

$$x(t)y(t) \xleftrightarrow{\mathcal{F}} X(f)*Y(f)$$

$$\operatorname{ret}(t) \xleftrightarrow{\mathcal{F}} \operatorname{sinc}(f)$$

$$\operatorname{sinc}(t) \xleftrightarrow{\mathcal{F}} \operatorname{ret}(f)$$

$$\operatorname{tri}(t) \xleftrightarrow{\mathcal{F}} \operatorname{sinc}^2(f)$$

$$\operatorname{sinc}^2(t) \xleftrightarrow{\mathcal{F}} \operatorname{tri}(f)$$

$$\delta(t) \xleftrightarrow{\mathcal{F}} 1$$

$$e^{j2\pi f_0 t} \xleftrightarrow{\mathcal{F}} \delta(f-f_0)$$

$$\delta_T(t) \xleftrightarrow{\mathcal{F}} (1/T)\delta_{1/T}(f)$$

$$\frac{d}{dt}(x(t)) \xleftrightarrow{\mathcal{F}} j2\pi f X(f)$$

$$\cos(2\pi f_0 t) \xleftrightarrow{\mathcal{F}} (1/2)[\delta(f-f_0)+\delta(f+f_0)]$$

$$x(at) \xleftrightarrow{\mathcal{F}} X(f/a)/|a|$$

$$\operatorname{sen}(2\pi f_0 t) \xleftrightarrow{\mathcal{F}} (j/2)[\delta(f+f_0)-\delta(f-f_0)]$$

$$e^{-a|t|} \xleftrightarrow{\mathcal{F}} \frac{2a}{\omega^2+a^2}, \; \operatorname{Re}(a)>0$$

$$\operatorname{sgn}(t) \xleftrightarrow{\mathcal{F}} \frac{1}{j\pi f}$$

$$u(t) \xleftrightarrow{\mathcal{F}} \frac{1}{2}\delta(f)+\frac{1}{j2\pi f}$$

$$x(t/a)/|a| \xleftrightarrow{\mathcal{F}} X(af)$$

$$x(t) = \sum_{k=-\infty}^{\infty} X[k]e^{j2\pi kf_F t} \xleftrightarrow{\mathcal{F}} X(f) = \sum_{k=-\infty}^{\infty} X[k]\delta(f-kf_F)$$

$$x(t) = \int_{-\infty}^{\infty} X(f)e^{+j2\pi ft}df \xleftrightarrow{\mathcal{F}} X(f) = \int_{-\infty}^{\infty} x(t)e^{-j2\pi ft}dt$$

$$\int_{-\infty}^{\infty}|x(t)|^2 dt = \int_{-\infty}^{\infty}|X(f)|^2 df$$

$$x(0) = \int_{-\infty}^{\infty} X(f)df$$

$$X(0) = \int_{-\infty}^{\infty} x(t)dt$$

$$e^{-at}u(t) \xleftrightarrow{\mathcal{F}} \frac{1}{j\omega+a}, \; \operatorname{Re}(a)>0$$

$$te^{-at}u(t) \xleftrightarrow{\mathcal{F}} \frac{1}{(j\omega+a)^2}, \; \operatorname{Re}(a)>0$$

$$e^{-\alpha t}\operatorname{sen}(\omega_n t)u(t) \xleftrightarrow{\mathcal{F}} \frac{\omega_n}{(j\omega+\alpha)^2+\omega_n^2}$$

$$e^{-\alpha t}\cos(\omega_n t)u(t) \xleftrightarrow{\mathcal{F}} \frac{j\omega+\alpha}{(j\omega+\alpha)^2+\omega_n^2}$$

$$\int_{-\infty}^{t} x(\tau)d\tau \xleftrightarrow{\mathcal{F}} \frac{X(f)}{j2\pi f}+\frac{1}{2}X(0)\delta(f)$$

TFDT

$\Omega = 2\pi F$

$\delta[n] \xleftrightarrow{\mathcal{F}} 1$

$\alpha x[n] + \beta y[n] \xleftrightarrow{\mathcal{F}} \alpha X(F) + \beta Y(F)$

$x[n-n_0] \xleftrightarrow{\mathcal{F}} e^{-j2\pi F n_0} X(F)$

$e^{j2\pi F_0 n} x[n] \xleftrightarrow{\mathcal{F}} X(F-F_0)$

$x^*[n] \xleftrightarrow{\mathcal{F}} X^*(-F)$

$x[n] * y[n] \xleftrightarrow{\mathcal{F}} X(F) Y(F)$

$x[n] y[n] \xleftrightarrow{\mathcal{F}} X(F) \circledast Y(F)$

$1 \xleftrightarrow{\mathcal{F}} \delta_1(F)$

$\mathrm{ret}_{N_w}[n] \xleftrightarrow{\mathcal{F}} (2N_w+1)\mathrm{drcl}(F, 2N_w+1)$

$\mathrm{tri}(n/w) \xleftrightarrow{\mathcal{F}} w\, \mathrm{drcl}^2(F,w)$

$x[-n] \xleftrightarrow{\mathcal{F}} X(-F)$

$\delta_{N_0}[n] \xleftrightarrow{\mathcal{F}} (1/N_0) \delta_{1/N_0}(F)$

$\cos(2\pi F_0 n) \xleftrightarrow{\mathcal{F}} (1/2)\left[\delta_1(F-F_0) + \delta_1(F+F_0)\right]$

$\mathrm{sen}(2\pi F_0 n) \xleftrightarrow{\mathcal{F}} (j/2)\left[\delta_1(F+F_0) - \delta_1(F-F_0)\right]$

$\mathrm{sinc}(n/w) \xleftrightarrow{\mathcal{F}} w\, \mathrm{ret}(wF) * \delta_1(F)$

$u[n] \xleftrightarrow{\mathcal{F}} \dfrac{1}{1-e^{-j2\pi F}} + \dfrac{1}{2}\delta_1(F)$

$\alpha^n u[n] \xleftrightarrow{\mathcal{F}} \dfrac{1}{1-\alpha e^{-j\Omega}}, \ |\alpha|<1$

$x[n] = \displaystyle\int_1 X(F) e^{j2\pi F n} dF \xleftrightarrow{\mathcal{F}} X(F) = \sum_{n=-\infty}^{\infty} x[n] e^{-j2\pi F n}$

$\displaystyle\sum_{n=-\infty}^{\infty} |x[n]|^2 = \int_1 |X(F)|^2 dF$

$\displaystyle\sum_{m=-\infty}^{n} x[m] \xleftrightarrow{\mathcal{F}} \dfrac{X(F)}{1-e^{-j2\pi F}} + \dfrac{1}{2} X(0) \delta_1(F)$

$\alpha^n \cos(\Omega_0 n) u[n] \xleftrightarrow{\mathcal{F}} \dfrac{1-\alpha \cos(\Omega_0) e^{-j\Omega}}{1-2\alpha \cos(\Omega_0) e^{-j\Omega} + \alpha^2 e^{-j2\Omega}}, \ |\alpha|<1$

$\alpha^n \mathrm{sen}(\Omega_0 n) u[n] \xleftrightarrow{\mathcal{F}} \dfrac{\alpha \mathrm{sen}(\Omega_0) e^{-j\Omega}}{1-2\alpha \cos(\Omega_0) e^{-j\Omega} + \alpha^2 e^{-j2\Omega}}, \ |\alpha|<1$

$z[n] = \begin{cases} x[n/m], & n/m \text{ é inteiro} \\ 0, & \text{caso contrário} \end{cases}, \ z[n] \xleftrightarrow{\mathcal{F}} X(mF)$

AMOSTRAGEM

Interpolação: $x(t) = 2\dfrac{f_c}{f_s} \displaystyle\sum_{n=-\infty}^{\infty} x(nT_s) \mathrm{sinc}\left(2f_c(t-nT_s)\right)$ se amostrado de acordo com o teorema de amostragem

DFT: $x[n] = \dfrac{1}{N_F} \displaystyle\sum_{k=0}^{N_F-1} X[k] e^{j2\pi nk/N_F} \xleftrightarrow{\mathcal{DFT}} X[k] = \sum_{n=0}^{N_F-1} x[n] e^{-j2\pi nk/N_F}$

TRANSFORMADA DE LAPLACE

$\alpha g(t) + \beta h(t) \xleftrightarrow{\mathcal{L}} \alpha G(s) + \beta H(s)$

$g(t-t_0) \xleftrightarrow{\mathcal{L}} G(s) e^{-st_0}, \ t_0 > 0$

$e^{s_0 t} g(t) \xleftrightarrow{\mathcal{L}} G(s-s_0)$

$g(t) * h(t) \xleftrightarrow{\mathcal{L}} G(s) H(s)$

$\displaystyle\lim_{t \to \infty} g(t) = \lim_{s \to 0} s G(s)$ se ambos os limites existem

$\delta(t) \xleftrightarrow{\mathcal{L}} 1$, Todos s

$g(0^+) = \displaystyle\lim_{s \to \infty} s G(s)$

$-t g(t) \xleftrightarrow{\mathcal{L}} \dfrac{d}{ds}(G(s))$

$u(t) \xleftrightarrow{\mathcal{L}} 1/s, \ \mathrm{Re}(s) > 0$

$g(at) \xleftrightarrow{\mathcal{L}} (1/a) G(s/a), \ a > 0$

$(1/a) g(t/a) \xleftrightarrow{\mathcal{L}} G(as), \ a > 0$

$\dfrac{d}{dt}(g(t)) \xleftrightarrow{\mathcal{L}} s G(s) - g(0^-)$

$\dfrac{d^N}{dt^N}(g(t)) \xleftrightarrow{\mathcal{L}} s^N G(s) - \displaystyle\sum_{n=1}^{N} s^{N-n} \left[\dfrac{d^{n-1}}{dt^{n-1}}(g(t))\right]_{t=0^-}$

$t^n u(t) \xleftrightarrow{\mathcal{L}} \dfrac{n!}{s^{n+1}}, \ \mathrm{Re}(s) > 0$

$t^n e^{-\alpha t} u(t) \xleftrightarrow{\mathcal{L}} \dfrac{n!}{(s+\alpha)^{n+1}}, \ \mathrm{Re}(s) > -\alpha$

$\displaystyle\int_{0^-}^{t} g(\tau) d\tau \xleftrightarrow{\mathcal{L}} G(s)/s$

$e^{-\alpha t} \mathrm{sen}(\omega_n t) u(t) \xleftrightarrow{\mathcal{L}} \dfrac{\omega_n}{(s+\alpha)^2 + \omega_n^2}, \ \mathrm{Re}(s) > -\alpha$

$g(t) = \dfrac{1}{j2\pi} \displaystyle\int_{\sigma-j\infty}^{\sigma+j\infty} G(s) e^{st} ds \xleftrightarrow{\mathcal{L}} G(s) = \int_{0^-}^{\infty} g(t) e^{-st} dt$

$e^{-\alpha t} \cos(\omega_n t) u(t) \xleftrightarrow{\mathcal{L}} \dfrac{s+\alpha}{(s+\alpha)^2 + \omega_n^2}, \ \mathrm{Re}(s) > -\alpha$

TRASFORMADA z

$\alpha g[n] + \beta h[n] \xleftrightarrow{Z} \alpha G(z) + \beta H(z)$

$g[n - n_0] \xleftrightarrow{Z} z^{-n_0} G(z), \ n_0 \geq 0$

$g[n] * h[n] \xleftrightarrow{Z} H(z) G(z)$

$g[0] = \lim_{z \to \infty} G(z)$

$\delta[n] \xleftrightarrow{Z} 1$, Todos z

$\lim_{n \to \infty} g[n] = \lim_{z \to 1} (z-1) G(z)$, se ambos os limites existem

$\alpha^n g[n] \xleftrightarrow{Z} G(z/\alpha)$

$\alpha^n u[n] \xleftrightarrow{Z} \dfrac{z}{z - \alpha}, \ |z| > |\alpha|$

$n \alpha^n u[n] \xleftrightarrow{Z} \dfrac{z\alpha}{(z - \alpha)^2}, \ |z| > |\alpha|$

$-n g[n] \xleftrightarrow{Z} z \dfrac{d}{dz} G(z)$

$X(z) = \sum_{n=0}^{\infty} x[n] z^{-n}$

$\sum_{m=0}^{n} g[m] \xleftrightarrow{Z} \dfrac{z}{z-1} G(z)$

$g[n + n_0] \xleftrightarrow{Z} z^{n_0} \left(G(z) - \sum_{m=0}^{n_0 - 1} g[m] z^{-m} \right), \ n_0 > 0$

$\alpha^n \operatorname{sen}(\Omega_0 n) u[n] \xleftrightarrow{Z} \dfrac{z\alpha \operatorname{sen}(\Omega_0)}{z^2 - 2\alpha z \cos(\Omega_0) + \alpha^2}, \ |z| > |\alpha|$

$\alpha^n \cos(\Omega_0 n) u[n] \xleftrightarrow{Z} \dfrac{z[z - \alpha \cos(\Omega_0)]}{z^2 - 2\alpha z \cos(\Omega_0) + \alpha^2}, \ |z| > |\alpha|$

OUTRAS FÓRMULAS E IDENTIDADES

$\operatorname{sen}^2(x) + \cos^2(x) = 1$

$\cos(x+y) = \cos(x)\cos(y) - \operatorname{sen}(x)\operatorname{sen}(y)$

$\operatorname{sen}(x+y) = \operatorname{sen}(x)\cos(y) + \cos(x)\operatorname{sen}(y)$

$\int x^n \operatorname{sen}(x) dx = -x^n \cos(x) + n \int x^{n-1} \cos(x) dx$

$\int x^n \cos(x) dx = x^n \operatorname{sen}(x) - n \int x^{n-1} \operatorname{sen}(x) dx$

$\dfrac{d}{dx}\left[\tan^{-1}(x)\right] = \dfrac{1}{1+x^2}$

$\cos(x)\cos(y) = (1/2)\left[\cos(x-y) + \cos(x+y)\right]$

$\operatorname{sen}(x)\operatorname{sen}(y) = (1/2)\left[\cos(x-y) - \cos(x+y)\right]$

$\operatorname{sen}(x)\cos(y) = 1/2 \left[\operatorname{sen}(x-y) + \operatorname{sen}(x+y)\right]$

$|Z|^2 = Z Z^*$

$\int u\, dv = uv - \int v\, du$

$\int e^{ax} \operatorname{sen}(bx) dx = \dfrac{e^{ax}}{a^2 + b^2} \left[a \operatorname{sen}(bx) - b \cos(bx)\right]$

$\int \dfrac{dx}{a^2 + (bx)^2} = \dfrac{1}{ab} \tan^{-1}\left(\dfrac{bx}{a}\right)$

$\dfrac{e^{j\pi n}}{e^{j\pi n / N_0}} \operatorname{drcl}(n/N_0, N_0) = \delta_{N_0}[n]$

$\int e^{ax} \cos(bx) dx = \dfrac{e^{ax}}{a^2 + b^2} \left[a \cos(bx) + b \operatorname{sen}(bx)\right]$

$\int x^n e^{ax} dx = \dfrac{e^{ax}}{a^{n+1}} \left[(ax)^n - n(ax)^{n-1} + n(n-1)(ax)^{n-2} + \ldots + (-1)^{n-1} n!(ax) + (-1)^n n!\right], \ n \geq 0$

$\sum_{n=0}^{N-1} r^n = \begin{cases} N, & r = 1 \\ \dfrac{1 - r^N}{1 - r}, & r \neq 1 \end{cases}$

TFCT

$$\delta(t) \xleftrightarrow{\mathcal{F}} 1 \ , \ 1 \xleftrightarrow{\mathcal{F}} \delta(f) \ , \ \delta_{T_0}(t) \xleftrightarrow{\mathcal{F}} f_0 \delta_{f_0}(f)$$

$$u(t) \xleftrightarrow{\mathcal{F}} \frac{1}{2}\delta(f) + \frac{1}{j2\pi f}$$

$$\text{sen}(2\pi f_0 t) \xleftrightarrow{\mathcal{F}} \frac{j}{2}\left[\delta(f+f_0) - \delta(f-f_0)\right]$$

$$\cos(2\pi f_0 t) \xleftrightarrow{\mathcal{F}} \frac{1}{2}\left[\delta(f-f_0) + \delta(f+f_0)\right]$$

$$\text{ret}(t) \xleftrightarrow{\mathcal{F}} \text{sinc}(f) \ , \ \text{sinc}(t) \xleftrightarrow{\mathcal{F}} \text{rect}(f)$$

$$\text{tri}(t) \xleftrightarrow{\mathcal{F}} \text{sinc}^2(f) \ , \ \text{sinc}^2(t) \xleftrightarrow{\mathcal{F}} \text{tri}(f)$$

$$e^{-at}u(t) \xleftrightarrow{\mathcal{F}} \frac{1}{j\omega + a} \ , \ \text{Re}(a) > 0$$

$$\omega = 2\pi f$$

TFDT

$$1 \xleftrightarrow{\mathcal{F}} \delta_1(F) \ , \ \delta[n] \xleftrightarrow{\mathcal{F}} 1 \ , \ \delta_{N_0}[n] \xleftrightarrow{\mathcal{F}} (1/N_0)\delta_{1/N_0}(F)$$

$$u[n] \xleftrightarrow{\mathcal{F}} \frac{1}{1-e^{-j2\pi F}} + \frac{1}{2}\delta_1(F)$$

$$\text{sen}(2\pi F_0 n) \xleftrightarrow{\mathcal{F}} \frac{j}{2}\left[\delta_1(F+F_0) - \delta_1(F-F_0)\right]$$

$$\cos(2\pi F_0 n) \xleftrightarrow{\mathcal{F}} \frac{1}{2}\left[\delta_1(F-F_0) + \delta_1(F+F_0)\right]$$

$$\text{ret}_{N_w}[n] \xleftrightarrow{\mathcal{F}} (2N_w+1)\text{drcl}(F, 2N_w+1)$$

$$\text{tri}(n/w) \xleftrightarrow{\mathcal{F}} w\,\text{drcl}^2(F, w)$$

$$\text{sinc}(n/w) \xleftrightarrow{\mathcal{F}} w\,\text{ret}(wF) * \delta_1(F)$$

$$\alpha^n u[n] \xleftrightarrow{\mathcal{F}} \frac{1}{1-\alpha e^{-j\Omega}} \ , \ |\alpha| < 1$$

$$\Omega = 2\pi F$$

Transformada de Laplace

$$\delta(t) \xleftrightarrow{\mathcal{L}} 1 \;,\; \text{Todos } s$$

$$u(t) \xleftrightarrow{\mathcal{L}} \frac{1}{s} \;,\; \text{Re}(s) > 0$$

$$t\,u(t) \xleftrightarrow{\mathcal{L}} \frac{1}{s^2} \;,\; \text{Re}(s) > 0$$

$$t^n e^{-\alpha t} u(t) \xleftrightarrow{\mathcal{L}} \frac{n!}{(s+\alpha)^{n+1}} \;,\; \text{Re}(s) > -\alpha$$

$$e^{-\alpha t}\operatorname{sen}(\omega_n t)u(t) \xleftrightarrow{\mathcal{L}} \frac{\omega_n}{(s+\alpha)^2 + \omega_n^2} \;,\; \text{Re}(s) > -\alpha$$

$$e^{-\alpha t}\cos(\omega_n t)u(t) \xleftrightarrow{\mathcal{L}} \frac{s+\alpha}{(s+\alpha)^2 + \omega_n^2} \;,\; \text{Re}(s) > -\alpha$$

Transformada z

$$\delta[n] \xleftrightarrow{\mathcal{Z}} 1 \;,\; \text{Todos } z$$

$$u[n] \xleftrightarrow{\mathcal{Z}} \frac{z}{z-1} = \frac{1}{1-z^{-1}} \;,\; |z| > 1$$

$$n\,u[n] \xleftrightarrow{\mathcal{Z}} \frac{z}{(z-1)^2} = \frac{z^{-1}}{(1-z^{-1})^2} \;,\; |z| > 1$$

$$n^m \alpha^n u[n] \xleftrightarrow{\mathcal{Z}} (-z)^m \frac{d^m}{dz^m}\left(\frac{z}{z-\alpha}\right) \;,\; |z| > |\alpha|$$

$$\alpha^n \operatorname{sen}(\Omega_0 n) u[n] \xleftrightarrow{\mathcal{Z}} \frac{z\alpha \operatorname{sen}(\Omega_0)}{z^2 - 2\alpha z \cos(\Omega_0) + \alpha^2} \;,\; |z| > |\alpha|$$

$$\alpha^n \cos(\Omega_0 n) u[n] \xleftrightarrow{\mathcal{Z}} \frac{z[z - \alpha \cos(\Omega_0)]}{z^2 - 2\alpha z \cos(\Omega_0) + \alpha^2} \;,\; |z| > |\alpha|$$

BIBLIOGRAFIA
(Em ordem alfabética por Categoria e Primeiro Autor)

Análise de Circuitos

DORF, R.; SVOBODA, J. *Introduction to electric circuits*, New York: John Wiley and Sons, Inc., 2001.

HAYT, W.; KEMMERLY, J.; DURBIN, S. *Engineering circuit analysis.* New York: McGraw-Hill, 2002.

IRWIN, D. *Basic engineering circuit analysis.* New York: John Wiley and Sons, Inc., 2002.

NILSSON, J.; RIEDEL, S. *Electric circuits.* Upper Saddle River: NJ, Prentice-Hall, 2000.

PAUL, C. *Fundamentals of electric circuit analysis.* New York: John Wiley and Sons, Inc., 2001.

THOMAS, R.; ROSA, A. *The analysis and design of linear circuits.* New York: John Wiley and Sons, Inc., 2001.

Filtros Analógicos

HUELSMAN, L.; ALLEN, P. *Introduction to the theory and design of active filters.* New York: McGraw-Hill, 1980.

VAN VALKENBURG, M. *Analog filter design.* New York: Holt-Rinehart-Winston, 1982.

Matemática Relacionada

ABRAMOWITZ, M.; STEGUN, I. *Handbook of mathematical functions.* New York: Dover, 1970.

CHURCHILL, R.; BROWN, J.; PEARSON, C. *Complex variables and applications.* New York: McGraw-Hill, 1990.

CHURCHILL, R. *Operational mathematics.* New York: McGraw-Hill, 1958.

CRAIG, E. *Laplace and fourier transforms for electrical engineers*, New York: Holt-Rinehart-Winston, 1964.

GOLDMAN, S. *Laplace transform theory and electrical transients.* New York: Dover, 1966.

JURY, E. *Theory and application of the z-transform method.* Malabar: FL, R. E. Krieger, 1982.

KREYSZIG, E. *Advanced engineering mathematics.* New York: John Wiley and Sons, Inc., 1998.

MATTHEWS, J.; WALKER, R. *Mathematical methods of physics.* New York: W. A. Benjamin, Inc., 1970.

NOBLE, B. *Applied linear algebra.* Englewood Cliffs: Prentice-Hall, 1969.

SCHEID, F. *Numerical analysis.* New York: McGraw-Hill, 1968.

SOKOLNIKOFF, I.; REDHEFFER, R. *Mathematics of physics and modern engineering.* New York: McGraw-Hill, 1966.

SPIEGEL, M. *Complex variables.* New York: McGraw-Hill, 1968.

STRANG, G. *Introduction to linear algebra.* Wellesley: Wellesley-Cambridge Press, 1993.

Óptica de Fourier

GASKILL, J. *Linear systems, fourier transforms and optics.* New York: John Wiley and Sons, Inc., 1978.

GOODMAN, J. Introduction to Fourier optics, New York: McGraw-Hill, 1968.

Sinais Aleatórios e Estatística

BENDAT, J.; PIERSOL, A. *Random data:* analysis and measurement procedures. New York: John Wiley and Sons, Inc., 1986.

COOPER, G.; McGILLEM, C. *Probabilistic methods of signal and system analysis.* New York: Oxford University Press, 1999.

DAVENPORT, W.; ROOT, W. *Introduction to the theory of random signals and noise.* New York: John Wiley and Sons, Inc., 1987.

FANTE, R. *Signal analysis and estimation.* New York: John Wiley and Sons, Inc., 1988.

LEON-GARCIA, A. *Probability and random processes for electrical engineering.* Reading: Addison-Wesley, 1994.

MIX, D. *Random signal processing.* Englewood Cliffs: Prentice-Hall, 1995.

PAPOULIS, A.; PILLAI, S. *Probability, random variables and stochastic processes.* New York: McGraw-Hill, 2002.

THOMAS, J. *Statistical communication theory.* New York: Wiley-IEEE Press, 1996.

Sinais e Sistemas Discretizados no Tempo e Filtros Digitais

BOSE, N. *Digital filters:* theory and applications. New York: North-Holland, 1985.

CADZOW, J. *Discrete-time systems.* Englewood Cliffs: Prentice-Hall, 1973.

CHILDERS, D.; Durling, A. *Digital filtering and signal processing*, St. Paul: West, 1975.

DEFATTA, D.; LUCAS, J.; HODGKISS, W. *Digital signal processing:* a system design approach. New York: John Wiley and Sons, Inc., 1988.

GOLD, B.; RADER, C. *Digital processing of signals.* New York: McGraw-Hill, 1969.

HAMMING, R. *Digital filters.* Englewood Cliffs: Prentice-Hall, 1989.

IFEACHOR, E.; JERVIS, B. *Digital signal processing.* Harlow, England, Prentice-Hall, 2002.

INGLE, V.; PROAKIS, J. *Digital signal processing Using MATLAB.* Thomson Engineering Books, 2007.

KUC, R. *Introduction to digital signal processing.* New York: McGraw-Hill, 1988.

KUO, B. *Analysis and synthesis of sampled-data control systems.* Englewood Cliffs: Prentice-Hall, 1963.

LUDEMAN, L. *Fundamentals of digital signal processing.* New York: John Wiley and Sons, Inc., 1987.

OPPENHEIM, A. *Applications of digital signal processing.* Englewood Cliffs: Prentice-Hall, 1978.

OPPENHEIM, A.; SHAFER, R. *Digital signal processing.* Englewood Cliffs: Prentice-Hall, 1975.

PELED, A.; LIU, B. *Digital signal processing:* theory design and implementation. New York: John Wiley and Sons, Inc., 1976.

PROAKIS, J.; Manolakis, D. *Digital signal processing:* principles, algorithms and applications. Upper Saddle River: Prentice-Hall, 1995.

RABINER, L.; GOLD, B. *Theory and application of digital signal processing.* Englewood Cliffs: Prentice-Hall, 1975.

ROBERTS, R.; MULLIS, C. *Digital signal processing.* Reading: Addison-Wesley, 1987.

SHENOI, K. *Digital signal processing in telecommunications.* Upper Saddle River: Prentice-Hall, 1995.

STANLEY, W. *Digital signal processing.* Reston: Reston Publishing Company, 1975.

STRUM, R.; KIRK, D. *Discrete systems and digital signal processing.* Reading: Addison-Wesley, 1988.

YOUNG, T. *Linear systems and digital signal processing.* Englewood Cliffs: Prentice-Hall, 1985.

Sinais e Sistemas Lineares Fundamentais

BROWN, R.; NILSSON, J. *Introduction to linear systems analysis.* New York: John Wiley and Sons, Inc., 1966.

CHEN, C. *Linear system theory and design.* New York: Holt, Rinehart and Winston, 1984.

CHENG, D. *Analysis of linear systems.* Reading: Addison-Wesley, 1961.

ELALI, T.; KARIM, M. *Continuous signals and systems with MATLAB*, Boca Raton: CRC Press, 2001.

GAJIC, Z. *Linear dynamic systems and signals.* Upper Saddle River: Prentice-Hall, 2003.

GARDNER, M.; BARNES, J. *Transients in linear systems.* New York: John Wiley and Sons, Inc, 1947.

GASKILL, J. *Linear systems, Fourier transforms and optics.* New York: John Wiley and Sons, Inc., 1978.

HAYKIN, S.; VANVEEN, B. *Signals and systems.* New York: John Wiley & Sons, Inc., 2003.

JACKSON, L. *Signals, systems and transforms.* Reading: Addison-Wesley, 1991.

KAMEN, E.; HECK, B. *Fundamentals of signals and systems.* Upper Saddle River: Prentice-Hall, 2007.

LATHI, B. *Signal processing and linear systems.* Carmichael: Berkeley-Cambridge, 1998.

LATHI, B. *Linear systems and signals.* New York: Oxford University Press, 2005.

LINDNER, D. *Introduction to signals and systems.* New York: McGraw-Hill, 1999.

NEFF, H. *Continuous and discrete linear systems.* New York: Harper and Row, 1984.

OPPENHEIM, A.; WILLSKY, A. *Signals and systems.* Upper Saddle River: Prentice-Hall, 1997.

PHILLIPS, C.; PARR, J. *Signals, systems, and transforms.* Upper Saddle River: Prentice-Hall, 2003.

SCHWARTZ, R.; FRIEDLAND, B. *Linear systems.* New York, McGraw-Hill, 1965.

SHERRICK, J. *Concepts in system and signals.* Upper Saddle River: Prentice-Hall, 2001.

SOLIMAN, S.; SRINATH, M. *Continuous and discrete signals and systems.* Englewood Cliffs: Prentice-Hall, 1990.

VARAIYA, L. *Structure and implementation of signals and systems.* Boston: Addison-Wesley, 2003.

ZIEMER, R.; TRANTER, W.; FANNIN, D. *Signals and systems continuous and discrete.* Upper Saddle River: Prentice-Hall, 1998.

Sistemas de Comunicação

COUCH, L. *Digital and analog communication systems.* Upper Saddle River: Prentice-Hall, 2007.

LATHI, B. *Modern digital and analog communication systems.* New York: Holt-Rinehart-Winston, 1998.

RODEN, M. *Analog and digital communication systems.* Upper Saddle River: Prentice-Hall, 1996.

SHENOI, K. *Digital signal processing in telecommunications.* Upper Saddle River: Prentice-Hall, 1995.

STREMLER, F. *Introduction to communication systems.* Reading: Addison-Wesley, 1982.

THOMAS, J. *Statistical communication theory.* New York: John Wiley and Sons, Inc., 1969.

ZIEMER, R.; TRANTER, W. *Principles of communications.* New York: John Wiley and Sons, Inc., 1988.

Tópicos Especializados Relacionados

DERUSSO, P.; ROY, R.; CLOSE, C. *State variables for engineers.* New York: John Wiley and Sons, Inc., 1998.

Transformada Rápida de Fourier

BRIGHAM, E. *The fast Fourier transform.* Englewood Cliffs: Prentice-Hall, 1974.

COOLEY, J.; TUKEY, J. "An Algorithm for the Machine Computation of the Complex Fourier Series". Mathematics of Computation, v. 19, p. 297-301, april 1965.

ÍNDICE REMISSIVO

A

Abordagem "dividir para conquistar", 130
    domínio, 6, 19
Acumulação, 94–96
    de funções discretizadas no tempo, 94, 99
    de um impulso periódico, 404
    elaboração usando o MATLAB, 96–97
Aditividade, 128–129
Aliases (réplicas), 484, 537
Aliasing (replicação), 539–540, 677
Amortecimento crítico, 618
Amostragem, 3, 4, 5, 483, 534
Amostragem por área, 698–699
Amostragem por impulso, 483–488
Amostragem por valor, 698–699
Amostragem uniforme, 78
Amostras
    representação de um sinal contínuo no tempo, 535–547
    substituição por funções *sinc*, 543
Amplificador, 118, 151 *Veja também* Amplificadores operacionais
Amplificador não-inversor, 464, 467
Amplificador Operacional Ideal, 464
Amplificadores operacionais, 139-140, 464.
    Veja também Amplificador
Amplitudes dos harmônicos, 247–250
Amplitudes ortogonais de senóides complexas, 240
Analisador de espectro, 446
Análise, 302, 343
Análise de Fourier
    como uma ferramenta matemática, 352
    matriz de métodos de, 395
Análise de sistema retroalimentado, 611
Análise de único lado espectral, 353
Análise em duplo lado espectral, 353
Análise no domínio do tempo
    de sistemas contínuos no tempo, 163–189
    de sistemas discretizados no tempo, 198–224
Anemômetro, 116, 117
Anti-derivada, 47
Aquisição, 534
Argumentos, de funções, 19, 34
Aritmética de ponto fixo, 702
Arquivo .m, no MATLAB, 33
ASCII (Código padrão americano para troca de informações), 4–5
Assíntotas, 458, 459
Associação em cascata, 179–180, 214
    de sistemas, 401, 433, 610, 681
Associação paralela, 179–180, 214
    de sistemas, 433, 610, 681
Associação por retroalimentação
    de sistemas, 610, 682
    de sistemas discretizados no tempo, 681, 682
Atenuação, 467
Atraso de propagação, 38, 39
Atraso, em um sistema discretizado no tempo, 151
Autofunções, 120
    de sistemas SLIT, 141–143, 159–160
Autovalores, 120

B

Banda laterais, 476
Bandas de freqüência, 476

Base, 299
Bel (B), 454
Bell, Alexander Graham, 454
BIBO. *Veja* entrada limitada-saída limitada
Bit de início, 5
Bits, 5–6
Bits de parada, 5
Bode, Hendrik, 453

C

Caça invisível F-117, 11, 12
Cálculos por ponto flutuante de precisão dupla, 330
Canal, 1
Capacitores, 447, 448, 468
Características de ganho de sistema, 455
Caso subamortecido, 618
Caso superamortecido, 618
Causalidade, 136–137, 514, 516
CD. *Veja* Disco compacto de áudio
Cercamento por piquete, 554
Circuito a diodo, 129
Circuito detector de envoltória, 479–480
Circuito RLC, 141–143
Circuitos, 124–127, 603–604
Codificação, 4, 5
Código padrão americano para troca de informações (ASCII), 4–5
Colchetes [ ], no MATLAB, 91
Comando bode, no MATLAB, 614, 625, 680
Comando conv, no MATLAB, 211, 213
Comando feedback, no MATLAB, 614
Comando impulse, no MATLAB, 614, 680
Comando minreal, no MATLAB, 614
Comando *pzmap*, no MATLAB, 614, 625
Comando stem, no MATLAB, 80, 91
Comando step, no MATLAB, 614, 618, 680
Comando tf (função de transferência), no MATLAB, 612, 680
Comando tfdata, na MATLAB, 613, 680
Comando zpk, no MATLAB, 612, 680
Comando zpkdata, no MATLAB, 613, 680
Combinação Linear, 134, 295
Compasso, de um som, 14
Componentes, 2, 117–118. *Veja também* Subsistemas
Compressão no tempo, 90
Computação numérica
    série de Fourier, 255–259
    TFDT, 395–396
    transformada de Fourier, 353–356
Computadores, 10, 79–80
Conceito de impedância, de freqüência, 605
Condições de Dirichlet, 243
Condições iniciais, 674
Configuração do amplificador inversor, 464
Conjugação, 271–272
Conjugado complexo, 172
Constante de tempo, 616
Constante predefinida NaN, no MATLAB, 91, 92
Contínuo, em um sinal de valor contínuo, 3
Convergência, 346–353, 576
Conversor A/D (conversor analógico/digital), 4, 12–13, 695–698
Conversor analógico/digital (conversor A/D), 4, 12–13, 695–698
Conversor D/A (conversor digital-analógico), 695–698
Conversor digital-analógico (Conversor D/A), 695–698

Convolução, 6, 163, 209
    aproximação da resposta forçada, 292
    de um sinal com um impulso, 176–177
    determinação da resposta
        conceitos gráficos, 204–205
        de um sistema SLIT contínuo no tempo, 163–164
        de um sistema usando, 216–218
        em sistemas SLIT, 231
        para um sinal de entrada geral, 167–172
    em sistemas discretizados no tempo, 200–208
    no tempo discreto, 208–211, 668
    propriedades
        conversão de sistemas SLIT no domínio do tempo, 360
        SFCT, 263, 270
        SFDT, 312, 321
        simplificação, 178–179
        TFCT, 356, 371, 373
        TFDT, 396
        transformada de Laplace, 585
        transformada z, 663
Convolução gráfica, 204–205
Convolução no tempo contínuo, 556
Convolução numérica, 211–214
Convolução periódica, 270, 322
Convolução periódica contínua no tempo, 556
Convolução periódica discretizada no tempo, 556
Cooley, James W., 557, 558
Corpo humano, modelagem, 117
Corta-faixa, 441, 512
Cossenos
    amostragem de, 545–546
    como funções pares, 50
    função harmônica em SFCT de, 274
    funções harmônicas em SFDT de, 310–311
    reais, 292
    respostas de sistemas a, 686–688
    sinais descritos por, 21
    TFDT de, 404–405

D

Decibel, 454
Decimação, 90
Dedução
    da Série de Fourier, 240–242
    da SFDT, 296–305
    da transformada z, 659–660
Dedução analítica, TFDT, 393–394
Degrau unitário, 25, 27
Demodulação, 476
Demodulação assíncrona, 480
Demodulação síncrona, 478, 482, 483
Densidade espectral da amplitude, 343
Densidade espectral de energia, 366
Derivada generalizada, 27
Derivadas
    de degraus unitários, 27
    de funções pares e ímpares, 51, 52
Descontinuidades
    funções com, 21, 22
    sinais com, 260–262
Deslocamento, 36–46
    simultâneo com o redimensionamento em escala, 43
Deslocamento na freqüência, 38
Deslocamento na freqüência complexa, 585–586
Deslocamento no espaço, 38
Deslocamento no tempo, 37–39, 89–90
Deslocamento para o vermelho, de espectros ópticos, 41–42
Desnormalização, de um filtro normalizado, 586–587

DFT direta, 557
DFT. *Veja* Transformada Discreta de Fourier
Diagrama de Bode da magnitude da resposta em freqüência, 453
Diagrama de circuitos no domínio da freqüência, 605
Diagrama de circuitos no domínio do tempo, 604
Diagramas de blocos
    da relação recursiva, 221
    de equações diferenciais, 184–189
    esboço, 118
    para sistemas discretizados no tempo, 150–151
    representando sistemas, 116, 606–607
Diagrama de blocos de sistema, 664–665
Diagrama de blocos no domínio do tempo, 665, 679
Diagramas de Bode, 453
    esboço através do MATLAB, 461
    para pares de pólos complexos de segunda ordem, 462, 463
    resposta em freqüência
        circuito RC, 459–461
        filtro ativo de dois estágios, 465–466
        filtro passa-baixas RC anti-aliasing, 541
        filtro passa-baixas RC, 458
        filtro passa-baixas Sallen-Key, 471
        sistema, 455
Diagramas de pólos e zeros
    cálculos gráficos da resposta em freqüência, 621–629, 689–693
    resposta em freqüência de um sistema a partir de, 623–625
    usando a transformada z, 684–685
Diagramas de pólos e zeros, esboçando o gráfico da resposta em freqüência, 690–693
Diferença para frente, 94
Diferença para trás, 94, 95
Diferenças, 94, 96
Diferenças finitas, para funções discretizadas no tempo, 94
Diferenciação na freqüência complexa, 587–588
Diferenciação, 46–48, 267–268
Diferenciação no tempo, 267–268
Diferenciadores, 185, 459
Diodo, 138, 139
Dirichlet, Johann Peter Gustav Lejeune, 236, 243
Disco compacto de áudio (CD), 545
Discretização, de um sistema, 694
Discretizado no tempo, 86, 88
Dispositivos de gravação analógicos, 534
Distorção, 440, 512
Domínio da freqüência, 6, 231, 343
    efeitos da amostragem no, 554
Domínio de freqüência real, 581
Domínio do número harmônico, 321–323
Domínio do tempo, 321–323, 343
Domínio na freqüência complexa, 581
Domínio z
    diagrama de blocos de um sistema, 679
    diagrama de pólos e zeros, 690
    divisão sintética de, 671
    expansão em frações parciais de, 671
    propriedade da diferenciação, 668
DSP (Processamento de sinal digital), 534
Dupla unitária, 29

E

Efeito Doppler, 41, 42
Eixo de freqüência real, 581
Em fase, de uma senóide geral, 546
Energia de sinal, 55–56
    conservação de, 410
    de acordo com o teorema de Parseval, 365
    de um sinal *sinc*, 405
    definição de, 100

determinação usando o MATLAB, 101–103
minimização do erro, 253–254
potência e, 100–103
Energia, de sinais, 54–58
Engenheiros, 115
Entrada limitada-saída limitada (BIBO)
sistema estável, 133–134, 180, 608
tempo discreto, 215, 680
sistema instável, 134, 159, 608
Equação de Toricelli, 121, 151–154
Equações de diferenças
conversão para equações algébricas, 674–675
descrição de um sistema discretizado no tempo, 328
para sistemas discretizados no tempo, 218, 678–679
realização em diagrama de blocos de, 220–224
relação com a transformada z, 674–675
solução, 157
Equações diferenciais
conversão para equações algébricas, 268, 674
solução com condições iniciais, 601–603
solução de, 120, 125
Equações diferenciais lineares, 135
Equalizador gráfico, 437–439, 472–473
Equivalência
de convolução e multiplicação, 401
entre amostragem e repetição periódica, 412, 419
entre um sistema discretizado no tempo e um sistema contínuo no tempo, 677
Erro de arredondamento, no MATLAB, 330
Esfera, 608–609
Espectro, 343, 366, 476–477
Espectro de amplitude, 480
Espectro de potência, 14
de um sinal, 439
medição, 445–446
Espectro replicado, 538
Estabilidade, 133–134
de sistemas retroalimentados, 157
de sistemas, 607–609, 680–681
determinação, 180
resposta ao impulso e, 214–215
tipos de, 609
Estimulação. *Veja* Excitações
Estritamente limitado em banda, 442
Excitação aperiódica, 338–339
Excitação complexa, 130
Excitação limitada, 134, 159
Excitação periódica. *Veja também* Excitações
Análise em série de Fourier limitada a, 276
resposta de sistemas SLIT, 232–234, 328–332
Excitações, 1, 116. *Veja também* Sinais de entrada; Excitação periódica
Expansão em frações parciais, 592
determinação, 596
uso da transformada de Laplace inversa, 591–601
uso da transformada z inversa, 673–674
Expansão no tempo, 90–91, 358–359
Exponenciais
discretizadas no tempo, 80–84
sinais descritos por, 21
Exponenciais complexas, 142, 159
representação de sinais, 659
respostas de sistemas a, 218–219
Exponencial em decaimento, 583–584
Expressões, 89

F
Farmacocinética, 117
Fase, representação, 360

Fator de amortecimento, 142
Fechamento da malha, 611
Fenômeno de Gibbs, 261, 262
Filtragem, imagens, 515–518
Filtro anti-*aliasing*, filtro passa-baixas RC como, 540–541
Filtro ativo RLC biquadrático, 471–473
Filtro corta-faixa, 437, 444, 445, 520
Filtro de média móvel, 524–525
filtragem de um pulso com 525–527
resposta de, 207–228
Filtro de suavização, 525
Filtro normalizado, 586
Filtro passa-altas, 435, 436, 520
efeito de, 518
eliminação de potência de sinal de baixa freqüência, 445
resposta a uma senóide, 521
uso apenas de capacitores e resistores, 467–468
Filtro passa-altas ativo, 467–469
Filtro passa-baixas, 439, 516, 518
configurações alternativas de, 449
realização de circuito de, 435, 436
resposta a uma seqüência degrau unitário, 523
suavização de uma onda quadrada, 445
Filtro passa-baixas ativo, 465, 467
Filtro passa-baixas discretizado no tempo, resposta ao impulso de, 519
Filtro passa-baixas não-causal, 516, 517
Filtro passa-baixas RC, 124–125, 446–449
como um divisor de tensão, 447
como um filtro anti-aliasing, 540–541
como um sistema linear, invariante no tempo, 132
diagrama de Bode da resposta em freqüência no, 458
magnitude e fase do, 448
resposta a um impulso atrasado, 602–603
resposta a uma onda quadrada, 131–132
resposta ao impulso de um, 448, 519
Filtro passa-faixa, 436, 518
discretizado no tempo, 520
eliminando potência de sinal de alta freqüência do, 445
resposta em freqüência do, 525
Filtro passa-faixa K-constante, 469–471
Filtro passa-faixa RLC, 449–450
Filtro passa-faixa Sallen-Key, 469–471
Filtro Q-constante, 439
Filtros, 6, 435. Veja também filtros ideais.
classificação de, 512
configurações ativas, 464–473
efeitos sobre sinais, 522–524
eliminando ruídos, 446
exemplos de, 450–452
ideais, 439–446
práticos, 518–528
Filtros ativos, 463–464
Filtros contínuos no tempo
análise e projeto, 511
distorção, 512
Filtros corta-faixa causais, 515
Filtros digitais, 157–158, 511
Filtros discretizados no tempo
análise e projeto, 511
características de, 511–528
classificação de, 512
distorção, 512
elementos de, 527–528
Filtros ideais, 439–446, 511–518
como não-causais, 443–444
corta-faixa, 441
discretizado no tempo, 513
magnitude e fase na freqüência, 442

resposta em freqüência, 443, 514
passa-altas, 441
   discretizado no tempo, 513
   magnitude e fase na freqüência, 441
   resposta em freqüência, 443, 514
passa-baixas, 439–440, 441
   aproximação para, 446
   discretizado no tempo, 513
   magnitude e fase na freqüência, 441
   resposta em freqüência, 443, 513
passa-faixa, 441
   discretizados no tempo, 513
   magnitude e fase na freqüência, 442
   resposta em freqüência, 443, 514
respostas ao impulso, 443, 514
respostas em freqüência, 441–442
tipos de, 441
Filtros passa-altas causais, 444, 515
Filtros passa-baixas causais, 444, 515
Filtros passa-faixa causais, 444, 515
Filtros passivos, 446–452, 463
Filtros práticos, 518-528. *Veja também* Filtros
Fluxo de bits codificados pela modulação por deslocamento de fase binária, 434
Fluxo de bits em banda base, 434
Forma complexa, 248
Forma em ω
   conversão para a forma em f, 245
   vantagens de, 21
Forma em equação de diferenças, diagrama em blocos de sistema para, 221–224
Forma em f, 20–21, 245
Forma exponencial complexa, 244
Forma trigonométrica, CTFS, 239
Fórmula integral da TFCT inversa, 346
Fórmulas para a SFDT direta e inversa, 301
Fotografias, 515
Fourier, Jean Baptiste Joseph, 236
Freqüência, 14, 485
   amostragem na, 278
   compressão, 358–359
   conceito de impedância de, 605
Freqüência angular ω, 52, 343
   forma, 20–21
   representação da SFCT, 244
   resposta em freqüência como uma função de, 402
   transformada de Fourier escrita em termos da, 342
Freqüência angular crítica, 142
Freqüência angular natural, 142
Freqüência cíclica f, 20–21, 52, 343
   representação por SFCT, 244
   transformada de Fourier escrita em termos da, 342
Freqüência contínua, 409
Freqüência de batimento, 478
Freqüência de Nyquist, 485, 538
Freqüência de quebra, 458
Freqüência fundamental, 52, 275
Freqüência negativa, 351–352
Função *angle* no MATLAB, 271–272
Função aperiódica, 52
Função arco-tangente, 271
Função convD, no MATLAB, 525–527
Função cosseno, 32, 89
Função cumsum, no MATLAB, 96
Função de Dirichlet , 31–32, 89, 309, 392
Função de espalhamento de ponto, 518
Função de transferência da malha, 611, 682
Função de transferência para estado estacionário, 361

Função degrau unitário, 22–24, 32, 89
   TFCT de, 349–351
Função degrau unitário contínua no tempo, 23
Função Delta de Kronecker, 84–85, 248, 267
Função diff, no MATLAB, 96
Função *diric*, no *toolbox* de sinais no MATLAB, 32
Função do impulso periódico, 32, 88–89
Função do tempo, valor final, 590
Função fft, no MATLAB, 310, 311, 557
Função fftshift, no MATLAB, 258–259, 355
Função freqresp, no MATLAB, 614
Função harmônica complexa, 240
Função harmônica em SFDT do cosseno, 318
Função impulso, 87, 89
Função impulso unitário, 32, 84–85
Função janela, 551–552
Função no espaço contínuo, 515
Função portal, função pulso retangular unitário como, 30
Função pulso retangular, 89
Função pulso retangular unitário, 29–30, 32
Função pulso triangular, 89
Função pulso triangular unitário, 30, 32
Função quase-periódica, 54
Função rampa, 25, 87–88, 89
Função rampa unitária, 24–25, 32, 86
Função residue, do MATLAB, 596–597
Função seno, 32, 89
   transformada z de, 663
Função seqüência degrau unitário, 85
Função sign, no MATLAB, 24, 32
Função signum, 24, 32, 89
   discretizado no tempo, 85
   TFCT de, 349–350
Função *sinc* unitária, 30–31, 32
Funções, 19. *Veja também* funções harmônicas; funções matemáticas
   com descontinuidades, 21, 22
   combinações de, 35–36
   componentes par e ímpar, 49
   derivadas de, 46–47
   do tempo, 80
   relação com as funções harmônicas em SFDT, 302
   tipos de, 19
Funções anti-causais, 580
   pares de transformadas de Laplace, 741
   pares de transformadas z, 743
Funções causais, 580
   deslocamentos de, 585
   pares de transformadas de Laplace, 740–741
   pares de transformadas z, 742
Funções contínuas no tempo, 19–20
   composição de funções discretizadas no tempo a partir de, 79
   derivada primeira de, 94
   notação para, 34
   representadas no tempo discreto, 409
Funções contínuas, 20
Funções de sinais contínuos no tempo, 32
Funções de sinal, 19–34
Funções de singularidade, 21–22
   discretizada no tempo, 84–89
   notação coordenada para, 29
Funções de transferência, 182, 361, 678–680
   de diagramas de circuitos e sistemas, 603–607
   de sistemas, 588
   de sistemas contínuos no tempo, 676–677
   de sistemas discretizados no tempo, 676
   diagrama de blocos de sistema a partir das, 664–665
   escrevendo diretamente a partir dos diagramas de blocos, 679

tipos mais comuns de, 621
Funções degrau deslocadas no tempo, 38
Funções degrau redimensionadas na escala da amplitude, 38
Funções descontínuas, 19, 20
Funções discretizadas no tempo, 78, 79
  classificação por característica par e ímpar, 97–98
  descrição de sinais discretizados no tempo, 80
  elaboração gráfica, 80, 92–94
  implementação no MATLAB, 87–89
  propriedades de combinações, 98–99
  redimensionamento em escala e deslocamento, 89–94
  resumo de, 89
Funções exponenciais, 20–21, 32
Funções harmônicas, 239
  aproximação, 255–256
  da soma de sinais, 250
  de sinais componentes, 250
  determinação, 255, 300
  em um sinal, 250
  minimização da energia de sinal dos erros, 253–254
Funções harmônicas trigonométricas, 247–248
Funções ímpares, 48–52, 97–98
Funções invariantes, 48–52
Funções matemáticas, 18. *Veja também* Funções
Funções não-causais
  pares de transformada de Laplace, 741
  pares de transformada z, 743
Funções pares, 48–52, 97–98
Funções periódicas, 52–54, 99–100
  representação com a SFDT, 305–311
Funções racionais, 182, 592
Funções *sinc*, 32, 89

G

Ganho, 455, 465, 467
Ganho de tensão, 464
Ganho independente da freqüência, 459
Gibbs, Josiah, 261
Gráfico de hastes, 80
Gráfico de superfície, de uma função de transferência, 625
Gráficos de resposta em freqüência, no MATLAB, 614
Gráficos logarítmicos da magnitude da resposta em freqüência, 452–463

H

Homogeneidade, 127–128
  de convolução, 208

I

Identidade de Euler, 240–241, 303
Ilustração gráfica, de conceitos sobre TFDT, 392–393
Imagens, 7, 515-518. Veja também Sinais espaciais
Imagens espelhadas negativas, para uma função ímpar, 49
Impedância (Z), 447
Impulso(s), 22. *Veja também* impulso periódico
  definição da integral do, 366–367
  representações gráficas de, 28
  teste de sistemas reais, 614
  transformada de Laplace do, 584
Impulso discretizado no tempo, conversão para o tempo contínuo, 695
Impulso periódico, 29, 34. *Veja também* Impulso(s)
  definição de acumulação para, 404
  discretizado no tempo, 86–87
  expressão geral para, 399
  função harmônica em SFDT de, 312–313
Impulso unitário, 25–29
  aproximação para o efeito do, 34
  como a primeira diferença para trás, 96

Impulso unitário contínuo no tempo, 85
Impulso unitário discretizado no tempo, 84–85
Impulso verdadeiro, 614
Índice de modulação, 478
Indutores, definição de equações para, 447
Infinito contável, 90
Infinito incontável, de tempos, 90
Informação
  equivalência, 411
  portada por um sinal, 14–15
  sobre um sinal, 307
Instabilidade, 609
Instrumentos de medição, 116
Integração, 46–48, 94
Integração no tempo, 268
Integrador ativo, 464–465
Integradores, 118, 119, 186, 459
Integrais
  funções contínuas no tempo comparadas à acumulação, 99
  funções pares e ímpares, 51, 52
  senóides, 241
Integral contínua, 48
Integral cumulativa, 48
Integral da área total, 367
Integral de convolução, 29, 172
  convergindo, 178
  forma matemática de, 172–178
  para sinais contínuos no tempo, 203
  propriedades de, 177–178
Integral definida, 47–48
Integral em seno, 368
Integral indefinida, 47
Intensidade de um impulso, 27
Interconexões de sistema, 179–180, 214
Interferência, 15
Interpolação, 90, 486, 542–545
Interpolação em linhas retas, 545
Intervalo finito, 245–246
Intervalo, de uma função, 19
Invariância no tempo, 128
Inversão no tempo, 39, 265
Inversibilidade, 140–141

J

Janelamento, 552
Junção somadora, 10, 118
  em um sistema discretizado no tempo, 151
  representação de símbolos gráficos, 118, 119
Juros compostos, 158

K

K-constante, 478

L

Laboratório de Imagem, Robótica e Sistemas Inteligentes (IRIS), 8
Laplace, Pierre-Sim, 576
Largura de banda, 442
Largura de banda absoluta, 442
Largura de banda de meia potência, 442
Largura de banda nula, 442
Lei de Kirchhoff das tensões, 125
Lei de Ohm, 138
Linearidade incremental, 135–136
Linearização, um sistema, 133

M

Malha de sincronismo de fase, 478
Máquinas de estado seqüenciais, 79–80

MATLAB
   arquivos-m, 32–34
   cálculo computacional
      diferenças de funções discretizadas no tempo, 96
      uma soma de convolução, 211–214
   comandos (funções)
      comando bode, 614, 625, 680
      comando feedback 614, 680
      comando fftshift, 355
      comando impulse, 614, 680
      comando minreal, 614
      comando pzmap, 614, 625
      comando stem, 80, 91
      comando step, 614, 618, 680
      comando tf (função de transferência), 612, 680
      comando tfdata, 613, 680
      comando zpk, 612, 680
      comando zpkdata, 613, 680
      função angle, 271–272
      função convD, 525–527
      função cumsum, 96
      função diff, 96
      função diric, 32
      função fft, 257, 310, 311, 557
      função fftshift, 258–259
      função freqresp, 614
      função residue, 596–597
      função sign, 24, 32
      toolbox de controle, 612–614, 679–680
   criação de funções no, 32–33
   determinação
      energia de sinal e potência de sinais, 57–58, 101–103
      função harmônica em SFCT, 257–259
      TFDT inversa, 397–398
   determinando o valor de um argumento de função, 34–35
   elaboração gráfica
      acumulação de uma função, 96–97
      combinações de função, 35–36
      redimensionamento em escala e deslocamento de função, 45–46
      resposta a um sinal periódico, 329–330
      resposta em freqüência, 362, 363–364
   esboço de diagramas de Bode, 461
   funções discretizadas no tempo, 87–89, 92
   funções para análise de resposta em freqüência, 184
   sistemas discretizados no tempo *versus* sistemas contínuos no tempo, 680
   uso de, 17
Máximo divisor comum (MDC), 53
Memória, de um sistema, 137–138
Método da matriz, 205–206
Métodos de Fourier, 409
   comparando graficamente, 410–411
   exemplos de comparação entre todos os, 422–425
   relações entre, 408–425
Microfone, 12
Mínimo Múltiplo Comum (MMC), 53
Modelagem, 119
   sistemas, 119–124
   sistemas discretizados no tempo, 151–157
Modelo matemático, 8
Modulação, 265, 475–478
Modulação DSBSC. *Veja* portadora suprimida e dupla banda lateral
Modulação DSBTC. *Veja* portadora transmitida e dupla banda lateral
Modulação em amplitude, 475
Modulação por Amplitude de Pulso (PAM), 482–483
Modulação por impulso, 483–488
Modulação por portadora transmitida e dupla banda lateral (DSBTC), 478-480
Modulador em impulso, 535

Modulador por amplitude de pulso, 483–484
Multiplexação na freqüência, 475
Multiplexação temporal, 475
Multiplicação, 433
Multiplicador analógico, 138–139, 475

N
Não-linearidade estática, 138–140
Notação funcional, para funções contínuas no tempo, 34
Número harmônico k, 239, 294, 295, 296–297
Nyquist, Harry, 485, 539

O
Oitava, 439, 457–458
Onda dente-de-serra periódica, 278–281
Onda retangular
   função harmônica em SFCT de, 274–275
   função harmônica em SFDT de, 308–309
   representação em SFDT, 392
   resposta de um sistema a, 330–332
Operações de comutação, 19
Operador de convolução *, 172, 208
Ortogonalidade, 241, 246
Oscilador local, 478
Ouvido humano, resposta a sons, 434–435

P
Palavra-chave function, no MATLAB, 33
PAM. *Veja* Modulação por Amplitude de Pulso
Par de transformada, 587–589
    orientado por diferenciação na freqüência, 587–588
Par de transformada de Fourier, 343–344
Parênteses ( ), no MATLAB, 91
Pares de Fourier, 242, 302
Pares de zero, 462–463
Parseval des Chênes, Marc-Antoine, 366
Passa-faixa, 440–441, 512
Percurso da retroalimentação, 610
Percurso direto, 610
Período fundamental
   da função harmônica em SFDT modificada, 393
   de um sinal, 53–54
   de um sinal periódico, 339
   de uma função, 52, 99, 100
   de uma senóide discretizada no tempo, 81
   função harmônica em SFCT sobre, 267
   tendendo do infinito, 339
Período, para a função harmônica em SFCT, 266–267
Pixels, 515
Plano complexo *s*, 677–678
Plano complexo *z*, 677–678
Planta, 610
Pólo, de uma função, 456
Pólos complexos, 462, 463
Ponderação, de um impulso, 27
Ponte de rodovia, 116–117
Ponte suspensa Tacoma Narrows, 117
Porta, em teoria de circuitos, 124
Portadora, 475
Portadora suprimida de banda lateral única (SSBSC)
   modulação, 480–482
   modulador, 481
Portadora suprimida e dupla banda lateral (DSBSC)
   demodulação, 479
   modulação, 476–478, 586
   modulador, 481
Potência
   de sinais, 54–58

determinação pelo MATLAB, 101–103
Potência de sinal média
    cálculo computacional da, 272
    conservação de, 410
    de um seno amostrado, 419–420
    definição de, 56, 101
    na SFDT, 324
Princípio da incerteza, 359
Problema em tempo contínuo, 152
Processamento de imagens, 7, 8
Processamento de sinal, 556–557
Processamento de sinal digital (*DSP*), 534
Produtos, de funções pares e ímpares, 98–99
Projeto de sistema, 629
Projeto invariante a impulso, 694
Propagação da energia eletromagnética, 474
Propriedade da associatividade, 210
Propriedade da comutatividade, 210
Propriedade da conjugação
    SFCT, 271–272
    SFDT, 312
    TFCT, 359–360
Propriedade da convolução no domínio da freqüência, TFCT, 360
Propriedade da derivada primeira, transformada de Laplace, 587
Propriedade da diferenciação
    domínio z, 668
    SFCT, 267–268
    solução de equações diferenciais, 587
    TFCT, 364–365
Propriedade da distributividade, da soma de convolução, 210
Propriedade da dualidade multiplicação-convolução
    em todos os métodos de Fourier, 409
    SFCT, 270–271
    SFDT, 320–321
    TFCT, 360–361
    TFDT, 401–402
    transformada de Laplace, 588
Propriedade da dualidade, TFCT, 366–367
Propriedade da equivalência, de um impulso, 28
Propriedade da integração
    dedução de um par de transformadas, 588–589
    SFCT, 268–269
    TFCT, 368–369
    transformada de Laplace, 588
Propriedade da mudança de período, SFDT, 317, 318–319
Propriedade da multiplicação
    SFCT, 270
    SFDT, 320
    TFDT, 401
Propriedade da primeira diferença para trás, SFDT, 323
Propriedade da soma, da soma de convolução, 210
Propriedade das diferenças finitas
    soma de convolução, 210
    TFDT, 400
    transformada z, 668
Propriedade de Acumulação
    SFDT, 323–324
    TFDT, 400
    transformada z, 668–669
Propriedade de amostragem, de um impulso, 28
Propriedade de convolução no domínio do tempo, TFCT, 360
Propriedade de deslocamento na freqüência
    SFCT, 264–265
    SFDT, 312
    TFCT, 357
    TFDT, 396
Propriedade de deslocamento no número harmônico. *Veja* propriedade de deslocamento na freqüência

Propriedade de deslocamento no tempo
    de convolução, 209, 210
    para os quatro métodos de Fourier, 410
    SFCT, 263–264
    SFDT, 312, 313
    TFCT, 356–357, 372
    TFDT, 396
    transformada de Laplace, 585
    transformada z, 663–664
Propriedade de diferenciação no tempo, TFCT, 364
Propriedade de inversão no tempo
    SFCT, 265
    SFDT, 312
    TFDT, 401
Propriedade de redimensionamento de escala da freqüência
    TFCT, 358–359
    TFDT, 399
    transformada de Laplace, 586
    transformada z, 665–666
Propriedade de redimensionamento de escala do tempo
    SFCT, 265–266
    SFDT, 315–316
    TFCT, 358–359, 372
    TFDT, 399
    transformada de Laplace, 586
Propriedade de redimensionamento em escala, de um impulso, 28–29
Propriedade de redimensionamento, da função impulso, 372
Propriedade extratora. *Veja* propriedade de amostragem
Propriedades de sistema, 124–141, 157–159
Pulso bipolar, TFDT de, 420–422
Pulso retangular
    TFCT de um pulso redimensionado em escala e deslocado, 372–373
    TFDT inversa de um pulso repetido periodicamente, 408

Q
Quadratura, de uma senóide comum, 546
Quantização, 4, 5

R
Rajadas, de sons, 13
Rampa unitária discretizada no tempo, 96
Realização, 629
    de sistemas, 184–185, 629–633
    de sistemas discretizados no tempo, 700–703
Realização canônica, 188, 224, 629–630, 631
Realizaçao de sistema. *Veja* Realização.
Realização de sistemas em cascata, 630–632, 633, 702, 703
Realização de Sistemas Paralelos, 632–633, 702, 703
Realização na Forma Direta 1, 222
Realização na Forma Direta 2, 223, 629–630, 631, 633.
    Veja também Realização canônica
    de sistemas discretizados no tempo, 700–702
    de um sistema, 187–189
Receptor, 1
Reconstrução de sinal com retentor de ordem zero, 544
Reconstrução por linhas retas, 544, 545
Redimensionamento de escala da amplitude, 36–37, 89–90
Redimensionamento de escala do tempo, 39–42
    para funções discretizadas no tempo, 90–91
    TFDT, 398–399
Redimensionamento de escala, 36–46
    simultâneo com o deslocamento, 43–44
Região de convergência (RDC), 578–579
    para a transformada z, 660
    para uma transformada de Laplace unilateral, 581
Regra de L'Hôpital, 166
Relação de recursividade, 664
Relação sinal-ruído (SNR), 15, 446

Relações Matemáticas, tabela de, 719–721
Representação exata no tempo discreto, 294
Resistores, 447, 468
Resposta harmônica, 277–278
Resposta ao degrau unitário
    como a integral do impulso unitário, 180
    de sistemas, 615–618
    de um filtro passa-baixas RC usando convolução, 174–176
Resposta ao impulso unitário, 168–171, 522
Resposta com entrada nula, 126
Resposta do sistema aproximada, 169–170
Resposta em freqüência, 182, 401–402, 432–439
    alterações causadas pelas mudanças nos pólos e zeros finitos, 625–629
    cálculo gráfico do tempo discreto, 689–693
    como uma função da freqüência angular, 402
    como uma função da freqüência cíclica, 402
    de filtros passa-baixas discretizados no tempo e contínuos no tempo, 519–520
    de um filtro de média móvel, 524
    de um filtro passa-baixas, 518
    de um filtro passa-faixa, 525
    de um sistema, 362–364, 402–403, 456–457, 621
    de um sistema contínuo no tempo, 183–184
    de uma associação em cascata entre dois sistemas SLIT, 361
    em sistemas discretizados no tempo, 220
    interpretação gráfica de, 622–623
    originada do diagrama de pólos e zeros, 623–625
    revelação de pequenas diferenças entre, 452–453
    TFCT da resposta ao impulso, 361, 433
Resposta em freqüência biquadrática, 438
Resposta forçada, 143, 615
    de um sistema, 136
    determinação, 234, 290–292
Resposta ilimitada, 134
Resposta para condições iniciais nulas, 126
    de um sistema para um cosseno, 620–621
    para um filtro de média móvel, 525
Resposta subamortecida, 685
Resposta transitória, 615
Respostas, 1, 116. *Veja também* Saídas
Respostas a degraus
    alterações causadas por mudanças de pólos e zeros, 625–629
    de um sistema contínuo no tempo e dois sistemas de dados amostrados, 700
    elaboração gráfica, 614
Respostas à seqüência degrau unitário
    das respostas ao impulso unitário, 215
    de sistemas discretizados no tempo, 682
    dos filtros passa-altas e passa-faixa, 523
    uso da transformada z, 682–683, 685
Respostas à seqüência degrau, de filtros, 523
Respostas a sinais padrões, 614–621, 682
Respostas ao impulso, 164
    causalidade e, 443–445
    consistindo apenas de impulsos, 693
    constatação matemática, 208
    de filtros, 522
    de sistemas discretizados no tempo, 682
    de um filtro de média móvel, 524, 525
    de um filtro passa-baixas, 518
    de um retentor de ordem zero, 544
    determinação de estabilidade pela inspeção, 215
    métodos para determinação, 164–167
    obtenção, 199–200, 216–218
    para filtros ideais, 443, 444, 514
Ressonância não-amortecida, 629
Retentor de primeira ordem, 545

Retificador em onda completa, 141
Retroalimentação, 11, 611
Retroalimentação negativa, 611
Rotação, no domínio z, 666
Ruído, 1, 4, 15, 446

S
Saídas, 1, 116
Saturação, em amplificadores operacionais, 139–140
Semiplano direito (SPD), 608
Semiplano esquerdo (SPE), 608
Semiplano esquerdo aberto (SPE), 608
Senóides, 20
    amortecidas, 143
    amostragem, 545–547
    amostragem por impulso, 486–488
    complexas, 143, 220, 231, 235, 297
    contínuas no tempo, 80–81
    discretizadas no tempo, 80–84
    geração, 614–615
    reais, 219–220, 231
    respostas a, 618–620, 685–688
    transformadas de Laplace de, 582–583, 584
Senos
    como funções ímpares, 50
    função harmônica em SFDT de, 303–305, 306–307
    reais, 292
    sinais descritos por, 21
    TFCT de algumas transformações de, 371–372
Sensor, 610
Seqüência degrau unitário, 96, 215
    como a primeira diferença para frente da rampa unitária, 96
Série de Fourier, 236
    cálculo 2 46–255
    computação numérica, 255–259
    conceitos e desenvolvimento, 234–246, 292–311
    convergência, 259–262
    dedução, 240–242
    erro quadrático médio mínimo de somas parciais, 253–254
    limitações, 243, 338
    periodicidade de representações, 245–246
    propriedades de, 262–273
    sinais periódicos sobre períodos fundamentais, 252–253
    transição para a transformada de Fourier, 339–342
Série de Fourier Contínua no Tempo (SFCT), 231–281
    aplicabilidade de, 243
    calculando computacionalmente com a DFT, 555
    como uma função da freqüência angular, 244–245
    definição de, 239
    em uma matriz de métodos, 395
    forma trigonométrica de, 244
    função harmônica
        a partir de uma função harmônica em SFDT, 548–549
        como não-periódica, 392
        de um cosseno, 274
        de um sinal periódico, 365
        de uma função *sinc* repetida periodicamente, 413
        de uma onda retangular, 274–275
        determinação de uma função a partir da, 275
        determinação, 262
        do produtos entre dois cossenos, 270–271
        estimando numericamente, 255–257
        mudança de período para, 266–267
        número complexo modificado, 340
        para uma função *sinc*, 413–416
        representação da forma complexa, 248
    propriedades
        conjugação, 271–272

convolução, 270
    deslocamento na freqüência, 264–265
    deslocamento no tempo, 263–264
    diferenciação, 267–268
    integração, 268–269
    inversão no tempo, 265
    linearidade, 263
    multiplicação, 270
    redimensionamento de escala do tempo, 265–266
    resumo, 272–273
    representação
        de sinais sobre um período de tempo finito, 245
        de um sinal deslocado no tempo, 264
        de uma função, 242
    senóides necessárias para representar um sinal arbitrário, 294
    sobre qualquer período, 252–253
    tabela de pares, 273, 274–275, 722–724
    TFCT e, 365, 411–416
Série de Fourier Discretizada no Tempo (SFDT)
    calculando computacionalmente com a DFT, 555
    convergência de, 326–328
    dedução de, 296–305
    em uma matriz de métodos, 395
    expansão para sinais aperiódicos, 391, 393–394
    forma trigonométrica, 302–303
    fórmulas, 301
    função harmônica
        como indefinidamente periódica, 392
        como periódica, 301
        de um cosseno, 310–311
        de um impulso periódico, 312–313, 318
        de um seno, 303–305, 306–307
        de um sinal, 324–325
        de um sinal do tipo onda retangular, 392
        de uma extensão periódica de um sinal, 421
        de uma onda retangular, 308–309
        desenvolvimento de uma TFDT a partir da, 422
        determinação, 310, 311–312
        determinação de uma função a partir da, 313–315, 548–549
        determinação por meio do uso do MATLAB, 311
        modificação, 392–393
        sinal com, 326
        soma de dois sinais periódicos, 317–320
    propriedades, 311–326
        acumulação, 323–324
        convolução, 321
        dualidade multiplicação-convolução, 320–321
        mudança de período, 317
        multiplicação, 320
        primeira diferença para trás, 323
        redimensionamento no tempo, 315–316
        resumo de, 325–326
    representação de funções periódicas, 305–311
    representação de sinais arbitrários, 292
    representação de uma função, 302
    tabela de pares, 326, 725–727
    TFDT e, 405, 417–422
Série de Fourier discretizada no tempo trigonométrica, 302–303
Série de Fourier trigonométrica, 244
SFCT. *Veja* Série de Fourier Contínua no Tempo
SFDT. *Veja* Série de Fourier Discretizada no Tempo
Shannon, Claude Elwood, 536
Símbolos gráficos, para diagramas de blocos, 118
Sinais anti-causais, 136
Sinais contínuos no tempo, 3–4, 6
    descrição de funções matemáticas, 6
    descrição matemática de, 18–59

    integral de convolução, 203
    representação por amostras, 535–547
Sinais contínuos, 259–260
Sinais de energia, 57
Sinais de entrada, 1, 116. *Veja também* Excitações
Sinais de potência, 57
Sinais descontínuos, 79, 260
Sinais digitais, 3–6
Sinais discretizados no tempo, 3, 6, 7
    descrição matemática de, 77–103
    soma de convolução para, 203
Sinais espaciais, 7. *Veja também* Imagens
Sinais estritamente limitados em banda, 485
Sinais ímpares, 254–255, 324
Sinais limitados, 133
Sinais limitados em banda, 253, 276, 442, 541–542. *Veja também* Sinais estritamente limitados em banda
Sinais não-senoidais, 250–252
Sinais padrões, respostas a, 215–220
Sinais pares e ímpares, 324
Sinais periódicos, 136. *Veja também* Sinal(is)
    com função harmônica em SFDT periódica, 308
    comparado aos aperiódicos, 339
    limitado em banda, 547–550
    pares, 254–255
    potência de sinal média, 101
    traçando respostas para, 329–330
    transformada de, 365
Sinais senoidais
    potência de, 56–57
    representação como uma SFCT, 246
Sinais separados espacialmente, 475
Sinais, padrões, 215–220
Sinal(is). *Veja também* sinais periódicos
    análise de combinações lineares de senóides, 231
    aproximada
        com constantes e senóides, 293–296
        por uma constante, 236–239
    aquisição de, 534
    classificação, 3, 18
    com descontinuidades, 260–262
    com períodos fundamentais infinitos, 339
    como uma combinação linear de exponenciais complexas, 575
    definição de, 1
    desligar e ligar, 21, 22
    energia de sinal de, 100–101
    energia e potência de, 54–58
    funções descritoras, 18
    limitados no tempo e limitados em banda, 541–542
    período fundamental de, 53–54
    respostas de sistema a sinais padrões, 614–621, 682–688
    sintetização a partir das partes componentes, 302
    Taxas de Nyquist para, 540
    tipos de, 3–8, 15, 16
Sinal de energia causal, 395–396
Sinal aleatório, 3, 4
Sinal analógico, 3
Sinal aperiódico, 339
Sinal causal, 136
    transformada z de, 662
Sinal de erro, 610
Sinal de tensão contínua no tempo, 13
Sinal de valor contínuo, 3
Sinal de valor discreto, 3
Sinal determinístico, 4
Sinal do receptor, demodulação, 477
Sinal em banda base, 476
Sinal exponencial anti-causal, 661

Sinal exponencial causal, 582
Sinal limitado no tempo, 56, 541–542
Sinal não-aleatório, 3
Sinal não-causal, transformada z de, 662
Sinal passa-altas, 346, 347
Sinal passa-baixas, 346, 347
Sinal passa-faixa, 346, 347
Sinal sinc, 405
Sinal subamortecido, 485, 538
Sinal superamostrado, 485, 538
Síntese, 302, 343
Sintonia em um receptor de rádio, 478
Sistema(s), 1
   análise, 115
   definição, 115
   discretizado no tempo, 3
   estabilidade, 607–609, 680–681
   exemplos de, 16–17
   instável, 12, 134, 159, 608, 609
   interconexões de, 179–180
   operação em sinais, 2–3
   realizações de, 629–633
   representação em diagramas de blocos, 606–607
   resposta em freqüência de, 402–403
   respostas a sinais padrões, 180–184
   tipos de, 8–12
Sistema artificial, 115
Sistema causal, 136
Sistema de áudio, 434–435
Sistema de comunicação via-satélite, 38–39
Sistema de duas entradas e duas saídas, 118
Sistema de gravação de som, 13
Sistema de instrumentação, 439
Sistema de malha aberta, 119, 611
Sistema de malha fechada, 119
Sistema de pólo real único, 457–458
Sistema de pólo único, função de transferência de, 683
Sistema de única entrada, única saída, 116
Sistema de zero real único, 458–459
Sistema dinâmico, 137
Sistema discretizado invariante no tempo, 157
Sistema DSP, 534
Sistema estaticamente não-linear, 138, 159
Sistema estático, 138
Sistema estável discretizado no tempo, 157
Sistema hidráulico, 8–9
Sistema imune a distorções 440, 512
Sistema inversível, 140–141
Sistema inverso, 140
Sistema Linear Invariante no Tempo. *Veja* Sistemas SLIT
Sistema marginalmente estável, 608, 609
Sistema mecânico, 8, 9
   com uma molar linear, 135
   modelagem, 120–121
Sistema mecânico-hidráulico, 121–122
Sistema passa-altas, 346
   dois pólos, dois zeros, 627
   subamortecido de dois pólos e dois zeros, 628
   um pólo, um zero, 626
Sistema passa-baixas
   dois pólos, 626
   subamortecido de dois pólos, 627–628
   único pólo, 625–626
Sistema passa-faixa, 346, 627, 628
   de dois pólos e um zero, 627
   subamortecido de dois pólos e um zero, 628
Sistema retroalimentado contínuo no tempo, 12, 123–124
Sistemas contínuos no tempo
   analógicos, 150
   de um sistema discretizado no tempo, 678
   equação diferencial para, 181–182
   modelagem de, 127, 151–154
   propriedades de, 115–143
   resposta ao impulso de, 164–167
   resposta em freqüência de, 689
Sistemas de comunicação, 473–483
Sistemas de dados amostrados para simular, 699–700
   análise no domínio do tempo de, 163–189
   função de transferência de, 676–677
   simulação com sistemas discretizados no tempo, 693–694
Sistemas de dados amostrados, 694–700
Sistemas digitais, 150
Sistemas discretizados no tempo, 10
   analisando, 676
   análise e projeto de, 150
   análise no domínio do tempo, 198–224
   associação paralela de, 681
   associação por retroalimentação, 681, 682
   associação em cascata, 681
   comportamento dinâmico de, 678
   descrição de funções, 78
   descrição por diagramas de blocos, 679
   determinação da resposta ao impulso, 199
   estabilidade de, 680–681
   função de transferência, 676
   inerentemente, 79
   modelagem, 151–157
   propriedades, 157–159
   realização, 700–703
   resposta ao impulso, 682
   resposta em freqüência, 689
   simulação com sistemas contínuos no tempo, 693–694
   substituição de sistemas contínuos no tempo, 77
Sistemas físicos, 136
Sistemas homogêneos, 127
Sistemas invariantes no tempo, 128, 158
Sistemas Lineares, 129–130, 133
Sistemas não-aditivos, 129
Sistemas não-causais, 136
Sistemas não-homogêneos, 128
Sistemas não-inversíveis, 159
Sistemas não-lineares, 130, 133, 138
Sistemas retroalimentados, 11–12
   estabilidade de, 157
   modelagem com excitação, 155–157
   modelagem sem excitação, 154–155
Sistemas retroalimentados discretizados no tempo, 11–12, 154–157
Sistemas SLIT (lineares e invariantes no tempo), 130
   autofunções de, 141–143
   como um subconjunto de sistemas incrementalmente lineares, 135
   discretizado no tempo, 157
   equivalência de resposta, 235
   excitação periódica e resposta de, 232–234, 276–281, 290–292, 328–332
   excitado por uma exponencial complexa, 575
   excitado por uma senóide complexa, 143
   relação com sistemas incrementalmente lineares, 135
   respostas
      a degraus unitários, 180
      a uma exponencial complexa, 181
      em freqüência de, 456
   testes para causalidade, 136–137
SNR (relação sinal-ruído), 15, 446
Sobremodulação, 480
Som, 231
Som tonal, 14

Som vocalizado, 14
Soma de convolução, 200–208, 211, 270
    convergência de, 211
    periódica, 320
SSBSC. *Veja* portadora suprimida e banda lateral única
Suavidade, de sinais passa-baixas, 346
Subamostragem, 547
Subsistema de pólo real único negativo, 457–458
Subsistema de zero real único negativo, 458–459
Subsistemas, 2
Subsistemas discretizados no tempo, 694
Superposição, 130
    determinação da resposta
        de um filtro passa-baixas RC para uma onda quadrada, 131
        de um sistema linear, 132
    para sistemas SLIT, 143
Suspensão automotiva, 450–452

T

Taxa de amostragem, determinação, 535–536
Taxa de Nyquist, 485, 538
    amostragem deve exceder, 546
    amostragem na, 549
    determinação para sinais, 540
    seno amostrado à, 546
    senóide amostrada ligeiramente acima da, 547
Tempo contínuo, 398
Tempos de representação, 250
Tempos infinitos, 486
Teorema da amostragem, 485, 538
Teorema de Parseval, 272, 324, 365–366, 405
    determinação da potência, 325
    para os quatros métodos de Fourier, 409–410
Teorema do valor final, 589, 590
    condições de validade do, 596
    da transformada z, 669
Teorema do valor inicial
    da transformada de Laplace, 589
    da transformada z, 667
Termistor, 128
Termostato, 11
TFCT inversa, 349, 350–351
TFCT. *Veja* Transformada de Fourier Contínua no Tempo
TFDT inversa, 396–398, 408
TFDT. *Veja* Transformada de Fourier Discretizada no Tempo
Tom, 14
Toolbox de controle, no MATLAB, 612–614, 679–680
Transformada de Fourier, 236
    cálculo computacional de, 353–356
    conceitos básicos e desenvolvimento de, 339–346
    convergência e, 346–353
    da função pulso retangular unitário, 30
    de sinais periódicos pares e ímpares, 254–255
    deduzindo transformadas de Laplace a partir de, 577–578
    definição e, 342–344
    definições alternativas de, 575
    elaboração gráfica, 345–346
    generalização, 347
    transformada de Laplace e, 576
Transformada de Fourier Contínua no Tempo (TFCT), 6, 338–373
    análise de sinais e sistemas, 432–488
    aproximação por meio da DFT, 555
    área total sob uma função usando, 367–368
    comparado a
        SFCT, 411–416
        TFDT, 416–417
    conversão de um sinal, 346
    conversão para a *DFT*, 551
    da convolução entre certos sinais, 373
    das funções sinal e degrau unitário, 349–350
    de uma função periódica, 411
    de um pulso retangular deslocado e redimensionado em escala, 372–373
    de um sinal periódico, 365
    de uma função pulso retangular, 344–345, 392
    definição de, 340, 342–344
    desenvolvimento da integral de uma função, 368
    do sinal contínuo no tempo sendo amostrado, 537
    em uma matriz de métodos, 395
    função harmônica em SFCT
        de um sinal periódico, 365
        fórmula, 413–416
    limitações da, 574
    propriedades, 356–373
        conjugação, 359–360
        convolução no domínio da freqüência, 360
        convolução no domínio do tempo, 360
        deslocamento no tempo, 356–357, 372
        diferenciação temporal, 364
        dualidade, 366–367
        dualidade multiplicação-convolução, 360–361, 412
        integração, 368–369
        linearidade, 356, 371
        redimensionamento da escala do tempo, 358–359, 372
        redimensionamento de escala da freqüência, 357, 358–359
        resumo, 369–370
    tabela de pares, 371, 728–734
    transformadas de um seno, 371–372
    usando a DFT para aproximar, 353–356
Transformada de Fourier Discretizada no Tempo
    análise de sinais e sistemas, 511–528
    aproximação com a DFT, 556
    comparado a
        SFDT, 417–422
        TFCT, 416–417
    computação numérica, 395–396
    conceitos e desenvolvimento de, 391–395
    convergência, 395
    da função janela, 552
    de um cosseno, 404–405
    de um pulso bipolar, 420–422
    de um sinal delimitado por função janela, 553
    de um sinal discretizado no tempo, 537, 542
    de uma função janela retangular, 553
    dedução analítica de, 393–394
    definição de, 394–395
    em uma matriz de métodos, 395
    expressão geral de um impulso periódico, 399
    ilustração gráfica, 392–393
    propriedades, 396–407
        acumulação, 400
        deslocamento na freqüência, 396
        deslocamento no tempo, 396
        diferenças finitas, 400
        dualidade multiplicação-convolução, 401–402, 418
        inversão no tempo, 401
        linearidade, 396
        propriedade da multiplicação, 401
        redimensionamento na escala da freqüência, 399
        redimensionamento na escala temporal, 398–399
        resumo, 406–407
    tabela de pares, 407, 735–739
Transformada de Laplace, 574
    aplicação a um sinal contínuo no tempo, 676
    bilateral, 581
    da resposta ao degrau, 615–616

de pulsos retangulares redimensionados na escala do tempo, 586
de um impulso, 584
de um sinal exponencial causal, 579, 582
de um sinal exponencial não-causal, 580
de uma exponencial em decaimento, 583–584
de uma senóide amortecida, 582–583
definição, 576
desenvolvimento de, 575–584
equivalência da transformada de Fourier, 601
generalização da TFCT, 658
inversa, 591–601
Inversa Unilateral, 581
mais geral do que a transformada de Fourier, 576
mais relacionado à forma em ω do que à forma em f, 21
pares, 581
    tabela, 591, 740–741
propriedades, 585–591
    derivada primeira, 587
    deslocamento na freqüência complexa, 585–586
    deslocamento no tempo, 585
    diferenciação na freqüência complexa, 587
    dualidade multiplicação-convolução, 588
    enésima derivada no tempo, 587
    integração, 588
    linearidade, 585
    redimensionamento de escala da freqüência, 586
    redimensionamento de escala do tempo, 586
    resumo, 590–591
solução de uma equação diferencial com condições iniciais, 601-602
teorema do valor final, 589, 590
teorema do valor inicial, 589
Transformada de Laplace unilateral, 580-581
    conveniente para funções contínuas no tempo, 662
    RDC de, 581
Transformada direta, TFCT, 343
Transformada Discreta de Fourier (*DFT*), 256–257, 353
    cálculo computacional
        convolução periódica discretizada no tempo, 556
        SFCT, 555
        SFDT, 555
        TFDT, 395–396
    convolução discretizada no tempo, 556
    convolução no tempo contínuo, 556
    SFCT, 257–259
    traçando graficamente para as freqüências negativas, 354–355
        convolução discretizada no tempo, aproximação, 556
        de um sinal, 551
        função espacial discretizada, 515
        relação com outros métodos de Fourier, 550–557
        resumo do uso de processamento de sinais, 556–557
        tempo discreto, 398
    TFCT, 353–356, 555
    TFDT, 556
Transformada inversa, TFCT, 343

Transformada Rápida de Fourier (FFT), 257, 550, 557–558
Transformada z, 658
    aplicação a um sinal discretizado no tempo, 676
    bilateral, 662, 663
    de um sinal causal, 662
    de um sinal não-causal, 662
    de uma função seno, 663
    de uma senóide amortecida, 666–667
    definição de, 659–660, 676
    desenvolvimento de, 658–663
    deslocamento no tempo, 663–664
    diagramas de pólos e zeros, 684–685
    direta, 659
    inversa, 670–674
    produto de funções no domínio do tempo, 668
    propriedades, 663–670
        acumulação, 668–669
        diferenças finitas, 668
        linearidade, 663
        redimensionamento de escala da freqüência, 665–666
        resumo, 669–670
    RDC (Região de convergência), 660
    resposta à seqüência degrau unitário, 682–683, 684–685
    tabela de pares, 670, 742–743
    teorema do valor final, 669
    unilateral, 662-663
Transformada, de um conjugado, 399–400
Transformada, de um sinal, 6
Translação no tempo. *Veja* deslocamento no tempo
Transmissão de malha, 611
Transmissor, 1
Trem de impulsos. *Veja também* Impulso periódico discretizado no tempo, 86–87
Trem de pulsos, 482
Tukey, John Wilder, 557, 558
Tupla unitária, 29

U
Ultrapassagem, 261
Usando alternativamente filtros discretizados no tempo, 527–528

V
Valor principal, da função arco-tangente, 271
Variáveis espaciais, 7
Variável dependente, 36
Variável independente, 34, 36
Vazamento, 552, 553
Vetor de resíduos, 596
Vetor de termos diretos, 596
Vetores de base ortogonal, 298–299

Z
Zero, de uma função, 456